中央财政国家重点野生动植物保护项目◎资助
河南省太行山森林生态系统野外科学观测研究站◎提供支持

中国鸟类名称演变概览

Overview of the Evolution of Bird Names in China

姚孝宗　陈晓虹　刘朝辉　孙　平　主编

中国林业出版社
China Forestry Publishing House

内 容 简 介

《中国鸟类名称演变概览》以郑光美院士的《中国鸟类分类与分布名录（第四版）》（2023）为基准，上溯至郑作新院士的《中国鸟类分布目录（Ⅰ.非雀形目）》（1955）和《中国鸟类分布目录（Ⅱ.雀形目）》（1958）。依次记述目前国内1505种鸟的中文名、学名、中文名汉语拼音、曾用名、英文名；以时间为轴线，依次罗列国内已出版的权威性专著记载情况，客观呈现每种鸟在不同时期、不同著作中的中文名称、学名以及亚种变化。书末附有参考文献、《台湾鸟类志》和《中国鸟类分类与分布名录》鸟类名称对照表以及中文名索引、英文名索引、学名索引，以便检索。

本书可供鸟类学教学、科研工作者以及农业、林业、环境保护、野生动物保护管理等领域的专业人员使用，也可为观鸟爱好者、生态摄影者提供参考。

图书在版编目（CIP）数据

中国鸟类名称演变概览 / 姚孝宗等主编. -- 北京：中国林业出版社，2024. 11. -- ISBN 978-7-5219-3107-5

Ⅰ．Q959.708

中国国家版本馆CIP数据核字第2025AS9978号

责任编辑：张　健
版式设计：北京钧鼎文化传媒有限公司

出版发行　中国林业出版社（100009，北京市西城区刘海胡同7号，电话 010-83143621）
电子邮箱　cfphzbs@163.com
网　　址　https://www.cfph.net
印　　刷　河北京平诚乾印刷有限公司
版　　次　2024年11月第1版
印　　次　2024年11月第1次印刷
开　　本　889mm×1194mm　1/16
印　　张　40.5
字　　数　960千字
定　　价　268.00元

《中国鸟类名称演变概览》编辑委员会

主　编

姚孝宗　陈晓虹　刘朝辉　孙　平

副主编

侯银梦　梁艺馨　陈　卓　朱艳军
刘　伟　韩　雷　赵东豪

编　委（按姓氏拼音排序）

曹　慧　陈　卓　陈晓虹　程文静　韩　雷　何文科
侯银梦　李靖雯　李是源　李文婷　梁艺馨　刘　伟
刘朝辉　马翔龙　孙　平　王同行　杨建敏　姚孝宗
原小秋　岳昆鹏　张军霞　赵东豪　朱艳军

序

FOREWORD

　　鸟类是高度适应飞翔生活的脊椎动物，也是生态系统的重要组成部分。中国疆域辽阔，拥有从热带、亚热带、温带到寒温带等多个气候带，地势涵盖海拔 500 m 以下的丘陵平原、1000~2000 m 的高原盆地以及平均海拔 4000 m 以上的青藏高原，生态系统有森林、草原、荒漠、湿地、海洋、农田、城市等多种类型，为丰富多样的鸟类栖息繁衍提供了良好的生态条件。

　　鸟类是与人类关系非常密切的动物类群，我们的科学研究、生产生活很多方面都常常涉及鸟类。识别鸟的种类，读出其正确的名称，是开展有关工作的基础和前提。传统形态学研究为鸟类分类奠定了坚实的基础，随着分子生物学技术的快速发展，特别是组学技术的应用，促进了鸟类系统发育关系的重建和演化历史的追溯，导致一些鸟类的分类地位和名称均发生了较大变化。以往我国一些鸟类前辈如郑作新、郑光美、常家传、杨岚等曾对中国鸟类名称进行过探讨，但国内尚未有专门研究我国鸟类名称历史演变过程的著作。由姚孝宗、陈晓虹、刘朝辉、孙平先生主编的《中国鸟类名称演变概览》，对目前中国 26 目 115 科 1505 种鸟的中文名、学名、英文名及曾用名的演变历程进行了追溯，填补了该领域研究的空白，对读者了解中国鸟类名称的来龙去脉具有重要的参考价值。

　　2023 年 2 月，姚孝宗和刘朝辉两位先生主编的《洛阳鸟类彩色图鉴》由中国林业出版社出版，当时曾邀请我作序，我由此认识了姚先生。在整理撰写《洛阳鸟类彩色图鉴》过程中，编者们又发现了一个较为普遍的问题，即很多鸟类的名称和归属等存在变更现象。为此，编者们又对中国鸟类名称近70年来的演变情况进行了厘定，汇编成了《中国鸟类名称演变概览》一书。今年夏天，在河南师范大学召开的一次研讨会上，我与姚孝宗先生相见。他向我详细介绍了编写本书的初衷、主要内容和进展情况，并盛情邀请我为本书作序。我认为本书的编写出版很有意义，也很有挑战性，需要查阅大量的文献资料，并进行深入分析和总结归纳，工作量很大，需要付出很多心血。由此，我对本书编者们的辛苦努力表示敬意，并欣然同意为本书作序。

我相信，《中国鸟类名称演变概览》的出版，有望为我国鸟类学研究提供重要史料，对我国鸟类的学术交流、科学普及以及资源保护等诸多方面产生积极的影响。

北京师范大学　教授

世界雉类学会　会长

中国动物学会鸟类学分会　主任委员

2024 年 8 月 27 日

前言

2022年，我们在编写《洛阳鸟类彩色图鉴》过程中，将当时洛阳市有野外分布记录的450种鸟类的区系类型、居留类型、保护级别、世界自然保护联盟（IUCN）濒危等级、是否单型种、国内亚种数、洛阳市分布亚种等基本信息以表格的形式列出，称之为《工作用表》。依据的分类体系是郑光美院士的《中国鸟类分类与分布名录（第三版）》（2017）。《工作用表》中还有一项重要内容，就是将每一种鸟追溯到郑作新院士的《中国鸟类分布名录（第二版）》（1976），发现许多种鸟的中文名、学名以及亚种分化情况都发生了较大变化，如强脚树莺 *Horornis fortipes* 原名为山树莺 *Cettia fortipes*，凡此种种，不胜枚举。2023年2月，《洛阳鸟类彩色图鉴》由中国林业出版社出版发行，该书主编之一刘朝辉先生提议将《工作用表》以某种形式予以出版。最后我们决定将成果扩而大之，对中国鸟类"名称"近70年来的变化情况逐一进行梳理，探讨中国鸟类"名称"的"前世今生"，于是这本《中国鸟类名称演变概览》应运而生。回顾过去，展望未来，希望对我国鸟类学今后研究的发展提供参考。

本书以郑光美院士2023年6月出版的《中国鸟类分类与分布名录（第四版）》为基准，非雀形目上溯到郑作新院士的《中国鸟类分布目录（Ⅰ.非雀形目）》（1955），雀形目上溯到郑作新院士的《中国鸟类分布目录（Ⅱ.雀形目）》（1958）。依次记述目前国内1505种鸟的中文名、学名（省略命名人及命名年代）、中文名汉语拼音、曾用名、英文名，之后罗列国内已出版的权威性专著（详见参考文献）的记载情况。记载一致的合并罗列，不一致的单独列出，力求保持原著原貌。几种原著中亚种排列顺序不一致的，以最新原著的排序为准。本书所称曾用名，是指国内权威性专著标注的其他一些惯用的中文名和学名，不含地方名或俗名。

早期著作中出现的繁体字或异体字，本书统一为简化字。有的中文名称含有括号，意为括号内的字在使用时可以省略，如［树］麻雀 *Passer montanus*。不同专著使用括号的形式各异，有圆括号"（）"、方括号"［］"、六角括号"〔〕"和方头括号"【】"等，本书统一使用方括号"［］"。

纵观中国鸟类名称今昔变化，大致有以下几种情况：一是中文名、学名以及亚种分化情况均保持稳定，未发生变化，如常见的家燕 *Hirundo rustica* 和白头鹎 *Pycnonotus sinensis*；二是初为一种，后分为两种，今又合并为一种，如灰蓝山雀 *Cyanistes cyanus*；三是初为两种，后合并为一种，今恢复为两种，如细嘴黄鹂 *Oriolus tenuirostris* 和黑枕黄鹂 *Oriolus chinensis*；四是原种名（指学名）被命名为中国未记录的鸟种，而其中的几个亚种则被提升为独立物种，如中华攀雀 *Remiz consobrinus*；五是因为分类修订使得中文名、学名发生改变，如斑嘴鸭 *Anas zonorhyncha* 和南亚斑嘴鸭 *Anas poecilorhyncha*。

国家林业和草原局温战强先生对本书给予高度关注，并提出了许多宝贵的指导意见和建议。北京师范大学张正旺教授嘱我将香港和台湾的鸟类名称也一并考虑，并惠借《台湾鸟类志》，且在百忙之中费心为本书作序。在此一并表示衷心的感谢。

编写本书是我们的初次尝试，由于所得文献资料及编者学术水平有限，遗漏和错讹在所难免，敬请各位方家不吝赐教，以期使之日臻完善。

姚孝宗

2024 年 8 月 29 日

目 录
CONTENTS

序

前 言

Ⅰ. 鸡形目 GALLIFORMES ······ 1
   1. 雉科 Phasianidae ······ 1

Ⅱ. 雁形目 ANSERIFORMES ······ 27
   2. 鸭科 Anatidae ······ 27

Ⅲ. 䴙䴘目 PODICIPEDIFORMES ······ 42
   3. 䴙䴘科 Podicipedidae ······ 42

Ⅳ. 红鹳目 PHOENICOPTERIFORMES ······ 44
   4. 红鹳科 Phoenicopteridae ······ 44

Ⅴ. 鹲形目 PHAETHONTIFORMES ······ 45
   5. 鹲科 Phaethontidae ······ 45

Ⅵ. 鸽形目 COLUMBIFORMES ······ 47
   6. 鸠鸽科 Columbidae ······ 47

Ⅶ. 沙鸡目 PTEROCLIFORMES ······ 59
   7. 沙鸡科 Pteroclidae ······ 59

Ⅷ. 夜鹰目 CAPRIMULGIFORMES ······ 60
   8. 蛙口夜鹰科 Podargidae ······ 60
   9. 夜鹰科 Caprimulgidae ······ 60
   10. 凤头雨燕科 Hemiprocnidae ······ 62
   11. 雨燕科 Apodidae ······ 63

Ⅸ. 鹃形目 CUCULIFORMES ······ 69
   12. 杜鹃科 Cuculidae ······ 69

X. 鹤形目 GRUIFORMES ·· 76
13. 秧鸡科 Rallidae ·· 76
14. 鹤科 Gruidae ·· 83

XI. 鸨形目 OTIDIFORMES ··· 86
15. 鸨科 Otididae ··· 86

XII. 潜鸟目 GAVIIFORMES ·· 87
16. 潜鸟科 Gaviidae ··· 87

XIII. 鹱形目 PROCELLARIIFORMES ·· 89
17. 南海燕科 Oceanitidae ·· 89
18. 海燕科 Hydrobatidae ·· 89
19. 信天翁科 Diomedeidae ··· 90
20. 鹱科 Procellariidae ·· 90

XIV. 鹳形目 CICONIIFORMES ··· 94
21. 鹳科 Ciconiidae ··· 94

XV. 鹈形目 PELECANIFORMES ··· 96
22. 鹮科 Threskiornithidae ·· 96
23. 鹭科 Ardeidae ·· 97
24. 鹈鹕科 Pelecanidae ·· 104

XVI. 鲣鸟目 SULIFORMES ··· 106
25. 军舰鸟科 Fregatidae ·· 106
26. 鲣鸟科 Sulidae ··· 107
27. 蛇鹈科 Anhingidae ·· 107
28. 鸬鹚科 Phalacrocoracidae ·· 107

XVII. 鸻形目 CHARADRIIFORMES ·· 110
29. 三趾鹑科 Turnicidae ·· 110
30. 石鸻科 Burhinidae ··· 111
31. 鞘嘴鸥科 Chionidae ··· 111
32. 蛎鹬科 Haematopodidae ·· 112
33. 鹮嘴鹬科 Ibidorhynchidae ··· 112
34. 反嘴鹬科 Recurvirostridae ·· 112
35. 鸻科 Charadriidae ·· 113
36. 彩鹬科 Rostratulidae ·· 118

- 37. 水雉科 Jacanidae ⋯ 119
- 38. 鹬科 Scolopacidae ⋯ 119
- 39. 燕鸻科 Glareolidae ⋯ 132
- 40. 鸥科 Laridae ⋯ 133
- 41. 贼鸥科 Stercorariidae ⋯ 145
- 42. 海雀科 Alcidae ⋯ 146

XVIII. 鸮形目 STRIGIFORMES ⋯ 148
- 43. 草鸮科 Tytonidae ⋯ 148
- 44. 鸱鸮科 Strigidae ⋯ 149

XIX. 鹰形目 ACCIPITRIFORMES ⋯ 163
- 45. 鹗科 Pandionidae ⋯ 163
- 46. 鹰科 Accipitridae ⋯ 163

XX. 咬鹃目 TROGONIFORMES ⋯ 180
- 47. 咬鹃科 Trogonidae ⋯ 180

XXI. 犀鸟目 BUCEROTIFORMES ⋯ 182
- 48. 犀鸟科 Bucerotidae ⋯ 182
- 49. 戴胜科 Upupidae ⋯ 184

XXII. 佛法僧目 CORACIIFORMES ⋯ 185
- 50. 蜂虎科 Meropidae ⋯ 185
- 51. 佛法僧科 Coraciidae ⋯ 187
- 52. 翠鸟科 Alcedinidae ⋯ 188

XXIII. 啄木鸟目 PICIFORMES ⋯ 192
- 53. 拟啄木鸟科 Megalaimidae ⋯ 192
- 54. 响蜜䴕科 Indicatoridae ⋯ 196
- 55. 啄木鸟科 Picidae ⋯ 196

XXIV. 隼形目 FALCONIFORMES ⋯ 214
- 56. 隼科 Falconidae ⋯ 214

XXV. 鹦鹉目 PSITTACIFORMES ⋯ 219
- 57. 鹦鹉科 Psittacidae ⋯ 219

XXVI. 雀形目 PASSERIFORMES ⋯ 222
- 58. 八色鸫科 Pittidae ⋯ 222

59. 阔嘴鸟科 Eurylaimidae ... 225

60. 黄鹂科 Oriolidae ... 226

61. 莺雀科 Vireonidae ... 228

62. 山椒鸟科 Campephagidae ... 230

63. 燕䴗科 Artamida ... 234

64. 钩嘴䴗科 Vangidae ... 235

65. 雀鹎科 Aegithinidae ... 235

66. 扇尾鹟科 Rhipiduridae ... 236

67. 卷尾科 Dicruridae ... 237

68. 王鹟科 Monarchidae ... 239

69. 伯劳科 Laniidae ... 240

70. 鸦科 Corvidae ... 247

71. 玉鹟科 Stenostiridae ... 259

72. 山雀科 Paridae ... 259

73. 攀雀科 Remizidae ... 269

74. 百灵科 Alaudidae ... 270

75. 文须雀科 Panuridae ... 278

76. 扇尾莺科 Cisticolidae ... 278

77. 苇莺科 Acrocephalidae ... 284

78. 鳞胸鹪鹛科 Pnoepygidae ... 289

79. 蝗莺科 Locustellidae ... 290

80. 燕科 Hirundinidae ... 296

81. 鹎科 Pycnonotidae ... 302

82. 柳莺科 Phylloscopidae ... 312

83. 树莺科 Scotocercidae ... 326

84. 长尾山雀科 Aegithalidae ... 335

85. 莺鹛科 Sylviidae ... 338

86. 鸦雀科 Paradoxornithidae ... 341

87. 绣眼鸟科 Zosteropidae ... 356

88. 林鹛科 Timaliidae ... 361

89. 幽鹛科 Pellorneidae ... 374

90. 雀鹛科 Alcippeidae ... 381

91. 噪鹛科 Leiothrichidae ... 383

92. 旋木雀科 Certhiidae ... 414

93. 䴓科 Sittidae	416
94. 鹪鹩科 Troglodytidae	420
95. 河乌科 Cinclidae	421
96. 椋鸟科 Sturnidae	421
97. 鸫科 Turdidae	427
98. 鹟科 Muscicapidae	437
99. 戴菊科 Regulidae	472
100. 太平鸟科 Bombycillidae	473
101. 丽星鹩鹛科 Elachuridae	474
102. 和平鸟科 Irenidae	474
103. 叶鹎科 Chloropseidae	475
104. 啄花鸟科 Dicaeidae	476
105. 花蜜鸟科 Nectariniidae	478
106. 岩鹨科 Prunellidae	482
107. 朱鹀科 Urocynchramidae	485
108. 织雀科 Ploceidae	485
109. 梅花雀科 Estrildidae	486
110. 雀科 Passeridae	489
111. 鹡鸰科 Motacillidae	493
112. 燕雀科 Fringillidae	502
113. 铁爪鹀科 Calcariidae	522
114. 鹀科 Emberizidae	522
115. 雀鹀科 Passerellidae	531

参考文献 ... 532

附录 《台湾鸟类志》和《中国鸟类分类与分布名录》鸟类名称对照表 ... 548

中文名索引 ... 561

英文名索引 ... 574

学名索引 ... 586

Ⅰ. 鸡形目 GALLIFORMES

1. 雉科 Phasianidae（Partridges，Pheasants，Peafowls Grouse，Ptarmigans） 28属64种

〔1〕**环颈山鹧鸪** *Arborophila torqueola*   huánjǐng shānzhègū
英文名：Common Hill Partridge
◆ 郑作新（1955：87；1964：213）记载环颈山鹧鸪 *Arborophila torqueola* 一亚种：
  ❶ 指名亚种 *torqueola*
◆ 郑作新（1966：33）记载环颈山鹧鸪 *Arborophila torqueola*，但未述及亚种分化问题。
◆ 郑作新（1976：133-134；1987：143；1994：28；2000：27-28；2002：50）、郑光美（2005：52；2011：55；2017：1；2023：1）记载环颈山鹧鸪 *Arborophila torqueola* 二亚种：
  ❶ 指名亚种 *torqueola*
  ❷ 滇西亚种 *batemani*

〔2〕**四川山鹧鸪** *Arborophila rufipectus*   sìchuān shānzhègū
曾用名：红胸山鹧鸪 *Arborophila rufipectus*、栗胸山鹧鸪 *Arborophila rufipectus*
英文名：Sichuan Hill Partridge
◆ 郑作新（1955：88；1964：213）记载红胸山鹧鸪 *Arborophila rufipectus* 为单型种。
◆ 郑作新（1966：33）记载红胸山鹧鸪 *Arborophila rufipectus*，但未述及亚种分化问题。
◆ 郑作新（2002：49）记载四川山鹧鸪 *Arborophila rufipectus*，亦未述及亚种分化问题。
◆ 郑作新（1976：136；1987：145；1994：29；2000：28）、郑光美（2005：52；2011：55；2017：1；2023：1）记载四川山鹧鸪 *Arborophila rufipectus*[①]为单型种。

     ① 编者注：郑作新（1976）图107山鹧鸪属 *Arborophila* 分布图称之为栗胸山鹧鸪 *Arborophila rufipectus*。

〔3〕**红胸山鹧鸪** *Arborophila mandellii*   hóngxiōng shānzhègū
曾用名：红胸山鹧鸪 *Arborophila mandella*
英文名：Chestnut-breasted Hill Partridge
◆ 郑作新（2002：49）记载红胸山鹧鸪 *Arborophila mandella*，但未述及亚种分化问题。
◆ 郑作新（1976：134；1987：143；1994：28；2000：28）、郑光美（2005：53；2011：55；2017：2；2023：1）记载红胸山鹧鸪 *Arborophila mandellii* 为单型种。

〔4〕**白眉山鹧鸪** *Arborophila gingica*   báiméi shānzhègū
曾用名：山鹧鸪 *Arborophila gingica*、白额山鹧鸪 *Arborophila gingica*
英文名：Rickett's Hill Partridge
◆ 郑作新（1955：89）记载山鹧鸪 *Arborophila gingica* 为单型种。
◆ 郑作新（1964：213；1976：136；1987：146）、郑光美（2005：53）记载白额山鹧鸪 *Arborophila gingica* 为单型种。

- 郑作新（1966：33）记载白额山鹧鸪 *Arborophila gingica*，但未述及亚种分化问题。
- 郑作新（1994：29；2000：28）记载白眉山鹧鸪 *Arborophila gingica* 为单型种。
- 郑作新（2002：49）记载白眉山鹧鸪 *Arborophila gingica*，亦未述及亚种分化问题。
- 郑光美（2011：55-56；2017：1-2；2023：1）记载白眉山鹧鸪 *Arborophila gingica* 二亚种：
    ❶ 指名亚种 *gingica*
    ❷ 广西亚种 *guangxiensis*[①]
    ① 编者注：亚种中文名引自段文科和张正旺（2017a：254）。

[5] 红喉山鹧鸪 *Arborophila rufogularis*　　　　　　　　　　　　　　　　hónghóu shānzhègū
英文名：Rufous-throated Hill Partridge

- 郑作新（1955：87；1964：213）记载红喉山鹧鸪 *Arborophila rufogularis* 一亚种：
    ❶ 滇南亚种 *euroa*
- 郑作新（1966：33）记载红喉山鹧鸪 *Arborophila rufogularis*，但未述及亚种分化问题。
- 郑作新（1976：135）记载红喉山鹧鸪 *Arborophila rufogularis* 二亚种：
    ❶ 滇西亚种 *intermedia*[①]
    ❷ 滇南亚种 *euroa*
    ① 编者注：中国鸟类亚种新记录（冼耀华等，1973）。
- 郑作新（1987：144-145；1994：29；2000：28；2002：50）、郑光美（2005：53；2011：56；2017：1；2023：2）记载红喉山鹧鸪 *Arborophila rufogularis* 三亚种：
    ❶ 指名亚种 *rufogularis*[②]
    ❷ 滇南亚种 *euroa*
    ❸ 滇西亚种 *intermedia*
    ② 编者注：中国鸟类亚种新记录（李德浩等，1979）。

[6] 海南山鹧鸪 *Arborophila ardens*　　　　　　　　　　　　　　　　hǎinán shānzhègū
英文名：Hainan Hill Partridge

- 郑作新（1966：33；2002：50）记载海南山鹧鸪 *Arborophila ardens*[①]，但未述及亚种分化问题。
    ① 郑作新（1966）：或将这些种（含台湾山鹧鸪 *Arborophila crudigularis*）列为黑喉山鹧鸪 *Arborophila atrogularis* 的亚种（Morioka，1957）。
- 郑作新（1955：89；1964：213；1976：136；1987：146；1994：29；2000：28）、郑光美（2005：54；2011：56；2017：2；2023：2）记载海南山鹧鸪 *Arborophila ardens*[②] 为单型种。
    ② 郑作新（1964：33）：或将这些种（含台湾山鹧鸪 *Arborophila crudigularis*）列为黑喉山鹧鸪 *Arborophila atrogularis* 的亚种（Morioka，1957）。

[7] 台湾山鹧鸪 *Arborophila crudigularis*　　　　　　　　　　　　　　　　táiwān shānzhègū
英文名：Taiwan Hill Partridge

- 郑作新（1966：33；2002：50）记载台湾山鹧鸪 *Arborophila crudigularis*[①]，但未述及亚种分化问题。

I. 鸡形目
GALLIFORMES

① 郑作新（1966）：或将这些种（含海南山鹧鸪 *Arborophila ardens*）列为黑喉山鹧鸪 *Arborophila atrogularis* 的亚种（Morioka，1957）。

◆ 郑作新（1955：88；1964：213；1976：136；1987：146；1994：29；2000：28）、郑光美（2005：53；2011：56；2017：2；2023：2）记载台湾山鹧鸪 *Arborophila crudigularis*[②③]为单型种。

② 郑作新（1964：33）：或将这些种（含海南山鹧鸪 *Arborophila ardens*）列为黑喉山鹧鸪 *Arborophila atrogularis* 的亚种（Morioka，1957）。

③ 郑作新（1976，1987）：或将它列为白颊山鹧鸪 *Arborophila atrogularis* 的亚种（Morioka，1957）。

〔8〕**白颊山鹧鸪** *Arborophila atrogularis*　　　　　　　　　　　　　　　báijiá shānzhègū

英文名：White-cheeked Hill Partridge

◆ 郑作新（2002：50）记载白颊山鹧鸪 *Arborophila atrogularis*，但未述及亚种分化问题。

◆ 郑作新（1976：135；1987：145；1994：29；2000：28）、郑光美（2005：53；2011：56；2017：2；2023：2）记载白颊山鹧鸪 *Arborophila atrogularis*[①]为单型种。

① 编者注：中国鸟类新记录（冼耀华等，1973）。

〔9〕**褐胸山鹧鸪** *Arborophila brunneopectus*　　　　　　　　　　　　　　hèxiōng shānzhègū

曾用名：棕胸山鹧鸪 *Arborophila javanica*

英文名：Bar-backed Partridge

◆ 郑作新（1955：88；1964：213；1976：136）记载棕胸山鹧鸪 *Arborophila javanica* 一亚种：

❶ 云南亚种 *brunneopectus*

◆ 郑作新（1966：33）记载棕胸山鹧鸪 *Arborophila javanica*，但未述及亚种分化问题。

◆ 郑作新（2002：50）记载褐胸山鹧鸪 *Arborophila brunneopectus*，亦未述及亚种分化问题。

◆ 郑作新（1987：145；1994：29；2000：28）、郑光美（2005：54；2011：57；2017：2；2023：2）记载褐胸山鹧鸪 *Arborophila brunneopectus* 一亚种：

❶ 指名亚种 *brunneopectus*

〔10〕**雪鹑** *Lerwa lerwa*　　　　　　　　　　　　　　　　　　　　　　　xuěchún

英文名：Snow Partridge

◆ 郑作新（1966：30）记载雪鹑属 *Lerwa* 为单型属。

◆ 郑作新（1955：76-77；1964：212；1976：121-122；1987：129-130；1994：26；2000：25；2002：45）、郑光美（2005：47-48；2011：50）记载雪鹑 *Lerwa lerwa* 三亚种：

❶ 指名亚种 *lerwa*
❷ 四川亚种 *major*
❸ 甘肃亚种 *callipygia*

◆ 郑光美（2017：5；2023：3）记载雪鹑 *Lerwa lerwa* 二亚种：

❶ 指名亚种 *lerwa*
❷ 四川亚种 *major*

[11] 血雉 *Ithaginis cruentus*   xuèzhì

英文名：Blood Pheasant

◆ 郑作新（1955：90-92；1964：34-35，214；1966：34-35）记载血雉 *Ithaginis cruentus* 十三亚种：

① 祁连山亚种 *michaëlis*
② 西宁亚种 *beicki*
③ 甘肃亚种 *berezowskii*
④ *annae* 亚种①
⑤ 秦岭亚种 *sinensis*
⑥ 指名亚种 *cruentus*
⑦ 西藏亚种 *tibetanus*
⑧ 增口亚种 *kuseri*
⑨ 滇西亚种 *marionae*
⑩ *holoptilus* 亚种②
⑪ 澜沧江亚种 *rocki*
⑫ 丽江亚种 *clarkei*
⑬ 四川亚种 *geoffroyi*

① 编者注：郑作新（1976，1987）将其作为甘肃亚种 *berezowskii* 的同物异名。
② 编者注：郑作新（1976，1987）将其作为澜沧江亚种 *rocki* 的同物异名。

◆ 郑作新（1976：138-140）记载血雉 *Ithaginis cruentus* 十一亚种：

① 祁连山亚种 *michaelis*
② 西宁亚种 *beicki*
③ 甘肃亚种 *berezowskii*
④ 秦岭亚种 *sinensis*
⑤ 指名亚种 *cruentus*
⑥ 西藏亚种 *tibetanus*
⑦ 增口亚种 *kuseri*
⑧ 滇西亚种 *marionae*
⑨ 澜沧江亚种 *rocki*
⑩ 丽江亚种 *clarkei*
⑪ 四川亚种 *geoffroyi*

◆ 郑作新（1987：148-150；1994：29-30）记载血雉 *Ithaginis cruentus* 十二亚种：

① 祁连山亚种 *michaelis*
② 西宁亚种 *beicki*
③ 甘肃亚种 *berezowskii*
④ 秦岭亚种 *sinensis*
⑤ 指名亚种 *cruentus*
⑥ 亚东亚种 *affinis*③

I. 鸡形目
GALLIFORMES

⑦ 西藏亚种 *tibetanus*

⑧ 增口亚种 *kuseri*

⑨ 滇西亚种 *marionae*

⑩ 澜沧江亚种 *rocki*

⑪ 丽江亚种 *clarkei*

⑫ 四川亚种 *geoffroyi*

③ 编者注：中国鸟类亚种新记录（郑作新等，1980）。

◆ 郑作新（2000：29；2002：51-52）记载血雉 *Ithaginis cruentus* 十亚种：

① 祁连山亚种 *michaelis*

② 西宁亚种 *beicki*

③ 甘肃亚种 *berezowskii*

④ 秦岭亚种 *sinensis*

⑤ 指名亚种 *cruentus*

⑥ 亚东亚种 *affinis*

⑦ 西藏亚种 *tibetanus*

⑧ 增口亚种 *kuseri*

⑨ 丽江亚种 *clarkei*

⑩ 四川亚种 *geoffroyi*

◆ 郑光美（2005：55-56；2011：57-59；2017：10-11；2023：3-4）记载血雉 *Ithaginis cruentus* 十二亚种：

① 指名亚种 *cruentus*

② 祁连山亚种 *michaelis*

③ 西宁亚种 *beicki*

④ 甘肃亚种 *berezowskii*

⑤ 秦岭亚种 *sinensis*

⑥ 西藏亚种 *tibetanus*

⑦ 四川亚种 *geoffroyi*

⑧ 亚东亚种 *affinis*

⑨ 澜沧江亚种 *rocki*

⑩ 丽江亚种 *clarkei*

⑪ 滇西亚种 *marionae*

⑫ 增口亚种 *kuseri*

〔12〕**黑头角雉** *Tragopan melanocephalus*　　　　　　　　　　　　　　　　　　　　hēitóu jiǎozhì

英文名：Western Tragopan

◆ 郑作新（1966：35；2002：52）记载黑头角雉 *Tragopan melanocephalus*，但未述及亚种分化问题。

◆ 郑作新（1955：93；1964：214；1976：141；1987：150；1994：30；2000：29）、郑光美（2005：56；2011：59；2017：12；2023：4）记载黑头角雉 *Tragopan melanocephalus* 为单型种。

[13] 红胸角雉 *Tragopan satyra*　　　　　　　　　　　　　　　　　　　　hóngxiōng jiǎozhì
英文名： Satyr Tragopan
- 郑作新（1966：35；2002：53）记载红胸角雉 *Tragopan satyra*，但未述及亚种分化问题。
- 郑作新（1955：93；1964：214；1976：141；1987：151；1994：30；2000：29）、郑光美（2005：56；2011：59；2017：12；2023：4）记载红胸角雉 *Tragopan satyra* 为单型种。

[14] 灰腹角雉 *Tragopan blythii*　　　　　　　　　　　　　　　　　　　　huīfù jiǎozhì
曾用名： 灰腹角雉 *Tragopan blythi*
英文名： Blyth's Tragopan
- 郑作新（1966：35）记载灰腹角雉 *Tragopan blythi*，但未述及亚种分化问题。
- 郑作新（1976：142）记载灰腹角雉 *Tragopan blythii* 一亚种：
  ❶ 西藏亚种 *molesworthi*
- 郑作新（1987：151；1994：30；2000：29；2002：53）、郑光美（2005：56；2011：59；2017：12；2023：4-5）记载灰腹角雉 *Tragopan blythii* 二亚种：
  ❶ 指名亚种 *blythii*[①]
  ❷ 藏南亚种 *molesworthi*
  ① 编者注：中国鸟类亚种新记录（彭燕章等，1979）。

[15] 红腹角雉 *Tragopan temminckii*　　　　　　　　　　　　　　　　　　hóngfù jiǎozhì
曾用名： 灰斑角雉 *Tragopan temminckii*
英文名： Temminck's Tragopan
- 郑作新（1955：94；1964：214）记载灰斑角雉 *Tragopan temminckii* 为单型种。
- 郑作新（1966：35；2002：52，53）记载红腹角雉 *Tragopan temminckii*，但未述及亚种分化问题。
- 郑作新（1976：142；1987：152；1994：30；2000：29）、郑光美（2005：56；2011：59；2017：12；2023：5）记载红腹角雉 *Tragopan temminckii* 为单型种。

[16] 黄腹角雉 *Tragopan caboti*　　　　　　　　　　　　　　　　　　　　huángfù jiǎozhì
英文名： Cabot's Tragopan
- 郑作新（1966：35）记载黄腹角雉 *Tragopan caboti*，但未述及亚种分化问题。
- 郑作新（1955：94；1964：214；1976：142）记载黄腹角雉 *Tragopan caboti* 为单型种。
- 郑作新（1987：152；1994：30；2000：29-30；2002：53）、郑光美（2005：57；2011：60；2017：12-13；2023：5）记载黄腹角雉 *Tragopan caboti* 二亚种：
  ❶ 指名亚种 *caboti*[①]
  ❷ 广西亚种 *guangxiensis*
  ① 郑光美（2011）：亚种划分依 Dong 等（2010c）。

[17] 红喉雉鹑 *Tetraophasis obscurus*　　　　　　　　　　　　　　　　　hónghóu zhìchún
曾用名： 西康雉鹑 *Tetraophasis obscurus*、雉鹑 *Tetraophasis obscurus*

I. 鸡形目
GALLIFORMES

英文名：Chestnut-throated Partridge
- 郑作新（1955：80）记载以下两种：
  - （1）西康雉鹑 *Tetraophasis obscurus*
  - （2）四川雉鹑 *Tetraophasis széchenyii*
- 郑作新（1964：32，212；1966：32；1976：125-126；1987：133-134）记载雉鹑 *Tetraophasis obscurus* 二亚种：
  - ❶ 指名亚种 *obscurus*
  - ❷ 川西亚种 *szechenyii*
- 郑作新（1994：27）、郑光美（2005：48）记载以下两种：
  - （1）雉鹑 *Tetraophasis obscurus*
  - （2）四川雉鹑 *Tetraophasis szechenyii*
- 郑作新（2002：46）记载以下两种，且均未述及亚种分化问题。
  - （1）红喉雉鹑 *Tetraophasis obscurus*
  - （2）黄喉雉鹑 *Tetraophasis szechenyii*
- 郑作新（2000：26）、郑光美（2011：50-51；2017：5；2023：5）记载以下两种：
  - （1）红喉雉鹑 *Tetraophasis obscurus*
  - （2）黄喉雉鹑 *Tetraophasis szechenyii*

〔18〕**黄喉雉鹑** *Tetraophasis szechenyii*　　　　　　　　　　　　huánghóu zhìchún
曾用名：四川雉鹑 *Tetraophasis széchenyii*、四川雉鹑 *Tetraophasis szechenyii*
英文名：Buff-throated Partridge

初为独立种（四川雉鹑 *Tetraophasis széchenyii*），后并入雉鹑 *Tetraophasis obscurus*，现列为独立种。请参考〔17〕红喉雉鹑 *Tetraophasis obscurus*。

〔19〕**棕尾虹雉** *Lophophorus impejanus*　　　　　　　　　　　　zōngwěi hóngzhì
英文名：Himalayan Monal
- 郑作新（1966：36；2002：54）记载棕尾虹雉 *Lophophorus impejanus*，但未述及亚种分化问题。
- 郑作新（1955：94；1964：214；1976：142；1987：152；1994：30；2000：30）、郑光美（2005：58；2011：61；2017：13；2023：6）记载棕尾虹雉 *Lophophorus impejanus* 为单型种。

〔20〕**白尾梢虹雉** *Lophophorus sclateri*　　　　　　　　　　　　báiwěishāo hóngzhì
英文名：Sclater's Monal
- 郑作新（1966：36）记载白尾梢虹雉 *Lophophorus sclateri*，但未述及亚种分化问题。
- 郑作新（1955：94；1964：214；1976：143）记载白尾梢虹雉 *Lophophorus sclateri* 为单型种。
- 郑作新（1976：968；1987：153；1994：31；2000：29-30；2002：55）、郑光美（2005：58；2011：61；2017：14；2023：6）记载白尾梢虹雉 *Lophophorus sclateri* 二亚种：
  - ❶ 指名亚种 *sclateri*
  - ❷ 云南亚种 *orientalis*[①]

[①] 编者注：郑作新（1976，2002）称之为滇西亚种。

[21] 绿尾虹雉 *Lophophorus lhuysii*   lǜwěi hóngzhì

英文名：Chinese Monal

◆ 郑作新（1966：36；2002：54）记载绿尾虹雉 *Lophophorus lhuysii*，但未述及亚种分化问题。

◆ 郑作新（1955：95；1964：214；1976：143；1987：154；1994：31；2000：30）、郑光美（2005：58；2011：61；2017：14；2023：6）记载绿尾虹雉 *Lophophorus lhuysii* 为单型种。

[22] 勺鸡 *Pucrasia macrolopha*   sháojī

英文名：Koklass Pheasant

◆ 郑作新（1955：100-101；1964：37-38，215；1966：38；1976：149-150；1987：160-161；1994：32；2000：31；2002：58）、郑光美（2005：57；2011：60；2017：13；2023：6-7）均记载勺鸡 *Pucrasia macrolopha* 五亚种：

① 云南亚种 *meyeri*
② 陕西亚种 *ruficollis*
③ 河北亚种 *xanthospila*
④ 安徽亚种 *joretiana*
⑤ 东南亚种 *darwini*

[23] 花尾榛鸡 *Tetrastes bonasia*   huāwěi zhēnjī

曾用名：榛鸡 *Tetrastes bonasia*、花尾榛鸡 *Bonasa bonasia*

英文名：Hazel Grouse

◆ 郑作新（1955：75）记载榛鸡 *Tetrastes bonasia* 二亚种：

① 北方亚种 *sibiricus*
② 黑龙江亚种 *amurensis*

◆ 郑作新（1966：30）记载花尾榛鸡 *Tetrastes bonasia*，但未述及亚种分化问题。

◆ 郑作新（1994：25-26；2000：25；2002：43）、郑光美（2005：47；2011：49-50）记载花尾榛鸡 *Bonasa bonasia* 二亚种：

① 北方亚种 *sibiricus*
② 黑龙江亚种 *amurensis*

◆ 郑作新（1964：211-212；1976：120；1987：128-129）、郑光美（2017：3；2023：7）记载花尾榛鸡 *Tetrastes bonasia*[①]二亚种：

① 北方亚种 *sibiricus*
② 黑龙江亚种 *amurensis*

[①] 郑光美（2017）：由 *Bonasa* 属归入 *Tetrastes* 属（Dickinson et al., 2013）。

[24] 斑尾榛鸡 *Tetrastes sewerzowi*   bānwěi zhēnjī

曾用名：华西榛鸡 *Tetrastes sewerzowi*、斑尾榛鸡 *Bonasa sewerzowi*

英文名：Chinese Grouse

◆ 郑作新（1955：75）记载华西榛鸡 *Tetrastes sewerzowi* 二亚种：

① 指名亚种 *sewerzowi*

❷ 四川亚种 *secunda*
◆ 郑作新（1964：30，212；1966：30；1976：121；1987：129）记载斑尾榛鸡 *Tetrastes sewerzowi* 二亚种：
  ❶ 指名亚种 *sewerzowi*
  ❷ 四川亚种 *secunda*
◆ 郑作新（1994：26；2000：25；2002：43）、郑光美（2005：47；2011：50）记载斑尾榛鸡 *Bonasa sewerzowi* 二亚种：
  ❶ 指名亚种 *sewerzowi*
  ❷ 四川亚种 *secunda*
◆ 郑光美（2017：3；2023：7）记载斑尾榛鸡 *Tetrastes sewerzowi*[①]二亚种：
  ❶ 指名亚种 *sewerzowi*
  ❷ 四川亚种 *secundus*
  ① 郑光美（2017）：由 *Bonasa* 属归入 *Tetrastes* 属（Dickinson et al.，2013）。

[25] 柳雷鸟 *Lagopus lagopus*　　　　　　　　　　　　　　　　　　　　　　　　　liǔléiniǎo
曾用名：雷鸟 *Lagopus lagopus*、［柳］雷鸟 *Lagopus lagopus*
英文名：Willow Grouse
◆ 郑作新（1955：74；1964：211）记载雷鸟 *Lagopus lagopus* 一亚种：
  ❶ 鄂霍次克海亚种 *sserebrowsky*[①]
  ① 编者注：亚种中文名引自百度百科。
◆ 郑作新（1966：29）记载雷鸟属 *Lagopus* 为单型属。
◆ 郑作新（1976：119）、郑光美（2005：46；2011：48）记载柳雷鸟 *Lagopus lagopus* 一亚种：
  ❶ 黑龙江亚种 *okadai*
◆ 郑作新（1987：127；1994：25；2000：24）记载［柳］雷鸟 *Lagopus lagopus* 一亚种：
  ❶ 黑龙江亚种 *okadai*
◆ 郑作新（2002：42）记载［柳］雷鸟 *Lagopus lagopus*，但未述及亚种分化问题。
◆ 郑光美（2017：5；2023：7-8）记载柳雷鸟 *Lagopus lagopus* 二亚种：
  ❶ 西伯利亚亚种 *brevirostris*[②]
  ❷ 鄂霍次克海亚种 *sserebrowsky*
  ② 编者注：亚种中文名引自赵正阶（2001a：319）。

[26] 岩雷鸟 *Lagopus muta*　　　　　　　　　　　　　　　　　　　　　　　　　yánléiniǎo
曾用名：岩雷鸟 *Lagopus mutus*
英文名：Rock Ptarmigan
◆ 郑作新（1976：119；1987：127；1994：25；2000：25）、郑光美（2005：46）记载岩雷鸟 *Lagopus mutus* 一亚种：
  ❶ 新疆亚种 *nadezdae*
◆ 郑作新（2002：42）记载岩雷鸟 *Lagopus mutus*，但未述及亚种分化问题。
◆ 郑光美（2011：49；2017：4；2023：8）记载岩雷鸟 *Lagopus muta* 一亚种：

❶ 新疆亚种 *nadezdae*

[27] **镰翅鸡** *Falcipennis falcipennis*　　　　　　　　　　　　　　　　　　　　　　　　liánchìjī

曾用名： 镰翅鸡 *Dendragapus falcipennis*

英文名： Siberian Spruce Grouse

◆ 郑作新（1966：29）记载镰翅鸡属 *Falcipennis* 为单型属。

◆ 郑作新（2002：42）记载镰翅鸡属 *Dendragapus* 为单型属。

◆ 郑作新（1994：25；2000：25）、郑光美（2005：45；2011：48）记载镰翅鸡 *Dendragapus falcipennis* 为单型种。

◆ 郑作新（1955：74；1964：211；1976：119；1987：127）、郑光美（2017：3；2023：8）记载镰翅鸡 *Falcipennis falcipennis*[①] 为单型种。

　　[①] 郑光美（2017）：由 *Dendragapus* 属归入 *Falcipennis* 属（Drovetski，2002；Kimball et al.，2011）。

[28] **松鸡** *Tetrao urogallus*　　　　　　　　　　　　　　　　　　　　　　　　　　　　sōngjī

曾用名： ［西方］松鸡 *Tetrao urogallus*；西方松鸡 *Tetrao urogallus*（约翰·马敬能等，2000：40；刘阳等，2021：55）

英文名： Western Capercaillie

◆ 郑作新（1994：25；2000：24）记载［西方］松鸡 *Tetrao urogallus* 一亚种：

　　❶ 新疆亚种 *taczanowskii*

◆ 郑作新（2002：42）记载［西方］松鸡 *Tetrao urogallus*，但未述及亚种分化问题。

◆ 郑作新（1987：125）、郑光美（2005：46；2011：49；2017：4；2023：8）记载松鸡 *Tetrao urogallus*[①] 一亚种：

　　❶ 新疆亚种 *taczanowskii*

　　[①] 编者注：中国鸟类新记录（陈服官等，1980）。

[29] **黑嘴松鸡** *Tetrao urogalloides*　　　　　　　　　　　　　　　　　　　　　　　　hēizuǐ sōngjī

曾用名： 细嘴松鸡 *Tetrao urogalloides*、细嘴松鸡 *Tetrao parvirostris*、黑嘴松鸡 *Tetrao parvirostris*

英文名： Black-billed Capercaillie

◆ 郑作新（1955：73；1964：211）记载细嘴松鸡 *Tetrao urogalloides*[①] 一亚种：

　　❶ 指名亚种 *urogalloides*

　　[①] 编者注：郑作新（1955）将 *Tetrao parvirostris* 列为其同物异名。

◆ 郑作新（1966：29）记载松鸡属 *Tetrao* 为单型属。

◆ 郑作新（1976：117）记载细嘴松鸡 *Tetrao parvirostris* 一亚种：

　　❶ 指名亚种 *parvirostris*

◆ 郑作新（1987：125；2000：24）、郑光美（2005：47；2011：49）记载黑嘴松鸡 *Tetrao parvirostris*[②] 一亚种：

　　❶ 指名亚种 *parvirostris*

　　[②] 编者注：郑作新（1976，1987）将 *Tetrao urogalloides* 列为其同物异名。

◆ 郑作新（1994：25）记载黑嘴松鸡、细嘴松鸡 *Tetrao parvirostris* 一亚种：

I. 鸡形目
GALLIFORMES

❶ 指名亚种 *parvirostris*

◆ 郑作新（2002：42）记载黑嘴松鸡 *Tetrao parvirostris*，但未述及亚种分化问题。

◆ 郑光美（2017：4；2023：8）记载黑嘴松鸡 *Tetrao urogalloides* 一亚种：

❶ 指名亚种 *urogalloides*

〔30〕**黑琴鸡** *Lyrurus tetrix*　　　　　　　　　　　　　　　　　　　　　　hēiqínjī

曾用名： 黑琴鸡 *Tetrao tetrix*（约翰·马敬能等，2000：40）

英文名： Black Grouse

◆ 郑作新（1966：29）记载琴鸡属 *Lyrurus* 为单型属。

◆ 郑作新（1955：73-74；1964：211；1976：118；1987：126；1994：25；2000：24；2002：42）、郑光美（2005：46；2011：49；2017：4；2023：8-9）记载黑琴鸡 *Lyrurus tetrix* 三亚种：

❶ 东北亚种 *ussuriensis*

❷ 北方亚种 *baikalensis*

❸ 蒙古亚种 *mongolicus*[①]

[①]编者注：郑作新（1976）称之为新疆亚种。

〔31〕**高原山鹑** *Perdix hodgsoniae*　　　　　　　　　　　　　　　　　　　gāoyuán shānchún

英文名： Tibetan Partridge

◆ 郑作新（1955：84-85；1964：32，213；1966：32；1976：130-131）记载高原山鹑 *Perdix hodgsoniae* 三亚种：

❶ 青海亚种 *koslowi*

❷ 四川亚种 *sifanica*

❸ 指名亚种 *hodgsoniae*

◆ 郑作新（1987：139-140；1994：28；2000：27；2002：48）记载高原山鹑 *Perdix hodgsoniae* 四亚种：

❶ 青海亚种 *koslowi*

❷ 四川亚种 *sifanica*

❸ 指名亚种 *hodgsoniae*

❹ 藏西亚种 *caraganae*[①]

[①]编者注：中国鸟类亚种新记录（郑作新等，1980）。

◆ 郑光美（2005：51；2011：54；2017：9；2023：9）记载高原山鹑 *Perdix hodgsoniae* 三亚种：

❶ 四川亚种 *sifanica*

❷ 指名亚种 *hodgsoniae*

❸ 藏西亚种 *caraganae*

〔32〕**灰山鹑** *Perdix perdix*　　　　　　　　　　　　　　　　　　　　　　huīshānchún

曾用名： 山鹑 *Perdix perdix*、栗胸斑山鹑 *Perdix perdix*

英文名： Grey Partridge

◆ 郑作新（1955：83）记载山鹑 *Perdix perdix* 一亚种：

❶ 北疆亚种 *robusta*

◆ 郑作新（1966：32）记载栗胸斑山鹑 *Perdix perdix*，但未述及亚种分化问题。

◆ 郑作新（2002：48）记载灰山鹑 *Perdix perdix*，亦未述及亚种分化问题。

◆ 郑作新（1964：212-213；1976：129；1987：138；1994：27-28；2000：27）、郑光美（2005：51；2011：53；2017：8；2023：9）记载灰山鹑 *Perdix perdix* 一亚种：

❶ 北疆亚种 *robusta*

〔33〕**斑翅山鹑** *Perdix dauurica*　　　　　　　　　　　　　　　　　　　　　　　　　bānchì shānchún

曾用名： 斑翅山鹑 *Perdix daurica*、斑翅山鹑 *Perdix dauuricae*

英文名： Daurian Partridge

◆ 郑作新（1964：32，213）记载斑翅山鹑 *Perdix daurica* 三亚种：

❶ *turcomana* 亚种[①]

❷ 四川亚种 *przewalskii*[②]

❸ 指名亚种 *daurica*[③]

① 编者注：郑作新等（1978：73）记载，我们查看过三只采自新疆北部天山地区的 *Perdix daurica turcomana* 标本，上背灰色延伸至颊部的后半，并且前胸呈浅黄色，与指名亚种的原始描述相符。*Perdix daurica turcomana* 与指名亚种的主要区别，一般认为是：前胸与喉的赤褐色相连与否和蹄形斑是黑色还是黑褐色；但在这两个亚种内均有大量的变异存在，如在恰克图采到的指名亚种，前胸和喉的赤褐色，有相连的，亦有不相连的；它们蹄形斑或是黑色，或是黑褐色（杰孟契也夫等，1967）。在我们观察的三只采自新疆的 *Perdix daurica turcomana* 标本，其一蹄形斑很黑，而另两个则略浅一些；其一喉与胸的赤褐色几乎相连，而另两个则不相连。因此，我们认为产于新疆的 *Perdix daurica turcomana* 亚种应为指名亚种的同物异名。

② 编者注：郑作新（1976）、郑作新等（1978：73）、赵正阶（2001a：343）称之为青海亚种。

③ 编者注：郑作新（1976）称之为新疆亚种 *dauuricae*。

◆ 郑作新（1966：32）记载斑翅山鹑 *Perdix dauuricae* 三亚种：

❶ *turcomana* 亚种

❷ 四川亚种 *przewalskii*

❸ 指名亚种 *dauuricae*

◆ 郑作新（1976：129-130；1987：138；1994：28；2000：27；2002：48）记载斑翅山鹑 *Perdix dauuricae* 三亚种：

❶ 指名亚种 *dauuricae*

❷ 四川亚种 *przewalskii*

❸ 青海亚种 *suschkini*[④]

④ 编者注：郑作新（1976）称之为华北亚种；郑作新等（1978：73）、赵正阶（2001a：343）称之为东北亚种。

◆ 郑作新（1955：83-84）、郑光美（2005：51；2011：53-54；2017：8；2023：9-10）记载斑翅山鹑 *Perdix dauurica*[⑤] 三亚种：

❶ 指名亚种 *dauurica*[⑥]

I. 鸡形目
GALLIFORMES

❷ 四川亚种 *przewalskii*

❸ 青海亚种 *suschkini*

⑤ 编者注：郑作新（1955）记载其种本名为 *daurica*。

⑥ 编者注：郑作新（1955）记载该亚种为 *daurica*。

〔34〕**白冠长尾雉** *Syrmaticus reevesii*　　　　　　　　　　　　　　　　　　　　báiguān chángwěizhì

曾用名：长尾雉 *Syrmaticus reevesii*

英文名：Reeves's Pheasant

◆ 郑作新（1955：107）记载长尾雉 *Syrmaticus reevesii* 为单型种。

◆ 郑作新（1966：40；2002：60）记载白冠长尾雉 *Syrmaticus reevesii*，但未述及亚种分化问题。

◆ 郑作新（1964：216；1976：156；1987：167；1994：33；2000：32）、郑光美（2005：61；2011：64；2017：17；2023：10）记载白冠长尾雉 *Syrmaticus reevesii* 为单型种。

〔35〕**黑长尾雉** *Syrmaticus mikado*　　　　　　　　　　　　　　　　　　　　　　hēichángwěizhì

英文名：Mikado Pheasant

◆ 郑作新（1966：40；2002：60）记载黑长尾雉 *Syrmaticus mikado*，但未述及亚种分化问题。

◆ 郑作新（1955：107；1964：216；1976：156；1987：167；1994：33；2000：32）、郑光美（2005：61；2011：64；2017：17；2023：10）记载黑长尾雉 *Syrmaticus mikado* 为单型种。

〔36〕**白颈长尾雉** *Syrmaticus ellioti*　　　　　　　　　　　　　　　　　　　　　báijǐng chángwěizhì

英文名：Elliot's Pheasant

◆ 郑作新（1966：40；2002：60）记载白颈长尾雉 *Syrmaticus ellioti*，但未述及亚种分化问题。

◆ 郑作新（1955：107；1964：216；1976：156；1987：167；1994：33；2000：32）、郑光美（2005：61；2011：64；2017：17；2023：10）记载白颈长尾雉 *Syrmaticus ellioti* 为单型种。

〔37〕**黑颈长尾雉** *Syrmaticus humiae*　　　　　　　　　　　　　　　　　　　　hēijǐng chángwěizhì

英文名：Hume's Pheasant

◆ 郑作新（1966：40；2002：60）记载黑颈长尾雉 *Syrmaticus humiae*，但未述及亚种分化问题。

◆ 郑作新（1955：106；1964：216；1976：155-156；1987：166-167；1994：33；2000：32）记载黑颈长尾雉 *Syrmaticus humiae* 一亚种：

❶ 云南亚种 *burmannicus*

◆ 郑光美（2005：61；2011：64；2017：17；2023：10）记载黑颈长尾雉 *Syrmaticus humiae* 一亚种：

❶ 云南亚种 *burmanicus*

〔38〕**红腹锦鸡** *Chrysolophus pictus*　　　　　　　　　　　　　　　　　　　　　hóngfù jǐnjī

曾用名：金鸡 *Chrysolophus pictus*

英文名：Golden Pheasant

◆ 郑作新（1964：216）记载金鸡、红腹锦鸡 *Chrysolophus pictus* 为单型种。

- ◆ 郑作新（1966：40）记载金鸡、红腹锦鸡 *Chrysolophus pictus*，但未述及亚种分化问题。
- ◆ 郑作新（1955：108；1976：157；1987：168；1994：33；2000：32）记载红腹锦鸡、金鸡 *Chrysolophus pictus* 为单型种。
- ◆ 郑作新（2002：60，61）记载红腹锦鸡 *Chrysolophus pictus*，亦未述及亚种分化问题。
- ◆ 郑光美（2005：64；2011：67；2017：19；2023：11）记载红腹锦鸡 *Chrysolophus pictus* 为单型种。

〔39〕**白腹锦鸡** *Chrysolophus amherstiae*   báifù jǐnjī

曾用名：铜鸡 *Chrysolophus amherstiae*

英文名：Lady Amherst's Pheasant

- ◆ 郑作新（1964：216）记载铜鸡、白腹锦鸡 *Chrysolophus amherstiae* 为单型种。
- ◆ 郑作新（1966：40）记载铜鸡、白腹锦鸡 *Chrysolophus amherstiae*，但未述及亚种分化问题。
- ◆ 郑作新（1976：156；1987：168；1994：33；2000：32）记载白腹锦鸡、铜鸡 *Chrysolophus amherstiae* 为单型种。
- ◆ 郑作新（2002：61）记载白腹锦鸡 *Chrysolophus amherstiae*，亦未述及亚种分化问题。
- ◆ 郑作新（1955：107）、郑光美（2005：64；2011：67；2017：20；2023：11）记载白腹锦鸡 *Chrysolophus amherstiae* 为单型种。

〔40〕**环颈雉** *Phasianus colchicus*   huánjǐngzhì

曾用名：雉 *Phasianus colchicus*、雉鸡 *Phasianus colchicus*

英文名：Common Pheasant

- ◆ 郑作新（1955：102-106；1964：38-39，215-216）记载环颈雉、雉 *Phasianus colchicus* 十八亚种：
  - ① 准噶尔亚种 *mongolicus*
  - ② 莎车亚种 *shawii*
  - ③ 塔里木亚种 *tarimensis*
  - ④ 祁连山亚种 *satscheuensis*
  - ⑤ 青海亚种 *vlangalii*
  - ⑥ 甘肃亚种 *strauchi*
  - ⑦ 阿拉善亚种 *sohokhotensis*
  - ⑧ 贺兰山亚种 *alaschanicus*
  - ⑨ 东北亚种 *pallasi*
  - ⑩ 河北亚种 *karpowi*
  - ⑪ 内蒙古亚种 *kiangsuensis*
  - ⑫ 四川亚种 *süehschanensis*[①]
  - ⑬ 云南亚种 *elegans*
  - ⑭ 滇南亚种 *rothschildi*
  - ⑮ 贵州亚种 *decollatus*
  - ⑯ 广西亚种 *takatsukasae*
  - ⑰ 华东亚种 *torquatus*

I. 鸡形目
GALLIFORMES

⓲ 台湾亚种 *formosanus*

① 编者注：郑作新（1964：39）记载该亚种为 *suehschanensis*。

◆ 郑作新（1966：38-39）记载环颈雉、雉 *Phasianus colchicus* 十七亚种：

① 准噶尔亚种 *mongolicus*

② 莎车亚种 *shawii*

③ 塔里木亚种 *tarimensis*

④ 祁连山亚种 *satscheuensis*

⑤ 青海亚种 *vlangalii*

⑥ 甘肃亚种 *strauchi*

⑦ 阿拉善亚种 *sohokhotensis*

⑧ 贺兰山亚种 *alaschanicus*

⑨ 东北亚种 *pallasi*

⑩ 河北亚种 *karpowi*

⑪ 内蒙古亚种 *kiangsuensis*

⑫ 四川亚种 *suehschanensis*

⑬ 云南亚种 *elegans*

⑭ 滇南亚种 *rothschildi*

⑮ 贵州亚种 *decollatus*

⑯ 广西亚种 *takatsukasae*

⑰ 华东亚种 *torquatus*

◆ 郑作新（1976：151-155；1987：162-166；1994：32-33；2000：31-32；2002：58-60）、郑光美（2005：62-64；2011：65-66；2017：17-19；2023：11-13）记载环颈雉 *Phasianus colchicus*[②] 十九亚种：

① 准噶尔亚种 *mongolicus*

② 莎车亚种 *shawii*

③ 塔里木亚种 *tarimensis*

④ 祁连山亚种 *satscheuensis*

⑤ 青海亚种 *vlangalii*

⑥ 甘肃亚种 *strauchi*

⑦ 阿拉善亚种 *sohokhotensis*[③]

⑧ 贺兰山亚种 *alaschanicus*

⑨ 弱水亚种 *edzinensis*

⑩ 东北亚种 *pallasi*

⑪ 河北亚种 *karpowi*

⑫ 内蒙古亚种 *kiangsuensis*

⑬ 四川亚种 *suehschanensis*

⑭ 云南亚种 *elegans*

⑮ 滇南亚种 *rothschildi*

⑯ 贵州亚种 *decollatus*

⑰ 广西亚种 *takatsukasae*

⑱ 华东亚种 *torquatus*

⑲ 台湾亚种 *formosanus*

② 编者注：郑作新（1976，1987，1994，2000）记载其中文名为雉鸡、环颈雉；郑作新（2002）记载其中文名为雉鸡。

③ 郑作新（1976，1987）：有时误写为"*sohkotensis*"或"*sohokotensis*"。

〔41〕藏马鸡 *Crossoptilon harmani*   zàngmǎjī

曾用名： 哈曼马鸡 *Crossoptilon harmani*

英文名： Tibetan Eared Pheasant

曾被视为 *Crossoptilon crossoptilon* 的一个亚种，现列为独立种。请参考〔42〕白马鸡 *Crossoptilon crossoptilon*。

〔42〕白马鸡 *Crossoptilon crossoptilon*   báimǎjī

曾用名： 马鸡 *Crossoptilon crossoptilon*、藏马鸡 *Crossoptilon crossoptilon*

英文名： White Eared Pheasant

◆ 郑作新（1955：95-97；1964：36，214；1966：36-37）记载白马鸡 *Crossoptilon crossoptilon*①五亚种：

❶ 藏南亚种 *harmani*

❷ 昌都亚种 *drouynii*

❸ 玉树亚种 *dolani*

❹ 指名亚种 *crossoptilon*

❺ 丽江亚种 *lichiangense*

① 编者注：郑作新（1958）记载其中文名为马鸡。

◆ 郑作新等（1978：129-133）、郑作新（1976：144-145；1987：154-156）记载藏马鸡 *Crossoptilon crossoptilon*②五亚种：

❶ 藏南亚种 *harmani*③

❷ 昌都亚种 *drouynii*

❸ 玉树亚种 *dolani*

❹ 指名亚种 *crossoptilon*

❺ 丽江亚种 *lichiangense*

② 郑作新等（1978）：从前通称白马鸡，但因所分化的亚种中，有的并非白色，又因它的分布主要在西藏自治区，故改为此名。

③ 郑作新（1976，1987）：Ludlow 等（1951）认为这应另立为一种，即 *Crossoptilon harmani*。

◆ 郑作新（1994：31）记载以下两种：

（1）藏马鸡 *Crossoptilon crossoptilon*

❶ 昌都亚种 *drouynii*

❷ 玉树亚种 *dolani*

❸ 指名亚种 *crossoptilon*

❹ 丽江亚种 *lichiangense*

（2）哈曼马鸡 *Crossoptilon harmani*

◆ 郑作新（2000：30；2002：55）、郑光美（2005：60；2011：63；2017：16；2023：13-14）记载以下两种：

（1）藏马鸡 *Crossoptilon harmani*

（2）白马鸡 *Crossoptilon crossoptilon*

❶ 指名亚种 *crossoptilon*

❷ 昌都亚种 *drouynii*

❸ 玉树亚种 *dolani*

❹ 丽江亚种 *lichiangense*

〔43〕**褐马鸡** *Crossoptilon mantchuricum*　　　　　　　　　　　　　　　　　　　　　　　hèmǎjī

英文名：Brown Eared Pheasant

◆ 郑作新（1966：36；2002：55）记载褐马鸡 *Crossoptilon mantchuricum*，但未述及亚种分化问题。

◆ 郑作新（1955：97；1964：241；1976：145；1987：156；1994：31；2000：30）、郑光美（2005：61；2011：64；2017：16；2023：14）记载褐马鸡 *Crossoptilon mantchuricum* 为单型种。

〔44〕**蓝马鸡** *Crossoptilon auritum*　　　　　　　　　　　　　　　　　　　　　　　　　lánmǎjī

英文名：Blue Eared Pheasant

◆ 郑作新（1966：36；2002：55）记载蓝马鸡 *Crossoptilon auritum*，但未述及亚种分化问题。

◆ 郑作新（1955：97；1964：214；1976：145；1987：156；1994：31；2000：30）、郑光美（2005：61；2011：63；2017：16-17；2023：14）记载蓝马鸡 *Crossoptilon auritum* 为单型种。

〔45〕**蓝腹鹇** *Lophura swinhoii*　　　　　　　　　　　　　　　　　　　　　　　　　lánfùxián

曾用名：蓝鹇 *Lophura swinhoii*

英文名：Swinhoe's Pheasant

◆ 郑作新（1966：37）记载蓝腹鹇 *Lophura swinhoii*，但未述及亚种分化问题。

◆ 郑作新（2002：56）记载蓝鹇 *Lophura swinhoii*，亦未述及亚种分化问题。

◆ 郑作新（1976：148；1987：159；1994：32；2000：31）、郑光美（2005：60）记载蓝鹇 *Lophura swinhoii* 为单型种。

◆ 郑作新（1955：99；1964：215）、郑光美（2011：63；2017：16；2023：14）记载蓝腹鹇 *Lophura swinhoii* 为单型种。

〔46〕**黑鹇** *Lophura leucomelanos*　　　　　　　　　　　　　　　　　　　　　　　　　hēixián

曾用名：黑胸鹇 *Lophura leucomelana*、黑鹇 *Lophura leucomelana*

英文名：Kalij Pheasant

◆ 郑作新（1955：97；1964：214-215）记载黑胸鹇 *Lophura leucomelana* 一亚种：

❶ 藏南亚种 *lathami*

◆ 郑作新（1966：37）记载黑胸鹇 *Lophura leucomelana*，但未述及亚种分化问题。

◆郑作新（1976：146；1987：156-157；1994：31；2000：30；2002：56）记载黑鹇 *Lophura leucomelana* 二亚种：

    ❶ 指名亚种 *leucomelana*[①]

    ❷ 藏南亚种 *lathami*

    ① 编者注：中国鸟类亚种新记录（冼耀华等，1973）。

◆郑光美（2005：59；2011：61-62；2017：14）记载黑鹇 *Lophura leucomelanos* 二亚种：

    ❶ 指名亚种 *leucomelanos*

    ❷ 藏南亚种 *lathami*

◆郑光美（2023：14）记载黑鹇 *Lophura leucomelanos* 三亚种：

    ❶ 指名亚种 *leucomelanos*

    ❷ 藏南亚种 *lathami*

    ❸ 尼泊尔亚种 *melanota*[②]

    ② 亚种中文名引自赵正阶（2001a：382）。

〔47〕白鹇 *Lophura nycthemera*   báixián

英文名：Silver Pheasant

◆郑作新（1955：98-99；1964：37，215）记载白鹇 *Lophura nycthemera* 七亚种：

    ❶ 滇西亚种 *occidentalis*

    ❷ 缅北亚种 *rufipes*

    ❸ 掸邦亚种 *jonesi*

    ❹ 滇南亚种 *beaulieui*

    ❺ 指名亚种 *nycthemera*

    ❻ 福建亚种 *fokiensis*

    ❼ 海南亚种 *whiteheadi*

◆郑作新（1966：37-38；1976：146-148）记载白鹇 *Lophura nycthemera* 八亚种：

    ❶ 滇西亚种 *occidentalis*

    ❷ 北掸亚种 *rufipes*

    ❸ 南掸亚种 *jonesi*

    ❹ 滇南亚种 *beaulieui*

    ❺ 峨眉亚种 *omeiensis*

    ❻ 指名亚种 *nycthemera*

    ❼ 福建亚种 *fokiensis*

    ❽ 海南亚种 *whiteheadi*

◆郑作新（1987：157-159；1994：31-32；2000：30-31；2002：56-57）、郑光美（2005：59-60；2011：62-63；2017：15；2023：15）记载白鹇 *Lophura nycthemera* 九亚种：

    ❶ 峨眉亚种 *omeiensis*

    ❷ 榕江亚种 *rongjiangensis*

    ❸ 指名亚种 *nycthemera*

❹ 福建亚种 *fokiensis*
❺ 海南亚种 *whiteheadi*
❻ 滇西亚种 *occidentalis*
❼ 缅北亚种 *rufipes*
❽ 掸邦亚种 *jonesi*
❾ 滇南亚种 *beaulieui*

〔48〕**绿孔雀** *Pavo muticus* lǜkǒngquè

英文名：Green Peafowl

◆郑作新（1966：30）记载孔雀亚科 Pavonidae 为单型亚科。
◆郑作新（2002：61）记载绿孔雀 *Pavo muticus*，但未述及亚种分化问题。
◆郑作新（1955：109；1964：216；1976：159；1987：170；1994：34；2000：33）、郑光美（2005：64；2011：67；2017：20；2023：16）记载绿孔雀 *Pavo muticus* 一亚种：

❶ 滇南亚种 *imperator*

〔49〕**绿脚树鹧鸪** *Tropicoperdix chloropus* lǜjiǎo shùzhègū

曾用名：绿脚山鹧鸪 *Arborophila chloropus*；绿脚山鹧鸪 *Arborophila charltonii*（约翰·马敬能等，2000：27）

英文名：Green-legged Partridge

◆郑作新（1966：33；2002：49）记载绿脚山鹧鸪 *Arborophila chloropus*，但未述及亚种分化问题。
◆郑作新（1964：213；1976：135；1987：144；1994：28；2000：28）、郑光美（2005：54；2011：57）记载绿脚山鹧鸪 *Arborophila chloropus*[①]一亚种：

❶ 指名亚种 *chloropus*

① 编者注：中国鸟类新记录（郑作新等，1958a）。

◆郑光美（2017：3；2023：16）记载绿脚树鹧鸪 *Tropicoperdix chloropus*[②]一亚种：

❶ 指名亚种 *chloropus*

② 郑光美（2017）：由 *Arborophila* 属归入 *Tropicoperdix* 属（Chen et al.，2015）。

〔50〕**海南孔雀雉** *Polyplectron katsumatae* hǎinán kǒngquèzhì

英文名：Hainan Peacock Pheasant

曾被视为 *Polyplectron bicalcaratum* 的一个亚种，现列为独立种。请参考〔51〕灰孔雀雉 *Polyplectron bicalcaratum*。

〔51〕**灰孔雀雉** *Polyplectron bicalcaratum* huīkǒngquèzhì

曾用名：孔雀雉 *Polyplectron bicalcaratum*

英文名：Grey Peacock Pheasant

◆郑作新（1955：108；1964：216）记载孔雀雉 *Polyplectron bicalcaratum* 一亚种：

❶ 海南亚种 *katsumatae*

- 郑作新（1976：158；1987：169）记载孔雀雉 *Polyplectron bicalcaratum* 二亚种：
  - ❶ 指名亚种 *bicalcaratum*[①]
  - ❷ 海南亚种 *katsumatae*
  - ① 编者注：中国鸟类亚种新记录（郑作新等，1973）。
- 郑作新（1994：33；2000：33；2002：61）记载灰孔雀雉 *Polyplectron bicalcaratum* 二亚种：
  - ❶ 指名亚种 *bicalcaratum*
  - ❷ 海南亚种 *katsumatae*
- 郑光美（2005：64；2011：67；2017：20；2023：16）记载以下两种：
  - （1）海南孔雀雉 *Polyplectron katsumatae*
  - （2）灰孔雀雉 *Polyplectron bicalcaratum*
    - ❶ 指名亚种 *bicalcaratum*

〔52〕**棕胸竹鸡** *Bambusicola fytchii*   zōngxiōng zhújī

曾用名：缅甸竹鸡 *Bambusicola fytchii*、棕眉竹鸡 *Bambusicola fytchii*

英文名：Mountain Bamboo Partridge

- 郑作新（1955：89）记载缅甸竹鸡 *Bambusicola fytchii* 一亚种：
  - ❶ *oleaginia* 亚种[①]
  - ① 编者注：郑作新（1976，1987）、郑作新等（1978：102）将其列为指名亚种 *fytchii* 的同物异名。
- 郑作新（1964：213-214）记载棕眉竹鸡 *Bambusicola fytchii* 二亚种：
  - ❶ 指名亚种 *fytchii*
  - ❷ *oleaginia* 亚种
- 郑作新（1966：33）记载棕眉竹鸡 *Bambusicola fytchii*，但未述及亚种分化问题。
- 郑作新（2002：50）记载棕胸竹鸡 *Bambusicola fytchii*，亦未述及亚种分化问题。
- 郑作新（1976：137；1987：146；1994：29；2000：28）、郑光美（2005：54；2011：57；2017：10；2023：16）记载棕胸竹鸡 *Bambusicola fytchii* 一亚种：
  - ❶ 指名亚种 *fytchii*

〔53〕**灰胸竹鸡** *Bambusicola thoracicus*   huīxiōng zhújī

曾用名：竹鸡 *Bambusicola thoracica*、［普通］竹鸡 *Bambusicola thoracica*、灰胸竹鸡 *Bambusicola thoracica*

英文名：Chinese Bamboo Partridge

- 郑作新（1955：89-90）记载竹鸡 *Bambusicola thoracica* 二亚种：
  - ❶ 指名亚种 *thoracica*
  - ❷ 台湾亚种 *sonorivox*
- 郑作新（1964：34，214；1966：34）记载［普通］竹鸡 *Bambusicola thoracica* 二亚种：
  - ❶ 指名亚种 *thoracica*
  - ❷ 台湾亚种 *sonorivox*
- 郑作新（1976：138；1987：147-148；1994：29；2000：29；2002：50）、郑光美（2005：54）记载灰胸竹鸡 *Bambusicola thoracica* 二亚种：

❶ 指名亚种 *thoracica*
❷ 台湾亚种 *sonorivox*

◆郑光美（2011：57）记载灰胸竹鸡 *Bambusicola thoracicus* 二亚种：
❶ 指名亚种 *thoracicus*
❷ 台湾亚种 *sonorivox*

◆郑光美（2017：10；2023：16）记载以下两种：
（1）灰胸竹鸡 *Bambusicola thoracicus*
（2）台湾竹鸡 *Bambusicola sonorivox*①
① 郑光美（2017）：由 *Bambusicola thoracicus* 的亚种提升为种（Collar，2004；Hung et al.，2014）。

〔54〕**台湾竹鸡** *Bambusicola sonorivox*　　　　　　　　　　　　　　　　táiwān zhújī
英文名：Taiwan Bamboo Partridge

从 *Bambusicola thoracicus* 的亚种提升为种。请参考〔53〕灰胸竹鸡 *Bambusicola thoracicus*。

〔55〕**红原鸡** *Gallus gallus*　　　　　　　　　　　　　　　　　　　　　hóngyuánjī
曾用名：原鸡 *Gallus gallus*；〔红〕原鸡 *Gallus gallus*（约翰·马敬能等，2000：32）
英文名：Red Junglefowl

◆郑作新（1955：100；1964：37，215；1966：38；1976：148；1987：159；1994：32；2000：31；2002：57）、郑光美（2005：58；2011：61）记载原鸡 *Gallus gallus* 二亚种：
❶ 滇南亚种 *spadiceus*
❷ 海南亚种 *jabouillei*

◆郑光美（2017：14；2023：17）记载红原鸡 *Gallus gallus* 二亚种：
❶ 滇南亚种 *spadiceus*
❷ 海南亚种 *jabouillei*

〔56〕**中华鹧鸪** *Francolinus pintadeanus*　　　　　　　　　　　　　　zhōnghuá zhègū
曾用名：鹧鸪 *Francolinus pintadeanus*、〔中华〕鹧鸪 *Francolinus pintadeanus*
英文名：Chinese Francolin

◆郑作新（1955：82；1976：128）记载鹧鸪 *Francolinus pintadeanus* 为单型种。
◆郑作新（1964：212）记载鹧鸪 *Francolinus pintadeanus* 一亚种：
❶ 指名亚种 *pintadeanus*
◆郑作新（1966：31；2002：44）记载鹧鸪属 *Francolinus* 为单型属。
◆郑作新（1987：137；1994：27；2000：27）记载〔中华〕鹧鸪 *Francolinus pintadeanus* 为单型种。
◆郑光美（2005：50；2011：53）记载中华鹧鸪 *Francolinus pintadeanus* 一亚种：
❶ 指名亚种 *pintadeanus*
◆郑光美（2017：8；2023：17）记载中华鹧鸪 *Francolinus pintadeanus* 二亚种：
❶ 指名亚种 *pintadeanus*
❷ 南亚亚种 *phayrei*①

① 编者注：亚种中文名引自赵正阶（2001a：341）。

[57] **藏雪鸡** *Tetraogallus tibetanus* zàngxuějī
曾用名：雪鸡 *Tetraogallus tibetanus*、淡腹雪鸡 *Tetraogallus tibetanus*
英文名：Tibetan Snowcock

◆ 郑作新（1955：77-78；1964：31，212；1966：31）记载雪鸡 *Tetraogallus tibetanus*①六亚种：
  ❶ 指名亚种 *tibetanus*
  ❷ 疆南亚种 *tschimenensis*
  ❸ *centralis* 亚种②
  ❹ 藏南亚种 *aquilonifer*
  ❺ 青海亚种 *przewalskii*
  ❻ 四川亚种 *henrici*

① 编者注：郑作新（1964，1966）记载其中文名为藏雪鸡。
② 编者注：郑作新（1976，1987）、郑作新等（1978：55）将其列为青海亚种 *przewalskii* 的同物异名。赵正阶（2001a：329）指出，郑作新等（1976）在比较研究了 *Tetraogallus tibetanus centralis* 亚种和 *Tetraogallus tibetanus przewalskii* 亚种的标本后，认为二者之间无明显差别而将 *Tetraogallus tibetanus centralis* 列为 *Tetraogallus tibetanus przewalskii* 的同物异名。

◆ 郑作新（1976：122-124；1987：131-132）记载藏雪鸡、淡腹雪鸡 *Tetraogallus tibetanus* 五亚种：
  ❶ 指名亚种 *tibetanus*
  ❷ 疆南亚种 *tschimenensis*
  ❸ 藏南亚种 *aquilonifer*
  ❹ 青海亚种 *przewalskii*
  ❺ 四川亚种 *henrici*

◆ 郑作新（1994：26；2000：25-26；2002：45-46）、郑光美（2005：48-49；2011：51；2017：6；2023：16-17）记载藏雪鸡 *Tetraogallus tibetanus*③六亚种：
  ❶ 指名亚种 *tibetanus*
  ❷ 疆南亚种 *tschimenensis*
  ❸ 藏南亚种 *aquilonifer*
  ❹ 青海亚种 *przewalskii*
  ❺ 四川亚种 *henrici*
  ❻ 云南亚种 *yunnanensis*④

③ 编者注：郑作新（1994，2000，2002）记载的中文名为淡腹雪鸡、藏雪鸡。
④ 郑作新（1994，2000，2002）：参见杨岚等（1987）。

[58] **阿尔泰雪鸡** *Tetraogallus altaicus* ā'ěrtài xuějī
英文名：Altai Snowcock

◆ 郑作新（1994：27；2000：26；2002：46）记载阿尔泰雪鸡 *Tetraogallus altaicus*①②二亚种：
  ❶ 指名亚种 *altaicus*

I. 鸡形目 GALLIFORMES

❷ 戈壁亚种 *orientalis*

①郑作新（1994，2000）：参见 Ma 等（1991）以及 Huang 等（1992）。

②编者注：中国鸟类新记录（黄人鑫等，1992）。

◆郑光美（2005：49；2011：51；2017：7；2023：18）记载阿尔泰雪鸡 *Tetraogallus altaicus* 为单型种。

〔59〕**暗腹雪鸡** *Tetraogallus himalayensis* ànfù xuějī

曾用名： 高山雪鸡 *Tetraogallus himalayensis*

英文名： Himalayan Snowcock

◆郑作新（1955：78-79）记载高山雪鸡 *Tetraogallus himalayensis* 三亚种：

❶ 指名亚种 *himalayensis*

❷ 南疆亚种 *grombszewskii*

❸ 青海亚种 *koslowi*

◆郑作新（1964：31，212；1966：31）记载暗腹雪鸡 *Tetraogallus himalayensis* 三亚种：

❶ 指名亚种 *himalayensis*

❷ 南疆亚种 *grombszewskii*

❸ 青海亚种 *koslowi*

◆郑作新（1976：124-125；1987：132-133）记载暗腹雪鸡、高山雪鸡 *Tetraogallus himalayensis* 三亚种：

❶ 指名亚种 *himalayensis*

❷ 南疆亚种 *grombszewskii*

❸ 青海亚种 *koslowi*

◆郑作新（1994：26-27；2000：26；2002：46）记载暗腹雪鸡、高山雪鸡 *Tetraogallus himalayensis* 四亚种：

❶ 指名亚种 *himalayensis*

❷ 南疆亚种 *grombszewskii*

❸ 青海亚种 *koslowi*

❹ 西疆亚种 *sewerzowi*①

①郑作新（1994，2000，2002）：参见马鸣（1991）、黄人鑫等（1992）。

◆郑光美（2005：49；2011：52）记载暗腹雪鸡 *Tetraogallus himalayensis* 四亚种：

❶ 西疆亚种 *sewerzowi*

❷ 指名亚种 *himalayensis*

❸ 南疆亚种 *grombszewskii*

❹ 青海亚种 *koslowi*

◆郑光美（2017：5-6；2023：18-19）记载暗腹雪鸡 *Tetraogallus himalayensis* 四亚种：

❶ 西疆亚种 *sewerzowi*

❷ 指名亚种 *himalayensis*

❸ 南疆亚种 *grombczewskii*②

❹ 青海亚种 *koslowi*

②编者注：此前该亚种拼写为 *grombszewskii*。

〔60〕**蓝胸鹑** *Synoicus chinensis*   lánxiōngchún

曾用名：蓝胸鹑 *Coturnix chinensis*；

    蓝胸鹑 *Excalfactoria chinensis*（杭馥兰等，1997：46；刘阳等，2021：60）

英文名：Blue-breasted Quail

◆ 郑作新（1966：33；2002：49）记载蓝胸鹑 *Coturnix chinensis*，但未述及亚种分化问题。

◆ 郑作新（1955：87；1964：213；1976：133；1987：142；1994：28；2000：27）、郑光美（2005：52；2011：55）记载蓝胸鹑 *Coturnix chinensis* 一亚种：

  ❶ 指名亚种 *chinensis*[①]

  ① 编者注：郑作新（1976）称之为华南亚种。

◆ 郑光美（2017：9-10；2023：19）记载蓝胸鹑 *Synoicus chinensis*[②] 一亚种：

  ❶ 指名亚种 *chinensis*

  ② 郑光美（2017）：由 *Coturnix* 属归入 *Synoicus* 属（Dickinson et al., 2013）。

〔61〕**西鹌鹑** *Coturnix coturnix*   xī'ānchún

曾用名：鹌鹑 *Coturnix coturnix*、鹑 *Coturnix coturnix*

英文名：Common Quail

说　明：因分类修订，原鹌鹑 *Coturnix coturnix* 的中文名修改为西鹌鹑。

◆ 郑作新（1955：86；1964：33，213；1966：33）记载鹌鹑、鹑 *Coturnix coturnix*[①] 二亚种：

  ❶ 指名亚种 *coturnix*

  ❷ 普通亚种 *japonica*

  ① 编者注：郑作新（1964：213）记载其中文名为鹌鹑。

◆ 郑作新（1976：132；1987：141；1994：28；2000：27；2002：49）记载鹌鹑 *Coturnix coturnix* 二亚种：

  ❶ 指名亚种 *coturnix*

  ❷ 普通亚种 *japonica*[②]

  ② 郑作新（1987）：这个亚种可能是一个独立的物种（Vaurie，1965）。

◆ 郑光美（2011：54-55）记载以下两种：

  （1）日本鹌鹑 *Coturnix japonica*

  （2）鹌鹑 *Coturnix coturnix*

    ❶ 指名亚种 *coturnix*

◆ 郑光美（2005：52；2017：9；2023：19）记载以下两种：

  （1）西鹌鹑 *Coturnix coturnix*

    ❶ 指名亚种 *coturnix*

  （2）鹌鹑 *Coturnix japonica*

〔62〕**鹌鹑** *Coturnix japonica*   ānchún

曾用名：日本鹌鹑 *Coturnix japonica*

英文名：Japanese Quail

  曾被视为 *Coturnix coturnix* 的一个亚种，现列为独立种，中文名沿用鹌鹑。请参考〔61〕西鹌鹑

Coturnix coturnix。

[63] 石鸡 *Alectoris chukar* shíjī

曾用名: 石鸡 *Alectoris graeca*；嘎嘎鸡 *Alectoris chukar*（赵正阶，2001a：335）

英文名: Chukar Partridge

◆ 郑作新（1955：80-82；1964：212；1976：126-128）记载石鸡 *Alectoris graeca* 七亚种：
  ① 北疆亚种 *dzungarica*
  ② 新疆亚种 *falki*
  ③ 南疆亚种 *pallida*
  ④ 疆西亚种 *pallescens*
  ⑤ 贺兰山亚种 *potanini*
  ⑥ 华北亚种 *pubescens*
  ⑦ 青海亚种 *magna*

◆ 郑作新（1964：32；1966：32）记载石鸡 *Alectoris graeca* 四亚种：
  ① 青海亚种 *magna*
  ② 疆西亚种 *pallescens*
  ③ 新疆亚种 *falki*
  ④ 南疆亚种 *pallida*

◆ 郑作新（1987：135-137）记载以下两种：

（1）石鸡 *Alectoris chukar*[①]
  ① 北疆亚种 *dzungarica*
  ② 疆西亚种 *falki*
  ③ 南疆亚种 *pallida*
  ④ 疆边亚种 *pallescens*
  ⑤ 贺兰山亚种 *potanini*
  ⑥ 华北亚种 *pubescens*

[①] 编者注：据郑光美（2002：29；2021：8），*Alectoris graeca* 被命名为欧石鸡，中国无分布。

（2）大石鸡 *Alectoris magna*[②]

[②] 郑作新（1987）：我采纳 Watson（1962）和 Vaurie（1965）的意见，将青海亚种 *magna* 视为一个独立种，尚需进一步研究来确认。

◆ 郑作新（1994：27；2000：26-27；2002：47）记载以下两种：

（1）石鸡 *Alectoris chukar*
  ① 北疆亚种 *dzungarica*
  ② 疆西亚种 *falki*
  ③ 南疆亚种 *pallida*
  ④ 疆边亚种 *pallescens*
  ⑤ 贺兰山亚种 *potanini*
  ⑥ 鄂尔多斯亚种 *ordoscensis*[③]

❼ 华北亚种 *pubescens*

③ 郑作新（1994，2000，2002）：参见张萌荪等（1989）。

（2）大石鸡 *Alectoris magna*

◆ 郑光美（2005：49-50；2011：52-53；2017：7-8；2023：19-20）记载以下两种：

（1）石鸡 *Alectoris chukar*

❶ 疆西亚种 *falki*

❷ 北疆亚种 *dzungarica*

❸ 南疆亚种 *pallida*

❹ 疆边亚种 *pallescens*

❺ 贺兰山亚种 *potanini*

❻ 华北亚种 *pubescens*

（2）大石鸡 *Alectoris magna*④

❶ 指名亚种 *magna*

❷ 兰州亚种 *lanzhouensis*

④ 郑光美（2005）：有关该物种的亚种分化，参见刘迺发等（2004）。

〔64〕大石鸡 *Alectoris magna* dàshíjī

英文名：Przevalski's Partridge

曾经被认为是 *Alectoris graeca* 的一个亚种，Watson（1962）和刘迺发（1984）恢复了 *magna* 种的地位。请参考〔63〕石鸡 *Alectoris chukar*。

Ⅱ. 雁形目 ANSERIFORMES

2. 鸭科 Anatidae（Ducks，Geese，Swans） 24 属 58 种

〔65〕白翅栖鸭 *Asarcornis scutulata*   báichì qīyā

英文名： White-winged Duck

◆ 刘阳和陈水华（2021：34）、约翰·马敬能（2022b：24）、郑光美（2023：21）记载白翅栖鸭 *Asarcornis scutulata*[①]为单型种。

   ① 郑光美（2023）：中国鸟类新记录（张利祥等，2019），居留型尚不确定。

〔66〕栗树鸭 *Dendrocygna javanica*   lìshùyā

曾用名： 树鸭 *Dendrocygna javanica*、〔栗〕树鸭 *Dendrocygna javanica*

英文名： Lesser Whistling Duck

◆ 郑作新（1966：13；2002：16）记载树鸭属 *Dendrocygna* 为单型属。

◆ 郑作新（1955：30；1964：206；1976：46）记载树鸭 *Dendrocygna javanica* 为单型种。

◆ 郑作新（1987：49；1994：14；2000：14）记载〔栗〕树鸭 *Dendrocygna javanica* 为单型种。

◆ 郑光美（2005：18；2011：19；2017：20；2023：21）记载栗树鸭 *Dendrocygna javanica* 为单型种。

〔67〕白头硬尾鸭 *Oxyura leucocephala*   báitóu yìngwěiyā

英文名： White-headed Duck

◆ 郑作新（1966：13；2002：17）记载硬尾鸭属 *Oxyura* 为单型属。

◆ 郑作新（1964：207；1976：67-68；1987：73；1994：17；2000：16）、郑光美（2005：29；2011：30；2017：33；2023：21）记载白头硬尾鸭 *Oxyura leucocephala*[①]为单型种。

   ① 编者注：中国鸟类新记录（关贯勋等，1962）。

〔68〕疣鼻天鹅 *Cygnus olor*   yóubí tiān'é

曾用名： 哑声天鹅 *Cygnus olor*、赤嘴天鹅 *Cygnus olor*、瘤鼻天鹅 *Cygnus olor*

英文名： Mute Swan

◆ 郑作新（1976：45；1987：49；1994：14）记载疣鼻天鹅、哑声天鹅、赤嘴天鹅 *Cygnus olor* 为单型种。

◆ 郑作新（1966：15）记载疣鼻天鹅 *Cygnus olor*，但未述及亚种分化问题。

◆ 郑作新（2000：13）记载瘤鼻天鹅、赤嘴天鹅 *Cygnus olor* 为单型种。

◆ 郑作新（2002：19）记载瘤鼻天鹅 *Cygnus olor*，亦未述及亚种分化问题。

◆ 郑作新（1955：29；1964：206）、郑光美（2005：18；2011：19；2017：24；2023：21）记载疣鼻天鹅 *Cygnus olor* 为单型种。

〔69〕大天鹅 *Cygnus cygnus*   dàtiān'é

曾用名： 天鹅 *Cygnus cygnus*、黄嘴天鹅 *Cygnus cygnus*

英文名： Whooper Swan

- 郑作新（1955：28）记载天鹅 *Cygnus cygnus* 一亚种：
  - ❶ 指名亚种 *cygnus*
- 郑作新（1964：205-206）记载大天鹅 *Cygnus cygnus* 一亚种：
  - ❶ 指名亚种 *cygnus*
- 郑作新（1976：44；1987：48；1994：14；2000：13）记载大天鹅、黄嘴天鹅 *Cygnus cygnus* 一亚种：
  - ❶ 指名亚种 *cygnus*
- 郑作新（1966：15；2002：20）记载大天鹅 *Cygnus cygnus*，但未述及亚种分化问题。
- 郑光美（2005：18；2011：19；2017：25；2023：22）记载大天鹅 *Cygnus cygnus* 为单型种。

〔70〕**小天鹅** *Cygnus columbianus*   xiǎotiān'é

曾用名：短嘴天鹅 *Cygnus bewickii*、小天鹅 *Cygnus bewickii*、啸声天鹅 *Cygnus columbianus*

英文名：Tundra Swan

- 郑作新（1955：29；1964：15，206）记载短嘴天鹅 *Cygnus bewickii*①一亚种：
  - ❶ 乌苏里亚种 *jankowskii*
  - ① 编者注：郑作新（1964：15）未述及亚种分化问题，郑作新（1964：206）记载其中文名为小天鹅。
- 郑作新（1966：15）记载小天鹅 *Cygnus columbianus*，但未述及亚种分化问题。
- 郑作新（1976：44；1987：48）记载啸声天鹅、小天鹅 *Cygnus columbianus* 一亚种：
  - ❶ 乌苏里亚种 *jankowskii*
- 郑作新（1994：14）记载小天鹅、啸声天鹅 *Cygnus columbianus* 一亚种：
  - ❶ 乌苏里亚种 *jankowskii*
- 郑作新（2000：13）记载小天鹅、短嘴天鹅 *Cygnus bewickii*②一亚种：
  - ❶ 乌苏里亚种 *jankowskii*③
  - ② 一些学者认为该种为 *Cygnus bewickii*。
  - ③ Vaurie（1965）认为 *jankowskii* 亚种（北美州）与 *Cygnus bewickii* 的区别在于，有更大的黑色的喙和靠近嘴基的小黄斑（Flint et al.，1984：28）。
- 郑作新（2002：20）记载小天鹅、短嘴天鹅 *Cygnus bewickii*，亦未述及亚种分化问题。
- 郑光美（2005：18；2011：20；2017：24；2023：22）记载小天鹅 *Cygnus columbianus* 一亚种：
  - ❶ 欧亚亚种 *bewickii*④
  - ④ 编者注：亚种中文名引自段文科和张正旺（2017a：125）；赵正阶（2001a：169）称之为俄罗斯亚种。

〔71〕**黑雁** *Branta bernicla*   hēiyàn

英文名：Brant Goose

- 郑作新（1966：14；2002：18）记载黑雁 *Branta bernicla*，但未述及亚种分化问题。
- 郑作新（1955：26；1964：205；1976：39；1987：42；1994：13；2000：12）记载黑雁 *Branta bernicla* 一亚种：
  - ❶ 东方亚种 *orientalis*
- 郑光美（2005：21；2011：22；2017：24；2023：22）记载黑雁 *Branta bernicla* 一亚种：
  - ❶ 普通亚种 *nigricans*

[72] 白颊黑雁 *Branta leucopsis*　　　　　　　　　　　　　　　　　　　　　　　　báijiá hēiyàn
英文名： Barnacle Goose

◆ 郑光美（2011：23；2017：24；2023：22）记载白颊黑雁 *Branta leucopsis*[①]为单型种。

① 郑光美（2011）：中国鸟类新记录，见牛俊英（2008）。

[73] 红胸黑雁 *Branta ruficollis*　　　　　　　　　　　　　　　　　　　　　　　　hóngxiōng hēiyàn
英文名： Red-breasted Goose

◆ 郑作新（1966：14；2002：18）记载红胸黑雁 *Branta ruficollis*，但未述及亚种分化问题。

◆ 郑作新（1964：205；1976：39；1987：42；1994：13；2000：12）、郑光美（2005：21；2011：23；2017：24；2023：23）记载红胸黑雁 *Branta ruficollis*[①]为单型种。

① 编者注：中国鸟类新记录（郑作新，1960）。

[74] 小美洲黑雁 *Branta hutchinsii*　　　　　　　　　　　　　　　　　　　　　　　xiǎo měizhōu hēiyàn
英文名： Cackling Goose

◆ 刘阳和陈水华（2021：31）、约翰·马敬能（2022b：20）、郑光美（2017：23；2023：23）记载小美洲黑雁 *Branta hutchinsii*[①]二亚种：

❶ *minima* 亚种

❷ *leucopareia* 亚种

① 郑光美（2017）：由 *Branta canadensis* 的亚种提升为种（Banks et al., 2004）。赵金生和宋相金（2000）在江西记录的 *leucopareia* 亚种为本种在中国的首次记录。

[75] 加拿大黑雁 *Branta canadensis*　　　　　　　　　　　　　　　　　　　　　　jiānádà hēiyàn
曾用名： 加拿大雁 *Branta canadensis*
英文名： Canada Goose

◆ 郑光美（2005：21；2011：22）记载加拿大雁 *Branta canadensis*[①]为单型种。

① 郑光美（2005）：赵金生和宋相金，2000. 江西省鄱阳湖自然保护区发现加拿大雁. 野生动物，21（2）：41. 尚不能确定是何亚种。

◆ 郑光美（2017：23）记载加拿大雁 *Branta canadensis*[②]一亚种：

❶ *parvipes* 亚种

② 中国鸟类新记录（莫训强等，2017）。编者注：详见莫训强等（2017）。该文指出，由于加拿大雁和小美洲黑雁曾长期被视为同一物种，加之二者形态非常相似，在野外不易分辨（Sibley, 2014），在中国的相关报道有时并未将二者区分开来，而统称为"加拿大雁 *Branta canadensis*"。其中赵金生等（2000）曾于1999年12月20日在江西梅西湖记录到一只"加拿大雁"，根据其原始描述，该个体"下颈有一明显的白色颈环，……比白额雁稍小"，因此应为小美洲黑雁 *leucopareia* 亚种。该记录曾作为"加拿大雁 *Branta canadensis*"被收录于《中国鸟类分类与分布名录》（郑光美，2005）。

◆ 郑光美（2023：23）记载加拿大黑雁 *Branta canadensis* 一亚种：

❶ *parvipes* 亚种

〔76〕**雪雁** *Anser caerulescens*   xuěyàn
英文名： Snow Goose
◆ 郑作新（1955：28；1964：205；1976：44）记载雪雁 *Anser caerulescens* 为单型种。
◆ 郑作新（1966：14；2002：18）记载雪雁 *Anser caerulescens*，但未述及亚种分化问题。
◆ 郑作新（1987：47；1994：14；2000：13）、郑光美（2005：21；2011：22；2017：23；2023：23）记载雪雁 *Anser caerulescens* 一亚种：
  ❶ 指名亚种 *caerulescens*

〔77〕**斑头雁** *Anser indicus*   bāntóuyàn
英文名： Bar-headed Goose
◆ 郑作新（1966：14；2002：18）记载斑头雁 *Anser indicus*，但未述及亚种分化问题。
◆ 郑作新（1955：28；1964：205；1976：42；1987：46；1994：14；2000：13）、郑光美（2005：20；2011：22；2017：23；2023：24）记载斑头雁 *Anser indicus* 为单型种。

〔78〕**灰雁** *Anser anser*   huīyàn
英文名： Graylag Goose
◆ 郑作新（1966：14；2002：18）记载灰雁 *Anser anser*，但未述及亚种分化问题。
◆ 郑作新（1955：28；1964：205；1976：42；1987：45；1994：14；2000：13）记载灰雁 *Anser anser* 为单型种。
◆ 郑光美（2005：20；2011：22；2017：22；2023：24）记载灰雁 *Anser anser* 一亚种：
  ❶ 东方亚种（即斯温霍亚种）*rubrirostris*[①]
  [①] 编者注：亚种中文名引自赵正阶（2001a：162）。

〔79〕**鸿雁** *Anser cygnoides*   hóngyàn
曾用名： 鸿雁 *Anser cygnoid*
英文名： Swan Goose
◆ 郑作新（1966：14；2002：18）记载鸿雁 *Anser cygnoides*，但未述及亚种分化问题。
◆ 郑作新（1955：26）、郑光美（2017：21）记载鸿雁 *Anser cygnoid* 为单型种。
◆ 郑作新（1964：205；1976：40；1987：42；1994：13；2000：12）、郑光美（2005：19；2011：20；2023：24）记载鸿雁 *Anser cygnoides* 为单型种。

〔80〕**豆雁** *Anser fabalis*   dòuyàn
英文名： Bean Goose
◆ 郑作新（1955：26-27；1964：15，205）记载豆雁 *Anser fabalis* 四亚种：
  ❶ 指名亚种 *fabalis*
  ❷ 普通亚种 *serrirostris*
  ❸ 陕西亚种 *johanseni*
  ❹ 西伯利亚亚种 *sibiricus*
◆ 郑作新（1966：15；1976：40-41；1987：43-45；1994：13；2000：12-13；2002：19）、郑光美（2005：19；

2011：20-21）记载豆雁 *Anser fabalis* 四亚种：

❶ 新疆亚种 *rossicus*

❷ 普通亚种 *serrirostris*

❸ 陕西亚种 *johanseni*

❹ 西伯利亚亚种 *sibiricus*[①]

①编者注：郑光美（2005，2011）记载该亚种为 *middendorffi*。

◆郑光美（2017：21；2023：24-25）记载以下两种：

（1）豆雁 *Anser fabalis*

❶ 陕西亚种 *johanseni*

❷ 西伯利亚亚种 *middendorffii*[②]

②编者注：亚种中文名引自郑作新等（1979：32）。有人根据优先律，把西伯利亚亚种命名为 *Anser fabalis middendorffii*（谢维尔佐夫，1873）。可是，谢维尔佐夫在1873年发表 *Anser fabalis middendorffii* 时所依据的是混合种群，因此，*Anser fabalis middendorffii* 应让位于 *Anser fabalis sibiricus*。百度百科称之为中亚亚种。

（2）短嘴豆雁 *Anser serrirostris*[③]

❶ 新疆亚种 *rossicus*

❷ 指名亚种 *serrirostris*

③郑光美（2017）：由 *Anser fabalis* 的亚种提升为种（Sangster et al., 1996）。

〔81〕**短嘴豆雁** *Anser serrirostris*　　　　　　　　　　　　　　　　　duǎnzuǐ dòuyàn

英文名：Tundra Bean Goose

　　由 *Anser fabalis* 的亚种提升为种。请参考〔80〕豆雁 *Anser fabalis*。

〔82〕**白额雁** *Anser albifrons*　　　　　　　　　　　　　　　　　　　bái'éyàn

英文名：White-fronted Goose

◆郑作新（1955：27；1964：205；1976：42；1987：45）记载白额雁 *Anser albifrons* 一亚种：

❶ 指名亚种 *albifrons*

◆郑作新（1966：15）记载白额雁 *Anser albifrons*，但未述及亚种分化问题。

◆郑光美（2005：20）记载白额雁 *Anser albifrons* 一亚种：

❶ 太平洋亚种 *frontalis*

◆郑作新（1994：13；2000：13；2002：19）、郑光美（2011：21；2017：22；2023：25）记载白额雁 *Anser albifrons* 二亚种：

❶ 太平洋亚种 *frontalis*

❷ 指名亚种 *albifrons*

〔83〕**小白额雁** *Anser erythropus*　　　　　　　　　　　　　　　　　xiǎobái'éyàn

英文名：Lesser White-fronted Goose

◆郑作新（1966：15；2002：19）记载小白额雁 *Anser erythropus*，但未述及亚种分化问题。

◆ 郑作新（1955：27；1964：205；1976：42；1987：45；1994：13；2000：13）、郑光美（2005：20；2011：21；2017：22；2023：25）记载小白额雁 *Anser erythropus* 为单型种。

〔84〕**长尾鸭** *Clangula hyemalis*   chángwěiyā

英文名：Long-tailed Duck

◆ 郑作新（1966：14；2002：17）记载长尾鸭属 *Clangula* 为单型属。

◆ 郑作新（1955：39；1964：207；1976：66；1987：71；1994：17；2000：16）、郑光美（2005：27；2011：28；2017：31；2023：26）记载长尾鸭 *Clangula hyemalis* 为单型种。

〔85〕**小绒鸭** *Polysticta stelleri*   xiǎoróngyā

曾用名：绒鸭 *Someteria stelleri*

英文名：Steller's Eider

◆ 郑作新（1955：37；1964：207）记载绒鸭 *Somateria stelleri* 为单型种。

◆ 郑作新（1966：14）记载绒鸭属 *Somateria* 为单型属。

◆ 郑作新等（1979：107-108）记载小绒鸭 *Polysticta stelleri*[①]为单型种。

    ① 编者注：郑作新等（1979）指出，小绒鸭 *Polysticta stelleri* 别名绒鸭。关于小绒鸭的分类地位，目前有两种意见。一是由于这种绒鸭和其他绒鸭，均具有相似的羽被；雄鸟头部都有天鹅绒般块斑，都有长而弯曲的三级飞羽；分布地区也相似，所以把它归入绒鸭属 *Somateria* 中。二是认为这种小绒鸭应与其他绒鸭分开，另立一属即小绒鸭属 *Polysticta*。我们比较过小绒鸭和其他绒鸭，这种小绒鸭雌雄均有金属光泽的翼镜，上体的黑色羽毛也有金属光泽，并沾绿色，有别于其他绒鸭，再则小绒鸭体形较其他绒鸭小得多。所以我们认为，小绒鸭应自成一属，这个属可作为绒鸭族与河鸭族之间的过渡类型。

◆ 郑作新（2002：17）记载小绒鸭属 *Polysticta* 为单型属。

◆ 郑作新（1976：64；1987：69；1994：16；2000：16）、郑光美（2005：26；2011：28；2017：31；2023：26）记载小绒鸭 *Polysticta stelleri* 为单型种。

〔86〕**丝绒海番鸭** *Melanitta fusca*   sīróng hǎifānyā

曾用名：绒海番鸭 *Melanitta fusca*（刘阳等，2021：50；约翰·马敬能，2022a：图版165）

英文名：Velvet Scoter

    过去曾将其视为斑脸海番鸭的亚种 *Melanitta fusca fusca*，现列为独立种。请参考〔87〕斑脸海番鸭 *Melanitta stejnegeri*。

〔87〕**斑脸海番鸭** *Melanitta stejnegeri*   bānliǎn hǎifānyā

曾用名：斑脸海番鸭 *Melanitta deglandi*、斑脸海番鸭 *Melanitta fusca*

英文名：Siberian Scoter

◆ 郑作新（1955：38；1964：207）记载斑脸海番鸭 *Melanitta deglandi* 一亚种：

    ❶ 西伯利亚亚种 *stejnegeri*

◆ 郑作新（1966：17）记载斑脸海番鸭 *Melanitta deglandi*，但未述及亚种分化问题。

◆ 郑作新（2002：24）记载斑脸海番鸭 *Melanitta fusca*，亦未述及亚种分化问题。

◆ 郑作新（1976：65；1987：70-71；1994：16；2000：16）、郑光美（2005：27；2011：29；2017：31）记载斑脸海番鸭 *Melanitta fusca*[①]一亚种：

  ❶ 西伯利亚亚种 *stejnegeri*

  ① 编者注：据郑光美（2021：13），*Melanitta deglandi* 被命名为白翅黑海番鸭，中国无分布。

◆ 郑光美（2023：26）记载以下两种：

  （1）丝绒海番鸭 *Melanitta fusca*[②]

  ② 中国鸟类新记录（何鑫等，2021）。

  （2）斑脸海番鸭 *Melanitta stejnegeri*

〔88〕**黑海番鸭** *Melanitta americana*　　　　　　　　　　　　　　　　　　　　　　　　　hēihǎifānyā

曾用名： 黑海番鸭 *Melanitta nigra*

英文名： Black Scoter

◆ 郑作新（1966：17）记载黑海番鸭 *Melanitta americana*，但未述及亚种分化问题。

◆ 郑作新（2002：24）记载黑海番鸭 *Melanitta nigra*，亦未述及亚种分化问题。

◆ 郑作新（1976：64-65；1987：70；1994：16；2000：16）、郑光美（2005：27；2011：29）记载黑海番鸭 *Melanitta nigra* 一亚种：

  ❶ 北方亚种 *americana*

◆ 郑作新（1955：38；1964：207）、郑光美（2017：31；2023：27）记载黑海番鸭 *Melanitta americana*[①]为单型种。

  ① 编者注：据郑光美（2021：13），*Melanitta nigra* 被命名为普通海番鸭，中国无分布。

〔89〕**鹊鸭** *Bucephala clangula*　　　　　　　　　　　　　　　　　　　　　　　　　　　　quèyā

英文名： Common Goldeneye

◆ 郑作新（1955：39；1964：207；1976：67；1987：72；1994：17；2000：16）记载鹊鸭 *Bucephala clangula* 为单型种。

◆ 郑作新（1966：14；2002：17）记载鹊鸭属 *Bucephala* 为单型属。

◆ 郑光美（2005：27；2011：29；2017：32；2023：27）记载鹊鸭 *Bucephala clangula* 一亚种：

  ❶ 指名亚种 *clangula*

〔90〕**斑头秋沙鸭** *Mergellus albellus*　　　　　　　　　　　　　　　　　　　　　　　　bāntóu qiūshāyā

曾用名： 斑头秋沙鸭 *Mergus albellus*、白秋沙鸭 *Mergus albellus*；

　　　　白秋沙鸭 *Mergellus albellus*（约翰·马敬能等，2000：57；刘阳等，2021：52；约翰·马敬能，2022b：32）

英文名： Smew

◆ 郑作新（1966：17；2002：24）记载斑头秋沙鸭 *Mergus albellus*，但未述及亚种分化问题。

◆ 郑作新（1955：39；1964：207；1976：68；1987：73）记载斑头秋沙鸭 *Mergus albellus* 为单型种。

◆ 郑作新（1994：17；2000：16）记载白秋沙鸭 *Mergus albellus* 为单型种。

◆ 郑光美（2005：28；2011：29；2017：32；2023：27）记载斑头秋沙鸭 *Mergellus albellus* 为单型种。

[91] **普通秋沙鸭** *Mergus merganser*　　　　　　　　　　　　　　　　　　　　　　pǔtōng qiūshāyā
曾用名： 秋沙鸭 *Mergus merganser*
英文名： Common Merganser

◆ 郑作新（1955：41）记载秋沙鸭 *Mergus merganser* 二亚种：
  ❶ 指名亚种 *merganser*
  ❷ 中亚亚种 *orientalis*[①]
  ① 编者注：亚种中文名引自百度百科。
◆ 郑作新（1964：17，207；1966：17）记载普通秋沙鸭 *Mergus merganser* 二亚种：
  ❶ 指名亚种 *merganser*
  ❷ 中亚亚种 *orientalis*
◆ 郑作新（1976：69-71；1987：76；1994：17；2000：16-17；2002：25）记载普通秋沙鸭 *Mergus merganser* 二亚种：
  ❶ 指名亚种 *merganser*
  ❷ 中亚亚种 *comatus*
◆ 郑光美（2005：28；2011：30；2017：32；2023：27-28）记载普通秋沙鸭 *Mergus merganser* 二亚种：
  ❶ 指名亚种 *merganser*
  ❷ 中亚亚种 *orientalis*

[92] **中华秋沙鸭** *Mergus squamatus*　　　　　　　　　　　　　　　　　　　　　zhōnghuá qiūshāyā
曾用名： 鳞胁秋沙鸭 *Mergus squamatus*
英文名： Chinese Merganser

◆ 郑作新（1955：40；1964：207）记载鳞胁秋沙鸭 *Mergus squamatus* 为单型种。
◆ 郑作新（1966：17）记载鳞胁秋沙鸭 *Mergus squamatus*，但未述及亚种分化问题。
◆ 郑作新（2002：24）记载中华秋沙鸭 *Mergus squamatus*，亦未述及亚种分化问题。
◆ 郑作新（1976：68；1987：74；1994：17；2000：16）、郑光美（2005：28；2011：30；2017：33；2023：28）记载中华秋沙鸭 *Mergus squamatus* 为单型种。

[93] **红胸秋沙鸭** *Mergus serrator*　　　　　　　　　　　　　　　　　　　　　　hóngxiōng qiūshāyā
英文名： Red-breasted Merganser

◆ 郑作新（1966：17；2002：24）记载红胸秋沙鸭 *Mergus serrator*，但未述及亚种分化问题。
◆ 郑作新（1987：75-76；1994：17；2000：16）记载红胸秋沙鸭 *Mergus serrator* 一亚种：
  ❶ 指名亚种 *serrator*
◆ 郑作新（1955：40；1964：207；1976：69）、郑光美（2005：28；2011：29；2017：32；2023：28）记载红胸秋沙鸭 *Mergus serrator* 为单型种。

[94] **丑鸭** *Histrionicus histrionicus*　　　　　　　　　　　　　　　　　　　　　　　　　chǒuyā
英文名： Harlequin Duck

◆郑作新（1955：38；1964：207；1976：66；1987：71；1994：16-17；2000：16）记载丑鸭 *Histrionicus histrionicus* 一亚种：

❶ 北方亚种 *pacificus*

◆郑作新（1966：14；2002：17）记载丑鸭属 *Histrionicus* 为单型属。

◆郑光美（2005：27；2011：28；2017：31；2023：28）记载丑鸭 *Histrionicus histrionicus* 为单型种。

〔95〕**翘鼻麻鸭** *Tadorna tadorna*　　　　　　　　　　　　　　　　　　　　　　qiàobí máyā

英文名：Common Shelduck

◆郑作新（1966：15；2002：20）记载翘鼻麻鸭 *Tadorna tadorna*，但未述及亚种分化问题。

◆郑作新（1955：30；1964：206；1976：48；1987：51；1994：14；2000：14）、郑光美（2005：21；2011：23；2017：25；2023：29）记载翘鼻麻鸭 *Tadorna tadorna* 为单型种。

〔96〕**赤麻鸭** *Tadorna ferruginea*　　　　　　　　　　　　　　　　　　　　　　chìmáyā

英文名：Ruddy Shelduck

◆郑作新（1966：15；2002：20）记载赤麻鸭 *Tadorna ferruginea*，但未述及亚种分化问题。

◆郑作新（1955：30；1964：206；1976：47；1987：50；1994：14；2000：14）、郑光美（2005：21；2011：23；2017：25；2023：29）记载赤麻鸭 *Tadorna ferruginea* 为单型种。

〔97〕**瘤鸭** *Sarkidiornis melanotos*　　　　　　　　　　　　　　　　　　　　　　liúyā

英文名：Comb Duck

◆郑作新（1966：13；2002：16）记载瘤鸭属 *Sarkidiornis* 为单型属。

◆郑作新（1955：37；1964：206；1976：64；1987：69；1994：16；2000：16）、郑光美（2005：22；2011：23；2017：25；2023：29）记载瘤鸭 *Sarkidiornis melanotos* 一亚种：

❶ 指名亚种 *melanotos*

〔98〕**棉凫** *Nettapus coromandelianus*　　　　　　　　　　　　　　　　　　　　miánfú

英文名：Cotton Pygmy Goose

◆郑作新（1966：13；2002：16）记载棉凫属 *Nettapus* 为单型属。

◆郑作新（1955：37；1964：206；1976：63；1987：68；1994：16；2000：15）、郑光美（2005：22；2011：23；2017：26；2023：29）记载棉凫 *Nettapus coromandelianus* 一亚种：

❶ 指名亚种 *coromandelianus*

〔99〕**鸳鸯** *Aix galericulata*　　　　　　　　　　　　　　　　　　　　　　　　yuānyāng

英文名：Mandarin Duck

◆郑作新（1966：13；2002：16）记载鸳鸯属 *Aix* 为单型属。

◆郑作新（1955：36；1964：206；1976：62；1987：67；1994：16；2000：15）、郑光美（2005：22；2011：24；2017：26；2023：30）记载鸳鸯 *Aix galericulata* 为单型种。

[100] **云石斑鸭** *Marmaronetta angustirostris*　　　　　　　　　　　　　　　　　　yúnshí bānyā

英文名： Marbled Teal

◆ 郑作新（2002：17）记载云石斑鸭属 *Marmaronetta* 为单型属。

◆ 郑作新（1994：15；2000：15）、郑光美（2005：25；2011：26；2017：29；2023：30）记载云石斑鸭 *Marmaronetta angustirostris*①②③为单型种。

　① 郑作新（1994，2000）：参见 Harvey（1986）。

　② 郑光美（2017）：有人怀疑本记录是赤嘴潜鸭 *Netta rufina* 幼鸟（马鸣，2011）。

　③ 编者注：刘阳和陈水华（2021：42）描述的云石斑鸭 *Marmaronetta angustirostris* 分布情况是1985年6月18日，在新疆克拉玛依艾里克湖发现8只，并发表于东方鸟类俱乐部刊物上，但之后再无记录。有人怀疑此为赤嘴潜鸭的误认。

[101] **赤嘴潜鸭** *Netta rufina*　　　　　　　　　　　　　　　　　　　　　　　　　chìzuǐ qiányā

曾用名： 赤嘴潜鸭 *Rhodonessa rufina*（约翰·马敬能等，2000：52）

英文名： Red-crested Pochard

◆ 郑作新（1966：14）记载赤嘴潜鸭属 *Netta* 为单型属。

◆ 郑作新（2002：17）记载狭嘴潜鸭属 *Netta*①②为单型属。

　① 狭嘴潜鸭 *Netta* 的嘴形狭而稍侧扁，不似潜鸭 *Aythya* 之平扁。

　② 编者注：郑作新等（1979：86-89）记载狭嘴潜鸭属 *Netta* 仅赤嘴潜鸭 *Netta rufina* 一种。

◆ 郑作新（1955：34；1964：206；1976：57；1987：62；1994：15；2000：15）、郑光美（2005：25；2011：26；2017：29；2023：30）记载赤嘴潜鸭 *Netta rufina*③为单型种。

　③ 编者注：据赵正阶（2001a：200），也有使用 *Rhodonessa rufina* 种名的。

[102] **红头潜鸭** *Aythya ferina*　　　　　　　　　　　　　　　　　　　　　　　　hóngtóu qiányā

英文名： Common Pochard

◆ 郑作新（1966：16；2002：23）记载红头潜鸭 *Aythya ferina*，但未述及亚种分化问题。

◆ 郑作新（1955：34；1964：206；1976：59；1987：63；1994：16；2000：15）、郑光美（2005：25；2011：27；2017：29；2023：30）记载红头潜鸭 *Aythya ferina* 为单型种。

[103] **帆背潜鸭** *Aythya valisineria*　　　　　　　　　　　　　　　　　　　　　　fānbèi qiányā

英文名： Canvasback

◆ 杭馥兰和常家传（1997：20）、约翰·马敬能等（2000：53）、赵正阶（2001a：202-203）、郑光美（2005：25；2011：27；2017：29；2023：30）记载帆背潜鸭 *Aythya valisineria*①为单型种。

　① 编者注：据赵正阶（2001a），我国于1987—1988年在台湾偶尔见到，属少有的迷鸟。另据刘小如等（2012a：172），偶尔出现在河流、河口湿地等环境。

[104] **青头潜鸭** *Aythya baeri*　　　　　　　　　　　　　　　　　　　　　　　　qīngtóu qiányā

英文名： Baer's Pochard

◆ 郑作新（1966：16；2002：23）记载青头潜鸭 *Aythya baeri*，但未述及亚种分化问题。

II. 雁形目 ANSERIFORMES

◆郑作新（1955：35；1964：206；1976：60；1987：65；1994：16；2000：15）、郑光美（2005：25；2011：27；2017：30；2023：31）记载青头潜鸭 *Aythya baeri* 为单型种。

[105] 白眼潜鸭 *Aythya nyroca*   báiyǎn qiányā
英文名：Ferruginous Duck

◆郑作新（1966：16；2002：23）记载白眼潜鸭 *Aythya nyroca*，但未述及亚种分化问题。

◆郑作新（1955：35；1964：206；1976：59；1987：64；1994：16；2000：15）、郑光美（2005：26；2011：27；2017：30；2023：31）记载白眼潜鸭 *Aythya nyroca* 为单型种。

[106] 环颈潜鸭 *Aythya collaris*   huánjǐng qiányā
英文名：Ring-necked Duck

◆刘阳和陈水华（2021：46）、郑光美（2023：31）记载环颈潜鸭 *Aythya collaris*[①]为单型种。

    [①] 郑光美（2023）：中国鸟类新记录（薛琳等，2023）。编者注：约翰·马敬能（2022a：图版165补充鸟种）也有记载。

[107] 凤头潜鸭 *Aythya fuligula*   fèngtóu qiányā
英文名：Tufted Duck

◆郑作新（1966：16；2002：23）记载凤头潜鸭 *Aythya fuligula*，但未述及亚种分化问题。

◆郑作新（1955：35；1964：206；1976：60；1987：65；1994：16；2000：15）、郑光美（2005：26；2011：28；2017：30；2023：31）记载凤头潜鸭 *Aythya fuligula* 为单型种。

[108] 斑背潜鸭 *Aythya marila*   bānbèi qiányā
英文名：Greater Scaup

◆郑作新（1966：16；2002：23）记载斑背潜鸭 *Aythya marila*，但未述及亚种分化问题。

◆郑作新（1955：36；1964：206；1976：62；1987：66；1994：16；2000：15）记载斑背潜鸭 *Aythya marila* 为单型种。

◆郑光美（2005：26；2011：28；2017：30；2023：32）记载斑背潜鸭 *Aythya marila* 一亚种：

    ❶ 普通亚种 *nearctica*[①]

    [①] 编者注：亚种中文名引自段文科和张正旺（2017a：157）。

[109] 小潜鸭 *Aythya affinis*   xiǎoqiányā
英文名：Lesser Scaup

◆刘阳和陈水华（2021：46）、郑光美（2023：32）记载小潜鸭 *Aythya affinis*[①]为单型种。

    [①] 郑光美（2023）：中国鸟类新记录（台湾物种名录，2023）。编者注：约翰·马敬能（2022a：图版165补充鸟种）也有记载。

[110] 白眉鸭 *Spatula querquedula*   báiméiyā
曾用名：白眉鸭 *Anas querquedula*

英文名: Garganey

- 郑作新（1966：15；2002：21）记载白眉鸭 *Anas querquedula*，但未述及亚种分化问题。
- 郑作新（1955：33；1964：205；1976：56；1987：60；1994：15；2000：15）、郑光美（2005：24；2011：26）记载白眉鸭 *Anas querquedula* 为单型种。
- 郑光美（2017：28；2023：32）记载白眉鸭 *Spatula querquedula*[①]为单型种。

   [①] 郑光美（2017）：由 *Anas* 属归入 *Spatula* 属（Gonzalez et al.，2009）。

〔111〕**琵嘴鸭** *Spatula clypeata*　　　　　　　　　　　　　　　　　　　　　　　pízuǐyā

曾用名：琵嘴鸭 *Anas clypeata*

英文名：Northern Shoveler

- 郑作新（1966：15；2002：20）记载琵嘴鸭 *Anas clypeata*，但未述及亚种分化问题。
- 郑作新（1955：34；1964：205；1976：56；1987：61；1994：15；2000：15）、郑光美（2005：24；2011：26）记载琵嘴鸭 *Anas clypeata* 为单型种。
- 郑光美（2017：28；2023：32）记载琵嘴鸭 *Spatula clypeata*[①]为单型种。

   [①] 郑光美（2017）：由 *Anas* 属归入 *Spatula* 属（Gonzalez et al.，2009）。

〔112〕**花脸鸭** *Sibirionetta formosa*　　　　　　　　　　　　　　　　　　　　　　huāliǎnyā

曾用名：花脸鸭 *Anas formosa*

英文名：Baikal Teal

- 郑作新（1966：16；2002：21）记载花脸鸭 *Anas formosa*，但未述及亚种分化问题。
- 郑作新（1955：32；1964：205；1976：51；1987：55；1994：15；2000：14）、郑光美（2005：23；2011：25）记载花脸鸭 *Anas formosa* 为单型种。
- 郑光美（2017：29；2023：33）记载花脸鸭 *Sibirionetta formosa*[①]为单型种。

   [①] 郑光美（2017）：由 *Anas* 属归入 *Sibirionetta* 属（Gonzalez et al.，2009）。

〔113〕**罗纹鸭** *Mareca falcata*　　　　　　　　　　　　　　　　　　　　　　　luówényā

曾用名：罗纹鸭 *Anas falcata*

英文名：Falcated Duck

- 郑作新（1966：16；2002：21）记载罗纹鸭 *Anas falcata*，但未述及亚种分化问题。
- 郑作新（1955：32；1964：206；1976：51；1987：55；1994：15；2000：14）、郑光美（2005：23；2011：24）记载罗纹鸭 *Anas falcata* 为单型种。
- 郑光美（2017：26；2023：33）记载罗纹鸭 *Mareca falcata*[①]为单型种。

   [①] 郑光美（2017）：由 *Anas* 属归入 *Mareca* 属（Gonzalez et al.，2009）。

〔114〕**赤膀鸭** *Mareca strepera*　　　　　　　　　　　　　　　　　　　　　　　chìbǎngyā

曾用名：紫膀鸭 *Anas strepera*、赤膀鸭 *Anas strepera*

英文名：Gadwall

- 郑作新（1955：33）记载紫膀鸭 *Anas strepera* 一亚种：

❶ 指名亚种 strepera
◆郑作新（1966：16；2002：21）记载赤膀鸭 *Anas strepera*，但未述及亚种分化问题。
◆郑作新（1964：206；1976：53；1987：58；1994：15；2000：14）、郑光美（2005：23；2011：24）记载赤膀鸭 *Anas strepera* 一亚种：
❶ 指名亚种 strepera
◆郑光美（2017：26；2023：33）记载赤膀鸭 *Mareca strepera*[①]一亚种：
❶ 指名亚种 strepera
　① 郑光美（2017）：由 *Anas* 属归入 *Mareca* 属（Gonzalez et al., 2009）。

〔115〕**赤颈鸭** *Mareca penelope*　　　　　　　　　　　　　　　　　　　　chìjǐngyā
曾用名：赤颈鸭 *Anas penelope*
英文名：Eurasian Wigeon
◆郑作新（1966：16；2002：21）记载赤颈鸭 *Anas penelope*，但未述及亚种分化问题。
◆郑作新（1955：33；1964：206；1976：55；1987：59；1994：15；2000：15）、郑光美（2005：22；2011：24）记载赤颈鸭 *Anas penelope* 为单型种。
◆郑光美（2017：26；2023：33）记载赤颈鸭 *Mareca penelope*[①]为单型种。
　① 郑光美（2017）：由 *Anas* 属归入 *Mareca* 属（Gonzalez et al., 2009）。

〔116〕**绿眉鸭** *Mareca americana*　　　　　　　　　　　　　　　　　　　lǜméiyā
曾用名：葡萄胸鸭 *Anas americana*、绿眉鸭 *Anas americana*
英文名：American Wigeon
◆杭馥兰和常家传（1997：17）、约翰·马敬能等（2000：49-50）、赵正阶（2001a：194-195）记载葡萄胸鸭 *Anas americana*[①]为单型种。
　① 编者注：赵正阶（2001a）指出，1980年和1987年曾先后两次在我国台湾宜兰竹安发现（王嘉雄等，1991）。单型种。也有人将本种放入 *Mareca* 属（Livezey, 1991）。
◆段文科和张正旺（2017a：141）记载绿眉鸭、葡萄胸鸭 *Anas americana* 为单型种。
◆郑光美（2005：22；2011：24）记载绿眉鸭 *Anas americana* 为单型种。
◆郑光美（2017：27；2023：33）记载绿眉鸭 *Mareca americana*[②]为单型种。
　② 郑光美（2017）：由 *Anas* 属归入 *Mareca* 属（Gonzalez et al., 2009）。

〔117〕**棕颈鸭** *Anas luzonica*　　　　　　　　　　　　　　　　　　　　　zōngjǐngyā
曾用名：吕宋鸭 *Anas luzonica*
英文名：Philippine Duck
◆杭馥兰和常家传（1997：17）记载棕颈鸭、吕宋鸭 *Anas luzonica* 为单型种。
◆约翰·马敬能等（2000：50）、赵正阶（2001a：190）、段文科和张正旺（2017a：148）、郑光美（2005：24；2011：26；2017：27；2023：33）记载棕颈鸭 *Anas luzonica*[①]为单型种。
　① 编者注：据赵正阶（2001a），1985—1988年曾先后于我国台湾屏东和龙銮潭见到（王嘉雄等，1991）。

〔118〕**斑嘴鸭** *Anas zonorhyncha*   bānzuǐyā

英文名：Chinese Spot-billed Duck

由原斑嘴鸭 *Anas poecilorhyncha* 的亚种提升为种，中文名沿用斑嘴鸭。请参考〔119〕南亚斑嘴鸭 *Anas poecilorhyncha*。

〔119〕**南亚斑嘴鸭** *Anas poecilorhyncha*   nányà bānzuǐyā

曾用名：斑嘴鸭 *Anas poecilorhyncha*、印度斑嘴鸭 *Anas poecilorhyncha*；

印缅斑嘴鸭 *Anas poecilorhyncha*（刘阳和陈水华，2021：40；约翰·马敬能，2022b：27）

英文名：Indian Spot-billed Duck

说　明：因分类修订，原斑嘴鸭 *Anas poecilorhyncha* 的中文名修改为南亚斑嘴鸭。

◆郑作新（1955：32-33；1964：16，206；1966：16；1976：53；1987：57-58；1994：15；2000：14；2002：22）、郑光美（2005：24；2011：25）记载斑嘴鸭 *Anas poecilorhyncha* 二亚种：

❶ 普通亚种 *zonorhyncha*

❷ 云南亚种 *haringtoni*

◆郑光美（2017：27）记载以下两种：

（1）印度斑嘴鸭 *Anas poecilorhyncha*

❶ 云南亚种 *haringtoni*

（2）斑嘴鸭 *Anas zonorhyncha*[①]

① 由 *Anas poecilorhyncha* 的亚种提升为种（Leader，2006）。

◆郑光美（2023：34）记载以下两种：

（1）斑嘴鸭 *Anas zonorhyncha*

（2）南亚斑嘴鸭 *Anas poecilorhyncha*

❶ 云南亚种 *haringtoni*

〔120〕**绿头鸭** *Anas platyrhynchos*   lǜtóuyā

英文名：Mallard

◆郑作新（1966：16；2002：21）记载绿头鸭 *Anas platyrhynchos*，但未述及亚种分化问题。

◆郑作新（1955：32；1964：206；1976：52；1987：56；1994：15；2000：14）、郑光美（2005：23；2011：25；2017：27；2023：34）记载绿头鸭 *Anas platyrhynchos* 一亚种：

❶ 指名亚种 *platyrhynchos*

〔121〕**针尾鸭** *Anas acuta*   zhēnwěiyā

英文名：Northern Pintail

◆郑作新（1966：16；2002：20）记载针尾鸭 *Anas acuta*，但未述及亚种分化问题。

◆郑作新（1955：31；1964：206；1976：49-50；1987：53；1994：14；2000：14）记载针尾鸭 *Anas acuta* 一亚种：

❶ 指名亚种 *acuta*

◆郑光美（2005：24；2011：26；2017：28；2023：34）记载针尾鸭 *Anas acuta* 为单型种。

〔122〕**绿翅鸭** *Anas crecca* lùchìyā

英文名: Eurasian Teal

◆郑作新（1966：16；2002：21）记载绿翅鸭 *Anas crecca*，但未述及亚种分化问题。

◆郑作新（1955：31；1964：206；1976：50；1987：54；1994：14-15；2000：14）、郑光美（2005：23；2011：25；2017：28）记载绿翅鸭 *Anas crecca* 一亚种：

❶ 指名亚种 *crecca*

◆郑光美（2023：34-35）记载绿翅鸭 *Anas crecca* 二亚种：

❶ 指名亚种 *crecca*

❷ 北美亚种 *carolinensis*[①]

[①] 编者注：亚种中文名引自赵正阶（2001a：182）、段文科和张正旺（2017a：145）。刘阳和陈水华（2021：42）、约翰·马敬能（2022b：28）将其视为独立种，即美洲绿翅鸭 *Anas carolinensis*。

Ⅲ. 䴙䴘目 PODICIPEDIFORMES

3. 䴙䴘科 Podicipedidae（Grebes） 2 属 5 种

〔123〕**小䴙䴘** *Tachybaptus ruficollis*   xiǎopìtī
曾用名：水葫芦 *Colymbus ruficollis*、小䴙䴘 *Colymbus ruficollis*、小䴙䴘 *Podiceps ruficollis*
英文名：Little Grebe
◆ 郑作新（1955：2；1964：4，201）记载水葫芦、小䴙䴘 *Colymbus ruficollis*[①]三亚种：
  ❶ 新疆亚种 *capensis*
  ❷ 普通亚种 *poggei*
  ❸ 台湾亚种 *philippensis*
  ① 编者注：郑作新（1964）记载其中文名为小䴙䴘。
◆ 郑作新（1966：4；1976：3-4；1987：3-4）记载小䴙䴘 *Podiceps ruficollis*[②]三亚种：
  ❶ 新疆亚种 *capensis*
  ❷ 普通亚种 *poggei*
  ❸ 台湾亚种 *philippensis*
  ② 郑作新（1987）：Mayr 等（1979）将该种归入一个单独的属，即小䴙䴘属 *Tachybaptus*。
◆ 郑作新（1994：4；2000：3；2002：4）、郑光美（2005：2；2011：2；2017：33-34）记载小䴙䴘 *Tachybaptus ruficollis* 三亚种：
  ❶ 新疆亚种 *capensis*
  ❷ 普通亚种 *poggei*
  ❸ 台湾亚种 *philippensis*
◆ 郑光美（2023：36）记载小䴙䴘 *Tachybaptus ruficollis* 二亚种：
  ❶ 新疆亚种 *capensis*
  ❷ 普通亚种 *poggei*

〔124〕**赤颈䴙䴘** *Podiceps grisegena*   chìjǐng pìtī
曾用名：赤颈䴙䴘 *Colymbus grisegena*、赤襟䴙䴘 *Colymbus grisegena*（郑作新等，1997：85）
英文名：Red-necked Grebe
◆ 郑作新（1955：4；1964：201）记载赤颈䴙䴘 *Colymbus grisegena* 一亚种：
  ❶ 北方亚种 *holboellii*
◆ 郑作新（1966：4；2002：5）记载赤颈䴙䴘 *Podiceps grisegena*，但未述及亚种分化问题。
◆ 郑作新（1976：6；1987：7；1994：4；2000：4）、郑光美（2005：2；2011：2；2017：34；2023：36）记载赤颈䴙䴘 *Podiceps grisegena* 一亚种：
  ❶ 北方亚种 *holboellii*

〔125〕**凤头䴙䴘** *Podiceps cristatus*   fèngtóu pìtī
曾用名：凤头䴙䴘 *Colymbus cristatus*

英文名：Great Crested Grebe

◆ 郑作新（1955：4；1964：201）记载凤头䴙䴘 *Colymbus cristatus* 一亚种：
  ❶ 指名亚种 *cristatus*

◆ 郑作新（1966：4；2002：5）记载凤头䴙䴘 *Podiceps cristatus*，但未述及亚种分化问题。

◆ 郑作新（1976：5-6；1987：6；1994：4；2000：4）、郑光美（2005：3；2011：2；2017：34；2023：36）记载凤头䴙䴘 *Podiceps cristatus* 一亚种：
  ❶ 指名亚种 *cristatus*

〔126〕**角䴙䴘** *Podiceps auritus*   jiǎopìtī

曾用名：角䴙䴘 *Colymbus auritus*

英文名：Slavonian Grebe

◆ 郑作新（1955：3；1964：201）记载角䴙䴘 *Colymbus auritus* 为单型种。

◆ 郑作新（1966：4；2002：4）记载角䴙䴘 *Podiceps auritus*，但未述及亚种分化问题。

◆ 郑作新（1976：3；1987：3；1994：4；2000：4）记载角䴙䴘 *Podiceps auritus* 为单型种。

◆ 郑光美（2005：3；2011：3；2017：34；2023：37）记载角䴙䴘 *Podiceps auritus* 一亚种：
  ❶ 指名亚种 *auritus*

〔127〕**黑颈䴙䴘** *Podiceps nigricollis*   hēijǐng pìtī

曾用名：黑颈䴙䴘 *Colymbus caspicus*、黑颈䴙䴘 *Podiceps caspicus*

英文名：Black-necked Grebe

◆ 郑作新（1955：3；1964：201）记载黑颈䴙䴘 *Colymbus caspicus* 一亚种：
  ❶ 指名亚种 *caspicus*

◆ 郑作新（1966：4）记载黑颈䴙䴘 *Podiceps caspicus*，但未述及亚种分化问题。

◆ 郑作新（1976：5）记载黑颈䴙䴘 *Podiceps caspicus* 一亚种：
  ❶ 指名亚种 *caspicus*

◆ 郑作新（2002：4）记载黑颈䴙䴘 *Podiceps nigricollis*，亦未述及亚种分化问题。

◆ 郑作新（1987：5；1994：4；2000：4）、郑光美（2005：3；2011：3；2017：35；2023：37）记载黑颈䴙䴘 *Podiceps nigricollis* 一亚种：
  ❶ 指名亚种 *nigricollis*

Ⅳ. 红鹳目 PHOENICOPTERIFORMES

4. 红鹳科 Phoenicopteridae（Flamingos） 1 属 1 种

〔128〕**大红鹳** *Phoenicopterus roseus* dàhóngguàn

曾用名：大红鹳 *Phoenicopterus ruber*；

大火烈鸟 *Phoenicopterus ruber*（约翰·马敬能等，2000：218）、

火烈鸟 *Phoenicopterus ruber*（赵正阶，2001a：149）

英文名：Greater Flamingo

◆郑作新（2000：12）、郑光美（2005：17；2011：19）记载大红鹳 *Phoenicopterus ruber*[①]一亚种：

❶ 欧亚亚种 *roseus*

① 郑作新（2000）：参见马鸣等（1998）。编者注：亦可参见马鸣等（2000a）。

◆郑光美（2017：35）记载大红鹳 *Phoenicopterus roseus*[②]一亚种：

❶ 指名亚种 *roseus*

② 编者注：据郑光美（2021：16），*Phoenicopterus ruber* 被命名为美洲红鹳，中国无分布。

◆郑光美（2023：38）记载大红鹳 *Phoenicopterus roseus* 为单型种。

Ⅴ. 鹲形目 PHAETHONTIFORMES

5. 鹲科 Phaethontidae（Tropicbirds） 1 属 3 种

[129] **红嘴鹲** *Phaethon aethereus* hóngzuǐméng
曾用名： 短尾鹲 *Phaëthon aethereus*、红嘴鹲 *Phaëthon aethereus*、短尾鹲 *Phaethon aethereus*、
红嘴热带鸟 *Phaethon aethereus*、短尾热带鸟 *Phaethon aethereus*
英文名： Red-billed Tropicbird

◆ 郑作新（1955：7）记载短尾鹲 *Phaëthon aethereus* 一亚种：
  ❶ 海南亚种 *indicus*
◆ 郑作新（1964：202）记载红嘴鹲 *Phaëthon aethereus* 一亚种：
  ❶ 海南亚种 *indicus*
◆ 郑作新（1966：7）记载红嘴鹲 *Phaëthon aethereus*，但未述及亚种分化问题。
◆ 郑作新（1994：6）记载短尾鹲 *Phaethon aethereus* 一亚种：
  ❶ 海南亚种 *indicus*
◆ 郑作新（2000：6）记载红嘴鹲、短尾鹲 *Phaethon aethereus* 一亚种：
  ❶ 海南亚种 *indicus*
◆ 郑作新（2002：8）记载红嘴热带鸟（红嘴鹲）、短尾热带鸟（短尾鹲）*Phaethon aethereus*，但未述及亚种分化问题。
◆ 郑作新（1976：11；1987：12）、郑光美（2005：6；2011：6；2017：96；2023：39）记载红嘴鹲 *Phaethon aethereus* 一亚种：
  ❶ 海南亚种 *indicus*

[130] **红尾鹲** *Phaethon rubricauda* hóngwěiméng
曾用名： 红尾鹲 *Phaëthon rubricauda*、红尾热带鸟 *Phaethon rubricauda*
英文名： Red-tailed Tropicbird

◆ 郑作新（1955：8；1964：202）记载红尾鹲 *Phaethon rubricauda* 一亚种：
  ❶ 台湾亚种 *rothschildi*
◆ 郑作新（1966：7）记载红尾鹲 *Phaëthon rubricauda*，但未述及亚种分化问题。
◆ 郑作新（1976：11）记载红尾鹲 *Phaethon rubricauda* 一亚种：
  ❶ 台湾亚种 *rothschildi*
◆ 郑作新（2002：8）记载红尾热带鸟、红尾鹲 *Phaethon rubricauda*，亦未述及亚种分化问题。
◆ 郑作新（1987：12；1994：6；2000：6）、郑光美（2005：6）记载红尾鹲 *Phaethon rubricauda* 一亚种：
  ❶ 台湾亚种 *melanorhynchos*
◆ 郑光美（2011：6；2017：96；2023：39）记载红尾鹲 *Phaethon rubricauda* 二亚种：
  ❶ 台湾亚种 *melanorhynchos*
  ❷ 大洋洲亚种 *roseotinctus*[①]
  [①] 编者注：亚种中文名引自赵正阶（2001a：78）。

〔131〕**白尾鹲** *Phaethon lepturus* báiwěiméng

曾用名： 白尾鹲 *Phaëthon lepturus*、长尾鹲 *Phaethon lepturus*、
　　　　　白尾热带鸟 *Phaethon lepturus*、长尾热带鸟 *Phaethon lepturus*

英文名： White-tailed Tropicbird

◆ 郑作新（1955：8；1964：202）记载白尾鹲 *Phaëthon lepturus* 一亚种：
　　❶ 台湾亚种 *dorotheae*

◆ 郑作新（1966：7）记载白尾鹲 *Phaëthon lepturus*，但未述及亚种分化问题。

◆ 郑作新（2000：6）记载白尾鹲、长尾鹲 *Phaethon lepturus* 一亚种：
　　❶ 台湾亚种 *dorotheae*

◆ 郑作新（2002：8）记载白尾热带鸟（白尾鹲）、长尾热带鸟（长尾鹲）*Phaethon lepturus*，亦未述及亚种分化问题。

◆ 郑作新（1976：11；1987：12-13；1994：7）、郑光美（2005：6；2011：6；2017：96；2023：39）记载白尾鹲 *Phaethon lepturus* 一亚种：
　　❶ 台湾亚种 *dorotheae*

Ⅵ. 鸽形目 COLUMBIFORMES

6. 鸠鸽科 Columbidae（Doves，Pigeons） 9属34种

〔132〕**斑姬地鸠** *Geopelia striata*　　　　　　　　　　　　　　　　　　　　　　　bānjī dìjiū
英文名：Zebra Dove
◆郑光美（2023：40）记载斑姬地鸠 *Geopelia striata*[①]为单型种。
　①中国鸟类新记录（赵江波等，2021）。

〔133〕**原鸽** *Columba livia*　　　　　　　　　　　　　　　　　　　　　　　　　yuángē
英文名：Rock Dove
◆郑作新（1966：62）记载原鸽 *Columba livia*，但未述及亚种分化问题。
◆郑作新（1955：165-166；1964：225；1976：265-266；1987：285-286）记载原鸽 *Columba livia* 二亚种：
　❶ 新疆亚种 *neglecta*
　❷ ? 华北亚种 *nigricans*[①②]
　① 郑作新（1955）：在华北一带（河北、山西、陕西、内蒙古西部）以及威海、海南等处所录得的野鸽，通常认为 *Columba livia intermedia* Strickland，但因个别变异甚著，显系家鸽变野生化。Buturlin 在热河所录的 *Columba livia nigricans*，亦属疑问。
　② 郑作新（1976，1987）：在华北一带（西抵青海东部）以及山东威海市、海南等地所录得的野鸽，通常认为是 *Columba livia intermedia* Strickland，但因个别变异甚著，显系家鸽变野生化。Buturlin 在承德以北的山谷中所录的 *Columba livia nigricans*，恐也是野生化的家鸽。
◆郑作新（1994：54；2000：53；2002：90）、郑光美（2005：102；2011：106）记载原鸽 *Columba livia* 二亚种：
　❶ 新疆亚种 *neglecta*
　❷ 华北亚种 *nigricans*
◆郑光美（2017：35；2023：40）记载原鸽 *Columba livia* 一亚种：
　❶ 新疆亚种 *neglecta*

〔134〕**岩鸽** *Columba rupestris*　　　　　　　　　　　　　　　　　　　　　　　yángē
英文名：Hill Pigeon
◆郑作新（1955：164-165；1964：58，224-225；1966：62；1976：264-265；1987：284-285；1994：53；2000：53；2002：90）、郑光美（2005：102；2011：107；2017：35-36；2023：40）均记载岩鸽 *Columba rupestris* 二亚种：
　❶ 指名亚种 *rupestris*
　❷ 新疆亚种 *turkestanica*

〔135〕**雪鸽** *Columba leuconota*　　　　　　　　　　　　　　　　　　　　　　　xuěgē
英文名：Snow Pigeon

◆ 郑作新（1955：164；1964：58，224；1966：62；1976：263-264；1987：283-284；1994：53；2000：53；2002：90）、郑光美（2005：102-103；2011：107；2017：36；2023：40-41）均记载雪鸽 *Columba leuconota* 二亚种：

❶ 华西亚种 *gradaria*
❷ 指名亚种 *leuconota*

〔136〕**欧鸽** *Columba oenas*　　　　　　　　　　　　　　　　　　　　　　　　ōugē

英文名：Stock Dove

◆ 郑作新（1955：166）记载欧鸽 *Columba oenas* 一亚种：

❶ 新疆亚种 *yardandensis*

◆ 郑作新（1966：62；2002：90）记载欧鸽 *Columba oenas*，但未述及亚种分化问题。

◆ 郑作新（1964：225；1976：266；1987：287；1994：54；2000：53）、郑光美（2005：103；2011：107；2017：36；2023：41）记载欧鸽 *Columba oenas* 一亚种：

❶ 新疆亚种 *yarkandensis*

〔137〕**中亚鸽** *Columba eversmanni*　　　　　　　　　　　　　　　　　　　　zhōngyàgē

英文名：Pale-backed Pigeon

◆ 郑作新（1966：62；2002：90）记载中亚鸽 *Columba eversmanni*，但未述及亚种分化问题。

◆ 郑作新（1955：166；1964：225；1976：266；1987：287；1994：54；2000：53）、郑光美（2005：103；2011：107；2017：36；2023：41）记载中亚鸽 *Columba eversmanni* 为单型种。

〔138〕**斑尾林鸽** *Columba palumbus*　　　　　　　　　　　　　　　　　　　　bānwěi lín'gē

曾用名：林鸽 *Columba palumbus*

英文名：Wood Pigeon

◆ 郑作新（1955：166）记载林鸽 *Columba palumbus* 一亚种：

❶ 新疆亚种 *casiotis*

◆ 郑作新（1966：61；2002：90）记载斑尾林鸽 *Columba palumbus*，但未述及亚种分化问题。

◆ 郑作新（1964：225；1976：266；1987：287；1994：54；2000：53）、郑光美（2005：103）记载斑尾林鸽 *Columba palumbus* 一亚种：

❶ 新疆亚种 *casiotis*

◆ 郑光美（2011：108；2017：36-37；2023：41）记载斑尾林鸽 *Columba palumbus* 二亚种：

❶ 新疆亚种 *casiotis*
❷ 指名亚种 *palumbus*①

① 郑光美（2011）：中国鸟类亚种新记录，见苟军（2010）。

〔139〕**斑林鸽** *Columba hodgsonii*　　　　　　　　　　　　　　　　　　　　bānlín'gē

曾用名：斑点鸽 *Columba hodgsonii*、点斑林鸽 *Columba hodgsonii*

英文名: Speckled Wood Pigeon
- 郑作新（1955：167；1964：225）记载斑点鸽 *Columba hodgsonii* 为单型种。
- 郑作新（1966：61）记载斑点鸽 *Columba hodgsonii*，但未述及亚种分化问题。
- 郑作新（1976：267；1987：287；1994：54；2000：53）记载点斑林鸽 *Columba hodgsonii* 为单型种。
- 郑作新（2002：89）记载点斑林鸽 *Columba hodgsonii*，亦未述及亚种分化问题。
- 郑光美（2005：103；2011：108；2017：37；2023：41）记载斑林鸽 *Columba hodgsonii* 为单型种。

〔140〕**灰林鸽** *Columba pulchricollis*　　　　　　　　　　　　　　　huīlín'gē

英文名: Ashy Wood Pigeon
- 郑作新（1966：61；2002：90）记载灰林鸽 *Columba pulchricollis*，但未述及亚种分化问题。
- 郑作新（1955：167；1964：225；1976：267；1987：288；1994：54；2000：54）、郑光美（2005：103；2011：108；2017：37；2023：41）记载灰林鸽 *Columba pulchricollis* 为单型种。

〔141〕**紫林鸽** *Columba punicea*　　　　　　　　　　　　　　　　　zǐlín'gē

英文名: Pale-capped Pigeon
- 郑作新（1966：61；2002：89）记载紫林鸽 *Columba punicea*，但未述及亚种分化问题。
- 郑作新（1955：167；1964：225；1976：268；1987：288；1994：54；2000：54）、郑光美（2005：103；2011：108；2017：37；2023：42）记载紫林鸽 *Columba punicea* 为单型种。

〔142〕**黑林鸽** *Columba janthina*　　　　　　　　　　　　　　　　　hēilín'gē

曾用名: 果鸽 *Columba janthina*、黑果鸽 *Columba janthina*

英文名: Japanese Wood Pigeon
- 郑作新（1955：167；1964：225）记载果鸽 *Columba janthina* 一亚种：
  ❶ 指名亚种 *janthina*
- 郑作新（1966：61）记载果鸽 *Columba janthina*，但未述及亚种分化问题。
- 郑作新（1976：268）记载黑果鸽 *Columba janthina* 一亚种：
  ❶ 指名亚种 *janthina*
- 郑作新（2002：89）记载黑林鸽 *Columba janthina*，亦未述及亚种分化问题。
- 郑作新（1987：289；1994：54；2000：54）、郑光美（2005：104；2011：108；2017：37；2023：42）记载黑林鸽 *Columba janthina* 一亚种：
  ❶ 指名亚种 *janthina*

〔143〕**白喉林鸽** *Columba vitiensis*　　　　　　　　　　　　　　　　báihóu lín'gē

英文名: Metallic Pigeon
- 郑光美（2023：42）记载白喉林鸽 *Columba vitiensis*[①]为单型种。

[①] 中国鸟类新记录（刘阳等，2021）。编者注：约翰·马敬能（2022a：图版165）也有记载（罕见，台湾有迷鸟记录）。

〔144〕**欧斑鸠** *Streptopelia turtur* ōubānjiū

曾用名： 斑鸠 *Streptopelia turtur*

英文名： Turtle Dove

◆ 郑作新（1955：168）记载斑鸠 *Streptopelia turtur* 一亚种：
  ① 新疆亚种 *arenicola*

◆ 郑作新（1966：62；2002：91）记载欧斑鸠 *Streptopelia turtur*，但未述及亚种分化问题。

◆ 郑作新（1964：225；1976：270；1987：291；1994：55；2000：54）、郑光美（2005：104；2011：109；2017：37；2023：42）记载欧斑鸠 *Streptopelia turtur* 一亚种：
  ① 新疆亚种 *arenicola*

〔145〕**山斑鸠** *Streptopelia orientalis* shānbānjiū

英文名： Oriental Turtle Dove

◆ 郑作新（1955：168-169；1964：59，225）记载山斑鸠 *Streptopelia orientalis* 三亚种：
  ① 新疆亚种 *meena*
  ② 指名亚种 *orientalis*
  ③ 台湾亚种 *orii*

◆ 郑作新（1966：63；1976：270-271；1987：292-293；1994：55；2000：54；2002：92）、郑光美（2005：104；2011：109）记载山斑鸠 *Streptopelia orientalis* 四亚种：
  ① 新疆亚种 *meena*
  ② 指名亚种 *orientalis*
  ③ 云南亚种 *agricola*①
  ④ 台湾亚种 *orii*

  ① 编者注：中国鸟类亚种新记录（А.И.伊万诺夫，1961）。

◆ 郑光美（2017：38；2023：42-43）记载山斑鸠 *Streptopelia orientalis* 三亚种：
  ① 云南亚种 *agricola*
  ② 新疆亚种 *meena*
  ③ 指名亚种 *orientalis*

〔146〕**灰斑鸠** *Streptopelia decaocto* huībānjiū

英文名： Eurasian Collared Dove

◆ 郑作新（1955：169-170；1964：59，225；1966：63；1976：272-273；1987：293；1994：55；2000：54-55；2002：92-93）记载灰斑鸠 *Streptopelia decaocto* 三亚种：
  ① 新疆亚种 *stoliczkae*①②
  ② 指名亚种 *decaocto*
  ③ 缅甸亚种 *xanthocyclus*③④

  ① 郑作新（1964：225）：Vaurie（1961）认为这亚种不能确立，应列为模式亚种的同物异名；郑作新（1966）：是否确立，尚属疑问；郑作新（1976）：Vaurie（1961）认为这一亚种不能确立，应列为指名亚种的同物异名。

② 郑作新（1987）：Vaurie（1961，1965）认为这一亚种应列为指名亚种的同物异名。
③ 郑作新（1994，2000）：该亚种在缅甸发现，是否分布于中国东部，尚待证实。
④ 郑作新（2002）：此亚种是否确立，尚待证实。

◆ 郑光美（2005：105）记载灰斑鸠 Streptopelia decaocto 二亚种：
❶ 指名亚种 decaocto
❷ 缅甸亚种 xanthocyclus

◆ 郑光美（2011：109；2017：38；2023：43）记载灰斑鸠 Streptopelia decaocto 二亚种：
❶ 指名亚种 decaocto
❷ 缅甸亚种 xanthocycla

〔147〕**火斑鸠** Streptopelia tranquebarica   huǒbānjiū
曾用名：火斑鸠 Oenopopelia tranquebarica
英文名：Red Turtle Dove

◆ 郑作新（1955：172；1964：226；1976：275；1987：296；1994：56；2000：55）记载火斑鸠 Oenopopelia tranquebarica 一亚种：
❶ 普通亚种 humilis

◆ 郑作新（1966：60；2002：87）记载火斑鸠属 Oenopopelia 为单型属。

◆ 郑光美（2005：105；2011：110；2017：38；2023：43）记载火斑鸠 Streptopelia tranquebarica 一亚种：
❶ 普通亚种 humilis

〔148〕**珠颈斑鸠** Spilopelia chinensis   zhūjǐng bānjiū
曾用名：珠颈斑鸠 Streptopelia chinensis
英文名：Spotted Dove

◆ 郑作新（1964：59；1966：63）记载珠颈斑鸠 Streptopelia chinensis 四亚种：
❶ 指名亚种 chinensis
❷ 滇西亚种 tigrina
❸ 西南亚种 vacillans
❹ 海南亚种 hainana

◆ 郑作新（1955：170-172；1964：225-226；1976：273-274；1987：294-295；1994：55；2000：55；2002：93）记载珠颈斑鸠 Streptopelia chinensis 五亚种：
❶ 指名亚种 chinensis
❷ 滇西亚种 tigrina
❸ 西南亚种 vacillans
❹ 台湾亚种 formosa
❺ 海南亚种 hainana

◆ 郑光美（2005：105-106）记载珠颈斑鸠 Streptopelia chinensis 四亚种：
❶ 指名亚种 chinensis
❷ 台湾亚种 formosa

❸ 海南亚种 *hainana*

❹ 滇西亚种 *tigrina*

◆ 郑光美（2011：110；2017：39）记载珠颈斑鸠 *Streptopelia chinensis* 三亚种：

❶ 指名亚种 *chinensis*

❷ 海南亚种 *hainana*

❸ 滇西亚种 *tigrina*

◆ 刘阳和陈水华（2021：214）、郑光美（2023：43-44）记载珠颈斑鸠 *Spilopelia chinensis* 三亚种：

❶ 指名亚种 *chinensis*

❷ 海南亚种 *hainana*

❸ 滇西亚种 *tigrina*

〔149〕**棕斑鸠** *Spilopelia senegalensis*　　　　　　　　　　　　　　　　　　　　　　　zōngbānjiū

曾用名： 棕斑鸠 *Streptopelia senegalensis*

英文名： Laughing Dove

◆ 郑作新（1966：63；2002：92）记载棕斑鸠 *Streptopelia senegalensis*，但未述及亚种分化问题。

◆ 郑作新（1955：172；1964：226；1976：274；1987：296；1994：56；2000：55）、郑光美（2005：106；2011：110；2017：39）记载棕斑鸠 *Streptopelia senegalensis* 一亚种：

❶ 新疆亚种 *ermanni*

◆ 郑光美（2023：44）记载棕斑鸠 *Spilopelia senegalensis* 一亚种：

❶ 新疆亚种 *ermanni*

〔150〕**斑尾鹃鸠** *Macropygia unchall*　　　　　　　　　　　　　　　　　　　　　　　bānwěi juānjiū

曾用名： 鹃鸠 *Macropygia unchall*

英文名： Bar-tailed Cuckoo Dove

◆ 郑作新（1955：167-168）记载鹃鸠 *Macropygia unchall* 二亚种：

❶ 西南亚种 *tusalia*

❷ 华南亚种 *minor*

◆ 郑作新（1966：62）记载斑尾鹃鸠 *Macropygia unchall*，但未述及亚种分化问题。

◆ 郑作新（1964：225；1976：269；1987：290；1994：54；2000：54；2002：91）、郑光美（2005：106；2011：111；2017：39；2023：44）记载斑尾鹃鸠 *Macropygia unchall* 二亚种：

❶ 华南亚种 *minor*

❷ 西南亚种 *tusalia*

〔151〕**菲律宾鹃鸠** *Macropygia tenuirostris*　　　　　　　　　　　　　　　　　　　　fēilǜbīn juānjiū

曾用名： 乌鹃鸠 *Macropygia phasianella*、栗褐鹃鸠 *Macropygia phasianella*、栗褐鹃鸠 *Macropygia amboinensis*；褐鹃鸠 *Macropygia phasianella*（赵正阶 2001a：612）

英文名： Philippine Cuckoo Dove

◆ 郑作新（1955：168；1964：225；1976：269；1987：290）记载乌鹃鸠 *Macropygia phasianella* 一亚种：

❶ 台湾亚种 *phaea*
◆ 郑作新（1966：62）记载乌鹃鸠 *Macropygia phasianella*，但未述及亚种分化问题。
◆ 郑作新（1994：55；2000：54）记载栗褐鹃鸠 *Macropygia phasianella* 一亚种：
❶ 台湾亚种 *phaea*
◆ 郑作新（2002：91）记载栗褐鹃鸠 *Macropygia phasianella*，亦未述及亚种分化问题。
◆ 约翰·马敬能等（2000：117-118）记载栗褐鹃鸠 *Macropygia amboinensis*[①]一亚种：
❶ 台湾亚种 *phaea*

[①] 编者注：据约翰·马敬能等（2000），有学者把褐鹃鸠归入火鹃鸠 *Macropygia phasianella*（参见郑作新，1994），或把火鹃鸠 *Macropygia phasianella* 归入栗褐鹃鸠 *Macropygia tenuirostris*，约翰·马敬能等（2000）按照 Inskipp 等（1996）的意见，将其全部归为一超种 *amboinensis*。另据郑光美（2002：50；2021：18），*Macropygia amboinensis* 被命名为红胸鹃鸠，中国无分布。

◆ 郑光美（2005：106；2011：111；2017：40；2023：44）记载菲律宾鹃鸠 *Macropygia tenuirostris*[②]一亚种：
❶ 台湾亚种 *phaea*[③]

[②] 编者注：据郑光美（2002：50；2021：18），*Macropygia phasianella* 被命名为褐鹃鸠，中国无分布。
[③] 郑光美（2005）：郑作新（2000）将本亚种归入 *Macropygia phasianella*。

[152] **小鹃鸠** *Macropygia ruficeps* xiǎojuānjiū
曾用名：棕头鹃鸠 *Macropygia ruficeps*
英文名：Lesser Red Cuckoo Dove

◆ 郑作新（1964：225；1976：269；1987：290；1994：54；2000：54）记载棕头鹃鸠 *Macropygia ruficeps*[①]一亚种：

❶ 云南亚种 *assimilis*

[①] 编者注：中国鸟类新记录（А.И.伊万诺夫，1961）。

◆ 郑作新（1966：62；2002：91）记载棕头鹃鸠 *Macropygia ruficeps*，但未述及亚种分化问题。
◆ 郑光美（2005：106；2011：111；2017：40；2023：45）记载小鹃鸠 *Macropygia ruficeps* 一亚种：
❶ 云南亚种 *assimilis*

[153] **绿翅金鸠** *Chalcophaps indica* lǜchì jīnjiū
曾用名：金鸠 *Chalcophaps indica*、绿背金鸠 *Chalcophaps indica*
英文名：Emerald Dove

◆ 郑作新（1955：172；1964：226）记载金鸠 *Chalcophaps indica* 一亚种：
❶ 指名亚种 *indica*
◆ 郑作新（1966：59；2002：86）记载金鸠属 *Chalcophaps* 为单型属。
◆ 郑作新（1976：276；1987：297）记载绿背金鸠 *Chalcophaps indica* 一亚种：
❶ 指名亚种 *indica*
◆ 郑作新（1994：56；2000：55）、郑光美（2005：107；2011：111；2017：40；2023：45）记载绿翅金鸠 *Chalcophaps indica* 一亚种：
❶ 指名亚种 *indica*

[154] **橙胸绿鸠** *Treron bicinctus*　　　　　　　　　　　　　　　　　　　　chéngxiōng lǜjiū

曾用名：橙胸山鸠 *Treron bicincta*、橙胸绿鸠 *Treron bicincta*

英文名：Orange-breasted Green Pigeon

◆ 郑作新（1955：163）记载橙胸山鸠 *Treron bicincta* 一亚种：
  ❶ 海南亚种 *domvilii*
◆ 郑作新（1966：60；2002：88）记载橙胸绿鸠 *Treron bicincta*，但未述及亚种分化问题。
◆ 郑作新（1964：224；1976：261；1987：281-282；1994：53；2000：52）、郑光美（2005：107）记载橙胸绿鸠 *Treron bicincta* 一亚种：
  ❶ 海南亚种 *domvilii*
◆ 郑光美（2011：111；2017：40；2023：45）记载橙胸绿鸠 *Treron bicinctus*①一亚种：
  ❶ 海南亚种 *domvilii*
  ① 郑光美（2023）：在云南德宏有记录，可能为亚种 *bicinctus*（杨晓君，个人通讯）。

[155] **灰头绿鸠** *Treron phayrei*　　　　　　　　　　　　　　　　　　　　huītóu lǜjiū

曾用名：灰头山鸠 *Treron pompradora*、青头绿鸠 *Treron pompadora*、灰头绿鸠 *Treron pompadora*

英文名：Ashy-headed Green-pigeon

◆ 郑作新（1966：60）记载青头绿鸠 *Treron pompadora*①，但未述及亚种分化问题。
  ① 编者注：中国鸟类新记录（А. И. 伊万诺夫，1961）。
◆ 郑作新（2002：88）记载灰头绿鸠 *Treron pompadora*，亦未述及亚种分化问题。
◆ 郑作新（1964：224；1976：261；1987：281；1994：53；2000：52）、郑光美（2005：107；2011：112；2017：40）记载灰头绿鸠 *Treron pompadora* 一亚种：
  ❶ 云南亚种 *phayrei*
◆ 郑光美（2023：45）记载灰头绿鸠 *Treron phayrei*②一亚种：
  ❶ 指名亚种 *phayrei*
  ② 编者注：据郑光美（2021：22），*Treron pompadora* 被命名为斯里兰卡绿鸠，中国无分布。

[156] **厚嘴绿鸠** *Treron curvirostra*　　　　　　　　　　　　　　　　　　　hòuzuǐ lǜjiū

曾用名：厚嘴山鸠 *Treron curvirostra*

英文名：Thick-billed Green Pigeon

◆ 郑作新（1955：163）记载厚嘴山鸠 *Treron curvirostra* 一亚种：
  ❶ 海南亚种 *hainana*
◆ 郑作新（1964：224；1966：60；1976：261；1987：281；1994：52-53；2000：52；2002：89）、郑光美（2005：107；2011：112）记载厚嘴绿鸠 *Treron curvirostra* 二亚种：
  ❶ 海南亚种 *hainana*
  ❷ 云南亚种 *nipalensis*①
  ① 编者注：中国鸟类亚种新记录（А. И. 伊万诺夫，1961）。
◆ 郑光美（2017：41；2023：45-46）记载厚嘴绿鸠 *Treron curvirostra* 二亚种：
  ❶ 海南亚种 *hainanus*

VI. 鸽形目 COLUMBIFORMES

❷ 云南亚种 *nipalensis*

〔157〕**黄脚绿鸠** *Treron phoenicopterus*　　　　　　　　　　　　　　　　　　huángjiǎo lǜjiū

曾用名：黄脚绿鸠 *Treron phoenicoptera*

英文名：Yellow-footed Green Pigeon

◆郑作新（1966：60；2002：87）记载黄脚绿鸠 *Treron phoenicoptera*，但未述及亚种分化问题。

◆郑作新（1964：224；1976：260；1987：281；1994：52；2000：52）、郑光美（2005：107）记载黄脚绿鸠 *Treron phoenicoptera*[①]一亚种：

　　❶ 云南亚种 *viridifrons*

　　　① 编者注：中国鸟类新记录（郑作新等，1958a）。

◆郑光美（2011：112；2017：41；2023：46）记载黄脚绿鸠 *Treron phoenicopterus* 一亚种：

　　❶ 云南亚种 *viridifrons*

〔158〕**针尾绿鸠** *Treron apicauda*　　　　　　　　　　　　　　　　　　　　zhēnwěi lǜjiū

英文名：Pin-tailed Green Pigeon

◆郑作新（1964：224）记载针尾绿鸠 *Treron apicauda*[①]一亚种：

　　❶？滇南亚种 *laotianus*

　　　① 编者注：中国鸟类新记录（郑作新等，1958a）。

◆郑作新（1966：60）记载针尾绿鸠 *Treron apicauda* 二亚种：

　　❶ 指名亚种 *apicauda*

　　❷ 滇南亚种 *laotianus*

◆郑作新（1976：257；1987：277；1994：52；2000：51；2002：88）、郑光美（2005：108；2011：112；2017：41；2023：46）记载针尾绿鸠 *Treron apicauda* 二亚种：

　　❶ 指名亚种 *apicauda*

　　❷ 滇南亚种 *laotinus*

〔159〕**白腹针尾绿鸠** *Treron seimundi*　　　　　　　　　　　　　　　　　báifù zhēnwěi lǜjiū

英文名：Yellow-vented Green Pigeon

◆刘阳和陈水华（2021：216）、郑光美（2023：46）记载白腹针尾绿鸠 *Treron seimundi*[①]为单型种。

　　　① 中国鸟类新记录（李剑等，2022）。

〔160〕**楔尾绿鸠** *Treron sphenurus*　　　　　　　　　　　　　　　　　　　xiēwěi lǜjiū

曾用名：楔尾绿鸠 *Sphenurus sphenurus*、楔尾绿鸠 *Treron sphenura*

英文名：Wedge-tailed Green Pigeon

◆郑作新（1955：161-162）记载楔尾绿鸠 *Sphenurus sphenurus* 三亚种：

　　❶ 云南亚种 *yunnanensis*

　　❷ *lungchowensis* 亚种

　　❸ *oblitus* 亚种

◆ 郑作新（1964：57，224）记载楔尾绿鸠 *Treron sphenurus* 二亚种：
  ❶ 指名亚种 *sphenurus*
  ❷ 云南亚种 *yunnanensis*
◆ 郑作新（1966：61；1976：257-258；1987：278；1994：52；2000：51；2002：88）记载楔尾绿鸠 *Treron sphenura* 二亚种：
  ❶ 指名亚种 *sphenura*
  ❷ 云南亚种 *yunnanensis*①
  ① 编者注：郑作新（1987）在该亚种前冠以"？"号。
◆ 郑光美（2005：108）记载楔尾绿鸠 *Treron sphenura* 一亚种：
  ❶ 指名亚种 *sphenura*
◆ 郑光美（2011：113；2017：41；2023：46）记载楔尾绿鸠 *Treron sphenurus* 一亚种：
  ❶ 指名亚种 *sphenurus*

[161] **红翅绿鸠** *Treron sieboldii*　　　　　　　　　　　　　　　　　　　　　　hóngchì lǜjiū
曾用名：绿鸠 *Sphenurus sieboldii*
英文名：White-bellied Green Pigeon
◆ 郑作新（1955：162）记载绿鸠 *Sphenurus sieboldii* 三亚种：
  ❶ 指名亚种 *sieboldii*
  ❷ 台湾亚种 *sororius*
  ❸ 海南亚种 *murielae*
◆ 郑作新（1964：57）记载红翅绿鸠 *Treron sieboldii* 二亚种：
  ❶ 指名亚种 *sieboldii*
  ❷ 台湾亚种 *sororius*
◆ 郑作新（1964：224）记载红翅绿鸠 *Treron sieboldii* 三亚种：
  ❶ 指名亚种 *sieboldii*
  ❷ 台湾亚种 *sororius*
  ❸ 海南亚种 *murielae*
◆ 郑光美（2005：108；2011：113；2017：41-42）记载红翅绿鸠 *Treron sieboldii* 三亚种：
  ❶ 佛坪亚种 *fopingensis*
  ❷ 海南亚种 *murielae*
  ❸ 台湾亚种 *sororius*
◆ 郑作新（1966：61；1976：259；1987：279-280；1994：52；2000：51-52；2002：88）、郑光美（2023：46-47）记载红翅绿鸠 *Treron sieboldii* 四亚种：
  ❶ 佛坪亚种 *fopingensis*
  ❷ 指名亚种 *sieboldii*①
  ❸ 海南亚种 *murielae*
  ❹ 台湾亚种 *sororius*
  ① 郑作新（1976，1987，1994，2000）：或系日本人带来的笼鸟而逸出的。

VI. 鸽形目
COLUMBIFORMES

〔162〕**红顶绿鸠** *Treron formosae*　　　　　　　　　　　　　　　　　　　　　　　hóngdǐng lǜjiū

曾用名： 红顶绿鸠 *Sphenurus formosae*

英文名： Whistling Green Pigeon

◆郑作新（1955：162）记载红顶绿鸠 *Sphenurus formosae* 一亚种：

❶ 指名亚种 *formosae*

◆郑作新（1966：60；2002：88）记载红顶绿鸠 *Treron formosae*，但未述及亚种分化问题。

◆郑作新（1964：224；1976：260；1987：280；1994：52；2000：52）、郑光美（2005：108；2011：113；2017：42；2023：47）记载红顶绿鸠 *Treron formosae* 一亚种：

❶ 指名亚种 *formosae*

〔163〕**绿皇鸠** *Ducula aenea*　　　　　　　　　　　　　　　　　　　　　　　　lǜhuángjiū

曾用名： 绿南鸠 *Ducula aenea*

英文名： Green Imperial Pigeon

◆郑作新（1955：163）记载绿南鸠 *Ducula aenea* 一亚种：

❶ 云南亚种 *sylvatica*

◆郑作新（1966：61）记载绿南鸠 *Ducula aenea*，但未述及亚种分化问题。

◆郑作新（1964：224；1976：262；1987：282-283；1994：53；2000：52-53）记载绿皇鸠 *Ducula aenea* 二亚种：

❶ 云南亚种 *sylvatica*

❷ 广东亚种 *kwantungensis*[①②]

　① 郑作新（1976，1987）：原著以"雌雄异形"为这一亚种的主要特征，实则皇鸠属和绝大多数鸠鸽种类一样，雌雄在外形上并无不同，有待进一步研究。

　② 郑作新（1994，2000）：见关贯勋在《中国动物志·鸟纲》（第六卷）（1991）第34、35页的论述。

◆郑作新（2002：89）记载绿皇鸠 *Ducula aenea*，亦未述及亚种分化问题。

◆郑光美（2005：109；2011：114；2017：42；2023：47）记载绿皇鸠 *Ducula aenea* 一亚种：

❶ 云南亚种 *sylvatica*

〔164〕**山皇鸠** *Ducula badia*　　　　　　　　　　　　　　　　　　　　　　　　shānhuángjiu

曾用名： 灰头南鸠 *Ducula badia*、皇鸠 *Ducula badia*

英文名： Imperial Pigeon

◆郑作新（1955：164）记载灰头南鸠 *Ducula badia* 一亚种：

❶ 云南亚种 *griseicapilla*

◆郑作新（1966：61）记载灰头南鸠 *Ducula badia*，但未述及亚种分化问题。

◆郑作新（1964：224；1976：262；1987：283；1994：53；2000：53）记载山皇鸠 *Ducula badia*[①] 一亚种：

❶ 云南亚种 *griseicapilla*

　① 编者注：郑作新（1964：57）仍称之为灰头南鸠 *Ducula badia*。

◆郑作新（2002：89）记载山皇鸠 *Ducula badia*，亦未述及亚种分化问题。

◆郑光美（2005：109）记载皇鸠 *Ducula badia* 二亚种：

❶ 云南亚种 *griseicapilla*
❷ 西藏亚种 *insignis*②

② 编者注：亚种中文名引自段文科和张正旺（2017a：463）。

◆郑光美（2011：114；2017：42-43；2023：47）记载山皇鸠 *Ducula badia* 二亚种：

❶ 云南亚种 *griseicapilla*
❷ 西藏亚种 *insignis*

[165] **黑颏果鸠** *Ptilinopus leclancheri*   hēikē guǒjiū
英文名：Black-chinned Fruit Dove

◆郑作新（1955：163）记载黑颏果鸠 *Ptilinopus leclancheri* 一亚种：

❶ 菲律宾亚种 *longialis*①

① 编者注：亚种中文名引自段文科和张正旺（2017a：461）。

◆郑作新（1966：59；2002：88）记载果鸠属 *Ptilinopus* 为单型属。

◆郑作新（1964：224；1976：262；1987：282；1994：53；2000：52）记载黑颏果鸠 *Ptilinopus leclancheri* 一亚种：

❶ 台湾亚种 *taiwanus*

◆郑光美（2005：109；2011：113；2017：42；2023：48）记载黑颏果鸠 *Ptilinopus leclancheri* 二亚种：

❶ 台湾亚种 *taiwanus*
❷ 菲律宾亚种 *longialis*

Ⅶ. 沙鸡目 PTEROCLIFORMES

7. 沙鸡科 Pteroclidae（Sandgrouse） 2属3种

〔166〕**毛腿沙鸡** *Syrrhaptes paradoxus* máotuǐ shājī
英文名：Pallas's Sandgrouse
◆郑作新（1966：59；2002：86）记载毛腿沙鸡 *Syrrhaptes paradoxus*，但未述及亚种分化问题。
◆郑作新（1955：160；1964：223；1976：255；1987：275；1994：51；2000：51）、郑光美（2005：101；2011：106；2017：43；2023：49）记载毛腿沙鸡 *Syrrhaptes paradoxus* 为单型种。

〔167〕**西藏毛腿沙鸡** *Syrrhaptes tibetanus* xīzàng máotuǐ shājī
英文名：Tibetan Sandgrouse
◆郑作新（1966：59；2002：86）记载西藏毛腿沙鸡 *Syrrhaptes tibetanus*，但未述及亚种分化问题。
◆郑作新（1955：160；1964：223；1976：256；1987：276；1994：51；2000：51）、郑光美（2005：101；2011：106；2017：43；2023：49）记载西藏毛腿沙鸡 *Syrrhaptes tibetanus* 为单型种。

〔168〕**黑腹沙鸡** *Pterocles orientalis* hēifù shājī
英文名：Black-bellied Sandgrouse
◆郑作新（1966：59）记载黑腹沙鸡 *Pterocles orientalis*，但未述及亚种分化问题。
◆郑作新（2002：86）记载沙鸡属 *Pterocles* 为单型属。
◆郑光美（2005：101）记载黑腹沙鸡 *Pterocles orientalis* 为单型种。
◆郑作新（1955：161；1964：223；1976：257；1987：277；1994：51；2000：51）、郑光美（2011：106；2017：43；2023：49）记载黑腹沙鸡 *Pterocles orientalis* 一亚种：
　❶ 新疆亚种 *arenarius*

Ⅷ. 夜鹰目 CAPRIMULGIFORMES

8. 蛙口夜鹰科 Podargidae（Frogmouths） 1属1种

〔169〕**黑顶蛙口夜鹰** *Batrachostomus hodgsoni*   hēidǐng wākǒuyèyīng

曾用名：黑顶蛙嘴夜鹰 *Batrachostomus hodgsoni*、黑顶蛙口鸱 *Batrachostomus hodgsoni*、
黑顶蟆口鸱 *Batrachostomus hodgsoni*

英文名：Hodgson's Frogmouth

◆ 郑作新（1966：73；2002：108）记载蟆口鸱科 Podargidae 为单属单种科。

◆ 郑作新（1976：319；1987：343）记载黑顶蛙嘴夜鹰 *Batrachostomus hodgsoni*[①]一亚种：
  ❶ 云南亚种 *hodgsoni*
  ① 编者注：中国鸟类新记录（潘清华等，1964）。

◆ 郑作新（1994：64；2000：64）记载黑顶蛙口鸱 *Batrachostomus hodgsoni* 一亚种：
  ❶ 指名亚种 *hodgsoni*

◆ 郑光美（2005：126）记载黑顶蟆口鸱 *Batrachostomus hodgsoni* 一亚种：
  ❶ 指名亚种 *hodgsoni*

◆ 郑光美（2011：131；2017：44；2023：50）黑顶蛙口夜鹰 *Batrachostomus hodgsoni* 一亚种：
  ❶ 指名亚种 *hodgsoni*

9. 夜鹰科 Caprimulgidae（Nightjars） 2属6种

〔170〕**毛腿夜鹰** *Lyncornis macrotis*   máotuǐ yèyīng

曾用名：角夜鹰 *Eurostopodus macrotis*、毛腿夜鹰 *Eurostopodus macrotis*；
毛腿耳夜鹰 *Eurostopodus macrotis*（约翰·马敬能等，2000：109）、
毛腿耳夜鹰 *Lyncornis macrotis*（刘阳等，2021：240；约翰·马敬能，2022b：162）

英文名：Great Eared Nightjar

◆ 郑作新（1955：201）记载角夜鹰 *Eurostopodus macrotis* 一亚种：
  ❶ 云南亚种 *cerviniceps*

◆ 郑作新（1966：73；2002：108）记载毛腿夜鹰属 *Eurostopodus* 为单型属。

◆ 郑作新（1964：230；1976：319；1987：343；1994：64；2000：64）、郑光美（2005：127；2011：132）
记载毛腿夜鹰 *Eurostopodus macrotis* 一亚种：
  ❶ 云南亚种 *cerviniceps*

◆ 郑光美（2017：44；2023：50）记载毛腿夜鹰 *Lyncornis macrotis*[①]一亚种：
  ❶ 云南亚种 *cerviniceps*
  ① 郑光美（2017）：由 *Eurostopodus* 属归入 *Lyncornis* 属（Han et al.，2010）。

〔171〕**普通夜鹰** *Caprimulgus jotaka*   pǔtōng yèyīng

曾用名：夜鹰 *Caprimulgus indicus*、普通夜鹰 *Caprimulgus indicus*

VIII. 夜鹰目
CAPRIMULGIFORMES

英文名： Grey Nightjar

◆ 郑作新（1955：201）记载夜鹰 *Caprimulgus indicus* 二亚种：

　❶ 西藏亚种 *hazarae*
　❷ 普通亚种 *jotaka*

◆ 郑作新（1964：69，230-231；1966：73-74；1976：320；1987：344；1994：64；2000：64；2002：109）、郑光美（2005：127；2011：132；2017：44）记载普通夜鹰 *Caprimulgus indicus* 二亚种：

　❶ 西藏亚种 *hazarae*
　❷ 普通亚种 *jotaka*

◆ 郑光美（2023：50）记载普通夜鹰 *Caprimulgus jotaka*[①]二亚种：

　❶ 西藏亚种 *hazarae*
　❷ 指名亚种 *jotaka*

　[①] 编者注：据郑光美（2021：27），*Caprimulgus indicus* 被命名为丛林夜鹰，中国无分布。

[172] **欧夜鹰** *Caprimulgus europaeus*　　　　　　　　　　　ōuyèyīng

英文名： Eurasian Nightjar

◆ 郑作新（1955：202）记载欧夜鹰 *Caprimulgus europaeus* 三亚种：

　❶ 疆北亚种 *zarudnyi*[①]
　❷ 疆东亚种 *plumipes*
　❸ 疆西亚种 *unwini*

　[①] 编者注：亚种中文名引自关贯勋等（2003：11），记载为疆北亚种 *Caprimulgus europaeus sarudnyi*。

◆ 郑作新（1964：69-70，231；1966：74；1976：321-322；1987：345-346；1994：64-65；2000：64；2002：109）、郑光美（2005：127；2011：132；2017：44-45；2023：50-51）记载欧夜鹰 *Caprimulgus europaeus*[②] 三亚种：

　❶ 指名亚种 *europaeus*
　❷ 疆东亚种 *plumipes*
　❸ 疆西亚种 *unwini*

　[②] 编者注：杭馥兰和常家传（1997：113）、约翰·马敬能等（2000：111）、赵正阶（2001a：691）均收录有中亚夜鹰 *Caprimulgus centralasicus*，据刘阳和陈水华（2021：242），Vaurie（1960）曾根据1929年在新疆西南部皮山县采集的标本命名了一个新物种——*Caprimulgus centralasicus*（中亚夜鹰），但之后的数十年都没能再次记录到，成为跨世纪疑案。Schweize 等（2020）对中亚夜鹰模式标本进行了分子生物学及形态学研究，发现其标本是一只欧夜鹰亚成鸟。因此，中亚夜鹰不是有效物种，系欧夜鹰 *Caprimulgus europaeus plumipes* 的同物异名。约翰·马敬能（2022b：164）也记载了中亚夜鹰 *Caprimulgus centralasicus*，并指出最新研究认为本种可能为欧夜鹰之误认（Schweizer et al.，2020）。

[173] **埃及夜鹰** *Caprimulgus aegyptius*　　　　　　　　　　　āijí yèyīng

英文名： Egyptian Nightjar

◆ 郑作新（1955：202；1964：231）记载埃及夜鹰 *Caprimulgus aegyptius* 一亚种：

❶ 亚洲亚种 *arenicolor*[①]

[①] 编者注：亚种中文名引自赵正阶（2001a：693）。

◆郑作新（1976：322；1987：346）记载埃及夜鹰 *Caprimulgus aegyptius*[②③]一亚种：

❶ ？亚洲亚种 *arenicolor*

[②] 郑作新（1976）：仅采到一个标本，是否埃及夜鹰仍有疑问，也许是欧夜鹰（Vaurie，1960）。

[③] 郑作新（1987）：仅采到一个标本，而且鉴定也有问题（见 Vaurie，1960）。

◆郑作新（1994：65；2000：65）记载埃及夜鹰 *Caprimulgus aegyptius* 为单型种。

◆郑作新（1966：73；2002：108）记载埃及夜鹰 *Caprimulgus aegyptius*，但未述及亚种分化问题。

◆郑光美（2005：127；2011：133；2017：45；2023：51）记载埃及夜鹰 *Caprimulgus aegyptius* 一亚种：

❶ 指名亚种 *aegyptius*

〔174〕**长尾夜鹰** *Caprimulgus macrurus*　　　　　　　　　　　　　　　chángwěi yèyīng

英文名：Large-tailed Nightjar

◆郑作新（1955：202-203；1964：70，231；1966：74；1976：322；1987：346；1994：65；2000：65；2002：109）记载长尾夜鹰 *Caprimulgus macrurus* 二亚种：

❶ 云南亚种 *ambiguus*[①]

❷ 海南亚种 *hainanus*

[①] 郑作新（1955）：此亚种是否能与 *bimaculatus* Peale 相区别，迄今尚属疑问。

◆郑光美（2005：128；2011：133；2017：45；2023：51）记载长尾夜鹰 *Caprimulgus macrurus* 一亚种：

❶ 滇南亚种 *bimaculatus*[②]

[②] 编者注：亚种中文名引自段文科和张正旺（2017a：526）。

〔175〕**林夜鹰** *Caprimulgus affinis*　　　　　　　　　　　　　　　　　　línyèyīng

英文名：Savanna Nightjar

◆郑作新（1955：203；1964：69，231；1966：73；1976：323；1987：347；1994：65；2000：65；2002：109）、郑光美（2005：128；2011：133；2017：45-46；2023：51）均记载林夜鹰 *Caprimulgus affinis* 二亚种：

❶ 厦门亚种 *amoyensis*

❷ 台湾亚种 *stictomus*

10. 凤头雨燕科 Hemiprocnidae（Crested Treeswifts） 1 属 1 种

〔176〕**凤头雨燕** *Hemiprocne coronata*　　　　　　　　　　　　　　　fèngtóu yǔyàn

曾用名：凤头雨燕 *Hemiprocne longipennis*、凤头树燕 *Hemiprocne longipennis*；

凤头树燕 *Hemiprocne coronata*（约翰·马敬能等，2000：97；刘阳等，2021：244；约翰·马敬能，2022b：165）

英文名：Crested Treeswift

◆郑作新（1955：203；1964：232；1976：330；1987：355）记载凤头雨燕 *Hemiprocne longipennis* 一亚种：

❶ 云南亚种 *coronata*

VIII. 夜鹰目 CAPRIMULGIFORMES

◆ 郑作新（1966：75）记载凤头雨燕科 *Hemiprocne* 为单属单种科。

◆ 郑作新（1994：67；2000：66-67）记载凤头树燕 *Hemiprocne longipennis* 一亚种：
  ① 云南亚种 *coronata*

◆ 郑作新（2002：112）记载凤头树燕科 *Hemiprocne* 为单属单种科。

◆ 郑光美（2005：131；2011：136；2017：46；2023：52）记载凤头雨燕 *Hemiprocne coronata*[①]为单型种。

  ① 编者注：据郑光美（2002：78；2021：28），*Hemiprocne longipennis* 被分别命名为灰腰雨燕和灰腰凤头雨燕，中国无分布。

11. 雨燕科 Apodidae（Swifts） 5 属 14 种

[177] **白喉针尾雨燕** *Hirundapus caudacutus*　　　　　　　　　　　　　　bái hóu zhēn wěi yǔ yàn

曾用名： 针尾雨燕 *Hirund-apus caudacutus*、[白喉]针尾雨燕 *Hirund-apus caudacutus*

英文名： White-throated Spinetail

◆ 郑作新（1955：204）记载针尾雨燕 *Hirund-apus caudacutus* 三亚种：
  ① 指名亚种 *caudacutus*
  ② 西南亚种 *nudipes*
  ③ 台湾亚种 *formosanus*

◆ 郑作新（1964：231）记载[白喉]针尾雨燕 *Hirund-apus caudacutus* 三亚种：
  ① 指名亚种 *caudacutus*
  ② 西南亚种 *nudipes*
  ③ 台湾亚种 *formosanus*

◆ 郑作新（1964：72；1966：76）记载[白喉]针尾雨燕 *Hirund-apus caudacutus* 二亚种：
  ① 指名亚种 *caudacutus*
  ② 西南亚种 *nudipes*

◆ 郑作新（1976：325-326；1987：349-350；1994：66；2000：66；2002：111）记载白喉针尾雨燕 *Hirundapus caudacutus*[①]三亚种：
  ① 指名亚种 *caudacutus*
  ② 西南亚种 *nudipes*
  ③ 台湾亚种 *formosanus*

  ① 编者注：郑作新（2002）记载其中文名为[白喉]针尾雨燕。

◆ 郑光美（2005：129；2011：134-135；2017：47；2023：52）记载白喉针尾雨燕 *Hirundapus caudacutus* 二亚种：
  ① 指名亚种 *caudacutus*
  ② 西南亚种 *nudipes*

[178] **灰喉针尾雨燕** *Hirundapus cochinchinensis*　　　　　　　　　　　　huī hóu zhēn wěi yǔ yàn

曾用名： 灰喉针尾雨燕 *Hirund-apus cochinchinensis*

英文名： Silver-backed Spinetail

- 郑作新（1955：205）的记载为 Hirund-apus（caudacutus？）cochinchinensis[①]
    - ① 编者注：未标注中文名。
- 郑作新（1964：71；1966：75）记载灰喉针尾雨燕 Hirund-apus cochinchinensis，但未述及亚种分化问题。
- 郑作新（1964：231；1976：326；1987：351）记载灰喉针尾雨燕 Hirundapus（？caudacutus）cochinchinensis 为单型种。
- 郑作新（2002：111）记载灰喉针尾雨燕 Hirundapus cochinchinensis，亦未述及亚种分化问题。
- 郑作新（1994：66；2000：66）、郑光美（2005：129；2011：135；2017：47；2023：52）记载灰喉针尾雨燕 Hirundapus cochinchinensis 为单型种。

[179] 褐背针尾雨燕 Hirundapus giganteus　　　　　　　　　　　　　　　　hèbèi zhēnwěi yǔyàn

英文名：Brown-backed Spinetail

- 郑光美（2017：47；2023：52）记载褐背针尾雨燕 Hirundapus giganteus[①②] 一亚种：
    - ❶ indicus 亚种
    - ① 编者注：据段文科和张正旺（2017a：535），该种为 2012 年中国（香港）新记录。
    - ② 郑光美（2017）：中国鸟类新记录（韦铭等，2015）。

[180] 紫针尾雨燕 Hirundapus celebensis　　　　　　　　　　　　　　　　　zǐ zhēnwěi yǔyàn

英文名：Purple Spinetail

- 郑光美（2017：48；2023：53）记载紫针尾雨燕 Hirundapus celebensis[①②] 为单型种。
    - ① 编者注：据段文科和张正旺（2017a：535），该种为 2014 年中国鸟类新记录。
    - ② 郑光美（2017）：中国鸟类新记录（中华野鸟会，2017）。

[181] 短嘴金丝燕 Aerodramus brevirostris　　　　　　　　　　　　　　　　duǎnzuǐ jīnsīyàn

曾用名：短嘴金丝燕 Collocalia brevirostris、褐背金丝燕 Collocalia brevirostris

英文名：Himalayan Swiftlet

- 郑作新（1964：231）记载短嘴金丝燕 Collocalia brevirostris 二亚种：
    - ❶ 指名亚种 brevirostris
    - ❷ 四川亚种 innominata
- 郑作新（1966：76）记载短嘴金丝燕 Collocalia brevirostris 二亚种：
    - ❶ 云南亚种 rogersi
    - ❷ 四川亚种 innominata
- 郑作新（1976：324-325；1987：348-349）记载短嘴金丝燕 Collocalia brevirostris 三亚种：
    - ❶ 西藏亚种 brevirostris
    - ❷ 云南亚种 rogersi[①]
    - ❸ 四川亚种 innominata
    - ① 编者注：中国鸟类亚种新记录（郑作新等，1973）。
- 郑作新（1994：66；2000：65-66；2002：111）、郑光美（2005：129；2011：134）记载短嘴金丝燕

VIII. 夜鹰目
CAPRIMULGIFORMES

Aerodramus brevirostris 三亚种：

❶ 指名亚种 *brevirostris*

❷ 云南亚种 *rogersi*

❸ 四川亚种 *innominata*

◆郑光美（2017：46；2023：53）记载短嘴金丝燕 *Aerodramus brevirostris* 三亚种：

❶ 指名亚种 *brevirostris*

❷ 云南亚种 *rogersi*

❸ 四川亚种 *innominatus*

〔182〕**爪哇金丝燕** *Aerodramus fuciphagus*　　　　　　　　　　　　　　　　　　　zhǎowā jīnsīyàn

曾用名： 爪哇金丝燕 *Collocalia fuciphaga*、戈氏金丝燕 *Collocalia germani*、

戈氏金丝燕 *Aerodramus germani*；爪哇金丝燕 *Aerodramus salangana*（赵正阶，2001a：698）

英文名： Edible-nest Swiftlet

◆郑作新（1987：348）记载爪哇金丝燕 *Collocalia fuciphaga*[①]一亚种：

❶ ? 海南亚种 *germani*

[①] 编者注：中国鸟类新记录（冼耀华等，1983）。

◆郑作新（1994：65-66；2000：65）记载爪哇金丝燕 *Aerodramus fuciphagus* 一亚种：

❶ ? 海南亚种 *germani*

◆郑作新（2002：111）记载爪哇金丝燕 *Aerodramus fuciphagus*，但未述及亚种分化问题。

◆约翰·马敬能等（2000：94-95）记载戈氏金丝燕 *Collocalia germani*[②]一亚种：

❶ 指名亚种 *germani*

[②] 编者注：据约翰·马敬能等（2000），有些学者把此种归入爪哇金丝燕 *Collocalia fuciphaga*（参见郑作新，1987）。或可将本种归入 *Aerodramus* 属。

◆刘阳和陈水华（2021：245）、约翰·马敬能（2022b：165）记载戈氏金丝燕 *Aerodramus germani*[③]一亚种：

❶ 指名亚种 *germani*

[③] 编者注：刘阳和陈水华（2021）未述及亚种分化问题。据约翰·马敬能（2022b），郑光美等将其视作爪哇金丝燕 *Aerodramus fuciphagus* 的一个亚种。

◆郑光美（2005：131；2011：136；2017：46；2023：53）记载爪哇金丝燕 *Aerodramus fuciphagus* 一亚种：

❶ 海南亚种 *germani*

〔183〕**棕雨燕** *Cypsiurus balasiensis*　　　　　　　　　　　　　　　　　　　　　　zōngyǔyàn

曾用名： 棕雨燕 *Cypsiurus parvus*；棕雨燕 *Cypsiurus batasiensis*（赵正阶，2001a：703）

英文名： Asian Palm Swift

◆郑作新（1955：207；1964：232；1976：330；1987：354；1994：67；2000：66）记载棕雨燕 *Cypsiurus parvus* 一亚种：

❶ 华南亚种 *infumatus*

◆郑作新（1966：75；2002：110）记载棕雨燕属 *Cypsiurus* 为单型属。

◆郑光美（2005：130；2011：135；2017：48；2023：53）记载棕雨燕 *Cypsiurus balasiensis*[①]一亚种：

❶ 华南亚种 infumatus

① 编者注：据郑光美（2002：78；2021：30），*Cypsiurus parvus* 被命名为非洲棕雨燕，中国无分布。

〔184〕**高山雨燕** *Tachymarptis melba*   gāoshān yǔyàn

英文名：Alpine Swift

◆约翰·马敬能等（2000：96）、郑光美（2017：48；2023：54）记载高山雨燕 *Tachymarptis melba*① 一亚种：

    ❶ 西藏亚种 *nubifugus*②

    ① 郑光美（2017）：中国鸟类新记录（林宣龙等，2014）。

    ② 编者注：约翰·马敬能等（2000）记载该亚种为 *nubifuga*。亚种中文名引自段文科和张正旺（2017a：534）。

〔185〕**暗背雨燕** *Apus acuticauda*   ànbèi yǔyàn

英文名：Dark-backed Swift

◆郑光美（2017：49）记载暗背雨燕 *Apus acuticauda* 一亚种：

    ❶ *cooki* 亚种

◆郑光美（2011：135；2023：54）记载暗背雨燕 *Apus acuticauda*① 为单型种。

    ① 郑光美（2011）：中国鸟类新记录，见《中国观鸟年报》（2005）。

〔186〕**白腰雨燕** *Apus pacificus*   báiyāo yǔyàn

英文名：Fork-tailed Swift

◆郑作新（1955：206-207；1964：71，231；1966：75）记载白腰雨燕 *Apus pacificus* 三亚种：

    ❶ 指名亚种 *pacificus*

    ❷ *cooki* 亚种

    ❸ 华南亚种 *kanoi*

◆郑作新（1976：328；1987：352-353；1994：66；2000：66；2002：110）、郑光美（2005：130；2011：135-136）记载白腰雨燕 *Apus pacificus* 二亚种：

    ❶ 指名亚种 *pacificus*

    ❷ 华南亚种 *kanoi*

◆郑光美（2017：48-49）记载白腰雨燕 *Apus pacificus* 三亚种：

    ❶ *salimali* 亚种①

    ❷ 指名亚种 *pacificus*

    ❸ 华南亚种 *kanoi*

    ① 编者注：曾被作为华南亚种 *Apus pacificus kanoi* 的同物异名（郑作新，1976，1987），后被提升为种，即青藏白腰雨燕 *Apus salimalii*（刘阳等，2021）、华西白腰雨燕 *Apus salimalii*（郑光美，2021）。

◆郑光美（2023：54）记载以下三种：

    （1）白腰雨燕 *Apus pacificus*

        ❶ 指名亚种 *pacificus*

        ❷ 华南亚种 *kanoi*

（2）华西白腰雨燕 *Apus salimalii*[②]

[②] 从 *Apus pacificus* 的亚种提升为种（Leader，2011）。

（3）库氏白腰雨燕 *Apus cooki*[③]

[③] 从 *Apus pacificus* 的亚种提升为种（Leader，2011）。

〔187〕**华西白腰雨燕** *Apus salimalii*   huáxī báiyāo yǔyàn

曾用名：青藏白腰雨燕 *Apus salimalii*（刘阳等，2021：248）、
　　　　　青藏白腰雨燕 *Apus salimali*（约翰·马敬能，2022b：167）

英文名：Salim Ali's Swift

　　从 *Apus pacificus* 的亚种提升为种。请参考〔186〕白腰雨燕 *Apus pacificus*。

〔188〕**库氏白腰雨燕** *Apus cooki*[①]   kùshì báiyāo yǔyàn

曾用名：印支白腰雨燕 *Apus cooki*（刘阳等，2021：248；约翰·马敬能，2022b：168）

英文名：Cook's Swift

　　从 *Apus pacificus* 的亚种提升为种。请参考〔186〕白腰雨燕 *Apus pacificus*。

[①] 编者注：据约翰·马敬能（2022b），本种有时被视作白腰雨燕 *Apus pacificus* 或暗背雨燕 *Apus acuticauda* 的一个亚种。

〔189〕**小白腰雨燕** *Apus nipalensis*   xiǎo báiyāo yǔyàn

曾用名：小白腰雨燕 *Apus affinis*

英文名：House Swift

◆郑作新（1955：207；1964：232；1976：329；1987：353-354；1994：66；2000：66）记载小白腰雨燕 *Apus affinis* 一亚种：

❶ 华南亚种 *subfurcatus*

◆郑作新（1966：75；2002：110）记载小白腰雨燕 *Apus affinis*，但未述及亚种分化问题。

◆郑光美（2005：131；2011：136；2017：49）记载小白腰雨燕 *Apus nipalensis*[①] 二亚种：

❶ 华南亚种 *subfurcatus*

❷ 台湾亚种 *kuntzi*[②]

[①] 编者注：据郑光美（2002：78；2021：31），*Apus affinis* 被命名为小雨燕，中国无分布。

[②] 编者注：亚种中文名引自段文科和张正旺（2017a：534）。

◆郑光美（2023：55）记载小白腰雨燕 *Apus nipalensis* 二亚种：

❶ 指名亚种 *nipalensis*

❷ 台湾亚种 *kuntzi*

〔190〕**普通雨燕** *Apus apus*   pǔtōng yǔyàn

曾用名：北京雨燕 *Apus apus*、楼燕 *Apus apus*、普通楼燕 *Apus apus*、雨燕 *Apus apus*

英文名：Common Swift

◆郑作新（1955：205）记载北京雨燕 *Apus apus* 一亚种：

❶ 北京亚种 *pekinensis*

◆郑作新（1966：75）记载楼燕 *Apus apus*，但未述及亚种分化问题。

◆郑作新（1964：231；1976：327；1987：351）记载楼燕 *Apus apus* 一亚种：

❶ 北京亚种 *pekinensis*

◆郑作新（1994：66；2000：66）记载普通楼燕 *Apus apus* 一亚种：

❶ 北京亚种 *pekinensis*

◆郑作新（2002：110）记载普通楼燕 *Apus apus*，亦未述及亚种分化问题。

◆郑光美（2005：130）记载雨燕 *Apus apus* 一亚种：

❶ 北京亚种 *pekinensis*

◆郑光美（2011：135；2017：48；2023：55）记载普通雨燕 *Apus apus* 一亚种：

❶ 北京亚种 *pekinensis*

Ⅸ. 鹃形目 CUCULIFORMES

12. 杜鹃科 Cuculidae（Cuckoos） 9 属 20 种

〔191〕褐翅鸦鹃 *Centropus sinensis*   hèchì yājuān
英文名：Greater Coucal

◆ 郑作新（1955：183；1964：63，228；1966：67；1976：293；1987：316-317；1994：59；2000：58-59；2002：98）、郑光美（2005：115；2011：120-121；2017：50；2023：56）均记载褐翅鸦鹃 *Centropus sinensis* 二亚种：

    ❶ 指名亚种 *sinensis*
    ❷ 云南亚种 *intermedius*

〔192〕小鸦鹃 *Centropus bengalensis*   xiǎoyājuān
曾用名：小鸦鹃 *Centropus toulou*
英文名：Lesser Coucal

◆ 郑作新（1955：183）记载小鸦鹃 *Centropus bengalensis* 二亚种：

    ❶ 指名亚种 *bengalensis*
    ❷ 普通亚种 *lignator*[①]
    ① 编者注：亚种中文名引自段文科和张正旺（2021a：489）。

◆ 郑作新（1964：228；1976：293；1987：317；1994：59；2000：59）记载小鸦鹃 *Centropus toulou* 一亚种：

    ❶ 华南亚种 *bengalensis*

◆ 郑作新（1966：67；2002：98）记载小鸦鹃 *Centropus toulou*，但未述及亚种分化问题。

◆ 郑光美（2005：116；2011：121；2017：50；2023：56）记载小鸦鹃 *Centropus bengalensis*[②] 一亚种：

    ❶ 普通亚种 *lignator*
    ② 编者注：据郑光美（2002：67；2021：41），*Centropus toulou* 被命名为马岛小鸦鹃，中国无分布。

〔193〕绿嘴地鹃 *Phaenicophaeus tristis*   lǜzuǐ dìjuān
英文名：Green-billed Malkoha

◆ 郑作新（1955：182；1964：63，227；1966：67；1976：292-293；1987：315；1994：59；2000：58；2002：98）、郑光美（2005：115；2011：120；2017：50；2023：56）均记载绿嘴地鹃 *Phaenicophaeus tristis* 二亚种：

    ❶ 云南亚种 *saliens*
    ❷ 海南亚种 *hainanus*

〔194〕斑翅凤头鹃 *Clamator jacobinus*   bānchì fèngtóujuān
英文名：Jacobin Cuckoo

◆ 郑作新（1966：65；2002：95）记载斑翅凤头鹃 *Clamator jacobinus*，但未述及亚种分化问题。

◆ 郑作新（1955：175；1964：226；1976：282；1987：304；1994：57；2000：57）、郑光美（2005：111；2011：116；2017：51；2023：57）记载斑翅凤头鹃 *Clamator jacobinus* 一亚种：

❶ 指名亚种 *jacobinus*

〔195〕**红翅凤头鹃** *Clamator coromandus* hóngchì fèngtóujuān
英文名：Chestnut-winged Cuckoo
◆ 郑作新（1966：65；2002：95）记载红翅凤头鹃 *Clamator coromandus*，但未述及亚种分化问题。
◆ 郑作新（1955：175；1964：226；1976：281；1987：303；1994：57；2000：57）、郑光美（2005：111；2011：116；2017：51；2023：57）记载红翅凤头鹃 *Clamator coromandus* 为单型种。

〔196〕**噪鹃** *Eudynamys scolopaceus* zàojuān
曾用名：噪鹃 *Eudynamys scolopacea*
英文名：Western Koel
◆ 郑作新（1955：182；1964：63，227；1966：67；1976：291-292；1987：314；1994：58）、郑光美（2011：120）记载噪鹃 *Eudynamys scolopacea* 二亚种：
  ❶ 华南亚种 *chinensis*
  ❷ 海南亚种 *harterti*①②
  ① 编者注：亚种中文名引自赵正阶（2001a：643）。
  ② 郑作新（1964，1966，1976，1987）：这一亚种是否确立，尚属疑问。
◆ 郑作新（2000：58）记载噪鹃 *Eudynamys scolopacea* 一亚种：
  ❶ 华南亚种 *chinensis*
◆ 郑作新（2002：95）记载噪鹃属 *Eudynamys* 为单型属。
◆ 郑光美（2005：115；2017：51；2023：57）记载噪鹃 *Eudynamys scolopaceus* 二亚种：
  ❶ 华南亚种 *chinensis*
  ❷ 海南亚种 *harterti*

〔197〕**翠金鹃** *Chrysococcyx maculatus* cuìjīnjuān
曾用名：翠金鹃 *Chalcites maculatus*
英文名：Asian Emerald Cuckoo
◆ 郑作新（1955：181；1964：227；1976：289；1987：312；1994：58；2000：58）记载翠金鹃 *Chalcites maculatus* 为单型种。
◆ 郑作新（1966：67；2002：97；98）记载翠金鹃 *Chalcites maculatus*①，但未述及亚种分化问题。
  ① 编者注：据赵正阶（2001a：640），也有使用 *Chrysococcyx* 属名。
◆ 郑光美（2005：114；2011：119；2017：51-52；2023：58）记载翠金鹃 *Chrysococcyx maculatus* 为单型种。

〔198〕**紫金鹃** *Chrysococcyx xanthorhynchus* zǐjīnjuān
曾用名：紫金鹃 *Chalcites xanthorhynchus*
英文名：Violet Cuckoo
◆ 郑作新（1955：181；2000：58）记载紫金鹃 *Chalcites xanthorhynchus* 一亚种：
  ❶ 指名亚种 *xanthorhynchus*

◆ 郑作新（1964：227；1976：290；1987：312；1994：58）记载紫金鹃 *Chalcites xanthorhynchus* 一亚种：

❶ 云南亚种 *limborgi*

◆ 郑作新（1966：67；2002：97）记载紫金鹃 *Chalcites xanthorhynchus*[①]，但未述及亚种分化问题。

① 编者注：赵正阶（2001a：641）指出，也有使用 *Chrysococcyx* 属名。

◆ 郑光美（2005：114；2011：119；2017：52；2023：58）记载紫金鹃 *Chrysococcyx xanthorhynchus* 一亚种：

❶ 指名亚种 *xanthorhynchus*

[199] 栗斑杜鹃 *Cacomantis sonneratii*　　　　　　　　　　　　　　　　　　　　lìbān dùjuān

曾用名： 栗斑杜鹃 *Cuculus sonneratii*、栗斑杜鹃 *Penthoceryx sonneratii*

英文名： Banded Bay Cuckoo

◆ 郑作新（1964：227；1976：288；1987：310-311；1994：58；2000：58）记载栗斑杜鹃 *Cuculus sonneratii*[①] 一亚种：

❶ 指名亚种 *sonneratii*

① 编者注：中国鸟类新记录（郑作新等，1958a）。

◆ 郑作新（1966：66；2002：96）记载栗斑杜鹃 *Cuculus sonneratii*，但未述及亚种分化问题。

◆ 赵正阶（2001a：638）记载栗斑杜鹃 *Penthoceryx sonneratii*[②] 一亚种：

❶ 指名亚种 *sonneratii*

② 编者注：据赵正阶（2001a），有的学者将本种并入八声杜鹃属 *Cacomantis*（Ali et Ripley，1969；De Schauensee，1984）或杜鹃属 *Cuculus*（郑作新，1987）。

◆ 郑光美（2005：114；2011：119；2017：52；2023：58）记载栗斑杜鹃 *Cacomantis sonneratii* 一亚种：

❶ 指名亚种 *sonneratii*

[200] 八声杜鹃 *Cacomantis merulinus*　　　　　　　　　　　　　　　　　　　　bāshēng dùjuān

曾用名： 八声杜鹃 *Cuculus merulinus*

英文名： Plaintive Cuckoo

◆ 郑作新（1955：181；1964：227；1976：288；1987：311；1994：58；2000：58）记载八声杜鹃 *Cuculus merulinus* 一亚种：

❶ 华南亚种 *querulus*

◆ 郑作新（1966：66；2002：96）记载八声杜鹃 *Cuculus merulinus*，但未述及亚种分化问题。

◆ 郑光美（2005：114；2011：119；2017：52；2023：58）记载八声杜鹃 *Cacomantis merulinus* 一亚种：

❶ 华南亚种 *querulus*

[201] 乌鹃 *Surniculus lugubris*　　　　　　　　　　　　　　　　　　　　　　　　wūjuān

曾用名： 乌鹃 *Surniculus dicruroides*

英文名： Square-tailed Drongo-cuckoo

◆ 郑作新（1966：65；2002：95）记载乌鹃属 *Surniculus* 为单型属。

◆ 郑光美（2011：119-120）记载乌鹃 *Surniculus dicruroides* 一亚种：

❶ 指名亚种 *dicruroides*

◆郑作新（1955：181；1964：227；1976：290-291；1987：313；1994：58；2000：58）、郑光美（2005：114；2017：52）记载乌鹃 *Surniculus lugubris* 一亚种：

  ❶ 华南亚种 *dicruroides*

◆郑光美（2023：58）记载乌鹃 *Surniculus lugubris*①一亚种：

  ❶ *barussarum* 亚种

  ① 编者注：据郑光美（2021：43），*Surniculus dicruroides* 被命名为叉尾乌鹃，中国无分布。

[202] **大鹰鹃** *Hierococcyx sparverioides*　　　　　　　　　　　　　　　　　　　　dàyīngjuān

曾用名：鹰头杜鹃 *Cuculus sparverioides*、凤头杜鹃 *Cuculus sparverioides*、

　　　　鹰鹃 *Cuculus sparverioides*、大鹰鹃 *Cuculus sparverioides*；

　　　　鹰鹃 *Hierococcyx sparverioides*（约翰·马敬能等，2000：85；刘阳等，2021：224；约翰·马敬能，2022b：150）

英文名：Large Hawk-cuckoo

◆郑作新（1955：176）记载鹰头杜鹃 *Cuculus sparverioides* 一亚种：

  ❶ 指名亚种 *sparverioides*

◆郑作新（1964：227）记载凤头杜鹃 *Cuculus sparverioides*①一亚种：

  ❶ 指名亚种 *sparverioides*

  ① 编者注：郑作新（1964：62）记载其中文名为鹰头杜鹃。

◆郑作新（1976：282；1987：304-305；1994：57；2000：57）记载鹰鹃 *Cuculus sparverioides* 一亚种：

  ❶ 指名亚种 *sparverioides*

◆郑作新（1966：66；2002：96）记载鹰鹃 *Cuculus sparverioides*，但未述及亚种分化问题。

◆郑光美（2005：111；2011：116）记载大鹰鹃 *Cuculus sparverioides* 一亚种：

  ❶ 指名亚种 *sparverioides*

◆郑光美（2017：53；2023：59）记载大鹰鹃 *Hierococcyx sparverioides*②一亚种：

  ❶ 指名亚种 *sparverioides*

  ② 郑光美（2017）：由 *Cuculus* 属归入 *Hierococcyx* 属（Dickinson et al.，2013）。

[203] **普通鹰鹃** *Hierococcyx varius*　　　　　　　　　　　　　　　　　　　　pǔtōng yīngjuān

曾用名：普通鹰鹃 *Cuculus varius*

英文名：Common Hawk-cuckoo

◆郑光美（2005：111；2011：117）记载普通鹰鹃 *Cuculus varius* 一亚种：

  ❶ 指名亚种 *varius*

◆郑光美（2017：53；2023：59）记载普通鹰鹃 *Hierococcyx varius*①一亚种：

  ❶ 指名亚种 *varius*

  ① 郑光美（2017）：由 *Cuculus* 属归入 *Hierococcyx* 属（Dickinson et al.，2013）。

[204] **棕腹鹰鹃** *Hierococcyx nisicolor*　　　　　　　　　　　　　　　　　　　　zōngfù yīngjuān

曾用名：棕腹杜鹃 *Cuculus fugax*、棕腹杜鹃 *Cuculus nisicolor*；

霍氏鹰鹃 *Cuculus nisicolor*（段文科等，2017a：477）、
霍氏鹰鹃 *Hierococcyx nisicolor*（刘阳等，2021：224；约翰·马敬能，2022b：151）

英文名：Whistling Hawk-cuckoo

◆ 郑作新（1955：176-177；1964：62-63，227；1966：67；1976：282-284；1987：305-306；1994：57；2000：57；2002：97）记载棕腹杜鹃 *Cuculus fugax* 二亚种：

❶ 华北亚种 *hyperythrus*

❷ 华南亚种 *nisicolor*

◆ 郑光美（2005：112；2011：117）记载以下两种：

（1）棕腹杜鹃 *Cuculus nisicolor*①

① 郑光美（2005）：由原棕腹鹰鹃 *Cuculus fugax* 的 *nisicolor* 亚种提升的种（King，2002a；Dickinson，2003）。编者注：据郑光美（2002：43；2021：43），*Cuculus fugax* 与 *Hierococcyx fugax* 分别被命名为棕腹鹰鹃和马来棕腹鹰鹃，在中国有分布，但郑光美（2023）均未收录。

（2）北棕腹杜鹃 *Cuculus hyperythrus*②

② 郑光美（2005）：由原棕腹鹰鹃 *Cuculus fugax* 的 *hyperythrus* 亚种提升的种（King，2002a；Dickinson，2003）。

◆ 郑光美（2017：53；2023：59）记载以下两种：

（1）棕腹鹰鹃 *Hierococcyx nisicolor*③

③ 郑光美（2017）：由 *Cuculus* 属归入 *Hierococcyx* 属（Dickinson et al.，2013）。

（2）北棕腹鹰鹃 *Hierococcyx hyperythrus*④

④ 郑光美（2017）：由 *Cuculus* 属归入 *Hierococcyx* 属（Dickinson et al.，2013）。

〔205〕**北棕腹鹰鹃** *Hierococcyx hyperythrus* běi zōngfù yīngjuān

曾用名：北棕腹杜鹃 *Cuculus hyperythrus*；北鹰鹃 *Cuculus hyperythrus*（段文科等，2017a：477）、
北鹰鹃 *Hierococcyx hyperythrus*（刘阳等，2021：224；约翰·马敬能，2022b：150）

英文名：Northern Hawk-cuckoo

由原棕腹鹰鹃 *Cuculus fugax* 的 *hyperythrus* 亚种提升的种。请参考〔204〕棕腹鹰鹃 *Hierococcyx nisicolor*。

〔206〕**四声杜鹃** *Cuculus micropterus* sìshēng dùjuān

英文名：Indian Cuckoo

◆ 郑作新（1966：65；2002：96）记载四声杜鹃 *Cuculus micropterus*，但未述及亚种分化问题。

◆ 郑作新（1955：177；1964：227；1976：284；1987：306；1994：57；2000：57）、郑光美（2005：112；2011：117；2017：54；2023：60）记载四声杜鹃 *Cuculus micropterus* 一亚种：

❶ 指名亚种 *micropterus*

〔207〕**大杜鹃** *Cuculus canorus* dàdùjuān

曾用名：杜鹃 *Cuculus canorus*

英文名：Common Cuckoo

◆ 郑作新（1955：178-179）记载杜鹃 *Cuculus canorus* 四亚种：
  ❶ 指名亚种 *canorus*
  ❷ 新疆亚种 *subtelephonus*
  ❸ 华西亚种 *bakeri*
  ❹ 华东亚种 *fallax*

◆ 郑作新（1964：62，227；1966：66；1976：285-286；1987：307-308；1994：57-58；2000：57；2002：97）记载大杜鹃 *Cuculus canorus* 四亚种：
  ❶ 指名亚种 *canorus*
  ❷ 新疆亚种 *subtelephonus*
  ❸ 华西亚种 *bakeri*
  ❹ 华东亚种 *fallax*

◆ 郑光美（2005：112-113；2011：117-118；2017：54-55；2023：60）记载大杜鹃 *Cuculus canorus* 三亚种：
  ❶ 指名亚种 *canorus*
  ❷ 新疆亚种 *subtelephonus*
  ❸ 华西亚种 *bakeri*

[208] **中杜鹃** *Cuculus saturatus*　　　　　　　　　　　　　　　　　　zhōngdùjuān
英文名：Himalayan Cuckoo

◆ 郑作新（1955：179-180；1964：62，227；1966：66-67；1976：286；1987：308-309；1994：58；2000：57-58；2002：97）记载中杜鹃 *Cuculus saturatus* 二亚种：
  ❶ 华北亚种 *horsfieldi*
  ❷ 指名亚种 *saturatus*

◆ 郑光美（2005：113）记载以下两种：
  （1）中杜鹃 *Cuculus saturatus*
  ❶ 指名亚种 *saturatus*
  （2）霍氏中杜鹃 *Cuculus horsfieldi*

◆ 郑光美（2011：118；2017：54；2023：60-61）记载以下两种：
  （1）中杜鹃 *Cuculus saturatus*
  ❶ 指名亚种 *saturatus*
  （2）东方中杜鹃 *Cuculus optatus*[①]

  ① 郑光美（2011）：霍氏中杜鹃 *Cuculus horsfieldi*，依 Panye（2005）应为 *Cuculus optatus*。

[209] **东方中杜鹃** *Cuculus optatus*　　　　　　　　　　　　　　　dōngfāng zhōngdùjuān
曾用名：霍氏中杜鹃 *Cuculus horsfieldi*；
　　　　　北方中杜鹃 *Cuculus optatus*（刘阳等，2021：226；约翰·马敬能，2022b：152）
英文名：Oriental Cuckoo

　　曾经被认为是 *Cuculus saturatus* 的一个亚种，现列为独立种。请参考 [208] 中杜鹃 *Cuculus saturatus*。

IX. 鹃形目
CUCULIFORMES

[210] **小杜鹃** *Cuculus poliocephalus*   xiǎodùjuān

英文名: Lesser Cuckoo

◆郑作新（1955：180；1964：227；1976：288；1987：309-310；1994：58；2000：58）记载小杜鹃*Cuculus poliocephalus*一亚种:

❶ 指名亚种 *poliocephalus*

◆郑作新（1966：65；2002：96）记载小杜鹃*Cuculus poliocephalus*，但未述及亚种分化问题。

◆郑光美（2005：113；2011：119；2017：54；2023：61）记载小杜鹃*Cuculus poliocephalus*为单型种。

X. 鹤形目 GRUIFORMES

13. 秧鸡科 Rallidae（Rails，Crakes，Coots） 12 属 20 种

［211］红脚斑秧鸡 *Rallina fasciata*   hóngjiǎo bānyāngjī
曾用名： 斑秧鸡 *Rallina fasciata*、栗喉斑秧鸡 *Rallina fasciata*、红腿斑秧鸡 *Rallina fasciata*
英文名： Red-legged Crake
- 郑作新（1955：114）记载斑秧鸡 *Rallina fasciata* 为单型种。
- 郑作新（1966：43）记载栗喉斑秧鸡 *Rallina fasciata*，但未述及亚种分化问题。
- 郑作新（1964：217；1976：170）记载栗喉斑秧鸡 *Rallina fasciata* 为单型种。
- 郑作新（2002：65）记载红腿斑秧鸡 *Rallina fasciata*，亦未述及亚种分化问题。
- 郑作新（1987：182；1994：36；2000：35）、郑光美（2005：68）记载红腿斑秧鸡 *Rallina fasciata* 为单型种。
- 郑光美（2011：71；2017：56；2023：62）记载红脚斑秧鸡 *Rallina fasciata* 为单型种。

［212］白喉斑秧鸡 *Rallina eurizonoides*   báihóu bānyāngjī
英文名： Slaty-legged Crake
- 郑作新（1955：114-115；1964：217；1976：170-171）记载白喉斑秧鸡 *Rallina eurizonoides* 二亚种：
  - ❶ 海南亚种 *nigrolineata*
  - ❷ 台湾亚种 *formosana*
- 郑作新（1966：43）记载白喉斑秧鸡 *Rallina eurizonoides*，但未述及亚种分化问题。
- 郑作新（1987：183；1994：36；2000：35；2002：65）记载白喉斑秧鸡 *Rallina eurizonoides* 二亚种：
  - ❶ 海南亚种 *amauroptera*[①]
  - ❷ 台湾亚种 *formosana*
  - [①] 编者注：赵正阶（2001a：424）称之为印度亚种。
- 郑光美（2005：68；2011：71；2017：56-57；2023：62）记载白喉斑秧鸡 *Rallina eurizonoides* 二亚种：
  - ❶ 海南亚种 *telmatophila*
  - ❷ 台湾亚种 *formosana*

［213］花田鸡 *Coturnicops exquisitus*   huātiánjī
曾用名： 花秧鸡 *Coturnicops noveboracensis*、花田鸡 *Coturnicops noveboracensis*、花田鸡 *Porzana exquisita*、花田鸡 *Coturnicops exquistus*
英文名： Swinhoe's Rail
- 郑作新（1955：117）记载花秧鸡 *Coturnicops noveboracensis* 一亚种：
  - ❶ 华东亚种 *exquisita*
- 郑作新（1966：42）记载花田鸡属 *Coturnicops* 为单型属。
- 郑作新（1964：217；1976：176）记载花田鸡 *Coturnicops noveboracensis* 一亚种：
  - ❶ 华东亚种 *exquisita*

X. 鹤形目
GRUIFORMES

◆ 郑作新（1987：188-189；1994：36；2000：36）、赵正阶（2001a：432-433）记载花田鸡 *Porzana exquisita*①为单型种。

① 郑作新（1987）：这种秧鸡与花田鸡属*Coturnicops*关系密切，因此，它通常被视为花田鸡属*Coturnicops*的一个独立种，或者甚至作为北美黄田鸡*Coturnicops noveboracensis*的一个亚种（郑作新，1976；Ripley，1977）。从动物地理学的角度来看，我更倾向于采用Swinhoe最初的命名。

◆ 郑作新（2002：65）记载花田鸡 *Porzana exquisita*②，亦未述及亚种分化问题。

② 编者注：郑作新（2002：64）则记载花田鸡属 *Exquisita* 为单型属。

◆ 郑光美（2005：67）记载花田鸡 *Coturnicops exquistus*③为单型种。

③ 编者注：据郑光美（2002：34；2021：44），*Coturnicops noveboracensis*被命名为北美花田鸡，中国无分布。

◆ 王岐山等（2006：59-62）、郑光美（2011：70；2017：56；2023：62）记载花田鸡*Coturnicops exquisitus*为单型种。

[214] **西秧鸡** *Rallus aquaticus*　　　　　　　　　　　　　　　　　　　　　　　　　　xīyāngjī

曾用名：秧鸡 *Rallus aquaticus*、普通秧鸡 *Rallus aquaticus*；
　　　　　西方秧鸡 *Rallus aquaticus*（刘阳等，2021：138；约翰·马敬能，2022b：91）

英文名：Western Water Rail

说　 明：因分类修订，原普通秧鸡 *Rallus aquaticus* 的中文名修改为西秧鸡。

◆ 郑作新（1955：113）记载秧鸡 *Rallus aquaticus* 二亚种：
❶ 新疆亚种 *korejewi*
❷ 东北亚种 *indicus*

◆ 郑作新（1964：42，217；1966：43；1976：167-169；1987：180；1994：35；2000：35；2002：64）、郑光美（2005：69；2011：72）记载普通秧鸡 *Rallus aquaticus* 二亚种：
❶ 新疆亚种 *korejewi*
❷ 东北亚种 *indicus*

◆ 郑光美（2017：57；2023：62-63）记载以下两种：
（1）西秧鸡 *Rallus aquaticus*
❶ 新疆亚种 *korejewi*
（2）普通秧鸡 *Rallus indicus*①

① 郑光美（2017）：由*Rallus aquaticus*的亚种提升为种（Livezey，1998；Rasmussen et al.，2005；Tavares et al.，2010）。

[215] **普通秧鸡** *Rallus indicus*　　　　　　　　　　　　　　　　　　　　　　　　　　pǔtōng yāngjī

英文名：Eastern Water Rail

　　由 *Rallus aquaticus* 的亚种提升为种，中文名沿用普通秧鸡。请参考〔214〕西秧鸡 *Rallus aquaticus*。

[216] **灰胸秧鸡** *Lewinia striata*　　　　　　　　　　　　　　　　　　　　　　　　　　huīxiōng yāngjī

曾用名：蓝胸秧鸡 *Rallus striatus*、灰胸秧鸡 *Gallirallus striatus*；

蓝胸秧鸡 *Gallirallus striatus*（杭馥兰等，1997：127；段文科等，2017a：304）、

灰胸秧鸡 *Lewinia striatia*、蓝胸秧鸡 *Lewinia striata*（刘阳等，2021：139）、

蓝胸秧鸡 *Lewinia striata*（约翰·马敬能，2022b：91）

英文名：Slaty-breasted Rail

◆郑作新（1966：42）记载蓝胸秧鸡 *Rallus striatus*，但未述及亚种分化问题。

◆郑作新（1955：114；1964：217；1976：169；1987：181-182；1994：35；2000：35；2002：64）记载蓝胸秧鸡 *Rallus striatus* 二亚种：

❶ 华南亚种 *gularis*

❷ 台湾亚种 *taiwanus*

◆郑光美（2005：68；2011：71）记载灰胸秧鸡 *Gallirallus striatus* 三亚种：

❶ 云南亚种 *albiventer*[①]

❷ 华南亚种 *jouyi*[②]

❸ 台湾亚种 *taiwanus*

①② 编者注：亚种中文名引自王岐山等（2006：71）。

◆郑光美（2017：57；2023：63）记载灰胸秧鸡 *Lewinia striata*[③] 三亚种：

❶ 云南亚种 *albiventer*

❷ 华南亚种 *jouyi*

❸ 台湾亚种 *taiwana*

③ 郑光美（2017）：由 *Gallirallus* 属归入 *Lewinia* 属（Kirchman，2012）。

〔217〕**长脚秧鸡** *Crex crex*　　　　　　　　　　　　　　　　　　　　　　　　chángjiǎo yāngjī

英文名：Corncrake

◆郑作新（1966：42；2002：64）记载长脚秧鸡属 *Crex* 为单型属。

◆郑作新（1955：115；1964：217；1976：171；1987：183；1994：36；2000：35）、郑光美（2005：69；2011：72；2017：58；2023：63）记载长脚秧鸡 *Crex crex* 为单型种。

〔218〕**斑胸田鸡** *Porzana porzana*　　　　　　　　　　　　　　　　　　　　　bānxiōng tiánjī

英文名：Spotted Crake

◆郑作新（1966：43；2002：65）记载斑胸田鸡 *Porzana porzana*，但未述及亚种分化问题。

◆郑作新（1955：116；1964：217；1976：173；1987：185；1994：36；2000：35）、郑光美（2005：70；2011：73；2017：58；2023：63）记载斑胸田鸡 *Porzana porzana* 为单型种。

〔219〕**红胸田鸡** *Zapornia fusca*　　　　　　　　　　　　　　　　　　　　　　hóngxiōng tiánjī

曾用名：红胸田鸡 *Porzana fusca*

英文名：Ruddy-breasted Crake

◆郑作新（1955：116；1964：42，217）记载红胸田鸡 *Porzana fusca* 二亚种：

❶ 普通亚种 *erythrothorax*

❷ 指名亚种 *fusca*

◆郑作新（1966：43）记载红胸田鸡 *Porzana fusca* 三亚种：

❶ 普通亚种 *erythrothorax*

❷ 指名亚种 *fusca*

❸ 云南亚种 *bakeri*

◆郑作新（1976：173-174；1987：186-187；1994：36；2000：35-36；2002：66）、郑光美（2005：70-71；2011：73）记载红胸田鸡 *Porzana fusca* 三亚种：

❶ 云南亚种 *bakeri*

❷ 普通亚种 *erythrothorax*

❸ 台湾亚种 *phaeopyga*

◆郑光美（2017：59；2023：64）记载红胸田鸡 *Zapornia fusca* 三亚种：

❶ 云南亚种 *bakeri*

❷ 普通亚种 *erythrothorax*

❸ 台湾亚种 *phaeopyga*

〔220〕**斑胁田鸡** *Zapornia paykullii*　　　　　　　　　　　　　　　　　　　bānxié tiánjī

曾用名： 栗胸田鸡 *Porzana paykullii*、斑胁田鸡 *Porzana paykullii*；

斑胁田鸡 *Rallina paykullii*（杭馥兰等，1997：62）、斑肋田鸡 *Porzana paykullii*（约翰·马敬能等，2000：130）、红胸斑秧鸡 *Rallina paykullii*、斑胁鸡 *Rallina paykullii*（赵正阶，2001a：425）

英文名： Band-bellied Crake

◆郑作新（1955：116；1964：217）记载栗胸田鸡 *Porzana paykullii* 为单型种。

◆郑作新（1966：43；2002：66）记载斑胁田鸡 *Porzana paykullii*，但未述及亚种分化问题。

◆郑作新（1976：174；1987：187；1994：36；2000：36）、郑光美（2005：71；2011：74）记载斑胁田鸡 *Porzana paykullii* 为单型种。

◆郑光美（2017：59；2023：64）记载斑胁田鸡 *Zapornia paykullii* 为单型种。

〔221〕**红脚田鸡** *Zapornia akool*　　　　　　　　　　　　　　　　　　　hóngjiǎo tiánjī

曾用名： 红脚苦恶鸟 *Amaurornis akool*；

红脚苦恶鸟 *Zapornia akool*（刘阳等，2021：142；约翰·马敬能，2022b：92）

英文名： Brown Crake

◆郑作新（1966：43；2002：66）记载红脚苦恶鸟 *Amaurornis akool*，但未述及亚种分化问题。

◆郑作新（1955：117；1964：217；1976：176-177；1987：189；1994：36-37；2000：36）、郑光美（2005：69；2011：72）记载红脚苦恶鸟 *Amaurornis akool* 一亚种：

❶ 普通亚种 *coccineipes*[①]

① 编者注：郑作新（1976）称其为华南亚种。

◆郑光美（2017：58；2023：64）记载红脚田鸡 *Zapornia akool*[②] 一亚种。

❶ 普通亚种 *coccineipes*

② 郑光美（2017）：由 *Amaurornis* 属归入 *Zapornia* 属（Slikas et al.，2002）。

〔222〕**姬田鸡** *Zapornia parva*　　　　　　　　　　　　　　　　　　　　　　　　　　jītiánjī

曾用名：姬田鸡 *Porzana parva*

英文名：Little Crake

◆郑作新（1966：43；2002：65）记载姬田鸡 *Porzana parva*，但未述及亚种分化问题。

◆郑作新（1955：115；1964：217；1976：172；1987：184；1994：36；2000：35）、郑光美（2005：70；2011：73）记载姬田鸡 *Porzana parva* 为单型种。

◆郑光美（2017：58；2023：65）记载姬田鸡 *Zapornia parva* 为单型种。

〔223〕**小田鸡** *Zapornia pusilla*　　　　　　　　　　　　　　　　　　　　　　　　　xiǎotiánjī

曾用名：小田鸡 *Porzana pusilla*

英文名：Baillon's Crake

◆郑作新（1966：43；2002：65）记载小田鸡 *Porzana pusilla*，但未述及亚种分化问题。

◆郑作新（1955：115；1964：217；1976：172；1987：184；1994：36；2000：35）、郑光美（2005：70；2011：73）记载小田鸡 *Porzana pusilla* 一亚种：

❶ 指名亚种 *pusilla*

◆郑光美（2017：59；2023：65）记载小田鸡 *Zapornia pusilla* 一亚种：

❶ 指名亚种 *pusilla*

〔224〕**棕背田鸡** *Zapornia bicolor*　　　　　　　　　　　　　　　　　　　　　　　zōngbèi tiánjī

曾用名：棕背田鸡 *Porzana bicolor*、黑尾苦恶鸟 *Amaurornis bicolor*；
　　　　棕背田鸡 *Amaurornis bicolor*（杭馥兰等，1997：64）

英文名：Black-tailed Crake

◆郑作新（1966：43；2002：65）记载棕背田鸡 *Porzana bicolor*，但未述及亚种分化问题。

◆郑作新（1955：117；1964：217；1976：174；1987：187；1994：36；2000：36）、郑光美（2005：71；2011：74）记载棕背田鸡 *Porzana bicolor* 为单型种。

◆王岐山等（2006：89-92）记载黑尾苦恶鸟 *Amaurornis bicolor*[1]为单型种。

　　① 编者注：其分类讨论较为详细，摘要如下：黑尾苦恶鸟最初根据印度大吉岭的标本，定名为黑尾田鸡 *Porzana bicolor*，国内一直沿用至今；但由于苦恶鸟属 *Amaurornis* 和田鸡属 *Porzana* 的分类不够充分，因此在这两个属之间常有交叉。根据苦恶鸟属的秧鸡在体色上以素色和暗色为特征，或以黑色为主，或带有橄榄褐色、暗褐色、石板灰色和棕色，国外学者多把本种列入苦恶鸟属，如 Baker（1929）、Howard 和 Moore（1991）、Monroe 和 Sibley（1993）、del Hoyo 等（1996）、Clements（2000）等。

◆郑光美（2017：58；2023：65）记载棕背田鸡 *Zapornia bicolor*[2]为单型种。

　　② 郑光美（2017）：由 *Amaurornis* 属归入 *Zapornia* 属（Slikas et al.，2002）。

〔225〕**白胸苦恶鸟** *Amaurornis phoenicurus*　　　　　　　　　　　　　　　　　　báixiōng kǔ'èniǎo

曾用名：苦恶鸟 *Amaurornis phoenicurus*

英文名：White-breasted Waterhen

◆郑作新（1955：117）记载苦恶鸟 *Amaurornis phoenicurus* 一亚种：

❶ 普通亚种 *chinensis*

◆郑作新（1964：217-218；1976：177；1987：190；1994：37；2000：36）记载白胸苦恶鸟 *Amaurornis phoenicurus* 一亚种：

❶ 普通亚种 *chinensis*①

① 郑作新（1987）：Ripley（1977）认为该亚种是指名亚种的同物异名。

◆郑作新（1966：43；2002：66）记载白胸苦恶鸟 *Amaurornis phoenicurus*，但未述及亚种分化问题。

◆郑光美（2005：69；2011：72；2017：60；2023：65）记载白胸苦恶鸟 *Amaurornis phoenicurus* 一亚种：

❶ 指名亚种 *phoenicurus*

〔226〕**白眉苦恶鸟** *Amaurornis cinerea*   báiméi kǔ'èniǎo

曾用名： 白眉田鸡 *Porzana cinerea*、白眉秧鸡 *Porzana cinerea*、白眉田鸡 *Amaurornis cinerea*；
　　　　　白眉田鸡 *Poliolimnas cinereus*（刘阳等，2021：144）

英文名： White-browed Crake

◆杭馥兰和常家传（1997：63）记载白眉田鸡、白眉秧鸡 *Porzana cinerea* 一亚种：

❶ *brevipes* 亚种

◆约翰·马敬能等（2000：130-131）记载白眉秧鸡 *Porzana cinerea*。迷鸟于1991年4月出现在香港的米埔。亦曾偶见于台湾。

◆赵正阶（2001a：432）记载白眉田鸡 *Porzana cinerea*，我国仅偶见于台湾高雄右昌、屏东和龙銮潭等地（王嘉雄等，1991）。

◆王岐山等，（2006：109-111）、郑光美（2005：71；2011：74）记载白眉田鸡 *Porzana cinerea*①为单型种。

① 郑光美（2005）：参见 Kennerley（1992）、Carey et al.（2001）。

◆约翰·马敬能（2022b：94）记载白眉田鸡 *Amaurornis cinerea*，在我国，迷鸟1991年4月记录于香港米埔，后在四川、云南、广西、海南和台湾也有记录。部分学者将其划入 *Porzana* 属，也有人将其划入 *Poliolimnas* 属。

◆郑光美（2017：60；2023：66）记载白眉苦恶鸟 *Amaurornis cinerea*②为单型种。

② 郑光美（2017）：由 *Zapornia* 属归入 *Amaurornis* 属（Slikas et al., 2002）。

〔227〕**董鸡** *Gallicrex cinerea*   dǒngjī

英文名： Watercock

◆郑作新（1955：118；1964：218；1976：178；1987：191；1994：37；2000：36）记载董鸡 *Gallicrex cinerea* 一亚种：

❶ 指名亚种 *cinerea*

◆郑作新（1966：42；2002：64）记载董鸡属 *Gallicrex* 为单型属。

◆郑光美（2005：71；2011：74；2017：60；2023：66）记载董鸡 *Gallicrex cinerea* 为单型种。

〔228〕**紫水鸡** *Porphyrio poliocephalus*   zǐshuǐjī

曾用名： 紫水鸡 *Porphyrio porphyrio*

英文名：Grey-headed Swamphen

◆郑作新（1955：119；1964：218）记载紫水鸡 *Porphyrio porphyrio* 二亚种：

❶ 云南亚种 *poliocephalus*

❷ ? *coelestis* 亚种①

① 编者注：王岐山等（2006：118）记载，关于华南亚种，在中国最早由 Robert Swinhoe 于 1868 年根据在厦门采到的紫水鸡定名为 *Porphyrio ceolestis*，其后除 Mell 在广东市场上见过活鸟之外，未再见有报道；《中国鸟类分布目录（Ⅰ.非雀形目）》（1955 年）列为? *Porphyrio porptyrio ceolestis*，分布于厦门及广州，但脚注"谅系由外地带来的笼鸟"；《中国鸟类分布名录（第二版）》（1976），认为 Swinhoe 于 1868 年在厦门所描述的"*Porphyrio ceolestis*"，至今未得到证实，恐只是由南方带来的笼鸟，将这一亚种删除。然而，据唐兆和等（1993）报道，1962 年 10 月在福州郊区旗山脚下采到 1 只紫水鸡雄鸟，标本存放在福建省博物馆，其后又在长乐县文武沙水库发现 4 只，采到 2 只，其中 1 只制成标本存放在福建师范大学生物工程学院。1997 年 12 月 27 日，高育仁等（1999）在广东海丰县大湖镇高螺管区东闸大化河中的小岛上，也发现了 3 只紫水鸡；1999 年 1 月 29 日又在该地见到 9 只个体，其中 2 只在稻田中，7 只在混交林的树冠上。证实 100 多年前 Mell 在广东记录紫水鸡的事实是正确的。以上已证实在福建和广东确有紫水鸡分布，并非外地带来的笼鸟，现今 Swinhoe 记述的 *Porphyrio porphyrio coelestis* 已并入紫水鸡华南亚种 *Porphyrio porphyrio viridis*。

◆郑作新（1976：180；1987：193；1994：37；2000：36）记载紫水鸡 *Porphyrio porphyrio* 一亚种：

❶ 云南亚种 *poliocephalus*②

② 郑作新（1976，1987）：Swinhoe 于 1868 年在厦门所描述的"*Porphyrio ceolestis*"，至今未得证实，恐只是由南方带来的笼鸟。

◆郑作新（1966：42；2002：64）记载紫水鸡属 *Porphyrio* 为单型属。

◆王岐山等（2006：118）、郑光美（2005：72；2011：74-75；2017：60-61）记载紫水鸡 *Porphyrio porphyrio* 二亚种：

❶ 云南亚种 *poliocephalus*

❷ 华南亚种 *viridis*

◆郑光美（2023：66）记载紫水鸡 *Porphyrio poliocephalus*③ 二亚种：

❶ 指名亚种 *poliocephalus*

❷ 华南亚种 *viridis*

③ 编者注：据郑光美（2021：46），*Porphyrio porphyrio* 被命名为西紫水鸡，中国无分布。

[229] **黑水鸡** *Gallinula chloropus* hēishuǐjī

曾用名：红骨顶 *Gallinula chloropus*

英文名：Common Moorhen

◆郑作新（1955：119；1964：42-43，218；1966：43-44；1976：179；1987：192；1994：37；2000：36；2002：66）记载黑水鸡、红骨顶 *Gallinula chloropus* 二亚种：

X. 鹤形目 GRUIFORMES

❶ 指名亚种 *chloropus*

❷ 普通亚种 *indica*

◆ 郑光美（2005：72；2011：75；2017：61；2023：66）记载黑水鸡 *Gallinula chloropus* 一亚种：

❶ 指名亚种 *chloropus*

〔230〕**白骨顶** *Fulica atra*   báigǔdǐng

曾用名：骨顶鸡 *Fulica atra*

英文名：Common Coot

◆ 郑作新（1955：120；1964：218；1976：180；1987：193；1994：37；2000：36-37）记载骨顶鸡、白骨顶 *Fulica atra* 一亚种：

❶ 指名亚种 *atra*

◆ 郑作新（1966：42；2002：64）记载骨顶属 *Fulica* 为单型属。

◆ 郑光美（2005：72；2011：75；2017：61；2023：66）记载白骨顶 *Fulica atra* 一亚种：

❶ 指名亚种 *atra*

14. 鹤科 Gruidae（Cranes） 3 属 9 种

〔231〕**白鹤** *Leucogeranus leucogeranus*   báihè

曾用名：白鹤 *Grus leucogeranus*；白鹤 *Bugeranus leucogeranus*（杭馥兰等，1997：61）

英文名：Siberian Crane

◆ 郑作新（1966：42；2002：63）记载白鹤 *Grus leucogeranus*，但未述及亚种分化问题。

◆ 郑作新（1955：112；1964：217；1976：165；1987：178；1994：35；2000：34）、郑光美（2005：66；2011：69；2017：61）记载白鹤 *Grus leucogeranus*[①]为单型种。

 ①郑作新（1987）：根据其特别长的喙和脸颊的羽毛，最近的一些作者将该物种归入一个单独的属，即 *Sarcogeranus* 属。

◆ 郑光美（2023：67）记载白鹤 *Leucogeranus leucogeranus*[②]为单型种。

 ②编者注：据王岐山等（2006：30），也有学者将其归入肉垂鹤属 *Bugeranus*。

〔232〕**沙丘鹤** *Antigone canadensis*   shāqiūhè

曾用名：沙丘鹤 *Grus canadensis*

英文名：Sandhill Crane

◆ 郑作新（1987：177；1994：35；2000：34）、郑光美（2005：66；2011：69；2017：62）记载沙丘鹤 *Grus canadensis*[①]一亚种：

❶ 指名亚种 *canadensis*

 ①编者注：中国鸟类新记录（匡邦郁等，1981）。

◆ 郑光美（2023：67）记载沙丘鹤 *Antigone canadensis* 一亚种：

❶ 指名亚种 *canadensis*

〔233〕**白枕鹤** *Antigone vipio*   báizhěnhè
曾用名： 白枕鹤 *Grus vipio*
英文名： White-naped Crane
- 郑作新（1966：41；2002：63）记载白枕鹤 *Grus vipio*，但未述及亚种分化问题。
- 郑作新（1955：111；1964：217；1976：165；1987：177；1994：35；2000：34）、郑光美（2005：66；2011：69；2017：62）记载白枕鹤 *Grus vipio* 为单型种。
- 郑光美（2023：67）记载白枕鹤 *Antigone vipio* 为单型种。

〔234〕**赤颈鹤** *Antigone antigone*   chìjǐnghè
曾用名： 赤颈鹤 *Grus antigone*
英文名： Sarus Crane
- 郑作新（1955：112；1964：217）记载赤颈鹤 *Grus antigone* 一亚种：
  1. 指名亚种 *antigone*
- 郑作新（1966：41；2002：63）记载赤颈鹤 *Grus antigone*，但未述及亚种分化问题。
- 郑作新（1976：167）记载赤颈鹤 *Grus antigone* 一亚种：
  1. 云南亚种 *sharpei*
- 郑作新（1987：179；1994：35；2000：34）、郑光美（2005：66；2011：69；2017：62）记载赤颈鹤 *Grus antigone* 一亚种：
  1. 云南亚种 *sharpii*
- 郑光美（2023：67）记载赤颈鹤 *Antigone antigone* 一亚种：
  1. 云南亚种 *sharpii*

〔235〕**蓑羽鹤** *Grus virgo*   suōyǔhè
曾用名： 蓑羽鹤 *Anthropoides virgo*
英文名： Demoiselle Crane
- 郑作新（1966：41；2002：63）记载蓑羽鹤 *Anthropoides virgo*，但未述及亚种分化问题。
- 郑作新（1955：112；1964：217；1976：167；1987：179；1994：35；2000：34）、郑光美（2005：65；2011：68）记载蓑羽鹤 *Anthropoides virgo* 为单型种。
- 郑光美（2017：62；2023：68）记载蓑羽鹤 *Grus virgo*[①]为单型种。
  [①] 郑光美（2017）：由 *Anthropoides* 属归入 *Grus* 属（Krajewski et al., 2010）。

〔236〕**丹顶鹤** *Grus japonensis*   dāndǐnghè
曾用名： 仙鹤 *Grus japonensis*
英文名： Red-crowned Crane
- 郑作新（1955：111）记载丹顶鹤、仙鹤 *Grus japonensis* 为单型种。
- 郑作新（1966：42；2002：63）记载丹顶鹤 *Grus japonensis*，但未述及亚种分化问题。
- 郑作新（1964：216；1976：164；1987：176；1994：35；2000：34）、郑光美（2005：67；2011：70；2017：62-63；2023：68）记载丹顶鹤 *Grus japonensis* 为单型种。

X. 鹤形目 GRUIFORMES

〔237〕**灰鹤** *Grus grus* huīhè

英文名：Common Crane

◆郑作新（1966：42；2002：63）记载灰鹤 *Grus grus*，但未述及亚种分化问题。

◆郑作新（1955：110；1964：216；1976：162；1987：173；1994：34；2000：34）、郑光美（2005：67；2011：70；2017：63；2023：68）记载灰鹤 *Grus grus* 一亚种：

❶ 普通亚种 *lilfordi*

〔238〕**白头鹤** *Grus monacha* báitóuhè

曾用名：白头鹤 *Grus monachus*

英文名：Hooded Crane

◆郑作新（1955：111；1964：216）记载白头鹤 *Grus monachus* 为单型种。

◆郑作新（1966：42；2002：63）记载白头鹤 *Grus monacha*，但未述及亚种分化问题。

◆郑作新（1976：164；1987：175；1994：35；2000：34）、郑光美（2005：67；2011：70；2017：63；2023：68）记载白头鹤 *Grus monacha* 为单型种。

〔239〕**黑颈鹤** *Grus nigricollis* hēijǐnghè

英文名：Black-necked Crane

◆郑作新（1966：42；2002：63）记载黑颈鹤 *Grus nigricollis*，但未述及亚种分化问题。

◆郑作新（1955：111；1964：216；1976：164；1987：174；1994：34；2000：34）、郑光美（2005：67；2011：70；2017：63；2023：69）记载黑颈鹤 *Grus nigricollis* 为单型种。

XI. 鸨形目 OTIDIFORMES

15. 鸨科 Otididae（Bustards） 3 属 3 种

〔240〕**小鸨** *Tetrax tetrax*   xiǎobǎo

曾用名：小鸨 *Otis tetrax*

英文名：Little Bustard

◆郑作新（1955：121；1964：218；1976：181；1987：195；1994：37；2000：37）记载小鸨 *Otis tetrax* 一亚种：

   ❶ 新疆亚种 *orientalis*

◆郑作新（1966：44；2002：67）记载小鸨 *Otis tetrax*，但未述及亚种分化问题。

◆郑光美（2005：73；2011：76；2017：56；2023：70）记载小鸨 *Tetrax tetrax* 为单型种。

〔241〕**大鸨** *Otis tarda*   dàbǎo

曾用名：地鵏（bǔ）*Otis tarda*

英文名：Great Bustard

◆郑作新（1955：121；1964：43，218；1966：44）记载大鸨、地鵏 *Otis tarda* 二亚种：

   ❶ 指名亚种 *tarda*

   ❷ 普通亚种 *dybowskii*

◆郑作新（1976：181-182；1987：195；1994：37；2000：37；2002：67）、郑光美（2005：72；2011：75；2017：55；2023：70）记载大鸨 *Otis tarda* 二亚种：

   ❶ 指名亚种 *tarda*

   ❷ 普通亚种 *dybowskii*

〔242〕**波斑鸨** *Chlamydotis macqueenii*   bōbānbǎo

曾用名：波斑鸨 *Otis undulata*、波斑鸨 *Chlamydotis undulata*；

          波斑鸨 *Chlamydotis macqueeni*（约翰·马敬能等，2000：123；约翰·马敬能，2022b：89）

英文名：Macqueen's Bustard

◆郑作新（1955：122；1964：218；1976：182-183；1987：196；1994：38；2000：37）记载波斑鸨 *Otis undulata* 一亚种：

   ❶ 新疆亚种 *macqueenii*

◆郑作新（1966：44；2002：66）记载波斑鸨 *Otis undulata*，但未述及亚种分化问题。

◆王岐山等（2006：135-139）记载波斑鸨 *Chlamydotis undulata* 一亚种：

   ❶ 新疆亚种（中亚亚种）*macqueenii*

◆郑光美（2005：73；2011：76；2017：56；2023：70）记载波斑鸨 *Chlamydotis macqueenii*[①]为单型种。

   ① 编者注：据郑光美（2021：48），*Chlamydotis undulata* 被命名为非洲波斑鸨，中国无分布。

XII. 潜鸟目 GAVIIFORMES

16. 潜鸟科 Gaviidae（Loons，Divers） 1属4种

〔243〕**红喉潜鸟** *Gavia stellata*   hónghóu qiánniǎo

英文名：Red-throated Loon

◆郑作新（1955：1；1964：201；1976：1；1987：1）记载红喉潜鸟 *Gavia stellata* 一亚种：

❶ 指名亚种 *stellata*

◆郑作新（1966：3；2002：3）记载红喉潜鸟 *Gavia stellata*，但未述及亚种分化问题。

◆郑作新（1994：3；2000：3）、郑光美（2005：1；2011：1；2017：96-97；2023：71）记载红喉潜鸟 *Gavia stellata* 为单型种。

〔244〕**黑喉潜鸟** *Gavia arctica*   hēihóu qiánniǎo

曾用名：绿喉潜鸟 *Gavia arctica*

英文名：Arctic Loon

◆郑作新（1955：1；1964：3，201；1966：3）记载绿喉潜鸟 *Gavia arctica* 二亚种：

❶ 北方亚种 *viridigularis*

❷ 太平洋亚种 *pacifica*

◆郑作新（1976：1-2；1987：1-2）记载黑喉潜鸟、绿喉潜鸟 *Gavia arctica* 二亚种：

❶ 北方亚种 *viridigularis*

❷ 太平洋亚种 *pacifica*

◆郑作新（1994：3；2000：3；2002：3）记载以下两种：

（1）黑喉潜鸟、绿喉潜鸟 *Gavia arctica*

❶ 北方亚种 *viridigularis*

（2）太平洋潜鸟 *Gavia pacifica*

◆郑光美（2005：1；2011：1；2017：97；2023：71）记载以下两种：

（1）黑喉潜鸟 *Gavia arctica*

❶ 北方亚种 *viridigularis*

❷ 指名亚种 *arctica*

（2）太平洋潜鸟 *Gavia pacifica*[①]

[①] 编者注：郑作新等（1997：75）指出，太平洋潜鸟原被作为黑喉潜鸟的一亚种，但二者都在阿拉斯加西部繁殖，而未见有混交现象或居间种群，所以现时把它们都列为独立种。

〔245〕**太平洋潜鸟** *Gavia pacifica*   tàipíngyáng qiánniǎo

英文名：Pacific Loon

原被作为黑喉潜鸟 *Gavia arctica* 的一亚种，现列为独立种。请参考〔244〕黑喉潜鸟 *Gavia arctica*。

〔246〕**黄嘴潜鸟** *Gavia adamsii* huángzuǐ qiánniǎo

曾用名： 白嘴潜鸟 *Gavia immer*、白嘴潜鸟 *Gavia adamsii*

英文名： Yellow-billed Loon

◆ 郑作新（1955：2；1964：201；1976：2；1987：2）记载白嘴潜鸟 *Gavia immer* 一亚种：

❶ 北方亚种 *adamsii*

◆ 郑作新（1966：3）记载白嘴潜鸟 *Gavia immer*，但未述及亚种分化问题。

◆ 郑作新（1994：3；2000：3）记载白嘴潜鸟 *Gavia adamsii*①为单型种。

①编者注：据郑作新等（1997：76），白嘴潜鸟 *Gavia adamsii* 曾被列为北大潜鸟 *Gavia immer* 的一个亚种，但因白嘴潜鸟与北大潜鸟两种的繁殖区在新北界北部互相重叠而不混交，所以把二者作为超种；另据郑光美（2002：5；2021：49），*Gavia immer* 被命名为普通潜鸟，中国无分布。

◆ 郑作新（2002：3）记载白嘴潜鸟 *Gavia adamsii*，亦未述及亚种分化问题。

◆ 郑光美（2005：1；2011：1；2017：97；2023：71）记载黄嘴潜鸟 *Gavia adamsii* 为单型种。

XIII. 鹱形目 PROCELLARIIFORMES

17. 南海燕科 Oceanitidae（Austral Storm Petrels） 1 属 1 种

〔247〕**黄蹼洋海燕** *Oceanites oceanicus*   huángpǔ yánghǎiyàn

曾用名：烟黑叉尾海燕 *Oceanites oceanicus*（约翰·马敬能等，2000：230）

英文名：Wilson's Storm-petrel

◆ 郑光美（2017：99；2023：72）记载黄蹼洋海燕 *Oceanites oceanicus*[①]一亚种：

❶ *exasperatus* 亚种

① 郑光美（2017）：中国鸟类新记录（李悦民等，1994）。

18. 海燕科 Hydrobatidae（Storm Petrels） 1 属 3 种

〔248〕**白腰叉尾海燕** *Hydrobates leucorhous*   báiyāo chāwěi hǎiyàn

曾用名：白腰叉尾海燕 *Oceanodroma leucorhoa*；白腰叉尾海燕 *Hydrobates leucorhoa*（约翰·马敬能，2022b：54）

英文名：Leach's Storm-petrel

◆ 郑作新（1966：6；2002：7）记载白腰叉尾海燕 *Oceanodroma leucorhoa*，但未述及亚种分化问题。

◆ 郑作新（1955：7；1964：202；1976：10；1987：11；1994：6；2000：5）、郑光美（2005：5；2011：5）记载白腰叉尾海燕 *Oceanodroma leucorhoa* 一亚种：

❶ 指名亚种 *leucorhoa*

◆ 郑光美（2017：98；2023：72）记载白腰叉尾海燕 *Hydrobates leucorhous*[①]一亚种：

❶ 指名亚种 *leucorhous*

① 郑光美（2017）：由 *Oceanodroma* 属归入 *Hydrobates* 属（Penhallurick et al.，2004）。

〔249〕**黑叉尾海燕** *Hydrobates monorhis*   hēi chāwěi hǎiyàn

曾用名：黑叉尾海燕 *Oceanodroma monorhis*

英文名：Swinhoe's Storm-petrel

◆ 郑作新（1955：7；1964：202；1976：10；1987：11）记载黑叉尾海燕 *Oceanodroma monorhis* 一亚种：

❶ 指名亚种 *monorhis*

◆ 郑作新（1966：6；2002：7）记载黑叉尾海燕 *Oceanodroma monorhis*，但未述及亚种分化问题。

◆ 郑作新（1994：6；2000：5）、郑光美（2005：5；2011：5）记载黑叉尾海燕 *Oceanodroma monorhis* 为单型种。

◆ 郑光美（2017：98；2023：72）记载黑叉尾海燕 *Hydrobates monorhis*[①]为单型种。

① 郑光美（2017）：由 *Oceanodroma* 属归入 *Hydrobates* 属（Penhallurick et al.，2004）。

〔250〕**褐翅叉尾海燕** *Hydrobates tristrami*   hèchì chāwěi hǎiyàn

曾用名：褐翅叉尾海燕 *Oceanodroma tristrami*

英文名：Tristram's Storm-petrel
- 郑光美（2011：6）记载褐翅叉尾海燕 *Oceanodroma tristrami*①为单型种。
  - ① 中国鸟类新记录，见刘小如等（2010）。
- 郑光美（2017：99；2023：72）记载褐翅叉尾海燕 *Hydrobates tristrami*②为单型种。
  - ② 郑光美（2017）：由 *Oceanodroma* 属归入 *Hydrobates* 属（Penhallurick et al., 2004）。

19. 信天翁科 Diomedeidae（Albatrosses） 1属3种

〔251〕**黑背信天翁** *Phoebastria immutabilis*　　　　　　　　　　　　　　　hēibèi xìntiānwēng
曾用名：黑背信天翁 *Diomedea immutabilis*
英文名：Laysan Albatross
- 约翰·马敬能等（2000：230）记载黑背信天翁 *Diomedea immutabilis*①为单型种。
  - ① 编者注：据约翰·马敬能等（2000），在中国尚无记录，但可能出现于中国海域。
- 郑光美（2011：3；2017：98；2023：72）记载黑背信天翁 *Phoebastria immutabilis*②为单型种。
  - ② 郑光美（2011）：中国鸟类新记录，见刘伯锋（2005）。

〔252〕**黑脚信天翁** *Phoebastria nigripes*　　　　　　　　　　　　　　　　hēijiǎo xìntiānwēng
曾用名：黑脚信天翁 *Diomedea nigripes*
英文名：Black-footed Albatross
- 郑作新（1966：5；2002：6）记载黑脚信天翁 *Diomedea nigripes*，但未述及亚种分化问题。
- 郑作新（1955：5；1964：201；1976：7；1987：8；1994：5；2000：4）、郑光美（2005：3；2011：3）记载黑脚信天翁 *Diomedea nigripes* 为单型种。
- 郑光美（2017：98；2023：73）记载黑脚信天翁 *Phoebastria nigripes* 为单型种。

〔253〕**短尾信天翁** *Phoebastria albatrus*　　　　　　　　　　　　　　　　duǎnwěi xìntiānwēng
曾用名：短尾信天翁 *Diomedea albatrus*
英文名：Short-tailed Albatross
- 郑作新（1966：5；2002：6）记载短尾信天翁 *Diomedea albatrus*，但未述及亚种分化问题。
- 郑作新（1955：4；1964：201；1976：7；1987：8；1994：5；2000：4）、郑光美（2005：3；2011：3）记载短尾信天翁 *Diomedea albatrus* 为单型种。
- 郑光美（2017：98；2023：73）记载短尾信天翁 *Phoebastria albatrus* 为单型种。

20. 鹱科 Procellariidae（Petrels and Allies） 7属12种

〔254〕**暴风鹱** *Fulmarus glacialis*　　　　　　　　　　　　　　　　　　　bàofēnghù
曾用名：管鼻鹱 *Fulmarus glacialis*、暴雪鹱 *Fulmarus glacialis*
英文名：Northern Fulmar

- 郑作新（1955：5；1964：202）记载管鼻鹱 *Fulmarus glacialis* 一亚种：
    ❶ 北方亚种 *rodgersii*
- 郑作新（1966：5）记载管鼻鹱属 *Fulmarus* 为单型属。
- 郑作新（1994：5；2000：4）记载暴雪鹱 *Fulmarus glacialis* 一亚种：
    ❶ 北方亚种 *rodgersii*
- 郑作新（2002：6）记载暴风鹱属 *Fulmarus* 为单型属。
- 郑作新（1976：8；1987：8-9）、郑光美（2005：4；2011：4；2017：99；2023：73）记载暴风鹱 *Fulmarus glacialis* 一亚种：
    ❶ 北方亚种 *rodgersii*

〔255〕**信使圆尾鹱** *Pterodroma heraldica*　　　　　　　　　　　　　　　　　　xìnshǐ yuánwěihù

英文名：Herald Petrel

- 郑光美（2023：73）记载信使圆尾鹱 *Pterodroma heraldica*[①]为单型种。
    ① 中国新记录物种（The Hong Kong Bird Watching Society，2022）。

〔256〕**白额圆尾鹱** *Pterodroma hypoleuca*　　　　　　　　　　　　　　　　　　bái'é yuánwěihù

曾用名：白腹圆尾鹱 *Pterodroma leucoptera*、圆尾鹱 *Pterodroma hypoleuca*、
　　　　点额圆尾鹱 *Pterodroma hypoleuca*

英文名：Bonin Petrel

- 郑作新（1955：6；1964：202；1976：9）记载白腹圆尾鹱 *Pterodroma leucoptera* 一亚种：
    ❶ 台湾亚种 *hypoleuca*
- 郑作新（1966：5）记载白腹圆尾鹱 *Pterodroma leucoptera*，但未述及亚种分化问题。
- 郑作新（1987：10）记载圆尾鹱 *Pterodroma hypoleuca* 一亚种：
    ❶ 指名亚种 *hypoleuca*
- 郑作新（1994：6）记载点额圆尾鹱 *Pterodroma hypoleuca* 为单型种。
- 赵正阶（2001a：70-71）记载圆尾鹱 *Pterodroma hypoleuca*[①]为单型种。
    ① 编者注：赵正阶指出，关于亚种分化，有的学者将本种作为厚嘴圆尾鹱的一个亚种 *Pterodroma leucoptera hypoleuca*（Dement'ev et al.，1951；郑作新，1976），但近年来多数学者已将它作为一独立种。
- 郑作新（2002：7）记载白额圆尾鹱 *Pterodroma hypoleuca*，亦未述及亚种分化问题。
- 郑作新等（1997：92）、郑作新（2000：5）、郑光美（2005：4；2011：4；2017：99；2023：73）记载白额圆尾鹱 *Pterodroma hypoleuca*[②]为单型种。
    ② 郑作新等（1997）：此鸟原被列为 *Pterodroma leucoptera* 的一亚种，现已公认为独立种。

〔257〕**棕头圆尾鹱** *Pterodroma solandri*　　　　　　　　　　　　　　　　　　zōngtóu yuánwěihù

英文名：Providence Petrel

- 郑光美（2023：73）记载棕头圆尾鹱 *Pterodroma solandri*[①]为单型种。
    ① 中国鸟类新记录（丁宗苏等，2023）。

[258] **钩嘴圆尾鹱** *Pseudobulweria rostrata*   gōuzuǐ yuánwěihù

曾用名：钩嘴圆尾鹱 *Pterodroma rostrata*；钩嘴圆尾鹱 *Pterodroma rostrate*（刘阳等，2021：84）

英文名：Tahiti Petrel

◆郑作新（1966：5；2002：7）记载钩嘴圆尾鹱 *Pterodroma rostrata*，但未述及亚种分化问题。

◆郑作新（1955：6；1964：202；1976：9；1987：10；1994：6；2000：5）、郑光美（2005：4；2011：4）记载钩嘴圆尾鹱 *Pterodroma rostrata* 一亚种：

    ❶ 指名亚种 *rostrata*

◆郑光美（2017：99；2023：74）记载钩嘴圆尾鹱 *Pseudobulweria rostrata* 一亚种：

    ❶ 指名亚种 *rostrata*

[259] **白额鹱** *Calonectris leucomelas*   bái'éhù

曾用名：白额鹱 *Puffinus leucomelas*

英文名：Streaked Shearwater

◆郑作新（1955：5；1964：202；1976：8；1987：9；1994：5；2000：5）记载白额鹱 *Puffinus leucomelas* 为单型种。

◆郑作新（1966：5；2002：7）记载白额鹱 *Puffinus leucomelas*，但未述及亚种分化问题。

◆郑光美（2005：4；2011：4；2017：99-100；2023：74）记载白额鹱 *Calonectris leucomelas* 为单型种。

[260] **楔尾鹱** *Ardenna pacifica*   xiēwěihù

曾用名：曳尾鹱 *Puffinus pacificus*、楔尾鹱 *Puffinus pacificus*、楔尾鹱 *Ardenna pacificus*

英文名：Wedge-tailed Shearwater

◆郑作新（1955：5；1964：202；1976：8；1987：9；1994：5；2000：5）记载曳尾鹱 *Puffinus pacificus* 一亚种：

    ❶ 台湾亚种 *cuneatus*

◆郑作新（1966：5；2002：7）记载曳尾鹱 *Puffinus pacificus*，但未述及亚种分化问题。

◆郑光美（2005：5）记载曳尾鹱 *Puffinus pacificus* 为单型种。

◆郑光美（2011：5）记载楔尾鹱 *Puffinus pacificus* 为单型种。

◆郑光美（2017：100）记载楔尾鹱 *Ardenna pacificus*[①]为单型种。

    ① 由 *Puffinus* 属归入 *Ardenna* 属（Austin et al.，2004）。

◆郑光美（2023：74）记载楔尾鹱 *Ardenna pacifica* 为单型种。

[261] **灰鹱** *Ardenna grisea*   huīhù

曾用名：灰鹱 *Puffinus griseus*

英文名：Sooty Shearwater

◆郑作新（1966：5；2002：7）记载灰鹱 *Puffinus griseus*，但未述及亚种分化问题。

◆郑作新（1955：6；1964：202；1976：8；1987：9；1994：5；2000：5）、郑光美（2005：5；2011：5）记载灰鹱 *Puffinus griseus* 为单型种。

◆郑光美（2017：100；2023：74）记载灰鹱 *Ardenna grisea*[①]为单型种。

①郑光美（2017）：由 *Puffinus* 属归入 *Ardenna* 属（Austin et al., 2004）。

[262] 短尾鹱 *Ardenna tenuirostris*　　　　　　　　　　　　　　　　　　　duǎnwěihù

曾用名： 短尾鹱 *Puffinus tenuirostris*

英文名： Short-tailed Shearwater

- 郑作新（2002：7）记载短尾鹱 *Puffinus tenuirostris*，但未述及亚种分化问题。
- 郑作新（1994：5；2000：5）、郑光美（2005：5；2011：5）记载短尾鹱 *Puffinus tenuirostris* 为单型种。
- 郑光美（2017：100；2023：74）记载短尾鹱 *Ardenna tenuirostris*[①]为单型种。

①郑光美（2017）：由 *Puffinus* 属归入 *Ardenna* 属（Austin et al., 2004）。

[263] 淡足鹱 *Ardenna carneipes*　　　　　　　　　　　　　　　　　　　dànzúhù

曾用名： 淡足鹱 *Puffinus carneipes*；肉足鹱 *Puffinus carneipes*（约翰·马敬能等，2000：228）

英文名： Pale-footed Shearwater

- 郑光美（2005：5；2011：5）记载淡足鹱 *Puffinus carneipes* 为单型种。
- 郑光美（2017：100；2023：74）记载淡足鹱 *Ardenna carneipes*[①]为单型种。

①郑光美（2017）：由 *Puffinus* 属归入 *Ardenna* 属（Austin et al., 2004）。

[264] 褐燕鹱 *Bulweria bulwerii*　　　　　　　　　　　　　　　　　　　hèyànhù

曾用名： 燕鹱 *Bulweria bulwerii*、纯褐鹱 *Bulweria bulwerii*

英文名： Bulwer's Petrel

- 郑作新（1955：6；1964：202；1976：9；1987：10）记载燕鹱 *Bulweria bulwerii* 为单型种。
- 郑作新（1966：5）记载燕鹱属 *Bulweria* 为单型属。
- 郑作新（1994：6；2000：5）记载纯褐鹱 *Bulweria bulwerii* 为单型种。
- 郑作新（2002：6）记载纯褐鹱属 *Bulweria* 为单型属。
- 郑光美（2005：4；2011：4；2017：100；2023：75）记载褐燕鹱 *Bulweria bulwerii* 为单型种。

[265] 黑鹱 *Puffinus nativitatis*　　　　　　　　　　　　　　　　　　　hēihù

英文名： Christmas Shearwater

- 郑光美（2023：75）记载黑鹱 *Puffinus nativitatis*[①]为单型种。

①中国鸟类新记录（丁宗苏等，2023）。

XIV. 鹳形目 CICONIIFORMES

21. 鹳科 Ciconiidae（Storks） 4属7种

[266] **秃鹳** *Leptoptilos javanicus*   tūguàn
英文名：Lesser Adjutant
- ◆ 郑作新（1966：11；2002：14）记载秃鹳属 *Leptoptilos* 为单型属。
- ◆ 郑作新（1955：23；1964：205；1976：35；1987：38；1994：11；2000：11）、郑光美（2005：16；2011：17；2017：102；2023：76）记载秃鹳 *Leptoptilos javanicus* 为单型种。

[267] **彩鹳** *Mycteria leucocephala*   cǎiguàn
曾用名：彩鹮 *Ibis leucocephalus*、白头鹮鹳 *Ibis leucocephalus*、
    白头鹮鹳 *Mycteria leucocephalus*、彩鹳 *Mycteria leucocephalus*；
    白头鹮鹳 *Mycteria leucocephala*（杭馥兰等，1997：12；约翰·马敬能等，2000：222；段文科等，2017a：106）
英文名：Painted Stork
- ◆ 郑作新（1955：21；1964：204；1976：33）记载彩鹳 *Ibis leucocephalus* 为单型种。
- ◆ 郑作新（1966：11）记载彩鹳属 *Ibis* 为单型属。
- ◆ 郑作新（1987：35）记载白头鹮鹳 *Ibis leucocephalus* 为单型种。
- ◆ 郑作新（1994：11；2000：10）记载白头鹮鹳、彩鹳 *Mycteria leucocephala* 为单型种。
- ◆ 郑作新（2002：14）记载鹮鹳属 *Mycteria* 为单型属。
- ◆ 郑光美（2005：15；2011：16；2017：101；2023：76）记载彩鹳 *Mycteria leucocephala* 为单型种。

[268] **钳嘴鹳** *Anastomus oscitans*   qiánzuǐguàn
英文名：Asian Openbill
- ◆ 郑光美（2011：16；2017：101；2023：76）记载钳嘴鹳 *Anastomus oscitans*[①]为单型种。
   [①] 郑光美（2011）：中国鸟类新记录，见王亦天（2006）。

[269] **黑鹳** *Ciconia nigra*   hēiguàn
英文名：Black Stork
- ◆ 郑作新（1966：11；2002：14）记载黑鹳 *Ciconia nigra*，但未述及亚种分化问题。
- ◆ 郑作新（1955：23；1964：205；1976：35；1987：37；1994：11；2000：11）、郑光美（2005：15；2011：16；2017：101；2023：76）记载黑鹳 *Ciconia nigra* 为单型种。

[270] **白颈鹳** *Ciconia episcopus*   báijǐngguàn
英文名：Woolly-necked Stork
- ◆ 郑光美（2017：101；2023：76）记载白颈鹳 *Ciconia episcopus*[①]一亚种：
   ❶ 指名亚种 *episcopus*

XIV. 鹳形目
CICONIIFORMES

① 郑光美（2017）：中国鸟类新记录（韩联宪等，2011）。

〔271〕**白鹳** *Ciconia ciconia*   báiguàn

曾用名： 欧洲白鹳 *Ciconia ciconia*（郑作新等，1997：157；赵正阶，2001a：128）

英文名： White Stork

◆郑作新（1955：22；1964：11，204；1966：11；1976：33；1987：36）记载白鹳 *Ciconia ciconia* 二亚种：

❶ 新疆亚种 *asiatica*

❷ 东北亚种 *boyciana*

◆郑作新（1994：11；2000：11；2002：14）、郑光美（2005：15-16；2011：16-17；2017：101-102；2023：77）记载以下两种：

（1）白鹳 *Ciconia ciconia*①

❶ 新疆亚种 *asiatica*②

① 郑光美（2011，2017）：《西藏鸟类志》（郑作新等，1983）有记载，需进一步确证。

② 郑光美（2011，2017）：推测在1980年前后已绝迹（马鸣，2001）。

（2）东方白鹳 *Ciconia boyciana*

〔272〕**东方白鹳** *Ciconia boyciana*   dōngfāng báiguàn

英文名： Oriental Stork

曾经被认为是 *Ciconia ciconia* 的一个亚种，现列为独立种。请参考〔271〕白鹳 *Ciconia ciconia*。

XV. 鹈形目 PELECANIFORMES

22. 鹮科 Threskiornithidae（Ibises，Spoonbills） 5属6种

〔273〕**白琵鹭** *Platalea leucorodia*   báipílù

英文名：Eurasian Spoonbill

◆郑作新（1966：12；2002：15）记载白琵鹭 *Platalea leucorodia*，但未述及亚种分化问题。

◆郑作新（1955：25；1964：205；1976：38；1987：40；1994：12；2000：11）、郑光美（2005：17；2011：18；2017：106；2023：78）记载白琵鹭 *Platalea leucorodia* 一亚种：

❶ 指名亚种 *leucorodia*

〔274〕**黑脸琵鹭** *Platalea minor*   hēiliǎn pílù

英文名：Black-faced Spoonbill

◆郑作新（1966：12；2002：15）记载黑脸琵鹭 *Platalea minor*，但未述及亚种分化问题。

◆郑作新（1955：25；1964：205；1976：38；1987：41；1994：12；2000：11）、郑光美（2005：17；2011：18；2017：106；2023：78）记载黑脸琵鹭 *Platalea minor* 为单型种。

〔275〕**黑头白鹮** *Threskiornis melanocephalus*   hēitóu báihuán

曾用名： 白鹮 *Threskiornis aethiopica*、圣鹮 *Threskiornis aethiopicus*、［黑头］白鹮 *Threskiornis aethiopicus*；

［黑头］白鹮 *Threskiornis melanocephalus*（杭馥兰等，1997：13）、

白鹮 *Threskiornis melanocephalus*（赵正阶，2001a：139）

英文名：Black-headed Ibis

◆郑作新（1955：23；1964：205）记载白鹮 *Threskiornis aethiopica* 一亚种：

❶ 南方亚种 *melanocephala*

◆郑作新（1966：12；2002：15）记载白鹮属 *Threskiornis* 为单型属。

◆郑作新（1976：35-36）记载白鹮 *Threskiornis aethiopicus* 一亚种：

❶ 南方亚种 *melanocephalus*

◆郑作新（1987：38）记载圣鹮 *Threskiornis aethiopicus* 一亚种：

❶ 南方亚种 *melanocephalus*

◆郑作新（1994：12；2000：11）记载［黑头］白鹮 *Threskiornis aethiopicus* 一亚种：

❶ 黑头亚种 *melanocephalus*

◆郑光美（2011：17）记载以下两种：

（1）圣鹮 *Threskiornis aethiopicus*[①]

① 饲养个体逃逸后形成的野生种群，见刘小如等（2010）。

（2）黑头白鹮 *Threskiornis melanocephalus*

◆郑光美（2005：16；2017：105；2023：78）记载黑头白鹮 *Threskiornis melanocephalus*[②] 为单型种。

② 编者注：据郑光美（2002：13；2021：55），*Threskiornis aethiopicus* 被命名为非洲白鹮，中国无分布。

XV. 鹈形目 PELECANIFORMES

〔276〕**白肩黑鹮** *Pseudibis davisoni*　　　　　　　　　　　　　　　　　báijiān hēihuán

曾用名：黑鹮 *Pseudibis davisoni*、黑鹮 *Pseudibis papillosa*；
　　　　〔白肩〕黑鹮 *Pseudibis davisoni*（约翰·马敬能等，2000：219）

英文名：White-shouldered Ibis

◆ 郑作新（1955：24；1964：205）记载黑鹮 *Pseudibis davisoni* 为单型种。

◆ 郑作新（1966：12；2002：15）记载黑鹮属 *Pseudibis* 为单型属。

◆ 郑作新（1976：36；1987：39；1994：12；2000：11）记载黑鹮 *Pseudibis papillosa* 一亚种：

❶ 白肩黑鹮亚种 *davisoni*[①]

①编者注：郑作新（1976）称之为云南亚种，赵正阶（2001a：141）称之为缅甸亚种。

◆ 郑光美（2005：16；2011：18；2017：105；2023：78）记载白肩黑鹮 *Pseudibis davisoni*[②] 为单型种。

②编者注：据郑光美（2002：13；2021：55），*Pseudibis papillosa* 被命名为黑鹮，在中国有分布，但郑光美（2023）未予收录。

〔277〕**朱鹮** *Nipponia nippon*　　　　　　　　　　　　　　　　　　　　zhūhuán

英文名：Crested Ibis

◆ 郑作新（1966：12；2002：15）记载朱鹮属 *Nipponia* 为单型属。

◆ 郑作新（1955：24；1964：205；1976：36；1987：39；1994：12；2000：11）、郑光美（2005：16；2011：18；2017：105；2023：79）记载朱鹮 *Nipponia nippon*[①] 为单型种。

①郑作新（2011）：台湾澎湖有记录，见刘小如等（2010），可能系误判。

〔278〕**彩鹮** *Plegadis falcinellus*　　　　　　　　　　　　　　　　　　cǎihuán

英文名：Glossy Ibis

◆ 郑作新（1955：24；1964：205；1976：37；1987：40；1994：12；2000：11）记载彩鹮 *Plegadis falcinellus* 一亚种：

❶ 指名亚种 *falcinellus*[①]

①编者注：郑作新（2000）称其为云南亚种。

◆ 郑作新（1966：11；2002：15）记载彩鹮属 *Plegadis* 为单型属。

◆ 郑光美（2005：17；2011：18；2017：105；2023：79）记载彩鹮 *Plegadis falcinellus* 为单型种。

23. 鹭科 Ardeidae（Herons，Egrets，Bitterns）　9 属 26 种

〔279〕**大麻鳽** *Botaurus stellaris*　　　　　　　　　　　　　　dàmájiān（鳽，又读 yán）

英文名：Eurasian Bittern

◆ 郑作新（1966：9）记载麻鳽属 *Botaurus* 为单型属。

◆ 郑作新（2002：11）记载大麻鳽属 *Botaurus* 为单型属。

◆ 郑作新（1955：20；1964：204；1976：32；1987：34；1994：11；2000：10）、郑光美（2005：15；2011：15；2017：106；2023：79）记载大麻鳽 *Botaurus stellaris* 一亚种：

❶ 指名亚种 *stellaris*

〔280〕**小苇鳽** *Ixobrychus minutus*   xiǎowěijiān（鳽，又读yán）

英文名：Little Bittern

◆郑作新（1966：11；2002：14）记载小苇鳽 *Ixobrychus minutus*，但未述及亚种分化问题。

◆郑作新（1955：19；1964：204；1976：28-29；1987：30；1994：10；2000：10）、郑光美（2005：13；2011：14；2017：106；2023：79）记载小苇鳽 *Ixobrychus minutus*[①]一亚种：

  ❶ 指名亚种 *minutus*

  ① 郑光美（2011，2017）：江苏、上海、湖南、湖北有记录，有待确证。见钟福生等（2007）、葛继稳等（2005）、王加连和吕士成（2008）。

〔281〕**黄斑苇鳽** *Ixobrychus sinensis*   huángbān wěijiān（鳽，又读yán）

曾用名：黄苇鳽 *Ixobrychus sinensis*

英文名：Yellow Bittern

◆郑作新（1955：19；1964：204；1976：29；1987：31）记载黄斑苇鳽 *Ixobrychus sinensis* 一亚种：

  ❶ 指名亚种 *sinensis*

◆郑作新（1966：11）记载黄斑苇鳽 *Ixobrychus sinensis*，但未述及亚种分化问题。

◆郑作新（1994：10；2000：10）记载黄苇鳽 *Ixobrychus sinensis* 一亚种：

  ❶ 指名亚种 *sinensis*

◆郑作新（2002：14）记载黄苇鳽 *Ixobrychus sinensis*，亦未述及亚种分化问题。

◆郑光美（2005：14；2011：14；2017：107；2023：80）记载黄斑苇鳽 *Ixobrychus sinensis* 为单型种。

〔282〕**紫背苇鳽** *Ixobrychus eurhythmus*   zǐbèi wěijiān（鳽，又读yán）

英文名：Schrenck's Bittern

◆郑作新（1966：11；2002：14）记载紫背苇鳽 *Ixobrychus eurhythmus*，但未述及亚种分化问题。

◆郑作新（1955：19；1964：204；1976：29；1987：31；1994：11；2000：10）、郑光美（2005：14；2011：15；2017：107；2023：80）记载紫背苇鳽 *Ixobrychus eurhythmus* 为单型种。

〔283〕**栗苇鳽** *Ixobrychus cinnamomeus*   lìwěijiān（鳽，又读yán）

英文名：Cinnamon Bittern

◆郑作新（1966：11；2002：14）记载栗苇鳽 *Ixobrychus cinnamomeus*，但未述及亚种分化问题。

◆郑作新（1955：20；1964：204；1976：31；1987：32；1994：11；2000：10）、郑光美（2005：14；2011：15；2017：107；2023：80）记载栗苇鳽 *Ixobrychus cinnamomeus* 为单型种。

〔284〕**黑苇鳽** *Ixobrychus flavicollis*   hēiwěijiān（鳽，又读yán）

曾用名：黑鳽 *Dupetor flavicollis*、黑鳽 *Ixobrychus flavicollis*、
          黑［苇］鳽 *Ixobrychus flavicollis*、黑苇鳽 *Dupetor flavicollis*

英文名：Black Bittern

◆郑作新（1955：20；1964：11，204；1966：11；1976：31-32；1987：33）记载黑鳽 *Dupetor flavicollis* 二亚种：

XV. 鹈形目
PELECANIFORMES

❶ 指名亚种 *flavicollis*

❷ 台湾亚种 *major*

◆郑作新（1994：11）记载黑鸦 *Ixobrychus flavicollis* 二亚种：

❶ 指名亚种 *flavicollis*

❷ 台湾亚种 *major*

◆郑作新（2000：10）记载黑［苇］鸦 *Ixobrychus flavicollis* 一亚种：

❶ 指名亚种 *flavicollis*

◆郑作新（2002：14）记载黑苇鸦 *Ixobrychus flavicollis*，但未述及亚种分化问题。

◆郑光美（2005：14；2011：15）记载黑苇鸦 *Dupetor flavicollis* 一亚种：

❶ 指名亚种 *flavicollis*

◆郑光美（2017：107；2023：80）记载黑苇鸦 *Ixobrychus flavicollis*[①]一亚种：

❶ 指名亚种 *flavicollis*

① 郑光美（2017）：由 *Dupetor* 属归入 *Ixobrychus* 属（Chang et al., 2003；Christidis et al., 2008）。

[285] **海南鸦** *Gorsachius magnificus*　　　　　　　　　　　　　　　hǎinánjiān（鸦，又读 yán）

曾用名： 斑腹夜鹭 *Nycticorax magnifica*、海南夜鸦 *Gorsachius magnifica*、

海南虎斑鸦 *Gorsachius magnificus*、海南［夜］鸦 *Gorsachius magnificus*

英文名： White-eared Night-heron

◆郑作新（1955：18）记载斑腹夜鹭 *Nycticorax magnifica*[①]为单型种。

① 编者注：郑作新（1976，1987）将其作为海南虎斑鸦 *Gorsachius magnificus* 的同物异名。

◆郑作新（1964：10）记载海南夜鸦 *Gorsachius magnifica*，但未述及亚种分化问题。

◆郑作新（1966：11）记载海南虎斑鸦 *Gorsachius magnifica*，亦未述及亚种分化问题。

◆郑作新（1964：204；1976：28；1987：30）记载海南虎斑鸦 *Gorsachius magnificus* 为单型种。

◆郑作新（2000：10）记载海南［夜］鸦 *Gorsachius magnificus* 为单型种。

◆郑作新（2002：13）记载海南［夜］鸦 *Gorsachius magnificus*，亦未述及亚种分化问题。

◆郑作新（1994：10）、郑光美（2005：13；2011：14；2017：108；2023：81）记载海南鸦 *Gorsachius magnificus* 为单型种。

[286] **栗头鸦** *Gorsachius goisagi*　　　　　　　　　　　　　　　lìtóujiān（鸦，又读 yán）

曾用名： 栗头虎斑鸦 *Gorsachius goisagi*、栗鸦 *Gorsachius goisagi*、

栗［夜］鸦 *Gorsachius goisagi*、栗头［夜］鸦 *Gorsachius goisagi*

英文名： Japanese Night-heron

◆郑作新（1955：18；1964：204；1976：28；1987：29）记载栗头虎斑鸦 *Gorsachius goisagi* 为单型种。

◆郑作新（1966：10）记载栗头虎斑鸦 *Gorsachius goisagi*，但未述及亚种分化问题。

◆郑作新（1994：10）记载栗鸦 *Gorsachius goisagi* 为单型种。

◆郑作新（2000：9）记载栗［夜］鸦 *Gorsachius goisagi* 为单型种。

◆郑作新（2002：13）记载栗头［夜］鸦 *Gorsachius goisagi*，亦未述及亚种分化问题。

◆郑光美（2005：13；2011：14；2017：108；2023：81）记载栗头鸦 *Gorsachius goisagi* 为单型种。

〔287〕**黑冠鳽** *Gorsachius melanophus*　　　　　　　　　　　　　hēiguānjiān（鳽，又读 yán）
曾用名： 黑冠虎斑鳽 *Gorsachius melanolophus*、黑冠［夜］鳽 *Gorsachius melanolophus*
英文名： Malay Night-heron
◆ 郑作新（1955：19；1964：204；1976：28；1987：30）记载黑冠虎斑鳽 *Gorsachius melanolophus* 一亚种：
　❶ 指名亚种 *melanolophus*
◆ 郑作新（1966：10）记载黑冠虎斑鳽 *Gorsachius melanolophus*，但未述及亚种分化问题。
◆ 郑作新（1994：10）记载黑冠鳽 *Gorsachius melanolophus* 一亚种：
　❶ 指名亚种 *melanolophus*
◆ 郑作新（2000：10）记载黑冠［夜］鳽 *Gorsachius melanolophus* 一亚种：
　❶ 指名亚种 *melanolophus*
◆ 郑作新（2002：13）记载黑冠［夜］鳽 *Gorsachius melanolophus*，亦未述及亚种分化问题。
◆ 郑光美（2005：13；2011：14；2017：108；2023：81）记载黑冠鳽 *Gorsachius melanolophus* 为单型种。

〔288〕**夜鹭** *Nycticorax nycticorax*　　　　　　　　　　　　　　　　　　yèlù
英文名： Black-crowned Night-heron
◆ 郑作新（1966：9；2002：11）记载夜鹭属 *Nycticorax* 为单型属。
◆ 郑作新（1955：17；1964：204；1976：27；1987：28-29；1994：10；2000：9）、郑光美（2005：13；2011：13；2017：108；2023：81）记载夜鹭 *Nycticorax nycticorax* 一亚种：
　❶ 指名亚种 *nycticorax*

〔289〕**棕夜鹭** *Nycticorax caledonicus*　　　　　　　　　　　　　　　zōngyèlù
英文名： Rufous Night-heron
◆ 郑光美（2011：13；2017：109；2023：81）记载棕夜鹭 *Nycticorax caledonicus*[①] 一亚种：
　❶ 菲律宾亚种 *manillensis*[②]
　① 郑光美（2011）：中国鸟类新记录，见刘小如等（2010）。
　② 编者注：亚种中文名引自段文科和张正旺（2017a：95）。

〔290〕**绿鹭** *Butorides striata*　　　　　　　　　　　　　　　　　　lǜlù
曾用名： 绿鹭 *Butorides striatus*
英文名： Green-backed Heron
◆ 郑作新（1955：13-14；1964：10，203；1966：10；1976：20-21）记载绿鹭 *Butorides striatus* 三亚种：
　❶ 黑龙江亚种 *amurensis*
　❷ 瑶山亚种 *connectens*
　❸ 海南亚种 *javanicus*
◆ 郑作新（1987：21-22；1994：9；2000：8-9；2002：12）、郑光美（2005：12-13）记载绿鹭 *Butorides striatus* 三亚种：
　❶ 黑龙江亚种 *amurensis*
　❷ 华南亚种 *actophilus*[①]

XV. 鹈形目 PELECANIFORMES

❸ 海南亚种 *javanicus*

① 编者注：郑作新（1987）将瑶山亚种 *connectens* 列为华南亚种 *actophilus* 的同物异名。

◆ 郑光美（2011：13；2017：109；2023：82）记载绿鹭 *Butorides striata* 三亚种：

❶ 黑龙江亚种 *amurensis*

❷ 华南亚种 *actophila*

❸ 海南亚种 *javanica*

〔291〕**印度池鹭** *Ardeola grayii*   yìndù chílù

英文名：Indian Pond Heron

◆ 郑光美（2017：109；2023：82）记载印度池鹭 *Ardeola grayii*① 为单型种。

① 郑光美（2017）：中国鸟类新记录（彭银星等，2014）。

〔292〕**池鹭** *Ardeola bacchus*   chílù

英文名：Chinese Pond Heron

◆ 郑作新（1966：9；2002：11）记载池鹭属 *Ardeola* 为单型属。

◆ 郑作新（1955：14；1964：203；1976：21；1987：23；1994：9；2000：9）、郑光美（2005：12；2011：12；2017：109；2023：82）记载池鹭 *Ardeola bacchus* 为单型种。

〔293〕**爪哇池鹭** *Ardeola speciosa*   zhǎowā chílù

英文名：Javan Pond Heron

◆ 郑光美（2017：110；2023：83）记载爪哇池鹭 *Ardeola speciosa*① 一亚种：

❶ *continentalis* 亚种

① 郑光美（2017）：中国鸟类新记录（詹前卫，2010）。

〔294〕**牛背鹭** *Bubulcus coromandus*   niúbèilù

曾用名：牛背鹭 *Bubulcus ibis*

英文名：Cattle Egret

◆ 郑作新（1966：9；2002：11）记载牛背鹭属 *Bubulcus* 为单型属。

◆ 郑作新（1955：15；1964：203；1976：22-23；1987：24；1994：9；2000：9）、郑光美（2005：12；2011：12；2017：110）记载牛背鹭 *Bubulcus ibis* 一亚种：

❶ 普通亚种 *coromandus*

◆ 郑光美（2023：83）记载牛背鹭 *Bubulcus coromandus*① 为单型种。

① 编者注：据郑光美（2021：56），*Bubulcus ibis* 被命名为西牛背鹭，中国无分布。

〔295〕**苍鹭** *Ardea cinerea*   cānglù

英文名：Grey Heron

◆ 郑作新（1955：12；1964：10，203；1966：10；1976：18-19）记载苍鹭 *Ardea cinerea* 二亚种：

❶ 指名亚种 *cinerea*

❷ 普通亚种 *rectirostris*

◆郑作新（1987：19-20；1994：9；2000：8；2002：12）、郑光美（2005：9；2011：10；2017：110；2023：83）记载苍鹭 *Ardea cinerea* 二亚种：

❶ 指名亚种 *cinerea*

❷ 普通亚种 *jouyi*

〔296〕**白腹鹭** *Ardea insignis*   báifùlù

曾用名： 白腹鹭 *Ardea imperialis*

英文名： White-bellied Heron

◆赵正阶（2001a：101-102）记载白腹鹭 *Ardea imperialis* 为单型种。

◆约翰·马敬能等（2000：212）、郑光美（2005：10；2011：10；2017：110；2023：83）记载白腹鹭 *Ardea insignis*[①]为单型种。

[①] 编者注：据约翰·马敬能等（2000），过去被称为 *Ardea imperialis*。

〔297〕**草鹭** *Ardea purpurea*   cǎolù

英文名： Purple Heron

◆郑作新（1966：10；2002：12）记载草鹭 *Ardea purpurea*，但未述及亚种分化问题。

◆郑作新（1955：12；1964：203；1976：19；1987：20；1994：9；2000：8）、郑光美（2005：10；2011：10；2017：111）记载草鹭 *Ardea purpurea* 一亚种：

❶ 普通亚种 *manilensis*

◆郑光美（2023：83-84）记载草鹭 *Ardea purpurea* 二亚种：

❶ 普通亚种 *manilensis*

❷ 指名亚种 *purpurea*

〔298〕**大白鹭** *Ardea alba*   dàbáilù

曾用名： 大白鹭 *Egretta alba*；大白鹭 *Casmerodius albus*（约翰·马敬能等，2000：212）

英文名： Great Egret

◆郑作新（1955：15-16；1976：23-24）记载大白鹭 *Egretta alba* 二亚种：

❶ 指名亚种 *alba*

❷ 普通亚种 *modestus*

◆郑作新（1964：10，204；1966：10；1987：24；1994：9-10；2000：9；2002：13）、郑光美（2005：10）记载大白鹭 *Egretta alba*[①]二亚种：

❶ 指名亚种 *alba*

❷ 普通亚种 *modesta*

[①] 编者注：据郑作新等（1997：132），有些学者把本种归属于 *Casmerodius* 属或 *Ardea* 属。

◆郑光美（2011：10-11；2017：111；2023：84）记载大白鹭 *Ardea alba* 二亚种：

❶ 指名亚种 *alba*

XV. 鹈形目
PELECANIFORMES

❷ 普通亚种 *modesta*

〔299〕**中白鹭** *Ardea intermedia*   zhōngbáilù

曾用名： 中白鹭 *Egretta intermedia*；中白鹭 *Mesophoyx intermedia*（约翰·马敬能等，2000：213）

英文名： Intermediate Egret

◆郑作新（1966：10；1976：26；1987：27-28）记载中白鹭 *Egretta intermedia* 二亚种：

 ❶ 指名亚种 *intermedia*

 ❷ 云南亚种 *palleuca*[①]

  ① 郑作新（1987）：本亚种是否确立，尚属疑问。

◆郑作新（1955：17；1964：204；1994：10；2000：9）、郑光美（2005：11；2011：11）记载中白鹭 *Egretta intermedia*[②] 一亚种：

 ❶ 指名亚种 *intermedia*

  ② 编者注：据赵正阶（2001a：112），也有人将本种放入 *Mesophoyx* 属。

◆郑作新（2002：13）记载中白鹭 *Egretta intermedia*，但未述及亚种分化问题。

◆郑光美（2017：111；2023：84）记载中白鹭 *Ardea intermedia*[③] 一亚种：

 ❶ 指名亚种 *intermedia*

  ③ 郑光美（2017）：由 *Egretta* 属归入 *Ardea* 属（Chang et al., 2003）。

〔300〕**斑鹭** *Egretta picata*   bānlù

曾用名： 白颈黑鹭 *Egretta picata*、鹊鹭 *Egretta picata*

英文名： Pied Heron

◆杭馥兰和常家传（1997：9）记载斑鹭、白颈黑鹭 *Egretta picata* 为单型种。

◆约翰·马敬能等（2000：211）记载白颈黑鹭、斑鹭 *Egretta picata*[①] 为单型种。

 ① 编者注：据约翰·马敬能等（2000），有学者把此鸟归入 *Ardea* 属。

◆赵正阶（2001a：112-113）记载白颈黑鹭 *Egretta picata* 为单型种。

◆郑作新（2002：12）记载鹊鹭 *Egretta picata*[②]，但未述及亚种分化问题。

 ② 鹊鹭 *Egretta picata*，别名：斑鹭、白颈黑鹭（台湾）。体长约520mm，头顶蓝黑色，具羽冠，颏及颈部白色，胸前具白色蓑羽，背及胸以下蓝黑色，嘴黄色。分布于澳大利亚和新西兰。据《台湾图鉴》（1991）报道，1984年8月见于台湾屏东，9月见于高雄，但仅据目测未获实物标本。

◆郑光美（2005：10；2011：11；2017：112；2023：85）记载斑鹭 *Egretta picata*[③] 为单型种。

 ③ 郑光美（2005）：参见颜重威等（1996）。

〔301〕**白脸鹭** *Egretta novaehollandiae*   báiliǎnlù

曾用名： 白脸鹭 *Egretta novaehollandie*

英文名： White-faced Egret

◆郑光美（2005：11）记载白脸鹭 *Egretta novaehollandie*[①] 为单型种。

 ① 编者注：中国鸟类新记录（张进隆，1990）。

◆郑光美（2011：11；2017：112；2023：85）记载白脸鹭 *Egretta novaehollandiae* 为单型种。

〔302〕**白鹭** *Egretta garzetta*   báilù

曾用名：小白鹭 *Egretta garzetta*（段文科等，2017a：88）

英文名：Little Egret

◆ 郑作新（1966：10；2002：13）记载白鹭 *Egretta garzetta*，但未述及亚种分化问题。

◆ 郑作新（1955：16；1964：204；1976：24；1987：25；1994：10；2000：9）、郑光美（2005：11；2011：11；2017：112；2023：85）记载白鹭 *Egretta garzetta* 一亚种：

    ❶ 指名亚种 *garzetta*

〔303〕**岩鹭** *Egretta sacra*   yánlù

曾用名：岩［白］鹭 *Egretta sacra*

英文名：Pacific Reef-egret

◆ 郑作新（1955：17）记载岩［白］鹭 *Egretta sacra* 一亚种：

    ❶ 指名亚种 *sacra*

◆ 郑作新（1966：10；2002：13）记载岩鹭 *Egretta sacra*，但未述及亚种分化问题。

◆ 郑作新（1964：204；1976：25；1987：27；1994：10；2000：9）、郑光美（2005：12；2011：12；2017：112；2023：85）记载岩鹭 *Egretta sacra* 一亚种：

    ❶ 指名亚种 *sacra*

〔304〕**黄嘴白鹭** *Egretta eulophotes*   huángzuǐ báilù

英文名：Chinese Egret

◆ 郑作新（1966：10；2002：13）记载黄嘴白鹭 *Egretta eulophotes*，但未述及亚种分化问题。

◆ 郑作新（1955：17；1964：204；1976：25；1987：26；1994：10；2000：9）、郑光美（2005：11；2011：12；2017：113；2023：85）记载黄嘴白鹭 *Egretta eulophotes* 为单型种。

24. 鹈鹕科 Pelecanidae（Pelicans） 1 属 3 种

〔305〕**卷羽鹈鹕** *Pelecanus crispus*   juǎnyǔ tíhú

英文名：Dalmatian Pelican

    曾经被认为是 *Pelecanus philippensis* 的一个亚种，现列为独立种。请参考〔306〕斑嘴鹈鹕 *Pelecanus philippensis*。

〔306〕**斑嘴鹈鹕** *Pelecanus philippensis*   bānzuǐ tíhú

曾用名：斑嘴鹈鹕 *Pelecanus roseus*

英文名：Spot-billed Pelican

◆ 郑作新（1955：8-9）记载 *Pelecanus roseus* 二亚种：

    ❶ 斑嘴鹈鹕 *Pelecanus roseus roseus*

    ❷ 卷羽鹈鹕 *Pelecanus roseus crispus*

◆ 郑作新（1964：7，202）记载斑嘴鹈鹕 *Pelecanus roseus* 二亚种：

XV. 鹈形目
PELECANIFORMES

❶ 指名亚种 *roseus*

❷ 新疆亚种 *crispus*

◆郑作新（1966：7；1976：13；1987：14；1994：7；2000：6；2002：9）记载斑嘴鹈鹕 *Pelecanus philippensis*①二亚种：

❶ 指名亚种 *philippensis*

❷ 新疆亚种 *crispus*

① 郑作新（1976）：*roseus*、*philippensis* 和 *manillensis* 都是斑嘴鹈鹕的种加词，由 Gmelin（1877）命名。Bonaparte（1857）作为第一厘订者选定"*philippensis*"作为这种鹈鹕的种加词，而以"*roseus*"和"*manillensis*"作为同物异名（Chapin et al., 1950）。

◆郑光美（2005：6-7；2011：7；2017：113；2023：86）记载以下两种：

（1）卷羽鹈鹕 *Pelecanus crispus*

（2）斑嘴鹈鹕 *Pelecanus philippensis*

〔307〕**白鹈鹕** *Pelecanus onocrotalus*   báitíhú

英文名：Great White Pelican

◆郑作新（1966：7；2002：9）记载白鹈鹕 *Pelecanus onocrotalus*，但未述及亚种分化问题。

◆郑作新（1955：8；1964：202；1976：12；1987：13；1994：7；2000：6）、郑光美（2005：6；2011：7；2017：113；2023：86）记载白鹈鹕 *Pelecanus onocrotalus* 为单型种。

XVI. 鲣鸟目 SULIFORMES

25. 军舰鸟科 Fregatidae（Frigatebirds） 1属3种

〔308〕**白斑军舰鸟** *Fregata ariel*   báibān jūnjiànniǎo

英文名：Lesser Frigatebird

◆ 郑作新（1966：8；2002：10）记载白斑军舰鸟 *Fregata ariel*，但未述及亚种分化问题。

◆ 郑作新（1955：12；1964：203；1976：17；1987：18；1994：8；2000：8）、郑光美（2005：9；2011：9；2017：103；2023：87）记载白斑军舰鸟 *Fregata ariel* 一亚种：

　❶ 指名亚种 *ariel*

〔309〕**黑腹军舰鸟** *Fregata minor*   hēifù jūnjiànniǎo

曾用名：军舰鸟 *Fregata minor*、小军舰鸟 *Fregata minor*；大军舰鸟 *Fregata minor*（约翰·马敬能，2022b：71）

英文名：Great Frigatebird

◆ 郑作新（1955：11；1964：203）记载军舰鸟 *Fregata minor* 二亚种：

　❶ 指名亚种 *minor*

　❷ ？太平洋亚种 *palmerstoni*[①②]

　① 郑作新（1955）：自兰屿录得的军舰鸟（Taka-Tsukasa et al., 1938）究竟为 *Fregata minor minor* 还是 *Fregata minor palmerstoni*，尚待证实。

　② 编者注：亚种中文名引自赵正阶（2001a：93）。

◆ 郑作新（1966：8）记载军舰鸟 *Fregata minor*，但未述及亚种分化问题。

◆ 郑作新（1976：16；1987：17）记载小军舰鸟 *Fregata minor*[③] 二亚种：

　❶ 指名亚种 *minor*

　❷ ？太平洋亚种 *palmerstoni*

　③ 郑作新（1976，1987）：自兰屿录得的军舰鸟（Taka-Tsukasa et al., 1938）究竟隶属于 *Fregata minor minor* 还是 *Fregata minor palmerstoni*，尚待进一步研究。

◆ 郑作新（1994：8；2000：8）记载小军舰鸟 *Fregata minor* 一亚种：

　❶ 指名亚种 *minor*

◆ 郑作新（2002：10）记载小军舰鸟 *Fregata minor*，亦未述及亚种分化问题。

◆ 郑光美（2005：9；2011：9；2017：102-103；2023：87）记载黑腹军舰鸟 *Fregata minor* 一亚种：

　❶ 指名亚种 *minor*

〔310〕**白腹军舰鸟** *Fregata andrewsi*   báifù jūnjiànniǎo

英文名：Christmas Frigatebird

◆ 郑作新（2002：10）记载白腹军舰鸟 *Fregata andrewsi*，但未述及亚种分化问题。

◆ 郑作新（1976：17；1987：18；1994：8；2000：8）、郑光美（2005：9；2011：9；2017：102；2023：87）记载白腹军舰鸟 *Fregata andrewsi* 为单型种。

26. 鲣鸟科 Sulidae（Gannets，Boobies） 1属3种

[311] 红脚鲣鸟 *Sula sula*　　　　　　　　　　　　　　　　　　hóngjiǎo jiānniǎo
英文名：Red-footed Booby

◆郑作新（1966：8；2002：9）记载红脚鲣鸟 *Sula sula*，但未述及亚种分化问题。

◆郑作新（1955：9；1964：202-203；1976：13；1987：14；1994：7；2000：7）、郑光美（2005：7；2011：7-8；2017：103；2023：87）记载红脚鲣鸟 *Sula sula* 一亚种：

　　❶ 西沙亚种 *rubripes*

[312] 褐鲣鸟 *Sula leucogaster*　　　　　　　　　　　　　　　　　hèjiānniǎo
英文名：Brown Booby

◆郑作新（1966：7；2002：9）记载褐鲣鸟 *Sula leucogaster*，但未述及亚种分化问题。

◆郑作新（1955：9；1964：203；1976：14；1987：14-15；1994：7；2000：7）、郑光美（2005：7；2011：8；2017：103；2023：88）记载褐鲣鸟 *Sula leucogaster* 一亚种：

　　❶ 海南亚种 *plotus*

[313] 蓝脸鲣鸟 *Sula dactylatra*　　　　　　　　　　　　　　　　lánliǎn jiānniǎo
英文名：Masked Booby

◆约翰·马敬能等（2000：207）、赵正阶（2001a：85-86）、郑光美（2005：7；2011：7；2017：103；2023：88）记载蓝脸鲣鸟 *Sula dactylatra* 一亚种：

　　❶ 太平洋亚种 *personata*

27. 蛇鹈科 Anhingidae（Anhingas，Darters） 1属1种

[314] 黑腹蛇鹈 *Anhinga melanogaster*　　　　　　　　　　　　　　hēifù shétí
英文名：Oriental Darter

◆约翰·马敬能等（2000：208）记载黑腹蛇鹈 *Anhinga melanogaster*[1]，但未述及亚种分化问题。

　　[1] 编者注：该书描述的分布状况为全球性近危（Collar et al., 1994）。仅在中国云南南部 Longtian（龙田？）附近有一次记录（1931）。过去可能为热带区的留鸟；约翰·马敬能（2022a：图版21）载有黑腹蛇鹈绘图，并标注"2021年10月，云南瑞丽有目击记录"。

◆段文科和张正旺（2017a：79）、郑光美（2023：88）记载黑腹蛇鹈 *Anhinga melanogaster*[2][3] 为单型种。

　　[2] 编者注：据段文科和张正旺（2017a），中国仅在云南南部有一次记录（1931）。

　　[3] 郑光美（2023）：中国鸟类新记录（李一凡等，2022）。

28. 鸬鹚科 Phalacrocoracidae（Cormorants） 2属6种

[315] 侏鸬鹚 *Microcarbo pygmaeus*　　　　　　　　　　　　　　　zhūlúcí
曾用名：侏鸬鹚 *Microcarbo pygmeus*（刘阳等，2021：112）

英文名: Pygmy Cormorant

◆ 约翰·马敬能（2022b：73）、郑光美（2023：88）记载侏鸬鹚 *Microcarbo pygmaeus*①为单型种。

① 编者注：据约翰·马敬能（2022b），在中国为2018年11月于新疆玛纳斯发现的新记录。

[316] 黑颈鸬鹚 *Microcarbo niger*   hēijǐng lúcí

曾用名: 黑颈鸬鹚 *Phalacrocorax niger*

英文名: Little Cormorant

◆ 郑作新（1966：8；2002：10）记载黑颈鸬鹚 *Phalacrocorax niger*，但未述及亚种分化问题。

◆ 郑作新（1955：11；1964：203；1976：16；1987：17；1994：8；2000：7）、赵正阶（2001a：91-92）、郑光美（2005：8；2011：9）记载黑颈鸬鹚 *Phalacrocorax niger*①为单型种。

① 编者注：据赵正阶（2001a），有关本种的分类，目前尚有不同意见。Delacour（1947）将本种和侏鸬鹚 *Phalacrocorax pygmaeus* 合并为同一种，而近来多数学者均将它们作为两个不同的种。Siegel-Causey（1988）基于骨骼特征等系统发育上的差异，将 *Phalacrocorax pygmaeus*、*Phalacrocorax niger* 和 *Phalacrocorax melanoleucos* 归入 *Microcarbo* 属，并得到部分学者支持，Christidis（1994）则不支持建立这一属。

◆ 郑光美（2017：104；2023：88）记载黑颈鸬鹚 *Microcarbo niger* 为单型种。

[317] 海鸬鹚 *Phalacrocorax pelagicus*   hǎilúcí

曾用名: 海鸬鹚 *Urile pelagicus*（约翰·马敬能，2022b：73）

英文名: Pelagic Cormorant

◆ 郑作新（1966：8；2002：10）记载海鸬鹚 *Phalacrocorax pelagicus*，但未述及亚种分化问题。

◆ 郑作新（1955：10；1964：203；1976：15；1987：16；1994：8；2000：7）、郑光美（2005：8；2011：8；2017：104；2023：89）记载海鸬鹚 *Phalacrocorax pelagicus* 一亚种：

❶ 指名亚种 *pelagicus*

[318] 红脸鸬鹚 *Phalacrocorax urile*   hóngliǎn lúcí

曾用名: 红脸鸬鹚 *Urile urile*（约翰·马敬能，2022b：73）

英文名: Red-faced Cormorant

◆ 郑作新（1966：8；2002：10）记载红脸鸬鹚 *Phalacrocorax urile*，但未述及亚种分化问题。

◆ 郑作新（1955：11；1964：203；1976：16；1987：17；1994：8；2000：7）、郑光美（2005：8；2011：8；2017：104；2023：89）记载红脸鸬鹚 *Phalacrocorax urile* 为单型种。

[319] 普通鸬鹚 *Phalacrocorax carbo*   pǔtōng lúcí

曾用名: 鸬鹚 *Phalacrocorax carbo*、[普通]鸬鹚 *Phalacrocorax carbo*

英文名: Great Cormorant

◆ 郑作新（1955：10；1976：14-15）记载鸬鹚 *Phalacrocorax carbo* 一亚种：

❶ 中国亚种 *sinensis*

◆ 郑作新（1987：15-16；1994：8；2000：7）记载[普通]鸬鹚 *Phalacrocorax carbo* 一亚种：

XVI. 鲣鸟目
SULIFORMES

  ❶ 普通亚种 *sinensis*
◆郑作新（1966：8；2002：10）记载普通鸬鹚 *Phalacrocorax carbo*，但未述及亚种分化问题。
◆郑作新（1964：203）、郑光美（2005：8；2011：8；2017：104）记载普通鸬鹚 *Phalacrocorax carbo* 一亚种：

  ❶ 普通亚种 *sinensis*
◆郑光美（2023：89）记载普通鸬鹚 *Phalacrocorax carbo* 为单型种。

[320] **绿背鸬鹚** *Phalacrocorax capillatus*   lǜbèi lúcí

曾用名：斑头鸬鹚 *Phalacrocorax filamentosus*、斑头鸬鹚 *Phalacrocorax capillatus*、
  　　　暗绿背鸬鹚 *Phalacrocorax capillatus*、暗绿［背］鸬鹚 *Phalacrocorax capillatus*；
  　　　绿鸬鹚 *Phalacrocorax capillatus*（杭馥兰等，1997：7）

英文名：Japanese Cormorant

◆郑作新（1955：10；1964：203；1976：15）记载斑头鸬鹚 *Phalacrocorax filamentosus* 为单型种。
◆郑作新（1966：8）记载斑头鸬鹚 *Phalacrocorax filamentosus*，但未述及亚种分化问题。
◆郑作新（1987：16）、赵正阶（2001a：88-89）记载斑头鸬鹚 *Phalacrocorax capillatus*[1][2]为单型种。

　　①郑作新（1987）：我接受 Dorst 和 Mougin 的观点，故采用此名（见《Peters' List·第二版》，1979）。

　　②编者注：据赵正阶（2001a），也有使用 *Phalacrocorax filamentosus* 种名的。

◆郑作新（1994：8；2000：7）记载暗绿背鸬鹚 *Phalacrocorax capillatus* 为单型种。
◆郑作新（2002：10）记载暗绿［背］鸬鹚 *Phalacrocorax capillatus*，亦未述及亚种分化问题。
◆郑光美（2005：8；2011：8；2017：104；2023：89）记载绿背鸬鹚 *Phalacrocorax capillatus* 为单型种。

XVII. 鸻形目 CHARADRIIFORMES

29. 三趾鹑科 Turnicidae（Buttonquails） 1属3种

〔321〕**林三趾鹑** *Turnix sylvaticus*   línsānzhǐchún

曾用名：林三趾鹑 *Turnix sylvatica*

英文名：Common Buttonquail

◆郑作新（1955：109；1964：216；1976：160；1987：171；1994：34；2000：33）记载林三趾鹑 *Turnix sylvatica* 一亚种：

❶ 南方亚种 *mikado*[①]

① 郑作新（1955，1976，1987）：据 Vaughan 和 Jones（1913），*Turnix dussumier* 分布于广东（冬候鸟）及广西（夏候鸟），当指此亚种。

◆郑作新（1966：41；2002：62）记载林三趾鹑 *Turnix sylvatica*，但未述及亚种分化问题。

◆郑光美（2005：65）记载林三趾鹑 *Turnix sylvatica* 一亚种：

❶ 南方亚种 *davidi*[②]

② 编者注：亚种中文名引自王岐山等（2006：13）。中国有一个亚种，即南方亚种 *Turnix sylvatica davidi*。过去多使用 *Turnix sylvatica mikado*；Vaurie（1965）使用了 *Turnix sylvatica dussumier*，Baker（1928）和 La Touche（1931-1934）则使用 *Turnix dussumier*。现在分类已将 *mikado* 并入分布在东南亚的 *davidi*。

◆郑光美（2011：68；2017：82-83；2023：90）记载林三趾鹑 *Turnix sylvaticus* 一亚种：

❶ 南方亚种 *davidi*

〔322〕**黄脚三趾鹑** *Turnix tanki*   huángjiǎo sānzhǐchún

英文名：Yellow-legged Buttonquail

◆郑作新（1966：41；2002：62）记载黄脚三趾鹑 *Turnix tanki*，但未述及亚种分化问题。

◆郑作新（1955：109；1964：216；1976：160；1987：171；1994：34；2000：33）、郑光美（2005：65；2011：68；2017：83；2023：90）记载黄脚三趾鹑 *Turnix tanki* 一亚种：

❶ 南方亚种 *blanfordii*

〔323〕**棕三趾鹑** *Turnix suscitator*   zōngsānzhǐchún

英文名：Barred Buttonquail

◆郑作新（1955：110；1964：216；1966：41；1976：162）、郑光美（2005：65；2011：68）记载棕三趾鹑 *Turnix suscitator* 二亚种：

❶ 华南亚种 *blakistoni*

❷ 台湾亚种 *rostrata*

◆郑作新（1987：172-173；1994：34；2000：33；2002：62-63）记载棕三趾鹑 *Turnix suscitator* 三亚种：

❶ 华南亚种 *blakistoni*

❷ 台湾亚种 *rostrata*

XVII. 鸻形目
CHARADRIIFORMES

❸ 滇西亚种 *plumbipes*
◆郑光美（2017：83；2023：90）记载棕三趾鹑 *Turnix suscitator* 二亚种：
　❶ 华南亚种 *blakistoni*
　❷ 台湾亚种 *rostratus*

30. 石鸻科 Burhinidae（Thick-Knees） 2 属 2 种

〔324〕**石鸻** *Burhinus oedicnemus* 　　　　　　　　　　　　　　　　　shíhéng

曾用名：石鸻 *Esacus magnirostris*；欧亚石鸻 *Burhinus oedicnemus*（王岐山等，2006：183）、
　　　　欧石鸻 *Burhinus oedicnemus*（约翰·马敬能等，2000：152；段文科等，2017a：333；刘阳等，
　　　　2021：152；约翰·马敬能，2022b：99）

英文名：Stone Curlew

◆郑作新（1966：45）记载石鸻科 Burhinidae 为单属单种科。

◆郑作新（1955：146；1964：221；1976：231；1987：248-249）记载石鸻 *Esacus magnirostris* 一亚种：
　❶ 云南亚种 *recurvirostris*

◆郑作新（1994：45；2000：45；2002：78）记载以下两种：
　（1）石鸻 *Burhinus oedicnemus*①
　　❶ 指名亚种 *oedicnemus*
　（2）大石鸻 *Esacus magnirostris*②
　　❶ 云南亚种 *recurvirostris*
　①② 编者注：郑作新（2002）未述及亚种分化问题。

◆郑光美（2005：75；2011：78；2017：64；2023：90-91）记载以下两种：
　（1）石鸻 *Burhinus oedicnemus*
　　❶ 指名亚种 *oedicnemus*
　（2）大石鸻 *Esacus recurvirostris*③
　③ 编者注：据郑光美（2002：40；2021：59），*Esacus magnirostris* 被命名为澳洲石鸻，中国无分布。

〔325〕**大石鸻** *Esacus recurvirostris* 　　　　　　　　　　　　　　　　dàshíhéng

曾用名：大石鸻 *Esacus magnirostris*

英文名：Great Thick-knee

　　曾被视为 *Esacus magnirostris* 的云南亚种 *recurvirostris*，现列为独立种。请参考〔324〕石鸻 *Burhinus oedicnemus*。详情可参考赵正阶（2001a：536-537）。

31. 鞘嘴鸥科 Chionidae（Sheathbills） 1 属 1 种

〔326〕**白鞘嘴鸥** *Chionis albus* 　　　　　　　　　　　　　　　　　bái qiàozuǐ'ōu

英文名：Snowy Sheathbill

◆郑光美（2023：91）记载白鞘嘴鸥 *Chionis albus* 为单型种。

① 中国鸟类新记录（台湾物种名录，2023）。

32. 蛎鹬科 Haematopodidae（Oystercatchers） 1 属 1 种

〔327〕**蛎鹬** *Haematopus ostralegus*   lìyù

英文名：Eurasian Oystercatcher

◆郑作新（1966：45；2002：69）记载蛎鹬科 Haematopodidae 为单属单种科。

◆郑作新（1955：123；1964：218；1976：186；1987：199；1994：38；2000：38）、郑光美（2005：74；2011：77；2017：64）记载蛎鹬 *Haematopus ostralegus* 一亚种：

　❶ 普通亚种 *osculans*

◆郑光美（2023：91）记载蛎鹬 *Haematopus ostralegus* 二亚种：

　❶ 普通亚种 *osculans*

　❷ 中部亚种 *longipes*①

　① 编者注：亚种中文名引自赵正阶（2001a：451）。

33. 鹮嘴鹬科 Ibidorhynchidae（Ibisbill） 1 属 1 种

〔328〕**鹮嘴鹬** *Ibidorhyncha struthersii*   huánzuǐyù

英文名：Ibisbill

◆郑作新（1966：52；2002：77）记载反嘴鹬科 Recurvirostridae 鹮嘴鹬属 *Ibidorhyncha* 为单型属。

◆郑作新（1955：144；1964：221；1976：227；1987：244；1994：45；2000：44）、郑光美（2005：74；2011：77；2017：64；2023：91）记载鹮嘴鹬 *Ibidorhyncha struthersii* 为单型种。

34. 反嘴鹬科 Recurvirostridae（Avocets，Stilts） 2 属 2 种

〔329〕**反嘴鹬** *Recurvirostra avosetta*   fǎnzuǐyù

英文名：Pied Avocet

◆郑作新（1966：52；2002：77）记载反嘴鹬属 *Recurvirostra* 为单型属。

◆郑作新（1955：145；1964：221；1976：229；1987：246；1994：45；2000：44）、郑光美（2005：75；2011：78；2017：65；2023：92）记载反嘴鹬 *Recurvirostra avosetta* 为单型种。

〔330〕**黑翅长脚鹬** *Himantopus himantopus*   hēichì chángjiǎoyù

英文名：Black-winged Stilt

◆郑作新（1966：52；2002：77）记载长脚鹬属 *Himantopus* 为单型属。

◆郑作新（1955：144；1964：221；1976：229；1987：245；1994：45；2000：44）、郑光美（2005：74-75；2011：77-78；2017：65；2023：92）记载黑翅长脚鹬 *Himantopus himantopus* 一亚种：

　❶ 指名亚种 *himantopus*

XVII. 鸻形目
CHARADRIIFORMES

35. 鸻科 Charadriidae（Plovers，Lapwings） 4 属 20 种

〔331〕**凤头麦鸡** *Vanellus vanellus* fèngtóu màijī
英文名：Northern Lapwing
◆ 郑作新（1966：46；2002：69）记载凤头麦鸡 *Vanellus vanellus*，但未述及亚种分化问题。
◆ 郑作新（1955：123；1964：218；1976：187；1987：200；1994：39；2000：38）、郑光美（2005：76；2011：79；2017：65；2023：92）记载凤头麦鸡*Vanellus vanellus*为单型种。

〔332〕**距翅麦鸡** *Vanellus duvaucelii* jùchì màijī
曾用名：距翅麦鸡 *Hoplopterus duvaucelii*
英文名：River Lapwing
◆ 郑作新（1955：125；1964：219）记载距翅麦鸡 *Hoplopterus duvaucelii* 为单型种。
◆ 郑作新（1966：46；2002：69）记载距翅麦鸡 *Vanellus duvaucelii*，但未述及亚种分化问题。
◆ 郑作新（1976：189；1987：202；1994：39；2000：38）、郑光美（2005：76；2011：79；2017：65；2023：92）记载距翅麦鸡*Vanellus duvaucelii*为单型种。

〔333〕**灰头麦鸡** *Vanellus cinereus* huītóu màijī
曾用名：灰头麦鸡 *Microsarcops cinereus*
英文名：Grey-headed Lapwing
◆ 郑作新（1955：124；1964：218）记载灰头麦鸡 *Microsarcops cinereus* 为单型种。
◆ 郑作新（1966：46；2002：70）记载灰头麦鸡 *Vanellus cinereus*，但未述及亚种分化问题。
◆ 郑作新（1976：187；1987：201；1994：39；2000：38）、郑光美（2005：76；2011：79；2017：66；2023：93）记载灰头麦鸡*Vanellus cinereus*为单型种。

〔334〕**肉垂麦鸡** *Vanellus indicus* ròuchuí màijī
曾用名：肉垂麦鸡 *Lobivanellus indicus*
英文名：Red-wattled Lapwing
◆ 郑作新（1955：124，1964：218）记载肉垂麦鸡 *Lobivanellus indicus* 亚种：
  ❶ 云南亚种 *atronuchalis*
◆ 郑作新（1966：46；2002：69）记载肉垂麦鸡 *Vanellus indicus*，但未述及亚种分化问题。
◆ 郑作新（1976：189；1987：202；1994：39；2000：38）、郑光美（2005：77；2011：80；2017：66）记载肉垂麦鸡 *Vanellus indicus* 一亚种：
  ❶ 云南亚种 *atronuchalis*
◆ 郑光美（2023：93）记载肉垂麦鸡 *Vanellus indicus* 二亚种：
  ❶ 云南亚种 *atronuchalis*
  ❷ 指名亚种 *indicus*

〔335〕**黄颊麦鸡** *Vanellus gregarius* huángjiá màijī

英文名：Sociable Lapwing

◆王岐山等（2006：212-213）、段文科和张正旺（2017a：343）、郑光美（2005：77；2011：80；2017：66；2023：93）记载黄颊麦鸡 *Vanellus gregarius*①②为单型种。

① 郑光美（2005）：参见 Oriental Bird Club Bull.（1999）。

② 编者注：据王岐山等（2006），此鸟有时被归入另外一属，即 *Chettusia gregaria*。Судиловская（1936）较早报道了黄颊麦鸡（长脚麦鸡）在新疆（东天山）的分布，但一直未能确认（郑作新，1976）。1999年9月，1只黄颊麦鸡偶然出现在河北沿海的石臼坨（幸福岛），当时与大群的灰头麦鸡在一起，详见 Oriental Bird Club Bull.（1999）。

〔336〕**白尾麦鸡** *Vanellus leucurus*　　　　　　　　　　　　　　　　　　báiwěi màijī

英文名：White-tailed Lapwing

◆段文科和张正旺（2017a：343）、郑光美（2017：66；2023：93）记载白尾麦鸡 *Vanellus leucurus*①为单型种。

① 郑光美（2017）：中国鸟类新记录（丁进清等，2012）。

〔337〕**小嘴鸻** *Eudromias morinellus*　　　　　　　　　　　　　　　　　　xiǎozuǐhéng

曾用名：小嘴鸻 *Charadrius morinellus*

英文名：Eurasian Dotterel

◆郑作新（1966：47；2002：70）记载小嘴鸻 *Charadrius morinellus*，但未述及亚种分化问题。

◆郑作新（1955：131；1964：219；1976：198；1987：212；1994：40；2000：40）、郑光美（2005：80；2011：83）记载小嘴鸻 *Charadrius morinellus* 为单型种。

◆郑光美（2017：69；2023：93）记载小嘴鸻 *Eudromias morinellus*①为单型种。

① 郑光美（2017）：由 *Charadrius* 属归入 *Eudromias* 属（Baker et al., 2007）。

〔338〕**欧金鸻** *Pluvialis apricaria*　　　　　　　　　　　　　　　　　　ōujīnhéng

英文名：European Golden Plover

◆郑光美（2011：80；2017：66；2023：93）记载欧金鸻 *Pluvialis apricaria*①为单型种。

① 郑光美（2011）：中国鸟类新记录，见《中国观鸟年报》（2006）。

〔339〕**金鸻** *Pluvialis fulva*　　　　　　　　　　　　　　　　　　jīnhéng

曾用名：金鸻 *Charadrius dominicus*、金［斑］鸻 *Pluvialis dominica*；

　　　　金斑鸻 *Pluvialis dominica*（杭馥兰等，1997：68）、金斑鸻 *Pluvialis fulva*（约翰·马敬能等，2000：156；赵正阶，2001a：457；段文科等，2017a：344；刘阳等，2021：158；约翰·马敬能，2022b：103）

英文名：Pacific Golden Plover

◆郑作新（1955：125；1964：219）记载金鸻 *Charadrius dominicus* 一亚种：

　　❶ 太平洋亚种 *fulvus*

◆郑作新（1976：190-191；1987：204-205；1994：39；2000：39）记载金［斑］鸻 *Pluvialis dominica* 一亚种：

❶ 太平洋亚种 *fulva*
◆ 郑作新（1966：46；2002：70）记载金［斑］鸻 *Pluvialis dominica*，但未述及亚种分化问题。
◆ 郑光美（2005：77；2011：80；2017：66；2023：94）记载金鸻 *Pluvialis fulva*[①]为单型种。
　① 编者注：据郑光美（2002：41；2021：60），*Pluvialis dominica* 被命名为美洲金鸻，且中国无分布。

〔340〕**灰鸻** *Pluvialis squatarola*　　　　　　　　　　　　　　　　　　　　　huīhéng
曾用名：灰斑鸻 *Squatarola squatarola*、灰斑鸻 *Pluvialis squatarola*
英文名：Grey Plover
◆ 郑作新（1955：125；1964：219）记载灰斑鸻 *Squatarola squatarola* 为单型种。
◆ 郑作新（1976：190；1987：203；1994：39；2000：38）记载灰斑鸻 *Pluvialis squatarola* 为单型种。
◆ 郑作新（1966：46；2002：70）记载灰斑鸻 *Pluvialis squatarola*，但未述及亚种分化问题。
◆ 郑光美（2005：77；2011：80；2017：67；2023：94）记载灰鸻 *Pluvialis squatarola* 一亚种：
　❶ 指名亚种 *squatarola*

〔341〕**剑鸻** *Charadrius hiaticula*　　　　　　　　　　　　　　　　　　　　jiànhéng
曾用名：长嘴剑鸻 *Charadrius hiaticula*、长嘴鸻 *Charadrius hiaticula*
英文名：Common Ringed Plover
◆ 郑作新（1955：126）记载剑鸻、长嘴剑鸻 *Charadrius hiaticula* 一亚种：
　❶ 普通亚种 *placidus*
◆ 郑作新（1966：47）记载长嘴鸻 *Charadrius hiaticula*，但未述及亚种分化问题。
◆ 郑作新（1964：219；1976：192；1987：205）记载剑鸻 *Charadrius hiaticula* 一亚种：
　❶ 普通亚种 *placidus*
◆ 郑作新（1994：39；2000：39；2002：71）、郑光美（2005：77-78；2011：81；2017：67；2023：94）记载以下两种：
（1）剑鸻 *Charadrius hiaticula*[①]
　❶ 苔原亚种 *tundrae*
　① 编者注：郑作新（1994，2000）记载其为单型种；郑作新（2002）未述及亚种分化问题。
（2）长嘴剑鸻 *Charadrius placidus*[②]
　② 编者注：郑作新（2002）未述及亚种分化问题。

〔342〕**长嘴剑鸻** *Charadrius placidus*　　　　　　　　　　　　　　　　chángzuǐ jiànhéng
曾用名：剑鸻 *Charadrius placidus*（赵正阶，2001a：458）
英文名：Long-billed Plover
　　曾被视为 *Charadrius hiaticula* 的一个亚种，现列为独立种。请参考〔341〕剑鸻 *Charadrius hiaticula*。

〔343〕**金眶鸻** *Charadrius dubius*　　　　　　　　　　　　　　　　　　　jīnkuànghéng
曾用名：黑领鸻 *Charadrius dubius*、黑领鸻 *Charadrius dubius*
英文名：Little Ringed Plover

◆ 郑作新（1955：126-127）记载金眶鸻、黑领鸻 *Charadrius dubius* 三亚种：
  ❶ 普通亚种 *curonicus*
  ❷ 西南亚种 *jerdoni*
  ❸ 指名亚种 *dubius*
◆ 郑作新（1964：46）记载金眶鸻、黑领鸻 *Charadrius dubius* 三亚种：
  ❶ 普通亚种 *curonicus*
  ❷ 西南亚种 *jerdoni*
  ❸ 指名亚种 *dubius*
◆ 郑作新（1966：47；1976：192-193；1987：206-207；1994：39；2000：39；2002：71）记载金眶鸻、黑领鸻 *Charadrius dubius* 二亚种：
  ❶ 普通亚种 *curonicus*[①]
  ❷ 西南亚种 *jerdoni*
  ① 郑作新（1976，1987）：台湾、海南及云南南部所录得的 *Charadrius dubius dubius* 均为 *Charadrius dubius curonicus* 之误。*Charadrius dubius dubius* 仅限于菲律宾群岛（Mayr，1949）。
◆ 郑光美（2005：78；2011：81；2017：67；2023：95）记载金眶鸻 *Charadrius dubius* 二亚种：
  ❶ 普通亚种 *curonicus*
  ❷ 西南亚种 *jerdoni*

〔344〕**环颈鸻** *Charadrius alexandrinus*　　　　　　　　　　　　　　　　huánjǐnghéng
曾用名：白领鸻 *Charadrius alexandrinus*
英文名：Kentish Plover
◆ 郑作新（1955：127-128；1964：46-47；1966：47；1976：194-195；1987：207-208；1994：39-40；2000：39；2002：71-72）记载环颈鸻、白领鸻 *Charadrius alexandrinus* 三亚种：
  ❶ 指名亚种 *alexandrinus*
  ❷ 华东亚种 *dealbatus*
  ❸ 东方亚种 *nihonensis*
◆ 郑光美（2005：78；2011：81；2017：68）记载环颈鸻 *Charadrius alexandrinus* 二亚种：
  ❶ 指名亚种 *alexandrinus*
  ❷ 华东亚种 *dealbatus*
◆ 郑光美（2023：95）记载以下两种：
  （1）环颈鸻 *Charadrius alexandrinus*
  ❶ 指名亚种 *alexandrinus*
  （2）白脸鸻 *Charadrius dealbatus*[①]
  ① 由 *Charadrius alexandrinus* 的亚种提升为种（Wang et al.，2019）。

〔345〕**白脸鸻** *Charadrius dealbatus*　　　　　　　　　　　　　　　　　　báiliǎnhéng
英文名：White-faced Plover
　　由 *Charadrius alexandrinus* 的亚种提升为种。请参考〔344〕环颈鸻 *Charadrius alexandrinus*。

〔346〕**蒙古沙鸻** *Charadrius mongolus* měnggǔ shāhéng

英文名：Lesser Sand Plover

◆ 郑作新（1955：128-130；1964：219；1976：195-196）记载蒙古沙鸻 *Charadrius mongolus* 五亚种：
  ① 新疆亚种 *pamirensis*
  ② 西藏亚种 *atrifrons*
  ③ 青海亚种 *schäferi*
  ④ 指名亚种 *mongolus*
  ⑤ 台湾亚种 *stegmanni*

◆ 郑作新（1964：46；1966：47）记载蒙古沙鸻 *Charadrius mongolus* 三亚种：
  ① 西藏亚种 *atrifrons*
  ② 青海亚种 *schäferi*
  ③ 指名亚种 *mongolus*

◆ 郑作新（1987：209；1994：40；2000：39；2002：71）、郑光美（2005：79；2011：82）记载蒙古沙鸻 *Charadrius mongolus* 五亚种：
  ① 新疆亚种 *pamirensis*
  ② 西藏亚种 *atrifrons*
  ③ 青海亚种 *schaferi*
  ④ 指名亚种 *mongolus*
  ⑤ 台湾亚种 *stegmanni*

◆ 郑光美（2017：68-69）记载蒙古沙鸻 *Charadrius mongolus* 五亚种：
  ① 新疆亚种 *pamirensis*
  ② 西藏亚种 *atrifrons*
  ③ 青海亚种 *schaeferi*
  ④ 指名亚种 *mongolus*
  ⑤ 台湾亚种 *stegmanni*

◆ 郑光美（2023：95-96）记载以下两种：
  （1）蒙古沙鸻 *Charadrius mongolus*
  ① 指名亚种 *mongolus*
  ② 台湾亚种 *stegmanni*
  （2）青藏沙鸻 *Charadrius atrifrons*[①]
  ① 指名亚种 *atrifrons*
  ② 青海亚种 *schaeferi*
  ③ 新疆亚种 *pamirensis*

[①] 由 *Charadrius mongolus* 的亚种提升为种（Wei et al.，2022b）。

〔347〕**青藏沙鸻** *Charadrius atrifrons* qīngzàng shāhéng

英文名：Tibetan Sand Plover

由 *Charadrius mongolus* 的亚种提升为种。请参考〔346〕蒙古沙鸻 *Charadrius mongolus*。

〔348〕**铁嘴沙鸻** *Charadrius leschenaultii*   tiězuǐ shāhéng

英文名：Greater Sand Plover

◆郑作新（1955：130；1964：219；1976：196；1987：210-211；1994：40；2000：39）、赵正阶（2001a：465）记载铁嘴沙鸻 *Charadrius leschenaultii*[①]为单型种。

    ① 编者注：据赵正阶（2001a），也有学者将其分为三亚种，即西亚亚种 *Charadrius leschenaultii columbinus*，分布于土耳其、约旦、东至里海；中亚亚种 *Charadrius leschenaultii crassirostris*，分布于里海往东至中亚巴尔喀什湖；指名亚种 *Charadrius leschenaultii leschenaultii*，分布于我国西部、蒙古和邻近的俄罗斯地区。但多数学者认为无亚种分化。

◆郑作新（1966：47；2002：70）记载铁嘴沙鸻 *Charadrius leschenaultii*，但未述及亚种分化问题。

◆郑光美（2005：79；2011：82；2017：69；2023：96）记载铁嘴沙鸻 *Charadrius leschenaultii* 一亚种：

    ❶ 指名亚种 *leschenaultii*

〔349〕**红胸鸻** *Charadrius asiaticus*   hóngxiōnghéng

英文名：Caspian Plover

◆郑作新（1955：130-131；1964：46，219；1966：47；1976：196-198；1987：211-212）记载红胸鸻 *Charadrius asiaticus* 二亚种：

    ❶ 指名亚种 *asiaticus*

    ❷ 东北亚种 *veredus*

◆郑作新（2002：70）记载红胸鸻 *Charadrius asiaticus*，但未述及亚种分化问题。

◆郑作新（1994：40；2000：39-40）、郑光美（2005：79-80；2011：83；2017：69；2023：96-97）记载以下两种：

    （1）红胸鸻 *Charadrius asiaticus*

    （2）东方鸻 *Charadrius veredus*

〔350〕**东方鸻** *Charadrius veredus*   dōngfānghéng

英文名：Oriental Plover

    曾被视为 *Charadrius asiaticus* 的一个亚种，现列为独立种。请参考〔349〕红胸鸻 *Charadrius asiaticus*。

36. 彩鹬科 Rostratulidae（Painted Snipes） 1属1种

〔351〕**彩鹬** *Rostratula benghalensis*   cǎiyù

英文名：Greater Painted-snipe

◆郑作新（1966：45；2002：69）记载彩鹬科 Rostratulidae 为单属单种科。

◆郑作新（1955：123；1964：218；1976：185；1987：198；1994：38；2000：38）、郑光美（2005：74；2011：77；2017：70）记载彩鹬 *Rostratula benghalensis* 一亚种：

    ❶ 指名亚种 *benghalensis*

◆郑光美（2023：97）记载彩鹬 *Rostratula benghalensis* 为单型种。

XVII. 鸻形目 CHARADRIIFORMES

37. 水雉科 Jacanidae（Jacanas） 2 属 2 种

[352] **水雉** *Hydrophasianus chirurgus*　　　　　　　　　　　　　　　　　　　　shuǐzhì

曾用名：水雉 *Hydrophasianua chirurgus*

英文名：Pheasant-tailed Jacana

◆ 郑作新（1964：44）记载水雉 *Hydrophasianua chirurgus*，但未述及亚种分化问题。

◆ 郑作新（1966：45；2002：69）记载水雉 *Hydrophasianus chirurgus*，亦未述及亚种分化问题。

◆ 郑作新（1955：122；1964：218；1976：184；1987：197；1994：38；2000：37）、郑光美（2005：73；2011：76；2017：70；2023：97）记载水雉 *Hydrophasianus chirurgus* 为单型种。

[353] **铜翅水雉** *Metopidius indicus*　　　　　　　　　　　　　　　　　　　　tóngchì shuǐzhì

曾用名：铜翅雉鸻 *Metopidius indicus*

英文名：Bronze-winged Jacana

◆ 郑作新（1966：45）记载铜翅雉鸻 *Metopidius indicus*，但未述及亚种分化问题。

◆ 郑作新（2002：68）记载铜翅水雉 *Metopidius indicus*，亦未述及亚种分化问题。

◆ 郑作新（1964：218；1976：184；1987：197；1994：38；2000：37）、郑光美（2005：73；2011：76；2017：70；2023：97）记载铜翅水雉 *Metopidius indicus*[①]为单型种。

　　① 编者注：中国鸟类新记录（郑作新等，1957）。

38. 鹬科 Scolopacidae（Snipes，Sandpipers，Phalaropes） 12 属 51 种

[354] **中杓鹬** *Numenius phaeopus*　　　　　　　　　　　　　　　　　　　　zhōngsháoyù

英文名：Whimbrel

◆ 郑作新（1955：131-132；1964：48，219；1966：49；1976：198-199；1987：212-213；1994：40；2000：40；2002：73）、郑光美（2005：83；2011：86；2017：74）记载中杓鹬 *Numenius phaeopus* 二亚种：

❶ 指名亚种 *phaeopus*

❷ 华东亚种 *variegatus*

◆ 郑光美（2023：98）记载中杓鹬 *Numenius phaeopus* 三亚种：

❶ 指名亚种 *phaeopus*

❷ 华东亚种 *variegatus*

❸ *rogachevae* 亚种

[355] **小杓鹬** *Numenius minutus*　　　　　　　　　　　　　　　　　　　　xiǎosháoyù

曾用名：小杓鹬 *Numenius borealis*

英文名：Little Curlew

◆ 郑作新（1966：49；2002：73）记载小杓鹬 *Numenius borealis*，但未述及亚种分化问题。

◆ 郑作新（1955：131；1964：219；1976：198；1987：212）记载小杓鹬 *Numenius borealis* 一亚种：

❶ 华南亚种 *minutus*

◆ 郑作新（1994：40；2000：40）、郑光美（2005：83；2011：86；2017：73；2023：98）记载小杓鹬

*Numenius minutus*①为单型种。

① 编者注：据郑光美（2002：43；2021：63），*Numenius borealis* 被命名为极北杓鹬，中国无分布。

〔356〕白腰杓鹬 *Numenius arquata*   báiyāo sháoyù
英文名：Eurasian Curlew

◆ 郑作新（1966：49；2002：73）记载白腰杓鹬 *Numenius arquata*，但未述及亚种分化问题。

◆ 郑作新（1955：132；1964：219；1976：199；1987：213；1994：40-41；2000：40）、郑光美（2005：83；2011：86；2017：74；2023：98）记载白腰杓鹬 *Numenius arquata* 一亚种：

    ❶ 普通亚种 *orientalis*

〔357〕大杓鹬 *Numenius madagascariensis*   dàsháoyù
曾用名：红腰杓鹬 *Numenius madagascariensis*
英文名：Far Eastern Curlew

◆ 郑作新（1976：200；1987：214；1994：41；2000：40）记载大杓鹬、红腰杓鹬 *Numenius madagascariensis* 为单型种。

◆ 郑作新（1966：49；2002：73）记载大杓鹬 *Numenius madagascariensis*，但未述及亚种分化问题。

◆ 郑作新（1955：132；1964：219）、郑光美（2005：83；2011：87；2017：74；2023：99）记载大杓鹬 *Numenius madagascariensis*①为单型种。

① 编者注：郑作新（1964：219）记载的中文名为红腰杓鹬。

〔358〕斑尾塍鹬 *Limosa lapponica*   bānwěi chéngyù
英文名：Bar-tailed Godwit

◆ 郑作新（1955：133）记载斑尾塍鹬 *Limosa lapponica* 一亚种：

    ❶ 普通亚种 *novae-zelandiae*

◆ 郑作新（1966：49；2002：73）记载斑尾塍鹬 *Limosa lapponica*，但未述及亚种分化问题。

◆ 郑作新（1964：220；1976：201-202；1987：216；1994：41；2000：40）记载斑尾塍鹬 *Limosa lapponica* 一亚种：

    ❶ 普通亚种 *novaezealandiae*

◆ 郑光美（2005：82；2011：85）记载斑尾塍鹬 *Limosa lapponica* 一亚种：

    ❶ 东北亚种 *baueri*①

① 编者注：亚种中文名引自段文科和张正旺（2017a：364）。

◆ 郑光美（2017：73；2023：99）记载斑尾塍鹬 *Limosa lapponica* 二亚种：

    ❶ 东北亚种 *baueri*②
    ❷ 中部亚种 *menzbieri*③

② 郑光美（2017）：亚种的分布区与居留型根据 Battley 等（2012）以及马志军对本种迁徙生态的多年研究修订。我国南方尚有少数斑尾塍鹬越冬种群，可能为亚种 *Limosa lapponica menzbieri*；在新疆可能有亚种 *Limosa lapponica lapponica* 分布。

③ 编者注：亚种中文名引自赵正阶（2001a：476）。

XVII. 鸻形目
CHARADRIIFORMES

〔359〕**黑尾塍鹬** *Limosa limosa*　　　　　　　　　　　　　　　　　　　　　　　hēiwěi chéngyù

英文名：Black-tailed Godwit

◆郑作新（1966：49；2002：73）记载黑尾塍鹬 *Limosa limosa*，但未述及亚种分化问题。

◆郑作新（1955：133；1964：219-220；1976：201；1987：215；1994：41；2000：40）、郑光美（2005：82；2011：85；2017：73）记载黑尾塍鹬 *Limosa limosa* 一亚种：

　❶ 普通亚种 *melanuroides*

◆郑光美（2023：99）记载黑尾塍鹬 *Limosa limosa* 三亚种：

　❶ 普通亚种 *melanuroides*

　❷ 指名亚种 *limosa*

　❸ 渤海亚种 *bohaii*[①]

　① 新发现亚种（Zhu et al., 2021）。

〔360〕**翻石鹬** *Arenaria interpres*　　　　　　　　　　　　　　　　　　　　　　　fānshíyù

英文名：Ruddy Turnstone

◆郑作新（1966：48；2002：72）记载翻石鹬属 *Arenaria* 为单型属。

◆郑作新（1955：136；1964：220；1976：210；1987：225-226；1994：42；2000：41）、郑光美（2005：86；2011：89；2017：77；2023：100）记载翻石鹬 *Arenaria interpres* 一亚种：

　❶ 指名亚种 *interpres*

〔361〕**大滨鹬** *Calidris tenuirostris*　　　　　　　　　　　　　　　　　　　　　　　dàbīnyù

曾用名：细嘴滨鹬 *Calidris tenuirostris*

英文名：Great Knot

◆郑作新（1966：51）记载细嘴滨鹬 *Calidris tenuirostris*，但未述及亚种分化问题。

◆郑作新（1955：140；1964：220；1976：218）记载细嘴滨鹬 *Calidris tenuirostris* 为单型种。

◆郑作新（2002：76）记载大滨鹬 *Calidris tenuirostris*，亦未述及亚种分化问题。

◆郑作新（1987：234；1994：43；2000：42）、郑光美（2005：86；2011：90；2017：77；2023：100）记载大滨鹬 *Calidris tenuirostris* 为单型种。

〔362〕**红腹滨鹬** *Calidris canutus*　　　　　　　　　　　　　　　　　　　　　　　hóngfù bīnyù

英文名：Red Knot

◆郑作新（1966：51；2002：76）记载红腹滨鹬 *Calidris canutus*，但未述及亚种分化问题。

◆郑作新（1955：140；1964：220；1976：218；1987：234；1994：43；2000：42）、郑光美（2005：86-87）记载红腹滨鹬 *Calidris canutus* 一亚种：

　❶ 普通亚种 *rogersi*[①]

　① 编者注：段文科和张正旺（2017a：379）称之为楚科奇亚种。

◆郑光美（2011：90；2017：77-78；2023：100）记载红腹滨鹬 *Calidris canutus* 二亚种：

　❶ 普通亚种 *rogersi*

　❷ 西伯利亚亚种 *piersmai*[②]

② 编者注：亚种中文名引自段文科和张正旺（2017a：379）。

[363] 流苏鹬 *Calidris pugnax*　　　　　　　　　　　　　　　　　　　liúsūyù

曾用名：流苏鹬 *Philomachus pugnax*

英文名：Ruff

◆ 郑作新（1966：48；2002：72）记载流苏鹬属 *Philomachus* 为单型属。

◆ 郑作新（1955：143；1964：221；1976：226；1987：243；1994：44；2000：44）、郑光美（2005：90；2011：94）记载流苏鹬 *Philomachus pugnax* 为单型种。

◆ 郑光美（2017：81；2023：101）记载流苏鹬 *Calidris pugnax*[①]为单型种。

　　[①] 郑光美（2017）：由 *Philomachus* 属归入 *Calidris* 属（Gibson et al.，2012）。

[364] 阔嘴鹬 *Calidris falcinellus*　　　　　　　　　　　　　　　　　　kuòzuǐyù

曾用名：阔嘴鹬 *Limicola falcinellus*

英文名：Broad-billed Sandpiper

◆ 郑作新（1955：143；1964：51，221；1966：52；1976：225-226；1987：242；1994：44；2000：44；2002：77）、郑光美（2005：89；2011：93）记载阔嘴鹬 *Limicola falcinellus* 二亚种：

　❶ 指名亚种 *falcinellus*

　❷ 普通亚种 *sibirica*

◆ 郑光美（2017：80；2023：101）记载阔嘴鹬 *Calidris falcinellus*[①]二亚种：

　❶ 指名亚种 *falcinellus*

　❷ 普通亚种 *sibirica*

　　[①] 郑光美（2017）：由 *Limicola* 属归入 *Calidris* 属（Gibson et al.，2012）。

[365] 尖尾滨鹬 *Calidris acuminata*　　　　　　　　　　　　　　　　　jiānwěi bīnyù

曾用名：尖尾滨鹬 *Calidris acuminatus*

英文名：Sharp-tailed Sandpiper

◆ 郑作新（1964：221）记载尖尾滨鹬 *Calidris acuminatus* 为单型种。

◆ 郑作新（1966：51）记载尖尾滨鹬 *Calidris acuminatus*，但未述及亚种分化问题。

◆ 郑作新（2002：76）记载尖尾滨鹬 *Calidris acuminata*，亦未述及亚种分化问题。

◆ 郑作新（1955：141；1976：221；1987：238；1994：44；2000：43）、郑光美（2005：88；2011：92；2017：80；2023：101）记载尖尾滨鹬 *Calidris acuminata* 为单型种。

[366] 高跷鹬 *Calidris himantopus*　　　　　　　　　　　　　　　　　gāoqiāoyù

曾用名：高跷鹬 *Micropalama himantopus*

英文名：Stilt Sandpiper

◆ 杭馥兰和常家传（1997：79）、约翰·马敬能等（2000：149）、赵正阶（2001a：524-525）、郑光美（2005：90；2011：93）记载高跷鹬 *Micropalama himantopus* 为单型种。

◆ 郑光美（2017：81；2023：102）记载高跷鹬 *Calidris himantopus*[①]为单型种。

① 郑光美（2017）：由 *Micropalama* 属归入 *Calidris* 属（Gibson et al., 2012）。

〔367〕**弯嘴滨鹬** *Calidris ferruginea*　　　　　　　　　　　　　　　　　　　　　wānzuǐ bīnyù

曾用名： 弯嘴滨鹬 *Calidris ferrugineus*

英文名： Curlew Sandpiper

◆ 郑作新（1964：221）记载弯嘴滨鹬 *Calidris ferrugineus* 为单型种。

◆ 郑作新（1966：50）记载弯嘴滨鹬 *Calidris ferrugineus*，但未述及亚种分化问题。

◆ 郑作新（2002：76）记载弯嘴滨鹬 *Calidris ferruginea*，亦未述及亚种分化问题。

◆ 郑作新（1955：142；1976：223；1987：240；1994：44；2000：43）、郑光美（2005：88；2011：92；2017：81；2023：102）记载弯嘴滨鹬 *Calidris ferruginea* 为单型种。

〔368〕**青脚滨鹬** *Calidris temminckii*　　　　　　　　　　　　　　　　　　　　　qīngjiǎo bīnyù

曾用名： 乌脚滨鹬 *Calidris temminckii*

英文名： Temminck's Stint

◆ 郑作新（1955：141；1964：221；1976：220；1987：237）记载乌脚滨鹬 *Calidris temminckii* 为单型种。

◆ 郑作新（1966：51）记载乌脚滨鹬 *Calidris temminckii*，但未述及亚种分化问题。

◆ 郑作新（2002：77）记载青脚滨鹬 *Calidris temminckii*，亦未述及亚种分化问题。

◆ 郑作新（1994：43；2000：43）、郑光美（2005：87；2011：91；2017：79；2023：102）记载青脚滨鹬 *Calidris temminckii* 为单型种。

〔369〕**长趾滨鹬** *Calidris subminuta*　　　　　　　　　　　　　　　　　　　　　chángzhǐ bīnyù

曾用名： 长趾滨鹬 *Calidris subminutus*

英文名： Long-toed Stint

◆ 郑作新（1964：221）记载长趾滨鹬 *Calidris subminutus* 为单型种。

◆ 郑作新（1966：52）记载长趾滨鹬 *Calidris subminutus*，但未述及亚种分化问题。

◆ 郑作新（2002：77）记载长趾滨鹬 *Calidris subminuta*，亦未述及亚种分化问题。

◆ 郑作新（1955：141；1976：220；1987：236-237；1994：43；2000：43）、郑光美（2005：88；2011：91；2017：79；2023：102）记载长趾滨鹬 *Calidris subminuta* 为单型种。

〔370〕**勺嘴鹬** *Calidris pygmaea*　　　　　　　　　　　　　　　　　　　　　　　sháozuǐyù

曾用名： 勺嘴鹬 *Eurynorhynchus pygmeum*、勺嘴鹬 *Eurynorhynchus pygmeus*、勺嘴鹬 *Calidris pygmeus*

英文名： Spoon-billed Sandpiper

◆ 郑作新（1966：48；2002：72）记载勺嘴鹬属 *Eurynorhynchus* 为单型属。

◆ 郑作新（1964：221）记载勺嘴鹬 *Eurynorhynchus pygmeum* 为单型种。

◆ 郑作新（1955：143；1976：224；1987：241；1994：44；2000：43）、郑光美（2005：89；2011：93）记载勺嘴鹬 *Eurynorhynchus pygmeus* 为单型种。

◆ 郑光美（2017：78）记载勺嘴鹬 *Calidris pygmeus*① 为单型种。

① 由 *Eurynorhynchus* 属归入 *Calidris* 属（Gibson et al., 2012）。

◆郑光美（2023：102）记载勺嘴鹬 *Calidris pygmaea* 为单型种。

〔371〕**红颈滨鹬** *Calidris ruficollis*　　　　　　　　　　　　　　　　　　　hóngjǐng bīnyù

曾用名：红胸滨鹬 *Calidris ruficollis*

英文名：Red-necked Stint

◆郑作新（1955：140；1964：220；1976：218；1987：235）记载红胸滨鹬 *Calidris ruficollis* 为单型种。

◆郑作新（1966：52）记载红胸滨鹬 *Calidris ruficollis*，但未述及亚种分化问题。

◆郑作新（2002：77）记载红颈滨鹬 *Calidris ruficollis*，亦未述及亚种分化问题。

◆郑作新（1994：43；2000：43）、郑光美（2005：87；2011：91；2017：78；2023：103）记载红颈滨鹬 *Calidris ruficollis* 为单型种。

〔372〕**三趾滨鹬** *Calidris alba*　　　　　　　　　　　　　　　　　　　　　sānzhǐ bīnyù

曾用名：三趾鹬 *Crocethia alba*；三趾鹬 *Calidris alba*（约翰·马敬能等，2000：144；段文科等，2017a：380）

英文名：Sanderling

◆郑作新（1955：142；1964：221；1976：224；1987：240；1994：44；2000：43）记载三趾鹬 *Crocethia alba* 为单型种。

◆郑作新（1966：48；2002：72）记载三趾鹬属 *Crocethia* 为单型属。

◆郑光美（2005：87；2011：90；2017：78；2023：103）记载三趾滨鹬 *Calidris alba* 一亚种：

　❶ 北美亚种 *rubida*[①]

　　[①] 编者注：亚种中文名引自王岐山等（2006：389）。

〔373〕**黑腹滨鹬** *Calidris alpina*　　　　　　　　　　　　　　　　　　　　hēifù bīnyù

曾用名：黑腹滨鹬 *Calidris alpinus*

英文名：Dunlin

◆郑作新（1964：221）记载黑腹滨鹬 *Calidris alpinus* 二亚种：

　❶ 北方亚种 *centralis*

　❷ 东方亚种 *sakhalinus*

◆郑作新（1966：50）记载黑腹滨鹬 *Calidris alpinus*，但未述及亚种分化问题。

◆郑作新（1955：141-142；1976：221-223；1987：238-239；1994：44；2000：43）、郑光美（2005：89）记载黑腹滨鹬 *Calidris alpina* 二亚种：

　❶ 北方亚种 *centralis*

　❷ 东方亚种 *sakhalina*

◆郑作新（2002：76）记载黑腹滨鹬 *Calidris alpina*，亦未述及亚种分化问题。

◆郑光美（2011：92；2017：81-82；2023：103）记载黑腹滨鹬 *Calidris alpina*[①]为单型种。

　[①] 郑光美（2011，2017）：向余劲攻等（2009）认为我国共有5个亚种，西部可能是 *centralis* 亚种，东部有4个亚种，即 *sakhalina*、*kistchinskii*、*arcticola*、*actites*。各亚种的分布状况待进一步研究。

XVII. 鸻形目 CHARADRIIFORMES

〔374〕**岩滨鹬** *Calidris ptilocnemis*   yánbīnyù

英文名：Rock Sandpiper

◆ 郑作新（1994：44；2000：43）记载岩滨鹬 *Calidris ptilocnemis*[①]为单型种。

    ① 郑作新（2000）：1989年5月6日，记录于河北省北戴河（参见 Bull. Orient. Bd. Cl., 1989, 10：42）。

◆ 郑光美（2005：88；2011：92；2017：81；2023：103）记载岩滨鹬 *Calidris ptilocnemis* 一亚种：

    ❶ 库页岛亚种 *quarta*[②]

    ② 编者注：亚种中文名引自百度百科。

〔375〕**黑腰滨鹬** *Calidris bairdii*   hēiyāo bīnyù

英文名：Baird's Sandpiper

◆ 约翰·马敬能等（2000：147）、约翰·马敬能（2022b：113）、郑光美（2023：104）记载黑腰滨鹬 *Calidris bairdii*[①②]为单型种。

    ① 编者注：据约翰·马敬能等（2000），在中国尚无记录，但偶见于日本，在中国应有出现。另据约翰·马敬能（2022b），迷鸟记录于台湾和福建。

    ② 郑光美（2023）：中国鸟类新记录（严志文等，2023）。

〔376〕**小滨鹬** *Calidris minuta*   xiǎobīnyù

英文名：Little Stint

◆ 郑作新（1994：43；2000：43）、郑光美（2005：87；2011：91；2017：79；2023：104）记载小滨鹬 *Calidris minuta*[①]为单型种。

    ① 郑作新（1994，2000）：参见 Kennerley（1986）。

〔377〕**白腰滨鹬** *Calidris fuscicollis*   báiyāo bīnyù

英文名：White-rumped Sandpiper

◆ 约翰·马敬能等（2000：147）、郑光美（2017：79；2023：104）记载白腰滨鹬 *Calidris fuscicollis*[①②]为单型种。

    ① 编者注：据约翰·马敬能等（2000），香港有一不确切记录，河北北戴河有一记录。

    ② 郑光美（2017）：中国鸟类新记录（Wu et al., 2015）。

〔378〕**黄胸滨鹬** *Calidris subruficollis*   huángxiōng bīnyù

曾用名：饰胸鹬 *Tryngites subruficollis*、黄胸鹬 *Tryngites subruficollis*；

        饰胸鹬 *Calidris subruficollis*（刘阳等，2021：174；约翰·马敬能，2022b：114）

英文名：Buff-breasted Sandpiper

◆ 约翰·马敬能等（2000：149-150）、赵正阶（2001a：525-526）记载饰胸鹬 *Tryngites subruficollis*[①]为单型种。

    ① 编者注：赵正阶（2001a）记载，我国于1984年和1989年5月曾分别于台湾台北关渡和台中大肚溪口见到（王嘉雄等，1991）。

◆ 杭馥兰和常家传（1997：79）、郑光美（2005：90；2011：93）记载黄胸鹬 *Tryngites subruficollis* 为

单型种。
- ◆郑光美（2017：80；2023：104）记载黄胸滨鹬 *Calidris subruficollis*[②]为单型种。
  ② 郑光美（2017）：由 *Tryngites* 属归入 *Calidris* 属（Gibson et al.，2012）。

[379] 斑胸滨鹬 *Calidris melanotos*　　　　　　　　　　　　　　　bānxiōng bīnyù
英文名：Pectoral Sandpiper
- ◆郑作新（1994：44；2000：43）、郑光美（2005：88；2011：91；2017：79；2023：104）记载斑胸滨鹬 *Calidris melanotos*[①]为单型种。
  ① 郑作新（1994，2000）：参见 Melville（1986）。

[380] 西滨鹬 *Calidris mauri*　　　　　　　　　　　　　　　　　　　xībīnyù
曾用名：西方滨鹬 *Calidris mauri*
英文名：Western Sandpiper
- ◆郑作新（1994：43；2000：43）、王岐山等（2006：361-363）记载西方滨鹬 *Calidris mauri*[①]为单型种。
  ① 编者注：王岐山等（2006）指出，据王嘉雄等（1991），迁徙时偶然出现在河口海滨沙洲、沼泽地等。在台湾做鸟类环志（系放）时曾捕获。
- ◆郑光美（2005：87；2011：90；2017：78；2023：105）记载西滨鹬 *Calidris mauri* 为单型种。

[381] 半蹼鹬 *Limnodromus semipalmatus*　　　　　　　　　　　　bànpǔyù
英文名：Asian Dowitcher
- ◆郑作新（1966：48；2002：72）仅记载至半蹼鹬属 *Limnodromus*。
- ◆郑作新（1955：137；1964：220；1976：211；1987：226；1994：42；2000：41）、郑光美（2005：82；2011：85；2017：72；2023：105）记载半蹼鹬 *Limnodromus semipalmatus*[①]为单型种。
  ① 郑作新（1994，2000）：参见 Viney 和 Phillipps（1988）。

[382] 长嘴半蹼鹬 *Limnodromus scolopaceus*　　　　　　　　　chángzuǐ bànpǔyù
曾用名：长嘴鹬 *Limnodromus scolopaeus*
英文名：Long-billed Dowitcher
- ◆郑作新（1994：42；2000：42）记载长嘴鹬 *Limnodromus scolopaeus*[①]为单型种。
  ① 编者注：中国鸟类新记录（何仁德，1991）。
- ◆郑作新（2002：72）仅记载至半蹼鹬属 *Limnodromus*。
- ◆郑光美（2005：82；2011：85；2017：72；2023：105）记载长嘴半蹼鹬 *Limnodromus scolopaceus* 为单型种。

[383] 丘鹬 *Scolopax rusticola*　　　　　　　　　　　　　　　　　qiūyù
英文名：Eurasian Woodcock
- ◆郑作新（1955：139；1964：220；1976：216；1987：232；1994：43；2000：42）记载丘鹬 *Scolopax rusticola* 一亚种：

❶ 指名亚种 *rusticola*

◆ 郑作新（1966：48；2002：73）记载丘鹬属 *Scolopax* 为单型属。

◆ 郑光美（2005：80；2011：83；2017：70；2023：105）记载丘鹬 *Scolopax rusticola* 为单型种。

〔384〕孤沙锥 *Gallinago solitaria*　　　　　　　　　　　　　　　　gūshāzhuī

曾用名： 孤沙锥 *Capella solitaria*

英文名： Solitary Snipe

◆ 郑作新（1955：137-138；1964：220；1976：212；1987：227-228）记载孤沙锥 *Capella solitaria* 二亚种：

❶ 指名亚种 *solitaria*

❷ 东北亚种 *japonica*

◆ 郑作新（1966：50）记载孤沙锥 *Capella solitaria*，但均未述及亚种分化问题。

◆ 郑作新（1994：42；2000：42；2002：76）、郑光美（2005：81；2011：84；2017：71；2023：106）记载孤沙锥 *Gallinago solitaria* 二亚种：

❶ 指名亚种 *solitaria*

❷ 东北亚种 *japonica*

〔385〕拉氏沙锥 *Gallinago hardwickii*　　　　　　　　　　　　　　lāshì shāzhuī

曾用名： 澳南沙锥 *Capella hardwickii*、澳南沙锥 *Gallinago hardwickii*

英文名： Latham's Snipe

◆ 郑作新（1966：50）记载澳南沙锥 *Capella hardwickii*，但均未述及亚种分化问题。

◆ 郑作新（1955：138；1964：220；1976：213；1987：228）记载澳南沙锥 *Capella hardwickii* 为单型种。

◆ 郑作新（1994：42；2000：42）记载澳南沙锥 *Gallinago hardwickii* 为单型种。

◆ 郑作新（2002：76）记载澳南沙锥 *Gallinago hardwickii*，亦未述及亚种分化问题。

◆ 郑光美（2005：81；2011：84；2017：71；2023：106）记载拉氏沙锥 *Gallinago hardwickii* 为单型种。

〔386〕林沙锥 *Gallinago nemoricola*　　　　　　　　　　　　　　　línshāzhuī

曾用名： 林沙锥 *Capella nemoricola*

英文名： Wood Snipe

◆ 郑作新（1966：50）记载林沙锥 *Capella nemoricola*，但未述及亚种分化问题。

◆ 郑作新（1955：138；1964：220；1976：213；1987：229）记载林沙锥 *Capella nemoricola* 为单型种。

◆ 郑作新（2002：75）记载林沙锥 *Gallinago nemoricola*，亦未述及亚种分化问题。

◆ 郑作新（1994：42；2000：42）、郑光美（2005：81；2011：84；2017：71；2023：106）记载林沙锥 *Gallinago nemoricola*①为单型种。

　　① 编者注：郑作新（1994）记载其属名为 *Galliga*。

〔387〕针尾沙锥 *Gallinago stenura*　　　　　　　　　　　　　　zhēnwěi shāzhuī

曾用名： 针尾沙锥 *Capella stenura*

英文名： Pintail Snipe

- ◆郑作新（1966：50）记载针尾沙锥 *Capella stenura*，但未述及亚种分化问题。
- ◆郑作新（1955：138；1964：220；1976：213；1987：229）记载针尾沙锥 *Capella stenura* 为单型种。
- ◆郑作新（2002：76）记载针尾沙锥 *Gallinago stenura*，亦未述及亚种分化问题。
- ◆郑作新（1994：42；2000：42）、郑光美（2005：81；2011：84；2017：71；2023：106）记载针尾沙锥 *Gallinago stenura* 为单型种。

〔388〕**大沙锥** *Gallinago megala*　　　　　　　　　　　　　　　　　　　　　　　　dàshāzhuī

曾用名：大沙锥 *Capella megala*

英文名：Swinhoe's Snipe

- ◆郑作新（1966：50）记载大沙锥 *Capella megala*，但未述及亚种分化问题。
- ◆郑作新（1955：139；1964：220；1976：214；1987：230）记载大沙锥 *Capella megala* 为单型种。
- ◆郑作新（2002：76）记载大沙锥 *Gallinago megala*，亦未述及亚种分化问题。
- ◆郑作新（1994：43；2000：42）、郑光美（2005：81；2011：84；2017：72；2023：106）记载大沙锥 *Gallinago megala* 为单型种。

〔389〕**扇尾沙锥** *Gallinago gallinago*　　　　　　　　　　　　　　　　　　　　shànwěi shāzhuī

曾用名：扇尾沙锥 *Capella gallinago*

英文名：Common Snipe

- ◆郑作新（1966：50）记载扇尾沙锥 *Capella gallinago*，但未述及亚种分化问题。
- ◆郑作新（1955：139；1964：220；1976：214；1987：231）记载扇尾沙锥 *Capella gallinago* 一亚种：
  - ❶ 指名亚种 *gallinago*
- ◆郑作新（2002：76）记载扇尾沙锥 *Gallinago gallinago*，亦未述及亚种分化问题。
- ◆郑作新（1994：43；2000：42）、郑光美（2005：82；2011：85；2017：72；2023：107）记载扇尾沙锥 *Gallinago gallinago* 一亚种：
  - ❶ 指名亚种 *gallinago*

〔390〕**姬鹬** *Lymnocryptes minimus*　　　　　　　　　　　　　　　　　　　　　　　jīyù

曾用名：姬鹬 *Lymnocryptes minima*

英文名：Jack Snipe

- ◆郑作新（1955：140；1964：220）记载姬鹬 *Lymnocryptes minima* 为单型种。
- ◆郑作新（1966：48；2002：73）记载姬鹬属 *Lymnocryptes* 为单型属。
- ◆郑作新（1976：217；1987：233；1994：43；2000：42）、郑光美（2005：80；2011：83；2017：70-71；2023：107）记载姬鹬 *Lymnocryptes minimus* 为单型种。

〔391〕**红颈瓣蹼鹬** *Phalaropus lobatus*　　　　　　　　　　　　　　　　　hóngjǐng bànpǔyù

英文名：Red-necked Phalarope

- ◆郑作新（1966：53；2002：78）记载红颈瓣蹼鹬 *Phalaropus lobatus*，但未述及亚种分化问题。
- ◆郑作新（1955：145；1964：221；1976：229；1987：247；1994：45；2000：44）、郑光美（2005：

XVII. 鸻形目
CHARADRIIFORMES

90；2011：94；2017：82；2023：107）记载红颈瓣蹼鹬 *Phalaropus lobatus* 为单型种。

〔392〕**灰瓣蹼鹬** *Phalaropus fulicarius*　　　　　　　　　　　　　　　　　　　　huī bànpǔyù

曾用名：灰瓣蹼鹬 *Phalaropus fulicaria*（约翰·马敬能等，2000：151）

英文名：Red Phalarope

◆郑作新（1966：52；2002：78）记载灰瓣蹼鹬 *Phalaropus fulicarius*，但未述及亚种分化问题。

◆郑作新（1955：145；1964：221；1976：231；1987：248；1994：45；2000：44）、郑光美（2005：90；2011：94；2017：82；2023：107）记载灰瓣蹼鹬 *Phalaropus fulicarius* 为单型种。

〔393〕**翘嘴鹬** *Xenus cinereus*　　　　　　　　　　　　　　　　　　　　　　　　qiàozuǐyù

曾用名：翘嘴鹬 *Terekia cinerea*、翘嘴鹬 *Xenus cinerea*

英文名：Terek Sandpiper

◆郑作新（1955：136；1964：220）记载翘嘴鹬 *Terekia cinerea* 为单型种。

◆郑作新（1976：209）记载翘嘴鹬 *Xenus cinerea* 为单型种。

◆郑作新（1966：48；2002：72）记载翘嘴鹬属 *Xenus* 为单型属。

◆郑作新（1987：225；1994：42；2000：41）、郑光美（2005：85；2011：89；2017：77；2023：108）记载翘嘴鹬 *Xenus cinereus* 为单型种。

〔394〕**矶鹬** *Actitis hypoleucos*　　　　　　　　　　　　　　　　　　　　　　　　jīyù

曾用名：矶鹬 *Tringa hypoleucos*

英文名：Common Sandpiper

◆郑作新（1966：49；2002：74）记载矶鹬 *Tringa hypoleucos*，但未述及亚种分化问题。

◆郑作新（1955：135；1964：220；1976：208；1987：223；1994：42；2000：41）记载矶鹬 *Tringa hypoleucos*[①] 为单型种。

　　[①] 编者注：据赵正阶（2001a：488），也有人将本种单列为一属 *Actitis hypoleucos*。

◆郑光美（2005：85；2011：89；2017：77；2023：108）记载矶鹬 *Actitis hypoleucos* 为单型种。

〔395〕**白腰草鹬** *Tringa ochropus*　　　　　　　　　　　　　　　　　　　　　　báiyāo cǎoyù

曾用名：草鹬 *Tringa ochropus*

英文名：Green Sandpiper

◆郑作新（1964：48；1966：49）记载草鹬 *Tringa ochropus*，但未述及亚种分化问题。

◆郑作新（2002：74）记载白腰草鹬 *Tringa ochropus*，亦未述及亚种分化问题。

◆郑作新（1955：134；1964：220；1976：205；1987：221；1994：41；2000：41）、郑光美（2005：85；2011：88；2017：76；2023：108）记载白腰草鹬 *Tringa ochropus* 为单型种。

〔396〕**灰尾漂鹬** *Tringa brevipes*　　　　　　　　　　　　　　　　　　　　　　huīwěi piāoyù

曾用名：灰尾［漂］鹬 *Heteroscelus brevipes*、灰尾漂鹬 *Heteroscelus brevipes*；

　　　　　灰尾鹬 *Heteroscelus brevipes*（赵正阶，2001a：490）

英文名：Grey-tailed Tattler

曾被视为 *Tringa incana* 的一个亚种，现列为独立种。请参考〔397〕漂鹬 *Tringa incana*。

〔397〕**漂鹬** *Tringa incana*   piāoyù

曾用名：灰鹬 *Tringa incanus*、灰鹬 *Tringa incana*、漂鹬 *Heteroscelus incanus*；
灰鹬 *Heteroscelus incanus*（赵正阶，2001a：489）

英文名：Wandering Tattler

◆郑作新（1955：135-136；1964：49，220；1966：50；1976：208-209；1987：224）记载灰鹬 *Tringa incana*①二亚种：

❶ 普通亚种 *brevipes*
❷ 指名亚种 *incana*②

① 编者注：郑作新（1955：136）记载其种本名为 *incanus*。
② 编者注：郑作新（1955）记载该亚种为 *incanus*。

◆郑作新（1994：42；2000：41；2002：74-75）记载以下两种：

（1）灰尾［漂］鹬 *Heteroscelus brevipes*③
（2）漂鹬 *Heteroscelus incanus*④

③④ 编者注：郑作新（2002）均未述及亚种分化问题。

◆郑光美（2005：86；2011：89）记载以下两种：

（1）灰尾漂鹬 *Heteroscelus brevipes*
（2）漂鹬 *Heteroscelus incanus*

◆郑光美（2017：76；2023：108-109）记载以下两种：

（1）灰尾漂鹬 *Tringa brevipes*
（2）漂鹬 *Tringa incana*

〔398〕**小黄脚鹬** *Tringa flavipes*   xiǎo huángjiǎoyù

英文名：Lesser Yellowlegs

◆郑作新（2002：74）记载小黄脚鹬 *Tringa flavipes*，但未述及亚种分化问题。

◆郑作新（1994：41；2000：41）、郑光美（2005：85；2011：88；2017：76；2023：109）记载小黄脚鹬 *Tringa flavipes*①为单型种。

① 郑作新（1994，2000）：参见 Kennerly（1986）。

〔399〕**鹤鹬** *Tringa erythropus*   hèyù

曾用名：红脚鹤鹬 *Tringa erythropus*、［红脚］鹤鹬 *Tringa erythropus*

英文名：Spotted Redshank

◆郑作新（1955：133；1976：203；1987：217；1994：41；2000：40）记载鹤鹬、红脚鹤鹬 *Tringa erythropus* 为单型种。

◆郑作新（1966：49）记载鹤鹬 *Tringa erythropus*，但未述及亚种分化问题。

◆郑作新（2002：74）记载鹤鹬、［红脚］鹤鹬 *Tringa erythropus*①，亦未述及亚种分化问题。

XVII. 鸻形目
CHARADRIIFORMES

① 体形较红脚鹬为大，嘴和脚亦较长；头、颈、下体均乌黑色；背和两肩亦黑色；而具白点。

◆郑作新（1964：220）、郑光美（2005：84；2011：87；2017：74；2023：109）记载鹤鹬 *Tringa erythropus* 为单型种。

[400] **青脚鹬** *Tringa nebularia*   qīngjiǎoyù

英文名：Common Greenshank

◆郑作新（1966：50；2002：74）记载青脚鹬 *Tringa nebularia*，但未述及亚种分化问题。

◆郑作新（1955：134；1964：220；1976：205；1987：220；1994：41；2000：41）、郑光美（2005：84；2011：88；2017：75；2023：109）记载青脚鹬 *Tringa nebularia* 为单型种。

[401] **红脚鹬** *Tringa totanus*   hóngjiǎoyù

英文名：Common Redshank

◆郑作新（1955：134；1964：220；1976：204；1987：218；1994：41；2000：40-41）记载红脚鹬 *Tringa totanus* 一亚种：

❶ 指名亚种 *totanus*

◆郑作新（1966：50；2002：74）记载红脚鹬 *Tringa totanus*，但未述及亚种分化问题。

◆郑光美（2005：84；2011：87；2017：74-75；2023：109-110）记载红脚鹬 *Tringa totanus*①四亚种：

❶ 乌苏里亚种 *ussuriensis*

❷ 东北亚种 *terrignotae*

❸ 新疆亚种 *craggi*

❹ 克什米尔亚种 *eurhinus*

① 郑光美（2011）：湖北和湖南有观鸟记录，但未确定亚种。

[402] **林鹬** *Tringa glareola*   línyù

英文名：Wood Sandpiper

◆郑作新（1966：49；2002：74）记载林鹬 *Tringa glareola*，但未述及亚种分化问题。

◆郑作新（1955：135；1964：220；1976：207；1987：221；1994：41；2000：41）、郑光美（2005：85；2011：88；2017：76；2023：110）记载林鹬 *Tringa glareola* 为单型种。

[403] **泽鹬** *Tringa stagnatilis*   zéyù

英文名：Marsh Sandpiper

◆郑作新（1966：50；2002：74）记载泽鹬 *Tringa stagnatilis*，但未述及亚种分化问题。

◆郑作新（1955：134；1964：220；1976：205；1987：219；1994：41；2000：41）、郑光美（2005：84；2011：88；2017：75；2023：110）记载泽鹬 *Tringa stagnatilis* 为单型种。

[404] **小青脚鹬** *Tringa guttifer*   xiǎo qīngjiǎoyù

英文名：Spotted Greenshank

◆郑作新（1966：50；2002：74）记载小青脚鹬 *Tringa guttifer*，但未述及亚种分化问题。

◆郑作新（1955：135；1964：220；1976：207；1987：222；1994：41；2000：41）、郑光美（2005：85；2011：88；2017：75；2023：110）记载小青脚鹬 *Tringa guttifer* 为单型种。

39. 燕鸻科 Glareolidae（Pratincoles） 1属4种

[405] 领燕鸻 *Glareola pratincola*　　　　　　　　　　　　　　　　　　　　　　　　lǐngyànhéng

英文名：Collared Pratincole

◆郑作新（2002：79）记载领燕鸻 *Glareola pratincola*[1]，但未述及亚种分化问题。

　　[1] 参见 Grimmett 等（1992）、高行宜等（1992）。

◆郑作新（1994：46；2000：45）、郑光美（2005：75；2011：78；2017：83）记载领燕鸻 *Glareola pratincola*[2][3] 为单型种。

　　[2] 郑作新（1994，2000）：参见 Grimmett 等（1992）、高行宜等（1992）。

　　[3] 编者注：中国鸟类新记录（高行宜等，1992）。

◆郑光美（2023：111）记载领燕鸻 *Glareola pratincola* 一亚种：

❶ 指名亚种 *pratincola*

[406] 普通燕鸻 *Glareola maldivarum*　　　　　　　　　　　　　　　　　　　　　　pǔtōng yànhéng

曾用名：燕鸻 *Glareola maldivarum*

英文名：Oriental Pratincole

◆郑作新（1955：146）记载燕鸻 *Glareola maldivarum* 为单型种。

◆郑作新（1966：53；2002：79）记载普通燕鸻 *Glareola maldivarum*，但未述及亚种分化问题。

◆郑作新（1964：221；1976：232；1987：249；1994：46；2000：45）、郑光美（2005：76；2011：78；2017：83；2023：111）记载普通燕鸻 *Glareola maldivarum* 为单型种。

[407] 黑翅燕鸻 *Glareola nordmanni*　　　　　　　　　　　　　　　　　　　　　　hēichì yànhéng

英文名：Black-winged Pratincole

◆郑光美（2005：76；2011：79；2017：84；2023：111）记载黑翅燕鸻 *Glareola nordmanni*[1] 为单型种。

　　[1] 郑光美（2005）：参见马鸣（2001）。

[408] 灰燕鸻 *Glareola lactea*　　　　　　　　　　　　　　　　　　　　　　　　　huīyànhéng

英文名：Small Pratincole

◆郑作新（1966：53；2002：79）记载灰燕鸻 *Glareola lactea*，但未述及亚种分化问题。

◆郑作新（1964：221；1976：232；1987：250；1994：46；2000：45）、郑光美（2005：76；2011：79；2017：84；2023：111）记载灰燕鸻 *Glareola lactea*[1] 为单型种。

　　[1] 编者注：中国鸟类新记录（郑作新等，1957）。

XVII. 鸻形目 CHARADRIIFORMES

40. 鸥科 Laridae（Gulls，Terns，Skimmers） 19 属 45 种

〔409〕**白顶玄燕鸥** *Anous stolidus*　　　　　　　　　　　　　　　　　　　　　　　　báidǐng xuányàn'ōu

曾用名：白顶黑燕鸥 *Anoüs stolidus*、白顶燕鸥 *Anous stolidus*、

白顶黑燕鸥 *Anous stolidus*、白顶玄鸥 *Anous stolidus*

英文名：Brown Noddy

◆郑作新（1955：157；1964：223）记载白顶黑燕鸥 *Anoüs stolidus* 一亚种：

❶ 福建亚种 *pileatus*

◆郑作新（1966：54）记载黑燕鸥属 *Anoüs* 为单型属。

◆郑作新（1976：252）记载白顶燕鸥 *Anous stolidus* 一亚种：

❶ 福建亚种 *pileatus*

◆郑作新（1987：271-272）记载白顶黑燕鸥 *Anous stolidus* 一亚种：

❶ 福建亚种 *pileatus*

◆郑作新（1994：50）记载白顶玄鸥 *Anous stolidus* 一亚种：

❶ 福建亚种 *pileatus*

◆郑作新（2002：80）记载黑燕鸥属 *Anous* 为单型属。

◆郑作新（2000：50）、郑光美（2005：100；2011：104；2017：84；2023：111）记载白顶玄燕鸥 *Anous stolidus* 一亚种：

❶ 福建亚种 *pileatus*

〔410〕**玄燕鸥** *Anous minutus*　　　　　　　　　　　　　　　　　　　　　　　　　　xuányàn'ōu

英文名：Black Noddy

◆刘阳和陈水华（2021：188）、郑光美（2023：112）记载玄燕鸥 *Anous minutus*①。

① 郑光美（2023）：中国鸟类新记录，分布亚种待进一步研究（台湾物种名录，2023）。

〔411〕**白燕鸥** *Gygis alba*　　　　　　　　　　　　　　　　　　　　　　　　　　　　báiyàn'ōu

曾用名：白玄鸥 *Gygis alba*

英文名：Common White Tern

◆郑作新（1994：50；2000：50）记载白玄鸥 *Gygis alba* 一亚种：

❶ 广东亚种 *candida*

◆郑作新（1966：54；2002：81）记载白燕鸥属 *Gygis* 为单型属。

◆郑作新（1955：158；1964：223；1976：252；1987：272）、郑光美（2005：100；2011：104；2017：84；2023：112）记载白燕鸥 *Gygis alba* 一亚种：

❶ 广东亚种 *candida*

〔412〕**剪嘴鸥** *Rynchops albicollis*　　　　　　　　　　　　　　　　　　　　　　　jiǎnzuǐ'ōu

英文名：Indian Skimmer

◆郑作新（1966：54；2002：84）记载剪嘴鸥科 Rynchopidae 为单属单种科。

◆ 郑作新（1955：158；1964：223；1976：253；1987：272；1994：50；2000：50）、郑光美（2005：100；2011：104；2017：94；2023：112）记载剪嘴鸥 *Rynchops albicollis* 为单型种。

[413] 三趾鸥 *Rissa tridactyla*　　　　　　　　　　　　　　　　　　　sānzhǐ'ōu

英文名：Black-legged Kittiwake

◆ 郑作新（1955：151；1964：222；1976：241；1987：260；1994：48；2000：48）记载三趾鸥 *Rissa tridactyla* 一亚种：

❶ 北方亚种 *pollicaris*

◆ 郑作新（1966：54；2002：80）记载三趾鸥属 *Rissa* 为单型属。

◆ 郑光美（2005：96；2011：100；2017：84；2023：112）记载三趾鸥 *Rissa tridactyla* 一亚种：

❶ 北方亚种 *pollocaris*

[414] 叉尾鸥 *Xema sabini*　　　　　　　　　　　　　　　　　　　　chāwěi'ōu

英文名：Sabine's Gull

◆ 约翰·马敬能等（2000：172）记载叉尾鸥 *Xema sabini* 为罕见迷鸟于中国南沙群岛。

◆ 郑光美（2005：95；2011：100；2017：85；2023：112）记载叉尾鸥 *Xema sabini* 为单型种。

[415] 细嘴鸥 *Chroicocephalus genei*　　　　　　　　　　　　　　　　xìzuǐ'ōu

曾用名：细嘴鸥 *Larus genei*

英文名：Slender-billed Gull

◆ 郑作新（2002：82）记载细嘴鸥 *Larus genei*，但未述及亚种分化问题。

◆ 郑作新（1994：48；2000：47）、郑光美（2005：94；2011：98）记载细嘴鸥 *Larus genei*[①]为单型种。

　　[①] 编者注：据王岐山等（2006：464-465），细嘴鸥是我国偶见的冬候鸟，仅于1902年3月和1906年2月在云南洱海和大理地区谷地有过2次采获记录（La Touche, 1931—1934）；香港在1990年2月、1992年4月、1993年2月有过3次见到的记录；另于20世纪80年代和90年代在青海和河北海滨有过几次未发表的记录（Carey et al., 2001）。

◆ 郑光美（2017：85；2023：113）记载细嘴鸥 *Chroicocephalus genei*[②]为单型种。

　　[②] 郑光美（2017）：由 *Larus* 属归入 *Chroicocephalus* 属（Dickinson et al., 2013）。

[416] 澳洲红嘴鸥 *Chroicocephalus novaehollandiae*　　　　　　àozhōu hóngzuǐ'ōu

英文名：Silver Gull

◆ 段文科和张正旺（2017a：407）、郑光美（2017：85；2023：113）记载澳洲红嘴鸥 *Chroicocephalus novaehollandiae*[①]为单型种。

　　[①] 编者注：据段文科和张正旺（2017a），本种为2010年中国鸟类新记录。

[417] 棕头鸥 *Chroicocephalus brunnicephalus*　　　　　　　　　　zōngtóu'ōu

曾用名：棕头鸥 *Larus brunnicephalus*

英文名：Brown-headed Gull

◆郑作新（1966：55；2002：82）记载棕头鸥 *Larus brunnicephalus*，但未述及亚种分化问题。

◆郑作新（1955：150；1964：222；1976：240；1987：258；1994：48；2000：47）、郑光美（2005：94；2011：98）记载棕头鸥 *Larus brunnicephalus* 为单型种。

◆郑光美（2017：85；2023：113）记载棕头鸥 *Chroicocephalus brunnicephalus*[①]为单型种。

① 郑光美（2017）：由 *Larus* 属归入 *Chroicocephalus* 属（Dickinson et al., 2013）。

[418] 红嘴鸥 *Chroicocephalus ridibundus* hóngzuǐ'ōu

曾用名： 红嘴鸥 *Larus ridibundus*

英文名： Black-headed Gull

◆郑作新（1966：55；2002：82）记载红嘴鸥 *Larus ridibundus*，但未述及亚种分化问题。

◆郑作新（1955：150；1964：222；1976：238；1987：257；1994：48；2000：47）、郑光美（2005：94；2011：98）记载红嘴鸥 *Larus ridibundus* 为单型种。

◆郑光美（2017：85；2023：113）记载红嘴鸥 *Chroicocephalus ridibundus*[①]为单型种。

① 郑光美（2017）：由 *Larus* 属归入 *Chroicocephalus* 属（Dickinson et al., 2013）。

[419] 黑嘴鸥 *Saundersilarus saundersi* hēizuǐ'ōu

曾用名： 黑嘴鸥 *Larus saundersi*；黑嘴鸥 *Chroicocephalus saundersi*（刘阳等，2021：190；约翰·马敬能，2022b：125）

英文名： Saunders's Gull

◆郑作新（1966：55；2002：81）记载黑嘴鸥 *Larus saundersi*，但未述及亚种分化问题。

◆郑作新（1955：151；1964：222；1976：241；1987：259；1994：48；2000：47）、郑光美（2005：95；2011：99）记载黑嘴鸥 *Larus saundersi* 为单型种。

◆郑光美（2017：86；2023：113）记载黑嘴鸥 *Saundersilarus saundersi*[①]为单型种。

① 郑光美（2017）：由 *Larus* 属归入 *Saundersilarus* 属（Dickinson et al., 2013）。

[420] 小鸥 *Hydrocoloeus minutus* xiǎo'ōu

曾用名： 小鸥 *Larus minutus*

英文名： Little Gull

◆郑作新（1966：55；2002：81）记载小鸥 *Larus minutus*，但未述及亚种分化问题。

◆郑作新（1955：150；1964：222；1976：240；1987：258；1994：48；2000：47）、郑光美（2005：95；2011：99）记载小鸥 *Larus minutus* 为单型种。

◆郑光美（2017：86；2023：114）记载小鸥 *Hydrocoloeus minutus*[①]为单型种。

① 郑光美（2017）：由 *Larus* 属归入 *Hydrocoloeus* 属（Dickinson et al., 2013）。

[421] 楔尾鸥 *Rhodostethia rosea* xiēwěi'ōu

英文名： Ross's Gull

◆郑作新（1966：54；2002：80）记载楔尾鸥属 *Rhodostethia* 为单型属。

◆郑作新（1955：151；1964：222；1976：241；1987：259；1994：48；2000：48）、郑光美（2005：

95；2011：99；2017：86；2023：114）记载楔尾鸥 *Rhodostethia rosea* 为单型种。

[422] 笑鸥 *Leucophaeus atricilla*　　　　　　　　　　　　　　　　　　　　　xiào'ōu
英文名：Laughing Gull
◆段文科和张正旺（2017a：413）、刘阳和陈水华（2021：192）、约翰·马敬能（2022b：126）、郑光美（2023：114）记载笑鸥 *Leucophaeus atricilla*① 为单型种。
　　① 郑光美（2023）：中国鸟类新记录（台湾物种名录，2023）。

[423] 弗氏鸥 *Leucophaeus pipixcan*　　　　　　　　　　　　　　　　　　　　fúshì'ōu
曾用名：弗氏鸥 *Larus pipixcan*
英文名：Franklin's Gull
◆郑光美（2011：98）记载弗氏鸥 *Larus pipixcan*① 为单型种。
　　① 中国鸟类新记录，见《中国观鸟年报》（2004，2005）、刘小如等（2010）。
◆郑光美（2017：86；2023：114）记载弗氏鸥 *Leucophaeus pipixcan*② 为单型种。
　　② 郑光美（2017）：由 *Larus* 属归入 *Leucophaeus* 属（Dickinson et al., 2013）。

[424] 遗鸥 *Ichthyaetus relictus*　　　　　　　　　　　　　　　　　　　　　yí'ōu
曾用名：黑头鸥 *Larus melanocephalus*、遗鸥 *Larus relictus*
英文名：Relict Gull
◆郑作新（1955：150）记载黑头鸥 *Larus melanocephalus* 一亚种：
　　❶ *relictus* 亚种
◆郑作新（1964：222）记载？黑头鸥 *Larus melanocephalus* 一亚种：
　　❶ ？*relictus* 亚种①
　　① Дементьев（1951）以此为棕头鸥的变型标本；Vaurie（1962）认为这或是红嘴鸥与棕头鸥的杂交类型。因迄今仅得单一标本（性别不明），对其鉴定未能证实。
◆郑作新（1966：55）记载黑头鸥 *Larus melanocephalus*，但未述及亚种分化问题。
◆郑作新（1976：238；1987：256；1994：48；2000：47）、郑光美（2005：95；2011：99）记载遗鸥 *Larus relictus*②③④ 为单型种。
　　② 郑作新（1976）：Дементьев（1951）以此为棕头鸥的变型。Vaurie（1962）认为这可能是鱼鸥与棕头鸥的杂交类型。据 Auezov（1971），这应列为一个独立种。
　　③ 郑作新（1987）：Dementiev（1951）认为这是棕头鸥 *Larus brunnicephalus* 的变种。Vaurie（1962）认为这可能是渔鸥 *Larus ichthyaetus* 与棕头鸥 *Larus brunnicephalus* 的杂交类型。直到1971年，Auezov 在哈萨克斯坦的阿拉库尔湖（Alakul lake）发现了繁殖种群，并通过比较核实，证实了该种同黑头鸥 *Larus melanocephalus* 与棕头鸥 *Larus brunnicephalus* 的不同，于是遗鸥 *Larus relictus* 才被作为独立种得到鸟类学界的承认。
　　④ 郑作新（1994，2000）：以前被认为濒临灭绝，最近在内蒙古毛乌素沙漠发现大量繁殖种群（参见 Zhang et al., 1992；He et al., 1992）。
◆郑作新（2002：82）记载遗鸥 *Larus relictus*⑤，亦未述及亚种分化问题。

XVII. 鸽形目 CHARADRIIFORMES

⑤ 编者注：脚注同郑作新（1994，2000），即④。

◆ 郑光美（2017：87；2023：114）记载遗鸥 *Ichthyaetus relictus*⑥ 为单型种。

⑥ 郑光美（2017）：由 *Larus* 属归入 *Ichthyaetus* 属（Dickinson et al.，2013）。

[425] 渔鸥 *Ichthyaetus ichthyaetus*　　　　　　　　　　　　　　　　　　　　　yú'ōu

曾用名：鱼鸥 *Larus ichthyaetus*、渔鸥 *Larus ichthyaetus*

英文名：Pallas's Gull

◆ 郑作新（1955：149；1964：222；1976：238）记载鱼鸥 *Larus ichthyaetus* 为单型种。

◆ 郑作新（1966：55）记载鱼鸥 *Larus ichthyaetus*，但未述及亚种分化问题。

◆ 郑作新（2002：81）记载渔鸥 *Larus ichthyaetus*，亦未述及亚种分化问题。

◆ 郑作新（1987：255；1994：47；2000：47）、郑光美（2005：94；2011：98）记载渔鸥 *Larus ichthyaetus* 为单型种。

◆ 郑光美（2017：87；2023：115）记载渔鸥 *Ichthyaetus ichthyaetus*① 为单型种。

① 郑光美（2017）：由 *Larus* 属归入 *Ichthyaetus* 属（Dickinson et al.，2013）。

[426] 黑尾鸥 *Larus crassirostris*　　　　　　　　　　　　　　　　　　　　　　hēiwěi'ōu

英文名：Black-tailed Gull

◆ 郑作新（1966：55；2002：82）记载黑尾鸥 *Larus crassirostris*，但未述及亚种分化问题。

◆ 郑作新（1955：147；1964：221；1976：234；1987：251；1994：47；2000：46）、郑光美（2005：91；2011：95；2017：87；2023：115）记载黑尾鸥 *Larus crassirostris* 为单型种。

[427] 普通海鸥 *Larus canus*　　　　　　　　　　　　　　　　　　　　　　pǔtōng hǎi'ōu

曾用名：海鸥 *Larus canus*

英文名：Mew Gull

◆ 郑作新（1966：55；2002：82）记载海鸥 *Larus canus*，但未述及亚种分化问题。

◆ 郑作新（1955：147；1964：221-222；1976：234-235；1987：252-253；1994：47；2000：46）、郑光美（2005：92）记载海鸥 *Larus canus* 二亚种：

❶ 普通亚种 *kamtschatschensis*

❷ 东部亚种 *heinei*

◆ 郑光美（2011：95-96；2017：88；2023：115-116）记载普通海鸥 *Larus canus* 二亚种：

❶ 普通亚种 *kamtschatschensis*①

❷ 东部亚种 *heinei*②

① 编者注：段文科和张正旺（2017a：400）称之为堪察加亚种。

② 编者注：段文科和张正旺（2017a：400）称之为俄罗斯亚种。

[428] 美洲海鸥 *Larus brachyrhynchus*　　　　　　　　　　　　　　　　　měizhōu hǎi'ōu

英文名：Short-billed Gull

◆ 郑光美（2023：116）记载美洲海鸥 *Larus brachyrhynchus*① 为单型种。

① 由 *Larus canus* 的亚种提升为种（Chesser et al., 2021）。编者注：据赵正阶（2001a：548），北美亚种 *Larus canus brachyrhynchus* 繁殖于北美西北部、阿拉斯加，越冬于阿拉斯加南部到加利福尼亚。

〔429〕**环嘴鸥** *Larus delawarensis*   huánzuǐ'ōu

英文名：Ring-billed Gull

◆ 郑光美（2023：116）记载环嘴鸥 *Larus delawarensis* 为单型种。

〔430〕**灰翅鸥** *Larus glaucescens*   huīchì'ōu

英文名：Glaucous-winged Gull

◆ 郑作新（1966：55；2002：81）记载灰翅鸥 *Larus glaucescens*，但未述及亚种分化问题。

◆ 郑作新（1955：149；1964：222；1976：237；1987：255；1994：47；2000：47）、郑光美（2005：92；2011：96；2017：88；2023：116）记载灰翅鸥 *Larus glaucescens* 为单型种。

〔431〕**北极鸥** *Larus hyperboreus*   běijí'ōu

曾用名：淡灰鸥 *Larus hyperboreus*

英文名：Glaucous Gull

◆ 郑作新（1955：149）记载淡灰鸥 *Larus hyperboreus* 一亚种：

　❶ 华东亚种 *barrovianus*

◆ 郑作新（1964：53；1966：55）记载淡灰鸥 *Larus hyperboreus*，但未述及亚种分化问题。

◆ 郑作新（2002：81）记载北极鸥 *Larus hyperboreus*，亦未述及亚种分化问题。

◆ 郑作新（1964：222；1976：237-238；1987：255；1994：47；2000：47）、郑光美（2005：92；2011：96；2017：88；2023：116）记载北极鸥 *Larus hyperboreus* 一亚种：

　❶ 华东亚种 *barrovianus*

〔432〕**西伯利亚银鸥** *Larus vegae*   xībólìyà yín'ōu

曾用名：银鸥 *Larus argentatus*、西伯利亚银鸥 *Larus smithsonianus*、织女［银］鸥 *Larus vegae*

英文名：Vega Gull

◆ 郑作新（1955：148；1964：53，222；1966：55；1976：235-236；1987：253-254；1994：47；2000：47；2002：82）记载银鸥 *Larus argentatus* 三亚种：

　❶ 新疆亚种 *cachinnans*

　❷ 内蒙古亚种 *mongolicus*①

　❸ 普通亚种 *vegae*

　① 编者注：郑作新（1976）称之为东北亚种。

◆ 郑光美（2005：92-93；2011：96-97）记载以下三种：

（1）银鸥 *Larus argentatus*②

　❶ 美洲亚种 *smithsonianus*③

② 郑光美（2011）：很多地区可能将 *Larus vegae* 误记为 *Larus argentatus smithsonianus*，其分布

有待进一步确证。

③ 编者注：亚种中文名引自段文科和张正旺（2017a：401）。

（2）西伯利亚银鸥 *Larus vegae*④

④ 郑光美（2005）：由银鸥 *Larus argentatus* 的 *vegae* 亚种提升的种，其种下分类尚需进一步研究（约翰·马敬能等，2000；Dickinson，2003；Olsen et al.，2003）。

（3）黄腿银鸥 *Larus cachinnans*

❶ 指名亚种 *cachinnans*

❷ 华南亚种 *barabensis*⑤

❸ 内蒙古亚种 *mongolicus*⑥

⑤ 编者注：亚种中文名引自段文科和张正旺（2017a：403）。

⑥ 郑光美（2011）：在中国中部和东部地区尚有广泛记录，推测可能是 *mongolicus* 亚种，有待进一步确证。

◆ 郑光美（2017：89）记载以下两种：

（1）西伯利亚银鸥 *Larus smithsonianus*⑦

❶ 普通亚种 *vegae*

❷ 内蒙古亚种 *mongolicus*

⑦ *Larus vegae* 应并入 *Larus smithsonianus*（Sangster et al.，2007）。编者注：据郑光美（2021：67），*Larus argentatus* 被命名为银鸥，中国无分布。

（2）黄腿银鸥 *Larus cachinnans*

◆ 郑光美（2023：117）记载以下两种：

（1）西伯利亚银鸥 *Larus vegae*

❶ 指名亚种 *vegae*

❷ 内蒙古亚种 *mongolicus*

（2）黄腿银鸥 *Larus cachinnans*

〔433〕**灰背鸥** *Larus schistisagus*   huībèi'ōu

英文名：Slaty-backed Gull

◆ 郑作新（1966：54；2002：81）记载灰背鸥 *Larus schistisagus*①，但未述及亚种分化问题。

① 郑作新（2002）：黑尾鸥的背面有时亦呈暗石板灰色，但尾具黑色带斑，易与灰背鸥相区别。

◆ 郑作新（1955：149；1964：222；1976：237；1987：254；1994：47；2000：47）、郑光美（2005：94；2011：97；2017：89；2023：117）记载灰背鸥 *Larus schistisagus* 为单型种。

〔434〕**黄腿银鸥** *Larus cachinnans*   huángtuǐ yín'ōu

曾用名：黄脚〔银〕鸥 *Larus cachinnans*（约翰·马敬能等，2000：168）、

黄脚银鸥 *Larus cachinnans*（刘阳等，2021：194；约翰·马敬能，2022b：129）

英文名：Caspian Gull

曾被视为 *Larus argentatus* 的亚种，现列为独立种。请参考〔432〕西伯利亚银鸥 *Larus vegae*。

[435] **小黑背银鸥** *Larus fuscus*   xiǎo hēibèi yín'ōu

英文名: Lesser Black-backed Gull

◆郑光美（2005：93；2011：97）记载小黑背银鸥 *Larus fuscus*[①]一亚种：

❶ 普通亚种 *heuglini*[②]

① 郑光美（2005）：参见 del Hoyo 等（1996）、Clements（2000）、Dickoson（2003）。

② 编者注：亚种中文名引自段文科和张正旺（2017a：402）。

◆郑光美（2017：88；2023：117-118）记载小黑背银鸥 *Larus fuscus* 二亚种：

❶ 普通亚种 *heuglini*

❷ *barabensis* 亚种

[436] **鸥嘴噪鸥** *Gelochelidon nilotica*   ōuzuǐ zào'ōu

曾用名：噪鸥 *Gelochelidon nilotica*、鸥嘴燕鸥 *Gelochelidon nilotica*

英文名: Common Gull-billed Tern

◆郑作新（1955：153；1964：53-54，222；1966：56）记载噪鸥、鸥嘴燕鸥 *Gelochelidon nilotica* 二亚种：

❶ 指名亚种 *nilotica*

❷ 华东亚种 *affinis*

◆郑作新（1976：244；1987：262-263；1994：49；2000：48；2002：83）、郑光美（2005：96；2011：100；2017：89；2023：118）记载鸥嘴噪鸥 *Gelochelidon nilotica* 二亚种：

❶ 指名亚种 *nilotica*

❷ 华东亚种 *affinis*

[437] **红嘴巨燕鸥** *Hydroprogne caspia*   hóngzuǐ jùyàn'ōu

曾用名：红嘴巨鸥 *Hydroprogne tschegrava*、红嘴巨鸥 *Hydroprogne caspia*；

    红嘴巨鸥 *Sterna caspia*（约翰·马敬能等，2000：173）

英文名: Caspian Tern

◆郑作新（1955：153；1964：222；1976：245）记载红嘴巨鸥 *Hydroprogne tschegrava*[①]一亚种：

❶ 指名亚种 *tschegrava*

① 郑作新（1976）：有人认为 Lepechin 并不一贯地采用二名制，因而常改用 Pallas 的 *caspia*。

◆郑作新（1966：54；2002：81）记载巨鸥属 *Hydroprogne* 为单型属。

◆郑作新（1987：264；1994：49；2000：48）、郑光美（2005：96）记载红嘴巨鸥 *Hydroprogne caspia*[②]一亚种：

❶ 指名亚种 *caspia*

② 郑作新（1987）：因为 Lepechin 并不一贯地采用二名制，所以种加词"*Tschegrava*"未被采纳（Amadon，1966）。

◆郑光美（2011：100；2017：90；2023：118）记载红嘴巨燕鸥 *Hydroprogne caspia* 为单型种。

[438] **大凤头燕鸥** *Thalasseus bergii*   dà fèngtóuyàn'ōu

曾用名：大凤头燕鸥 *Sterna bergii*（约翰·马敬能等，2000：174）

英文名：Greater Crested Tern

◆郑作新（1966：57；2002：84）记载大凤头燕鸥 *Thalasseus bergii*，但未述及亚种分化问题。

◆郑作新（1955：157；1964：223；1976：250；1987：270；1994：50；2000：49）、郑光美（2005：97；2011：101；2017：90；2023：118）记载大凤头燕鸥 *Thalasseus bergii* 一亚种：

❶ 东南亚种 *cristatus*

[439] **小凤头燕鸥** *Thalasseus bengalensis*　　　　　　　　　　　　　　xiǎo fèngtóu yàn'ōu

曾用名：凤头燕鸥 *Thalasseus bengalensis*；小凤头燕鸥 *Sterna bengalensis*（约翰·马敬能等，2000：173）

英文名：Lesser Crested Tern

◆郑作新（1955：157）记载凤头燕鸥 *Thalasseus bengalensis* 一亚种：

❶ 指名亚种 *bengalensis*

◆郑作新（1966：57；2002：84）记载小凤头燕鸥 *Thalasseus bengalensis*，但未述及亚种分化问题。

◆郑作新（1994：50；2000：49）记载小凤头燕鸥 *Thalasseus bengalensis* 为单型种。

◆郑作新（1964：223；1976：250；1987：270-271）、郑光美（2005：96；2011：101；2017：90；2023：119）记载小凤头燕鸥 *Thalasseus bengalensis* 一亚种：

❶ 指名亚种 *bengalensis*

[440] **中华凤头燕鸥** *Thalasseus bernsteini*　　　　　　　　　　　　　zhōnghuá fèngtóu yàn'ōu

曾用名：小凤头燕鸥 *Thalasseus zimmermanni*、黑嘴端凤头燕鸥 *Thalasseus zimmermanni*、

黑嘴端凤头燕鸥 *Thalasseus bernsteini*；黑嘴端凤头燕鸥 *Sterna bernsteini*（约翰·马敬能等，2000：174）

英文名：Chinese Crested Tern

◆郑作新（1955：157）记载小凤头燕鸥 *Thalasseus zimmermanni* 为单型种。

◆郑作新（1966：57）记载黑嘴端凤头燕鸥 *Thalasseus zimmermanni*，但未述及亚种分化问题。

◆郑作新（1964：223；1976：252；1987：271）记载黑嘴端凤头燕鸥 *Thalasseus zimmermanni* 为单型种。

◆郑作新（1994：50；2000：50）、郑光美（2005：97）、王岐山等（2006：493-496）记载黑嘴端凤头燕鸥 *Thalasseus bernsteini* [1][2] 为单型种。

　　① 郑作新（1994，2000）：Mees（1975）论述了 *bernsteini* 取代 *zimmermanni* 的原因（Mees，1975）。

　　② 编者注：王岐山等（2006）记载，别名中华凤头燕鸥。曾用名有 *Sterna bernsteini*、*Sterna bergii bernsteini*（Mees，1975）以及 *Thalasseus zimmermanni*。

◆郑作新（2002：84）记载黑嘴端凤头燕鸥 *Thalasseus bernsteini* [3]，亦未述及亚种分化问题。

　　③ 编者注：脚注同郑作新（1994，2000），即①。

◆郑光美（2011：101；2017：90；2023：119）记载中华凤头燕鸥 *Thalasseus bernsteini* 为单型种。

[441] **白嘴端凤头燕鸥** *Thalasseus sandvicensis*　　　　　　　　　　　báizuǐduān fèngtóu yàn'ōu

曾用名：黄嘴凤头燕鸥 *Thalasseus sandvicensis*

英文名：Sandwich Tern

◆郑光美（2011：101）记载黄嘴凤头燕鸥 *Thalasseus sandvicensis* [1] 为单型种。

① 中国鸟类新记录，见刘小如等（2010）。
◆ 郑光美（2017：91；2023：119）记载白嘴端凤头燕鸥 *Thalasseus sandvicensis* 为单型种。

〔442〕**白额燕鸥** *Sternula albifrons*　　　　　　　　　　　　　　　　　　　　　bái'é yàn'ōu
曾用名： 白额燕鸥 *Sterna albifrons*
英文名： Little Tern
◆ 郑作新（1955：156；1964：54，223；1966：56；1976：249；1987：269；1994：50；2000：49；2002：83-84）、郑光美（2005：98；2011：102-103）记载白额燕鸥 *Sterna albifrons* 二亚种：
　❶ 指名亚种 *albifrons*
　❷ 普通亚种 *sinensis*
◆ 郑光美（2017：91；2023：119）记载白额燕鸥 *Sternula albifrons*①二亚种：
　❶ 指名亚种 *albifrons*
　❷ 普通亚种 *sinensis*
　　① 郑光美（2017）：由 *Sterna* 属归入 *Sternula* 属（Dickinson et al.，2013）。

〔443〕**白腰燕鸥** *Onychoprion aleuticus*　　　　　　　　　　　　　　　　　　　báiyāo yàn'ōu
曾用名： 白腰燕鸥 *Sterna aleutica*
英文名： Aleutian Tern
◆ 郑作新（2000：49）、郑光美（2005：99；2011：103）记载白腰燕鸥 *Sterna aleutica*①为单型种。
　　① 编者注：中国鸟类新记录（尹琏等，1994）。
◆ 郑光美（2017：91；2023：119）记载白腰燕鸥 *Onychoprion aleuticus*②为单型种。
　　② 郑光美（2017）：由 *Sterna* 属归入 *Onychoprion* 属（Dickinson et al.，2013）。

〔444〕**褐翅燕鸥** *Onychoprion anaethetus*　　　　　　　　　　　　　　　　　　hèchì yàn'ōu
曾用名： 褐翅燕鸥 *Sterna anaethetus*
英文名： Bridled Tern
◆ 郑作新（1966：56；2002：83）记载褐翅燕鸥 *Sterna anaethetus*，但未述及亚种分化问题。
◆ 郑作新（1955：155；1964：223；1976：249；1987：268；1994：49；2000：49）、郑光美（2005：99；2011：103）记载褐翅燕鸥 *Sterna anaethetus* 一亚种：
　❶ 指名亚种 *anaethetus*
◆ 郑光美（2017：91；2023：120）记载褐翅燕鸥 *Onychoprion anaethetus*①一亚种：
　❶ 指名亚种 *anaethetus*
　　① 郑光美（2017）：由 *Sterna* 属归入 *Onychoprion* 属（Dickinson et al.，2013）。

〔445〕**乌燕鸥** *Onychoprion fuscatus*　　　　　　　　　　　　　　　　　　　　wūyàn'ōu
曾用名： 乌燕鸥 *Sterna fuscata*；乌燕鸥 *Onychoprion fuscatus*（约翰·马敬能，2022b：132）
英文名： Sooty Tern

◆郑作新（1966：56；2002：83）记载乌燕鸥 *Sterna fuscata*，但未述及亚种分化问题。

◆郑作新（1955：156；1964：223；1976：249；1987：268；1994：49-50；2000：49）、郑光美（2005：99；2011：103）记载乌燕鸥 *Sterna fuscata* 一亚种：

❶ 华东亚种 *nubilosa*

◆郑光美（2017：92；2023：120）记载乌燕鸥 *Onychoprion fuscatus*[①]一亚种：

❶ 华东亚种 *nubilosa*

[①] 郑光美（2017）：由 *Sterna* 属归入 *Onychoprion* 属（Dickinson et al.，2013）。

〔446〕**河燕鸥** *Sterna aurantia*   héyàn'ōu

曾用名： 黄嘴河燕鸥 *Sterna aurantia*、黄嘴燕鸥 *Sterna aurantia*

英文名： River Tern

◆郑作新（1964：222；1976：246；1987：265；1994：49；2000：48）记载黄嘴河燕鸥 *Sterna aurantia*[①] 为单型种。

[①] 编者注：中国鸟类新记录（郑作新等，1958a）。

◆郑作新（1966：56）记载黄嘴燕鸥 *Sterna aurantia*，但未述及亚种分化问题。

◆郑作新（2002：83）记载黄嘴河燕鸥 *Sterna aurantia*，亦未述及亚种分化问题。

◆郑光美（2005：97；2011：101；2017：92；2023：120）记载河燕鸥 *Sterna aurantia* 为单型种。

〔447〕**粉红燕鸥** *Sterna dougallii*   fěnhóng yàn'ōu

英文名： Roseate Tern

◆郑作新（1966：56；2002：83）记载粉红燕鸥 *Sterna dougallii*，但未述及亚种分化问题。

◆郑作新（1955：155；1964：223；1976：247-248；1987：266；1994：49；2000：49）、郑光美（2005：97；2011：102；2017：92；2023：120）记载粉红燕鸥 *Sterna dougallii* 一亚种：

❶ 东南亚种 *bangsi*

〔448〕**黑枕燕鸥** *Sterna sumatrana*   hēizhěn yàn'ōu

英文名： Black-naped Tern

◆郑作新（1966：56；2002：83）记载黑枕燕鸥 *Sterna sumatrana*，但未述及亚种分化问题。

◆郑作新（1955：155；1964：223；1976：248；1987：267-268；1994：49；2000：49）、郑光美（2005：97；2011：102；2017：92；2023：120）记载黑枕燕鸥 *Sterna sumatrana* 一亚种：

❶ 指名亚种 *sumatrana*

〔449〕**普通燕鸥** *Sterna hirundo*   pǔtōng yàn'ōu

曾用名： 燕鸥 *Sterna hirundo*

英文名： Common Tern

◆郑作新（1955：154）记载燕鸥 *Sterna hirundo* 三亚种：

❶ 指名亚种 *hirundo*

❷ 西藏亚种 *tibetana*

❸ 东北亚种 *longipennis*

◆郑作新（1964：54，222-223；1966：56；1976：246-247；1987：265-266；1994：49；2000：48；2002：84）、郑光美（2005：97-98；2011：102；2017：92-93；2023：121）记载普通燕鸥*Sterna hirundo*三亚种：

❶ 指名亚种 *hirundo*

❷ 西藏亚种 *tibetana*

❸ 东北亚种 *longipennis*

〔450〕**黑腹燕鸥** *Sterna acuticauda*　　　　　　　　　　　　　　　　　　　　　　　hēifù yàn'ōu

曾用名：黑腹燕鸥 *Sterna melanogaster*；尖尾燕鸥 *Sterna acuticauda*（约翰·马敬能等，2000：176）

英文名：Black-bellied Tern

◆郑作新（1955：155；1964：223；1976：248）记载黑腹燕鸥 *Sterna melanogaster* 为单型种。

◆郑作新（1966：56）记载黑腹燕鸥 *Sterna melanogaster*，但未述及亚种分化问题。

◆郑作新（2002：83）记载黑腹燕鸥 *Sterna acuticauda*，亦未述及亚种分化问题。

◆郑作新（1987：268；1994：49；2000：49；2002：84）、赵正阶（2001a：571-572）、郑光美（2005：98；2011：103；2017：93；2023：121）记载黑腹燕鸥*Sterna acuticauda*[①]为单型种。

[①] 编者注：据赵正阶（2001a），也有用 *Sterna melanogaster* 作种名的。

〔451〕**灰翅浮鸥** *Chlidonias hybrida*　　　　　　　　　　　　　　　　　　　　　　huīchì fú'ōu

曾用名：须浮鸥 *Chlidonias hybridus*、须浮鸥 *Chlidonias hybrida*

英文名：Whiskered Tern

◆郑作新（1966：56）记载须浮鸥 *Chlidonias hybridus*，但未述及亚种分化问题。

◆郑作新（1955：152；1964：222；1976：242；1987：260；1994：48；2000：48）记载须浮鸥 *Chlidonias hybrida* 一亚种：

❶ 普通亚种 *swinhoei*

◆郑作新（2002：82）记载须浮鸥 *Chlidonias hybrida*，亦未述及亚种分化问题。

◆郑光美（2005：99）记载须浮鸥 *Chlidonias hybridus* 一亚种：

❶ 指名亚种 *hybridus*

◆郑光美（2011：103；2017：93；2023：121）记载灰翅浮鸥 *Chlidonias hybrida* 一亚种：

❶ 指名亚种 *hybrida*

〔452〕**白翅浮鸥** *Chlidonias leucopterus*　　　　　　　　　　　　　　　　　　　　báichì fú'ōu

曾用名：白翅浮鸥 *Chlidonias leucoptera*

英文名：White-winged Tern

◆郑作新（1955：152；1964：222；1976：242；1987：261；1994：48；2000：48）记载白翅浮鸥 *Chlidonias leucoptera* 为单型种。

◆郑作新（1966：56）记载白翅浮鸥 *Chlidonias leucopterus*，但未述及亚种分化问题。

◆郑作新（2002：82）记载白翅浮鸥 *Chlidonias leucoptera*，亦未述及亚种分化问题。

◆郑光美（2005：99；2011：104；2017：93；2023：122）记载白翅浮鸥 *Chlidonias leucopterus* 为单型种。

[453] **黑浮鸥** *Chlidonias niger*   hēifú'ōu

曾用名：黑浮鸥 *Chlidonias nigra*

英文名：Black Tern

◆ 郑作新（1955：152；1964：222）记载黑浮鸥 *Chlidonias nigra* 一亚种：
- ❶ 指名亚种 *nigra*

◆ 郑作新（1966：55；2002：82）记载黑浮鸥 *Chlidonias niger*，但未述及亚种分化问题。

◆ 郑作新（1976：243；1987：262；1994：48-49；2000：48）、郑光美（2005：100；2011：104；2017：93；2023：122）记载黑浮鸥 *Chlidonias niger* 一亚种：
- ❶ 指名亚种 *niger*

41. 贼鸥科 Stercorariidae（Skuas，Jaegers） 1属4种

[454] **长尾贼鸥** *Stercorarius longicaudus*   chángwěi zéi'ōu

英文名：Long-tailed Jaeger

◆ 郑作新（1994：46；2000：46）记载长尾贼鸥 *Stercorarius longicaudus*[①②]为单型种。
- ① 郑作新（1994，2002）：参见 Hopkin（1989）、Christensen（1991）。
- ② 编者注：中国鸟类新记录（常家传，1989）。

◆ 郑光美（2005：91；2011：95；2017：94；2023：122）记载长尾贼鸥 *Stercorarius longicaudus* 一亚种：
- ❶ 格陵兰亚种 *pallescens*[③]
- ③ 编者注：亚种中文名引自段文科和张正旺（2017a：396）。

[455] **短尾贼鸥** *Stercorarius parasiticus*   duǎnwěi zéi'ōu

英文名：Parasitic Jaeger

◆ 郑作新（1994：47；2000：46）、郑光美（2005：91；2011：95；2017：94；2023：122）记载短尾贼鸥 *Stercorarius parasiticus*[①]为单型种。
- ① 郑作新（1994，2002）：参见 Hopkin（1989）、Christensen（1991）。

[456] **中贼鸥** *Stercorarius pomarinus*   zhōngzéi'ōu

英文名：Pomarine Jaeger

◆ 郑作新（1964：221；1976：233；1987：251；1994：46；2000：46）、王岐山等（2006：418-421）、郑光美（2005：91；2011：95；2017：94；2023：122）记载中贼鸥 *Stercorarius pomarinus*[①②]为单型种。
- ① 郑作新（1994，2000）：参见 Hopkin（1989）、Lamont（1989）。
- ② 编者注：中国鸟类新记录（刘作模，1963）。

[457] **南极贼鸥** *Stercorarius maccormicki*   nánjí zéi'ōu

曾用名：麦氏贼鸥 *Catharacta maccormicki*、南极贼鸥 *Catharacta maccormicki*

英文名：South Polar Skua

◆ 郑光美（2005：91）记载麦氏贼鸥 *Catharacta maccormicki* 为单型种。

◆郑光美（2011：94）记载南极贼鸥 *Catharacta maccormicki*[①]为单型种。

① 据刘小如等（2010），原记录的大贼鸥 *Catharacta skua* 实为本种之误。

◆郑光美（2017：94；2023：123）记载南极贼鸥 *Stercorarius maccormicki* 为单型种。

42. 海雀科 Alcidae（Auks） 4属5种

[458] **角嘴海雀** *Cerorhinca monocerata*　　　　　　　　　　　　　　　　　　　jiǎozuǐ hǎiquè
英文名：Rhinoceros Auklet
◆郑作新（1966：58；2002：84）记载角嘴海雀 *Cerorhinca monocerata*，但未述及亚种分化问题。
◆郑作新（1955：159；1964：223；1976：254；1987：274；1994：51；2000：51）、郑光美（2005：101；2011：105；2017：95；2023：123）记载角嘴海雀 *Cerorhinca monocerata* 为单型种。

[459] **长嘴斑海雀** *Brachyramphus perdix*　　　　　　　　　　　　　　　　　　chángzuǐ hǎiquè
曾用名：斑海雀 *Brachyramphus marmoratus*
英文名：Long-billed Murrelet
◆郑作新（1955：159；1964：223；1976：253；1987：273；1994：51；2000：50）记载斑海雀 *Brachyramphus marmoratus* 一亚种：

❶ 东北亚种 *perdix*

◆郑作新（1966：58；2002：85）记载斑海雀 *Brachyramphus marmoratus*，但未述及亚种分化问题。
◆郑光美（2005：100；2011：105）记载斑海雀 *Brachyramphus marmoratus* 为单型种。
◆郑光美（2017：95；2023：123）记载长嘴斑海雀 *Brachyramphus perdix*[①]为单型种。

①郑光美（2017）：由 *Brachyramphus marmoratus* 的亚种提升为种（Friesen et al.，1996；Pereira et al.，2008）。编者注：据郑光美（2021：69），*Brachyramphus marmoratus* 被命名为斑海雀，中国无分布。

[460] **扁嘴海雀** *Synthliboramphus antiquus*　　　　　　　　　　　　　　　　　　biǎnzuǐ hǎiquè
英文名：Ancient Murrelet
◆郑作新（1955：159；1964：223；1976：253；1987：273；1994：51；2000：50）记载扁嘴海雀 *Synthliboramphus antiquus* 为单型种。
◆郑作新（1966：58；2002：85）记载扁嘴海雀 *Synthliboramphus antiquus*，但未述及亚种分化问题。
◆郑光美（2005：100-101；2011：105；2017：95；2023：123）记载扁嘴海雀 *Synthliboramphus antiquus* 一亚种：

❶ 指名亚种 *antiquus*

[461] **冠海雀** *Synthliboramphus wumizusume*　　　　　　　　　　　　　　　　　　guānhǎiquè
曾用名：冠扁嘴海雀 *Synthliboramphus wumizusume*（赵正阶，2001a：584）
英文名：Japanese Murrelet
◆郑作新（2002：85）记载冠海雀 *Synthliboramphus wumizusume*[①]，但未述及亚种分化问题。

①参见张万福（1983）、颜重威（1987）。

◆郑作新（1994：51；2000：50）、郑光美（2005：101；2011：105；2017：95；2023：123）记载冠海雀 *Synthliboramphus wumizusume* ②为单型种。

② 郑作新（1994，2000）：参见张万福（1983）、颜重威（1987）。

〔462〕**崖海鸦** *Uria aalge*　　　　　　　　　　　　　　　　　　　　　　　　　　yáhǎiyā

英文名：Common Murre

◆郑光美（2011：105；2017：95；2023：124）记载崖海鸦 *Uria aalge* ①一亚种：

❶ *inornata* 亚种

① 郑光美（2011）：中国鸟类新记录，见刘小如等（2010）。

XVIII. 鸮形目 STRIGIFORMES

43. 草鸮科 Tytonidae（Barn Owls） 2 属 3 种

〔463〕**栗鸮** *Phodilus badius* lìxiāo
英文名：Oriental Bay Owl

◆郑作新（1964：228）记载栗鸮 *Phodilus badius*[①]一亚种：

❶ ? 华南亚种 *saturatus*

① 编者注：中国鸟类新记录（郑作新等，1958a）。

◆郑作新（1966：68；2002：99）记载栗鸮属 *Phodilus* 为单型属。

◆郑作新（1976：297；1987：320；1994：59；2000：59）、郑光美（2005：117；2011：122；2017：139；2023：125）记载栗鸮 *Phodilus badius* 一亚种：

❶ 华南亚种 *saturatus*

〔464〕**草鸮** *Tyto longimembris* cǎoxiāo
曾用名：草鸮 *Tyto capensis*、东方草鸮 *Tyto longimembris*
英文名：Eastern Grass Owl

◆郑作新（1966：68）记载草鸮 *Tyto capensis*，但未述及亚种分化问题。

◆郑作新（1964：228；1976：296-297；1987：319-320；1994：59；2000：59；2002：100）、郑光美（2005：116）记载草鸮 *Tyto capensis* 二亚种：

❶ 华南亚种 *chinensis*

❷ 台湾亚种 *pithecops*

◆郑光美（2011：121-122）记载东方草鸮 *Tyto longimembris*[①]二亚种：

❶ 华南亚种 *chinensis*

❷ 台湾亚种 *pithecops*

① 编者注：据郑光美（2002：68；2021：69），*Tyto capensis* 被命名为非洲草鸮，中国无分布。

◆郑作新（1955：184）、郑光美（2017：139；2023：125）记载草鸮 *Tyto longimembris* 二亚种：

❶ 华南亚种 *chinensis*

❷ 台湾亚种 *pithecops*

〔465〕**仓鸮** *Tyto javanica* cāngxiāo
曾用名：仓鸮 *Tyto alba*
英文名：Eastern Barn Owl

◆郑作新（1966：68）记载仓鸮 *Tyto alba*[①]，但未述及亚种分化问题。

① 编者注：中国鸟类新记录（潘清华等，1964）。

◆郑作新（1976：296；1987：319；1994：59）记载仓鸮 *Tyto alba* 一亚种：

❶ 云南亚种 *javanica*

◆郑作新（2000：59；2002：99-100）、郑光美（2005：116；2011：121；2017：139）记载仓鸮 *Tyto alba*

二亚种：
- ❶ 云南亚种 *javanica*②
- ❷ 印度亚种 *stertens*③

② 编者注：郑光美（2005）记载该亚种为 *javanicus*。

③ 编者注：中国鸟类亚种新记录（匡邦郁等，1980）。

◆ 郑光美（2023：125）记载仓鸮 *Tyto javanica*④ 二亚种：
- ❶ 指名亚种 *javanica*
- ❷ 印度亚种 *stertens*

④ 编者注：据郑光美（2021：69），*Tyto alba* 被命名为西仓鸮，中国无分布。

44. 鸱鸮科 Strigidae（Typical Owls） 10 属 29 种

〔466〕**日本鹰鸮** *Ninox japonica*　　　　　　　　　　　　　　　　　rìběn yīngxiāo

曾用名：北鹰鸮 *Ninox japonica*（段文科等，2017a：517；刘阳等，2021：238；约翰·马敬能，2022b：161）

英文名：Northern Boobook

从鹰鸮 *Ninox scutulata* 亚种中分出来的物种。请参考〔467〕鹰鸮 *Ninox scutulata*。

〔467〕**鹰鸮** *Ninox scutulata*　　　　　　　　　　　　　　　　　　　　yīngxiāo

英文名：Brown Boobook

◆ 郑作新（1955：193-194）记载鹰鸮 *Ninox scutulata* 三亚种：
- ❶ *macroptera* 亚种①
- ❷ 指名亚种 *scutulata*②
- ❸ 华南亚种 *burmanica*

① 编者注：将东北亚种 *ussuriensis* 列为其同物异名。

② 编者注：将台湾亚种 *totogo* 列为其同物异名。

◆ 郑作新（1964：67，229；1966：71）记载鹰鸮 *Ninox scutulata* 三亚种：
- ❶ 指名亚种 *scutulata*③④
- ❷ 华南亚种 *burmanica*
- ❸ 台湾亚种 *totogo*

③ 郑作新（1964）：*Ninox scutulata macroptera* 及 *ussuriensis* 均认为是模式亚种的同物异名。

④ 郑作新（1966）：*Ninox scutulata macroptera* 及 *ussuriensis* 均认为是指名亚种的同物异名。

◆ 郑作新（1976：310；1987：333-334；1994：62；2000：62；2002：105）记载鹰鸮 *Ninox scutulata* 三亚种：
- ❶ 东北亚种 *ussuriensis*
- ❷ 华南亚种 *burmanica*
- ❸ 台湾亚种 *totogo*⑤

⑤ 郑作新（1976，1987）：Mees（1970）认为台湾的鹰鸮，应订正为 *Ninox scutulata japonica*。台湾省的鹰鸮究竟属何亚种，尚有待进一步的研究。

◆ 郑光美（2005：125-126）记载鹰鸮 *Ninox scutulata* 四亚种：

❶ 华南亚种 *burmanica*

❷ 台湾亚种 *totogo*

❸ *florensis* 亚种

❹ 西藏亚种 *lugubris*

◆ 郑光美（2011：130-131；2017：137-138）记载以下两种：

（1）鹰鸮 *Ninox scutulata*

❶ 华南亚种 *burmanica*

❷ 西藏亚种 *lugubris*

（2）日本鹰鸮 *Ninox japonica*⑥

❶ 指名亚种 *japonica*

❷ 台湾亚种 *totogo*

⑥ 郑光美（2011）：从 *Ninox scutulata*（鹰鸮）亚种中分出来的物种，见 King（2002b）。

◆ 郑光美（2023：126）记载以下两种：

（1）日本鹰鸮 *Ninox japonica*

❶ 指名亚种 *japonica*

❷ *florensis* 亚种

❸ 台湾亚种 *totogo*

（2）鹰鸮 *Ninox scutulata*

❶ 华南亚种 *burmanica*

❷ 西藏亚种 *lugubris*

[468]**猛鸮** *Surnia ulula*   měngxiāo

英文名：Hawk Owl

◆ 郑作新（1966：69）记载猛鸮属 *Surnia* 为单型属。

◆ 郑作新（1955：191；1964：229；1976：306；1987：330；1994：61；2000：61；2002：104）、郑光美（2005：122；2011：127；2017：135；2023：126-127）记载猛鸮 *Surnia ulula* 二亚种：

❶ 天山亚种 *tianschanica*

❷ 指名亚种 *ulula*

[469]**花头鸺鹠** *Glaucidium passerinum*   huātóu xiūliú

曾用名：北鸺鹠 *Glaucidium passerinum*

英文名：Eurasian Pygmy Owl

◆ 郑作新（1955：191）记载北鸺鹠 *Glaucidium passerinum* 一亚种：

❶ 东北亚种 *orientale*

◆ 郑作新（1966：71；2002：104）记载花头鸺鹠 *Glaucidium passerinum*，但未述及亚种分化问题。

◆ 郑作新（1964：229；1976：307；1987：330；1994：62；2000：61）记载花头鸺鹠 *Glaucidium passerinum* 一亚种：

❶ 东北亚种 *orientale*

XVIII. 鸮形目
STRIGIFORMES

◆ 郑光美（2005：123；2011：128；2017：135；2023：127）记载花头鸺鹠 *Glaucidium passerinum* 二亚种：
  ❶ 东北亚种 *orientale*
  ❷ 指名亚种 *passerinum*

〔470〕**领鸺鹠** *Glaucidium brodiei*　　　　　　　　　　　　　　　　　　　　　　　lǐngxiūliú
英文名： Collared Owlet
◆ 郑作新（1966：70；2002：104）记载领鸺鹠 *Glaucidium brodiei*，但未述及亚种分化问题。
◆ 郑作新（1955：191-192；1964：229；1976：307-308；1987：330；1994：62；2000：61-62）、郑光美（2005：123；2011：128；2017：135；2023：127）记载领鸺鹠 *Glaucidium brodiei* 二亚种：
  ❶ 指名亚种 *brodiei*
  ❷ 台湾亚种 *pardalotum*

〔471〕**斑头鸺鹠** *Glaucidium cuculoides*　　　　　　　　　　　　　　　　　　　　bāntóu xiūliú
曾用名： 鸺鹠 *Glaucidium cuculoides*
英文名： Asian Barred Owlet
◆ 郑作新（1955：192-193）记载鸺鹠 *Glaucidium cuculoides* 三亚种：
  ❶ 华南亚种 *whiteleyi*
  ❷ 云南亚种 *rufescens*[①]
  ❸ 海南亚种 *persimile*

[①] 编者注：郑作新（2000，2002）称之为滇西亚种。

◆ 郑作新（1964：67；1966：71）记载斑头鸺鹠 *Glaucidium cuculoides* 二亚种：
  ❶ 华南亚种 *whiteleyi*
  ❷ 海南亚种 *persimile*
◆ 郑作新（1964：229；1976：308-309）记载斑头鸺鹠 *Glaucidium cuculoides* 三亚种：
  ❶ 华南亚种 *whiteleyi*
  ❷ 云南亚种 *rufescens*
  ❸ 海南亚种 *persimile*
◆ 郑作新（1987：331-333；1994：62；2000：62；2002：104）、郑光美（2005：123-124；2011：128-129；2017：135-136；2023：127-128）记载斑头鸺鹠 *Glaucidium cuculoides* 五亚种：
  ❶ 墨脱亚种 *austerum*[②]
  ❷ 滇南亚种 *brugeli*
  ❸ 海南亚种 *persimile*
  ❹ 滇西亚种 *rufescens*
  ❺ 华南亚种 *whitelyi*[③④]

[②] 编者注：中国鸟类亚种新记录（郑作新等，1980）。
[③] 编者注：郑作新（1987，2002）该亚种的拼写同郑作新（1955，1976），即 *whiteleyi*。
[④] 郑光美（2011）：北京市野生动物救护中心和北京猛禽救助中心有救护记录，见高峰等（2008）。

〔472〕**横斑腹小鸮** *Athene brama*　　　　　　　　　　　　　　　　　　　　héngbānfù xiǎoxiāo

英文名：Spotted Owlet

◆郑作新（1955：195；1964：230）记载横斑腹小鸮 *Athene brama* 一亚种：

❶ 西南亚种 *pulchra*[①]

① 编者注：亚种中文名引自赵正阶（2001a：675）。

◆郑作新（1994：63；2000：62）记载横斑腹小鸮 *Athene brama*[②] 一亚种：

❶ 川西亚种 *poikila*[③]

② 编者注：郑作新（1966，1976，1987，2002）、郑作新等（1991）均未收录该种。

③ 郑作新（1994，2000）：详见杨岚和李桂垣（1989），需要更多的标本来确认该新亚种。

◆郑光美（2005：125；2011：130；2017：137；2023：128）记载横斑腹小鸮 *Athene brama*[④] 一亚种：

❶ 藏南亚种 *ultra*[⑤]

④ 郑光美（2005）：杨岚和李桂垣（1989）记录的杂斑腹小鸮 *Athene brama*，郑作新（2000）疑其为横斑腹小鸮 *Athene brama* 的 *poikila* 亚种，孙悦华等（2003）经核对标本，认为其实为鬼鸮 *Aegolius funereus* 的 *beickianus* 亚种。

⑤ 编者注：亚种中文名引自百度百科。

〔473〕**纵纹腹小鸮** *Athene noctua*　　　　　　　　　　　　　　　　　　　　zòngwénfù xiǎoxiāo

曾用名：小鸮 *Athene noctua*

英文名：Little Owl

◆郑作新（1955：194-195；1966：71）记载小鸮、纵纹腹小鸮 *Athene noctua* 四亚种：

❶ 新疆亚种 *orientalis*

❷ 青海亚种 *impasta*

❸ 西藏亚种 *ludlowi*

❹ 普通亚种 *plumipes*

◆郑作新（1964：67）记载小鸮、纵纹腹小鸮 *Athene noctua* 三亚种：

❶ 新疆亚种 *orientalis*

❷ 西藏亚种 *ludlowi*

❸ 普通亚种 *plumipes*

◆郑作新（1964：230）记载纵纹腹小鸮 *Athene noctua* 三亚种：

❶ 新疆亚种 *orientalis*

❷ 西藏亚种 *ludlowi*

❸ 普通亚种 *plumipes*[①]

① 编者注：将青海亚种 *impasta* 列为普通亚种 *plumipes* 的同物异名。

◆郑作新（1976：310-311；1987：334-335；1994：62；2000：62；2002：105）、郑光美（2005：124；2011：129；2017：136-137；2023：128-129）记载纵纹腹小鸮 *Athene noctua* 四亚种：

❶ 青海亚种 *impasta*

❷ 西藏亚种 *ludlowi*

❸ 新疆亚种 *orientalis*

❹ 普通亚种 *plumipes*

〔474〕鬼鸮 *Aegolius funereus*   guǐxiāo

英文名：Boreal Owl

◆ 郑作新（1955：200；1964：68；1966：72）记载鬼鸮 *Aegolius funereus* 二亚种：

   ❶ 东北亚种 *sibiricus*

   ❷ 甘肃亚种 *beickianus*[①]

   ① 编者注：郑作新（1966）的记载为 *beickianus*（=*caucasicus*）。

◆ 郑作新（1964：230；1976：317-318；1987：341-342；1994：64；2000：63；2002：107）、郑光美（2005：125；2011：130；2017：137；2023：129）记载鬼鸮 *Aegolius funereus* 三亚种：

   ❶ 甘肃亚种 *beickianus*

   ❷ 新疆亚种 *pallens*

   ❸ 东北亚种 *sibiricus*

〔475〕北领角鸮 *Otus semitorques*   běi lǐngjiǎoxiāo

曾用名：日本角鸮 *Otus semitorques*（约翰·马敬能，2022b：154）

英文名：Japanese Scops Owl

由领角鸮 *Otus lettia* 的亚种提升为种。请参考〔476〕领角鸮 *Otus lettia*。

〔476〕领角鸮 *Otus lettia*   lǐngjiǎoxiāo

曾用名：领角鸮 *Otus bakkamoena*

英文名：Collared Scops Owl

◆ 郑作新（1955：186-187；1964：228）记载领角鸮 *Otus bakkamoena* 三亚种：

   ❶ 东北亚种 *ussuriensis*

   ❷ 台湾亚种 *glabripes*[①]

   ❸ 海南亚种 *umbratilis*

   ① 编者注：均将华南亚种 *erythrocampe* 列为其同物异名。

◆ 郑作新（1964：65；1966：69；1976：300-301；1987：323-324；1994：60）记载领角鸮 *Otus bakkamoena* 四亚种：

   ❶ 东北亚种 *ussuriensis*

   ❷ 华南亚种 *erythrocampe*

   ❸ 台湾亚种 *glabripes*

   ❹ 海南亚种 *umbratilis*

◆ 郑作新（2000：60；2002：102）记载领角鸮 *Otus bakkamoena* 六亚种：

   ❶ 东北亚种 *ussuriensis*

   ❷ 日本亚种 *semitorques*

   ❸ 华南亚种 *erythrocampe*

❹ 台湾亚种 *glabripes*

❺ 海南亚种 *umbratilis*

❻ 滇西亚种 *lettia*

◆郑光美（2005：117-118）记载领角鸮 *Otus bakkamoena* 五亚种：

❶ 华南亚种 *erythrocampe*

❷ 台湾亚种 *glabripes*

❸ 滇西亚种 *lettia*

❹ 海南亚种 *umbratilis*

❺ 东北亚种 *ussuriensis*

◆郑光美（2011：122-123）记载领角鸮 *Otus lettia*② 五亚种：

❶ 华南亚种 *erythrocampe*

❷ 台湾亚种 *glabripes*

❸ 指名亚种 *lettia*

❹ 海南亚种 *umbratilis*

❺ 东北亚种 *ussuriensis*

② 编者注：据郑光美（2002：69；2021：72），*Otus bakkamoena* 被命名为印度领角鸮，中国无分布。

◆郑光美（2017：129-130；2023：129-130）记载以下两种：

（1）北领角鸮 *Otus semitorques*③

❶ 东北亚种 *ussuriensis*

③ 郑光美（2017）：由 *Otus lettia* 的亚种提升为种（König et al., 1999）。

（2）领角鸮 *Otus lettia*

❶ 华南亚种 *erythrocampe*

❷ 台湾亚种 *glabripes*

❸ 指名亚种 *lettia*

❹ 海南亚种 *umbratilis*

〔477〕**黄嘴角鸮** *Otus spilocephalus*   huángzuǐ jiǎoxiāo

英文名： Mountain Scops Owl

◆郑作新（1955：184；1964：65, 228；1966：69；1976：298；1987：321；1994：60；2000：59-60；2002：101）记载黄嘴角鸮 *Otus spilocephalus* 二亚种：

❶ 华南亚种 *latouchei*

❷ 台湾亚种 *hambroecki*

◆郑光美（2005：117；2011：122；2017：129；2023：130）记载黄嘴角鸮 *Otus spilocephalus* 二亚种：

❶ 台湾亚种 *hambroecki*

❷ 华南亚种 *latouchi*

〔478〕**西红角鸮** *Otus scops*   xī hóngjiǎoxiāo

曾用名： 新疆角鸮 *Otus scops*、红角鸮 *Otus scops*；

普通角鸮 *Otus scops*（杭馥兰等，1997：105；赵正阶，2001a：654）

英文名：Eurasian Scops Owl

说　明：因分类修订，原红角鸮 *Otus scops* 的中文名修改为西红角鸮。

◆郑作新（1955：185-186）记载以下两种：

　　（1）新疆角鸮 *Otus scops*

　　❶ 新疆亚种 *pulchellus*

　　（2）红角鸮 *Otus sunia*

　　❶ 东北亚种 *stictonotus*

　　❷ 华南亚种 *malayanus*

　　❸ 台湾亚种 *japonicus*①

　　❹ 兰屿亚种 *botelensis*

　　① 编者注：亚种中文名引自段文科和张正旺（2017a：498）。

◆郑作新（1964：65；1966：70）记载红角鸮 *Otus scops* 三亚种：

　　❶ 东北亚种 *stictonotus*

　　❷ 华南亚种 *malayanus*

　　❸ 台湾亚种 *japonicus*

◆郑作新（1964：228；1976：299-300；1987：322-323）记载红角鸮 *Otus scops* 五亚种：

　　❶ 新疆亚种 *pulchellus*

　　❷ 东北亚种 *stictonotus*

　　❸ 华南亚种 *malayanus*

　　❹ 台湾亚种 *japonicus*

　　❺ 兰屿亚种 *botelensis*

◆郑作新（1994：60）记载以下两种：

　　（1）红角鸮 *Otus scops*

　　❶ 新疆亚种 *pulchellus*

　　❷ 东北亚种 *stictonotus*

　　❸ 华南亚种 *malayanus*

　　❹ 台湾亚种 *japonicus*②

　　② Delacour（1941）记录其为台湾偶见冬候鸟。

　　（2）琉球角鸮 *Otus elegans*

　　❶ 兰屿亚种 *botelensis*

◆郑作新（2000：60；2002：101）记载以下两种：

　　（1）红角鸮 *Otus scops*

　　❶ 新疆亚种 *pulchellus*

　　❷ 东北亚种 *stictonotus*

　　❸ 华南亚种 *malayanus*

　　（2）琉球角鸮 *Otus elegans*③

　　❶ 兰屿亚种 *botelensis*

③ 编者注：郑作新（2002）未述及亚种分化问题。

◆ 郑光美（2005：118-119；2011：123-124；2017：130-131；2023：130，131）记载以下三种：

（1）西红角鸮 *Otus scops*

❶ 新疆亚种 *pulchellus*

（2）红角鸮 *Otus sunia*

❶ 台湾亚种 *japonicus*

❷ 华南亚种 *malayanus*

❸ 东北亚种 *stictonotus*

（3）优雅角鸮 *Otus elegans*④

❶ 兰屿亚种 *botelensis*

④ 编者注：约翰·马敬能等（2000：100）、郑光美（2005，2011）称其为兰屿角鸮。

〔479〕**纵纹角鸮** *Otus brucei*　　　　　　　　　　　　　　　　　　　zòngwén jiǎoxiāo

英文名： Pallid Scops Owl

◆ 郑作新（1955：185；1964：228；1976：299；1987：322；1994：60；2000：60）记载纵纹角鸮 *Otus brucei* 为单型种。

◆ 郑作新（1966：69；2002：101）记载纵纹角鸮 *Otus brucei*，但未述及亚种分化问题。

◆ 郑光美（2005：118；2011：123；2017：130；2023：131）记载纵纹角鸮 *Otus brucei* 一亚种：

❶ 新疆亚种 *semenowi*①

① 编者注：亚种中文名引自段文科和张正旺（2017a：497）。

〔480〕**红角鸮** *Otus sunia*　　　　　　　　　　　　　　　　　　　　hóngjiǎoxiāo

曾用名： 东方角鸮 *Otus sunia*（约翰·马敬能等，2000：100；段文科和张正旺，2017a：498）

英文名： Oriental Scops Owl

初为独立种（红角鸮 *Otus sunia*），后并入 *Otus scops*，现列为独立种，中文名沿用红角鸮。请参考〔478〕西红脚鸮 *Otus scops*。

〔481〕**优雅角鸮** *Otus elegans*　　　　　　　　　　　　　　　　　　yōuyǎ jiǎoxiāo

曾用名： 琉球角鸮 *Otus elegans*、兰屿角鸮 *Otus elegans*

英文名： Ryukyu Scops Owl

曾被视为 *Otus scops* 的一个亚种，现列为独立种。请参考〔478〕西红脚鸮 *Otus scops*。

〔482〕**长耳鸮** *Asio otus*　　　　　　　　　　　　　　　　　　　　cháng'ěrxiāo

英文名： Long-eared Owl

◆ 郑作新（1966：72；2002：106）记载长耳鸮 *Asio otus*，但未述及亚种分化问题。

◆ 郑作新（1955：199；1964：230；1976：315；1987：339；1994：63；2000：63）、郑光美（2005：126；2011：131；2017：138；2023：132）记载长耳鸮 *Asio otus* 一亚种：

❶ 指名亚种 *otus*

XVIII. 鸮形目
STRIGIFORMES

〔483〕**短耳鸮** *Asio flammeus*　　　　　　　　　　　　　　　　　　　　　　　duǎn'ěrxiāo

英文名：Short-eared Owl

◆郑作新（1966：72；2002：106）记载短耳鸮 *Asio flammeus*，但未述及亚种分化问题。

◆郑作新（1955：199；1964：230；1976：316-317；1987：340；1994：63-64；2000：63）、郑光美（2005：126；2011：131；2017：138；2023：132）记载短耳鸮 *Asio flammeus* 一亚种：

　　❶ 指名亚种 *flammeus*

〔484〕**褐林鸮** *Strix leptogrammica*　　　　　　　　　　　　　　　　　　　　　hèlínxiāo

英文名：Brown Wood Owl

◆郑作新（1955：196；1964：68，230；1966：72；1987：336-337；1994：63；2000：62-63；2002：106）记载褐林鸮 *Strix leptogrammica* 二亚种：

　　❶ 华南亚种 *ticehursti*

　　❷ 台湾亚种 *caligata*

◆郑作新（1976：312-313）、郑光美（2005：121；2011：126；2017：133；2023：132）记载褐林鸮 *Strix leptogrammica* 三亚种：

　　❶ 台湾亚种 *caligata*

　　❷ 滇西亚种 *newarensis*[①]

　　❸ 华南亚种 *ticehursti*

　　① 编者注：中国鸟类亚种新记录（彭燕章等，1973）。段文科和张正旺（2017a：505）称之为西藏亚种。

〔485〕**灰林鸮** *Strix nivicolum*　　　　　　　　　　　　　　　　　　　　　　　huīlínxiāo

曾用名：灰林鸮 *Strix aluco*

英文名：Himalayan Owl

◆郑作新（1964：68；1966：72）记载灰林鸮 *Strix aluco* 二亚种：

　　❶ 河北亚种 *ma*

　　❷ 华南亚种 *nivicola*

◆郑作新（1955：196 197；1964：230；1976：313-314；1987：337-338；1994：63；2000：63；2002：106）、郑光美（2005：121-122；2011：126-127；2017：133-134）记载灰林鸮 *Strix aluco* 三亚种：

　　❶ 河北亚种 *ma*

　　❷ 华南亚种 *nivicola*

　　❸ 台湾亚种 *yamadae*

◆郑光美（2023：132-133）记载灰林鸮 *Strix nivicolum*[①] 三亚种：

　　❶ 河北亚种 *ma*

　　❷ 华南亚种 *nivicola*

　　❸ 台湾亚种 *yamadae*

　　① 编者注：据郑光美（2021：74），*Strix aluco* 被命名为西灰林鸮，中国无分布。

〔486〕**长尾林鸮** *Strix uralensis*　　　　　　　　　　　　　　　　　　　　　　　　chángwěi línxiāo

曾用名：北林鸮 *Strix uralensis*

英文名：Ural Owl

◆ 郑作新（1955：197-198）记载北林鸮 *Strix uralensis* 三亚种：

　❶ 北方亚种 *nikolskii*

　❷ 东北亚种 *coreensis*

　❸ 四川亚种 *davidi*

◆ 郑作新（1964：68；1966：72）记载长尾林鸮 *Strix uralensis* 二亚种：

　❶ 北方亚种 *nikolskii*

　❷ 四川亚种 *davidi*

◆ 郑作新（1964：230；1976：314-315；1987：338；1994：63；2000：63；2002：106）记载长尾林鸮 *Strix uralensis* 三亚种：

　❶ 北方亚种 *nikolskii*

　❷ 东北亚种 *coreensis*

　❸ 四川亚种 *davidi*

◆ 郑光美（2005：122；2011：127；2017：134；2023：133）记载以下两种：

（1）长尾林鸮 *Strix uralensis*

　❶ 西伯利亚亚种 *yenisseensis*[①]

　❷ 北方亚种 *nikolskii*

[①] 编者注：亚种中文名引自百度百科。

（2）四川林鸮 *Strix davidi*[②]

[②] 郑光美（2017）：Dickinson 和 Remsen（2013）认为应归入长尾林鸮。

〔487〕**乌林鸮** *Strix nebulosa*　　　　　　　　　　　　　　　　　　　　　　　　　　wūlínxiāo

英文名：Great Grey Owl

◆ 郑作新（1966：71；2002：106）记载乌林鸮 *Strix nebulosa*，但未述及亚种分化问题。

◆ 郑作新（1955：198；1964：230；1976：315；1987：339；1994：63；2000：63）、郑光美（2005：122；2011：127；2017：134；2023：133）记载乌林鸮 *Strix nebulosa* 一亚种：

　❶ 东北亚种 *lapponica*

〔488〕**四川林鸮** *Strix davidi*　　　　　　　　　　　　　　　　　　　　　　　　　sìchuān línxiāo

英文名：Pere David's Owl

　　曾被视为 *Strix uralensis* 的一个亚种，现列为独立种。请参考〔486〕长尾林鸮 *Strix uralensis*。

〔489〕**雪鸮** *Bubo scandiacus*　　　　　　　　　　　　　　　　　　　　　　　　　　　xuěxiāo

曾用名：雪鸮 *Nyctea scandiaca*

英文名：Snowy Owl

◆ 郑作新（1966：68；2002：100）记载雪鸮属 *Nyctea* 为单型属。

◆ 郑作新（1955：190；1964：229；1976：306；1987：329；1994：61；2000：61）、郑光美（2005：121）记载雪鸮 *Nyctea scandiaca* 为单型种。

◆ 郑光美（2011：125；2017：131；2023：134）记载雪鸮 *Bubo scandiacus* 为单型种。

[490] **雕鸮** *Bubo bubo*　　　　　　　　　　　　　　　　　　　　　　　　　diāoxiāo

曾用名： 普通雕鸮 *Bubo bubo*

英文名： Northern Eagle Owl

◆ 郑作新（1955：188-189）记载雕鸮 *Bubo bubo* 六亚种：

　❶ 北疆亚种 *yenisseensis*

　❷ 天山亚种 *hemachalana*

　❸ 东北亚种 *ussuriensis*[①]

　❹ *inexpectatus* 亚种[②]

　❺ 华南亚种 *kiautschensis*

　❻ *swinhoei* 亚种[③]

①编者注：赵正阶（2001a：660）称之为乌苏里亚种。

②编者注：赵正阶（2001a：660）称之为东北亚种；郑作新（1976，1987）将其列为东北亚种 *ussuriensis* 的同物异名。

③编者注：郑作新（1976，1987）将其列为华南亚种 *kiautschensis* 的同物异名。

◆ 郑作新（1964：66）记载普通雕鸮 *Bubo bubo* 四亚种：

　❶ 北疆亚种 *yenisseensis*

　❷ 天山亚种 *hemachalana*

　❸ 东北亚种 *ussuriensis*[④]

　❹ 华南亚种 *kiautschensis*

④ *Bubo bubo inexpectatus* 和 *Bubo bubo tibetanus* 等恐均为这亚种的同物异名；据 Vaurie，*Bubo bubo tibetanus* 后颈和胸上的斑纹均较 *Bubo bubo ussuriensis* 为多而宽。

◆ 郑作新（1964：228-229；1966：70）记载普通雕鸮 *Bubo bubo* 五亚种：

　❶ 北疆亚种 *yenisseensis*

　❷ 天山亚种 *hemachalana*

　❸ 东北亚种 *ussuriensis*

　❹ 华南亚种 *kiautschensis*

　❺ 西藏亚种 *tibetanus*

◆ 郑作新（1976：302-303；1987：325-326；1994：60-61；2000：60-61；2002：102-103）记载雕鸮 *Bubo bubo* 七亚种：

　❶ 北疆亚种 *yenisseensis*

　❷ 准噶尔亚种 *auspicabilis*

　❸ 天山亚种 *hemachalana*

　❹ 塔里木亚种 *tarimensis*

　❺ 西藏亚种 *tibetanus*

❻ 东北亚种 *ussuriensis*

❼ 华南亚种 *kiautschensis*

◆ 郑光美（2005：119）记载雕鸮 *Bubo bubo* 六亚种：

❶ 天山亚种 *hemachalana*

❷ 华南亚种 *kiautschensis*

❸ 塔里木亚种 *tarimensis*

❹ 西藏亚种 *tibetanus*

❺ 东北亚种 *ussuriensis*

❻ 北疆亚种 *yenisseensis*

◆ 郑光美（2011：124-125）记载雕鸮 *Bubo bubo* 五亚种：

❶ 天山亚种 *hemachalanus*[⑤]

❷ 华南亚种 *kiautschensis*

❸ 远东亚种 *turcomanus*[⑥⑦]

❹ 东北亚种 *ussuriensis*

❺ 北疆亚种 *yenisseensis*

⑤ König 和 Weick（2008）认为 *Bubo bubo tibetanus* 是 *Bubo bubo hemachalanus* 的同物异名。

⑥ 编者注：亚种中文名引自百度百科。

⑦ König 和 Weick（2008）认为 *Bubo bubo tarimensis* 是 *Bubo bubo turcomanus* 的同物异名。

◆ 郑光美（2017：131-132；2023：134）记载雕鸮 *Bubo bubo* 七亚种：

❶ 天山亚种 *hemachalanus*[⑧]

❷ 西藏亚种 *tibetanus*

❸ 华南亚种 *kiautschensis*

❹ 远东亚种 *turcomanus*

❺ 塔里木亚种 *tarimentsis*[⑨]

❻ 东北亚种 *ussuriensis*

❼ 北疆亚种 *yenisseensis*

⑧ 编者注：郑光美（2017）记载该亚种为 *hemachalana*。

⑨ 编者注：该亚种显系误写，应为 *tarimensis*。

〔491〕**林雕鸮** *Bubo nipalensis* línshāoxiāo

曾用名： 林鹰鸮 *Bubo nipalensis*

英文名： Spot-bellied Eagle Owl

◆ 郑作新（1966：70；2002：102）记载林雕鸮 *Bubo nipalensis*，但未述及亚种分化问题。

◆ 郑作新（1964：229；1976：304；1987：327；1994：61；2000：61）、郑光美（2005：120；2011：125；2017：132；2023：135）记载林雕鸮 *Bubo nipalensis*[①]一亚种：

❶ 指名亚种 *nipalensis*

① 编者注：中国鸟类新记录（郑作新等，1957）。

XVIII. 鸮形目
STRIGIFORMES

〔492〕**毛腿雕鸮** *Bubo blakistoni* máotuǐ diāoxiāo

曾用名： 毛腿渔鸮 *Ketupa blakistoni*；毛腿渔鸮 *Bubo blakistoni*（刘阳等，2021：232；约翰·马敬能，2022b：156）

英文名： Blakiston's Fish Owl

◆ 赵正阶（2001a：663-664）记载毛腿渔鸮 *Ketupa blakistoni*[①]二亚种：
1. 东北亚种 *doerriesi*
2. 大兴安岭亚种 *piscivorus*

① 编者注：据赵正阶（2001a），本种以前曾被归并到分布于亚洲南部的褐鱼鸮 *Ketupa zeylonensis* 中，作为褐鱼鸮的一亚种（Dement'ev et al.，1951；郑作新，1976；赵正阶等，1985）。近来多数学者认为，褐鱼鸮跗跖大部裸出，仅前缘上端 1/4 处被羽，体形也较小；毛脚鱼鸮跗跖全被灰白色绒羽，体形较大。同时两者的分布区彼此相距数百千米，处于完全的生殖隔离。应分为两个独立种。

◆ 郑作新（2002：103）记载毛腿渔鸮 *Ketupa blakistoni*，但未述及亚种分化问题。

◆ 郑作新（1987：327；1994：61；2000：61）、郑光美（2005：120；2011：125）记载毛腿渔鸮 *Ketupa blakistoni* 一亚种：
1. 东北亚种 *doerriesi*

◆ 郑光美（2017：132；2023：135）记载毛腿雕鸮 *Bubo blakistoni*[②]一亚种：
1. 东北亚种 *doerriesi*

② 郑光美（2017）：由 *Ketupa* 属归入 *Bubo* 属（König et al.，1999）。

〔493〕**褐渔鸮** *Ketupa zeylonensis* hèyúxiāo

曾用名： 褐鱼鸮 *Ketupa zeylonensis*

英文名： Brown Fish Owl

◆ 郑作新（1955：190；1964：66，229；1966：70；1976：304）记载褐鱼鸮 *Ketupa zeylonensis* 二亚种：
1. 东北亚种 *doerriesi*
2. 华南亚种 *orientalis*

◆ 郑作新（1987：328）记载褐鱼鸮 *Ketupa zeylonensis* 二亚种：
1. 华南亚种 *orientalis*
2. ? 西藏亚种 *leschenault*

◆ 郑作新（1994：61；2000：61；2002：103）记载褐鱼鸮 *Ketupa zeylonensis* 二亚种：
1. 华南亚种 *orientalis*
2. 西藏亚种 *leschenault*

◆ 郑光美（2005：120；2011：125；2017：132-133；2023：135）记载褐鱼鸮 *Ketupa zeylonensis* 二亚种：
1. 西藏亚种 *leschenaulti*
2. 华南亚种 *orientalis*

〔494〕**黄腿渔鸮** *Ketupa flavipes* huángtuǐ yúxiāo

曾用名： 毛脚渔鸮 *Ketupa flavipes*、黄脚渔鸮 *Ketupa flavipes*

英文名： Tawny Fish Owl

◆郑作新（1955：190；1964：229；1976：306）记载毛脚渔鸮 *Ketupa flavipes* 为单型种。

◆郑作新（1966：70）记载毛脚渔鸮 *Ketupa flavipes*，但未述及亚种分化问题。

◆郑作新（1987：329；1994：61；2000：61）记载黄脚渔鸮 *Ketupa flavipes* 为单型种。

◆郑作新（2002：103）记载黄脚渔鸮 *Ketupa flavipes*，亦未述及亚种分化问题。

◆郑光美（2005：120；2011：126；2017：133；2023：135）记载黄腿渔鸮 *Ketupa flavipes* 为单型种。

XIX. 鹰形目 ACCIPITRIFORMES

45. 鹗科 Pandionidae（Osprey） 1属1种

[495] 鹗 *Pandion haliaetus* è

曾用名： 鱼鹰 *Pandion haliaetus*

英文名： Osprey

◆郑作新（1955：64；1964：26-27，210；1966：26-27；1976：105-106）记载鹗 *Pandion haliaetus* 三亚种：
  ❶ 指名亚种 *haliaetus*
  ❷ 东北亚种 *friedmanni*
  ❸ 东南亚种 *mutuus*

◆郑作新（1987：113）记载鹗 *Pandion haliaetus* 一亚种：
  ❶ 指名亚种 *haliaetus*[①]

  [①] 编者注：郑作新（1987）将东北亚种 *friedmanni* 和东南亚种 *mutuus* 列为其同物异名。

◆郑作新（1994：23；2000：22）记载鹗、鱼鹰 *Pandion haliaetus* 一亚种：
  ❶ 指名亚种 *haliaetus*

◆郑作新（2002：26）记载鹗科 Pandionidae 为单属单种科。

◆郑光美（2005：29；2011：31；2017：114；2023：136）记载鹗 *Pandion haliaetus* 为单型种。

46. 鹰科 Accipitridae（Hawks，Eagles） 23属54种

[496] 黑翅鸢 *Elanus caeruleus* hēichìyuān

英文名： Black-shouldered Kite

◆郑作新（1966：19；2002：27）记载黑翅鸢属 *Elanus* 为单型属。

◆郑作新（1955：41；1964：207；1976：72；1987：78；1994：17；2000：17）、郑光美（2005：30；2011：32；2017：114；2023：136）记载黑翅鸢 *Elanus caeruleus* 一亚种：
  ❶ 南方亚种 *vociferus*

[497] 胡兀鹫 *Gypaetus barbatus* húwùjiù

曾用名： 胡兀鹫 *Gypaëtus barbatus*

英文名： Bearded Vulture

◆郑作新（1955：60；1964：209-210）记载胡兀鹫 *Gypaëtus barbatus* 一亚种：
  ❶ 北方亚种 *hemachalanus*

◆郑作新（1966：19）记载胡兀鹫亚科 Gypaëtinae 为单属单种亚科。

◆郑作新（1976：100）记载胡兀鹫 *Gypaetus barbatus* 一亚种：
  ❶ 北方亚种 *hemachalanus*

◆郑作新（2002：27）记载须兀鹫亚科 Gypaetinae 为单属单种亚科。

◆郑作新（1987：107；1994：22；2000：21）、郑光美（2005：32；2011：34；2017：114；2023：136）

记载胡兀鹫 *Gypaetus barbatus* 一亚种：
- ❶ 北方亚种 *aureus*

〔498〕**白兀鹫** *Neophron percnopterus*　　　　　　　　　　　　　　　　　　　báiwùjiù
英文名：Egyptian Vulture
- ◆ 段文科和张正旺（2017a：181）记载白兀鹫 *Neophron percnopterus* 一亚种：
  - ❶ 新疆亚种 *limnaetus*
- ◆ 郑光美（2017：115；2023：137）记载白兀鹫 *Neophron percnopterus*[①] 一亚种：
  - ❶ 指名亚种 *percnopterus*
  - ① 郑光美（2017）：中国鸟类新记录（Guo et al., 2012）。

〔499〕**鹃头蜂鹰** *Pernis apivorus*　　　　　　　　　　　　　　　　　　　juāntóu fēngyīng
英文名：European Honey-Buzzard
- ◆ 段文科和张正旺（2017a：172）、郑光美（2017：115；2023：137）记载鹃头蜂鹰 *Pernis apivorus*[①] 为单型种。
  - ① 郑光美（2017）：中国鸟类新记录（杨庭松等，2015）。

〔500〕**凤头蜂鹰** *Pernis ptilorhynchus*　　　　　　　　　　　　　　　　　　fèngtóu fēngyīng
曾用名：蜂鹰 *Pernis ptilorhynchus*
英文名：Oriental Honey-Buzzard
- ◆ 郑作新（1955：42-43）记载 *Pernis ptilorhynchus* 二亚种：
  - ❶ 蜂鹰 *Pernis ptilorhynchus orientalis*
  - ❷ 凤头蜂鹰 *Pernis ptilorhynchus ruficollis*
- ◆ 郑作新（1964：19，207；1966：19；1976：74-75）记载蜂鹰 *Pernis ptilorhynchus* 二亚种：
  - ❶ 东方亚种 *orientalis*
  - ❷ 西南亚种 *ruficollis*
- ◆ 郑作新（1987：80-81；1994：18；2000：17；2002：28）、郑光美（2005：30；2011：32；2017：115；2023：137）记载凤头蜂鹰 *Pernis ptilorhynchus* 二亚种：
  - ❶ 西南亚种 *ruficollis*
  - ❷ 东方亚种 *orientalis*

〔501〕**褐冠鹃隼** *Aviceda jerdoni*　　　　　　　　　　　　　　　　　　　hèguān juānsǔn
曾用名：鹃隼 *Aviceda jerdoni*、褐鹃隼 *Aviceda jerdoni*
英文名：Jerdon's Baza
- ◆ 郑作新（1955：42）记载鹃隼 *Aviceda jerdoni* 一亚种：
  - ❶ 指名亚种 *jerdoni*
- ◆ 郑作新（1964：19；1966：19）记载褐鹃隼 *Aviceda jerdoni*，但未述及亚种分化问题。
- ◆ 郑作新（2002：28）记载褐鹃隼 *Aviceda jerdoni*，亦未述及亚种分化问题。

XIX. 鹰形目 ACCIPITRIFORMES

◆郑作新（1964：207；1976：72；1987：78；1994：18；2000：17）、郑光美（2005：29；2011：31；2017：115；2023：137）记载褐冠鹃隼 *Aviceda jerdoni* 一亚种：

❶ 指名亚种 *jerdoni*

〔502〕**黑冠鹃隼** *Aviceda leuphotes*　　　　　　　　　　　　　　　　　　hēiguān juānsǔn

曾用名：凤头鹃隼 *Aviceda leuphotes*

英文名：Black Baza

◆郑作新（1955：42；1964：19；1966：19）记载凤头鹃隼 *Aviceda leuphotes* 二亚种：

❶ 指名亚种 *leuphotes*

❷ 四川亚种 *wolfei*

◆郑作新（1964：207；1976：73-74）记载凤头鹃隼 *Aviceda leuphotes* 三亚种：

❶ 四川亚种 *wolfei*

❷ 南方亚种 *syama*

❸ 指名亚种 *leuphotes*[①]

[①] 郑作新（1976）：海南岛的凤头鹃隼，或为 *Aviceda leuphotes syama*。

◆郑作新（1987：79；1994：18；2000：17；2002：28）、郑光美（2005：29；2011：31；2017：115-116；2023：137-138）记载黑冠鹃隼 *Aviceda leuphotes* 三亚种：

❶ 指名亚种 *leuphotes*[②]

❷ 四川亚种 *wolfei*

❸ 南方亚种 *syama*

[②] 郑作新（1987）：海南岛的凤头鹃隼，或为 *Aviceda leuphotes syama*。

〔503〕**白背兀鹫** *Gyps bengalensis*　　　　　　　　　　　　　　　　　　báibèi wùjiù

曾用名：拟兀鹫 *Pseudogyps bengalensis*

英文名：White-rumped Vulture

◆郑作新（1955：60；1964：209；1976：100）记载拟兀鹫 *Pseudogyps bengalensis* 为单型种。

◆郑作新（1966：26）记载拟兀鹫 *Pseudogyps bengalensis*，但未述及亚种分化问题。

◆郑作新（2002：37）记载白背兀鹫 *Gyps bengalensis*，亦未述及亚种分化问题。

◆郑作新（1987：107；1994：22；2000：21）、郑光美（2005：32；2011：34；2017：116；2023：138）记载白背兀鹫 *Gyps bengalensis* 为单型种。

〔504〕**长嘴兀鹫** *Gyps tenuirostris*　　　　　　　　　　　　　　　　　　chángzuǐ wùjiù

曾用名：长嘴兀鹫 *Gyps indicus*；细嘴兀鹫 *Gyps tenuirostris*（刘阳等，2021：118）

英文名：Slender-billed Vulture

◆郑光美（2011：34；2017：116）记载长嘴兀鹫 *Gyps indicus* 为单型种。

◆郑光美（2023：138）记载长嘴兀鹫 *Gyps tenuirostris*[①]为单型种。

[①] 编者注：据郑光美（2021：76），*Gyps indicus* 被命名为印度兀鹫，在中国有分布，但郑光美（2023）未予收录。

〔505〕**高山兀鹫** *Gyps himalayensis*   gāoshān wùjiù

英文名：Himalayan Griffon

    曾被视为 *Gyps fulvus* 的一个亚种，现列为独立种。请参考〔506〕兀鹫 *Gyps fulvus*。

〔506〕**兀鹫** *Gyps fulvus*   wùjiù

曾用名：高山兀鹫 *Gyps himalayensis*

英文名：Eurasian Griffon

◆ 郑作新（1955：59；1964：209；1976：99）记载兀鹫 *Gyps fulvus* 一亚种：

    ❶ 喜马拉雅亚种 *himalayensis*

◆ 郑作新（1966：26）记载兀鹫 *Gyps fulvus*，但未述及亚种分化问题。

◆ 郑作新（1987：106；1994：22；2000：21）记载高山兀鹫 *Gyps himalayensis* 为单型种。

◆ 郑作新（2002：37）记载高山兀鹫 *Gyps himalayensis*，亦未述及亚种分化问题。

◆ 约翰·马敬能等（2000：187）、郑光美（2005：32；2011：34-35；2017：116；2023：138）记载以下两种：

  （1）高山兀鹫 *Gyps himalayensis*

  （2）兀鹫 *Gyps fulvus*[①]

    ① 编者注：据约翰·马敬能等（2000），在中国尚无记录，但在有争议的地区（Arunachal Pradesh）有分布记录，有可能见于西藏东南部。

〔507〕**黑兀鹫** *Sarcogyps calvus*   hēiwùjiù

曾用名：大兀鹫 *Sarcogyps calvus*

英文名：Red-headed Vulture

◆ 郑作新（1955：59；1964：209）记载大兀鹫 *Sarcogyps calvus* 为单型种。

◆ 郑作新（1966：26；2002：37）记载黑兀鹫 *Sarcogyps calvus*，但未述及亚种分化问题。

◆ 郑作新（1976：97；1987：104；1994：21；2000：21）、郑光美（2005：33；2011：35；2017：117；2023：139）记载黑兀鹫 *Sarcogyps calvus* 为单型种。

〔508〕**秃鹫** *Aegypius monachus*   tūjiù

英文名：Cinereous Vulture

◆ 郑作新（1966：26；2002：37）记载秃鹫 *Aegypius monachus*，但未述及亚种分化问题。

◆ 郑作新（1955：59；1964：209；1976：98；1987：105；1994：21；2000：21）、郑光美（2005：32；2011：35；2017：117；2023：139）记载秃鹫 *Aegypius monachus* 为单型种。

〔509〕**蛇雕** *Spilornis cheela*   shédiāo

英文名：Crested Serpent Eagle

◆ 郑作新（1955：63-64）记载蛇雕 *Spilornis cheela* 三亚种：

    ❶ 东南亚种 *ricketti*

    ❷ 台湾亚种 *hoya*

    ❸ 海南亚种 *rutherfordi*

◆郑作新（1964：26，210；1966：26；1976：104-105；1987：112；1994：22-23；2000：22；2002：37）、郑光美（2005：33；2011：35-36；2017：117；2023：139）记载蛇雕 *Spilornis cheela* 四亚种：
    ❶ 云南亚种 *burmanicus*[①]
    ❷ 东南亚种 *ricketti*
    ❸ 台湾亚种 *hoya*
    ❹ 海南亚种 *rutherfordi*
    ① 编者注：中国鸟类亚种新记录（А. И. 伊万诺夫，1961）。

[510] **短趾雕** *Circaetus gallicus*   duǎnzhǐdiāo

曾用名： 短趾雕 *Circaëtus ferox*、短趾雕 *Circaetus ferox*

英文名： Short-toed Snake Eagle

◆郑作新（1955：63；1964：210）记载短趾雕 *Circaëtus ferox* 一亚种：
    ❶ 天山亚种 *heptneri*

◆郑作新（1966：24）记载短趾雕属 *Circaëtus* 为单型属。

◆郑作新（1976：104；1987：111-112）记载短趾雕 *Circaetus ferox* 一亚种：
    ❶ 天山亚种 *heptneri*

◆郑作新（1994：22；2000：22）记载短趾雕 *Circaetus gallicus*[①] 一亚种：
    ❶ 天山亚种 *heptneri*
    ① 编者注：据赵正阶（2001a：293），也有用 *Circaetus ferox* 种名的，但近来多用 *Circaetus gallicus* 种名。

◆郑作新（2002：34）记载短趾雕属 *Circaetus* 为单型属。

◆郑光美（2005：33；2011：35；2017：117；2023：139）记载短趾雕 *Circaetus gallicus* 为单型种。

[511] **凤头鹰雕** *Nisaetus cirrhatus*   fèngtóu yīngdiāo

曾用名： 凤头鹰雕 *Spizaetus cirrhatus*

英文名： Changeable Hawk Eagle

◆杭馥兰和常家传（1997：333）、赵正阶（2001a：261-262）记载凤头鹰雕 *Spizaetus cirrhatus* 一亚种：
    ❶ 普通亚种 *limnaeetus*

◆郑光美（2005：41；2011：44）记载凤头鹰雕 *Spizaetus cirrhatus* 一亚种：
    ❶ 普通亚种 *limnaetus*

◆郑光美（2017：118；2023：140）记载凤头鹰雕 *Nisaetus cirrhatus*[①] 一亚种：
    ❶ 普通亚种 *limnaeetus*
    ① 郑光美（2017）：由 *Spizaetus* 属归入 *Nisaetus* 属（Haring et al., 2007b）。

[512] **鹰雕** *Nisaetus nipalensis*   yīngdiāo

曾用名： 鹰雕 *Spizaëtus nipalensis*、鹰雕 *Spizaetus nipalensis*

英文名： Mountain Hawk Eagle

◆郑作新（1955：52-53；1964：209）记载鹰雕 *Spizaëtus nipalensis* 四亚种：

❶ 东方亚种 *orientalis*
❷ 福建亚种 *fokiensis*
❸ 指名亚种 *nipalensis*
❹ 海南亚种 *whiteheadi*

◆郑作新（1964：24；1966：24）记载鹰雕 *Spizaëtus nipalensis* 二亚种：

❶ 东方亚种 *orientalis*
❷ 指名亚种 *nipalensis*

◆郑作新（1976：88-89；1987：95-96；1994：20；2000：19-20）记载鹰雕 *Spizaetus nipalensis* 四亚种：

❶ 东方亚种 *orientalis*
❷ 福建亚种 *fokiensis*①
❸ 指名亚种 *nipalensis*
❹ 海南亚种 *whiteheadi*

① 郑作新（2000）：海南亚种 *Spizaetus nipalensis whiteheadi* 被认定为福建亚种 *Spizaetus nipalensis fokiensis* 的同物异名，据 Vaurie（1984）、de Schauensis（1984）。

◆郑作新（2002：35）记载鹰雕 *Spizaetus nipalensis* 三亚种：

❶ 东方亚种 *orientalis*
❷ 福建亚种 *fokiensis*②
❸ 指名亚种 *nipalensis*

② 据 Vaurie（1984）、de Schauensis（1984），海南亚种 *Spizaetus nipalensis whiteheadi* 被认定为福建亚种的同物异名。

◆郑光美（2005：41；2011：44）记载鹰雕 *Spizaetus nipalensis* 二亚种：

❶ 指名亚种 *nipalensis*
❷ 东方亚种 *orientalis*

◆郑光美（2017：118；2023：140）记载鹰雕 *Nisaetus nipalensis*③ 二亚种：

❶ 指名亚种 *nipalensis*
❷ 东方亚种 *orientalis*

③ 郑光美（2017）：由 *Spizaetus* 属归入 *Nisaetus* 属（Haring et al.，2007b）。

[513] **棕腹隼雕** *Lophotriorchis kienerii*　　　　　　　　　　　　　zōngfù sǔndiāo

曾用名：腹棕矮雕 *Aquila kienerii*、棕腹隼雕 *Aquila kienerii*、棕腹隼雕 *Hieraaetus kienerii*
英文名：Rufous-bellied Hawk Eagle

◆郑作新（1955：56）记载腹棕矮雕 *Aquila kienerii* 一亚种：

❶ 指名亚种 *kienerii*①

① *formosus*（常误写作 *formosanus*）的分布，限于马来群岛，直至现在，未曾自台湾录得。

◆郑作新（1966：24）记载棕腹隼雕 *Aquila kienerii*，但未述及亚种分化问题。

◆郑作新（1964：209；1976：94）记载棕腹隼雕 *Aquila kienerii* 一亚种：

❶ 指名亚种 *kienerii*②

② 郑作新（1976）：*Aquila kienerii formosus*（常误写作 *formosanus*）的分布，仅限于东南亚，直至现在，未曾自台湾录得。

- ◆ 郑作新（1987：101）记载棕腹隼雕 *Aquila kienerii* 一亚种：
  - ❶ 东南亚种 *formosus*
- ◆ 郑作新（2002：36）记载棕腹隼雕 *Hieraaetus kienerii*，但未述及亚种分化问题。
- ◆ 郑作新（1994：21；2000：20）、郑光美（2005：41；2011：43）记载棕腹隼雕 *Hieraaetus kienerii* 一亚种：
  - ❶ 东南亚种 *formosus*
- ◆ 郑光美（2017：118；2023：140）记载棕腹隼雕 *Lophotriorchis kienerii*③ 一亚种：
  - ❶ 东南亚种 *formosus*

③ 郑光美（2017）：由 *Hieraaetus* 属归入 *Lophotriorchis* 属（Haring et al.，2007b）。

[514] 林雕 *Ictinaetus malaiensis*　　　　　　　　　　　　　　　　　　　　　　　líndiāo

曾用名： 林雕 *Ictinaëtus malayensis*、林雕 *Ictinaetus malayensis*

英文名： Black Eagle

- ◆ 郑作新（1955：56；1964：209）记载林雕 *Ictinaëtus malayensis* 为单型种。
- ◆ 郑作新（1966：24）记载林雕属 *Ictinaëtus* 为单型属。
- ◆ 郑作新（1976：95）记载林雕 *Ictinaetus malayensis* 为单型种。
- ◆ 郑作新（2002：34）记载林雕属 *Ictinaetus* 为单型属。
- ◆ 郑作新（1987：101；1994：21；2000：20）、郑光美（2005：39；2011：42）记载林雕 *Ictinaetus malayensis* 一亚种：
  - ❶ 指名亚种 *malayensis*
- ◆ 郑光美（2017：119；2023：140）记载林雕 *Ictinaetus malaiensis* 一亚种：
  - ❶ 指名亚种 *malaiensis*

[515] 乌雕 *Clanga clanga*　　　　　　　　　　　　　　　　　　　　　　　　　wūdiāo

曾用名： 乌雕 *Aquila clanga*

英文名： Greater Spotted Eagle

- ◆ 郑作新（1966：24；2002：35）记载乌雕 *Aquila clanga*，但未述及亚种分化问题。
- ◆ 郑作新（1955：55；1964：209；1976：92；1987：99-100；1994：20；2000：20）、郑光美（2005：39；2011：42）记载乌雕 *Aquila clanga* 为单型种。
- ◆ 郑光美（2017：119；2023：141）记载乌雕 *Clanga clanga*① 为单型种。

① 郑光美（2017）：由 *Aquila* 属归入 *Clanga* 属（Wells et al., 2012; Gregory et al., 2012）。

[516] 靴隼雕 *Hieraaetus pennatus*　　　　　　　　　　　　　　　　　　　　xuēsǔndiāo

曾用名： 小雕 *Aquila pennata*、小雕 *Hieraaetus pennata*

英文名： Booted Eagle

- ◆ 郑作新（1955：56；1976：94；1987：101）记载小雕 *Aquila pennata* 一亚种：
  - ❶ 北方亚种 *milvoides*
- ◆ 郑作新（1964：25，209；1966：25）记载小雕 *Aquila pennata* 二亚种：
  - ❶ 指名亚种 *pennata*

❷ 北方亚种 milvoides

◆郑作新（1994：21；2000：20）记载靴隼雕 Hieraaetus pennatus[①]一亚种：

❶ 北方亚种 milvoides

[①] 编者注：据赵正阶（2001a：269-270），小雕 Hieraaetus pennata 全世界计有 2 亚种，指名亚种 Hieraaetus pennatus pennatus，分布从欧洲南部到北非和高加索；亚洲亚种 Hieraaetus pennatus milvoides，分布于亚洲中部和西南部。也有认为无亚种分化，为单型种。过去曾将本种放入 Aquita 属，但近来多数学者主张放入 Hieraaetus 属。

◆郑作新（2002：36）记载靴隼雕 Hieraaetus pennatus，但未述及亚种分化问题。

◆郑光美（2005：41；2011：43；2017：119；2023：141）记载靴隼雕 Hieraaetus pennatus 为单型种。

〔517〕**草原雕** *Aquila nipalensis*　　　　　　　　　　　　　　　　　cǎoyuándiāo

曾用名：草原雕 *Aquila rapax*

英文名：Steppe Eagle

◆郑作新（1955：55；1964：209；1976：92；1987：98；1994：20；2000：20）记载草原雕 *Aquila rapax* 一亚种：

❶ 普通亚种 *nipalensis*

◆郑作新（1966：25；2002：35）记载草原雕 *Aquila rapax*，但未述及亚种分化问题。

◆郑光美（2005：40；2011：42；2017：119；2023：141）记载草原雕 *Aquila nipalensis*[①]一亚种：

❶ 指名亚种 *nipalensis*

[①] 编者注：据郑光美（2002：23；2021：78），*Aquila rapax* 被命名为茶色雕，中国无分布。

〔518〕**白肩雕** *Aquila heliaca*　　　　　　　　　　　　　　　　　báijiāndiāo

英文名：Imperial Eagle

◆郑作新（1955：54；1964：209；1976：91；1987：97；1994：20；2000：20）记载白肩雕 *Aquila heliaca* 一亚种：

❶ 指名亚种 *heliaca*

◆郑作新（1966：25；2002：36）记载白肩雕 *Aquila heliaca*，但未述及亚种分化问题。

◆郑光美（2005：40；2011：42；2017：120；2023：142）记载白肩雕 *Aquila heliaca* 为单型种。

〔519〕**金雕** *Aquila chrysaetos*　　　　　　　　　　　　　　　　　jīndiāo

曾用名：金雕 *Aquila chrysaëtos*

英文名：Golden Eagle

◆郑作新（1955：53；1964：25，209；1966：25）记载金雕 *Aquila chrysaëtos* 二亚种：

❶ 东北亚种 *kamtschatica*[①]

❷ 华西亚种 *daphanea*

[①] 编者注：赵正阶（2001a：263）称之为堪察加亚种。

◆郑作新（1987：96-97；1994：20；2000：20；2002：36）记载金雕 *Aquila chrysaetos* 二亚种：

❶ 东北亚种 *canadensis*[②]

❷ 华西亚种 *daphanea*

② 编者注：赵正阶（2001a：263）称之为加拿大亚种。也有将分布于堪察加半岛和西伯利亚及我国东北的种群订为堪察加亚种 *Aquila chrysaetos kamtschatica*，但近年来已被认为是加拿大亚种 *Aquila chrysaetos canadensis* 的同物异名。

◆郑作新（1976：89-91）、郑光美（2005：40；2011：43；2017：120；2023：142）记载金雕 *Aquila chrysaetos* 二亚种：
  ❶ 东北亚种 *kamtschatica*
  ❷ 华西亚种 *daphanea*

〔520〕**白腹隼雕** *Aquila fasciata*　　　　　　　　　　　　　　　　　　　　báifù sǔndiāo

曾用名： 白腹山雕 *Aquila fasciata*、白腹隼雕 *Hieraaetus fasciatus*、白腹隼雕 *Hieraaetus fasciata*；
　　　　白腹山雕 *Hieraaetus fasciata*（赵正阶，2001a：268）

英文名： Bonelli's Eagle

◆郑作新（1955：55；1964：209；1976：94；1987：100）记载白腹山雕 *Aquila fasciata* 一亚种：
  ❶ 指名亚种 *fasciata*

◆郑作新（1966：25）记载白腹山雕 *Aquila fasciata*，但未述及亚种分化问题。

◆郑作新（1994：21；2000：20）、郑光美（2005：40）记载白腹隼雕 *Hieraaetus fasciatus* 一亚种：
  ❶ 指名亚种 *fasciatus*

◆郑作新（2002：36）记载白腹隼雕 *Hieraaetus fasciatus*，亦未述及亚种分化问题。

◆郑光美（2011：43）记载白腹隼雕 *Hieraaetus fasciata* 一亚种：
  ❶ 指名亚种 *fasciata*

◆郑光美（2017：120；2023：142）记载白腹隼雕 *Aquila fasciata* 一亚种：
  ❶ 指名亚种 *fasciata*

〔521〕**凤头鹰** *Accipiter trivirgatus*　　　　　　　　　　　　　　　　　　　　fèngtóuyīng

英文名： Crested Goshawk

◆郑作新（1955：46；1964：21，208；1966：21；1976：80-81；1987：86；1994：19；2000：18；2002：30）、郑光美（2005：35；2011：37；2017：121；2023：142-143）均记载凤头鹰 *Accipiter trivirgatus* 二亚种：
  ❶ 普通亚种 *indicus*
  ❷ 台湾亚种 *formosae*

〔522〕**褐耳鹰** *Accipiter badius*　　　　　　　　　　　　　　　　　　　　　　hè'ěryīng

英文名： Shikra

◆郑作新（1955：46）记载褐耳鹰 *Accipiter badius* 一亚种：
  ❶ 南方亚种 *poliopsis*

◆郑作新（1964：21，208；1966：21；1976：79；1987：85；1994：18-19；2000：18；2002：30）、郑光美（2005：35；2011：37；2017：121；2023：143）记载褐耳鹰 *Accipiter badius* 二亚种：
  ❶ 新疆亚种 *cenchroides*
  ❷ 南方亚种 *poliopsis*

〔523〕**赤腹鹰** *Accipiter soloensis*   chìfùyīng

曾用名：赤腹鹰 *Accipiter soloënsis*

英文名：Chinese Goshawk

◆ 郑作新（1955：46；1964：208）记载赤腹鹰 *Accipiter soloënsis* 为单型种。

◆ 郑作新（1966：20）记载赤腹鹰 *Accipiter soloënsis*，但未述及亚种分化问题。

◆ 郑作新（2002：29）记载赤腹鹰 *Accipiter soloënsis*，亦未述及亚种分化问题。

◆ 郑作新（1976：79；1987：85-86；1994：19；2000：18）、郑光美（2005：35；2011：38；2017：121；2023：143）记载赤腹鹰 *Accipiter soloensis* 为单型种。

〔524〕**日本松雀鹰** *Accipiter gularis*   rìběn sōngquèyīng

英文名：Japanese Sparrow Hawk

    曾被视为松雀鹰 *Accipiter virgatus* 的一个亚种，现列为独立种。请参考〔525〕松雀鹰 *Accipiter virgatus*。

〔525〕**松雀鹰** *Accipiter virgatus*   sōngquèyīng

英文名：Besra

◆ 郑作新（1955：48-49；1964：21，208；1966：21）记载松雀鹰 *Accipiter virgatus* 三亚种：

  ❶ 北方亚种 *gularis*

  ❷ 南方亚种 *affinis*

  ❸ 东南亚种 *nisoides*

◆ 郑作新（1976：82-84；1987：88-90；1994：19；2000：18-19；2002：30）记载松雀鹰 *Accipiter virgatus*[①②] 四亚种：

  ❶ 北方亚种 *gularis*

  ❷ 南方亚种 *affinis*

  ❸ 东南亚种 *nisoides*

  ❹ 台湾亚种 *fuscipectus*

  ① 郑作新（1976，1987）：Vaurie（1965）把此种分为两种：*Accipiter virgatus* 和 *Accipiter gularis*，并将 *Accipiter nisoides* 列为后一种的同物异名。

◆ 郑光美（2005：35-36；2011：38-39；2017：122；2023：143-144）记载以下两种：

  （1）日本松雀鹰 *Accipiter gularis*

    ❶ 指名亚种 *gularis*

  （2）松雀鹰 *Accipiter virgatus*

    ❶ 南方亚种 *affinis*

    ❷ 台湾亚种 *fuscipectus*

    ❸ 东南亚种 *nisoides*

〔526〕**雀鹰** *Accipiter nisus*   quèyīng

英文名：Eurasian Sparrow Hawk

◆ 郑作新（1955：47；1964：20，208；1966：20；1976：81-82；1987：87-88；1994：19；2000：18；2002：

29）记载雀鹰 *Accipiter nisus* 二亚种：

❶ 北方亚种 *nisosimilis*

❷ 南方亚种 *melaschistos*

◆郑光美（2005：36；2011：39；2017：122-123；2023：144-145）记载雀鹰 *Accipiter nisus* 三亚种：

❶ 南方亚种 *melaschistos*

❷ 北方亚种 *nisosimilis*

❸ 新疆亚种 *dementjevi*[①]

① 编者注：亚种中文名引自段文科和张正旺（2017a：199）。

〔527〕**苍鹰** *Accipiter gentilis*   cāngyīng

英文名： Northern Goshawk

◆郑作新（1964：208；1976：77-78；1987：83-84；1994：18；2000：18；2002：30）记载苍鹰 *Accipiter gentilis* 五亚种：

❶ 新疆亚种 *buteoides*

❷ 普通亚种 *schvedowi*

❸ 西藏亚种 *khamensis*

❹ 黑龙江亚种 *albidus*

❺ 台湾亚种 *fujiyamae*

◆郑作新（1964：21；1966：21）记载苍鹰 *Accipiter gentilis* 四亚种：

❶ 普通亚种 *schvedowi*

❷ 台湾亚种 *fujiyamae*

❸ 黑龙江亚种 *albidus*

❹ 西藏亚种 *khamensis*

◆郑作新（1955：44-45）、郑光美（2005：37；2011：39；2017：123；2023：145）记载苍鹰 *Accipiter gentilis* 四亚种：

❶ 普通亚种 *schvedowi*[①]

❷ 台湾亚种 *fujiyamae*

❸ 黑龙江亚种 *albidus*

❹ 新疆亚种 *buteoides*

① 郑光美（2005）：现在普遍认为 *khamensis* 亚种为 *schvedowi* 亚种的同物异名（Mayr et al., 1976；杨岚等，1994）。

〔528〕**白头鹞** *Circus aeruginosus*   báitóuyào

英文名： Western Marsh Harrier

◆郑作新（1955：62；1964：22，210；1966：22；1976：102-104）记载白头鹞 *Circus aeruginosus* 二亚种：

❶ 指名亚种 *aeruginosus*

❷ 东方亚种 *spilonotus*

◆郑作新（1987：110-111；1994：22；2000：22；2002：31）、郑光美（2005：33-34；2011：36；2017：123-124；2023：145-146）记载以下两种：

（1）白头鹞 *Circus aeruginosus*①

❶ 指名亚种 *aeruginosus*

（2）白腹鹞 *Circus spilonotus*②

❶ 指名亚种 *spilonotus*

①② 编者注：郑作新（2002）未述及亚种分化问题。

〔529〕**白腹鹞** *Circus spilonotus*   báifùyào

英文名：Eastern Marsh Harrier

曾被视为 *Circus aeruginosus* 的一个亚种，现列为独立种。请参考〔528〕白头鹞 *Circus aeruginosus*。详情可参考朱磊等（2019）。

〔530〕**白尾鹞** *Circus cyaneus*   báiwěiyào

英文名：Hen Harrier

◆郑作新（1966：22；2002：31）记载白尾鹞 *Circus cyaneus*，但未述及亚种分化问题。

◆郑作新（1955：61；1964：210；1976：101；1987：108；1994：22；2000：21）、郑光美（2005：34；2011：36；2017：124；2023：146）记载白尾鹞 *Circus cyaneus* 一亚种：

❶ 指名亚种 *cyaneus*

〔531〕**草原鹞** *Circus macrourus*   cǎoyuányào

英文名：Pallid Harrier

◆郑作新（1966：21；2002：31）记载草原鹞 *Circus macrourus*，但未述及亚种分化问题。

◆郑作新（1955：61；1964：210；1976：102；1987：109；1994：22；2000：21）、郑光美（2005：34；2011：36；2017：124；2023：146）记载草原鹞 *Circus macrourus* 为单型种。

〔532〕**鹊鹞** *Circus melanoleucos*   quèyào

英文名：Pied Harrier

◆郑作新（1966：22；2002：31）记载鹊鹞 *Circus melanoleucos*，但未述及亚种分化问题。

◆郑作新（1955：61；1964：210；1976：102；1987：109；1994：22；2000：21）、郑光美（2005：34；2011：37；2017：124；2023：146）记载鹊鹞 *Circus melanoleucos* 为单型种。

〔533〕**乌灰鹞** *Circus pygargus*   wūhuīyào

英文名：Montagu's Harrier

◆郑作新（1966：21；2002：31）记载乌灰鹞 *Circus pygargus*，但未述及亚种分化问题。

◆郑作新（1955：61；1964：210；1976：102；1987：109；1994：22；2000：21）、郑光美（2005：34；2011：37；2017：124；2023：146）记载乌灰鹞 *Circus pygargus* 为单型种。

XIX. 鹰形目
ACCIPITRIFORMES

〔534〕黑鸢 *Milvus migrans*　　　　　　　　　　　　　　　　　　　　　　　　　　　hēiyuān

曾用名：鸢 *Milvus korschun*、[黑]鸢 *Milvus korschun*、[黑]鸢 *Milvus migrans*、
　　　　　黑耳鸢 *Milvus lineatus*、黑耳鸢 *Milvus migrans*

英文名：Black Kite

◆郑作新（1955：43-44；1964：20，207）记载鸢 *Milvus korschun* 三亚种：
  ❶ 普通亚种 *lineatus*
  ❷ 云南亚种 *govinda*
  ❸ 台湾亚种 *formosanus*①②
  ① 编者注：亚种中文名引自段文科和张正旺（2017a：174）。
  ② 编者注：郑作新（1976，1987）将其作为普通亚种 *lineatus* 的同物异名。

◆郑作新（1966：20；1976：75）记载鸢 *Milvus korschun* 二亚种：
  ❶ 普通亚种 *lineatus*
  ❷ 云南亚种 *govinda*

◆郑作新（1987：81）记载[黑]鸢 *Milvus korschun*③二亚种：
  ❶ 普通亚种 *lineatus*
  ❷ 云南亚种 *govinda*
  ③ 根据一些学者的说法，*Accipiter korschun* 这个名字，是 Gmelin 用来描述风筝的名字，无法确定，因此他们更倾向于采用 *Milvus migrans* 来描述这个物种。

◆郑作新（1994：18；2000：17；2002：28）记载[黑]鸢 *Milvus migrans* 二亚种：
  ❶ 普通亚种 *lineatus*
  ❷ 云南亚种 *govinda*

◆郑光美（2005：30；2011：32；2017：125；2023：147）记载黑鸢 *Milvus migrans* 三亚种：
  ❶ 云南亚种 *govinda*
  ❷ 普通亚种 *lineatus*④
  ❸ 台湾亚种 *formosanus*
  ④ 编者注：约翰·马敬能等（2000：184）将其作为独立种，即黑耳鸢 *Milvus lineatus*，并标注"以往归入黑鸢 *Milvus migrans* 的亚种，并与 *Milvus korschun lineatus* 同种（郑作新，1987）"；约翰·马敬能（2022b：85）则将其作为黑鸢 *Milvus migrans* 的 *lineatus* 亚种（又名黑耳鸢）。

〔535〕栗鸢 *Haliastur indus*　　　　　　　　　　　　　　　　　　　　　　　　　　lìyuān

英文名：Brahminy Kite

◆郑作新（1966：24；2002：34）记载栗鸢属 *Haliastur* 为单型属。

◆郑作新（1955：44；1964：207；1976：76；1987：82；1994：18；2000：18）、郑光美（2005：31）记载栗鸢 *Haliastur indus* 一亚种：
  ❶ 指名亚种 *indus*

◆郑光美（2011：32-33；2017：125；2023：147）记载栗鸢 *Haliastur indus* 二亚种：
  ❶ 指名亚种 *indus*

❷ 马来亚种 *intermedius*[①]

① 编者注：亚种中文名引自段文科和张正旺（2017a：175）。

〔536〕**白腹海雕** *Haliaeetus leucogaster*   báifù hǎidiāo

英文名：White-bellied Sea Eagle

◆ 郑作新（1966：26；2002：36）记载白腹海雕 *Haliaeetus leucogaster*，但未述及亚种分化问题。

◆ 郑作新（1955：57；1964：209；1976：95；1987：102；1994：21；2000：20）、郑光美（2005：31；2011：33；2017：125；2023：147）记载白腹海雕 *Haliaeetus leucogaster* 为单型种。

〔537〕**玉带海雕** *Haliaeetus leucoryphus*   yùdài hǎidiāo

英文名：Pallas's Fish Eagle

◆ 郑作新（1966：26；2002：36）记载玉带海雕 *Haliaeetus leucoryphus*，但未述及亚种分化问题。

◆ 郑作新（1955：57；1964：209；1976：96；1987：102；1994：21；2000：20）、郑光美（2005：31；2011：33；2017：126；2023：148）记载玉带海雕 *Haliaeetus leucoryphus* 为单型种。

〔538〕**白尾海雕** *Haliaeetus albicilla*   báiwěi hǎidiāo

英文名：White-tailed Sea Eagle

◆ 郑作新（1966：26；2002：36）记载白尾海雕 *Haliaeetus albicilla*，但未述及亚种分化问题。

◆ 郑作新（1955：57；1964：209；1976：96；1987：103；1994：21；2000：21）、郑光美（2005：31；2011：33；2017：126；2023：148）记载白尾海雕 *Haliaeetus albicilla* 一亚种：

❶ 指名亚种 *albicilla*

〔539〕**虎头海雕** *Haliaeetus pelagicus*   hǔtóu hǎidiāo

英文名：Steller's Sea Eagle

◆ 郑作新（1955：58；1964：209；1976：97；1987：104；1994：21；2000：21）记载虎头海雕 *Haliaeetus pelagicus* 为单型种。

◆ 郑作新（1966：26；2002：36）记载虎头海雕 *Haliaeetus pelagicus*，但未述及亚种分化问题。

◆ 郑光美（2005：31；2011：33-34；2017：126；2023：148）记载虎头海雕 *Haliaeetus pelagicus* 一亚种：

❶ 指名亚种 *pelagicus*

〔540〕**渔雕** *Haliaeetus humilis*   yúdiāo

曾用名：渔雕 *Icthyophaga nana*、渔雕 *Ichthyophaga humilis*

英文名：Lesser Fish Eagle

◆ 郑作新（1955：58；1964：209；1976：97）记载渔雕 *Icthyophaga nana* 一亚种：

❶ 海南亚种 *plumbea*[①]

① 郑作新（1976）：Hachisuka（1939）所录得的 *Icthyophaga ichthyaetus ichthyaetus*，应当归隶于此。

◆ 郑作新（1966：24；2002：34）记载渔雕属 *Icthyophaga* 为单型属。

◆ 郑作新（1987：104；1994：21；2000：21）、郑光美（2005：32；2011：34；2017：126）记载渔

XIX. 鹰形目
ACCIPITRIFORMES

雕 *Ichthyophaga humilis*[②] 一亚种：

❶ 海南亚种 *plumbea*

② 郑作新（1987）：Hachisuka（1939）所录得的 *Icthyophaga ichthyaetus ichthyaetus*，应当归隶于此。

◆ 郑光美（2023：148）记载渔雕 *Haliaeetus humilis* 一亚种：

❶ 海南亚种 *plumbea*

〔541〕**白眼鵟鹰** *Butastur teesa* báiyǎn kuángyīng

英文名：White-eyed Buzzard

◆ 郑作新（1966：24；2002：34）记载白眼鵟鹰 *Butastur teesa*，但未述及亚种分化问题。

◆ 郑作新（1955：51；1964：208；1976：87；1987：93；1994：20；2000：19）、郑光美（2005：37；2011：40；2017：126；2023：148）记载白眼鵟鹰 *Butastur teesa* 为单型种。

〔542〕**棕翅鵟鹰** *Butastur liventer* zōngchì kuángyīng

英文名：Rufous-winged Buzzard

◆ 郑作新（1966：24；2002：34）记载棕翅鵟鹰 *Butastur liventer*，但未述及亚种分化问题。

◆ 郑作新（1964：208；1976：88；1987：94；1994：20；2000：19）、郑光美（2005：37；2011：40；2017：127；2023：149）记载棕翅鵟鹰 *Butastur liventer*[①] 为单型种。

① 编者注：中国鸟类新记录（郑作新等，1957）。

〔543〕**灰脸鵟鹰** *Butastur indicus* huīliǎn kuángyīng

英文名：Grey-faced Buzzard

◆ 郑作新（1966：24；2002：34）记载灰脸鵟鹰 *Butastur indicus*，但未述及亚种分化问题。

◆ 郑作新（1955：51；1964：208；1976：88；1987：94；1994：20；2000：19）、郑光美（2005：38；2011：40；2017：127；2023：149）记载灰脸鵟鹰 *Butastur indicus* 为单型种。

〔544〕**毛脚鵟** *Buteo lagopus* máojiǎokuáng

英文名：Rough-legged Buzzard

◆ 郑作新（1955：51；1964：23；1966：23）记载毛脚鵟 *Buteo lagopus* 一亚种：

❶ 北方亚种 *menzbieri*[①]

❷ 堪察加亚种 *kamtschatkensis*[②]

① 编者注：郑作新（1987）将其列为 *kamtschatkensis* 亚种的同物异名；赵正阶（2001a：256）称 *menzbieri* 为东西伯利亚亚种。

② 编者注：亚种中文名引自赵正阶（2001a：256）。

◆ 郑作新（1964：208；1976：86-87）记载毛脚鵟 *Buteo lagopus* 三亚种：

❶ 指名亚种 *lagopus*

❷ 北方亚种 *menzbieri*[③]

❸ ? 堪察加亚种 *kamtschatkensis*

③ 编者注：郑作新（1987）将其列为 *kamtschatkensis* 亚种的同物异名。

◆郑作新（1987：93；1994：20；2000：19；2002：33）、郑光美（2005：39；2011：41；2017：127；2023：149）记载毛脚鵟 *Buteo lagopus* 二亚种：

① 指名亚种 *lagopus*
② 北方亚种 *kamtschatkensis*

〔545〕**大鵟** *Buteo hemilasius*   dàkuáng

英文名：Upland Buzzard

◆郑作新（1966：22，23；2002：33）记载大鵟 *Buteo hemilasius*，但未述及亚种分化问题。

◆郑作新（1955：49；1964：208；1976：84；1987：90；1994：19；2000：19）、郑光美（2005：38；2011：41；2017：127-128；2023：149-150）记载大鵟 *Buteo hemilasius* 为单型种。

〔546〕**普通鵟** *Buteo japonicus*   pǔtōngkuáng

英文名：Eastern Buzzard

从原普通鵟 *Buteo buteo* 的亚种提升为种，中文名沿用普通鵟。请参考〔549〕欧亚鵟 *Buteo buteo*。

〔547〕**喜山鵟** *Buteo refectus*   xǐshānkuáng

曾用名：喜山鵟 *Buteo burmanicus*（刘阳等，2021：134）

英文名：Himalayan Buzzard

由 *Buteo buteo* 的亚种提升为种。请参考〔549〕欧亚鵟 *Buteo buteo*。

〔548〕**棕尾鵟** *Buteo rufinus*   zōngwěikuáng

英文名：Long-legged Buzzard

◆郑作新（1966：22，23；2002：33）记载棕尾鵟 *Buteo rufinus*，但未述及亚种分化问题。

◆郑作新（1955：49；1964：208；1976：84；1987：90；1994：19；2000：19）、郑光美（2005：38；2011：41；2017：128；2023：150）记载棕尾鵟 *Buteo rufinus* 一亚种：

① 指名亚种 *rufinus*

〔549〕**欧亚鵟** *Buteo buteo*   ōuyàkuáng

曾用名：鵟 *Buteo buteo*、普通鵟 *Buteo buteo*

英文名：Eurasian Buzzard

说　明：因分类修订，原普通鵟 *Buteo buteo* 的中文名修订为欧亚鵟。

◆郑作新（1955：49-50）记载鵟 *Buteo buteo* 三亚种：

① 新疆亚种 *vulpinus*
② 普通亚种 *burmanicus*①
③ 喜马拉雅亚种 *refectus*

① 编者注：将 *japonicus* 亚种列为其同物异名。

◆郑作新（1964：208）记载普通鵟 *Buteo buteo* 三亚种：

① 新疆亚种 *vulpinus*

❷ 普通亚种 burmanicus

❸ 喜马拉雅亚种 refectus

◆郑作新（1964：23；1966：23；1976：84-86）记载普通鵟 Buteo buteo 二亚种：

❶ 新疆亚种 vulpinus

❷ 普通亚种 burmanicus

◆郑作新（1987：91-92；1994：19；2000：19；2002：33）记载普通鵟 Buteo buteo 二亚种：

❶ 新疆亚种 vulpinus

❷ 普通亚种 japonicus

◆郑光美（2005：38；2011：40-41）记载普通鵟 Buteo buteo 三亚种：

❶ 普通亚种 japonicus

❷ 新疆亚种 vulpinus

❸ 喜马拉雅亚种 refectus

◆郑光美（2017：128；2023：150）记载以下三种：

（1）普通鵟 Buteo japonicus[2]

❶ 指名亚种 japonicus

[2] 郑光美（2017）：由 Buteo buteo 的亚种提升为种（Rasmussen et al., 2005；Lerner et al., 2008）。

（2）喜山鵟 Buteo refectus[3]

[3] 郑光美（2017）：由 Buteo buteo 的亚种提升为种（Rasmussen et al., 2005；Lerner et al., 2008）。

（3）欧亚鵟 Buteo buteo

❶ 新疆亚种 vulpinus

XX. 咬鹃目 TROGONIFORMES

47. 咬鹃科 Trogonidae（Trogons） 1属3种

[550] **橙胸咬鹃** *Harpactes oreskios*   chéngxiōng yǎojuān
英文名：Orange-breasted Trogon

◆ 郑作新（1966：77；2002：113）记载橙胸咬鹃 *Harpactes oreskios*，但未述及亚种分化问题。

◆ 郑作新（1964：232；1976：331；1987：356；1994：67；2000：67）、郑光美（2005：132；2011：137；2017：139-140；2023：151）记载橙胸咬鹃 *Harpactes oreskios*①一亚种：

 ❶ 云南亚种 *stellae*

 ① 编者注：中国鸟类新记录（郑作新等，1957）；郑作新（1964：232）记载该种种本名为 *oroskios*，而郑作新（1964：73）记载该种种本名仍为 *oreskios*。

[551] **红头咬鹃** *Harpactes erythrocephalus*   hóngtóu yǎojuān
英文名：Red-headed Trogon

◆ 郑作新（1955：208-209）记载红头咬鹃 *Harpactes erythrocephalus* 四亚种：

 ❶ 滇西亚种 *helenae*
 ❷ *rosa* 亚种①
 ❸ 华南亚种 *yamakanensis*
 ❹ 海南亚种 *hainanus*

 ① 编者注：赵正阶（2001a：708）指出，Stresemann（1929）根据在我国广西瑶山的标本命名的新亚种 *Pyrotrogon erythrocephalus rosa*，有的学者认为是华南亚种 *yamakanensis* 的同物异名（郑作新，1976，1987；De Schauensee，1984），有的学者仍然承认该亚种（Howard et al.，1991）。本亚种是否确立，还有待于今后进一步研究。

◆ 郑作新（1964：232）记载红头咬鹃 *Harpactes erythrocephalus* 五亚种：

 ❶ 滇西亚种 *helenae*
 ❷ *rosa* 亚种
 ❸ 滇东亚种 *intermedius*
 ❹ 华南亚种 *yamakanensis*
 ❺ 海南亚种 *hainanus*

◆ 郑作新（1994：67-68；2000：67；2002：113）记载红头咬鹃 *Harpactes erythrocephalus* 六亚种：

 ❶ 滇西亚种 *helenae*
 ❷ 指名亚种 *erythrocephalus*
 ❸ 滇东亚种 *intermedius*
 ❹ 华南亚种 *yamakanensis*
 ❺ 西藏亚种 *hodgsonii*②
 ❻ 海南亚种 *hainanus*

② 郑作新（1994，2000）：我们于1973年8月19日在西藏墨脱采集了一只雄性咬鹃（郑作新等，

1983）。标本的翅长 148.5mm，根据体色和翅膀长度，我们同意关贯勋（1986）的意见，将其鉴定为西藏亚种 *hodgsonii*。

◆ 郑作新（1966：77；1976：331-332；1987：356-357）、郑光美（2005：131-132；2011：137；2017：140；2023：151）记载红头咬鹃 *Harpactes erythrocephalus* 五亚种：

❶ 滇西亚种 *helenae*
❷ 指名亚种 *erythrocephalus*
❸ 滇东亚种 *intermedius*
❹ 华南亚种 *yamakanensis*
❺ 海南亚种 *hainanus*

〔532〕**红腹咬鹃** *Harpactes wardi*   hóngfù yǎojuān

英文名：Ward's Trogon

◆ 郑作新（2002：113）记载红腹咬鹃 *Harpactes wardi*，但未述及亚种分化问题。

◆ 郑作新（1987：357；1994：68；2000：67）、郑光美（2005：132；2011：137；2017：140；2023：152）记载红腹咬鹃 *Harpactes wardi*[①]为单型种。

[①] 编者注：中国鸟类新记录（彭燕章等，1979）。

XXI. 犀鸟目 BUCEROTIFORMES

48. 犀鸟科 Bucerotidae（Hornbills） 5属5种

〔553〕**双角犀鸟** *Buceros bicornis*   shuāngjiǎo xī'niǎo

曾用名： 犀鸟 *Buceros bicornis*

英文名： Great Indian Hornbill

◆ 郑作新（1955：219）记载犀鸟 *Buceros bicornis*[①]为单型种。

   ① 倘得区分为亚种时，应命名为 *Buceros bicornis homrai*。

◆ 郑作新（1964：234；1976：348-349；1987：374；1994：71；2000：71）记载双角犀鸟 *Buceros bicornis* 一亚种：

   ❶ 云南亚种 *homrai*

◆ 郑作新（1966：81；2002：118）记载双角犀鸟 *Buceros bicornis*，但未述及亚种分化问题。

◆ 郑光美（2005：138；2011：144；2017：141；2023：153）记载双角犀鸟 *Buceros bicornis* 为单型种。

〔554〕**冠斑犀鸟** *Anthracoceros albirostris*   guānbān xī'niǎo

曾用名： 斑犀鸟 *Anthracoceros malabaricus*、冠斑犀鸟 *Anthracoceros coronatus*、

       冠斑犀鸟 *Anthracoceros malabaricus*

英文名： Oriental Pied Hornbill

◆ 郑作新（1955：219）记载斑犀鸟 *Anthracoceros malabaricus* 一亚种：

   ❶ *leucogaster* 亚种

◆ 郑作新（1964：234；1976：348；1987：374；1994：71；2000：71）记载冠斑犀鸟 *Anthracoceros coronatus* 一亚种：

   ❶ 云南亚种 *albirostris*[①②]

   ① 郑作新（1987）：根据 Sanft（1960），*Buceros malabaricus* 应该变更为 *Anthracoceros coronatus albirostris*。

   ② 郑作新（1994，2000）：参见关贯勋（1989）。

◆ 郑作新（1966：81；2002：118）记载冠斑犀鸟 *Anthracoceros coronatus*，但未述及亚种分化问题。

◆ 赵正阶（2001a：734-735）、关贯勋和谭耀匡（2003：109-110）记载冠斑犀鸟 *Anthracoceros malabaricus*[③] 一亚种：

   ❶ 指名亚种 *malabaricus*

   ③ 编者注：据郑光美（2002：92；2021：84），*Anthracoceros coronatus* 被命名为印度冠斑犀鸟，中国无分布。

◆ 郑光美（2005：137；2011：143；2017：141）记载冠斑犀鸟 *Anthracoceros albirostris* 一亚种：

   ❶ 指名亚种 *albirostris*

◆ 郑光美（2023：153）记载冠斑犀鸟 *Anthracoceros albirostris* 为单型种。

XXI. 犀鸟目
BUCEROTIFORMES

〔555〕**白喉犀鸟** *Anorrhinus austeni*　　　　　　　　　　　　　　　　　báihóu xī'niǎo

曾用名：白喉犀鸟 *Ptilolaemus tickelli*、白喉〔小盔〕犀鸟 *Ptilolaemus tickelli*、
　　　　　白喉〔小盔〕犀鸟 *Anorrhinus tickelli*、白喉小盔犀鸟 *Ptilolaemus tickelli*、
　　　　　白喉犀鸟 *Anorrhinus tickelli*

英文名：Brown Hornbill

◆郑作新（1966：81）记载白喉犀鸟 *Ptilolaemus tickelli*，但未述及亚种分化问题。

◆郑作新（1964：234；1976：347-348；1987：373；1994：71；2000：71）记载白喉〔小盔〕犀鸟 *Ptilolaemus tickelli* 一亚种：
　　❶ 云南亚种 *indochinensis*

◆郑作新（2002：117）记载白喉〔小盔〕犀鸟 *Ptilolaemus tickelli*，亦未述及亚种分化问题。

◆约翰·马敬能等（2000：74）记载是白喉〔小盔〕犀鸟 *Anorrhinus tickelli*。

◆赵正阶（2001a：732-733）记载白喉犀鸟 *Ptilolaemus tickelli*[①]一亚种：
　　❶ 云南亚种 *indochinensis*
　　① 编者注：据赵正阶（2001a），有的用 *Anorrhinus* 属名。

◆关贯勋和谭耀匡（2003：109-110）记载白喉小盔犀鸟 *Ptilolaemus tickelli*[②]一亚种：
　　❶ 云南亚种 *indochinensis*
　　② 编者注：据关贯勋和谭耀匡（2003），此属原先纳入犀鸟属 *Buceros* 中，之后学者因其差异较大而将之另立一属。

◆郑光美（2005：138；2011：144）记载白喉犀鸟 *Anorrhinus tickelli* 一亚种：
　　❶ 印度亚种 *austeni*[③]
　　③ 编者注：亚种中文名引自赵正阶（2001a：733）。

◆郑光美（2017：141；2023：153）记载白喉犀鸟 *Anorrhinus austeni*[④]为单型种。
　　④ 编者注：据郑光美（2002：93；2021：84），*Anorrhinus tickelli* 被命名为锈颊犀鸟，中国无分布。

〔556〕**棕颈犀鸟** *Aceros nipalensis*　　　　　　　　　　　　　　　　　zōngjǐng xī'niǎo

曾用名：棕颈〔无盔〕犀鸟 *Aceros nipalensis*

英文名：Rufous-necked Hornbill

◆郑作新（1964：234；1976：348；1987：373）记载棕颈〔无盔〕犀鸟 *Aceros nipalensis* 为单型种。

◆郑作新（1966：81）记载棕颈犀鸟 *Aceros nipalensis*，但未述及亚种分化问题。

◆郑作新（1994：71；2000：71）记载棕颈〔无盔〕犀鸟 *Aceros nipalensis* 一亚种：
　　❶ 云南亚种 *yunnanensis*

◆郑作新（2002：118）记载棕颈〔无盔〕犀鸟 *Aceros nipalensis*，亦未述及亚种分化问题。

◆郑光美（2005：138；2011：144；2017：141；2023：153）记载棕颈犀鸟 *Aceros nipalensis* 为单型种。

〔557〕**花冠皱盔犀鸟** *Rhyticeros undulatus*　　　　　　　　　　　　huāguān zhòukuī xī'niǎo

曾用名：花冠皱盔犀鸟 *Aceros undulatus*；皱盔犀鸟 *Aceros undulatus*（赵正阶，2001a：736）

英文名：Wreathed Hornbill

◆杭馥兰和常家传（1997：333）、郑作新（2000：71）记载花冠皱盔犀鸟 *Aceros undulatus* 一亚种：

183

❶ 云南亚种 *ticehursti*
- ◆ 郑作新（2002：118）记载花冠皱盔犀鸟 *Aceros undulatus*，但未述及亚种分化问题。
- ◆ 郑光美（2005：138；2011：144）记载花冠皱盔犀鸟 *Aceros undulatus* 为单型种。
- ◆ 郑光美（2017：141；2023：153）记载花冠皱盔犀鸟 *Rhyticeros undulatus*①为单型种。

① 郑光美（2017）：由 *Aceros* 属归入 *Rhyticeros* 属（Viseshakul et al.，2011）。

49. 戴胜科 Upupidae（Hoopoes） 1属1种

[558] **戴胜** *Upupa epops*　　　　　　　　　　　　　　　　　　　　　　　　dàishèng
英文名： Eurasian Hoopoe

- ◆ 郑作新（1955：217-218）记载戴胜 *Upupa epops* 三亚种：
  - ❶ 指名亚种 *epops*①
  - ❷ ? 东方亚种 *orientalis*②
  - ❸ 华南亚种 *longirostris*

  ① 编者注：将普通亚种 *saturata* 列为其同物异名。
  ② 编者注：亚种中文名引自赵正阶（2001a：731）。

- ◆ 郑作新（1964：76，233-234；1966：80；1976：346-347）记载戴胜 *Upupa epops* 三亚种：
  - ❶ 普通亚种 *saturata*
  - ❷ ? 东方亚种 *orientalis*③④
  - ❸ 华南亚种 *longirostris*

  ③ 郑作新（1964，1976）：这一亚种确立与否，尚属疑问。据 Vaurie（1959），它不过是模式亚种与 *Upupa epops ceylonensis* 的居间类型。
  ④ 郑作新（1966）：确立与否，尚属疑问。据 Vaurie（1959），它不过是指名亚种与 *Upupa epops ceylonensis* 的居间类型。

- ◆ 郑作新（1987：372-373；1994：71；2000：70-71；2002：117）记载戴胜 *Upupa epops* 二亚种：
  - ❶ 普通亚种 *saturata*
  - ❷ 华南亚种 *longirostris*

- ◆ 郑光美（2005：137；2011：143；2017：142；2023：153-154）记载戴胜 *Upupa epops* 二亚种：
  - ❶ 指名亚种 *epops*
  - ❷ 华南亚种 *longirostris*

XXII. 佛法僧目 CORACIIFORMES

50. 蜂虎科 Meropidae（Bee-eaters） 2属9种

〔559〕**赤须夜蜂虎** *Nyctyornis amictus*   chìxū yèfēnghǔ

曾用名：赤须蜂虎 *Nyctyornis amictus*

英文名：Red-bearded Bee Eater

◆ 郑光美（2017：142）记载赤须蜂虎 *Nyctyornis amictus*[①]为单型种。

    ① 中国鸟类新记录（朱雷，2006年1月22日记录于云南瑞丽）。

◆ 郑光美（2023：155）记载赤须夜蜂虎 *Nyctyornis amictus* 为单型种。

〔560〕**蓝须夜蜂虎** *Nyctyornis athertoni*   lánxū yèfēnghǔ

曾用名：夜蜂虎 *Nyctyornis athertoni*、〔蓝须〕夜蜂虎 *Nyctyornis athertoni*、
蓝须蜂虎 *Nyctyornis athertoni*

英文名：Blue-bearded Bee Eater

◆ 郑作新（1955：216；1964：233）记载夜蜂虎 *Nyctyornis athertoni* 一亚种：
    ❶ 海南亚种 *brevicaudata*

◆ 郑作新（1966：80；1976：343）记载夜蜂虎 *Nyctyornis athertoni* 二亚种：
    ❶ 指名亚种 *athertoni*
    ❷ 海南亚种 *brevicaudata*

◆ 郑作新（1987：369；1994：70；2000：70；2002：117）记载〔蓝须〕夜蜂虎 *Nyctyornis athertoni* 二亚种：
    ❶ 指名亚种 *athertoni*
    ❷ 海南亚种 *brevicaudata*

◆ 郑光美（2017：142）记载蓝须蜂虎 *Nyctyornis athertoni* 二亚种：
    ❶ 指名亚种 *athertoni*
    ❷ 海南亚种 *brevicaudata*

◆ 郑光美（2005：135；2011：141；2023：155）记载蓝须夜蜂虎 *Nyctyornis athertoni* 二亚种：
    ❶ 指名亚种 *athertoni*
    ❷ 海南亚种 *brevicaudata*

〔561〕**绿喉蜂虎** *Merops orientalis*   lǜhóu fēnghǔ

英文名：Asian Green Bee Eater

◆ 郑作新（1955：215）记载绿喉蜂虎 *Merops orientalis* 一亚种：
    ❶ *birmanus* 亚种[①]

    ① 编者注：郑作新（1976，1987）、关贯勋和谭耀匡（2003：90）将其列为云南亚种 *ferrugeiceps* 的同物异名。

◆ 郑作新（1966：80；2002：116）记载绿喉蜂虎 *Merops orientalis*，但未述及亚种分化问题。

◆ 郑作新（1964：233；1976：342；1987：367；1994：70；2000：69-70）、郑光美（2005：135；2011：

141；2017：143；2023：155）记载绿喉蜂虎 *Merops orientalis*[②] 一亚种：

❶ 云南亚种 *ferrugeiceps*[③]

① 编者注：郑作新（1994，2000）记载的属名分别为 *Merps* 和 *Mero*。

② 编者注：郑光美（2005）记载该亚种为 *feriugeiceps*。

〔562〕**蓝颊蜂虎** *Merops persicus*　　　　　　　　　　　　　　lánjiá fēnghǔ

英文名：Blue-cheeked Bee Eater

◆ 段文科和张正旺（2017a：559）、郑光美（2017：143；2023：155）记载蓝颊蜂虎 *Merops persicus*[①②] 一亚种：

❶ 指名亚种 *persicus*

① 段文科和张正旺（2017a）：2014 年中国鸟类新记录。

② 郑光美（2017）：Судиловская 1936 年记录于伊犁河谷和天山（马鸣，2011），2014 年在阿尔金山重新发现（李维东等，2014）。

〔563〕**栗喉蜂虎** *Merops philippinus*　　　　　　　　　　　　　lìhóu fēnghǔ

曾用名：栗喉蜂虎 *Merops supersiliosus*

英文名：Blue-tailed Bee Eater

◆ 郑作新（1955：215）记载栗喉蜂虎 *Merops supersiliosus*[①] 一亚种：

❶ *philippinus* 亚种

① 编者注：将 *Merops philippinus* 列为其同物异名。

◆ 郑作新（1966：80；2002：116）记载栗喉蜂虎 *Merops philippinus*[②]，但未述及亚种分化问题。

② 编者注：据郑光美（2002：91；2021：86），*Merops supersiliosus* 均被命名为马岛蜂虎，中国无分布。

◆ 郑作新（1964：233；1976：341；1987：366-367；1994：70；2000：69）、郑光美（2005：136；2011：141；2017：143；2023：155）记载栗喉蜂虎 *Merops philippinus* 一亚种：

❶ 指名亚种 *philippinus*

〔564〕**彩虹蜂虎** *Merops ornatus*　　　　　　　　　　　　　　　cǎihóng fēnghǔ

英文名：Rainbow Bee Eater

◆ 郑光美（2011：142；2017：143；2023：156）记载彩虹蜂虎 *Merops ornatus*[①] 为单型种。

① 郑光美（2011）：中国鸟类新记录，见刘小如等（2010）。

〔565〕**蓝喉蜂虎** *Merops viridis*　　　　　　　　　　　　　　　lánhóu fēnghǔ

曾用名：栗头蜂虎 *Merops viridis*

英文名：Blue-throated Bee Eater

◆ 郑作新（1955：215；1964：233；1976：342-343；1987：368）记载栗头蜂虎 *Merops viridis* 一亚种：

❶ 指名亚种 *viridis*

◆ 郑作新（1966：80）记载栗头蜂虎 *Merops viridis*，但未述及亚种分化问题。

XXII. 佛法僧目
CORACIIFORMES

◆ 郑作新（2002：116）记载蓝喉蜂虎 *Merops viridis*，亦未述及亚种分化问题。

◆ 郑作新（1994：70；2000：70）、郑光美（2005：136；2011：141；2017：143；2023：156）记载蓝喉蜂虎 *Merops viridis* 一亚种：

  ❶ 指名亚种 *viridis*

〔566〕**栗头蜂虎** *Merops leschenaulti*   lìtóu fēnghǔ

曾用名：黑胸蜂虎 *Merops leschenaulti*、栗头蜂虎 *Merops leschenaultia*

英文名：Chestnut-headed Bee Eater

◆ 郑作新（1955：214；1964：233；1976：340；1987：366）记载黑胸蜂虎 *Merops leschenaulti* 一亚种：

  ❶ 指名亚种 *leschenaulti*

◆ 郑作新（1966：80）记载黑胸蜂虎 *Merops leschenaulti*，但未述及亚种分化问题。

◆ 郑作新（1994：69；2000：69）记载栗头蜂虎、黑胸蜂虎 *Merops leschenaulti* 一亚种：

  ❶ 指名亚种 *leschenaulti*

◆ 郑作新（2002：116）记载栗头蜂虎、黑胸蜂虎 *Merops leschenaulti*，亦未述及亚种分化问题。

◆ 郑光美（2017：144）记载栗头蜂虎 *Merops leschenaultia* 一亚种：

  ❶ 指名亚种 *leschenaultia*

◆ 郑光美（2005：136；2011：142；2023：156）记载栗头蜂虎 *Merops leschenaulti* 一亚种：

  ❶ 指名亚种 *leschenaulti*

〔567〕**黄喉蜂虎** *Merops apiaster*   huánghóu fēnghǔ

英文名：European Bee Eater

◆ 郑作新（1955：215）记载?黄喉蜂虎 *Merops apiaster* 为单型种。

◆ 郑作新（1966：80；2002：116）记载黄喉蜂虎 *Merops apiaster*，但未述及亚种分化问题。

◆ 郑光美（2005：136；2011：142）记载黄喉蜂虎 *Merops apiaster* 一亚种：

  ❶ 指名亚种 *apiaster*

◆ 郑作新（1964：233；1976：341；1987：366；1994：70；2000：69）、郑光美（2017：144；2023：156）记载黄喉蜂虎 *Merops apiaster* 为单型种。

51. 佛法僧科 Coraciidae（Rollers） 2属3种

〔568〕**棕胸佛法僧** *Coracias affinis*   zōngxiōng fófǎsēng

曾用名：佛法僧 *Coracias benghalensis*、棕胸佛法僧 *Coracias benghalensis*

英文名：Indochinese Roller

◆ 郑作新（1955：216）记载佛法僧 *Coracias benghalensis* 一亚种：

  ❶ 西南亚种 *affinis*

◆ 郑作新（1966：80；2002：117）记载棕胸佛法僧 *Coracias benghalensis*，但未述及亚种分化问题。

◆ 郑作新（1964：233；1976：344；1987：370；1994：70；2000：70）、郑光美（2005：137；2011：142；2017：144）记载棕胸佛法僧 *Coracias benghalensis* 一亚种：

❶ 西南亚种 *affinis*

◆郑光美（2023：156）记载棕胸佛法僧 *Coracias affinis*[①]为单型种。

① 由 *Coracias benghalensis* 的亚种提升为种（Johansson et al., 2018）。编者注：据郑光美（2021：86），*Coracias benghalensis* 被命名为西棕胸佛法僧，中国无分布。

〔569〕**蓝胸佛法僧** *Coracias garrulus*　　　　　　　　　　　　　　　　　lánxiōng fófǎsēng

英文名：European Roller

◆郑作新（1966：80；2002：117）记载蓝胸佛法僧 *Coracias garrulus*，但未述及亚种分化问题。

◆郑作新（1955：216；1964：233；1976：344；1987：369；1994：70；2000：70）、郑光美（2005：136；2011：142；2017：144；2023：157）记载蓝胸佛法僧 *Coracias garrulus* 一亚种：

❶ 新疆亚种 *semenowi*

〔570〕**三宝鸟** *Eurystomus orientalis*　　　　　　　　　　　　　　　　　sānbǎoniǎo

英文名：Oriental Dollarbird

◆郑作新（1955：217）记载三宝鸟 *Eurystomus orientalis* 一亚种：

❶ 普通亚种 *abundus*[①]

◆郑作新（1966：80；2002：117）记载三宝鸟 *Eurystomus orientalis*，但未述及亚种分化问题。

◆郑作新（1964：233；1976：345；1987：371；1994：70；2000：70）、郑光美（2005：137；2011：143）记载三宝鸟 *Eurystomus orientalis* 一亚种：

❶ 普通亚种 *calonyx*

◆郑光美（2017：144；2023：157）记载三宝鸟 *Eurystomus orientalis* 一亚种：

❶ 普通亚种 *cyanicollis*[②]

①② 编者注：亚种中文名引自关贯勋和谭耀匡（2003：102-103）。本亚种曾被采用不同亚种名：Peters 使用 *Eurystomus orientalis abundus*，郑作新取用 *Eurystomus orientalis calonyx*，前者原是给后者新拟的亚种名，这是因为后者初时是属无描记命名、引证不当，但在前者拟出之前，Sharpe（1980）已正当地使用了后者，故为郑作新所采用。可是，我们最近的研究发现，Ali 等使用的 *Eurystomus orientalis cyanicollis* 是更早订立的亚种名，是从孟加拉国的标本提出的，中国的标本与孟加拉国的同属一个亚种，也应采用此名。

52. 翠鸟科 Alcedinidae（Kingfishers）　7 属 11 种

〔571〕**三趾翠鸟** *Ceyx erithaca*　　　　　　　　　　　　　　　　　　　sānzhǐ cuìniǎo

曾用名：三趾翠鸟 *Ceyx erithacus*

英文名：Oriental Dwarf Kingfisher

◆郑作新（1966：78；2002：114）记载三趾翠鸟属 *Ceyx* 为单型属。

◆郑作新（1955：212；1964：232-233；1976：337；1987：362；1994：69；2000：68）、郑光美（2005：133）记载三趾翠鸟 *Ceyx erithacus* 一亚种：

❶ 指名亚种 *erithacus*

◆郑光美（2011：138；2017：147；2023：157）记载三趾翠鸟 *Ceyx erithaca* 二亚种：

❶ 指名亚种 *erithaca*

❷ 台湾亚种 *motleyi*[①]

[①] 编者注：亚种中文名引自段文科和张正旺（2017a：546）。

〔572〕**蓝耳翠鸟** *Alcedo meninting*   lán'ěr cuìniǎo

英文名：Blue-eared Kingfisher

◆郑作新（1966：79；2002：115）记载蓝耳翠鸟 *Alcedo meninting*，但未述及亚种分化问题。

◆郑作新（1964：232；1976：336；1987：362；1994：69；2000：68）、郑光美（2005：133；2011：138；2017：146；2023：157）记载蓝耳翠鸟 *Alcedo meninting* 一亚种：

❶ 云南亚种 *coltarti*

〔573〕**普通翠鸟** *Alcedo atthis*   pǔtōng cuìniǎo

曾用名：翠鸟 *Alcedo atthis*

英文名：Common Kingfisher

◆郑作新（1955：211-212）记载翠鸟 *Alcedo atthis* 二亚种：

❶ 指名亚种 *atthis*

❷ 普通亚种 *bengalensis*

◆郑作新（1964：75，232；1966：79；1976：335；1987：360-361；1994：68-69；2000：68；2002：115-116）、郑光美（2005：132-133；2011：138；2017：146；2023：158）记载普通翠鸟 *Alcedo atthis* 二亚种：

❶ 指名亚种 *atthis*

❷ 普通亚种 *bengalensis*

〔574〕**斑头大翠鸟** *Alcedo hercules*   bāntóu dàcuìniǎo

曾用名：斑头大鱼狗 *Alcedo hercules*

英文名：Blyth's Kingfisher

◆郑作新（1966：79；2002：115）记载斑头大翠鸟 *Alcedo hercules*，但未述及亚种分化问题。

◆郑作新（1955：211；1964：232；1976：335；1987：360；1994：68；2000：68）、郑光美（2005：132；2011：138；2017：147；2023：158）记载斑头大翠鸟 *Alcedo hercules*[①]为单型种。

[①] 编者注：郑作新（1964：75）记载的中文名为斑头大翠鸟，而其第 232 页则为斑头大鱼狗。

〔575〕**冠鱼狗** *Megaceryle lugubris*   guānyúgǒu

曾用名：冠鱼狗 *Ceryle lugubris*

英文名：Crested Kingfisher

◆郑作新（1955：209-210；1964：75，232；1966：79；1976：333-334；1987：358；1994：68；2000：68；2002：115）记载冠鱼狗 *Ceryle lugubris*[①]二亚种：

❶ 指名亚种 *lugubris*

❷ 普通亚种 *guttulata*

①编者注：赵正阶（2001a：711）指出，近来也有学者将本种从 *Ceryle* 属分出来列入 *Megaceryle* 属（Howard et al.，1991）。

◆郑光美（2005：134-135；2011：140；2017：147；2023：158）记载冠鱼狗 *Megaceryle lugubris* 二亚种：
  ❶ 普通亚种 *guttulata*
  ❷ 指名亚种 *lugubris*

〔576〕**斑鱼狗** *Ceryle rudis*　　　　　　　　　　　　　　　　　　　　　　　　bānyúgǒu
英文名：Pied Kingfisher
◆郑作新（1955：210；1964：74-75，232；1966：79；1976：334-335；1987：359；1994：68；2000：68；2002：115）、郑光美（2005：135；2011：140-141；2017：147-148）记载斑鱼狗 *Ceryle rudis* 二亚种：
  ❶ 普通亚种 *insignis*
  ❷ 云南亚种 *leucomelanura*
◆郑光美（2023：158-159）记载斑鱼狗 *Ceryle rudis* 二亚种：
  ❶ 普通亚种 *insignis*
  ❷ 云南亚种 *leucomelanurus*

〔577〕**鹳嘴翡翠** *Pelargopsis capensis*　　　　　　　　　　　　　　　　　guànzuǐ fěicuì
曾用名：鹳嘴翡翠 *Halcyon capensis*（约翰·马敬能等，2000：80）
英文名：Stork-billed Kingfisher
◆郑作新（1966：78；2002：114）记载鹳嘴翡翠属 *Pelargopsis* 为单型属。
◆郑作新（1976：337；1987：362；1994：69；2000：68-69）、郑光美（2005：133；2011：139；2017：144-145；2023：159）记载鹳嘴翡翠 *Pelargopsis capensis*①一亚种：
  ❶ 云南亚种 *burmanica*
  ①编者注：中国鸟类新记录（潘清华等，1964）。

〔578〕**赤翡翠** *Halcyon coromanda*　　　　　　　　　　　　　　　　　　　　chìfěicuì
英文名：Ruddy Kingfisher
◆郑作新（1955：212-213；1964：233；1966：79）记载赤翡翠 *Halcyon coromanda* 二亚种：
  ❶ 东北亚种 *major*
  ❷ 台湾亚种 *bangsi*
◆郑作新（2002：116）记载赤翡翠 *Halcyon coromanda* 二亚种：
  ❶ 指名亚种 *coromanda*
  ❷ 东北亚种 *major*
◆郑作新（1976：337-338；1987：363-364；1994：69；2000：69）、郑光美（2005：133-134；2011：139；2017：145；2023：159）记载赤翡翠 *Halcyon coromanda* 三亚种：
  ❶ 指名亚种 *coromanda*
  ❷ 东北亚种 *major*
  ❸ 台湾亚种 *bangsi*

〔579〕**白胸翡翠** *Halcyon smyrnensis*   báixiōng fěicuì

英文名：White-throated Kingfisher

◆ 郑作新（1955：213）记载白胸翡翠 *Halcyon smyrnensis* 二亚种：
  - ❶ 福建亚种 *fokiensis*[①]
  - ❷ 华南亚种 *perpulchra*
  - ① 编者注：亚种中文名引自段文科和张正旺（2017a：548）。

◆ 郑作新（1964：233；1976：338；1987：364；1994：69；2000：69）记载白胸翡翠 *Halcyon smyrnensis* 一亚种：
  - ❶ 华南亚种 *perpulchra*[②]
  - ② 编者注：郑作新（1964,1976,1987）将福建亚种 *fokiensis* 列为华南亚种 *perpulchra* 的同物异名。

◆ 郑作新（1966：79；2002：116）记载白胸翡翠 *Halcyon smyrnensis*，但未述及亚种分化问题。

◆ 郑光美（2005：134；2011：139）记载白胸翡翠 *Halcyon smyrnensis* 一亚种：
  - ❶ 福建亚种 *fokiensis*

◆ 郑光美（2017：145；2023：159-160）记载白胸翡翠 *Halcyon smyrnensis* 三亚种：
  - ❶ 福建亚种 *fokiensis*
  - ❷ 华南亚种 *perpulchra*
  - ❸ 指名亚种 *smyrnensis*

〔580〕**蓝翡翠** *Halcyon pileata*   lánfěicuì

英文名：Black-capped Kingfisher

◆ 郑作新（1966：79；2002：116）记载蓝翡翠 *Halcyon pileata*，但未述及亚种分化问题。

◆ 郑作新（1955：213；1964：233；1976：340；1987：365；1994：69；2000：69）、郑光美（2005：134；2011：139；2017：146；2023：160）记载蓝翡翠 *Halcyon pileata* 为单型种。

〔581〕**白领翡翠** *Todiramphus chloris*   báilǐng fěicuì

曾用名：白领翡翠 *Halcyon chloris*、白领翡翠 *Todirhamphus chloris*

英文名：Collared Kingfisher

◆ 郑作新（1955：214；1964：233；1976：340；1987：366；1994：69；2000：69）记载白领翡翠 *Halcyon chloris* 一亚种：
  - ❶ 华东亚种 *armstrongi*

◆ 郑作新（1966：79；2002：116）记载白领翡翠 *Halcyon chloris*，但未述及亚种分化问题。

◆ 郑光美（2005：134）记载白领翡翠 *Todiramphus chloris* 一亚种：
  - ❶ 华东亚种 *armstrongi*

◆ 郑光美（2011：140；2017：146；2023：160）记载白领翡翠 *Todiramphus chloris* 二亚种：
  - ❶ 华东亚种 *armstrongi*
  - ❷ 台湾亚种 *collaris*[①]
  - ① 编者注：亚种中文名引自段文科和张正旺（2017a：550）。

XXIII. 啄木鸟目 PICIFORMES

53. 拟啄木鸟科 Megalaimidae（Barbets） 1属9种

〔582〕**大拟啄木鸟** *Psilopogon virens*   dà nǐ zhuómùniǎo
曾用名：大拟啄木 *Megalaima virens*、大拟啄木鸟 *Megalaima virens*
英文名：Great Barbet

◆郑作新（1955：219-220）记载大拟啄木 *Megalaima virens* 二亚种：
  ❶ 滇西亚种 *clamator*
  ❷ 指名亚种 *virens*

◆郑作新（1964：234）记载大拟啄木鸟 *Megalaima virens* 二亚种：
  ❶ 滇西亚种 *clamator*
  ❷ 指名亚种 *virens*

◆郑作新（1966：82-83；1976：350-351）记载大拟啄木鸟 *Megalaima virens* 三亚种：
  ❶ 滇西亚种 *clamator*
  ❷ 滇南亚种 *magnifica*
  ❸ 指名亚种 *virens*

◆郑作新（1987：375；1994：72；2000：71-72；2002：120）记载大拟啄木鸟 *Megalaima virens* 四亚种：
  ❶ 藏南亚种 *marshallorum*
  ❷ 滇西亚种 *clamator*
  ❸ 滇南亚种 *magnifica*
  ❹ 指名亚种 *virens*

◆郑光美（2005：138；2011：144）记载大拟啄木鸟 *Megalaima virens* 二亚种：
  ❶ 藏南亚种 *marshallorum*
  ❷ 指名亚种 *virens*

◆郑光美（2017：148；2023：161）记载大拟啄木鸟 *Psilopogon virens*[①] 二亚种：
  ❶ 藏南亚种 *marshallorum*
  ❷ 指名亚种 *virens*

  ① 郑光美（2017）：由 *Megalaima* 属归入 *Psilopogon* 属（Moyle，2004）。

〔583〕**绿拟啄木鸟** *Psilopogon lineatus*   lǜ nǐ zhuómùniǎo
曾用名：绿拟啄木鸟 *Megalaima zeylanica*、〔斑头〕绿拟啄木鸟 *Megalaima zeylanica*、
    斑头绿拟啄木鸟 *Megalaima zeylanica*、绿拟啄木鸟 *Megalaima lineata*、
    绿拟啄木鸟 *Megalaima lineate*；
    〔斑头〕绿拟啄木鸟 *Megalaima lineata*（约翰·马敬能等，2000：71）、
    斑头绿拟啄木鸟 *Megalaima lineata*（赵正阶，2001a：739）、
    斑头绿拟啄木鸟 *Psilopogon lineatus*（约翰·马敬能，2022b：178）
英文名：Lineated Barbet

XXIII. 啄木鸟目 PICIFORMES

◆郑作新（1964：234；1976：351；1987：376）记载斑头绿拟啄木鸟 *Megalaima zeylanica*[①]一亚种：
  ❶ 云南亚种 *hodgsoni*
  [①] 编者注：中国鸟类新记录（郑作新等，1957）。

◆郑作新（1994：72；2000：72）记载［斑头］绿拟啄木鸟 *Megalaima zeylanica* 一亚种：
  ❶ 云南亚种 *hodgsoni*

◆郑作新（1966：82；2002：120）记载斑头绿拟啄木鸟 *Megalaima zeylanica*，但未述及亚种分化问题。

◆郑光美（2005：139）记载绿拟啄木鸟 *Megalaima lineata* 一亚种：
  ❶ 云南亚种 *hodgsoni*

◆郑光美（2011：145）、段文科和张正旺（2017a：574）记载绿拟啄木鸟 *Megalaima lineate* 一亚种：
  ❶ 云南亚种 *hodgsoni*

◆郑光美（2017：148；2023：161）记载绿拟啄木鸟 *Psilopogon lineatus*[②]一亚种：
  ❶ 云南亚种 *hodgsoni*
  [②] 郑光美（2017）：由 *Megalaima* 属归入 *Psilopogon* 属（Moyle，2004）。

[584] **黄纹拟啄木鸟** *Psilopogon faiostrictus*　　　　　　huángwén nǐ zhuómùniǎo

曾用名：黄纹拟啄木 *Megalaima faiostricta*、黄纹拟啄木鸟 *Megalaima faiostricta*

英文名：Green-eared Barbet

◆郑作新（1955：220）记载黄纹拟啄木 *Megalaima faiostricta* 一亚种：
  ❶ 广东亚种 *praetermissa*

◆郑作新（1966：82；2002：120）记载黄纹拟啄木鸟 *Megalaima faiostricta*，但未述及亚种分化问题。

◆郑作新（1964：234；1976：351；1987：376；1994：72；2000：72）、郑光美（2005：139；2011：145）记载黄纹拟啄木鸟 *Megalaima faiostricta* 一亚种：
  ❶ 广东亚种 *praetermissa*

◆郑光美（2017：148-149；2023：161）记载黄纹拟啄木鸟 *Psilopogon faiostrictus*[①]一亚种：
  ❶ 广东亚种 *praetermissus*
  [①] 郑光美（2017）：由 *Megalaima* 属归入 *Psilopogon* 属（Moyle，2004）。

[585] **金喉拟啄木鸟** *Psilopogon franklinii*　　　　　　jīnhóu nǐ zhuómùniǎo

曾用名：金喉拟啄木 *Megalaima franklinii*、金喉拟啄木鸟 *Megalaima franklinii*

英文名：Golden-throated Barbet

◆郑作新（1955：220）记载金喉拟啄木 *Megalaima franklinii* 一亚种：
  ❶ 指名亚种 *franklinii*

◆郑作新（1966：82；2002：119）记载金喉拟啄木鸟 *Megalaima franklinii*，但未述及亚种分化问题。

◆郑作新（1964：234；1976：351；1987：377；1994：72；2000：72）、郑光美（2005：139；2011：145）记载金喉拟啄木鸟 *Megalaima franklinii* 一亚种：
  ❶ 指名亚种 *franklinii*

◆郑光美（2017：149；2023：161）记载金喉拟啄木鸟 *Psilopogon franklinii*[①]一亚种：
  ❶ 指名亚种 *franklinii*

① 郑光美（2017）：由 *Megalaima* 属归入 *Psilopogon* 属（Moyle，2004）。

〔586〕**黑眉拟啄木鸟** *Psilopogon faber*   hēiméi nǐ zhuómùniǎo
曾用名：山拟啄木 *Megalaima oorti*、山拟啄木鸟 *Megalaima oorti*、黑眉拟啄木鸟 *Megalaima oorti*
英文名：Chinese Barbet

◆ 郑作新（1955：220-221）记载山拟啄木 *Megalaima oorti* 三亚种：
  ❶ 广西亚种 *sini*
  ❷ 台湾亚种 *nuchalis*
  ❸ 海南亚种 *faber*

◆ 郑作新（1966：82）记载山拟啄木鸟 *Megalaima oorti*，但未述及亚种分化问题。

◆ 郑作新（1964：234；1976：352；1987：377）记载山拟啄木鸟 *Megalaima oorti* 三亚种：
  ❶ 广西亚种 *sini*
  ❷ 台湾亚种 *nuchalis*
  ❸ 海南亚种 *faber*

◆ 郑作新（1994：72；2000：72；2002：120）、郑光美（2005：139）记载黑眉拟啄木鸟 *Megalaima oorti* 三亚种：
  ❶ 广西亚种 *sini*
  ❷ 台湾亚种 *nuchalis*
  ❸ 海南亚种 *faber*

◆ 郑光美（2011：145）、段文科和张正旺（2017a：577，588）记载以下两种：
  （1）台湾拟啄木鸟 *Megalaima nuchalis*①
    ① 郑光美（2011）：由黑眉拟啄木鸟 *Megalaima oorti nuchalis* 亚种提升为种，见 Feinstein 等（2008）。
  编者注：郑光美（2011）、段文科和张正旺（2017a）均记载其属名为 *Megalima*。
  （2）黑眉拟啄木鸟 *Megalaima oorti*
    ❶ 广西亚种 *sini*
    ❷ 海南亚种 *faber*

◆ 郑光美（2017：149；2023：162）记载以下两种：
  （1）黑眉拟啄木鸟 *Psilopogon faber*②
    ❶ 广西亚种 *sini*
    ❷ 指名亚种 *faber*
    ② 郑光美（2017）：由 *Megalaima* 属归入 *Psilopogon* 属（Moyle，2004）。编者注：据郑光美（2021：93），*Psilopogon oorti* 被命名为马来拟啄木鸟，中国无分布。
  （2）台湾拟啄木鸟 *Psilopogon nuchalis*③
    ③ 郑光美（2017）：由 *Megalaima* 属归入 *Psilopogon* 属（Moyle，2004）。

〔587〕**台湾拟啄木鸟** *Psilopogon nuchalis*   táiwān nǐ zhuómùniǎo
曾用名：台湾拟啄木鸟 *Megalaima nuchalis*
英文名：Taiwan Barbet

由原黑眉拟啄木鸟 *Megalaima oorti nuchalis* 亚种提升为种。请参考〔586〕黑眉拟啄木鸟 *Psilopogon faber*。

〔588〕**蓝喉拟啄木鸟** *Psilopogon asiaticus*　　　　　　　　　　　　　　　　lánhóu nǐ zhuómùniǎo

曾用名：蓝喉拟啄木 *Megalaima asiatica*、蓝喉拟啄木鸟 *Megalaima asiatica*、
　　　　　蓝喉拟啄木鸟 *Psilopogon asiatica*

英文名：Blue-throated Barbet

◆ 郑作新（1955：221）记载蓝喉拟啄木 *Megalaima asiatica* 二亚种：

　　❶ ？指名亚种 *asiatica*

　　❷ 云南亚种 *davisoni*

◆ 郑作新（1964：77，234；1966：83；1976：353；1987：378；1994：72-73；2000：72；2002：120）、郑光美（2005：140；2011：146）记载蓝喉拟啄木鸟 *Megalaima asiatica* 二亚种：

　　❶ 指名亚种 *asiatica*

　　❷ 云南亚种 *davisoni*

◆ 郑光美（2017：149-150）记载蓝喉拟啄木鸟 *Psilopogon asiatica*[①]二亚种：

　　❶ 指名亚种 *asiatica*

　　❷ 云南亚种 *davisoni*

　　① 由 *Megalaima* 属归入 *Psilopogon* 属（Moyle，2004）。

◆ 郑光美（2023：162）记载蓝喉拟啄木鸟 *Psilopogon asiaticus* 二亚种：

　　❶ 指名亚种 *asiaticus*

　　❷ 云南亚种 *davisoni*

〔589〕**蓝耳拟啄木鸟** *Psilopogon duvaucelii*　　　　　　　　　　　　　　　lán'ěr nǐ zhuómùniǎo

曾用名：蓝耳拟啄木鸟 *Megalaima australis*、蓝耳拟啄木鸟 *Psilopogon australis*

英文名：Blue-eared Barbet

◆ 郑作新（1966：82；2002：119）记载蓝耳拟啄木鸟 *Megalaima australis*[①]，但未述及亚种分化问题。

　　① 编者注：中国鸟类新记录（郑作新等，1958a）。

◆ 郑作新（1964：234；1976：353；1987：379；1994：73；2000：72）、郑光美（2005：140；2011：146）记载蓝耳拟啄木鸟 *Megalaima australis* 一亚种：

　　❶ 云南亚种 *cyanotis*

◆ 郑光美（2017：150）记载蓝耳拟啄木鸟 *Psilopogon australis*[②]一亚种：

　　❶ 云南亚种 *cyanotis*

　　② 由 *Megalaima* 属归入 *Psilopogon* 属（Moyle，2004）。

◆ 郑光美（2023：162）记载蓝耳拟啄木鸟 *Psilopogon duvaucelii*[③]一亚种：

　　❶ 云南亚种 *cyanotis*

　　③ 编者注：据郑光美（2021：93），*Psilopogon australis* 被命名为黄耳拟啄木鸟，中国无分布。而 *Psilopogon duvaucelii* 则被命名为黑耳拟啄木鸟，中国亦无分布。蓝耳拟啄木鸟的学名则为 *Psilopogon cyanotis*。

[590] **赤胸拟啄木鸟** *Psilopogon haemacephalus*   chìxiōng nǐ zhuómùniǎo

曾用名：赤胸拟啄木 *Megalaima haemacephala*、赤胸拟啄木鸟 *Megalaima haemacephala*；

    赤胸拟啄木鸟 *Psilopogon haemacephala*（刘阳等，2021：264；约翰·马敬能，2022b：179）

英文名：Crimson-breasted Barbet

◆ 郑作新（1955：221）记载赤胸拟啄木 *Megalaima haemacephala* 一亚种：

   ❶ 云南亚种 *indica*

◆ 郑作新（1966：82；2002：119）记载赤胸拟啄木鸟 *Megalaima haemacephala*，但未述及亚种分化问题。

◆ 郑作新（1964：234；1976：353；1987：379；1994：73；2000：72-73）、郑光美（2005：140；2011：146）记载赤胸拟啄木鸟 *Megalaima haemacephala* 一亚种：

   ❶ 云南亚种 *indica*

◆ 郑光美（2017：150；2023：163）记载赤胸拟啄木鸟 *Psilopogon haemacephalus*[①]一亚种：

   ❶ 云南亚种 *indicus*

   [①] 郑光美（2017）：由 *Megalaima* 属归入 *Psilopogon* 属（Moyle，2004）。

54. 响蜜䴕科 Indicatoridae（Honeyguides） 1属1种

[591] **黄腰响蜜䴕** *Indicator xanthonotus*   huángyāo xiǎngmìliè

曾用名：黄腰向蜜䴕 *Indicator xanthonotus*

英文名：Yellow-rumped Honeyguide

◆ 杭馥兰和常家传（1997：333-334）、赵正阶（2001a：746-747）记载黄腰向蜜䴕 *Indicator xanthonotus* 一亚种：

   ❶ 阿萨姆亚种 *fulvus*

◆ 郑作新（2002：120）记载响蜜䴕科 Indicatoridae 为单属单种科。

◆ 郑作新（2000：73）、郑光美（2005：140；2011：146；2017：150；2023：163）记载黄腰响蜜䴕 *Indicator xanthonotus* 一亚种：

   ❶ 阿萨姆亚种 *fulvus*

55. 啄木鸟科 Picidae（Woodpeckers） 16属33种

[592] **蚁䴕** *Jynx torquilla*   yǐliè

英文名：Wryneck

◆ 郑作新（1955：221-222）记载蚁䴕 *Jynx torquilla* 二亚种：

   ❶ 指名亚种 *torquilla*

   ❷ 普通亚种 *chinensis*

◆ 郑作新（1964：78，234-235；1966：83；1976：354-355；1987：379-380；1994：73；2000：73；2002：121）、郑光美（2005：141）记载蚁䴕 *Jynx torquilla* 三亚种：

   ❶ 指名亚种 *torquilla*[①]

   ❷ 普通亚种 *chinensis*

XXIII. 啄木鸟目 PICIFORMES

❸ 西藏亚种 *himalayana*

① 编者注：郑作新（1976）称之为新疆亚种。

◆ 郑光美（2011：147；2017：150-151；2023：163）记载蚁䴕 *Jynx torquilla* 二亚种：

❶ 指名亚种 *torquilla*

❷ 西藏亚种 *himalayana*

〔593〕**白眉棕啄木鸟** *Sasia ochracea*   báiméi zōng zhuómùniǎo

曾用名： 棕啄木鸟 *Sasia ochracea*

英文名： White-browed Piculet

◆ 郑作新（1955：223）记载棕啄木鸟 *Sasia ochracea* 一亚种：

❶ 广西亚种 *kinneari*

◆ 郑作新（1964：78，235）记载棕啄木鸟 *Sasia ochracea* 二亚种：

❶ 广西亚种 *kinneari*

❷ *querulivox* 亚种①

① 编者注：郑作新（1976，1987）将其列为云南亚种 *reichenowi* 的同物异名。

◆ 郑作新（1966：83；1976：356）记载棕啄木鸟 *Sasia ochracea* 二亚种：

❶ 云南亚种 *reichenowi*

❷ 广西亚种 *kinneari*

◆ 郑作新（1987：382）记载棕啄木鸟 *Sasia ochracea* 三亚种：

❶ 指名亚种 *ochracea*②

❷ 云南亚种 *reichenowi*

❸ 广西亚种 *kinneari*

② 编者注：中国鸟类亚种新记录（李德浩等，1979）。

◆ 郑作新（1994：73；2000：73；2002：122）、郑光美（2005：142；2011：147-148；2017：151；2023：163-164）记载白眉棕啄木鸟 *Sasia ochracea* 三亚种：

❶ 指名亚种 *ochracea*

❷ 云南亚种 *reichenowi*

❸ 广西亚种 *kinneari*

〔594〕**斑姬啄木鸟** *Picumnus innominatus*   bān jī zhuómùniǎo

曾用名： 姬啄木鸟 *Picumnus innominatus*

英文名： Speckled Piculet

◆ 郑作新（1955：223）记载姬啄木鸟 *Picumnus innominatus* 一亚种：

❶ 华南亚种 *chinensis*

◆ 郑作新（1964：78，235；1966：83；1976：355-356）记载姬啄木鸟 *Picumnus innominatus* 二亚种：

❶ 云南亚种 *malayorum*

❷ 华南亚种 *chinensis*

◆ 郑作新（1987：381；1994：73；2000：73；2002：121）、郑光美（2005：141；2011：147；2017：151；

2023：164）记载斑姬啄木鸟 Picumnus innominatus 三亚种：

① 指名亚种 innominatus[①]

② 云南亚种 malayorum

③ 华南亚种 chinensis

[①] 编者注：中国鸟类亚种新记录（李德浩等，1979）。

〔595〕**黄嘴栗啄木鸟** Blythipicus pyrrhotis　　　　　　　　　　　　　　　huángzuǐ lì zhuómùniǎo

曾用名：黄嘴噪啄木鸟 Blythipicus pyrrhotis

英文名：Bay Woodpecker

◆ 郑作新（1955：240）记载黄嘴噪啄木鸟 Blythipicus pyrrhotis 二亚种：

① 华南亚种 sinensis

② 海南亚种 hainanus

◆ 郑作新（1966：89）记载黄嘴噪啄木鸟 Blythipicus pyrrhotis 四亚种：

① 指名亚种 pyrrhotis

② 云南亚种 annamensis

③ 华南亚种 sinensis

④ 海南亚种 hainanus

◆ 郑作新（1964：84，238；1976：379）记载黄嘴噪啄木鸟 Blythipicus pyrrhotis 三亚种：

① 云南亚种 annamensis

② 华南亚种 sinensis

③ 海南亚种 hainanus

◆ 郑作新（1987：406-407）记载黄嘴噪啄木鸟 Blythipicus pyrrhotis 三亚种：

① 指名亚种 pyrrhotis

② 东南亚种 sinensis

③ 海南亚种 hainanus

◆ 郑作新（1994：78；2000：78；2002：131）、郑光美（2005：152；2011：158；2017：161；2023：164）记载黄嘴栗啄木鸟 Blythipicus pyrrhotis 三亚种：

① 指名亚种 pyrrhotis

② 东南亚种 sinensis

③ 海南亚种 hainanus

〔596〕**大金背啄木鸟** Chrysocolaptes guttacristatus　　　　　　　　　　　dà jīnbèi zhuómùniǎo

曾用名：金背啄木鸟 Chrysocolaptes lucidus、大金背啄木鸟 Chrysocolaptes lucidus

英文名：Greater Flameback

◆ 郑作新（1955：240）记载金背啄木鸟 Chrysocolaptes lucidus 一亚种：

① ？云南亚种 guttacristatus[①]

[①] 或系 sultaneus。

◆ 郑作新（1966：84；2002：122）记载金背啄木鸟属 Chrysocolaptes 为单型属。

- 郑作新（1964：238；1976：380；1987：408）记载金背啄木鸟 Chrysocolaptes lucidus 一亚种：
  - ❶ 云南亚种 guttacristatus
- 郑作新（1994：78；2000：78）、郑光美（2005：151；2011：157；2017：160）记载大金背啄木鸟 Chrysocolaptes lucidus 一亚种：
  - ❶ 云南亚种 guttacristatus
- 郑光美（2023：165）记载大金背啄木鸟 Chrysocolaptes guttacristatus[②] 一亚种：
  - ❶ 指名亚种 guttacristatus
  - ② 编者注：据郑光美（2021：96），Chrysocolaptes lucidus 被命名为棕斑金背啄木鸟，中国无分布。

[597] **金背啄木鸟** Dinopium javanense   jīnbèi zhuómùniǎo

曾用名： 金背三趾啄木鸟 Dinopium javanense

英文名： Golden-backed Flameback

- 郑作新（1966：84；2002：122）记载金背三趾啄木鸟属 Dinopium 为单型属。
- 郑作新（1955：228；1964：236；1976：363；1987：390；1994：75；2000：75）、郑光美（2005：151）记载金背三趾啄木鸟 Dinopium javanense 一亚种：
  - ❶ 云南亚种 intermedium
- 郑光美（2011：157；2017：160；2023：165）记载金背啄木鸟 Dinopium javanense 一亚种：
  - ❶ 云南亚种 intermedium

[598] **喜山金背啄木鸟** Dinopium shorii   xǐshān jīnbèi zhuómùniǎo

曾用名： 喜山金背三趾啄木鸟 Dinopium shorii（约翰·马敬能等，2000：69）

英文名： Himalayan Flameback

- 郑光美（2011：157；2017：160；2023：165）记载喜山金背啄木鸟 Dinopium shorii 一亚种：
  - ❶ 西藏亚种 anguste[①]
  - ① 编者注：亚种中文名引自段文科和张正旺（2017a：606）。

[599] **小金背啄木鸟** Dinopium benghalense   xiǎo jīnbèi zhuómùniǎo

英文名： Lesser Golden-backed Flameback

- 郑光美（2011：157；2017：160；2023：165）记载小金背啄木鸟 Dinopium benghalense 一亚种：
  - ❶ 指名亚种 benghalense

[600] **竹啄木鸟** Gecinulus grantia   zhú zhuómùniǎo

曾用名： 苍头竹啄木鸟 Gecinulus grantia

英文名： Pale-headed Woodpecker

- 郑作新（1955：228）记载竹啄木鸟 Gecinulus grantia 一亚种：
  - ❶ 东南亚种 viridanus
- 郑作新（1964：80，236；1966：86；1976：363-364）记载竹啄木鸟 Gecinulus grantia 二亚种：
  - ❶ 云南亚种 indochinensis

❷ 东南亚种 *viridanus*

◆ 郑作新（1987：390；1994：75；2000：75；2002：125）、郑光美（2005：151；2011：157；2017：160-161；2023：165-166）记载竹啄木鸟 *Gecinulus grantia*①三亚种：

❶ 指名亚种 *grantia*②

❷ 云南亚种 *indochinensis*

❸ 东南亚种 *viridanus*③

① 编者注：郑光美（2005）记载其中文名为苍头竹啄木鸟。

② 编者注：中国鸟类亚种新记录（匡邦郁等，1980）。

③ 编者注：郑作新（2002）记载该亚种为 *virdanus*。

〔601〕**栗啄木鸟** *Micropternus brachyurus*　　　　　　　　　　　　　lì zhuómùniǎo

曾用名：栗啄木鸟 *Celeus brachyurus*

英文名：Rufous Woodpecker

◆ 郑作新（1994：73-74；2000：73-74；2002：123）、郑光美（2005：147-148；2011：153）记载栗啄木鸟 *Celeus brachyurus* 三亚种：

❶ 云南亚种 *phaioceps*

❷ 福建亚种 *fokiensis*

❸ 海南亚种 *holroydi*

◆ 郑作新（1955：223-224；1964：79，235；1966：84；1976：356-357；1987：382-383）、郑光美（2017：161-162；2023：166）记载栗啄木鸟 *Micropternus brachyurus*①三亚种：

❶ 云南亚种 *phaioceps*②

❷ 福建亚种 *fokiensis*

❸ 海南亚种 *holroydi*

① 郑光美（2017）：由 *Celeus* 属归入 *Micropternus* 属（Benz et al., 2006）。

② 编者注：郑作新（1964：235；1966）分别记载该亚种为 *phaiocepe* 和 *phaiceps*。

〔602〕**大黄冠啄木鸟** *Chrysophlegma flavinucha*　　　　　　　　　dà huángguān zhuómùniǎo

曾用名：大黄冠绿啄木鸟 *Picus flavinucha*、大黄冠啄木鸟 *Picus flavinucha*

英文名：Greater Yellow-naped Woodpecker

◆ 郑作新（1955：227）记载大黄冠绿啄木鸟 *Picus flavinucha* 二亚种：

❶ 海南亚种 *styani*

❷ 华南亚种 *ricketti*

◆ 郑作新（1964：80，235）记载大黄冠绿啄木鸟 *Picus flavinucha* 三亚种：

❶ 海南亚种 *styani*

❷ 云南亚种 *lylei*

❸ 华南亚种 *ricketti*

◆ 郑作新（1966：85-86；1976：361-362；1987：387-388）、郑光美（2005：149）记载大黄冠绿啄木鸟 *Picus flavinucha*①四亚种：

❶ 指名亚种 *flavinucha*
❷ 云南亚种 *lylei*
❸ 海南亚种 *styani*
❹ 华南亚种 *ricketti*

① 编者注：郑光美（2005）记载其中文名为大黄冠啄木鸟。

◆ 郑作新（1994：74-75；2000：74-75；2002：125）记载大黄冠啄木鸟 *Picus flavinucha* 四亚种：
❶ 指名亚种 *flavinucha*
❷ 滇南亚种 *archon*
❸ 海南亚种 *styani*
❹ 华南亚种 *ricketti*

◆ 郑光美（2011：154-155）记载大黄冠啄木鸟 *Picus flavinucha* 三亚种：
❶ 指名亚种 *flavinucha*
❷ 海南亚种 *styani*
❸ 华南亚种 *ricketti*

◆ 郑光美（2017：157-158；2023：166）记载大黄冠啄木鸟 *Chrysophlegma flavinucha*② 三亚种：
❶ 指名亚种 *flavinucha*
❷ 海南亚种 *styani*
❸ 华南亚种 *ricketti*

② 郑光美（2017）：由 *Picus* 属归入 *Chrysophlegma* 属（Fuchs et al., 2008）。

[603] **黄冠啄木鸟** *Picus chlorolophus*　　　　　　　　　　　　　　　　　huángguān zhuómùniǎo
曾用名： 黄冠绿啄木鸟 *Picus chlorolophus*
英文名： Lesser Yellow-naped Woodpecker

◆ 郑作新（1955：227-228）记载黄冠绿啄木鸟 *Picus chlorolophus* 三亚种：
❶ 指名亚种 *chlorolophus*
❷ 福建亚种 *citrinocristatus*
❸ 海南亚种 *longipennis*

◆ 郑作新（1964：80，235-236）记载黄冠绿啄木鸟 *Picus chlorolophus* 四亚种：
❶ 指名亚种 *chlorolophus*
❷ 福建亚种 *citrinocristatus*
❸ 海南亚种 *longipennis*
❹ *laotianus* 亚种①

① 编者注：郑作新（1976，1987）将其列为云南亚种 *chlorolophoides* 的同物异名。

◆ 郑作新（1966：85）记载黄冠绿啄木鸟 *Picus chlorolophus* 五亚种：
❶ 指名亚种 *chlorolophus*
❷ 云南亚种 *chlorolophoides*
❸ 福建亚种 *citrinocristatus*
❹ 海南亚种 *longipennis*

❺ *laotianus* 亚种

◆郑作新（1976：362-363；1987：388-389）记载黄冠绿啄木鸟 *Picus chlorolophus* 三亚种：

❶ 云南亚种 *chlorolophoides*②

❷ 福建亚种 *citrinocristatus*

❸ 海南亚种 *longipennis*

② 郑作新（1976，1987）：有人认为*Picus chlorolophus chlorolophoides*是*Picus chlorolophus burmae*和*Picus chlorolophus laotianus*的混交种群，因而改用*Picus chlorolophus burmae*。

◆郑作新（1994：75；2000：75；2002：124）、郑光美（2005：148）记载黄冠啄木鸟 *Picus chlorolophus* 三亚种：

❶ 西南亚种 *chlorolophoides*③

❷ 福建亚种 *citrinocristatus*

❸ 海南亚种 *longipennis*

③ 编者注：郑作新（1994）记载的首个亚种缺亚种学名。

◆郑光美（2011：154；2017：158；2023：167）记载黄冠啄木鸟 *Picus chlorolophus* 三亚种：

❶ 指名亚种 *chlorolophus*

❷ 福建亚种 *citrinocristatus*

❸ 海南亚种 *longipennis*

〔604〕**花腹绿啄木鸟** *Picus vittatus*   huāfù lǜ zhuómùniǎo

曾用名： 鳞腹啄木鸟 *Picus vittatus*、花腹啄木鸟 *Picus vittatus*

英文名： Laced Woodpecker

◆郑作新（1966：85）记载鳞腹啄木鸟 *Picus vittatus*①，但未述及亚种分化问题。

① 编者注：中国鸟类新记录（潘清华等，1964）。

◆郑作新（1976：358；1987：384）记载鳞腹啄木鸟 *Picus vittatus* 一亚种：

❶ 云南亚种 *eisenhoferi*

◆郑作新（1994：74；2000：74）记载花腹啄木鸟 *Picus vittatus* 一亚种：

❶ 云南亚种 *eisenhoferi*

◆郑作新（2002：123）记载花腹啄木鸟 *Picus vittatus*，亦未述及亚种分化问题。

◆郑光美（2005：149）记载花腹绿啄木鸟 *Picus vittatus* 一亚种：

❶ 云南亚种 *eisenhoferi*

◆郑光美（2011：155；2017：158；2023：167）记载花腹绿啄木鸟 *Picus vittatus* 为单型种。

〔605〕**纹喉绿啄木鸟** *Picus xanthopygaeus*   wénhóu lǜ zhuómùniǎo

曾用名： 鳞腹绿啄木鸟 *Picus xanthopygaeus*、鳞喉啄木鸟 *Picus xanthopygaeus*、鳞喉绿啄木鸟 *Picus xanthopygaeus*

英文名： Streak-throated Woodpecker

◆郑作新（1955：224；1964：235）记载鳞腹绿啄木鸟 *Picus xanthopygaeus* 为单型种。

◆郑作新（1994：74；2000：74）记载鳞喉啄木鸟 *Picus xanthopygaeus* 为单型种。

XXIII. 啄木鸟目
PICIFORMES

◆郑作新（1966：85；2002：123）记载鳞喉啄木鸟 *Picus xanthopygaeus*，但未述及亚种分化问题。

◆郑作新（1976：358；1987：384）、郑光美（2005：149；2011：155）记载鳞喉绿啄木鸟 *Picus xanthopygaeus* 为单型种。

◆郑光美（2017：158；2023：167）记载纹喉绿啄木鸟 *Picus xanthopygaeus* 为单型种。

〔606〕**鳞腹绿啄木鸟** *Picus squamatus*　　　　　　　　　　　　　　　　línfù lǜ zhuómùniǎo

曾用名： 鳞腹啄木鸟 *Picus squamatus*

英文名： Scaly-bellied Green Woodpecker

◆郑作新（1994：74；2000：74）记载鳞腹啄木鸟 *Picus squamatus* 一亚种：
  ❶ 指名亚种 *squamatus*

◆郑作新（1987：384）、郑光美（2005：149；2011：155；2017：158；2023：167）记载鳞腹绿啄木鸟 *Picus squamatus* 一亚种：
  ❶ 指名亚种 *squamatus*

〔607〕**红颈绿啄木鸟** *Picus rabieri*　　　　　　　　　　　　　　　　hóngjǐng lǜ zhuómùniǎo

曾用名： 红玉颈绿啄木鸟 *Picus rabieri*、红颈啄木鸟 *Picus rabieri*

英文名： Red-collared Woodpecker

◆郑作新（1966：84）记载红颈绿啄木鸟 *Picus rabieri*[①]，但未述及亚种分化问题。

　　[①] 编者注：中国鸟类新记录（郑作新等，1957）。

◆郑作新（1976：360；1987：387）记载红玉颈绿啄木鸟 *Picus rabieri* 为单型种。

◆郑作新（1994：74；2000：74）记载红颈啄木鸟 *Picus rabieri* 为单型种。

◆郑作新（2002：123）记载红颈啄木鸟 *Picus rabieri*，亦未述及亚种分化问题。

◆郑作新（1964：235）、郑光美（2005：150；2011：155；2017：159；2023：167）记载红颈绿啄木鸟 *Picus rabieri* 为单型种。

〔608〕**灰头绿啄木鸟** *Picus canus*　　　　　　　　　　　　　　　　huītóu lǜ zhuómùniǎo

曾用名： 绿啄木鸟 *Picus canus*、〔黑枕〕绿啄木鸟 *Picus canus*、
　　　　　 黑枕绿啄木鸟 *Picus canus*、灰头啄木鸟 *Picus canus*

英文名： Grey-faced Woodpecker

◆郑作新（1955：225-227）记载绿啄木鸟 *Picus canus* 九亚种：
  ❶ 东北亚种 *jessoensis*
  ❷ 河北亚种 *zimmermanni*
  ❸ 青海亚种 *kogo*
  ❹ 四川亚种 *setschuanus*
  ❺ 西南亚种 *sordidior*
  ❻ 华东亚种 *guerini*
  ❼ 华南亚种 *sobrinus*
  ❽ 台湾亚种 *tancolo*

❾ 海南亚种 *hainanus*

◆郑作新（1964：79-80；1966：85）记载［黑枕］绿啄木鸟 *Picus canus* 十亚种①。

① 编者注：与郑作新（1955）相比，增加一亚种，即指名亚种 *canus*。

◆郑作新（1964：235；1976：358-360）记载黑枕绿啄木鸟 *Picus canus* 十亚种②。

② 编者注：与郑作新（1955）相比，增加一亚种，即指名亚种 *canus*，其余九亚种排序顺延。

◆郑作新（1987：384-387）记载黑枕绿啄木鸟 *Picus canus* 十二亚种③：

❶ 指名亚种 *canus*

❷ 东北亚种 *jessoensis*

❸ 河北亚种 *zimmermanni*

❹ 青海亚种 *kogo*

❺ 四川亚种 *setschuanus*

❻ 西南亚种 *sordidior*

❼ 西藏亚种 *gyldenstolpei*④

❽ 滇南亚种 *hessei*⑤

❾ 华东亚种 *guerini*

❿ 华南亚种 *sobrinus*

⓫ 台湾亚种 *tancolo*

⓬ 海南亚种 *hainanus*

③ 编者注：与郑作新（1976）相比，增加二亚种，即西藏亚种 *gyldenstolpei* 和滇南亚种 *hessei*。其前排序不变，其后排序顺延。

④ 编者注：亚种中文名引自赵正阶（2001a：754）。中国鸟类亚种新记录（李德浩等，1979）。

⑤ 编者注：中国鸟类亚种新记录（彭燕章等，1979）。

◆郑作新（1994：74；2000：74；2002：123-124）记载灰头啄木鸟 *Picus canus* 十亚种⑥。

⑥ 编者注：与郑作新（1987）相比，一是指名亚种 *canus* 变更为新疆亚种 *biedermanni*；二是删除了四川亚种 *setschuanus* 和西藏亚种 *gyldenstolpei*，且排序不变。

◆郑光美（2005：150-151）记载灰头绿啄木鸟 *Picus canus* 九亚种⑦。

⑦ 编者注：与郑作新（1987）相比，删除了指名亚种 *canus*、四川亚种 *setschuanus* 和西藏亚种 *gyldenstolpei*。且排序进行了微调。

◆郑光美（2011：155-156）记载灰头绿啄木鸟 *Picus canus*⑧十亚种⑨。

⑧ *Picus canus zimmermanni* 和 *Picus canus hannanus* 的有效性存疑，见 del Hoyo 等（2002）、Clements 等（2009）。

⑨ 编者注：与郑作新（1987）相比，删除了四川亚种 *setschuanus* 和西藏亚种 *gyldenstolpei*。且排序进行了微调。

◆郑光美（2017：159；2023：168）记载灰头绿啄木鸟 *Picus canus* 七亚种：

❶ 东北亚种 *jessoensis*

❷ 青海亚种 *kogo*

❸ 西南亚种 *sordidior*

XXIII. 啄木鸟目
PICIFORMES

❹ 滇南亚种 *hessei*

❺ 台湾亚种 *tancolo*

❻ 华东亚种 *guerini*

❼ 华南亚种 *sobrinus*

〔609〕**白腹黑啄木鸟** *Dryocopus javensis*　　　　　　　　　　　　　　báifù hēi zhuómùniǎo

英文名：White-bellied Black Woodpecker

◆郑作新（1966：86；2002：125）记载白腹黑啄木鸟 *Dryocopus javensis*，但未述及亚种分化问题。

◆郑作新（1955：229；1964：236；1976：366；1987：393；1994：75；2000：75）、郑光美（2005：148；2011：153；2017：157；2023：168）记载白腹黑啄木鸟 *Dryocopus javensis* 一亚种：

❶ 西南亚种 *forresti*[①]

　① 郑作新（1955，1976，1987）：或系 *Dryocopus javensis feddeni*。

〔610〕**黑啄木鸟** *Dryocopus martius*　　　　　　　　　　　　　　　　hēi zhuómùniǎo

英文名：Black Woodpecker

◆郑作新（1955：228-229；1964：80-81，236；1966：86；1976：365；1987：391-392；1994：75；2000：75；2002：126）、郑光美（2005：148；2011：154；2017：157；2023：169）均记载黑啄木鸟 *Dryocopus martius* 二亚种：

❶ 指名亚种 *martius*

❷ 西南亚种 *khamensis*

〔611〕**大灰啄木鸟** *Mulleripicus pulverulentus*　　　　　　　　　　　dà huī zhuómùniǎo

英文名：Great Slaty Woodpecker

◆郑作新（1966：84；2002：122）记载灰啄木鸟属 *Mulleripicus* 为单型属。

◆郑作新（1964：236；1976：364；1987：391；1994：75；2000：75）、郑光美（2005：152；2011：158；2017：162；2023：169）记载大灰啄木鸟 *Mulleripicus pulverulentus*[①]一亚种：

❶ 云南亚种 *harterti*

　① 编者注：中国鸟类新记录（郑作新等，1957）。

〔612〕**三趾啄木鸟** *Picoides tridactylus*　　　　　　　　　　　　　　sānzhǐ zhuómùniǎo

英文名：Three-toed Woodpecker

◆郑作新（1955：239-240；1964：83-84，237-238；1966：89；1976：378；1987：405-406；1994：78；2000：78；2002：130）、郑光美（2005：147；2011：153；2017：156-157；2023：169）均记载三趾啄木鸟 *Picoides tridactylus* 三亚种：

❶ 指名亚种 *tridactylus*

❷ 西南亚种 *funebris*

❸ 天山亚种 *tianschanicus*

[613] 星头啄木鸟 *Picoides canicapillus*　　　　　　　　　　　　xīngtóu zhuómùniǎo

曾用名：星头啄木鸟 *Dendrocopos canicapillus*；

　　　　星头啄木鸟 *Yungipicus canicapillus*（刘阳等，2021：268；约翰·马敬能，2022b：181）

英文名：Grey-capped Woodpecker

◆ 郑作新（1955：236-238；1964：82，237；1966：87-88；1976：375-377；1987：402-403）、郑光美（2011：148-149；2017：152-153）记载星头啄木鸟 *Dendrocopos canicapillus* 八亚种[①]：

- ❶ 东北亚种 *doerriesi*
- ❷ 华北亚种 *scintilliceps*[②]
- ❸ 四川亚种 *szetschuanensis*[③]
- ❹ 西南亚种 *omissus*
- ❺ 云南亚种 *obscurus*
- ❻ 华南亚种 *nagamichii*
- ❼ 台湾亚种 *kaleensis*[④]
- ❽ 海南亚种 *swinhoei*

[①] 编者注：郑光美（2017）记载七亚种，缺台湾亚种 *kaleensis*。

[②] 编者注：郑作新（1976）该亚种中文名为指名亚种。

[③] 郑作新（1964，1966）：是否确立，尚属疑问。

[④] 编者注：郑作新（1955，1964，1966）记载该亚种学名为 *kaleënsis*。

◆ 郑作新（1994：77；2000：77；2002：127-128）、郑光美（2005：142-143）记载星头啄木鸟 *Picoides canicapillus* 八亚种：

- ❶ 东北亚种 *doerriesi*
- ❷ 华北亚种 *scintilliceps*
- ❸ 四川亚种 *szetschuanensis*
- ❹ 西南亚种 *omissus*
- ❺ 华南亚种 *nagamichii*
- ❻ 台湾亚种 *kaleensis*
- ❼ 海南亚种 *swinhoei*
- ❽ 云南亚种 *obscurus*

◆ 郑光美（2023：169-170）记载星头啄木鸟 *Picoides canicapillus* 七亚种：

- ❶ 东北亚种 *doerriesi*
- ❷ 华北亚种 *scintilliceps*
- ❸ 四川亚种 *szetschuanensis*
- ❹ 西南亚种 *omissus*
- ❺ 华南亚种 *nagamichii*
- ❻ 海南亚种 *swinhoei*
- ❼ 云南亚种 *obscurus*

XXIII. 啄木鸟目 PICIFORMES

〔614〕**小星头啄木鸟** *Picoides kizuki*　　　　　　　　　　　　　　　　xiǎo xīngtóu zhuómùniǎo

曾用名： 小星头啄木鸟 *Dendrocopos kizuki*；

小星头啄木鸟 *Yungipicus kizuki*（刘阳等，2021：268；约翰·马敬能，2022b：181）

英文名： Japanese Spotted Woodpecker

◆ 郑作新（1955：238-239；1964：82，237；1966：88；1976：377-378；1987：404）记载小星头啄木鸟 *Dendrocopos kizuki*[①]二亚种：

❶ 东北亚种 *permutatus*[②]

❷ 东陵亚种 *wilderi*

[①] 郑作新（1987）：周海忠等（1980）、何纪昌等（1981）分别在新疆福海和云南西双版纳记录了该物种，这些记录尚需证实。

[②] 郑作新（1964，1966）：Vaurie（1959）以此为 *Dendrocopos kizuki ijimae* 的同物异名。

◆ 郑作新（1994：77-78；2000：77-78；2002：128）、郑光美（2005：143）记载小星头啄木鸟 *Picoides kizuki* 二亚种：

❶ 东北亚种 *permutatus*

❷ 东陵亚种 *wilderi*

◆ 郑光美（2011：149；2017：152）记载小星头啄木鸟 *Dendrocopos kizuki* 一亚种：

❶ 指名亚种 *kizuki*

◆ 郑光美（2023：170）记载小星头啄木鸟 *Picoides kizuki* 一亚种：

❶ 指名亚种 *kizuki*

〔615〕**赤胸啄木鸟** *Dryobates cathpharius*　　　　　　　　　　　　　　chìxiōng zhuómùniǎo

曾用名： 赤胸啄木鸟 *Dendrocopos cathpharius*、赤胸啄木鸟 *Dendrocopos cathapharius*、

赤胸啄木鸟 *Picoides cathpharius*

英文名： Scarlet-breasted Woodpecker

◆ 郑作新（1955：234）记载赤胸啄木鸟 *Dendrocopos cathpharius* 三亚种：

❶ 西南亚种 *pernyii*

❷ 湖北亚种 *innixus*

❸ 云南亚种 *tcncbrosus*

◆ 郑作新（1964：83，237；1966：88；1976：371-372）记载赤胸啄木鸟 *Dendrocopos cathpharius*[①]四亚种：

❶ 西藏亚种 *ludlowi*

❷ 云南亚种 *tenebrosus*

❸ 西南亚种 *pernyii*

❹ 湖北亚种 *innixus*

[①] 编者注：郑作新（1964：83；1966）记载其种本名为 *cathapharius*。

◆ 郑作新（1994：76-77；2000：76-77；2002：129）、郑光美（2005：145）记载赤胸啄木鸟 *Picoides cathpharius* 五亚种：

❶ 指名亚种 *cathpharius*[②]

❷ 西藏亚种 *ludlowi*

❸ 云南亚种 *tenebrosus*

❹ 湖北亚种 *innixus*

❺ 西南亚种 *pernyii*

② 编者注：中国鸟类亚种新记录（李德浩等，1979）。

◆郑作新（1987：398-399）、郑光美（2011：150-151；2017：154-155）记载赤胸啄木鸟 *Dendrocopos cathpharius* 五亚种：

❶ 指名亚种 *cathpharius*

❷ 西藏亚种 *ludlowi*

❸ 云南亚种 *tenebrosus*

❹ 湖北亚种 *innixus*

❺ 西南亚种 *pernyii*

◆郑光美（2023：171）记载赤胸啄木鸟 *Dryobates cathpharius* 五亚种：

❶ 西藏亚种 *ludlowi*

❷ 指名亚种 *cathpharius*

❸ 云南亚种 *tenebrosus*

❹ 湖北亚种 *innixus*

❺ 西南亚种 *pernyii*

〔616〕小斑啄木鸟 *Dryobates minor*　　　　　　　　　　　　　　　xiǎobān zhuómùniǎo

曾用名： 小斑啄木鸟 *Dendrocopos minor*、小斑啄木鸟 *Picoides minor*

英文名： Lesser Spotted Woodpecker

◆郑作新（1955：236）记载小斑啄木鸟 *Dendrocopos minor* 二亚种：

❶ *mongolicus* 亚种

❷ 东北亚种 *amurensis*

◆郑作新（1994：77；2000：77；2002：128）、郑光美（2005：143）记载小斑啄木鸟 *Picoides minor* 二亚种：

❶ 新疆亚种 *kamtschatkensis*

❷ 东北亚种 *amurensis*

◆郑作新（1964：82，237；1966：88；1976：374；1987：401）、郑光美（2011：149；2017：153）记载小斑啄木鸟 *Dendrocopos minor* 二亚种：

❶ 新疆亚种 *kamtschatkensis*①

❷ 东北亚种 *amurensis*

① 郑作新（1964，1966，1976，1987）：Vaurie（1959）认为，*mongolicus* 亚种是指名亚种 *minor* 与新疆亚种 *kamtschatkensis* 的混交类型。

◆郑光美（2023：171）记载小斑啄木鸟 *Dryobates minor* 二亚种：

❶ 新疆亚种 *kamtschatkensis*

❷ 东北亚种 *amurensis*

〔617〕**褐额啄木鸟** *Leiopicus auriceps*   hè'é zhuómùniǎo

曾用名： 褐额啄木鸟 *Dendrocopos auriceps*；褐额啄木鸟 *Dendrocoptes auriceps*（约翰·马敬能，2022b：182）

英文名： Brown-fronted Woodpecker

◆郑光美（2017：154）记载褐额啄木鸟 *Dendrocopos auriceps*[①]为单型种。

    ① 中国鸟类新记录（Li et al., 2012）。

◆郑光美（2023：171）记载褐额啄木鸟 *Leiopicus auriceps* 为单型种。

〔618〕**棕腹啄木鸟** *Dendrocopos hyperythrus*   zōngfù zhuómùniǎo

曾用名： 棕腹啄木鸟 *Picoides hyperythrus*

英文名： Rufous-bellied Woodpecker

◆郑作新（1994：77；2000：77；2002：129）、郑光美（2005：144）记载棕腹啄木鸟 *Picoides hyperythrus* 三亚种：

    ❶ 西藏亚种 *marshalli*

    ❷ 指名亚种 *hyperythrus*

    ❸ 普通亚种 *subrufinus*

◆郑作新（1955：234-235；1964：83，237；1966：89；1976：372-373；1987：399-400）、郑光美（2011：150；2017：152；2023：172）记载棕腹啄木鸟 *Dendrocopos hyperythrus* 三亚种：

    ❶ 西藏亚种 *marshalli*

    ❷ 指名亚种 *hyperythrus*

    ❸ 普通亚种 *subrufinus*

〔619〕**纹腹啄木鸟** *Dendrocopos macei*   wénfù zhuómùniǎo

曾用名： 纹腹啄木鸟 *Picoides macei*；茶胸斑啄木鸟 *Dendrocopos macei*（约翰·马敬能等，2000：62；段文科等，2017a：589；刘阳等，2021：270；约翰·马敬能，2022b：183）

英文名： Streak-bellied Woodpecker

◆郑光美（2005：143）记载纹腹啄木鸟 *Picoides macei* 一亚种：

    ❶ 指名亚种 *macei*

◆郑光美（2011：149；2017：154；2023：172）记载纹腹啄木鸟 *Dendrocopos macei* 一亚种：

    ❶ 指名亚种 *macei*

〔620〕**纹胸啄木鸟** *Dendrocopos atratus*   wénxiōng zhuómùniǎo

曾用名： 纹胸啄木鸟 *Picoides atratus*

英文名： Stripe-breasted Woodpecker

◆郑作新（1955：236；1964：237；1976：374；1987：401）记载纹胸啄木鸟 *Dendrocopos atratus* 为单型种。

◆郑作新（1966：87）记载纹胸啄木鸟 *Dendrocopos atratus*，但未述及亚种分化问题。

◆郑作新（1994：77；2000：77）记载纹胸啄木鸟 *Picoides atratus* 为单型种。

◆郑作新（2002：126）记载纹胸啄木鸟 *Picoides atratus*，亦未述及亚种分化问题。

◆郑光美（2005：144）记载纹胸啄木鸟 *Picoides atratus* 一亚种：
  ❶ 指名亚种 *atratus*
◆郑光美（2011：149-150；2017：154；2023：172）记载纹胸啄木鸟 *Dendrocopos atratus* 一亚种：
  ❶ 指名亚种 *atratus*

〔621〕**黄颈啄木鸟** *Dendrocopos darjellensis*   huángjǐng zhuómùniǎo
曾用名：黄腹啄木鸟 *Dendrocopos darjellensis*、黄颈啄木鸟 *Picoides darjellensis*
英文名：Brown-throated Woodpecker
◆郑作新（1955：232）记载黄腹啄木鸟 *Dendrocopos darjellensis* 一亚种：
  ❶ 西南亚种 *desmursi*
◆郑作新（1964：236；1976：369）记载黄颈啄木鸟 *Dendrocopos darjellensis* 一亚种：
  ❶ 西南亚种 *desmursi*
◆郑作新（1966：87）记载黄颈啄木鸟 *Dendrocopos darjellensis*，但未述及亚种分化问题。
◆郑作新（1987：396）记载黄颈啄木鸟 *Dendrocopos darjellensis* 二亚种：
  ❶ 指名亚种 *darjellensis*
  ❷ 西南亚种 *desmursi*
◆郑作新（2002：126）记载黄颈啄木鸟 *Picoides darjellensis*，亦未述及亚种分化问题。
◆郑作新（1994：76；2000：76）、郑光美（2005：144）记载黄颈啄木鸟 *Picoides darjellensis* 二亚种：
  ❶ 指名亚种 *darjellensis*
  ❷ 西南亚种 *desmursi*
◆郑光美（2011：150；2017：155；2023：172）记载黄颈啄木鸟 *Dendrocopos darjellensis* 为单型种。

〔622〕**白翅啄木鸟** *Dendrocopos leucopterus*   báichì zhuómùniǎo
曾用名：白翅啄木鸟 *Picoides leucopterus*
英文名：White-winged Woodpecker
◆郑作新（1964：236）记载白翅啄木鸟 *Dendrocopos leucopterus* 一亚种：
  ❶ 指名亚种 *leucopterus*
◆郑作新（1966：87）记载白翅啄木鸟 *Dendrocopos leucopterus*，但未述及亚种分化问题。
◆郑作新（1955：232；1976：369；1987：395-396）记载白翅啄木鸟 *Dendrocopos leucopterus* 二亚种：
  ❶ 北疆亚种 *leptorhynchus*
  ❷ 指名亚种 *leucopterus*
◆郑作新（1994：76；2000：76）记载白翅啄木鸟 *Picoides leucopterus* 二亚种：
  ❶ 北疆亚种 *leptorhynchus*
  ❷ 指名亚种 *leucopterus*
◆郑作新（2002：127）记载白翅啄木鸟 *Picoides leucopterus*，亦未述及亚种分化问题。
◆郑光美（2005：147）记载白翅啄木鸟 *Picoides leucopterus* 为单型种。
◆郑光美（2011：152；2017：155；2023：173）记载白翅啄木鸟 *Dendrocopos leucopterus* 为单型种。

〔623〕大斑啄木鸟 Dendrocopos major dàbān zhuómùniǎo

曾用名： 斑啄木鸟 Dendrocopos major、大斑啄木鸟 Picoides major

英文名： Great Spotted Woodpecker

◆ 郑作新（1955：230-232）记载斑啄木鸟 Dendrocopos major 八亚种：

- ❶ 新疆亚种 tianshanicus
- ❷ 指名亚种 major[①]
- ❸ 东北亚种 japonicus
- ❹ 华北亚种 cabanisi
- ❺ 西北亚种 beicki
- ❻ 西南亚种 stresemanni
- ❼ 东南亚种 mandarinus
- ❽ 海南亚种 hainanus

① 编者注：将北方亚种 brevirostris 列为其同物异名。

◆ 郑作新（1964：83；1966：89）记载斑啄木鸟 Dendrocopos major 七亚种：

- ❶ 北方亚种 brevirostris
- ❷ 东北亚种 japonicus
- ❸ 华北亚种 cabanisi
- ❹ 西北亚种 beicki
- ❺ 西南亚种 stresemanni
- ❻ 东南亚种 mandarinus
- ❼ 海南亚种 hainanus

◆ 郑作新（1964：236；1976：366-368）记载斑啄木鸟 Dendrocopos major[②] 八亚种：

- ❶ 新疆亚种 tianshanicus
- ❷ 北方亚种 brevirostris
- ❸ 东北亚种 japonicus
- ❹ 华北亚种 cabanisi
- ❺ 西北亚种 beicki
- ❻ 西南亚种 stresemanni
- ❼ 东南亚种 mandarinus
- ❽ 海南亚种 hainanus

② 编者注：郑作新（1976：968）补记斑啄木鸟 Dendrocopos major 一新亚种，即乌拉山亚种 wulashanicus。

◆ 郑作新（1987：393-395）、郑光美（2011：151-152）记载大斑啄木鸟 Dendrocopos major[③] 九亚种：

- ❶ 新疆亚种 tianshanicus
- ❷ 北方亚种 brevirostris
- ❸ 东北亚种 japonicus
- ❹ 华北亚种 cabanisi
- ❺ 乌拉山亚种 wulashanicus

❻ 西北亚种 *beicki*

❼ 西南亚种 *stresemanni*

❽ 东南亚种 *mandarinus*

❾ 海南亚种 *hainanus*

③ 郑光美（2011）：*Dendrocopos major wulashanicus*、*Dendrocopos major beicki*、*Dendrocopos major hainanus*、*Dendrocopos major mandarinus* 有效性存疑，见 del Hoyo 等（2002）、Clements 等（2009）。

◆ 郑作新（1994：76；2000：75-76；2002：130）、郑光美（2005：146-147）记载大斑啄木鸟 *Picoides major* 九亚种：

❶ 新疆亚种 *tianshanicus*

❷ 北方亚种 *brevirostris*

❸ 东北亚种 *japonicus*

❹ 华北亚种 *cabanisi*

❺ 乌拉山亚种 *wulashanicus*

❻ 西北亚种 *beicki*

❼ 西南亚种 *stresemanni*

❽ 东南亚种 *mandarinus*

❾ 海南亚种 *hainanus*

◆ 郑光美（2017：155-156；2023：173-174）记载大斑啄木鸟 *Dendrocopos major* 八亚种：

❶ 北方亚种 *brevirostris*

❷ 东北亚种 *japonicus*

❸ 华北亚种 *cabanisi*

❹ 乌拉山亚种 *wulashanicus*

❺ 西北亚种 *beicki*

❻ 西南亚种 *stresemanni*

❼ 东南亚种 *mandarinus*

❽ 海南亚种 *hainanus*

〔624〕**白背啄木鸟** *Dendrocopos leucotos*　　　　　　　　　　　　　　　　báibèi zhuómùniǎo

曾用名：白背啄木鸟 *Picoides leucotos*

英文名：White-backed Woodpecker

◆ 郑作新（1955：233-234）记载白背啄木鸟 *Dendrocopos leucotos* 四亚种：

❶ 指名亚种 *leucotos*

❷ 东陵亚种 *sinicus*

❸ 福建亚种 *fohkiensis*

❹ 台湾亚种 *insularis*

◆ 郑作新（1966：88；1976：370-371；1987：397）记载白背啄木鸟 *Dendrocopos leucotos* 五亚种：

❶ 指名亚种 *leucotos*

❷ 东陵亚种 *sinicus*

❸ 四川亚种 *tangi*

❹ 福建亚种 *fohkiensis*

❺ 台湾亚种 *insularis*

◆郑作新（1994：76；2000：76；2002：128-129）、郑光美（2005：145-146）记载白背啄木鸟 *Picoides leucotos* 五亚种：

❶ 指名亚种 *leucotos*

❷ 东陵亚种 *sinicus*

❸ 四川亚种 *tangi*

❹ 福建亚种 *fohkiensis*

❺ 台湾亚种 *insularis*

◆郑作新（1964：82-83，236-237）、郑光美（2011：151；2017：155；2023：174）记载白背啄木鸟 *Dendrocopos leucotos* 四亚种：

❶ 指名亚种 *leucotos*

❷ 四川亚种 *tangi*

❸ 福建亚种 *fohkiensis*

❹ 台湾亚种 *insularis*

XXIV. 隼形目 FALCONIFORMES

56. 隼科 Falconidae（Falcons） 2 属 12 种

〔625〕**红腿小隼** *Microhierax caerulescens*   hóngtuǐ xiǎosǔn
英文名：Collared Falconet

◆郑作新（2002：37）记载红腿小隼 *Microhierax caerulescens*[①]，但未述及亚种分化问题。
　　① 编者注：中国鸟类新记录（匡邦郁等，1980）。
◆郑作新（1987：114；1994：23；2000：22）、郑光美（2005：42；2011：44；2017：162；2023：175）记载红腿小隼 *Microhierax caerulescens* 一亚种：
　　❶ 滇西亚种 burmanicus

〔626〕**白腿小隼** *Microhierax melanoleucos*   báituǐ xiǎosǔn
曾用名：小隼 *Microhierax melanoleucos*、〔白腿〕小隼 *Microhierax melanoleucos*
英文名：Pied Falconet

◆郑作新（1955：65）记载小隼 *Microhierax melanoleucos* 一亚种：
　　❶ chinensis 亚种
◆郑作新（1966：27）记载小隼 *Microhierax melanoleucos*，但未述及亚种分化问题。
◆郑作新（1964：210；1976：107）记载小隼 *Microhierax melanoleucos* 为单型种。
◆郑作新（1987：115；1994：23；2000：22）记载〔白腿〕小隼 *Microhierax melanoleucos* 为单型种。
◆郑作新（2002：38）记载〔白腿〕小隼 *Microhierax melanoleucos*，亦未述及亚种分化问题。
◆郑光美（2005：42；2011：44；2017：162；2023：175）记载白腿小隼 *Microhierax melanoleucos* 为单型种。

〔627〕**黄爪隼** *Falco naumanni*   huángzhǎosǔn
英文名：Lesser Kestrel

◆郑作新（1966：27；2002：38）记载黄爪隼 *Falco naumanni*，但未述及亚种分化问题。
◆郑作新（1955：71；1964：211；1976：114；1987：122；1994：24；2000：24）、郑光美（2005：42；2011：44；2017：162；2023：175）记载黄爪隼 *Falco naumanni*[①②③]为单型种。
　　① 郑作新（1964：27）：黄爪隼与红隼的翅均短而圆，有人将它们另立为 *Cerchneis* 属；其余隼类的翅均长而尖。
　　② 郑作新（1966）：黄爪隼与红隼的翅均短而圆，尾呈凸尾状，有人将它们另立为 *Cerchneis* 属；其余隼类的翅均长而尖，尾呈圆尾状。
　　③ 郑作新（2002）：黄爪隼与红隼的尾均呈凸尾状，与其余隼类的圆尾状有别，因此有人把这两种另立为凸尾隼属 *Cerchneis*。

〔628〕**红隼** *Falco tinnunculus*   hóngsǔn
英文名：Common Kestrel

◆郑作新（1955：71-72；1964：28，211；1966：28；1976：114-116）记载红隼 *Falco tinnunculus* 四亚种：

❶ 指名亚种 tinnunculus
❷ 东北亚种 perpallidus
❸ 普通亚种 interstinctus
❹ 南方亚种 saturatus[①]

[①] 郑作新（1976）：有人认为 saturatus 不过是一种色型的变化，而非真正亚种（Vaurie, 1961）。

◆郑作新（1987：122-124；1994：24；2000：24；2002：39）、郑光美（2005：42；2011：45；2017：163；2023：175-176）记载红隼 *Falco tinnunculus* 二亚种：

❶ 普通亚种 interstinctus
❷ 指名亚种 tinnunculus

〔629〕**西红脚隼** *Falco vespertinus*　　　　　　　　　　　　　　　　　　　xī hóngjiǎosǔn

曾用名：红脚隼 *Falco vespertinus*；欧洲红脚隼 *Falco vespertinus*（赵正阶，2001a：308）

英文名：Western Red-footed Falcon

说　明：因分类修订，原红脚隼 *Falco vespertinus* 的中文名修改为西红脚隼。

◆郑作新（1955：70；1964：211；1976：113；1987：121；1994：24；2000：23-24）记载红脚隼 *Falco vespertinus* 一亚种：

❶ 普通亚种 amurensis

◆郑作新（1966：27；2002：38）记载红脚隼 *Falco vespertinus*，但未述及亚种分化问题。

◆郑光美（2005：42-43；2011：45；2017：163；2023：176）记载以下两种：

（1）西红脚隼 *Falco vespertinus*
（2）红脚隼 *Falco amurensis*

〔630〕**红脚隼** *Falco amurensis*　　　　　　　　　　　　　　　　　　　　　hóngjiǎosǔn

曾用名：阿穆尔隼 *Falco amurensis*（约翰·马敬能等，2000：201；段文科等，2017a：223）

英文名：Eastern Red-footed Falcon

曾被视为 *Falco vespertinus* 的一个亚种，现列为独立种，中文名沿用红脚隼。请参考〔629〕西红脚隼 *Falco vespertinus*。

〔631〕**灰背隼** *Falco columbarius*　　　　　　　　　　　　　　　　　　　　huībèisǔn

英文名：Merlin

◆郑作新（1955：69-70）记载灰背隼 *Falco columbarius* 四亚种：

❶ 新疆亚种 lymani
❷ 普通亚种 insignis
❸ 太平洋亚种 pacificus
❹ christiani-ludovici 亚种

◆郑作新（1964：28，211；1966：28；1976：112-113；1987：120-121；1994：24；2000：23；2002：39）、郑光美（2005：43；2011：45-46；2017：163-164；2023：176-177）记载灰背隼 *Falco columbarius*[①]四亚种：

❶ 普通亚种 insignis

❷ 新疆亚种 *lymani*

❸ 太平洋亚种 *pacificus*

❹ 西藏亚种 *pallidus*

① 郑光美（2011）：分布于台湾的亚种可能是 *Falco columbarius insignis* 或 *Falco columbarius pacificus*，有待进一步确证，见刘小如等（2010）。

〔632〕**燕隼** *Falco subbuteo* yànsǔn

英文名：Hobby

◆郑作新（1955：68-69；1964：211；1966：28；1976：111；1987：118-119；1994：24；2000：23；2002：39-40）、郑光美（2005：43-44；2011：46；2017：164；2023：177）均记载燕隼 *Falco subbuteo* 二亚种：

❶ 指名亚种 *subbuteo*

❷ 南方亚种 *streichi*

〔633〕**猛隼** *Falco severus* měngsǔn

英文名：Oriental Hobby

◆郑作新（1966：27；2002：38）记载猛隼 *Falco severus*，但未述及亚种分化问题。

◆郑作新（1955：69；1964：211；1976：112；1987：120；1994：24；2000：23）、郑光美（2005：44；2011：46；2017：164；2023：177）记载猛隼 *Falco severus* 一亚种：

❶ 指名亚种 *severus*

〔634〕**猎隼** *Falco cherrug* lièsǔn

英文名：Saker Falcon

◆郑作新（1955：65-66）记载猎隼 *Falco cherrug* 四亚种：

❶ *saceroides* 亚种①

❷ *coatsi* 亚种②

❸ *hendersoni* 亚种③

❹ 北方亚种 *milvipes*

①②③ 编者注：郑作新（1976，1987）将其列为北方亚种 *milvipes* 的同物异名。

◆郑作新（1966：27）记载猎隼 *Falco cherrug*，但未述及亚种分化问题。

◆郑作新（1964：210；1976：108）记载猎隼 *Falco cherrug* 一亚种：

❶ 北方亚种 *milvipes*

◆郑作新（1987：116-117；1994：23；2000：23；2002：38）记载以下两种：

（1）猎隼 *Falco cherrug*④

❶ 北方亚种 *milvipes*

④ 编者注：郑作新（2002）未述及亚种分化问题。

（2）阿尔泰隼 *Falco* (*cherrug*) *altaicus*⑤

⑤ 编者注：郑作新（2002）记载其学名为 *Falco altaicus*，且未述及亚种分化问题。

◆郑光美（2005：44；2011：47；2017：165；2023：177）记载猎隼 *Falco cherrug*[⑥]二亚种：

❶ 指名亚种 *cherrug*

❷ 北方亚种 *milvipes*

⑥ 郑光美（2005）：阿尔泰隼 *Falco altaicus* 已被并入到猎隼 *Falco cherrug* 的 *milvipes* 亚种（Stepanyan，1990；Dickinson，2003）。

〔635〕**矛隼** *Falco rusticolus*　　　　　　　　　　　　　　　　　　　　　　máosǔn

曾用名： 矛隼 *Falco gyrfalco*

英文名： Gyr Falcon

◆郑作新（1955：66-67；1964：210；1976：109）记载矛隼 *Falco gyrfalco* 二亚种：

❶ 新疆亚种 *altaicus*

❷ 东北亚种 *grebnitzkii*

◆郑作新（1966：27）记载矛隼 *Falco gyrfalco*，但未述及亚种分化问题。

◆郑作新（1987：117；1994：23；2000：23）记载矛隼 *Falco rusticolus* 一亚种：

❶ 东北亚种 *obsoletus*

◆郑作新（2002：38）记载矛隼 *Falco rusticolus*，亦未述及亚种分化问题。

◆郑光美（2005：44；2011：47；2017：165；2023：178）记载矛隼 *Falco rusticolus*[①]为单型种。

① 编者注：据赵正阶（2001a：301），*Falco gyrfalco*、*Falco grebnitzkii* 均被认为是 *Falco rusticolus* 的同物异名。

〔636〕**游隼** *Falco peregrinus*　　　　　　　　　　　　　　　　　　　　　　yóusǔn

英文名： Peregrine Falcon

◆郑作新（1955：67）记载游隼 *Falco peregrinus* 四亚种：

❶ *leucogenys* 亚种[①]

❷ 新疆亚种 *babylonicus*

❸ 南方亚种 *peregrinator*

❹ *pleskei* 亚种[②]

① 编者注：郑作新（1955）将普通亚种 *calidus* 列为其同物异名，郑作新（1976，1987）将其列为普通亚种 *calidus* 的同物异名。

② 编者注：郑作新（1976，1987）将其列为东方亚种 *japonensis* 的同物异名。

◆郑作新（1964：27-28，210-211；1966：27-28；1976：109-110；1987：117-118；1994：23；2000：23；2002：39）记载游隼 *Falco peregrinus* 四亚种：

❶ 普通亚种 *calidus*

❷ 新疆亚种 *babylonicus*

❸ 南方亚种 *peregrinator*

❹ 东方亚种 *japonensis*

◆郑光美（2005：45）记载以下两种：

（1）拟游隼 *Falco pelegrinoides*

❶ 新疆亚种 *babylonicus*

（2）游隼 *Falco peregrinus*

❶ 普通亚种 *calidus*

❷ 东方亚种 *japonensis*

❸ 南方亚种 *peregrinator*

❹ 指名亚种 *peregrinus*

◆郑光美（2011：47-48）记载以下两种：

（1）拟游隼 *Falco pelegrinoides*

❶ 新疆亚种 *babylonicus*

（2）游隼 *Falco peregrinus*

❶ 普通亚种 *calidus*

❷ 东方亚种 *japonensis*

❸ 南方亚种 *peregrinator*

❹ 指名亚种 *peregrinus*

❺ 云南亚种 *ernesti*[③④]

[③] 编者注：亚种中文名引自段文科和张正旺（2017a：229）。

[④] 见何芬奇和林植（2010）。编者注：中国鸟类亚种新记录（何芬奇等，2010）。

◆郑光美（2017：165-166；2023：178-179）记载游隼 *Falco peregrinus*[⑤]六亚种：

❶ 普通亚种 *calidus*

❷ 东方亚种 *japonensis*

❸ 南方亚种 *peregrinator*

❹ 指名亚种 *peregrinus*

❺ 云南亚种 *ernesti*

❻ 新疆亚种 *babylonicus*

[⑤] 郑光美（2017）：拟游隼 *Falco pelegrinoides* 归入游隼 *Falco peregrinus* 的亚种（Dickinson et al.，2013）。

XXV. 鹦鹉目 PSITTACIFORMES

57. 鹦鹉科 Psittacidae（Parrots） 3属9种

〔637〕**短尾鹦鹉** *Loriculus vernalis*   duǎnwěi yīngwǔ

英文名：Vernal Hanging Parrot

◆ 郑作新（1966：64）记载短尾鹦鹉 *Loriculus vernalis*，但未述及亚种分化问题。

◆ 郑作新（2002：94）记载短尾鹦鹉属 *Loriculus* 为单型属。

◆ 郑作新（1955：175；1964：226；1976：280；1987：302；1994：57；2000：56）、郑光美（2005：110；2011：114；2017：166；2023：180）记载短尾鹦鹉 *Loriculus vernalis* 一亚种：

    ❶ 指名亚种 *vernalis*

〔638〕**蓝腰鹦鹉** *Psittinus cyanurus*   lányāo yīngwǔ

曾用名：蓝腰短尾鹦鹉 *Psittinus cyanurus*（林剑声等，2005）

英文名：Blue-rumped Parrot

◆ 郑光美（2011：114-115；2017：166；2023：180）记载蓝腰鹦鹉 *Psittinus cyanurus*[①] 一亚种：

    ❶ 指名亚种 *cyanurus*

① 郑光美（2011）：中国鸟类新记录，见林剑声等（2005）。

〔639〕**灰头鹦鹉** *Psittacula finschii*   huītóu yīngwǔ

曾用名：灰头鹦鹉 *Psittacula himalayana*

英文名：Grey-headed Parakeet

说　明：由 *Psittacula himalayana* 的亚种提升为种，中文名沿用灰头鹦鹉。

◆ 郑作新（1955：174；1964：226；1976：278-279；1987：301；1994：56-57；2000：56）记载灰头鹦鹉 *Psittacula himalayana* 一亚种：

    ❶ 西南亚种 *finschii*

◆ 郑作新（1966：64；2002：94）记载灰头鹦鹉 *Psittacula himalayana*，但未述及亚种分化问题。

◆ 郑光美（2005：110；2011：115）记载灰头鹦鹉 *Psittacula finschii* 为单型种。

◆ 郑光美（2017：167；2023：180）记载以下两种：

（1）灰头鹦鹉 *Psittacula finschii*

（2）青头鹦鹉 *Psittacula himalayana*[①]

① 郑光美（2017）：中国鸟类新记录（刘阳等，2013）。编者注：详见刘阳等（2013）。该文献摘要如下，本种曾是灰头鹦鹉 *Psittacula himalayana* 的一个亚种 *himalayana*，另一亚种 *finschii* 分布于我国云南西部（郑作新，1987，2000）。但鉴于两者间在形态和鸣声上的显著差异，更多学者支持将二亚种提升为独立的种（Rasmussen et al.，2012；Gill et al.，2013）。*Psittacula finschii* 的中文名保留为灰头鹦鹉，*Psittacula himalayana* 因头部为深灰蓝色，建议中文名为青头鹦鹉。该种分布于阿富汗东北部、巴基斯坦北部直至不丹（del Hoyo et al.，1997）。在我国西藏南部为留鸟。

〔640〕**青头鹦鹉** *Psittacula himalayana* qīngtóu yīngwǔ
英文名： Slaty-headed Parakeet

从 *Psittacula himalayana* 的亚种提升为种。请参考〔639〕灰头鹦鹉 *Psittacula finschii*。

〔641〕**花头鹦鹉** *Psittacula roseata* huātóu yīngwǔ
曾用名： 花头鹦鹉 *Psittacula cyanocephala*
英文名： Blossom-headed Parakeet

◆ 郑作新（1955：174；1964：226；1976：278；1987：300-301）记载花头鹦鹉 *Psittacula cyanocephala* 一亚种：

❶ 华南亚种 *rosa*

◆ 郑作新（1966：64）记载花头鹦鹉 *Psittacula cyanocephala*，但未述及亚种分化问题。

◆ 郑作新（2002：94）记载花头鹦鹉 *Psittacula roseata*，亦未述及亚种分化问题。

◆ 郑作新（1994：56；2000：56）、郑光美（2005：110；2011：115；2017：167；2023：180）记载花头鹦鹉 *Psittacula roseata*[①] 一亚种：

❶ 指名亚种 *roseata*

[①] 编者注：据郑光美（2002：60；2021：112），*Psittacula cyanocephala* 被命名为紫头鹦鹉，中国无分布。

〔642〕**绯胸鹦鹉** *Psittacula alexandri* fēixiōng yīngwǔ
英文名： Red-breasted Parakeet

◆ 郑作新（1966：64；2002：94）记载绯胸鹦鹉 *Psittacula alexandri*，但未述及亚种分化问题。

◆ 郑作新（1955：173；1964：226；1976：277；1987：299；1994：56；2000：56）、郑光美（2005：110；2011：116；2017：168；2023：181）记载绯胸鹦鹉 *Psittacula alexandri* 一亚种：

❶ 华南亚种 *fasciata*

〔643〕**大紫胸鹦鹉** *Psittacula derbiana* dà zǐxiōng yīngwǔ
曾用名： 大绯胸鹦鹉 *Psittacula derbiana*
英文名： Derbyan Parakeet

◆ 郑作新（1955：173；1964：226；1976：277；1987：300）记载大绯胸鹦鹉 *Psittacula derbiana* 为单型种。

◆ 郑作新（1966：64）记载大绯胸鹦鹉 *Psittacula derbiana*，但未述及亚种分化问题。

◆ 郑作新（2002：94）记载大紫胸鹦鹉 *Psittacula derbiana*，亦未述及亚种分化问题。

◆ 郑作新（1994：56；2000：56）、郑光美（2005：110；2011：115；2017：167；2023：181）记载大紫胸鹦鹉 *Psittacula derbiana* 为单型种。

〔644〕**亚历山大鹦鹉** *Psittacula eupatria* yàlìshāndà yīngwǔ
英文名： Alexandrine Parakeet

◆ 郑光美（2011：115）记载亚历山大鹦鹉 *Psittacula eupatria*[①] 为单型种。

[①] 中国鸟类新记录，见 Holt（2006）。

◆郑光美（2017：166-167；2023：181）记载亚历山大鹦鹉 *Psittacula eupatria* 一亚种：

❶ 印缅亚种 *avensis*②

② 编者注：亚种中文名引自百度百科。

[645] **红领绿鹦鹉** *Psittacula krameri*　　　　　　　　　　　　　　　　　hónglǐng lǜ yīngwǔ

英文名：Rose-ringed Parakeet

◆郑作新（1966：64；2002：94）记载红领绿鹦鹉 *Psittacula krameri*，但未述及亚种分化问题。

◆郑作新（1955：173；1964：226；1976：277；1987：299；1994：56；2000：56）、郑光美（2005：109；2011：115；2017：167；2023：181）记载红领绿鹦鹉 *Psittacula krameri* 一亚种：

❶ 广东亚种 *borealis*

XXVI. 雀形目 PASSERIFORMES

58. 八色鸫科 Pittidae（Pittas） 2属8种

〔646〕**双辫八色鸫** *Hydrornis phayrei* shuāngbiàn bāsèdōng
曾用名： 双辫八色鸫 *Anthocincla phayrei*、双辫八色鸫 *Pitta phayrei*
英文名： Eared Pitta
◆郑作新（1958：5；1964：238；1976：386；1987：414）记载双辫八色鸫 *Anthocincla phayrei* 一亚种：
　❶ 指名亚种 *phayrei*
◆郑作新（1966：93）记载双辫八色鸫 *Anthocincla phayrei*，但未述及亚种分化问题。
◆郑作新（1994：81；2000：81）记载双辫八色鸫 *Pitta phayrei* 一亚种：
　❶ 指名亚种 *phayrei*
◆郑作新（2002：135）记载双辫八色鸫 *Pitta phayrei*，亦未述及亚种分化问题。
◆郑光美（2005：153；2011：159；2017：168）记载双辫八色鸫 *Pitta phayrei* 为单型种。
◆郑光美（2023：182）记载双辫八色鸫 *Hydrornis phayrei* 为单型种。

〔647〕**蓝枕八色鸫** *Hydrornis nipalensis* lánzhěn bāsèdōng
曾用名： 蓝枕八色鸫 *Pitta nipalensis*
英文名： Blue-naped Pitta
◆郑作新（1966：94；2002：136）记载蓝枕八色鸫 *Pitta nipalensis*，但未述及亚种分化问题。
◆郑作新（1958：2；1964：238；1976：383；1987：411；1994：80；2000：80）、郑光美（2005：153；2011：159）记载蓝枕八色鸫 *Pitta nipalensis* 一亚种：
　❶ 指名亚种 *nipalensis*
◆郑光美（2017：168）记载蓝枕八色鸫 *Pitta nipalensis* 二亚种：
　❶ 指名亚种 *nipalensis*
　❷ 北越亚种 *hendeei*[①]
　① 编者注：亚种中文名引自赵正阶（2001b：5）。
◆郑光美（2023：182）记载蓝枕八色鸫 *Hydrornis nipalensis* 二亚种：
　❶ 指名亚种 *nipalensis*
　❷ 北越亚种 *hendeei*

〔648〕**蓝背八色鸫** *Hydrornis soror* lánbèi bāsèdōng
曾用名： 蓝背八色鸫 *Pitta soror*
英文名： Blue-rumped Pitta
◆郑作新（1966：94）记载蓝背八色鸫 *Pitta soror*，但未述及亚种分化问题。
◆郑作新（1958：3；1964：238；1976：383；1987：411；1994：80；2000：80；2002：136）、郑光美（2005：153；2011：159；2017：168）记载蓝背八色鸫 *Pitta soror* 二亚种：
　❶ 广西亚种 *tonkinensis*

XXVI. 雀形目 PASSERIFORMES

❷ 海南亚种 *douglasi*

◆郑光美（2023：182）记载蓝背八色鸫 *Hydrornis soror* 二亚种：

❶ 海南亚种 *douglasi*

❷ 广西亚种 *tonkinensis*

〔649〕**栗头八色鸫** *Hydrornis oatesi*　　　　　　　　　　　　　　　　　　　lìtóu bāsèdōng

曾用名： 栗头八色鸫 *Pitta oatesi*

英文名： Rusty-naped Pitta

◆郑作新（1958：4；1964：238；1976：386）记载栗头八色鸫 *Pitta oatesi* 一亚种：

❶ 云南亚种 *castaneiceps*

◆郑作新（1966：94）记载栗头八色鸫 *Pitta oatesi*，但未述及亚种分化问题。

◆郑作新（1987：414；1994：81；2000：81；2002：136）、郑光美（2005：153-154；2011：160；2017：169）记载栗头八色鸫 *Pitta oatesi* 二亚种：

❶ 云南亚种 *castaneiceps*

❷ 指名亚种 *oatesi*[①]

[①] 编者注：中国鸟类亚种新记录（匡邦郁等，1980）。

◆郑光美（2023：182-183）记载栗头八色鸫 *Hydrornis oatesi* 二亚种：

❶ 云南亚种 *castaneiceps*

❷ 指名亚种 *oatesi*

〔650〕**蓝八色鸫** *Hydrornis cyaneus*　　　　　　　　　　　　　　　　　　　lán bāsèdōng

曾用名： 蓝八色鸫 *Pitta cyanea*；蓝八色鸫 *Hydrornis cyanea*（约翰·马敬能，2022b：197）

英文名： Blue Pitta

◆郑作新（1966：94；2002：136）记载蓝八色鸫 *Pitta cyanea*[①]，但未述及亚种分化问题。

[①] 编者注：中国鸟类新记录（潘清华等，1964）。

◆郑作新（1976：384；1987：412；1994：80；2000：80）、郑光美（2005：154；2011：160；2017：169）记载蓝八色鸫 *Pitta cyanea* 一亚种：

❶ 指名亚种 *cyanea*

◆郑光美（2023：183）记载蓝八色鸫 *Hydrornis cyaneus* 一亚种：

❶ 指名亚种 *cyanea*

〔651〕**绿胸八色鸫** *Pitta sordida*　　　　　　　　　　　　　　　　　　　lǜxiōng bāsèdōng

曾用名： 黑头八色鸫 *Pitta sordida*（杭馥兰等，1997：138）

英文名： Western Hooded Pitta

◆郑作新（1966：94；2002：136）记载绿胸八色鸫 *Pitta sordida*，但未述及亚种分化问题。

◆郑作新（1958：4；1964：238；1976：385-386；1987：413-414；1994：81；2000：81）、郑光美（2005：154；2011：160；2017：169）记载绿胸八色鸫 *Pitta sordida* 一亚种：

❶ 云南亚种 *cucullata*

◆郑光美（2023：183）记载绿胸八色鸫 *Pitta sordida* 二亚种：

    ❶ 云南亚种 *cucullata*

    ❷ 指名亚种 *sordida*

[652] **蓝翅八色鸫** *Pitta moluccensis*   lánchì bāsèdōng

曾用名：蓝翅八色鸫 *Pitta brachyura*、马来八色鸫 *Pitta moluccensis*

英文名：Blue-winged Pitta

说　明：由 *Pitta brachyura moluccensis* 亚种提升为种，中文名沿用蓝翅八色鸫。

◆郑作新（1958：3-4；1964：238；1976：384-385）记载蓝翅八色鸫 *Pitta brachyura* 三亚种：

    ❶ 东南亚种 *nympha*

    ❷ 两广亚种 *melli*

    ❸ 云南亚种 *moluccensis*

◆郑作新（1966：94）记载蓝翅八色鸫 *Pitta brachyura*，但未述及亚种分化问题。

◆郑作新（1987：412-413）记载以下两种：

  （1）蓝翅八色鸫 *Pitta nympha*

    ❶ 指名亚种 *nympha*[①]

    [①] 编者注：将两广亚种 *melli* 列为其同物异名。

  （2）马来八色鸫 *Pitta moluccensis*

◆郑作新（1994：80-81）记载以下两种：

  （1）蓝翅八色鸫 *Pitta brachyura*

    ❶ 云南亚种 *moluccensis*

  （2）仙八色鸫 *Pitta nympha*

    ❶ 指名亚种 *nympha*

    ❷ 两广亚种 *melli*

◆郑作新（2000：80-81）记载以下两种：

  （1）蓝翅八色鸫 *Pitta brachyura*

    ❶ 马来八色鸫 *Pitta brachyura moluccensis*

  （2）仙八色鸫 *Pitta nympha*

    ❶ 指名亚种 *nympha*

◆郑作新（2002：136）记载蓝翅八色鸫 *Pitta brachyura* 和仙八色鸫 *Pitta nympha*，亦未述及亚种分化问题。

◆郑光美（2005：154）记载以下两种：

  （1）蓝翅八色鸫 *Pitta brachyura*

  （2）仙八色鸫 *Pitta nympha*

    ❶ 指名亚种 *nympha*

◆郑光美（2011：160-161）记载以下三种：

  （1）印度八色鸫 *Pitta brachyura*

  （2）仙八色鸫 *Pitta nympha*

❶ 指名亚种 *nympha*

（3）蓝翅八色鸫 *Pitta moluccensis*②

② 由 *Pitta brachyura moluccensis* 亚种提升为种，见 Dickinson 和 Dekker（2000）。

◆郑光美（2017：169）记载以下两种：

（1）仙八色鸫 *Pitta nympha*

❶ 指名亚种 *nympha*

（2）蓝翅八色鸫 *Pitta moluccensis*③

③ 编者注：据郑光美（2002：132；2021：217），*Pitta brachyura* 被命名为蓝翅八色鸫，在中国有分布，但郑光美（2023）未予收录。而 *Pitta moluccensis* 则被命名为马来八色鸫，中国无分布。

◆郑光美（2023：183）记载以下两种：

（1）蓝翅八色鸫 *Pitta moluccensis*

（2）仙八色鸫 *Pitta nympha*

〔653〕**仙八色鸫** *Pitta nympha*　　　　　　　　　　　　　　　　　　　　　　xiān bāsèdōng

曾用名：蓝翅八色鸫 *Pitta nympha*

英文名：Fairy Pitta

曾被视为 *Pitta brachyura* 的一个亚种，现列为独立种。请参考〔652〕蓝翅八色鸫 *Pitta moluccensis*。

59. 阔嘴鸟科 Eurylaimidae（Broadbills） 2 属 2 种

〔654〕**长尾阔嘴鸟** *Psarisomus dalhousiae*　　　　　　　　　　　　　　　　chángwěi kuòzuǐniǎo

英文名：Long-tailed Broadbill

◆郑作新（1966：93）记载长尾阔嘴鸟 *Psarisomus dalhousiae*，但未述及亚种分化问题。

◆郑作新（2002：135）记载阔嘴鸟属 *Psarisomus* 为单型属。

◆郑作新（1958：2；1964：238；1976：382-383；1987：410-411；1994：80；2000：80）、郑光美（2005：152；2011：158；2017：170；2023：184）记载长尾阔嘴鸟 *Psarisomus dalhousiae* 一亚种：

❶ 指名亚种 *dalhousiae*

〔655〕**银胸丝冠鸟** *Serilophus lunatus*　　　　　　　　　　　　　　　　　　yínxiōng sīguānniǎo

英文名：Silver-breasted Broadbill

◆郑作新（1958：1-2；1964：88，238；1966：93；1976：381-382）记载银胸丝冠鸟 *Serilophus lunatus* 三亚种：

❶ 滇西亚种 *atrestus*

❷ 滇南亚种 *elisabethae*

❸ 海南亚种 *polionotus*

◆郑作新（1987：409-410；1994：80；2000：80；2002：135）记载银胸丝冠鸟 *Serilophus lunatus* 二亚种：

❶ 滇南亚种 *elisabethae*

❷ 海南亚种 *polionotus*①

① 编者注：郑作新（2002）记载该亚种为 poliionotus。

◆郑光美（2005：152-153；2011：159；2017：170；2023：184）记载银胸丝冠鸟 Serilophus lunatus 三亚种：

❶ 西藏亚种 rubropygius ②
❷ 滇南亚种 elisabethae
❸ 海南亚种 polionotus

② 编者注：亚种中文名引自段文科和张正旺（2017b：631）。

60. 黄鹂科 Oriolidae（Old World Orioles） 1属7种

〔656〕**金黄鹂** *Oriolus oriolus*　　　　　　　　　　　　　　　　　　　　jīnhuánglí

英文名：Eurasian Golden Oriole

◆郑作新（1958：73；1964：109，248；1966：114；1976：470-471；1987：505；1994：97；2000：96-97；2002：167）、郑光美（2005：190；2011：197）记载金黄鹂 *Oriolus oriolus* 二亚种：

❶ 指名亚种 *oriolus*
❷ 新疆亚种 *kundoo*

◆郑光美（2017：170；2023：184）记载以下两种：

（1）金黄鹂 *Oriolus oriolus*
（2）印度金黄鹂 *Oriolus kundoo* ①

① 郑光美（2017）：由 *Oriolus oriolus* 的亚种提升为种（Rasmussen et al.，2005）。

〔657〕**印度金黄鹂** *Oriolus kundoo*　　　　　　　　　　　　　　　　　　yìndù jīnhuánglí

英文名：Indian Golden Oriole

由 *Oriolus oriolus* 的亚种提升为种。请参考〔656〕金黄鹂 *Oriolus oriolus*。

〔658〕**细嘴黄鹂** *Oriolus tenuirostris*　　　　　　　　　　　　　　　　　　xìzuǐ huánglí

曾用名：黑枕细嘴黄鹂 *Oriolus tenuirostris*

英文名：Slender-billed Oriole

初为独立种，后并入黑枕黄鹂 *Oriolus chinensis*，现列为独立种。请参考〔657〕黑枕黄鹂 *Oriolus chinensis*。

〔659〕**黑枕黄鹂** *Oriolus chinensis*　　　　　　　　　　　　　　　　　　hēizhěn huánglí

英文名：Black-naped Oriole

◆郑作新（1958：73-74）记载以下两种：

（1）黑枕黄鹂 *Oriolus chinensis*
❶ 普通亚种 *diffusus*
（2）细嘴黄鹂 *Oriolus tenuirostris*

◆郑作新（1964：109，248-249；1966：114；1976：471-472；1987：505-506；1994：97；2000：

97；2002：167）记载黑枕黄鹂 *Oriolus chinensis* 二亚种：

❶ 普通亚种 *diffusus*

❷ 云南亚种 *tenuirostris*

◆郑光美（2005：190-191）记载以下两种：

（1）黑枕黄鹂 *Oriolus chinensis*

❶ 普通亚种 *diffusus*

（2）黑枕细嘴黄鹂 *Oriolus tenuirostris*

❶ 指名亚种 *tenuirostris*

◆郑光美（2011：197-198；2017：171；2023：185）记载以下两种：

（1）细嘴黄鹂 *Oriolus tenuirostris*[①]

❶ 指名亚种 *tenuirostris*

[①] 编者注：郑光美（2011）记载其为单型种。

（2）黑枕黄鹂 *Oriolus chinensis*

❶ 普通亚种 *diffusus*

〔660〕**黑头黄鹂** *Oriolus xanthornus*   hēitóu huánglí

英文名：Black-hooded Oriole

◆郑作新（1966：114；2002：167）记载黑头黄鹂 *Oriolus xanthornus*，但未述及亚种分化问题。

◆郑作新（1958：74；1964：249；1976：472；1987：507；1994：97；2000：97）、郑光美（2005：191；2011：198；2017：171；2023：185）记载黑头黄鹂 *Oriolus xanthornus* 一亚种：

❶ 指名亚种 *xanthornus*

〔661〕**朱鹂** *Oriolus traillii*   zhūlí

曾用名：栗色黄鹂 *Oriolus traillii*

英文名：Maroon Oriole

◆郑作新（1958：74-75；1964：249；1976：472-473）记载栗色黄鹂 *Oriolus traillii* 三亚种：

❶ 指名亚种 *traillii*

❷ 台湾亚种 *ardens*

❸ 海南亚种 *nigellicauda*

◆郑作新（1964：109；1966：114）记载栗色黄鹂 *Oriolus traillii* 二亚种：

❶ 指名亚种 *traillii*

❷ 海南亚种 *nigellicauda*

◆郑作新（1987：507；1994：97；2000：97；2002：167）、郑光美（2005：191；2011：198；2017：171；2023：185）记载朱鹂 *Oriolus traillii* 三亚种：

❶ 指名亚种 *traillii*

❷ 台湾亚种 *ardens*

❸ 海南亚种 *nigellicauda*

〔662〕**鹊鹂** *Oriolus mellianus*   quèlí

曾用名： 鹊色黄鹂 *Oriolus mellianus*、鹊色鹂 *Oriolus mellianus*

英文名： Silver Oriole

◆ 郑作新（1958：75；1964：249；1976：473）记载鹊色黄鹂 *Oriolus mellianus* 为单型种。

◆ 郑作新（1966：114）记载鹊色黄鹂 *Oriolus mellianus*，但未述及亚种分化问题。

◆ 郑作新（1987：507；1994：97；2000：97）记载鹊色鹂 *Oriolus mellianus* 为单型种。

◆ 郑作新（2002：167）记载鹊色鹂 *Oriolus mellianus*，亦未述及亚种分化问题。

◆ 郑光美（2005：191；2011：198；2017：172；2023：185）记载鹊鹂 *Oriolus mellianus* 为单型种。

61. 莺雀科 Vireonidae（Erpornis and Shrike Babblers） 2 属 6 种

〔663〕**白腹凤鹛** *Erpornis zantholeuca*   báifù fèngméi

曾用名： 白腹凤鹛 *Yuhina zantholeuca*

英文名： White-bellied Erpornis

◆ 郑作新（1958：236；1964：271）记载白腹凤鹛 *Yuhina zantholeuca* 一亚种：

  ❶ 指名亚种 *zantholeuca*

◆ 郑作新（1966：154；1976：693-694；1987：744-745；1994：134；2000：134；2002：232）记载白腹凤鹛 *Yuhina zantholeuca* 三亚种：

  ❶ 指名亚种 *zantholeuca*[①]

  ❷ 华南亚种 *griseiloris*

  ❸ 海南亚种 *tyrannula*

  ① 编者注：郑作新（1976，2002）称其为滇西亚种。

◆ 郑光美（2005：284；2011：295；2017：172；2023：186）记载白腹凤鹛 *Erpornis zantholeuca* 三亚种：

  ❶ 指名亚种 *zantholeuca*

  ❷ 海南亚种 *tyrannulus*[②]

  ❸ 华南亚种 *griseiloris*

  ② 编者注：郑光美（2005，2011，2017）记载该亚种为 *tyrannula*。

〔664〕**棕腹鹛鹛** *Pteruthius rufiventer*   zōngfù júméi

英文名： Black-headed Shrike-babbler

◆ 郑作新（1966：147；2002：221）记载棕腹鹛鹛 *Pteruthius rufiventer*，但未述及亚种分化问题。

◆ 郑作新（1958：223-224；1964：270；1976：660；1987：708-709；1994：128；2000：128）、郑光美（2005：271；2011：282）记载棕腹鹛鹛 *Pteruthius rufiventer* 一亚种：

  ❶ 指名亚种 *rufiventer*

◆ 郑光美（2017：172；2023：186）记载棕腹鹛鹛 *Pteruthius rufiventer* 为单型种。

〔665〕**红翅鹛鹛** *Pteruthius aeralatus*   hóngchì júméi

曾用名： 红翅鹛鹛 *Pteruthius erythropterus*、红翅鹛鹛 *Pteruthius flaviscapis*

英文名： Blyth's Shrike-babbler

◆ 郑作新（1958：224）记载红翅鵙鹛 *Pteruthius erythropterus* 二亚种：
- ❶ 云南亚种 *yunnanensis*
- ❷ 华南亚种 *ricketti*

◆ 郑作新（1964：143，270）记载红翅鵙鹛 *Pteruthius flaviscapis* 三亚种：
- ❶ 西藏亚种 *validirostris*
- ❷ 华南亚种 *ricketti*
- ❸ 云南亚种 *yunnanensis*

◆ 郑作新（1966：147-148；1976：660-661；1987：709；1994：128；2000：128；2002：222）、郑光美（2005：271-272；2011：282-283）记载红翅鵙鹛 *Pteruthius flaviscapis* 四亚种：
- ❶ 西藏亚种 *validirostris*
- ❷ 华南亚种 *ricketti*
- ❸ 云南亚种 *yunnanensis*
- ❹ 海南亚种 *lingshuiensis*

◆ 郑光美（2017：172-173）记载红翅鵙鹛 *Pteruthius aeralatus*[①] 三亚种：
- ❶ 西藏亚种 *validirostris*
- ❷ 华南亚种 *ricketti*
- ❸ 海南亚种 *lingshuiensis*

[①] 由 *Pteruthius flaviscapis* 的亚种提升为种（Rheindt et al.，2009）。编者注：据郑光美（2021：157），*Pteruthius flaviscapis* 被命名为爪哇红翅鵙鹛，中国无分布。

◆ 郑光美（2023：186-187）记载红翅鵙鹛 *Pteruthius aeralatus* 四亚种：
- ❶ 西藏亚种 *validirostris*
- ❷ 华南亚种 *ricketti*
- ❸ 云南亚种 *yunnanensis*
- ❹ 海南亚种 *lingshuiensis*

〔666〕**淡绿鵙鹛** *Pteruthius xanthochlorus*　　　　　　　　　　dànlǜ júméi

曾用名： 淡绿鵙鹛 *Pteruthius xanthochloris*
英文名： Green Shrike-babbler

◆ 郑作新（1958：225-226；1964：144，270；1966：148；1976：662；1987：710-711；1994：128-129；2000：128；2002：222）、郑光美（2005：272；2011：283）记载淡绿鵙鹛 *Pteruthius xanthochlorus*[①] 三亚种：
- ❶ 指名亚种 *xanthochlorus*[②]
- ❷ 西南亚种 *pallidus*
- ❸ 福建亚种 *obscurus*[③]

[①] 编者注：郑作新（1958，1964）记载其种本名为 *xanthochloris*。
[②] 编者注：郑作新（1958，1964）记载该亚种为 *xanthochloris*。
[③] 编者注：郑作新（1964：144）无该亚种。

◆郑光美（2017：173；2023：187）记载淡绿鹏鹛 *Pteruthius xanthochlorus* 二亚种：
  ❶ 指名亚种 *xanthochlorus*
  ❷ 西南亚种 *pallidus*

〔667〕**栗喉鹏鹛** *Pteruthius melanotis*　　　　　　　　　　　　　　　　　　　lìhóu júméi
英文名：Black-eared Shrike-babbler

◆郑作新（1966：147；2002：221）记载栗喉鹏鹛 *Pteruthius melanotis*，但未述及亚种分化问题。
◆郑作新（1958：225；1964：270；1976：663；1987：711；1994：129；2000：129）、郑光美（2005：272；2011：283；2017：173；2023：187）记载栗喉鹏鹛 *Pteruthius melanotis* 一亚种：
  ❶ 指名亚种 *melanotis*

〔668〕**栗额鹏鹛** *Pteruthius intermedius*　　　　　　　　　　　　　　　　　　lì'é júméi
曾用名：栗额鹏鹛 *Pteruthius aenobarbus*
英文名：Clicking Shrike-babbler

◆郑作新（1958：225）记载栗额鹏鹛 *Pteruthius aenobarbus* 一亚种：
  ❶ 瑶山亚种 *yaoshanensis*
◆郑作新（1964：143，270；1966：148；1976：663；1987：711-713；1994：129；2000：129；2002：223）、郑光美（2005：272-273；2011：283-284）记载栗额鹏鹛 *Pteruthius aenobarbus* 二亚种：
  ❶ 云南亚种 *intermedius*①
  ❷ 瑶山亚种 *yaoshanensis*
  ① 编者注：中国鸟类亚种新记录（郑作新等，1962）。
◆郑光美（2017：173-174；2023：187）记载栗额鹏鹛 *Pteruthius intermedius*②二亚种：
  ❶ 指名亚种 *intermedius*
  ❷ 瑶山亚种 *yaoshanensis*
  ② 郑光美（2017）：由 *Pteruthius aenobarbus* 的亚种提升为种（Rheindt et al.，2009）。编者注：据郑光美（2021：157），*Pteruthius aenobarbus* 被命名为爪哇栗额鹏鹛，中国无分布。

62. 山椒鸟科 Campephagidae（Cuckoo Shrikes） 3属11种

〔669〕**灰喉山椒鸟** *Pericrocotus solaris*　　　　　　　　　　　　　　　　huīhóu shānjiāoniǎo
英文名：Grey-chinned Minivet

◆郑作新（1958：45）记载灰喉山椒鸟 *Pericrocotus solaris* 三亚种：
  ❶ 云南亚种 *montpellieri*①
  ❷ *mandarinus* 亚种②
  ❸ 华南亚种 *griseigularis*
  ① 编者注：亚种中文名引自百度百科。
  ② 或为 *montpellieri* 的同物异名。
◆郑作新（1964：244；1976：432-433）记载灰喉山椒鸟 *Pericrocotus solaris* 三亚种：

❶ 指名亚种 *solaris*③

❷ ？云南亚种 *montpellieri*④

❸ 华南亚种 *griseigularis*

③ 编者注：中国鸟类亚种新记录（А. И. 伊万诺夫，1961）。

④ 郑作新（1976）：或为 *Pericrocotus solaris griseigularis* 的同物异名。

◆ 郑作新（1966：106）记载灰喉山椒鸟 *Pericrocotus solaris*，但未述及亚种分化问题。

◆ 郑作新（1987：464-465；1994：89；2000：89；2002：155）、郑光美（2005：175；2011：182；2017：176）记载灰喉山椒鸟 *Pericrocotus solaris* 二亚种：

❶ 指名亚种 *solaris*

❷ 华南亚种 *griseigularis*⑤

⑤ 编者注：郑光美（2017）记载该亚种为 *griseogularis*。

◆ 郑光美（2023：188）记载灰喉山椒鸟 *Pericrocotus solaris* 三亚种：

❶ 指名亚种 *solaris*

❷ 云南亚种 *montpellieri*

❸ 华南亚种 *griseogularis*

〔670〕**短嘴山椒鸟** *Pericrocotus brevirostris*　　　　　　　　　　　　　　duǎnzuǐ shānjiāoniǎo

英文名：Short-billed Minivet

◆ 郑作新（1958：46）记载短嘴山椒鸟 *Pericrocotus brevirostris* 为单型种。

◆ 郑作新（1964：244）记载短嘴山椒鸟 *Pericrocotus brevirostris* 一亚种：

❶ 指名亚种 *brevirostris*

◆ 郑作新（1966：106）记载短嘴山椒鸟 *Pericrocotus brevirostris*，但未述及亚种分化问题。

◆ 郑作新（1976：434-435；1987：466；1994：89；2000：89-90；2002：155-156）、郑光美（2005：174-175；2011：182；2017：177；2023：188）记载短嘴山椒鸟 *Pericrocotus brevirostris* 三亚种：

❶ 指名亚种 *brevirostris*

❷ 西南亚种 *affinis*

❸ 华南亚种 *anthoides*

〔671〕**长尾山椒鸟** *Pericrocotus ethologus*　　　　　　　　　　　　　　chángwěi shānjiāoniǎo

英文名：Long-tailed Minivet

◆ 郑作新（1958：46）记载长尾山椒鸟 *Pericrocotus ethologus* 一亚种：

❶ 指名亚种 *ethologus*

◆ 郑作新（1964：101，244）记载长尾山椒鸟 *Pericrocotus ethologus* 二亚种：

❶ 西藏亚种 *laetus*

❷ 指名亚种 *ethologus*

◆ 郑作新（1966：107；1976：433-434；1987：465；1994：89；2000：89；2002：155）、郑光美（2005：174；2011：181；2017：176-177；2023：188-189）记载长尾山椒鸟 *Pericrocotus ethologus* 三亚种：

❶ 指名亚种 *ethologus*
❷ 西藏亚种 *laetus*
❸ 云南亚种 *yvettae*

〔672〕赤红山椒鸟 *Pericrocotus speciosus*　　　　chìhóng shānjiāoniǎo

曾用名： 赤红山椒鸟 *Pericrocotus flammeus*

英文名： Scarlet Minivet

◆ 郑作新（1958：47）记载赤红山椒鸟 *Pericrocotus flammeus* 二亚种：
　❶ 云南亚种 *elegans*
　❷ 华南亚种 *fohkiensis*

◆ 郑作新（1964：101，244；1966：107；1976：435-436；1987：467-468；1994：90；2000：90；2002：156）、郑光美（2005：175；2011：182；2017：177）记载赤红山椒鸟 *Pericrocotus flammeus* 三亚种：
　❶ 云南亚种 *elegans*
　❷ 华南亚种 *fohkiensis*
　❸ 海南亚种 *fraterculus*

◆ 郑光美（2023：189）记载赤红山椒鸟 *Pericrocotus speciosus*[①]三亚种：
　❶ 指名亚种 *speciosus*
　❷ 华南亚种 *fohkiensis*
　❸ 海南亚种 *fraterculus*

　① 编者注：据郑光美（2021：158），*Pericrocotus flammeus* 仍被命名为赤红山椒鸟，在中国有分布，但郑光美（2023）未予收录。

〔673〕灰山椒鸟 *Pericrocotus divaricatus*　　　　huī shānjiāoniǎo

曾用名： 灰山椒鸟 *Pericrocotus*（？ *roseus*）*divaricatus*

英文名： Ashy Minivet

◆ 郑作新（1958：44）记载灰山椒鸟 *Pericrocotus*（？ *roseus*）*divaricatus* 为单型种。

◆ 郑作新（1966：106；2002：154）的记载为：灰山椒鸟 *Pericrocotus*（？ *roseus*）*divaricatus*。

◆ 郑作新（1964：244；1976：431；1987：463-464；1994：89；2000：89）、郑光美（2005：174；2011：181；2017：175）记载灰山椒鸟 *Pericrocotus divaricatus*[①]一亚种：
　❶ 指名亚种 *divaricatus*
　　① 郑光美（1964）：或将此列为 *Pericrocotus roseus* 的一亚种。

◆ 郑光美（2023：189）记载灰山椒鸟 *Pericrocotus divaricatus* 为单型种。

〔674〕琉球山椒鸟 *Pericrocotus tegimae*　　　　liúqiú shānjiāoniǎo

英文名： Ryukyu Minivet

◆ 郑光美（2017：176；2023：190）记载琉球山椒鸟 *Pericrocotus tegimae*[①]为单型种。
　① 郑光美（2017）：中国新记录（刘阳等，2013）。

〔675〕**小灰山椒鸟** *Pericrocotus cantonensis*   xiǎo huī shānjiāoniǎo

英文名：Swinhoe's Minivet

  曾被视为 *Pericrocotus roseus* 的一个亚种，现列为独立种。请参考〔676〕粉红山椒鸟 *Pericrocotus roseus*。

〔676〕**粉红山椒鸟** *Pericrocotus roseus*   fěnhóng shānjiāoniǎo

英文名：Rosy Minivet

◆ 郑作新（1958：43；1964：244；1976：430-431；1987：462-463；2002：154）记载粉红山椒鸟 *Pericrocotus roseus*[①]二亚种：

  ❶ 指名亚种 *roseus*

  ❷ 华南亚种 *cantonensis*[②]

  [①] 郑作新（1964）：*Pericrocotus stanfordi*，一般被认为是 *Pericrocotus roseus roseus* 与 *Pericrocotus roseus cantonensis* 的混交种群。

  [②] 郑作新（1987，2002）：这一亚种通常称为小灰山椒鸟。

◆ 郑作新（1964：100-101；1966：106）记载的为：

  粉红山椒鸟 *Pericrocotus roseus*

  小灰山椒鸟 *Pericrocotus roseus cantonensis*

◆ 郑作新（1994：89；2000：89）记载以下两种：

  （1）粉红山椒鸟 *Pericrocotus roseus*[③]

  ❶ 指名亚种 *roseus*

  （2）小灰山椒鸟 *Pericrocotus cantonensis*[③]

  [③] 郑作新（1994，2000）：*Pericrocotus stanfordi*，一般被认为是 *Pericrocotus roseus roseus* 与 *Pericrocotus roseus cantonensis* 的混交种群。

◆ 郑光美（2005：173；2011：180；2017：175；2023：190）记载以下两种：

  （1）小灰山椒鸟 *Pericrocotus cantonensis*

  （2）粉红山椒鸟 *Pericrocotus roseus*

〔677〕**大鹃鵙** *Coracina macei*   dàjuānjú

曾用名：大鹃鵙 *Coracina novae hollandiae*、大鹃鵙 *Coracina novaehollandiae*

英文名：Large Cuckooshrike

◆ 郑作新（1958：41；1964：102，243；1966：105）记载大鹃鵙 *Coracina novae-hollandiae* 三亚种：

  ❶ 云南亚种 *siamensis*

  ❷ 海南亚种 *larvivora*

  ❸ 华南亚种 *rex-pineti*

◆ 郑作新（1976：428-429；1987：460-461；1994：88；2000：88；2002：153）记载大鹃鵙 *Coracina novaehollandiae* 三亚种：

  ❶ 云南亚种 *siamensis*

  ❷ 海南亚种 *larvivora*

❸ 华南亚种 *rexpineti*

◆ 郑光美（2005：172-173；2011：179-180；2017：174；2023：190-191）记载大鹃鵙 *Coracina macei*① 三亚种：

❶ 云南亚种 *siamensis*

❷ 海南亚种 *larvivora*

❸ 华南亚种 *rexpineti*

① 编者注：据郑光美（2002：139；2021：158），*Coracina novaehollandiae* 被命名为黑脸鹃鵙，中国无分布。

[678] 斑鹃鵙 *Lalage nigra*   bānjuānjú

曾用名： 黑鸣鹃鵙 *Lalage nigra*（段文科等，2017b：678；刘阳等，2021：298；约翰·马敬能，2022b：202）

英文名： Pied Triller

◆ 郑光美（2017：175；2023：191）记载斑鹃鵙 *Lalage nigra*① 一亚种：

❶ 指名亚种 *nigra*

① 郑光美（2017）：2007 年中国新记录（郑政卿，2008）。

[679] 暗灰鹃鵙 *Lalage melaschistos*   ànhuī juānjú

曾用名： 暗灰鹃鵙 *Coracina melaschistos*

英文名： Black-winged Cuckooshrike

◆ 郑作新（1958：42；1964：101-102，243；1966：105-106；1976：429-430；1987：461-462；1994：88；2000：88-89；2002：153）、郑光美（2005：173；2011：180）记载暗灰鹃鵙 *Coracina melaschistos* 四亚种：

❶ 指名亚种 *melaschistos*

❷ 西南亚种 *avensis*

❸ 普通亚种 *intermedia*

❹ 海南亚种 *saturata*

◆ 郑光美（2017：174-175；2023：191）记载暗灰鹃鵙 *Lalage melaschistos*① 四亚种：

❶ 指名亚种 *melaschistos*

❷ 西南亚种 *avensis*

❸ 普通亚种 *intermedia*

❹ 海南亚种 *saturata*

① 郑光美（2017）：由 *Coracina* 属归入 *Lalage* 属（Jønsson et al.，2010b）。

63. 燕鵙科 Artamidae（Wood Swallows） 1 属 1 种

[680] 灰燕鵙 *Artamus fuscus*   huī yànjú

英文名： Ashy Woodswallow

◆ 郑作新（1966：92；2002：135）记载燕鵙科 Artamidae 为单属单种科。

◆郑作新（1958：87；1964：250；1976：492；1987：528；1994：100；2000：100）、郑光美（2005：198；2011：206；2017：178；2023：192）记载灰燕鵙 *Artamus fuscus* 为单型种。

64. 钩嘴鵙科 Vangidae（Woodshrike） 2 属 2 种

〔681〕**褐背鹟鵙** *Hemipus picatus*   hèbèi wēngjú

曾用名：褐背鹊鵙 *Hemipus picatus*

英文名：Bar-winged Flycatcher-shrike

◆郑作新（1958：43；1976：436；1987：468）记载褐背鹊鵙 *Hemipus picatus* 一亚种：

    ❶ 西南亚种 *capitalis*

◆郑作新（1966：105；2002：152）记载鹊鵙属 *Hemipus* 为单型属。

◆郑作新（1964：243；1994：90；2000：90）、郑光美（2005：176；2011：183；2017：178；2023：192）记载褐背鹟鵙 *Hemipus picatus* 一亚种：

    ❶ 西南亚种 *capitalis*

〔682〕**钩嘴林鵙** *Tephrodornis virgatus*   gōuzuǐ línjú

曾用名：林鵙 *Tephrodornis gularis*、钩嘴林鵙 *Tephrodornis gularis*

英文名：Large Woodshrike

◆郑作新（1958：40-41；1964：243；1966：107；1976：436-438；1987：469-470）记载林鵙 *Tephrodornis gularis* 二亚种：

    ❶ 华南亚种 *latouchei*

    ❷ 海南亚种 *hainanus*

◆郑作新（1994：90；2000：90；2002：156）、郑光美（2005：190；2011：197）记载钩嘴林鵙 *Tephrodornis gularis* 二亚种：

    ❶ 华南亚种 *latouchei*

    ❷ 海南亚种 *hainanus*

◆郑光美（2017：178；2023：192）记载钩嘴林鵙 *Tephrodornis virgatus* 二亚种：

    ❶ 华南亚种 *latouchei*

    ❷ 海南亚种 *hainanus*

65. 雀鹎科 Aegithinidae（Ioras） 1 属 2 种

〔683〕**黑翅雀鹎** *Aegithina tiphia*   hèchì quèbēi

英文名：Common Iora

◆郑作新（1958：61）记载黑翅雀鹎 *Aegithina tiphia* 一亚种：

    ❶ *styani* 亚种[①]

    [①] 编者注：郑作新（1964，1987）、郑宝赉等（1985：291）将其列为云南亚种 *philipi* 的同物异名。

◆郑作新（1966：111；2002：162）记载黑翅雀鹎 *Aegithina tiphia*，但未述及亚种分化问题。

◆郑作新（1964：247；1976：455；1987：488-489；1994：93-94；2000：93-94）、郑光美（2005：183；2011：190；2017：178；2023：192）记载黑翅雀鹎 *Aegithina tiphia* 一亚种：

❶ 云南亚种 *philipi*

〔684〕**大绿雀鹎** *Aegithina lafresnayei*　　　　　　　　　　　　　　　　dà lǜ quèbēi

曾用名： 大绿叶鹎 *Aegithina lafresnayei*（郑作新等，1958b）

英文名： Great Iora

◆郑作新（1966：111；2002：162）记载大绿雀鹎 *Aegithina lafresnayei*，但未述及亚种分化问题。

◆郑作新（1958：61；1964：247；1976：456；1987：489；1994：94；2000：94）、郑光美（2005：183；2011：190；2017：179；2023：193）记载大绿雀鹎 *Aegithina lafresnayei*[①] 一亚种：

❶ 云南亚种 *innotata*

① 编者注：中国鸟类新记录（郑作新等，1958b）。

66. 扇尾鹟科 Rhipiduridae（Fantails）　1 属 3 种

〔685〕**白喉扇尾鹟** *Rhipidura albicollis*　　　　　　　　　　　　　　　báihóu shànwěiwēng

英文名： White-throated Fantail

◆郑作新（1958：330）记载白喉扇尾鹟 *Rhipidura albicollis* 一亚种：

❶ 泰国亚种 *celsa*[①]

① 编者注：亚种中文名引自百度百科。郑作新等（2010：405-407）认为，因其种群数量不多，暂且归隶于指名亚种 *Rhipidura albicollis albicollis*。

◆郑作新（1966：176；2002：267）记载白喉扇尾鹟 *Rhipidura albicollis*，但未述及亚种分化问题。

◆郑作新（1964：283；1976：816；1987：876；1994：154；2000：154）、郑光美（2005：245；2011：255；2017：179；2023：193）记载白喉扇尾鹟 *Rhipidura albicollis* 一亚种：

❶ 指名亚种 *albicollis*

〔686〕**白眉扇尾鹟** *Rhipidura aureola*　　　　　　　　　　　　　　　báiméi shànwěiwēng

英文名： White-browed Fantail

◆郑作新（1966：176；2002：267）记载白眉扇尾鹟 *Rhipidura aureola*，但未述及亚种分化问题。

◆郑作新（1958：330；1964：283；1976：816；1987：875；1994：154；2000：154）、郑光美（2005：245；2011：255；2017：179；2023：193）记载白眉扇尾鹟 *Rhipidura aureola* 一亚种：

❶ 云南亚种 *burmanica*

〔687〕**菲律宾斑扇尾鹟** *Rhipidura nigritorquis*　　　　　　　　　　fēilǜbīn bān shànwěiwēng

英文名： Philippine Pied Fantail

◆郑光美（2023：193）记载菲律宾斑扇尾鹟 *Rhipidura nigritorquis*[①] 为单型种。

① 中国鸟类新记录（刘阳等，2021）。编者注：约翰·马敬能（2022a）图版 165 补充鸟种亦有记载，为台湾罕见迷鸟。

67. 卷尾科 Dicruridae（Drongos） 1属7种

〔688〕**黑卷尾** *Dicrurus macrocercus* hēijuǎnwěi

英文名：Black Drongo

◆郑作新（1958：75-76；1964：111，249；1966：116；1976：474-475）记载黑卷尾 *Dicrurus macrocercus* 二亚种：

- ❶ 普通亚种 *cathoecus*
- ❷ 台湾亚种 *harterti*

◆郑作新（1987：508-509；1994：97；2000：97；2002：169）、郑光美（2005：191-192；2011：199；2017：179-180；2023：193-194）记载黑卷尾 *Dicrurus macrocercus* 三亚种：

- ❶ 藏南亚种 *albirictus*[①]
- ❷ 台湾亚种 *harterti*
- ❸ 普通亚种 *cathoecus*

① 编者注：中国鸟类亚种新记录（李德浩等，1979）。

〔689〕**灰卷尾** *Dicrurus leucophaeus* huījuǎnwěi

英文名：Ashy Drongo

◆郑作新（1958：76-77；1964：110-111，249；1966：116；1976：475-476；1987：510-511；1994：97-98；2000：97-98；2002：169）、郑光美（2005：192；2011：199-200）记载灰卷尾 *Dicrurus leucophaeus* 四亚种：

- ❶ 西南亚种 *hopwoodi*
- ❷ 普通亚种 *leucogenis*
- ❸ 华南亚种 *salangensis*
- ❹ 海南亚种 *innexus*

◆郑光美（2017：180；2023：194）记载灰卷尾 *Dicrurus leucophaeus* 三亚种：

- ❶ 普通亚种 *leucogenis*
- ❷ 西南亚种 *hopwoodi*
- ❸ 华南亚种 *salangensis*

〔690〕**鸦嘴卷尾** *Dicrurus annectens* yāzuǐ juǎnwěi

曾用名：鸦嘴卷尾 *Dicrurus annectans*

英文名：Crow-billed Drongo

◆郑作新（1966：115）记载鸦嘴卷尾 *Dicrurus annectans*，但未述及亚种分化问题。

◆郑作新（1958：77；1964：249；1976：476；1987：511-512）、郑光美（2005：193；2011：200；2017：180）记载鸦嘴卷尾 *Dicrurus annectans* 为单型种。

◆郑作新（2002：169）记载鸦嘴卷尾 *Dicrurus annectens*，亦未述及亚种分化问题。

◆郑作新（1994：98；2000：98）、郑光美（2023：194）记载鸦嘴卷尾 *Dicrurus annectens* 为单型种。

〔691〕古铜色卷尾 *Dicrurus aeneus*   gǔtóngsè juǎnwěi

英文名：Bronzed Drongo

◆ 郑作新（1966：115）记载古铜色卷尾 *Dicrurus aeneus*，但未述及亚种分化问题。

◆ 郑作新（1958：78；1964：249；1976：476-478；1987：512-513；1994：98；2000：98；2002：170）、郑光美（2005：193；2011：200；2017：180-181；2023：195）记载古铜色卷尾 *Dicrurus aeneus* 二亚种：

    ❶ 指名亚种 *aeneus*

    ❷ 台湾亚种 *braunianus*

〔692〕小盘尾 *Dicrurus remifer*   xiǎopánwěi

英文名：Lesser Racket-tailed Drongo

◆ 郑作新（1966：115；2002：169）记载小盘尾 *Dicrurus remifer*，但未述及亚种分化问题。

◆ 郑作新（1958：79；1964：249；1976：479；1987：514；1994：98；2000：98）、郑光美（2005：193；2011：201；2017：181；2023：195）记载小盘尾 *Dicrurus remifer* 一亚种：

    ❶ 西南亚种 *tectirostris*

〔693〕发冠卷尾 *Dicrurus hottentottus*   fàguān juǎnwěi

英文名：Hair-crested Drongo

◆ 郑作新（1958：78-79；1964：110，249）记载发冠卷尾 *Dicrurus hottentottus* 三亚种：

    ❶ 指名亚种 *hottentottus*

    ❷ *chrishna* 亚种[①]

    ❸ 普通亚种 *brevirostris*

① 编者注：郑作新（1976，1987）将其作为指名亚种 *hottentottus* 的同物异名。

◆ 郑作新（1966：116；1976：478；1987：513；1994：98；2000：98；2002：170）、郑光美（2005：193；2011：200；2017：181；2023：195）记载发冠卷尾 *Dicrurus hottentottus* 二亚种：

    ❶ 指名亚种 *hottentottus*[②]

    ❷ 普通亚种 *brevirostris*

② 郑作新（1966）：*Dicrurus hottentottus chrishna* 认为是指名亚种的同物异名（Ripley，1961）。

〔694〕大盘尾 *Dicrurus paradiseus*   dàpánwěi

英文名：Greater Racket-tailed Drongo

◆ 郑作新（1958：80；1964：111，249；1966：116；1976：479-480；1987：514-515；1994：98；2000：98；2002：170）、郑光美（2005：194；2011：201；2017：181-182；2023：196）均记载大盘尾 *Dicrurus paradiseus* 二亚种：

    ❶ 云南亚种 *grandis*

    ❷ 海南亚种 *johni*

68. 王鹟科 Monarchidae（Monarch Flycatchers） 2属5种

〔695〕**黑枕王鹟** *Hypothymis azurea*   hēizhěn wángwēng

英文名：Black-naped Monarch

◆郑作新（1966：170）记载黑枕王鹟属 *Hypothymis* 为单型属。

◆郑作新（1958：327-328；1964：283；1976：813-814；1987：872-873；1994：153；2000：153；2002：266）、郑光美（2005：245-246；2011：255；2017：182；2023：196）记载黑枕王鹟 *Hypothymis azurea* 二亚种：

❶ 台湾亚种 *oberholseri*[①]

❷ 华南亚种 *styani*

[①] 编者注：郑作新（2002）记载该亚种为 *oberholeri*。

〔696〕**印度寿带** *Terpsiphone paradisi*   yìndù shòudài

曾用名：寿带［鸟］*Terpsiphone paradisi*、寿带 *Terpsiphone paradisi*；

      寿带鸟 *Terpsiphone paradisi*（赵正阶，2001b：681）、

      印缅寿带 *Terpsiphone paradisi*（刘阳等，2021：318；约翰·马敬能，2022b：214）

英文名：Indian Paradise Flycatcher

说　明：因分类修订，原寿带 *Terpsiphone paradisi* 的中文名修改为印度寿带。

◆郑作新（1958：328；1964：168）记载寿带［鸟］*Terpsiphone paradisi* 二亚种：

❶ 滇西亚种 *saturatior*

❷ 普通亚种 *incei*

◆郑作新（1964：283；1966：175-176；1976：814-715；1987：873；1994：153-154；2000：153-154；2002：266-267）记载寿带［鸟］*Terpsiphone paradisi* 三亚种：

❶ 滇西亚种 *saturatior*

❷ 滇南亚种 *indochinensis*[①]

❸ 普通亚种 *incei*

[①] 编者注：中国鸟类亚种新记录（А.И.伊万诺夫，1961）。

◆郑光美（2005：246；2011：256）记载寿带 *Terpsiphone paradisi* 三亚种：

❶ 普通亚种 *incei*

❷ 滇西亚种 *saturatior*

❸ 滇南亚种 *indochinensis*

◆郑光美（2017：182-183）记载以下三种：

（1）印度寿带 *Terpsiphone paradisi*

❶ *leucogaster* 亚种

❷ 滇西亚种 *saturatior*

（2）东方寿带 *Terpsiphone affinis*[②]

❶ 滇南亚种 *indochinensis*

（3）寿带 *Terpsiphone incei*[③]

②③郑光美（2017）：由 *Terpsiphone paradisi* 的亚种提升为种（Fabre et al., 2012）。

◆郑光美（2023：196-197）记载以下三种：

(1) 印度寿带 *Terpsiphone paradisi*

❶ *leucogaster* 亚种

(2) 东方寿带 *Terpsiphone affinis*

❶ 滇西亚种 *saturatior*

❷ 滇南亚种 *indochinensis*

(3) 寿带 *Terpsiphone incei*

〔697〕**东方寿带** *Terpsiphone affinis*　　　　　　　　　　　　　　　　　　　　dōngfāng shòudài

曾用名：中南寿带 *Terpsiphone affinis*（刘阳等，2021：318；约翰·马敬能，2022b：214）

英文名：Oriental Paradise Flycatcher

　　从 *Terpsiphone paradisi* 的亚种提升为种。请参考〔696〕印度寿带 *Terpsiphone paradisi*。

〔698〕**寿带** *Terpsiphone incei*　　　　　　　　　　　　　　　　　　　　　　　　　　shòudài

英文名：Chinese Paradise Flycatcher

　　由 *Terpsiphone paradisi* 的亚种提升为种，中文名沿用寿带。请参考〔696〕印度寿带 *Terpsiphone paradisi*。

〔699〕**紫寿带** *Terpsiphone atrocaudata*　　　　　　　　　　　　　　　　　　　　　zǐshòudài

曾用名：紫寿带［鸟］*Terpsiphone atrocaudata*

英文名：Japanese Paradise Flycatcher

◆郑作新（1966：175）记载紫寿带［鸟］*Terpsiphone atrocaudata*，但未述及亚种分化问题。

◆郑作新（1958：329；1964：283；1976：815-816；1987：874-875；1994：154；2000：154；2002：267）记载紫寿带［鸟］*Terpsiphone atrocaudata* 二亚种：

❶ 指名亚种 *atrocaudata*

❷ 兰屿亚种 *periophthalmica*

◆郑光美（2005：246；2011：256；2017：183；2023：197）记载紫寿带 *Terpsiphone atrocaudata* 二亚种：

❶ 指名亚种 *atrocaudata*

❷ 兰屿亚种 *periophthalmica*

69. 伯劳科 Laniidae（Shrikes）1 属 15 种

〔700〕**虎纹伯劳** *Lanius tigrinus*　　　　　　　　　　　　　　　　　　　　　　　hǔwén bóláo

英文名：Tiger Shrike

◆郑作新（1966：112；2002：164）记载虎纹伯劳 *Lanius tigrinus*，但未述及亚种分化问题。

◆郑作新（1958：67；1964：247；1976：461；1987：494；1994：95；2000：95）、郑光美（2005：185；2011：192；2017：183；2023：197）记载虎纹伯劳 *Lanius tigrinus* 为单型种。

XXVI. 雀形目 PASSERIFORMES

〔701〕**牛头伯劳** *Lanius bucephalus* niútóu bóláo

英文名：Bull-headed Shrike

◆郑作新（1958：68；1964：108，248；1966：112-113；1976：461-462；1987：495；1994：95；2000：95；2002：164）、郑光美（2005：185；2011：192-193；2017：183-184；2023：197-198）均记载牛头伯劳 *Lanius bucephalus* 二亚种：

❶ 指名亚种 *bucephalus*

❷ 甘肃亚种 *sicarius*

〔702〕**红尾伯劳** *Lanius cristatus* hóngwěi bóláo

曾用名：褐伯劳 *Lanius cristatus*

英文名：Brown Shrike

◆郑作新（1958：65-67）记载红尾伯劳 *Lanius cristatus* 八亚种：

❶ 疆西亚种 *isabellinus*

❷ 北疆亚种 *phoenicuroides*

❸ 内蒙亚种 *speculigerus*

❹ 青海亚种 *tsaidamensis*

❺ 指名亚种 *cristatus*

❻ 东北亚种 *confusus*

❼ 普通亚种 *lucionensis*

❽ 日本亚种 *superciliosus*

◆郑作新（1964：108，247；1966：113；1976：462-464）记载红尾伯劳 *Lanius cristatus* 九亚种：

❶ 疆西亚种 *isabellinus*[*]

❷ 北疆亚种 *phoenicuroides*[*]

❸ 疆东亚种 *pallidifrons*[*]

❹ 内蒙亚种 *speculigerus*[*]

❺ 青海亚种 *tsaidamensis*[*]

❻ 指名亚种 *cristatus*

❼ 东北亚种 *confusus*

❽ 普通亚种 *lucionensis*

❾ 日本亚种 *superciliosus*

[*] 郑作新（1964，1966）：这些亚种或将其归列于 *Lanius collurio* 的一种中；郑作新（1976）：这些亚种或将其归列于另一种，即红背伯劳 *Lanius collurio* 中（Vaurie，1959；Rand，1960）。

◆郑作新（1987：496-498；1994：95）记载以下两种：

（1）红背伯劳 *Lanius collurio*

❶ 疆西亚种 *isabellinus*

❷ 北疆亚种 *phoenicuroides*

❸ 疆东亚种 *pallidifrons*

❹ 内蒙亚种 *speculigerus*

❺ 青海亚种 *tsaidamensis*

（2）红尾伯劳、褐伯劳 *Lanius cristatus*

❶ 指名亚种 *cristatus*

❷ 东北亚种 *confusus*

❸ 普通亚种 *lucionensis*

❹ 日本亚种 *superciliosus*

◆ 郑作新（2000：95；2002：164-165）记载以下两种：

（1）红背伯劳 *Lanius collurio*

❶ 指名亚种 *collurio*

❷ 疆西亚种 *isabellinus*

❸ 北疆亚种 *phoenicuroides*

❹ 内蒙古亚种 *speculigerus*

❺ 青海亚种 *tsaidamensis*

（2）红尾伯劳、褐伯劳 *Lanius cristatus*

❶ 指名亚种 *cristatus*

❷ 东北亚种 *confusus*

❸ 普通亚种 *lucionensis*

❹ 日本亚种 *superciliosus*

◆ 郑光美（2005：185-187；2011：193-194）记载以下三种：

（1）红背伯劳 *Lanius collurio*

❶ 疆东亚种 *pallidifrons*

（2）荒漠伯劳 *Lanius isabellinus*

❶ 指名亚种 *isabellinus*

❷ 北疆亚种 *phoenicuroides*

❸ 内蒙亚种 *speculigerus*

❹ 青海亚种 *tsaidamensis*

（3）红尾伯劳 *Lanius cristatus*

❶ 指名亚种 *cristatus*

❷ 东北亚种 *confusus*

❸ 普通亚种 *lucionensis*

❹ 日本亚种 *superciliosus*

◆ 郑光美（2017：184-185）记载以下四种：

（1）红尾伯劳 *Lanius cristatus*

❶ 指名亚种 *cristatus*

❷ 东北亚种 *confusus*

❸ 普通亚种 *lucionensis*

❹ 日本亚种 *superciliosus*

（2）红背伯劳 *Lanius collurio*

❶ 疆东亚种 *pallidifrons*

（3）荒漠伯劳 *Lanius isabellinus*

❶ 指名亚种 *isabellinus*

❷ 内蒙亚种 *speculigerus*

❸ 青海亚种 *tsaidamensis*

（4）棕尾伯劳 *Lanius phoenicuroides*[①]

[①] 由 *Lanius isabellinus* 的亚种提升为种（Rasmussen et al., 2005）。

◆郑光美（2023：198-199）记载以下四种：

（1）红尾伯劳 *Lanius cristatus*

❶ 指名亚种 *cristatus*

❷ 东北亚种 *confusus*

❸ 普通亚种 *lucionensis*

❹ 日本亚种 *superciliosus*

（2）红背伯劳 *Lanius collurio*

（3）荒漠伯劳 *Lanius isabellinus*

❶ *arenarius* 亚种

❷ 指名亚种 *isabellinus*

❸ 青海亚种 *tsaidamensis*

（4）棕尾伯劳 *Lanius phoenicuroides*

〔703〕**红背伯劳** *Lanius collurio* hóngbèi bóláo

英文名：Red-backed Shrike

曾被视为 *Lanius cristatus* 的亚种，现列为独立种。请参考〔702〕红尾伯劳 *Lanius cristatus*。

〔704〕**荒漠伯劳** *Lanius isabellinus* huāngmò bóláo

曾用名：棕尾伯劳 *Lanius isabellinus*（约翰·马敬能等，2000：238）

英文名：Isabelline Shrike

曾被视为 *Lanius cristatus* 的亚种，现列为独立种。请参考〔702〕红尾伯劳 *Lanius cristatus*。

〔705〕**棕尾伯劳** *Lanius phoenicuroides* zōngwěi bóláo

英文名：Red-tailed Shrike

由荒漠伯劳 *Lanius isabellinus* 的亚种提升为种。请参考〔702〕红尾伯劳 *Lanius cristatus*。

〔706〕**栗背伯劳** *Lanius collurioides* lìbèi bóláo

英文名：Burmese Shrike

◆郑作新（1966：112；2002：164）记载栗背伯劳 *Lanius collurioides*，但未述及亚种分化问题。

◆郑作新（1958：67-68；1964：248；1976：464-465；1987：498；1994：95；2000：95）、郑光美（2005：

187；2011：194；2017：185-186；2023：200）记载栗背伯劳 *Lanius collurioides* 一亚种：

❶ 指名亚种 *collurioides*

〔707〕**褐背伯劳** *Lanius vittatus*　　　　　　　　　　　　　　　　　　　　　　　hèbèi bóláo
英文名：Bay-backed Shrike

◆郑光美（2023：200）记载褐背伯劳 *Lanius vittatus*[①] 一亚种：

❶ 指名亚种 *vittatus*

① 中国鸟类新记录（阙品甲等，2020）。编者注：据刘阳和陈水华（2021：302），四川（马尔康）有一迷鸟记录，极罕见。

〔708〕**棕背伯劳** *Lanius schach*　　　　　　　　　　　　　　　　　　　　　　　zōngbèi bóláo
英文名：Long-tailed Shrike

◆郑作新（1958：71）记载棕背伯劳 *Lanius schach* 三亚种：

❶ 西南亚种 *tricolor*

❷ 指名亚种 *schach*

❸ 台湾亚种 *formosae*

◆郑作新（1964：107，248；1966：113；1976：465-466；1987：499-500；1994：96；2000：95-96；2002：165）、郑光美（2005：187-188）记载棕背伯劳 *Lanius schach* 四亚种：

❶ 西南亚种 *tricolor*

❷ 指名亚种 *schach*

❸ 台湾亚种 *formosae*

❹ 海南亚种 *hainanus*

◆郑光美（2011：194-195；2017：186）记载棕背伯劳 *Lanius schach* 五亚种：

❶ 中亚亚种 *erythronotus*[①]

❷ 西南亚种 *tricolor*

❸ 指名亚种 *schach*

❹ 台湾亚种 *formosae*

❺ 海南亚种 *hainanus*

① 编者注：亚种中文名引自段文科和张正旺（2017b：723）。

◆郑光美（2023：200-201）记载棕背伯劳 *Lanius schach* 六亚种：

❶ 中亚亚种 *erythronotus*

❷ 西南亚种 *tricolor*

❸ 指名亚种 *schach*

❹ 台湾亚种 *formosae*

❺ 海南亚种 *hainanus*

❻ 斯里兰卡亚种 *caniceps*[②]

② 编者注：亚种中文名引自赵正阶（2001b：140）。

XXVI. 雀形目 PASSERIFORMES

〔709〕**灰背伯劳** *Lanius tephronotus*　　　　　　　　　　　　　　　　　　　　huībèi bóláo

曾用名： 藏伯劳 *Lanius tephronotus*

英文名： Grey-backed Shrike

◆ 郑作新（1964：248）记载灰背伯劳、藏伯劳 *Lanius tephronotus*[①]一亚种：

  ❶ 指名亚种 *tephronotus*

  ① 或将此归并于 *Lanius schach* 的一种中。

◆ 郑作新（1966：112）记载灰背伯劳、藏伯劳 *Lanius tephronotus*[②]，但未述及亚种分化问题。

  ② 或将此归并于 *Lanius schach* 的一种中。

◆ 郑作新（2002：163）记载灰背伯劳 *Lanius tephronotus*，亦未述及亚种分化问题。

◆ 郑作新（1958：72；1976：467；1987：500-501；1994：96；2000：96）、郑光美（2005：188；2011：195；2017：186；2023：201）记载灰背伯劳 *Lanius tephronotus* 一亚种：

  ❶ 指名亚种 *tephronotus*

〔710〕**黑额伯劳** *Lanius minor*　　　　　　　　　　　　　　　　　　　　　　hēi'é bóláo

英文名： Lesser Grey Shrike

◆ 郑作新（1958：70；1964：248）记载黑额伯劳 *Lanius minor*[①]为单型种。

  ① 郑作新（1958）：或系 *Lanius minor turanicus*。

◆ 郑作新（1966：112；2002：163）记载黑额伯劳 *Lanius minor*，但未述及亚种分化问题。

◆ 郑作新（1976：467-468；1987：501-502；1994：96；2000：96）、郑光美（2005：189；2011：196；2017：187；2023：201）记载黑额伯劳 *Lanius minor* 一亚种：

  ❶ 新疆亚种 *turanicus*

〔711〕**灰伯劳** *Lanius borealis*　　　　　　　　　　　　　　　　　　　　　　huī bóláo

英文名： Northern Shrike

曾被视为 *Lanius excubitor* 的亚种，现列为独立种，中文名沿用灰伯劳。请参考〔712〕西灰伯劳 *Lanius excubitor*。

〔712〕**西灰伯劳** *Lanius excubitor*　　　　　　　　　　　　　　　　　　　　xī huī bóláo

曾用名： 灰伯劳 *Lanius excubitor*；西方灰伯劳 *Lanius excubitor*（刘阳等，2021：304；约翰·马敬能，2022b：206）

英文名： Great Grey Shrike

说　明： 因分类修订，原灰伯劳 *Lanius excubitor* 的中文名修改为西灰伯劳。

◆ 郑作新（1958：69）记载灰伯劳 *Lanius excubitor* 五亚种：

  ❶ 东北亚种 *mollis*

  ❷ 北方亚种 *sibiricus*

  ❸ 新疆亚种 *homeyeri*

  ❹ 宁夏亚种 *pallidirostris*

❺ 准噶尔亚种 *funereus*

◆郑作新（1964：108，248；1966：113-114；1976：468-469；1987：502-504；1994：96；2000：96；2002：166）记载灰伯劳 *Lanius excubitor* 六亚种：

❶ 东北亚种 *mollis*[①]

❷ 北方亚种 *sibiricus*

❸ 准噶尔亚种 *funereus*

❹ 新疆亚种 *homeyeri*

❺ 天山亚种 *leucopterus*

❻ 宁夏亚种 *pallidirostris*

[①] 郑作新（1976，1987）：David（1877）在河北省所录得的 *Lanius lahtora*，应为本亚种。

◆郑光美（2005：188-189；2011：195-196）记载以下两种：

（1）灰伯劳 *Lanius excubitor*

❶ 东北亚种 *mollis*

❷ 北方亚种 *sibiricus*

❸ 准噶尔亚种 *funereus*

❹ 新疆亚种 *homeyeri*

❺ 天山亚种 *leucopterus*

（2）南灰伯劳 *Lanius meridionalis*

❶ 宁夏亚种 *pallidirostris*

◆郑光美（2017：187）记载灰伯劳 *Lanius excubitor*[②] 五亚种：

❶ 东北亚种 *mollis*[③]

❷ 北方亚种 *sibiricus*

❸ 准噶尔亚种 *funereus*

❹ 新疆亚种 *homeyeri*

❺ 宁夏亚种 *pallidirostris*[④]

[②] Dickinson 和 Christidis（2014）、del Hoyo 和 Collar（2016）主张将亚种 *mollis*、*funereus*、*sibiricus* 归入 *Lanius borealis*，但有争议。

[③] Dickinson 和 Christidis（2014）认为该亚种分布于天山北部。

[④] 由 *Lanius pallidirostris* 并入 *Lanius excubitor*（Olsson et al.，2010）。

◆郑光美（2023：201-202）记载以下两种：

（1）灰伯劳 *Lanius borealis*

❶ 东北亚种 *mollis*

❷ 北方亚种 *sibiricus*

❸ 准噶尔亚种 *funereus*

（2）西灰伯劳 *Lanius excubitor*

❶ 新疆亚种 *homeyeri*

❷ 宁夏亚种 *pallidirostris*

XXVI. 雀形目 PASSERIFORMES

〔713〕**楔尾伯劳** *Lanius sphenocercus*　　　　　　　　　　　　　　　　　　　　　　xiēwěi bóláo

曾用名：长尾灰伯劳 *Lanius sphenocercus*

英文名：Chinese Grey Shrike

◆ 郑作新（1964：107，248；1966：114）记载长尾灰伯劳 *Lanius sphenocercus* 二亚种：

　❶ 指名亚种 *sphenocercus*

　❷ 西南亚种 *giganteus*

◆ 郑作新（1958：70；1976：470；1987：504；1994：96；2000：96；2002：166）、郑光美（2005：189；2011：196-197；2017：187-188）记载楔尾伯劳 *Lanius sphenocercus* 二亚种：

　❶ 指名亚种 *sphenocercus*

　❷ 西南亚种 *giganteus*①

　① 郑光美（2017）：del Hoyo 和 Collar（2016）主张将本亚种提升为种。

◆ 郑光美（2023：202）记载以下两种：

　（1）楔尾伯劳 *Lanius sphenocercus*

　（2）青藏楔尾伯劳 *Lanius giganteus*②

　② 由 *Lanius sphenocercus* 的亚种提升为种（Fuchs et al.，2019）。

〔714〕**青藏楔尾伯劳** *Lanius giganteus*　　　　　　　　　　　　　　　　　　　qīngzàng xiēwěibóláo

英文名：Giant Grey Shrike

　　由 *Lanius sphenocercus* 的亚种提升为种。请参考〔713〕楔尾伯劳 *Lanius sphenocercus*。

70. 鸦科 Corvidae（Crows，Jays）　12 属 31 种

〔715〕**北噪鸦** *Perisoreus infaustus*　　　　　　　　　　　　　　　　　　　　　　běizàoyā

英文名：Siberian Jay

◆ 郑作新（1958：88；1964：250-251；1976：493）记载北噪鸦 *Perisoreus infaustus* 一亚种：

　❶ 东北亚种 *maritimus*

◆ 郑作新（1987：529）记载北噪鸦 *Perisoreus infaustus* 二亚种：

　❶ 东北亚种 *muritimus*

　❷ ? 新疆亚种 *opicus*

◆ 郑作新（1966：118）仅记载至噪鸦属 *Perisoreus*。

◆ 郑作新（1994：101；2000：100-101；2002：174）、郑光美（2005：198；2011：206；2017：188；2023：202-203）记载北噪鸦 *Perisoreus infaustus* 二亚种：

　❶ 东北亚种 *maritimus*

　❷ 新疆亚种 *opicus*

〔716〕**黑头噪鸦** *Perisoreus internigrans*　　　　　　　　　　　　　　　　　　hēitóu zàoyā

英文名：Sichuan Jay

◆ 郑作新（1966：118）仅记载至噪鸦属 *Perisoreus*。

◆ 郑作新（2002：173）记载黑头噪鸦 *Perisoreus internigrans*，但未述及亚种分化问题。

◆ 郑作新（1958：88；1964：250；1976：493；1987：529；1994：100；2000：100）、郑光美（2005：198；2011：206；2017：188；2023：203）记载黑头噪鸦 *Perisoreus internigrans* 为单型种。

〔717〕**松鸦** *Garrulus glandarius*   sōngyā

英文名： Eurasian Jay

◆ 郑作新（1958：89-91；1964：251；1976：494-496；1987：530-532；1994：101；2000：101；2002：174）记载松鸦 *Garrulus glandarius* 八亚种：

- ❶ 北疆亚种 *brandtii*
- ❷ 东北亚种 *bambergi*①
- ❸ 北京亚种 *pekingensis*
- ❹ 甘肃亚种 *kansuensis*
- ❺ 西藏亚种 *interstinctus*
- ❻ 云南亚种 *leucotis*
- ❼ 普通亚种 *sinensis*
- ❽ 台湾亚种 *taivanus*

① 郑作新（1958，1976，1987）：这一亚种与 *brandtii* 区别不大，能否确立，尚属疑问。

◆ 郑作新（1964：113；1966：118-119）记载松鸦 *Garrulus glandarius*② 六亚种：

- ❶ 北疆亚种 *brandtii*
- ❷ 北京亚种 *pekingensis*
- ❸ 甘肃亚种 *kansuensis*
- ❹ 西藏亚种 *interstinctus*
- ❺ 云南亚种 *leucotis*
- ❻ 普通亚种 *sinensis*

② 郑作新（1964，1966）：*Garrulus glandarius taivanus* 标本未查看过；翅长为 150~169mm。

◆ 郑光美（2005：199；2011：206-207；2017：188-189；2023：203-204）记载松鸦 *Garrulus glandarius* 七亚种：

- ❶ 北疆亚种 *brandtii*
- ❷ 北京亚种 *pekingensis*
- ❸ 甘肃亚种 *kansuensis*
- ❹ 西藏亚种 *interstinctus*
- ❺ 云南亚种 *leucotis*
- ❻ 普通亚种 *sinensis*
- ❼ 台湾亚种 *taivanus*

〔718〕**灰喜鹊** *Cyanopica cyanus*   huīxǐquè

曾用名： 灰喜鹊 *Cyanopica cyana*

英文名： Azure-winged Magpie

XXVI. 雀形目 PASSERIFORMES

◆郑作新（1958：94-95；1964：114，251-252；1966：119-120；1976：500-502；1987：537-538；1994：102；2000：102；2002：176）、郑光美（2005：199-200；2011：207-208；2017：189-190）记载灰喜鹊 *Cyanopica cyanus*[①]六亚种：

❶ 指名亚种 *cyanus*
❷ 兴安亚种 *pallescens*
❸ 东北亚种 *stegmanni*
❹ 华北亚种 *interposita*
❺ 青海亚种 *kansuensis*
❻ 长江亚种 *swinhoei*

① 编者注：郑作新（1964，1966）记载其种本名为 *cyana*。

◆郑光美（2023：204）记载灰喜鹊 *Cyanopica cyanus* 一亚种：

❶ 指名亚种 *cyanus*

[719] **台湾蓝鹊** *Urocissa caerulea*　　　　　　　　　　　　　　táiwān lánquè

曾用名： 台湾暗蓝鹊 *Kitta caerulea*、台湾暗蓝鹊 *Cissa caerulea*

英文名： Taiwan Blue Magpie

◆郑作新（1958：94；1964：251）记载台湾暗蓝鹊 *Kitta caerulea*[①]为单型种。

① 编者注：郑作新（1958）将 *Urocissa caerulea* 列为其同物异名。

◆郑作新（1966：119）记载台湾暗蓝鹊 *Cissa caerulea*，但未述及亚种分化问题。

◆郑作新（1976：500；1987：537）记载台湾暗蓝鹊 *Cissa caerulea*[②]为单型种。

② 编者注：均将 *Urocissa caerulea* 列为其同物异名。

◆郑作新（2002：175）记载台湾蓝鹊 *Urocissa caerulea*，亦未述及亚种分化问题。

◆郑作新（1994：102；2000：102）、郑光美（2005：200；2011：208；2017：190；2023：204）记载台湾蓝鹊 *Urocissa caerulea* 为单型种。

[720] **黄嘴蓝鹊** *Urocissa flavirostris*　　　　　　　　　　　　　huángzuǐ lánquè

曾用名： 黄嘴蓝鹊 *Kitta flavirostris*、黄嘴蓝鹊 *Cissa flavirostris*

英文名： Yellow-billed Blue Magpie

◆郑作新（1958：92；1964：251）记载黄嘴蓝鹊 *Kitta flavirostris* 一亚种：

❶ 指名亚种 *flavirostris*

◆郑作新（1966：119）记载黄嘴蓝鹊 *Cissa flavirostris*，但未述及亚种分化问题。

◆郑作新（1976：499；1987：535）记载黄嘴蓝鹊 *Cissa flavirostris* 一亚种：

❶ 指名亚种 *flavirostris*

◆郑作新（2002：175）记载黄嘴蓝鹊 *Urocissa flavirostris*，亦未述及亚种分化问题。

◆郑作新（1994：101；2000：101）、郑光美（2005：200；2011：208；2017：190；2023：204）记载黄嘴蓝鹊 *Urocissa flavirostris* 一亚种：

❶ 指名亚种 *flavirostris*

[721] **红嘴蓝鹊** *Urocissa erythroryncha*   hóngzuǐ lánquè

曾用名：红嘴蓝鹊 *Kitta erythroryncha*、红嘴蓝鹊 *Cissa erythroryncha*；

红嘴蓝鹊 *Urocissa erythrorhyncha*（约翰·马敬能等，2000：243；赵正阶，2001b：191；段文科等，2017b：773；约翰·马敬能，2022b：216）

英文名：Red-billed Blue Magpie

◆ 郑作新（1958：93；1964：113-114，251）记载红嘴蓝鹊 *Kitta erythroryncha*[①]三亚种：
  ❶ 云南亚种 *alticola*
  ❷ 华北亚种 *brevivexilla*
  ❸ 指名亚种 *erythroryncha*

① 郑作新（1964）：从前有人把它称为 *Urocissa sinensis*，实则 *Cuculus sinensis* 是根据中国古画而命名的，所指何鸟未能确定。

◆ 郑作新（1966：119；1976：499-500；1987：535-536）记载红嘴蓝鹊 *Cissa erythroryncha*[②]三亚种：
  ❶ 云南亚种 *alticola*
  ❷ 华北亚种 *brevivexilla*
  ❸ 指名亚种 *erythroryncha*

② 郑作新（1976，1987）：从前有人称它为 *Urocissa sinensis*，实则 *Cuculus sinensis* 是根据一幅中国古画而命名的，所指何鸟未能确定。

◆ 郑光美（2005：201；2011：208-209）记载红嘴蓝鹊 *Urocissa erythroryncha* 二亚种：
  ❶ 华北亚种 *brevivexilla*
  ❷ 指名亚种 *erythroryncha*

◆ 郑作新（1994：102；2000：101-102；2002：175）、郑光美（2017：190-191；2023：204-205）记载红嘴蓝鹊 *Urocissa erythroryncha* 三亚种：
  ❶ 华北亚种 *brevivexilla*
  ❷ 指名亚种 *erythroryncha*
  ❸ 云南亚种 *alticola*

[722] **白翅蓝鹊** *Urocissa whiteheadi*   báichì lánquè

曾用名：灰蓝鹊 *Kitta whiteheadi*、灰蓝鹊 *Cissa whiteheadi*

英文名：White-winged Magpie

◆ 郑作新（1958：92；1964：114，251）记载灰蓝鹊 *Kitta whiteheadi* 二亚种：
  ❶ 西南亚种 *xanthomelana*
  ❷ 指名亚种 *whiteheadi*

◆ 郑作新（1966：119；1976：498；1987：534-535）记载灰蓝鹊 *Cissa whiteheadi* 二亚种：
  ❶ 西南亚种 *xanthomelana*
  ❷ 指名亚种 *whiteheadi*

◆ 郑作新（1994：101；2000：101；2002：176）、郑光美（2005：201；2011：209；2017：191；2023：205）记载白翅蓝鹊 *Urocissa whiteheadi* 二亚种：
  ❶ 西南亚种 *xanthomelana*

XXVI. 雀形目 PASSERIFORMES

❷ 指名亚种 whiteheadi

[723] **蓝绿鹊** *Cissa chinensis*   lánlǜquè

曾用名：蓝绿鹊 *Kitta chinensis*、绿鹊 *Cissa chinensis*

英文名：Common Green Magpie

◆ 郑作新（1958：91-92；1964：251）记载蓝绿鹊 *Kitta chinensis* 一亚种：

 ❶ 指名亚种 *chinensis*

◆ 郑作新（1966：119）记载蓝绿鹊 *Cissa chinensis*，但未述及亚种分化问题。

◆ 郑作新（2002：175）记载绿鹊 *Cissa chinensis*，亦未述及亚种分化问题。

◆ 郑作新（1976：496；1987：533-534；1994：101；2000：101）、郑光美（2005：201；2011：209；2017：191；2023：205）记载蓝绿鹊 *Cissa chinensis* 一亚种：

 ❶ 指名亚种 *chinensis*

[724] **黄胸绿鹊** *Cissa hypoleuca*   huángxiōng lǜquè

曾用名：短尾绿鹊 *Kitta thalassina*、短尾绿鹊 *Cissa thalassina*、东方绿鹊 *Cissa hypoleuca*；

   短尾［东方］绿鹊 *Cissa hypoleuca*（杭馥兰等，1997：178）、

   印支绿鹊 *Cissa hypoleuca*（约翰·马敬能等，2000：244；段文科等，2017b：775；刘阳等，2021：324；约翰·马敬能，2022b：217）

英文名：Indochinese Green Magpie

◆ 郑作新（1958：91；1964：114，251）记载短尾绿鹊 *Kitta thalassina* 二亚种：

 ❶ 西南亚种 *jini*

 ❷ 海南亚种 *katsumatae*

◆ 郑作新（1966：119；1976：496；1987：533；1994：101；2000：101；2002：175）记载短尾绿鹊 *Cissa thalassina* 二亚种：

 ❶ 西南亚种 *jini*

 ❷ 海南亚种 *katsumatae*

◆ 陈服官等（1998：138-140）记载东方绿鹊 *Cissa hypoleuca*[①]二亚种：

 ❶ 西南亚种 *jini*

 ❷ 海南亚种 *katsumatae*

 ① 编者注：该书对其分类讨论比较详细，摘要如下。东方绿鹊 *Cissa hypoleuca* 自 1885 年订名以来，Delacour1929 年在其 *Cissa* 属的评述中仍然承认该种的存在；但在 Vaurie1962 年的名录中就将 *Cissa hypoleuca* 归入短尾绿鹊 *Cissa thalassina* 中降为一个亚种。但短尾绿鹊的模式产地在爪哇（*Cissa thalassina thalassina*），另一亚种（*Cissa thalassina jeffriyi*）则产于加里曼丹岛，均是岛屿型的鸟类。Goodwin（1976）、Howard 和 Moore（1984）均将 *Cissa hypoleuca* 恢复为种级，并将分布于中国广西的东方绿鹊列为 *Cissa hypoleuca jini* 亚种，分布中国海南的列为 *Cissa hypoleuca katsumatae*，这是正确的。

◆ 郑光美（2005：201；2011：209；2017：191-192；2023：205-206）记载黄胸绿鹊 *Cissa hypoleuca*[②]二亚种：

 ❶ 西南亚种 *jini*

251

❷ 海南亚种 katsumatae

② 编者注：据郑光美（2002：206；2021：170），Cissa thalassina 被命名为短尾绿鹊，中国无分布。

〔725〕**棕腹树鹊** Dendrocitta vagabunda　　　　　　　　　　　　　　　　　　　zōngfù shùquè

曾用名：棕腹树鹊 Crypsirina vagabunda

英文名：Rufous Treepie

◆ 郑作新（1987：541）记载棕腹树鹊 Crypsirina vagabunda① 一亚种：

❶ 滇西亚种 kinneari

① 编者注：中国鸟类新记录（匡邦郁等，1980）。

◆ 郑作新（2002：177）记载棕腹树鹊 Dendrocitta vagabunda，但未述及亚种分化问题。

◆ 郑作新（1994：102；2000：102）、郑光美（2005：202；2011：210；2017：192；2023：206）记载棕腹树鹊 Dendrocitta vagabunda 一亚种：

❶ 滇西亚种 kinneari

〔726〕**灰树鹊** Dendrocitta formosae　　　　　　　　　　　　　　　　　　　　huīshùquè

曾用名：灰树鹊 Crypsirina formosae

英文名：Grey Treepie

◆ 郑作新（1958：97-98；1964：115，252；1966：120；1976：504-505；1987：541-542）记载灰树鹊 Crypsirina formosae 五亚种：

❶ 云南亚种 himalayensis

❷ 四川亚种 sapiens

❸ 华南亚种 sinica

❹ 台湾亚种 formosae

❺ 海南亚种 insulae

◆ 郑作新（1994：103；2000：102-103；2002：177）、郑光美（2005：202；2011：210；2017：192；2023：206）记载灰树鹊 Dendrocitta formosae 五亚种：

❶ 云南亚种 himalayana①

❷ 四川亚种 sapiens

❸ 华南亚种 sinica

❹ 指名亚种 formosae

❺ 海南亚种 insulae

① 编者注：郑作新（1994，2000，2002）、郑光美（2005，2011）记载该亚种为 himalayensis。

〔727〕**黑额树鹊** Dendrocitta frontalis　　　　　　　　　　　　　　　　　　　hēi'é shùquè

曾用名：黑额树鹊 Crypsirina frontalis

英文名：Collared Treepie

◆ 郑作新（1958：97；1964：252；1976：504；1987：541）记载黑额树鹊 Crypsirina frontalis 一亚种：

❶ 指名亚种 frontalis

◆ 郑作新（1966：120）记载黑额树鹊 *Crypsirina frontalis*，但未述及亚种分化问题。

◆ 郑作新（1994：102；2000：102）记载黑额树鹊 *Dendrocitta frontalis* 一亚种：

➊ 指名亚种 *frontalis*

◆ 郑作新（2002：177）记载黑额树鹊 *Dendrocitta frontalis*，亦未述及亚种分化问题。

◆ 郑光美（2005：202；2011：210；2017：193；2023：207）记载黑额树鹊 *Dendrocitta frontalis* 为单型种。

〔728〕**塔尾树鹊** *Temnurus temnurus*　　　　　　　　　　　　　　　　　　　　tǎwěi shùquè

曾用名： 盘尾树鹊 *Crypsirina temnura*、盘尾树鹊 *Crypsirina temia*

英文名： Ratchet-tailed Treepie

◆ 郑作新（1958：99；1964：252；1976：505；1987：543）记载盘尾树鹊 *Crypsirina temnura*[①]一亚种：

➊ 海南亚种 *nigra*

[①] 郑作新（1976，1987）：此鸟或另立一属 *Temnurus*，其学名为 *Temnurus temnurus*。

◆ 郑作新（1966：120）记载盘尾树鹊 *Crypsirina temnura*，但未述及亚种分化问题。

◆ 郑作新（1994：103；2000：103）记载以下两种：

（1）盘尾树鹊 *Crypsirina temia*

（2）塔尾树鹊 *Temnurus temnurus*

◆ 郑作新（2002：173）记载盘尾树鹊属 *Crypsirina* 和塔尾树鹊属 *Temnurus* 均为单型属。

◆ 郑光美（2005：203；2011：211；2017：193；2023：207）记载塔尾树鹊 *Temnurus temnurus*[②]为单型种。

[②] 郑光美（2005）：中国记录的盘尾树鹊 *Crypsirina temia* 应是塔尾树鹊 *Temnurus temnurus*（杨岚等，2004）。

〔729〕**欧亚喜鹊** *Pica pica*　　　　　　　　　　　　　　　　　　　　　　　　ōuyà xǐquè

曾用名： 喜鹊 *Pica pica*

英文名： Eurasian Magpie

说　明： 因分类修订，原喜鹊 *Pica pica* 的中文名修改为欧亚喜鹊。

◆ 郑作新（1958：96；1964：114，252；1966：120；1976：502-503；1987：539；1994：102；2000：102；2002：176-177）、郑光美（2005：203；2011：211；2017：193）记载喜鹊 *Pica pica* 四亚种：

➊ 新疆亚种 *bactriana*

➋ 东北亚种 *leucoptera*

➌ 青藏亚种 *bottanensis*

➍ 普通亚种 *serica*[①]

[①] 编者注：郑作新（1958，1964，1966，1976，1987，1994，2000，2002）、郑光美（2005，2011）记载该亚种为 *sericea*。

◆ 郑光美（2023：207）记载以下三种：

（1）欧亚喜鹊 *Pica pica*

➊ 新疆亚种 *bactriana*

➋ 东北亚种 *leucoptera*

（2）青藏喜鹊 *Pica bottanensis*

（3）喜鹊 *Pica serica*

❶ 指名亚种 *serica*

〔730〕**青藏喜鹊** *Pica bottanensis* qīngzàng xǐquè

英文名：Black-rumped Magpie

曾被视为 *Pica pica* 的一个亚种，现列为独立种。请参考〔729〕欧亚喜鹊 *Pica pica*。

〔731〕**喜鹊** *Pica serica* xǐquè

英文名：Oriental Magpie

曾被视为 *Pica pica* 的亚种，现列为独立种，中文名沿用喜鹊。请参考〔729〕欧亚喜鹊 *Pica pica*。

〔732〕**黑尾地鸦** *Podoces hendersoni* hēiwěi dìyā

英文名：Henderson's Ground Jay

◆ 郑作新（1966：121；2002：177）记载黑尾地鸦 *Podoces hendersoni*，但未述及亚种分化问题。

◆ 郑作新（1958：99；1964：252；1976：506；1987：543；1994：103；2000：103）、郑光美（2005：203；2011：211；2017：193；2023：207）记载黑尾地鸦 *Podoces hendersoni* 为单型种。

〔733〕**白尾地鸦** *Podoces biddulphi* báiwěi dìyā

英文名：Xinjiang Ground-jay

◆ 郑作新（1966：120；2002：177）记载白尾地鸦 *Podoces biddulphi*，但未述及亚种分化问题。

◆ 郑作新（1958：100；1964：252；1976：507；1987：543；1994：103；2000：103）、郑光美（2005：203；2011：211；2017：193-194；2023：208）记载白尾地鸦 *Podoces biddulphi* 为单型种。

〔734〕**星鸦** *Nucifraga caryocatactes* xīngyā

英文名：Spotted Nutcracker

◆ 郑作新（1964：115）记载星鸦 *Nucifraga caryocatactes* 六亚种：

❶ 东北亚种 *macrorhynchus*

❷ 华北亚种 *interdictus*

❸ 新疆亚种 *rothschildi*

❹ 西藏亚种 *hemispila*

❺ 西南亚种 *macella*

❻ 疆南亚种 *multipunctata*[①]

① 编者注：亚种中文名引自赵正阶（2001b：205）。

◆ 郑作新（1966：121）记载星鸦 *Nucifraga caryocatactes* 五亚种：

❶ 东北亚种 *macrorhynchus*

❷ 华北亚种 *interdictus*

❸ 新疆亚种 *rothschildi*

❹ 西藏亚种 *hemispila*

❺ 西南亚种 *macella*

◆ 郑作新（1976：508-510；1987：546-547；1994：103；2000：103；2002：178）、郑光美（2005：204；2011：212；2017：194）记载星鸦 *Nucifraga caryocatactes* 六亚种：

❶ 东北亚种 *macrorhynchos*
❷ 华北亚种 *interdicta*
❸ 新疆亚种 *rothschildi*
❹ 西藏亚种 *hemispila*
❺ 西南亚种 *macella*
❻ 台湾亚种 *owstoni*

◆ 郑作新（1958：100-102；1964：252-253）、郑光美（2023：208-209）记载星鸦 *Nucifraga caryocatactes* 七亚种：

❶ 东北亚种 *macrorhynchos*[②]
❷ 华北亚种 *interdicta*[③]
❸ 新疆亚种 *rothschildi*
❹ 西藏亚种 *hemispila*
❺ 西南亚种 *macella*
❻ 台湾亚种 *owstoni*
❼ 疆南亚种 *multipunctata*

[②] 编者注：郑作新（1958，1964）记载该亚种为 *macrorhynchus*。
[③] 编者注：郑作新（1958，1964）记载该亚种为 *interdictus*。

[735] **红嘴山鸦** *Pyrrhocorax pyrrhocorax*   hóngzuǐ shānyā

曾用名：红嘴山鸦 *Coracia pyrrhocorax*
英文名：Red-billed Chough

◆ 郑作新（1958：102-103）记载红嘴山鸦 *Coracia pyrrhocorax* 二亚种：

❶ 青藏亚种 *himalayanus*
❷ 北方亚种 *brachypus*

◆ 郑作新（1964：116，253；1966：121；1976：510）记载红嘴山鸦 *Pyrrhocorax pyrrhocorax* 二亚种：

❶ 青藏亚种 *himalayanus*
❷ 北方亚种 *brachypus*

◆ 郑作新（1987：547-549；1994：103-104；2000：103；2002：178-179）、郑光美（2005：205；2011：212-213；2017：194-195；2023：209）记载红嘴山鸦 *Pyrrhocorax pyrrhocorax* 三亚种：

❶ 青藏亚种 *himalayanus*
❷ 疆西亚种 *centralis*
❸ 北方亚种 *brachypus*

[736] **黄嘴山鸦** *Pyrrhocorax graculus*   huángzuǐ shānyā

曾用名：黄嘴山鸦 *Coracia graculus*

英文名：Alpine Chough

◆郑作新（1958：103）记载黄嘴山鸦 *Coracia graculus* 一亚种：
  ❶ 普通亚种 *digitatus*
◆郑作新（1966：121；2002：178）记载黄嘴山鸦 *Pyrrhocorax graculus*，但未述及亚种分化问题。
◆郑作新（1964：253；1976：511；1987：549；1994：104；2000：104）、郑光美（2005：205；2011：213；2017：195）记载黄嘴山鸦 *Pyrrhocorax graculus* 一亚种：
  ❶ 普通亚种 *digitatus*
◆郑光美（2023：209）记载黄嘴山鸦 *Pyrrhocorax graculus* 一亚种：
  ❶ 亚洲亚种 *forsythi*[①]
  [①] 编者注：亚种中文名引自百度百科。

〔737〕**寒鸦** *Corvus monedula*　　　　　　　　　　　　　　　　　　　　　　　　　　　hányā
曾用名：寒鸦 *Coloeus monedula*（刘阳等，2021：330）
英文名：Western Jackdaw
◆郑作新（1958：105-106；1964：117，253；1966：122；1976：514；1987：552）记载寒鸦 *Corvus monedula* 二亚种：
  ❶ 指名亚种 *monedula*
  ❷ 普通亚种 *dauuricus*[①]
  [①] 编者注：郑作新（1964：117）记载该亚种为 *dauuricas*，而该书第253页则仍记载为 *dauuricus*。
◆郑作新（1994：104；2000：104）记载以下两种：
  （1）寒鸦 *Corvus monedula*
    ❶ 中亚亚种 *soemmerringii*
  （2）达乌里寒鸦 *Corvus dauurica*
◆郑作新（2002：179）仅记载寒鸦 *Corvus monedula*，没有述及亚种分化问题，也没有记载达乌里寒鸦 *Corvus dauurica*。
◆郑光美（2005：205；2011：213；2017：195；2023：209-210）记载以下两种：
  （1）寒鸦 *Corvus monedula*
    ❶ 中亚亚种 *soemmerringii*
  （2）达乌里寒鸦 *Corvus dauuricus*

〔738〕**达乌里寒鸦** *Corvus dauuricus*　　　　　　　　　　　　　　　　　　　　　　　dáwūlǐ hányā
曾用名：达乌里寒鸦 *Corvus dauurica*；达乌里寒鸦 *Corvus daurica*（赵正阶，2001b：212）、
　　　　达乌里寒鸦 *Coloeus dauuricus*（刘阳等，2021：330）
英文名：Daurian Jackdaw
　　曾被视为寒鸦 *Corvus monedula* 的一个亚种，现列为独立种。请参考〔737〕寒鸦 *Corvus monedula*。

〔739〕**家鸦** *Corvus splendens*　　　　　　　　　　　　　　　　　　　　　　　　　　　jiāyā
英文名：House Crow

◆ 郑作新（1966：121；2002：179）记载家鸦 *Corvus splendens*，但未述及亚种分化问题。

◆ 郑作新（1958：104；1964：253；1976：512；1987：550-551；1994：104；2000：104；2002：179）、郑光美（2005：206；2011：213；2017：195；2023：210）记载家鸦 *Corvus splendens* 一亚种：

❶ 西南亚种 *insolens*

〔740〕**秃鼻乌鸦** *Corvus frugilegus*　　　　　　　　　　　　　　　　　　　　　　　　tūbí wūyā

英文名：Rook

◆ 郑作新（1958：104-105；1964：116，253；1966：122；1976：514；1987：551；1994：104；2000：104；2002：180）、郑光美（2005：206；2011：213-214；2017：196；2023：210）均记载秃鼻乌鸦 *Corvus frugilegus* 二亚种：

❶ 指名亚种 *frugilegus*

❷ 普通亚种 *pastinator*

〔741〕**小嘴乌鸦** *Corvus corone*　　　　　　　　　　　　　　　　　　　　　　　　　xiǎozuǐ wūyā

英文名：Carrion Crow

◆ 郑作新（1958：107-108；1964：117，253；1966：122；1976：517-518；1987：555；1994：104；2000：104；2002：180）记载小嘴乌鸦 *Corvus corone* 二亚种：

❶ 新疆亚种 *sharpii*

❷ 普通亚种 *orientalis*

◆ 郑光美（2005：206-207；2011：214；2017：196；2023：210-211）记载以下两种：

（1）小嘴乌鸦 *Corvus corone*

❶ 普通亚种 *orientalis*

（2）冠小嘴乌鸦 *Corvus cornix*[①②]

❶ 新疆亚种 *sharpii*

① 郑光美（2005）：从小嘴乌鸦 *Corvus corone* 中分出的种（Knox et al.，2002；Dickinson，2003）。

② 郑光美（2011）：从小嘴乌鸦 *Corvus corone* 中分出的种（Knox et al.，2002；Dickinson，2003），Haring 等（2007）认为冠小嘴乌鸦与小嘴乌鸦为同一个种。

〔742〕**冠小嘴乌鸦** *Corvus cornix*　　　　　　　　　　　　　　　　　　　　　　　guān xiǎozuǐ wūyā

英文名：Hooded Crow

从小嘴乌鸦 *Corvus corone* 中分出的种。请参考〔741〕小嘴乌鸦 *Corvus corone*。

〔743〕**白颈鸦** *Corvus pectoralis*　　　　　　　　　　　　　　　　　　　　　　　　　　báijǐngyā

曾用名：白颈鸦 *Corvus torquatus*

英文名：Collared Crow

◆ 郑作新（1966：122；2002：179）记载白颈鸦 *Corvus torquatus*，但未述及亚种分化问题。

◆ 郑作新（1958：108；1964：253；1976：518；1987：556；1994：105；2000：104）、郑光美（2005：207）记载白颈鸦 *Corvus torquatus* 为单型种。

◆ 郑光美（2011：215；2017：197；2023：211）记载白颈鸦 *Corvus pectoralis*①为单型种。

① 郑光美（2011）：*Corvus torquatus* 为无效种，见 del Hoyo 等（2009）。

〔744〕**大嘴乌鸦** *Corvus macrorhynchos*   dàzuǐ wūyā

曾用名：大嘴乌鸦 *Corvus macrorhynchus*

英文名：Large-billed Crow

◆ 郑作新（1958：106-107；1964：253）记载大嘴乌鸦 *Corvus macrorhynchus* 四亚种：
  1. 青藏亚种 *tibetosinensis*
  2. 东北亚种 *mandschuricus*
  3. 普通亚种 *colonorum*
  4. 海南亚种 *hainanus*①

① 编者注：亚种中文名引自赵正阶（2001b：214）。

◆ 郑作新（1964：117）记载大嘴乌鸦 *Corvus macrorhynchus* 三亚种：
  1. 青藏亚种 *tibetosinensis*
  2. 东北亚种 *mandschuricus*
  3. 普通亚种 *colonorum*

◆ 郑作新（1966：122；1976：515-517）记载大嘴乌鸦 *Corvus macrorhynchus* 四亚种：
  1. 西藏亚种 *intermedius*
  2. 青藏亚种 *tibetosinensis*
  3. 东北亚种 *mandschuricus*
  4. 普通亚种 *colonorum*

◆ 郑作新（1987：553-555；1994：104；2000：104；2002：180）、郑光美（2005：207）记载大嘴乌鸦 *Corvus macrorhynchos* 四亚种：
  1. 西藏亚种 *intermedius*
  2. 青藏亚种 *tibetosinensis*
  3. 东北亚种 *mandschuricus*
  4. 普通亚种 *colonorum*

◆ 郑光美（2011：215；2017：197-198；2023：211-212）记载大嘴乌鸦 *Corvus macrorhynchos*②五亚种：
  1. 西藏亚种 *intermedius*
  2. 青藏亚种 *tibetosinensis*
  3. 东北亚种 *mandschuricus*
  4. 普通亚种 *colonorum*
  5. 藏南亚种 *levaillantii*③

② 郑光美（2011）：新疆有繁殖记录，亚种有待查证。

③ 编者注：亚种中文名引自段文科和张正旺（2017b：789）。

〔745〕**渡鸦** *Corvus corax*   dùyā

英文名：Northern Raven

◆郑作新（1958：109-110；1964：116，253；1966：122；1976：519-520；1987：556-557；1994：105；2000：104-105；2002：179-180）、郑光美（2005：208；2011：216；2017：198；2023：212）均记载渡鸦*Corvus corax*二亚种：

❶ 东北亚种 *kamtschaticus*

❷ 青藏亚种 *tibetanus*

71. 玉鹟科 Stenostiridae（Fairy Flycatchers） 2 属 2 种

〔746〕**黄腹扇尾鹟** *Chelidorhynx hypoxanthus*   huángfù shànwěiwēng

曾用名： 黄腹扇尾鹟 *Rhipidura hypoxantha*

英文名： Yellow-bellied Fantail

◆郑作新（1966：176；2002：267）记载黄腹扇尾鹟 *Rhipidura hypoxantha*，但未述及亚种分化问题。

◆郑作新（1958：330；1964：283；1976：818；1987：876；1994：154；2000：154）、郑光美（2005：245；2011：255）记载黄腹扇尾鹟 *Rhipidura hypoxantha* 为单型种。

◆郑光美（2017：198；2023：212）记载黄腹扇尾鹟 *Chelidorhynx hypoxanthus*[①]为单型种。

   ① 郑光美（2017）：由 *Rhipidura* 属归入 *Chelidorhynx* 属，由 Rhipiduridae 科归入 Stenostiridae 科（Nyári et al., 2009；Fuchs et al., 2009）。

〔747〕**方尾鹟** *Culicicapa ceylonensis*   fāngwěiwēng

英文名： Grey-headed Canary-flycatcher

◆郑作新（1966：169；2002：258）记载方尾鹟属 *Culicicapa* 为单型属。

◆郑作新（1958：326；1964：283；1976：812；1987：871；1994：153；2000：153）、郑光美（2005：245；2011：254；2017：198；2023：213）记载方尾鹟 *Culicicapa ceylonensis* 一亚种：

❶ 西南亚种 *calochrysea*

72. 山雀科 Paridae（Tits） 12 属 24 种

〔748〕**火冠雀** *Cephalopyrus flammiceps*   huǒguānquè

英文名： Fire-capped Tit

◆郑作新（1966：182）记载火冠雀 *Cephalopyrus flammiceps*，但未述及亚种分化问题。

◆郑作新（1964：288；1976：854）记载火冠雀 *Cephalopyrus flammiceps* 一亚种：

  ❶ 西南亚种 *olivaceus*

◆郑作新（1958：359-360；1987：916；1994：160；2000：160；2002：277）、郑光美（2005：320；2011：333-334；2017：199；2023：213）记载火冠雀 *Cephalopyrus flammiceps*[①]二亚种：

❶ 指名亚种 *flammiceps*

❷ 西南亚种 *olivaceus*

   ① 郑光美（2017）：由 Remizidae 科归入 Paridae 科（Johansson et al., 2013）。

〔749〕**黄眉林雀** *Sylviparus modestus*　　　　　　　　　　　　　　　　　　　　huángméi línquè
英文名： Yellow-browed Tit

◆郑作新（1966：176；2002：267）记载林雀属 *Sylviparus* 为单型属。

◆郑作新（1958：345；1964：286；1976：834；1987：894；1994：157；2000：157）、郑光美（2005：328；2011：342；2017：199；2023：213）记载黄眉林雀 *Sylviparus modestus* 一亚种：

❶ 指名亚种 *modestus*

〔750〕**冕雀** *Melanochlora sultanea*　　　　　　　　　　　　　　　　　　　　miǎnquè
英文名： Sultan Tit

◆郑作新（1958：345-346）记载冕雀 *Melanochlora sultanea* 二亚种：

❶ 华南亚种 *seorsa*

❷ 海南亚种 *flavo-cristata*

◆郑作新（1964：172，286；1966：179；1976：835；1987：895-896；1994：157；2000：157；2002：272）、郑光美（2005：328-329；2011：342；2017：199；2023：213-214）记载冕雀 *Melanochlora sultanea* 三亚种：

❶ 指名亚种 *sultanea*[①]

❷ 华南亚种 *seorsa*

❸ 海南亚种 *flavocristata*[②]

① 编者注：中国鸟类亚种新记录（郑作新等，1962）。

② 编者注：郑作新（1964：286）记载该亚种为 *flavo-cristata*。

〔751〕**棕枕山雀** *Periparus rufonuchalis*　　　　　　　　　　　　　　　　　　zōngzhěn shānquè
曾用名： 棕枕山雀 *Parus rufonuchalis*
英文名： Rufous-naped Tit

曾被视为 *Periparus rubidiventris* 的一个亚种，现列为独立种。请参考〔752〕黑冠山雀 *Periparus rubidiventris*。

〔752〕**黑冠山雀** *Periparus rubidiventris*　　　　　　　　　　　　　　　　　　hēiguān shānquè
曾用名： 黑冠山雀 *Parus rubidiventris*
英文名： Rufous-vented Tit

◆郑作新（1958：338-339；1964：171，285；1966：179；1976：826；1987：886-887；2000：156；2002：272）记载黑冠山雀 *Parus rubidiventris* 二亚种：

❶ 新疆亚种 *rufonuchalis*

❷ 西南亚种 *beavani*

◆郑作新（1994：156）记载黑冠山雀 *Parus rubidiventris* 二亚种：

❶ 指名亚种 *rubidiventris*

❷ 西南亚种 *beavani*

◆郑光美（2005：324-325；2011：338）记载以下两种：

（1）棕枕山雀 *Parus rufonuchalis*

（2）黑冠山雀 *Parus rubidiventris*

❶ 西南亚种 *beavani*

◆郑光美（2017：200；2023：214）记载以下两种：

（1）棕枕山雀 *Periparus rufonuchalis*[①]

（2）黑冠山雀 *Periparus rubidiventris*[②]

❶ 西南亚种 *beavani*

❷ 指名亚种 *rubidiventris*

①② 郑光美（2017）：由 *Parus* 属归入 *Periparus* 属（Johansson et al.，2013）。

[753]煤山雀 *Periparus ater*　　　　　　　　　　　　　　　　　　　　　　　méishānquè

曾用名：煤山雀 *Parus ater*

英文名：Coal Tit

◆郑作新（1964：171；1966：178-179）记载煤山雀 *Parus ater* 六亚种：

❶ 指名亚种 *ater*

❷ 新疆亚种 *rufipectus*

❸ 西南亚种 *aemodius*

❹ 北京亚种 *pekinensis*

❺ 秦皇岛亚种 *insularis*

❻ 挂墩亚种 *kuatunensis*

◆郑作新（1958：337-338；1964：284-285；1976：825-826；1987：885-886；1994：155；2000：155-156；2002：271）、郑光美（2005：324；2011：337-338）记载煤山雀 *Parus ater* 七亚种：

❶ 指名亚种 *ater*

❷ 新疆亚种 *rufipectus*

❸ 西南亚种 *aemodius*

❹ 北京亚种 *pekinensis*

❺ 秦皇岛亚种 *insularis*

❻ 挂墩亚种 *kuatunensis*

❼ 台湾亚种 *ptilosus*

◆郑光美（2017：200-201；2023：214-215）记载煤山雀 *Periparus ater*[①] 七亚种：

❶ 指名亚种 *ater*

❷ 新疆亚种 *rufipectus*

❸ 西南亚种 *aemodius*

❹ 北京亚种 *pekinensis*

❺ 秦皇岛亚种 *insularis*

❻ 挂墩亚种 *kuatunensis*

❼ 台湾亚种 *ptilosus*

① 郑光美（2017）：由 *Parus* 属归入 *Periparus* 属（Johansson et al.，2013）。

〔754〕**黄腹山雀** *Pardaliparus venustulus*   huángfù shānquè

曾用名：黄腹山雀 *Parus venustulus*

英文名：Yellow-bellied Tit

◆ 郑作新（1966：177；2002：268）记载黄腹山雀 *Parus venustulus*，但未述及亚种分化问题。

◆ 郑作新（1958：335；1964：284；1976：822；1987：883；1994：155；2000：155）、郑光美（2005：325；2011：338）记载黄腹山雀 *Parus venustulus* 为单型种。

◆ 郑光美（2017：201；2023：215）记载黄腹山雀 *Pardaliparus venustulus*[①]为单型种。

    ① 郑光美（2017）：由 *Parus* 属归入 *Pardaliparus* 属（Johansson et al.，2013）。

〔755〕**褐冠山雀** *Lophophanes dichrous*   hèguān shānquè

曾用名：褐冠山雀 *Parus dichrous*

英文名：Grey Crested Tit

◆ 郑作新（1958：339-340；1964：171，285；1966：179；1976：827-828；1987：888；1994：156；2000：156；2002：272）、郑光美（2005：325；2011：338-339）记载褐冠山雀 *Parus dichrous* 三亚种：

  ❶ 指名亚种 *dichrous*

  ❷ 西南亚种 *wellsi*

  ❸ 甘肃亚种 *dichroides*

◆ 郑光美（2017：201-202；2023：216）记载褐冠山雀 *Lophophanes dichrous*[①]三亚种：

  ❶ 指名亚种 *dichrous*

  ❷ 西南亚种 *wellsi*

  ❸ 甘肃亚种 *dichroides*

    ① 郑光美（2017）：由 *Parus* 属归入 *Lophophanes* 属（Johansson et al.，2013）。

〔756〕**杂色山雀** *Sittiparus varius*   zásè shānquè

曾用名：杂色山雀 *Parus varius*；赤腹山雀 *Parus varius*（赵正阶，2001b：709）

英文名：Varied Tit

◆ 郑作新（1958：344；1964：171-172，285-286；1966：179；1976：833；1987：893-894；1994：156-157；2000：157；2002：272）、郑光美（2005：328；2011：341）记载杂色山雀 *Parus varius* 二亚种：

  ❶ 指名亚种 *varius*

  ❷ 台湾亚种 *castaneoventris*

◆ 郑光美（2017：202；2023：216）记载以下两种：

  （1）杂色山雀 *Sittiparus varius*[①]

  ❶ 指名亚种 *varius*

    ① 郑光美（2017）：由 *Parus* 属归入 *Sittiparus* 属（Johansson et al.，2013）。

  （2）台湾杂色山雀 *Sittiparus castaneoventris*[②]

    ② 郑光美（2017）：由 *Sittiparus varius* 的亚种提升为种（Mckay et al.，2014）。

〔757〕**台湾杂色山雀** *Sittiparus castaneoventris*   táiwān zásè shānquè

英文名：Chestnut-bellied Tit

XXVI. 雀形目 PASSERIFORMES

由杂色山雀 *Sittiparus varius* 的亚种提升为种。请参考〔756〕杂色山雀 *Sittiparus varius*。

〔758〕**白眉山雀** *Poecile superciliosus*   báiméi shānquè

曾用名: 白眉山雀 *Parus superciliosus*

英文名: White-browed Tit

◆郑作新（1966：177；2002：269）记载白眉山雀 *Parus superciliosus*，但未述及亚种分化问题。

◆郑作新（1958：343；1964：285；1976：831；1987：892；1994：156；2000：156）、郑光美（2005：323；2011：337）记载白眉山雀 *Parus superciliosus* 为单型种。

◆郑光美（2017：202；2023：216）记载白眉山雀 *Poecile superciliosus*[1]为单型种。

   [1] 郑光美（2017）：由 *Parus* 属归入 *Poecile* 属（Johansson et al., 2013）。

〔759〕**红腹山雀** *Poecile davidi*   hóngfù shānquè

曾用名: 红腹山雀 *Parus davidi*

英文名: Pere David's Tit

◆郑作新（1966：177；2002：269）记载红腹山雀 *Parus davidi*，但未述及亚种分化问题。

◆郑作新（1958：343；1964：285；1976：832；1987：893；1994：156；2000：156）、郑光美（2005：323；2011：337）记载红腹山雀 *Parus davidi* 为单型种。

◆郑光美（2017：202；2023：217）记载红腹山雀 *Poecile davidi*[1]为单型种。

   [1] 郑光美（2017）：由 *Parus* 属归入 *Poecile* 属（Johansson et al., 2013）。

〔760〕**沼泽山雀** *Poecile palustris*   zhǎozé shānquè

曾用名: 沼泽山雀 *Parus palustris*

英文名: Marsh Tit

◆郑作新（1958：340-341；1964：170，285；1966：178；1976：828-829；1987：889；1994：156；2000：156；2002：270）、郑光美（2005：322-323；2011：335-336）记载沼泽山雀 *Parus palustris* 四亚种：

  ❶ 东北亚种 *brevirostris*

  ❷ 华北亚种 *hellmayri*

  ❸ 西北亚种 *hypermelas*[1]

  ❹ 西南亚种 *dejeani*[2]

  [1] 编者注：郑作新（1994）记载该亚种为 *hypermelaena*。

  [2] 郑作新（1958，1976，1987）：Vaurie（1957）认为这一亚种是 *hypermelaena* 的同物异名。

◆郑光美（2017：203）记载沼泽山雀 *Poecile palustris*[3]四亚种：

  ❶ 东北亚种 *brevirostris*

  ❷ 华北亚种 *hellmayri*

  ❸ 西北亚种 *hypermelaenus*

  ❹ 西南亚种 *dejeani*

  [3] 由 *Parus* 属归入 *Poecile* 属（Johansson et al., 2013）。

◆郑光美（2023：217）记载以下两种：

（1）沼泽山雀 *Poecile palustris*

❶ 东北亚种 *brevirostris*

❷ 华北亚种 *hellmayri*

（2）黑喉山雀 *Poecile hypermelaenus*

❶ 指名亚种 *hypermelaenus*

❷ 西南亚种 *dejeani*

〔761〕**黑喉山雀** *Poecile hypermelaenus*　　　　　　　　　　　　　　　　　　hēihóu shānquè

英文名：Black-bibbed Tit

曾被视为沼泽山雀 *Poecile palustris* 的亚种，现列为独立种。请参考〔760〕沼泽山雀 *Poecile palustris*。

〔762〕**褐头山雀** *Poecile montanus*　　　　　　　　　　　　　　　　　　　　hètóu shānquè

曾用名：褐头山雀 *Parus montanus*、北褐头山雀 *Parus montanus*

英文名：Willow Tit

◆郑作新（1958：341-343；1964：171，285；1966：178；1976：830-831；1987：890-892；1994：156；2000：156；2002：271）记载褐头山雀 *Parus montanus* 五亚种：

❶ 东北亚种 *baicalensis*

❷ 新疆亚种 *songarus*

❸ 西北亚种 *affinis*

❹ 华北亚种 *stotzneri*[①]

❺ 西南亚种 *weigoldicus*

① 编者注：郑作新（1958，1964，1966）记载该亚种为 *stötzneri*。

◆郑光美（2005：323；2011：336）记载以下两种：

（1）北褐头山雀 *Parus montanus*[②]

❶ 东北亚种 *baicalensis*

（2）褐头山雀 *Parus songarus*

❶ 西北亚种 *affinis*

❷ 华北亚种 *stotzneri*

❸ 西南亚种 *weigoldicus*

② 郑光美（2005）：原褐头山雀 *Parus montanus* 现分为 *Parus montanus* 和 *Parus songarus* 2个种（Eck，1980；Kvist，2003；Dickinson，2003）。

◆郑光美（2017：203-204；2023：217-218）记载以下两种：

（1）褐头山雀 *Poecile montanus*[③]

❶ 东北亚种 *baicalensis*

❷ 西北亚种 *affinis*

❸ 华北亚种 *stoetzneri*

（2）四川褐头山雀 *Poecile weigoldicus*

③ 郑光美（2017）：由 *Parus* 属归入 *Poecile* 属，原 *Parus songarus* 各亚种并入本种（Johansson et al.，2013）。

〔763〕**四川褐头山雀** *Poecile weigoldicus*　　　　　　　　　　　　　　　　　　　　　sìchuān hètóu shānquè

曾用名： 川褐头山雀 *Poecile weigoldicus*（刘阳等，2021：340；约翰·马敬能，2022b：229）

英文名： Sichuan Tit

曾被视为 *Poecile montanus* 的一个亚种，现列为独立种。请参考〔762〕褐头山雀 *Poecile montanus*。

〔764〕**灰蓝山雀** *Cyanistes cyanus*　　　　　　　　　　　　　　　　　　　　　　　　huīlán shānquè

曾用名： 灰蓝山雀 *Parus cyanus*

英文名： Azure Tit

◆郑作新（1958：336；1964：170，284；1966：177；1976：824-825；1987：884；1994：155；2000：155；2002：269）记载灰蓝山雀 *Parus cyanus* 二亚种：

❶ 北方亚种 *tianschanicus*①

❷ 青海亚种 *berezowskii*

① 编者注：郑作新（1958，1964：284）记载该亚种为 *tian-schanicus*。

◆郑光美（2005：328；2011：341）记载以下两种：

（1）灰蓝山雀 *Parus cyanus*

❶ 北方亚种 *tianschanicus*

（2）黄胸山雀 *Parus flavipectus*

❶ 青海亚种 *berezowskii*

◆郑光美（2017：204；2023：218）记载灰蓝山雀 *Cyanistes cyanus*②二亚种：

❶ 北方亚种 *tianschanicus*

❷ 青海亚种 *berezowskii*③

② 郑光美（2017）：由 *Parus* 属归入 *Cyanistes* 属（Johansson et al.，2013）。

③ 郑光美（2017）：由 *Parus berezowskii* 并入 *Cyanistes cyanus*（Päckert et al.，2008）。

〔765〕**地山雀** *Pseudopodoces humilis*　　　　　　　　　　　　　　　　　　　　　　　dìshānquè

曾用名： 褐背地鸦 *Podoces humilis*、褐背拟地鸦 *Pseudopodoces humilis*

英文名： Ground Tit

◆郑作新（1958：100；1964：252）记载褐背地鸦 *Podoces humilis* 为单型种。

◆郑作新（1966：118；2002：173）记载拟地鸦属 *Pseudopodoces* 为单型属。

◆郑作新（1976：507；1987：545；1994：103；2000：103）、郑光美（2005：204）记载褐背拟地鸦 *Pseudopodoces humilis* 为单型种。

◆郑光美（2011：342；2017：204；2023：218）记载地山雀 *Pseudopodoces humilis*①为单型种。

① 郑光美（2011）：由褐背拟地鸦分类变动后改称，见 James 等（2003）。

〔766〕欧亚大山雀 *Parus major* ōuyà dàshānquè

曾用名： 白脸山雀 *Parus major*、大山雀 *Parus major*

英文名： Great Tit

说　明： 因分类修订，原大山雀 *Parus major* 的中文名修改为欧亚大山雀。

◆郑作新（1958：331-333）记载白脸山雀 *Parus major* 六亚种：
  ❶ 指名亚种 *major*
  ❷ 准噶尔亚种 *turkestanicus*
  ❸ 青藏亚种 *tibetanus*
  ❹ 华北亚种 *artatus*
  ❺ 华南亚种 *commixtus*
  ❻ 海南亚种 *hainanus*

◆郑作新（1964：170，283-284；1966：177-178）记载大山雀 *Parus major* 七亚种：
  ❶ 指名亚种 *major*
  ❷ 准噶尔亚种 *turkestanicus*
  ❸ 青藏亚种 *tibetanus*
  ❹ 华北亚种 *artatus*
  ❺ 华南亚种 *commixtus*
  ❻ 海南亚种 *hainanus*
  ❼ 西南亚种 *subtibetanus*

◆郑作新（1976：818-820；1987：878-880；1994：154-155）记载以下两种：
  （1）大山雀 *Parus major*
    ❶ 北方亚种 *kapustini*
    ❷ 青藏亚种 *tibetanus*
    ❸ 西南亚种 *subtibetanus*
    ❹ 华北亚种 *artatus*[①]
    ❺ 华南亚种 *commixtus*
    ❻ 海南亚种 *hainanus*
    [①] 郑作新（1976，1987）：或为 *Parus major minor* 的同物异名（Delacour et al., 1950）。
  （2）西域山雀 *Parus bokhariensis*[②③]
    ❶ 准噶尔亚种 *turkestanicus*
    [②] 郑作新（1976）：有人把西域山雀 *Parus bokhariensis* 并入大山雀 *Parus major* 中。
    [③] 郑作新（1987）：有人将其列为 *Parus major* 的亚种。

◆郑作新（2000：154-155；2002：269-270）记载以下两种：
  （1）大山雀 *Parus major*
    ❶ 北方亚种 *kapustini*
    ❷ 青藏亚种 *tibetanus*
    ❸ 西南亚种 *subtibetanus*
    ❹ 华北亚种 *artatus*

❺ 华南亚种 *commixtus*

❻ 海南亚种 *hainanus*

（2）西域山雀 *Parus bokhariensis*

❶ 准噶尔亚种 *turkestanicus*

❷ 伊犁亚种 *iliensis*

◆郑光美（2005：325-326；2011：339-340）记载以下两种：

（1）大山雀 *Parus major*

❶ 北方亚种 *kapustini*

❷ 青藏亚种 *tibetanus*

❸ 西南亚种 *subtibetanus*

❹ 华北亚种 *minor*[④]

❺ 华南亚种 *commixtus*

❻ 海南亚种 *hainanus*

（2）西域山雀 *Parus bokhariensis*[⑤]

❶ 准噶尔亚种 *turkestanicus*

④ 郑光美（2005）：Stepanyan（1990）认为是独立种，但未得到普遍认同。郑作新（1987，2000）认为本亚种是 *Parus major artatus*，而多数学者认为 *Parus major artatus* 是 *Parus major minor* 的同物异名。

⑤ 郑光美（2011）：Päckert 等（2005）主张将此种并入大山雀 *Parus major*。

◆郑光美（2017：204-205）记载以下两种：

（1）欧亚大山雀 *Parus major*

❶ 北方亚种 *kapustini*

❷ 准噶尔亚种 *turkestanicus*

（2）大山雀 *Parus cinereus*[⑥]

❶ 青藏亚种 *tibetanus*

❷ 西南亚种 *subtibetanus*

❸ 华北亚种 *minor*

❹ 华南亚种 *commixtus*

❺ 海南亚种 *hainanus*

⑥ 由 *Parus major* 的亚种提升为种（Päckert et al., 2005；Eck et al., 2006）。

◆郑光美（2023：218-219）记载以下两种：

（1）欧亚大山雀 *Parus major*

❶ 北方亚种 *kapustini*

❷ 准噶尔亚种 *turkestanicus*

（2）大山雀 *Parus minor*

❶ 青藏亚种 *tibetanus*

❷ 西南亚种 *subtibetanus*

❸ 指名亚种 *minor*

❹ 华南亚种 *commixtus*
❺ 海南亚种 *hainanus*

〔767〕**大山雀** *Parus minor*　　　　　　　　　　　　　　　　　　　　　　dàshānquè
曾用名：西域山雀 *Parus bokhariensis*、大山雀 *Parus cinereus*；
　　　　　远东山雀 *Parus minor*（刘阳等，2021：344；约翰·马敬能，2022b：230）
英文名：Japanese Tit
　　由 *Parus major* 的亚种提升为种，中文名沿用大山雀。请参考〔766〕欧亚大山雀 *Parus major*。

〔768〕**绿背山雀** *Parus monticolus*　　　　　　　　　　　　　　　　　　　lǜbèi shānquè
英文名：Green-backed Tit
◆郑作新（1964：170；1966：177）记载绿背山雀 *Parus monticolus* 二亚种：
　❶ 指名亚种 *monticolus*
　❷ 西南亚种 *yunnanensis*
◆郑作新（1958：333-334；1964：284；1976：821-822；1987：880-881；1994：155；2000：155；2002：269）、郑光美（2005：327；2011：340；2017：205；2023：219-220）记载绿背山雀 *Parus monticolus* 三亚种：
　❶ 指名亚种 *monticolus*
　❷ 西南亚种 *yunnanensis*
　❸ 台湾亚种 *insperatus*

〔769〕**台湾黄山雀** *Machlolophus holsti*　　　　　　　　　　　　　　　　táiwān huángshānquè
曾用名：台湾黄山雀 *Parus holsti*
英文名：Yellow Tit
◆郑作新（1966：176；2002：268）记载台湾黄山雀 *Parus holsti*，但未述及亚种分化问题。
◆郑作新（1958：334；1964：284；1976：822；1987：881；1994：155；2000：155）、郑光美（2005：327；2011：341）记载台湾黄山雀 *Parus holsti* 为单型种。
◆郑光美（2017：206；2023：220）记载台湾黄山雀 *Machlolophus holsti*[①]为单型种。
　① 郑光美（2017）：由 *Parus* 属归入 *Machlolophus* 属（Johansson et al.，2013）。

〔770〕**眼纹黄山雀** *Machlolophus xanthogenys*　　　　　　　　　　　　　yǎnwén huángshānquè
曾用名：眼纹黄山雀 *Parus xanthogenys*
英文名：Himalayan Black-lored Tit
◆郑光美（2011：340）记载眼纹黄山雀 *Parus xanthogenys* 一亚种：
　❶ 指名亚种 *xanthogenys*[①]
　① 中国鸟类新记录，见 Chang 等（2010）。
◆郑光美（2017：206；2023：220）记载眼纹黄山雀 *Machlolophus xanthogenys*[②] 一亚种：
　❶ 指名亚种 *xanthogenys*

② 郑光美（2017）：由 *Parus* 属归入 *Machlolophus* 属（Johansson et al., 2013）。

〔771〕**黄颊山雀** *Machlolophus spilonotus*　　　　　　　　　　　　　　　　　　　huángjiá shānquè

曾用名：黄颊山雀 *Parus xanthogenys*、黄颊山雀 *Parus spilonotus*

英文名：Yellow-cheeked Tit

◆ 郑作新（1958：334-335；1964：170，284；1966：177；1976：822；1987：882）记载黄颊山雀 *Parus xanthogenys* 二亚种：

❶ 西藏亚种 *spilonotus*[①②③]

❷ 华南亚种 *rex*[②③]

① 郑作新（1958）：*Parus xanthogenys evanescens* 被认为是 *spilonotus* 和 *rex* 的杂交种群（Mayr, 1941）。

② 郑作新（1964）：采自云南西部的 *Parus xanthogenys evanescens* 被认为是 *Parus xanthogenys spilonotus* 和 *Parus xanthogenys rex* 的混交种群（Mayr, 1941）。

③ 郑作新（1976，1987）：*Parus xanthogenys evanescens* 被认为是 *Parus xanthogenys spilonotus* 和 *Parus xanthogenys rex* 的杂交种群（Mayr, 1941）。

◆ 郑作新（1994：155；2000：155；2002：269）、郑光美（2005：327；2011：340-341）记载黄颊山雀 *Parus spilonotus*[④]二亚种：

❶ 指名亚种 *spilonotus*

❷ 华南亚种 *rex*

④ 编者注：据郑光美（2002：186；2021：176），*Parus xanthogenys*、*Machlolophus xanthogenys* 分别被命名为黑斑黄山雀和眼纹黄山雀，中国无分布。

◆ 郑光美（2017：206；2023：220）记载黄颊山雀 *Machlolophus spilonotus*[⑤]二亚种：

❶ 指名亚种 *spilonotus*

❷ 华南亚种 *rex*

⑤ 郑光美（2017）：由 *Parus* 属归入 *Machlolophus* 属（Johansson et al., 2013）。

73. 攀雀科 Remizidae（Penduline Tits）　1 属 3 种

〔772〕**黑头攀雀** *Remiz macronyx*　　　　　　　　　　　　　　　　　　　　　　hēitóu pānquè

英文名：Black-headed Penduline Tit

◆ 郑光美（2017：206）记载黑头攀雀 *Remiz macronyx*[①]一亚种：

❶ 指名亚种 *macronyx*

① 中国鸟类新记录（马鸣，2001）。

◆ 郑光美（2023：221）记载黑头攀雀 *Remiz macronyx* 一亚种：

❶ *ssaposhnikowi* 亚种

〔773〕**白冠攀雀** *Remiz coronatus*　　　　　　　　　　　　　　　　　　　　　　báiguān pānquè

曾用名：白顶攀雀 *Remiz coronatus*（赵正阶，2001b：743）

英文名：White-crowned Penduline Tit

曾被视为 *Remiz pendulinus* 的亚种，现列为独立种。请参考〔774〕中华攀雀 *Remiz consobrinus*。

〔774〕**中华攀雀** *Remiz consobrinus* zhōnghuá pānquè

曾用名：攀雀 *Remiz pendulinus*、攀雀 *Remiz consobrinus*

英文名：Chinese Penduline Tit

说　明：曾被视为 *Remiz pendulinus* 的一个亚种，现列为独立种。

◆郑作新（1958：358-359；1964：174，288；1966：182；1976：853-854；1987：914-915；1994：160；2000：160；2002：277）记载攀雀 *Remiz pendulinus* 三亚种：

　❶ 东北亚种 *consobrinus*

　❷ 疆西亚种 *coronatus*

　❸ 新疆亚种 *stoliczkae*

◆郑光美（2005：320）记载以下两种：

　（1）白冠攀雀 *Remiz coronatus*[①]

　❶ 指名亚种 *coronatus*

　❷ 新疆亚种 *stoliczkae*

　[①] 编者注：据郑光美（2002：184；2021：177），*Remiz pendulinus* 被命名为欧亚攀雀，中国无分布。

　（2）攀雀 *Remiz consobrinus*

　❶ 指名亚种 *consobrinus*

◆郑光美（2011：333；2017：207；2023：221）记载以下两种：

　（1）白冠攀雀 *Remiz coronatus*

　❶ 指名亚种 *coronatus*

　❷ 新疆亚种 *stoliczkae*

　（2）中华攀雀 *Remiz consobrinus*

74. 百灵科 Alaudidae（Larks）　7属16种

〔775〕**歌百灵** *Mirafra javanica* gēbǎilíng

曾用名：歌百灵 *Mirafra cantillans*

英文名：Horsfield's Bush Lark

◆约翰·马敬能等（2000：439）记载歌百灵 *Mirafra cantillans*[①] 一亚种：

　❶ 两广亚种 *williamsoni*

　[①] 编者注：据赵正阶（2001b：15），Vaurie（1951）和 Peters（1960）将 *Mirafra cantillans* 和本种作为同一种处理。然而 Hall 和 Moreau（1970）则将他们分别作为不同的种。另据郑光美（2002：133；2021：178），*Mirafra cantillans* 被命名为北非歌百灵，中国无分布。

◆郑作新（1966：94；2002：136）记载歌百灵属 *Mirafra* 为单型属。

◆郑作新（1958：5；1964：239；1976：387；1987：415；1994：81；2000：81）、郑光美（2005：155；2011：161；2017：207；2023：221）记载歌百灵 *Mirafra javanica* 一亚种：

XXVI. 雀形目
PASSERIFORMES

❶ 两广亚种 *williamsoni*

〔776〕**白翅云雀** *Alauda leucoptera*   báichì yúnquè

曾用名： 白翅百灵 *Melanocorypha leucoptera*、白翅百灵 *Alauda leucoptera*

英文名： White-winged Lark

◆郑作新（1966：95；2002：137）记载白翅百灵 *Melanocorypha leucoptera*，但未述及亚种分化问题。

◆郑作新（1964：239；1976：389；1987：418；1994：82；2000：82）、郑光美（2005：156；2011：162）记载白翅百灵 *Melanocorypha leucoptera* 为单型种。

◆郑光美（2017：210）记载白翅百灵 *Alauda leucoptera*①为单型种。

   ① 由 *Melanocorypha* 属归入 *Alauda* 属（Alström et al.，2013）。

◆郑光美（2023：222）记载白翅云雀 *Alauda leucoptera* 一亚种：

   ❶ 指名亚种 *leucoptera*

〔777〕**小云雀** *Alauda gulgula*   xiǎoyúnquè

英文名： Oriental Skylark

◆郑作新（1958：16-18；1964：93，240；1966：97-98；1976：395-396；1987：425-427；1994：83；2000：83；2002：140）记载小云雀 *Alauda gulgula* 六亚种：

   ❶ 长江亚种 *weigoldi*

   ❷ 西北亚种 *inopinata*

   ❸ 西南亚种 *vernayi*

   ❹ 华南亚种 *coelivox*

   ❺ 台湾亚种 *wattersi*

   ❻ 海南亚种 *sala*

◆郑光美（2005：159-160；2011：165-166；2017：211）记载小云雀 *Alauda gulgula* 七亚种：

   ❶ 西藏亚种 *lhamarum*

   ❷ 长江亚种 *weigoldi*

   ❸ 西北亚种 *inopinata*

   ❹ 西南亚种 *vernayi*

   ❺ 华南亚种 *coelivox*

   ❻ 台湾亚种 *wattersi*

   ❼ 海南亚种 *sala*

◆郑光美（2023：222）记载小云雀 *Alauda gulgula* 六亚种：

   ❶ 西藏亚种 *lhamarum*

   ❷ 长江亚种 *weigoldi*

   ❸ 西北亚种 *inopinata*

   ❹ 西南亚种 *vernayi*

   ❺ 华南亚种 *coelivox*

   ❻ 台湾亚种 *wattersi*

[778] 云雀 *Alauda arvensis*　　　　　　　　　　　　　　　　　　　　　　　　　　yúnquè

英文名：Eurasian Skylark

◆ 郑作新（1958：14-16）记载云雀 *Alauda arvensis* 五亚种：
　① *cinerascens* 亚种
　② 北方亚种 *kiborti*
　③ 东北亚种 *intermedia*
　④ 北京亚种 *pekinensis*
　⑤ 日本亚种 *japonica*

◆ 郑作新（1964：92-93；1966：97）记载云雀 *Alauda arvensis* 五亚种：
　① 新疆亚种 *dulcivox*
　② 北方亚种 *kiborti*
　③ 东北亚种 *intermedia*
　④ 北京亚种 *pekinensis*
　⑤ 日本亚种 *japonica*

◆ 郑作新（1964：240；1976：395-396；1987：423-425；1994：83；2000：83；2002：140-141）、郑光美（2005：158；2011：164-165；2017：211；2023：223）记载云雀 *Alauda arvensis* 六亚种：
　① 新疆亚种 *dulcivox*
　② 北方亚种 *kiborti*
　③ 东北亚种 *intermedia*
　④ 北京亚种 *pekinensis*
　⑤ 萨哈林亚种 *lonnbergi*[①]
　⑥ 日本亚种 *japonica*
　① 编者注：郑作新（1964）记载该亚种为 *lönnbergi*。

[779] 凤头百灵 *Galerida cristata*　　　　　　　　　　　　　　　　　　　　　　　fèngtóu bǎilíng

英文名：Crested Lark

◆ 郑作新（1958：13-14；1964：91-92，240；1966：96；1976：393；1987：422；1994：82；2000：83；2002：139）、郑光美（2005：158；2011：164；2017：210；2023：224）均记载凤头百灵 *Galerida cristata* 二亚种：
　① 新疆亚种 *magna*
　② 东北亚种 *leautungensis*

[780] 角百灵 *Eremophila alpestris*　　　　　　　　　　　　　　　　　　　　　　jiǎobǎilíng

英文名：Hormed Lark

◆ 郑作新（1958：11-13）记载角百灵 *Eremophila alpestris* 八亚种：
　① 北方亚种 *flava*
　② 东北亚种 *brandti*
　③ ？ *diluta* 亚种[①]
　④ ？ 昆仑亚种 *argalea*[②]

❺ 青藏亚种 *elwesi*

❻ 南疆亚种 *teleschowi*

❼ 柴达木亚种 *przewalskii*

❽ 四川亚种 *khamensis*

① 或为 *elwesi* 的同物异名。

② 或为 *elwesi* 的同物异名。

◆郑作新（1964：91，239-240；1966：98；1976：398-400；1987：427-429；1994：83；2000：83-84；2002：141-142）记载角百灵 *Eremophila alpestris* 八亚种：

❶ 北方亚种 *flava*

❷ 东北亚种 *brandti*

❸ 新疆亚种 *albigula*

❹ 昆仑亚种 *argalea*

❺ 青藏亚种 *elwesi*

❻ 南疆亚种 *teleschowi*

❼ 柴达木亚种 *przewalskii*

❽ 四川亚种 *khamensis*

◆郑光美（2005：160-161；2011：166-167；2017：212-213；2023：224-225）记载角百灵 *Eremophila alpestris* 九亚种：

❶ 北方亚种 *flava*

❷ 东北亚种 *brandti*

❸ 新疆亚种 *albigula*

❹ 昆仑亚种 *argalea*

❺ 青藏亚种 *elwesi*

❻ 南疆亚种 *teleschowi*

❼ 柴达木亚种 *przewalskii*

❽ 四川亚种 *khamensis*

❾ 青海亚种 *nigrifrons*[③]

③ 编者注：亚种中文名引自段文科和张正旺（2017b：649）。

〔781〕**细嘴短趾百灵** *Calandrella acutirostris*　　　　　　　　　　　　　xìzuǐ duǎnzhǐ bǎilíng

曾用名： 细嘴沙百灵 *Calandrella acutirostris*

英文名： Hume's Short-toed Lark

◆郑作新（1955：8-9；1964：90-91，239；1966：96；1976：391-392；1987：419）记载细嘴沙百灵 *Calandrella acutirostris* 二亚种：

❶ 指名亚种 *acutirostris*

❷ 西藏亚种 *tibetana*

◆郑作新（1994：82；2000：82；2002：139）、郑光美（2005：157；2011：163；2017：209；2023：225）记载细嘴短趾百灵 *Calandrella acutirostris* 二亚种：

❶ 指名亚种 *acutirostris*
❷ 西藏亚种 *tibetana*

〔782〕**中华短趾百灵** *Calandrella dukhunensis*　　　　　　　　zhōnghuá duǎnzhǐ bǎilíng
曾用名： 蒙古短趾百灵 *Calandrella dukhunensis*（约翰·马敬能，2022b：236）
英文名： Mongolian Short-toed Lark
　　曾被视为 *Calandrella cinerea* 和 *Calandrella brachydactyla* 的一个亚种，现列为独立种。请参考〔783〕大短趾百灵 *Calandrella brachydactyla*。

〔783〕**大短趾百灵** *Calandrella brachydactyla*　　　　　　　　dà duǎnzhǐ bǎilíng
曾用名： 小沙百灵 *Calandrella cinerea*、短趾沙百灵 *Calandrella cinerea*、短趾百灵 *Calandrella cinerea*；
　　　　　〔大〕短趾百灵 *Calandrella brachydactyla*（约翰·马敬能等，2000：441）
英文名： Greater Short-toed Lark
说　明： 曾被视为 *Calandrella cinerea* 的亚种，现列为独立种，中文名沿用大短趾百灵。

◆ 郑作新（1958：7-8）记载小沙百灵 *Calandrella cinerea* 二亚种：
　　❶ 新疆亚种 *longipennis*
　　❷ 普通亚种 *dukhunensis*

◆ 郑作新（1964：90，239；1966：96；1976：390-391；1987：418-419）记载短趾沙百灵 *Calandrella cinerea* 二亚种：
　　❶ 新疆亚种 *longipennis*
　　❷ 普通亚种 *dukhunensis*

◆ 郑作新（1994：82；2000：82；2002：138）记载短趾百灵 *Calandrella cinerea* 二亚种：
　　❶ 新疆亚种 *longipennis*
　　❷ 普通亚种 *dukhunensis*

◆ 赵正阶（2001b：23-24）记载短趾百灵、短趾沙百灵 *Calandrella cinerea*[①]二亚种：
　　❶ 新疆亚种 *longipennis*
　　❷ 普通亚种 *dukhunensis*

　　① 编者注：据赵正阶（2001b），在种名的使用上也很不一致，有的用 *Calandrella cinerea* 种名（Dement'ev et al.，1954；Vaurie，1959；Walters et al.，1980，1959；郑作新，1976，1994；郑宝赉等，1985；蔡其侃，1988；赵正阶等，1988；De schauensee，1984）。有的使用 *Calandrella brachydactyla* 种名（Baker，1926；La Touche，1925—1930；Blackwelder，1907）。近来也有学者基于形态和迁徙行为的不同以及地理分布等因素而将本种分为两个独立种，即 *Calandrella brachydactyla* 种和 *Calandrella cinerea* 种。

◆ 郑光美（2005：156；2011：162-163；2017：208-209）记载大短趾百灵 *Calandrella brachydactyla*[②]三亚种：
　　❶ 新疆亚种 *longipennis*
　　❷ 普通亚种 *dukhunensis*
　　❸ 东北亚种 *orientalis*[③]

　　② 编者注：据郑光美（2002：134；2021：179），*Calandrella cinerea* 被命名为红顶短趾百灵，中

国无分布。

③ 编者注：亚种中文名引自段文科和张正旺（2017b：644）。

◆郑光美（2023：225-226）记载以下两种：

（1）中华短趾百灵 *Calandrella dukhunensis*

（2）大短趾百灵 *Calandrella brachydactyla*

❶ 新疆亚种 *longipennis*

❷ 东北亚种 *orientalis*

[784] 双斑百灵 *Melanocorypha bimaculata*   shuāngbān bǎilíng

曾用名： 二斑百灵 *Melanocorypha bimaculata*

英文名： Bimaculated Lark

◆郑作新（1966：94；2002：137）记载二斑百灵 *Melanocorypha bimaculata*，但未述及亚种分化问题。

◆郑作新（1958：9；1964：239；1976：387；1987：415；1994：81；2000：81-82）、郑光美（2005：155；2011：161）记载二斑百灵 *Melanocorypha bimaculata* 一亚种：

❶ 指名亚种 *bimaculata*

◆郑光美（2017：208；2023：226）记载双斑百灵 *Melanocorypha bimaculata*[①]为单型种。

① 郑光美（2017）：单型种（Alström，2004）。

[785] 草原百灵 *Melanocorypha calandra*   cǎoyuán bǎilíng

英文名： Calandra Lark

◆郑作新（2000：81）记载草原百灵 *Melanocorypha calandra*[①]为单型种。

① 参见侯兰新等（1996a）。编者注：亦可参考侯兰新（1997）。

◆郑作新（2002：137）记载草原百灵 *Melanocorypha calandra*，但未述及亚种分化问题。

◆郑光美（2005：155；2011：161；2017：207；2023：226）记载草原百灵 *Melanocorypha calandra* 一亚种：

❶ 新疆亚种 *psammochroa*[②]

② 编者注：亚种中文名引自段文科和张正旺（2017b：641）。

[786] 黑百灵 *Melanocorypha yeltoniensis*   hēibǎilíng

曾用名： 黑百灵 *Melanocorypha yelteniensis*

英文名： Black Lark

◆郑作新（1994：82；2000：82）记载黑百灵 *Melanocorypha yelteniensis* 为单型种。

◆郑光美（2005：156；2011：162；2017：208；2023：226）记载黑百灵 *Melanocorypha yeltoniensis* 为单型种。

[787] 蒙古百灵 *Melanocorypha mongolica*   měnggǔ bǎilíng

曾用名： 百灵 *Melanocorypha mongolica*、[蒙古]百灵 *Melanocorypha mongolica*

英文名： Mongolian Lark

◆郑作新（1958：10-11）记载百灵 *Melanocorypha mongolica* 二亚种：

❶ 指名亚种 *mongolica*①

❷ 青海亚种 *emancipata*

① 此鸟未见在北京附近繁殖，在北京所得的幼鸟恐是购自市场的。

◆郑作新（1964：91，239；1966：95；1976：388-389；1987：417；1994：82；2000：82；2002：137）记载［蒙古］百灵 *Melanocorypha mongolica* 二亚种：

❶ 指名亚种 *mongolica*

❷ 青海亚种 *emancipata*

◆郑光美（2005：156；2011：162；2017：208；2023：226）记载蒙古百灵 *Melanocorypha mongolica* 为单型种。

〔788〕**长嘴百灵** *Melanocorypha maxima*　　　　　　　　　　　　　　chángzuǐ bǎilíng

英文名：Tibetan Lark

◆郑作新（1958：9-10；1964：239；1976：387-388）、郑光美（2005：155；2011：161-162）记载长嘴百灵 *Melanocorypha maxima* 三亚种：

❶ 青海亚种 *holdereri*

❷ 指名亚种 *maxima*

❸ 祁连山亚种 *flavescens*①②

① 郑作新（1958）：据 Vaurie（1954），此一亚种能否确立，尚属疑问。

② 编者注：郑作新（1964）在该亚种前冠以"？"号。

◆郑作新（1964：91；1966：95；1987：415-416；1994：81；2000：82；2002：137）记载长嘴百灵 *Melanocorypha maxima* 二亚种：

❶ 青海亚种 *holdereri*

❷ 指名亚种 *maxima*

◆郑光美（2017：208；2023：227）记载长嘴百灵 *Melanocorypha maxima* 为单型种。

〔789〕**中亚短趾百灵** *Alaudala heinei*　　　　　　　　　　　　　　zhōngyà duǎnzhǐ bǎilíng

英文名：Turkestan Short-toed Lark

◆郑光美（2023：227）记载中亚短趾百灵 *Alaudala heinei*①为单型种。

① 由 *Alaudala rufescens* 的亚种提升为种（Alström et al., 2021）；中国鸟类新记录（郭康，2020年个人通讯）。编者注：据郑光美（2021：179），*Alaudala rufescens*（小短趾百灵）中国无分布。

〔790〕**短趾百灵** *Alaudala cheleensis*　　　　　　　　　　　　　　duǎnzhǐ bǎilíng

曾用名：沙百灵 *Calandrella rufescens*、小沙百灵 *Calandrella rufescens*、

　　　　　［亚洲］短趾百灵 *Calandrella cheleensis*、短趾百灵 *Calandrella cheleensis*；

　　　　　亚洲短趾百灵 *Calandrella cheleensis*（杭馥兰等，1997：141；赵正阶，2001b：26）、

　　　　　亚洲短趾百灵 *Alaudala cheleensis*（刘阳等，2021：350；约翰·马敬能，2022b：238）

英文名：Asian Short-toed Lark

◆ 郑作新（1958：5-7）记载沙百灵 *Calandrella rufescens*[①]六亚种：

❶ 新疆亚种 *seebohmi*

❷ 青海亚种 *kukunoorensis*

❸ 西藏亚种 *tangutica*

❹ 甘肃亚种 *stegmanni*

❺ 内蒙亚种 *beicki*

❻ 普通亚种 *cheleënsis*

[①] 或人用 *Pispoletta*，但在 Pallas 的记载中，对灰沙百灵与小沙百灵未加明确的区别，致 *Pispoletta* 所指不明，因而放弃不用。

◆ 郑作新（1964：90，239；1966：96；1976：392-393；1987：420-421）记载小沙百灵 *Calandrella rufescens* 六亚种：

❶ 新疆亚种 *seebohmi*

❷ 青海亚种 *kukunoorensis*

❸ 西藏亚种 *tangutica*

❹ 甘肃亚种 *stegmanni*

❺ 内蒙亚种 *beicki*

❻ 普通亚种 *cheleensis*[②]

[②] 编者注：郑作新（1964，1966）记载该亚种为 *cheleënsis*。

◆ 郑作新（1994：82；2000：82；2002：139）、郑光美（2005：157；2011：163-164）记载短趾百灵 *Calandrella cheleensis*[③]六亚种：

❶ 新疆亚种 *seebohmi*

❷ 青海亚种 *kukunoorensis*

❸ 西藏亚种 *tangutica*

❹ 甘肃亚种 *stegmanni*

❺ 内蒙亚种 *beicki*

❻ 指名亚种 *cheleensis*

[③] 编者注：郑作新（1994，2000，2002）记载其中文名为[亚洲]短趾百灵；据郑光美（2002：134；2021：179），*Calandrella rufescens* 和 *Alaudala rufescens* 均被命名为小短趾百灵，中国无分布。

◆ 郑光美（2017：209-210；2023：227-228）记载短趾百灵 *Alaudala cheleensis*[④]六亚种：

❶ 新疆亚种 *seebohmi*

❷ 青海亚种 *kukunoorensis*

❸ 西藏亚种 *tangutica*

❹ 甘肃亚种 *stegmanni*

❺ 内蒙亚种 *beicki*

❻ 指名亚种 *cheleensis*

[④] 郑光美（2017）：由 *Calandrella* 属归入 *Alaudala* 属（Alström et al.，2013）。

75. 文须雀科 Panuridae（Bearded Reedling） 1 属 1 种

〔791〕**文须雀** *Panurus biarmicus* wénxūquè
英文名：Bearded Reedling
- 郑作新（1966：138；2002：202）记载文须雀属 *Panurus* 为单型属。
- 郑作新（1958：186；1964：264；1976：695；1987：745；1994：134；2000：134）、郑光美（2005：284；2011：295；2017：213-214；2023：228）记载文须雀 *Panurus biarmicus*[①]一亚种：
    - ❶ 北亚亚种 *russicus*

[①] 郑光美（2011）：Alström 等（2006）主张将本种单独列为一科。

76. 扇尾莺科 Cisticolidae（Cisticolas） 3 属 12 种

〔792〕**棕扇尾莺** *Cisticola juncidis* zōng shànwěiyīng
英文名：Zitting Cisticola
- 郑作新（1966：169；2002：256）记载棕扇尾莺 *Cisticola juncidis*，但未述及亚种分化问题。
- 郑作新（1958：299；1964：280；1976：777；1987：833；1994：148；2000：148）、郑光美（2005：290；2011：301；2017：214；2023：228）记载棕扇尾莺 *Cisticola juncidis* 一亚种：
    - ❶ 普通亚种 *tinnabulans*

〔793〕**金头扇尾莺** *Cisticola exilis* jīntóu shànwěiyīng
曾用名：黄头扇尾莺 *Cisticola exilis*
英文名：Golden-headed Cisticola
- 郑作新（1955：300；1964：280）记载黄头扇尾莺 *Cisticola exilis* 二亚种：
    - ❶ 华南亚种 *courtoisi*
    - ❷ 台湾亚种 *volitans*
- 郑作新（1966：169）记载黄头扇尾莺 *Cisticola exilis*，但未述及亚种分化问题。
- 郑作新（1976：779）记载黄头扇尾莺 *Cisticola exilis* 三亚种：
    - ❶ 华南亚种 *courtoisi*
    - ❷ 台湾亚种 *volitans*
    - ❸ 滇西亚种 *tytleri*
- 郑作新（1987：833-834；1994：148；2000：148；2002：256）、郑光美（2005：291；2011：302；2017：214；2023：228-229）记载金头扇尾莺 *Cisticola exilis* 三亚种：
    - ❶ 华南亚种 *courtoisi*[①]
    - ❷ 滇西亚种 *tytleri*
    - ❸ 台湾亚种 *volitans*

[①] 编者注：郑光美（2005）记载该亚种为 *curtoisi*。

〔794〕**喜山山鹪莺** *Prinia crinigera*　　　　　　　　　　　　　　　　　xǐshān shānjiāoyīng

曾用名：纹背山鹪莺 *Prinia criniger*、山鹪莺 *Prinia criniger*、山鹪莺 *Prinia crinigera*

英文名：Himalayan Prinia

说　明：因分类修订，原山鹪莺 *Prinia crinigera* 的中文名修改为喜山山鹪莺。

◆郑作新（1958：304-305）记载以下两种：

　（1）纹背山鹪莺 *Prinia criniger*

　　❶ 西南亚种 *catharia*

　　❷ 华南亚种 *parumstriata*

　　❸ 滇东亚种 *parvirostris*

　　❹ 台湾亚种 *striata*

　（2）褐山鹪莺 *Prinia polychroa*

　　❶ 滇东亚种 *bangsi*

◆郑作新（1964：281）记载以下两种：

　（1）纹背山鹪莺 *Prinia criniger*

　　❶ 西南亚种 *catharia*

　　❷ 云南亚种 *yunnanensis*

　　❸ 华南亚种 *parumstriata*

　　❹ 滇东亚种 *parvirostris*

　　❺ 台湾亚种 *striata*[①]

　　① 编者注：郑作新（1964：162）没有记载该亚种。

　（2）褐山鹪莺 *Prinia polychroa*

　　❶ 滇东亚种 *bangsi*

◆郑作新（1966：169）记载褐山鹪莺 *Prinia polychroa* 三亚种：

　　❶ 西南亚种 *catharia*

　　❷ 华南亚种 *parumstriata*

　　❸ 云南亚种 *yunnanensis*

◆郑作新（1976：783-785；1987：839-841）记载褐山鹪莺 *Prinia polychroa* 五亚种：

　　❶ 西南亚种 *catharia*[②]

　　❷ 云南亚种 *yunnanensis*

　　❸ 华南亚种 *parumstriata*

　　❹ 滇东亚种 *bangsi*

　　❺ 台湾亚种 *striata*

　　② 编者注：郑作新（1976）记载该亚种中文名为华中亚种。

◆郑作新（1994：149；2000：149；2002：257）记载以下两种：

　（1）山鹪莺 *Prinia criniger*

　　❶ 西南亚种 *catharia*

　　❷ 滇东亚种 *parvirostris*

　　❸ 华南亚种 *parumstriata*

❹ 台湾亚种 *striata*

（2）褐山鹪莺 *Prinia polychroa*③

❶ 滇东亚种 *bangsi*

③ 编者注：郑作新（2002）未述及亚种分化问题。

◆ 郑光美（2005：291-292；2011：303；2017：215）记载以下两种：

（1）山鹪莺 *Prinia crinigera*

❶ 西南亚种 *catharia*

❷ 指名亚种 *crinigera*

❸ 华南亚种 *parumstriata*

❹ 滇东亚种 *parvirostris*

❺ 台湾亚种 *striata*

（2）褐山鹪莺 *Prinia polychroa*

❶ 滇东亚种 *bangsi*

◆ 郑光美（2023：229-230）记载以下两种：

（1）喜山山鹪莺 *Prinia crinigera*④

❶ 指名亚种 *crinigera*

❷ 云南亚种 *yunnanensis*

❸ 滇东亚种 *bangsi*

④ 中文名修改为喜山山鹪莺。

（2）山鹪莺 *Prinia striata*⑤

❶ 西南亚种 *catharia*

❷ 华南亚种 *parumstriata*

❸ 滇东亚种 *parvirostris*

❹ 指名亚种 *striata*

⑤ 由 *Prinia crinigera* 的亚种提升为种（Alström et al., 2020）。

〔795〕**山鹪莺** *Prinia striata* shānjiāoyīng

英文名：Striated Prinia

由 *Prinia crinigera* 的亚种提升为种，中文名沿用山鹪莺。请参考〔794〕喜山山鹪莺 *Prinia crinigera*。

〔796〕**黑喉山鹪莺** *Prinia atrogularis* hēihóu shānjiāoyīng

曾用名：黑胸山鹪莺 *Prinia atrogularis*（刘阳等，2021：418；约翰·马敬能，2022b：285）

英文名：Black-throated Prinia

◆ 郑作新（1955：305-306；1964：281；1976：785）记载黑喉山鹪莺 *Prinia atrogularis* 一亚种：

❶ 华南亚种 *superciliaris*

◆ 郑作新（1966：169）记载黑喉山鹪莺 *Prinia atrogularis*，但未述及亚种分化问题。

◆ 郑作新（1987：841-842；1994：149；2000：149；2002：257）、郑光美（2005：292；2011：304；2017：215-216）记载黑喉山鹪莺 *Prinia atrogularis* 二亚种：

XXVI. 雀形目
PASSERIFORMES

❶ 指名亚种 *atrogularis*

❷ 华南亚种 *superciliaris*

◆郑光美（2023：230）记载以下两种：

（1）黑喉山鹪莺 *Prinia atrogularis*

❶ 指名亚种 *atrogularis*

（2）白喉山鹪莺 *Prinia superciliaris*

❶ 指名亚种 *superciliaris*

〔797〕**白喉山鹪莺** *Prinia superciliaris*　　　　　　　　　　　　　　　báihóu shānjiāoyīng

曾用名：黑喉山鹪莺 *Prinia superciliaris*（刘阳等，2021：418；约翰·马敬能，2022b：285）

英文名：Hill Prinia

　　曾被视为黑喉山鹪莺 *Prinia atrogularis* 的一个亚种，现列为独立种。请参考〔796〕黑喉山鹪莺 *Prinia atrogularis*。

〔798〕**暗冕山鹪莺** *Prinia rufescens*　　　　　　　　　　　　　　　　ànmiǎn shānjiāoyīng

曾用名：暗冕鹪莺 *Prinia rufescens*

英文名：Rufescent Prinia

◆郑作新（1958：302；1964：280；1976：781；1987：837；1994：149；2000：148-149）记载暗冕鹪莺 *Prinia rufescens* 一亚种：

❶ 指名亚种 *rufescens*

◆郑作新（1966：169；2002：256）记载暗冕鹪莺 *Prinia rufescens*①，但未述及亚种分化问题。

　　① 郑作新（1966，2002）：*Prinia hodgsonii* 的尾羽下面呈灰褐色，并具黑色次端斑和灰白色端斑。*Prinia rufescens* 的尾羽下面呈灰褐色，并具黑色次端斑和棕灰色端斑。

◆郑光美（2005：293；2011：304；2017：216；2023：230）记载暗冕山鹪莺 *Prinia rufescens* 一亚种：

❶ 指名亚种 *rufescens*

〔799〕**灰胸山鹪莺** *Prinia hodgsonii*　　　　　　　　　　　　　　　　huīxiōng shānjiāoyīng

曾用名：灰胸鹪莺 *Prinia hodgsonii*

英文名：Grey-breasted Prinia

◆郑作新（1958：301-302；1964：162，280）记载灰胸鹪莺 *Prinia hodgsonii*①二亚种：

❶ 指名亚种 *hodgsonii*

❷ 西南亚种 *confusa*

　　① 郑作新（1964：162）：*Prinia hodgsonii* 的尾羽下面呈褐灰色，并具黑色次端斑和灰白色端斑。*Prinia rufescens* 的尾羽下面呈灰褐色，并具黑色次端斑和棕灰色端斑。

◆郑作新（1966：169）记载灰胸鹪莺 *Prinia hodgsonii*②，但未述及亚种分化问题。

　　② *Prinia hodgsonii* 的尾羽下面呈褐灰色，并具黑色次端斑和灰白色端斑。*Prinia rufescens* 的尾羽下面灰褐色，并具黑色次端斑和棕灰色端斑。

◆郑作新（1976：781；1987：836）记载灰胸鹪莺 *Prinia hodgsonii* 一亚种：

❶ 西南亚种 confusa

◆ 郑作新（1994：148；2000：148）记载灰胸鹪莺 Prinia hodgsonii 二亚种：

❶ 西南亚种 confusa

❷ 滇西亚种 rufula

◆ 郑作新（2002：257）记载灰胸鹪莺 Prinia hodgsonii③，亦未述及亚种分化问题。

③ Prinia hodgsonii 的尾羽下面呈灰褐色，并具黑色次端斑和灰白色端斑。Prinia rufescens 的尾羽下面呈灰褐色，并具黑色次端斑和棕灰色端斑。

◆ 郑光美（2005：293；2011：304；2017：216；2023：230-231）记载灰胸山鹪莺 Prinia hodgsonii 二亚种：

❶ 西南亚种 confusa

❷ 滇西亚种 rufula

〔800〕**黄腹山鹪莺** *Prinia flaviventris*   huángfù shānjiāoyīng

曾用名： 灰头鹪莺 *Prinia flaviventris*、黄腹鹪莺 *Prinia flaviventris*

英文名： Yellow-bellied Prinia

◆ 郑作新（1958：303）记载灰头鹪莺 Prinia flaviventris 一亚种：

❶ 华南亚种 sonitans

◆ 郑作新（1964：281；1976：783）记载灰头鹪莺 Prinia flaviventris 二亚种：

❶ 云南亚种 delacouri①

❷ 华南亚种 sonitans

① 编者注：中国鸟类亚种新记录（А.И.伊万诺夫，1961）。

◆ 郑作新（1966：169）记载灰头鹪莺 Prinia flaviventris，但未述及亚种分化问题。

◆ 郑作新（1987：838-839；1994：149；2000：149）记载黄腹鹪莺 Prinia flaviventris 二亚种：

❶ 云南亚种 delacouri

❷ 华南亚种 sonitans

◆ 郑作新（2002：257）记载黄腹鹪莺 Prinia flaviventris，亦未述及亚种分化问题。

◆ 郑光美（2005：293；2011：304；2017：216；2023：231）记载黄腹山鹪莺 Prinia flaviventris 二亚种：

❶ 云南亚种 delacouri

❷ 华南亚种 sonitans

〔801〕**纯色山鹪莺** *Prinia inornata*   chúnsè shānjiāoyīng

曾用名： 褐头鹪莺 *Prinia inornata*、褐头鹪莺 *Prinia subflava*

英文名： Plain Prinia

◆ 郑作新（1958：302-303；1964：280-281）记载褐头鹪莺 Prinia inornata 二亚种：

❶ 华南亚种 extensicauda

❷ 台湾亚种 formosa

◆ 郑作新（1966：169）记载褐头鹪莺 Prinia subflava，但未述及亚种分化问题。

- 郑作新（1976：782；1987：837-838）记载褐头鹪莺 *Prinia subflava* 二亚种：
  - ❶ 华南亚种 *extensicauda*
  - ❷ 台湾亚种 *formosa*
- 郑作新（1994：149；2000：149）记载褐头鹪莺 *Prinia subflava* 二亚种：
  - ❶ 华南亚种 *extensicauda*
  - ❷ 台湾亚种 *flavirostris*
- 郑作新（2002：257）记载褐头鹪莺 *Prinia subflava*，亦未述及亚种分化问题。
- 郑光美（2005：293；2011：305；2017：216-217；2023：231）记载纯色山鹪莺 *Prinia inornata*[①] 二亚种：
  - ❶ 华南亚种 *extensicauda*
  - ❷ 台湾亚种 *flavirostris*

[①] 编者注：据郑光美（2002：157；2021：182），*Prinia subflava* 被命名为褐胁鹪莺，中国无分布。

[802] **长尾缝叶莺** *Orthotomus sutorius*　　　　　　　　　　　　　　　　　chángwěi féngyèyīng

曾用名：[长尾]缝叶莺 *Orthotomus sutorius*、火尾缝叶莺 *Orthotomus sutorius*

英文名：Common Tailorbird

- 郑作新（1958：298-299；1964：280）记载[长尾]缝叶莺 *Orthotomus sutorius* 二亚种：
  - ❶ 云南亚种 *inexpectatus*
  - ❷ 华南亚种 *longicaudus*
- 郑作新（1966：168）记载长尾缝叶莺 *Orthotomus sutorius*，但未述及亚种分化问题。
- 郑作新（1976：775-777）记载火尾缝叶莺 *Orthotomus sutorius* 二亚种：
  - ❶ 云南亚种 *inexpectatus*
  - ❷ 华南亚种 *longicaudus*
- 郑作新（1987：831-832；1994：148；2000：148；2002：255）记载长尾缝叶莺 *Orthotomus sutorius* 二亚种：
  - ❶ 云南亚种 *inexpectatus*
  - ❷ 华南亚种 *longicaudus*
- 郑光美（2005：304；2011：315-316；2017：217；2023：231-232）记载长尾缝叶莺 *Orthotomus sutorius* 二亚种：
  - ❶ 云南亚种 *inexpectatus*
  - ❷ 华南亚种 *longicauda*

[803] **黑喉缝叶莺** *Orthotomus atrogularis*　　　　　　　　　　　　　　　　hēihóu féngyèyīng

英文名：Dark-necked Tailorbird

- 郑作新（1966：168；2002：255）记载黑喉缝叶莺 *Orthotomus atrogularis*，但未述及亚种分化问题。
- 郑作新（1958：299；1964：280；1976：777；1987：832；1994：148；2000：148）、郑光美（2005：304；2011：316；2017：217；2023：232）记载黑喉缝叶莺 *Orthotomus atrogularis* 一亚种：
  - ❶ 云南亚种 *nitidus*

77. 苇莺科 Acrocephalidae（Reed Warblers） 3 属 16 种

〔804〕**大苇莺** *Acrocephalus arundinaceus* dàwěiyīng
英文名：Great Reed Warbler

◆郑作新（1958：266-267；1964：154，276；1966：161；1976：732；1987：785-786）记载大苇莺 *Acrocephalus arundinaceus* 二亚种：
  ❶ 新疆亚种 *zarudnyi*
  ❷ 普通亚种 *orientalis*

◆郑作新（1994：141；2000：140-141；2002：243）、郑光美（2005：302；2011：314；2017：217-218；2023：232）记载以下两种：
  （1）大苇莺 *Acrocephalus arundinaceus*[①]
    ❶ 新疆亚种 *zarudnyi*
  （2）东方大苇莺 *Acrocephalus orientalis*[②]
  [①][②] 编者注：郑作新（2002）未述及亚种分化问题。

〔805〕**东方大苇莺** *Acrocephalus orientalis* dōngfāng dàwěiyīng
英文名：Oriental Reed Warbler

　　曾被视为大苇莺 *Acrocephalus arundinaceus* 的一个亚种，现列为独立种。请参考〔804〕大苇莺 *Acrocephalus arundinaceus*。

〔806〕**噪苇莺** *Acrocephalus stentoreus* zàowěiyīng
曾用名：南大苇莺 *Acrocephalus stentoreus*、噪大苇莺 *Acrocephalus stentoreus*
英文名：Clamorous Reed Warbler

◆郑作新（1958：267）记载南大苇莺 *Acrocephalus stentoreus* 一亚种：
  ❶ ? 西南亚种 *brunnescens*

◆郑作新（1964：276；1976：734；1987：786-787）记载南大苇莺 *Acrocephalus stentoreus* 一亚种：
  ❶ 西南亚种 *brunnescens*[①]
  [①] 郑作新（1976）：或为 *Acrocephalus stentoreus amyae*。

◆郑作新（1966：161）记载南大苇莺 *Acrocephalus stentoreus*，但未述及亚种分化问题。

◆郑作新（1994：141；2000：141）记载噪大苇莺 *Acrocephalus stentoreus* 一亚种：
  ❶ 西南亚种 *amyae*

◆郑作新（2002：243）记载噪大苇莺 *Acrocephalus stentoreus*，亦未述及亚种分化问题。

◆郑光美（2005：302；2011：314；2017：218；2023：232）记载噪苇莺 *Acrocephalus stentoreus* 一亚种：
  ❶ 西南亚种 *amyae*

〔807〕**黑眉苇莺** *Acrocephalus bistrigiceps* hēiméi wěiyīng
英文名：Black-browed Reed Warbler

◆郑作新（1966：161；2002：244）记载黑眉苇莺 *Acrocephalus bistrigiceps*[①]，但未述及亚种分化问题。

① 郑作新（1966，2002）：黑眉苇莺的一般飞羽式为 2=8，第 1 枚飞羽长达 29~30mm，尾羽较宽阔，均与 *Acrocephalus agricola tangorum* 有别。

◆郑作新（1958：268；1964：276；1976：734；1987：787-788；1994：141；2000：141）、郑光美（2005：301；2011：313；2017：218；2023：232）记载黑眉苇莺 *Acrocephalus bistrigiceps* 为单型种。

〔808〕**须苇莺** *Acrocephalus melanopogon*   xūwěiyīng

英文名：Moustached Warbler

◆郑光美（2017：218；2023：233）记载须苇莺 *Acrocephalus melanopogon*① 一亚种：

❶ *mimicus* 亚种

① 郑光美（2017）：中国鸟类新记录（Xu et al., 2017）。

〔809〕**蒲苇莺** *Acrocephalus schoenobaenus*   púwěiyīng

曾用名：水蒲苇莺 *Acrocephalus schoenobaenus*

英文名：Sedge Warbler

◆郑作新（1958：269；1964：276；1976：736；1987：789；1994：141；2000：141）记载水蒲苇莺 *Acrocephalus schoenobaenus* 为单型种。

◆郑作新（1966：161；2002：243）记载水蒲苇莺 *Acrocephalus schoenobaenus*，但未述及亚种分化问题。

◆郑光美（2005：300；2011：312；2017：219；2023：233）记载蒲苇莺 *Acrocephalus schoenobaenus* 为单型种。

〔810〕**细纹苇莺** *Acrocephalus sorghophilus*   xìwén wěiyīng

曾用名：点斑苇莺 *Acrocephalus sorghophilus*（杭馥兰等，1997：263）、
        斑点苇莺 *Acrocephalus sorghophilus*（赵正阶，2001b：556）

英文名：Speckled Reed Warbler

◆郑作新（1966：161；2002：244）记载细纹苇莺 *Acrocephalus sorghophilus*，但未述及亚种分化问题。

◆郑作新（1958：269；1964：276；1976：736；1987：789；1994：142；2000：141）、郑光美（2005：301；2011：312；2017：219；2023：233）记载细纹苇莺 *Acrocephalus sorghophilus* 为单型种。

〔811〕**钝翅苇莺** *Acrocephalus concinens*   dùnchì wěiyīng

曾用名：钝翅［稻田］苇莺 *Acrocephalus concinens*；钝翅稻田苇莺 *Acrocephalus concinens*（赵正阶，2001b：552）

英文名：Blunt-winged Warbler

曾被视为稻田苇莺 *Acrocephalus agricola* 的一个亚种，现列为独立种。请参考〔813〕稻田苇莺 *Acrocephalus agricola*。

〔812〕**远东苇莺** *Acrocephalus tangorum*   yuǎndōng wěiyīng

英文名：Manchurian Reed Warbler

曾被视为稻田苇莺 *Acrocephalus agricola* 的一个亚种，现列为独立种。请参考〔813〕稻田苇莺

Acrocephalus agricola。

[813] **稻田苇莺** *Acrocephalus agricola*   dàotián wěiyīng

英文名：Paddyfield Warbler

◆郑作新（1958：268-269）记载稻田苇莺 *Acrocephalus agricola* 三亚种：
 ❶ 指名亚种 *agricola*
 ❷ 普通亚种 *concinens*
 ❸ 东北亚种 *tangorum*

◆郑作新（1964：154，276）记载稻田苇莺 *Acrocephalus agricola* 四亚种：
 ❶ 指名亚种 *agricola*
 ❷ 新疆亚种 *brevipennis*
 ❸ 普通亚种 *concinens*
 ❹ 东北亚种 *tangorum*[①]

① 本亚种具有双眉，与黑眉苇莺相似，但它的飞羽式常为 2=6 或 7，第一枚飞羽长度仅为 25~26mm，中央尾羽较狭而尖，均与黑眉苇莺有别。

◆郑作新（1966：161-162；1976：735-736；1987：788-789）记载稻田苇莺 *Acrocephalus agricola* 三亚种：
 ❶ 新疆亚种 *brevipennis*
 ❷ 普通亚种 *concinens*
 ❸ 东北亚种 *tangorum*[②]

② 郑作新（1966）：本亚种具有双眉，与黑眉苇莺相似，但它的飞羽式常为 2=6 或 7，第一枚飞羽长度仅为 25~26mm，尾羽较狭而尖，均与黑眉苇莺有别。

◆郑作新（1994：141；2000：141）记载以下两种：
 （1）稻田苇莺 *Acrocephalus agricola*
  ❶ 新疆亚种 *brevipennis*
  ❷ 东北亚种 *tangorum*
 （2）钝翅[稻田]苇莺 *Acrocephalus concinens*

◆郑作新（2002：244）记载以下两种：
 （1）稻田苇莺 *Acrocephalus agricola*
  ❶ 指名亚种 *agricola*
  ❷ 新疆亚种 *brevipennis*
  ❸ 东北亚种 *tangorum*
 （2）钝翅[稻田]苇莺 *Acrocephalus concinens*[③]

③ 编者注：未述及亚种分化问题。

◆郑光美（2005：301；2011：313；2017：219；2023：233-234）记载以下三种：
 （1）钝翅苇莺 *Acrocephalus concinens*
  ❶ 指名亚种 *concinens*
 （2）远东苇莺 *Acrocephalus tangorum*
 （3）稻田苇莺 *Acrocephalus agricola*

XXVI. 雀形目 PASSERIFORMES

❶ 指名亚种 agricola

[814] **布氏苇莺** Acrocephalus dumetorum　　　　　　　　　　　　　　bùshì wěiyīng

英文名：Blyth's Reed Warbler

◆郑作新（2002：244）记载布氏苇莺 Acrocephalus dumetorum，但未述及亚种分化问题。

◆郑作新（1994：142；2000：141）、郑光美（2005：302；2011：314；2017：220；2023：234）记载布氏苇莺 Acrocephalus dumetorum[①]为单型种。

　　① 郑作新（1994，2000）：参见 Melville（1986）。

[815] **芦莺** Acrocephalus scirpaceus　　　　　　　　　　　　　　　　　　　　lúyīng

曾用名：芦苇莺 Acrocephalus scirpaceus

英文名：Eurasian Reed Warbler

◆郑作新（1958：267；1964：276；1976：734；1987：787；1994：141；2000：141）记载芦苇莺 Acrocephalus scirpaceus 一亚种：

　　❶ 西方亚种 fuscus

◆郑作新（1966：161；2002：244）记载芦苇莺 Acrocephalus scirpaceus，但未述及亚种分化问题。

◆郑光美（2005：302；2011：314；2017：220；2023：234）记载芦莺 Acrocephalus scirpaceus 一亚种：

　　❶ 西方亚种 fuscus

[816] **厚嘴苇莺** Arundinax aedon　　　　　　　　　　　　　　　　　hòuzuǐ wěiyīng

曾用名：芦莺 Phragamalicola aëdon、芦莺 Phragamalicola aedon、

　　　　　厚嘴苇莺 Acrocephalus aedon、芦莺 Acrocephalus aedon

英文名：Thick-billed Warbler

◆郑作新（1958：270；1964：155，276；1966：162；1976：737-738；1987：790-791）记载芦莺 Phragamalicola aedon[①]二亚种：

　　❶ 指名亚种 aedon

　　❷ 东北亚种 rufescens

　　① 编者注：郑作新（1958，1964，1966）记载其种本名为 aëdon。

◆郑作新（1994：142；2000：142；2002：244）、郑光美（2005：302-303；2011：314-315）记载厚嘴苇莺 Acrocephalus aedon 二亚种：

　　❶ 指名亚种 aedon

　　❷ 东北亚种 rufescens[②]

　　② 编者注：郑作新（1994，2000，2002）记载该亚种为 stegmanni。

◆赵正阶（2001b：557）记载厚嘴苇莺、芦莺 Acrocephalus aedon 二亚种：

　　❶ 指名亚种 aedon

　　❷ 东北亚种 rufescens[③]

　　③ 编者注：据赵正阶（2001b），近来也有使用 Acrocephalus aedon stegmanni 亚种名的（Howard et al.，1991；郑作新，1994）。

◆郑光美（2017：220；2023：234-235）记载厚嘴苇莺 *Arundinax aedon* 二亚种：
1. 指名亚种 *aedon*
2. 东北亚种 *rufescens*

〔817〕**靴篱莺** *Iduna caligata*　　　　　　　　　　　　　　　　　　　　　　　　xuēlíyīng

曾用名： 靴篱莺 *Hippolais caligata*

英文名： Booted Warbler

◆郑作新（1958：271）记载靴篱莺 *Hippolais caligata* 二亚种：
1. 新疆亚种 *rama*
2. 蒙古亚种 *annectens*①

① 编者注：亚种中文名引自郑作新等（2010：111）。

◆郑作新（1964：155，276；1966：162；1976：739；1987：791-792；1994：142；2000：142；2002：245）记载靴篱莺 *Hippolais caligata* 二亚种：
1. 指名亚种 *caligata*②③
2. 新疆亚种 *rama*

② 郑作新（1964）：*Hippolais caligata annectens* 被认为是 *Hippolais caligata caligata* 与 *Hippolais caligata rama* 的混交类型（Vaurie，1950）。

③ 郑作新（1976）：有人认为 *Hippolais caligata annectens* 是 *Hippolais caligata caligata* 与 *Hippolais caligata rama* 的混交类型（Vaurie，1950）。

◆郑光美（2005：303）记载以下两种：

（1）靴篱莺 *Hippolais caligata*

（2）赛氏篱莺 *Hippolais rama*
1. 指名亚种 *rama*
2. 蒙古亚种 *annectens*

◆郑光美（2011：315）记载以下两种：

（1）靴篱莺 *Hippolais caligata*

（2）赛氏篱莺 *Hippolais rama*

◆郑光美（2017：220-221；2023：235）记载以下两种：

（1）靴篱莺 *Iduna caligata*

（2）赛氏篱莺 *Iduna rama*

〔818〕**赛氏篱莺** *Iduna rama*　　　　　　　　　　　　　　　　　　　　　　　　sàishì líyīng

曾用名： 赛氏篱莺 *Hippolais rama*

英文名： Sykes's Warbler

曾被视为 *Hippolais caligata* 的亚种，现列为独立种。请参考〔817〕靴篱莺 *Iduna caligata*。

〔819〕**草绿篱莺** *Iduna pallida*　　　　　　　　　　　　　　　　　　　　　　　　cǎolǜ líyīng

曾用名： 草绿篱莺 *Hippolais pallida*

英文名: Eastern Olivaceous Warbler

◆ 郑作新（1994：142；2000：142）记载草绿篱莺 *Hippolais pallida*①一亚种：

❶ *Hippolais pallida* ssp.

① 郑作新（1994，2000）：参见 Harvey（1986）。

◆ 郑光美（2005：303；2011：315）记载草绿篱莺 *Hippolais pallida* 一亚种：

❶ 普通亚种 *elaeica*②

② 编者注：亚种中文名引自郑作新等（2010：114）。

◆ 郑光美（2017：221；2023：235）记载草绿篱莺 *Iduna pallida* 一亚种：

❶ 普通亚种 *elaeica*

78. 鳞胸鹪鹛科 Pnoepygidae（Wren Babblers） 1 属 4 种

[820] **鳞胸鹪鹛** *Pnoepyga albiventer*　　　　　　　　　　　　　　　　　　　　　　línxiōng jiāoméi

曾用名：白腹鹪鹛 *Pnoëpyga albiventer*、白腹鹪鹛 *Pnoepyga albiventer*、
大鳞鹪鹛 *Pnoepyga albiventer*、白鳞鹪鹛 *Pnoepyga albiventer*；
大鳞胸鹪鹛 *Pnoepyga albiventer*（赵正阶，2001b：370）

英文名：Scaly-breasted Cupwing

◆ 郑作新（1958：178-179）记载白腹鹪鹛 *Pnoëpyga albiventer* 二亚种：

❶ 指名亚种 *albiventer*

❷ 台湾亚种 *formosana*

◆ 郑作新（1964：263）记载白腹鹪鹛 *Pnoëpyga albiventer* 一亚种：

❶ 指名亚种 *albiventer*

◆ 郑作新（1966：139）记载白腹鹪鹛 *Pnoëpyga albiventer*，但未述及亚种分化问题。

◆ 郑作新（1976：610-611）记载白腹鹪鹛 *Pnoëpyga albiventer* 一亚种：

❶ 指名亚种 *albiventer*

◆ 郑作新（1987：654-655）记载大鳞鹪鹛、白鳞鹪鹛 *Pnoepyga albiventer* 一亚种：

❶ 指名亚种 *albiventer*

◆ 郑作新（1994：119；2000：119）记载鳞胸鹪鹛 *Pnoepyga albiventer* 一亚种：

❶ 指名亚种 *albiventer*

◆ 郑作新（2002：206）记载鳞胸鹪鹛 *Pnoepyga albiventer*，亦未述及亚种分化问题。

◆ 郑光美（2005：264；2011：275）记载鳞胸鹪鹛 *Pnoepyga albiventer* 二亚种：

❶ 指名亚种 *albiventer*

❷ 台湾亚种 *formosana*

◆ 郑光美（2017：221；2023：235-236）记载以下两种：

（1）鳞胸鹪鹛 *Pnoepyga albiventer*

❶ 指名亚种 *albiventer*

❷ *mutica* 亚种

（2）台湾鹪鹛 *Pnoepyga formosana*①

① 郑光美（2017）：由 *Pnoepyga albiventer* 的亚种提升为种（Collar，2006）。

[821] **台湾鹪鹛** *Pnoepyga formosana*　　　　　　　　　　　　　　　　　　táiwān jiāoméi
英文名：Taiwan Cupwing

从 *Pnoepyga albiventer* 的亚种提升为种。请参考〔820〕鳞胸鹪鹛 *Pnoepyga albiventer*。

[822] **尼泊尔鹪鹛** *Pnoepyga immaculata*　　　　　　　　　　　　　　　　níbó'ěr jiāoméi
英文名：Nepal Cupwing

◆郑光美（2011：275；2017：221；2023：236）记载尼泊尔鹪鹛 *Pnoepyga immaculata*[①]为单型种。
　①郑光美（2011）：中国鸟类新记录，见 Chang 等（2010）。

[823] **小鳞胸鹪鹛** *Pnoepyga pusilla*　　　　　　　　　　　　　　　　　xiǎo línxiōng jiāoméi
曾用名：小鹪鹛 *Pnoëpyga pusilla*、小鹪鹛 *Pnoepyga pusilla*、
　　　　小鳞鹪鹛 *Pnoepyga pusilla*、小鳞［胸］鹪鹛 *Pnoepyga pusilla*
英文名：Pygmy Cupwing

◆郑作新（1958：179）记载小鹪鹛 *Pnoëpyga pusilla* 一亚种：
　❶ 指名亚种 *pusilla*
◆郑作新（1964：263-264）记载小鹪鹛 *Pnoëpyga pusilla* 二亚种：
　❶ 指名亚种 *pusilla*
　❷ 台湾亚种 *formosana*
◆郑作新（1966：140）记载小鹪鹛 *Pnoëpyga pusilla*，但未述及亚种分化问题。
◆郑作新（1976：611-612）记载小鹪鹛 *Pnoepyga pusilla* 二亚种：
　❶ 指名亚种 *pusilla*
　❷ 台湾亚种 *formosana*
◆郑作新（1987：655-656）记载小鳞鹪鹛 *Pnoepyga pusilla* 二亚种：
　❶ 指名亚种 *pusilla*
　❷ 台湾亚种 *formosana*
◆郑作新（1994：119；2000：119；2002：206）记载小鳞［胸］鹪鹛 *Pnoepyga pusilla* 二亚种：
　❶ 指名亚种 *pusilla*
　❷ 台湾亚种 *formosana*
◆郑光美（2005：265；2011：275；2017：222；2023：236）记载小鳞胸鹪鹛 *Pnoepyga pusilla* 一亚种：
　❶ 指名亚种 *pusilla*

79. 蝗莺科 Locustellidae（Bush Warblers and Grasshopper Warblers） 3 属 18 种

[824] **库页岛蝗莺** *Helopsaltes amnicola*　　　　　　　　　　　　　　　　kùyèdǎo huángyīng
曾用名：库页岛蝗莺 *Locustella amnicola*
英文名：Sakhalin Grasshopper Warbler

由 *Locustella fasciolata* 的亚种提升为种。请参考〔825〕苍眉蝗莺 *Helopsaltes fasciolatus*。

〔825〕**苍眉蝗莺** *Helopsaltes fasciolatus*   cāngméi huángyīng

曾用名：苍眉蝗莺 *Locustella fasciolata*

英文名：Gray's Grasshopper Warbler

◆ 郑作新（1958：266；1964：276；1976：731；1987：784；1994：140；2000：140）记载苍眉蝗莺 *Locustella fasciolata* 为单型种。

◆ 郑作新（1966：160；2002：242）记载苍眉蝗莺 *Locustella fasciolata*，但未述及亚种分化问题。

◆ 郑光美（2005：300；2011：312）记载苍眉蝗莺 *Locustella fasciolata* 一亚种：

❶ 指名亚种 *fasciolata*

◆ 郑光美（2017：226）记载以下两种：

（1）苍眉蝗莺 *Locustella fasciolata*

（2）库页岛蝗莺 *Locustella amnicola*[①]

[①] 由 *Locustella fasciolata* 的亚种提升为种（Drovetski et al., 2004; Alström et al., 2011a），中国鸟类新记录（刘小如等，2012c）。

◆ 郑光美（2023：236）记载以下两种：

（1）库页岛蝗莺 *Helopsaltes amnicola*

（2）苍眉蝗莺 *Helopsaltes fasciolatus*

〔826〕**斑背大尾莺** *Helopsaltes pryeri*   bānbèi dàwěiyīng

曾用名：斑背大尾莺 *Megalurus pryeri*、斑背大尾莺 *Locustella pryeri*

英文名：Marsh Grassbird

◆ 郑作新（1966：160；2002：242）记载斑背大尾莺 *Megalurus pryeri*，但未述及亚种分化问题。

◆ 郑作新（1958：263；1964：275；1976：727；1987：779；1994：140；2000：140）、郑光美（2005：316；2011：329）记载斑背大尾莺 *Megalurus pryeri* 一亚种：

❶ 汉口亚种 *sinensis*

◆ 郑光美（2017：226）记载斑背大尾莺 *Locustella pryeri*[①]一亚种：

❶ 汉口亚种 *sinensis*

[①] 由 *Megalurus* 属归入 *Locustella* 属（Alström et al., 2011a）。

◆ 郑光美（2023：237）记载斑背大尾莺 *Helopsaltes pryeri* 一亚种：

❶ 汉口亚种 *sinensis*

〔827〕**小蝗莺** *Helopsaltes certhiola*   xiǎohuángyīng

曾用名：小蝗莺 *Locustella certhiola*

英文名：Pallas's Grasshopper Warbler

◆ 郑作新（1958：263-264；1964：153，275；1966：160-161；1976：728-729；1987：780-781；1994：140；2000：140；2002：243）记载小蝗莺 *Locustella certhiola*[①]四亚种：

❶ 指名亚种 *certhiola*

❷ 西北亚种 centralasiae

❸ 东北亚种 minor

❹ 北方亚种 rubescens

① 郑作新（1976）：Locustella certhiola 与 Locustella ochotensis 或认为应并为一种。

◆郑光美（2005：299；2011：311；2017：225-226）记载小蝗莺 Locustella certhiola 三亚种：

❶ 西北亚种 centralasiae

❷ 指名亚种 certhiola

❸ 北方亚种 rubescens

◆郑光美（2023：237）记载小蝗莺 Helopsaltes certhiola 三亚种：

❶ 西北亚种 centralasiae

❷ 指名亚种 certhiola

❸ 北方亚种 rubescens

〔828〕**东亚蝗莺** Helopsaltes pleskei　　　　　　　　　　　　　　　　　　　　　dōngyà huángyīng

曾用名：史氏蝗莺 Locustella pleskei、东亚蝗莺 Locustella pleskei

英文名：Styan's Grasshopper Warbler

曾被视为 Locustella ochotensis 的一个亚种，现列为独立种。请参考〔829〕北蝗莺 Helopsaltes ochotensis。

〔829〕**北蝗莺** Helopsaltes ochotensis　　　　　　　　　　　　　　　　　　　　　　　běihuángyīng

曾用名：北蝗莺 Locustella ochotensis

英文名：Middendorff's Grasshopper Warbler

◆郑作新（1958：264-265；1964：153-154，275-276；1966：161；1976：729-730；1987：782）记载北蝗莺 Locustella ochotensis①二亚种：

❶ 指名亚种 ochotensis

❷ 东南亚种 pleskei

① 郑作新（1958）：ochotensis 与 certhiola 或隶属于同一种。

◆郑作新（1994：140；2000：140；2002：242）记载以下两种：

（1）北蝗莺 Locustella ochotensis②

❶ 指名亚种 ochotensis

（2）史氏蝗莺 Locustella pleskei③

②③ 编者注：郑作新（2002）未述及亚种分化问题。

◆郑光美（2005：300）记载以下两种：

（1）北蝗莺 Locustella ochotensis

（2）史氏蝗莺 Locustella pleskei

◆郑光美（2011：312；2017：225）记载以下两种：

（1）北蝗莺 Locustella ochotensis

（2）东亚蝗莺 Locustella pleskei

◆郑光美（2023：237-238）记载以下两种：

（1）东亚蝗莺 *Helopsaltes pleskei*

（2）北蝗莺 *Helopsaltes ochotensis*

〔830〕**矛斑蝗莺** *Locustella lanceolata* máobān huángyīng

英文名： Lanceolated Warbler

◆郑作新（1958：265；1964：276；1976：730；1987：783；1994：140；2000：140）记载矛斑蝗莺 *Locustella lanceolata* 为单型种。

◆郑作新（1966：160；2002：242）记载矛斑蝗莺 *Locustella lanceolata*，但未述及亚种分化问题。

◆郑光美（2005：299；2011：311；2017：224；2023：238）记载矛斑蝗莺 *Locustella lanceolata* 一亚种：

❶ 指名亚种 *lanceolata*

〔831〕**棕褐短翅蝗莺** *Locustella luteoventris* zōnghè duǎnchì huángyīng

曾用名： 棕褐短翅莺 *Bradypterus luteoventris*；

棕褐短翅莺 *Locustella luteoventris*（刘阳等，2021：410；约翰·马敬能，2022b：280）

英文名： Brown Bush Warbler

◆郑作新（1958：261；1964：275）记载棕褐短翅莺 *Bradypterus luteoventris* 一亚种：

❶ 指名亚种 *luteoventris*

◆郑作新（1966：160；1976：724；1987：776-777；1994：139；2000：139；2002：241）记载棕褐短翅莺 *Bradypterus luteoventris* 二亚种：

❶ 指名亚种 *luteoventris*

❷ 云南亚种 *ticehursti*

◆郑光美（2005：298；2011：310）记载棕褐短翅莺 *Bradypterus luteoventris* 为单型种。

◆郑光美（2017：224；2023：238）记载棕褐短翅蝗莺 *Locustella luteoventris*[1]为单型种。

① 郑光美（2017）：由 *Bradypterus* 属归入 *Locustella* 属（Alström et al.，2011a）。

〔832〕**巨嘴短翅蝗莺** *Locustella major* jùzuǐ duǎnchì huángyīng

曾用名： 巨嘴短翅莺 *Bradypterus major*；

巨嘴短翅莺 *Locustella major*（刘阳等，2021：410；约翰·马敬能，2022b：280）

英文名： Long-billed Bush Warbler

◆郑作新（1958：260）记载巨嘴短翅莺 *Bradypterus major* 二亚种：

❶ 指名亚种 *major*

❷ *netrix* 亚种

◆郑作新（1964：153，275；1966：160；1976：722-723；1987：775；1994：139；2000：139；2002：241）、郑光美（2005：298；2011：309）记载巨嘴短翅莺 *Bradypterus major* 二亚种：

❶ 新疆亚种 *innae*

❷ 指名亚种 *major*

◆郑光美（2017：223；2023：238-239）记载巨嘴短翅蝗莺 *Locustella major*[1]二亚种：

❶ 新疆亚种 *innae*

❷ 指名亚种 *major*
① 郑光美（2017）：由 *Bradypterus* 属归入 *Locustella* 属（Alström et al., 2011a）。

〔833〕**黑斑蝗莺** *Locustella naevia*   hēibān huángyīng
英文名：Common Grasshopper Warbler
◆ 郑作新（1966：160；2002：242）记载黑斑蝗莺 *Locustella naevia*，但未述及亚种分化问题。
◆ 郑作新（1958：265；1964：276；1976：730；1987：783；1994：140；2000：140）、郑光美（2005：299；2011：311；2017：224；2023：239）记载黑斑蝗莺 *Locustella naevia* 一亚种：
❶ 新疆亚种 *straminea*

〔834〕**中华短翅蝗莺** *Locustella tacsanowskia*   zhōnghuá duǎnchì huángyīng
曾用名：北短翅莺 *Bradypterus tacsanowskius*、中华短翅莺 *Bradypterus tacsanowskius*；
         中华短翅莺 *Locustella tacsanowskia*（刘阳等，2021：412；约翰·马敬能，2022b：281）
英文名：Chinese Bush Warbler
◆ 郑作新（1958：260；1964：275；1976：723）记载北短翅莺 *Bradypterus tacsanowskius* 为单型种。
◆ 郑作新（1966：159）记载北短翅莺 *Bradypterus tacsanowskius*，但未述及亚种分化问题。
◆ 郑作新（2002：241）记载中华短翅莺 *Bradypterus tacsanowskius*，亦未述及亚种分化问题。
◆ 郑作新（1987：776；1994：139；2000：139）、郑光美（2005：298；2011：310）记载中华短翅莺 *Bradypterus tacsanowskius* 为单型种。
◆ 郑光美（2017：224；2023：239）记载中华短翅蝗莺 *Locustella tacsanowskia*①为单型种。
① 郑光美（2017）：由 *Bradypterus* 属归入 *Locustella* 属（Alström et al., 2011a）。

〔835〕**鸲蝗莺** *Locustella luscinioides*   qúhuángyīng
英文名：Savi's Warbler
◆ 郑作新（2002：242）记载鸲蝗莺 *Locustella luscinioides*，但未述及亚种分化问题。
◆ 郑作新（1994：140；2000：140）、郑光美（2005：300；2011：312；2017：225；2023：239）记载鸲蝗莺 *Locustella luscinioides*①一亚种：
❶ 北方亚种 *fusca*
① 郑作新（1994，2000）：参见 Grimmett 等（1992）。

〔836〕**北短翅蝗莺** *Locustella davidi*   běi duǎnchì huángyīng
曾用名：北短翅莺 *Locustella davidi*（刘阳等，2021：412；约翰·马敬能，2022b：281）
英文名：Baikal Bush Warbler
    由 *Locustella thoracica* 的亚种提升为种。请参考〔837〕斑胸短翅蝗莺 *Locustella thoracica*。

〔837〕**斑胸短翅蝗莺** *Locustella thoracica*   bānxiōng duǎnchì huángyīng
曾用名：斑胸短翅莺 *Bradypterus thoracicus*；
         斑胸短翅莺 *Locustella thoracica*（刘阳等，2021：412；约翰·马敬能，2022b：282）

英文名：Spotted Bush Warbler

◆ 郑作新（1958：258-259；1964：153，275；1966：160；1976：721-722；1987：773-774；1994：139；2000：139；2002：241）、郑光美（2005：297；2011：309）记载斑胸短翅莺 *Bradypterus thoracicus* 三亚种：

❶ 西北亚种 *przevalskii*

❷ 东北亚种 *davidi*

❸ 指名亚种 *thoracicus*

◆ 郑光美（2017：223）记载以下两种：

（1）斑胸短翅蝗莺 *Locustella thoracica*①

❶ 西北亚种 *przevalskii*

❷ 指名亚种 *thoracica*

① 由 *Bradypterus* 属归入 *Locustella* 属（Alström et al., 2011a）。

（2）北短翅蝗莺 *Locustella davidi*②

② 由 *Locustella thoracica* 的亚种提升为种（Alström et al., 2008b）。

◆ 郑光美（2023：239-240）记载以下两种：

（1）北短翅蝗莺 *Locustella davidi*

❶ 指名亚种 *davidi*

（2）斑胸短翅蝗莺 *Locustella thoracica*

〔838〕**台湾短翅蝗莺** *Locustella alishanensis*   táiwān duǎnchì huángyīng

曾用名：台湾短翅莺 *Bradypterus alishanensis*；

台湾短翅莺 *Locustella alishanensis*（刘阳等，2021：414；约翰·马敬能，2022b：282）

英文名：Taiwan Bush Warbler

◆ 郑光美（2005：298；2011：310）记载台湾短翅莺 *Bradypterus alishanensis* 为单型种。

◆ 郑光美（2017：222；2023：240）记载台湾短翅蝗莺 *Locustella alishanensis*①为单型种。

① 郑光美（2017）：由 *Bradypterus* 属归入 *Locustella* 属（Alström et al., 2011a）。

〔839〕**高山短翅蝗莺** *Locustella mandelli*   gāoshān duǎnchì huángyīng

曾用名：高山短翅莺 *Bradypterus seebohmi*、高山短翅莺 *Bradypterus mandelli*、

黄褐短翅蝗莺 *Locustella mandelli*；

高山短翅蝗莺 *Locustella mandelli*（刘阳等，2021：414；约翰·马敬能，2022b：282）

英文名：Russet Bush Warbler

◆ 郑作新（1958：262；1964：275；1966：159；1976：726；1987：778）记载高山短翅莺 *Bradypterus seebohmi*①一亚种：

❶ 东南亚种 *melanorhyncha*

① 郑作新（1966）：指国内所得的 *Bradypterus seebohmi melanorhyncha* 亚种。

◆ 郑作新（1994：139；2000：139；2002：242）记载高山短翅莺 *Bradypterus seebohmi* 二亚种：

❶ 东南亚种 *melanorhynchus*

❷ 台湾亚种 *idoneus*

◆郑光美（2005：298）记载高山短翅莺 *Bradypterus mandelli*②一亚种：
  ❶ 东南亚种 *melanorhynchus*
  ②编者注：据郑光美（2021：186），*Locustella seebohmi* 被命名为高山短翅蝗莺，中国无分布。而中国有分布的 *Locustella mandelli* 则被命名为黄褐短翅蝗莺。

◆郑光美（2011：310）记载高山短翅莺 *Bradypterus mandelli* 二亚种：
  ❶ 指名亚种 *mandelli*
  ❷ 东南亚种 *melanorhynchus*

◆郑光美（2017：222；2023：240）记载高山短翅蝗莺 *Locustella mandelli*③二亚种：
  ❶ 指名亚种 *mandelli*
  ❷ 东南亚种 *melanorhyncha*
  ③ 郑光美（2017）：由 *Bradypterus* 属归入 *Locustella* 属（Alström et al., 2011a）。

〔840〕**四川短翅蝗莺** *Locustella chengi*　　　　　　　　　　sìchuān duǎnchì huángyīng

曾用名： 四川短翅莺 *Locustella chengi*（段文科等，2017b：1070；刘阳等，2021：414；约翰·马敬能，2022b：283）

英文名： Sichuan Bush Warbler

◆郑光美（2017：222-223；2023：240）记载四川短翅蝗莺 *Locustella chengi*①为单型种。
  ① 郑光美（2017）：新描述种（Alström et al., 2015）。

〔841〕**沼泽大尾莺** *Megalurus palustris*　　　　　　　　　　zhǎozé dàwěiyīng

英文名： Striated Grassbird

◆郑作新（1958：262；1964：275）记载沼泽大尾莺 *Megalurus palustris* 一亚种：
  ❶ *isabellinus* 亚种

◆郑作新（1966：160；2002：242）记载沼泽大尾莺 *Megalurus palustris*，但未述及亚种分化问题。

◆郑作新（1976：726-727；1987：778-779；1994：139-140；2000：139-140）、郑光美（2005：316；2011：329；2017：226；2023：240）记载沼泽大尾莺 *Megalurus palustris* 一亚种：
  ❶ 西南亚种 *toklao*

80. 燕科 Hirundinidae（Martins and Swallows）　6属14种

〔842〕**灰喉沙燕** *Riparia chinensis*　　　　　　　　　　huīhóu shāyàn

曾用名： 棕沙燕 *Riparia paludicola*、褐喉沙燕 *Riparia paludicola*；
　　　　　褐喉沙燕 *Riparia chinensis*（刘阳等，2021：365；约翰·马敬能，2022b：244）

英文名： Grey-throated Martin

◆郑作新（1958：19；1964：241；1976：401）记载棕沙燕 *Riparia paludicola* 一亚种：
  ❶ 中华亚种 *chinensis*

◆郑作新（1966：98）记载棕沙燕 *Riparia paludicola*，但未述及亚种分化问题。

◆郑作新（2002：142）记载褐喉沙燕 *Riparia paludicola*，亦未述及亚种分化问题。

◆郑作新（1987：430；1994：84；2000：84）、郑光美（2005：161；2011：168；2017：227）记载褐喉沙燕 *Riparia paludicola* 一亚种：

❶ 中华亚种 *chinensis*

◆郑光美（2023：241）记载灰喉沙燕 *Riparia chinensis*[①]一亚种：

❶ 指名亚种 *chinensis*

① 由 *Riparia paludicola* 的亚种提升为种（del Hoyo et al.，2020）。编者注：据郑光美（2021：187），*Riparia paludicola* 被命名为褐喉沙燕，在中国有分布，但郑光美（2023）未予收录。

〔843〕**崖沙燕** *Riparia riparia* yáshāyàn

曾用名：灰沙燕 *Riparia riparia*

英文名：Sand Martin

◆郑作新（1958：18-19；1964：93，240-241）记载灰沙燕 *Riparia riparia* 二亚种：

❶ 新疆亚种 *diluta*

❷ 东北亚种 *ijimae*

◆郑作新（1966：98-99；1976：401-403）记载灰沙燕 *Riparia riparia* 四亚种：

❶ 东北亚种 *ijimae*

❷ 新疆亚种 *diluta*

❸ 青藏亚种 *tibetana*

❹ 福建亚种 *fohkienensis*[①]

① 编者注：郑作新（1976）记载该亚种为 *fokienensis*。

◆郑作新（1987：430-432；1994：84；2000：84；2002：143）记载崖沙燕 *Riparia riparia* 四亚种：

❶ 东北亚种 *ijimae*

❷ 新疆亚种 *diluta*

❸ 青藏亚种 *tibetana*

❹ 福建亚种 *fokienensis*[②]

② 编者注：郑作新（2002）记载该亚种为 *fohkienensis*。

◆郑光美（2005：161；2011：167-168；2017：227；2023：241）记载以下两种：

（1）崖沙燕 *Riparia riparia*

❶ 东北亚种 *ijimae*

（2）淡色崖沙燕 *Riparia diluta*

❶ 指名亚种 *diluta*

❷ 青藏亚种 *tibetana*

❸ 福建亚种 *fohkienensis*[③]

③ 编者注：郑光美（2005，2011）记载该亚种为 *fokienensis*。

〔844〕**淡色崖沙燕** *Riparia diluta* dànsè yáshāyàn

曾用名：淡色沙燕 *Riparia diluta*（约翰·马敬能，2022b：245）

英文名：Pale Martin

曾被视为 *Riparia riparia* 的亚种，现列为独立种。请参考〔843〕崖沙燕 *Riparia riparia*。

〔845〕**家燕** *Hirundo rustica*　　　　　　　　　　　　　　　　　　　　　　　　　　jiāyàn
英文名： Barn Swallow
◆郑作新（1958：20-21；1964：94，241；1966：99；1976：404-405；1987：433-435；1994：84；2000：84-85；2002：144）、郑光美（2005：162；2011：169；2017：228；2023：242）均记载家燕 *Hirundo rustica* 四亚种：
  ❶ 指名亚种 *rustica*
  ❷ 普通亚种 *gutturalis*
  ❸ 北方亚种 *tytleri*
  ❹ 东北亚种 *mandschurica*

〔846〕**洋燕** *Hirundo tahitica*　　　　　　　　　　　　　　　　　　　　　　　　　　yángyàn
曾用名： 洋斑燕 *Hirundo tahitica*
英文名： Pacific Swallow
◆郑作新（1966：99）记载洋燕 *Hirundo tahitica*，但未述及亚种分化问题。
◆郑作新（1987：435；1994：84；2000：85；2002：144）记载洋斑燕 *Hirundo tahitica* 二亚种：
  ❶ 台湾亚种 *namiyei*
  ❷ 兰屿亚种 *abbotti*
◆郑作新（1958：21-22；1964：241；1976：406）、郑光美（2005：163；2011：169）记载洋燕 *Hirundo tahitica* 二亚种：
  ❶ 台湾亚种 *namiyei*
  ❷ 兰屿亚种 *abbotti*
◆郑光美（2017：228；2023：242）记载洋燕 *Hirundo tahitica* 二亚种：
  ❶ 台湾亚种 *namiyei*
  ❷ 印尼亚种 *javanica*[①]
  [①] 编者注：亚种中文名引自赵正阶（2001b：43）。

〔847〕**线尾燕** *Hirundo smithii*　　　　　　　　　　　　　　　　　　　　　　　　　xiànwěiyàn
英文名： Wire-tailed Swallow
◆郑光美（2011：170-171；2017：229；2023：243）记载线尾燕 *Hirundo smithii*[①] 一亚种：
  ❶ 滇西亚种 *filifera*[②]
  [①] 郑光美（2011）：中国鸟类新记录，见《中国观鸟年报》（2006）。
  [②] 编者注：亚种中文名引自段文科和张正旺（2017b：656）。

〔848〕**岩燕** *Ptyonoprogne rupestris*　　　　　　　　　　　　　　　　　　　　　　　yányàn
曾用名： 岩燕 *Hirundo rupestris*（杭馥兰等，1997：145；约翰·马敬能等，2000：335；赵正阶，2001b：37）
英文名： Eurasian Crag Martin

◆ 郑作新（1976：403；1987：432-433；1994：84；2000：84）记载岩燕 *Ptyonoprogne rupestris* 一亚种：
　① 指名亚种 *rupestris*
◆ 郑作新（1966：99；2002：143）记载岩燕 *Ptyonoprogne rupestris*，但未述及亚种分化问题。
◆ 郑作新（1958：23；1964：241）、郑光美（2005：162；2011：168；2017：229；2023：243）记载岩燕 *Ptyonoprogne rupestris* 为单型种。

〔849〕**纯色岩燕** *Ptyonoprogne concolor*　　　　　　　　　　　　　　　　　chúnsè yányàn

曾用名：纯色岩燕 *Hirundo concolor*（杭馥兰等，1997：145；约翰·马敬能等，2000：335；赵正阶，2001b：38）

英文名：Dusky Crag Martin

◆ 郑作新（1966：99；2002：143）记载纯色岩燕 *Ptyonoprogne concolor*，但未述及亚种分化问题。
◆ 郑作新（1964：241；1976：404；1987：433；1994：84；2000：84）、郑光美（2005：162；2011：168；2017：229；2023：243）记载纯色岩燕 *Ptyonoprogne concolor*[①] 一亚种：
　① 云南亚种 *sintaungensis*
　[①] 编者注：中国鸟类新记录（虞以新等，1962）。

〔850〕**毛脚燕** *Delichon urbicum*　　　　　　　　　　　　　　　　　　　　máojiǎoyàn

曾用名：毛脚燕 *Delichon urbica*、〔白腹〕毛脚燕 *Delichon urbica*；
　　　　白腹毛脚燕 *Delichon urbica*（杭馥兰等，1997：146；赵正阶，2001b：47）、
　　　　白腹毛脚燕 *Delichon urbicum*（刘阳等，2021：368；约翰·马敬能，2022b：246）

英文名：Common House Martin

◆ 郑作新（1958：24-25；1964：94-95，241；1966：100；1976：408-410；1987：438-439）记载毛脚燕 *Delichon urbica* 五亚种：
　① 指名亚种 *urbica*
　② 东北亚种 *lagopoda*
　③ 南方亚种 *dasypus*[①]
　④ 西南亚种 *cashmeriensis*[②]
　⑤ 福建亚种 *nigrimentalis*[③]
　[①][②][③] 郑作新（1964，1966，1976，1987）：这些亚种或将其归列于 *Delichon dasypus* 的一种中。
◆ 郑作新（1994：85；2000：85；2002：145）、郑光美（2005：164）记载以下两种：
　（1）〔白腹〕毛脚燕 *Delichon urbica*[④]
　　① 指名亚种 *urbica*
　　② 东北亚种 *lagopoda*
　　[④] 编者注：郑光美（2005）记载其中文名为毛脚燕。
　（2）烟腹毛脚燕 *Delichon dasypus*
　　① 指名亚种 *dasypus*
　　② 西南亚种 *cashmeriensis*

❸ 福建亚种 *nigrimentalis*

◆郑光美（2011：171；2017：229-230；2023：243-244）记载以下两种：

（1）毛脚燕 *Delichon urbicum*

❶ 指名亚种 *urbicum*

❷ 东北亚种 *lagopodum*

（2）烟腹毛脚燕 *Delichon dasypus*

❶ 指名亚种 *dasypus*

❷ 西南亚种 *cashmeriensis*

❸ 福建亚种 *nigrimentale*⑤

⑤ 编者注：郑光美（2011，2017）记载该亚种为 *nigrimentalis*。

〔851〕**烟腹毛脚燕** *Delichon dasypus*　　　　　　　　　　　　　　　　yānfù máojiǎoyàn

英文名： Asian House Martin

曾被视为毛脚燕 *Delichon urbica* 的亚种，现列为独立种。请参考〔850〕毛脚燕 *Delichon urbicum*。

〔852〕**黑喉毛脚燕** *Delichon nipalense*　　　　　　　　　　　　　　　　hēihóu máojiǎoyàn

曾用名： 黑喉毛脚燕 *Delichon nipalensis*

英文名： Nepal House Martin

◆郑宝赉等（1985：128-129）记载黑喉毛脚燕 *Delichon nipalensis*①一亚种：

❶ 云南亚种 *cuttingi*

① 编者注：中国鸟类新记录（彭燕章等，1979）。

◆郑作新（1987：440；1994：85；2000：85；2002：146）、郑光美（2005：165）记载黑喉毛脚燕 *Delichon nipalensis* 二亚种：

❶ 指名亚种 *nipalensis*②

❷ 贡山亚种 *cuttingi*

② 编者注：中国鸟类亚种新记录（郑作新等，1980）。

◆郑光美（2011：171-172；2017：230；2023：244）记载黑喉毛脚燕 *Delichon nipalense* 二亚种：

❶ 指名亚种 *nipalense*

❷ 贡山亚种 *cuttingi*

〔853〕**金腰燕** *Cecropis daurica*　　　　　　　　　　　　　　　　　　　jīnyāoyàn

曾用名： 金腰燕 *Hirundo daurica*

英文名： Red-rumped Swallow

◆郑作新（1958：22-23；1964：94，241）记载金腰燕 *Hirundo daurica* 三亚种：

❶ 指名亚种 *daurica*

❷ 西南亚种 *nipalensis*

❸ 普通亚种 *japonica*

◆郑作新（1966：99）记载金腰燕 *Hirundo daurica* 三亚种：

❶ 青藏亚种 *gephyra*

❷ 西南亚种 *nipalensis*

❸ 普通亚种 *japonica*

◆郑作新（1976：406-407；1987：435-437；1994：85；2000：85；2002：144）、郑光美（2005：163）记载金腰燕 *Hirundo daurica* 四亚种：

❶ 指名亚种 *daurica*

❷ 青藏亚种 *gephyra*

❸ 西南亚种 *nipalensis*

❹ 普通亚种 *japonica*

◆郑光美（2011：169-170；2017：230-231）记载金腰燕 *Cecropis daurica* 四亚种：

❶ 指名亚种 *daurica*

❷ 青藏亚种 *gephyra*

❸ 西南亚种 *nipalensis*

❹ 普通亚种 *japonica*

◆郑光美（2023：244-245）记载金腰燕 *Cecropis daurica* 三亚种：

❶ 指名亚种 *daurica*

❷ 西南亚种 *nipalensis*

❸ 普通亚种 *japonica*

〔854〕**斑腰燕** *Cecropis striolata*　　　　　　　　　　　　　　　　　　　　　　　bānyāoyàn

曾用名：斑腰燕 *Hirundo striolata*

英文名：Striated Swallow

◆郑作新（1958：23）记载斑腰燕 *Hirundo striolata* 一亚种：

❶ 台湾亚种 *formosae*[①]

① 编者注：郑作新（1964，1976，1987）将其列为指名亚种 *striolata* 的同物异名。

◆郑作新（1966：99）记载斑腰燕 *Hirundo striolata*，但未述及亚种分化问题。

◆郑作新（1964：241；1976：407-408；1987：437-438；1994：85；2000：85；2002：145）、郑光美（2005：164）记载斑腰燕 *Hirundo striolata*[②] 二亚种：

❶ 云南亚种 *stanfordi*

❷ 指名亚种 *striolata*

② 郑作新（1976）：或把斑腰燕和金腰燕列入 *Cercopis* 属中。

◆郑光美（2011：170；2017：231）记载记载斑腰燕 *Cecropis striolata* 二亚种：

❶ 云南亚种 *stanfordi*

❷ 指名亚种 *striolata*

◆郑光美（2023：245）记载斑腰燕 *Cecropis striolata* 三亚种：

❶ 云南亚种 *stanfordi*

❷ 指名亚种 *striolata*

❸ 南亚亚种 *mayri*[③]

③ 编者注：亚种中文名引自赵正阶（2001b：46）。

〔855〕**黄额燕** *Petrochelidon fluvicola*   huáng'éyàn
英文名： Streak-throated Swallow
◆ 郑光美（2017：231；2023：245）记载黄额燕 *Petrochelidon fluvicola*[①]为单型种。
  ① 郑光美（2017）：中国新记录（Moore et al., 2015）。

81. 鹎科 Pycnonotidae（Bulbuls） 10 属 23 种

〔856〕**凤头雀嘴鹎** *Spizixos canifrons*   fèngtóu quèzuǐbēi
曾用名： 凤头鹦嘴鹎 *Spizixos canifrons*
英文名： Crested Finchbill
◆ 郑作新（1958：59；1964：246；1976：438；1987：470）记载凤头鹦嘴鹎 *Spizixos canifrons* 为单型种。
◆ 郑作新（1966：108）记载凤头鹦嘴鹎 *Spizixos canifrons*，但未述及亚种分化问题。
◆ 郑作新（1994：90；2000：90）记载凤头雀嘴鹎 *Spizixos canifrons* 为单型种。
◆ 郑作新（2002：157）记载凤头雀嘴鹎 *Spizixos canifrons*，亦未述及亚种分化问题。
◆ 郑光美（2005：176；2011：183）记载凤头雀嘴鹎 *Spizixos canifrons* 一亚种：
  ❶ 西南亚种 *ingrnmi*[①②]
  ① 编者注：亚种中文名引自段文科和张正旺（2017b：687）。赵正阶（2001b：93）称其为华南亚种 *ingrami*。
  ② 编者注：据赵正阶（2001b），郑作新（1976，1994）、郑宝赉等（1985）在研究了采自云南的大量标本后，认为 *Spizixos canifrons ingrami* 亚种的羽色变化并不稳定，有些和指名亚种非常相似，因而不承认该亚种，认为本种属单型种。
◆ 郑光美（2017：232；2023：246）记载凤头雀嘴鹎 *Spizixos canifrons* 一亚种：
  ❶ 西南亚种 *ingrami*

〔857〕**领雀嘴鹎** *Spizixos semitorques*   lǐng quèzuǐbēi
曾用名： 绿鹦嘴鹎 *Spizixos semitorques*
英文名： Collared Finchbill
◆ 郑作新（1958：60；1964：106，246；1966：108；1976：438-440；1987：471）记载绿鹦嘴鹎 *Spizixos semitorques* 二亚种：
  ❶ 指名亚种 *semitorques*
  ❷ 台湾亚种 *cinereicapillus*
◆ 郑作新（1994：90；2000：90；2002：157）、郑光美（2005：176；2011：183；2017：232；2023：246）记载领雀嘴鹎 *Spizixos semitorques* 二亚种：
  ❶ 指名亚种 *semitorques*
  ❷ 台湾亚种 *cinereicapillus*

XXVI. 雀形目
PASSERIFORMES

〔858〕**纵纹绿鹎** *Alcurus striatus*   zòngwén lǜbēi

曾用名：纵纹绿鹎 *Pycnonotus striatus*

英文名：Striated Bulbul

◆ 郑作新（1958：58；1964：246）记载纵纹绿鹎 *Pycnonotus striatus*[①]二亚种：
- ❶ 指名亚种 *striatus*
- ❷ 滇西亚种 *paulus*[②]

[①] 编者注：郑作新（1964：246）记载其中文名为绿纹绿鹎，而该书第104页记载的仍为纵纹绿鹎。

[②] 编者注：亚种中文名引自段文科和张正旺（2017b：689）。

◆ 郑作新（1976：440；1987：472；1994：90；2000：90）记载纵纹绿鹎 *Pycnonotus striatus* 一亚种：
- ❶ 指名亚种 *striatus*

◆ 郑作新（1966：108；2002：157）记载纵纹绿鹎 *Pycnonotus striatus*，但未述及亚种分化问题。

◆ 郑光美（2005：176-177；2011：183-184；2017：232-233）记载纵纹绿鹎 *Pycnonotus striatus* 三亚种：
- ❶ 指名亚种 *striatus*
- ❷ 西藏亚种 *arctus*[③]
- ❸ 滇西亚种 *paulus*

[③] 编者注：亚种中文名引自段文科和张正旺（2017b：689）。

◆ 郑光美（2023：246）记载纵纹绿鹎 *Alcurus striatus* 三亚种：
- ❶ 指名亚种 *striatus*
- ❷ 西藏亚种 *arctus*
- ❸ 滇西亚种 *paulus*

〔859〕**黑头鹎** *Brachypodius atriceps*   hēitóubēi

曾用名：黑头鹎 *Pycnonotus atriceps*；黑头鹎 *Brachypodius melanocephalos*（刘阳等，2021：358）

英文名：Black-headed Bulbul

◆ 郑作新（1966：108；2002：157）记载黑头鹎 *Pycnonotus atriceps*[①]，但未述及亚种分化问题。

[①] 编者注：中国鸟类新记录（潘清华等，1964）。

◆ 郑作新（1976：440；1987：473；1994：90；2000：90-91）、郑光美（2005：177；2011：184）记载黑头鹎 *Pycnonotus atriceps* 一亚种：
- ❶ 指名亚种 *atriceps*

◆ 郑光美（2017：232；2023：247）记载黑头鹎 *Brachypodius atriceps* 一亚种：
- ❶ 指名亚种 *atriceps*

〔860〕**黑冠黄鹎** *Rubigula flaviventris*   hēiguān huángbēi

曾用名：黑冠黄鹎 *Pycnonotus dispar*、黑冠黄鹎 *Pycnonotus melanicterus*；
黑冠黄鹎 *Pycnonotus flaviventris*（约翰·马敬能，2022b：239）

英文名：Black-capped Bulbul

◆ 郑作新（1958：53-54）记载黑冠黄鹎 *Pycnonotus dispar* 一亚种：
- ❶ 滇西亚种 *flaviventris*

◆ 郑作新（1964：105，245；1966：109；1976：442；1987：473-474；1994：91；2000：91；2002：158）、郑光美（2005：177；2011：184）记载黑冠黄鹎 *Pycnonotus melanicterus*[①]二亚种：

❶ 滇西亚种 *flaviventris*
❷ 西南亚种 *vantynei*

[①] 编者注：据郑光美（2021：190），*Rubigula dispar* 被命名为红喉黄鹎，中国无分布。

◆ 郑光美（2017：232）记载黑冠黄鹎 *Pycnonotus melanicterus* 三亚种：

❶ 滇西亚种 *flaviventris*
❷ 西南亚种 *vantynei*
❸ 中南亚种 *johnsoni*[②]

[②] 中国鸟类亚种新记录（蒋爱伍等，2013）。编者注：亚种中文名引自赵正阶（2001b：98）。

◆ 郑光美（2023：247）记载黑冠黄鹎 *Rubigula flaviventris*[③] 三亚种：

❶ 指名亚种 *flaviventris*
❷ 西南亚种 *vantynei*
❸ 中南亚种 *johnsoni*

[③] 编者注：据郑光美（2021：190），*Rubigula melanicterus* 仍被命名为黑冠黄鹎，中国有分布。而 *Rubigula flaviventris* 则未予收录。

[861] **红耳鹎** *Pycnonotus jocosus*　　　　　　　　　　　　　　　　　　hóng'ěrbēi

英文名：Red-whiskered Bulbul

◆ 郑作新（1958：54；1964：105，245-246；1966：109；1976：442）记载红耳鹎 *Pycnonotus jocosus* 三亚种：

❶ 云南亚种 *monticola*[①]
❷ *hainanensis* 亚种[②]
❸ 指名亚种 *jocosus*

[①] 编者注：郑作新（1964：245）记载该亚种为 *monticolus*。

[②] 编者注：郑作新（1976）在该亚种前冠以"？"号。赵正阶（2001b：99）指出，Hachisuka（1939）根据在我国广东硇洲岛采得的 1 只标本命名的 *hainanensis* 亚种，有的学者认为它只不过是一只逃逸的笼鸟，野外未能见到而不予确认。另外，郑宝赉等（1985）对此亦有类似叙述。

◆ 郑作新（1987：474-475；1994：91；2000：91；2002：158）、郑光美（2005：178；2011：185；2017：233；2023：247）记载红耳鹎 *Pycnonotus jocosus* 二亚种：

❶ 云南亚种 *monticola*
❷ 指名亚种 *jocosus*[③]

[③] 郑光美（2017）：台湾有繁殖记录，但推测建群种来源于市场逃逸或放生（Bruno，2011）。

[862] **黄臀鹎** *Pycnonotus xanthorrhous*　　　　　　　　　　　　　　　huángtúnbēi

英文名：Brown-breasted Bulbul

◆ 郑作新（1958：55；1964：105，246；1966：109；1976：442-444；1987：475-476；1994：91；2000：91；2002：158）、郑光美（2005：178；2011：185；2017：233-234；2023：248）均记载黄臀鹎 *Pycnonotus xanthorrhous* 二亚种：

XXVI. 雀形目
PASSERIFORMES

❶ 指名亚种 *xanthorrhous*
❷ 华南亚种 *andersoni*

〔863〕**白头鹎** *Pycnonotus sinensis*   báitóubēi
英文名: Light-vented Bulbul
◆ 郑作新（1958：56；1964：105，246；1966：109；1976：444-445；1987：477-478；1994：91；2000：91；2002：158）、郑光美（2005：178-179；2011：185-186；2017：234；2023：248）均记载白头鹎 *Pycnonotus sinensis* 三亚种：
    ❶ 指名亚种 *sinensis*[①]
    ❷ 台湾亚种 *formosae*
    ❸ 两广亚种 *hainanus*
    ① 郑作新（1964：246）：冬时南迁至海南岛。

〔864〕**台湾鹎** *Pycnonotus taivanus*   táiwānbēi
英文名: Styan's Bulbul
◆ 郑作新（1966：108；2002：158）记载台湾鹎 *Pycnonotus taivanus*，但未述及亚种分化问题。
◆ 郑作新（1958：55；1964：246；1976：445；1987：478；1994：91；2000：91）、郑光美（2005：177；2011：184；2017：234；2023：248）记载台湾鹎 *Pycnonotus taivanus* 为单型种。

〔865〕**白颊鹎** *Pycnonotus leucogenys*   báijiábēi
曾用名: 白颊鹎 *Pycnonotus leucogenis*
英文名: Himalayan Bulbul
◆ 郑光美（2005：177；2011：184-185）记载白颊鹎 *Pycnonotus leucogenys* 一亚种：
    ❶ 指名亚种 *leucogenys*
◆ 郑光美（2017：235）记载白颊鹎 *Pycnonotus leucogenis* 为单型种。
◆ 郑光美（2023：249）记载白颊鹎 *Pycnonotus leucogenys* 为单型种。

〔866〕**白眉黄臀鹎** *Pycnonotus goiavier*   báiméi huángtúnbēi
英文名: Yellow-vented Bulbul
◆ 郑光美（2023：249）记载白眉黄臀鹎 *Pycnonotus goiavier*[①] 一亚种：
    ❶ *jambu* 亚种
    ① 中国鸟类新记录（董江天等，2020）。编者注：刘阳和陈水华（2021：362）、约翰·马敬能（2022b：241）亦有记载。

〔867〕**黑喉红臀鹎** *Pycnonotus cafer*   hēihóu hóngtúnbēi
英文名: Red-vented Bulbul
◆ 郑作新（1966：108；2002：157）记载黑喉红臀鹎 *Pycnonotus cafer*，但未述及亚种分化问题。
◆ 郑作新（1958：57；1964：246；1976：446；1987：478；1994：91；2000：91）、郑光美（2005：179；

2011：186；2017：235；2023：249）记载黑喉红臀鹎 *Pycnonotus cafer*①②③④一亚种：

❶ 云南亚种 *stanfordi*

① 郑作新（1958）：*Pycnonotus nigropileus* 是 *Pycnonotus cafer* 与 *Pycnonotus aurigaster* 的杂交种群。

② 郑作新（1964：246）：*Pycnonotus burmanicus*（模式产地为缅甸东北部和云南西部）被认为是 *Pycnonotus cafer* 与 *Pycnonotus aurigaster* 的混交种群。

③ 郑作新（1976）：*Pycnonotus nigropileus* 和 *Pycnonotus burmanicus* 均被认为是 *Pycnonotus cafer* 与 *Pycnonotus aurigaster* 的杂交种群（Deignan，1949）。

④ 郑作新（1987，1994，2000）：*Pycnonotus nigropileus* 和 *Pycnonotus burmanicus* 均被认为是 *Pycnonotus cafer* 与 *Pycnonotus aurigaster* 的杂交种群（Deignan，1949）。

〔868〕**白喉红臀鹎** *Pycnonotus aurigaster*　　　　　　　　　　　　　　báihóu hóngtúnbēi

英文名：Sooty-headed Bulbul

◆郑作新（1958：57-58；1964：105，246；1966：109；1976：446-447；1987：478-479；1994：91-92；2000：91-92；2002：159）、郑光美（2005：179；2011：186；2017：235；2023：249）均记载白喉红臀鹎 *Pycnonotus aurigaster*①②③④三亚种：

❶ 西南亚种 *latouchei*

❷ 硇洲亚种 *resurrectus*

❸ 东南亚种 *chrysorrhoides*

① 郑作新（1958）：*Pycnonotus nigropileus* 是 *Pycnonotus cafer* 与 *Pycnonotus aurigaster* 的杂交种群。

② 郑作新（1964：246）：*Pycnonotus burmanicus*（模式产地为缅甸东北部和云南西部）被认为是 *Pycnonotus cafer* 与 *Pycnonotus aurigaster* 的混交种群。

③ 郑作新（1976）：*Pycnonotus nigropileus* 和 *Pycnonotus burmanicus* 均被认为是 *Pycnonotus cafer* 与 *aurigaster* 的杂交种群（Deignan，1949）。

④ 郑作新（1987，1994，2000）：*Pycnonotus nigropileus* 和 *Pycnonotus burmanicus* 均被认为是 *Pycnonotus cafer* 与 *aurigaster* 的杂交种群（Deignan，1949）。

〔869〕**纹喉鹎** *Pycnonotus finlaysoni*　　　　　　　　　　　　　　　　　　wénhóubēi

英文名：Stripe-throated Bulbul

◆郑作新（1958：58-59）记载纹喉鹎 *Pycnonotus finlaysoni* 一亚种：

❶ 指名亚种 *finlaysoni*

◆郑作新（1966：108；2002：158）记载纹喉鹎 *Pycnonotus finlaysoni*，但未述及亚种分化问题。

◆郑作新（1964：246；1976：447；1987：480；1994：92；2000：92）、郑光美（2005：179；2011：186；2017：235；2023：250）记载纹喉鹎 *Pycnonotus finlaysoni* 一亚种：

❶ 云南亚种 *eous*

〔870〕**黄绿鹎** *Pycnonotus flavescens*　　　　　　　　　　　　　　　　　huánglǜbēi

曾用名：圆尾绿鹎 *Pycnonotus flavescens*

英文名：Flavescent Bulbul
- 郑作新（1958：59）记载圆尾绿鹎 *Pycnonotus flavescens* 一亚种：
  1. 指名亚种 *flavescens*
- 郑作新（1966：108）记载圆尾绿鹎 *Pycnonotus flavescens*，但未述及亚种分化问题。
- 郑作新（1964：246；1976：447；1987：480）记载圆尾绿鹎 *Pycnonotus flavescens* 一亚种：
  1. 云南亚种 *vividus*
- 郑作新（2002：158）记载黄绿鹎 *Pycnonotus flavescens*，亦未述及亚种分化问题。
- 郑作新（1994：92；2000：92）、郑光美（2005：179；2011：187；2017：235；2023：250）记载黄绿鹎 *Pycnonotus flavescens* 一亚种：
  1. 云南亚种 *vividus*

[871] **黄腹冠鹎** *Alophoixus flaveolus*　　　　　　　　　　　　　　　　huángfù guānbēi

曾用名：黄腹冠鹎 *Criniger flaveolus*
英文名：White-throated Bulbul
- 郑作新（1964：244；1976：448；1987：480；1994：92；2000：92）记载黄腹冠鹎 *Criniger flaveolus*[①] 一亚种：
  1. 指名亚种 *flaveolus*
  [①] 编者注：中国鸟类新记录（А. И. 伊万诺夫，1961）。
- 郑作新（1966：109；2002：159）记载黄腹冠鹎 *Criniger flaveolus*，但未述及亚种分化问题。
- 郑光美（2005：180；2011：187；2017：236；2023：250）记载黄腹冠鹎 *Alophoixus flaveolus* 一亚种：
  1. 指名亚种 *flaveolus*

[872] **白喉冠鹎** *Alophoixus pallidus*　　　　　　　　　　　　　　　　báihóu guānbēi

曾用名：白喉冠鹎 *Criniger pallidus*
英文名：Puff-throated Bulbul
- 郑作新（1958：48；1964：102，244；1966：109；1976：448-449；1987：481；1994：92；2000：92；2002：159）记载白喉冠鹎 *Criniger pallidus* 二亚种：
  1. 西南亚种 *hcnrici*
  2. 指名亚种 *pallidus*
- 郑光美（2005：180；2011：187；2017：236；2023：250）记载白喉冠鹎 *Alophoixus pallidus* 二亚种：
  1. 西南亚种 *henrici*
  2. 指名亚种 *pallidus*

[873] **灰眼短脚鹎** *Iole propinqua*　　　　　　　　　　　　　　　　huīyǎn duǎnjiǎobēi

曾用名：橄榄绿短脚鹎 *Microscelis charlottae*、橄榄绿短脚鹎 *Hypsipetes propinquus*、
　　　　　灰眼短脚鹎 *Hypsipetes propinquus*
英文名：Grey-eyed Bulbul

◆郑作新（1958：49）记载橄榄绿短脚鹎 *Microscelis charlottae* 一亚种：

❶ *propinquus* 亚种

◆郑作新（1964：244-245）记载橄榄绿短脚鹎 *Hypsipetes propinquus*①一亚种：

❶ 指名亚种 *propinquus*

① 编者注：据郑光美（2021：192），*Iole charlottae* 被命名为黄臀灰胸鹎，中国无分布。

◆郑作新（1966：110）记载橄榄绿短脚鹎 *Hypsipetes propinquus* 二亚种：

❶ 指名亚种 *propinquus*

❷ 广西亚种 *aquilonis*

◆郑作新（1976：449；1987：482-483；1994：92；2000：92；2002：160）记载灰眼短脚鹎 *Hypsipetes propinquus* 二亚种：

❶ 指名亚种 *propinquus*

❷ 广西亚种 *aquilonis*

◆郑光美（2005：180；2011：187；2017：236；2023：250-251）记载灰眼短脚鹎 *Iole propinqua* 二亚种：

❶ 指名亚种 *propinqua*

❷ 广西亚种 *aquilonis*

[874] **绿翅短脚鹎** *Ixos mcclellandii*　　　　　　　　　　　　　　　　　lǜchì duǎnjiǎobēi

曾用名：绿翅短脚鹎 *Microscelis virescens*、绿翅短脚鹎 *Hypsipetes mcclellandii*

英文名：Mountain Bulbul

◆郑作新（1958：50）记载绿翅短脚鹎 *Microscelis virescens* 二亚种：

❶ 云南亚种 *similis*

❷ 华南亚种 *holtii*

◆郑作新（1964：104，245；1966：110；1976：450）记载绿翅短脚鹎 *Hypsipetes mcclellandii* 二亚种：

❶ 云南亚种 *similis*

❷ 华南亚种 *holtii*

◆郑作新（1987：483-484；1994：92；2000：92；2002：160）、郑光美（2005：181；2011：188-189）记载绿翅短脚鹎 *Hypsipetes mcclellandii* 三亚种：

❶ 指名亚种 *mcclellandii*①

❷ 云南亚种 *similis*

❸ 华南亚种 *holtii*

① 编者注：中国鸟类亚种新记录（李德浩等，1978）。

◆郑光美（2017：236-237；2023：251）记载绿翅短脚鹎 *Ixos mcclellandii*② 三亚种：

❶ 指名亚种 *mcclellandii*

❷ 云南亚种 *similis*

❸ 华南亚种 *holtii*

② 编者注：据郑光美（2002：143；2021：192），*Hypsipetes virescens*、*Ixos virescens* 分别被命名为布氏短脚鹎和巽他短脚鹎，中国无分布。

XXVI. 雀形目 PASSERIFORMES

[875] **灰短脚鹎** *Hemixos flavala* huī duǎnjiǎobēi

曾用名： 栗背短脚鹎 *Microscelis flavalus*、栗背短脚鹎 *Hypsipetes flavala*、
灰短脚鹎 *Hypsipetes flavala*、灰短脚鹎 *Hemixos flavalus*

英文名： Ashy Bulbul

说　明： 因分类修订，原栗背短脚鹎 *Hypsipetes flavala* 的中文名修改为灰短脚鹎。

◆ 郑作新（1958：51）记载栗背短脚鹎 *Microscelis flavalus* 三亚种：
  ❶ 指名亚种 *flavalus*
  ❷ 华南亚种 *canipennis*
  ❸ 海南亚种 *castanonotus*

◆ 郑作新（1964：104；1966：110）记载栗背短脚鹎 *Hypsipetes flavala* 三亚种：
  ❶ 云南亚种 *bourdellei*[①]
  ❷ 华南亚种 *canipennis*
  ❸ 海南亚种 *castanonotus*

  ① 郑作新（1964）：云南西部标本应为 *Hypsipetes flavala bourdellei*，而非模式亚种。

◆ 郑作新（1964：245；1976：450-452；1987：484-485）记载栗背短脚鹎 *Hypsipetes flavala* 四亚种：
  ❶ 指名亚种 *flavala*
  ❷ 云南亚种 *bourdellei*[②]
  ❸ 华南亚种 *canipennis*
  ❹ 海南亚种 *castanonotus*

  ② 编者注：中国鸟类亚种新记录（А. И. 伊万诺夫，1961）。

◆ 郑作新（1994：92-93；2000：92-93；2002：160）记载以下两种：
  （1）灰短脚鹎 *Hypsipetes flavala*
    ❶ 指名亚种 *flavala*
    ❷ 云南亚种 *bourdellei*
    ❸ 华南亚种 *canipennis*
  （2）栗背短脚鹎 *Hypsipetes castanonotus*[③]

  ③ 编者注：郑作新（2002）未述及亚种分化问题。

◆ 郑光美（2005：181；2011：188；2017：237；2023：251-252）记载以下两种：
  （1）灰短脚鹎 *Hemixos flavala*[④]
    ❶ 指名亚种 *flavala*
    ❷ 云南亚种 *bourdellei*

  ④ 编者注：郑光美（2005）记载其种本名为 *flavalus*。

  （2）栗背短脚鹎 *Hemixos castanonotus*
    ❶ 指名亚种 *castanonotus*
    ❷ 华南亚种 *canipennis*

[876] **栗背短脚鹎** *Hemixos castanonotus* lìbèi duǎnjiǎobēi

曾用名： 栗背短脚鹎 *Hypsipetes castanonotus*

英文名： Chestnut Bulbul

曾被视为 *Hypsipetes flavala* 的亚种，现列为独立种，中文名沿用栗背短脚鹎。请参考〔875〕灰短脚鹎 *Hemixos flavala*。

〔877〕**黑短脚鹎** *Hypsipetes leucocephalus*   hēi duǎnjiǎobēi

曾用名： 黑［短脚］鹎 *Microscelis leucocephalus*、黑［短脚］鹎 *Hypsipetes madagascariensis*、

    白头黑［短脚］鹎 *Hypsipetes madagascariensis*；

    黑［短脚］鹎 *Hypsipetes leucocephalus*（约翰·马敬能等，2000：346）、

    黑短脚鹎 *Hypsipetes madagascariensis*（赵正阶，2001b：116）

英文名： Black Bulbul

◆ 郑作新（1958：51-53）记载黑［短脚］鹎 *Microscelis leucocephalus* 九亚种：
1. 西藏亚种 *psaroides*
2. 独龙亚种 *ambiens*
3. 滇南亚种 *concolor*
4. 四川亚种 *leucothorax*
5. 丽江亚种 *stresemanni*
6. 滇西亚种 *sinensis*
7. 指名亚种 *leucocephalus*
8. 台湾亚种 *nigerrimus*
9. 海南亚种 *perniger*

◆ 郑作新（1964：103，245；1966：110-111；1976：453-455；1987：486-488；1994：93；2000：93；2002：161-162）记载黑［短脚］鹎 *Hypsipetes madagascariensis*[①]九亚种：
1. 西藏亚种 *psaroides*
2. 独龙亚种 *ambiens*
3. 滇南亚种 *concolor*
4. 四川亚种 *leucothorax*
5. 丽江亚种 *stresemanni*
6. 滇西亚种 *sinensis*[②]
7. 东南亚种 *leucocephalus*[③④]
8. 台湾亚种 *nigerrimus*
9. 海南亚种 *perniger*

① 编者注：郑作新（1964：103；1966）记载其中文名为白头黑［短脚］鹎。

② 郑作新（1964：103；1966）：羽毛外缘的光亮不如 *perniger*，也缺 *perniger* 的绿色反光。

③ 郑作新（1964：103）：此亚种变异甚大。胸部有时局部或大部分变白色；有时喉仅局部为白色；有时头和喉均变黑色，而仅于额基留些白羽。

④ 郑作新（1966）：此亚种变异甚大。胸部有时局部或大部分变白色；喉有时仅局部为白色；头和喉有时均变黑色，而仅于额基留些白羽。

◆郑光美（2005：182-183；2011：189-190；2017：237-238；2023：252-253）记载黑短脚鹎 *Hypsipetes leucocephalus*[⑤]九亚种：

❶ 西藏亚种 *psaroides*

❷ 独龙亚种 *ambiens*

❸ 滇南亚种 *concolor*

❹ 四川亚种 *leucothorax*

❺ 丽江亚种 *stresemanni*

❻ 滇西亚种 *sinensis*

❼ 指名亚种 *leucocephalus*

❽ 台湾亚种 *nigerrimus*

❾ 海南亚种 *perniger*

⑤ 编者注：据郑光美（2002：143；2021：192），*Hypsipetes madagascariensis* 被命名为马岛短脚鹎，中国无分布。

[878] 栗耳短脚鹎 *Hypsipetes amaurotis*　　　　　　　　　　　　　　　　　lì'ěr duǎnjiǎobēi

曾用名：栗耳短脚鹎 *Microscelis amaurotis*、栗耳[短脚]鹎 *Hypsipetes amaurotis*、
　　　　　栗耳短脚鹎 *Ixos amaurotis*

英文名：Brown-eared Bulbul

◆郑作新（1958：49-50）记载栗耳短脚鹎 *Microscelis amaurotis* 三亚种：

❶ 指名亚种 *amaurotis*

❷ 日本亚种 *hensoni*

❸ 台湾亚种 *harterti*[①]

① 编者注：亚种中文名引自段文科和张正旺（2017b：701）。

◆郑作新（1964：104，245；1966：110；1976：452；1987：485；2002：160-161）记载栗耳短脚鹎 *Hypsipetes amaurotis* 三亚种：

❶ 指名亚种 *amaurotis*

❷ 日本亚种 *hensoni*

❸ 台湾亚种 *nagamichii*

◆郑作新（1994：93；2000：93）记载栗耳[短脚]鹎 *Hypsipetes amaurotis* 三亚种：

❶ 指名亚种 *amaurotis*

❷ 日本亚种 *hensoni*

❸ 台湾亚种 *nagamichii*

◆郑光美（2005：180-181）记载栗耳短脚鹎 *Ixos amaurotis* 二亚种：

❶ 指名亚种 *amaurotis*

❷ 台湾亚种 *harterti*

◆郑光美（2011：188）记载栗耳短脚鹎 *Microscelis amaurotis* 二亚种：

❶ 指名亚种 *amaurotis*

❷ 台湾亚种 *harterti*

◆ 郑光美（2017：238-239；2023：253）记载栗耳短脚鹎 *Hypsipetes amaurotis*[②]二亚种：

  ❶ 指名亚种 *amaurotis*

  ❷ 台湾亚种 *nagamichii*

  ② 郑光美（2017）：由 *Microscelis* 属归入 *Hypsipetes* 属（Oliveros et al.，2010）。

82. 柳莺科 Phylloscopidae（Leaf-warblers） 1 属 51 种

〔879〕**林柳莺** *Phylloscopus sibilatrix*   línliǔyīng

英文名：Wood Warbler

◆ 郑作新（2002：246）记载林柳莺 *Phylloscopus sibilatrix*，但未述及亚种分化问题。

◆ 郑作新（1987：798；1994：143；2000：143）、郑作新等（2010：135）、郑光美（2005：305；2011：317；2017：239；2023：253）记载林柳莺 *Phylloscopus sibilatrix*[①]为单型种。

  ① 编者注：据郑作新等（2010），中国科学院动物研究所江智华于 1975 年 9 月 21 日曾在西藏当雄羊八井海拔 4200m 的山坡灌丛间见到 4~5 只小群活动，并猎得其中 1 只。

〔880〕**橙斑翅柳莺** *Phylloscopus pulcher*   chéngbānchì liǔyīng

英文名：Buff-barred Warbler

◆ 郑作新（1966：164；2002：248）记载橙斑翅柳莺 *Phylloscopus pulcher*，但未述及亚种分化问题。

◆ 郑作新（1958：279；1964：277；1976：751-752；1987：805；1994：144；2000：144）、郑光美（2005：307；2011：319；2017：242）记载橙斑翅柳莺 *Phylloscopus pulcher* 一亚种：

  ❶ 指名亚种 *pulcher*

◆ 郑光美（2023：253-254）记载橙斑翅柳莺 *Phylloscopus pulcher* 二亚种：

  ❶ 指名亚种 *pulcher*

  ❷ *vegetus* 亚种[①]

  ① 编者注：郑作新（1958，1964，1976，1987）将其列为指名亚种 *pulcher* 的同物异名。

〔881〕**灰喉柳莺** *Phylloscopus maculipennis*   huīhóu liǔyīng

英文名：Ashy-throated Warbler

◆ 郑作新（1966：163；2002：248）记载灰喉柳莺 *Phylloscopus maculipennis*，但未述及亚种分化问题。

◆ 郑作新（1958：282；1964：278；1976：755；1987：809；1994：144；2000：144）、郑光美（2005：307；2011：319；2017：242；2023：254）记载灰喉柳莺 *Phylloscopus maculipennis* 一亚种：

  ❶ 指名亚种 *maculipennis*

〔882〕**淡眉柳莺** *Phylloscopus humei*   dànméi liǔyīng

曾用名：中亚柳莺、休氏黄眉柳莺 *Phylloscopus humei*（赵正阶，2001b：584）

英文名：Hume's Leaf Warbler

    由黄眉柳莺 *Phylloscopus inornatus* 分出的种。请参考〔883〕黄眉柳莺 *Phylloscopus inornatus*。

[883] **黄眉柳莺** *Phylloscopus inornatus*　　　　　　　　　　　　　　　　　　　　　　huángméi liǔyīng

英文名：Yellow-browed Warbler

◆郑作新（1958：280-281；1964：159，277-278；1966：166-167；1976：752-753；1987：806-807；1994：144；2000：144；2002：251-252）记载黄眉柳莺 *Phylloscopus inornatus* 三亚种：

　❶ 指名亚种 *inornatus*
　❷ 新疆亚种 *humei*
　❸ 西北亚种 *mandellii*

◆郑光美（2005：308-309；2011：321；2017：243；2023：254）记载以下两种：

（1）淡眉柳莺 *Phylloscopus humei*[①]

　❶ 指名亚种 *humei*
　❷ 西北亚种 *mandellii*

① 郑光美（2005）：由黄眉柳莺 *Phylloscopus inornatus* 分出的种（Irwin et al., 2001；Sangster et al., 2002）。

（2）黄眉柳莺 *Phylloscopus inornatus*

[884] **云南柳莺** *Phylloscopus yunnanensis*　　　　　　　　　　　　　　　　　　　　　yúnnán liǔyīng

曾用名：四川柳莺 *Phylloscopus sichuanensis*；中华柳莺 *Phylloscopus sichuanensis*（赵正阶，2001b：588）

英文名：Chinese Leaf Warbler

◆郑作新（1994：144；2000：144）记载四川柳莺 *Phylloscopus sichuanensis*[①]为单型种。

　① 郑作新（1994，2000）：参见 Alström et al.（1992）。

◆郑作新（2002：248）记载四川柳莺 *Phylloscopus sichuanensis*，但未述及亚种分化问题。

◆郑光美（2005：308；2011：320；2017：242；2023：254）记载云南柳莺 *Phylloscopus yunnanensis*[②]为单型种。

　② 郑光美（2005）：Martens（2000）经核对标本发现原四川柳莺 *Phylloscopus sichuanensis* 与 La Touche（1925）发现的云南柳莺 *Phylloscopus yunnanensis* 为同物异名。

[885] **淡黄腰柳莺** *Phylloscopus chloronotus*　　　　　　　　　　　　　　　　　　　dànhuángyāo liǔyīng

曾用名：柠檬腰柳莺 *Phylloscopus chloronotus*（赵正阶，2001b：587）

英文名：Lemon-rumped Warbler

曾被视为黄腰柳莺 *Phylloscopus proregulus* 的一个亚种，现列为独立种。请参考 [888] 黄腰柳莺 *Phylloscopus proregulus*。

[886] **四川柳莺** *Phylloscopus forresti*　　　　　　　　　　　　　　　　　　　　　　sìchuān liǔyīng

英文名：Sichuan Leaf Warbler

从淡黄腰柳莺 *Phylloscopus chloronotus* 中分出的种。请参考 [888] 黄腰柳莺 *Phylloscopus proregulus*。

[887] **甘肃柳莺** *Phylloscopus kansuensis*　　　　　　　　　　　　　　　　　　　　gānsù liǔyīng

曾用名：甘肃 [黄腰] 柳莺 *Phylloscopus kansuensis*（约翰·马敬能等，2000：375）

英文名: Gansu Leaf Warbler

◆郑光美（2005：308；2011：320；2017：242；2023：255）记载甘肃柳莺 *Phylloscopus kansuensis*[①]为单型种。

　　①编者注：据约翰·马敬能等（2000），过去曾被列在黄腰柳莺 *Phylloscopus proregulus* 之下（参见郑作新，1987）。详见〔888〕黄腰柳莺 *Phylloscopus proregulus*。

〔888〕**黄腰柳莺** *Phylloscopus proregulus*　　　　　　　　　　　　　　　　　　　huángyāo liǔyīng
英文名: Pallas's Leaf Warbler

◆郑作新（1958：281；1964：158，278；1966：165；1976：753-754；1987：807-808；1994：144；2000：144；2002：250）记载黄腰柳莺 *Phylloscopus proregulus* 二亚种：

❶ 指名亚种 *proregulus*[①]

❷ 青藏亚种 *chloronotus*[②]

　　①编者注：郑作新（1958，1964）将甘肃亚种 *kansuensis* 列为其同物异名。

　　②编者注：郑作新（1976，1987）、郑作新等（2010：166）将甘肃亚种 *kansuensis* 列为其同物异名。

◆郑光美（2005：307-308）记载以下两种：

（1）淡黄腰柳莺 *Phylloscopus chloronotus*[③]

❶ 指名亚种 *chloronotus*

　　③Martens（2004）通过鸣声和DNA分析，认为 *Phylloscopus chloronotus chloronotus* 云南北部的种群是独立的种——*Phylloscopus forresti*。

（2）黄腰柳莺 *Phylloscopus proregulus*

◆郑光美（2011：320；2017：243；2023：255）记载以下三种：

（1）淡黄腰柳莺 *Phylloscopus chloronotus*

❶ 指名亚种 *chloronotus*

（2）四川柳莺 *Phylloscopus forresti*[④]

　　④郑光美（2011）：从淡黄腰柳莺 *Phylloscopus chloronotus* 中分出的种，见Martens等（2004）。

（3）黄腰柳莺 *Phylloscopus proregulus*

〔889〕**棕眉柳莺** *Phylloscopus armandii*　　　　　　　　　　　　　　　　　　　zōngméi liǔyīng
英文名: Yellow-streaked Warbler

◆郑作新（1958：277-278；1964：157，277；1966：165；1976：749-750；1987：803-804；1994：144；2000：143；2002：249）、郑光美（2005：306-307；2011：319；2017：241；2023：255-256）均记载棕眉柳莺 *Phylloscopus armandii* 二亚种：

❶ 指名亚种 *armandii*

❷ 西南亚种 *perplexus*

〔890〕**巨嘴柳莺** *Phylloscopus schwarzi*　　　　　　　　　　　　　　　　　　　jùzuǐ liǔyīng
英文名: Radde's Warbler

◆郑作新（1966：163；2002：247）记载巨嘴柳莺 *Phylloscopus schwarzi*，但未述及亚种分化问题。

◆郑作新（1958：278；1964：277；1976：750；1987：804；1994：144；2000：143）、郑光美（2005：307；2011：319；2017：242；2023：256）记载巨嘴柳莺 *Phylloscopus schwarzi* 为单型种。

〔891〕**灰柳莺** *Phylloscopus griseolus*　　　　　　　　　　　　　　　　　　　　　　　　huīliǔyīng

英文名：Sulphur-bellied Warbler

◆郑作新（1966：163；2002：247）记载灰柳莺 *Phylloscopus griseolus*，但未述及亚种分化问题。

◆郑作新（1958：276；1964：277；1976：747-748；1987：800；1994：143；2000：143）、郑光美（2005：306；2011：319；2017：241；2023：256）记载灰柳莺 *Phylloscopus griseolus* 为单型种。

〔892〕**黄腹柳莺** *Phylloscopus affinis*　　　　　　　　　　　　　　　　　　　　　　　　huángfù liǔyīng

英文名：Tickell's Leaf Warbler

◆郑作新（1966：163；2002：247）记载黄腹柳莺 *Phylloscopus affinis*，但未述及亚种分化问题。

◆郑作新（1958：274；1964：277；1976：745；1987：798-799；1994：143；2000：143）、郑光美（2005：306；2011：318）记载黄腹柳莺 *Phylloscopus affinis* 为单型种。

◆郑光美（2017：240-241；2023：256）记载以下两种：

（1）黄腹柳莺 *Phylloscopus affinis*

❶ 指名亚种 *affinis*

（2）华西柳莺 *Phylloscopus occisinensis*[①]

③ 由 *Phylloscopus affinis* 的新描述亚种提升为种（Martens et al., 2008）。

〔893〕**华西柳莺** *Phylloscopus occisinensis*　　　　　　　　　　　　　　　　　　　　　　huáxī liǔyīng

英文名：Alpine Leaf Warbler

由 *Phylloscopus affinis* 的新描述亚种提升为种。请参考〔892〕黄腹柳莺 *Phylloscopus affinis*。

〔894〕**烟柳莺** *Phylloscopus fuligiventer*　　　　　　　　　　　　　　　　　　　　　　　yānliǔyīng

英文名：Smoky Warbler

曾被视为 *Phylloscopus fuscatus* 的亚种，现列为独立种。请参考〔895〕褐柳莺 *Phylloscopus fuscatus*。

〔895〕**褐柳莺** *Phylloscopus fuscatus*　　　　　　　　　　　　　　　　　　　　　　　　　hèliǔyīng

英文名：Dusky Warbler

◆郑作新（1958：276-277；1964：157-158，277；1966：165；1976：748-749；1987：801-802）记载褐柳莺 *Phylloscopus fuscatus* 四亚种：

❶ 藏南亚种 *fuligiventer*

❷ 昌都亚种 *tibetanus*

❸ 西南亚种 *weigoldi*

❹ 指名亚种 *fuscatus*

◆郑作新（1994：143-144；2000：143；2002：249）、郑光美（2005：305-306）记载以下两种：

(1) 褐柳莺 *Phylloscopus fuscatus*

❶ 西南亚种 *weigoldi*

❷ 指名亚种 *fuscatus*

(2) 烟柳莺 *Phylloscopus fuligiventer*

❶ 指名亚种 *fuligiventer*

❷ 昌都亚种 *tibetanus*

◆郑光美（2011：317-318）记载以下两种：

(1) 褐柳莺 *Phylloscopus fuscatus*

❶ 指名亚种 *fuscatus*

❷ 西北亚种 *robustus*

❸ 西南亚种 *weigoldi*[①]

[①] Martens 等（2008）将其作为烟柳莺的亚种 *Phylloscopus fuligiventer weigoldi*。

(2) 烟柳莺 *Phylloscopus fuligiventer*

❶ 指名亚种 *fuligiventer*

❷ 昌都亚种 *tibetanus*

◆郑光美（2017：240；2023：257）记载以下两种：

(1) 烟柳莺 *Phylloscopus fuligiventer*

❶ 指名亚种 *fuligiventer*

❷ 昌都亚种 *tibetanus*

❸ 西南亚种 *weigoldi*

(2) 褐柳莺 *Phylloscopus fuscatus*

❶ 指名亚种 *fuscatus*

❷ 西北亚种 *robustus*

[896] **棕腹柳莺** *Phylloscopus subaffinis*　　　　　　　　　　　　　　　　zōngfù liǔyīng

英文名：Buff-throated Warbler

◆郑作新（1964：277；1976：746；1987：799-800；1994：143；2000：143）记载棕腹柳莺 *Phylloscopus subaffinis* 一亚种：

❶ 指名亚种 *subaffinis*

◆郑作新（1966：163；2002：247）记载棕腹柳莺 *Phylloscopus subaffinis*，但未述及亚种分化问题。

◆郑作新（1958：275）、郑光美（2005：306；2011：318；2017：241；2023：257）记载棕腹柳莺 *Phylloscopus subaffinis* 为单型种。

[897] **欧柳莺** *Phylloscopus trochilus*　　　　　　　　　　　　　　　　　　ōuliǔyīng

英文名：Willow Warbler

◆郑光美（2011：317；2017：239；2023：258）记载欧柳莺 *Phylloscopus trochilus*[①]为单型种。

[①] 郑光美（2011）：中国鸟类新记录，见《中国观鸟年报》（2006）。

XXVI. 雀形目
PASSERIFORMES

〔898〕**中亚叽喳柳莺** *Phylloscopus sindianus* zhōngyà jīzhā liǔyīng

曾用名： 东方叽咋柳莺 *Phylloscopus sindianus*、东方叽喳柳莺 *Phylloscopus sindianus*；

东方棕柳莺 *Phylloscopus sindianus*（杭馥兰等，1997：265）

英文名： Mountain Chiffchaff

曾被视为叽喳柳莺 *Phylloscopus collybita* 的一个亚种，现列为独立种。请参考〔899〕叽喳柳莺 *Phylloscopus collybita*。

〔899〕**叽喳柳莺** *Phylloscopus collybita* jīzhā liǔyīng

曾用名： 棕柳莺 *Phylloscopus collybita*、叽咋柳莺 *Phylloscopus collybita*；

棕柳莺、叽咋柳莺 *Phylloscopus collybitus*（杭馥兰等，1997：265）

英文名： Common Chiffchaff

◆ 郑作新（1958：274；1964：157，277；1966：164；1976：744-745；1987：797-798）记载棕柳莺 *Phylloscopus collybita* 二亚种：

❶ 新疆亚种 *sindianus*

❷ 北方亚种 *tristis*

◆ 郑作新（1994：143；2000：143；2002：247）记载以下两种：

（1）叽咋柳莺 *Phylloscopus collybita*[①]

❶ 中亚亚种 *tristis*

（2）东方叽咋柳莺 *Phylloscopus sindianus*[②③]

❶ 指名亚种 *sindianus*

[①②] 编者注：郑作新（2002）未述及亚种分化问题。

[③] 编者注：郑作新（1994）记载其为单型种。

◆ 郑光美（2005：305；2011：317）记载以下两种：

（1）叽喳柳莺 *Phylloscopus collybita*[④]

❶ 中亚亚种 *tristis*

[④] 编者注：郑光美（2005）记载其种本名为 *collybitus*。

（2）东方叽咋柳莺 *Phylloscopus sindianus*

❶ 指名亚种 *sindianus*

◆ 郑光美（2017：239；2023：258）记载以下两种：

（1）中亚叽喳柳莺 *Phylloscopus sindianus*

❶ 指名亚种 *sindianus*

（2）叽喳柳莺 *Phylloscopus collybita*

❶ 中亚亚种 *tristis*

〔900〕**冕柳莺** *Phylloscopus coronatus* miǎnliǔyīng

英文名： Eastern Crowned Warbler

◆ 郑作新（1958：286；1964：278；1976：759-760；1987：814-815）记载冕柳莺 *Phylloscopus coronatus* 一亚种：

❶ 指名亚种 coronatus
◆郑作新（1966：164；2002：248）记载冕柳莺 Phylloscopus coronatus，但未述及亚种分化问题。
◆郑作新（1994：145；2000：145）、郑光美（2005：310；2011：323；2017：245；2023：258）记载冕柳莺 Phylloscopus coronatus 为单型种。

〔901〕**日本冕柳莺** Phylloscopus ijimae　　　　　　　　　　　　　　　　　　rìběn miǎnliǔyīng
曾用名： 饭岛柳莺 Phylloscopus ijimae（刘阳等，2021：392；约翰·马敬能，2022b：265）
英文名： Ijima's Leaf-Warbler
◆郑光美（2011：323；2017：245；2023：258）记载日本冕柳莺 Phylloscopus ijimae①为单型种。
　① 郑光美（2011）：中国鸟类新记录，见刘小如等（2010）。

〔902〕**白眶鹟莺** Phylloscopus intermedius　　　　　　　　　　　　　　　　　báikuàng wēngyīng
曾用名： 绿头鹟莺 Seicercus affinis、短嘴鹟莺 Seicercus intermedius、白眶鹟莺 Seicercus affinis
英文名： White-spectacled Warbler
说　明： 初为绿头鹟莺 Seicercus affinis 的华南亚种 intermedia，后提升为独立种（短嘴鹟莺 Seicercus intermedius），随后又并入白眶鹟莺 Seicercus affinis。今因分类修订，其学名改为 Phylloscopus intermedius。
◆郑作新（1958：293；1964：279）记载绿头鹟莺 Seicercus affinis 一亚种：
　❶ 华南亚种 intermedia
◆郑作新（1976：768-770）记载以下三种：
　（1）白眶鹟莺 Seicercus affinis
　（2）短嘴鹟莺 Seicercus intermedius
　（3）绿头鹟莺 Seicercus cognitus①
　① 编者注：郑作新（1958，1964，1987）均将 Cryptolopha burkii cognita 作为 Seicercus affinis intermedius 的同物异名。
◆郑作新（1987：824；1994：147；2000：147）记载白眶鹟莺 Seicercus affinis 一亚种：
　❶ 华南亚种 intermedius
◆郑作新（1966：167；2002：252）记载白眶鹟莺 Seicercus affinis，但未述及亚种分化问题。
◆郑作新等（2010：231-234）、郑光美（2005：314；2011：327；2017：248）记载白眶鹟莺 Seicercus affinis 二亚种：
　❶ 指名亚种 affinis
　❷ 华南亚种 intermedius
◆郑光美（2023：259）记载白眶鹟莺 Phylloscopus intermedius②二亚种：
　❶ zosterops 亚种
　❷ 指名亚种 intermedius
　② 编者注：据郑光美（2021：193；2023：256），Phylloscopus affinis 被命名为黄腹柳莺，可参考〔892〕黄腹柳莺 Phylloscopus affinis。

XXVI. 雀形目
PASSERIFORMES

〔903〕**灰脸鹟莺** *Phylloscopus poliogenys*　　　　　　　　　　　　　　　huīliǎn wēngyīng

曾用名：灰脸鹟莺 *Seicercus poliogenys*

英文名：Grey-cheeked Warbler

◆郑作新（1966：168；2002：253）记载灰脸鹟莺 *Seicercus poliogenys*，但未述及亚种分化问题。

◆郑作新（1958：294；1964：279；1976：770；1987：825；1994：147；2000：147）、郑光美（2005：314；2011：327；2017：250）记载灰脸鹟莺 *Seicercus poliogenys* 为单型种。

◆郑光美（2023：259）记载灰脸鹟莺 *Phylloscopus poliogenys* 为单型种。

〔904〕**金眶鹟莺** *Phylloscopus burkii*　　　　　　　　　　　　　　　　jīnkuàng wēngyīng

曾用名：金眶鹟莺 *Seicercus burkii*

英文名：Green-crowned Warbler

◆郑作新（1958：292-293；1964：160，279；1966：168；1976：767-768；1987：822-823；1994：146；2000：146）记载金眶鹟莺 *Seicercus burkii* 四亚种：

　　❶ 指名亚种 *burkii*

　　❷ 云南亚种 *tephrocephalus*

　　❸ 西南亚种 *distinctus*

　　❹ 华南亚种 *valentini*

◆郑作新（2002：253）记载金眶鹟莺 *Seicercus burkii* 五亚种：

　　❶ 指名亚种 *burkii*

　　❷ 云南亚种 *tephrocephalus*

　　❸ 西南亚种 *distinctus*

　　❹ 华南亚种 *valentini*

　　❺ 峨眉亚种 *omeiensis*[①]

① Martens 等（1999）认为此亚种是独立种。

◆郑光美（2005：312-313；2011：325-326；2017：248-249）记载以下六种：

　　（1）金眶鹟莺 *Seicercus burkii*

　　（2）灰冠鹟莺 *Seicercus tephrocephalus*[②]

② 郑光美（2005）：由金眶鹟莺 *Seicercus burkii* 的 *tephrocephalus* 亚种提升的种（Alström et al., 1999，2000）。

　　（3）韦氏鹟莺 *Seicercus whistleri*[③]

　　　❶ 西藏亚种 *nemoralis*[④]

③ 郑光美（2005）：由金眶鹟莺 *Seicercus burkii* 分出的种（Alström et al., 1999，2000；Martens et al., 1999）。

④ 编者注：亚种中文名引自段文科和张正旺（2017b：1113）。

　　（4）比氏鹟莺 *Seicercus valentini*[⑤]

　　　❶ 指名亚种 *valentini*

　　　❷ 东南亚种 *latouchei*[⑥]

⑤ 郑光美（2005）：由金眶鹟莺 *Seicercus burkii* 的 *tephrocephalus* 亚种提升的种（Alström et al.,

1999，2000）。

⑥编者注：亚种中文名引自段文科和张正旺（2017b：1114）。

（5）峨眉鹟莺 *Seicercus omeiensis*⑦

⑦郑光美（2005）：由金眶鹟莺 *Seicercus burkii* 分出的种（Alström et al., 1999, 2000; Martens et al., 1999）。编者注：郑光美（2005）记载其中文名为峨嵋鹟莺。

（6）淡尾鹟莺 *Seicercus soror*⑧

⑧郑光美（2005）：由金眶鹟莺 *Seicercus burkii* 分出的种（Alström et al., 1999, 2000; Martens et al., 1999）。

◆郑光美（2023：259-260）记载以下六种：

（1）金眶鹟莺 *Phylloscopus burkii*

（2）灰冠鹟莺 *Phylloscopus tephrocephalus*

（3）韦氏鹟莺 *Phylloscopus whistleri*

❶ 西藏亚种 *nemoralis*

（4）比氏鹟莺 *Phylloscopus valentini*

❶ 指名亚种 *valentini*

❷ 东南亚种 *latouchei*

（5）淡尾鹟莺 *Phylloscopus soror*

（6）峨眉鹟莺 *Phylloscopus omeiensis*

〔905〕**灰冠鹟莺** *Phylloscopus tephrocephalus*　　　　　　　　　　　　　　　　　　huīguān wēngyīng

曾用名：灰冠鹟莺 *Seicercus tephrocephalus*

英文名：Grey-crowned Warbler

　　由 *Seicercus burkii* 的 *tephrocephalus* 亚种提升的种。请参考〔904〕金眶鹟莺 *Phylloscopus burkii*。

〔906〕**韦氏鹟莺** *Phylloscopus whistleri*　　　　　　　　　　　　　　　　　　wéishì wēngyīng

曾用名：韦氏鹟莺 *Seicercus whistleri*

英文名：Whistler's Warbler

　　由原金眶鹟莺 *Seicercus burkii* 分出的种。请参考〔904〕金眶鹟莺 *Phylloscopus burkii*。

〔907〕**比氏鹟莺** *Phylloscopus valentini*　　　　　　　　　　　　　　　　　　bǐshì wēngyīng

曾用名：比氏鹟莺 *Seicercus valentini*

英文名：Bianchi's Warbler

　　由 *Seicercus burkii* 的 *tephrocephalus* 亚种提升的种。请参考〔904〕金眶鹟莺 *Phylloscopus burkii*。

〔908〕**淡尾鹟莺** *Phylloscopus soror*　　　　　　　　　　　　　　　　　　dànwěi wēngyīng

曾用名：淡尾鹟莺 *Seicercus soror*

英文名：Alström's Warbler

　　由原金眶鹟莺 *Seicercus burkii* 分出的种。请参考〔904〕金眶鹟莺 *Phylloscopus burkii*。

XXVI. 雀形目 PASSERIFORMES

〔909〕**峨眉鹟莺** *Phylloscopus omeiensis*　　　　　　　　　　　　　　　　　　　　　　　　éméi wēngyīng

曾用名：峨眉鹟莺 *Seicercus omeiensis*

英文名：Martens's Warbler

　　由原金眶鹟莺 *Seicercus burkii* 分出的种。请参考〔904〕金眶鹟莺 *Phylloscopus burkii*。

〔910〕**双斑绿柳莺** *Phylloscopus plumbeitarsus*　　　　　　　　　　　　　　　　　　shuāngbān lǜliǔyīng

英文名：Two-barred Warbler

　　曾被视为暗绿柳莺 *Phylloscopus trochiloides* 的一个亚种，现列为独立种。请参考〔911〕暗绿柳莺 *Phylloscopus trochiloides*。

〔911〕**暗绿柳莺** *Phylloscopus trochiloides*　　　　　　　　　　　　　　　　　　　　ànlǜ liǔyīng

英文名：Greenish Warbler

◆ 郑作新（1958：284-285；1964：159，278；1966：166；1976：757-759；1987：812-813）记载暗绿柳莺 *Phylloscopus trochiloides* 四亚种：

　　❶ 东北亚种 *plumbeitarsus*
　　❷ 新疆亚种 *viridanus*
　　❸ 青藏亚种 *obscuratus*
　　❹ 指名亚种 *trochiloides*

◆ 郑作新（1994：145；2000：144-145；2002：248，251）、郑光美（2005：309；2011：321-322；2017：244；2023：260-261）记载以下两种：

　　（1）双斑绿柳莺 *Phylloscopus plumbeitarsus*[①]

　　　　① 编者注：郑作新（2002）未述及亚种分化问题。

　　（2）暗绿柳莺 *Phylloscopus trochiloides*

　　　　❶ 青藏亚种 *obscuratus*
　　　　❷ 指名亚种 *trochiloides*
　　　　❸ 新藏亚种 *viridanus*

〔912〕**峨眉柳莺** *Phylloscopus emeiensis*　　　　　　　　　　　　　　　　　　　　　éméi liǔyīng

曾用名：峨眉柳莺 *Phylloscopus emeiansis*

英文名：Emei Leaf Warbler

◆ 郑作新（2000：145）记载峨眉柳莺 *Phylloscopus emeiansis* 为单型种。

◆ 郑作新（2002：248）记载峨眉柳莺 *Phylloscopus emeiansis*，但未述及亚种分化问题。

◆ 郑作新等（2010：199-202）、郑光美（2005：311；2011：324；2017：247；2023：261）记载峨眉柳莺 *Phylloscopus emeiensis*[①]为单型种。

　　① 编者注：据郑作新等（2010），该种为1995年发现的新种。

〔913〕**乌嘴柳莺** *Phylloscopus magnirostris*　　　　　　　　　　　　　　　　　　　wūzuǐ liǔyīng

英文名：Large-billed Leaf Warbler

- 郑作新（1966：164；2002：248）记载乌嘴柳莺 *Phylloscopus magnirostris*，但未述及亚种分化问题。
- 郑作新（1958：283；1964：278；1976：757；1987：811；1994：145；2000：144）、郑光美（2005：310；2011：322；2017：245；2023：261）记载乌嘴柳莺 *Phylloscopus magnirostris* 为单型种。

〔914〕**库页岛柳莺** *Phylloscopus borealoides*　　　　　　　　　　　　kùyèdǎo liǔyīng

曾用名： 萨岛柳莺 *Phylloscopus borealoides*

英文名： Sakhalin Leaf Warbler

- 郑光美（2011：322；2017：245）记载萨岛柳莺 *Phylloscopus borealoides* 为单型种。
- 段文科和张正旺（2017b：1106）记载萨岛柳莺、库页岛柳莺 *Phylloscopus borealoides* 为单型种。
- 郑光美（2023：261）记载为库页岛柳莺 *Phylloscopus borealoides* 为单型种。

〔915〕**淡脚柳莺** *Phylloscopus tenellipes*　　　　　　　　　　　　dànjiǎo liǔyīng

曾用名： 灰脚柳莺 *Phylloscopus tenellipes*

英文名： Pale-legged Leaf Warbler

- 郑作新（1964：157；1966：164）记载淡脚柳莺 *Phylloscopus tenellipes*，但未述及亚种分化问题。
- 郑作新（1958：285；1964：278；1976：759；1987：813-814；1994：145；2000：145）记载灰脚柳莺 *Phylloscopus tenellipes* 为单型种。
- 郑作新（2002：248）记载灰脚柳莺 *Phylloscopus tenellipes*，亦未述及亚种分化问题。
- 郑光美（2005：310；2011：322；2017：245；2023：261）记载淡脚柳莺 *Phylloscopus tenellipes* 为单型种。

〔916〕**日本柳莺** *Phylloscopus xanthodryas*　　　　　　　　　　　　rìběn liǔyīng

英文名： Japanese Leaf Warbler

　　由极北柳莺 *Phylloscopus borealis* 的亚种提升为种。请参考〔918〕极北柳莺 *Phylloscopus borealis*。

〔917〕**堪察加柳莺** *Phylloscopus examinandus*　　　　　　　　　　　　kānchájiā liǔyīng

英文名： Kamchatka Leaf Warbler

- 郑光美（2023：262）记载堪察加柳莺 *Phylloscopus examinandus*[①]为单型种。

　　　[①] 中国鸟类新记录（刘阳等，2021）。

〔918〕**极北柳莺** *Phylloscopus borealis*　　　　　　　　　　　　jíběi liǔyīng

英文名： Arctic Warbler

- 郑作新（1958：283；1964：158，278；1966：165；1976：755-756；1987：810-811；1994：144-145；2000：144；2002：249）记载极北柳莺 *Phylloscopus borealis* 三亚种：
    1. 指名亚种 *borealis*
    2. 北方亚种 *hylebata*
    3. 堪察加亚种 *xanthodryas*
- 郑光美（2005：309；2011：321）记载极北柳莺 *Phylloscopus borealis* 二亚种：
    1. 指名亚种 *borealis*

❷ 堪察加亚种 *xanthodryas*①

① 郑光美（2011）：Alström 等（2011）认为此亚种提升为种 *Phylloscopus xanthodryas*。

◆郑光美（2017：244；2023：262）记载以下两种：

（1）日本柳莺 *Phylloscopus xanthodryas*②

② 郑光美（2017）：由 *Phylloscopus borealis* 的亚种提升为种（Saitoh et al., 2010；Alström et al., 2011c）。

（2）极北柳莺 *Phylloscopus borealis*

❶ 指名亚种 *borealis*

[919] **栗头鹟莺** *Phylloscopus castaniceps*　　　　　　　　　　　　　　　　　　　lìtóu wēngyīng

曾用名： 栗头鹟莺 *Seicercus castaniceps*

英文名： Chestnut-crowned Warbler

◆郑作新（1958：291-292；1964：161，279；1966：168；1976：766；1987：821-822；1994：146；2000：146；2002：253）、郑光美（2005：314；2011：327；2017：250）记载栗头鹟莺 *Seicercus castaniceps* 三亚种：

❶ 指名亚种 *castaniceps*

❷ 蒙自亚种 *laurentei*

❸ 华南亚种 *sinensis*

◆郑光美（2023：262-263）记载栗头鹟莺 *Phylloscopus castaniceps* 三亚种：

❶ 指名亚种 *castaniceps*

❷ 蒙自亚种 *laurentei*

❸ 华南亚种 *sinensis*

[920] **灰岩柳莺** *Phylloscopus calciatilis*　　　　　　　　　　　　　　　　　　　huīyán liǔyīng

英文名： Limestone Leaf Warbler

◆郑光美（2011：325；2017：247-248；2023：263）记载灰岩柳莺 *Phylloscopus calciatilis*①为单型种。

① 郑光美（2011）：Alström 等（2009）发表的鸟类新种。

[921] **黑眉柳莺** *Phylloscopus ricketti*　　　　　　　　　　　　　　　　　　　hēiméi liǔyīng

曾用名： 黄胸柳莺 *Phylloscopus ricketti*（赵正阶，2001b：603）

英文名： Sulphur-breasted Warbler

从黄胸柳莺 *Phylloscopus cantator* 分出的种（赵正阶，2001b：604）。请参考 [922] 黄胸柳莺 *Phylloscopus cantator*。

[922] **黄胸柳莺** *Phylloscopus cantator*　　　　　　　　　　　　　　　　　　　huángxiōng liǔyīng

英文名： Yellow-vented Warbler

◆郑作新（1958：289；1964：158，278-279；1966：165；1976：763-764；1987：818-819）记载黄胸柳莺 *Phylloscopus cantator* 二亚种：

❶ 华南亚种 *ricketti*

❷ 海南亚种 *goodsoni*

◆郑作新（1994：146；2000：145-146；2002：250）记载黑眉柳莺 *Phylloscopus ricketti* 二亚种：

❶ 指名亚种 *ricketti*

❷ 海南亚种 *goodsoni*①

① 郑作新（1994，2000）：Alström 等（1993）认为，这不是 *Phylloscopus ricketti* 的亚种，而是 *Phylloscopus reguloides* 的亚种。

◆郑光美（2005：312；2011：325；2017：247-248；2023：263）记载以下两种：

（1）黑眉柳莺 *Phylloscopus ricketti*

（2）黄胸柳莺 *Phylloscopus cantator*

❶ 指名亚种 *cantator*

〔923〕**西南冠纹柳莺** *Phylloscopus reguloides*　　　　　　　　　　　　xīnán guānwén liǔyīng

曾用名： 冠纹柳莺 *Phylloscopus reguloides*

英文名： Blyth's Leaf Warbler

说　明： 因分类修订，原冠纹柳莺 *Phylloscopus reguloides* 的中文名修改为西南冠纹柳莺。

◆郑作新（1958：286-287；1964：158，278；1966：165-166；1976：760-762；1987：815-817；1994：145；2000：145；2002：250）记载冠纹柳莺 *Phylloscopus reguloides* 三亚种：

❶ 指名亚种 *reguloides*

❷ 西南亚种 *claudiae*

❸ 华南亚种 *fokiensis*

◆郑光美（2005：310-311；2011：323-324）记载冠纹柳莺 *Phylloscopus reguloides* 五亚种：

❶ 西南亚种 *claudiae*

❷ 华南亚种 *fokiensis*

❸ 海南亚种 *goodsoni*①

❹ 指名亚种 *reguloides*

❺ 阿萨姆亚种 *assamensis*

① 编者注：据约翰·马敬能等（2000：380），亚种 *goodsoni* 有时被视为黑眉柳莺 *Phylloscopus ricketti* 的一亚种（郑作新，1987）。

◆郑光美（2017：246；2023：263-264）记载以下三种：

（1）西南冠纹柳莺 *Phylloscopus reguloides*

❶ 指名亚种 *reguloides*

❷ 阿萨姆亚种 *assamensis*

（2）冠纹柳莺 *Phylloscopus claudiae*②

（3）华南冠纹柳莺 *Phylloscopus goodsoni*③

❶ 华南亚种 *fokiensis*

❷ 指名亚种 *goodsoni*

②③郑光美（2017）：由 *Phylloscopus reguloides* 的亚种提升为种（Olsson et al., 2005；Rheindt, 2006）。

〔924〕**冠纹柳莺** *Phylloscopus claudiae*   guānwén liǔyīng

英文名： Claudia's Leaf Warbler

由 *Phylloscopus reguloides* 的亚种提升为种，中文名沿用冠纹柳莺。请参考〔923〕西南冠纹柳莺 *Phylloscopus reguloides*。

〔925〕**华南冠纹柳莺** *Phylloscopus goodsoni*   huánán guānwén liǔyīng

英文名： Hartert's Leaf Warbler

由 *Phylloscopus reguloides* 的亚种提升为种。请参考〔923〕西南冠纹柳莺 *Phylloscopus reguloides*。

〔926〕**白斑尾柳莺** *Phylloscopus ogilviegranti*   báibānwěi liǔyīng

曾用名： 白斑尾柳莺 *Phylloscopus davisoni*

英文名： Kloss's Leaf Warbler

说　明： 由 *Phylloscopus davisoni* 的亚种提升为种，中文名沿用白斑尾柳莺。

◆ 郑作新（1958：288；1964：159，278；1966：166；1976：762-763；1987：817-818；1994：145-146；2000：145；2002：250-251）、郑光美（2005：311-312；2011：324）记载白斑尾柳莺 *Phylloscopus davisoni*[1] 三亚种：

❶ 指名亚种 *davisoni*

❷ 西南亚种 *disturbans*

❸ 挂墩亚种 *ogilviegranti*[2]

[1] 郑光美（2011）：Alström 等（2005）、Päckert 等（2009）将本种分为 *Phylloscopus davisoni* 和 *Phylloscopus ogilviegranti* 2个种。

[2] 编者注：郑作新（1958，1964，1966）记载该亚种为 *ogilvie-granti*。

◆ 郑光美（2017：247）记载以下两种：

（1）云南白斑尾柳莺 *Phylloscopus davisoni*

（2）白斑尾柳莺 *Phylloscopus ogilviegranti*[3]

❶ 西南亚种 *disturbans*

❷ 指名亚种 *ogilviegranti*

[3] 由 *Phylloscopus davisoni* 的亚种提升为种（Olsson et al., 2005）。

◆ 郑光美（2023：264-265）记载以下两种：

（1）白斑尾柳莺 *Phylloscopus ogilviegranti*

❶ 西南亚种 *disturbans*

❷ 指名亚种 *ogilviegranti*

（2）云南白斑尾柳莺 *Phylloscopus intensior*[4]

[4] 编者注：赵正阶（2001b：603）、郑作新等（2010：204）均记载白斑尾柳莺 *Phylloscopus davisoni* 五亚种，其中泰东亚种 *intensior* 和中南半岛亚种 *klossi* 我国境内没有分布。

〔927〕**海南柳莺** *Phylloscopus hainanus*   hǎinán liǔyīng

英文名： Hainan Leaf Warbler

◆ 郑作新（2002：248）记载海南柳莺 *Phylloscopus hainanus*，但未述及亚种分化问题。

◆ 郑作新（1994：145；2000：145）、郑光美（2005：311；2011：324；2017：247；2023：265）记载海南柳莺*Phylloscopus hainanus*[①]为单型种。

① 郑作新（1994，2000）：参见 Olsson 等（1993）。

〔928〕**云南白斑尾柳莺** *Phylloscopus intensior*   yúnnán báibānwěi liǔyīng

曾用名：云南白斑尾柳莺 *Phylloscopus davisoni*

英文名：Davison's Leaf Warbler

曾被视为 *Phylloscopus davisoni* 的一个亚种，现列为独立种。请参考〔926〕白斑尾柳莺 *Phylloscopus ogilviegranti*。

〔929〕**灰头柳莺** *Phylloscopus xanthoschistos*   huītóu liǔyīng

曾用名：灰头鹟莺 *Seicercus xanthoschistos*、灰头柳莺 *Seicercus xanthoschistos*

英文名：Grey-hooded Warbler

◆ 郑作新（1958：293；1964：279；1976：768；1987：823-824；1994：147；2000：146-147）记载灰头鹟莺 *Seicercus xanthoschistos* 一亚种：

❶ 指名亚种 *xanthoschistos*

◆ 郑作新（1966：167；2002：253）记载灰头鹟莺 *Seicercus xanthoschistos*，但未述及亚种分化问题。

◆ 郑光美（2005：313；2011：326）记载灰头鹟莺 *Seicercus xanthoschistos*[①]二亚种：

❶ 西藏亚种 *flavogularis*

❷ 指名亚种 *xanthoschistos*

① 郑光美（2011）：Olsson 等（2005）认为此种应归入 *Phylloscopus* 属。

◆ 段文科和张正旺（2017b：1115）记载灰头鹟莺、灰头柳莺 *Seicercus xanthoschistos* 二亚种：

❶ 西藏亚种 *flavogularis*

❷ 指名亚种 *xanthoschistos*

◆ 郑光美（2017：248；2023：265）记载灰头柳莺 *Phylloscopus xanthoschistos*[②]二亚种：

❶ 西藏亚种 *flavogularis*

❷ 指名亚种 *xanthoschistos*

② 郑光美（2017）：由 *Seicercus* 属归入 *Phylloscopus* 属（Olsson et al.，2005）。

83. 树莺科 Scotocercidae（Bush warblers） 8 属 19 种

〔930〕**黄腹鹟莺** *Abroscopus superciliaris*   huángfù wēngyīng

曾用名：黄腹鹟莺 *Seicercus superciliaris*

英文名：Yellow-bellied Warbler

◆ 郑作新（1955：294；1964：279；1976：770；1987：825）记载黄腹鹟莺 *Seicercus superciliaris* 一亚种：

❶ 指名亚种 *superciliaris*

◆ 郑作新（1966：168）记载黄腹鹟莺 *Seicercus superciliaris*，但未述及亚种分化问题。

◆ 郑作新（1994：147；2000：147）记载黄腹鹟莺 *Abroscopus superciliaris* 一亚种：
  ❶ 指名亚种 *superciliaris*
◆ 郑作新（2002：254）记载黄腹鹟莺 *Abroscopus superciliaris*，亦未述及亚种分化问题。
◆ 郑光美（2005：315；2011：328；2017：250-251；2023：265）记载黄腹鹟莺 *Abroscopus superciliaris* 二亚种：
  ❶ 西藏亚种 *drasticus*[①]
  ❷ 指名亚种 *superciliaris*
  [①] 编者注：亚种中文名引自段文科和张正旺（2017b：1115）。

[931] **棕脸鹟莺** *Abroscopus albogularis*   zōngliǎn wēngyīng
曾用名：棕脸鹟莺 *Seicercus albogularis*
英文名：Rufous-faced Warbler
◆ 郑作新（1958：295）记载棕脸鹟莺 *Seicercus albogularis* 一亚种：
  ❶ 华南亚种 *fulvifacies*
◆ 郑作新（1966：168）记载棕脸鹟莺 *Seicercus albogularis*，但未述及亚种分化问题。
◆ 郑作新（1964：279；1976：771-772；1987：827）记载棕脸鹟莺 *Seicercus albogularis* 二亚种：
  ❶ 指名亚种 *albogularis*[①]
  ❷ 华南亚种 *fulvifacies*
  [①] 编者注：中国鸟类亚种新记录（А. И. 伊万诺夫，1961）。
◆ 郑作新（1994：147；2000：147；2002：254）、郑光美（2005：315；2011：328；2017：251；2023：265-266）记载棕脸鹟莺 *Abroscopus albogularis* 二亚种：
  ❶ 指名亚种 *albogularis*
  ❷ 华南亚种 *fulvifacies*

[932] **黑脸鹟莺** *Abroscopus schisticeps*   hēiliǎn wēngyīng
曾用名：黑脸鹟莺 *Seicercus schisticeps*
英文名：Black-faced Warbler
◆ 郑作新（1955：294-295；1964：279）记载黑脸鹟莺 *Seicercus schisticeps* 一亚种：
  ❶ 滇南亚种 *ripponi*
◆ 郑作新（1966：168）记载黑脸鹟莺 *Seicercus schisticeps*，但未述及亚种分化问题。
◆ 郑作新（1976：770-771；1987：826）记载黑脸鹟莺 *Seicercus schisticeps* 二亚种：
  ❶ 滇东亚种 *flavimentalis*
  ❷ 滇西亚种 *ripponi*
◆ 郑作新（1994：147；2000：147；2002：254）、郑光美（2005：315；2011：328；2017：251；2023：266）记载黑脸鹟莺 *Abroscopus schisticeps* 二亚种：
  ❶ 藏东亚种 *flavimentalis*
  ❷ 滇南亚种 *ripponi*[①]
  [①] 编者注：郑作新（2000）仍称其为滇西亚种。

[933] **栗头织叶莺** *Phyllergates cucullatus* lìtóu zhīyèyīng

曾用名： 金头缝叶莺 *Orthotomus cucullatus*、栗头缝叶莺 *Orthotomus cucullatus*；

山缝叶莺 *Orthotomus cucullatus*（杭馥兰等，1997：274）、

金头缝叶莺 *Phyllergates cucullatus*（刘阳等，2021：374；约翰·马敬能，2022b：250）

英文名： Mountain Tailorbird

◆ 郑作新（1958：297-298；1964：280；1976：775；1987：830-831；1994：148；2000：148）记载金头缝叶莺 *Orthotomus cucullatus* 一亚种：

❶ 西南亚种 *coronatus*

◆ 郑作新（1966：168；2002：255）记载金头缝叶莺 *Orthotomus cucullatus*，但未述及亚种分化问题。

◆ 郑光美（2005：303；2011：315）记载栗头缝叶莺 *Orthotomus cucullatus* 一亚种：

❶ 西南亚种 *coronatus*

◆ 郑光美（2017：251；2023：266）记载栗头织叶莺 *Phyllergates cucullatus*[①] 一亚种：

❶ 西南亚种 *coronatus*

[①] 郑光美（2017）：由 *Orthotomus* 属归入 *Phyllergates* 属（Alström et al.，2011b）。

[934] **宽嘴鹟莺** *Tickellia hodgsoni* kuānzuǐ wēngyīng

曾用名： 宽嘴鹟莺 *Abroscopus hodgsoni*（杭馥兰等，1997：273）

英文名： Broad-billed Warbler

◆ 郑作新（1964：280；1976：772；1987：828）记载宽嘴鹟莺 *Tickellia hodgsoni*[①] 为单型种。

[①] 编者注：中国鸟类新记录（А. И. 伊万诺夫，1959）。该文指出，*Tickellia hodgsoni* 尚系中国鸟类中属和种的新记录。另据赵正阶（2001b：617），也有学者将本种归入 *Abroscopus* 属或 *Seicercus* 属。

◆ 郑作新（1966：157）记载宽嘴鹟莺属 *Tickellia* 为单型属。

◆ 郑作新（1994：147；2000：147）记载宽嘴鹟莺 *Tickellia hodgsoni* 一亚种：

❶ 滇南亚种 *tonkinensis*

◆ 郑作新（2002：254）记载宽嘴鹟莺 *Tickellia hodgsoni*，但未述及亚种分化问题。

◆ 郑光美（2005：315-316；2011：328-329；2017：252；2023：266）记载宽嘴鹟莺 *Tickellia hodgsoni* 二亚种：

❶ 指名亚种 *hodgsoni*

❷ 滇南亚种 *tonkinensis*

[935] **短翅树莺** *Horornis diphone* duǎnchì shùyīng

曾用名： 短翅树莺 *Cettia diphone*、树莺 *Cettia diphone*、日本树莺 *Cettia diphone*；

日本树莺 *Horornis diphone*（刘阳等，2021：374；约翰·马敬能，2022b：251）

英文名： Japanese Bush Warbler

◆ 郑作新（1958：253-254）记载短翅树莺 *Cettia diphone*[①] 三亚种：

❶ 东北亚种 *borealis*

❷ 普通亚种 *canturians*

❸ 琉球亚种 *riukiuensis*

① 据 Hachisuka 和 Udagwa（1950，1951），*Cettia diphone cantans* 曾经在冬时一度录自台湾，但该亚种并非迁徙鸟，是否迁至台湾越冬，尚属疑问。

◆郑作新（1964：152，274；1966：159；1976：715）记载短翅树莺 *Cettia diphone* 四亚种：

❶ 东北亚种 *borealis*
❷ 普通亚种 *canturians*
❸ 台湾亚种 *cantans*
❹ 琉球亚种 *riukiuensis*

◆郑作新（1987：766）记载树莺 *Cettia diphone* 四亚种：

❶ 东北亚种 *borealis*
❷ 普通亚种 *canturians*
❸ 台湾亚种 *cantans*
❹ 琉球亚种 *riukiuensis*

◆郑作新（1994：138；2000：138；2002：240）记载日本树莺 *Cettia diphone* 五亚种：

❶ 东北亚种 *borealis*
❷ 普通亚种 *canturians*
❸ 台湾亚种 *cantans*
❹ 库页岛亚种 *viridis*
❺ 琉球亚种 *riukiuensis*

◆郑光美（2005：295）记载以下两种：

（1）远东树莺 *Cettia canturians*
（2）日本树莺 *Cettia diphone*

❶ 东北亚种 *borealis*
❷ 台湾亚种 *cantans*
❸ 琉球亚种 *riukiuensis*

◆郑光美（2011：306-307）记载以下两种：

（1）远东树莺 *Cettia canturians*
（2）短翅树莺 *Cettia diphone*

❶ 东北亚种 *borealis*
❷ 萨哈林岛亚种 *sakhalinensis*②
❸ 台湾亚种 *cantans*
❹ 琉球亚种 *riukiuensis*

② 编者注：亚种中文名引自段文科和张正旺（2017b：1064）。

◆郑光美（2017：252-253）记载记载以下两种：

（1）短翅树莺 *Horornis diphone*③

❶ 萨哈林岛亚种 *sakhalinensis*
❷ 台湾亚种 *cantans*
❸ 琉球亚种 *riukiuensis*

（2）远东树莺 *Horornis canturians*④

① 指名亚种 *canturians*

② 东北亚种 *borealis*

③④ 由属 *Cettia* 归入 *Horornis* 属（Alström et al.，2011b）。

◆ 郑光美（2023：267）记载记载以下两种：

（1）短翅树莺 *Horornis diphone*

① 琉球亚种 *riukiuensis*

② 台湾亚种 *cantans*

（2）远东树莺 *Horornis canturians*

① 指名亚种 *canturians*

② 东北亚种 *borealis*

〔936〕远东树莺 *Horornis canturians*   yuǎndōng shùyīng

曾用名： 远东树莺 *Cettia canturians*

英文名： Manchurian Bush Warbler

曾被视为 *Cettia diphone* 的亚种，现列为独立种。请参考〔935〕短翅树莺 *Horornis diphone*。

〔937〕强脚树莺 *Horornis fortipes*   qiángjiǎo shùyīng

曾用名： 山树莺 *Cettia fortipes*、强脚树莺 *Cettia fortipes*

英文名： Brown-flanked Bush Warbler

◆ 郑作新（1958：254-255；1964：152，274；1966：159；1976：715-716）记载山树莺 *Cettia fortipes* 三亚种：

① 指名亚种 *fortipes*

② 华南亚种 *davidiana*

③ 台湾亚种 *robustipes*①

① 郑作新（1964，1966）：Delacour（1943）以此列为 *Cettia acanthizoides* 的一亚种。

◆ 郑作新（1994：138）记载强脚树莺 *Cettia fortipes* 二亚种：

① 指名亚种 *fortipes*

② 华南亚种 *davidiana*

◆ 郑作新（1987：767-768；2000：138；2002：240）、郑光美（2005：296；2011：307）记载强脚树莺 *Cettia fortipes* 三亚种：

① 华南亚种 *davidiana*

② 指名亚种 *fortipes*

③ 台湾亚种 *robustipes*

◆ 郑光美（2017：253；2023：267-268）记载强脚树莺 *Horornis fortipes*② 三亚种：

① 华南亚种 *davidianus*

② 指名亚种 *fortipes*

③ 台湾亚种 *robustipes*

② 郑光美（2017）：由属 *Cettia* 归入 *Horornis* 属（Alström et al.，2011b）。

〔938〕**喜山黄腹树莺** *Horornis brunnescens*   xǐshān huángfù shùyīng
曾用名：休氏树莺 *Horornis brunnescens*（刘阳等，2021：376；约翰·马敬能，2022b：252）
英文名：Hume's Bush Warbler

    由 *Horornis acanthizoides* 的亚种提升为种。请参考〔939〕黄腹树莺 *Horornis acanthizoides*。

〔939〕**黄腹树莺** *Horornis acanthizoides*   huángfù shùyīng
曾用名：黄腹树莺 *Cettia acanthizoides*、黄腹树莺 *Cettia robustipes*
英文名：Yellow-bellied Bush Warbler

◆ 郑作新（1964：152；1966：159）记载黄腹树莺 *Cettia acanthizoides* 二亚种：
  ❶ 西藏亚种 *brunnescens*
  ❷ 指名亚种 *acanthizoides*

◆ 郑作新（1994：138）记载黄腹树莺 *Cettia robustipes* 三亚种：
  ❶ 西藏亚种 *brunnescens*
  ❷ 华南亚种 *acanthizoides*[①]
  ❸ 指名亚种 *robustipes*[②]
  ① 编者注：亚种中文名引自赵正阶（2001b：525）。
  ② 编者注：赵正阶（2001b：525）称之为台湾亚种。

◆ 郑作新（2000：138；2002：239）记载黄腹树莺 *Cettia robustipes* 三亚种：
  ❶ 西藏亚种 *brunnescens*
  ❷ 指名亚种 *robustipes*
  ❸ 台湾亚种 *concolor*

◆ 郑作新（1958：256-257；1964：274；1976：718-719；1987：770-771）、郑光美（2005：297；2011：308）记载黄腹树莺 *Cettia acanthizoides* 三亚种：
  ❶ 指名亚种 *acanthizoides*
  ❷ 西藏亚种 *brunnescens*[③]
  ❸ 台湾亚种 *concolor*
  ③ 郑光美（2011）：Alström 等（2007）认为此亚种可提升为种 *Cettia brunnescens*。

◆ 郑光美（2017：253-254；2023：268）记载以下两种：
  （1）喜山黄腹树莺 *Horornis brunnescens*[④]
  ④ 郑光美（2017）：由 *Horornis acanthizoides* 的亚种提升为种（Alström et al.，2007）。
  （2）黄腹树莺 *Horornis acanthizoides*[⑤]
  ❶ 指名亚种 *acanthizoides*
  ❷ 台湾亚种 *concolor*
  ⑤ 郑光美（2017）：由属 *Cettia* 归入 *Horornis* 属（Alström et al.，2011b）。

〔940〕**异色树莺** *Horornis flavolivaceus*   yìsè shùyīng
曾用名：异色树莺 *Cettia flavolivacea*、异色树莺 *Cettia flavolivaceus*；
        异色树莺 *Horornis flavolivacea*（约翰·马敬能，2022b：252）

英文名： Aberrant Bush Warbler

◆ 郑作新（1964：151；1966：158）记载异色树莺 *Cettia flavolivacea* 二亚种：
　① 指名亚种 *flavolivacea*
　② 秦岭亚种 *intricata*

◆ 郑作新（1987：769-770；1994：138；2000：138；2002：239）记载异色树莺 *Cettia flavolivaceus* 三亚种：
　① 指名亚种 *flavolivaceus*
　② 西南亚种 *dulcivox*
　③ 秦岭亚种 *intricatus*

◆ 郑作新（1958：255-256；1964：274；1976：717）、郑光美（2005：296；2011：308）记载异色树莺 *Cettia flavolivacea* 三亚种：
　① 西南亚种 *dulcivox*
　② 指名亚种 *flavolivacea*[①]
　③ 秦岭亚种 *intricata*[②]

[①] 编者注：郑作新（1958）记载该亚种为 *flavolivaceus*。
[②] 编者注：郑光美（2005）记载该亚种为 *intricatus*。

◆ 郑光美（2017：254；2023：268-269）记载异色树莺 *Horornis flavolivaceus*[③] 三亚种：
　① 西南亚种 *dulcivox*
　② 指名亚种 *flavolivaceus*
　③ 秦岭亚种 *intricatus*

[③] 郑光美（2017）：由属 *Cettia* 归入 *Horornis* 属（Alström et al.，2011b）。

〔941〕**灰腹地莺** *Tesia cyaniventer*　　　　　　　　　　　　　　　　　huīfù dìyīng

曾用名： 金冠地莺 *Tesia cyaniventer*
英文名： Grey-bellied Tesia

◆ 郑作新（1964：274；1976：710）记载金冠地莺 *Tesia cyaniventer*[①] 为单型种。

[①] 编者注：郑作新等（2010：15）在灰腹地莺 *Tesia cyaniventer* 分类讨论部分指出，在郑作新的《中国鸟类分布名录》（1976）和彭燕章等的《云南鸟类名录》（1987）中，该种的中文名称金冠地莺、英文名称 Dull-slaty-bellied Ground Warbler 实为错误。后在《中国鸟类种和亚种分类名录大全》（郑作新，1994）中，将其改为灰腹地莺，英文名称 Grey-bellied Ground Warbler，与 Howard 和 Moore（1980）、King 和 Dickinson（1987）等国外文献一致。

◆ 郑作新（1966：158）记载金冠地莺 *Tesia cyaniventer*，但未述及亚种分化问题。
◆ 郑作新（2002：238）记载灰腹地莺 *Tesia cyaniventer*，亦未述及亚种分化问题。
◆ 郑作新（1958：250；1987：762；1994：137；2000：137）、郑光美（2005：294；2011：305；2017：254；2023：269）记载灰腹地莺 *Tesia cyaniventer* 为单型种。

〔942〕**金冠地莺** *Tesia olivea*　　　　　　　　　　　　　　　　　jīnguān dìyīng

曾用名： 灰腹地莺 *Tesia olivea*
英文名： Slaty-bellied Tesia

- 郑作新（1964：274；1976：712）记载灰腹地莺 *Tesia olivea* 为单型种。
- 郑作新（1966：158）记载灰腹地莺 *Tesia olivea*，但未述及亚种分化问题。
- 郑作新（2002：238）记载金冠地莺 *Tesia olivea*，亦未述及亚种分化问题。
- 郑作新（1958：251；1987：763；1994：137；2000：137）、郑光美（2005：294；2011：305；2017：255；2023：269）记载金冠地莺 *Tesia olivea* 为单型种。

[943] 宽尾树莺 *Cettia cetti*   kuānwěi shùyīng
英文名：Cetti's Warbler
- 郑作新（1966：158；2002：239）记载宽尾树莺 *Cettia cetti*，但未述及亚种分化问题。
- 郑作新（1958：258；1964：275；1976：721；1987：772；1994：139；2000：139）、郑光美（2005：297；2011：309；2017：255；2023：269）记载宽尾树莺 *Cettia cetti* 一亚种：
    1. 新疆亚种 *albiventris*

[944] 大树莺 *Cettia major*   dàshùyīng
英文名：Chestnut-crowned Bush Warbler
- 郑作新（1958：255）记载大树莺 *Cettia major* 为单型种。
- 郑作新（1966：158；2002：239）记载大树莺 *Cettia major*，但未述及亚种分化问题。
- 郑作新（1964：274；1976：716-717；1987：768-769；1994：138；2000：138）、郑光美（2005：296；2011：307-308；2017：255；2023：269）记载大树莺 *Cettia major*[①] 一亚种：
    1. 指名亚种 *major*

    ① 编者注：郑作新（2000）记载其种本名为 *majoi*。

[945] 棕顶树莺 *Cettia brunnifrons*   zōngdǐng shùyīng
英文名：Grey-sided Bush Warbler
- 郑作新（1964：274；1976：719；1987：771-772）记载棕顶树莺 *Cettia brunnifrons* 一亚种：
    1. 指名亚种 *brunnifrons*
- 郑作新（1994：139；2000：139）记载棕顶树莺 *Cettia brunnifrons* 二亚种：
    1. 指名亚种 *brunnifrons*
    2. 滇西亚种 *umbraticus*
- 郑作新（1966：158；2002：239）记载棕顶树莺 *Cettia brunnifrons*，但未述及亚种分化问题。
- 郑作新（1958：257）、郑光美（2005：297；2011：309；2017：255；2023：269）记载棕顶树莺 *Cettia brunnifrons* 为单型种。

[946] 栗头树莺 *Cettia castaneocoronata*   lìtóu shùyīng
曾用名：栗头地莺 *Tesia castaneo-coronata*、栗头地莺 *Tesia castaneocoronata*；
    栗头地莺 *Cettia castaneocoronata*（刘阳等，2021：378；约翰·马敬能，2022b：254）
英文名：Chestnut-headed Tesia
- 郑作新（1958：251-252；1964：151，274；1966：158）记载栗头地莺 *Tesia castaneo-coronata* 二亚种：

❶ 指名亚种 *castaneo-coronata*

❷ 滇西亚种 *ripleyi*

◆郑作新（1976：712-713；1987：764；1994：137；2000：137；2002：238）、郑光美（2005：294；2011：305）记载栗头地莺 *Tesia castaneocoronata* 二亚种：

❶ 指名亚种 *castaneocoronata*

❷ 滇西亚种 *ripleyi*

◆郑光美（2017：255；2023：270）记载栗头树莺 *Cettia castaneocoronata*①二亚种：

❶ 指名亚种 *castaneocoronata*

❷ 滇西亚种 *ripleyi*

① 郑光美（2017）：由 *Tesia* 属归入 *Cettia* 属（Alström et al.，2011b）。

〔947〕**鳞头树莺** *Urosphena squameiceps*   líntóu shùyīng

曾用名：鳞头树莺 *Cettia squameiceps*

英文名：Asian Stubtail

◆郑作新（1958：252；1964：274；1976：713；1987：765；1994：137；2000：137）记载鳞头树莺 *Cettia squameiceps* 为单型种。

◆郑作新（1966：158；2002：238）记载鳞头树莺 *Cettia squameiceps*，但未述及亚种分化问题。

◆郑光美（2005：294；2011：306；2017：256；2023：270）记载鳞头树莺 *Urosphena squameiceps* 为单型种。

〔948〕**淡脚树莺** *Hemitesia pallidipes*   dànjiǎo shùyīng

曾用名：淡脚树莺 *Cettia pallidipes*、淡脚树莺 *Urosphena pallidipes*

英文名：Pale-footed Bush Warbler

◆郑作新（1958：253；1964：274；1976：713）记载淡脚树莺 *Cettia pallidipes* 一亚种：

❶ 云南亚种 *laurentei*

◆郑作新（1966：158）记载淡脚树莺 *Cettia pallidipes*，但未述及亚种分化问题。

◆郑作新（1987：766；1994：138；2000：137-138；2002：240）、郑光美（2005：295；2011：306）记载淡脚树莺 *Cettia pallidipes* 二亚种：

❶ 云南亚种 *laurentei*

❷ 指名亚种 *pallidipes*

◆郑光美（2021：195）记载淡脚树莺 *Urosphena pallidipes*，亦未述及亚种分化问题。

◆郑光美（2017：256；2023：270）记载淡脚树莺 *Hemitesia pallidipes*①②二亚种：

❶ 云南亚种 *laurentei*

❷ 指名亚种 *pallidipes*

① 郑光美（2017）：由 *Cettia* 属归入 *Hemitesia* 属（Dickinson et al.，2014）。

② 郑光美（2023）：由 *Urosphena* 属移入 *Hemitesia* 属（Alström et al.，2011b）。

84. 长尾山雀科 Aegithalidae（Long-tailed Tits） 2 属 8 种

〔949〕**北长尾山雀** *Aegithalos caudatus*   běi chángwěi shānquè

曾用名： 银喉［长尾］山雀 *Aegithalos caudatus*、银喉长尾山雀 *Aegithalos caudatus*

英文名： Long-tailed Tit

说　明： 因分类修订，原银喉长尾山雀 *Aegithalos caudatus* 的中文名修改为北长尾山雀。

◆ 郑作新（1958：346-347；1964：286；1976：836-837；1987：897-898；1994：157；2000：157）记载银喉［长尾］山雀 *Aegithalos caudatus* 三亚种：

   ❶ 指名亚种 *caudatus*

   ❷ 华北亚种 *vinaceus*

   ❸ 长江亚种 *glaucogularis*

◆ 郑作新（1964：172；1966：180；2002：273-274）、郑光美（2005：321；2011：334）记载银喉长尾山雀 *Aegithalos caudatus*[①] 三亚种：

   ❶ 指名亚种 *caudatus*

   ❷ 华北亚种 *vinaceus*

   ❸ 长江亚种 *glaucogularis*

[①] 郑光美（2011）：Päckert 等（2010）认为我国分布的可分为 *Aegithalos caudatus* 和 *Aegithalos glaucogularis* 两种。

◆ 郑光美（2017：256-257；2023：271）记载以下两种：

  （1）北长尾山雀 *Aegithalos caudatus*

   ❶ 指名亚种 *caudatus*

  （2）银喉长尾山雀 *Aegithalos glaucogularis*[②]

   ❶ 指名亚种 *glaucogularis*

   ❷ 华北亚种 *vinaceus*

[②] 郑光美（2017）：由 *Aegithalos caudatus* 的亚种提升为种（Harrap，2008；Päckert et al.，2010）。

〔950〕**银喉长尾山雀** *Aegithalos glaucogularis*   yínhóu chángwěi shānquè

英文名： Silver-throated Bushtit

由 *Aegithalos caudatus* 的亚种提升为种，中文名沿用银喉长尾山雀。请参考〔949〕北长尾山雀 *Aegithalos caudatus*。

〔951〕**红头长尾山雀** *Aegithalos concinnus*   hóngtóu chángwěi shānquè

曾用名： 红头［长尾］山雀 *Aegithalos concinnus*

英文名： Black-throated Bushtit

◆ 郑作新（1958：347-348；1964：286；1976：837-838；1987：898；1994：157；2000：157）记载红头［长尾］山雀 *Aegithalos concinnus* 三亚种：

   ❶ 西藏亚种 *iredalei*

❷ 云南亚种 *talifuensis*①

❸ 指名亚种 *concinnus*

① 郑作新（1976，1987）：这个亚种是否确立，尚有疑问。

◆ 郑作新（1964：172；1966：180；2002：273）、郑光美（2005：321；2011：334-335；2017：257；2023：271-272）记载红头长尾山雀 *Aegithalos concinnus* 三亚种：

❶ 指名亚种 *concinnus*

❷ 西藏亚种 *iredalei*

❸ 云南亚种 *talifuensis*②

② 郑作新（1964，1966）：*Aegithalos concinnus talifuensis* 与 *concinnus* 区别不明显，似应认为后一种的同物异名。

[952] **棕额长尾山雀** *Aegithalos iouschistos*　　　　　　　　　　　　zōng'é chángwěi shānquè

曾用名： 黑头［长尾］山雀 *Aegithalos iouschistos*、黑头长尾山雀 *Aegithalos iouschistos*、
　　　　　黑眉［长尾］山雀 *Aegithalos iouschistos*、黑眉长尾山雀 *Aegithalos iouschistos*

英文名： Rufous-fronted Bushtit

说　明： 因分类修订，原黑眉长尾山雀 *Aegithalos iouschistos* 的中文名修改为棕额长尾山雀。

◆ 郑作新（1958：348-349；1964：172-173，286；1966：180；1976：839；1987：899-900）记载黑头［长尾］山雀 *Aegithalos iouschistos*①三亚种：

❶ 指名亚种 *iouschistos*

❷ 西南亚种 *bonvaloti*

❸ 川北亚种 *obscuratus*

① 编者注：郑作新（1964：172；1966）记载其中文名为黑头长尾山雀。另据约翰·马敬能等（2000：333），本种的中文名黑头［长尾］山雀似有问题，易与黑眉［长尾］山雀混淆而造成混乱和误认。郑作新先生在以往的著作中（1976，1987，1994），曾先后采用这两个中文名于同一物种，即 *Aegithalos iouschistos*，而这两个中文名又分别源于其各自的英文名 Black-headed 和 Black-browed。形态上，此两种均具宽阔的黑色眉纹，且以往被视为一种之下的不同亚种，于是无论"黑头"或"黑眉"均难以确切地反映出这两个种的差别。若依本种所给出的英文名 Rufous-fronted Tit 直译，当为棕额［长尾］山雀，沿用此名在鉴定（尤其是野外鉴别）上是否合适，尚有待时日的检验。另外，能否依形态特征而将此处的黑头［长尾］山雀改称为棕腹［长尾］山雀，以有别于下文中黑眉［长尾］山雀，亦未可知。

◆ 郑作新（1994：157；2000：157；2002：274）记载黑眉［长尾］山雀 *Aegithalos iouschistos*②三亚种：

❶ 指名亚种 *iouschistos*

❷ 西南亚种 *bonvaloti*

❸ 川北亚种 *obscuratus*

② 编者注：郑作新（2002）记载其中文名为黑眉长尾山雀。

◆ 郑光美（2005：322；2011：335；2017：257-258；2023：272）记载以下两种：

（1）棕额长尾山雀 *Aegithalos iouschistos*

（2）黑眉长尾山雀 *Aegithalos bonvaloti*

XXVI. 雀形目
PASSERIFORMES

❶ 指名亚种 bonvaloti

❷ 川北亚种 obscuratus

〔953〕**黑眉长尾山雀** *Aegithalos bonvaloti*　　　　　　　　　　　　　　hēiméi chángwěi shānquè

英文名： Black-browed Bushtit

　　曾被视为 *Aegithalos iouschistos* 的亚种，现列为独立种，中文名沿用黑眉长尾山雀。请参考〔952〕棕额长尾山雀 *Aegithalos iouschistos*。

〔954〕**银脸长尾山雀** *Aegithalos fuliginosus*　　　　　　　　　　　　　yínliǎn chángwěi shānquè

曾用名： 银脸［长尾］山雀 *Aegithalos fuliginosus*

英文名： Sooty Bushtit

◆ 郑作新（1958：349；1964：286；1976：840；1987：900；1994：157；2000：158）记载银脸［长尾］山雀 *Aegithalos fuliginosus*[①]为单型种。

　　[①] 编者注：郑作新（1964：172）记载其中文名为银脸长尾山雀。

◆ 郑作新（1966：179；2002：273）记载银脸长尾山雀 *Aegithalos fuliginosus*，但未述及亚种分化问题。

◆ 郑光美（2005：322；2011：335；2017：258；2023：272）记载银脸长尾山雀 *Aegithalos fuliginosus* 为单型种。

〔955〕**花彩雀莺** *Leptopoecile sophiae*　　　　　　　　　　　　　　　　　　huācǎi quèyīng

英文名： White-browed Tit-warbler

◆ 郑作新（1958：295-296；1964：161，280；1966：168；1976：773-774；1987：828-829；1994：147；2000：147；2002：255）、郑光美（2005：304；2011：316；2017：258；2023：272-273）均记载花彩雀莺 *Leptopoecile sophiae* 四亚种：

　　❶ 疆西亚种 *major*

　　❷ 青藏亚种 *obscura*

　　❸ 指名亚种 *sophiae*

　　❹ 疆南亚钟 *stoliczkae*

〔956〕**凤头雀莺** *Leptopoecile elegans*　　　　　　　　　　　　　　　　　　fèngtóu quèyīng

曾用名： 青海凤头雀莺 *Lophobasileus elegans*

英文名： Crested Tit-warbler

◆ 郑作新（1958：297）记载青海凤头雀莺 *Lophobasileus elegans* 为单型种。

◆ 郑作新（1964：280；1976：774；1987：830；1994：148）记载凤头雀莺 *Lophobasileus elegans* 为单型种。

◆ 郑作新（1966：157）记载凤头雀莺属 *Lophobasileus* 为单型属。

◆ 郑作新（2002：255）记载凤头雀莺 *Leptopoecile elegans*，但未述及亚种分化问题。

◆ 郑作新（2000：147）、郑光美（2005：305；2011：316）记载凤头雀莺 *Leptopoecile elegans* 为单型种。

◆ 郑光美（2017：258-259；2023：273）记载凤头雀莺 *Leptopoecile elegans* 二亚种：

　　❶ *meissneri* 亚种

❷ 指名亚种 elegans

85. 莺鹛科 Sylviidae（Old World Warblers） 2 属 8 种

〔957〕**黑顶林莺** *Sylvia atricapilla*　　　　　　　　　　　　　　　　　　　hēidǐng línyīng
英文名：Eurasian Blackcap
◆郑光美（2017：259；2023：273）记载黑顶林莺 *Sylvia atricapilla*①一亚种：
　　❶ 指名亚种 *atricapilla*
　　①郑光美（2017）：中国鸟类新记录（郭宏等，2013）。

〔958〕**横斑林莺** *Curruca nisoria*　　　　　　　　　　　　　　　　　　　héngbān línyīng
曾用名：横斑莺 *Sylvia nisoria*、横斑林莺 *Sylvia nisoria*
英文名：Barred Warbler
◆郑作新（1958：271-272；1964：276；1976：740；1987：792-793；1994：142）记载横斑莺 *Sylvia nisoria* 一亚种：
　　❶ 新疆亚种 *merzbacheri*
◆郑作新（1966：162）记载横斑莺 *Sylvia nisoria*，但未述及亚种分化问题。
◆郑作新（2002：245）记载横斑林莺 *Sylvia nisoria*，亦未述及亚种分化问题。
◆郑作新（2000：142）、郑光美（2005：317；2011：331；2017：259）记载横斑林莺 *Sylvia nisoria* 一亚种：
　　❶ 新疆亚种 *merzbacheri*
◆郑光美（2023：273）记载横斑林莺 *Curruca nisoria* 一亚种：
　　❶ 新疆亚种 *merzbacheri*

〔959〕**白喉林莺** *Curruca curruca*　　　　　　　　　　　　　　　　　　　báihóu línyīng
曾用名：东北白喉莺 *Sylvia curruca*、沙白喉莺 *Sylvia curruca*、
　　　　白喉莺 *Sylvia curruca*、白喉林莺 *Sylvia curruca*
英文名：Lesser Whitethroat
◆郑作新（1958：272）记载东北白喉莺 *Sylvia curruca* 一亚种：
　　❶ 北方亚种 *blythi*
◆郑作新（1964：155）记载沙白喉莺 *Sylvia curruca*，但未述及亚种分化问题。
◆郑作新（1964：277）记载小白喉莺 *Sylvia curruca*①一亚种：
　　❶ 北方亚种 *blythi*
　　① 编者注：显然其中文名"小白喉莺"系与紧接其后的小白喉莺 *Sylvia minula* 的错排，应该仍为沙白喉莺 *Sylvia curruca*。
◆郑作新（1966：162）记载白喉莺 *Sylvia curruca*，亦未述及亚种分化问题。
◆郑作新（1976：741）记载白喉莺 *Sylvia curruca* 一亚种：
　　❶ 北方亚种 *blythi*

◆郑作新（1994：142）记载白喉林莺 *Sylvia curruca* 一亚种：
　❶ 青海亚种 *chuancheica*

◆郑作新（2000：142；2002：246）、郑作新等（2010：121-125）记载白喉林莺 *Sylvia curruca* 二亚种：
　❶ 青海亚种 *chuancheica*
　❷ 新疆亚种 *minula*[②]

　② 编者注：郑作新等（2010）指出，关于白喉林莺的分类一直较有争议。Vaurie（1954，1959）将 *minula* 和 *curruca* 分别作为独立种处理。Sibley 和 Monroe（1993）、郑作新（1976，1994）等，认为 *curruca* 与 *minula* 在形态、大小和鸣声上存在不同，从而支持 Vaurie 的意见，将 *curruca* 和 *minula* 分别作为独立种处理。Howard 和 Moore（1980，1991）、de Schauensee（1984）、Inskipp 等（1996）、郑作新（2000）等认为，它们的某些种群有中间类型的特征，仍同意将 *minula* 作为白喉林莺的一个亚种，即新疆亚种 *Sylvia curruca minula*。我们支持这个意见。

◆郑作新（1987：794）、郑光美（2005：317；2011：330；2017：260）记载白喉林莺 *Sylvia curruca* 一亚种：
　❶ 北方亚种 *blythi*[③]

　③ 编者注：段文科和张正旺（2017b：1122）称之为普通亚种 *blythi*。

◆郑光美（2023：274）记载白喉林莺 *Curruca curruca* 一亚种：
　❶ 北方亚种 *blythi*

[960] **漠白喉林莺** *Curruca minula*　　　　　　　　　　　　　　mò báihóu línyīng

曾用名：小白喉莺 *Sylvia minula*、沙白喉莺 *Sylvia minula*、沙白喉莺 *Sylvia minula*、漠白喉林莺 *Sylvia minula*；沙白喉林莺 *Curruca minula*（刘阳等，2021：470）

英文名：Desert Whitethroat

◆郑作新（1958：273）记载小白喉莺 *Sylvia minula* 一亚种：
　❶ 指名亚种 *minula*

◆郑作新（1964：155；1966：162）记载小白喉莺 *Sylvia minula*，但未述及亚种分化问题。

◆郑作新（1964：277；1976：742）记载沙白喉莺 *Sylvia minula* 二亚种：
　❶ 指名亚种 *minula*
　❷ 青海亚种 *margelanica*

◆郑作新（1987：794-796；1994：143）、郑光美（2005：317）记载沙白喉林莺 *Sylvia minula* 二亚种：
　❶ 指名亚种 *minula*
　❷ 青海亚种 *margelanica*

◆郑光美（2011：330；2017：260）记载漠白喉林莺 *Sylvia minula* 二亚种：
　❶ 青海亚种 *margelanica*
　❷ 指名亚种 *minula*

◆郑光美（2023：274）记载漠白喉林莺 *Curruca minula* 二亚种：
　❶ 青海亚种 *margelanica*
　❷ 指名亚种 *minula*

〔961〕**休氏白喉林莺** *Curruca althaea*　　　　　　　　　　　　　　　　　　　　xiūshì báihóu línyīng
曾用名: 休氏白喉林莺 *Sylvia althaea*
英文名: Hume's Whitethroat

◆郑光美（2011：330；2017：260）记载休氏白喉林莺 *Sylvia althaea*[①]为单型种。
　① 郑光美（2011）：中国鸟类新记录，见《中国观鸟年报》（2005）。
◆郑光美（2023：274）记载休氏白喉林莺 *Curruca althaea* 为单型种。

〔962〕**东歌林莺** *Curruca crassirostris*　　　　　　　　　　　　　　　　　　　　dōnggē línyīng
曾用名: 东歌林莺 *Sylvia crassirostris*
英文名: Eastern Orphean Warbler

◆郑光美（2017：260）记载东歌林莺 *Sylvia crassirostris*[①]一亚种：
　❶ *jerdoni* 亚种
　① 中国鸟类新记录（米小其等，2016）。
◆郑光美（2023：274）记载东歌林莺 *Curruca crassirostris* 一亚种：
　❶ *jerdoni* 亚种

〔963〕**荒漠林莺** *Curruca nana*　　　　　　　　　　　　　　　　　　　　　　　huāngmò línyīng
曾用名: 漠莺 *Sylvia nana*、漠［地］林莺 *Sylvia nana*、漠地林莺 *Sylvia nana*、
　　　　漠林莺 *Sylvia nana*、荒漠林莺 *Sylvia nana*；亚洲漠地林莺 *Curruca nana*（刘阳等，2021：470）、
　　　　亚洲漠地林莺 *Sylvia nana*（约翰·马敬能，2022b：322）
英文名: Asian Desert Warbler

◆郑作新（1958：273；1964：277；1976：742-744）记载漠莺 *Sylvia nana* 一亚种：
　❶ 指名亚种 *nana*
◆郑作新（1966：162）记载漠莺 *Sylvia nana*，但未述及亚种分化问题。
◆郑作新（1987：796-797）记载漠［地］林莺 *Sylvia nana* 一亚种：
　❶ 指名亚种 *nana*
◆郑作新（1994：143；2000：142）记载漠地林莺 *Sylvia nana* 一亚种：
　❶ 指名亚种 *nana*
◆郑作新（2002：245）记载漠地林莺 *Sylvia nana*，亦未述及亚种分化问题。
◆郑光美（2005：317）记载漠林莺 *Sylvia nana* 一亚种：
　❶ 指名亚种 *nana*
◆郑光美（2011：330；2017：260）记载荒漠林莺 *Sylvia nana* 一亚种：
　❶ 指名亚种 *nana*
◆郑光美（2023：274）记载荒漠林莺 *Curruca nana* 一亚种：
　❶ 指名亚种 *nana*

〔964〕**灰白喉林莺** *Curruca communis*　　　　　　　　　　　　　　　　　　　　huī báihóu línyīng
曾用名: 灰莺 *Sylvia communis*、灰白喉莺 *Sylvia communis*、灰［白喉］莺 *Sylvia communis*、

灰［白喉］林莺 *Sylvia communis*、灰白喉林莺 *Sylvia communis*

英文名：Common Whitethroat

◆郑作新（1958：272）记载灰莺 *Sylvia communis* 一亚种：

❶ 高加索亚种 *icterops*[①]

[①] 编者注：郑作新（1976）称之为新疆亚种。

◆郑作新（1964：277）记载灰白喉莺 *Sylvia communis* 一亚种：

❶ 高加索亚种 *icterops*

◆郑作新（1966：162）记载灰［白喉］莺 *Sylvia communis*，但未述及亚种分化问题。

◆郑作新（1976：740-741）记载灰［白喉］莺 *Sylvia communis* 一亚种：

❶ 新疆亚种 *icterops*

◆郑作新（1987：793）记载灰［白喉］林莺 *Sylvia communis* 一亚种：

❶ 高加索亚种 *icterops*

◆郑作新（1994：142；2000：142；2002：245）记载灰［白喉］林莺 *Sylvia communis* 二亚种：

❶ 高加索亚种 *icterops*

❷ 伊宁亚种 *rubicola*

◆郑光美（2005：316；2011：329；2017：261）记载灰白喉林莺 *Sylvia communis* 一亚种：

❶ 高加索亚种 *icterops*

◆郑光美（2023：275）记载灰白喉林莺 *Curruca communis* 一亚种：

❶ 高加索亚种 *icterops*

86. 鸦雀科 Paradoxornithidae（Parrotbills and Allies） 14 属 33 种

[965] **火尾绿鹛** *Myzornis pyrrhoura* huǒwěi lǜméi

曾用名：红尾绿鹛 *Myzornis pyrrhoura*

英文名：Fire-tailed Myzornis

◆郑作新（1964：270）记载红尾绿鹛 *Myzornis pyrrhoura* 为单型种。

◆郑作新（1966：138；2002：202）记载绿鹛属 *Myzornis* 为单型属。

◆郑作新（1958：222；1976：658；1987：707；1994：128；2000：128）、郑光美（2005：284；2011：295；2017：259；2023：275）记载火尾绿鹛 *Myzornis pyrrhoura* 为单型种。

[966] **金胸雀鹛** *Lioparus chrysotis* jīnxiōng quèméi

曾用名：金胸雀鹛 *Alcippe chrysotis*

英文名：Golden-breasted Fulvetta

◆郑作新（1958：237-238）记载金胸雀鹛 *Alcippe chrysotis* 二亚种：

❶ 滇西亚种 *forresti*

❷ 西南亚种 *swinhoii*

◆郑作新（1964：148，271-272；1966：150；1976：672-673；1987：721-722；1994：130；2000：130；2002：226）、郑光美（2005：275；2011：286）记载金胸雀鹛 *Alcippe chrysotis* 三亚种：

❶ 滇西亚种 *forresti*

❷ 滇东亚种 *amoena*

❸ 西南亚种 *swinhoii*

◆郑光美（2017：261；2023：275）记载金胸雀鹛 *Lioparus chrysotis*①三亚种：

❶ 滇西亚种 *forresti*

❷ 滇东亚种 *amoenus*

❸ 西南亚种 *swinhoii*

①郑光美（2017）：由 *Alcippe* 属归入 *Lioparus* 属（Pasquet et al., 2006；Collar et al., 2007；Gelang et al., 2009）。

〔967〕**宝兴鹛雀** *Moupinia poecilotis*　　　　　　　　　　　　　　　　　bǎoxīng méiquè

曾用名： 宝兴鹛雀 *Chrysomma poecilotis*

英文名： Rufous-tailed Babbler

◆郑作新（1958：186；1964：264）记载宝兴鹛雀 *Chrysomma poecilotis* 一亚种：

❶ 指名亚种 *poecilotis*

◆郑作新（1966：137；2002：201）记载宝兴鹛雀属 *Moupinia* 为单型属。

◆郑作新（1976：623；1987：666；1994：121；2000：121）、郑光美（2005：269；2011：280；2017：261；2023：275）记载宝兴鹛雀 *Moupinia poecilotis* 为单型种。

〔968〕**白眉雀鹛** *Fulvetta vinipectus*　　　　　　　　　　　　　　　　báiméi quèméi

曾用名： 白眉雀鹛 *Alcippe vinipectus*

英文名： White-browed Fulvetta

◆郑作新（1958：238-239；1964：148，272；1966：150-151；1976：674-675）记载白眉雀鹛 *Alcippe vinipectus* 三亚种：

❶ 藏南亚种 *chumbiensis*

❷ 西南亚种 *bieti*

❸ 滇西亚种 *perstriata*

◆郑作新（1987：723-724；1994：131；2000：130-131；2002：226-227）、郑光美（2005：276；2011：287）记载记载白眉雀鹛 *Alcippe vinipectus* 四亚种：

❶ 指名亚种 *vinipectus*①

❷ 藏南亚种 *chumbiensis*

❸ 西南亚种 *bieti*

❹ 滇西亚种 *perstriata*

①编者注：中国鸟类亚种新记录（郑作新等，1980）。

◆郑光美（2017：261-262；2023：276）记载白眉雀鹛 *Fulvetta vinipectus*②四亚种：

❶ 指名亚种 *vinipectus*

❷ 藏南亚种 *chumbiensis*

❸ 滇西亚种 *perstriata*

❹ 西南亚种 *bieti*

② 郑光美（2017）：由 *Alcippe* 属归入 *Fulvetta* 属（Pasquet et al., 2006；Collar et al., 2007；Gelang et al., 2009）。

〔969〕**中华雀鹛** *Fulvetta striaticollis*　　　　　　　　　　　　　　　　　　　　　　　　zhōnghuá quèméi

曾用名： 高山雀鹛 *Alcippe striaticollis*、中华雀鹛 *Alcippe striaticollis*；

高山雀鹛 *Fulvetta striaticollis*（刘阳等，2021：474；约翰·马敬能，2022b：323）

英文名： Chinese Fulvetta

◆ 郑作新（1966：150；2002：226）记载高山雀鹛 *Alcippe striaticollis*，但未述及亚种分化问题。

◆ 郑作新（1958：239；1964：272；1976：675；1987：725；1994：131；2000：131）、郑光美（2005：276）记载高山雀鹛 *Alcippe striaticollis* 为单型种。

◆ 郑光美（2011：288）记载中华雀鹛 *Alcippe striaticollis* 为单型种。

◆ 郑光美（2017：262；2023：276）记载中华雀鹛 *Fulvetta striaticollis*[①] 为单型种。

① 郑光美（2017）：由 *Alcippe* 属归入 *Fulvetta* 属（Pasquet et al., 2006；Collar et al., 2007；Gelang et al., 2009）。

〔970〕**棕头雀鹛** *Fulvetta ruficapilla*　　　　　　　　　　　　　　　　　　　　　　　　zōngtóu quèméi

曾用名： 棕头雀鹛 *Alcippe ruficapilla*

英文名： Spectacled Fulvetta

◆ 郑作新（1958：240；1964：148，272；1966：151）记载棕头雀鹛 *Alcippe ruficapilla* 二亚种：

❶ 指名亚种 *ruficapilla*

❷ 西南亚种 *sordidior*

◆ 郑作新（1976：676；1987：725-726；1994：131；2000：131；2002：227）、郑光美（2005：277；2011：288）记载棕头雀鹛 *Alcippe ruficapilla* 三亚种：

❶ 指名亚种 *ruficapilla*

❷ 西南亚种 *sordidior*

❸ 云贵亚种 *danisi*

◆ 郑光美（2017：262；2023：276-277）记载棕头雀鹛 *Fulvetta ruficapilla*[①] 二亚种：

❶ 指名亚种 *ruficapilla*

❷ 西南亚种 *sordidior*

❸ 云贵亚种 *danisi*

① 郑光美（2017）：由 *Alcippe* 属归入 *Fulvetta* 属（Pasquet et al., 2006；Collar et al., 2007；Gelang et al., 2009）。

〔971〕**路氏雀鹛** *Fulvetta ludlowi*　　　　　　　　　　　　　　　　　　　　　　　　　　lùshì quèméi

曾用名： 路德雀鹛 *Alcippe ludlowi*（约翰·马敬能等，2000：423；段文科等，2017b：1009）、

路德雀鹛 *Fulvetta ludlowi*（刘阳等，2021：476；约翰·马敬能，2022b：324）

英文名： Brown-throated Fulvetta

曾被视为 Alcippe cinereiceps 的一个亚种，现列为独立种。请参考〔972〕灰头雀鹛 Fulvetta cinereiceps。

〔972〕**灰头雀鹛** *Fulvetta cinereiceps*　　　　　　　　　　　　　　　　　　huītóu quèméi
曾用名：褐头雀鹛 *Alcippe cinereiceps*、褐头雀鹛 *Fulvetta cinereiceps*
英文名：Grey-hooded Fulvetta
说　明：因分类修订，原褐头雀鹛 *Fulvetta cinereiceps* 的中文名修改为灰头雀鹛。

◆郑作新（1958：241-242；1964：272）记载褐头雀鹛 *Alcippe cinereiceps* 七亚种：
　❶ 甘肃亚种 *fessa*
　❷ 指名亚种 *cinereiceps*
　❸ 滇西亚种 *manipurensis*
　❹ 华中亚种 *fucata*
　❺ 湖南亚种 *berliozi*
　❻ 东南亚种 *guttaticollis*
　❼ 台湾亚种 *formosana*

◆郑作新（1964：148；1966：151）记载褐头雀鹛 *Alcippe cinereiceps*[①] 五亚种：
　❶ 甘肃亚种 *fessa*
　❷ 指名亚种 *cinereiceps*
　❸ 滇西亚种 *manipurensis*
　❹ 华中亚种 *fucata*
　❺ 东南亚种 *guttaticollis*

　① 郑作新（1964，1966）：据任国荣（1935），*Alcippe cinereiceps berliozi* 的次级飞羽外缘黑色，外侧初级飞羽外缘银白色；头顶浅棕褐色，两侧无暗褐色纵带；喉与胸白而具浅棕色纵纹，两胁棕褐色。

◆郑作新（1976：677-679；1987：727-728；1994：131；2000：131；2002：227）记载褐头雀鹛 *Alcippe cinereiceps* 八亚种：
　❶ 甘肃亚种 *fessa*
　❷ 指名亚种 *cinereiceps*
　❸ 藏南亚种 *ludlowi*
　❹ 滇西亚种 *manipurensis*
　❺ 华中亚种 *fucata*[②]
　❻ 湖南亚种 *berliozi*
　❼ 东南亚种 *guttaticollis*
　❽ 台湾亚种 *formosana*

　② 编者注：郑作新（1976）称之为湖北亚种。

◆郑光美（2005：277-278；2011：288-289）记载褐头雀鹛 *Alcippe cinereiceps* 七亚种：
　❶ 甘肃亚种 *fessa*
　❷ 指名亚种 *cinereiceps*
　❸ 滇西亚种 *manipurensis*
　❹ 华中亚种 *fucata*

❺ 东南亚种 *guttaticollis*

❻ 台湾亚种 *formosana*

❼ 老越亚种 *tonkinensis*③

③ 编者注：亚种中文名引自赵正阶（2001b：465）。

◆ 郑光美（2017：263）记载褐头雀鹛 *Fulvetta cinereiceps*④ 七亚种：

❶ 滇西亚种 *manipurensis*

❷ 老越亚种 *tonkinensis*

❸ 甘肃亚种 *fessa*

❹ 指名亚种 *cinereiceps*

❺ 华中亚种 *fucata*

❻ 东南亚种 *guttaticollis*

❼ 台湾亚种 *formosana*

④ 由 *Alcippe* 属归入 *Fulvetta* 属（Pasquet et al., 2006；Collar et al., 2007；Gelang et al., 2009）。

◆ 郑光美（2023：277-278）记载以下四种：

（1）路氏雀鹛 *Fulvetta ludlowi*

（2）灰头雀鹛 *Fulvetta cinereiceps*

❶ 甘肃亚种 *fessa*

❷ 指名亚种 *cinereiceps*

❸ 华中亚种 *fucata*

❹ 东南亚种 *guttaticollis*

（3）褐头雀鹛 *Fulvetta manipurensis*

❶ 指名亚种 *manipurensis*

❷ 老越亚种 *tonkinensis*

（4）玉山雀鹛 *Fulvetta formosana*

〔973〕**褐头雀鹛** *Fulvetta manipurensis*　　　　　　　　　　　　　　　　　　　　hètóu quèméi

英文名：Manipur Fulvetta

曾被视为 *Fulvetta cinereiceps* 的亚种，现列为独立种，中文名沿用褐头雀鹛。请参考〔972〕灰头雀鹛 *Fulvetta cinereiceps*。

〔974〕**玉山雀鹛** *Fulvetta formosana*　　　　　　　　　　　　　　　　　　　　yùshān quèméi

英文名：Taiwan Fulvetta

曾被视为 *Fulvetta cinereiceps* 的一个亚种，现列为独立种。请参考〔972〕灰头雀鹛 *Fulvetta cinereiceps*。

〔975〕**金眼鹛雀** *Chrysomma sinense*　　　　　　　　　　　　　　　　　　　　jīnyǎn méiquè

英文名：Yellow-eyed Babbler

◆ 郑作新（1966：137；2002：201）记载鹛雀属 *Chrysomma* 为单型属。

◆ 郑作新（1958：185；1964：264；1976：621；1987：665-666；1994：121；2000：121）、郑光美（2005：269；2011：280；2017：264；2023：278）记载金眼鹛雀 *Chrysomma sinense* 一亚种：

❶ 指名亚种 *sinense*

〔976〕**山鹛** *Rhopophilus pekinensis*　　　　　　　　　　　　　　　　　　　　　　　　shānméi

曾用名：山莺 *Rhopophilus pekinensis*（赵正阶，2001b：568）

英文名：Beijing Hill-warbler

◆ 郑作新（1958：246-247；1964：149，273；1966：156；1976：709-710；1987：761-762；1994：137；2000：137；2002：236）、郑光美（2005：291；2011：302；2017：264；2023：278）均记载山鹛 *Rhopophilus pekinensis* 三亚种：

❶ 新疆亚种 *albosuperciliaris*
❷ 甘肃亚种 *leptorhynchus*
❸ 指名亚种 *pekinensis*

〔977〕**西域山鹛** *Rhopophilus albosuperciliaris*　　　　　　　　　　　　　　　　　xīyù shānméi

英文名：Tarim Hill-warbler

◆ 郑光美（2023：278）记载西域山鹛 *Rhopophilus albosuperciliaris*[①]为单型种。

　　[①] 编者注：据约翰·马敬能（2022b：326），本种曾被视作山鹛 *Rhopophilus pekinensis* 的一个亚种。

〔978〕**红嘴鸦雀** *Conostoma aemodium*　　　　　　　　　　　　　　　　　　　　hóngzuǐ yāquè

曾用名：红嘴鸦雀 *Conostoma oemodium*（杭馥兰等，1997：249；约翰·马敬能等，2000：431；段文科等，2017b：1032；约翰·马敬能，2022b：326）

英文名：Great Parrotbill

◆ 郑作新（1966：138；2002：202）记载红嘴鸦雀属 *Conostoma* 为单型属。

◆ 郑作新（1958：187；1964：264；1976：695-696；1987：746；1994：134；2000：134）、郑光美（2005：284；2011：296；2017：264；2023：279）记载红嘴鸦雀 *Conostoma aemodium*[①]为单型种。

　　[①] 编者注：郑光美（2005，2011）记载其种本名为 *oemodium*。

〔979〕**三趾鸦雀** *Cholornis paradoxus*　　　　　　　　　　　　　　　　　　　　　sānzhǐ yāquè

曾用名：三趾鸦雀 *Paradoxornis paradox*、三趾鸦雀 *Paradoxornis paradoxa*、
　　　　三趾鸦雀 *Paradoxornis paradoxus*

英文名：Three-toed Parrotbill

◆ 郑作新（1958：188）记载三趾鸦雀 *Paradoxornis paradox* 为单型种。

◆ 郑作新（1964：264）记载三趾鸦雀 *Paradoxornis paradoxa* 为单型种。

◆ 郑作新（1966：155；1976：697；1987：747-748；1994：134-135；2000：134；2002：234）、郑光美（2005：285；2011：296-297）记载三趾鸦雀 *Paradoxornis paradoxus* 二亚种：

❶ 指名亚种 *paradoxus*[①]
❷ 太白亚种 *taipaiensis*

① 编者注：郑作新（1976）称之为四川亚种。

◆ 郑光美（2017：264；2023：279）记载三趾鸦雀 *Cholornis paradoxus*② 二亚种：

❶ 指名亚种 *paradoxus*

❷ 太白亚种 *taipaiensis*

② 郑光美（2017）：由 *Paradoxornis* 属归入 *Cholornis* 属（Penhallurick et al., 2009）。

[980] **褐鸦雀** *Cholornis unicolor*   hèyāquè

曾用名：褐鸦雀 *Paradoxornis unicolor*

英文名：Brown Parrotbill

◆ 郑作新（1958：188；1964：264）记载褐鸦雀 *Paradoxornis unicolor* 一亚种：

❶ 指名亚种 *unicolor*

◆ 郑作新（1966：154；2002：233）记载褐鸦雀 *Paradoxornis unicolor*，但未述及亚种分化问题。

◆ 郑作新（1976：697-698；1987：748；1994：135；2000：135）、郑光美（2005：285；2011：296）记载褐鸦雀 *Paradoxornis unicolor* 为单型种。

◆ 郑光美（2017：265；2023：279）记载褐鸦雀 *Cholornis unicolor*① 为单型种。

① 郑光美（2017）：由 *Paradoxornis* 属归入 *Cholornis* 属（Penhallurick et al., 2009）。

[981] **白眶鸦雀** *Sinosuthora conspicillata*   báikuàng yāquè

曾用名：白眶鸦雀 *Paradoxornis conspicillata*、白眶鸦雀 *Paradoxornis conspicillatus*

英文名：Spectacled Parrotbill

◆ 郑作新（1958：189-190；1964：136，265；1966：155；1976：698-700；1987：750；1994：135；2000：135；2002：234）、郑光美（2005：286；2011：297）记载白眶鸦雀 *Paradoxornis conspicillatus*① 二亚种：

❶ 指名亚种 *conspicillatus*②

❷ 湖北亚种 *rocki*

① 编者注：郑作新（1958，1964）记载其种本名为 *conspicillata*。

② 编者注：郑作新（1958，1964）记载该亚种为 *conspicillata*。

◆ 郑光美（2017：265；2023：279）记载白眶鸦雀 *Sinosuthora conspicillata*③ 二亚种：

❶ 指名亚种 *conspicillata*

❷ 湖北亚种 *rocki*

③ 郑光美（2017）：由 *Paradoxornis* 属归入 *Sinosuthora* 属（Penhallurick et al., 2009）。

[982] **棕头鸦雀** *Sinosuthora webbiana*   zōngtóu yāquè

曾用名：棕头鸦雀 *Paradoxornis webbianus*、棕头鸦雀 *Paradoxornis webbiana*、
棕翅缘鸦雀 *Paradoxornis webbianus*

英文名：Vinous-throated Parrotbill

◆ 郑作新（1958：190-192；1964：265；1976：700-702）记载棕头鸦雀 *Paradoxornis webbianus*① 十一亚种：

❶ 东北亚种 *mantschuricus**

❷ 河北亚种 *fulvicauda*

❸ 四川亚种 *alphonsianus*＊

❹ 贵州亚种 *stresemanni*

❺ 滇东亚种 *yunnanensis*

❻ 金沙江亚种 *ricketti*

❼ 大理亚种 *styani*

❽ 滇西亚种 *brunneus*＊

❾ 指名亚种 *webbianus*＊

❿ 长江亚种 *suffusus*＊

⓫ 台湾亚种 *bulomachus*＊

① 编者注：郑作新（1964）记载其种本名为 *webbiana*。

＊编者注：郑作新（1964）记载的这些亚种的后缀由 *us* 更改为 *a*。

◆郑作新（1964：136-137）记载棕头鸦雀 *Paradoxornis webbiana* 九亚种：

❶ 东北亚种 *mantschurica*

❷ 河北亚种 *fulvicauda*

❸ 四川亚种 *alphonsiana*

❹ 金沙江亚种 *ricketti*

❺ 大理亚种 *styani*

❻ 滇西亚种 *brunnea*

❼ 指名亚种 *webbiana*

❽ 长江亚种 *suffusa*

❾ 台湾亚种 *bulomacha*

◆郑作新（1966：155）记载棕头鸦雀 *Paradoxornis webbianus* 九亚种：

❶ 东北亚种 *mantschuricus*

❷ 河北亚种 *fulvicauda*

❸ 四川亚种 *alphonsianus*

❹ 贵州亚种 *stresemanni*

❺ 金沙江亚种 *ricketti*

❻ 大理亚种 *styani*

❼ 滇西亚种 *brunneus*

❽ 指名亚种 *webbianus*

❾ 长江亚种 *suffusus*

◆郑作新（1987：751-753）记载棕头鸦雀 *Paradoxornis webbianus*②十二亚种。

② 编者注：除郑作新（1958，1964，1976）记载的十一亚种外，新增甘洛亚种 *ganluoensis*。

◆郑作新（1994：135-136）记载以下两种：

（1）棕头鸦雀 *Paradoxornis webbianus*

❶ 东北亚种 *mantschuricus*

❷ 河北亚种 *fulvicauda*

❸ 四川亚种 *alphonsianus*

❹ 甘洛亚种 *ganluoensis*

❺ 贵州亚种 *stresemanni*

❻ 滇东亚种 *yunnanensis*

❼ 长江亚种 *suffusus*

❽ 指名亚种 *webbianus*

❾ 台湾亚种 *bulomachus*

（2）褐翅鸦雀 *Paradoxornis brunneus*

❶ 滇西亚种 *brunneus*

❷ 大理亚种 *styani*

❸ 金沙江亚种 *ricketti*

◆郑作新（2000：135；2002：234-235）记载以下两种：

（1）棕翅缘鸦雀 *Paradoxornis webbianus*[③]

[③] 编者注：亚种分化同郑作新（1994），且排序一致。

（2）褐翅缘鸦雀 *Paradoxornis brunneus*[④]

[④] 编者注：亚种分化同郑作新（1994），且排序一致。

◆郑光美（2005：286-287；2011：297-299）记载以下三种：

（1）棕头鸦雀 *Paradoxornis webbianus*

❶ 东北亚种 *mantschuricus*

❷ 河北亚种 *fulvicauda*

❸ 指名亚种 *webbianus*

❹ 长江亚种 *suffusus*

❺ 台湾亚种 *bulomachus*

（2）灰喉鸦雀 *Paradoxornis alphonsianus*

❶ 甘洛亚种 *ganluoensis*

❷ 贵州亚种 *stresemanni*

❸ 滇东亚种 *yunnanensis*

❹ 指名亚种 *alphonsianus*

（3）褐翅鸦雀 *Paradoxornis brunneus*

❶ 金沙江亚种 *ricketti*

❷ 大理亚种 *styani*

❸ 指名亚种 *brunneus*

◆郑光美（2017：265-267；2023：279-281）记载以下三种：

（1）棕头鸦雀 *Sinosuthora webbiana*[⑤]

❶ 东北亚种 *mantschurica*

❷ 河北亚种 *fulvicauda*

❸ 指名亚种 *webbiana*

❹ 长江亚种 *suffusa*

❺ *elisabethae* 亚种⑥

❻ 台湾亚种 *bulomachus*

⑤ 郑光美（2017）：由 *Paradoxornis* 属归入 *Sinosuthora* 属（Penhallurick et al., 2009）。

⑥ 编者注：曾作为滇东亚种 *Paradoxornis webbianus yunnanensis* 的同物异名（郑作新，1976，1987；郑作新等，1987）。

（2）灰喉鸦雀 *Sinosuthora alphonsiana*⑦

❶ 甘洛亚种 *ganluoensis*

❷ 贵州亚种 *stresemanni*

❸ 滇东亚种 *yunnanensis*

❹ 指名亚种 *alphonsiana*

⑦ 郑光美（2017）：由 *Paradoxornis* 属归入 *Sinosuthora* 属（Penhallurick et al., 2009）。

（3）褐翅鸦雀 *Sinosuthora brunnea*⑧

❶ 金沙江亚种 *ricketti*

❷ 大理亚种 *styani*

❸ 指名亚种 *brunnea*

⑧ 郑光美（2017）：由 *Paradoxornis* 属归入 *Sinosuthora* 属（Penhallurick et al., 2009）。

〔983〕**灰喉鸦雀** *Sinosuthora alphonsiana*   huīhóu yāquè

曾用名： 灰喉鸦雀 *Paradoxornis alphonsianus*

英文名： Ashy-throated Parrotbill

  曾被视为 *Paradoxornis webbianus* 的亚种，现列为独立种。请参考〔982〕棕头鸦雀 *Sinosuthora webbiana*。

〔984〕**褐翅鸦雀** *Sinosuthora brunnea*   hèchì yāquè

曾用名： 褐翅鸦雀 *Paradoxornis brunneus*、褐翅缘鸦雀 *Paradoxornis brunneus*；

    褐翅鸦雀 *Sinosuthora brunnea*（刘阳等，2021：480；约翰·马敬能，2022b：327）

英文名： Brown-winged Parrotbill

  曾被视为 *Paradoxornis webbianus* 的亚种，现列为独立种。请参考〔982〕棕头鸦雀 *Sinosuthora webbiana*。

〔985〕**暗色鸦雀** *Sinosuthora zappeyi*   ànsè yāquè

曾用名： 暗色鸦雀 *Paradoxornis zappeyi*

英文名： Grey-hooded Parrotbill

◆ 郑作新（1958：192；1964：265；1976：702）记载暗色鸦雀 *Paradoxornis zappeyi* 为单型种。

◆ 郑作新（1966：155）记载暗色鸦雀 *Paradoxornis zappeyi*，但未述及亚种分化问题。

◆ 郑作新（1987：753-754；1994：136；2000：136；2002：235）、郑光美（2005：288；2011：299）记载暗色鸦雀 *Paradoxornis zappeyi* 二亚种：

  ❶ 指名亚种 *zappeyi*

❷ 二郎山亚种 *erlangshanicus*

◆郑光美（2017：267；2023：281）记载暗色鸦雀 *Sinosuthora zappeyi*[①]二亚种：

❶ 指名亚种 *zappeyi*

❷ 二郎山亚种 *erlangshanica*

[①] 郑光美（2017）：由 *Paradoxornis* 属归入 *Sinosuthora* 属（Penhallurick et al.，2009）。

〔986〕**灰冠鸦雀** *Sinosuthora przewalskii*　　　　　　　　　　　　　　　　　　　huīguān yāquè

曾用名：灰冠鸦雀 *Paradoxornis przewalskii*

英文名：Rusty-throated Parrotbill

◆郑作新（1966：154；2002：233）记载灰冠鸦雀 *Paradoxornis przewalskii*，但未述及亚种分化问题。

◆郑作新（1958：193；1964：265；1976：703；1987：754；1994：136；2000：136）、郑光美（2005：288；2011：299）记载灰冠鸦雀 *Paradoxornis przewalskii* 为单型种。

◆郑光美（2017：267；2023：281）记载灰冠鸦雀 *Sinosuthora przewalskii*[①]为单型种。

[①] 郑光美（2017）：由 *Paradoxornis* 属归入 *Sinosuthora* 属（Penhallurick et al.，2009）。

〔987〕**黄额鸦雀** *Suthora fulvifrons*　　　　　　　　　　　　　　　　　　　　　huáng'é yāquè

曾用名：黄额鸦雀 *Paradoxornis fulvifrons*

英文名：Fulvous Parrotbill

◆郑作新（1958：193；1964：137，265；1966：156；1976：703-704；1987：754-755；1994：136；2000：136；2002：234）、郑光美（2005：288；2011：299）记载黄额鸦雀 *Paradoxornis fulvifrons* 三亚种：

❶ 藏南亚种 *chayulensis*

❷ 西南亚种 *albifacies*

❸ 秦岭亚种 *cyanophrys*

◆郑光美（2017：267-268；2023：282）记载黄额鸦雀 *Suthora fulvifrons*[①]三亚种：

❶ 藏南亚种 *chayulensis*

❷ 西南亚种 *albifacies*

❸ 秦岭亚种 *cyanophrys*

[①] 郑光美（2017）：由 *Paradoxornis* 属归入 *Suthora* 属（Penhallurick et al.，2009）。

〔988〕**黑喉鸦雀** *Suthora nipalensis*　　　　　　　　　　　　　　　　　　　　　hēihóu yāquè

曾用名：橙背鸦雀 *Paradoxornis nipalensis*、黑喉鸦雀 *Paradoxornis nipalensis*、

橙额鸦雀 *Paradoxornis nipalensis*；

橙额鸦雀 *Suthora nipalensis*（刘阳等，2021：482；约翰·马敬能，2022b：329）

英文名：Black-throated Parrotbill

◆郑作新（1958：194-195；1964：265）记载以下两种：

（1）棕耳鸦雀 *Paradoxornis poliotis*

❶ 指名亚种 *poliotis*

（2）黑喉鸦雀 *Paradoxornis verreauxi*

❶ 指名亚种 *verreauxi*

❷ 瑶山亚种 *craddocki*

❸ 挂墩亚种 *pallida*

❹ 台湾亚种 *morrisoniana*[①]

① 编者注：郑作新（1958）记载该亚种为 *morrissoniana*。

◆郑作新（1966：156）记载橙背鸦雀 *Paradoxornis nipalensis* 四亚种：

❶ 滇西亚种 *poliotis*

❷ 四川亚种 *verreauxi*

❸ 瑶山亚种 *craddocki*

❹ 挂墩亚种 *pallidus*

◆郑作新（1976：704-706；1987：756-757；1994：136；2000：136；2002：235-236）记载黑喉鸦雀 *Paradoxornis nipalensis*[②]六亚种：

❶ 藏南亚种 *crocotius*

❷ 滇西亚种 *poliotis*

❸ 四川亚种 *verreauxi*

❹ 瑶山亚种 *craddocki*

❺ 挂墩亚种 *pallidus*

❻ 台湾亚种 *morrisonianus*

② 编者注：郑作新（1976）记载其中文名为橙背鸦雀；郑作新（1987）记载其中文名为橙背鸦雀、黑喉鸦雀；郑作新（1994）记载其中文名为橙额鸦雀。

◆郑光美（2005：288-289）记载以下两种：

（1）黑喉鸦雀 *Paradoxornis nipalensis*

❶ 藏南亚种 *crocotius*

❷ 滇西亚种 *poliotis*

❸ 老挝亚种 *beaulieu*[③]

❹ 瑶山亚种 *craddocki*

③ 编者注：亚种中文名引自段文科和张正旺（2017b：1041）。

（2）金色鸦雀 *Paradoxornis verreauxi*

❶ 指名亚种 *verreauxi*

❷ 挂墩亚种 *pallidus*

❸ 台湾亚种 *morrisonianus*

◆郑光美（2011：300）记载以下两种：

（1）黑喉鸦雀 *Paradoxornis nipalensis*

❶ 藏南亚种 *crocotius*

❷ 滇西亚种 *poliotis*

❸ 老挝亚种 *beaulieu*

（2）金色鸦雀 *Paradoxornis verreauxi*

❶ 指名亚种 *verreauxi*

❷ 瑶山亚种 *craddocki*

❸ 挂墩亚种 *pallidus*

❹ 台湾亚种 *morrisonianus*

◆郑光美（2017：268-269；2023：282-283）记载以下两种：

（1）黑喉鸦雀 *Suthora nipalensis*④

❶ 滇西亚种 *poliotis*

❷ 老挝亚种 *beaulieui*

④ 郑光美（2017）：由 *Paradoxornis* 属归入 *Suthora* 属（Penhallurick et al.，2009）。

（2）金色鸦雀 *Suthora verreauxi*⑤

❶ 指名亚种 *verreauxi*

❷ 瑶山亚种 *craddocki*

❸ 挂墩亚种 *pallida*

❹ 台湾亚种 *morrisoniana*

⑤ 郑光美（2017）：由 *Paradoxornis* 属归入 *Suthora* 属（Penhallurick et al.，2009）。

〔989〕**金色鸦雀** *Suthora verreauxi*　　　　　　　　　　　　　　　　　　　jīnsè yāquè

曾用名： 黑喉鸦雀 *Paradoxornis verreauxi*、金色鸦雀 *Paradoxornis verreauxi*

英文名： Golden Parrotbill

初为独立种（黑喉鸦雀 *Paradoxornis verreauxi*），后并入 *Paradoxornis nipalensis*，现列为独立种。请参考〔988〕黑喉鸦雀 *Suthora nipalensis*。

〔990〕**短尾鸦雀** *Neosuthora davidiana*　　　　　　　　　　　　　　　　　　duǎnwěi yāquè

曾用名： 挂墩鸦雀 *Paradoxornis davidiana*、挂墩鸦雀 *Paradoxornis davidianus*、

　　　　　短尾鸦雀 *Paradoxornis davidianus*

英文名： Short-tailed Parrotbill

◆郑作新（1958：195-196；1964：266；1976：706；1987：757）记载挂墩鸦雀 *Paradoxornis davidiana*①一亚种：

　❶ 指名亚种 *davidiana*②

　① 编者注：郑作新（1976，1987）记载其种本名为 *davidianus*。

　② 编者注：郑作新（1976，1987）记载该亚种为 *davidianus*。

◆郑作新（1966：155）记载挂墩鸦雀 *Paradoxornis davidianus*，但未述及亚种分化问题。

◆郑作新（2002：232）记载短尾鸦雀亚属 *Neosuthora* 为单型亚属。

◆郑作新（1994：136；2000：136）、郑光美（2005：289；2011：301）记载短尾鸦雀 *Paradoxornis davidianus* 一亚种：

　❶ 指名亚种 *davidianus*

◆郑光美（2017：269；2023：283）记载短尾鸦雀 *Neosuthora davidiana*③一亚种：

　❶ 指名亚种 *davidiana*

　③ 郑光美（2017）：由 *Paradoxornis* 属归入 *Neosuthora* 属（Penhallurick et al.，2009）。

〔991〕**黑眉鸦雀** *Chleuasicus atrosuperciliaris*   hēiméi yāquè

曾用名：黑眉鸦雀 *Paradoxornis atrosuperciliaris*

英文名：Pale-billed Parrotbill

◆ 郑作新（1966：154；2002：233）记载黑眉鸦雀 *Paradoxornis atrosuperciliaris*，但未述及亚种分化问题。

◆ 郑作新（1958：195；1964：265-266；1976：707；1987：757；1994：136；2000：136）、郑光美（2005：289-290；2011：301）记载黑眉鸦雀 *Paradoxornis atrosuperciliaris* 一亚种：

   ❶ 指名亚种 *atrosuperciliaris*

◆ 郑光美（2017：269；2023：283）记载黑眉鸦雀 *Chleuasicus atrosuperciliaris*[①] 一亚种：

   ❶ 指名亚种 *atrosuperciliaris*

   ① 郑光美（2017）：由 *Paradoxornis* 属归入 *Chleuasicus* 属（Penhallurick et al.，2009）。

〔992〕**白胸鸦雀** *Psittiparus ruficeps*   báixiōng yāquè

曾用名：红头鸦雀 *Paradoxornis ruficeps*、红头鸦雀 *Psittiparus ruficeps*

英文名：White-breasted Parrotbill

说　　明：因分类修订，原红头鸦雀 *Psittiparus ruficeps* 的中文名修改为白胸鸦雀。

◆ 郑作新（1964：266；1976：707；1987：758；1994：137；2000：136-137）记载红头鸦雀 *Paradoxornis ruficeps* 一亚种：

   ❶ 指名亚种 *ruficeps*

◆ 郑作新（1966：155；2002：236）记载红头鸦雀 *Paradoxornis ruficeps*，但未述及亚种分化问题。

◆ 郑光美（2005：290；2011：301）记载红头鸦雀 *Paradoxornis ruficeps* 一亚种：

   ❶ 西藏亚种 *bakeri*[①]

   ① 编者注：亚种中文名引自段文科和张正旺（2017b：1044），赵正阶（2001b：510）称之为滇西亚种。

◆ 郑光美（2017：269）记载红头鸦雀 *Psittiparus ruficeps*[②] 一亚种：

   ❶ 西藏亚种 *bakeri*

   ② 由 *Paradoxornis* 属归入 *Psittiparus* 属（Penhallurick et al.，2009）。

◆ 郑光美（2023：283）记载以下两种：

   （1）白胸鸦雀 *Psittiparus ruficeps*

   ❶ 指名亚种 *ruficeps*

   （2）红头鸦雀 *Psittiparus bakeri*

〔993〕**红头鸦雀** *Psittiparus bakeri*   hóngtóu yāquè

英文名：Rufous-headed Parrotbill

　　从原红头鸦雀 *Psittiparus ruficeps* 的亚种提升为种，中文名沿用红头鸦雀。请参考〔992〕白胸鸦雀 *Psittiparus ruficeps*。

〔994〕**灰头鸦雀** *Psittiparus gularis*   huītóu yāquè

曾用名：灰头鸦雀 *Paradoxornis gularis*

英文名：Grey-headed Parrotbill

◆郑作新（1958：196-197；1964：137，266；1966：156；1976：707；1987：758-759；1994：137；2000：137；2002：236）记载灰头鸦雀 *Paradoxornis gularis* 二亚种：

❶ 华南亚种 *fokiensis*①②

❷ 海南亚种 *hainanus*

① 郑作新（1958）：据 Mayr（1941：711），云南西部的灰头鸦雀介于 *gularis* 和 *fokiensis* 之间。

② 郑作新（1976，1987）：滇西种群可能是另一亚种——*Paradoxornis gularis laotianus*。

◆郑光美（2005：285；2011：296）记载灰头鸦雀 *Paradoxornis gularis* 三亚种：

❶ 华南亚种 *fokiensis*

❷ 海南亚种 *hainanus*③

❸ 云南亚种 *laotianus*④

③ 编者注：郑光美（2005）记载该亚种为 *hainannus*。

④ 编者注：亚种中文名引自段文科和张正旺（2017b：1034），赵正阶（2001b：511）称之为缅泰亚种。

◆郑光美（2017：269-270；2023：283-284）记载灰头鸦雀 *Psittiparus gularis*⑤三亚种：

❶ 华南亚种 *fokiensis*

❷ 海南亚种 *hainanus*

❸ 云南亚种 *laotianus*

⑤ 郑光美（2017）：由 *Paradoxornis* 属归入 *Psittiparus* 属（Penhallurick et al.，2009）。

[995] **斑胸鸦雀** *Paradoxornis flavirostris*　　　　　　　　　　　　　　　　　　　　bānxiōng yāquè

曾用名：黄嘴鸦雀 *Paradoxornis flavirostris*

英文名：Black-breasted Parrotbill

◆郑作新（1958：197；1964：266；1976：698；1987：749）记载黄嘴鸦雀 *Paradoxornis flavirostris* 一亚种：

❶ 华南亚种 *guttaticollis*

◆郑作新（1966：154）记载黄嘴鸦雀 *Paradoxornis flavirostris*，但未述及亚种分化问题。

◆郑作新（1994：135；2000：135；2002：232-233）记载以下两种：

（1）斑胸鸦雀 *Paradoxornis flavirostris*①

① 编者注：郑作新（2002）未述及亚种分化问题。

（2）点胸鸦雀 *Paradoxornis guttaticollis*

❶ 指名亚种 *guttaticollis*

❷ 贡山亚种 *gongshanensis*

◆郑光美（2005：285-286；2011：297；2017：270；2023：284）记载以下两种：

（1）斑胸鸦雀 *Paradoxornis flavirostris*

（2）点胸鸦雀 *Paradoxornis guttaticollis*

[996] **点胸鸦雀** *Paradoxornis guttaticollis*　　　　　　　　　　　　　　　　　　　　diǎnxiōng yāquè

英文名：Spot-breasted Parrotbill

曾被视为 *Paradoxornis flavirostris* 的亚种，现列为独立种。请参考〔995〕斑胸鸦雀 *Paradoxornis flavirostris*。

〔997〕**震旦鸦雀** *Paradoxornis heudei* zhèndàn yāquè

曾用名： 震旦鸦雀 *Calamornis heudei*（刘阳等，2021：484）

英文名： Reed Parrotbill

◆郑作新（1958：197；1964：266）记载震旦鸦雀 *Paradoxornis heudei* 为单型种。

◆郑作新（1966：154）记载震旦鸦雀 *Paradoxornis heudei*，但未述及亚种分化问题。

◆郑作新（1976：709；1987：759-760；1994：137；2000：137；2002：233）、郑光美（2005：290；2011：301）记载震旦鸦雀 *Paradoxornis heudei* 二亚种：

❶ 指名亚种 *heudei*

❷ 黑龙江亚种 *polivanovi*

◆郑光美（2017：270；2023：284）记载震旦鸦雀 *Paradoxornis heudei* 三亚种：

❶ *mongolicus* 亚种

❷ 指名亚种 *heudei*

❸ 黑龙江亚种 *polivanovi*

87. 绣眼鸟科 Zosteropidae（White-eyes and Yuhinas） 4 属 14 种

〔998〕**白领凤鹛** *Parayuhina diademata* báilǐng fèngméi

曾用名： 白领凤鹛 *Yuhina diademata*、白领凤鹛 *Patayuhina diademata*

英文名： White-collared Yuhina

◆郑作新（1958：234；1964：271）记载白领凤鹛 *Yuhina diademata* 一亚种：

❶ 指名亚种 *diademata*

◆郑作新（1966：153；2002：230）记载白领凤鹛 *Yuhina diademata*，但未述及亚种分化问题。

◆郑作新（1976：691；1987：741；1994：134；2000：134）记载白领凤鹛 *Yuhina diademata* 为单型种。

◆郑光美（2005：283；2011：294；2017：272）记载白领凤鹛 *Yuhina diademata* 二亚种：

❶ 缅越亚种 *ampelina*[①]

❷ 指名亚种 *diademata*

[①] 编者注：亚种中文名引自段文科和张正旺（2017b：1023）。

◆郑光美（2023：285）记载白领凤鹛 *Parayuhina diademata*[②] 二亚种：

❶ 缅越亚种 *ampelina*

❷ 指名亚种 *diademata*

[②] 编者注：刘阳和陈水华（2021：488）记载其属名为 *Patayuhina*。

〔999〕**白颈凤鹛** *Parayuhina bakeri* báijǐng fèngméi

曾用名： 白喉凤鹛 *Yuhina bakeri*、栗头凤鹛 *Yuhina bakeri*、

白项凤鹛 *Yuhina bakeri*、白颈凤鹛 *Yuhina bakeri*

英文名：White-naped Yuhina

◆郑作新（1976：688）记载栗头凤鹛 *Yuhina bakeri*[①]为单型种。

　　[①] 编者注：中国鸟类新记录（彭燕章等，1974）。

◆郑作新（1987：739；1994：133；2000：133）记载白项凤鹛 *Yuhina bakeri* 为单型种。

◆郑作新（2002：230）记载白项凤鹛 *Yuhina bakeri*，但未述及亚种分化问题。

◆郑光美（2005：282；2011：293；2017：271）记载白颈凤鹛 *Yuhina bakeri* 为单型种。

◆郑光美（2023：285）记载白颈凤鹛 *Parayuhina bakeri*[②]为单型种。

　　[②] 由 *Yuhina* 属移入 *Parayuhina* 属（Cai et al., 2019）。

〔1000〕**栗耳凤鹛** *Staphida castaniceps*　　　　　　　　　　　　　　　　lì'ěr fèngméi

曾用名：栗头希鹛 *Minla castaniceps*、栗头凤鹛 *Yuhina castaniceps*、栗耳凤鹛 *Yuhina castaniceps*；
　　　　条纹凤鹛 *Yuhina castaniceps*（赵正阶，2001b：481）

英文名：Striated Yuhina

◆郑作新（1958：231-232；1964：145，271）记载栗头希鹛 *Minla castaniceps* 二亚种：

　　❶ *conjuncta* 亚种[①]

　　❷ 华南亚种 *torqueola*

　　[①] 编者注：郑作新（1976，1987）、郑作新等（1987：243）将其列为滇西亚种 *plumbeiceps* 的同物异名。

◆郑作新（1966：153；1976：687；1987：738）记载栗头凤鹛 *Yuhina castaniceps* 二亚种：

　　❶ 滇西亚种 *plumbeiceps*

　　❷ 华南亚种 *torqueola*

◆郑作新（1994：133；2000：133；2002：231）、郑光美（2005：282；2011：293；2017：271）记载栗耳凤鹛 *Yuhina castaniceps* 二亚种：

　　❶ 滇西亚种 *plumbeiceps*

　　❷ 华南亚种 *torqueola*

◆郑光美（2023：285）记载以下两种：

　　（1）栗耳凤鹛 *Staphida castaniceps*[②]

　　（2）栗颈凤鹛 *Staphida torqueola*[③]

　　[②][③] 由 *Yuhina* 属移入 *Staphida* 属（Cai et al., 2019）。

〔1001〕**栗颈凤鹛** *Staphida torqueola*　　　　　　　　　　　　　　　　lìjǐng fèngméi

曾用名：栗颈凤鹛 *Yuhina torqueola*（约翰·马敬能，2022b：331）

英文名：Indochinese Yuhina

　　曾被视为 *Yuhina castaniceps* 的一个亚种，现列为独立种。请参考〔1000〕栗耳凤鹛 *Staphida castaniceps*。

〔1002〕**黄颈凤鹛** *Yuhina flavicollis*　　　　　　　　　　　　　　　　huángjǐng fèngméi

英文名：Whiskered Yuhina

◆郑作新（1958：232-233；1964：146，271；1966：153；1976：689；1987：739；1994：133；

2000：133；2002：231）、郑光美（2005：282；2011：293；2017：271；2023：286）均记载黄颈凤鹛Yuhina flavicollis①②③二亚种：

❶ 指名亚种 flavicollis

❷ 云南亚种 rouxi

① 郑作新（1964：145）：棕胁凤鹛的后颈亦具棕黄色横带，但不如黄颈凤鹛伸达至颈侧，而成为领圈。前者下体大都白色，仅肛周与尾下复羽为皮黄色，两胁呈赭褐色，而杂以白纹；后者喉与胸葡萄红色，腹和两胁淡灰褐色，肛周和尾下复羽橙棕色。这些特征均可供作此两种凤鹛的区别。

② 郑作新（1966）：棕胁凤鹛的后颈亦具棕黄色横带，但不似黄颈凤鹛之伸达至颈侧，而成为领圈。后者下体大都白色，仅肛周与尾下覆羽为皮黄色，两胁呈赭褐色，而杂以白纹；前者喉与胸葡萄红色，腹和两胁淡灰褐色，肛周和尾下复羽橙棕色。这些特征均可供作这两种凤鹛的区别。

③ 郑作新（2002）：棕肛凤鹛的后颈亦具棕黄色横带，但不似黄颈凤鹛之沾棕红色，也不伸达至颈侧，而成为领圈。后者下体大都白色，仅肛周与尾下覆羽为皮黄色，两胁呈赭褐色，而杂以白纹；前者喉与胸葡萄红色，腹与两胁淡灰褐色，肛周和尾下复羽橙棕色。这些特征均可供作这两种凤鹛的区别。

〔1003〕**纹喉凤鹛** *Yuhina gularis* wénhóu fèngméi

英文名：Stripe-throated Yuhina

◆郑作新（1958：233；1964：146，271；1966：153-154；1976：690；1987：740；1994：134；2000：133-134；2002：231）、郑光美（2005：282；2011：293-294；2017：271-272；2023：286）均记载纹喉凤鹛*Yuhina gularis*二亚种：

❶ 指名亚种 *gularis*

❷ 峨眉亚种 *omeiensis*

〔1004〕**棕臀凤鹛** *Yuhina occipitalis* zōngtún fèngméi

曾用名：棕胁凤鹛 *Yuhina occipitalis*、棕肛凤鹛 *Yuhina occipitalis*

英文名：Rufous-vented Yuhina

◆郑作新（1958：234-235；1964：146，271；1966：154）记载棕胁凤鹛*Yuhina occipitalis*①②二亚种：

❶ 指名亚种 *occipitalis*

❷ 云南亚种 *obscurior*

① 郑作新（1964：145）：棕胁凤鹛的后颈亦具棕黄色横带，但不如黄颈凤鹛伸达至颈侧，而成为领圈。前者下体大都白色，仅肛周与尾下复羽为皮黄色，两胁呈赭褐色，而杂以白纹；后者喉与胸葡萄红色，腹和两胁淡灰褐色，肛周和尾下复羽橙棕色。这些特征均可供作此两种凤鹛的区别。

② 郑作新（1966：153）：棕胁凤鹛的后颈亦具棕黄色横带，但不似黄颈凤鹛之伸达至颈侧，而成为领圈。后者下体大都白色，仅肛周与尾下覆羽为皮黄色，两胁呈赭褐色，而杂以白纹；前者喉与胸葡萄红色，腹和两胁淡灰褐色，肛周和尾下复羽橙棕色。这些特征均可供作这两种凤鹛的区别。

◆郑作新（1976：691-692；1987：742；1994：134；2000：134；2002：231）记载棕肛凤鹛*Yuhina occipitalis*③二亚种：

❶ 指名亚种 *occipitalis*

❷ 云南亚种 *obscurior*

③ 郑作新（2002）：棕肛凤鹛的后颈亦具棕黄色横带，但不似黄颈凤鹛之沾棕红色，也不伸达至颈侧，而成为领圈。后者下体大都白色，仅肛周与尾下覆羽为皮黄色，两胁呈赭褐色，而杂以白纹；前者喉与胸葡萄红色，腹与两胁淡灰褐色，肛周和尾下复羽橙棕色。这些特征均可供作这两种凤鹛的区别。

◆郑光美（2005：283；2011：294；2017：272；2023：286）记载棕臀凤鹛 *Yuhina occipitalis* 二亚种：

❶ 指名亚种 *occipitalis*

❷ 云南亚种 *obscurior*

[1005] **褐头凤鹛** *Yuhina brunneiceps*　　　　　　　　　　　　　　　　　　　　　　　　　　hètóu fèngméi

曾用名：栗头凤鹛 *Yuhina brunneiceps*

英文名：Taiwan Yuhina

◆郑作新（1958：236；1964：271）记载栗头凤鹛 *Yuhina brunneiceps* 为单型种。

◆郑作新（1966：153；2002：230）记载褐头凤鹛 *Yuhina brunneiceps*，但未述及亚种分化问题。

◆郑作新（1976：692；1987：743；1994：134；2000：134）、郑光美（2005：283；2011：294；2017：272；2023：286）记载褐头凤鹛 *Yuhina brunneiceps* 为单型种。

[1006] **黑颏凤鹛** *Yuhina nigrimenta*　　　　　　　　　　　　　　　　　　　　　　　　　　hēikē fèngméi

曾用名：黑颏凤鹛 *Yuhina nigrimentum*；黑额凤鹛 *Yuhina nigrimenta*（约翰·马敬能等，2000：429；赵正阶，2001b：489）

英文名：Black-chinned Yuhina

◆郑作新（1958：235-236；1964：146，271；1966：154；1976：693；1987：743-744；1994：134；2000：134；2002：231）、郑光美（2005：283；2011：294-295）记载黑颏凤鹛 *Yuhina nigrimenta*[①]二亚种：

❶ 西南亚种 *intermedia*

❷ 东南亚种 *pallida*

① 编者注：郑作新（1958，1964，1966）记载其种本名为 *nigrimentum*。

◆郑光美（2017：272；2023：287）记载黑颏凤鹛 *Yuhina nigrimenta* 为单型种。

[1007] **红胁绣眼鸟** *Zosterops erythropleurus*　　　　　　　　　　　　　　　　　　　　　hóngxié xiùyǎnniǎo

曾用名：红胁绣眼鸟 *Zosterops erythropleura*

英文名：Chestnut-flanked White-eye

◆郑作新（1958：372；1964：290；1976：870-871；1987：932；1994：163；2000：163）记载红胁绣眼鸟 *Zosterops erythropleura*[①]为单型种。

① 编者注：郑作新（1994，2000）记载其中文名为红胁锈眼鸟。

◆郑作新（1966：185；2002：281）记载红胁绣眼鸟 *Zosterops erythropleura*，但未述及亚种分化问题。

◆郑光美（2005：318；2011：332；2017：273；2023：287）记载红胁绣眼鸟 *Zosterops erythropleurus* 为单型种。

〔1008〕**日本绣眼鸟** *Zosterops japonicus*　　　　　　　　　　　　　　　　　　　rìběn xiùyǎnniǎo

曾用名：暗绿绣眼鸟 *Zosterops japonica*、暗绿绣眼鸟 *Zosterops japonicus*

英文名：Warbling White-eye

说　明：因分类修订，原暗绿绣眼鸟 *Zosterops japonicus* 的中文名修改为日本绣眼鸟。

◆ 郑作新（1958：371-372；1964：290；1976：869-870；1987：931-932；1994：163；2000：163；2002：282）记载暗绿绣眼鸟 *Zosterops japonica*[①]三亚种：

❶ 普通亚种 *simplex*

❷ 海南亚种 *hainana*

❸ 兰屿亚种 *batanis*

① 编者注：郑作新（1994，2000）记载其中文名为暗绿锈眼鸟。

◆ 郑作新（1964：177；1966：185）记载暗绿绣眼鸟 *Zosterops japonica* 二亚种：

❶ 普通亚种 *simplex*

❷ 海南亚种 *hainana*

◆ 郑光美（2005：319）记载暗绿绣眼鸟 *Zosterops japonicus* 三亚种：

❶ 普通亚种 *simplex*

❷ 海南亚种 *hainana*

❸ 兰屿亚种 *batanis*

◆ 郑光美（2011：332；2017：273）记载暗绿绣眼鸟 *Zosterops japonicus* 二亚种：

❶ 普通亚种 *simplex*

❷ 海南亚种 *hainanus*

◆ 郑光美（2023：287-288）记载以下两种：

（1）日本绣眼鸟 *Zosterops japonicus*[②]

❶ 指名亚种 *japonicus*

② 因主要在中国分布的种群提升为物种 *Zosterops simplex*，依据主要分布区，本种的中文名改为日本绣眼鸟。

（2）暗绿绣眼鸟 *Zosterops simplex*[③]

❶ 指名亚种 *simplex*

❷ 海南亚种 *hainanus*

③ 由 *Zosterops japonicus* 的亚种提升为种，中文名沿用暗绿绣眼鸟（Lim et al., 2018）。

〔1009〕**暗绿绣眼鸟** *Zosterops simplex*　　　　　　　　　　　　　　　　　　　ànlǜ xiùyǎnniǎo

英文名：Swinhoe's White-eye

　　由 *Zosterops japonicus* 的亚种提升为种，中文名沿用暗绿绣眼鸟。请参考〔1008〕日本绣眼鸟 *Zosterops japonicus*。

〔1010〕**低地绣眼鸟** *Zosterops meyeni*　　　　　　　　　　　　　　　　　　　dīdì xiùyǎnniǎo

英文名：Lowland White-eye

◆ 郑光美（2011：333；2017：273；2023：288）记载低地绣眼鸟 *Zosterops meyeni*[①]一亚种：

❶ 兰屿亚种 batanis

① 郑光美（2011）：中国鸟类新记录，见刘小如等（2010）。

〔1011〕**灰腹绣眼鸟** *Zosterops palpebrosus* huīfù xiùyǎnniǎo

曾用名： 灰腹绣眼鸟 *Zosterops palpebrosa*

英文名： Indian White-eye

◆ 郑作新（1958：373；1964：290）记载灰腹绣眼鸟 *Zosterops palpebrosa* 一亚种：

❶ 蒙自亚种 *joannae*[①]

① 郑作新（1964）：Mees（1957）认为是 *Zosterops palpebrosa palpebrosa* 的同物异名。

◆ 郑作新（1966：185）记载灰腹绣眼鸟 *Zosterops palpebrosa*，但未述及亚种分化问题。

◆ 郑作新（1976：871）记载灰腹绣眼鸟 *Zosterops palpebrosa* 一亚种：

❶ 西南亚种 *siamensis*

◆ 郑作新（1987：933）记载灰腹绣眼鸟 *Zosterops palpebrosa* 一亚种：

❶ 指名亚种 *palpebrosa*

◆ 郑作新（1994：163；2000：163；2002：282）记载灰腹绣眼鸟 *Zosterops palpebrosa*[②] 二亚种：

❶ 西南亚种 *siamensis*

❷ 蒙自亚种 *joannae*

② 编者注：郑作新（1994，2000）记载其中文名为灰腹锈眼鸟。

◆ 郑光美（2005：319；2011：332；2017：273-274；2023：288）记载灰腹绣眼鸟 *Zosterops palpebrosus* 二亚种：

❶ 指名亚种 *palpebrosus*

❷ 蒙自亚种 *joannae*

88. 林鹛科 Timaliidae（Scimitar Babblers and Allies） 7 属 27 种

〔1012〕**长嘴钩嘴鹛** *Erythrogenys hypoleucos* chángzuǐ gōuzuǐméi

曾用名： 长嘴钩嘴鹛 *Pomatorhinus hypoleucos*

英文名： Large Scimitar Babbler

◆ 郑作新（1958：174-175）记载长嘴钩嘴鹛 *Pomatorhinus hypoleucos* 二亚种：

❶ *laotianus* 亚种[①]

❷ 海南亚种 *hainanus*

① 编者注：郑作新等（1987：17）指出，郑作新（1962）还记述 *Pomatorhinus hypoleucos laotianus*，于1928年10月采自广西（任国荣等，1937），但因仅有一雌鸟，而无比较资料，故把这一亚种冠以"?"号。现据 Deignan（1964），*Pomatorhinus hypoleucos laotianus* 应作为 *Pomatorhinus hypoleucos tickelli* 的同物异名。

◆ 郑作新（1964：263）记载长嘴钩嘴鹛 *Pomatorhinus hypoleucos* 三亚种：

❶ 西南亚种 *tickelli*[②]

❷ *laotianus* 亚种

❸ 海南亚种 *hainanus*

② 编者注：中国鸟类亚种新记录（郑作新等，1962）。

◆郑作新（1966：138）记载长嘴钩嘴鹛 *Pomatorhinus hypoleucus*，但未述及亚种分化问题。

◆郑作新（1976：603-604；1987：646-647；1994：118；2000：117-118；2002：204）、郑光美（2005：260；2011：270）记载长嘴钩嘴鹛 *Pomatorhinus hypoleucos* 二亚种：

❶ 西南亚种 *tickelli*

❷ 海南亚种 *hainanus*

◆郑光美（2017：274）记载长嘴钩嘴鹛 *Erythrogenys hypoleucos*③二亚种：

❶ 西南亚种 *tickelli*

❷ 海南亚种 *hainana*

③ 由 *Pomatorhinus* 属归入 *Erythrogenys* 属（Dong et al., 2010a）。

◆郑光美（2023：288）记载长嘴钩嘴鹛 *Erythrogenys hypoleucos* 三亚种：

❶ 西南亚种 *tickelli*

❷ 海南亚种 *hainana*

❸ 指名亚种 *hypoleucos*

〔1013〕**锈脸钩嘴鹛** *Erythrogenys erythrogenys*　　　　　　　　　　　xiùliǎn gōuzuǐméi

曾用名：锈脸钩嘴鹛 *Pomatorhinus erythrogenys*（约翰·马敬能等，2000：402；约翰·马敬能，2022b：287）

英文名：Rusty-cheeked Scimitar Babbler

◆郑光美（2023：289）记载锈脸钩嘴鹛 *Erythrogenys erythrogenys*①一亚种：

❶ 喜马拉雅亚种 *haringtoni*②

① 中国鸟类新记录（张国邦，个人通讯）。编者注：可参考〔1015〕斑胸钩嘴鹛 *Erythrogenys gravivox*。另据约翰·马敬能等（2000：402-403），锈脸钩嘴鹛 *Pomatorhinus erythrogenys* 在中国尚无记录，但亚种 *haringtoni* 可能在印度及不丹之间的 Torsa 春丕河谷有见。

② 编者注：亚种中文名引自赵正阶（2001b：360）。

〔1014〕**台湾斑胸钩嘴鹛** *Erythrogenys erythrocnemis*　　　　　　　　táiwān bānxiōng gōuzuǐméi

曾用名：斑胸钩嘴鹛 *Pomatorhinus erythrocnemis*（约翰·马敬能等，2000：402；郑光美，2011：271）、台湾斑胸钩嘴鹛 *Pomatorhinus erythrocnemis*（约翰·马敬能，2022b：288）

英文名：Black-necklaced Scimitar Babbler

由 *Erythrogenys gravivox* 的亚种提升为种。请参考〔1015〕斑胸钩嘴鹛 *Erythrogenys gravivox*。

〔1015〕**斑胸钩嘴鹛** *Erythrogenys gravivox*　　　　　　　　　　　　　bānxiōng gōuzuǐméi

曾用名：锈脸钩嘴鹛 *Pomatorhinus erythrogenys*、斑胸钩嘴鹛 *Pomatorhinus erythrocnemis*；斑胸钩嘴鹛 *Pomatorhinus gravivox*（约翰·马敬能，2022b：288）

英文名：Black-streaked Scimitar Babbler

说　明：由锈脸钩嘴鹛 *Pomatorhinus erythrogenys* 分出的种。

◆郑作新（1958：172-174；1964：133，262-263；1966：138-139；1976：604-606；1987：647-649；1994：118；2000：118；2002：204）、郑光美（2005：260-261）记载锈脸钩嘴鹛 *Pomatorhinus erythrogenys* 八亚种：

❶ 川西亚种 *dedekeni*[①]

❷ 川东亚种 *cowensae*

❸ 川南亚种 *decarlei*

❹ 云南亚种 *odicus*

❺ 陕南亚种 *gravivox*

❻ 中南亚种 *abbreviatus*

❼ 东南亚种 *swinhoei*

❽ 台湾亚种 *erythrocnemis*

[①] 编者注：郑作新（1958）记载该亚种为 *dedekensi*。

◆郑光美（2011：271）记载斑胸钩嘴鹛 *Pomatorhinus erythrocnemis*[②] 八亚种：

❶ 川西亚种 *dedekeni*

❷ 川东亚种 *cowensae*

❸ 川南亚种 *decarlei*

❹ 云南亚种 *odicus*

❺ 陕南亚种 *gravivox*

❻ 中南亚种 *abbreviatus*

❼ 东南亚种 *swinhoei*

❽ 指名亚种 *erythrocnemis*

[②] 由锈脸钩嘴鹛 *Pomatorhinus erythrogenys* 分出的种，见 Collar（2006）。编者注：据郑光美（2021：177），锈脸钩嘴鹛 *Pomatorhinus erythrogenys* 在中国没有分布。而郑光美（2023）则收录该种，并注明为中国鸟类新记录。可参考〔1013〕锈脸钩嘴鹛 *Erythrogenys erythrogenys*。

◆郑光美（2017：274-275）记载以下三种：

（1）斑胸钩嘴鹛 *Erythrogenys gravivox*[③]

❶ 指名亚种 *gravivox*

❷ 川西亚种 *dedckensi*

❸ 川东亚种 *cowensae*

❹ 川南亚种 *decarlei*

❺ 云南亚种 *odica*

[③] 由 *Pomatorhinus* 属归入 *Erythrogenys* 属（Dong et al., 2010a）。

（2）华南斑胸钩嘴鹛 *Erythrogenys swinhoei*[④]

❶ 指名亚种 *swinhoei*

❷ 中南亚种 *abbreviatus*

[④] 由 *Erythrogenys gravivox* 的亚种提升为种（Dong et al., 2010a）。

（3）台湾斑胸钩嘴鹛 *Erythrogenys erythrocnemis*[⑤]

[⑤] 由 *Erythrogenys gravivox* 的亚种提升为种（Collar et al., 2007）。

◆郑光美（2023：289-290）记载以下三种：

　（1）台湾斑胸钩嘴鹛 *Erythrogenys erythrocnemis*

　（2）斑胸钩嘴鹛 *Erythrogenys gravivox*

　　❶ 指名亚种 *gravivox*

　　❷ 川西亚种 *dedekensi*

　　❸ 川东亚种 *cowensae*

　　❹ 川南亚种 *decarlei*

　　❺ 云南亚种 *odica*

　（3）华南斑胸钩嘴鹛 *Erythrogenys swinhoei*

〔1016〕**华南斑胸钩嘴鹛** *Erythrogenys swinhoei*　　　　　　　　　　　huánán bānxiōng gōuzuǐméi

曾用名：华南斑胸钩嘴鹛 *Pomatorhinus swinhoei*（约翰·马敬能，2022b：288）

英文名：Grey-sided Scimitar Babbler

　由 *Erythrogenys gravivox* 的亚种提升为种。请参考〔1015〕斑胸钩嘴鹛 *Erythrogenys gravivox*。

〔1017〕**灰头钩嘴鹛** *Pomatorhinus schisticeps*　　　　　　　　　　　　huītóu gōuzuǐméi

英文名：White-browed Scimitar Babbler

◆郑光美（2005：261；2011：272；2017：275；2023：290）记载灰头钩嘴鹛 *Pomatorhinus schisticeps* 一亚种：

　❶ 西藏亚种 *salimalii*[①]

　[①] 编者注：亚种中文名引自段文科和张正旺（2017b：964）。

〔1018〕**棕颈钩嘴鹛** *Pomatorhinus ruficollis*　　　　　　　　　　　　zōngjǐng gōuzuǐméi

英文名：Streak-breasted Scimitar Babbler

◆郑作新（1958：170-172）记载棕颈钩嘴鹛 *Pomatorhinus ruficollis* 十亚种：

　❶ 藏南亚种 *godwini*

　❷ 峨眉亚种 *eidos*

　❸ *usheri* 亚种

　❹ 滇西亚种 *similis*

　❺ 滇南亚种 *albipectus*

　❻ 滇东亚种 *reconditus*

　❼ 长江亚种 *styani*

　❽ 东南亚种 *stridulus*

　❾ 台湾亚种 *musicus*

　❿ 海南亚种 *nigrostellatus*

◆郑作新（1964：133；1966：139）记载棕颈钩嘴鹛 *Pomatorhinus ruficollis* 八亚种：

　❶ 峨眉亚种 *eidos*

　❷ 滇西亚种 *similis*

❸ 滇南亚种 *albipectus*

❹ 长江亚种 *styani*

❺ *intermedius* 亚种①

❻ 东南亚种 *stridulus*

❼ 台湾亚种 *musicus*

❽ 海南亚种 *nigrostellatus*

① 郑作新（1976，1987）、郑作新等（1987：28）将其列为中南亚种 *hunanensis* 的同物异名。

◆郑作新（1964：262）记载棕颈钩嘴鹛 *Pomatorhinus ruficollis* 十亚种：

❶ 藏南亚种 *godwini*

❷ 峨眉亚种 *eidos*

❸ 滇西亚种 *similis*

❹ 滇南亚种 *albipectus*

❺ *intermedius* 亚种

❻ 滇东亚种 *reconditus*

❼ 长江亚种 *styani*

❽ 东南亚种 *stridulus*

❾ 台湾亚种 *musicus*

❿ 海南亚种 *nigrostellatus*

◆郑作新（1976：606-608；1987：649-651；1994：118；2000：118；2002：204-205）、郑光美（2005：261-262；2011：272-273）记载棕颈钩嘴鹛 *Pomatorhinus ruficollis* 十亚种：

❶ 藏南亚种 *godwini*

❷ 峨眉亚种 *eidos*

❸ 滇西亚种 *similes*②

❹ 滇南亚种 *albipectus*

❺ 滇东亚种 *reconditus*

❻ 长江亚种 *styani*

❼ 中南亚种 *hunanensis*

❽ 东南亚种 *stridulus*

❾ 台湾亚种 *musicus*

❿ 海南亚种 *nigrostellatus*

② 编者注：郑作新（1976，1987，1994，2000，2002）记载该亚种为 *similis*。

◆郑光美（2017：275-277；2023：290-291）记载以下两种：

（1）棕颈钩嘴鹛 *Pomatorhinus ruficollis*

❶ 藏南亚种 *godwini*

❷ 峨眉亚种 *eidos*

❸ 滇西亚种 *similis*

❹ 滇南亚种 *albipectus*

❺ 滇东亚种 *reconditus*

❻ *laurentei* 亚种③

❼ 长江亚种 *styani*

❽ 中南亚种 *hunanensis*

❾ 东南亚种 *stridulus*

❿ 海南亚种 *nigrostellatus*

③ 编者注：据赵正阶（2001b：362），La Touche（1921）根据在我国云南东南部宜良附近采得的标本所发表的 *Pomatorhinus ruficollis laurentei* 亚种，嘴呈暗粉红色，嘴亦较短，为 21～22.5mm。郑作新（1976，1994）、郑作新等（1987）认为该亚种的分布仅限于模式产地，而宜良在昆明附近，系在滇东亚种分布范围之内，从地理分布考虑，他们将该亚种并入了滇东亚种 *Pomatorhinus ruficollis recondirus*，作为滇东亚种的同物异名。但 Stanford 等（1941）、Deignan（1964）以及 Howard 和 Moore（1980，1991）却承认该亚种。此亚种能否确立，还有待进一步研究。

（2）台湾棕颈钩嘴鹛 *Pomatorhinus musicus*④

④ 郑光美（2017）：由 *Pomatorhinus ruficollis* 的亚种提升为种（Collar，2006；Dong et al.，2014）。

〔1019〕**台湾棕颈钩嘴鹛** *Pomatorhinus musicus*   táiwān zōngjǐng gōuzuǐméi

英文名： Taiwan Scimitar Babbler

由 *Pomatorhinus ruficollis* 的亚种提升为种。请参考〔1018〕棕颈钩嘴鹛 *Pomatorhinus ruficollis*。

〔1020〕**棕头钩嘴鹛** *Pomatorhinus ochraceiceps*   zōngtóu gōuzuǐméi

英文名： Red-billed Scimitar Babbler

◆ 郑作新（1964：263）记载棕头钩嘴鹛 *Pomatorhinus ochraceiceps*①一亚种：

❶ 指名亚种 *ochraceiceps*

① 编者注：中国鸟类新记录（郑作新等，1962）。

◆ 郑作新（1966：139；1976：608；1987：652；1994：118-119；2000：118-119；2002：205）、郑光美（2005：262-263；2011：273；2017：277；2023：291）记载棕头钩嘴鹛 *Pomatorhinus ochraceiceps* 二亚种：

❶ 滇西亚种 *austeni*②

❷ 指名亚种 *ochraceiceps*③

② 编者注：中国鸟类亚种新记录（潘清华等，1964）。

③ 编者注：郑作新（1976，2000，2002）称之为滇南亚种；郑作新等（1987：31）称之为滇南亚种（指名亚种）。

〔1021〕**红嘴钩嘴鹛** *Pomatorhinus ferruginosus*   hóngzuǐ gōuzuǐméi

英文名： Coral-billed Scimitar Babbler

◆ 郑作新（1976：608）记载红嘴钩嘴鹛 *Pomatorhinus ferruginosus*①一亚种：

❶ 滇南亚种 *orientalis*

① 编者注：中国鸟类新记录（彭燕章等，1973）。

◆ 郑作新（1987：652；1994：119；2000：119；2002：205）、郑光美（2005：263；2011：273；2017：277；2023：292）记载红嘴钩嘴鹛 *Pomatorhinus ferruginosus* 二亚种：

❶ 滇南亚种 orientalis
❷ 指名亚种 ferruginosus②

② 编者注：中国鸟类亚种新记录（李德浩等，1979）。

〔1022〕**细嘴钩嘴鹛** Pomatorhinus superciliaris　　　　　　　　　　　　　　xìzuǐ gōuzuǐméi

曾用名： 剑嘴鹛 Xiphirhynchus superciliaris；

剑嘴鹛 Pomatorhinus superciliaris（刘阳等，2021：426；约翰·马敬能，2022b：290）

英文名： Slender-billed Scimitar Babbler

◆ 郑作新（1966：137；2002：201）记载剑嘴鹛属 Xiphirhynchus 为单型属。

◆ 郑作新（1958：175；1964：263；1976：608-609；1987：652-653；1994：119；2000：119）、郑光美（2005：263；2011：273）记载剑嘴鹛 Xiphirhynchus superciliaris 一亚种：

❶ 滇西亚种 forresti

◆ 郑光美（2017：277）记载细嘴钩嘴鹛 Pomatorhinus superciliaris①一亚种：

❶ 滇西亚种 forresti

① 由 Xiphirhynchus 属归入 Pomatorhinus 属（Gelang et al.，2009）。

◆ 郑光美（2023：290）记载细嘴钩嘴鹛 Pomatorhinus superciliaris 二亚种：

❶ 滇西亚种 forresti
❷ 指名亚种 superciliaris

〔1023〕**棕喉鹩鹛** Spelaeornis caudatus　　　　　　　　　　　　　　zōnghóu liáoméi

曾用名： 短尾鹩鹛 Spelaeornis caudatus

英文名： Rufous-throated Wren-Babbler

◆ 郑光美（2005：265；2011：276）记载短尾鹩鹛 Spelaeornis caudatus①二亚种：

❶ 指名亚种 caudatus
❷ 藏南亚种 badeigularis②

① 编者注：据约翰·马敬能等（2000：408），短尾鹩鹛 Spelaeornis caudatus 在中国尚无记录，但分布经不丹至印度阿萨姆和西藏东南部，分布东至何地尚不清楚。

② 编者注：亚种中文名引自段文科和张正旺（2017b：972）。

◆ 郑光美（2017：279；2023：292）记载以下两种：

（1）棕喉鹩鹛 Spelaeornis caudatus

（2）锈喉鹩鹛 Spelaeornis badeigularis③

③ 编者注：约翰·马敬能等（2000：408）亦有记载。

〔1024〕**锈喉鹩鹛** Spelaeornis badeigularis　　　　　　　　　　　　　　xiùhóu liáoméi

英文名： Rusty-throated Wren-Babbler

曾被视为 Spelaeornis caudatus 的一个亚种，现列为独立种。请参考〔1023〕棕喉鹩鹛 Spelaeornis caudatus。

〔1025〕**斑翅鹩鹛** *Spelaeornis troglodytoides*　　　　　　　　　　　　　　　　bānchì liáoméi

英文名：Bar-winged Wren-Babbler

◆郑作新（1958：177；1964：134，263；1966：140；1976：612-613；1987：656-657）记载斑翅鹩鹛 *Spelaeornis troglodytoides* 四亚种：

① 指名亚种 *troglodytoides*

② 滇西亚种 *souliei*

③ 澜沧亚种 *rocki*①

④ 秦岭亚种 *halsueti*

① 编者注：郑作新（1976）称其为滇东亚种。

◆郑作新（1994：120；2000：119-120；2002：207）、郑光美（2005：265；2011：276）记载记载斑翅鹩鹛 *Spelaeornis troglodytoides* 五亚种：

① 指名亚种 *troglodytoides*

② 滇西亚种 *souliei*

③ 澜沧亚种 *rocki*

④ 秦岭亚种 *halsueti*

⑤ 南川亚种 *nanchuanensis*②

② 郑作新（1994，2000）：参见李桂垣等（1992）。

◆郑光美（2017：278；2023：292-293）记载斑翅鹩鹛 *Spelaeornis troglodytoides* 六亚种：

① 印度亚种 *indiraji*③

② 指名亚种 *troglodytoides*

③ 滇西亚种 *souliei*

④ 澜沧亚种 *rocki*

⑤ 南川亚种 *nanchuanensis*

⑥ 秦岭亚种 *halsueti*

③ 编者注：亚种中文名引自百度百科。

〔1026〕**淡喉鹩鹛** *Spelaeornis kinneari*　　　　　　　　　　　　　　　　dànhóu liáoméi

英文名：Pale-throated Wren-Babbler

由 *Spelaeornis chocolatinus* 的亚种提升为种。请参考〔1027〕长尾鹩鹛 *Spelaeornis chocolatinus*。

〔1027〕**长尾鹩鹛** *Spelaeornis chocolatinus*　　　　　　　　　　　　　　　　chángwěi liáoméi

曾用名：长尾鹩鹛 *Spelaeornis reptatus*（刘阳等，2021：426；约翰·马敬能，2022b：291）

英文名：Naga Wren-Babbler

◆郑作新（1958：178；1964：263；1976：614；1987：658-659；1994：120；2000：120）记载长尾鹩鹛 *Spelaeornis chocolatinus* 一亚种：

① 西南亚种 *reptatus*

◆郑作新（1966：140；2002：207）记载长尾鹩鹛 *Spelaeornis chocolatinus*，但未述及亚种分化问题。

◆郑光美（2005：266；2011：277）记载长尾鹩鹛 *Spelaeornis chocolatinus* 二亚种：

❶ 西南亚种 *reptatus*

❷ 滇南亚种 *kinneari*①

① 编者注：亚种中文名引自段文科和张正旺（2017b：974）。

◆ 郑光美（2017：278-279；2023：293）记载以下两种：

（1）淡喉鹪鹛 *Spelaeornis kinneari*②

② 郑光美（2017）：由 *Spelaeornis chocolatinus* 的亚种提升为种（Collar et al., 2007）。

（2）长尾鹪鹛 *Spelaeornis chocolatinus*

〔1028〕**黑胸楔嘴穗鹛** *Stachyris humei*　　　　　　　　　　　　　　hēixiōng xiēzuǐ suìméi

曾用名：楔头鹪鹛 *Sphenocicla humei*、楔嘴鹪鹛 *Sphenocichla humei*；

楔头鹪鹛 *Sphenocichla humei*（约翰·马敬能等，2000：409）、

黑胸楔嘴鹪鹛 *Sphenocichla humei*（段文科等，2017b：975；约翰·马敬能，2022b：292）、

黑胸楔嘴鹪鹛 *Stachyris humei*（刘阳等，2021：432）、

黑胸楔嘴穗鹛 *Sphenocichla humei*（约翰·马敬能，2022b：292）

英文名：Blackish-breasted Babbler

说　明：因分类修订，原楔嘴鹪鹛 *Sphenocichla humei* 的中文名修改为黑胸楔嘴穗鹛。

◆ 郑作新（1994：120；2000：120）记载楔头鹪鹛 *Sphenocicla humei*①一暂未定亚种：

❶ *Sphenocicla humei* ssp.

① 郑作新（1994，2000）：参见 Han（1992）。编者注：另见韩联宪（1993）。

◆ 郑作新（2002：202）记载楔头鹪鹛属 *Sphenocicla* 为单型属。

◆ 郑光美（2005：266；2011：277）记载楔嘴鹪鹛 *Sphenocichla humei* 一亚种：

❶ *roberti* 亚种

◆ 郑光美（2017：279；2023：293-294）记载以下两种：

（1）黑胸楔嘴穗鹛 *Stachyris humei*②

② 郑光美（2017）：中国鸟类新记录（赵超等，2015）。由 *Sphenocichla* 属归入 *Stachyris* 属（Rasmussen et al., 2005；Collar, 2006；Collar et al., 2007）。

（2）楔嘴穗鹛 *Stachyris roberti*③

③ 郑光美（2017）：由 *Stachyris humei* 的亚种提升为种（Rasmussen et al., 2005；Collar, 2006；Collar et al., 2007）。

〔1029〕**楔嘴穗鹛** *Stachyris roberti*　　　　　　　　　　　　　　　　　　　　xiēzuǐ suìméi

曾用名：楔嘴鹪鹛 *Sphenocichla roberti*（段文科等，2017b：974；约翰·马敬能，2022b：292）、

楔头鹪鹛 *Sphenocichla roberti*（段文科等，2017b：974）、

楔嘴鹪鹛 *Stachyris roberti*（刘阳等，2021：432）、

楔嘴穗鹛 *Sphenocichla roberti*（约翰·马敬能，2022b：292）

英文名：Chevron-breasted Babbler

　　由 *Stachyris humei* 的亚种提升为种，中文名沿用楔嘴穗鹛。请参考〔1028〕黑胸楔嘴穗鹛 *Stachyris humei*。

〔1030〕**弄岗穗鹛** *Stachyris nonggangensis*　　　　　　　　　　　　　　　　　　　nònggǎng suìméi

英文名：Nonggang Babbler

◆郑光美（2011：277；2017：279；2023：294）记载弄岗穗鹛 *Stachyris nonggangensis*[①]为单型种。

　　① 郑光美（2011）：Zhou 和 Jiang（2008）发表的鸟类新种。

〔1031〕**黑头穗鹛** *Stachyris nigriceps*　　　　　　　　　　　　　　　　　　　　hēitóu suìméi

英文名：Grey-throated Babbler

◆郑作新（1966：140）记载黑头穗鹛 *Stachyris nigriceps*，但未述及亚种分化问题。

◆郑作新（1976：618）记载黑头穗鹛 *Stachyris nigriceps* 一亚种：

　　❶ 西南亚种 *yunnanensis*

◆郑作新（1958：182；1964：264；1987：662；1994：121；2000：121；2002：208）记载黑头穗鹛 *Stachyris nigriceps* 二亚种：

　　❶ 藏南亚种 *coltarti*

　　❷ 滇南亚种 *yunnanensis*

◆郑光美（2005：267-268；2011：279；2017：280；2023：294）记载黑头穗鹛 *Stachyris nigriceps* 三亚种：

　　❶ 指名亚种 *nigriceps*

　　❷ 藏南亚种 *coltarti*

　　❸ 滇南亚种 *yunnanensis*

〔1032〕**斑颈穗鹛** *Stachyris strialata*　　　　　　　　　　　　　　　　　　　　bānjǐng suìméi

曾用名：斑颈穗鹛 *Stachyris striolata*

英文名：Spot-necked Babbler

◆郑作新（1958：182-183；1964：135，264）记载斑颈穗鹛 *Stachyris striolata* 二亚种：

　　❶ *sinensis* 亚种

　　❷ 海南亚种 *swinhoei*

◆郑作新（1966：141；1976：618-619；1987：662-663；1994：121；2000：121；2002：208）、郑光美（2005：268；2011：279）记载斑颈穗鹛 *Stachyris striolata* 二亚种：

　　❶ 西南亚种 *tonkinensis*

　　❷ 海南亚种 *swinhoei*

◆郑光美（2017：280；2023：294）记载斑颈穗鹛 *Stachyris strialata* 二亚种：

　　❶ 西南亚种 *tonkinensis*

　　❷ 海南亚种 *swinhoei*

〔1033〕**红头穗鹛** *Cyanoderma ruficeps*　　　　　　　　　　　　　　　　　　　hóngtóu suìméi

曾用名：红头穗鹛 *Stachyris davidi*、红顶穗鹛 *Stachyris ruficeps*、红头穗鹛 *Stachyris ruficeps*

英文名：Rufous-capped Babbler

◆郑作新（1958：180-181）记载以下两种：

（1）红头穗鹛 *Stachyris davidi*

❶ *bangsi* 亚种①

❷ 指名亚种 *davidi*

❸ 海南亚种 *goodsoni*

① 编者注：郑作新（1976，1987）将其作为普通亚种 *davidi* 的同物异名。

（2）红顶穗鹛 *Stachyris ruficeps*

❶ 滇西亚种 *bhamoensis*

❷ 台湾亚种 *praecognita*

◆郑作新（1964：135）记载红头穗鹛 *Stachyris ruficeps*②四亚种：

❶ *bangsi* 亚种

❷ 普通亚种 *davidi*

❸ 海南亚种 *goodsoni*

❹ 台湾亚种 *praecognitus*

② *Stachyris ruficeps* 和 *Stachyris davidi* 似应并为一种。

◆郑作新（1964：264）记载红头穗鹛 *Stachyris ruficeps* 五亚种：

❶ 滇西亚种 *bhamoensis*

❷ *bangsi* 亚种

❸ 普通亚种 *davidi*

❹ 海南亚种 *goodsoni*

❺ 台湾亚种 *praecognitus*

◆郑作新（1966：140-141；1976：616-617；1987：660-661；2000：120；2002：208）记载红头穗鹛 *Stachyris ruficeps*③四亚种：

❶ 滇西亚种 *bhamoensis*

❷ 普通亚种 *davidi*

❸ 海南亚种 *goodsoni*

❹ 台湾亚种 *praecognita*④

③ 郑作新（1966）：*Stachyris ruficeps* 和 *Stachyris davidi* 似应并为一种。

④ 编者注：郑作新（1966）记载该亚种为 *praecognitus*。

◆郑作新（1994：120）记载红头穗鹛 *Stachyris ruficeps* 三亚种：

❶ 滇西亚种 *bhamoensis*

❷ 普通亚种 *davidi*

❸ 海南亚种 *goodsoni*

◆郑光美（2005：267；2011：278）记载红头穗鹛 *Stachyris ruficeps* 五亚种：

❶ 指名亚种 *ruficeps*

❷ 滇西亚种 *bhamoensis*

❸ 普通亚种 *davidi*

❹ 海南亚种 *goodsoni*

❺ 台湾亚种 *pracognita*

◆郑光美（2017：281；2023：295）记载红头穗鹛 *Cyanoderma ruficeps*⑤五亚种：

❶ 指名亚种 *ruficeps*

❷ 滇西亚种 *bhamoense*

❸ 普通亚种 *davidi*

❹ 海南亚种 *goodsoni*

❺ 台湾亚种 *praecognitum*

⑤ 郑光美（2017）：由 *Stachyris* 属归入 *Cyanoderma* 属（Moyle et al., 2012）。

〔1034〕**黑颏穗鹛** *Cyanoderma pyrrhops*　　　　　　　　　　　　　　　　　　　　　hēikē suìméi

曾用名：黑颏穗鹛 *Stachyris pyrrhops*；

　　　　　红嘴穗鹛 *Stachyris pyrrhops*（郑作新等，1986：221；郑作新等，2002：214；郑光美，2002：178）

英文名：Black-chinned Babbler

◆郑光美（2011：277）记载黑颏穗鹛 *Stachyris pyrrhops*①为单型种。

① 中国鸟类新记录，见董江天和杨晓君（2010）。编者注：在郑作新《世界鸟类名称》（1986，2002）和郑光美《世界鸟类分类与分布名录》（2002）中，所列中文名为红嘴穗鹛。

◆郑光美（2017：281；2023：295）记载黑颏穗鹛 *Cyanoderma pyrrhops*②为单型种。

② 郑光美（2017）：由 *Stachyris* 属归入 *Cyanoderma* 属（Moyle et al., 2012）。

〔1035〕**金头穗鹛** *Cyanoderma chrysaeum*　　　　　　　　　　　　　　　　　　　　jīntóu suìméi

曾用名：金头穗鹛 *Stachyris chrysaea*

英文名：Golden Babbler

◆郑作新（1958：181；1964：264；1976：617）记载金头穗鹛 *Stachyris chrysaea* 一亚种：

❶ 指名亚种 *chrysaea*①

① 编者注：郑作新（1958）在该亚种冠以"？"号。

◆郑作新（1966：140）记载金头穗鹛 *Stachyris chrysaea*，但未述及亚种分化问题。

◆郑作新（1987：661-662；1994：120-121；2000：120；2002：208）、郑光美（2005：267；2011：278）记载金头穗鹛 *Stachyris chrysaea* 二亚种：

❶ 指名亚种 *chrysaea*

❷ 滇南亚种 *aurata*

◆郑光美（2017：281-282；2023：295）记载金头穗鹛 *Cyanoderma chrysaeum*②二亚种：

❶ 指名亚种 *chrysaeum*

❷ 滇南亚种 *auratum*

② 郑光美（2017）：由 *Stachyris* 属归入 *Cyanoderma* 属（Moyle et al., 2012）。

〔1036〕**黄喉穗鹛** *Cyanoderma ambiguum*　　　　　　　　　　　　　　　　　　　　huánghóu suìméi

曾用名：黄喉穗鹛 *Stachyris ambigua*；黄喉穗鹛 *Cyanoderma ambigua*（约翰·马敬能，2022b：293）

英文名：Buff-chested Babbler

◆ 郑作新（1976：615；1987：659-660；1994：120；2000：120）记载黄喉穗鹛 *Stachyris ambigua*①一亚种：
  ❶ 滇西亚种 *planicola*
  ① 编者注：中国鸟类新记录（彭燕章等，1974）。

◆ 郑作新（2002：207）记载黄喉穗鹛 *Stachyris ambigua*，但未述及亚种分化问题。

◆ 郑光美（2005：266；2011：277-278）记载黄喉穗鹛 *Stachyris ambigua* 二亚种：
  ❶ 滇西亚种 *planicola*
  ❷ 滇南亚种 *adjuncta*②
  ② 编者注：亚种中文名引自段文科和张正旺（2017b：977）。

◆ 郑光美（2017：280；2023：296）记载黄喉穗鹛 *Cyanoderma ambiguum*③二亚种：
  ❶ 滇西亚种 *planicola*
  ❷ 滇南亚种 *adjunctum*
  ③ 郑光美（2017）：由 *Stachyris* 属归入 *Cyanoderma* 属（Moyle et al.，2012）。

[1037] **纹胸鹛** *Mixornis gularis*　　　　　　　　　　　　　　　　　wénxiōngméi

曾用名：纹胸鹛 *Macronous gularis*、纹胸鹛 *Macronus gularis*、纹胸巨鹛 *Macronous gularis*；
　　　　纹胸巨鹛 *Mixornis gularis*（刘阳等，2021：423；约翰·马敬能，2022b：294）

英文名：Pin-striped Tit-Babbler

◆ 郑作新（1955：183-184；1964：135，264；1966：141；1976：619；1987：664；1994：121；2000：121；2002：202-203）、郑光美（2005：268；2011：279）记载纹胸鹛 *Macronous gularis*①二亚种：
  ❶ 滇西亚种 *sulphureus*②
  ❷ 滇南亚种 *lutescens*
  ① 编者注：郑作新（1955，1964，1966，1976）记载其属名为 *Macronus*；郑作新（1994，2000，2002）记载其中文名为纹胸巨鹛。
  ② 编者注：郑作新（1964：135；1966）记载该亚种为 *sulphurea*。

◆ 郑光美（2017：282；2023：296）记载纹胸鹛 *Mixornis gularis*③二亚种：
  ❶ 滇西亚种 *sulphureus*
  ❷ 滇南亚种 *lutescens*
  ③ 郑光美（2017）：由 *Macronus* 属归入 *Mixornis* 属（Moyle et al.，2012）。

[1038] **红顶鹛** *Timalia pileata*　　　　　　　　　　　　　　　　　hóngdǐngméi

英文名：Chestnut-capped Babbler

◆ 郑作新（1966：137；2002：201）记载鹛属 *Timalia* 为单型属。

◆ 郑作新（1958：184；1964：264；1976：620；1987：665；1994：121；2000：121）、郑光美（2005：268；2011：280；2017：282；2023：296）记载红顶鹛 *Timalia pileata* 一亚种：
  ❶ 西南亚种 *smithi*

89. 幽鹛科 Pellorneidae（Fulvettas，Ground Babblers） 6属 17种

〔1039〕**金额雀鹛** *Schoeniparus variegaticeps*　　　　　　　　　　　　　　　　　　　jīn'é quèméi

曾用名： 金额雀鹛 *Alcippe variegaticeps*

英文名： Golden-fronted Fulvetta

◆郑作新（1966：150；2002：226）记载金额雀鹛 *Alcippe variegaticeps*，但未述及亚种分化问题。

◆郑作新（1958：238；1964：272；1976：673；1987：722；1994：130；2000：130）、郑光美（2005：275；2011：287）记载金额雀鹛 *Alcippe variegaticeps* 为单型种。

◆郑光美（2017：282；2023：296）记载金额雀鹛 *Schoeniparus variegaticeps*①②为单型种。

　　① 郑光美（2017）：由 *Alcippe* 属归入 *Schoeniparus* 属（Pasquet et al.，2006；Collar et al.，2007；Gelang et al.，2009）。

　　② 郑光美（2023）：由 *Alcippe* 属移入 *Schoeniparus* 属（Moyle et al.，2012；Cai et al.，2019）。

〔1040〕**黄喉雀鹛** *Schoeniparus cinereus*　　　　　　　　　　　　　　　　　　　huánghóu quèméi

曾用名： 黄喉雀鹛 *Alcippe cinerea*；黄喉雀鹛 *Schoeniparus cinerea*（刘阳等，2021：434）

英文名： Yellow-throated Fulvetta

◆郑作新（2002：226）记载黄喉雀鹛 *Alcippe cinerea*，但未述及亚种分化问题。

◆郑作新（1976：673；1987：723；1994：130；2000：130）、郑光美（2005：276；2011：287）记载黄喉雀鹛 *Alcippe cinerea*①为单型种。

　　① 编者注：中国鸟类新记录（彭燕章等，1974）。

◆郑光美（2017：283；2023：297）记载黄喉雀鹛 *Schoeniparus cinereus*②③为单型种。

　　② 郑光美（2017）：由 *Alcippe* 属归入 *Schoeniparus* 属（Pasquet et al.，2006；Collar et al.，2007；Gelang et al.，2009）。

　　③ 郑光美（2023）：由 *Alcippe* 属移入 *Schoeniparus* 属（Moyle et al.，2012；Cai et al.，2019）。

〔1041〕**栗头雀鹛** *Schoeniparus castaneceps*　　　　　　　　　　　　　　　　　　　lìtóu quèméi

曾用名： 栗头雀鹛 *Alcippe castaneceps*、栗头雀鹛 *Alcippe castaneiceps*

英文名： Rufous-winged Fulvetta

◆郑作新（1958：238）记载栗头雀鹛 *Alcippe castaneceps*①一亚种：

　　❶ 指名亚种 *castaneceps*

　　① 通常作 *Alcippe castaneiceps*。

◆郑作新（1964：148，272；1966：150；1976：673-674；1987：723；1994：130；2000：130；2002：226）、郑光美（2005：276；2011：287）记载栗头雀鹛 *Alcippe castaneceps*②二亚种：

　　❶ 指名亚种 *castaneceps*

　　❷ 云南亚种 *exul*③

　　② 郑作新（1976，1987）：通常误作 *Alcippe castaneiceps*。

　　③ 编者注：郑作新（2000）称其为西南亚种。

◆郑光美（2017：283；2023：297）记载栗头雀鹛 *Schoeniparus castaneceps*④⑤二亚种：

❶ 指名亚种 castaneceps

❷ 云南亚种 exul

④ 郑光美（2017）：由 Alcippe 属归入 Schoeniparus 属（Pasquet et al., 2006; Collar et al., 2007; Gelang et al., 2009）。

⑤ 郑光美（2023）：由 Alcippe 属移入 Schoeniparus 属（Moyle et al., 2012; Cai et al., 2019）。

〔1042〕**棕喉雀鹛** Schoeniparus rufogularis　　　　　　　　　　　　　　zōnghóu quèméi

曾用名：棕喉雀鹛 Alcippe rufogularis

英文名：Rufous-throated Fulvetta

◆郑作新（1964：272）记载棕喉雀鹛 Alcippe rufogularis[①]一亚种：

　❶ blanchardii 亚种

① 编者注：中国鸟类新记录（郑作新等，1962）。

◆郑作新（1966：150；2002：225）记载棕喉雀鹛 Alcippe rufogularis，但未述及亚种分化问题。

◆郑作新（1976：679；1987：728-729；1994：131；2000：131）、郑光美（2005：278；2011：289）记载棕喉雀鹛 Alcippe rufogularis 一亚种：

　❶ 滇南亚种 stevensi

◆郑光美（2017：283；2023：297）记载棕喉雀鹛 Schoeniparus rufogularis[②③]一亚种：

　❶ 滇南亚种 stevensi

② 郑光美（2017）：由 Alcippe 属归入 Schoeniparus 属（Pasquet et al., 2006; Collar et al., 2007; Gelang et al., 2009）。

③ 郑光美（2023）：由 Alcippe 属移入 Schoeniparus 属（Moyle et al., 2012; Cai et al., 2019）。

〔1043〕**褐胁雀鹛** Schoeniparus dubius　　　　　　　　　　　　　　　hèxié quèméi

曾用名：褐胁雀鹛 Alcippe dubia

英文名：Rusty-capped Fulvetta

◆郑作新（1958：242；1964：272）记载褐胁雀鹛 Alcippe dubia 一亚种：

　❶ 西南亚种 genestieri

◆郑作新（1966：151；1976：679-680；1987：729-730；1994：131-132；2000：131-132；2002：228）、郑光美（2005：278；2011：289）记载褐胁雀鹛 Alcippe dubia 二亚种：

　❶ 西南亚种 genestieri

　❷ 滇西亚种 intermedia

◆郑光美（2017：283；2023：297）记载褐胁雀鹛 Schoeniparus dubius[①②]二亚种：

　❶ 滇西亚种 intermedius

　❷ 西南亚种 genestieri

① 郑光美（2017）：由 Alcippe 属归入 Schoeniparus 属（Pasquet et al., 2006; Collar et al., 2007; Gelang et al., 2009）。

② 郑光美（2023）：由 Alcippe 属移入 Schoeniparus 属（Moyle et al., 2012; Cai et al., 2019）。

〔1044〕**褐顶雀鹛** *Schoeniparus brunneus* hèdǐng quèméi

曾用名：褐雀鹛 *Alcippe brunnea*、褐顶雀鹛 *Alcippe brunnea*

英文名：Dusky Fulvetta

◆ 郑作新（1958：243-244；1964：147-148，272-273；1966：151；1976：680-681；1987：730；1994：132；2000：132；2002：228）、郑光美（2005：278-279；2011：290）记载褐顶雀鹛 *Alcippe brunnea*① 五亚种：

❶ 四川亚种 *weigoldi*

❷ 湖北亚种 *olivacea*

❸ 华南亚种 *superciliaris*

❹ 指名亚种 *brunnea*②

❺ 海南亚种 *arguta*③

① 编者注：郑作新（1958，1964，1966，1976，1987）记载其中文名为褐雀鹛。

② 编者注：郑作新（1976，2002）、郑作新等（1987：223）称之为台湾亚种。

③ 编者注：郑作新（1964：148）记载该亚种为 *argutus*。

◆ 郑光美（2017：284；2023：298）记载褐顶雀鹛 *Schoeniparus brunneus*④⑤ 五亚种：

❶ 湖北亚种 *olivaceus*

❷ 四川亚种 *weigoldi*

❸ 华南亚种 *superciliaris*

❹ 指名亚种 *brunneus*

❺ 海南亚种 *argutus*

④ 郑光美（2017）：由 *Alcippe* 属归入 *Schoeniparus* 属（Pasquet et al.，2006；Collar et al.，2007；Gelang et al.，2009）。

⑤ 郑光美（2023）：由 *Alcippe* 属移入 *Schoeniparus* 属（Moyle et al.，2012；Cai et al.，2019）。

〔1045〕**灰岩鹪鹛** *Gypsophila annamensis* huīyán jiāoméi

曾用名：灰岩鹟鹛 *Napothera crispifrons*、灰岩鹪鹛 *Napothera crispifrons*、灰岩鹪鹛 *Turdinus crispifrons*；灰岩鹪鹛 *Gypsophila crispifrons*（刘阳等，2021：438）

英文名：Annam Limestone Babbler

◆ 郑作新（1966：139）记载灰岩鹟鹛 *Napothera crispifrons*①，但未述及亚种分化问题。

① 编者注：中国鸟类新记录（潘清华等，1964）。

◆ 郑作新（1976：609）记载灰岩鹟鹛 *Napothera crispifrons* 一亚种：

❶ 云南亚种 *annamensis*

◆ 郑作新（2002：205）记载灰岩鹪鹛 *Napothera crispifrons*，亦未述及亚种分化问题。

◆ 郑作新（1987：653；1994：119；2000：119）、郑光美（2005：263；2011：274）记载灰岩鹪鹛 *Napothera crispifrons* 一亚种：

❶ 云南亚种 *annamensis*

◆ 郑光美（2017：285-286）记载灰岩鹪鹛 *Turdinus crispifrons*② 一亚种：

❶ 云南亚种 *annamensis*

② 由 *Napothera* 属归入 *Turdinus* 属（Moyle et al.，2012）。

◆ 郑光美（2023：298）记载灰岩鹪鹛 *Gypsophila annamensis*[③]为单型种。

　　③ 由 *Turdinus* 属移入 *Gypsophila* 属（Cai et al., 2019）；由 *Gypsophila crispifrons* 的亚种提升为种（Gwee et al., 2021）。编者注：据郑光美（2021：202），*Turdinus crispifrons* 仍被命名为灰岩鹪鹛，在中国有分布。

[1046] **短尾鹪鹛** *Gypsophila brevicaudata*　　　　　　　　　　　　　　　　　　duǎnwěi jiāoméi

曾用名：红尾鹛鹛 *Napothera brevicaudatus*、短尾鹛鹛 *Napothera brevicaudatus*、
　　　　短尾鹛鹛 *Napothera brevicaudata*、短尾鹪鹛 *Napothera brevicaudata*、
　　　　短尾鹪鹛 *Turdinus brevicaudatus*

英文名： Streaked Wren-Babbler

◆ 郑作新（1958：175）记载红尾鹛鹛 *Napothera brevicaudatus* 一亚种：
　　❶ 滇西亚种 *venningi*

◆ 郑作新（1964：263）记载短尾鹛鹛 *Napothera brevicaudatus* 一亚种：
　　❶ 滇西亚种 *venningi*

◆ 郑作新（1966：139）记载短尾鹛鹛 *Napothera brevicaudata*，但未述及亚种分化问题。

◆ 郑作新（1976：609）记载短尾鹛鹛 *Napothera brevicaudatus* 二亚种：
　　❶ 滇西亚种 *venningi*
　　❷ 广西亚种 *stevensi*[①]
　　① 编者注：中国鸟类亚种新记录（潘清华等，1964）。

◆ 郑作新（1987：653；1994：119；2000：119；2002：206）、郑光美（2005：263-264；2011：274）记载短尾鹪鹛 *Napothera brevicaudata* 二亚种：
　　❶ 滇西亚种 *venningi*
　　❷ 广西亚种 *stevensi*

◆ 郑光美（2017：286）记载短尾鹪鹛 *Turdinus brevicaudatus*[②]二亚种：
　　❶ 指名亚种 *brevicaudatus*
　　❷ 广西亚种 *stevensi*
　　② 由 *Napothera* 属归入 *Turdinus* 属（Moyle et al., 2012）。

◆ 郑光美（2023：298-299）记载短尾鹪鹛 *Gypsophila brevicaudata* 二亚种：
　　❶ 指名亚种 *brevicaudata*
　　❷ 广西亚种 *stevensi*

[1047] **白头鵙鹛** *Gampsorhynchus rufulus*　　　　　　　　　　　　　　　　　　báitóu júméi

英文名： White-hooded Babbler

◆ 郑作新（1958：226；1964：270）记载白头鵙鹛 *Gampsorhynchus rufulus* 一亚种：
　　❶ *luciae* 亚种

◆ 郑作新（1966：148）记载白头鵙鹛 *Gampsorhynchus rufulus* 二亚种：
　　❶ 指名亚种 *rufulus*[①]
　　❷ *luciae* 亚种
　　① 编者注：中国鸟类亚种新记录（潘清华等，1964）。

◆郑作新（1976：664-665；1987：713-714；1994：129；2000：129；2002：223）、郑光美（2005：273；2011：284）记载白头鹛鹛 *Gampsorhynchus rufulus* 二亚种：

❶ 指名亚种 *rufulus*

❷ 云南亚种 *torquatus*②

② 郑作新（1976，1987）：原鉴定为 *Gampsorhynchus rufulus luciae*，但 *luciae* 却被认为是 *Gampsorhynchus rufulus torquatus* 的同物异名。

◆郑光美（2017：287）记载白头鹛鹛 *Gampsorhynchus rufulus* 三亚种：

❶ 指名亚种 *rufulus*

❷ 云南亚种 *torquatus*

❸ *luciae* 亚种

◆郑光美（2023：299）记载以下两种：

（1）白头鹛鹛 *Gampsorhynchus rufulus*

❶ 指名亚种 *rufulus*

（2）领鹛鹛 *Gampsorhynchus torquatus*

❶ 指名亚种 *torquatus*

❷ *luciae* 亚种

〔1048〕**领鹛鹛** *Gampsorhynchus torquatus*   lǐngjúméi

英文名：Collared Babbler

曾被视为 *Gampsorhynchus rufulus* 的亚种，现列为独立种。请参考〔1047〕白头鹛鹛 *Gampsorhynchus rufulus*。

〔1049〕**纹胸鹪鹛** *Napothera epilepidota*   wénxiōng jiāoméi

曾用名：纹胸鸫鹛 *Napothera epilepidotus*、纹胸鸫鹛 *Napothera epilepidota*

英文名：Eyebrowed Wren-Babbler

◆郑作新（1958：176）记载纹胸鸫鹛 *Napothera epilepidotus* 二亚种：

❶ 西南亚种 *delacouri*①

❷ 海南亚种 *hainanus*

① 编者注：亚种中文名引自赵正阶（2001b：369）。

◆郑作新（1964：263）记载纹胸鸫鹛 *Napothera epilepidotus* 二亚种：

❶ 西南亚种 *laotiana*

❷ 海南亚种 *hainanus*

◆郑作新（1966：139）记载纹胸鸫鹛 *Napothera epilepidota*，但未述及亚种分化问题。

◆郑作新（1976：609-610）记载纹胸鸫鹛 *Napothera epilepidotus* 二亚种：

❶ 西南亚种 *laotiana*

❷ 海南亚种 *hainanus*

◆郑作新（1987：653-654；1994：119；2000：119；2002：206）记载纹胸鸫鹛 *Napothera epilepidota* 二亚种：

❶ 西南亚种 *laotiana*

❷ 海南亚种 hainanus

◆ 郑光美（2005：264；2011：274-275）记载纹胸鹛鹛 Napothera epilepidota 四亚种：
  ❶ 印度亚种 guttaticollis[2]
  ❷ 海南亚种 hainanus
  ❸ 中南亚种 amyae[3]
  ❹ delacouri 亚种

  [2][3] 编者注：亚种中文名引自赵正阶（2001b：369）。

◆ 郑光美（2017：286；2023：299-300）记载纹胸鹛鹛 Napothera epilepidota 五亚种：
  ❶ 印度亚种 guttaticollis
  ❷ 西南亚种 laotiana
  ❸ 中南亚种 amyae
  ❹ delacouri 亚种
  ❺ 海南亚种 hainana

〔1050〕**瑙蒙短尾鹛** *Napothera naungmungensis*　　　　　　　　　　　　nǎoméng duǎnwěiméi

曾用名： 瑙蒙短尾鹛 *Jabouilleia naungmungensis*

英文名： Naung Mung Scimitar Babbler

◆ 段文科和张正旺（2017b：1028）记载瑙蒙短尾鹛 *Jabouilleia naungmungensis* 为单型种。

◆ 刘阳和陈水华（2021：438）、约翰·马敬能（2022b：299）、郑光美（2023：300）记载瑙蒙短尾鹛 *Napothera naungmungensis*[1][2] 为单型种。

  [1] 编者注：据约翰·马敬能（2022b），在中国为罕见迷鸟，是2008年在云南极西南部发现的中国新记录。

  [2] 郑光美（2023）：由 *Jabouilleia* 属移入 *Napothera* 属（Cai et al., 2019）。

〔1051〕**长嘴鹩鹛** *Napothera malacoptila*　　　　　　　　　　　　chángzuǐ liáoméi

曾用名： 长嘴鹩鹛 *Rimator malacoptilus*

英文名： Long-billed Wren-Babbler

◆ 赵正阶（2001b：369-370）、郑光美（2005：263；2011：274；2017：287）记载长嘴鹩鹛 *Rimator malacoptilus*[1] 一亚种：
  ❶ 指名亚种 *malacoptilus*

  [1] 编者注：中国鸟类新记录（韩联宪，2000）。

◆ 郑光美（2023：300）记载长嘴鹩鹛 *Napothera malacoptila*[2] 为单型种。

  [2] 由 *Rimator* 属移入 *Napothera* 属（Cai et al., 2019）。

〔1052〕**中华草鹛** *Graminicola striatus*　　　　　　　　　　　　zhōnghuá cǎoméi

曾用名： 草莺 *Graminicola bengalensis*、大草莺 *Graminicola bengalensis*；
　　　　　大草莺 *Graminicola striatus*（刘阳等，2021：434；约翰·马敬能，2022b：300）

英文名： Chinese Grassbird

- ◆ 郑作新（1966：157）记载草莺属 *Graminicola* 为单型属。
- ◆ 郑作新（1958：301；1964：280；1976：779；1987：835）记载草莺 *Graminicola bengalensis* 二亚种：
  - ❶ 两广亚种 *sinica*
  - ❷ 海南亚种 *striata*
- ◆ 郑作新（1994：148；2000：148；2002：256）、郑光美（2005：316；2011：329）记载大草莺 *Graminicola bengalensis* 二亚种：
  - ❶ 两广亚种 *sinicus*[①]
  - ❷ 海南亚种 *striatus*[②]
  - [①] 编者注：郑作新（1994，2000，2002）、郑光美（2005）记载该亚种为 *sinica*。
  - [②] 编者注：郑作新（1994，2000，2002）、郑光美（2005）记载该亚种为 *striata*。
- ◆ 郑光美（2017：288；2023：300）记载中华草鹛 *Graminicola striatus*[③] 二亚种：
  - ❶ 两广亚种 *sinicus*
  - ❷ 指名亚种 *striatus*
  - [③] 郑光美（2017）：由 *Graminicola bengalensis* 的亚种提升为种，亚种 *sinicus* 可能是 *striatus* 的同物异名（Leader et al., 2010）。编者注：据郑光美（2021：203），*Graminicola bengalensis* 被命名为南亚草鹛，中国无分布。

〔1053〕**棕胸雅鹛** *Pellorneum tickelli*　　　　　　　　　　　　　　　　　　　　zōngxiōng yǎméi

曾用名： 棕胸雅鹛 *Trichastoma tickelli*、棕胸幽鹛 *Pellorneum tickelli*

英文名： Buff-breasted Babbler

- ◆ 郑作新（1958：170）记载棕胸雅鹛 *Trichastoma tickelli* 一亚种：
  - ❶ 指名亚种 *tickelli*
- ◆ 郑作新（1964：262）记载棕胸雅鹛 *Trichastoma tickelli* 二亚种：
  - ❶ 指名亚种 *tickelli*
  - ❷ *ochracea* 亚种
- ◆ 郑作新（1966：137；2002：201）记载雅鹛属 *Trichastoma* 为单型属。
- ◆ 郑光美（2005：259；2011：269-270）记载棕胸幽鹛 *Pellorneum tickelli* 一亚种：
  - ❶ 云南亚种 *fulvum*
- ◆ 郑作新（1976：602；1987：645；1994：117；2000：117）、郑光美（2017：288）记载棕胸雅鹛 *Trichastoma tickelli* 一亚种：
  - ❶ 云南亚种 *fulvum*
- ◆ 郑光美（2023：300）记载棕胸雅鹛 *Pellorneum tickelli* 一亚种：
  - ❶ 云南亚种 *fulvum*

〔1054〕**白腹幽鹛** *Pellorneum albiventre*　　　　　　　　　　　　　　　　　　　　báifù yōuméi

英文名： Spot-throated Babbler

- ◆ 郑作新（1976：601-602；1987：645；1994：117；2000：117）记载白腹幽鹛 *Pellorneum albiventre*[①] 一亚种：

❶ 滇西亚种 *cinnamomeum*

① 编者注：中国鸟类新记录（彭燕章等，1973）。

◆ 郑作新（2002：203）记载白腹幽鹛 *Pellorneum albiventre*，但未述及亚种分化问题。

◆ 郑光美（2005：259；2011：270；2017：287；2023：301）记载白腹幽鹛 *Pellorneum albiventre* 二亚种：

❶ 滇西亚种 *cinnamomeum*

❷ 滇南亚种 *pusillum*[②]

② 编者注：亚种中文名引自段文科和张正旺（2017b：959）。

〔1055〕**棕头幽鹛** *Pellorneum ruficeps* zōngtóu yōuméi

英文名：Puff-throated Babbler

◆ 郑作新（1958：169-170；1964：132，262；1966：138；1976：600-601；1987：644-645；1994：117；2000：117；2002：203）、郑光美（2005：259-260；2011：270；2017：287-288；2023：301）均记载棕头幽鹛 *Pellorneum ruficeps* 三亚种：

❶ 滇西亚种 *shanense*

❷ 滇南亚种 *oreum*

❸ 滇东亚种 *vividum*

90. 雀鹛科 Alcippeidae（Alcippe Fulvettas） 1 属 6 种

〔1056〕**褐脸雀鹛** *Alcippe poioicephala* hèliǎn quèméi

曾用名：灰眶雀鹛 *Alcippe poioicephala*、灰眼雀鹛 *Alcippe poioicephala*

英文名：Brown-cheeked Fulvetta

◆ 郑作新（1958：244）记载灰眶雀鹛 *Alcippe poioicephala* 一亚种：

❶ 滇西亚种 *haringtoniae*

◆ 郑作新（1964：147，273；1966：151-152；1976：681-682；1987：731）记载灰眼雀鹛 *Alcippe poioicephala* 二亚种：

❶ 滇西亚种 *haringtoniae*

❷ 滇南亚种 *alearis*

◆ 郑作新（1994：132；2000：132；2002：228）、郑光美（2005：279；2011：290；2017：284；2023：301）记载褐脸雀鹛 *Alcippe poioicephala* 二亚种：

❶ 滇西亚种 *haringtoniae*

❷ 滇南亚种 *alearis*

〔1057〕**台湾雀鹛** *Alcippe morrisonia* táiwān quèméi

曾用名：白眶雀鹛 *Alcippe morrisonia*、灰眶雀鹛 *Alcippe morrisonia*；

　　　　锈眼画眉、灰头雀鹛、灰脸雀鹛 *Alcippe morrisonia*（赵正阶，2001b：471）

英文名：Grey-cheeked Fulvetta

说　明： 因分类修订，原灰眶雀鹛 *Alcippe morrisonia* 的中文名修改为台湾雀鹛。

◆ 郑作新（1958：244-246；1964：147，273；1966：152；1976：682-684；1987：732-734；1994：132；2000：132；2002：228-229）、郑光美（2005：279-280；2011：290-291；2017：284-285）记载灰眶雀鹛 *Alcippe morrisonia*① 七亚种：

❶ 滇西亚种 *yunnanensis*

❷ 云南亚种 *fraterculus*②

❸ 滇东亚种 *schaefferi*

❹ 湖北亚种 *davidi*

❺ 东南亚种 *hueti*

❻ 海南亚种 *rufescentior*

❼ 指名亚种 *morrisonia*③

① 编者注：郑作新（1958，1964，1966，1976）称其为白眶雀鹛。

② 编者注：郑作新（1958，1964，1966）记载该亚种为 *fraterculus*。

③ 编者注：郑作新（1976）称其为台湾亚种。

◆ 郑光美（2023：302-303）记载以下四种：

（1）台湾雀鹛 *Alcippe morrisonia*④

④ 由于分类修订，本种分布区仅在台湾，中文名改为台湾雀鹛。

（2）灰眶雀鹛 *Alcippe davidi*⑤

❶ 滇东亚种 *schaefferi*

❷ 指名亚种 *davidi*

⑤ 由 *Alcippe morrisonia* 的亚种提升为种（Zou et al.，2007；Song et al.，2009；Moyle et al.，2012；Cai et al.，2019），中文名沿用灰眶雀鹛。

（3）云南雀鹛 *Alcippe fratercula*⑥

❶ 滇西亚种 *yunnanensis*

❷ 指名亚种 *fratercula*

⑥ 由 *Alcippe morrisonia* 的亚种提升为种（Zou et al.，2007；Song et al.，2009；Moyle et al.，2012；Cai et al.，2019）。

（4）淡眉雀鹛 *Alcippe hueti*⑦

❶ 指名亚种 *hueti*

❷ 海南亚种 *rufescentior*

⑦ 由 *Alcippe morrisonia* 的亚种提升为种（Zou et al.，2007；Song et al.，2009；Moyle et al.，2012；Cai et al.，2019）。

〔1058〕**灰眶雀鹛** *Alcippe davidi*　　　　　　　　　　　　　　huīkuàng quèméi

英文名： David's Fulvetta

由 *Alcippe morrisonia* 的亚种提升为种，中文名沿用灰眶雀鹛。请参考〔1057〕台湾雀鹛 *Alcippe morrisonia*。

XXVI. 雀形目 PASSERIFORMES

〔1059〕**云南雀鹛** *Alcippe fratercula*   yúnnán quèméi

英文名：Yunnan Fulvetta

    由 *Alcippe morrisonia* 的亚种提升为种。请参考〔1057〕台湾雀鹛 *Alcippe morrisonia*。

〔1060〕**淡眉雀鹛** *Alcippe hueti*   dànméi quèméi

英文名：Huet's Fulvetta

    由 *Alcippe morrisonia* 的亚种提升为种。请参考〔1057〕台湾雀鹛 *Alcippe morrisonia*。

〔1061〕**白眶雀鹛** *Alcippe nipalensis*   báikuàng quèméi

英文名：Nepal Fulvetta

◆郑作新（1987：732；1994：132；2000：132）记载白眶雀鹛 *Alcippe nipalensis*[①]一亚种：

    ❶ 普通亚种 *commoda*

    ① 编者注：中国鸟类新记录（郑作新等，1980）。

◆郑作新（2002：225）记载白眶雀鹛 *Alcippe nipalensis*，但未述及亚种分化问题。

◆郑作新等（1987：232-233）、郑光美（2005：280；2011：291；2017：285；2023：303）记载白眶雀鹛 *Alcippe nipalensis* 一亚种：

    ❶ 指名亚种 *nipalensis*

91. 噪鹛科 Leiothrichidae（Laughingthrushes and Allies） 12 属 71 种

〔1062〕**斑胸噪鹛** *Garrulax merulinus*   bānxiōng zàoméi

英文名：Spot-breasted Laughingthrush

◆郑作新（1958：211-212）记载斑胸噪鹛 *Garrulax merulinus* 一亚种：

    ❶ 指名亚种 *merulinus*

◆郑作新（1964：140，268；1966：145；1976：642-643；1987：689-690；1994：125；2000：125；2002：217）记载斑胸噪鹛 *Garrulax merulinus* 二亚种：

    ❶ 指名亚种 *merulinus*

    ❷ 大围山亚种 *tawetshanicus*[①]

    ① 编者注：郑作新（2002）记载该亚种为 *taweishan*。

◆郑光美（2005：253-254；2011：264；2017：297；2023：303）记载斑胸噪鹛 *Garrulax merulinus* 二亚种：

    ❶ 指名亚种 *merulinus*

    ❷ 大围山亚种 *obscurus*[②]

    ② 编者注：亚种中文名引自段文科和张正旺（2017b：942），赵正阶（2001b：416）称之为中南亚种。

〔1063〕**画眉** *Garrulax canorus*   huàméi

英文名：Chinese Hwamei

◆郑作新（1964：142；1966：146）记载画眉 *Garrulax canorus* 二亚种：

    ❶ 指名亚种 *canorus*

❷ 海南亚种 *owstoni*

◆ 郑作新（1958：212-213；1964：268；1976：643-644；1987：690；1994：125；2000：125；2002：217）记载画眉 *Garrulax canorus* 三亚种：

❶ 指名亚种 *canorus*

❷ 台湾亚种 *taewanus*

❸ 海南亚种 *owstoni*

◆ 郑光美（2005：254）记载画眉 *Garrulax canorus* 四亚种：

❶ 指名亚种 *canorus*

❷ *namtiense* 亚种[①]

❸ 台湾亚种 *taewanus*

❹ 海南亚种 *owstoni*

[①] 编者注：据赵正阶（2001b：417-418），La Touche（1921，1923）根据采自云南河口等地的标本描述的两个亚种 *Trochalopterum canorum yunnanensis* 和 *Trochalopterum canorum namtiense* 以及郑宝贵和杨岚（1980）根据采自云南孟连标本描述的新亚种 *Garrulax canorus mengliensis*，目前均未能得到承认而被列为本亚种（指名亚种 *canorus*）的同物异名。亦可参考郑作新等（1987：125）。

◆ 郑光美（2011：264）记载以下两种：

（1）画眉 *Garrulax canorus*

❶ 指名亚种 *canorus*

❷ *namtiense* 亚种

❸ 海南亚种 *owstoni*

（2）台湾画眉 *Garrulax taewanus*[②]

[②] 由画眉 *Garrulax canorus* 的 *taewanus* 亚种提升为种，见 Li 等（2006）。

◆ 郑光美（2017：289-290；2023：303-304）记载以下三种：

（1）画眉 *Garrulax canorus*

（2）台湾画眉 *Garrulax taewanus*

（3）海南画眉 *Garrulax owstoni*[③]

[③] 郑光美（2017）：由 *Garrulax canorus* 的亚种提升为种（Wang et al.，2016）。

〔1064〕**台湾画眉** *Garrulax taewanus*   táiwān huàméi

英文名：Taiwan Hwamei

由画眉 *Garrulax canorus* 的 *taewanus* 亚种提升为种。请参考〔1063〕画眉 *Garrulax canorus*。

〔1065〕**海南画眉** *Garrulax owstoni*   hǎinán huàméi

英文名：Hainan Hwamei

由 *Garrulax canorus* 的亚种提升为种。请参考〔1063〕画眉 *Garrulax canorus*。

〔1066〕**小黑领噪鹛** *Garrulax monileger*   xiǎo hēilǐng zàoméi

曾用名：小黑领噪鹛 *Garrulax moniliger*、小黑领噪鹛 *Garrulax moniligerus*

英文名: Lesser Necklaced Laughingthrush

◆ 郑作新（1958：202-203）记载小黑领噪鹛 *Garrulax moniliger* 二亚种：

❶ 华南亚种 *melli*

❷ 海南亚种 *schmackeri*

◆ 郑作新（1964：141，266-267；1966：144；1976：628-629；1987：673-674；1994：122；2000：122；2002：213）记载小黑领噪鹛 *Garrulax moniliger*[①] 四亚种：

❶ 指名亚种 *monileger*[②]

❷ 滇南亚种 *schauenseei*[③]

❸ 华南亚种 *melli*

❹ 海南亚种 *schmackeri*

① 编者注：郑作新（1964）记载其种本名为 *moniligerus*。

② 编者注：郑作新（1964）记载该亚种为 *moniligerus*。

③ 编者注：郑作新（1976）称其为云南亚种。

◆ 郑光美（2005：248；2011：257-258；2017：294；2023：304）记载小黑领噪鹛 *Garrulax moniliger* 五亚种：

❶ 指名亚种 *monileger*

❷ 滇南亚种 *schauenseei*

❸ 广西亚种 *tonkinensis*[④]

❹ 华南亚种 *melli*

❺ 海南亚种 *schmackeri*

④ 编者注：亚种中文名引自段文科和张正旺（2017b：928）。

[1067] **白冠噪鹛** *Garrulax leucolophus*　　　　　　　　　　　　　　　　　　báiguān zàoméi

英文名: White-crested Laughingthrush

◆ 郑作新（1958：203-204；1964：141，267）记载白冠噪鹛 *Garrulax leucolophus* 二亚种：

❶ ? 指名亚种 *leucolophus*[①②③]

❷ 滇南亚种 *diardi*

① 郑作新（1958）：或为 *Garrulax leucolophus patkaicus*（=*hardwickii*）。

② 编者注：郑作新（1964：141）记载的该亚种前未冠以"?"号。

③ 郑作新（1964：267）：或为 *Garrulax leucolophus patkaicus*。

◆ 郑作新（1966：144；1976：628）记载白冠噪鹛 *Garrulax leucolophus* 二亚种：

❶ 滇西亚种 *patkaicus*

❷ 滇南亚种 *diardi*

◆ 郑作新（1987：672-673；1994：122；2000：122；2002：213）、郑光美（2005：247；2011：257；2017：290；2023：305）记载白冠噪鹛 *Garrulax leucolophus* 三亚种：

❶ 指名亚种 *leucolophus*[④]

❷ 滇西亚种 *patkaicus*

❸ 滇南亚种 *diardi*

④ 编者注：中国鸟类亚种新记录（郑作新等，1980）。

〔1068〕**白颈噪鹛** *Garrulax strepitans*   báijǐng zàoméi

曾用名： 灰颈噪鹛 *Garrulax strepitans*、褐喉噪鹛 *Garrulax strepitans*、栗喉噪鹛 *Garrulax strepitans*

英文名： White-necked Laughingthrush

◆ 郑作新（1976：631）记载褐喉噪鹛 *Garrulax strepitans*[①]一亚种：

    ❶ 指名亚种 *strepitans*

    ① 编者注：中国鸟类新记录（彭燕章等，1973）。

◆ 郑作新（1987：676）记载栗喉噪鹛 *Garrulax strepitans* 一亚种：

    ❶ 指名亚种 *strepitans*

◆ 郑作新（2002：211）记载白颈噪鹛 *Garrulax strepitans*，但未述及亚种分化问题。

◆ 郑作新（1994：123；2000：123）、郑光美（2005：249；2011：259）记载白颈噪鹛 *Garrulax strepitans* 一亚种：

    ❶ 指名亚种 *strepitans*

◆ 郑光美（2017：290；2023：305）记载白颈噪鹛 *Garrulax strepitans* 为单型种。

〔1069〕**褐胸噪鹛** *Garrulax maesi*   hèxiōng zàoméi

英文名： Grey Laughingthrush

◆ 郑作新（1958：204；1964：141，267；1966：145）记载褐胸噪鹛 *Garrulax maesi* 二亚种：

    ❶ 指名亚种 *maesi*

    ❷ 海南亚种 *castanotis*

◆ 郑作新（1976：631-632；1987：677；1994：123；2000：123；2002：214）、郑光美（2005：249-250；2011：259）记载褐胸噪鹛 *Garrulax maesi* 三亚种：

    ❶ 西南亚种 *grahami*

    ❷ 指名亚种 *maesi*[①]

    ❸ 海南亚种 *castanotis*

    ① 编者注：郑作新（1976）称之为广西亚种。

◆ 郑光美（2017：291；2023：305）记载以下两种：

    （1）褐胸噪鹛 *Garrulax maesi*

    （2）栗颊噪鹛 *Garrulax castanotis*[②]

    ② 郑光美（2017）：由 *Garrulax maesi* 的亚种提升为种（Robson，2000；Collar，2006）。

〔1070〕**栗颊噪鹛** *Garrulax castanotis*   lìjiá zàoméi

英文名： Rufous-cheeked Laughingthrush

    由 *Garrulax maesi* 的亚种提升为种。请参考〔1069〕褐胸噪鹛 *Garrulax maesi*。

〔1071〕**黑额山噪鹛** *Ianthocincla sukatschewi*   hēi'é shānzàoméi

曾用名： 黑额山噪鹛 *Garrulax sukatschewi*

英文名： Snowy-cheeked Laughingthrush

◆ 郑作新（1966：143；2002：212）记载黑额山噪鹛 *Garrulax sukatschewi*，但未述及亚种分化问题。

- 郑作新（1958：207；1964：267；1976：636；1987：681；1994：124；2000：124）、郑光美（2005：251；2011：261；2017：291）记载黑额山噪鹛 *Garrulax sukatschewi* 为单型种。
- 郑光美（2023：305）记载黑额山噪鹛 *Ianthocincla sukatschewi*[①]为单型种。

  ① 由 *Garrulax* 属移入 *Ianthocincla* 属（Cibois et al.，2018）。

[1072] **棕颏噪鹛** *Ianthocincla rufogularis*　　　　　　　　　　　　　　　　　　　zōngkē zàoméi

曾用名： 棕颏噪鹛 *Garrulax rufogularis*

英文名： Rufous-chinned Laughingthrush

- 郑光美（2005：252；2011：262）记载棕颏噪鹛 *Garrulax rufogularis*[①]一亚种：
  ❶ 指名亚种 *rufogularis*

  ① 编者注：据约翰·马敬能等（2000：391-392），中国从未有过记录，但亚种 *rufiberbis* 可能在西藏东南部的墨脱地区有见，且可能见于西藏南部的春丕河谷（亚东）。

- 郑光美（2017：292）记载棕颏噪鹛 *Garrulax rufogularis* 二亚种：
  ❶ 指名亚种 *rufogularis*
  ❷ *assamensis* 亚种

- 郑光美（2023：306）记载棕颏噪鹛 *Ianthocincla rufogularis*[②]二亚种：
  ❶ 指名亚种 *rufogularis*
  ❷ *assamensis* 亚种

  ② 由 *Garrulax* 属移入 *Ianthocincla* 属（Cibois et al.，2018）。

[1073] **灰翅噪鹛** *Ianthocincla cineracea*　　　　　　　　　　　　　　　　　　　huīchì zàoméi

曾用名： 灰翅噪鹛 *Garrulax cineraceus*

英文名： Moustached Laughingthrush

- 郑作新（1958：207-208；1964：142，267）记载灰翅噪鹛 *Garrulax cineraceus*[①]二亚种：
  ❶ 西南亚种 *styani*
  ❷ 华南亚种 *cinereiceps*

  ① 郑作新（1964：267）：Deignan（1957）认为 *Garrulax cineraceus styani* 不外是 *Garrulax cineraceus cinereiceps* 的同物异名，因而把西南亚种命名为 *Garrulax cineraceus strenuus*。

- 郑作新（1966：145；1976：636-637；1987：682-683；1994：124；2000：124；2002：215）、郑光美（2005：251；2011：261；2017：291）记载灰翅噪鹛 *Garrulax cineraceus* 二亚种：
  ❶ 西南亚种 *strenuus*[②③]
  ❷ 华南亚种 *cinereiceps*

  ② 编者注：郑作新（1976，1987）所列的该亚种的同物异名之一为 *Trochalopteron styani*；*Trochalopteron styani* = *Garrulax cineraceus cinereiceps*。

  ③ 编者注：郑光美（2005）记载该亚种为 *strenuous*。

- 郑光美（2023：306）记载灰翅噪鹛 *Ianthocincla cineracea*[④]二亚种：
  ❶ 西南亚种 *strenuus*
  ❷ 华南亚种 *cinereiceps*

④ 由 *Garrulax* 属移入 *Ianthocincla* 属（Cibois et al.，2018）。

〔1074〕**眼纹噪鹛** *Ianthocincla ocellata*　　　　　　　　　　　　　　　　　　　yǎnwén zàoméi

曾用名： 眼纹噪鹛 *Garrulax ocellatus*

英文名： Spotted Laughingthrush

◆ 郑作新（1958：209-210；1964：141，268；1966：145；1976：639-640；1987：686；1994：124；2000：124；2002：216）、郑光美（2005：252；2011：262；2017：292-293）记载眼纹噪鹛 *Garrulax ocellatus* 三亚种：

　❶ 指名亚种 *ocellatus*

　❷ 云南亚种 *maculipectus*

　❸ 四川亚种 *artemisiae*

◆ 郑光美（2023：306-307）记载眼纹噪鹛 *Ianthocincla ocellata*①三亚种：

　❶ 指名亚种 *ocellata*

　❷ 云南亚种 *maculipectus*

　❸ 四川亚种 *artemisiae*

　① 由 *Garrulax* 属移入 *Ianthocincla* 属（Cibois et al.，2018）。

〔1075〕**大噪鹛** *Ianthocincla maxima*　　　　　　　　　　　　　　　　　　　　　dàzàoméi

曾用名： 花背噪鹛 *Garrulax maximus*、大噪鹛 *Garrulax maximus*

英文名： Giant Laughingthrush

◆ 郑作新（1958：208；1964：268；1976：638-639）记载花背噪鹛 *Garrulax maximus* 为单型种。

◆ 郑作新（1966：143）记载花背噪鹛 *Garrulax maximus*，但未述及亚种分化问题。

◆ 郑作新（1987：685；1994：124；2000：124）记载大噪鹛、花背噪鹛 *Garrulax maximus* 为单型种。

◆ 郑作新（2002：212）记载大噪鹛、花背噪鹛 *Garrulax maximus*，亦未述及亚种分化问题。

◆ 郑光美（2005：253；2011：263；2017：292）记载大噪鹛 *Garrulax maximus* 为单型种。

◆ 郑光美（2023：307）记载大噪鹛 *Ianthocincla maxima*①为单型种。

　① 由 *Garrulax* 属移入 *Ianthocincla* 属（Cibois et al.，2018）。

〔1076〕**白点噪鹛** *Ianthocincla bieti*　　　　　　　　　　　　　　　　　　　　báidiǎn zàoméi

曾用名： 增口噪鹛 *Garrulax bieti*、白点鹛 *Garrulax bieti*、白点噪鹛 *Garrulax bieti*

英文名： White-speckled Laughingthrush

　初为独立种，后并入原斑背噪鹛 *Garrulax lunulatus*，现列为独立种。请参考〔1077〕斑背噪鹛 *Ianthocincla lunulata*。

〔1077〕**斑背噪鹛** *Ianthocincla lunulata*　　　　　　　　　　　　　　　　　　　bānbèi zàoméi

曾用名： 斑背噪鹛 *Garrulax lunulatus*

英文名： Barred Laughingthrush

◆ 郑作新（1958：208；1964：139，267-268）记载以下两种：

（1）斑背噪鹛 *Garrulax lunulatus*

（2）增口噪鹛 *Garrulax bieti*

◆郑作新（1966：145；1976：638）记载斑背噪鹛 *Garrulax lunulatus* 二亚种：

❶ 指名亚种 *lunulatus*

❷ 西南亚种 *bieti*

◆郑作新（1987：683-684）记载斑背噪鹛 *Garrulax lunulatus* 三亚种：

❶ 指名亚种 *lunulatus*

❷ 凉山亚种 *liangshanensis*

❸ 西南亚种 *bieti*

◆郑作新（1994：124；2000：124；2002：212，216）、郑光美（2005：252；2011：262-263；2017：292）记载以下两种：

（1）斑背噪鹛 *Garrulax lunulatus*

❶ 指名亚种 *lunulatus*

❷ 凉山亚种 *liangshanensis*

（2）白点噪鹛 *Garrulax bieti*[①]

[①] 编者注：郑作新（1994）记载其中文名为白点鹛；郑作新（2002）未述及亚种分化问题。

◆郑光美（2023：307）记载以下两种：

（1）白点噪鹛 *Ianthocincla bieti*[②]

（2）斑背噪鹛 *Ianthocincla lunulata*[③]

❶ 指名亚种 *lunulata*

❷ 凉山亚种 *liangshanensis*

[②][③] 由 *Garrulax* 属移入 *Ianthocincla* 属（Cibois et al., 2018）。

〔1078〕**栗臀噪鹛** *Pterorhinus gularis*　　　　　　　　　　　　　　　　　　　　　　　　lìtún zàoméi

曾用名： 栗臀噪鹛 *Garrulax gularis*、棕臀噪鹛 *Garrulax gularis*；

棕臀噪鹛 *Pterorhinus gularis*（刘阳等，2021：460；约翰·马敬能，2022b：308）

英文名： Rufous-vented Laughingthrush

◆郑光美（2011：260；2017：295-296）记载栗臀噪鹛 *Garrulax gularis*[①]为单型种。

[①] 郑光美（2011）：中国鸟类新记录，见何芬奇等（2007）。编者注：据约翰·马敬能等（2000：390），在中国尚无记录，但可能出现于西藏东南部高可至海拔1220m的地带。地方性常见于紧邻的印度阿萨姆常绿林及灌丛。过去被视为灰胸噪鹛 *Garrulax delesserti* 的一亚种。

◆郑光美（2023：307）记载栗臀噪鹛 *Pterorhinus gularis*[②]为单型种。

[②] 由 *Garrulax* 属移入 *Pterorhinus* 属（Cibois et al., 2018）。

〔1079〕**蓝冠噪鹛** *Pterorhinus courtoisi*　　　　　　　　　　　　　　　　　　　　　　　lánguān zàoméi

曾用名： 黄腹噪鹛 *Garrulax galbanus*、黄喉噪鹛 *Garrulax galbanus*、蓝冠噪鹛 *Garrulax courtoisi*；

黄喉噪鹛 *Garrulax courtoisi*（段文科等，2017b：934）、

靛冠噪鹛 *Pterorhinus courtoisi*（刘阳等，2021：462；约翰·马敬能，2022b：308）

英文名： Blue-crowned Laughingthrush

说　明： 初疑为黄腹噪鹛 *Garrulax galbanus* 的一亚种（华南亚种 *courtoisi*），后并入黄腹噪鹛 *Garrulax galbanus*，又由 *Garrulax galbanus* 分出成为独立种。

◆ 郑作新（1958：205）的记载为：

　　黄腹噪鹛 *Garrulax galbanus*

　　黄腹噪鹛 *Garrulax*（? *galbanus*）*courtoisi*①

　　① 或系 *galbanus* 的一亚种。

◆ 郑作新（1964：267）的记载为：

　　黄腹噪鹛 *Garrulax*（? *galbanus*）*courtoisi*。

◆ 郑作新（1964：138；1966：142）记载黄腹噪鹛 *Garrulax galbanus*，但未述及亚种分化问题。

◆ 郑作新（1976：634）记载黄腹噪鹛 *Garrulax galbanus* 一亚种：

　　❶ 华南亚种 *courtoisi*

◆ 郑作新（1987：679-680；2000：123；2002：215）记载黄腹噪鹛 *Garrulax galbanus* 二亚种：

　　❶ 华南亚种 *courtoisi*

　　❷ 思茅亚种 *simaoensis*

◆ 郑作新（1994：123）、郑光美（2005：250）记载黄喉噪鹛 *Garrulax galbanus* 二亚种：

　　❶ 华南亚种 *courtoisi*

　　❷ 思茅亚种 *simaoensis*

◆ 郑光美（2011：260；2017：295）记载蓝冠噪鹛 *Garrulax courtoisi*② 二亚种：

　　❶ 指名亚种 *courtoisi*

　　❷ 思茅亚种 *simaoensis*

　　② 郑作新（2011）：由黄喉噪鹛 *Garrulax galbanus* 分出的种，见 Collar（2006）。编者注：据郑光美（2021：205），*Garrulax galbanus* 仍被命名为黄喉噪鹛，在中国有分布，但郑光美（2023）未予收录。

◆ 郑光美（2023：308）记载蓝冠噪鹛 *Pterorhinus courtoisi*③ 二亚种：

　　❶ 指名亚种 *courtoisi*

　　❷ 思茅亚种 *simaoensis*

　　③ 由 *Garrulax* 属移入 *Pterorhinus* 属（Cibois et al.，2018）。

〔1080〕**栗颈噪鹛** *Pterorhinus ruficollis*　　　　　　　　　　　　　　　　　　lìjǐng zàoméi

曾用名： 棕颈噪鹛 *Garrulax ruficollis*、栗颈噪鹛 *Garrulax ruficollis*

英文名： Rufous-necked Laughingthrush

◆ 郑作新（1964：138；1966：142）记载棕颈噪鹛 *Garrulax ruficollis*①，但未述及亚种分化问题。

　　① 编者注：中国鸟类新记录（虞以新等，1962）。

◆ 郑作新（2002：210）记载栗颈噪鹛 *Garrulax ruficollis*，亦未述及亚种分化问题。

◆ 郑作新（1964：268；1976：642；1987：689；1994：125；2000：125）、郑光美（2005：250；2011：260；2017：295）记载栗颈噪鹛 *Garrulax ruficollis* 为单型种。

◆ 郑光美（2023：308）记载栗颈噪鹛 *Pterorhinus ruficollis*② 为单型种。

　　② 由 *Garrulax* 属移入 *Pterorhinus* 属（Cibois et al.，2018）。

XXVI. 雀形目 PASSERIFORMES

〔1081〕**黑喉噪鹛** *Pterorhinus chinensis*   hēihóu zàoméi

曾用名： 黑喉噪鹛 *Garrulax chinensis*

英文名： Black-throated Laughingthrush

◆ 郑作新（1958：204-205）记载黑喉噪鹛 *Garrulax chinensis* 二亚种：

❶ 指名亚种 *chinensis*

❷ 海南亚种 *monachus*

◆ 郑作新（1964：140-141，267；1966：145；1976：632-633；1987：678-679；1994：123；2000：123；2002：215）、郑光美（2005：250；2011：260；2017：295）记载黑喉噪鹛 *Garrulax chinensis* 三亚种：

❶ 滇西亚种 *lochmius*[①]

❷ 指名亚种 *chinensis*

❸ 海南亚种 *monachus*

① 编者注：中国鸟类亚种新记录（郑作新等，1962）。

◆ 郑光美（2023：308）记载黑喉噪鹛 *Pterorhinus chinensis*[②] 三亚种：

❶ 滇西亚种 *lochmius*

❷ 指名亚种 *chinensis*

❸ 海南亚种 *monachus*

② 由 *Garrulax* 属移入 *Pterorhinus* 属（Cibois et al.，2018）。

〔1082〕**白颊噪鹛** *Pterorhinus sannio*   báijiá zàoméi

曾用名： 白颊噪鹛 *Garrulax sannio*

英文名： White-browed Laughingthrush

◆ 郑作新（1958：213；1964：140，268）记载白颊噪鹛 *Garrulax sannio* 二亚种：

❶ 四川亚种 *oblectans*

❷ 指名亚种 *sannio*

◆ 郑作新（1966：146；1976：644-645；1987：691-692；1994：125；2000：125；2002：217）、郑光美（2005：254-255；2011：265；2017：297）记载白颊噪鹛 *Garrulax sannio* 三亚种：

❶ 云南亚种 *comis*

❷ 指名亚种 *sannio*

❸ 四川亚种 *oblectans*

◆ 郑光美（2023：309）记载白颊噪鹛 *Pterorhinus sannio*[①] 三亚种：

❶ 云南亚种 *comis*

❷ 指名亚种 *sannio*

❸ 四川亚种 *oblectans*

① 由 *Garrulax* 属移入 *Pterorhinus* 属（Cibois et al.，2018）。

〔1083〕**黑脸噪鹛** *Pterorhinus perspicillatus*   hēiliǎn zàoméi

曾用名： 黑脸噪鹛 *Garrulax perspicillatus*

英文名： Masked Laughingthrush

◆ 郑作新（1958：200；1964：266）记载黑脸噪鹛 *Garrulax perspicillatus* 一亚种：

❶ 指名亚种 *perspicillatus*

◆ 郑作新（1966：142；2002：210）记载黑脸噪鹛 *Garrulax perspicillatus*，但未述及亚种分化问题。

◆ 郑作新（1976：626；1987：670-671；1994：122；2000：122）、郑光美（2005：247；2011：256；2017：293）记载黑脸噪鹛 *Garrulax perspicillatus* 为单型种。

◆ 郑光美（2023：309）记载黑脸噪鹛 *Pterorhinus perspicillatus*[①]为单型种。

① 由 *Garrulax* 属移入 *Pterorhinus* 属（Cibois et al.，2018）。

[1084] **黑领噪鹛** *Pterorhinus pectoralis*　　　　　　　　　　　　　　　　　　　　　　　hēilǐng zàoméi

曾用名： 黑领噪鹛 *Garrulax pectoralis*

英文名： Greater Necklaced Laughingthrush

◆ 郑作新（1958：201-202）记载黑领噪鹛 *Garrulax pectoralis* 三亚种：

❶ 指名亚种 *pectoralis*

❷ 华南亚种 *picticollis*

❸ 海南亚种 *semitorquatus*

◆ 郑作新（1964：141，266；1966：144；1976：629-631；1987：675-676；1994：122-123；2000：122-123；2002：214）记载黑领噪鹛 *Garrulax pectoralis* 五亚种：

❶ 指名亚种 *pectoralis*

❷ 秉氏亚种 *pingi*[①]

❸ 滇南亚种 *robini*

❹ 华南亚种 *picticollis*

❺ 海南亚种 *semitorquatus*

① 编者注：郑作新（1976）称其为滇西亚种。

◆ 郑光美（2005：248；2011：258）记载黑领噪鹛 *Garrulax pectoralis* 五亚种：

❶ 喜马拉雅亚种 *melanotis*[②③]

❷ 秉氏亚种 *pingi*

❸ 滇南亚种 *robini*

❹ 华南亚种 *picticollis*

❺ 海南亚种 *semitorquatus*

② 编者注：亚种中文名引自段文科和张正旺（2017b：929）。

③ 郑光美（2005）：杨岚和杨晓君（2004）经核对标本，认为郑作新（2000）所指的 *pectoralis* 亚种实为 *melanotis*。

◆ 郑光美（2017：294-295）记载黑领噪鹛 *Garrulax pectoralis* 三亚种：

❶ 滇南亚种 *robini*

❷ 华南亚种 *picticollis*

❸ 海南亚种 *semitorquatus*

◆ 郑光美（2023：309-310）记载黑领噪鹛 *Pterorhinus pectoralis*[④]三亚种：

❶ 滇南亚种 *robini*

❷ 华南亚种 *picticollis*

❸ 海南亚种 *semitorquatus*

④ 由 *Garrulax* 属移入 *Pterorhinus* 属（Cibois et al., 2018）。

〔1085〕**山噪鹛** *Pterorhinus davidi*　　　　　　　　　　　　　　　　　　　　　　shānzàoméi

曾用名：山噪鹛 *Garrulax davidi*

英文名：Plain Laughingthrush

◆ 郑作新（1958：206；1964：140，267；1966：145；1976：634-635；1987：680-681；1994：124；2000：123-124；2002：215）记载山噪鹛 *Garrulax davidi* 三亚种：

❶ 甘肃亚种 *experrectus*

❷ 四川亚种 *concolor*

❸ 指名亚种 *davidi*

◆ 郑光美（2005：251；2011：261；2017：296）记载山噪鹛 *Garrulax davidi* 四亚种：

❶ 北方亚种 *chinganicus*[①]

❷ 甘肃亚种 *experrectus*

❸ 四川亚种 *concolor*

❹ 指名亚种 *davidi*

① 编者注：亚种中文名引自段文科和张正旺（2017b：935）。

◆ 郑光美（2023：310）记载山噪鹛 *Pterorhinus davidi*[②] 四亚种：

❶ 北方亚种 *chinganicus*

❷ 甘肃亚种 *experrectus*

❸ 四川亚种 *concolor*

❹ 指名亚种 *davidi*

② 由 *Garrulax* 属移入 *Pterorhinus* 属（Cibois et al., 2018）。

〔1086〕**矛纹草鹛** *Pterorhinus lanceolatus*　　　　　　　　　　　　　　　　　　máowén cǎoméi

曾用名：矛纹草鹛 *Babax lanceolatus*；矛纹草鹛 *Garrulax lanceolatus*（郑光美，2021：204）

英文名：Chinese Babax

◆ 郑作新（1958：198-199）记载矛纹草鹛 *Babax lanceolatus* 二亚种：

❶ 指名亚种 *lanceolatus*

❷ 华南亚种 *latouchei*

◆ 郑作新（1964：137，266；1966：141；1976：623；1987：667-668；1994：121；2000：121；2002：209）、郑光美（2005：269；2011：280；2017：288-289）记载矛纹草鹛 *Babax lanceolatus* 三亚种：

❶ 西南亚种 *bonvaloti*

❷ 指名亚种 *lanceolatus*

❸ 华南亚种 *latouchei*

◆ 郑光美（2023：310-311）记载矛纹草鹛 *Pterorhinus lanceolatus*[①] 三亚种：

❶ 西南亚种 *bonvaloti*

❷ 指名亚种 lanceolatus

❸ 华南亚种 latouchei

① 编者注：郑光美（2021：204）将其归入 Garrulax 属。

〔1087〕**大草鹛** *Pterorhinus waddelli*   dàcǎoméi

曾用名： 大草鹛 *Babax waddelli*

英文名： Giant Babax

◆ 郑作新（1966：141）记载大草鹛 *Babax waddelli*，但未述及亚种分化问题。

◆ 郑作新（1958：199；1964：266；1976：624；1987：669；1994：122；2000：121-122；2002：209）、郑光美（2005：269；2011：280-281；2017：289）记载大草鹛 *Babax waddelli* 二亚种：

❶ 藏南亚种 *jomo*

❷ 指名亚种 *waddelli*

◆ 郑光美（2023：311）记载大草鹛 *Pterorhinus waddelli* 二亚种：

❶ 藏南亚种 *jomo*

❷ 指名亚种 *waddelli*

〔1088〕**棕草鹛** *Pterorhinus koslowi*   zōngcǎoméi

曾用名： 柯氏草鹛 *Babax koslowi*、棕草鹛 *Babax koslowi*

英文名： Tibetan Babax

◆ 郑作新（1958：200）记载柯氏草鹛 *Babax koslowi* 为单型种。

◆ 郑作新（1964：266；1976：625）记载棕草鹛 *Babax koslowi* 为单型种。

◆ 郑作新（1966：141）记载棕草鹛 *Babax koslowi*，但未述及亚种分化问题。

◆ 郑作新（1987：670；1994：122；2000：122；2002：209）、郑光美（2005：270；2011：281；2017：289）记载棕草鹛 *Babax koslowi* 二亚种：

❶ 指名亚种 *koslowi*

❷ 玉曲亚种 *yuquensis*

◆ 郑光美（2023：311）记载棕草鹛 *Pterorhinus koslowi* 二亚种：

❶ 指名亚种 *koslowi*

❷ 玉曲亚种 *yuquensis*

〔1089〕**白喉噪鹛** *Pterorhinus albogularis*   báihóu zàoméi

曾用名： 白喉噪鹛 *Garrulax albogularis*

英文名： White-throated Laughingthrush

◆ 郑作新（1958：201；1964：266；1976：627）记载白喉噪鹛 *Garrulax albogularis* 二亚种：

❶ 指名亚种 *albogularis*①

❷ 台湾亚种 *ruficeps*

① 编者注：郑作新（1958，1964，1976）均将 *eous* 和 *laetus* 列为其同物异名。

◆ 郑作新（1964：139；1966：143）记载白喉噪鹛 *Garrulax albogularis*，但未述及亚种分化问题。

◆ 郑作新（1987：671-672）记载白喉噪鹛 Garrulax albogularis 三亚种：
- ❶ 指名亚种 albogularis
- ❷ 峨眉亚种 laetus[②]
- ❸ 台湾亚种 ruficeps

② 编者注：亚种中文名引自赵正阶（2001b：394）。赵正阶关于白喉噪鹛 Garrulax albogularis 亚种分化问题讨论的比较充分，可资参考。

◆ 郑作新（1994：122；2000：122；2002：213）记载白喉噪鹛 Garrulax albogularis 三亚种：
- ❶ 指名亚种 albogularis
- ❷ 峨眉亚种 eous
- ❸ 台湾亚种 ruficeps

◆ 郑光美（2005：247；2011：257）记载白喉噪鹛 Garrulax albogularis 二亚种：
- ❶ 台湾亚种 ruficeps
- ❷ 峨眉亚种 eous

◆ 郑光美（2017：293）记载以下两种：
（1）白喉噪鹛 Garrulax albogularis
- ❶ 峨眉亚种 eous

（2）台湾白喉噪鹛 Garrulax ruficeps

◆ 郑光美（2023：311-312）记载以下两种：
（1）白喉噪鹛 Pterorhinus albogularis[③]
- ❶ 峨眉亚种 eous

（2）台湾白喉噪鹛 Pterorhinus ruficeps[④]

③④ 由 Garrulax 属移入 Pterorhinus 属（Cibois et al.，2018）。

〔1090〕**台湾白喉噪鹛** Pterorhinus ruficeps　　　　　　　　　　　　　　　　　　　táiwān báihóu zàoméi

曾用名：台湾白喉噪鹛 Garrulax ruficeps

英文名：Rufous-crowned Laughingthrush

曾被视为 Garrulax albogularis 的一个亚种，现列为独立种。请参考〔1089〕白喉噪鹛 Pterorhinus albogularis。

〔1091〕**灰胁噪鹛** Pterorhinus caerulatus　　　　　　　　　　　　　　　　　　　huīxié zàoméi

曾用名：灰胁噪鹛 Garrulax caerulatus

英文名：Grey-sided Laughingthrush

◆ 郑作新（1966：142）记载灰胁噪鹛 Garrulax caerulatus，但未述及亚种分化问题。

◆ 郑作新（1958：210；1964：268；1976：640-641；1987：687；1994：124-125；2000：124；2002：216）、郑光美（2005：253；2011：263；2017：296）记载灰胁噪鹛 Garrulax caerulatus 二亚种：
- ❶ 指名亚种 caerulatus
- ❷ 滇西亚种 latifrons

◆ 郑光美（2023：312）记载灰胁噪鹛 Pterorhinus caerulatus[①]三亚种：

❶ 指名亚种 *caerulatus*

❷ 滇西亚种 *latifrons*

❸ 缅甸亚种 *kaurensis*②

① 由 *Garrulax* 属移入 *Pterorhinus* 属（Cibois et al.，2018）。

② 编者注：亚种中文名引自赵正阶（2001b：413）。

〔1092〕**棕噪鹛** *Pterorhinus berthemyi*   zōngzàoméi

曾用名： 棕噪鹛 *Garrulax berthemyi*

英文名： Buffy Laughingthrush

由 *Garrulax poecilorhynchus* 的亚种提升为种，中文名沿用棕噪鹛。请参考〔1093〕台湾棕噪鹛 *Pterorhinus poecilorhynchus*。

〔1093〕**台湾棕噪鹛** *Pterorhinus poecilorhynchus*   táiwān zōng zàoméi

曾用名： 棕噪鹛 *Garrulax poecilorhynchus*、台湾棕噪鹛 *Garrulax poecilorhynchus*

英文名： Rusty Laughingthrush

说　明： 因分类修订，原棕噪鹛 *Garrulax poecilorhynchus* 的中文名修改为台湾棕噪鹛。

◆ 郑作新（1966：142）记载棕噪鹛 *Garrulax poecilorhynchus*，但未述及亚种分化问题。

◆ 郑作新（1958：211；1964：268；1976：641-642；1987：688；1994：125；2000：125；2002：216-217）、郑光美（2005：253；2011：263）记载棕噪鹛 *Garrulax poecilorhynchus*①三亚种：

❶ 滇西亚种 *ricinus*

❷ 华南亚种 *berthemyi*

❸ 指名亚种 *poecilorhynchus*

① 郑作新（1976，1987，1994，2000）：Deignan（1964）把此种归并于 *Garrulax caerulatus*。

◆ 郑光美（2017：296-297）记载以下两种：

（1）棕噪鹛 *Garrulax berthemyi*②

② 由 *Garrulax poecilorhynchus* 的亚种提升为种（Collar，2006）。

（2）台湾棕噪鹛 *Garrulax poecilorhynchus*

◆ 郑光美（2023：312-313）记载以下两种：

（1）棕噪鹛 *Pterorhinus berthemyi*③

（2）台湾棕噪鹛 *Pterorhinus poecilorhynchus*④

③④ 由 *Garrulax* 属移入 *Pterorhinus* 属（Cibois et al.，2018）。

〔1094〕**条纹噪鹛** *Grammatoptila striata*   tiáowén zàoméi

曾用名： 条纹噪鹛 *Garrulax striatus*

英文名： Striated Laughingthrush

◆ 郑作新（1976：631）记载条纹噪鹛 *Garrulax striatus*①一亚种：

❶ 藏南亚种 *cranbrooki*

① 编者注：中国鸟类新记录（彭燕章等，1974）。

- 郑作新（1987：676；1994：123；2000：123；2002：214）记载条纹噪鹛 *Garrulax striatus* 二亚种：
  - ❶ 珠峰亚种 *vibex*
  - ❷ 藏南亚种 *cranbrooki*
- 郑光美（2005：249；2011：259）记载条纹噪鹛 *Garrulax striatus* 三亚种：
  - ❶ 指名亚种 *striatus*
  - ❷ 珠峰亚种 *vibex*
  - ❸ 藏南亚种 *cranbrooki*
- 郑光美（2017：298；2023：313）记载条纹噪鹛 *Grammatoptila striata*[②]四亚种：
  - ❶ 指名亚种 *striata*
  - ❷ 珠峰亚种 *vibex*
  - ❸ 缅不亚种 *brahmaputra*[③]
  - ❹ 藏南亚种 *cranbrooki*
  - [②] 郑光美（2017）：由 *Garrulax* 属归入 *Grammatoptila* 属（Myole et al.，2012）。
  - [③] 编者注：亚种中文名引自百度百科。

[1095] **纯色噪鹛** *Trochalopteron subunicolor*　　　　　　　　　　　　　chúnsè zàoméi

曾用名： 纯色噪鹛 *Garrulax subunicolor*

英文名： Scaly Laughingthrush

- 郑作新（1958：214；1964：268）记载纯色噪鹛 *Garrulax subunicolor* 一亚种：
  - ❶ 指名亚种 *subunicolor*
- 郑作新（1966：144）记载纯色噪鹛 *Garrulax subunicolor*，但未述及亚种分化问题。
- 郑作新（1976：646-648）记载纯色噪鹛 *Garrulax subunicolor* 二亚种：
  - ❶ 指名亚种 *subunicolor*
  - ❷ 滇西亚种 *griseatus*
- 郑作新（1987：693-695；1994：126；2000：126；2002：218）、郑光美（2005：255；2011：265）记载纯色噪鹛 *Garrulax subunicolor* 三亚种：
  - ❶ 指名亚种 *subunicolor*
  - ❷ 滇西亚种 *griseatus*
  - ❸ 景东亚种 *fooksi*[①]
  - [①] 编者注：中国鸟类亚种新记录（彭燕章等，1979）。
- 郑光美（2017：299；2023：313）记载纯色噪鹛 *Trochalopteron subunicolor*[②]三亚种：
  - ❶ 指名亚种 *subunicolor*
  - ❷ 滇西亚种 *griseatum*
  - ❸ 景东亚种 *fooksi*
  - [②] 郑光美（2017）：由 *Garrulax* 属归入 *Trochalopteron* 属（Myole et al.，2012）。

[1096] **蓝翅噪鹛** *Trochalopteron squamatum*　　　　　　　　　　　　　lánchì zàoméi

曾用名： 鳞斑噪鹛 *Garrulax squamatus*、鳞状噪鹛 *Garrulax squamatus*、蓝翅噪鹛 *Garrulax squamatus*

英文名：Blue-winged Laughingthrush
- 郑作新（1958：214；1964：268；1976：646）记载鳞斑噪鹛 *Garrulax squamatus* 为单型种。
- 郑作新（1966：143）记载鳞状噪鹛 *Garrulax squamatus*，但未述及亚种分化问题。
- 郑作新（1987：693）记载鳞斑噪鹛、蓝翅噪鹛 *Garrulax squamatus* 为单型种。
- 郑作新（2002：212）记载蓝翅噪鹛 *Garrulax squamatus*，亦未述及亚种分化问题。
- 郑作新（1994：126；2000：125-126）、郑光美（2005：255；2011：266）记载蓝翅噪鹛 *Garrulax squamatus* 为单型种。
- 郑光美（2017：298-299；2023：314）记载蓝翅噪鹛 *Trochalopteron squamatum*[①]为单型种。
    [①] 郑光美（2017）：由 *Garrulax* 属归入 *Trochalopteron* 属（Myole et al.，2012）。

〔1097〕**细纹噪鹛** *Trochalopteron lineatum*　　　　　　　　　　　　　xìwén zàoméi

曾用名：细纹噪鹛 *Garrulax lineatus*

英文名：Streaked Laughingthrush

- 郑作新（1958：213-214；1964：268）记载细纹噪鹛 *Garrulax lineatus* 一亚种：
    ❶ 藏东亚种 *imbricatus*
- 郑作新（1966：143）记载细纹噪鹛 *Garrulax lineatus*，但未述及亚种分化问题。
- 郑作新（1976：645-646；1987：692；1994：125；2000：125；2002：217-218）、郑光美（2005：255；2011：265）记载细纹噪鹛 *Garrulax lineatus* 二亚种：
    ❶ 指名亚种 *lineatus*
    ❷ 藏东亚种 *imbricatus*[①]
    [①] 编者注：郑作新（1976）称之为西藏亚种。
- 郑光美（2017：298）记载细纹噪鹛 *Trochalopteron lineatum*[②]二亚种：
    ❶ 指名亚种 *lineatum*
    ❷ 藏东亚种 *imbricatum*
    [②] 由 *Garrulax* 属归入 *Trochalopteron* 属（Myole et al.，2012）。
- 郑光美（2023：314）记载以下两种：
    （1）细纹噪鹛 *Trochalopteron lineatum*
    ❶ 指名亚种 *lineatum*
    （2）丽星噪鹛 *Trochalopteron imbricatum*[③]
    [③] 由 *Trochalopteron lineatum* 的亚种提升为种（Rasmussen et al.，2005）。

〔1098〕**丽星噪鹛** *Trochalopteron imbricatum*　　　　　　　　　　　　lìxīng zàoméi

曾用名：丽星噪鹛 *Trochalopteron imbricata*（约翰·马敬能，2022b：310）

英文名：Bhutan Laughingthrush

　　由 *Trochalopteron lineatum* 的亚种提升为种。请参考〔1097〕细纹噪鹛 *Trochalopteron lineatum*。

〔1099〕**杂色噪鹛** *Trochalopteron variegatum*　　　　　　　　　　　　zásè zàoméi

曾用名：杂色噪鹛 *Garrulax variegatus*、杂色噪鹛 *Garrulax variegates*

英文名：Variegated Laughingthrush

◆ 郑作新（1966：144；2002：212）记载杂色噪鹛 Garrulax variegatus，但未述及亚种分化问题。

◆ 郑作新（1964：267；1976：634；1987：680；1994：123-124；2000：123）、郑光美（2005：256；2011：266）记载杂色噪鹛 Garrulax variegatus①一亚种：

   ❶ 指名亚种 variegatus②

   ① 编者注：郑光美（2005）记载其种本名为 variegates。

   ② 编者注：郑光美（2005）记载该亚种为 variegates。

◆ 郑光美（2017：301；2023：314）记载杂色噪鹛 Trochalopteron variegatum③一亚种：

   ❶ 指名亚种 variegatum

   ③ 郑光美（2017）：由 Garrulax 属归入 Trochalopteron 属（Myole et al.，2012）。

〔1100〕**黑顶噪鹛** Trochalopteron affine　　　　　　　　　　　　　　hēidǐng zàoméi

曾用名：黑顶噪鹛 Garrulax affinis

英文名：Black-faced Laughingthrush

◆ 郑作新（1958：216-217；1964：269）记载黑顶噪鹛 Garrulax affinis 四亚种：

   ❶ 指名亚种 affinis

   ❷ 滇西亚种 oustaleti

   ❸ 木里亚种 muliensis

   ❹ 四川亚种 blythii

◆ 郑作新（1964：142；1966：146）记载黑顶噪鹛 Garrulax affinis 三亚种：

   ❶ 滇西亚种 oustaleti

   ❷ 木里亚种 muliensis

   ❸ 四川亚种 blythii

◆ 郑作新（1976：650-651）记载黑顶噪鹛 Garrulax affinis 五亚种：

   ❶ 西藏亚种 affinis

   ❷ 滇西亚种 oustaleti

   ❸ 滇东亚种 saturatus①

   ❹ 木里亚种 muliensis

   ❺ 四川亚种 blythii

   ① 编者注：中国鸟类亚种新记录（彭燕章等，1973）。

◆ 郑作新（1987：697-699；1994：126；2000：126；2002：218-219）、郑光美（2005：256-257；2011：267）记载黑顶噪鹛 Garrulax affinis 六亚种：

   ❶ 指名亚种 affinis

   ❷ 亚东亚种 bethelae②

   ❸ 滇西亚种 oustaleti

   ❹ 滇东亚种 saturatus

   ❺ 木里亚种 muliensis

   ❻ 四川亚种 blythii

② 编者注：中国鸟类亚种新记录（郑作新等，1980）。

◆ 郑光美（2017：300；2023：314-315）记载黑顶噪鹛 Trochalopteron affine③ 六亚种：
  ❶ 指名亚种 affine
  ❷ 亚东亚种 bethelae
  ❸ 滇西亚种 oustaleti
  ❹ 木里亚种 muliense④
  ❺ 四川亚种 blythii
  ❻ 滇东亚种 saturatum

  ③ 郑光美（2017）：由 Garrulax 属归入 Trochalopteron 属（Myole et al.，2012）。
  ④ 编者注：以前文献记载该亚种为 muliensis。

〔1101〕**台湾噪鹛** Trochalopteron morrisonianum　　　　　　　　　　　　　　táiwān zàoméi

曾用名：玉山噪鹛 Garrulax morrisonianus、台湾噪鹛 Garrulax morrisonianus；
　　　　金翼白眉 Garrulax morrisonianus（赵正阶，2001b：427）、
　　　　玉山噪鹛 Trochalopteron morrisonianum（刘阳等，2021：444；约翰·马敬能，2022b：311）

英文名：White-whiskered laughingthrush

◆ 郑作新（1966：144；2002：212）记载玉山噪鹛 Garrulax morrisonianus，但未述及亚种分化问题。

◆ 郑作新（1958：217；1964：269；1976：651；1987：699；1994：126；2000：126）、郑光美（2005：257）记载玉山噪鹛 Garrulax morrisonianus 为单型种。

◆ 郑光美（2011：267）记载台湾噪鹛 Garrulax morrisonianus 为单型种。

◆ 郑光美（2017：300；2023：315）记载台湾噪鹛 Trochalopteron morrisonianum① 为单型种。

  ① 郑光美（2017）：由 Garrulax 属归入 Trochalopteron 属（Myole et al.，2012）。

〔1102〕**灰腹噪鹛** Trochalopteron henrici　　　　　　　　　　　　　　huīfù zàoméi

曾用名：灰腹噪鹛 Garrulax henrici

英文名：Brown-cheeked Laughingthrush

◆ 郑作新（1958：216）记载夹腹噪鹛 Garrulax henrici 为单型种。

◆ 郑作新（1966：143）记载灰腹噪鹛 Garrulax henrici，但未述及亚种分化问题。

◆ 郑作新（1964：269；1976：649）记载灰腹噪鹛 Garrulax henrici 为单型种。

◆ 郑作新（1987：696-697；1994：126；2000：126；2002：218）、郑光美（2005：256；2011：266）记载灰腹噪鹛 Garrulax henrici 二亚种：
  ❶ 指名亚种 henrici
  ❷ 古琴亚种 gucenensis①

  ① 郑作新（1987）：该新亚种的分布仅限于古琴地区，可能是灰腹噪鹛 Garrulax henrici 与橙翅噪鹛 Garrulax elliotii 的杂交种群。编者注：中国鸟类亚种新记录（李德浩等，1978）。

◆ 郑光美（2017：299-300；2023：315）记载灰腹噪鹛 Trochalopteron henrici② 一亚种：
  ❶ 指名亚种 henrici

  ② 郑光美（2017）：由 Garrulax 属归入 Trochalopteron 属（Myole et al.，2012）。

〔1103〕**橙翅噪鹛** *Trochalopteron elliotii*   chéngchì zàoméi

曾用名： 伊氏噪鹛 *Garrulax elliotii*、橙翅噪鹛 *Garrulax elliotii*

英文名： Elliot's Laughingthrush

◆ 郑作新（1958：215）记载伊氏噪鹛 *Garrulax elliotii* 二亚种：

  ❶ 指名亚种 *elliotii*

  ❷ 甘青亚种 *prjevalskii*[①]

  ① 编者注：亚种中文名引自赵正阶（2001b：424），该文对橙翅噪鹛 *Garrulax elliotii* 亚种分化问题介绍的比较清楚，可资参考。摘要如下：中国科学院青藏高原综合科学考察队（1983）、郑作新等（1987）在比较研究了采自西藏东南部的标本与四川的地模标本以后，认为前者呈纯灰褐色，而后者为灰橄榄色或近黄褐色，因而又主张恢复原已作为指名亚种同物异名的昌都亚种 *Garrulax elliotii bonvalotii*，这样仍将本种分为二亚种，即指名亚种和昌都亚种，甘青亚种则列为指名亚种的同物异名。中国科学院西北高原生物研究所（1989）则既承认甘青亚种，也承认昌都亚种而将本种分为三亚种。

◆ 郑作新（1966：144）记载橙翅噪鹛 *Garrulax elliotii*，但未述及亚种分化问题。

◆ 郑作新（1964：268-269；1976：648）记载橙翅噪鹛 *Garrulax elliotii* 为单型种。

◆ 郑作新（1987：695；1994：126；2000：126；2002：218）、郑光美（2005：256；2011：266）记载橙翅噪鹛 *Garrulax elliotii* 二亚种：

  ❶ 指名亚种 *elliotii*

  ❷ 昌都亚种 *bonvalotii*

◆ 郑光美（2017：299；2023：315-316）记载橙翅噪鹛 *Trochalopteron elliotii*[②] 二亚种：

  ❶ 指名亚种 *elliotii*

  ❷ 昌都亚种 *bonvalotii*

  ② 郑光美（2017）：由 *Garrulax* 属归入 *Trochalopteron* 属（Myole et al.，2012）。

〔1104〕**红尾噪鹛** *Trochalopteron milnei*   hóngwěi zàoméi

曾用名： 赤尾噪鹛 *Garrulax milni*、赤尾噪鹛 *Garrulax milnei*、红尾噪鹛 *Garrulax milnei*；
    赤尾噪鹛 *Trochalopteron milnei*（刘阳等，2021：448；约翰·马敬能，2022b：313）

英文名： Red-tailed Laughingthrush

◆ 郑作新（1964：142）记载赤尾噪鹛 *Garrulax milni* 二亚种：

  ❶ 云南亚种 *sharpei*

  ❷ 指名亚种 *milni*

◆ 郑作新（1958：218-219；1964：269；1966：146；1976：652-654；1987：701-702；1994：127；2000：127；2002：219）记载赤尾噪鹛 *Garrulax milnei*[①] 三亚种：

  ❶ 云南亚种 *sharpei*

  ❷ 瑶山亚种 *sinianus*

  ❸ 指名亚种 *milnei*[②]

  ① 编者注：郑作新（1958，1964）记载其种本名为 *milni*。

  ② 编者注：郑作新（1958，1964）记载该亚种为 *milni*。

◆ 郑光美（2005：258；2011：268-269）记载红尾噪鹛 *Garrulax milnei* 三亚种：

❶ 云南亚种 *sharpei*

❷ 瑶山亚种 *sinianus*

❸ 指名亚种 *milnei*

◆郑光美（2017：302；2023：316）记载红尾噪鹛 *Trochalopteron milnei*③ 三亚种：

❶ 云南亚种 *sharpei*

❷ 瑶山亚种 *sinianum*

❸ 指名亚种 *milnei*

③ 郑光美（2017）：由 *Garrulax* 属归入 *Trochalopteron* 属（Myole et al.，2012）。

〔1105〕**红头噪鹛** *Trochalopteron erythrocephalum*   hóngtóu zàoméi

曾用名： 红头噪鹛 *Garrulax erythrocephalus*

英文名： Chestnut-crowned Laughingthrush

◆郑作新（1958：217）记载红头噪鹛 *Garrulax erythrocephalus* 一亚种：

❶ *forresti* 亚种①

① 编者注：郑作新（1976，1987）、郑作新等（1987：145）将其列为滇西亚种 *woodi* 的同物异名。

◆郑作新（1964：142，269）记载红头噪鹛 *Garrulax erythrocephalus* 二亚种：

❶ 昌都亚种 *imprudens*

❷ *forresti* 亚种

◆郑作新（1966：146；1976：651）记载红头噪鹛 *Garrulax erythrocephalus* 三亚种：

❶ 昌都亚种 *imprudens*

❷ 滇西亚种 *woodi*

❸ 滇南亚种 *melanostigma*

◆郑作新（1987：699-700；1994：126-127；2000：126-127；2002：219）记载红头噪鹛 *Garrulax erythrocephalus* 五亚种：

❶ 珠峰亚种 *nigrimentum*

❷ 昌都亚种 *imprudens*

❸ 滇西亚种 *woodi*

❹ 滇南亚种 *melanostigma*

❺ 绿春亚种 *connectens*②

② 编者注：中国鸟类亚种新记录（彭燕章等，1979）。

◆郑光美（2005：257-258；2011：267-268）记载红头噪鹛 *Garrulax erythrocephalus* 六亚种：

❶ 珠峰亚种 *nigrimentum*

❷ 昌都亚种 *imprudens*

❸ 绿春亚种 *connectens*

❹ 滇西亚种 *woodi*

❺ 滇南亚种 *melanostigma*

❻ 哀牢山亚种 *ailaoshanensis*③

③ 编者注：亚种中文名引自段文科和张正旺（2017b：953）。

◆郑光美（2017：301）记载红头噪鹛 Trochalopteron erythrocephalum④ 五亚种：

① 珠峰亚种 nigrimentum

② 绿春亚种 connectens

③ 滇西亚种 woodi

④ 滇南亚种 melanostigma

⑤ 哀牢山亚种 ailaoshanense

④ 郑光美（2017）：由 Garrulax 属归入 Trochalopteron 属（Myole et al.，2012）。

◆郑光美（2023：316-317）记载以下三种：

（1）红头噪鹛 Trochalopteron erythrocephalum

① 珠峰亚种 nigrimentum

② 指名亚种 erythrocephalum

（2）红顶噪鹛 Trochalopteron chrysopterum⑤

① 滇西亚种 woodi

② 哀牢山亚种 ailaoshanense

⑤ 编者注：据赵正阶（2001b：429），南阿萨姆亚种 chrysopterus 分布于印度阿萨姆南部。

（3）银耳噪鹛 Trochalopteron melanostigma

① 绿春亚种 connectans

〔1106〕**红顶噪鹛** Trochalopteron chrysopterum　　　　　　　　　　　　hóngdǐng zàoméi

曾用名： 金翅噪鹛 Trochalopteron chrysopterum（刘阳等，2021：446；约翰·马敬能，2022b：312）

英文名： Assam Laughingthrush

曾被视为 Trochalopteron erythrocephalum 的亚种，现列为独立种。请参考〔1105〕红头噪鹛 Trochalopteron erythrocephalum。

〔1107〕**红翅噪鹛** Trochalopteron formosum　　　　　　　　　　　　　hóngchì zàoméi

曾用名： 丽色噪鹛 Garrulax formosus、红翅噪鹛 Garrulax formosus；

丽色噪鹛 Trochalopteron formosum（刘阳等，2021：448；约翰·马敬能，2022b：313）

英文名： Red-winged Laughingthrush

◆郑作新（1958：217-218；1964：269；1976：652；1987：700-701；1994：127；2000：127）记载丽色噪鹛 Garrulax formosus 一亚种：

① 指名亚种 formosus

◆郑作新（1966：144；2002：212）记载丽色噪鹛 Garrulax formosus，但未述及亚种分化问题。

◆郑光美（2005：258；2011：268）记载红翅噪鹛 Garrulax formosus 一亚种：

① 指名亚种 formosus

◆郑光美（2017：301）记载红翅噪鹛 Trochalopteron formosum① 一亚种：

① 指名亚种 formosus

① 由 Garrulax 属归入 Trochalopteron 属（Myole et al.，2012）。

◆郑光美（2023：317）记载红翅噪鹛 Trochalopteron formosum 二亚种：

❶ 指名亚种 *formosum*
❷ 越南亚种 *greenwayi*②

② 编者注：亚种中文名引自赵正阶（2001b：430）。

〔1108〕**银耳噪鹛** *Trochalopteron melanostigma*　　　　　　　　　　　　　yín'ěr zàoméi

英文名：Silver-eared Laughingthrush

曾被视为 *Trochalopteron erythrocephalum* 的亚种，现列为独立种。请参考〔1105〕红头噪鹛 *Trochalopteron erythrocephalum*。

〔1109〕**斑胁姬鹛** *Cutia nipalensis*　　　　　　　　　　　　　　　　　　bānxié jīméi

英文名：Himalayan Cutia

◆ 郑作新（1958：223；1964：270）记载斑胁姬鹛 *Cutia nipalensis* 一亚种：

❶ 指名亚种 *nipalensis*

◆ 郑作新（1966：138）记载姬鹛属 *Cutia* 为单型属。

◆ 郑作新（1976：658-660；1987：707-708；1994：128；2000：128；2002：221）、郑光美（2005：271；2011：282；2017：302；2023：317）记载斑胁姬鹛 *Cutia nipalensis* 二亚种：

❶ 指名亚种 *nipalensis*

❷ 滇南亚种 *melanchima*①

① 编者注：中国鸟类亚种新记录（彭燕章等，1973）。

〔1110〕**火尾希鹛** *Minla ignotincta*　　　　　　　　　　　　　　　　　huǒwěi xīméi

曾用名：红尾希鹛 *Minla ignotincta*

英文名：Red-tailed Minla

◆ 郑作新（1958：229-230；1964：144-145，271；1966：149；1976：671）记载火尾希鹛 *Minla ignotincta* 三亚种：

❶ 指名亚种 *ignotincta*

❷ 云南亚种 *mariae*

❸ 西南亚种 *jerdoni*

◆ 郑作新（1987：720；1994：130；2000：130；2002：225）、郑光美（2005：275；2011：286）记载火尾希鹛 *Minla ignotincta*①二亚种：

❶ 指名亚种 *ignotincta*

❷ 西南亚种 *jerdoni*

① 编者注：郑光美（2011）记载其中文名为红尾希鹛。

◆ 郑光美（2017：303；2023：317-318）记载火尾希鹛 *Minla ignotincta*②四亚种：

❶ 指名亚种 *ignotincta*

❷ 云南亚种 *mariae*

❸ 广西亚种 *sini*③

❹ 西南亚种 *jerdoni*

XXVI. 雀形目 PASSERIFORMES

② 编者注：郑光美（2017）记载其中文名为红尾希鹛。

③ 编者注：亚种中文名引自赵正阶（2001b：456）。

〔1111〕**黑冠薮鹛** *Liocichla bugunorum*   hēiguān sǒuméi

曾用名： 布坤薮鹛 *Liocichla bugunorum*（段文科等，2017b：956；刘阳等，2021b：454）

英文名： Bugun Liocichla

◆ 郑光美（2011：269；2017：304；2023：318）记载黑冠薮鹛 *Liocichla bugunorum*[①]为单型种。

 ① 郑光美（2011）：Mishra 和 Datta（2007）发表的鸟类新种。

〔1112〕**灰胸薮鹛** *Liocichla omeiensis*   huīxiōng sǒuméi

英文名： Emei Shan Liocichla

◆ 郑作新（1966：146；2002：220）记载灰胸薮鹛 *Liocichla omeiensis*，但未述及亚种分化问题。

◆ 郑作新（1958：220；1964：269；1976：655；1987：704；1994：127；2000：127）、郑光美（2005：258；2011：269；2017：304；2023：318）记载灰胸薮鹛 *Liocichla omeiensis* 为单型种。

〔1113〕**黄痣薮鹛** *Liocichla steerii*   huángzhì sǒuméi

曾用名： 黄胸薮鹛 *Liocichla steerii*

英文名： Steere's Liocichla

◆ 郑作新（1958：220；1964：269；1976：655；1987：704）记载黄胸薮鹛 *Liocichla steerii* 为单型种。

◆ 郑作新（1966：146）记载黄胸薮鹛 *Liocichla steerii*，但未述及亚种分化问题。

◆ 郑作新（2002：220）记载黄痣薮鹛 *Liocichla steerii*，亦未述及亚种分化问题。

◆ 郑作新（1994：127；2000：127）、郑光美（2005：259；2011：269；2017：304；2023：318）记载黄痣薮鹛 *Liocichla steerii* 为单型种。

〔1114〕**灰头薮鹛** *Liocichla phoenicea*   huītóu sǒuméi

曾用名： 红翅薮鹛 *Liocichla phoenicea*；

    赤脸薮鹛 *Liocichla phoenicea*（刘阳等，2021：456；约翰·马敬能，2022b：314）

英文名： Red-faced Liocichla

说　明： 因分类修订，原红翅薮鹛 *Liocichla phoenicea* 的中文名修改为灰头薮鹛。

◆ 郑作新（1958：219；1964：269）记载红翅薮鹛 *Liocichla phoenicea* 一亚种：

 ❶ 滇东亚种 *wellsi*

◆ 郑作新（1966：146-147）记载红翅薮鹛 *Liocichla phoenicea* 二亚种：

 ❶ 指名亚种 *phoenicea*

 ❷ 滇西亚种 *ripponi*

◆ 郑作新（1976：654；1987：702-703；1994：127；2000：127；2002：220）记载红翅薮鹛 *Liocichla phoenicea* 三亚种：

 ❶ 滇北亚种 *bakeri*[①]

 ❷ 滇西亚种 *ripponi*

❸ 滇东亚种 *wellsi*

① 编者注：中国鸟类亚种新记录（彭燕章等，1974）。

◆郑光美（2005：259；2011：269）记载红翅薮鹛 *Liocichla phoenicea* 二亚种：

❶ 滇北亚种 *bakeri*

❷ 滇西亚种 *ripponi*

◆郑光美（2017：303-304）记载以下两种：

（1）灰头薮鹛 *Liocichla phoenicea*

❶ 滇北亚种 *bakeri*

（2）红翅薮鹛 *Liocichla ripponi*②

❶ 指名亚种 *ripponi*

❷ 滇东亚种 *wellsi*

② 由 *Liocichla phoenicea* 的亚种提升为种（Collar et al., 2007）。

◆郑光美（2023：318-319）记载以下两种：

（1）灰头薮鹛 *Liocichla phoenicea*

❶ 滇北亚种 *bakeri*

❷ 指名亚种 *phoenicea*

（2）红翅薮鹛 *Liocichla ripponi*

❶ 指名亚种 *ripponi*

❷ 滇东亚种 *wellsi*

〔1115〕**红翅薮鹛** *Liocichla ripponi*　　　　　　　　　　　　　　　　　　　　hóngchì sǒuméi

英文名： Scarlet-faced Liocichla

由 *Liocichla phoenicea* 的亚种提升为种，中文名沿用红翅薮鹛。请参考〔1114〕灰头薮鹛 *Liocichla phoenicea*。

〔1116〕**栗额斑翅鹛** *Actinodura egertoni*　　　　　　　　　　　　　　　　　　lì'é bānchìméi

曾用名： 栗眶斑翅鹛 *Actinodura egertoni*、锈额斑翅鹛 *Actinodura egertoni*

英文名： Rusty-fronted Barwing

◆郑作新（1958：227）记载栗额斑翅鹛 *Actinodura egertoni* 三亚种：

❶ 指名亚种 *egertoni*

❷ 云南亚种 *ripponi*

❸ 西南亚种 *yunnanensis*

◆郑作新（1964：144，270；1966：149）记载栗眶斑翅鹛 *Actinodura egertoni* 三亚种：

❶ 云南亚种 *ripponi*

❷ 指名亚种 *egertoni*

❸ 西南亚种 *yunnanensis*

◆郑作新（1994：129；2000：129；2002：224）记载锈额斑翅鹛 *Actinodura egertoni* 二亚种：

❶ 指名亚种 *egertoni*

XXVI. 雀形目 PASSERIFORMES

❷ 云南亚种 *ripponi*

◆ 郑作新（1976：665-666；1987：714）、郑光美（2005：273；2011：284；2017：304-305；2023：319）记载栗额斑翅鹛 *Actinodura egertoni* 二亚种：

❶ 指名亚种 *egertoni*

❷ 云南亚种 *ripponi*

〔1117〕**白眶斑翅鹛** *Actinodura ramsayi*　　　　　　　　　　　　　　　　　　　　báikuàng bānchìméi

英文名：Spectacled Barwing

◆ 郑作新（1966：148；2002：223）记载白眶斑翅鹛 *Actinodura ramsayi*[①]，但未述及亚种分化问题。

　　[①] 编者注：郑作新（1958：227）将 *Actinodura ramsayi yunnanensis* 列为栗额斑翅鹛 *Actinodura egertoni* 西南亚种 *yunnanensis* 的同物异名。

◆ 郑作新（1976：666；1987：714-715；1994：129；2000：129）、郑光美（2005：273；2011：284；2017：305；2023：319）记载白眶斑翅鹛 *Actinodura ramsayi* 一亚种：

❶ 云南亚种 *yunnanensis*[②]

　　[②] 编者注：郑作新（1976）称其为西南亚种。

〔1118〕**纹头斑翅鹛** *Actinodura nipalensis*　　　　　　　　　　　　　　　　　　　　wéntóu bānchìméi

曾用名：纹头斑翅鹛 *Sibia nipalensis*

英文名：Hoary-throated Barwing

◆ 郑作新（1958：227-228；1964：270）记载纹头斑翅鹛 *Actinodura nipalensis*[①] 三亚种：

❶ 指名亚种 *nipalensis*[②]

❷ 昌都亚种 *daflaensis*

❸ 云南亚种 *saturatior*

　　[①] 郑作新（1958：227）：*nipalensis*、*souliei* 及 *morrisoniana* 合成为一个超种。

　　[②] 郑作新（1958：228）：*nipalensis*、*souliei* 及 *morrisoniana* 合成为一个超种。

◆ 郑作新（1966：149）记载以下两种：

（1）纹头斑翅鹛 *Actinodura nipalensis*

❶ 指名亚种 *nipalensis*

❷ 昌都亚种 *daflaensis*

（2）纹喉斑翅鹛 *Actinodura waldeni*[③]

　　[③] 编者注：未述及亚种分化问题。

◆ 郑作新（1976：667-668；1987：715-716；1994：129；2000：129；2002：223，224）记载以下两种：

（1）纹头斑翅鹛 *Actinodura nipalensis*[④][⑤]

❶ 指名亚种 *nipalensis*

　　[④] 郑作新（1976）：*nipalensis*、*souliei* 及 *morrisoniana* 合成为一个超种。

　　[⑤] 编者注：郑作新（2002）未述及亚种分化问题。

（2）纹胸斑翅鹛 *Actinodura waldeni*

❶ 昌都亚种 *daflaensis*

❷ 云南亚种 *saturatior*

◆郑光美（2005：273-274；2011：284-285）记载以下两种：

（1）纹头斑翅鹛 *Actinodura nipalensis*

（2）纹胸斑翅鹛 *Actinodura waldeni*

❶ 昌都亚种 *daflaensis*

❷ 云南亚种 *saturatior*

◆郑光美（2017：305）记载以下两种：

（1）纹头斑翅鹛 *Sibia nipalensis*[⑥]

（2）纹胸斑翅鹛 *Sibia waldeni*[⑦]

❶ 昌都亚种 *daflaensis*

❷ 云南亚种 *saturatior*

⑥⑦ 由 *Actinodura* 属归入 *Sibia* 属（Dong et al., 2010b）。

◆郑光美（2023：319，320）记载以下两种：

（1）纹头斑翅鹛 *Actinodura nipalensis*[⑧]

（2）纹胸斑翅鹛 *Actinodura waldeni*[⑨]

❶ 昌都亚种 *daflaensis*

❷ 云南亚种 *saturatior*

⑧⑨ 由 *Sibia* 属移入 *Actinodura* 属（Cibois et al., 2018；Cai et al., 2019）。

〔1119〕**台湾斑翅鹛** *Actinodura morrisoniana*　　　　　　　　　táiwān bānchìméi

曾用名：栗头斑翅鹛 *Actinodura morrisoniana*、台湾斑翅鹛 *Actinodura morrisonian*、
台湾斑翅鹛 *Sibia morrisoniana*

英文名：Taiwan Barwing

◆郑作新（1958：229；1964：271；1976：669；1987：717）记载栗头斑翅鹛 *Actinodura morrisoniana*[①]为单型种。

① 郑作新（1958，1987）：*Actinodura nipalensis*、*Actinodura souliei* 及 *Actinodura morrisoniana* 合成为一个超种。

◆郑作新（1966：148）记载栗头斑翅鹛 *Actinodura morrisoniana*，但未述及亚种分化问题。

◆郑作新（2002：223）记载台湾斑翅鹛 *Actinodura morrisoniana*，亦未述及亚种分化问题。

◆郑光美（2017：306）记载台湾斑翅鹛 *Sibia morrisoniana*[②]为单型种。

② 由 *Actinodura* 属归入 *Sibia* 属（Dong et al., 2010b）。

◆郑作新（1994：130；2000：130）、郑光美（2005：274；2011：285；2023：320）记载台湾斑翅鹛 *Actinodura morrisoniana*[③④]为单型种。

③ 编者注：郑光美（2005）记载其种本名为 *morrisonian*。

④ 郑光美（2023）：由 *Sibia* 属移入 *Actinodura* 属（Cibois et al., 2018；Cai et al., 2019）。

〔1120〕**纹胸斑翅鹛** *Actinodura waldeni*　　　　　　　　　　　wénxiōng bānchìméi

曾用名：纹喉斑翅鹛 *Actinodura waldeni*、纹胸斑翅鹛 *Sibia waldeni*

英文名：Streak-throated Barwing

曾被视为 *Actinodura nipalensis* 的亚种，现列为独立种。请参考〔1118〕纹头斑翅鹛 *Actinodura nipalensis*。

〔1121〕**灰头斑翅鹛** *Actinodura souliei*　　　　　　　　　　　　　　　　　　　　　　　huītóu bānchìméi

曾用名： 灰头斑翅鹛 *Sibia souliei*

英文名： Streaked Barwing

◆ 郑作新（1958：228-229）记载灰头斑翅鹛 *Actinodura souliei*①一亚种：

　❶ 指名亚种 *souliei*

　① *nipalensis*、*souliei* 及 *morrisoniana* 合成为一个超种。

◆ 郑作新（1966：148）记载灰头斑翅鹛 *Actinodura souliei*，但未述及亚种分化问题。

◆ 郑光美（2017：305-306）记载灰头斑翅鹛 *Sibia souliei*②二亚种：

　❶ 指名亚种 *souliei*

　❷ 云南亚种 *griseinucha*

　② 由 *Actinodura* 属归入 *Sibia* 属（Dong et al.，2010b）。

◆ 郑作新（1964：270；1976：668；1987：716-717；1994：129-130；2000：129-130；2002：224）、郑光美（2005：274；2011：285；2023：320）记载灰头斑翅鹛 *Actinodura souliei*③④二亚种：

　❶ 指名亚种 *souliei*

　❷ 云南亚种 *griseinucha*

　③ 郑作新（1976）：*nipalensis*、*souliei* 及 *morrisoniana* 合成为一个超种。

　④ 郑光美（2023）：由 *Sibia* 属移入 *Actinodura* 属（Cibois et al.，2018；Cai et al.，2019）。

〔1122〕**蓝翅希鹛** *Actinodura cyanouroptera*　　　　　　　　　　　　　　　　　　　　lánchì xīméi

曾用名： 蓝翅希鹛 *Minla cyanouroptera*、蓝翅希鹛 *Minla cyanuroptera*、蓝翅希鹛 *Siva cyanouroptera*

英文名： Blue-winged Minla

◆ 郑作新（1966：149；2002：224）记载蓝翅希鹛 *Minla cyanouroptera*①，但未述及亚种分化问题。

　① 编者注：郑作新（1966）记载其种本名为 *cyanuroptera*。

◆ 郑作新（1958：231；1964：271；1976：669-670；1987：718；1994：130；2000：130）、郑光美（2005：274；2011：285）记载蓝翅希鹛 *Minla cyanouroptera*②一亚种：

　❶ 西南亚种 *wingatei*

　② 编者注：郑作新（1958，1964，1976）记载其种本名为 *cyanuroptera*。

◆ 郑光美（2017：302）记载蓝翅希鹛 *Siva cyanouroptera*③一亚种：

　❶ 西南亚种 *wingatei*

　③ 由 *Minla* 属归入 *Siva* 属（Dong et al.，2010b）。

◆ 郑光美（2023：320）记载蓝翅希鹛 *Actinodura cyanouroptera*④一亚种：

　❶ 西南亚种 *wingatei*

　④ 由 *Siva* 属移入 *Actinodura* 属（Cai et al.，2019）。

〔1123〕**斑喉希鹛** *Actinodura strigula*　　　　　　　　　　　　　　　　　　　　bānhóu xīméi

曾用名： 斑喉希鹛 *Minla strigula*、斑喉希鹛 *Chrysominla strigula*

英文名： Bar-throated Minla

◆ 郑作新（1964：145；1966：149）记载斑喉希鹛 *Minla strigula* 三亚种：

　❶ 指名亚种 *strigula*

　❷ 西南亚种 *yunnanensis*①

　❸ 缅泰亚种 *castanicauda*②

　① 郑作新（1964）：是否确立，尚属疑问。

　② 编者注：亚种中文名引自赵正阶（2001b：455）。

◆ 郑作新（1958：230-231；1964：271；1976：670；1987：719；1994：130；2000：130；2002：225）、郑光美（2005：274-275；2011：286）记载斑喉希鹛 *Minla strigula* 二亚种：

　❶ 指名亚种 *strigula*

　❷ 西南亚种 *yunnanensis*

◆ 郑光美（2017：303）记载斑喉希鹛 *Chrysominla strigula*③二亚种：

　❶ 指名亚种 *strigula*

　❷ 西南亚种 *yunnanensis*

　③ 由 *Minla* 属归入 *Chrysominla* 属（Dong et al., 2010b）。

◆ 郑光美（2023：321）记载斑喉希鹛 *Actinodura strigula*④二亚种：

　❶ 指名亚种 *strigula*

　❷ 西南亚种 *yunnanensis*

　④ 由 *Chrysominla* 属移入 *Actinodura* 属（Cai et al., 2019）。

〔1124〕**红嘴相思鸟** *Leiothrix lutea*　　　　　　　　　　　　　　　　　　　hóngzuǐ xiāngsīniǎo

英文名： Red-billed Leiothrix

◆ 郑作新（1958：221-222）记载红嘴相思鸟 *Leiothrix lutea* 三亚种：

　❶ 云南亚种 *yunnanensis*

　❷ 指名亚种 *lutea*

　❸ 广东亚种 *kwangtungensis*

◆ 郑作新（1964：143；1966：147）记载红嘴相思鸟 *Leiothrix lutea* 三亚种：

　❶ 云南亚种 *yunnanensis*

　❷ 指名亚种 *lutea*

　❸ 昌都亚种 *calipyga*

◆ 郑作新（1964：269-270；1976：657-658；1987：705-706；1994：128；2000：128；2002：221）、郑光美（2005：270-271；2011：281-282；2017：306-307；2023：321）记载红嘴相思鸟 *Leiothrix lutea*①四亚种：

　❶ 昌都亚种 *calipyga*

　❷ 云南亚种 *yunnanensis*

　❸ 广东亚种 *kwangtungensis*②

　❹ 指名亚种 *lutea*

① 郑作新（1987）：这种鸟的商品名称为"北京知更鸟"。事实上，它并非知更鸟，而且其分布主要局限于华南地区，从未北延至北京市；郑作新（1994，2000）：*Leiothrix astleyi* 是否确立，尚属疑问。暂被列为红嘴相思鸟 *Leiothrix lutea* 的同物异名。编者注：可参考赵正阶（2001b：437）。

② 编者注：郑作新（1964）在该亚种前冠以"?"号。

〔1125〕**银耳相思鸟** *Leiothrix argentauris*　　　　　　　　　　　　　　　　　　yín'ěr xiāngsīniǎo

英文名：Silver-eared Mesia

◆ 郑作新（1958：220-221）记载银耳相思鸟 *Leiothrix argentauris* 二亚种：
　❶ 指名亚种 *argentauris*
　❷ 西南亚种 *rubrogularis*

◆ 郑作新（1964：143，269；1966：147）记载银耳相思鸟 *Leiothrix argentauris* 三亚种：
　❶ 指名亚种 *argentauris*
　❷ 滇南亚种 *ricketti*
　❸ 西南亚种 *rubrogularis*

◆ 郑作新（1987：704-705；1994：127；2000：127；2002：220-221）记载银耳相思鸟 *Leiothrix argentauris* 四亚种：
　❶ 滇西亚种 *vernayi*
　❷ 指名亚种 *argentauris*
　❸ 滇南亚种 *ricketti*
　❹ 西南亚种 *rubrogularis*

◆ 郑作新（1976：656-657）、郑光美（2005：270；2011：281）记载银耳相思鸟 *Leiothrix argentauris* 三亚种：
　❶ 滇西亚种 *vernayi*
　❷ 滇南亚种 *ricketti*
　❸ 西南亚种 *rubrogularis*

◆ 郑光美（2017：306；2023：321-322）记载银耳相思鸟 *Leiothrix argentauris* 三亚种：
　❶ 缅泰亚种 *galbana*①
　❷ 指名亚种 *argentauris*
　❸ 滇南亚种 *ricketti*

① 编者注：亚种中文名引自赵正阶（2001b：436）。

〔1126〕**栗背奇鹛** *Leioptila annectens*　　　　　　　　　　　　　　　　　　　　lìbèi qíméi

曾用名：栗背奇鹛 *Heterophasia annectans*、栗背奇鹛 *Heterophasia annectens*

英文名：Rufous-backed Sibia

◆ 郑作新（1958：247-248；1964：273）记载栗背奇鹛 *Heterophasia annectans* 一亚种：
　❶ 指名亚种 *annectans*

◆ 郑作新（1966：152）记载栗背奇鹛 *Heterophasia annectans*，但未述及亚种分化问题。

◆ 郑作新（1976：684；1987：734；1994：132-133；2000：132；2002：229）记载栗背奇鹛 *Heterophasia annectens* 二亚种：

❶ 指名亚种 annectens

❷ 滇南亚种 mixta[①]

①编者注：中国鸟类亚种新记录（彭燕章等，1973）。

◆郑光美（2005：280；2011：291）记载栗背奇鹛 Heterophasia annectens 一亚种：

❶ 滇南亚种 mixta

◆郑光美（2017：307；2023：322）记载栗背奇鹛 Leioptila annectens[②] 二亚种：

❶ 指名亚种 annectens

❷ 滇南亚种 mixta

②郑光美（2017）：由 Heterophasia 属归入 Leioptila 属（Moyle et al.，2012）。

〔1127〕**长尾奇鹛** Heterophasia picaoides　　　　　　　　　　　　　　chángwěi qíméi

英文名：Long-tailed Sibia

◆郑作新（1964：273）记载长尾奇鹛 Heterophasia picaoides 一亚种：

❶ ? 云南亚种 cana

◆郑作新（1966：152；2002：229）记载长尾奇鹛 Heterophasia picaoides，但未述及亚种分化问题。

◆郑作新（1976：687；1987：737；1994：133；2000：133）、郑光美（2005：281；2011：293；2017：308；2023：322）记载长尾奇鹛 Heterophasia picaoides 一亚种：

❶ 云南亚种 cana

〔1128〕**白耳奇鹛** Heterophasia auricularis　　　　　　　　　　　　　　bái'ěr qíméi

英文名：White-eared Sibia

◆郑作新（1966：152；2002：229）记载白耳奇鹛 Heterophasia auricularis，但未述及亚种分化问题。

◆郑作新（1958：249；1964：273；1976：685；1987：736；1994：133；2000：133）、郑光美（2005：281；2011：292；2017：308；2023：322）记载白耳奇鹛 Heterophasia auricularis 为单型种。

〔1129〕**黑顶奇鹛** Heterophasia capistrata　　　　　　　　　　　　　　hèdǐng qíméi

曾用名：黑头奇鹛 Heterophasia capistrata

英文名：Rufous Sibia

◆郑作新（1958：248；1964：273）记载黑头奇鹛 Heterophasia capistrata 二亚种：

❶ 藏南亚种 bayleyi

❷ tecta 亚种[①]

①编者注：郑作新（1987：735）、郑作新等（1987：238）均将 Heterophasia capistrata tecta 列为鹊色奇鹛 Heterophasia melanoleuca 西南亚种 desgodinsi 的同物异名。

◆郑作新（1966：152）记载黑头奇鹛 Heterophasia capistrata，但未述及亚种分化问题。

◆郑作新（1976：685）记载黑头奇鹛 Heterophasia capistrata 一亚种：

❶ 藏南亚种 bayleyi

◆郑作新（1987：735；1994：133；2000：133；2002：230）、郑光美（2005：280-281；2011：292；2017：307；2023：322-323）记载黑顶奇鹛 Heterophasia capistrata[②] 二亚种：

❶ 珠峰亚种 *nigriceps*③

❷ 藏南亚种 *bayleyi*

② 编者注：郑作新（1987）记载其中文名为黑头奇鹛。

③ 编者注：中国鸟类亚种新记录（郑作新等，1980）。

〔1130〕**丽色奇鹛** *Heterophasia pulchella*　　　　　　　　　　　　　　　　　　　　lìsèqíméi

英文名：Beautiful Sibia

◆ 郑作新（1958：249-250；1964：273）记载丽色奇鹛 *Heterophasia pulchella* 一亚种：

　❶ 指名亚种 *pulchella*

◆ 郑作新（1966：152；2002：229）记载丽色奇鹛 *Heterophasia pulchella*，但未述及亚种分化问题。

◆ 郑作新（1976：687；1987：736；1994：133；2000：133）、郑光美（2005：281；2011：292；2017：308；2023：323）记载丽色奇鹛 *Heterophasia pulchella* 为单型种。

〔1131〕**灰奇鹛** *Heterophasia gracilis*　　　　　　　　　　　　　　　　　　　　huīqíméi

英文名：Grey Sibia

◆ 郑作新（1966：152；2002：229）记载灰奇鹛 *Heterophasia gracilis*，但未述及亚种分化问题。

◆ 郑作新（1958：248；1964：273；1976：685；1987：735；1994：133；2000：133）、郑光美（2005：281；2011：292；2017：307；2023：323）记载灰奇鹛 *Heterophasia gracilis* 为单型种。

〔1132〕**黑头奇鹛** *Heterophasia desgodinsi*　　　　　　　　　　　　　　　　　　hēitóu qíméi

曾用名：鹊色奇鹛 *Heterophasia melanoleuca*；

　　　　　黑头奇鹛 *Heterophasia melanoleuca*（杭馥兰等，1997：245；约翰·马敬能等，2000：426；赵正阶，2001b：477；段文科等，2017b：1016）

英文名：Dark-backed Sibia

◆ 郑作新（1958：249；1964：149，273；1966：152；1976：685；1987：735）记载鹊色奇鹛 *Heterophasia melanoleuca*①一亚种：

　❶ 西南亚种 *desgodinsi*

　① 郑作新（1964：149；1966）：仅指国内所见的 *Heterophasia melanoleuca desgodinsi* 亚种。

◆ 郑作新（1994：133；2000：133；2002：229）、郑光美（2005：281；2011：292）记载黑头奇鹛 *Heterophasia melanoleuca*②一亚种：

　❶ 西南亚种 *desgodinsi*

　② 郑作新（2002）：仅指国内所见的 *Heterophasia melanoleuca desgodinsi* 亚种。

◆ 郑光美（2017：308；2023：323）记载黑头奇鹛 *Heterophasia desgodinsi*③一亚种：

　❶ 指名亚种 *desgodinsi*

　③ 郑光美（2017）：由 *Heterophasia melanoleuca* 的亚种提升成种（Collar et al., 2007）。编者注：郑光美（2021：207）仍将 *Heterophasia melanoleuca* 命名为黑头奇鹛，中国有分布；将 *Heterophasia desgodinsi* 命名为黑耳奇鹛，中国无分布。

92. 旋木雀科 Certhiidae（Treecreepers） 1属7种

[1133] **欧亚旋木雀** *Certhia familiaris* ōuyà xuánmùquè

曾用名： 普通旋木雀 *Certhia familiaris*、旋木雀 *Certhia familiaris*

英文名： Eurasian Treecreeper

◆郑作新（1958：356-357；1964：174，287-288；1966：182；1976：850-851；1987：911-912；1994：159；2000：159；2002：276）记载旋木雀 *Certhia familiaris*① 五亚种：

① 北方亚种 *daurica*

② 东北亚种 *orientalis*

③ 新疆亚种 *tianschanica*

④ 甘肃亚种 *bianchii*

⑤ 西南亚种 *khamensis*

① 编者注：郑作新（1964，1966）记载其中文名为普通旋木雀。

◆郑光美（2005：332-333）记载以下两种：

（1）旋木雀 *Certhia familiaris*

① 北方亚种 *daurica*

② 东北亚种 *orientalis*

③ 甘肃亚种 *bianchii*

④ 新疆亚种 *tianschanica*

⑤ 西南亚种 *khamensis*

（2）四川旋木雀 *Certhia tianquanensis*②

② 由旋木雀 *Certhia familiaris* 的 *tianquanensis* 亚种提升出的种（Martens et al., 2002）。编者注：可参考李桂垣（1995），亦可参阅赵正阶（2001b：737）。

◆郑光美（2011：346）记载以下两种：

（1）欧亚旋木雀 *Certhia familiaris*

① 北方亚种 *daurica*

② 甘肃亚种 *bianchii*

③ 新疆亚种 *tianschanica*

④ 西南亚种 *khamensis*③

③ Tietze 等（2006）将此亚种归入霍氏旋木雀 *Certhia hodgsoni*。

（2）四川旋木雀 *Certhia tianquanensis*

◆郑光美（2017：308-309，310；2023：323-324，325）记载以下三种：

（1）欧亚旋木雀 *Certhia familiaris*

① 北方亚种 *daurica*

② 甘肃亚种 *bianchii*

③ 新疆亚种 *tianschanica*

（2）霍氏旋木雀 *Certhia hodgsoni*④

① 西南亚种 *khamensis*

④ 郑光美（2017）：由 *Certhia familiaris* 的亚种提升为种（Tietze et al., 2006）。

（3）四川旋木雀 *Certhia tianquanensis*

〔1134〕**霍氏旋木雀** *Certhia hodgsoni* huòshì xuánmùquè

英文名：Hodgson's Treecreeper

由 *Certhia familiaris* 的亚种提升为种。请参考〔1133〕欧亚旋木雀 *Certhia familiaris*。

〔1135〕**高山旋木雀** *Certhia himalayana* gāoshān xuánmùquè

英文名：Bar-tailed Treecreeper

◆ 郑作新（1966：181；2002：276）记载高山旋木雀 *Certhia himalayana*，但未述及亚种分化问题。

◆ 郑作新（1958：357；1964：288；1976：851；1987：913；1994：159；2000：159-160）、郑光美（2005：333；2011：346）记载高山旋木雀 *Certhia himalayana* 一亚种：

❶ 西南亚种 *yunnanensis*

◆ 郑光美（2017：309；2023：324）记载高山旋木雀 *Certhia himalayana* 二亚种：

❶ 西南亚种 *yunnanensis*

❷ 新疆亚种 *taeniura*①

① 编者注：亚种中文名引自段文科和张正旺（2017b：1177）。

〔1136〕**锈红腹旋木雀** *Certhia nipalensis* xiùhóngfù xuánmùquè

曾用名：红腹旋木雀 *Certhia nipalensis*

英文名：Rusty-flanked Treecreeper

◆ 郑作新（1966：182；2002：276）记载锈红腹旋木雀 *Certhia nipalensis*，但未述及亚种分化问题。

◆ 郑作新（1964：288；1976：852；1987：914；1994：160；2000：160）、郑光美（2005：333；2011：347；2017：309；2023：324）记载锈红腹旋木雀 *Certhia nipalensis*① 为单型种。

① 编者注：郑光美（2005，2011，2017）记载其中文名为红腹旋木雀。

〔1137〕**褐喉旋木雀** *Certhia discolor* hèhóu xuánmùquè

英文名：Sikkim Treecreeper

◆ 郑作新（1958：358；1964：288；1976：852）记载褐喉旋木雀 *Certhia discolor* 一亚种：

❶ 滇西亚种 *shanensis*

◆ 郑作新（1966：182；2002：276）记载褐喉旋木雀 *Certhia discolor*，但未述及亚种分化问题。

◆ 郑作新（1987：913-914；1994：159-160；2000：160）、郑光美（2005：333；2011：347）记载褐喉旋木雀 *Certhia discolor* 二亚种：

❶ 指名亚种 *discolor*①

❷ 滇西亚种 *shanensis*②

① 编者注：中国鸟类亚种新记录（李德浩等，1979）。

② 郑光美（2011）：Tietze 等（2006）将此亚种归入休氏旋木雀 *Certhia manipurensis*。

◆ 郑光美（2017：309-310；2023：324-325）记载以下两种：

（1）褐喉旋木雀 *Certhia discolor*

（2）休氏旋木雀 *Certhia manipurensis*③

❶ 滇西亚种 *shanensis*

③ 郑光美（2017）：由 *Certhia discolor* 的亚种提升为种（Tietze et al.，2006）。

〔1138〕**休氏旋木雀** *Certhia manipurensis*   xiūshì xuánmùquè

英文名：Hume's Treecreeper

由 *Certhia discolor* 的亚种提升为种。请参考〔1137〕褐喉旋木雀 *Certhia discolor*。

〔1139〕**四川旋木雀** *Certhia tianquanensis*   sìchuān xuánmùquè

英文名：Sichuan Treecreeper

由 *Certhia familiaris* 的 *tianquanensis* 亚种提升出的种。请参考〔1133〕欧亚旋木雀 *Certhia familiaris*。

93. 鸭科 Sittidae（Nuthatches） 2 属 12 种

〔1140〕**普通䴓** *Sitta europaea*   pǔtōngshī

英文名：Eurasian Nuthatch

◆郑作新（1958：352-354；1964：173，287；1966：181；1976：845-847；1987：907-909；1994：158-159；2000：159；2002：275）记载普通䴓 *Sitta europaea* 五亚种：

❶ 新疆亚种 *seorsa*

❷ 东北亚种 *asiatica*

❸ 黑龙江亚种 *amurensis*①

❹ 华东亚种 *sinensis*②

❺ 西南亚种 *montium*③

① 郑作新（1958，1976）：*Sitta europaea kleinschmidti* 采自河北东北部东陵、平泉一带，是 *amurensis* 与 *sinensis* 的杂交型。

①② 郑作新（1964：287）：*Sitta europaea kleinschmidti* 认为是 *Sitta europaea amurensis* 与 *Sitta europaea sinensis* 的杂交类型。

③ 郑作新（1976）：Paynter 等（1967）把它认为是 *Sitta nagaensis nagaensis* 的同物异名；郑作新（1987）：Paynter 等（1967）认为 *Sitta montium* 是 *Sitta nagaensis nagaensis* 的同物异名。他认为栗臀䴓 *Sitta nagaensis* 可能与普通䴓 *Sitta europaea* 是同一种。编者注：亦可参考李桂垣等（1982：82）。

◆郑光美（2005：329-330；2011：343）记载以下两种：

（1）普通䴓 *Sitta europaea*

❶ 新疆亚种 *seorsa*

❷ 东北亚种 *asiatica*

❸ 黑龙江亚种 *amurensis*

❹ 华东亚种 *sinensis*

（2）栗臀䴓 *Sitta nagaensis*

❶ 指名亚种 *nagaensis*

❷ 西南亚种 *montium*

◆郑光美（2017：310；2023：325-326）记载以下两种：

(1) 普通䴓 *Sitta europaea*

❶ 新疆亚种 *seorsa*

❷ 东北亚种 *asiatica*

❸ 黑龙江亚种 *amurensis*

❹ 华东亚种 *sinensis*

❺ 台湾亚种 *formosana*④

④ 编者注：郑作新（1958，1976，1987）将其列为华东亚种 *sinensis* 的同物异名。

（2）栗臀䴓 *Sitta nagaensis*

❶ 指名亚种 *nagaensis*

❷ 西南亚种 *montium*

〔1141〕**栗臀䴓** *Sitta nagaensis*   lìtúnshī

曾用名： 栗肛䴓 *Sitta nagaensis*（赵正阶，2001b：733）

英文名： Chestnut-vented Nuthatch

曾被视为普通䴓 *Sitta europaea* 的亚种，现列为独立种。请参考〔1140〕普通䴓 *Sitta europaea*。

〔1142〕**栗腹䴓** *Sitta cinnamoventris*   lìfùshī

曾用名： 栗腹䴓 *Sitta castanea*

英文名： Chestnut-bellied Nuthatch

◆郑作新（1958：354；1964：287）记载栗腹䴓 *Sitta castanea*①一亚种：

❶ *cinnamomeoventris* 亚种

① 编者注：中国鸟类新记录（郑作新，1958）。

◆郑作新（1966：181）记载栗腹䴓 *Sitta castanea*，但未述及亚种分化问题。

◆郑作新（1976：847-848；1987：909；1994：159；2000：159；2002：275-276）记载栗腹䴓 *Sitta castanea* 二亚种：

❶ 滇西亚种 *cinnamoventris*

❷ 滇南亚种 *tonkinensis*②

② 编者注：中国鸟类亚种新记录（冼耀华等，1973）。

◆郑光美（2005：329；2011：342）记载栗腹䴓 *Sitta castanea* 一亚种：

❶ 滇南亚种 *tonkinensis*

◆郑光美（2017：311）记载栗腹䴓 *Sitta castanea* 三亚种：

❶ *neglecta* 亚种

❷ 滇南亚种 *tonkinensis*

❸ 滇西亚种 *cinnamoventris*

◆ 郑光美（2023：326）记载栗腹䴓 *Sitta cinnamoventris*③三亚种：

❶ *neglecta* 亚种

❷ 滇南亚种 *tonkinensis*

❸ 指名亚种 *cinnamoventris*

③ 编者注：据郑光美（2021：207），*Sitta castanea* 被命名为印度䴓，在中国有分布，但郑光美（2023）未予收录。

〔1143〕**白尾䴓** *Sitta himalayensis*　　　　　　　　　　　　　　　　　　　　　　　báiwěishī

英文名： White-tailed Nuthatch

◆ 郑作新（1958：352；1964：287；1976：845；1987：905-907；1994：158；2000：158-159）记载白尾䴓 *Sitta himalayensis* 一亚种：

❶ 指名亚种 *himalayensis*

◆ 郑作新（1966：181；2002：274）记载白尾䴓 *Sitta himalayensis*，但未述及亚种分化问题。

◆ 郑光美（2005：330；2011：344；2017：312；2023：326）记载白尾䴓 *Sitta himalayensis* 为单型种。

〔1144〕**滇䴓** *Sitta yunnanensis*　　　　　　　　　　　　　　　　　　　　　　　　　diānshī

英文名： Yunnan Nuthatch

◆ 郑作新（1966：181；2002：275）记载滇䴓 *Sitta yunnanensis*，但未述及亚种分化问题。

◆ 郑作新（1958：352；1964：287；1976：843；1987：905；1994：158；2000：158）、郑光美（2005：330；2011：344；2017：312；2023：327）记载滇䴓 *Sitta yunnanensis* 为单型种。

〔1145〕**黑头䴓** *Sitta villosa*　　　　　　　　　　　　　　　　　　　　　　　　　hēitóushī

英文名： Chinese Nuthatch

◆ 郑作新（1958：351-352；1964：174，287；1966：181；1976：843；1987：904；1994：158；2000：158；2002：275）、郑光美（2005：330；2011：344；2017：312；2023：327）均记载黑头䴓 *Sitta villosa* 二亚种：

❶ 指名亚种 *villosa*

❷ 甘肃亚种 *bangsi*

〔1146〕**白脸䴓** *Sitta przewalskii*　　　　　　　　　　　　　　　　　　　　　　báiliǎnshī

曾用名： 白脸䴓 *Sitta leucopsis*

英文名： Przevalski's Nuthatch

◆ 郑作新（1966：181；2002：275）记载白脸䴓 *Sitta leucopsis*，但未述及亚种分化问题。

◆ 郑作新（1958：350；1964：286；1976：841；1987：901；1994：158；2000：158）、郑光美（2005：331；2011：344；2017：312）记载白脸䴓 *Sitta leucopsis* 一亚种：

❶ 西南亚种 *przewalskii*

◆ 郑光美（2023：327）记载白脸䴓 *Sitta przewalskii*①一亚种：

❶ 指名亚种 *przewalskii*

① 编者注：据郑光美（2021：208），*Sitta leucopsis* 被命名为喜山䴓，在中国有分布，但郑光美（2023）

未予收录。

[1147] **绒额䴓** *Sitta frontalis*   róng'éshī

英文名： Velvet-fronted Nuthatch

◆ 郑作新（1958：350）记载绒额䴓 *Sitta frontalis* 一亚种：
   ❶ *corallina* 亚种[①]
   [①] 编者注：郑作新（1964，1976，1987）将其列为指名亚种 *frontalis* 的同物异名。

◆ 郑作新（1964：287）记载绒额䴓 *Sitta frontalis* 一亚种：
   ❶ 指名亚种 *frontalis*

◆ 郑作新（1966：181；1976：841-842；1987：902）记载绒额䴓 *Sitta frontalis* 二亚种：
   ❶ 指名亚种 *frontalis*
   ❷ 海南亚种 *chienfengensis*

◆ 郑作新（2002：275）记载绒额䴓 *Sitta frontalis*，但未述及亚种分化问题。

◆ 郑作新（1994：158；2000：158）、郑光美（2005：331；2011：344-345；2017：312-313；2023：327）记载以下两种：
   （1）绒额䴓 *Sitta frontalis*
   ❶ 指名亚种 *frontalis*
   （2）淡紫䴓 *Sitta solangiae*[②]
   ❶ 海南亚种 *chienfengensis*

   [②] 编者注：据赵正阶（2001b：721），Mees（1986）和 Harrap（1991）认为海南亚种 *chienfengensis* 与绒额䴓 *Sitta frontalis* 的关系，实际上没有与分布于越南的黄嘴䴓 *Sitta solangiae*（郑光美，2002：187，以及郑光美，2021：208记载其中文名皆为淡紫䴓）关系密切，主张将它归入黄嘴䴓 *Sitta solangiae* 中，Inskipp 等（1996）支持这一观点，郑作新（1994）在其《中国鸟类种和亚种分类名录大全》一书中，亦接受了这一意见，将海南亚种 *chienfengensis* 归入了黄嘴䴓 *Sitta solangiae* 而不列入绒额䴓 *Sitta frontalis*。

[1148] **淡紫䴓** *Sitta solangiae*   dànzǐshī

曾用名： 黄嘴䴓、淡嘴䴓 *Sitta solangiae*（赵正阶，2001b：722）

英文名： Yellow-billed Nuthatch

曾被视为绒额䴓 *Sitta frontalis* 的亚种，现归入淡紫䴓 *Sitta solangiae*。请参考 [1147] 绒额䴓 *Sitta frontalis*。

[1149] **巨䴓** *Sitta magna*   jùshī

英文名： Giant Nuthatch

◆ 郑作新（1966：181；2002：274）记载巨䴓 *Sitta magna*，但未述及亚种分化问题。

◆ 郑作新（1958：351；1964：287；1976：842；1987：903；1994：158；2000：158）、郑光美（2005：331；2011：345；2017：313；2023：328）记载巨䴓 *Sitta magna* 一亚种：
   ❶ 西南亚种 *ligea*

〔1150〕**丽䴓** *Sitta formosa*　　　　　　　　　　　　　　　　　　　　　　　　　　lìshī

英文名： Beautiful Nuthatch

◆ 郑作新（2002：274）记载丽䴓 *Sitta formosa*，但未述及亚种分化问题。

◆ 郑作新（1976：842；1987：903；1994：158；2000：158）、郑光美（2005：331；2011：345；2017：313；2023：328）记载丽䴓 *Sitta formosa*[1]为单型种。

　　[1] 编者注：中国鸟类新记录（彭燕章等，1974）。

〔1151〕**红翅旋壁雀** *Tichodroma muraria*　　　　　　　　　　　　　　　　　hóngchì xuánbìquè

英文名： Wallcreeper

◆ 郑作新（1966：180；2002：274）记载旋壁雀属 *Tichodroma* 为单型属。

◆ 郑作新（1958：355；1964：287；1976：848-849；1987：910；1994：159；2000：159）、郑光美（2005：332；2011：345；2017：313；2023：328）记载红翅旋壁雀 *Tichodroma muraria* 一亚种：

　　❶ 普通亚种 *nepalensis*

94. 鹪鹩科 Troglodytidae（Wrens）　1属1种

〔1152〕**鹪鹩** *Troglodytes troglodytes*　　　　　　　　　　　　　　　　　　　　jiāoliáo

英文名： Eurasian Wren

◆ 郑作新（1964：118；1966：123）记载鹪鹩 *Troglodytes troglodytes* 五亚种：

　　❶ 天山亚种 *tianschanicus*

　　❷ 西藏亚种 *nipalensis*[1]

　　❸ 四川亚种 *szetschuanus*

　　❹ 东北亚种 *dauricus*

　　❺ 普通亚种 *idius*

　　[1] 郑作新（1964，1966）：*Troglodytes troglodytes talifuensis* 是否确立，尚属疑问。

◆ 郑作新（1958：112-114；1964：254；1976：523-525；1987：561-563；1994：105-106；2000：105-106；2002：181-182）、郑光美（2005：209-210；2011：217-218；2017：314；2023：328-329）记载鹪鹩 *Troglodytes troglodytes* 七亚种：

　　❶ 天山亚种 *tianschanicus*

　　❷ 西藏亚种 *nipalensis*

　　❸ 四川亚种 *szetschuanus*

　　❹ 云南亚种 *talifuensis*[2]

　　❺ 东北亚种 *dauricus*

　　❻ 普通亚种 *idius*

　　❼ 台湾亚种 *taivanus*

　　[2] 郑作新（1976，1987）：是否确立，尚属疑问。

95. 河乌科 Cinclidae（Dippers） 1属2种

〔1153〕**河乌** *Cinclus cinclus*   héwū

曾用名：[普通]河乌 *Cinclus cinclus*（郑作新等，2002：50）

英文名：White-throated Dipper

◆郑作新（1958：110-111；1964：117，254；1966：123；1976：520-521；1987：558-559；1994：105；2000：105；2002：181）、郑光美（2005：208；2011：216；2017：315；2023：329-330）均记载河乌 *Cinclus cinclus* 三亚种：

❶ 新疆亚种 *leucogaster*
❷ 青藏亚种 *przewalskii*
❸ 西藏亚种 *cashmeriensis*

〔1154〕**褐河乌** *Cinclus pallasii*   hèhéwū

英文名：Brown Dipper

◆郑作新（1958：111-112；1964：117，254；1966：123；1976：521-522；1987：560；1994：105；2000：105；2002：181）记载褐河乌 *Cinclus pallasii* 二亚种：

❶ 中亚亚种 *tenuirostris*
❷ 指名亚种 *pallasii*

◆郑光美（2005：208-209；2011：216-217；2017：315；2023：330）记载褐河乌 *Cinclus pallasii* 三亚种：

❶ 中亚亚种 *tenuirostris*
❷ 滇西亚种 *dorjei*[①]
❸ 指名亚种 *pallasii*

① 编者注：亚种中文名引自段文科和张正旺（2017b：794），赵正阶（2001b：222）称之为缅泰亚种。中国鸟类亚种新记录（彭燕章等，1979）。

96. 椋鸟科 Sturnidae（Starlings） 11属22种

〔1155〕**亚洲辉椋鸟** *Aplonis panayensis*   yàzhōu huīliángniǎo

英文名：Asian Glossy Starling

◆郑光美（2011：201；2017：315；2023：330）记载亚洲辉椋鸟 *Aplonis panayensis*[①]为单型种。

① 郑光美（2011）：中国鸟类新记录，逃逸个体已在野外建立稳定种群，见刘小如等（2010）。

〔1156〕**斑翅椋鸟** *Saroglossa spilopterus*   bānchì liángniǎo

曾用名：斑翅椋鸟 *Saroglossa spiloptera*

英文名：Spot-winged Starling

◆郑光美（2011：203；2017：316；2023：330）记载斑翅椋鸟 *Saroglossa spilopterus*[①②]为单型种。

① 郑光美（2011）：中国鸟类新记录，见《中国观鸟年报》（2004）。
② 编者注：郑光美（2011，2017）记载其种本名为 *spiloptera*。

〔1157〕**金冠树八哥** *Ampeliceps coronatus*　　　　　　　　　　　　　　　　　　　　jīnguān shùbāgē

英文名：Golden-crested Myna

◆ 郑作新（1966：116；2002：170）记载树八哥属 *Ampeliceps* 为单型属。

◆ 郑作新（1964：250；1976：491；1987：527；1994：100；2000：100）、郑光美（2005：194；2011：201；2017：316；2023：330）记载金冠树八哥 *Ampeliceps coronatus* 为单型种。

〔1158〕**鹩哥** *Gracula religiosa*　　　　　　　　　　　　　　　　　　　　　　　　　liáogē

英文名：Common Hill Myna

◆ 郑作新（1966：116；2002：170）记载鹩哥属 *Gracula* 为单型属。

◆ 郑作新（1958：87；1964：250；1976：491；1987：528；1994：100；2000：100）、郑光美（2005：194；2011：201；2017：316；2023：331）记载鹩哥 *Gracula religiosa* 一亚种：

　❶ 华南亚种 *intermedia*

〔1159〕**林八哥** *Acridotheres grandis*　　　　　　　　　　　　　　　　　　　　　　línbāgē

曾用名：林八哥 *Acridotheres fuscus*；林八哥、白臀八哥 *Acridotheres cinereus*（约翰·马敬能等，2000：316）

英文名：Great Myna

◆ 郑作新（1958：86）记载林八哥 *Acridotheres fuscus* 一亚种：

　❶ *Acridotheres*（？ *fuscus*）*grandis*

◆ 郑作新（1966：117）记载林八哥 *Acridotheres fuscus*，但未述及亚种分化问题。

◆ 郑作新（1964：250；1976：490；1987：526）记载林八哥 *Acridotheres*（？ *fuscus*）*grandis* 为单型种。

◆ 郑作新（2002：172）记载林八哥 *Acridotheres grandis*，亦未述及亚种分化问题。

◆ 郑作新（1994：100；2000：100）、郑光美（2005：194；2011：202；2017：316；2023：331）记载林八哥 *Acridotheres grandis*①②③为单型种。

　① 郑光美（2011）：台湾有小规模的逃逸种群，见刘小如等（2010）。

　② 编者注：据郑光美（2002：209；2021：213），*Acridotheres fuscus* 被命名为丛林八哥，中国无分布。

　③ 编者注：据赵正阶（2001b：178），Inskipp（1998）将本种作为 *Acridotheres cinereus* 的亚种。另据郑光美（2002：209；2021：213），*Acridotheres cinereus* 被命名为淡腹八哥，中国无分布。

〔1160〕**八哥** *Acridotheres cristatellus*　　　　　　　　　　　　　　　　　　　　　bāgē

曾用名：[普通]八哥 *Acridotheres cristatellus*

英文名：Crested Myna

◆ 郑作新（1964：250）记载[普通]八哥 *Acridotheres cristatellus* 三亚种：

　❶ 指名亚种 *cristatellus*

　❷ 台湾亚种 *formosanus*

　❸ 海南亚种 *brevipennis*

◆ 郑作新（1966：117）记载[普通]八哥 *Acridotheres cristatellus*，但未述及亚种分化问题。

◆ 郑作新（1958：85-86；1976：488-490；1987：525-526；1994：100；2000：100；2002：172）、郑光

美（2005：194-195；2011：202；2017：316-317；2023：331）记载八哥 Acridotheres cristatellus 三亚种：

❶ 指名亚种 cristatellus

❷ 海南亚种 brevipennis

❸ 台湾亚种 formosanus

〔1161〕**爪哇八哥** Acridotheres javanicus　　　　　　　　　　　　　　　　　zhǎowā bāgē

英文名：Javan Myna

◆ 郑光美（2011：202；2017：317；2023：332）记载爪哇八哥 Acridotheres javanicus ①② 为单型种。

　① 郑光美（2011）：中国鸟类新记录，见刘小如等（2010）。

　② 郑光美（2023）：外来物种。

〔1162〕**白领八哥** Acridotheres albocinctus　　　　　　　　　　　　　　　　bǎilǐng bāgē

英文名：Collared Myna

◆ 郑作新（1966：117；2002：172）记载白领八哥 Acridotheres albocinctus，但未述及亚种分化问题。

◆ 郑作新（1958：86；1964：250；1976：490；1987：526；1994：100；2000：100）、郑光美（2005：195；2011：202；2017：317；2023：332）记载白领八哥 Acridotheres albocinctus 为单型种。

〔1163〕**家八哥** Acridotheres tristis　　　　　　　　　　　　　　　　　　　jiābāgē

英文名：Common Myna

◆ 郑作新（1966：117；2002：172）记载家八哥 Acridotheres tristis，但未述及亚种分化问题。

◆ 郑作新（1958：85；1964：250；1976：488；1987：524；1994：100；2000：99-100）、郑光美（2005：195；2011：203；2017：317；2023：332）记载家八哥 Acridotheres tristis 一亚种：

❶ 指名亚种 tristis

〔1164〕**红嘴椋鸟** Acridotheres burmannicus　　　　　　　　　　　　　　　hóngzuǐ liángniǎo

曾用名：红嘴椋鸟 Sturnus burmannicus

英文名：Vinous-breasted Starling

◆ 郑作新（1987：523；1994：99；2000：99）记载红嘴椋鸟 Sturnus burmannicus ①② 一亚种：

❶ 指名亚种 burmannicus

　① 编者注：中国鸟类新记录（匡邦郁等，1980）。

　② 编者注：郑作新（1987）记载其属名为 Sturnua，但在记载亚种分化时仍为 Sturnus。

◆ 郑作新（2002：171）记载红嘴椋鸟 Sturnus burmannicus，但未述及亚种分化问题。

◆ 郑光美（2005：195；2011：203；2017：317；2023：332）记载红嘴椋鸟 Acridotheres burmannicus 一亚种：

❶ 指名亚种 burmannicus

〔1165〕**丝光椋鸟** Spodiopsar sericeus　　　　　　　　　　　　　　　　　sīguāng liángniǎo

曾用名：丝光椋鸟 Sturnus sericeus

英文名：Red-billed Starling

◆郑作新（1966：117；2002：171）记载丝光椋鸟 *Sturnus sericeus*，但未述及亚种分化问题。

◆郑作新（1958：83；1964：250；1976：485；1987：521；1994：99；2000：99）、郑光美（2005：197；2011：205）记载丝光椋鸟 *Sturnus sericeus* 为单型种。

◆郑光美（2017：317；2023：332）记载丝光椋鸟 *Spodiopsar sericeus*[①]为单型种。

　　① 郑光美（2017）：由 *Sturnus* 属归入 *Spodiopsar* 属（Lovette et al.，2008；Zuccon et al.，2008）。

〔1166〕**灰椋鸟** *Spodiopsar cineraceus*　　　　　　　　　　　　　　　　　　huīliángniǎo

曾用名： 灰椋鸟 *Sturnus cineraceus*

英文名： White-cheeked Starling

◆郑作新（1966：117；2002：171）记载灰椋鸟 *Sturnus cineraceus*，但未述及亚种分化问题。

◆郑作新（1958：83-84；1964：250；1976：486；1987：521-522；1994：99；2000：99）、郑光美（2005：197；2011：205）记载灰椋鸟 *Sturnus cineraceus* 为单型种。

◆郑光美（2017：318；2023：333）记载灰椋鸟 *Spodiopsar cineraceus*[①]为单型种。

　　① 郑光美（2017）：由 *Sturnus* 属归入 *Spodiopsar* 属（Lovette et al.，2008；Zuccon et al.，2008）。

〔1167〕**黑领椋鸟** *Gracupica nigricollis*　　　　　　　　　　　　　　　　　　hēilǐng liángniǎo

曾用名： 黑领椋鸟 *Sturnus nigricollis*

英文名： Black-collared Starling

◆郑作新（1966：117；2002：171）记载黑领椋鸟 *Sturnus nigricollis*，但未述及亚种分化问题。

◆郑作新（1958：84；1964：250；1976：486；1987：522；1994：99；2000：99）记载黑领椋鸟 *Sturnus nigricollis* 为单型种。

◆郑光美（2005：195；2011：203；2017：318；2023：333）记载黑领椋鸟 *Gracupica nigricollis* 为单型种。

〔1168〕**斑椋鸟** *Gracupica contra*　　　　　　　　　　　　　　　　　　　　bānliángniǎo

曾用名： 斑椋鸟 *Sturnus contra*

英文名： Indian Pied Myna

◆郑作新（1958：84-85；1964：250）记载斑椋鸟 *Sturnus contra* 一亚种：

　　❶ 滇南亚种 *floweri*

◆郑作新（1966：117；1976：488；1987：523-524；1994：99；2000：99；2002：172）记载斑椋鸟 *Sturnus contra* 二亚种：

　　❶ 滇西亚种 *superciliaris*[①]

　　❷ 滇南亚种 *floweri*

　　① 编者注：中国鸟类亚种新记录（潘清华等，1964）。

◆郑光美（2005：196；2011：203-204；2017：318）记载斑椋鸟 *Gracupica contra* 二亚种：

　　❶ 滇西亚种 *superciliaris*

　　❷ 滇南亚种 *floweri*

◆郑光美（2023：333）记载以下两种：

XXVI. 雀形目 PASSERIFORMES

（1）斑椋鸟 *Gracupica contra*

❶ 滇西亚种 *superciliaris*

（2）暹罗斑椋鸟 *Gracupica floweri*①

① 由 *Gracupica contra* 的亚种提升为种（Baveja et al., 2021）。

〔1169〕**暹罗斑椋鸟** *Gracupica floweri*　　　　　　　　　　　　　xiānluó bānliángniǎo

英文名： Siamese Pied Myna

　　由 *Gracupica contra* 的亚种提升为种。请参考〔1168〕斑椋鸟 *Gracupica contra*。

〔1170〕**北椋鸟** *Agropsar sturninus*　　　　　　　　　　　　　　　běiliángniǎo

曾用名： 北椋鸟 *Sturnus sturninus*、北椋鸟 *Sturnia sturnina*

英文名： Daurian Starling

◆郑作新（1966：117；2002：171）记载北椋鸟 *Sturnus sturninus*，但未述及亚种分化问题。

◆郑作新（1958：81；1964：250；1976：482；1987：518；1994：99；2000：99）记载北椋鸟 *Sturnus sturninus* 为单型种。

◆郑光美（2005：196；2011：204）记载北椋鸟 *Sturnia sturnina* 为单型种。

◆郑光美（2017：318-319；2023：333）记载北椋鸟 *Agropsar sturninus*①为单型种。

　　① 郑光美（2017）：由 *Sturnus* 属归入 *Agropsar* 属（Lovette et al., 2008；Zuccon et al., 2008）。

〔1171〕**紫背椋鸟** *Agropsar philippensis*　　　　　　　　　　　　　zǐbèi liángniǎo

曾用名： 紫背椋鸟 *Sturnus philippensis*、紫背椋鸟 *Sturnia philippensis*

英文名： Chestnut-cheeked Starling

◆郑作新（1966：117；2002：171）记载紫背椋鸟 *Sturnus philippensis*，但未述及亚种分化问题。

◆郑作新（1958：81；1964：250；1976：482；1987：517-518；1994：99；2000：99）记载紫背椋鸟 *Sturnus philippensis* 为单型种。

◆郑光美（2005：196；2011：204）记载紫背椋鸟 *Sturnia philippensis* 为单型种。

◆郑光美（2017：319；2023：334）记载紫背椋鸟 *Agropsar philippensis*①为单型种。

　　① 郑光美（2017）：由 *Sturnus* 属归入 *Agropsar* 属（Lovette et al., 2008；Zuccon et al., 2008）。

〔1172〕**灰背椋鸟** *Sturnia sinensis*　　　　　　　　　　　　　　　huībèi liángniǎo

曾用名： 灰背椋鸟 *Sturnus sinensis*

英文名： White-shouldered Starling

◆郑作新（1966：117；2002：171）记载灰背椋鸟 *Sturnus sinensis*，但未述及亚种分化问题。

◆郑作新（1958：81；1964：250；1976：481-482；1987：517；1994：99；2000：99）记载灰背椋鸟 *Sturnus sinensis* 为单型种。

◆郑光美（2005：196；2011：204；2017：319；2023：334）记载灰背椋鸟 *Sturnia sinensis*①为单型种。

　　① 郑光美（2017）：由 *Sturnus* 属归入 *Sturnia* 属（Lovette et al., 2008；Zuccon et al., 2008）。

〔1173〕**灰头椋鸟** *Sturnia malabarica*　　　　　　　　　　　　　　　　huītóu liángniǎo
曾用名： 灰头椋鸟 *Sturnus malabaricus*
英文名： Chestnut-tailed Starling
◆ 郑作新（1958：80；1964：249-250；1976：481；1987：516；1994：98）记载灰头椋鸟 *Sturnus malabaricus* 一亚种：
　❶ 西南亚种 *nemoricolus*
◆ 郑作新（1966：117）记载灰头椋鸟 *Sturnus malabaricus*，但未述及亚种分化问题。
◆ 郑作新（2000：98；2002：171）记载灰头椋鸟 *Sturnus malabaricus* 二亚种：
　❶ 西南亚种 *nemoricolus*
　❷ 指名亚种 *malabaricus*
◆ 郑光美（2005：196；2011：204；2017：319；2023：334）记载灰头椋鸟 *Sturnia malabarica*[①]二亚种：
　❶ 指名亚种 *malabarica*
　❷ 西南亚种 *nemoricola*[②]
　　[①] 郑光美（2017）：由 *Sturnus* 属归入 *Sturnia* 属（Lovette et al.，2008；Zuccon et al.，2008）。
　　[②] 编者注：郑光美（2005，2011）记载该亚种为 *nemoricolus*。

〔1174〕**黑冠椋鸟** *Sturnia pagodarum*　　　　　　　　　　　　　　　　hēiguān liángniǎo
曾用名： 黑冠椋鸟 *Sturnus pagodarum*、黑冠椋鸟 *Temenuchus pagodarum*
英文名： Brahminy Starling
◆ 郑作新（1987：520；1994：99；2000：99）记载黑冠椋鸟 *Sturnus pagodarum*[①]为单型种。
　　[①] 编者注：中国鸟类新记录（匡邦郁等，1980）。
◆ 郑作新（2002：171）记载黑冠椋鸟 *Sturnus pagodarum*，但未述及亚种分化问题。
◆ 郑光美（2005：197；2011：205）记载黑冠椋鸟 *Temenuchus pagodarum* 为单型种。
◆ 郑光美（2017：320；2023：334）记载黑冠椋鸟 *Sturnia pagodarum*[②]为单型种。
　　[②] 郑光美（2017）：由 *Temenuchus* 属归入 *Sturnia* 属（Lovette et al.，2008；Zuccon et al.，2008）。

〔1175〕**粉红椋鸟** *Pastor roseus*　　　　　　　　　　　　　　　　　　fěnhóng liángniǎo
曾用名： 粉红椋鸟 *Sturnus roseus*
英文名： Rosy Starling
◆ 郑作新（1958：82；1964：250；1976：483；1987：518-519；1994：99；2000：99）记载粉红椋鸟 *Sturnus roseus* 为单型种。
◆ 郑作新（1966：116；2002：171）记载粉红椋鸟 *Sturnus roseus*，但未述及亚种分化问题。
◆ 郑光美（2005：197；2011：205；2017：320；2023：334）记载粉红椋鸟 *Pastor roseus* 为单型种。

〔1176〕**紫翅椋鸟** *Sturnus vulgaris*　　　　　　　　　　　　　　　　zǐchì liángniǎo
英文名： Common Starling
◆ 郑作新（1958：82-83）记载紫翅椋鸟 *Sturnus vulgaris* 二亚种：
　❶ 北疆亚种 *menzbieri*[①]

❷ 疆西亚种 *porphyronotus*
① 编者注：郑作新（1976，1987）将北疆亚种 *poltaratskyi* 等列为该亚种的同物异名。

◆ 郑作新（1964：250；1966：117；1976：483-485；1987：519-520；1994：99；2000：99；2002：171）、郑光美（2005：197-198；2011：205-206；2017：320；2023：335）记载紫翅椋鸟 *Sturnus vulgaris* 二亚种：

❶ 北疆亚种 *poltaratskyi*

❷ 疆西亚种 *porphyronotus*

97. 鸫科 Turdidae（Thrushes） 5 属 38 种

〔1177〕**橙头地鸫** *Geokichla citrina*　　　　　　　　　　　　　　　　　　　　　chéngtóu dìdōng

曾用名： 橙头地鸫 *Zoothera citrina*

英文名： Orange-headed Thrush

◆ 郑作新（1966：134；1976：583-584；1987：625-626；1994：114；2000：114；2002：197-198）、郑光美（2005：229-230；2011：237-238）记载橙头地鸫 *Zoothera citrina* 四亚种：

❶ 安徽亚种 *courtoisi*

❷ 两广亚种 *melli*

❸ 云南亚种 *innotota*

❹ 海南亚种 *aurimacula*

◆ 郑作新（1958：157-158；1964：128，260）、郑光美（2017：320-321；2023：335-336）记载橙头地鸫 *Geokichla citrina*①四亚种：

❶ 安徽亚种 *courtoisi*

❷ 两广亚种 *melli*

❸ 云南亚种 *innotata*②

❹ 海南亚种 *aurimacula*

① 郑光美（2017）：由 *Zoothera* 属归入 *Geokichla* 属（Voelker et al., 2008a；Voelker et al., 2008b）。

② 编者注：郑作新（1958，1964）记载该亚种为 *innotota*。

〔1178〕**白眉地鸫** *Geokichla sibirica*　　　　　　　　　　　　　　　　　　　　　báiméi dìdōng

曾用名： 白眉地鸫 *Zoothera sibirica*

英文名： Siberian Thrush

◆ 郑作新（1966：134；1976：584-585；1987：626；1994：114；2000：114；2002：198）、郑光美（2005：230；2011：238）记载白眉地鸫 *Zoothera sibirica* 二亚种：

❶ 指名亚种 *sibirica*

❷ 华南亚种 *davisoni*

◆ 郑作新（1958：156-157；1964：128，260）、郑光美（2017：321；2023：336）记载白眉地鸫 *Geokichla sibirica*①二亚种：

❶ 指名亚种 *sibirica*

❷ 华南亚种 *davisoni*

① 郑光美（2017）：由 *Zoothera* 属归入 *Geokichla* 属（Voelker et al.，2008a；Voelker et al.，2008b）。

[1179] **淡背地鸫** *Zoothera mollissima*　　　　　　　　　　　　　　　　　　　　dànbèi dìdōng
曾用名： 光背山鸫 *Zoothera mollissima*、光背地鸫 *Zoothera mollissima*
英文名： Alpine Thrush

◆ 郑作新（1958：166-167；1964：130，261）记载光背山鸫 *Zoothera mollissima* 二亚种：
　❶ 指名亚种 *mollissima*
　❷ 西南亚种 *griseiceps*

◆ 郑作新（1966：134；1976：585-586；1987：627；1994：114）记载光背地鸫 *Zoothera mollissima* 二亚种：
　❶ 指名亚种 *mollissima*
　❷ 西南亚种 *griseiceps*

◆ 郑作新（2000：114；2002：198）、郑光美（2005：230；2011：238）记载光背地鸫 *Zoothera mollissima*①
三亚种：
　❶ 指名亚种 *mollissima*
　❷ 西南亚种 *griseiceps*
　❸ 云南亚种 *whiteheadi*②
　① 郑光美（2011）：陕西南部 6 月有记录，亚种待确证，见 Birding Asia，2005（3）。
　② 编者注：中国鸟类亚种新记录（彭燕章等，1979）。

◆ 郑光美（2017：321-322；2023：336-337）记载以下三种：
　（1）淡背地鸫 *Zoothera mollissima*
　　❶ 指名亚种 *mollissima*
　　❷ 云南亚种 *whiteheadi*
　（2）四川淡背地鸫 *Zoothera griseiceps*③
　（3）喜山淡背地鸫 *Zoothera salimalii*④
　③④ 郑光美（2017）：由 *Zoothera mollissima* 的亚种提升为种（Alström et al.，2016）。

[1180] **四川淡背地鸫** *Zoothera griseiceps*　　　　　　　　　　　　　　　　　　sìchuān dànbèidìdōng
曾用名： 四川光背地鸫 *Zoothera griseiceps*（刘阳等，2021：510；约翰·马敬能，2022b：348）
英文名： Sichuan Thrush

　由 *Zoothera mollissima* 的亚种提升为种。请参考〔1179〕淡背地鸫 *Zoothera mollissima*。

[1181] **喜山淡背地鸫** *Zoothera salimalii*　　　　　　　　　　　　　　　　　　xǐshān dànbèidìdōng
曾用名： 喜山光背地鸫 *Zoothera salimalii*（刘阳等，2021：510；约翰·马敬能，2022b：348）
英文名： Himalayan Thrush

　由 *Zoothera mollissima* 的亚种提升为种。请参考〔1179〕淡背地鸫 *Zoothera mollissima*。

[1182] **长尾地鸫** *Zoothera dixoni*　　　　　　　　　　　　　　　　　　　　　chángwěi dìdōng
曾用名： 长尾山鸫 *Zoothera dixoni*

英文名：Long-tailed Thrush
- 郑作新（1958：167；1964：262）记载长尾山鸫 *Zoothera dixoni* 为单型种。
- 郑作新（1966：134；2002：197）记载长尾地鸫 *Zoothera dixoni*，但未述及亚种分化问题。
- 郑作新（1976：586；1987：627-629；1994：114；2000：114）、郑光美（2005：230；2011：239；2017：322；2023：337）记载长尾地鸫 *Zoothera dixoni* 为单型种。

〔1183〕**虎斑地鸫** *Zoothera aurea*　　　　　　　　　　　　　　　　　　　　　　　hǔbān dìdōng

曾用名：怀氏虎鸫 *Zoothera aurea*（刘阳等，2021：510；约翰·马敬能，2022b：349）

英文名：White's Thrush

由 *Zoothera dauma* 的亚种提升为种，中文名沿用虎斑地鸫。请参考〔1184〕小虎斑地鸫 *Zoothera dauma*。

〔1184〕**小虎斑地鸫** *Zoothera dauma*　　　　　　　　　　　　　　　　　　　　xiǎo hǔbān dìdōng

曾用名：虎斑山鸫 *Zoothera dauma*、虎斑地鸫 *Zoothera dauma*

英文名：Scaly Thrush

说　明：因分类修订，原虎斑地鸫 *Zoothera dauma* 的中文名修改为小虎斑地鸫。

- 郑作新（1958：167-168）记载虎斑山鸫 *Zoothera dauma* 三亚种：
  ❶ 普通亚种 *varius*①
  ❷ 西南亚种 *socia*
  ❸ 台湾亚种 *horsfieldi*

  ① 编者注：郑作新（1976，1987）将其列为普通亚种 *aurea* 的同物异名之一。

- 郑作新（1964：130）记载虎斑山鸫 *Zoothera dauma* 二亚种：
  ❶ 普通亚种 *varius*②
  ❷ 西南亚种 *socia*

  ② *Zoothera dauma toratugumi* 与 *Zoothera dauma varia* 相似，但羽色较浓，上体黑斑较密，翅亦较短些；但由于区别不明显，*toratugumi* 是否确立，尚属疑问。

- 郑作新（1964：262）记载虎斑山鸫 *Zoothera dauma* 四亚种：
  ❶ 普通亚种 *varius*
  ❷ 西南亚种 *socia*
  ❸ 日本亚种 *toratugumi*
  ❹ 台湾亚种 *horsfieldi*

- 郑作新（1966：134）记载虎斑地鸫 *Zoothera dauma* 二亚种：
  ❶ 普通亚种 *aurea*③
  ❷ 西南亚种 *socia*

  ③ *Zoothera dauma toratugumi* 与 *Zoothera dauma aurea* 相似，但羽色较浓，上体黑斑较密，翅亦较短些；但由于区别不明显，*toratugumi* 是否确立，尚属疑问。

- 郑作新（1976：587-588；1987：629-630；1994：115；2000：115；2002：198）、郑光美（2005：231）记载虎斑地鸫 *Zoothera dauma* 四亚种：
  ❶ 普通亚种 *aurea*

❷ 西南亚种 *socia*

❸ 日本亚种 *toratugumi*

❹ 台湾亚种 *horsfieldi*

◆郑光美（2011：239）记载虎斑地鸫 *Zoothera dauma* 五亚种：

❶ 普通亚种 *aurea*

❷ 西南亚种 *socia*

❸ 日本亚种 *toratugumi*

❹ 台湾亚种 *horsfieldi*

❺ 指名亚种 *dauma*

◆郑光美（2017：322-323；2023：337）记载以下两种：

（1）虎斑地鸫 *Zoothera aurea*[④]

❶ 指名亚种 *aurea*

❷ 日本亚种 *toratugumi*

④ 郑光美（2017）：由 *Zoothera dauma* 的亚种提升为种（Rasmussen et al.，2005）。

（2）小虎斑地鸫 *Zoothera dauma*

❶ 指名亚种 *dauma*

〔1185〕**大长嘴地鸫** *Zoothera monticola*　　　　　　　　　　　　dà chángzuǐ dìdōng

英文名： Long-billed Thrush

◆郑光美（2011：240；2017：323；2023：337）记载大长嘴地鸫 *Zoothera monticola*[①] 一亚种：

❶ 指名亚种 *monticola*

① 郑光美（2011）：中国鸟类新记录，见罗平钊等（2007）。编者注：据约翰·马敬能等（2000：272），体形更大而嘴长的大长嘴地鸫 *Zoothera monticola* 在中国尚无记录，但可能在西藏东南部及云南东南部（金屏）有见。其与长嘴地鸫 *Zoothera marginata* 的区别在头侧深褐色，下体具深色点斑而非鳞状斑纹。

〔1186〕**长嘴地鸫** *Zoothera marginata*　　　　　　　　　　　　chángzuǐ dìdōng

曾用名： 长嘴山鸫 *Zoothera marginata*

英文名： Dark-sided Thrush

◆郑作新（1958：168-169）记载长嘴山鸫 *Zoothera marginata* 一亚种：

❶ ? *parva* 亚种

◆郑作新（1964：262）记载长嘴山鸫 *Zoothera marginata* 一亚种：

❶ 指名亚种 *marginata*[①]

① 编者注：中国鸟类亚种新记录（А.И.伊万诺夫，1961）。

◆郑作新（1976：588；1987：630；1994：115）记载长嘴山鸫 *Zoothera marginata* 为单型种。

◆郑作新（1966：134；2002：197）记载长嘴地鸫 *Zoothera marginata*，但未述及亚种分化问题。

◆郑作新（2000：115）、郑光美（2005：231；2011：239；2017：323；2023：338）记载长嘴地鸫 *Zoothera marginata* 为单型种。

XXVI. 雀形目 PASSERIFORMES

〔1187〕**蓝大翅鸲** *Grandala coelicolor*   lán dàchìqú
英文名：Grandala
◆郑作新（1966：125；2002：184）记载大翅鸲属 *Grandala* 为单型属。
◆郑作新（1958：142；1964：258；1976：564；1987：604-605；1994：111；2000：111）、郑光美（2005：223；2011：231；2017：341；2023：338）记载蓝大翅鸲 *Grandala coelicolor* 为单型种。

〔1188〕**灰背鸫** *Turdus hortulorum*   huībèidōng
英文名：Grey-backed Thrush
◆郑作新（1966：135；2002：199）记载灰背鸫 *Turdus hortulorum*，但未述及亚种分化问题。
◆郑作新（1958：158-159；1964：260；1976：590；1987：631；1994：115；2000：115）、郑光美（2005：231；2011：240；2017：323；2023：338）记载灰背鸫 *Turdus hortulorum* 为单型种。

〔1189〕**蒂氏鸫** *Turdus unicolor*   dìshìdōng
曾用名：梯氏鸫 *Turdus unicolor*（刘阳等，2021：512；约翰·马敬能，2022b：350）
英文名：Tickell's Thrush
◆郑光美（2011：240；2017：323；2023：338）记载蒂氏鸫 *Turdus unicolor*[①]为单型种。
   ① 郑光美（2011）：中国鸟类新记录，见 Yu（2008）。

〔1190〕**黑胸鸫** *Turdus dissimilis*   hēixiōngdōng
英文名：Black-breasted Thrush
◆郑作新（1966：135；2002：199）记载黑胸鸫 *Turdus dissimilis*，但未述及亚种分化问题。
◆郑作新（1958：158；1964：260；1976：588；1987：631；1994：115；2000：115）、郑光美（2005：231；2011：240；2017：323；2023：338）记载黑胸鸫 *Turdus dissimilis* 为单型种。

〔1191〕**乌灰鸫** *Turdus cardis*   wūhuīdōng
英文名：Japanese Thrush
◆郑作新（1966：135；2002：199）记载乌灰鸫 *Turdus cardis*，但未述及亚种分化问题。
◆郑作新（1958：159；1964：260；1976：590；1987：632；1994：115；2000：115）、郑光美（2005：232；2011：240；2017：323-324；2023：338）记载乌灰鸫 *Turdus cardis* 为单型种。

〔1192〕**白颈鸫** *Turdus albocinctus*   báijǐngdōng
英文名：White-collared Blackbird
◆郑作新（1966：135；2002：199）记载白颈鸫 *Turdus albocinctus*，但未述及亚种分化问题。
◆郑作新（1958：160；1964：260；1976：591；1987：633；1994：115；2000：115）、郑光美（2005：232；2011：241；2017：324；2023：339）记载白颈鸫 *Turdus albocinctus* 为单型种。

〔1193〕**灰翅鸫** *Turdus boulboul*   huīchìdōng
英文名：Grey-winged Blackbird

◆ 郑作新（1966：135；2002：199）记载灰翅鸫 *Turdus boulboul*，但未述及亚种分化问题。

◆ 郑作新（1958：160；1964：260-261；1976：591；1987：633-635；1994：115；2000：115）、郑光美（2005：232；2011：241）记载灰翅鸫 *Turdus boulboul* 二亚种：

① 指名亚种 *boulboul*

② 瑶山亚种 *yaoschanensis*①

① 编者注：郑作新（1994，2000）在该亚种前冠以"？"号。

◆ 郑光美（2017：324；2023：339）记载灰翅鸫 *Turdus boulboul* 为单型种。

〔1194〕**欧乌鸫** *Turdus merula*   ōuwūdōng

曾用名：乌鸫 *Turdus merula*、欧亚乌鸫 *Turdus merula*

英文名：Common Blackbird

说　明：因分类修订，原乌鸫 *Turdus merula* 的中文名修改为欧乌鸫。

◆ 郑作新（1958：160-161；1964：129，261；1966：135-136；1976：592-593；1987：635；1994：115；2000：115；2002：200）、郑光美（2005：232-233；2011：241）记载乌鸫 *Turdus merula* 四亚种：

① 新疆亚种 *intermedius*①

② 西藏亚种 *maximus*

③ 普通亚种 *mandarinus*

④ 四川亚种 *sowerbyi*

① 编者注：郑作新（1958，1964，1966，1976，1987）记载该亚种为 *intermedia*。

◆ 郑光美（2017：324-325；2023：339-340）记载以下三种：

（1）欧乌鸫 *Turdus merula*②

① 新疆亚种 *intermedius*

② 编者注：郑光美（2017）记载其中文名为欧亚乌鸫。

（2）乌鸫 *Turdus mandarinus*③

① 指名亚种 *mandarinus*

② 四川亚种 *sowerbyi*

（3）藏乌鸫 *Turdus maximus*④

③④ 郑光美（2017）：由 *Turdus merula* 的亚种提升为种（Collar，2005；Rasmussen et al.，2005；Nylander et al.，2008）。

〔1195〕**乌鸫** *Turdus mandarinus*   wūdōng

英文名：Chinese Blackbird

由 *Turdus merula* 的亚种提升为种，中文名沿用乌鸫。请参考〔1194〕欧乌鸫 *Turdus merula*。

〔1196〕**藏乌鸫** *Turdus maximus*   zàngwūdōng

曾用名：藏鸫 *Turdus maximus*（约翰·马敬能，2022b：352）

英文名：Tibetan Blackbird

由 *Turdus merula* 的亚种提升为种。请参考〔1194〕欧乌鸫 *Turdus merula*。

XXVI. 雀形目 PASSERIFORMES

〔1197〕**白头鸫** *Turdus niveiceps*　　　　　　　　　　　　　　　　　　　　báitóudōng

曾用名：岛鸫 *Turdus poliocephalus*、白头鸫 *Turdus poliocephalus*；

台湾岛鸫 *Turdus niveiceps*（约翰·马敬能，2022b：352）

英文名：Taiwan Thrush

◆ 郑作新（1966：135；2002：199）记载岛鸫 *Turdus poliocephalus*，但未述及亚种分化问题。

◆ 郑作新（1958：161；1964：261；1976：593；1987：636；1994：115-116；2000：115-116）、郑光美（2005：233）记载岛鸫 *Turdus poliocephalus* 一亚种：

❶ 台湾亚种 *niveiceps*

◆ 郑光美（2011：242）记载白头鸫 *Turdus poliocephalus* 一亚种：

❶ 台湾亚种 *niveiceps*

◆ 郑光美（2017：325；2023：340）白头鸫 *Turdus niveiceps*[①]为单型种。

[①] 编者注：据郑光美（2021：217），*Turdus poliocephalus* 被命名为岛鸫，在中国有分布，但郑光美（2023）未予收录。

〔1198〕**灰头鸫** *Turdus rubrocanus*　　　　　　　　　　　　　　　　　　　　huītóudōng

英文名：Chestnut Thrush

◆ 郑作新（1966：135；2002：199）记载灰头鸫 *Turdus rubrocanus*，但未述及亚种分化问题。

◆ 郑作新（1958：162；1964：261；1976：594；1987：636；1994：116；2000：116）记载灰头鸫 *Turdus rubrocanus* 一亚种：

❶ 西南亚种 *gouldii*

◆ 郑光美（2005：233；2011：242；2017：325；2023：340）记载灰头鸫 *Turdus rubrocanus* 二亚种：

❶ 西南亚种 *gouldii*

❷ 指名亚种 *rubrocanus*

〔1199〕**棕背黑头鸫** *Turdus kessleri*　　　　　　　　　　　　　　　　　　zōngbèi hēitóudōng

曾用名：棕背鸫 *Turdus kessleri*

英文名：White-backed Thrush

◆ 郑作新（1958：162；1964：261；1976：594；1987：637）记载棕背鸫 *Turdus kessleri* 为单型种。

◆ 郑作新（1966：135）记载棕背鸫 *Turdus kessleri*，但未述及亚种分化问题。

◆ 郑作新（2002：199）记载棕背黑头鸫 *Turdus kessleri*，亦未述及亚种分化问题。

◆ 郑作新（1994：116；2000：116）、郑光美（2005：233；2011：242；2017：325-326；2023：340）记载棕背黑头鸫 *Turdus kessleri* 为单型种。

〔1200〕**褐头鸫** *Turdus feae*　　　　　　　　　　　　　　　　　　　　　　hètóudōng

曾用名：褐头鸫 *Turdus feai*

英文名：Grey-sided Thrush

◆ 郑作新（1966：135；2002：199）记载褐头鸫 *Turdus feae*，但未述及亚种分化问题。

◆ 郑作新（1958：163；1964：261；1976：595；1987：638；1994：116；2000：116）、郑光美

（2005：233-234；2011：242；2017：326；2023：341）记载褐头鸫 *Turdus feae*①为单型种。

①编者注：郑作新（1976，1987）记载其种本名为 *feai*。

〔1201〕**白眉鸫** *Turdus obscurus*　　　　　　　　　　　　　　　　　　　　　　　　　　báiméidōng

英文名： Eyebrowed Thrush

曾被视为白腹鸫 *Turdus pallidus* 的一个亚种，现列为独立种。请参考〔1202〕白腹鸫 *Turdus pallidus*。

〔1202〕**白腹鸫** *Turdus pallidus*　　　　　　　　　　　　　　　　　　　　　　　　　　báifùdōng

英文名： Pale Thrush

◆郑作新（1958：163；1964：129，261；1966：136；1976：595-596；1987：638-640）记载白腹鸫 *Turdus pallidus*①三亚种：

❶ 指名亚种 *pallidus*

❷ 北方亚种 *obscurus*

❸ 日本亚种 *chrysolaus*

① 郑作新（1987）：该物种的三个亚种（*pallidus*、*obscurus*、*chrysolaus*）有时被分别作为独立种，而合成为一个超种。

◆郑作新（1994：116；2000：116；2002：199）、郑光美（2005：234；2011：242-243；2017：326；2023：341）记载以下三种②：

（1）白眉鸫 *Turdus obscurus*

（2）白腹鸫 *Turdus pallidus*③

（3）赤胸鸫 *Turdus chrysolaus*④

❶ 指名亚种 *chrysolaus*

② 编者注：郑作新（2002）未述及亚种分化问题。

③ 编者注：郑作新（1994，2000）记载白腹鸫 *Turdus pallidus* 一亚种，即指名亚种 *pallidus*。

④ 编者注：郑作新（1994，2000）记载赤胸鸫 *Turdus chrysolaus* 为单型种。

〔1203〕**赤胸鸫** *Turdus chrysolaus*　　　　　　　　　　　　　　　　　　　　　　　　　chìxiōngdōng

曾用名： 红腹鸫 *Turdus chrysolaus*（赵正阶，2001b：342）

英文名： Brown-headed Thrush

曾被视为白腹鸫 *Turdus pallidus* 的一个亚种，现列为独立种。请参考〔1202〕白腹鸫 *Turdus pallidus*。

〔1204〕**黑喉鸫** *Turdus atrogularis*　　　　　　　　　　　　　　　　　　　　　　　　　hēihóudōng

曾用名： 黑颈鸫 *Turdus atrogularis*（段文科等，2017b：880；刘阳等，2021：518；约翰·马敬能，2022b：354）

英文名： Black-throated Thrush

由赤颈鸫 *Turdus ruficollis* 的 *atrogularis* 亚种提升的种。请参考〔1205〕赤颈鸫 *Turdus ruficollis*。

〔1205〕**赤颈鸫** *Turdus ruficollis*   chìjǐngdōng

英文名：Red-throated Thrush

◆郑作新（1958：164；1964：129，261；1966：136；1976：597；1987：640-641；1994：116；2000：116；2002：200）记载赤颈鸫 *Turdus ruficollis* 二亚种：

❶ 指名亚种 *ruficollis*

❷ 北方亚种 *atrogularis*

◆郑光美（2005：234-235；2011：243；2017：326-327；2023：341-342）记载以下两种：

（1）黑喉鸫 *Turdus atrogularis*[①]

① 郑光美（2005）：由赤颈鸫 *Turdus ruficollis* 的 *atrogularis* 亚种提升的种（Stepanyan，1990；Ernst，1996；Dickinson，2003）。

（2）赤颈鸫 *Turdus ruficollis*

〔1206〕**红尾斑鸫** *Turdus naumanni*   hóngwěi bāndōng

曾用名：斑鸫 *Turdus naumanni*、红尾鸫 *Turdus naumanni*

英文名：Naumann's Thrush

说　明：因分类修订，原斑鸫 *Turdus naumanni* 的中文名修改为红尾斑鸫。

◆郑作新（1958：164-165；1964：129，261；1966：136；1976：598-599；1987：641-642；1994：116；2000：116；2002：200）记载斑鸫 *Turdus naumanni* 二亚种：

❶ 北方亚种 *eunomus*[①]

❷ 指名亚种 *naumanni*[②]

①② 郑作新（1958，1976，1987）：或以 *eunomus* 和 *naumanni* 分立为两种（据 Wynne，1954）。

◆郑光美（2005：235；2011：244；2017：327；2023：342）记载以下两种：

（1）红尾斑鸫 *Turdus naumanni*[③]

③ 编者注：郑光美（2005，2011）记载其中文名为红尾鸫。

（2）斑鸫 *Turdus eunomus*

〔1207〕**斑鸫** *Turdus eunomus*   bāndōng

英文名：Dusky Thrush

曾被视为 *Turdus naumanni* 的一个亚种，现列为独立种，中文名沿用斑鸫。请参考〔1206〕红尾斑鸫 *Turdus naumanni*。

〔1208〕**田鸫** *Turdus pilaris*   tiándōng

英文名：Fieldfare

◆郑作新（1958：165；1964：261；1976：599；1987：642；1994：116；2000：116）记载田鸫 *Turdus pilaris* 一亚种：

❶ ？新疆亚种 *subpilaris*

◆郑作新（1966：135；2002：199）记载田鸫 *Turdus pilaris*，但未述及亚种分化问题。

◆郑光美（2005：235；2011：244；2017：327；2023：342）记载田鸫 *Turdus pilaris* 为单型种。

〔1209〕**白眉歌鸫** *Turdus iliacus*　　　　　　　　　　　　　　　　　　　　　　　　báiméi gēdōng
英文名：Redwing
◆郑作新（1994：117；2000：117）记载白眉歌鸫 *Turdus iliacus*①为单型种。
　　① 郑作新（1994，2000）：参见 Vaurie（1972）。编者注：郑作新（2002）没有记载该种。
◆郑光美（2005：235；2011：244；2017：327；2023：342）记载白眉歌鸫 *Turdus iliacus* 一亚种：
　　❶ 指名亚种 *iliacus*

〔1210〕**欧歌鸫** *Turdus philomelos*　　　　　　　　　　　　　　　　　　　　　　　　ōugēdōng
曾用名：欧歌鸫 *Turdus philomelas*（约翰·马敬能，2022b：356）
英文名：Song Thrush
◆郑作新（1994：117；2000：117）、郑光美（2005：236；2011：244；2017：328；2023：343）记载欧歌鸫 *Turdus philomelos*①一亚种：
　　❶ 指名亚种 *philomelos*
　　① 编者注：郑作新（2002）没有记载该种。

〔1211〕**宝兴歌鸫** *Turdus mupinensis*　　　　　　　　　　　　　　　　　　　　　　　bǎoxīng gēdōng
曾用名：歌鸫 *Turdus mupinensis*
英文名：Chinese Thrush
◆郑作新（1958：166）记载歌鸫 *Turdus mupinensis* 为单型种。
◆郑作新（1966：135）记载歌鸫 *Turdus mupinensis*，但未述及亚种分化问题。
◆郑作新（2002：199）记载宝兴歌鸫 *Turdus mupinensis*，亦未述及亚种分化问题。
◆郑作新（1964：261；1976：599；1987：643；1994：117；2000：117）、郑光美（2005：236；2011：244；2017：328；2023：343）记载宝兴歌鸫 *Turdus mupinensis* 为单型种。

〔1212〕**槲鸫** *Turdus viscivorus*　　　　　　　　　　　　　　　　　　　　　　　　　húdōng
曾用名：槲鸫 *Turdus viscivorus*
英文名：Mistle Thrush
◆郑作新（1958：165-166）、郑作新等（1995：221-222）记载槲鸫 *Turdus viscivorus*①一亚种：
　　❶ 新疆亚种 *bonapartei*
　　① 编者注：槲，音 jié，又读 xiè。
◆郑作新（1966：135；2002：199）记载槲鸫 *Turdus viscivorus*，但未述及亚种分化问题。
◆郑作新（1964：261；1976：599；1987：643-644；1994：117；2000：117）、郑光美（2005：236；2011：245；2017：328；2023：343）记载槲鸫 *Turdus viscivorus* 一亚种：
　　❶ 新疆亚种 *bonapartei*

〔1213〕**紫宽嘴鸫** *Cochoa purpurea*　　　　　　　　　　　　　　　　　　　　　　　zǐ kuānzuǐdōng
英文名：Purple Cochoa
◆郑作新（1966：130；2002：193）记载紫宽嘴鸫 *Cochoa purpurea*，但未述及亚种分化问题。

◆郑作新（1958：146；1964：259；1976：568；1987：609；1994：112；2000：112）、郑光美（2005：224；2011：232；2017：328；2023：343）记载紫宽嘴鸫 *Cochoa purpurea* 为单型种。

〔1214〕**绿宽嘴鸫** *Cochoa viridis* lǜ kuānzuǐdōng

曾用名：蓝宽嘴鸫 *Cochoa viridis*

英文名：Green Cochoa

◆郑作新（1966：130）记载蓝宽嘴鸫 *Cochoa viridis*，但未述及亚种分化问题。

◆郑作新（2002：193）记载绿宽嘴鸫 *Cochoa viridis*，亦未述及亚种分化问题。

◆郑作新（1958：146；1964：259；1976：569；1987：609-610；1994：112；2000：112）、郑光美（2005：224；2011：232；2017：328；2023：343）记载绿宽嘴鸫 *Cochoa viridis* 为单型种。

98. 鹟科 Muscicapidae（Old World Flycatchers，Robins，Redstarts） 24属110种

〔1215〕**棕薮鸲** *Cercotrichas galactotes* zōngsǒuqú

英文名：Rufous-tailed Scrub Robin

◆郑作新（2000：110；2002：188）、郑光美（2005：219）记载棕薮鸲 *Cercotrichas galactotes*[①]为单型种。

　　① 郑作新（2000，2002）、郑光美（2005）：参见侯兰新和贾泽信（1998）。

◆郑光美（2011：227；2017：335；2023：344）记载棕薮鸲 *Cercotrichas galactotes* 一亚种：

　❶ 新疆亚种 *familiaris*[②]

　　② 编者注：亚种中文名引自段文科和张正旺（2017b：827）。

〔1216〕**鹊鸲** *Copsychus saularis* quèqú

英文名：Oriental Magpie-Robin

◆郑作新（1964：123，257；1966：128；1976：550-551；1987：589；1994：110；2000：110；2002：189）、郑光美（2005：218；2011：226；2017：335）记载鹊鸲 *Copsychus saularis* 二亚种：

　❶ 云南亚种 *erimelas*[①]

　❷ 华南亚种 *prosthopellus*

　　① 编者注：郑作新（1964：257）在该亚种前冠以"？"号。

◆郑作新（1958：133）、郑光美（2023：344）记载鹊鸲 *Copsychus saularis* 一亚种：

　❶ 指名亚种 *saularis*

〔1217〕**白腰鹊鸲** *Copsychus malabaricus* báiyāo quèqú

曾用名：白腰鹊鸲 *Kittacincla malabarica*

英文名：White-rumped Shama

◆郑作新（1958：133）记载白腰鹊鸲 *Copsychus malabaricus* 一亚种：

　❶ 海南亚种 *minor*

◆郑作新（1964：123，257；1966：128-129；1976：551-552；1987：590；1994：110；2000：110；2002：

189）记载白腰鹊鸲 *Copsychus malabaricus* 二亚种：
- ❶ 云南亚种 *interpositus*①
- ❷ 海南亚种 *minor*

① 编者注：郑作新（1964：123；1966）记载该亚种为 *interposita*。中国鸟类亚种新记录（А. И. 伊万诺夫，1961）。

◆郑光美（2005：218-219；2011：226-227）记载白腰鹊鸲 *Copsychus malabaricus* 三亚种：
- ❶ 印度亚种 *indicus*②
- ❷ 云南亚种 *interpositus*
- ❸ 海南亚种 *minor*

② 编者注：亚种中文名引自段文科和张正旺（2017b：826）。

◆郑光美（2017：336）记载白腰鹊鸲 *Kittacincla malabarica*③ 三亚种：
- ❶ 印度亚种 *indica*
- ❷ 云南亚种 *interposita*
- ❸ 海南亚种 *minor*

③ 由 *Copsychus* 属归入 *Kittacincla* 属（Sangster et al., 2010）。

◆郑光美（2023：344）记载白腰鹊鸲 *Copsychus malabaricus* 一亚种：
- ❶ 越南亚种 *macrourus*④

④ 编者注：亚种中文名引自百度百科。

〔1218〕**斑鹟** *Muscicapa striata*　　　　　　　　　　　　　　bānwēng

英文名： Spotted Flycatcher

◆郑作新（1966：175；2002：265）记载斑鹟 *Muscicapa striata*，但未述及亚种分化问题。

◆郑作新（1958：321；1964：282-283；1976：806；1987：864；1994：153；2000：153）、郑光美（2005：236；2011：245；2017：346；2023：344）记载斑鹟 *Muscicapa striata* 一亚种：
- ❶ 新疆亚种 *neumanni*

〔1219〕**灰纹鹟** *Muscicapa griseisticta*　　　　　　　　　　　　　huīwénwēng

曾用名： 斑胸鹟 *Muscicapa griseicticta*、斑胸鹟 *Muscicapa griseisticta*、
　　　　　灰斑鹟 *Muscicapa griseisticta*、灰纹鹟 *Muscicapa griseicticta*

英文名： Grey-streaked Flycatcher

◆郑作新（1958：323）记载斑胸鹟 *Muscicapa griseicticta* 为单型种。

◆郑作新（1966：175）记载斑胸鹟 *Muscicapa griseicticta*，但未述及亚种分化问题。

◆郑作新（1964：283；1976：808）记载斑胸鹟 *Muscicapa griseisticta* 为单型种。

◆郑作新（1987：866）记载灰斑鹟 *Muscicapa griseisticta* 为单型种。

◆郑作新（2002：265）记载灰纹鹟 *Muscicapa griseicticta*，亦未述及亚种分化问题。

◆郑作新（1994：153；2000：153）、郑光美（2005：237；2011：245；2017：346；2023：344）记载灰纹鹟 *Muscicapa griseisticta* 为单型种。

XXVI. 雀形目
PASSERIFORMES

〔1220〕乌鹟 *Muscicapa sibirica* wūwēng

英文名：Dark-sided Flycatcher

◆郑作新（1958：321-322；1964：168，283；1966：175；1976：807-808；1987：864-866；1994：153；2000：153；2002：266）、郑光美（2005：237；2011：246；2017：347；2023：345）均记载乌鹟 *Muscicapa sibirica* 三亚种：

❶ 指名亚种 *sibirica*

❷ 西南亚种 *rothschildi*

❸ 藏南亚种 *cacabata*

〔1221〕北灰鹟 *Muscicapa dauurica* běihuīwēng

曾用名：北灰鹟 *Muscicapa davurica*、阔嘴鹟 *Muscicapa davurica*、

灰鹟 *Muscicapa davurica*、北灰鹟 *Muscicapa latirostris*

英文名：Asian Brown Flycatcher

◆郑作新（1958：323-324）记载北灰鹟、阔嘴鹟 *Muscicapa davurica* 二亚种、

❶ 指名亚种 *davurica*

❷ *poonensis* 亚种

◆郑作新（1964：168）记载北灰鹟 *Muscicapa davurica*①，但未述及亚种分化问题。

① 编者注：该书第 167 页"图 47"称其中文名为灰鹟。

◆郑作新（1964：283）记载北灰鹟、阔嘴鹟 *Muscicapa davurica*② 为单型种。

② 编者注：将 *Muscicapa latirostris* 列为其同物异名。

◆郑作新（1976：808；1987：867；1994：153；2000：153）记载北灰鹟 *Muscicapa latirostris*③ 为单型种。

③ 编者注：郑作新（1976，1987）将 *Muscicapa poonensis* 列为其同物异名。

◆郑作新（1966：175；2002：266）记载北灰鹟 *Muscicapa latirostris*④，亦未述及亚种分化问题。

④ 编者注：郑作新（1966：174）"图 46"仍称其为灰鹟 *Muscicapa davurica*。

◆郑光美（2005：237-238；2011：246；2017：347-348；2023：345-346）记载北灰鹟 *Muscicapa dauurica* 二亚种：

❶ 指名亚种 *dauurica*

❷ 云南亚种 *siamensis*

〔1222〕褐胸鹟 *Muscicapa muttui* hèxiōngwēng

英文名：Brown-breasted Flycatcher

◆郑作新（1958：324-325）记载褐胸鹟 *Muscicapa muttui* 二亚种：

❶ 指名亚种 *muttui*

❷ *stötzneri* 亚种

◆郑作新（1966：175；2002：266）记载褐胸鹟 *Muscicapa muttui*，但未述及亚种分化问题。

◆郑作新（1964：283；1976：809；1987：868；1994：153；2000：153）、郑光美（2005：238；2011：247；2017：348；2023：346）记载褐胸鹟 *Muscicapa muttui*① 为单型种。

① 编者注：郑作新（1976，1987）将 *Muscicapa*（*Alseonax*）*muttui stötzneri* 列为其同物异名。

〔1223〕**棕尾褐鹟** *Muscicapa ferruginea*   zōngwěi hèwēng
曾用名：红褐鹟 *Muscicapa ferruginea*、棕尾鹟 *Muscicapa ferruginea*
英文名：Ferruginous Flycatcher
◆ 郑作新（1958：325；1964：283；1976：810；1987：868）记载红褐鹟 *Muscicapa ferruginea* 为单型种。
◆ 郑作新（1966：175）记载红褐鹟 *Muscicapa ferruginea*，但未述及亚种分化问题。
◆ 郑作新（2000：153）记载棕尾鹟 *Muscicapa ferruginea* 为单型种。
◆ 郑作新（2002：265）记载棕尾鹟 *Muscicapa ferruginea*，亦未述及亚种分化问题。
◆ 郑作新（1994：153）、郑光美（2005：238；2011：247；2017：348；2023：346）记载棕尾褐鹟 *Muscicapa ferruginea* 为单型种。

〔1224〕**白喉姬鹟** *Anthipes monileger*   báihóu jīwēng
曾用名：白喉［姬］鹟 *Ficedula monileger*、白喉姬鹟 *Ficedula monileger*
英文名：White-gorgeted Flycatcher
◆ 郑作新（1966：171；2002：259）记载白喉［姬］鹟 *Ficedula monileger*[①]，但未述及亚种分化问题。
    [①] 郑作新（1966，2002）：本种的雌雄两性并无区别。编者注：中国鸟类新记录（潘清华等，1964）。
◆ 郑作新（1976：791；1987：848；1994：150；2000：150）、郑光美（2005：240；2011：249）记载白喉姬鹟 *Ficedula monileger*[②] 一亚种：
    ❶ 云南亚种 *leucops*
    [②] 编者注：郑作新（1976，1987，1994，2000）记载其中文名为白喉［姬］鹟。
◆ 郑光美（2017：355；2023：346）记载白喉姬鹟 *Anthipes monileger*[③] 一亚种：
    ❶ 云南亚种 *leucops*
    [③] 郑光美（2017）：由 *Ficedula* 属归入 *Anthipes* 属（Outlaw et al., 2006; Zuccon et al., 2010; Moyle et al., 2015）。

〔1225〕**海南蓝仙鹟** *Cyornis hainanus*   hǎinán lánxiānwēng
曾用名：海南蓝鹟 *Niltava hainana*、海南蓝仙鹟 *Niltava hainana*
英文名：Hainan Blue Flycatcher
◆ 郑作新（1958：319；1964：282；1976：803）记载海南蓝鹟 *Niltava hainana* 为单型种。
◆ 郑作新（1966：173）记载海南蓝鹟 *Niltava hainana*，但未述及亚种分化问题。
◆ 郑作新（1987：861；1994：152；2000：152）记载海南蓝仙鹟 *Niltava hainana* 为单型种。
◆ 郑作新（2002：262，263）记载海南蓝仙鹟 *Niltava hainana*，亦未述及亚种分化问题。
◆ 郑光美（2005：243；2011：253；2017：353）记载海南蓝仙鹟 *Cyornis hainanus* 为单型种。
◆ 郑光美（2023：347）记载海南蓝仙鹟 *Cyornis hainanus* 一亚种：
    ❶ 指名亚种 *hainanus*

〔1226〕**纯蓝仙鹟** *Cyornis unicolor*   chúnlán xiānwēng
曾用名：纯蓝鹟 *Niltava unicolor*、纯蓝仙鹟 *Niltava unicolor*
英文名：Pale Blue Flycatcher

◆ 郑作新（1958：318；1964：282；1976：802-803）记载纯蓝鹟 *Niltava unicolor* 一亚种：
  ❶ 指名亚种 *unicolor*
◆ 郑作新（1966：173，174）记载纯蓝鹟 *Niltava unicolor*，但未述及亚种分化问题。
◆ 郑作新（1987：860-861；1994：152；2000：152；2002：264）记载纯蓝仙鹟 *Niltava unicolor* 二亚种：
  ❶ 指名亚种 *unicolor*
  ❷ 海南亚种 *diaoluoensis*
◆ 郑光美（2005：244；2011：253-254；2017：353-354；2023：347）记载纯蓝仙鹟 *Cyornis unicolor* 二亚种：
  ❶ 指名亚种 *unicolor*
  ❷ 海南亚种 *diaoluoensis*

〔1227〕**灰颊仙鹟** *Cyornis poliogenys*　　　　　　　　　　　　　　huījiá xiānwēng
曾用名： 灰颊仙鹟 *Niltava poliogenys*、淡颏仙鹟 *Niltava poliogenys*
英文名： Pale-chinned Blue Flycatcher

◆ 郑作新（1987：860）记载灰颊仙鹟 *Niltava poliogenys* 一亚种：
  ❶ 滇南亚种 *laurentei*[①]
  ① 编者注：亚种中文名引自段文科和张正旺（2017b：913）。
◆ 郑作新（1994：152）记载灰颊仙鹟 *Niltava poliogenys* 二亚种：
  ❶ 滇南亚种 *laurentei*
  ❷ 滇北亚种 *cachariensis*
◆ 郑作新（2000：152）记载淡颏仙鹟 *Niltava poliogenys* 一亚种：
  ❶ 滇北亚种 *cachariensis*[②]
  ② La Touche（1921）在云南东南部曾提另一亚种，即 *Anthipes laurentei*。现认为是滇北亚种 *cachariensis* 的同物异名。
◆ 郑作新（2002：262）记载淡颏仙鹟 *Niltava poliogenys*，但未述及亚种分化问题。
◆ 郑光美（2005：243；2011：253；2017：354；2023：347）记载灰颊仙鹟 *Cyornis poliogenys* 二亚种：
  ❶ 滇南亚种 *laurentei*
  ❷ 滇北亚种 *cachariensis*[③]
  ③ 编者注：郑光美（2005）记载该亚种为 *cachariennsis*。

〔1228〕**山蓝仙鹟** *Cyornis whitei*　　　　　　　　　　　　　　shān lánxiānwēng
曾用名： 山蓝鹟 *Niltava banyumas*、山蓝仙鹟 *Niltava banyumas*、山蓝仙鹟 *Cyornis banyumas*
英文名： Hill Blue Flycatcher

◆ 郑作新（1958：320；1964：282；1976：805）记载山蓝鹟 *Niltava banyumas*[①] 一亚种：
  ❶ 西南亚种 *whitei*
  ① 郑作新（1964）：Иванов（1959）从云南所报导的 *Niltava tickelliae*，应属于此种；郑作新（1976）：Иванов（1959）从云南所记述的 *Niltava tickelliae*，实为本种之误。
◆ 郑作新（1966：173）记载山蓝鹟 *Niltava banyumas*，但未述及亚种分化问题。
◆ 郑作新（1987：863；1994：152；2000：152）记载山蓝仙鹟 *Niltava banyumas*[②] 一亚种：

❶ 西南亚种 whitei

② 郑作新（1987）：Иванов（1959）从云南所记述的 *Niltava tickelliae*，实为本种之误。

◆郑作新（2002：262，263）记载山蓝仙鹟 *Niltava banyumas*，亦未述及亚种分化问题。

◆郑光美（2005：244；2011：254；2017：354）记载山蓝仙鹟 *Cyornis banyumas* 一亚种：

❶ 西南亚种 whitei

◆郑光美（2023：347）记载山蓝仙鹟 *Cyornis whitei*③一亚种：

❶ 指名亚种 whitei

③ 由 *Cyornis banyumas* 的亚种提升为独立种（Zhang et al., 2016；Gwee et al., 2019）。

〔1229〕**蓝喉仙鹟** *Cyornis rubeculoides*   lánhóu xiānwēng

曾用名： 蓝胸鹟 *Niltava rubeculoides*、蓝喉鹟 *Niltava rubeculoides*、蓝喉仙鹟 *Niltava rubeculoides*

英文名： Blue-throated Blue Flycatcher

◆郑作新（1964：282）记载蓝胸鹟 *Niltava rubeculoides*①一亚种：

❶ 西南亚种 glaucicomans

① 编者注：郑作新（1964：166）记载其中文名为蓝喉鹟。

◆郑作新（1966：173）记载蓝喉鹟 *Niltava rubeculoides*，但未述及亚种分化问题。

◆郑作新（1958：319-320；1976：804-805）记载蓝喉鹟 *Niltava rubeculoides* 一亚种：

❶ 西南亚种 glaucicomans

◆郑作新（1987：861-863；1994：152；2000：152）记载蓝喉仙鹟 *Niltava rubeculoides* 一亚种：

❶ 西南亚种 glaucicomans

◆郑作新（2002：262，263）记载蓝喉仙鹟 *Niltava rubeculoides*，亦未述及亚种分化问题。

◆郑光美（2005：244；2011：254）记载蓝喉仙鹟 *Cyornis rubeculoides* 二亚种：

❶ 西南亚种 glaucicomans

❷ 指名亚种 rubeculoides

◆郑光美（2017：354-355；2023：348）记载以下两种：

（1）蓝喉仙鹟 *Cyornis rubeculoides*

❶ 指名亚种 rubeculoides

❷ 泰国亚种 dialilaemus②

② 编者注：亚种中文名引自百度百科。

（2）中华仙鹟 *Cyornis glaucicomans*③

③ 郑光美（2017）：由 *Cyornis rubeculoides* 的亚种提升为种（Zhang et al., 2016）。

〔1230〕**中华仙鹟** *Cyornis glaucicomans*   zhōnghuá xiānwēng

英文名： Chinese Blue Flycatcher

由 *Cyornis rubeculoides* 的亚种提升为种。请参考〔1229〕蓝喉仙鹟 *Cyornis rubeculoides*。

〔1231〕**白尾蓝仙鹟** *Cyornis concretus*   báiwěi lánxiānwēng

曾用名： 白尾蓝鹟 *Niltava concreta*、白尾蓝仙鹟 *Niltava concreta*

英文名：White-tailed Flycatcher
- 郑作新（1966：173）记载白尾蓝鹟 *Niltava concreta*①，但未述及亚种分化问题。
    ① 编者注：中国鸟类新记录（潘清华等，1964）。
- 郑作新（1976：803；1987：861；1994：152；2000：152）记载白尾蓝仙鹟 *Niltava concreta*②一亚种：
    ❶ 云南亚种 *cyanea*
    ② 编者注：郑作新（1976）记载其中文名为白尾蓝鹟。
- 郑作新（2002：262，263）记载白尾蓝仙鹟 *Niltava concreta*，亦未述及亚种分化问题。
- 郑光美（2005：243；2011：253；2017：355；2023：348）记载白尾蓝仙鹟 *Cyornis concretus* 一亚种：
    ❶ 云南亚种 *cyaneus*③
    ③ 编者注：郑光美（2005，2011）记载该亚种为 *cyanea*。

〔1232〕**白喉林鹟** *Cyornis brunneatus*　　　　　　　　　　　　　　　　　　báihóu línwēng

曾用名：白喉林鹟 *Rhinomyias brunneata*、白喉林鹟 *Rhinomyias brunneatus*

英文名：Brown-chested Jungle Flycatcher

- 郑作新（1966：170）记载白喉林鹟 *Rhinomyias brunneata*，但未述及亚种分化问题。
- 郑作新（2002：258）记载林鹟属 *Rhinomyias* 为单型属。
- 郑作新（1958：306-307；1964：281；1976：787；1987：842；1994：149-150；2000：149）、郑光美（2005：236）记载白喉林鹟 *Rhinomyias brunneata* 一亚种：
    ❶ 指名亚种 *brunneata*
- 郑光美（2011：245）记载白喉林鹟 *Rhinomyias brunneatus* 一亚种：
    ❶ 指名亚种 *brunneatus*
- 郑光美（2017：353；2023：348）记载白喉林鹟 *Cyornis brunneatus*①为单型种。
    ① 郑光美（2017）：由 *Rhinomyias* 属归入 *Cyornis* 属（Sangster et al., 2010）。

〔1233〕**棕腹大仙鹟** *Niltava davidi*　　　　　　　　　　　　　　　　　　zōngfù dàxiānwēng

曾用名：大卫仙鹟 *Niltava davidi*

英文名：Fujian Niltava

- 郑作新（1958：316；1964：282）记载大卫仙鹟 *Niltava davidi* 为单型种。
- 郑作新（1966：173，174）记载大卫仙鹟 *Niltava davidi*，但未述及亚种分化问题。
- 郑作新（2002：262，263）记载棕腹大仙鹟 *Niltava davidi*，亦未述及亚种分化问题。
- 郑作新（1976：799；1987：857-858；1994：151；2000：151）、郑光美（2005：242；2011：252；2017：355；2023：348）记载棕腹大仙鹟 *Niltava davidi* 为单型种。

〔1234〕**棕腹仙鹟** *Niltava sundara*　　　　　　　　　　　　　　　　　　　zōngfù xiānwēng

英文名：Rufous-bellied Niltava

- 郑作新（1958：317；1964：167，282；1966：174；1976：801；1987：858；1994：151-152；2000：151-152；2002：264）、郑光美（2005：242-243；2011：252；2017：355-356；2023：349）均记载棕腹仙鹟 *Niltava sundara*①二亚种：

❶ 指名亚种 *sundara*②

❷ 西南亚种 *denotata*

① 郑作新（1987）：Caldwell 和 Caldwell（1931）记述此鸟亦见于福建是错误的。

② 郑作新（1958）：Caldwell 和 Caldwell（1931）以此鸟亦见于福建，尚待证实，或为 *Niltava davidi* 之误。

〔1235〕**棕腹蓝仙鹟** *Niltava oatesi*　　　　　　　　　　　　　　　　　　　　　　zōngfù lánxiānwēng

曾用名： 大棕腹蓝仙鹟 *Niltava oatesi*（约翰·马敬能，2022b：364）

英文名： Vivid Niltava

曾被视为 *Niltava vivida* 的一个亚种，现列为独立种，中文名沿用棕腹蓝仙鹟。请参考〔1236〕台湾蓝仙鹟 *Niltava vivida*。

〔1236〕**台湾蓝仙鹟** *Niltava vivida*　　　　　　　　　　　　　　　　　　　　　　táiwān lánxiānwēng

曾用名： 棕腹蓝鹟 *Niltava vivida*、棕腹蓝仙鹟 *Niltava vivida*

英文名： Taiwan Vivid Niltava

说　明： 因分类修订，原棕腹蓝仙鹟 *Niltava vivida* 的中文名修改为台湾蓝仙鹟。

◆ 郑作新（1958：317-318；1964：282；1976：802）记载棕腹蓝鹟 *Niltava vivida* 二亚种：

❶ 西南亚种 *oatesi*

❷ 指名亚种 *vivida*

◆ 郑作新（1966：173，174）记载棕腹蓝鹟 *Niltava vivida*，但未述及亚种分化问题。

◆ 郑作新（1987：859-860；1994：152；2000：152；2002：264）、郑光美（2005：243；2011：252-253；2017：356）记载棕腹蓝仙鹟 *Niltava vivida* 二亚种：

❶ 西南亚种 *oatesi*

❷ 指名亚种 *vivida*

◆ 郑光美（2023：349）记载以下两种：

（1）棕腹蓝仙鹟 *Niltava oatesi*

（2）台湾蓝仙鹟 *Niltava vivida*

〔1237〕**大仙鹟** *Niltava grandis*　　　　　　　　　　　　　　　　　　　　　　　　dàxiānwēng

英文名： Large Niltava

◆ 郑作新（1958：315-316；1964：166，282；1966：174；1976：798；1987：855-856；1994：151；2000：151；2002：264）、郑光美（2005：242；2011：251-252；2017：356；2023：349）均记载大仙鹟 *Niltava grandis* 二亚种：

❶ 指名亚种 *grandis*

❷ 云南亚种 *griseiventris*

〔1238〕**小仙鹟** *Niltava macgrigoriae*　　　　　　　　　　　　　　　　　　　　　　xiǎoxiānwēng

曾用名： 小仙鹟 *Niltava macGrigoriae*、小仙鹟 *Niltava macgregoriae*

英文名：Small Niltava

◆郑作新（1958：316）记载小仙鹟 *Niltava macGrigoriae* 为单型种。

◆郑作新（1964：282；1976：799）记载小仙鹟 *Niltava macgrigoriae*[①]一亚种：

❶ 指名亚种 *macgrigoriae*[②]

①编者注：郑作新（1964）记载其种本名为 *macGrigoriae*。

②编者注：郑作新（1964）记载该亚种为 *macGrigoriae*。

◆郑作新（1966：174；2002：262，263）记载小仙鹟 *Niltava macgrigoriae*，但未述及亚种分化问题。

◆郑作新（1987：856；1994：151；2000：151）、郑光美（2005：242；2011：252；2017：356；2023：350）记载小仙鹟 *Niltava macgrigoriae*[③]一亚种：

❶ 东方亚种 *signata*

③编者注：郑光美（2005）记载其种本名为 *macgregoriae*。

[1239] **白腹蓝鹟** *Cyanoptila cyanomelana*   báifù lánwēng

曾用名：白腹蓝鹟 *Ficedula cyanomelana*、白腹蓝［姬］鹟 *Ficedula cyanomelana*、
白腹蓝姬鹟 *Ficedula cyanomelana*、白腹［姬］鹟 *Ficedula cyanomelana*、
白腹蓝姬鹟 *Cyanoptila cyanomelana*；白腹姬鹟 *Ficedula cyanomelana*（赵正阶，2001b：654）、
白腹［姬］鹟 *Cyanoptila cyanomelana*（杭馥兰等，1997：281；约翰·马敬能等，2000：287）

英文名：Blue-and-white Flycatcher

◆郑作新（1958：314-315）记载白腹蓝鹟 *Ficedula cyanomelana* 二亚种：

❶ 东北亚种 *cumatilis*

❷ 指名亚种 *cyanomelana*

◆郑作新（1964：165，282；1966：172）记载白腹蓝［姬］鹟 *Ficedula cyanomelana*[①]二亚种：

❶ 东北亚种 *cumatilis*

❷ 指名亚种 *cyanomelana*

①编者注：郑作新（1964：282）称其为白腹蓝姬鹟。

◆郑作新（1976：797；1987：854；1994：151；2000：151；2002：260）记载白腹［姬］鹟 *Ficedula cyanomelana*[②③]二亚种：

❶ 东北亚种 *cumatilis*

❷ 指名亚种 *cyanomelana*

②郑作新（1987）：该物种有时被归入一个单独的属，即 *Cyanoptila* 属。

③编者注：郑作新等（2010：343-345）记载白腹［姬］鹟 *Ficedula cyanomelana* 二亚种与之相同，在分类讨论部分指出，有些学者将此种另列一属 *Cyanoptila*，白腹蓝［姬］鹟有二亚种，即指名亚种 *Ficedula cyanomelana cyanomelana* 和东北亚种 *Ficedula cyanomelana cumatilis*。前者雄鸟背部海蓝色，头顶钴蓝色，嘴和胸黑色；后者背部蓝青色，头顶天蓝色，喉和上胸部深青蓝色；雌鸟指名亚种也比较暗，较多棕色。Weigold 于1922年发表采自海参崴的 *Ficedula cyanomelana intermedis* 亚种（在指名亚种引用文献部分写作 *intermedia*），认为这新亚种是介于上述二亚种之间的中间类型。

◆郑光美（2005：241；2011：251）记载白腹蓝姬鹟 *Cyanoptila cyanomelana* 二亚种：

❶ 东北亚种 *cumatilis*

❷ 指名亚种 *cyanomelana*

◆郑光美（2017：352-353；2023：350）记载以下两种：

(1) 白腹蓝鹟 *Cyanoptila cyanomelana*

❶ 指名亚种 *cyanomelana*

❷ *intermedia* 亚种

(2) 白腹暗蓝鹟 *Cyanoptila cumatilis*④

④ 郑光美（2017）：由 *Cyanoptila cyanomelana* 的亚种提升为种（Leader et al., 2010）。

〔1240〕**白腹暗蓝鹟** *Cyanoptila cumatilis*   báifù ànlánwēng

曾用名：琉璃蓝鹟 *Cyanoptila cumatilis*（刘阳等，2021：524；约翰·马敬能，2022b：360）

英文名：Zappey's Flycatcher

由 *Cyanoptila cyanomelana* 的亚种提升为种。请参考〔1239〕白腹蓝鹟 *Cyanoptila cyanomelana*。

〔1241〕**铜蓝鹟** *Eumyias thalassinus*   tónglánwēng

曾用名：铜蓝鹟 *Muscicapa thalassina*、铜蓝鹟 *Eumyias thalassina*

英文名：Verditer Flycatcher

◆郑作新（1958：325；1964：283；1976：811；1987：870；1994：153；2000：153）记载铜蓝鹟 *Muscicapa thalassina* 一亚种：

❶ 指名亚种 *thalassina*

◆郑作新（1966：175；2002：266）记载铜蓝鹟 *Muscicapa thalassina*，但未述及亚种分化问题。

◆郑光美（2005：242）记载铜蓝鹟 *Eumyias thalassina* 一亚种：

❶ 指名亚种 *thalassina*

◆郑光美（2011：251；2017：353；2023：351）记载铜蓝鹟 *Eumyias thalassinus* 一亚种①：

❶ 指名亚种 *thalassinus*

① 郑光美（2011）：参见范强军和钟海波（2010），有待确证。

〔1242〕**欧亚鸲** *Erithacus rubecula*   ōuyàqú

英文名：European Robin

◆郑作新（1994：108；2000：108）、郑光美（2005：213；2011：221-222；2017：329；2023：351）记载欧亚鸲 *Erithacus rubecula*① 一亚种：

❶ 指名亚种 *rubecula*

① 编者注：郑作新（2002）未记载该种。

〔1243〕**栗背短翅鸫** *Heteroxenicus stellatus*   lìbèi duǎnchìdōng

曾用名：栗背短翅鸫 *Brachypteryx stellata*

英文名：Gould's Shortwing

◆郑作新（1966：126；2002：185）记载栗背短翅鸫 *Brachypteryx stellata*，但未述及亚种分化问题。

◆郑作新（1958：121；1964：255；1976：534；1987：573；1994：107；2000：107）、郑光美（2005：213；

2011：221）记载栗背短翅鸫 Brachypteryx stellata 一亚种：

❶ 指名亚种 stellata

◆ 郑光美（2017：334；2023：351）记载栗背短翅鸫 Heteroxenicus stellatus①一亚种：

❶ 指名亚种 stellatus

① 郑光美（2017）：由 Brachypteryx 属归入 Heteroxenicus 属（Rasmussen et al.，2005；Collar，2005）。

〔1244〕**锈腹短翅鸫** Brachypteryx hyperythra　　　　　　　　　　　　　　xiùfù duǎnchìdōng

英文名：Rusty-bellied Shortwing

◆ 郑作新（2002：185）记载锈腹短翅鸫 Brachypteryx hyperythra，但未述及亚种分化问题。

◆ 郑作新（1976：535；1987：573；1994：107；2000：107）、郑光美（2005：212；2011：220；2017：334；2023：351）记载锈腹短翅鸫 Brachypteryx hyperythra①为单型种。

① 编者注：中国鸟类新记录（彭燕章等，1974）。

〔1245〕**白喉短翅鸫** Brachypteryx leucophris　　　　　　　　　　　　　　báihóu duǎnchìdōng

曾用名：白翅短翅鸫 Brachypteryx leucophrys、白喉短翅鸫 Brachypteryx leucophrys

英文名：Lesser Shortwing

◆ 郑作新（1958：121-122）记载白翅短翅鸫 Brachypteryx leucophrys 二亚种：

❶ 西南亚种 nipalensis

❷ 华南亚种 carolinae

◆ 郑作新（1966：127）记载白喉短翅鸫 Brachypteryx leucophrys①，但未述及亚种分化问题。

① Brachypteryx leucophrys carolinae 雄鸟上体不呈蓝色，而与雌鸟同为棕橄榄褐色。

◆ 郑作新（1964：256；1976：535-536；1987：573；1994：107；2000：107；2002：186）、郑光美（2005：213；2011：221）记载白喉短翅鸫 Brachypteryx leucophrys 二亚种：

❶ 西南亚种 nipalensis

❷ 华南亚种 carolinae

◆ 郑光美（2017：334-335；2023：351-352）记载白喉短翅鸫 Brachypteryx leucophris 二亚种：

❶ 西南亚种 nipalensis

❷ 华南亚种 carolinue

〔1246〕**喜山蓝短翅鸫** Brachypteryx cruralis　　　　　　　　　　　　　　xǐshān lán duǎnchìdōng

英文名：Himalayan Shortwing

由 Brachypteryx montana 的亚种提升为种。请参考〔1247〕蓝短翅鸫 Brachypteryx sinensis。

〔1247〕**蓝短翅鸫** Brachypteryx sinensis　　　　　　　　　　　　　　　　lán duǎnchìdōng

曾用名：蓝短翅鸫 Brachypteryx montana；中华短翅鸫 Brachypteryx sinensis（刘阳等，2021：534）

英文名：Chinese Shortwing

说　　明：由 Brachypteryx montana 的亚种提升为种，中文名沿用蓝短翅鸫。据郑光美（2021：222），Brachypteryx montana 仍被命名为蓝短翅鸫，在中国有分布，但郑光美（2023）未予收录。

◆ 郑作新（1966：127）记载蓝短翅鸫 *Brachypteryx montana*，但未述及亚种分化问题。

◆ 郑作新（1958：122-123；1964：256；1976：536-537；1987：574-575；1994：108；2000：107-108；2002：186）、郑光美（2005：213；2011：221；2017：335）记载蓝短翅鸫 *Brachypteryx montana* 三亚种：

① 西南亚种 *cruralis*

② 华南亚种 *sinensis*

③ 台湾亚种 *goodfellowi*

◆ 郑光美（2023：352）记载以下三种：

（1）喜山蓝短翅鸫 *Brachypteryx cruralis*[①]

① 由 *Brachypteryx montana* 的亚种提升为种（Alström et al.，2018）。

（2）蓝短翅鸫 *Brachypteryx sinensis*[②]

② 由 *Brachypteryx montana* 的亚种提升为种（Alström et al.，2018），中文名沿用蓝短翅鸫。

（3）台湾蓝短翅鸫 *Brachypteryx goodfellowi*[③]

③ 由 *Brachypteryx montana* 的亚种提升为种（Alström et al.，2018）。

〔1248〕**台湾蓝短翅鸫** *Brachypteryx goodfellowi*　　　　　　　　　　　　táiwān lán duǎnchìdōng

英文名： White-browed Shortwing

由 *Brachypteryx montana* 的亚种提升为种。请参考〔1247〕蓝短翅鸫 *Brachypteryx sinensis*。

〔1249〕**栗腹歌鸲** *Larvivora brunnea*　　　　　　　　　　　　lìfù gēqú

曾用名： 栗腹歌鸲 *Luscinia brunnea*

英文名： Indian Blue Robin

◆ 郑作新（1958：125）记载栗腹歌鸲 *Luscinia brunnea* 为单型种。

◆ 郑作新（1966：127；2002：186）记载栗腹歌鸲 *Luscinia brunnea*，但未述及亚种分化问题。

◆ 郑作新（1964：256；1976：544；1987：583；1994：109；2000：109）、郑光美（2005：216；2011：224）记载栗腹歌鸲 *Luscinia brunnea* 一亚种：

① 指名亚种 *brunnea*

◆ 郑光美（2017：330；2023：352）记载栗腹歌鸲 *Larvivora brunnea*[①] 一亚种：

① 指名亚种 *brunnea*

① 郑光美（2017）：由 *Luscinia* 属归入 *Larvivora* 属（Sangster et al.，2010）。

〔1250〕**蓝歌鸲** *Larvivora cyane*　　　　　　　　　　　　lángēqú

曾用名： 蓝歌鸲 *Luscinia cyane*

英文名： Siberian Blue Robin

◆ 郑作新（1958：124-125；1964：256）记载蓝歌鸲 *Luscinia cyane* 一亚种：

① 指名亚种 *cyane*

◆ 郑作新（1966：127；2002：186）记载蓝歌鸲 *Luscinia cyane*，但未述及亚种分化问题。

◆ 郑作新（1976：545；1987：584；1994：109；2000：109）、郑光美（2005：216-217；2011：224-225）记载蓝歌鸲 *Luscinia cyane* 二亚种：

❶ 指名亚种 *cyane*

❷ 东南亚种 *bochaiensis*

◆郑光美（2017：330；2023：353）记载蓝歌鸲 *Larvivora cyane*[①]二亚种：

❶ 指名亚种 *cyane*

❷ 东南亚种 *bochaiensis*

[①] 郑光美（2017）：由 *Luscinia* 属归入 *Larvivora* 属（Sangster et al.，2010）。

〔1251〕**红尾歌鸲** *Larvivora sibilans*   hóngwěi gēqú

曾用名：红尾歌鸲 *Luscinia sibilans*

英文名：Rufous-tailed Robin

◆郑作新（1966：127；2002：187）记载红尾歌鸲 *Luscinia sibilans*，但未述及亚种分化问题。

◆郑作新（1976：538；1987：576；1994：108；2000：108；）记载红尾歌鸲 *Luscinia sibilans* 一亚种：

❶ 指名亚种 *sibilans*

◆郑作新（1958：124；1964：256）、郑光美（2005：214；2011：222）记载红尾歌鸲 *Luscinia sibilans* 为单型种。

◆郑光美（2017：329；2023：353）记载红尾歌鸲 *Larvivora sibilans*[①]为单型种。

[①] 郑光美（2017）：由 *Luscinia* 属归入 *Larvivora* 属（Sangster et al.，2010）。

〔1252〕**棕头歌鸲** *Larvivora ruficeps*   zōngtóu gēqú

曾用名：棕头歌鸲 *Luscinia ruficeps*

英文名：Rufous-headed Robin

◆郑作新（1966：127；2002：187）记载棕头歌鸲 *Luscinia ruficeps*，但未述及亚种分化问题。

◆郑作新（1958：130；1964：257；1976：543；1987：582；1994：109；2000：109）、郑光美（2005：216；2011：224）记载棕头歌鸲 *Luscinia ruficeps* 为单型种。

◆郑光美（2017：330；2023：353）记载棕头歌鸲 *Larvivora ruficeps*[①]为单型种。

[①] 郑光美（2017）：由 *Luscinia* 属归入 *Larvivora* 属（Sangster et al.，2010）。

〔1253〕**琉球歌鸲** *Larvivora komadori*   liúqiú gēqú

曾用名：琉球歌鸲 *Luscinia komadori*、琉球歌鸲 *Erithacus komadori*；

      琉球歌鸲 *Ericthacus komadori*（约翰·马敬能等，2000：293；段文科等，2017b：811）

英文名：Ryukyu Robin

◆杭馥兰和常家传（1997：192）记载琉球歌鸲 *Luscinia komadori* 一亚种：

❶ 南琉球亚种 *subrufa*[①]

[①] 编者注：亚种中文名引自赵正阶（2001b：242）。

◆赵正阶（2001b：242-243）记载琉球歌鸲 *Erithacus komadori*[②]一亚种：

❶ 南琉球亚种 *subrufa*

◆郑光美（2005：214；2011：222）记载琉球歌鸲 *Erithacus komadori* 一亚种：

❶ 指名亚种 *komadori*

◆ 郑光美（2017：329）记载琉球歌鸲 *Larvivora komadori*③ 一亚种：

  ❶ 指名亚种 *komadori*

  ② 由 *Erithacus* 属归入 *Larvivora* 属（Sangster et al., 2010）。

◆ 郑光美（2023：353）记载琉球歌鸲 *Larvivora komadori* 为单型种。

〔1254〕**日本歌鸲** *Larvivora akahige*   rìběn gēqú

曾用名：日本歌鸲 *Luscinia akahige*、〔日本〕歌鸲 *Luscinia akahige*、日本歌鸲 *Erithacus akahige*

英文名：Japanese Robin

◆ 郑作新（1958：124）记载日本歌鸲 *Luscinia akahige* 一亚种：

  ❶ 指名亚种 *akahige*

◆ 郑作新（1964：256；1976：537-538；1987：575-576；1994：108；2000：108）记载〔日本〕歌鸲 *Luscinia akahige* 一亚种：

  ❶ 指名亚种 *akahige*

◆ 郑作新（1966：127；2002：186）记载日本歌鸲 *Luscinia akahige*，但未述及亚种分化问题。

◆ 郑光美（2005：214；2011：222）记载日本歌鸲 *Erithacus akahige* 一亚种：

  ❶ 指名亚种 *akahige*

◆ 郑光美（2017：329；2023：354）记载日本歌鸲 *Larvivora akahige*① 一亚种：

  ❶ 指名亚种 *akahige*

  ① 郑光美（2017）：由 *Erithacus* 属归入 *Larvivora* 属（Sangster et al., 2010）。

〔1255〕**蓝喉歌鸲** *Luscinia svecica*   lánhóu gēqú

曾用名：蓝点颏（kē）*Luscinia svecica*

英文名：Bluethroat

◆ 郑作新（1958：126-127；1964：256）记载蓝点颏 *Luscinia svecica* 四亚种：

  ❶ 指名亚种 *svecica*

  ❷ 西西伯利亚亚种 *pallidogularis*①

  ❸ 新疆亚种 *kobdensis*

  ❹ 青海亚种 *przevalskii*

  ① 编者注：亚种中文名引自赵正阶（2001b：248）。

◆ 郑作新（1964：122；1966：127-128；1976：541-542）记载蓝点颏 *Luscinia svecica* 四亚种：

  ❶ 指名亚种 *svecica*②

  ❷ 西西伯利亚亚种 *pallidogularis* 或北疆亚种 *saturatior*②③

  ❸ 新疆亚种 *kobdensis*

  ❹ 青海亚种 *przevalskii*

  ② 郑作新（1964, 1966）：因无繁殖期标本，喉部蓝色、颐斑棕色的深浅等，无法进行对比。

  ③ 编者注：郑作新（1976）仅记载北疆亚种 *saturatior*。

◆ 郑作新（1987：579-581）记载蓝点颏 *Luscinia svecica* 五亚种：

  ❶ 指名亚种 *svecica*

❷ 北疆亚种 *saturatior*

❸ 新疆亚种 *kobdensis*

❹ 青海亚种 *przevalskii*

❺ 藏西亚种 *abbotti*

◆郑作新（1994：108；2000：108；2002：187）记载蓝喉歌鸲、蓝点颏 *Luscinia svecica* 五亚种：

❶ 指名亚种 *svecica*

❷ 北疆亚种 *saturatior*

❸ 新疆亚种 *kobdensis*

❹ 青海亚种 *przevalskii*

❺ 藏西亚种 *abbotti*

◆郑光美（2005：215；2011：223-224；2017：332；2023：354）记载蓝喉歌鸲 *Luscinia svecica* 五亚种：

❶ 指名亚种 *svecica*

❷ 北疆亚种 *saturatior*

❸ 新疆亚种 *kobdensis*

❹ 青海亚种 *przevalskii*

❺ 藏西亚种 *abbotti*

〔1256〕**白腹短翅鸲** *Luscinia phaenicuroides*   báifù duǎnchìqú

曾用名：短翅鸲 *Hodgsonius phoenicuroides*、白腹短翅鸲 *Hodgsonius phoenicuroides*、
       白腹短翅鸲 *Hodgsonius phaenicuroides*、白腹短翅鸲 *Luscinia phoenicuroides*

英文名：White-bellied Redstart

◆郑作新（1958：141）记载短翅鸲 *Hodgsonius phoenicuroides* 为单型种。

◆郑作新（1964：124，258；1966：130；1976：561-562）记载短翅鸲 *Hodgsonius phoenicuroides* 二亚种：

❶ 指名亚种 *phoenicuroides*

❷ 普通亚种 *ichangensis*

◆郑作新（1987：602）记载短翅鸲 *Hodgsonius phoenicuroides* 一亚种：

❶ 普通亚种 *ichangensis*

◆郑作新（2002：184）记载记载短翅鸲属 *Hodgsonius* 为单型属。

◆郑作新（1994：111；2000：111）、郑光美（2005：222；2011：230）记载白腹短翅鸲 *Hodgsonius phoenicuroides*[①]一亚种：

❶ 普通亚种 *ichangensis*

[①] 编者注：郑光美（2011）记载其种本名为 *phaenicuroides*。

◆郑光美（2017：331-332）记载白腹短翅鸲 *Luscinia phoenicuroides*[②]二亚种：

❶ 普通亚种 *ichangensis*

❷ 指名亚种 *phoenicuroides*

[②] 由 *Hodgsonius* 属归入 *Luscinia* 属（Sangster et al., 2010）。

◆郑光美（2023：354-355）记载白腹短翅鸲 *Luscinia phoenicuroides* 二亚种：

❶ 普通亚种 *ichangensis*

❷ 指名亚种 *phaenicuroides*

〔1257〕**新疆歌鸲** *Luscinia megarhynchos*　　　　　　　　　　　　　　xīnjiāng gēqú
英文名：Common Nightingale
◆ 郑作新（1966：127；2002：186）记载新疆歌鸲 *Luscinia megarhynchos*，但未述及亚种分化问题。
◆ 郑作新（1958：123；1964：256；1976：538-540；1987：577；1994：108；2000：108）、郑光美（2005：214；2011：222）记载新疆歌鸲 *Luscinia megarhynchos* 一亚种：
　❶ 新疆亚种 *hafizi*[①]
　　① 郑作新（1958）：原列为 *Luscinia megarhynchos golzii*。
◆ 郑光美（2017：332；2023：355）记载新疆歌鸲 *Luscinia megarhynchos* 一亚种：
　❶ *golzii* 亚种

〔1258〕**黑胸歌鸲** *Calliope pectoralis*　　　　　　　　　　　　　　hēixiōng gēqú
曾用名：黑胸歌鸲 *Luscinia pectoralis*
英文名：Himalayan Rubythroat
◆ 郑作新（1958：128-129；1964：122，257；1966：128；1976：542-543；1987：581-582；1994：108-109；2000：108-109；2002：187）、郑光美（2005：215；2011：223）记载黑胸歌鸲 *Luscinia pectoralis* 三亚种：
　❶ 青藏亚种 *tschebaiewi*
　❷ 新疆亚种 *ballioni*[①]
　❸ 藏南亚种 *confusa*
　　① 编者注：郑作新（1958，1964，1966，1976，1987）记载该亚种为 *bailloni*。
◆ 郑光美（2017：331；2023：355）记载以下两种：
（1）黑胸歌鸲 *Calliope pectoralis*[②]
　❶ 新疆亚种 *ballioni*
　❷ 藏南亚种 *confusa*
　　② 郑光美（2017）：由 *Luscinia* 属归入 *Calliope* 属（Sangster et al., 2010）。
（2）白须黑胸歌鸲 *Calliope tschebaiewi*[③]
　　③ 郑光美（2017）：由 *Calliope pectoralis* 的亚种提升为种（Liu et al., 2016）。

〔1259〕**白须黑胸歌鸲** *Calliope tschebaiewi*　　　　　　　　　　　　báixū hēixiōng gēqú
英文名：Chinese Rubythroat
　　由 *Calliope pectoralis* 的亚种提升为种。请参考〔1258〕黑胸歌鸲 *Calliope pectoralis*。

〔1260〕**红喉歌鸲** *Calliope calliope*　　　　　　　　　　　　　　hónghóu gēqú
曾用名：红点颏（ké）*Luscinia calliope*、红喉歌鸲 *Luscinia calliope*
英文名：Siberian Rubythroat
◆ 郑作新（1958：127）记载红点颏 *Luscinia calliope* 一亚种：

❶ 指名亚种 calliope
- 郑作新（1964：256；1976：540；1987：577-579）记载红点颏 *Luscinia calliope* 为单型种。
- 郑作新（1966：127）记载红点颏 *Luscinia calliope*，但未述及亚种分化问题。
- 郑作新（1994：108；2000：108）记载红喉歌鸲、红点颏 *Luscinia calliope* 为单型种。
- 郑作新（2002：186）记载红喉歌鸲、红点颏 *Luscinia calliope*，亦未述及亚种分化问题。
- 郑光美（2005：214；2011：223）记载红喉歌鸲 *Luscinia calliope* 为单型种。
- 郑光美（2017：330；2023：355）记载红喉歌鸲 *Calliope calliope*[①]为单型种。

① 郑光美（2017）：由 *Luscinia* 属归入 *Calliope* 属（Sangster et al., 2010）。

[1261]**金胸歌鸲** *Calliope pectardens*　　　　　　　　　　　　　　　　　　　　jīnxiōng gēqú

曾用名：金胸歌鸲 *Luscinia pectardens*

英文名：Firethroat

- 郑作新（1966：127；2002：187）记载金胸歌鸲 *Luscinia pectardens*，但未述及亚种分化问题。
- 郑作新（1958：129；1964：257；1976：543-544；1987：582；1994：109；2000：109）、郑光美（2005：216；2011：224）记载金胸歌鸲 *Luscinia pectardens*[①]为单型种。

① 郑作新（1976）：Ripley 认为 *Luscinia obscurus* 与 *Luscinia pectardens* 是两个不同的种（Goodwin et al., 1956；Ripley et al., 1966）。

- 郑光美（2017：331；2023：356）记载金胸歌鸲 *Calliope pectardens*[②]为单型种。

② 郑光美（2017）：由 *Luscinia* 属归入 *Calliope* 属（Sangster et al., 2010）。

[1262]**黑喉歌鸲** *Calliope obscura*　　　　　　　　　　　　　　　　　　　　hēihóu gēqú

曾用名：黑喉歌鸲 *Luscinia obscura*、黑喉歌鸲 *Erithacus obscurus*

英文名：Blackthroat

- 郑作新（2002：187）记载黑喉歌鸲 *Luscinia obscura*，但未述及亚种分化问题。
- 郑作新（1987：582；1994：109；2000：109）、郑光美（2005：216；2011：224）记载黑喉歌鸲 *Luscinia obscura*[①]为单型种。

① 编者注：据赵正阶（2001b：253），有关黑喉歌鸲 *Luscinia obscura* 的分类，过去颇有争议。Goodwin 和 Vaurie（1956）、Etchècopar 和 Hüe（1983）、郑作新（1958：129；1976：543）、Vaurie（1959）等认为本种和金胸歌鸲 *Luscinia pectardens* 是同一种的两种不同色型，因而将它作为金胸歌鸲的同物异名而不承认该种。Ripley（1964）却分别将它们作为两个独立种，即金胸歌鸲 *Luscinia pectardens* 和黑喉歌鸲 *Luscinia obscura*，这一观点近来已得到 De Schauensee（1984）、Inskipp 等（1996）、郑作新（1994）、郑作新等（1995）等多数学者的支持。本种也使用 *Erithacus obscurus* 种名。

- 郑光美（2017：331；2023：356）记载黑喉歌鸲 *Calliope obscura*[②]为单型种。

② 郑光美（2017）：由 *Luscinia* 属归入 *Calliope* 属（Sangster et al., 2010）。

[1263]**白尾蓝地鸲** *Myiomela leucura*　　　　　　　　　　　　　　　　　　　　báiwěi lándìqú

曾用名：白尾地鸲 *Myiomela leucura*、白斑地鸲 *Cinclidium leucurum*、

　　　　　白尾［蓝］地鸲 *Cinclidium leucurum*、白尾蓝地鸲 *Cinclidium leucurum*、

白尾地鸲 *Cinclidium leucurum*、白尾蓝地鸲 *Myiomela leucurum*；

白斑尾［地］鸲 *Cinclidium leucurum*（杭馥兰等，1997：199）、

白尾蓝［地］鸲 *Myiomela leucura*（约翰·马敬能等，2000：304）、

白尾蓝［地］鸲 *Cinclidium leucurum*（赵正阶，2001b：284）

英文名： White-tailed Robin

◆ 郑作新（1958：141-142；1964：258）记载白尾地鸲 *Myiomela leucura* 二亚种：
  ❶ 指名亚种 *leucura*
  ❷ 台湾亚种 *montium*

◆ 郑作新（1966：130）记载白尾斑地鸲 *Cinclidium leucurum*，但未述及亚种分化问题。

◆ 郑作新（1976：562-563；1987：603-604）记载白尾斑地鸲 *Cinclidium leucurum* 二亚种：
  ❶ 指名亚种 *leucurum*
  ❷ 台湾亚种 *montium*

◆ 郑作新（1994：111；2000：111；2002：192）记载白尾［蓝］地鸲 *Cinclidium leucurum* 二亚种：
  ❶ 指名亚种 *leucurum*
  ❷ 台湾亚种 *montium*

◆ 郑光美（2005：222；2011：230）记载白尾地鸲 *Cinclidium leucurum*[①] 二亚种：
  ❶ 指名亚种 *leucurum*
  ❷ 台湾亚种 *montium*

  [①] 编者注：郑光美（2005）记载其中文名为白尾蓝地鸲。

◆ 郑光美（2017：339-340）记载白尾蓝地鸲 *Myiomela leucurum*[②] 二亚种：
  ❶ 指名亚种 *leucurum*
  ❷ 台湾亚种 *montium*

  [②] 由 *Cinclidium* 属归入 *Myiomela* 属（Sangster et al.，2010）。

◆ 郑光美（2023：356）记载白尾蓝地鸲 *Myiomela leucura* 二亚种：
  ❶ 指名亚种 *leucura*
  ❷ 台湾亚种 *montium*

［1264］**白眉林鸲** *Tarsiger indicus*　　　　　　　　　　　　　　　báiméi línqú

英文名： White-browed Bush Robin

◆ 郑作新（1958：132；1964：257；1976：549）记载白眉林鸲 *Tarsiger indicus* 二亚种：
  ❶ 西南亚种 *yunnanensis*
  ❷ 台湾亚种 *formosanus*

◆ 郑作新（1966：128）记载白眉林鸲 *Tarsiger indicus*，但未述及亚种分化问题。

◆ 郑作新（1987：588-589；1994：109-110；2000：109；2002：188）、郑光美（2005：217；2011：225-226；2017：333）记载白眉林鸲 *Tarsiger indicus* 三亚种：
  ❶ 指名亚种 *indicus*
  ❷ 西南亚种 *yunnanensis*
  ❸ 台湾亚种 *formosanus*

XXVI. 雀形目 PASSERIFORMES

◆ 郑光美（2023：356-357）记载以下两种：

(1) 白眉林鸲 *Tarsiger indicus*

❶ 指名亚种 *indicus*

❷ 西南亚种 *yunnanensis*

(2) 台湾白眉林鸲 *Tarsiger formosanus*[①]

① 由 *Tarsiger indicus* 的亚种提升为种（Wei et al., 2022a）。

〔1265〕**台湾白眉林鸲** *Tarsiger formosanus*   táiwān báiméi línqú

英文名：Taiwan Bush Robin

由 *Tarsiger indicus* 的亚种提升为种。请参考〔1264〕白眉林鸲 *Tarsiger indicus*。

〔1266〕**棕腹林鸲** *Tarsiger hyperythrus*   zōngfù línqú

英文名：Rufous-breasted Bush Robin

◆ 郑作新（2002：188）记载棕腹林鸲 *Tarsiger hyperythrus*，但未述及亚种分化问题。

◆ 郑作新（1976：548；1987：588；1994：109；2000：109）、郑光美（2005：218；2011：226；2017：333；2023：357）记载棕腹林鸲 *Tarsiger hyperythrus* 为单型种。

〔1267〕**台湾林鸲** *Tarsiger johnstoniae*   táiwān línqú

曾用名：栗背林鸲 *Tarsiger johnstoniae*

英文名：Collared Bush Robin

◆ 郑作新（1958：130；1964：257；1976：549；1987：589）记载栗背林鸲 *Tarsiger johnstoniae* 为单型种。

◆ 郑作新（1966：128）记载栗背林鸲 *Tarsiger johnstoniae*，但未述及亚种分化问题。

◆ 郑作新（2002：188）记载台湾林鸲 *Tarsiger johnstoniae*，亦未述及亚种分化问题。

◆ 郑作新（1994：110；2000：110）、郑光美（2005：218；2011：226；2017：334；2023：357）记载台湾林鸲 *Tarsiger johnstoniae* 为单型种。

〔1268〕**红胁蓝尾鸲** *Tarsiger cyanurus*   hóngxié lánwěiqú

英文名：Orange-flanked Bush-robin

◆ 郑作新（1958：131；1964：122-123，257；1966：128；1976：546-547；1987：585-586；1994：109；2000：109；2002：188）、郑光美（2005：217；2011：225）记载红胁蓝尾鸲 *Tarsiger cyanurus* 二亚种：

❶ 指名亚种 *cyanurus*

❷ 西南亚种 *rufilatus*[①]

① 编者注：郑作新（1958，1964，1976，1987）均将 *albocoeruleus* 亚种列为其同物异名。

◆ 郑光美（2017：333）记载以下两种：

(1) 红胁蓝尾鸲 *Tarsiger cyanurus*

(2) 蓝眉林鸲 *Tarsiger rufilatus*[②]

❶ 指名亚种 *rufilatus*

② 由 *Tarsiger cyanurus* 的亚种提升为种（Martens et al., 1995；Rasmussen et al., 2005）。

◆郑光美（2023：357）记载以下三种：

（1）红胁蓝尾鸲 *Tarsiger cyanurus*

（2）蓝眉林鸲 *Tarsiger rufilatus*

（3）祁连山蓝尾鸲 *Tarsiger albocoeruleus*③

③ 由 *Tarsiger rufilatus* 的亚种提升为种（Wei et al., 2022a）。

〔1269〕**蓝眉林鸲** *Tarsiger rufilatus*　　　　　　　　　　　　　　　　　　　lánméi línqú

英文名：Himalayan Bush-robin

由 *Tarsiger cyanurus* 的亚种提升为种。请参考〔1268〕红胁蓝尾鸲 *Tarsiger cyanurus*。

〔1270〕**祁连山蓝尾鸲** *Tarsiger albocoeruleus*　　　　　　　　　　　　　qíliánshān lánwěiqú

英文名：Qilian Bluetail

由 *Tarsiger rufilatus* 的亚种提升为种。请参考〔1268〕红胁蓝尾鸲 *Tarsiger cyanurus*。

〔1271〕**金色林鸲** *Tarsiger chrysaeus*　　　　　　　　　　　　　　　　　　jīnsè línqú

英文名：Golden Bush Robin

◆郑作新（1966：126；2002：187）记载金色林鸲 *Tarsiger chrysaeus*，但未述及亚种分化问题。

◆郑作新（1958：130；1964：257；1976：548；1987：587；1994：109；2000：109）、郑光美（2005：217；2011：225；2017：334；2023：358）记载金色林鸲 *Tarsiger chrysaeus* 一亚种：

❶ 指名亚种 *chrysaeus*

〔1272〕**小燕尾** *Enicurus scouleri*　　　　　　　　　　　　　　　　　　　　xiǎoyànwěi

英文名：Little Forktail

◆郑作新（1966：130；2002：192）记载小燕尾 *Enicurus scouleri*，但未述及亚种分化问题。

◆郑作新（1958：143；1964：258；1976：565；1987：605-606；1994：112；2000：112）、郑光美（2005：223；2011：231；2017：341；2023：358）记载小燕尾 *Enicurus scouleri* 为单型种。

〔1273〕**黑背燕尾** *Enicurus immaculatus*　　　　　　　　　　　　　　　　hēibèi yànwěi

英文名：Black-backed Forktail

◆约翰·马敬能等（2000：306）、郑光美（2005：223；2011：231；2017：341；2023：358）记载黑背燕尾 *Enicurus immaculatus*①为单型种。

① 编者注：据约翰·马敬能等（2000），郑作新在他1994年的著作《中国鸟类种和亚种分类名录大全》中未将此鸟列为见于中国的鸟类，但有报道说本种在西藏东南部肯定有见，且最近在云南西部的腾冲有记录。

〔1274〕**灰背燕尾** *Enicurus schistaceus*　　　　　　　　　　　　　　　　　huībèi yànwěi

英文名：Slaty-backed Forktail

◆郑作新（1966：130；2002：192）记载灰背燕尾 *Enicurus schistaceus*，但未述及亚种分化问题。

◆ 郑作新（1958：144；1964：259；1976：565；1987：606；1994：112；2000：112）、郑光美（2005：223；2011：231；2017：341；2023：358）记载灰背燕尾 *Enicurus schistaceus* 为单型种。

〔1275〕**白额燕尾** *Enicurus leschenaulti*　　　　　　　　　　　　　　　　　　　　bái'é yànwěi

曾用名： 黑背燕尾 *Enicurus leschenaulti*；

　　　　　白冠燕尾 *Enicurus leschenaulti*（约翰·马敬能等，2000：307；刘阳等，2021：544；约翰·马敬能，2022b：374）

英文名： White-crowned Forktail

◆ 郑作新（1958：144；1964：259；1976：566）记载黑背燕尾 *Enicurus leschenaulti* 一亚种：

❶ 普通亚种 *sinensis*

◆ 郑作新（1966：130）记载黑背燕尾 *Enicurus leschenaulti*，但未述及亚种分化问题。

◆ 郑作新（1987：607；1994：112；2000：112；2002：192-193）记载黑背燕尾 *Enicurus leschenaulti* 二亚种：

❶ 普通亚种 *sinensis*

❷ 滇南亚种 *indicus*

◆ 郑光美（2005：223-224；2011：232；2017：341；2023：358-359）记载白额燕尾 *Enicurus leschenaulti* 二亚种：

❶ 滇南亚种 *indicus*

❷ 普通亚种 *sinensis*

〔1276〕**斑背燕尾** *Enicurus maculatus*　　　　　　　　　　　　　　　　　　　　bānbèi yànwěi

英文名： Spotted Forktail

◆ 郑作新（1966：130）记载斑背燕尾 *Enicurus maculatus*，但未述及亚种分化问题。

◆ 郑作新（1958：145；1964：259；1976：566-568）记载斑背燕尾 *Enicurus maculatus* 二亚种：

❶ 云南亚种 *guttatus*

❷ 华南亚种 *bacatus*

◆ 郑作新（1987：608-609；1994：112；2000：112；2002：193）、郑光美（2005：224；2011：232；2017：342；2023：359）记载斑背燕尾 *Enicurus maculatus* 三亚种：

❶ 指名亚种 *maculatus*

❷ 云南亚种 *guttatus*

❸ 华南亚种 *bacatus*

〔1277〕**台湾紫啸鸫** *Myophonus insularis*　　　　　　　　　　　　　　　　　　táiwān zǐxiàodōng

曾用名： 印南紫啸鸫 *Myophonus horsfieldii*、台湾紫啸鸫 *Myiophoneus*（? *horsfieldii*）*insularis*、

　　　　　台湾紫啸鸫 *Myiophoneus insularis*

英文名： Taiwan Whistling Thrush

◆ 郑作新（1958：156）的记载为：

　　印南紫啸鸫 *Myophonus horsfieldii*

　　台湾紫啸鸫 *Myophonus*（? *horsfieldii*）*insularis*

- ◆ 郑作新（1964：260）的记载为：

  台湾紫啸鸫 *Myophonus*（？*horsfieldii*）*insularis*

- ◆ 郑作新（1964：127；1966：133）记载印南紫啸鸫 *Myophonus horsfieldii*，但未述及亚种分化问题。

- ◆ 郑作新（1976：583；1987：624）的记载为：

  台湾紫啸鸫 *Myiophoneus*（？*horsfieldii*）*insularis*

- ◆ 郑作新（1994：114；2000：114）、赵正阶（2001b：317-318）记载台湾紫啸鸫 *Myiophoneus insularis*[①]为单型种。

  [①] 编者注：据赵正阶（2001b），Hachisuka 和 Udagwa（1951）曾将本种作为分布于印度南部的 *Myiophoneus horsfieldii* 种的一个亚种 *Myiophoneus horsfieldii insularis*，但未能得到多数学者的支持。本种正确属名应该是 *Myophonus*（Inskipp et al., 1996），但多数都用 *Myiophoneus*。

- ◆ 郑作新（2002：197）记载台湾紫啸鸫 *Myiophoneus insularis*，亦未述及亚种分化问题。

- ◆ 郑光美（2005：229；2011：237；2017：340；2023：359）记载台湾紫啸鸫 *Myophonus insularis*[②]为单型种。

  [②] 编者注：据郑光美（2002：152；2021：223），*Myophonus horsfieldii* 分别被命名为马拉啸鸫和印度啸鸫，中国无分布。

〔1278〕**紫啸鸫** *Myophonus caeruleus*　　　　　　　　　　　　　　　zǐxiàodōng

曾用名： 紫啸鸫 *Myiophoneus caeruleus*

英文名： Blue Whistling Thrush

- ◆ 郑作新（1976：581-582；1987：623-624；1994：114；2000：114；2002：197）记载紫啸鸫 *Myiophoneus caeruleus* 三亚种：

  ❶ 西藏亚种 *temminckii*

  ❷ 西南亚种 *eugenei*

  ❸ 指名亚种 *caeruleus*

- ◆ 郑作新（1958：155-156；1964：127，260；1966：133）、郑光美（2005：229；2011：237；2017：340；2023：359-360）记载紫啸鸫 *Myophonus caeruleus* 三亚种：

  ❶ 西藏亚种 *temminckii*

  ❷ 西南亚种 *eugenei*

  ❸ 指名亚种 *caeruleus*

〔1279〕**蓝额地鸲** *Cinclidium frontale*　　　　　　　　　　　　　　　lán'é dìqú

曾用名： 蓝额长脚鸲 *Callene frontalis*、蓝额长脚地鸲 *Cinclidium frontale*、

蓝额［长脚］地鸲 *Cinclidium frontale*

英文名： Blue-fronted Robin

- ◆ 郑作新（1964：258）记载蓝额长脚鸲 *Callene frontalis*[①]一亚种：

  ❶ 四川亚种 *orientalis*

  [①] 编者注：中国鸟类新记录（张俊范等，1963）。

- ◆ 郑作新（1966：130；2002：192）蓝额长脚地鸲 *Cinclidium frontale*，但未述及亚种分化问题。

- ◆ 郑作新（1976：563；1987：604；1994：111；2000：111）记载蓝额长脚地鸲 *Cinclidium frontale*[②]一亚种：

❶ 四川亚种 orientale

② 编者注：郑作新（1994，2000）记载其中文名为蓝额［长脚］地鸲。

◆ 郑光美（2005：223；2011：231；2017：340；2023：360）记载蓝额地鸲 *Cinclidium frontale* 一亚种：

❶ 四川亚种 orientale

〔1280〕**白眉姬鹟** *Ficedula zanthopygia*　　　　　　　　　　　　　　　　　　　　　　báiméi jīwēng

曾用名： 白眉鹟 *Ficedula zanthopygia*、白眉［姬］鹟 *Ficedula zanthopygia*；

　　　　三色鹟 *Ficedula zanthopygia*（赵正阶，2001b：638）

英文名： Yellow-rumped Flycatcher

◆ 郑作新（1958：307）记载白眉鹟 *Ficedula zanthopygia* 为单型种。

◆ 郑作新（1964：163；1966：171；2002：259）记载白眉［姬］鹟 *Ficedula zanthopygia*，但未述及亚种分化问题。

◆ 郑作新（1964：281；1976：787；1987：842-844；1994：150；2000：150）记载白眉［姬］鹟 *Ficedula zanthopygia*①为单型种。

　　① 编者注：郑作新（1964：281）记载其中文名为白眉姬鹟。

◆ 郑光美（2005：238；2011：247；2017：349；2023：360）记载白眉姬鹟 *Ficedula zanthopygia* 为单型种。

〔1281〕**黄眉姬鹟** *Ficedula narcissina*　　　　　　　　　　　　　　　　　　　　　　huángméi jīwēng

曾用名： 黑背黄眉鹟 *Ficedula narcissina*、黄眉［姬］鹟 *Ficedula narcissina*

英文名： Narcissus Flycatcher

◆ 郑作新（1958：308）记载黑背黄眉鹟 *Ficedula narcissina* 二亚种：

　　❶ 指名亚种 narcissina

　　❷ 东陵亚种 elisae

◆ 郑作新（1964：165，281；1966：172；1976：788-789；1987：844-845；1994：150；2000：150；2002：261）、郑光美（2005：238）记载黄眉［姬］鹟 *Ficedula narcissina*①二亚种：

　　❶ 指名亚种 narcissina

　　❷ 东陵亚种 elisae

　　① 编者注：郑作新（1964：281）、郑光美（2005）记载其中文名为黄眉姬鹟。

◆ 郑光美（2011：247）记载以下两种：

（1）黄眉姬鹟 *Ficedula narcissina*

　　❶ 指名亚种 narcissina

　　❷ 广东亚种 owstoni②

　　② 编者注：亚种中文名引自段文科和张正旺（2017b：894），赵正阶（2001b：641）称之为琉球亚种。中国鸟类亚种新记录（王英永等，2007）。

（2）绿背姬鹟 *Ficedula elisae*③

　　③ 由黄眉姬鹟 elisae 亚种提升的种，见 Zhang 等（2006）。

◆ 郑光美（2017：349；2023：360-361）记载以下三种：

（1）黄眉姬鹟 *Ficedula narcissina*

（2）绿背姬鹟 *Ficedula elisae*

（3）琉球姬鹟 *Ficedula owstoni*④

④ 郑光美（2017）：由 *Ficedula narcissina* 的亚种提升为种（Dong et al.，2015）。编者注：据赵正阶（2001b：641），琉球亚种 *owstoni* 仅见于琉球群岛，不分布于我国。

〔1282〕**绿背姬鹟** *Ficedula elisae*   lǜbèi jīwēng

英文名：Green-backed Flycatcher

    由黄眉姬鹟 *elisae* 亚种提升的种。请参考〔1281〕黄眉姬鹟 *Ficedula narcissina*。

〔1283〕**琉球姬鹟** *Ficedula owstoni*   liúqiú jīwēng

英文名：Ryukyu Flycatcher

    由黄眉姬鹟 *Ficedula narcissina* 的亚种提升为种。请参考〔1281〕黄眉姬鹟 *Ficedula narcissina*。

〔1284〕**锈胸蓝姬鹟** *Ficedula erithacus*   xiùxiōng lánjīwēng

曾用名：锈胸蓝鹟 *Ficedula hodgsonii*、白胸蓝［姬］鹟 *Ficedula hodgsonii*、

    锈胸蓝［姬］鹟 *Ficedula hodgsonii*、锈胸蓝姬鹟 *Ficedula hodgsonii*、

    锈胸蓝姬鹟 *Ficedula sordida*

英文名：Slaty-backed Flycatcher

◆ 郑作新（1958：311）记载锈胸蓝鹟 *Ficedula hodgsonii* 为单型种。

◆ 郑作新（1987：849）记载白胸蓝［姬］鹟 *Ficedula hodgsonii* 为单型种。

◆ 郑作新（1976：792-793；1994：150；2000：150）记载锈胸蓝［姬］鹟 *Ficedula hodgsonii* 为单型种。

◆ 郑作新（1964：163；1966：171；2002：260）记载锈胸蓝［姬］鹟 *Ficedula hodgsonii*①，但未述及亚种分化问题。

    ① 编者注：郑作新（1964：163）记载其种本名为 *hodgsoni*，而该书第 281 页记载其种本名则为 *hodgsonii*。

◆ 郑作新（1964：281）、郑光美（2005：239；2011：248）记载锈胸蓝姬鹟 *Ficedula hodgsonii* 为单型种。

◆ 郑光美（2017：350）记载锈胸蓝姬鹟 *Ficedula sordida*②为单型种。

    ② Zuccon 和 Ericson（2010）认为侏蓝仙鹟 *Muscicapella hodgsoni*（编者注：请参考〔1287〕侏蓝姬鹟 *Ficedula hodgsoni*）属于 *Ficedula*，将其改名为 *Ficedula hodgsonii*，与锈胸蓝姬鹟的学名重复，依据命名法则，Zuccon（2011）将锈胸蓝姬鹟的学名更改为 *Ficedula sordida*。

◆ 郑光美（2023：361）记载锈胸蓝姬鹟 *Ficedula erithacus*③为单型种。

    ③ 依据命名法则，学名由 *Ficedula sordida* 变更为 *Ficedula erithacus*（David et al.，2016）。

〔1285〕**栗尾姬鹟** *Ficedula ruficauda*   lìwěi jīwēng

英文名：Rusty-tailed Flycatcher

◆ 郑光美（2017：348；2023：361）记载栗尾姬鹟 *Ficedula ruficauda*①为单型种。

    ① 郑光美（2017）：中国鸟类新记录（朱磊等，2017）。

XXVI. 雀形目 PASSERIFORMES

[1286] 斑姬鹟 *Ficedula hypoleuca*　　　　　　　　　　　　　　　　　　　bān jīwēng

英文名: European Pied Flycatcher

◆ 郑光美（2011：249；2017：348；2023：361）记载斑姬鹟 *Ficedula hypoleuca*[①②]为单型种。

　① 郑光美（2011）：中国鸟类新记录，见马鸣等（2008）。

　② 郑光美（2023）：亚种尚不明确。

[1287] 侏蓝姬鹟 *Ficedula hodgsoni*　　　　　　　　　　　　　　　　　　zhūlán jīwēng

曾用名: 侏蓝仙鹟 *Niltava hodgsoni*、侏蓝姬鹟 *Muscicapella hodgsoni*；

　　　　侏蓝仙鹟 *Muscicapella hodgsoni*（约翰·马敬能等，2000：291；段文科等，2017b：915）、

　　　　侏蓝仙鹟 *Ficedula hodgsoni*（刘阳等，2021：550；约翰·马敬能，2022b：379）

英文名: Pygmy Flycatcher

◆ 郑作新（1987：864；1994：152；2000：152）记载侏蓝仙鹟 *Niltava hodgsoni*[①]一亚种：

　❶ 指名亚种 *hodgsoni*

　① 郑作新（1987）：鉴于其体形特小（翅长 47~51 mm），而且喙基特狭（不似一般鹟的喙基较宽阔），所以把它单立一属，即侏鹟属 *Muscicapella*。

◆ 郑作新（2002：263）记载侏蓝仙鹟 *Niltava hodgsoni*，但未述及亚种分化问题。

◆ 郑光美（2005：244；2011：254）记载侏蓝姬鹟 *Muscicapella hodgsoni* 一亚种：

　❶ 指名亚种 *hodgsoni*

◆ 郑光美（2017：349；2023：361）记载侏蓝姬鹟 *Ficedula hodgsoni*[②]一亚种：

　❶ 指名亚种 *hodgsoni*

　② 郑光美（2017）：由 *Muscicapella* 属归入 *Ficedula* 属（Outlaw et al.，2006；Zuccon et al.，2010）。

[1288] 鸲姬鹟 *Ficedula mugimaki*　　　　　　　　　　　　　　　　　　　qújīwēng

曾用名: 鸲鹟 *Ficedula mugimaki*、鸲［姬］鹟 *Ficedula mugimaki*

英文名: Mugimaki Flycatcher

◆ 郑作新（1958：308）记载鸲鹟 *Ficedula mugimaki* 为单型种。

◆ 郑作新（1976：789；1987：845；1994：150；2000：150）记载鸲［姬］鹟 *Ficedula mugimaki* 为单型种。

◆ 郑作新（1964：163；1966：171、172；2002：260）记载鸲［姬］鹟 *Ficedula mugimaki*，但未述及亚种分化问题。

◆ 郑作新（1964：281）、郑光美（2005：239；2011：248；2017：349-350；2023：362）记载鸲姬鹟 *Ficedula mugimaki* 为单型种。

[1289] 橙胸姬鹟 *Ficedula strophiata*　　　　　　　　　　　　　　　　　chéngxiōng jīwēng

曾用名: 橙胸鹟 *Ficedula strophiata*、橙胸［姬］鹟 *Ficedula strophiata*

英文名: Rufous-gorgeted Flycatcher

◆ 郑作新（1958：310）记载橙胸鹟 *Ficedula strophiata* 一亚种：

　❶ 指名亚种 *strophiata*

◆ 郑作新（1976：790-791；1987：847；1994：150；2000：150）记载橙胸［姬］鹟 *Ficedula strophiata* 一亚种：

❶ 指名亚种 strophiata

◆郑作新（1966：170，171；2002：260）记载橙胸［姬］鹟 Ficedula strophiata，但未述及亚种分化问题。

◆郑作新（1964：281）、郑光美（2005：239；2011：248；2017：350；2023：362）记载橙胸姬鹟 Ficedula strophiata 一亚种：

❶ 指名亚种 strophiata

[1290] **红胸姬鹟** Ficedula parva   hóngxiōng jīwēng

曾用名： 红喉鹟 Ficedula parva、黄点颏（ké）Ficedula parva、红喉姬鹟 Ficedula parva、红喉［姬］鹟 Ficedula parva

英文名： Red-breasted Flycatcher

◆郑作新（1958：309）记载红喉鹟、黄点颏 Ficedula parva 一亚种：

❶ 普通亚种 albicilla

◆郑作新（1964：281；1976：789-790；1987：846；1994：150；2000：150）记载红喉［姬］鹟、黄点颏 Ficedula parva[①] 一亚种：

❶ 普通亚种 albicilla

① 编者注：郑作新（1964：163）称其为红喉［姬］鹟，而该书第281页则称之为红喉姬鹟。

◆郑作新（1966：170，171；2002：260）记载红喉［姬］鹟 Ficedula parva，但未述及亚种分化问题。

◆郑光美（2005：239）记载红喉姬鹟 Ficedula parva 一亚种：

❶ 普通亚种 albicilla

◆郑光美（2011：248-249；2017：350-351；2023：362）记载以下两种：

（1）红胸姬鹟 Ficedula parva[②]

② 郑光美（2011）：中国鸟类新记录，见李海涛等（2008）。台湾偶有记录，见刘小如等（2010）。

（2）红喉姬鹟 Ficedula albicilla[③]

③ 郑光美（2011）：由 Ficedula parva 分出的物种（李伟等，2004）。台湾偶有记录，待进一步确定。

[1291] **红喉姬鹟** Ficedula albicilla   hónghóu jīwēng

英文名： Taiga Flycatcher

由 Ficedula parva 分出的物种。请参考[1290]红胸姬鹟 Ficedula parva。

[1292] **棕胸蓝姬鹟** Ficedula hyperythra   zōngxiōng lánjīwēng

曾用名： 棕胸蓝鹟 Ficedula hyperythra、棕胸蓝［姬］鹟 Ficedula hyperythra

英文名： Snowy-browed Flycatcher

◆郑作新（1958：310-311）记载棕胸蓝鹟 Ficedula hyperythra 二亚种：

❶ 指名亚种 hyperythra

❷ 台湾亚种 innexa

◆郑作新（1964：163，164；1966：171，172）记载棕胸蓝［姬］鹟 Ficedula hyperythra，但未述及亚种分化问题。

◆郑作新（1976：791-792；1987：848；1994：150；2000：150；2002：261）记载棕胸蓝［姬］鹟 Ficedula *hyperythra* 三亚种：

    ❶ 指名亚种 *hyperythra*

    ❷ 滇南亚种 *annamensis*①

    ❸ 台湾亚种 *innexa*

    ① 编者注：中国鸟类亚种新记录（彭燕章等，1973）。

◆ 郑作新（1964：281）、郑光美（2005：239-240；2011：249；2017：351；2023：363）记载棕胸蓝姬鹟 *Ficedula hyperythra* 二亚种：

    ❶ 指名亚种 *hyperythra*

    ❷ 台湾亚种 *innexa*

〔1293〕**小斑姬鹟** *Ficedula westermanni*   xiǎo bānjīwēng

曾用名： 小斑鹟 *Ficedula westermanni*、小斑［姬］鹟 *Ficedula westermanni*

英文名： Little Pied Flycatcher

◆ 郑作新（1958：312）记载小斑鹟 *Ficedula westermanni* 一亚种：

    ❶ 西南亚种 *australorientis*

◆ 郑作新（1976：793；1987：850-851；1994：150；2000：150）记载小斑［姬］鹟 *Ficedula westermanni* 一亚种：

    ❶ 西南亚种 *australorientis*

◆ 郑作新（1964：163，164；1966：171，172；2002：259，260）记载小斑［姬］鹟 *Ficedula westermanni*，但未述及亚种分化问题。

◆ 郑作新（1964：282）、郑光美（2005：240；2011：249-250）记载小斑姬鹟 *Ficedula westermanni* 一亚种：

    ❶ 西南亚种 *australorientis*

◆ 郑光美（2017：351；2023：363）记载小斑姬鹟 *Ficedula westermanni* 二亚种：

    ❶ 印度亚种 *collini*①

    ❷ 西南亚种 *australorientis*

    ① 编者注：亚种中文名引自百度百科。

〔1294〕**白眉蓝姬鹟** *Ficedula superciliaris*   báiméi lánjīwēng

曾用名： 白眉蓝鹟 *Ficedula superciliaris*、白眉蓝［姬］鹟 *Ficedula superciliaris*

英文名： Ultramarine Flycatcher

◆ 郑作新（1958：312-313）记载白眉蓝鹟 *Ficedula superciliaris* 一亚种：

    ❶ 西南亚种 *aestigma*

◆ 郑作新（1964：164；1966：171；1976：794；1987：851；1994：151；2000：150-151）记载白眉蓝［姬］鹟 *Ficedula superciliaris*① 一亚种：

    ❶ 西南亚种 *aestigma*

    ① 郑作新（1964，1966）：本种在国内的 *aestigma* 亚种无白眉，尾羽基部亦无白色。

◆ 郑作新（2002：259）记载白眉蓝［姬］鹟 *Ficedula superciliaris*，但未述及亚种分化问题。

◆ 郑作新（1964：282）、郑光美（2005：240；2011：250；2017：351；2023：363）记载白眉蓝姬鹟

Ficedula superciliaris 一亚种：
- ❶ 西南亚种 *aestigma*

〔1295〕**灰蓝姬鹟** *Ficedula tricolor*　　　　　　　　　　　huīlán jīwēng

曾用名： 灰蓝鹟 *Ficedula tricolor*、灰蓝[姬]鹟 *Ficedula tricolor*、灰蓝[姬]鹟 *Ficedula leucomelanura*

英文名： Slaty-blue Flycatcher

◆ 郑作新（1958：313-314）记载灰蓝鹟 *Ficedula tricolor* 二亚种：
- ❶ 指名亚种 *tricolor*
- ❷ 西南亚种 *diversa*

◆ 郑作新（1964：165，282；1966：172）记载灰蓝[姬]鹟 *Ficedula tricolor*①二亚种：
- ❶ 指名亚种 *tricolor*
- ❷ 西南亚种 *diversa*

　① 编者注：郑作新（1964：282）记载其中文名为灰蓝姬鹟。

◆ 郑作新（1976：794-796）记载灰蓝[姬]鹟 *Ficedula leucomelanura* 二亚种：
- ❶ 指名亚种 *leucomelanura*
- ❷ 西南亚种 *diversa*

◆ 郑作新（1987：852-853；1994：151；2000：151；2002：261）记载灰蓝[姬]鹟 *Ficedula leucomelanura*②三亚种：
- ❶ 指名亚种 *leucomelanura*
- ❷ 藏东亚种 *minuta*
- ❸ 西南亚种 *diversa*

　② 编者注：据赵正阶（2001b：652），郑作新（1994）使用 *Ficedula leucomelanura* 作本种种名，但多数学者都使用 *Ficedula tricolor* 作为本种种名。另外，赵正阶（2001b：651）记载灰蓝姬鹟种本名为 *tricola*，显系误写。

◆ 郑光美（2005：240-241；2011：250）记载灰蓝姬鹟 *Ficedula tricolor* 三亚种：
- ❶ 藏东亚种 *minuta*
- ❷ *leucomelanura* 亚种
- ❸ 西南亚种 *diversa*

◆ 郑光美（2017：351-352；2023：363-364）记载灰蓝姬鹟 *Ficedula tricolor* 二亚种：
- ❶ 藏东亚种 *minuta*
- ❷ 西南亚种 *diversa*

〔1296〕**玉头姬鹟** *Ficedula sapphira*　　　　　　　　　　　yùtóu jīwēng

曾用名： 玉头鹟 *Ficedula sapphira*、玉头[姬]鹟 *Ficedula sapphira*

英文名： Sapphire Flycatcher

◆ 郑作新（1958：314）记载玉头鹟 *Ficedula sapphira* 一亚种：
- ❶ 指名亚种 *sapphira*

◆ 郑作新（1964：165，282；1966：172）记载玉头[姬]鹟 *Ficedula sapphira*①二亚种：

❶ 指名亚种 sapphira

❷ 天全亚种 tienchuanensis

① 编者注：郑作新（1964：282）记载其中文名为玉头姬鹟。

◆ 郑作新（1976：796-797；1987：853-854；1994：151；2000：151；2002：261）、郑光美（2005：241；2011：250；2017：352；2023：364）记载玉头姬鹟 *Ficedula sapphira*② 三亚种：

❶ 指名亚种 sapphira

❷ 老挝亚种 laotiana③

❸ 天全亚种 tienchuanensis

② 编者注：郑作新（1976，1987，1994，2000，2002）记载其中文名为玉头［姬］鹟。

③ 编者注：中国鸟类亚种新记录（彭燕章等，1973）。

[1297] **贺兰山红尾鸲** *Phoenicurus alaschanicus*   hèlánshān hóngwěiqú

英文名： Przevalski's Redstart

◆ 郑作新（1966：129；2002：190）记载贺兰山红尾鸲 *Phoenicurus alaschanicus*，但未述及亚种分化问题。

◆ 郑作新（1958：134；1964：258；1976：552；1987：591；1994：110；2000：110）、郑光美（2005：219；2011：227；2017：337；2023：364）记载贺兰山红尾鸲 *Phoenicurus alaschanicus* 为单型种。

[1298] **红背红尾鸲** *Phoenicurus erythronotus*   hóngbèi hóngwěiqú

曾用名： 红背红尾鸲 *Phoenicuropsis erythronotus*；

红背红尾鸲 *Phoenicurus erythronota*（约翰·马敬能等，2000：299）

英文名： Eversmann's Redstart

◆ 郑作新（1966：129；2002：190）记载红背红尾鸲 *Phoenicurus erythronotus*，但未述及亚种分化问题。

◆ 郑光美（2017：336）记载红背红尾鸲 *Phoenicuropsis erythronotus*①为单型种。

① 由 *Phoenicurus* 属归入 *Phoenicuropsis* 属（Sangster et al.，2010）。

◆ 郑作新（1958：134；1964：258；1976：553；1987：592；1994：110；2000：110）、郑光美（2005：219；2011：227；2023：364）记载红背红尾鸲 *Phoenicurus erythronotus* 为单型种。

[1299] **蓝头红尾鸲** *Phoenicurus coeruleocephala*   lántóu hóngwěiqú

曾用名： 蓝头红尾鸲 *Phoenicurus coeruleocephalus*、蓝头红尾鸲 *Phoenicurus caeruleocephalus*、

蓝头红尾鸲 *Phoenicuropsis coeruleocephala*

英文名： Blue-capped Redstart

◆ 郑作新（1966：129；2002：189，190）记载蓝头红尾鸲 *Phoenicurus caeruleocephalus*①，但未述及亚种分化问题。

① 编者注：郑作新（1966）记载其种本名为 *coeruleocephalus*。

◆ 郑作新（1958：134；1964：257；1976：553；1987：592；1994：110；2000：110）记载蓝头红尾鸲 *Phoenicurus coeruleocephalus*②为单型种。

② 编者注：郑作新（1987，1994，2000）记载其种本名为 *caeruleocephalus*。

◆ 郑光美（2017：336）记载蓝头红尾鸲 *Phoenicuropsis coeruleocephala*③为单型种。

③ 由 Phoenicurus 属归入 Phoenicuropsis 属（Sangster et al., 2010）。

◆ 郑光美（2005：219；2011：227；2023：364）记载蓝头红尾鸲 Phoenicurus coeruleocephala④为单型种。

④ 编者注：郑光美（2005，2011）记载其种本名分别为 caeruleocephalus、caeruleocephala。

[1300] **赭红尾鸲** Phoenicurus ochruros   zhě hóngwěiqú

英文名：Black Redstart

◆ 郑作新（1958：135；1964：124，258；1966：129；1976：554；1987：594；1994：110；2000：110；2002：191）、郑光美（2005：219-220；2011：227-228；2017：337）记载赭红尾鸲 Phoenicurus ochruros 三亚种：

❶ 北疆亚种 phoenicuroides

❷ 南疆亚种 xerophilus

❸ 普通亚种 rufiventris

◆ 郑光美（2023：365）记载赭红尾鸲 Phoenicurus ochruros 四亚种：

❶ 北疆亚种 phoenicuroides

❷ murinus 亚种

❸ 南疆亚种 xerophilus

❹ 普通亚种 rufiventris

[1301] **欧亚红尾鸲** Phoenicurus phoenicurus   ōuyà hóngwěiqú

曾用名：红尾鸲 Phoenicurus phoenicurus；

［欧亚］红尾鸲 Phoenicurus phoenicurus（杭馥兰等，1997：197）

英文名：Common Redstart

◆ 郑作新（1994：110；2000：110）记载欧亚红尾鸲 Phoenicurus phoenicurus 为单型种。

◆ 郑作新（2002：190）记载欧亚红尾鸲 Phoenicurus phoenicurus，但未述及亚种分化问题。

◆ 郑光美（2005：220；2011：228；2017：338；2023：365）记载欧亚红尾鸲 Phoenicurus phoenicurus①一亚种：

❶ 指名亚种 phoenicurus

① 编者注：郑光美（2005）记载其中文名为红尾鸲。

[1302] **黑喉红尾鸲** Phoenicurus hodgsoni   hēihóu hóngwěiqú

英文名：Hodgson's Redstart

◆ 郑作新（1966：129；2002：190）记载黑喉红尾鸲 Phoenicurus hodgsoni，但未述及亚种分化问题。

◆ 郑作新（1958：136；1964：258；1976：555；1987：595；1994：110；2000：110）、郑光美（2005：220；2011：228；2017：338；2023：365）记载黑喉红尾鸲 Phoenicurus hodgsoni 为单型种。

[1303] **白喉红尾鸲** Phoenicurus schisticeps   báihóu hóngwěiqú

曾用名：白喉红尾鸲 Phoenicuropsis schisticeps

英文名：White-throated Redstart

◆ 郑作新（1966：129；2002：189）记载白喉红尾鸲 Phoenicurus schisticeps，但未述及亚种分化问题。

◆ 郑光美（2017：336）记载白喉红尾鸲 *Phoenicuropsis schisticeps*① 为单型种。

① 由 *Phoenicurus* 属归入 *Phoenicuropsis* 属（Sangster et al.，2010）。

◆ 郑作新（1958：137；1964：258；1976：556；1987：597；1994：111；2000：111）、郑光美（2005：220；2011：228；2023：366）记载白喉红尾鸲 *Phoenicurus schisticeps* 为单型种。

〔1304〕**北红尾鸲** *Phoenicurus auroreus*　　　　　　　　　　　　　　　　　　　běi hóngwěiqú

英文名：Daurian Redstart

◆ 郑作新（1958：137；1964：258）记载北红尾鸲 *Phoenicurus auroreus* 为单型种。

◆ 郑作新（1964：124；1966：130；1976：558-559；1987：598；1994：111；2000：111；2002：191）、郑光美（2005：220-221；2011：229；2017：338；2023：366）记载北红尾鸲 *Phoenicurus auroreus* 二亚种：

❶ 指名亚种 *auroreus*

❷ 青藏亚种 *leucopterus*①

① 郑作新（1964，1966）：能否确立，尚属疑问。

〔1305〕**红腹红尾鸲** *Phoenicurus erythrogastrus*　　　　　　　　　　　　　　hóngfù hóngwěiqú

曾用名：红腹红尾鸲 *Phoenicurus erythrogaster*

英文名：White-winged Redstart

◆ 郑作新（1958：138；1964：258；1976：559-560；1987：599-600；1994：111；2000：111）记载红腹红尾鸲 *Phoenicurus erythrogaster* 一亚种：

❶ 普通亚种 *grandis*

◆ 郑作新（1966：129；2002：190）记载红腹红尾鸲 *Phoenicurus erythrogaster*，但未述及亚种分化问题。

◆ 郑光美（2005：221；2011：229；2017：338）记载红腹红尾鸲 *Phoenicurus erythrogastrus* 为单型种。

◆ 郑光美（2023：366）记载红腹红尾鸲 *Phoenicurus erythrogastrus* 一亚种：

❶ 普通亚种 *grandis*

〔1306〕**蓝额红尾鸲** *Phoenicurus frontalis*　　　　　　　　　　　　　　　　　lán'é hóngwěiqú

曾用名：蓝额红尾鸲 *Phoenicuropsis frontalis*

英文名：Blue-fronted Redstart

◆ 郑作新（1966：129；2002：189）记载蓝额红尾鸲 *Phoenicurus frontalis*，但未述及亚种分化问题。

◆ 郑光美（2017：337）记载蓝额红尾鸲 *Phoenicuropsis frontalis*① 为单型种。

① 由 *Phoenicurus* 属归入 *Phoenicuropsis* 属（Sangster et al.，2010）。

◆ 郑作新（1958：136；1964：258；1976：556；1987：596-597；1994：111；2000：111）、郑光美（2005：221；2011：229；2023：366）记载蓝额红尾鸲 *Phoenicurus frontalis* 为单型种。

〔1307〕**红尾水鸲** *Phoenicurus fuliginosus*　　　　　　　　　　　　　　　　　hóngwěi shuǐqú

曾用名：红尾溪鸲 *Chaimarrornis fuliginosus*、红尾水鸲 *Rhyacornis fuliginosus*、

　　　　　红尾水鸲 *Rhyacornis fuliginosa*

英文名：Plumbeous Water Redstart

◆郑作新（1958：140）记载红尾溪鸲 *Chaimarrornis fuliginosus*①二亚种：
  ❶ 指名亚种 *fuliginosus*
  ❷ 台湾亚种 *affinis*
  ① 编者注：将 *Phoenicura fuliginosa* 列为其同物异名。

◆郑作新（1964：120；1966：126）分别记载溪鸲属 *Chaimarrornis* 和水鸲属 *Rhyacornis* 为单型属。

◆郑作新（1964：258；1976：560；1987：600-601；1994：111；2000：111；2002：191-192）、郑光美（2005：221；2011：229；2017：339）记载红尾水鸲 *Rhyacornis fuliginosus*②二亚种：
  ❶ 指名亚种 *fuliginosus*③
  ❷ 台湾亚种 *affinis*
  ② 编者注：郑光美（2011，2017）记载其种本名为 *fuliginosa*。
  ③ 编者注：郑光美（2011，2017）记载该亚种为 *fuliginosa*。

◆郑光美（2023：367）记载红尾水鸲 *Phoenicurus fuliginosus* 二亚种：
  ❶ 指名亚种 *fuliginosus*
  ❷ 台湾亚种 *affinis*

〔1308〕**白顶溪鸲** *Phoenicurus leucocephalus*　　　　　　　　　　　　　　　　báidǐng xīqú

曾用名：白顶溪鸲 *Chaimarrornis leucocephalus*

英文名：White-capped Water-redstart

◆郑作新（1966：126；2002：185）记载溪鸲属 *Chaimarrornis* 为单型属。

◆郑作新（1958：139；1964：258；1976：576；1987：618；1994：113；2000：113）、郑光美（2005：222；2011：230；2017：339）记载白顶溪鸲 *Chaimarrornis leucocephalus* 为单型种。

◆郑光美（2023：367）记载白顶溪鸲 *Phoenicurus leucocephalus* 为单型种。

〔1309〕**白背矶鸫** *Monticola saxatilis*　　　　　　　　　　　　　　　　　　　　báibèi jīdōng

英文名：Common Rock Thrush

◆郑作新（1966：132；2002：196）记载白背矶鸫 *Monticola saxatilis*，但未述及亚种分化问题。

◆郑作新（1958：152；1964：259；1976：577；1987：619；1994：113；2000：113）、郑光美（2005：227；2011：235；2017：345；2023：367）记载白背矶鸫 *Monticola saxatilis* 为单型种。

〔1310〕**蓝矶鸫** *Monticola solitarius*　　　　　　　　　　　　　　　　　　　　lánjīdōng

曾用名：蓝矶鸫 *Monticola solitaria*

英文名：Blue Rock Thrush

◆郑作新（1958：154；1964：127，260；1966：133；1976：580）记载蓝矶鸫 *Monticola solitaria* 二亚种：
  ❶ 华南亚种 *pandoo*①
  ❷ 华北亚种 *philippensis*①
  ① 郑作新（1964：260）：*Petrocincla affinis* 是 *Monticola solitaria pandoo* 与 *Monticola solitaria*

philippensis 的混交种群。

◆ 郑作新（1987：621-623；1994：114；2000：113-114；2002：196）、郑光美（2005：228；2011：236-237；2017：345-346；2023：368）记载蓝矶鸫 *Monticola solitarius* 三亚种：

❶ 华南亚种 *pandoo*

❷ 华北亚种 *philippensis*

❸ 藏西亚种 *longirostris*

〔1311〕**栗腹矶鸫** *Monticola rufiventris*　　　　　　　　　　　　　　　　　　　　　lìfù jīdōng

曾用名： 栗胸矶鸫 *Monticola rufiventris*

英文名： Chestnut-bellied Rock Thrush

◆ 郑作新（1958：153；1964：260；1976：578-579；1987：621）记载栗胸矶鸫 *Monticola rufiventris* 为单型种。

◆ 郑作新（1966：133）记载栗胸矶鸫 *Monticola rufiventris*，但未述及亚种分化问题。

◆ 郑作新（2002：196）记载栗腹矶鸫 *Monticola rufiventris*，亦未述及亚种分化问题。

◆ 郑作新（1994：113；2000：113）、郑光美（2005：228；2011：236；2017：346；2023：368）记载栗腹矶鸫 *Monticola rufiventris* 为单型种。

〔1312〕**蓝头矶鸫** *Monticola cinclorhyncha*　　　　　　　　　　　　　　　　　　　lántóu jīdōng

曾用名： 蓝头［白喉］矶鸫 *Monticola cinclorhynchus*、蓝头矶鸫 *Monticola cinclorhynchus*

英文名： Blue-capped Rock Thrush

◆ 郑作新（1958：152；1964：260）记载白喉矶鸫 *Monticola gularis* 为单型种。

◆ 郑作新（1966：133）记载蓝头［白喉］矶鸫 *Monticola cinclorhynchus*[①] 一亚种：

❶ 普通亚种 *gularis*

① 本特征（翅长不及 100mm；喉白色）适用于 *Monticola cinclorhynchus gularis* 亚种。

◆ 郑作新（1976：578；1987：620；1994：113；2000：113）记载蓝头矶鸫 *Monticola cinclorhynchus* 一亚种：

❶ 普通亚种 *gularis*

◆ 郑作新（2002：196）记载蓝头矶鸫 *Monticola cinclorhynchus*，但未述及亚种分化问题。

◆ 郑光美（2005：227；2011：235-236；2017：345，346；2023：368-369）记载以下两种：

（1）蓝头矶鸫 *Monticola cinclorhyncha*[②]

② 编者注：郑光美（2005，2011）记载其种本名为 *cinclorhynchus*。

（2）白喉矶鸫 *Monticola gularis*

〔1313〕**白喉矶鸫** *Monticola gularis*　　　　　　　　　　　　　　　　　　　　　báihóu jīdōng

曾用名： 蓝头矶鸫 *Monticola gularis*（杭馥兰等，1997：204）、

　　　　　蓝头［白喉］矶鸫 *Monticola gularis*（赵正阶，2001b：309）

英文名： White-throated Rock Thrush

初为独立种（白喉矶鸫 *Monticola gularis*），后并入 *Monticola cinclorhynchus*，现列为独立种。请

参考〔1312〕蓝头矶鸫 *Monticola cinclorhyncha*。详情可参考赵正阶（2001b：310）。

〔1314〕**白喉石䳭** *Saxicola insignis*   báihóu shíjí

英文名：White-throated Bushchat

◆郑作新（1966：131；2002：193）记载白喉石䳭 *Saxicola insignis*，但未述及亚种分化问题。

◆郑作新（1958：146；1964：259；1976：569；1987：610；1994：112；2000：112）、郑光美（2005：225；2011：233；2017：342；2023：369）记载白喉石䳭 *Saxicola insignis*[①]为单型种。

　　[①] 郑作新（1964）：*Dromolea*（*Saxicola*）*imprevisa* 系根据野外观察所命名的一种䳭，从来未采得标本，因此认为不能确立。

〔1315〕**黑喉石䳭** *Saxicola maurus*   hēihóu shíjí

曾用名：黑喉石䳭 *Saxicola torquata*

英文名：Siberian Stonechat

◆郑作新（1958：146-147；1964：125，259）记载黑喉石䳭 *Saxicola torquata* 四亚种：

❶ 新疆亚种 *maura*

❷ 青藏亚种 *przewalskii*

❸ 东北亚种 *stejnegeri*

❹ *yunnanensis* 亚种[①]

　　[①] 编者注：郑作新（1976，1987）将其列为青藏亚种 *przewalskii* 的同物异名。

◆郑作新（1966：131；1976：569-570；1987：610-611；1994：112；2000：112；2002：194）、郑光美（2005：225；2011：233）记载黑喉石䳭 *Saxicola torquata* 三亚种：

❶ 新疆亚种 *maura*

❷ 青藏亚种 *przewalskii*

❸ 东北亚种 *stejnegeri*

◆郑光美（2017：342-343）记载黑喉石䳭 *Saxicola maurus*[②]三亚种：

❶ 指名亚种 *maurus*

❷ 青藏亚种 *przewalskii*

❸ 东北亚种 *stejnegeri*

　　[②] 编者注：据郑光美（2021：225），*Saxicola torquatus* 被命名为非洲石䳭，中国无分布。

◆郑光美（2023：369）记载以下两种：

（1）黑喉石䳭 *Saxicola maurus*

❶ 指名亚种 *maurus*

❷ 青藏亚种 *przewalskii*

（2）东亚石䳭 *Saxicola stejnegeri*

〔1316〕**东亚石䳭** *Saxicola stejnegeri*   dōngyà shíjí

英文名：Stejneger's Stonechat

曾被视为 *Saxicola maurus* 的一个亚种，现列为独立种。请参考〔1315〕黑喉石䳭 *Saxicola maurus*。

〔1317〕白斑黑石䳭 *Saxicola caprata*   báibān hēishíjí

英文名：Pied Bushchat

◆ 郑作新（1966：131；2002：193，194）记载白斑黑石䳭 *Saxicola caprata*，但未述及亚种分化问题。

◆ 郑作新（1958：148；1964：259；1976：570-571；1987：611-612；1994：112；2000：112）、郑光美（2005：225；2011：233；2017：343；2023：370）记载白斑黑石䳭 *Saxicola caprata* 一亚种：

❶ 西南亚种 *burmanica*

〔1318〕黑白林䳭 *Saxicola jerdoni*   hēibáilínjí

英文名：Jerdon's Bushchat

◆ 郑作新（1966：131；2002：193）记载黑白林䳭 *Saxicola jerdoni*，但未述及亚种分化问题。

◆ 郑作新（1958：148；1964：259；1976：571；1987：612；1994：113；2000：113）、郑光美（2005：225；2011：234；2017：343；2023：370）记载黑白林䳭 *Saxicola jerdoni* 为单型种。

〔1319〕灰林䳭 *Saxicola ferreus*   huīlínjí

曾用名：灰林䳭 *Saxicola ferrea*

英文名：Grey Bushchat

◆ 郑作新（1958：148-149；1964：125，259；1966：131；1976：571-572；1987：612-613；1994：113；2000：113；2002：194）、郑光美（2005：226）记载灰林䳭 *Saxicola ferrea* 二亚种：

❶ 指名亚种 *ferrea*

❷ 普通亚种 *haringtoni*

◆ 郑光美（2011：234；2017：343；2023：370）记载灰林䳭 *Saxicola ferreus* 二亚种：

❶ 指名亚种 *ferreus*

❷ 普通亚种 *haringtoni*

〔1320〕穗䳭 *Oenanthe oenanthe*   suìjí

英文名：Northern Wheatear

◆ 郑作新（1966：132；2002：194，195）记载穗䳭 *Oenanthe oenanthe*，但未述及亚种分化问题。

◆ 郑作新（1958：149-150；1964：259；1976：573；1987：615；1994：113；2000：113）、郑光美（2005：226；2011：234；2017：344；2023：371）记载穗䳭 *Oenanthe oenanthe* 一亚种：

❶ 指名亚种 *oenanthe*

〔1321〕沙䳭 *Oenanthe isabellina*   shājí

英文名：Isabelline Wheatear

◆ 郑作新（1966：132；2002：194，195）记载沙䳭 *Oenanthe isabellina*，但未述及亚种分化问题。

◆ 郑作新（1958：149；1964：259；1976：573；1987：614；1994：113；2000：113）、郑光美（2005：227；2011：235；2017：344；2023：371）记载沙䳭 *Oenanthe isabellina* 为单型种。

〔1322〕**漠䳭** *Oenanthe deserti*   mòjí

英文名：Desert Wheatear

◆郑作新（1958：150-151；1964：126，259；1966：132；1976：574；1987：615-616；1994：113；2000：113；2002：195-196）、郑光美（2005：227；2011：235；2017：344；2023：371）均记载漠䳭 *Oenanthe deserti*[①]二亚种：

❶ 蒙新亚种 *atrogularis*

❷ 青藏亚种 *oreophila*

[①] 郑光美（2011）：台湾有迷鸟记录，亚种待确证，见刘小如等（2010）。

〔1323〕**白顶䳭** *Oenanthe pleschanka*   báidǐngjí

曾用名：白顶䳭 *Oenanthe hispanica*、斑䳭 *Oenanthe pleschanka*

英文名：Pied Wheatear

◆郑作新（1958：151；1964：259；1976：575；1987：617；1994：113；2000：113）记载白顶䳭 *Oenanthe hispanica* 一亚种：

❶ 普通亚种 *pleschanka*

◆郑作新（1966：132；2002：194）记载白顶䳭 *Oenanthe hispanica*，但未述及亚种分化问题。

◆杭馥兰和常家传（1997：203）记载斑䳭 *Oenanthe pleschanka* 一亚种：

❶ 指名亚种 *pleschanka*

◆郑光美（2005：226；2011：234；2017：344；2023：371）记载白顶䳭 *Oenanthe pleschanka*[①]为单型种。

[①] 编者注：郑光美（2021：225）仍将 *Oenanthe hispanica* 命名为白顶䳭，在中国有分布，但郑光美（2023）未予收录。而 *Oenanthe pleschanka* 则被郑光美（2021：225）命名为斑䳭，中国无分布。

〔1324〕**东方斑䳭** *Oenanthe picata*   dōngfāng bānjí

曾用名：[东方]斑䳭 *Oenanthe picata*

英文名：Variable Wheatear

◆约翰·马敬能等（2000：310）记载[东方]斑䳭 *Oenanthe picata* 三亚种：

❶ 指名亚种 *picata*

❷ *opistholeuca* 亚种

❸ *capistrata* 亚种

◆赵正阶（2001b：307-308）、郑光美（2005：226；2011：234；2017：344-345；2023：372）记载东方斑䳭 *Oenanthe picata*[①]为单型种。

[①] 编者注：据赵正阶（2001b），本种系 De Schauensee（1984）在《中国鸟类》一书中报告留居于我国新疆西部喀什地区，但我国目前还未有记录。

99. 戴菊科 Regulidae（Goldcrests） 1属2种

〔1325〕**台湾戴菊** *Regulus goodfellowi*   táiwān dàijú

曾用名：火冠戴菊 *Regulus goodfellowi*

英文名：Flamecrest
- 郑作新（1958：291；1964：279；1976：765；1987：821）记载火冠戴菊 *Regulus goodfellowi* 为单型种。
- 郑作新（1966：167）记载火冠戴菊 *Regulus goodfellowi*，但未述及亚种分化问题。
- 郑作新（2002：252）记载台湾戴菊 *Regulus goodfellowi*，亦未述及亚种分化问题。
- 郑作新（1994：146；2000：146）、郑光美（2005：318；2011：331；2017：357；2023：372）记载台湾戴菊 *Regulus goodfellowi* 为单型种。

〔1326〕**戴菊** *Regulus regulus*　　　　　　　　　　　　　　　　　　　　　　　dàijú

英文名：Goldcrest
- 郑作新（1958：289-290；1964：160，279；1966：167；1976：764-765；1987：819-820；1994：146）记载戴菊 *Regulus regulus* 四亚种：
  1. 新疆亚种 *tristis*
  2. 青藏亚种 *sikkimensis*
  3. 西南亚种 *yunnanensis*
  4. 东北亚种 *japonensis*
- 郑作新（2000：146；2002：252）、郑光美（2005：318；2011：331；2017：357；2023：372-373）记载戴菊 *Regulus regulus* 五亚种：
  1. 新疆亚种 *tristis*
  2. 北方亚种 *coatsi*[①]
  3. 青藏亚种 *sikkimensis*
  4. 东北亚种 *japonensis*
  5. 西南亚种 *yunnanensis*

①郑作新（2000）：参见侯兰新等（1996b）。

100. 太平鸟科 Bombycillidae（Waxwings）　1属2种

〔1327〕**太平鸟** *Bombycilla garrulus*　　　　　　　　　　　　　　　　　　　　tàipíngniǎo

曾用名：十二黄 *Bombycilla garrulus*

英文名：Bohemian Waxwing
- 郑作新（1958：64）记载太平鸟、十二黄 *Bombycilla garrulus* 一亚种：
  1. 指名亚种 *garrulus*
- 郑作新（1966：112）记载太平鸟 *Bombycilla garrulus*，但未述及亚种分化问题。
- 郑作新（1976：458-459；1987：492；1994：94；2000：94）记载太平鸟、十二黄 *Bombycilla garrulus* 一亚种：
  1. 普通亚种 *centralasiae*
- 郑作新（2002：163）记载太平鸟、十二黄 *Bombycilla garrulus*，亦未述及亚种分化问题。
- 郑作新（1964：247）、郑光美（2005：184；2011：191-192；2017：357）记载太平鸟 *Bombycilla garrulus* 一亚种：

❶ 普通亚种 centralasiae

◆郑光美（2023：373）记载太平鸟 Bombycilla garrulus 一亚种：

❶ 指名亚种 garrulus

〔1328〕**小太平鸟** Bombycilla japonica　　　　　　　　　　　　　　　xiǎo tàipíngniǎo

曾用名： 十二红 Bombycilla japonica

英文名： Japanese Waxwing

◆郑作新（1958：64；1976：459；1987：493；1994：95；2000：94）记载小太平鸟、十二红 Bombycilla japonica 为单型种。

◆郑作新（1966：112）记载小太平鸟 Bombycilla japonica，但未述及亚种分化问题。

◆郑作新（2002：163）记载小太平鸟、十二红 Bombycilla japonica，亦未述及亚种分化问题。

◆郑作新（1964：247）、郑光美（2005：185；2011：192；2017：358；2023：373）记载小太平鸟 Bombycilla japonica 为单型种。

101. 丽星鹩鹛科 Elachuridae[①]（Elachura） 1属1种

[①] 郑光美（2017）：由 Elachura 属单独提升为科（Alström et al., 2014）。

〔1329〕**丽星鹩鹛** Elachura formosa　　　　　　　　　　　　　　　lìxīng liáoméi

曾用名： 丽星鹩鹛 Spelaeornis formosus

英文名： Spotted Elachura

◆郑作新（1966：140；2002：207）记载丽星鹩鹛 Spelaeornis formosus，但未述及亚种分化问题。

◆郑作新（1958：176；1964：263；1976：614；1987：658；1994：120；2000：120）、郑光美（2005：266；2011：276）记载丽星鹩鹛 Spelaeornis formosus 为单型种。

◆郑光美（2017：358；2023：373）记载丽星鹩鹛 Elachura formosa 为单型种。

102. 和平鸟科 Irenidae（Fairy Bluebirds） 1属1种

〔1330〕**和平鸟** Irena puella　　　　　　　　　　　　　　　　　　　hépíngniǎo

曾用名： 蓝背和平鸟 Irena puella

英文名： Asian Fairy-bluebird

◆郑作新（1958：63-64）记载和平鸟 Irena puella[①] 一亚种：

❶ sikkimensis 亚种

[①] 编者注：中国鸟类新记录（郑作新等，1957）。

◆郑作新（1966：111）记载和平鸟 Irena puella，但未述及亚种分化问题。

◆郑作新（2002：162）记载和平鸟属 Irena 为单型属。

◆郑作新（1964：247；1976：458；1987：491；1994：94；2000：94）、郑光美（2005：184；2011：191；2017：358；2023：374）记载和平鸟 Irena puella 一亚种：

❶ 指名亚种 *puella*

103. 叶鹎科 Chloropseidae（Leafbirds） 1 属 4 种

〔1331〕**金额叶鹎** *Chloropsis aurifrons* jīn'é yèbēi

英文名：Golden-fronted Leafbird

◆ 郑作新（1966：111；2002：162）记载金额叶鹎 *Chloropsis aurifrons*，但未述及亚种分化问题。

◆ 郑作新（1958：62；1964：247；1976：457；1987：490；1994：94；2000：94）、郑光美（2005：183；2011：191；2017：359；2023：374）记载金额叶鹎 *Chloropsis aurifrons* 一亚种：

❶ 云南亚种 *pridii*

〔1332〕**西南橙腹叶鹎** *Chloropsis hardwickii* xīnán chéngfù yèbēi

曾用名：橙腹叶鹎 *Chloropsis hardwickii*、橙腹叶鹎 *Chloropsis hardwickei*

英文名：Orange-bellied Leafbird

说　明：因分类修订，原橙腹叶鹎 *Chloropsis hardwickii* 的中文名修改为西南橙腹叶鹎。

◆ 郑作新（1958：62-63；1964：106，247；1966：111-112；1976：457-458；1987：490；1994：94；2000：94；2002：162-163）、郑光美（2005：184；2011：191；2017：359）记载橙腹叶鹎 *Chloropsis hardwickii*[1] 三亚种：

❶ 指名亚种 *hardwickii*[2]

❷ 华南亚种 *melliana*

❸ 海南亚种 *lazulina*

[1] 编者注：郑作新（1976）、杭馥兰和常家传（1997：165）、赵正阶（2001b：123）记载其种本名为 *hardwickei*。

[2] 编者注：郑作新（1976）、杭馥兰和常家传（1997：165）、赵正阶（2001b：123）记载该亚种为 *hardwickei*。

◆ 郑光美（2023：374）记载以下两种：

（1）西南橙腹叶鹎 *Chloropsis hardwickii*[3]

❶ 指名亚种 *hardwickii*

[3] 因分类修订，本种的中文名改为西南橙腹叶鹎。

（2）橙腹叶鹎 *Chloropsis lazulina*[4]

❶ 华南亚种 *melliana*

❷ 指名亚种 *lazulina*

[4] 由 *Chloropsis hardwickii* 的亚种提升为种（Moltesen et al., 2012），中文名沿用橙腹叶鹎。

〔1333〕**橙腹叶鹎** *Chloropsis lazulina* chéngfù yèbēi

英文名：Grayish-crowned Leafbird

由 *Chloropsis hardwickii* 的亚种提升为种，中文名沿用橙腹叶鹎。请参考〔1332〕西南橙腹叶鹎 *Chloropsis hardwickii*。

〔1334〕**蓝翅叶鹎** *Chloropsis cochinchinensis* lánchì yèbēi

曾用名：蓝翅叶鹎 *Chloropsis moluccensis*（约翰·马敬能，2022b：388）

英文名：Blue-winged Leafbird

◆ 郑作新（1958：62；1964：247）记载蓝翅叶鹎 *Chloropsis cochinchinensis* 一亚种：
  ❶ 指名亚种 *cochinchinensis*

◆ 郑作新（1966：111；2002：162）记载蓝翅叶鹎 *Chloropsis cochinchinensis*，但未述及亚种分化问题。

◆ 郑作新（1976：456-457；1987：490；1994：94；2000：94）、郑光美（2005：183；2011：190；2017：359；2023：375）记载蓝翅叶鹎 *Chloropsis cochinchinensis*[①]一亚种：
  ❶ 云南亚种 *kinneari*

  [①] 编者注：据赵正阶（2001b：121），泰马亚种 *moluccensis* 分布于泰国南部和马来西亚。

104. 啄花鸟科 Dicaeidae（Flowerpeckers） 1 属 6 种

〔1335〕**黄腹啄花鸟** *Dicaeum melanozanthum* huángfù zhuóhuāniǎo

曾用名：黄腹啄花鸟 *Dicaeum melanoxanthum*

英文名：Yellow-bellied Flowerpecker

◆ 郑作新（1966：182；2002：277）记载黄腹啄花鸟 *Dicaeum melanozanthum*，但未述及亚种分化问题。

◆ 郑作新（1958：361；1964：288；1976：855；1987：917；1994：161；2000：161）、郑光美（2005：334；2011：347；2017：360；2023：375）记载黄腹啄花鸟 *Dicaeum melanozanthum*[①]为单型种。

  [①] 编者注：郑光美（2005）记载其种本名为 *melanoxanthum*。

〔1336〕**黄臀啄花鸟** *Dicaeum chrysorrheum* huángtún zhuóhuāniǎo

曾用名：黄肛啄花鸟 *Dicaeum chrysorrheum*

英文名：Yellow-vented Flowerpecker

◆ 郑作新（1958：360；1964：288；1976：855；1987：917）记载黄肛啄花鸟 *Dicaeum chrysorrheum* 一亚种：
  ❶ 云南亚种 *chrysochlore*

◆ 郑作新（1994：160-161；2000：161）记载黄肛啄花鸟 *Dicaeum chrysorrheum* 一亚种：
  ❶ 指名亚种 *chrysorrheum*[①]

  [①] 编者注：郑作新（2000）称其为云南亚种。

◆ 郑作新（1966：182；2002：277）记载黄肛啄花鸟 *Dicaeum chrysorrheum*，但未述及亚种分化问题。

◆ 郑光美（2005：334；2011：347；2017：360；2023：375）记载黄臀啄花鸟 *Dicaeum chrysorrheum* 一亚种：
  ❶ 指名亚种 *chrysorrheum*

〔1337〕**厚嘴啄花鸟** *Dicaeum agile* hòuzuǐ zhuóhuāniǎo

英文名：Thick-billed Flowerpecker

◆ 郑作新（1987：917；1994：160；2000：160-161）记载厚嘴啄花鸟 *Dicaeum agile*[①②③]一未确定亚种：
  ❶ *Dicaeum agile* ssp.

① 编者注：中国鸟类新记录（何纪昌等，1980）；郑作新（1994，2000）在该种前冠以"?"号。

② 郑作新（1994，2000）：厚嘴啄花鸟 *Dicaeum agile* 的尾部特征是具一白色端带。何纪昌和杨元昌（1980）报道的新记录种是基于从云南勐海采集的两个雄鸟标本，而作为中国鸟类新记录，又没有提及其明显的尾部特征。因此，这一鉴定还有待于进一步确认。

③ 编者注：郑作新（2002）未记载该种。

◆郑光美（2005：334；2011：347；2017：359；2023：375）记载厚嘴啄花鸟 *Dicaeum agile* 一亚种：

❶ 云南亚种 *modestum* ④

④ 编者注：亚种中文名引自段文科和张正旺（2017b：1182）。

[1338] 纯色啄花鸟 *Dicaeum minullum*　　　　　　　　　　　　　　chúnsè zhuóhuāniǎo

曾用名： 纯色啄花鸟 *Dicaeum concolor*

英文名： Plain Flowerpecker

◆郑作新（1964：175；1966：183）记载纯色啄花鸟 *Dicaeum concolor* 二亚种：

❶ 西南亚种 *olivaceum*

❷ 海南亚种 *minullum*

◆郑作新（1958：361-362；1964：288；1976：856；1987：918-919；1994：161；2000：161；2002：278）、郑光美（2005：334；2011：348；2017：360）记载纯色啄花鸟 *Dicaeum concolor* 三亚种：

❶ 西南亚种 *olivaceum*

❷ 台湾亚种 *uchidai*

❸ 海南亚种 *minullum*

◆郑光美（2023：375-376）记载纯色啄花鸟 *Dicaeum minullum* ①三亚种：

❶ 西南亚种 *olivaceum*

❷ 台湾亚种 *uchidai*

❸ 指名亚种 *minullum*

① 编者注：据郑光美（2021：228），*Dicaeum concolor* 被命名为印度纯色啄花鸟，中国无分布。

[1339] 朱背啄花鸟 *Dicaeum cruentatum*　　　　　　　　　　　　　zhūbèi zhuóhuāniǎo

英文名： Scarlet-backed Flowerpecker

◆郑作新（1955：362-363；1964：175，288-289；1966：183；1976：858；1987：919-920）记载朱背啄花鸟 *Dicaeum cruentatum* 二亚种：

❶ 华南亚种 *erythronotum*

❷ 海南亚种 *hainanum*

◆郑作新（1994：161；2000：161；2002：278）、郑光美（2005：335；2011：348；2017：361；2023：376）记载朱背啄花鸟 *Dicaeum cruentatum* 二亚种：

❶ 指名亚种 *cruentatum*

❷ 海南亚种 *hainanum*

〔1340〕**红胸啄花鸟** *Dicaeum ignipectus* 　　　　　　　　　　　　　　　　　hóngxiōng zhuóhuāniǎo

英文名：Fire-breasted Flowerpecker

◆ 郑作新（1966：182，183）记载红胸啄花鸟 *Dicaeum ignipectus*，但未述及亚种分化问题。

◆ 郑作新（1958：363-364；1964：289；1976：858；1987：920-921；1994：161；2000：161；2002：278）、郑光美（2005：335；2011：348；2017：360-361；2023：376）记载红胸啄花鸟 *Dicaeum ignipectus* 二亚种：

❶ 指名亚种 *ignipectus*

❷ 台湾亚种 *formosum*

105. 花蜜鸟科 Nectariniidae（Sunbirds，Spiderhunters） 6属13种

〔1341〕**蓝枕花蜜鸟** *Kurochkinegramma hypogrammicum*　　　　　　　　　　　lánzhěn huāmìniǎo

曾用名：蓝枕花蜜鸟 *Nectarinia hypogrammica*、蓝枕花蜜鸟 *Hypogrammica hypogrammica*、
　　　　蓝枕花蜜鸟 *Hypogramma hypogrammicum*

英文名：Purple-naped Sunbird

◆ 郑作新（1966：183）记载蓝枕花蜜鸟 *Nectarinia hypogrammica*，但未述及亚种分化问题。

◆ 郑作新（1958：365；1964：289；1976：861；1987：923；1994：162；2000：162）记载蓝枕花蜜鸟 *Nectarinia hypogrammica* 一亚种：

❶ 云南亚种 *lisettae*

◆ 郑作新（2002：279）记载蓝枕花蜜鸟 *Hypogrammica hypogrammica* 一亚种：

❶ 云南亚种 *lisettae*

◆ 郑光美（2005：335；2011：349；2017：361）记载蓝枕花蜜鸟 *Hypogramma hypogrammicum* 一亚种：

❶ 云南亚种 *lisettae*

◆ 郑光美（2023：377）记载蓝枕花蜜鸟 *Kurochkinegramma hypogrammicum* 一亚种：

❶ 云南亚种 *lisettae*

〔1342〕**长嘴捕蛛鸟** *Arachnothera longirostra*　　　　　　　　　　　　　　　　chángzuǐ bǔzhūniǎo

曾用名：小捕蛛鸟 *Arachnothera longirostris*、长嘴捕蛛鸟 *Arachnothera longirostris*

英文名：Little Spiderhunter

◆ 郑作新（1958：370）记载小捕蛛鸟 *Arachnothera longirostris* 一亚种：

❶ 滇东亚种 *sordida*

◆ 郑作新（1964：177，289-290；1966：185；1976：867；1987：929-930；1994：163；2000：163；2002：281）记载长嘴捕蛛鸟 *Arachnothera longirostris*[①]二亚种：

❶ 指名亚种 *longirostris*[②]

❷ 滇东亚种 *sordida*

[①] 编者注：郑作新（1964，1966）记载其中文名为小捕蛛鸟。

[②] 编者注：中国鸟类亚种新记录（郑作新等，1962）。

◆ 郑光美（2005：338；2011：351-352；2017：364；2023：377）记载长嘴捕蛛鸟 *Arachnothera longirostra* 二亚种：

❶ 指名亚种 *longirostra*③

❷ 滇东亚种 *sordida*

③ 编者注：郑光美（2005，2011）记载该亚种为 *longirostris*。

〔1343〕**纹背捕蛛鸟** *Arachnothera magna*　　　　　　　　　　　　　　　　　　　wénbèi bǔzhūniǎo

英文名：Streaked Spiderhunter

◆ 郑作新（1958：370；1964：290）记载纹背捕蛛鸟 *Arachnothera magna* 一亚种：

　　❶ 缅甸亚种 *aurata*①

　　① 编者注：亚种中文名引自百度百科。

◆ 郑作新（1966：184；2002：281）记载纹背捕蛛鸟 *Arachnothera magna*，但未述及亚种分化问题。

◆ 郑作新（1976：868；1987：930；1994：163；2000：163）、郑光美（2005：338；2011：352；2017：364；2023：377）记载纹背捕蛛鸟 *Arachnothera magna* 一亚种：

　　❶ 指名亚种 *magna*

〔1344〕**紫颊太阳鸟** *Chalcoparia singalensis*　　　　　　　　　　　　　　　　　　zǐjiá tàiyángniǎo

曾用名：紫颊太阳鸟 *Anthreptes singalensis*、紫颊直嘴太阳鸟 *Anthreptes singalensis*；
　　　　紫颊直嘴太阳鸟 *Chalcoparia singalensis*（段文科等，2017b：1188；刘阳等，2021：569；约翰·马敬能，2022b：391）

英文名：Ruby-cheeked Sunbird

◆ 郑作新（1958：364；1964：289）记载紫颊太阳鸟 *Anthreptes singalensis* 一亚种：

　　❶ 云南亚种 *koratensis*

◆ 郑作新（1966：183）记载紫颊太阳鸟属 *Anthreptes* 为单型属。

◆ 郑作新（1976：859；1987：921-922；1994：161；2000：161）记载紫颊直嘴太阳鸟 *Anthreptes singalensis* 一亚种：

　　❶ 云南亚种 *koratensis*

◆ 郑作新（2002：278）记载直嘴太阳鸟属 *Anthreptes* 为单型属。

◆ 郑光美（2005：335；2011：349；2017：361；2023：377）记载紫颊太阳鸟 *Chalcoparia singalensis* 一亚种：

　　❶ 云南亚种 *koratensis*

〔1345〕**褐喉食蜜鸟** *Anthreptes malacensis*　　　　　　　　　　　　　　　　　　hèhóu shímìniǎo

曾用名：褐喉直嘴太阳鸟 *Anthreptes malacensis*

英文名：Brown-throated Sunbird

◆ 郑光美（2011：349）记载褐喉食蜜鸟 *Anthreptes malacensis*①为单型种。

　　① 中国鸟类新记录，见吴飞等（2010）。

◆ 郑光美（2017：361；2023：377）记载褐喉食蜜鸟 *Anthreptes malacensis* 一亚种：

　　❶ 指名亚种 *malacensis*

〔1346〕**紫花蜜鸟** *Cinnyris asiaticus*　　　　　　　　　　　　　　　　　　　　　zǐ huāmìniǎo

曾用名：紫花蜜鸟 *Nectarinia asiatica*、紫色蜜鸟 *Nectarinia asiatica*；

　　　　紫色花蜜鸟 *Nectarinia asiatica*（约翰·马敬能等，2000：448）、

　　　　紫色花蜜鸟 *Cinnyris asiaticus*（段文科等，2017b：1191；刘阳等，2021：570；约翰·马敬能，2022b：392）

英文名：Purple Sunbird

◆郑作新（1966：183；2002：279）记载紫花蜜鸟 *Nectarinia asiatica*[1]，但未述及亚种分化问题。

　　[1] 编者注：中国鸟类新记录（潘清华等，1964）。

◆郑作新（1976：860）记载紫花蜜鸟 *Nectarinia asiatica* 一亚种：

　　❶ 指名亚种 *asiatica*

◆郑作新（1987：923；1994：161；2000：162）记载紫色蜜鸟 *Nectarinia asiatica*[2] 一亚种：

　　❶ 滇西亚种 *intermedia*

　　[2] 编者注：郑作新（1987）记载其中文名为紫花蜜鸟。

◆郑光美（2005：336；2011：349；2017：362；2023：378）记载紫花蜜鸟 *Cinnyris asiaticus* 一亚种：

　　❶ 指名亚种 *asiaticus*[3]

　　[3] 编者注：郑光美（2005，2011）记载该亚种为 *asiatica*。

〔1347〕**黄腹花蜜鸟** *Cinnyris jugularis*　　　　　　　　　　　　　　　　　　　huángfù huāmìniǎo

曾用名：黄腹花蜜鸟 *Nectarinia jugularis*

英文名：Olive-backed Sunbird

◆郑作新（1958：364；1964：289；1976：860；1987：922；1994：161；2000：161-162）记载黄腹花蜜鸟 *Nectarinia jugularis* 一亚种：

　　❶ 西南亚种 *rhizophorae*

◆郑作新（1966：183；2002：279）记载黄腹花蜜鸟 *Nectarinia jugularis*，但未述及亚种分化问题。

◆郑光美（2005：336；2011：349；2017：362；2023：378）记载黄腹花蜜鸟 *Cinnyris jugularis* 一亚种：

　　❶ 西南亚种 *rhizophorae*

〔1348〕**火尾太阳鸟** *Aethopyga ignicauda*　　　　　　　　　　　　　　　　　　huǒwěi tàiyángniǎo

英文名：Fire-tailed Sunbird

◆郑作新（1966：183，184；2002：279，280）记载火尾太阳鸟 *Aethopyga ignicauda*，但未述及亚种分化问题。

◆郑作新（1958：367；1964：289；1976：864；1987：926；1994：162；2000：162）、郑光美（2005：338；2011：351；2017：364；2023：378）记载火尾太阳鸟 *Aethopyga ignicauda* 一亚种：

　　❶ 指名亚种 *ignicauda*

〔1349〕**黑胸太阳鸟** *Aethopyga saturata*　　　　　　　　　　　　　　　　　　hēixiōng tàiyángniǎo

英文名：Black-throated Sunbird

◆郑作新（1958：365-366；1964：176-177，289；1966：184）记载黑胸太阳鸟 *Aethopyga saturata* 二亚种：

❶ 滇西亚种 *assamensis*

❷ 西南亚种 *petersi*

◆ 郑作新（1976：862；1987：924-925；1994：162；2000：162；2002：281）、郑光美（2005：337；2011：350-351；2017：363；2023：378）记载黑胸太阳鸟 *Aethopyga saturata* 三亚种：

❶ 指名亚种 *saturata*

❷ 滇西亚种 *assamensis*

❸ 西南亚种 *petersi*

〔1350〕**绿喉太阳鸟** *Aethopyga nipalensis*　　　　　　　　　　　　　　　lǜhóu tàiyángniǎo

英文名：Green-tailed Sunbird

◆ 郑作新（1958：368-369；1964：289）记载绿喉太阳鸟 *Aethopyga nipalensis* 一亚种：

❶ 指名亚种 *nipalensis*

◆ 郑作新（1966：183，184；2002：280）记载绿喉太阳鸟 *Aethopyga nipalensis*，但未述及亚种分化问题。

◆ 郑作新（1976：865-866；1987：928；1994：162；2000：162-163）、郑光美（2005：336；2011：350；2017：362；2023：379）记载绿喉太阳鸟 *Aethopyga nipalensis* 一亚种：

❶ 西南亚种 *koelzi*

〔1351〕**蓝喉太阳鸟** *Aethopyga gouldiae*　　　　　　　　　　　　　　　lánhóu tàiyángniǎo

英文名：Mrs. Gould's Sunbird

◆ 郑作新（1958：368）记载蓝喉太阳鸟 *Aethopyga gouldiae* 一亚种：

❶ 西南亚种 *dabryii*

◆ 郑作新（1964：176，289；1966：184；1976：864-865；1987：927；1994：162；2000：162；2002：281）、郑光美（2005：336；2011：350；2017：362；2023：379）记载蓝喉太阳鸟 *Aethopyga gouldiae* 二亚种：

❶ 指名亚种 *gouldiae*

❷ 西南亚种 *dabryii*

〔1352〕**黄腰太阳鸟** *Aethopyga siparaja*　　　　　　　　　　　　　　　huángyāo tàiyángniǎo

英文名：Crimson Sunbird

◆ 郑作新（1958：366-367；1987：925-926；1994：162）记载黄腰太阳鸟 *Aethopyga siparaja* 三亚种：

❶ 云南亚种 *viridicauda*

❷ 滇东亚种 *tonkinensis*

❸ 广东亚种 *owstoni*

◆ 郑作新（1964：176）记载黄腰太阳鸟 *Aethopyga siparaja* 三亚种：

❶ 云南亚种 *viridicauda*

❷ 滇西亚种 *seheriae*

❸ 滇东亚种 *tonkinensis*

◆ 郑作新（1966：184）记载黄腰太阳鸟 *Aethopyga siparaja* 二亚种：

❶ 滇西亚种 *seheriae*

❷ 滇东亚种 *tonkinensis*

◆郑作新（1976：863-864）记载黄腰太阳鸟 *Aethopyga siparaja* 三亚种：
❶ 云南亚种 *seheriae*
❷ 滇东亚种 *tonkinensis*
❸ 广东亚种 *owstoni*

◆郑作新（1964：289；2000：162；2002：280）、郑光美（2005：337-338；2011：351）记载黄腰太阳鸟 *Aethopyga siparaja* 四亚种：
❶ 云南亚种 *viridicauda*
❷ 滇西亚种 *seheriae*
❸ 滇东亚种 *tonkinensis*
❹ 广东亚种 *owstoni*

◆郑光美（2017：363-364；2023：379）记载黄腰太阳鸟 *Aethopyga siparaja* 四亚种：
❶ 南亚亚种 *labecula*[①]
❷ 滇西亚种 *seheriae*
❸ 滇东亚种 *tonkinensis*
❹ 广东亚种 *owstoni*

① 编者注：亚种中文名引自百度百科。

[1353] **叉尾太阳鸟** *Aethopyga christinae*　　　　　　　　　　　　　　　　chāwěi tàiyángniǎo

曾用名： 叉尾太阳鸟 *Aethopyga latouchii*、海南叉尾太阳鸟 *Aethopyga christinae*（约翰·马敬能，2022b：393）

英文名： Fork-tailed Sunbird

◆郑作新（1958：369-370；1964：176，289；1966：184；1976：866；1987：928-929；1994：162；2000：163；2002：280）、郑光美（2005：336-337；2011：350；2017：363；2023：380）均记载叉尾太阳鸟 *Aethopyga christinae* 二亚种：
❶ 华南亚种 *latouchii*[①]
❷ 指名亚种 *christinae*[②]

①②编者注：约翰·马敬能（2022b）视其为两个独立种，即叉尾太阳鸟 *Aethopyga latouchii* 和海南叉尾太阳鸟 *Aethopyga christinae*。

106. 岩鹨科 Prunellidae（Accentors）　1属9种

[1354] **高原岩鹨** *Prunella himalayana*　　　　　　　　　　　　　　　　gāoyuán yánliù

英文名： Altai Accentor

◆郑作新（1966：124；2002：182）记载高原岩鹨 *Prunella himalayana*，但未述及亚种分化问题。

◆郑作新（1958：116；1964：255；1976：527；1987：565；1994：106；2000：106）、郑光美（2005：211；2011：219；2017：365；2023：380）记载高原岩鹨 *Prunella himalayana* 为单型种。

〔1355〕**领岩鹨** *Prunella collaris*　　　　　　　　　　　　　　　　　　　　　lǐngyánliù

英文名：Alpine Accentor

◆郑作新（1958：114-116）记载领岩鹨 *Prunella collaris* 四亚种：
  ① 新疆亚种 *rufilata*
  ② 西南亚种 *nipalensis*
  ③ 青海亚种 *tibetana*
  ④ 东北亚种 *erythropygia*

◆郑作新（1964：118-119，254-255；1966：124）记载领岩鹨 *Prunella collaris* 五亚种：
  ① 新疆亚种 *rufilata*
  ② 西南亚种 *nipalensis*
  ③ 青海亚种 *tibetana*
  ④ 四川亚种 *berezowskii*
  ⑤ 东北亚种 *erythropygia*

◆郑作新（1976：525-527；1987：563-565；1994：106；2000：106；2002：183）记载领岩鹨 *Prunella collaris* 七亚种：
  ① 新疆亚种 *rufilata*
  ② 藏西亚种 *whymperi*
  ③ 西南亚种 *nipalensis*
  ④ 青海亚种 *tibetana*
  ⑤ 四川亚种 *berezowskii*
  ⑥ 东北亚种 *erythropygia*
  ⑦ 台湾亚种 *fennelli*

◆郑光美（2005：210；2011：218；2017：364-365；2023：380-381）记载领岩鹨 *Prunella collaris* 六亚种：
  ① 新疆亚种 *rufilata*
  ② 藏西亚种 *whymperi*
  ③ 西南亚种 *nipalensis*
  ④ 青海亚种 *tibetana*
  ⑤ 东北亚种 *erythropygia*
  ⑥ 台湾亚种 *fennelli*

〔1356〕**栗背岩鹨** *Prunella immaculata*　　　　　　　　　　　　　　　　　　　lìbèi yánliù

曾用名：褐红背岩鹨 *Prunella immaculata*

英文名：Maroon-backed Accentor

◆郑作新（1958：120；1964：255；1976：534）记载褐红背岩鹨 *Prunella immaculata* 为单型种。

◆郑作新（1966：124）记载褐红背岩鹨 *Prunella immaculata*，但未述及亚种分化问题。

◆郑作新（2002：182）记载栗背岩鹨 *Prunella immaculata*，亦未述及亚种分化问题。

◆郑作新（1987：571-572；1994：107；2000：107）、郑光美（2005：212；2011：220；2017：367；2023：381）记载栗背岩鹨 *Prunella immaculata* 为单型种。

〔1357〕**鸲岩鹨** *Prunella rubeculoides*   qúyánliù

英文名： Robin Accentor

◆ 郑作新（1966：124；2002：182）记载鸲岩鹨 *Prunella rubeculoides*，但未述及亚种分化问题。

◆ 郑作新（1958：116；1964：255；1976：527-529；1987：566-567；1994：106；2000：106）、郑光美（2005：211；2011：219；2017：365；2023：381）记载鸲岩鹨 *Prunella rubeculoides* 一亚种：

    ❶ 指名亚种 *rubeculoides*

〔1358〕**棕胸岩鹨** *Prunella strophiata*   zōngxiōng yánliù

英文名： Rufous-breasted Accentor

◆ 郑作新（1966：124；2002：182）记载棕胸岩鹨 *Prunella strophiata*，但未述及亚种分化问题。

◆ 郑作新（1958：117；1964：255；1976：529；1987：567-568；1994：106；2000：106）、郑光美（2005：211；2011：219；2017：366；2023：381）记载棕胸岩鹨 *Prunella strophiata* 一亚种：

    ❶ 指名亚种 *strophiata*

〔1359〕**褐岩鹨** *Prunella fulvescens*   hèyánliù

英文名： Brown Accentor

◆ 郑作新（1958：118-119；1964：119，255；1966：124；1976：531-532；1987：569；1994：106-107；2000：106-107；2002：183）、郑光美（2005：211-212；2011：219-220）记载褐岩鹨 *Prunella fulvescens* 四亚种：

    ❶ 指名亚种 *fulvescens*

    ❷ 南疆亚种 *dresseri*

    ❸ 东北亚种 *dahurica*

    ❹ 青藏亚种 *nanschanica*[①]

    ① 编者注：郑作新（1958，1964，1966，1976，1987）记载该亚种为 *nanshanica*。

◆ 郑光美（2017：366；2023：381-382）记载褐岩鹨 *Prunella fulvescens* 五亚种：

    ❶ 指名亚种 *fulvescens*

    ❷ 南疆亚种 *dresseri*

    ❸ 东北亚种 *dahurica*

    ❹ 青藏亚种 *nanschanica*

    ❺ 藏北亚种 *khamensis*[②]

    ② 编者注：亚种中文名引自赵正阶（2001b：232）。

〔1360〕**贺兰山岩鹨** *Prunella koslowi*   hèlánshān yánliù

曾用名： 漠岩鹨 *Prunella koslowi*（杭馥兰等，1997：190）

英文名： Mongolian Accentor

◆ 郑作新（1966：124；2002：182）记载贺兰山岩鹨 *Prunella koslowi*，但未述及亚种分化问题。

◆ 郑作新（1958：120；1964：255；1976：532；1987：571；1994：107；2000：107）、郑光美（2005：212；2011：220；2017：367；2023：382）记载贺兰山岩鹨 *Prunella koslowi* 为单型种。

〔1361〕**棕眉山岩鹨** *Prunella montanella*　　　　　　　　　　　　　　　　　　　　zōngméi shānyánliù

曾用名： 山岩鹨 *Prunella montanella*

英文名： Siberian Accentor

◆ 郑作新（1966：124）记载山岩鹨 *Prunella montanella*，但未述及亚种分化问题。

◆ 郑作新（2002：182）记载棕眉山岩鹨 *Prunella montanella*，亦未述及亚种分化问题。

◆ 郑作新（1958：118；1964：255；1976：530；1987：568-569；1994：106；2000：106）、郑光美（2005：211）记载棕眉山岩鹨 *Prunella montanella*[①]为单型种。

　　① 编者注：郑作新（1964：118）记载其中文名为山岩鹨。

◆ 郑光美（2011：219；2017：366；2023：382）记载棕眉山岩鹨 *Prunella montanella*[②]一亚种：

　　❶ 指名亚种 *montanella*

　　② 郑光美（2011）：台湾有迷鸟记录，亚种待查证，见刘小如等（2010）。

〔1362〕**黑喉岩鹨** *Prunella atrogularis*　　　　　　　　　　　　　　　　　　　　hēihóu yánliù

英文名： Black-throated Accentor

◆ 郑作新（1966：124；2002：182）记载黑喉岩鹨 *Prunella atrogularis*，但未述及亚种分化问题。

◆ 郑作新（1958：119；1964：255；1976：532；1987：570-571；1994：107；2000：107）、郑光美（2005：212；2011：220；2017：367；2023：382）记载黑喉岩鹨 *Prunella atrogularis* 一亚种：

　　❶ 新疆亚种 *huttoni*

107. 朱鹀科 Urocynchramidae[①]（Pink-tailed Rosefinch）　1属1种

　　① 郑光美（2017）：由 *Urocynchramus pylzowi* 提升为单型科（Groth，2000）。

〔1363〕**朱鹀** *Urocynchramus pylzowi*　　　　　　　　　　　　　　　　　　　　　　zhūwú

英文名： Przevalski's Finch

◆ 郑作新（1966：199；2002：304）记载朱鹀属 *Urocynchramus* 为单型属。

◆ 郑作新（1958：429；1964：297；1976：941；1987：1006-1007；1994：174；2000：174）、郑光美（2005：361；2011：375；2017：367；2023：383）记载朱鹀 *Urocynchramus pylzowi*[①]为单型种。

　　① 郑光美（2011）：Yang 等（2006）主张将本种单列为一科。

108. 织雀科 Ploceidae（Weavers）　1属2种

〔1364〕**纹胸织雀** *Ploceus manyar*　　　　　　　　　　　　　　　　　　　　　wénxiōng zhīquè

曾用名： 纹胸织布鸟 *Ploceus manyar*、黑喉织布鸟 *Ploceus benghalensis*、
　　　　　黑喉织布鸟 *Ploceus bengalensis*、黑胸织布鸟 *Ploceus benghalensis*、
　　　　　黑喉织雀 *Ploceus benghalensis*

英文名： Streaked Weaver

◆ 郑作新（1958：384）记载纹胸织布鸟 *Ploceus manyar* 一亚种：

　　❶ ? 滇北亚种 *peguensis*

◆ 郑作新（1964：292；1976：885）记载?纹胸织布鸟 *Ploceus manyar* 一亚种：
  ❶ ? 滇北亚种 *peguensis*
◆ 郑作新（1966：188）记载纹胸织布鸟 *Ploceus manyar*，但未述及亚种分化问题。
◆ 郑作新（1987：949；1994：165；2000：166）记载黑喉织布鸟 *Ploceus benghalensis*① 为单型种。
  ① 编者注：郑作新（1987）记载其种本名为 *bengalensis*；可参考彭燕章等（1979）。
◆ 郑作新（2002：287）记载黑喉织布鸟 *Ploceus benghalensis*，亦未述及亚种分化问题。
◆ 郑光美（2005：343；2011：357；2017：367-368；2023：383）记载纹胸织雀 *Ploceus manyar*② 二亚种：
  ❶ 滇南亚种 *williamsoni*③
  ❷ 滇北亚种 *peguensis*④
  ② 郑光美（2005）：我国以前记录的黑喉织雀 *Ploceus benghalensis* 实际为纹胸织雀 *Ploceus manyar*（杨岚等，2004）。
  ③④ 编者注：亚种中文名引自段文科和张正旺（2017b：1212）。

〔1365〕**黄胸织雀** *Ploceus philippinus*　　　　　　　　　　　　　　huángxiōng zhīquè
曾用名： 黄胸织布鸟 *Ploceus philippinus*
英文名： Baya Weaver
◆ 郑作新（1958：384-385；1964：292；1976：886；1987：949；1994：165；2000：166）记载黄胸织布鸟 *Ploceus philippinus* 一亚种：
  ❶ 云南亚种 *burmanicus*
◆ 郑作新（1966：188；2002：287）记载黄胸织布鸟 *Ploceus philippinus*，但未述及亚种分化问题。
◆ 郑光美（2005：343；2011：357；2017：368；2023：383）记载黄胸织雀 *Ploceus philippinus* 一亚种：
  ❶ 云南亚种 *burmanicus*

109. 梅花雀科 Estrildidae（Waxbills and Allies）　5 属 8 种

〔1366〕**橙颊梅花雀** *Estrilda melpoda*　　　　　　　　　　　　　　chéngjiá méihuāquè
英文名： Orange-cheeked Waxbill
◆ 郑光美（2011：357；2017：368；2023：383）记载橙颊梅花雀 *Estrilda melpoda*① 为单型种。
  ① 郑光美（2011）：中国鸟类新记录，见刘小如等（2010）。

〔1367〕**红梅花雀** *Amandava amandava*　　　　　　　　　　　　　　hóng méihuāquè
曾用名： 红梅花雀 *Estrilda amandava*、梅花雀 *Estrilda amandava*、［红］梅花雀 *Estrilda amandava*；
　　　　　［红］梅花雀 *Amandava amandava*（杭馥兰等，1997：309；约翰·马敬能等，2000：468）
英文名： Red Avadavat
◆ 郑作新（1966：185）记载梅花雀属 *Estrilda* 为单型属。
◆ 郑作新（1958：385；1964：292；1976：887；1987：949-950；1994：166；2000：166；2002：287）记载［红］梅花雀 *Estrilda amandava*①②③ 二亚种：
  ❶ 西南亚种 *flavidiventris*

❷ 海南亚种 *punicea*

① 编者注：郑作新（1958，1964）记载其中文名为红梅花雀；郑作新（1976）记载其中文名为梅花雀。

② 郑作新（1976）：此鸟曾被录自香港，但不在最近50年内。

③ 郑作新（1987）：录自香港的梅花雀 *Estrilda amandava* 显然是被引入的，但亚种尚未确定。

◆ 郑光美（2005：343-344；2011：357；2017：368；2023：384）记载红梅花雀 *Amandava amandava* 二亚种：

❶ 西南亚种 *flavidiventris*

❷ 海南亚种 *punicea*

〔1368〕白喉文鸟 *Euodice malabarica*　　　　　　　　　　　　　　　　　　　　báihóu wénniǎo

曾用名： 白喉文鸟 *Lonchura malabarica*

英文名： Indian Silverbill

◆ 郑光美（2011：358）记载白喉文鸟 *Lonchura malabarica*① 为单型种。

① 郑光美（2011）：中国鸟类新记录，见刘小如等（2010）。

◆ 郑光美（2017：369；2023：384）记载白喉文鸟 *Euodice malabarica*② 为单型种。

② 郑光美（2017）：由 *Lonchura* 属归入 *Euodice* 属（Dickinson et al.，2014）。

〔1369〕白腰文鸟 *Lonchura striata*　　　　　　　　　　　　　　　　　　　　báiyāo wénniǎo

英文名： White-rumped Munia

◆ 郑作新（1958：386-387；1964：180，292；1966：188；1976：888；1987：951-952；1994：166；2000：166；2002：287）、郑光美（2005：344；2011：358；2017：369；2023：384）均记载白腰文鸟 *Lonchura striata* 二亚种：

❶ 华南亚种 *swinhoei*

❷ 云南亚种 *subsquamicollis*

〔1370〕斑文鸟 *Lonchura punctulata*　　　　　　　　　　　　　　　　　　　　bānwénniǎo

英文名： Scaly-breasted Munia

◆ 郑作新（1958：387）记载斑文鸟 *Lonchura punctulata* 一亚种：

❶ 华南亚种 *topela*

◆ 郑作新（1964：292；1966：188；1976：888-889）记载斑文鸟 *Lonchura punctulata* 二亚种：

❶ 云南亚种 *yunnanensis*①

❷ 华南亚种 *topela*

① 编者注：中国鸟类亚种新记录（А.И.伊万诺夫，1961）。

◆ 郑作新（1987：952-953；1994：166；2000：166；2002：287-288）、郑光美（2005：344；2011：358；2017：369；2023：384-385）记载斑文鸟 *Lonchura punctulata* 三亚种：

❶ 云南亚种 *yunnanensis*

❷ 藏南亚种 *subundulata*

❸ 华南亚种 *topela*

[1371] **栗腹文鸟** *Lonchura atricapilla*   lìfù wénniǎo

曾用名： 栗腹文鸟 *Lonchura malacca*

英文名： Chestnut Munia

◆ 郑作新（1964：292）记载栗腹文鸟 *Lonchura malacca* 二亚种：

  ❶ 云南亚种 *deignani*[①]

  ❷ 台湾亚种 *formosana*

  ① 编者注：亚种中文名引自赵正阶（2001b：804）。中国鸟类亚种新记录（А. И. 伊万诺夫，1961）。

◆ 郑作新（1966：188）记载栗腹文鸟 *Lonchura malacca*，但未述及亚种分化问题。

◆ 郑作新（1958：387-388；1976：889-890；1987：953-954；1994：166；2000：166；2002：288）、郑光美（2005：345；2011：359）记载栗腹文鸟 *Lonchura malacca* 二亚种：

  ❶ 华南亚种 *atricapilla*[②]

  ❷ 台湾亚种 *formosana*

  ② 郑作新（1976）：纽约博物馆所藏的海南岛标本（经鉴定为 *Lonchura malacca deignani*），均是笼鸟（Parkes，1958）。

◆ 郑光美（2017：370）记载栗腹文鸟 *Lonchura atricapilla*[③]二亚种：

  ❶ 指名亚种 *atricapilla*

  ❷ 台湾亚种 *formosana*

  ③ 郑光美（2017）：由 *Lonchura malacca* 的亚种提升为种（Rasmussen et al，2005）。编者注：据郑光美（2021：237），*Lonchura malacca* 被命名为黑头文鸟，中国无分布。

◆ 郑光美（2023：385）记载栗腹文鸟 *Lonchura atricapilla* 三亚种：

  ❶ 指名亚种 *atricapilla*

  ❷ 云南亚种 *deignani*

  ❸ 台湾亚种 *formosana*

[1372] **禾雀** *Lonchura oryzivora*   héquè

曾用名： 禾雀 *Padda oryzivora*；[爪哇]禾雀 *Lonchura oryzivora*（约翰·马敬能等，2000：469）

英文名： Java Sparrow

◆ 郑作新（1958：386；1964：292；1976：887；1987：950）记载?禾雀 *Padda oryzivora*[①]为单型种。

  ① 郑作新（1964，1976）：恐系引入种。编者注：郑作新（1966）未收录该种。

◆ 郑作新（2002：282）记载禾雀属 *Padda* 为单型属。

◆ 郑作新（1994：166；2000：166）、郑光美（2005：345；2011：359）记载禾雀 *Padda oryzivora*[②]为单型种。

  ② 郑作新（1994，2000）：过去被引入我国东部，目前已扩展到东南部省份，特别是福建和广东。

◆ 郑光美（2017：370；2023：385）记载禾雀 *Lonchura oryzivora*[③]为单型种。

  ③ 郑光美（2017）：由 *Padda* 属归入 *Lonchura* 属（Payne，2010）。

[1373] **长尾鹦雀** *Erythrura prasina*   chángwěi yīngquè

英文名： Pin-tailed Parrotfinch

◆ 郑光美（2017：368；2023：385）记载长尾鹦雀 *Erythrura prasina*① 一亚种：

❶ 指名亚种 *prasina*

① 郑光美（2017）：中国鸟类新记录（Sreekar et al., 2014）。

110. 雀科 Passeridae（Old World Sparrows） 5 属 13 种

〔1374〕**黑顶麻雀** *Passer ammodendri* hēidǐng máquè

曾用名： 西域麻雀 *Passer ammodendri*

英文名： Saxaul Sparrow

◆ 郑作新（1958：374-375；1964：178，290；1966：186）记载黑顶麻雀 *Passer ammodendri*① 二亚种：

❶ 指名亚种 *ammodendri*

❷ 新疆亚种 *stoliczkae*

① 编者注：郑作新（1955）记载其中文名为黑顶麻雀、西域麻雀。

◆ 郑作新（1976：874；1987：935-937；1994：164；2000：164；2002：284）、郑光美（2005：338-339；2011：352；2017：370；2023：386）记载黑顶麻雀 *Passer ammodendri*② 二亚种：

❶ 北疆亚种 *nigricans*

❷ 新疆亚种 *stoliczkae*

② 编者注：郑作新（1976，1987，1994，2000）记载其中文名为黑顶麻雀、西域麻雀。

〔1375〕**家麻雀** *Passer domesticus* jiāmáquè

英文名： House Sparrow

◆ 郑作新（1958：373-374）记载家麻雀 *Passer domesticus* 二亚种：

❶ 指名亚种 *domesticus*

❷ 藏西亚种 *parkini*

◆ 郑作新（1964：178，290；1966：186；1976：872-873；1987：934-935；1994：163-164；2000：164；2002：283）、郑光美（2005：339；2011：352-353；2017：371；2023：386）记载家麻雀 *Passer domesticus*① 三亚种：

❶ 指名亚种 *domesticus*

❷ 新疆亚种 *bactrianus*

❸ 藏西亚种 *parkini*

① 郑光美（2011）：青海、陕西和四川有记录，亚种有待进一步确证，见孙承骞和冯宁（2009）。

〔1376〕**黑胸麻雀** *Passer hispaniolensis* hēixiōng máquè

英文名： Spanish Sparrow

◆ 郑作新（1966：186；2002：283）记载黑胸麻雀 *Passer hispaniolensis*，但未述及亚种分化问题。

◆ 郑作新（1958：374；1964：290；1976：873；1987：935；1994：164；2000：164）、郑光美（2005：339；2011：353；2017：371；2023：386）记载黑胸麻雀 *Passer hispaniolensis* 一亚种：

❶ 新疆亚种 *transcaspicus*

〔1377〕**山麻雀** *Passer cinnamomeus*　　　　　　　　　　　　　　　　　　　　　　　　shānmáquè

曾用名： 山麻雀 *Passer rutilans*

英文名： Russet Sparrow

◆ 郑作新（1958：377-378）记载山麻雀 *Passer rutilans* 三亚种：

　❶ 西藏亚种 *cinnamomeus*

　❷ 西南亚种 *intensior*

　❸ 指名亚种 *rutilans*

◆ 郑作新（1964：179，291；1966：187；1976：877-878；1987：939-941；1994：164；2000：164-165；2002：284-285）、郑光美（2005：339-340；2011：353）记载山麻雀 *Passer rutilans* 四亚种：

　❶ 西藏亚种 *cinnamomeus*

　❷ 巴塘亚种 *batangensis*

　❸ 西南亚种 *intensior*

　❹ 指名亚种 *rutilans*

◆ 郑光美（2017：371；2023：386-387）记载山麻雀 *Passer cinnamomeus*[①]三亚种：

　❶ 指名亚种 *cinnamomeus*

　❷ 西南亚种 *intensior*

　❸ *rutilans* 亚种

　① 郑光美（2017）：种名由 *Passer rutilans* 更改为 *Passer cinnamomeus*（Mlíkovský，2011）。

〔1378〕**麻雀** *Passer montanus*　　　　　　　　　　　　　　　　　　　　　　　　　　　　máquè

曾用名： ［树］麻雀 *Passer montanus*；树麻雀 *Passer montanus*（赵正阶，2001b：778；段文科等，2017b：1204）

英文名： Eurasian Tree Sparrow

◆ 郑作新（1958：375-377）记载［树］麻雀 *Passer montanus* 五亚种：

　❶ 指名亚种 *montanus*

　❷ 新疆亚种 *dilutus*

　❸ 西藏亚种 *tibetanus*

　❹ 普通亚种 *saturatus*

　❺ 云南亚种 *malaccensis*

◆ 郑作新（1964：178-179，290-291；1966：186-187；1976：874-876）记载［树］麻雀 *Passer montanus* 六亚种：

　❶ 指名亚种 *montanus*

　❷ 新疆亚种 *dilutus*

　❸ 甘肃亚种 *kansuensis*[①]

　❹ 青藏亚种 *tibetanus*

　❺ 普通亚种 *saturatus*

　❻ 云南亚种 *malaccensis*

　① 郑作新（1966）：是否确立，尚属疑问。

◆ 郑作新（1987：937-938；1994：164；2000：164；2002：284）记载［树］麻雀 *Passer montanus* 七亚种：

❶ 指名亚种 montanus
❷ 新疆亚种 dilutus
❸ 甘肃亚种 kansuensis
❹ 青藏亚种 tibetanus
❺ 藏南亚种 hepaticus
❻ 普通亚种 saturatus
❼ 云南亚种 malaccensis

◆ 郑光美（2005：340-341；2011：354；2017：372；2023：387-388）记载麻雀 Passer montanus 七亚种：

❶ 指名亚种 montanus
❷ 新疆亚种 dilutus
❸ 甘肃亚种 kansuensis
❹ 西藏亚种 tibetanus
❺ 普通亚种 saturatus
❻ 云南亚种 malaccensis
❼ 藏南亚种 hepaticus

〔1379〕**石雀** Petronia petronia　　　　　　　　　　　　　　　　　　　　　　　　　shíquè

英文名：Rock Sparrow

◆ 郑作新（1958：378-379；1964：179，291；1966：187；1976：878-879；1987：941；1994：164；2000：165；2002：285）、郑光美（2005：341；2011：354-355；2017：373；2023：388）均记载石雀 Petronia petronia 二亚种：

❶ 新疆亚种 intermedia
❷ 北方亚种 brevirostris

〔1380〕**白斑翅雪雀** Montifringilla nivalis　　　　　　　　　　　　　　　　　　　báibānchì xuěquè

英文名：White-winged Snowfinch

◆ 郑作新（1958：379-380；1964：179-180，291；1966：187-188；1976：880；1987：942-943；1994：165；2000：165；2002：286）记载白斑翅雪雀 Montifringilla nivalis 三亚种：

❶ 新疆亚种 alpicola
❷ 昆仑亚种 kwenlunensis
❸ 青海亚种 henrici

◆ 郑光美（2005：341；2011：355）记载以下两种：

（1）白斑翅雪雀 Montifringilla nivalis
❶ 新疆亚种 alpicola
❷ 昆仑亚种 kwenlunensis

（2）藏雪雀 Montifringilla henrici

◆ 郑光美（2017：373；2023：388-389）记载以下两种：

（1）白斑翅雪雀 Montifringilla nivalis

❶ 昆仑亚种 *kwenlunensis*
❷ 蒙古亚种 *groumgrzimaili*①
❸ 高原亚种 *tianshanica*②

①② 编者注：亚种中文名引自百度百科。

（2）藏雪雀 *Montifringilla henrici*

〔1381〕**藏雪雀** *Montifringilla henrici*　　　　　　　　　　　　　　　　　zàngxuěquè
英文名： Tibetan Snowfinch

曾被视为白斑翅雪雀 *Montifringilla nivalis* 的一个亚种，现列为独立种。请参考〔1380〕白斑翅雪雀 *Montifringilla nivalis*。

〔1382〕**褐翅雪雀** *Montifringilla adamsi*　　　　　　　　　　　　　　　　hèchì xuěquè
英文名： Black-winged Snowfinch

◆郑作新（1958：380-381；1964：180，291；1966：188；1976：881；1987：943-944；1994：165；2000：165；2002：286）、郑光美（2005：342；2011：355；2017：373-374；2023：389）均记载褐翅雪雀 *Montifringilla adamsi* 二亚种：

❶ 南山亚种 *xerophila*
❷ 指名亚种 *adamsi*

〔1383〕**白腰雪雀** *Onychostruthus taczanowskii*　　　　　　　　　　　　　báiyāo xuěquè
曾用名： 白腰雪雀 *Montifringilla taczanowskii*；
　　　　　白腰雪雀 *Pyrgilauda taczanowskii*（约翰·马敬能等，2000：455）
英文名： White-rumped Snowfinch

◆郑作新（1958：381；1964：291；1976：882；1987：945；1994：165；2000：165）记载白腰雪雀 *Montifringilla taczanowskii*①为单型种。

① 编者注：据赵正阶（2001b：788），也有学者将本种归入 *Pyrgilauda* 属。

◆郑作新（1966：187；2002：285）记载白腰雪雀 *Montifringilla taczanowskii*，但未述及亚种分化问题。

◆郑光美（2005：342；2011：356；2017：374；2023：389）记载白腰雪雀 *Onychostruthus taczanowskii* 为单型种。

〔1384〕**黑喉雪雀** *Pyrgilauda davidiana*　　　　　　　　　　　　　　　　hēihóu xuěquè
曾用名： 黑喉雪雀 *Montifringilla davidiana*
英文名： Small Snowfinch

◆郑作新（1958：383-384；1964：292；1976：884-885；1987：948；1994：165；2000：165-166）记载黑喉雪雀 *Montifringilla davidiana* 一亚种：

❶ 指名亚种 *davidiana*

◆郑作新（1966：187；2002：285）记载黑喉雪雀 *Montifringilla davidiana*，但未述及亚种分化问题。

◆郑光美（2005：342；2011：356；2017：374；2023：389）记载黑喉雪雀 *Pyrgilauda davidiana* 一亚种：

❶ 指名亚种 *davidiana*

〔1385〕**棕颈雪雀** *Pyrgilauda ruficollis* zōngjǐng xuěquè

曾用名：棕颈雪雀 *Montifringilla ruficollis*

英文名：Rufous-necked Snowfinch

◆郑作新（1958：382；1964：180，292；1966：188；1976：882-883；1987：945-946；1994：165；2000：165；2002：286）记载棕颈雪雀 *Montifringilla ruficollis* 二亚种：

❶ 青海亚种 *isabellina*

❷ 指名亚种 *ruficollis*

◆郑光美（2005：342；2011：356；2017：374；2023：389-390）记载棕颈雪雀 *Pyrgilauda ruficollis* 二亚种：

❶ 青海亚种 *isabellina*

❷ 指名亚种 *ruficollis*

〔1386〕**棕背雪雀** *Pyrgilauda blanfordi* zōngbèi xuěquè

曾用名：棕背雪雀 *Montifringilla blanfordi*；

棕背雪雀 *Pyrgilauda blandfordi*（约翰·马敬能等，2000：456；约翰·马敬能，2022b：399）

英文名：Plain-backed Snowfinch

◆郑作新（1958：382-383；1964：180，292；1966：188；1976：883-884；1987：946-947；1994：165；2000：165；2002：286）记载棕背雪雀 *Montifringilla blanfordi* 三亚种：

❶ 指名亚种 *blanfordi*

❷ 柴达木亚种 *ventorum*

❸ 青海亚种 *barbata*

◆郑光美（2005：342-343；2011：356；2017：374-375；2023：390）记载棕背雪雀 *Pyrgilauda blanfordi* 三亚种：

❶ 指名亚种 *blanfordi*

❷ 柴达木亚种 *ventorum*

❸ 青海亚种 *barbata*

111. 鹡鸰科 Motacillidae（Wagtails，Pipits） 3 属 20 种

〔1387〕**山鹡鸰** *Dendronanthus indicus* shānjílíng

曾用名：林鹡鸰 *Dendronanthus indicus*

英文名：Forest Wagtail

◆郑作新（1958：33；1976：410；1987：440；1994：85；2000：86）记载山鹡鸰、林鹡鸰 *Dendronanthus indicus* 为单型种。

◆郑作新（1966：100；2002：146）记载山鹡鸰属 *Dendronanthus* 为单型属。

◆郑作新（1964：242）、郑光美（2005：165；2011：172；2017：375；2023：390）记载山鹡鸰 *Dendronanthus indicus* 为单型种。

〔1388〕**北鹨** *Anthus gustavi*   běiliù

英文名：Pechora Pipit

◆郑作新（1958：29；1964：97，242；1966：105；1976：423-424；1987：455；1994：87；2000：88；2002：151-152）、郑光美（2005：170-171；2011：178；2017：381；2023：390）均记载北鹨 *Anthus gustavi* 二亚种：

❶ 东北亚种 *menzbieri*

❷ 指名亚种 *gustavi*

〔1389〕**林鹨** *Anthus trivialis*   línliù

英文名：Tree Pipit

◆郑作新（1958：27；1964：96，242；1966：104；1976：421；1987：452；1994：87；2000：87；2002：151）、郑光美（2005：170；2011：177；2017：380；2023：391）均记载林鹨 *Anthus trivialis* 二亚种：

❶ 指名亚种 *trivialis*

❷ 天山亚种 *haringtoni*[①]

[①] 编者注：郑光美（2011）记载该亚种为新疆亚种 *schlueteri*。亚种中文名新疆亚种引自段文科和张正旺（2017b：669）。

〔1390〕**树鹨** *Anthus hodgsoni*   shùliù

英文名：Olive-backed Pipit

◆郑作新（1964：96-97；1966：104-105）记载树鹨 *Anthus hodgsoni* 三亚种：

❶ 东北亚种 *yunnanensis*

❷ 指名亚种 *hodgsoni*

❸ *berezowskii* 亚种[①]

[①] 郑作新（1964，1966）：确立与否，还属疑问。编者注：郑作新（1958，1976，1987）均将该亚种列为指名亚种 *hodgsoni* 的同物异名。

◆郑作新（1958：27-28；1964：242；1976：422-423；1987：453-454；1994：87；2000：87-88；2002：151）、郑光美（2005：170；2011：177；2017：380-381；2023：391）记载树鹨 *Anthus hodgsoni* 二亚种：

❶ 东北亚种 *yunnanensis*

❷ 指名亚种 *hodgsoni*

〔1391〕**红喉鹨** *Anthus cervinus*   hónghóuliù

英文名：Red-throated Pipit

◆郑作新（1966：104；2002：151）记载红喉鹨 *Anthus cervinus*，但未述及亚种分化问题。

◆郑作新（1958：29；1964：242；1976：424-425；1987：456；1994：88；2000：88）、郑光美（2005：171；2011：178；2017：382；2023：391）记载红喉鹨 *Anthus cervinus*[①]为单型种。

[①] 郑作新（1958，1976）：此种是否可区别为 *cervinus* 和 *rufogularis* 二亚种，还难确定。

〔1392〕**粉红胸鹨** *Anthus roseatus*   fěnhóngxiōng liù

英文名：Rosy Pipit

◆ 郑作新（1966：104；2002：151）记载粉红胸鹨 Anthus roseatus，但未述及亚种分化问题。

◆ 郑作新（1958：31；1964：242；1976：425；1987：457；1994：88；2000：88）、郑光美（2005：171；2011：178；2017：381；2023：392）记载粉红胸鹨 Anthus roseatus[①]为单型种。

① 郑作新（1976，1987）：Anthus pelopus 是个无记学名（nomen nudum），故应废除。

[1393] 黄腹鹨 Anthus rubescens huángfùliù

曾用名：水鹨 Anthus rubescens（赵正阶，2001b：73）

英文名：Buff-bellied Pipit

曾被视为 Anthus spinoletta 的亚种，现列为独立种。请参考 [1395] 水鹨 Anthus spinoletta。

[1394] 草地鹨 Anthus pratensis cǎodìliù

英文名：Meadow Pipit

◆ 郑作新（1966：104；2002：150）记载草地鹨 Anthus pratensis，但未述及亚种分化问题。

◆ 郑作新（1964：242；1976：424；1987：455-456；1994：88；2000：88）、郑光美（2005：171；2011：178；2017：380；2023：392）记载草地鹨 Anthus pratensis[①]一亚种：

❶ 指名亚种 pratensis

① 编者注：据郑作新（1958：26），Плеске（1894）曾有 4 月在我国东北呼伦湖采得 Anthus pratensis 的记载，尚待证实。

[1395] 水鹨 Anthus spinoletta shuǐliù

英文名：Water Pipit

◆ 郑作新（1958：30）记载水鹨 Anthus spinoletta[①]二亚种：

❶ 新疆亚种 blakistoni[②]

❷ 东北亚种 japonicus

① Vaurie（1954）以此为 coutellii 的同物异名。

② 编者注：亚种中文名引自百度百科。

◆ 郑作新（1964：97，242；1966：105；1976：426-427；1987：458；1994：88；2000：88；2002：152）记载水鹨 Anthus spinoletta 二亚种：

❶ 新疆亚种 coutellii

❷ 东北亚种 japonicus

◆ 郑光美（2005：171-172；2011：179；2017：382）记载以下两种：

（1）黄腹鹨 Anthus rubescens

❶ 东北亚种 japonicus

（2）水鹨 Anthus spinoletta

❶ 新疆亚种 coutellii

◆ 郑光美（2023：392）记载以下两种：

（1）黄腹鹨 Anthus rubescens

❶ 东北亚种 japonicus

（2）水鹨 *Anthus spinoletta*
❶ 新疆亚种 *blakistoni*

〔1396〕**山鹨** *Anthus sylvanus* shānliù
英文名：Upland Pipit
◆ 郑作新（1966：102；2002：149）记载山鹨 *Anthus sylvanus*，但未述及亚种分化问题。
◆ 郑作新（1958：32；1964：242；1976：427；1987：459；1994：88；2000：88）、郑光美（2005：172；2011：179；2017：382；2023：393）记载山鹨 *Anthus sylvanus* 为单型种。

〔1397〕**田鹨** *Anthus richardi* tiánliù
曾用名：田鹨 *Anthus novaeseelandiae*；
理氏鹨 *Anthus richardi*（约翰·马敬能等，2000：459；段文科等，2017b：667；刘阳等，2021：592；约翰·马敬能，2022b：407）
英文名：Richard's Pipit
◆ 郑作新（1958：31-32）记载田鹨 *Anthus richardi* 四亚种：
❶ 指名亚种 *richardi*
❷ 新疆亚种 *centralasiae*
❸ 华南亚种 *sinensis*
❹ 云南亚种 *rufulus*
◆ 郑作新（1964：97，242；1966：104；1976：418-419；1987：449-451；1994：87；2000：87；2002：151）记载田鹨 *Anthus novaeseelandiae* 四亚种：
❶ 东北亚种 *richardi*
❷ 新疆亚种 *centralasiae*
❸ 华南亚种 *sinensis*
❹ 云南亚种 *rufulus*
◆ 郑光美（2005：169；2011：176；2017：379；2023：393）记载以下两种：
（1）田鹨 *Anthus richardi*①
❶ 指名亚种 *richardi*
❷ 新疆亚种 *centralasiae*
❸ 华南亚种 *sinensis*
① 郑光美（2017）：在台湾越冬的亚种不确定（刘小如等，2012c）。编者注：据郑光美（2002：138；2021：241），*Anthus novaeseelandiae* 分别被命名为澳洲鹨和新西兰鹨，中国无分布。
（2）东方田鹨 *Anthus rufulus*②
❶ 指名亚种 *rufulus*
② 编者注：郑光美（2005）记载该种为单型种。

〔1398〕**东方田鹨** *Anthus rufulus* dōngfāng tiánliù
曾用名：田鹨 *Anthus rufulus*（约翰·马敬能等，2000：459；刘阳等，2021：592；约翰·马敬能，2022b：407）

英文名: Paddyfield Pipit

曾被视为 Anthus novaeseelandiae 的一个亚种, 现列为独立种。请参考〔1397〕田鹨 Anthus richardi。

〔1399〕**布氏鹨** Anthus godlewskii　　　　　　　　　　　　　　　　　　　　　　　bùshìliù
曾用名: 布莱氏鹨 Anthus godlewskii
英文名: Blyth's Pipit

曾被视为 Anthus campestris 的一个亚种, 现列为独立种。请参考〔1400〕平原鹨 Anthus campestris。

〔1400〕**平原鹨** Anthus campestris　　　　　　　　　　　　　　　　　　　　　　　píngyuánliù
英文名: Tawny Pipit

◆郑作新（1958: 26; 1964: 97, 241-242; 1966: 104; 1976: 420; 1987: 451）记载平原鹨 Anthus campestris 二亚种:

❶ 新疆亚种 griseus

❷ 北方亚种 godlewskii[①]

[①] 郑作新（1964, 1966）: 此亚种或认为应另立为一独立种。

◆郑作新（1994: 87; 2000: 87; 2002: 149-150）记载以下两种:

（1）平原鹨 Anthus campestris[②]

❶ 新疆亚种 griseus

（2）布莱氏鹨 Anthus godlewskii[②③]

[②] 编者注: 郑作新（2002）未述及亚种分化问题。

[③] 郑作新（2002）: Anthus godlewskii 胸具纵纹, 如田鹨一样, 但前者第二外侧尾羽的白斑形成三角形, 而后者则呈窄条状。

◆郑光美（2005: 169-170; 2011: 177; 2017: 380; 2023: 394）记载以下两种:

（1）布氏鹨 Anthus godlewskii

（2）平原鹨 Anthus campestris

❶ 新疆亚种 griseus

〔1401〕**西黄鹡鸰** Motacilla flava　　　　　　　　　　　　　　　　　　　　　　　xī huáng jílíng
曾用名: 黄鹡鸰 Motacilla flava
英文名: Western Yellow Wagtail
说　明: 因分类修订, 原黄鹡鸰 Motacilla flava 的中文名修改为西黄鹡鸰。

◆郑作新（1958: 38-39）记载黄鹡鸰 Motacilla flava 七亚种:

❶ 准噶尔亚种 leucocephala

❷ 极北亚种 plexa

❸ 北方西部亚种 beema

❹ 北方东部亚种 angarensis

❺ 东北亚种 macronyx

❻ 堪察加亚种 simillima

❼ 台湾亚种 *taivana*①

① 有人（Domaniewski）认为此亚种是另一种，但与 *thunbergi* 亚种组的亚种发现有杂交现象，故仍列为 *flava* 的亚种为宜。

◆ 郑作新（1964：98，243；1966：100-101）记载黄鹡鸰 *Motacilla flava* 八亚种：

❶ 准噶尔亚种 *leucocephala*
❷ 极北亚种 *plexa*
❸ 北方西部亚种 *beema*
❹ 天山亚种 *melanogrisea*②
❺ 北方东部亚种 *angarensis*
❻ 东北亚种 *macronyx*
❼ 堪察加亚种 *simillima*
❽ 台湾亚种 *taivana*

② 编者注：郑作新（1964：98）无该亚种。

◆ 郑作新（1976：411-413；1987：441-443；1994：86；2000：86；2002：147-148）记载黄鹡鸰 *Motacilla flava* 九亚种：

❶ 准噶尔亚种 *leucocephala*
❷ 极北亚种 *plexa*
❸ 天山亚种 *melanogrisea*
❹ 北方西部亚种 *beema*
❺ 北方东部亚种 *angarensis*
❻ 东北亚种 *macronyx*
❼ 堪察加亚种 *simillima*
❽ 台湾亚种 *taivana*
❾ 阿拉斯加亚种 *tschutschensis*

◆ 郑光美（2005：167-168；2011：174-175）记载黄鹡鸰 *Motacilla flava*③ 十亚种：

❶ 准噶尔亚种 *leucocephala*
❷ 极北亚种 *plexa*
❸ 天山亚种 *melanogrisea*
❹ 北方西部亚种 *beema*
❺ 东方亚种 *zaissanensis*④
❻ 北方东部亚种 *angarensis*
❼ 东北亚种 *macronyx*
❽ 堪察加亚种 *simillima*
❾ 台湾亚种 *taivana*
❿ 阿拉斯加亚种 *tschutschensis*

③ 郑光美（2011）：Pavlova 等（2003）主张将 *tschutschensis*、*plexa*、*angarensis*、*simillima* 归入 *Motacilla tschutschensis*，但有争议。

④ 编者注：亚种中文名引自段文科和张正旺（2017b：664）。

◆ 郑光美（2017：375-377）记载以下两种：

(1) 西黄鹡鸰 *Motacilla flava*

❶ 准噶尔亚种 *leucocephala*

❷ 天山亚种 *melanogrisea*

❸ 北方西部亚种 *beema*

❹ 东方亚种 *zaissanensis*

❺ 北方东部亚种 *angarensis*

❻ 堪察加亚种 *simillima*

(2) 黄鹡鸰 *Motacilla tschutschensis*⑤

❶ 极北亚种 *plexa*

❷ 指名亚种 *tschutschensis*

❸ 台湾亚种 *taivana*

❹ 东北亚种 *macronyx*

⑤ 由 *Motacilla flava* 的亚种提升为种（Alström et al., 2003）。

◆ 郑光美（2023：394-395）记载以下两种：

(1) 西黄鹡鸰 *Motacilla flava*

❶ 准噶尔亚种 *leucocephala*

❷ 天山亚种 *melanogrisea*

❸ 北方西部亚种 *beema*

❹ 东方亚种 *zaissanensis*

❺ 北方东部亚种 *angarensis*

(2) 黄鹡鸰 *Motacilla tschutschensis*

❶ 极北亚种 *plexa*

❷ 指名亚种 *tschutschensis*

❸ 东北亚种 *macronyx*

❹ 台湾亚种 *taivana*

〔1402〕**黄鹡鸰** *Motacilla tschutschensis*　　　　　　　　　　　　　　　　huángjílíng

英文名： Eastern Yellow Wagtail

由 *Motacilla flava* 的亚种提升为种，中文名沿用黄鹡鸰。请参考〔1401〕西黄鹡鸰 *Motacilla flava*。

〔1403〕**灰鹡鸰** *Motacilla cinerea*　　　　　　　　　　　　　　　　　　　huījílíng

英文名： Grey Wagtail

◆ 郑作新（1958：36）记载灰鹡鸰 *Motacilla cinerea* 一亚种：

❶ *melanope* 亚种①

① *caspia* 的量度与典型亚种几乎完全重迭，难于区别。Vaurie（1957）还以此认为应将亚种命名为 *robusta*，因为他认为 *Melanope* 的模式地标本，在量度上亦不易与典型亚种分开。

◆郑作新（1966：100；2002：146）记载灰鹡鸰 *Motacilla cinerea*，但未述及亚种分化问题。

◆郑光美（2005：169）记载灰鹡鸰 *Motacilla cinerea* 二亚种：

❶ 普通亚种 *robusta*

❷ *melanope* 亚种

◆郑作新（1964：243；1976：415；1987：445；1994：86；2000：86）、郑光美（2011：176；2017：377）记载灰鹡鸰 *Motacilla cinerea* 一亚种：

❶ 普通亚种 *robusta*

◆郑光美（2023：396）记载灰鹡鸰 *Motacilla cinerea* 一亚种：

❶ 指名亚种 *cinerea*

〔1404〕黄头鹡鸰 *Motacilla citreola*　　　　　　　　　　　　　　　　　　huángtóu jílíng

英文名：Citrine Wagtail

◆郑作新（1958：37-38；1964：98，243；1966：101；1976：413-415；1987：444-445；1994：86；2000：86；2002：148）、郑光美（2005：167；2011：173-174；2017：377；2023：396）均记载黄头鹡鸰 *Motacilla citreola* 三亚种：

❶ 新疆亚种 *werae*

❷ 指名亚种 *citreola*

❸ 西南亚种 *calcarata*

〔1405〕日本鹡鸰 *Motacilla grandis*　　　　　　　　　　　　　　　　　　rìběn jílíng

英文名：Japanese Wagtail

曾被视为白鹡鸰 *Motacilla alba* 的一个亚种，现列为独立种。请参考〔1406〕白鹡鸰 *Motacilla alba*。

〔1406〕白鹡鸰 *Motacilla alba*　　　　　　　　　　　　　　　　　　　　báijílíng

英文名：White Wagtail

◆郑作新（1958：34-36；1964：98-99，242-243；1966：101-102；1976：416-418；1987：446-449）记载白鹡鸰 *Motacilla alba* 九亚种：

❶ 西方亚种 *dukhunensis*

❷ 新疆亚种 *personata*

❸ 西南亚种 *alboides*

❹ 印度亚种 *maderaspatensis*[①]

❺ 东北亚种 *baicalensis*

❻ 灰背眼纹亚种 *ocularis*

❼ 普通亚种 *leucopsis*

❽ 黑背眼纹亚种 *lugens*

❾ 日本亚种 *grandis*[②]

① 郑作新（1964，1966，1976，1987）：或认为应另立为独立种。

② 郑作新（1964，1966，1976，1987）：或认为应另立为独立种。

◆郑作新（1994：86-87；2000：86-87；2002：146；148-149）记载以下三种：

(1) 白鹡鸰 *Motacilla alba*

❶ 西方亚种 *dukhunensis*

❷ 新疆亚种 *personata*

❸ 西南亚种 *alboides*

❹ 东北亚种 *baicalensis*

❺ ［灰背］眼纹亚种 *ocularis*

❻ 普通亚种 *leucopsis*

❼ 黑背眼纹亚种 *lugens*

(2) 日本鹡鸰 *Motacilla grandis*③

③ 编者注：郑作新（2002）未述及亚种分化问题。

(3) 印度鹡鸰 *Motacilla maderaspatensis*④

④ 编者注：郑作新（2002）未述及亚种分化问题。另外，赵正阶（2001b：61）记载其中文名为印度鹡鸰、大鹡鸰。再者，段文科和张正旺（2017b：662）、约翰·马敬能（2022b：407）称其为大斑鹡鸰。

◆郑光美（2005：165-166）记载以下三种：

(1) 白鹡鸰 *Motacilla alba*

❶ 西方亚种 *dukhunensis*

❷ 新疆亚种 *personata*

❸ 东北亚种 *baicalensis*

❹ 灰背眼纹亚种 *ocularis*

(2) 黑背白鹡鸰 *Motacilla lugens*

❶ 西南亚种 *alboides*

❷ 普通亚种 *leucopsis*

❸ 指名亚种 *lugens*

(3) 日本鹡鸰 *Motacilla grandis*

◆郑光美（2011：172-173；2017：377-379；2023：397-398）记载以下两种：

(1) 日本鹡鸰 *Motacilla grandis*

(2) 白鹡鸰 *Motacilla alba*⑤

❶ 指名亚种 *alba*⑥

❷ 新疆亚种 *personata*

❸ 东北亚种 *baicalensis*

❹ 灰背眼纹亚种 *ocularis*

❺ 西南亚种 *alboides*

❻ 普通亚种 *leucopsis*

❼ 黑背眼纹亚种 *lugens*

⑤ 郑光美（2011）：目前普遍认为黑背白鹡鸰与白鹡鸰为同一个物种，见 Pavlova 等（2005），Clements 等（2009）。

⑥ 编者注：郑光美（2011，2017）记载该亚种为西方亚种 dukhunensis。

112. 燕雀科 Fringillidae（Finches and Allies） 22 属 64 种

〔1407〕**苍头燕雀** *Fringilla coelebs*   cāngtóu yànquè

英文名：Common Chaffinch

◆ 郑作新（1966：190；2002：289）记载苍头燕雀 *Fringilla coelebs*①，但未述及亚种分化问题。

  ① 编者注：中国鸟类新记录（苏造文，1964）。

◆ 郑作新（1976：891；1987：955；1994：167；2000：167）、郑光美（2005：345；2011：359；2017：383；2023：398）记载苍头燕雀 *Fringilla coelebs* 一亚种：

❶ 指名亚种 *coelebs*

〔1408〕**燕雀** *Fringilla montifringilla*   yànquè

英文名：Brambling

◆ 郑作新（1966：190；2002：289）记载燕雀 *Fringilla montifringilla*，但未述及亚种分化问题。

◆ 郑作新（1958：388；1964：292；1976：890；1987：954；1994：166；2000：167）、郑光美（2005：345；2011：359；2017：383；2023：398）记载燕雀 *Fringilla montifringilla* 为单型种。

〔1409〕**黄颈拟蜡嘴雀** *Mycerobas affinis*   huángjǐng nǐ làzuǐquè

曾用名：黑翅拟蜡嘴雀 *Mycerobas affinis*

英文名：Collared Grosbeak

◆ 郑作新（1958：428；1964：297；1976：939-940；1987：1006）记载黑翅拟蜡嘴雀 *Mycerobas affinis* 为单型种。

◆ 郑作新（1966：199）记载黑翅拟蜡嘴雀 *Mycerobas affinis*，但未述及亚种分化问题。

◆ 郑作新（2002：303）记载黄颈拟蜡嘴雀 *Mycerobas affinis*，亦未述及亚种分化问题。

◆ 郑作新（1994：173；2000：174）、郑光美（2005：359；2011：373；2017：383；2023：398）记载黄颈拟蜡嘴雀 *Mycerobas affinis*①为单型种。

  ① 郑光美（2011）：参见张锡贤（2009），有待确证。

〔1410〕**白点翅拟蜡嘴雀** *Mycerobas melanozanthos*   báidiǎnchì nǐ làzuǐquè

曾用名：斑翅拟蜡嘴雀 *Mycerobas melanozanthos*

英文名：Spot-winged Grosbeak

◆ 郑作新（1958：427；1964：297；1976：938；1987：1004）记载斑翅拟蜡嘴雀 *Mycerobas melanozanthos* 为单型种。

◆ 郑作新（1966：198）记载斑翅拟蜡嘴雀 *Mycerobas melanozanthos*，但未述及亚种分化问题。

◆ 郑作新（2002：303）记载白点翅拟蜡嘴雀 *Mycerobas melanozanthos*，亦未述及亚种分化问题。

◆ 郑作新（1994：173；2000：174）、郑光美（2005：359；2011：374；2017：383；2023：399）记载白点

XXVI. 雀形目
PASSERIFORMES

翅拟蜡嘴雀 *Mycerobas melanozanthos* 为单型种。

〔1411〕**白斑翅拟蜡嘴雀** *Mycerobas carnipes*　　　　　　　　　　　　　　　báibānchì nǐ làzuǐquè

曾用名：白翅拟蜡嘴雀 *Mycerobas carnipes*

英文名：White-winged Grosbeak

◆郑作新（1958：427；1964：297；1976：939；1987：1005）记载白翅拟蜡嘴雀 *Mycerobas carnipes* 一亚种：

　❶ 指名亚种 *carnipes*

◆郑作新（1966：199）记载白翅拟蜡嘴雀 *Mycerobas carnipes*，但未述及亚种分化问题。

◆郑作新（2002：303）记载白斑翅拟蜡嘴雀 *Mycerobas carnipes*，亦未述及亚种分化问题。

◆郑作新（1994：173；2000：174）、郑光美（2005：359；2011：374；2017：383；2023：399）记载白斑翅拟蜡嘴雀 *Mycerobas carnipes* 一亚种：

　❶ 指名亚种 *carnipes*

〔1412〕**锡嘴雀** *Coccothraustes coccothraustes*　　　　　　　　　　　　　　　xīzuǐquè

英文名：Hawfinch

◆郑作新（1958：426；1964：297）记载锡嘴雀 *Coccothraustes coccothraustes* 一亚种：

　❶ 指名亚种 *coccothraustes*

◆郑作新（1966：198）记载锡嘴雀属 *Coccothraustes* 为单型属。

◆郑作新（1976：937；1987：1003-1004；1994：173；2000：174；2002：303）、郑光美（2005：358；2011：372；2017：384；2023：399）记载锡嘴雀 *Coccothraustes coccothraustes* 二亚种：

　❶ 指名亚种 *coccothraustes*

　❷ 日本亚种 *japonicus*

〔1413〕**黑尾蜡嘴雀** *Eophona migratoria*　　　　　　　　　　　　　　　hēiwěi làzuǐquè

英文名：Chinese Grosbeak

◆郑作新（1958：424-425；1964：190，297；1966：198；1976：936-937；1987：1001-1002；1994：173；2000：173；2002：302）、郑光美（2005：358，2011：373；2017：384；2023：399）均记载黑尾蜡嘴雀 *Eophona migratoria* 二亚种：

　❶ 指名亚种 *migratoria*

　❷ 长江亚种 *sowerbyi*

〔1414〕**黑头蜡嘴雀** *Eophona personata*　　　　　　　　　　　　　　　hēitóu làzuǐquè

英文名：Japanese Grosbeak

◆郑作新（1958：423-424；1964：190，297；1966：198；1976：935；1987：1000；1994：173；2000：173；2002：303）、郑光美（2005：359；2011：373；2017：384；2023：400）均记载黑头蜡嘴雀 *Eophona personata* 二亚种：

　❶ 东北亚种 *magnirostris*

❷ 指名亚种 personata

〔1415〕普通朱雀 *Carpodacus erythrinus*   pǔtōng zhūquè
曾用名：朱雀 *Carpodacus erythrinus*
英文名：Common Rosefinch
◆ 郑作新（1958：412；1976：921；1987：986）记载朱雀 *Carpodacus erythrinus* 二亚种：
  ❶ 东北亚种 *grebnitskii*
  ❷ 普通亚种 *roseatus*
◆ 郑作新（1964：187，295；1966：195；1994：171；2000：171；2002：297）、郑光美（2005：348；2011：362；2017：389；2023：400）记载普通朱雀 *Carpodacus erythrinus* 二亚种：
  ❶ 东北亚种 *grebnitskii*
  ❷ 普通亚种 *roseatus*

〔1416〕血雀 *Carpodacus sipahi*   xuèquè
曾用名：血雀 *Haematospiza sipahi*
英文名：Scarlet Finch
◆ 郑作新（1966：190；2002：289）记载血雀属 *Haematospiza* 为单型属。
◆ 郑作新（1958：419；1964：296；1976：929；1987：994；1994：172；2000：172）、郑光美（2005：361；2011：375）记载血雀 *Haematospiza sipahi* 为单型种。
◆ 郑光美（2017：390；2023：401）记载血雀 *Carpodacus sipahi*[①]为单型种。
  ① 郑光美（2017）：由 *Haematospiza* 属归入 *Carpodacus* 属（Zuccon et al.，2012）。

〔1417〕喜山红腰朱雀 *Carpodacus grandis*   xǐshān hóngyāo zhūquè
英文名：Blyth's Rosefinch
◆ 郑光美（2023：401）记载喜山红腰朱雀 *Carpodacus grandis*[①]一亚种：
  ❶ 指名亚种 *grandis*
  ① 编者注：过去曾将本种作为红腰朱雀 *Carpodacus rhodochlamys* 的亚种之一，即 *grandis* 亚种（Baker，1926；Dement'ev et al.，1954；Walters，1980；Howard et al.，1991；Inskipp，1996）。详情可参考赵正阶（2001b：844）。

〔1418〕红腰朱雀 *Carpodacus rhodochlamys*   hóngyāo zhūquè
英文名：Red-mantled Rosefinch
◆ 郑作新（1966：194，195；2002：294，296）记载红腰朱雀 *Carpodacus rhodochlamys*，但未述及亚种分化问题。
◆ 郑光美（2005：351；2011：365）记载红腰朱雀 *Carpodacus rhodochlamys* 为单型种。
◆ 郑作新（1958：406；1964：294；1976：913；1987：978；1994：170；2000：170）、郑光美（2017：390-391；2023：401）记载红腰朱雀 *Carpodacus rhodochlamys* 一亚种：
  ❶ 指名亚种 *rhodochlamys*

〔1419〕**曙红朱雀** *Carpodacus waltoni*　　　　　　　　　　　　　　　　　　　　　shǔhóng zhūquè

曾用名： 曙红朱雀 *Carpodacus eos*

英文名： Pink-rumped Rosefinch

◆ 郑作新（1966：193，195；2002：294，296）记载曙红朱雀 *Carpodacus eos*，但未述及亚种分化问题。

◆ 郑作新（1958：410；1964：295；1976：919；1987：983；1994：171；2000：171）、郑光美（2005：349；2011：363）记载曙红朱雀 *Carpodacus eos* 为单型种。

◆ 郑光美（2017：391；2023：401）记载曙红朱雀 *Carpodacus waltoni*[①]二亚种：

 ❶ 指名亚种 *waltoni*

 ❷ *eos* 亚种

 ① 郑光美（2017）：物种名由 *Carpodacus eos* 变更为 *Carpodacus waltoni*（Tietze et al.，2013）。

〔1420〕**中华朱雀** *Carpodacus davidianus*　　　　　　　　　　　　　　　　　　　zhōnghuá zhūquè

曾用名： 红眉朱雀 *Carpodacus davidianus*（刘阳等，2021：610；约翰·马敬能，2022b：420）

英文名： Chinese Beautiful Rosefinch

由红眉朱雀 *Carpodacus pulcherrimus* 的亚种提升为种。请参考〔1421〕红眉朱雀 *Carpodacus pulcherrimus*。

〔1421〕**红眉朱雀** *Carpodacus pulcherrimus*　　　　　　　　　　　　　　　　　　hóngméi zhūquè

曾用名： 喜山红眉朱雀 *Carpodacus pulcherrimus*（刘阳等，2021：610；约翰·马敬能，2022b：420）

英文名： Himalayan Beautiful Rosefinch

◆ 郑作新（1958：409-410；1964：188，295；1966：196；1976：917-918；1987：982-983；1994：170-171；2000：171；2002：298）、郑光美（2005：348-349；2011：362-363）记载红眉朱雀 *Carpodacus pulcherrimus* 四亚种：

 ❶ 指名亚种 *pulcherrimus*

 ❷ 藏南亚种 *waltoni*

 ❸ 青藏亚种 *argyrophrys*

 ❹ 华北亚种 *davidianus*

◆ 郑光美（2017：391；2023：401-402）记载以下两种：

（1）中华朱雀 *Carpodacus davidianus*[①]

 ① 郑光美（2017）：由 *Carpodacus pulcherrimus* 的亚种提升为种（Rasmussen et al.，2005）。

（2）红眉朱雀 *Carpodacus pulcherrimus*

 ❶ 指名亚种 *pulcherrimus*

 ❷ 青藏亚种 *argyrophrys*

〔1422〕**棕朱雀** *Carpodacus edwardsii*　　　　　　　　　　　　　　　　　　　　　zōngzhūquè

英文名： Dark-rumped Rosefinch

◆ 郑作新（1958：407-408；1964：188，295；1966：196；1976：915-916；1987：979-980；1994：170；2000：170-171；2002：298）、郑光美（2005：349-350；2011：364；2017：392；2023：402）均记载棕

朱雀 *Carpodacus edwardsii* 二亚种：
- ❶ 藏南亚种 *rubicunda*
- ❷ 指名亚种 *edwardsii*

〔1423〕**粉眉朱雀** *Carpodacus rodochroa*   fěnméi zhūquè

曾用名： 玫红眉朱雀 *Carpodacus rodochrous*、玫红眉朱雀 *Carpodacus rhodochrous*、

粉眉朱雀 *Carpodacus rodochrous*；

玫红眉朱雀 *Carpodacus rodochroa*（刘阳等，2021：608；约翰·马敬能，2022b：421）

英文名： Pink-browed Rosefinch

◆ 郑作新（1964：295；1976：917；1987：982；1994：170；2000：171）记载玫红眉朱雀 *Carpodacus rhodochrous*[①]为单型种。

    ① 编者注：郑作新（1964，1976）记载其种本名为 *rodochrous*。

◆ 郑作新（1966：195；2002：294）记载玫红眉朱雀 *Carpodacus rhodochrous*[②]，但未述及亚种分化问题。

    ② 编者注：郑作新（1966）记载其种本名为 *rodochrns*。

◆ 郑光美（2005：349；2011：363；2017：392；2023：402）记载粉眉朱雀 *Carpodacus rodochroa*[③]为单型种。

    ③ 编者注：郑光美（2005）记载其种本名为 *rhodochrous*。

〔1424〕**淡腹点翅朱雀** *Carpodacus verreauxii*   dànfù diǎnchì zhūquè

曾用名： 点翅朱雀 *Carpodacus verreauxii*（刘阳等，2021：610；约翰·马敬能，2022b：421）

英文名： Sharpe's Rosefinch

由点翅朱雀 *Carpodacus rodopeplus* 的亚种提升为种。请参考〔1425〕点翅朱雀 *Carpodacus rodopeplus*。

〔1425〕**点翅朱雀** *Carpodacus rodopeplus*   diǎnchì zhūquè

曾用名： 点翅朱雀 *Carpodacus rhodopeplus*；

喜山点翅朱雀 *Carpodacus rodopeplus*（刘阳等，2021：610；约翰·马敬能，2022b：421）

英文名： Spot-winged Rosefinch

◆ 郑作新（1958：406；1964：295；1976：915）记载点翅朱雀 *Carpodacus rhodopeplus* 一亚种：
- ❶ 西南亚种 *verreauxii*

◆ 郑作新（1966：193，195）记载点翅朱雀 *Carpodacus rhodopeplus*，但未述及亚种分化问题。

◆ 郑作新（1987：978-979；1994：170；2000：170；2002：298）、郑光美（2005：350-351；2011：365）记载点翅朱雀 *Carpodacus rhodopeplus*[①]二亚种：
- ❶ 指名亚种 *rhodopeplus*[②]
- ❷ 西南亚种 *verreauxii*

    ① 编者注：郑光美（2011）记载其种本名为 *rodopeplus*。

    ② 编者注：郑光美（2011）记载该亚种为 *rodopeplus*。

◆郑光美（2017：392；2023：402）记载以下两种：

(1) 淡腹点翅朱雀 *Carpodacus verreauxii*[3]

[3] 郑光美（2017）：由 *Carpodacus rodopeplus* 的亚种提升为种（Rasmussen et al.，2005）。

(2) 点翅朱雀 *Carpodacus rodopeplus*

〔1426〕**酒红朱雀** *Carpodacus vinaceus*   jiǔhóng zhūquè

英文名：Vinaceous Rosefinch

◆郑作新（1966：194）记载酒红朱雀 *Carpodacus vinaceus*，但未述及亚种分化问题。

◆郑作新（1958：408；1964：188-189，295；1976：916-917；1987：980-981；1994：170；2000：171；2002：299）、郑光美（2005：349；2011：363）记载酒红朱雀 *Carpodacus vinaceus* 二亚种：

❶ 指名亚种 *vinaceus*

❷ 台湾亚种 *formosanus*

◆郑光美（2017：392-393；2023：403）记载以下两种：

(1) 酒红朱雀 *Carpodacus vinaceus*

(2) 台湾酒红朱雀 *Carpodacus formosanus*[1]

[1] 郑光美（2017）：由 *Carpodacus vinaceus* 的亚种提升为种（Wu et al.，2011；Tietze et al.，2013；Collar，2004）。

〔1427〕**台湾酒红朱雀** *Carpodacus formosanus*   táiwān jiǔhóng zhūquè

英文名：Taiwan Rosefinch

由酒红朱雀 *Carpodacus vinaceus* 的亚种提升为种。请参考〔1426〕酒红朱雀 *Carpodacus vinaceus*。

〔1428〕**沙色朱雀** *Carpodacus stoliczkae*   shāsè zhūquè

曾用名：沙色朱雀 *Carpodacus synoicus*

英文名：Pale Rosefinch

◆郑作新（1958：405-406；1964：187，294；1966：195；1976：912-913；1987：977-978；1994：170；2000：170；2002：296）、郑光美（2005：350；2011：364）记载沙色朱雀 *Carpodacus synoicus* 二亚种：

❶ 新疆亚种 *stoliczkae*

❷ 青海亚种 *beicki*

◆郑光美（2017：393；2023：403）记载沙色朱雀 *Carpodacus stoliczkae*[1] 二亚种：

❶ 指名亚种 *stoliczkae*

❷ 青海亚种 *beicki*

[1] 郑光美（2017）：由 *Carpodacus synoicus* 的亚种提升为种（Tietze et al.，2013）。编者注：据郑光美（2021：244），*Carpodacus synoicus* 被命名为西沙色朱雀，中国无分布。

〔1429〕**藏雀** *Carpodacus roborowskii*   zàngquè

曾用名：藏雀 *Kozlowia roborowskii*

英文名：Tibetan Rosefinch

◆郑作新（1966：189；2002：288）记载藏雀属 *Kozlowia* 为单型属。

◆郑作新（1958：414；1964：295；1976：924；1987：989；1994：171；2000：172）、郑光美（2005：353；2011：367）记载藏雀 *Kozlowia roborowskii* 为单型种。

◆郑光美（2017：393；2023：403）记载藏雀 *Carpodacus roborowskii*[①]为单型种。

　① 郑光美（2017）：由 *Kozlowia* 属归入 *Carpodacus* 属（Zuccon et al.，2012）。

〔1430〕**褐头朱雀** *Carpodacus sillemi*　　　　　　　　　　　　　　　　　　　　　hètóu zhūquè

曾用名：桂红头岭雀 *Leucosticte sillemi*、褐头岭雀 *Leucosticte sillemi*；
　　　　　褐头岭雀 *Carpodacus sillemi*（刘阳等，2021：612；约翰·马敬能，2022b：423）

英文名：Sillem's Rosefinch

◆郑作新（2000：169）记载桂红头岭雀 *Leucosticte sillemi*[①]为单型种。

　① 参见 Roselaar（1992）。

◆郑作新（2002：292）记载桂红头岭雀 *Leucosticte sillemi*，但未述及亚种分化问题。

◆郑光美（2005：347；2011：361）记载记载褐头岭雀 *Leucosticte sillemi* 为单型种。

◆郑光美（2017：389-390；2023：403-404）记载褐头朱雀 *Carpodacus sillemi*[②]为单型种。

　② 郑光美（2017）：由 *Leucosticte* 属归入 *Carpodacus* 属（Sangster et al.，2016）。

〔1431〕**拟大朱雀** *Carpodacus rubicilloides*　　　　　　　　　　　　　　　　　　　nǐ dà zhūquè

英文名：Streaked Rosefinch

◆郑作新（1958：402；1964：187，294；1966：195-196；1976：908-909；1987：973；1994：169；2000：169-170；2002：297）、郑光美（2005：351；2011：366；2017：390；2023：404）均记载拟大朱雀 *Carpodacus rubicilloides* 二亚种：

❶ 藏南亚种 *lucifer*

❷ 指名亚种 *rubicilloides*

〔1432〕**大朱雀** *Carpodacus rubicilla*　　　　　　　　　　　　　　　　　　　　　dàzhūquè

英文名：Great Rosefinch

◆郑作新（1958：401）记载大朱雀 *Carpodacus rubicilla* 一亚种：

❶ 青藏亚种 *severtzovi*

◆郑作新（1964：187-188，294；1966：196；1976：907-908；1987：972；1994：169；2000：169；2002：297）、郑光美（2005：352；2011：366；2017：390；2023：404）记载大朱雀 *Carpodacus rubicilla* 二亚种：

❶ 青藏亚种 *severtzovi*

❷ 新疆亚种 *kobdensis*

〔1433〕**长尾雀** *Carpodacus sibiricus*　　　　　　　　　　　　　　　　　　　　　chángwěiquè

曾用名：长尾雀 *Uragus sibiricus*

英文名：Long-tailed Rosefinch

◆郑作新（1958：417-418；1964：189，296；1966：197；1976：927-928；1987：993-994；1994：172；

2000：172；2002：300）、郑光美（2005：360-361；2011：375）记载长尾雀 *Uragus sibiricus* 四亚种：

    ❶ 指名亚种 *sibiricus*

    ❷ 东北亚种 *ussuriensis*

    ❸ 秦岭亚种 *lepidus*

    ❹ 西南亚种 *henrici*

◆ 郑光美（2017：393-394）记载长尾雀 *Carpodacus sibiricus*[①]四亚种：

    ❶ 指名亚种 *sibiricus*

    ❷ 东北亚种 *ussuriensis*

    ❸ 秦岭亚种 *lepidus*

    ❹ 西南亚种 *henrici*

    ① 由 *Uragus* 归入 *Carpodacus* 属（Zuccon et al., 2012）。

◆ 郑光美（2023：404-405）记载以下两种：

  （1）长尾雀 *Carpodacus sibiricus*

    ❶ 指名亚种 *sibiricus*

    ❷ 东北亚种 *ussuriensis*

  （2）中华长尾雀 *Carpodacus lepidus*[②]

    ❶ 指名亚种 *lepidus*

    ❷ 西南亚种 *henrici*

    ② 由 *Carpodacus sibiricus* 的亚种提升为种（Liu et al., 2020）。

[1434] **中华长尾雀** *Carpodacus lepidus*   zhōnghuá chángwěiquè

英文名：Chinese Long-tailed Rosefinch

    由长尾雀 *Carpodacus sibiricus* 的亚种提升为种。请参考〔1433〕长尾雀 *Carpodacus sibiricus*。

[1435] **红胸朱雀** *Carpodacus puniceus*   hóngxiōng zhūquè

英文名：Red-fronted Rosefinch

◆ 郑作新（1964：294）记载红胸朱雀 *Carpodacus puniceus* 六亚种：

    ❶ *humii* 亚种

    ❷ 疆西亚种 *kilianensis*

    ❸ 指名亚种 *puniceus*

    ❹ 青海亚种 *longirostris*

    ❺ 西南亚种 *sikangensis*

    ❻ 四川亚种 *szetschuanus*

◆ 郑作新（1958：403-404；1964：187；1966：195；1976：909-911；1987：974；1994：169；2000：170；2002：296）、郑光美（2005：352；2011：366-367；2017：395；2023：405）记载红胸朱雀 *Carpodacus puniceus* 五亚种：

    ❶ 疆西亚种 *kilianensis*

    ❷ 指名亚种 *puniceus*

❸ 青海亚种 *longirostris*①
❹ 西南亚种 *sikangensis*②
❺ 四川亚种 *szetschuanus*③

① 郑作新（1964，1966）：*Carpodacus puniceus szetschuanus* 与 *Carpodacus puniceus longirostris* 相似，但体色较暗些。

② 郑作新（1958，1976）：或为 *Carpodacus puniceus puniceus* 的同物异名。

③ 郑作新（1958，1976）：或为 *Carpodacus puniceus longirostris* 的同物异名。

〔1436〕**红眉松雀** *Carpodacus subhimachalus*　　　　　　　　　　　　　　　　hóngméi sōngquè

曾用名：红额原雀 *Propyrrhula subhimachala*、红额松雀 *Pinicola subhimachala*、
　　　　红眉松雀 *Pinicola subhimachala*、红眉松雀 *Pinicola subhimachalus*、
　　　　红眉松雀 *Carpodacus subhimachalus*；
　　　　红眉松雀 *Propyrrhula subhimachala*（约翰·马敬能等，2000：486）、
　　　　红额松雀 *Pinicola subhimachalus*（赵正阶，2001b：861）

英文名：Crimson-browed Finch

◆ 郑作新（1958：418；1964：296；1976：928）记载红额原雀 *Propyrrhula subhimachala* 为单型种。

◆ 郑作新（1966：190）记载原雀属 *Propyrrhula* 为单型属。

◆ 郑作新（1987：990）记载红额松雀 *Pinicola subhimachala* 为单型种。

◆ 郑作新（2002：299）记载红眉松雀 *Pinicola subhimachala*，但未述及亚种分化问题。

◆ 郑作新（1994：171；2000：172）、郑光美（2005：347；2011：361）记载红眉松雀 *Pinicola subhimachala*① 为单型种。

① 编者注：郑光美（2005）记载其种本名为 *subhimachalus*。

◆ 郑光美（2017：395-396；2023：405）记载红眉松雀 *Carpodacus subhimachalus*②③ 为单型种。

② 郑光美（2017）：由 *Pinicola* 属归入 *Carpodacus* 属（Zuccon et al.，2012）。

③ 编者注：郑光美（2017）记载其种本名为 *subhimachala*。

〔1437〕**北朱雀** *Carpodacus roseus*　　　　　　　　　　　　　　　　　　　　běizhūquè

英文名：Pallas's Rosefinch

◆ 郑作新（1958：413；1964：295；1976：922；1987：987；1994：171；2000：171）记载北朱雀 *Carpodacus roseus* 为单型种。

◆ 郑作新（1966：193，194；2002：294，295）记载北朱雀 *Carpodacus roseus*，但未述及亚种分化问题。

◆ 郑光美（2005：350；2011：364；2017：394；2023：406）记载北朱雀 *Carpodacus roseus* 一亚种：

❶ 指名亚种 *roseus*

〔1438〕**斑翅朱雀** *Carpodacus trifasciatus*　　　　　　　　　　　　　　　　　bānchì zhūquè

英文名：Three-banded Rosefinch

◆ 郑作新（1966：193，194；2002：294，295）记载斑翅朱雀 *Carpodacus trifasciatus*，但未述及亚种分化问题。

◆郑作新（1958：413；1964：295；1976：923；1987：987；1994：171；2000：172）、郑光美（2005：350；2011：364；2017：394；2023：406）记载斑翅朱雀 *Carpodacus trifasciatus* 为单型种。

〔1439〕**喜山白眉朱雀** *Carpodacus thura*　　　　　　　　　　　　　　　　　　xǐshān báiméi zhūquè

曾用名：白眉朱雀 *Carpodacus thura*

英文名：Himalayan White-browed Rosefinch

说　明：因分类修订，原白眉朱雀 *Carpodacus thura* 的中文名修改为喜山白眉朱雀。

◆郑作新（1958：410-411；1964：188，295；1966：196；1976：919-920；1987：984-985；1994：171；2000：171；2002：297）、郑光美（2005：351；2011：365）记载白眉朱雀 *Carpodacus thura*[①] 四亚种：

❶ 指名亚种 *thura*

❷ 西南亚种 *femininus*

❸ 青海亚种 *deserticolor*

❹ 甘肃亚种 *dubius*

① 郑光美（2011）：陕西南部有记录，亚种待确证，见巩会生等（2007）。

◆郑光美（2017：394-395；2023：406）记载以下两种：

（1）喜山白眉朱雀 *Carpodacus thura*

（2）白眉朱雀 *Carpodacus dubius*[②]

❶ 西南亚种 *femininus*

❷ 青海亚种 *deserticolor*

❸ 指名亚种 *dubius*

② 郑光美（2017）：由 *Carpodacus thura* 的亚种提升为种（Rasmussen et al.，2005）。

〔1440〕**白眉朱雀** *Carpodacus dubius*　　　　　　　　　　　　　　　　　　　　báiméi zhūquè

曾用名：白眉朱雀 *Carpodacus thura*

英文名：Chinese White-browed Rosefinch

　　由 *Carpodacus thura* 的亚种提升为种，中文名沿用白眉朱雀。请参考〔1439〕喜山白眉朱雀 *Carpodacus thura*。

〔1441〕**松雀** *Pinicola enucleator*　　　　　　　　　　　　　　　　　　　　　　　sōngquè

英文名：Pine Grosbeak

◆郑作新（1958：415；1964：189，295；1966：197；1976：924-925；1987：990；1994：171；2000：172；2002：299）、郑光美（2005：347；2011：361；2017：385；2023：407）均记载松雀 *Pinicola enucleator* 二亚种：

❶ 北方亚种 *pacata*

❷ 堪察加亚种 *kamtschatkensis*[①]

① 编者注：郑作新（1958）在该亚种前冠以"？"号；郑作新（1958；1964：295；1976；1987；1994；2000；2002）记载该亚种为 *kamtschathensis*。

[1442] **褐灰雀** *Pyrrhula nipalensis*　　　　　　　　　　　　　　　　　　　　　　　hèhuīquè

英文名：Brown Bullfinch

◆ 郑作新（1964：190；1966：198）记载褐灰雀 *Pyrrhula nipalensis* 二亚种：
  ① 指名亚种 *nipalensis*
  ② 华南亚种 *ricketti*

◆ 郑作新（1958：420-421；1964：296；1976：930-931；1987：996-997；1994：172；2000：173；2002：301）、郑光美（2005：357；2011：371；2017：385；2023：407）记载褐灰雀 *Pyrrhula nipalensis*[①]三亚种：
  ① 指名亚种 *nipalensis*
  ② 华南亚种 *ricketti*
  ③ 台湾亚种 *uchidai*

  [①] 郑光美（2011）：陕西有繁殖记录，亚种待确证，见龙大学等（2010）。

[1443] **红头灰雀** *Pyrrhula erythrocephala*　　　　　　　　　　　　　　　　　hóngtóu huīquè

英文名：Red-headed Bullfinch

◆ 郑作新（1966：197；2002：300）记载红头灰雀 *Pyrrhula erythrocephala*，但未述及亚种分化问题。

◆ 郑作新（1958：422；1964：296；1976：932；1987：998；1994：172；2000：173）、郑光美（2005：357；2011：371；2017：385；2023：407）记载红头灰雀 *Pyrrhula erythrocephala* 为单型种。

[1444] **灰头灰雀** *Pyrrhula erythaca*　　　　　　　　　　　　　　　　　　　　huītóu huīquè

曾用名：赤胸灰雀 *Pyrrhula erythaca*

英文名：Grey-headed Bullfinch

◆ 郑作新（1958：421-422；1964：296）记载赤胸灰雀 *Pyrrhula erythaca* 三亚种：
  ① *wilderi* 亚种[①]
  ② 指名亚种 *erythaca*
  ③ 台湾亚种 *owstoni*

  [①] 编者注：郑作新（1976，1987）将其列为指名亚种 *erythaca* 的同物异名。

◆ 郑作新（1964：190）记载赤胸灰雀 *Pyrrhula erythaca* 二亚种：
  ① *wilderi* 亚种
  ② 指名亚种 *erythaca*

◆ 郑作新（1966：197）记载赤胸灰雀 *Pyrrhula erythaca*，但未述及亚种分化问题。

◆ 郑作新（1976：931-932；1987：997-998）记载赤胸灰雀 *Pyrrhula erythaca* 二亚种：
  ① 指名亚种 *erythaca*
  ② 台湾亚种 *owstoni*

◆ 郑作新（1994：172；2000：173；2002：301）、郑光美（2005：357；2011：371-372；2017：385-386）记载灰头灰雀 *Pyrrhula erythaca* 二亚种：
  ① 指名亚种 *erythaca*
  ② 台湾亚种 *owstoni*

◆郑光美（2023：407-408）记载以下两种：

（1）灰头灰雀 *Pyrrhula erythaca*

❶ 指名亚种 *erythaca*

（2）台湾灰头灰雀 *Pyrrhula owstoni*②

② 由 *Pyrrhula erythaca* 的亚种提升为种（Dong et al.，2020）。

〔1445〕**台湾灰头灰雀** *Pyrrhula owstoni*   táiwān huītóu huīquè

英文名：Taiwan Bullfinch

由灰头灰雀 *Pyrrhula erythaca* 的亚种提升为种。请参考〔1444〕灰头灰雀 *Pyrrhula erythaca*。

〔1446〕**红腹灰雀** *Pyrrhula pyrrhula*   hóngfù huīquè

英文名：Eurasian Bullfinch

说　　明：灰腹灰雀 *Pyrrhula griseiventris* 归入红腹灰雀 *Pyrrhula pyrrhula* 的亚种。

◆郑作新（1958：422-423；1964：296-297）记载以下两种：

（1）灰腹灰雀 *Pyrrhula griseiventris*

❶ 东北亚种 *cineracea*

❷ 指名亚种 *griseiventris*

（2）红腹灰雀 *Pyrrhula pyrrhula*

❶ 东北亚种 *cassini*

◆郑作新（1966：197）记载红腹灰雀 *Pyrrhula pyrrhula* 和灰腹灰雀 *Pyrrhula griseiventris* 两种，但均未述及亚种分化问题。

◆郑作新（1976：933-934；1987：998-999；1994：173；2000：173；2002：301）、郑光美（2005：357-358；2011：372）记载以下两种：

（1）红腹灰雀 *Pyrrhula pyrrhula*

❶ 东北亚种 *cassini*

❷ 指名亚种 *pyrrhula*

（2）灰腹灰雀 *Pyrrhula griseiventris*①

❶ 东北亚种 *cineracca*

❷ 指名亚种 *griseiventris*

① 郑光美（2011）：Töpfer 等（2011）主张将本种并入红腹灰雀 *Pyrrhula pyrrhula*。

◆郑光美（2017：386；2023：408）记载红腹灰雀 *Pyrrhula pyrrhula* 四亚种：

❶ 东北亚种 *cassini*

❷ 指名亚种 *pyrrhula*

❸ *cineracea* 亚种

❹ *griseiventris* 亚种②

② 郑光美（2017）：灰腹灰雀 *Pyrrhula griseiventris* 归入红腹灰雀 *Pyrrhula pyrrhula* 的亚种（Dickinson et al.，2014）。

〔1447〕**红翅沙雀** *Rhodopechys sanguineus*　　　　　　　　　　　　　　　　　　　　hóngchì shāquè

曾用名： 赤翅沙雀 *Rhodopechys sanguinea*、红翅沙雀 *Rhodopechys sanguinea*；

　　　　赤嘴沙雀 *Rhodopechys sanguinea*（赵正阶，2001b：833）、

　　　　赤翅沙雀 *Rhodopechys sanguineus*（段文科等，2017b：1269）

英文名： Crimson-winged Finch

◆ 郑作新（1958：400；1964：294；1976：905；1987：970；1994：169；2000：169）记载赤翅沙雀 *Rhodopechys sanguinea* 一亚种：

　　❶ 指名亚种 *sanguinea*

◆ 郑作新（1966：192；2002：293）记载赤翅沙雀 *Rhodopechys sanguinea*，但未述及亚种分化问题。

◆ 郑光美（2005：360；2011：374；2017：386；2023：408）记载红翅沙雀 *Rhodopechys sanguineus*[①]一亚种：

　　❶ 指名亚种 *sanguineus*[②]

　　[①] 编者注：郑光美（2005）记载其种本名为 *sanguinea*。

　　[②] 编者注：郑光美（2005）记载该亚种为 *sanguinea*。

〔1448〕**蒙古沙雀** *Bucanetes mongolicus*　　　　　　　　　　　　　　　　　　　　měnggǔ shāquè

曾用名： 漠雀 *Rhodopechys githagineus*、沙雀 *Rhodopechys githaginea*、

　　　　蒙古沙雀 *Rhodopechys mongolica*、蒙古沙雀 *Rhodopechys mongolicus*

英文名： Mongolian Finch

◆ 郑作新（1958：400；1964：294；1976：907）记载漠雀 *Rhodopechys githagineus* 一亚种：

　　❶ 北方亚种 *mongolicus*

◆ 郑作新（1966：192）记载漠雀 *Rhodopechys githagineus*，但未述及亚种分化问题。

◆ 郑作新（1987：970）记载沙雀 *Rhodopechys githaginea* 一亚种：

　　❶ 北方亚种 *mongolica*

◆ 郑作新（2002：293）记载蒙古沙雀 *Rhodopechys mongolica*，亦未述及亚种分化问题。

◆ 郑作新（1994：169；2000：169）、郑光美（2005：360）记载蒙古沙雀 *Rhodopechys mongolica*[①]为单型种。

　　[①] 编者注：据郑光美（2002：222；2021：244），*Rhodopechys githaginea* 和 *Bucanetes githagineus* 皆被命名为沙雀，且中国均无分布。

◆ 郑光美（2011：374）记载蒙古沙雀 *Rhodopechys mongolicus*[②]为单型种。

　　[②] 本种分类地位尚有争议，Dickinson（2003）认为其属于 *Bucanetes* 属，del Hoyo 等（2010）认为其属于 *Eremopsaltria* 属。

◆ 郑光美（2017：387；2023：409）记载蒙古沙雀 *Bucanetes mongolicus*[③]为单型种。

　　[③] 郑光美（2017）：由 *Rhodopechys* 属归入 *Bucanetes* 属（Zuccon et al., 2012）。

〔1449〕**赤朱雀** *Agraphospiza rubescens*　　　　　　　　　　　　　　　　　　　　chìzhūquè

曾用名： 赤朱雀 *Carpodacus rubescens*

英文名： Blanford's Rosefinch

◆郑作新（1966：193，194；2002：293，295）记载赤朱雀 *Carpodacus rubescens*，但未述及亚种分化问题。

◆郑作新（1958：405；1964：294；1976：912；1987：975-977；1994：170；2000：170）、郑光美（2005：347；2011：362）记载赤朱雀 *Carpodacus rubescens* 为单型种。

◆郑光美（2017：387；2023：409）记载赤朱雀 *Agraphospiza rubescens*[①]为单型种。

① 郑光美（2017）：由 *Carpodacus* 属归入 *Agraphospiza* 属（Zuccon et al.，2012）。

〔1450〕**红眉金翅雀** *Callacanthis burtoni*   hóngméi jīnchìquè

英文名： Spectacled Finch

◆郑光美（2017：396；2023：409）记载红眉金翅雀 *Callacanthis burtoni*[①]为单型种。

① 郑光美（2017）：中国鸟类新记录（林植等，2015）。编者注：约翰·马敬能等（2000：477）就曾记载红眉金翅雀 *Callacanthis burtoni* 在中国尚无记录，但可能出现在喜马拉雅山脉中国境内朝南且有森林覆盖的山谷。

〔1451〕**金枕黑雀** *Pyrrhoplectes epauletta*   jīnzhěn hēiquè

曾用名： 金头黑雀 *Pyrrhoplectes epauletta*

英文名： Gold-naped Finch

◆郑作新（1958：419；1964：296；1976：929-930；1987：995）记载金头黑雀 *Pyrrhoplectes epauletta* 为单型种。

◆郑作新（1966：189；2002：289）记载黑雀属 *Pyrrhoplectes* 为单型属。

◆郑作新（1994：172；2000：172）、郑光美（2005：360；2011：374；2017：387；2023：409）记载金枕黑雀 *Pyrrhoplectes epauletta* 为单型种。

〔1452〕**暗胸朱雀** *Procarduelis nipalensis*   ànxiōng zhūquè

曾用名： 暗色朱雀 *Carpodacus nipalensis*、暗胸朱雀 *Carpodacus nipalensis*

英文名： Dark-breasted Rosefinch

◆郑作新（1958：404；1964：294；1976：911；1987：975）记载暗色朱雀 *Carpodacus nipalensis* 一亚种：

❶ 指名亚种 *nipalensis*

◆郑作新（1966：193，194；2002：293，295）记载暗色朱雀 *Carpodacus nipalensis*[①]，但未述及亚种分化问题。

① 编者注：郑作新（2002）记载其中文名为暗胸朱雀。

◆郑作新（1994：169；2000：170）、郑光美（2005：348；2011：362）记载暗胸朱雀 *Carpodacus nipalensis* 一亚种：

❶ 指名亚种 *nipalensis*

◆郑光美（2017：387；2023：409）记载暗胸朱雀 *Procarduelis nipalensis*[②]一亚种：

❶ 指名亚种 *nipalensis*

② 郑光美（2017）：由 *Carpodacus* 属归入 *Procarduelis* 属（Zuccon et al.，2012）。

〔1453〕**林岭雀** *Leucosticte nemoricola*　　　　　　　　　　　　　　　　　　　　　　　　línlǐngquè

曾用名： 林地雀 *Leucosticte nemoricola*

英文名： Plain Mountain Finch

◆ 郑作新（1958：396-397；1964：184，293；1966：192；1976：901；1987：965-966；1994：168；2000：168；2002：292）、郑光美（2005：345-346；2011：360；2017：387-388；2023：409-410）记载林岭雀 *Leucosticte nemoricola*[①]二亚种：

❶ 新疆亚种 *altaica*

❷ 指名亚种 *nemoricola*

[①] 编者注：郑作新（1958）记载其中文名为林地雀。

〔1454〕**高山岭雀** *Leucosticte brandti*　　　　　　　　　　　　　　　　　　　　　　　　gāoshān lǐngquè

曾用名： 高山地雀 *Leucosticte brandti*

英文名： Brandt's Mountain Finch

◆ 郑作新（1958：397-398；1964：184，293-294；1966：192；1976：902-904；1987：966-967；1994：168；2000：168-169；2002：292-293）、郑光美（2005：346；2011：360-361；2017：388；2023：410）记载高山岭雀 *Leucosticte brandti*[①]七亚种：

❶ 指名亚种 *brandti*

❷ 疆西亚种 *pamirensis*[②]

❸ 南疆亚种 *pallidior*

❹ 青海亚种 *intermedia*[③]

❺ 藏南亚种 *audreyana*

❻ 西藏亚种 *haematopygia*

❼ 四川亚种 *walteri*

[①] 编者注：郑作新（1958）记载其中文名为高山地雀。

[②] 编者注：郑作新（1958）记载该亚种为 *incerta*。

[③] 郑作新（1976）：很可能属于 *Leucosticte brandti pallidior*。

〔1455〕**粉红腹岭雀** *Leucosticte arctoa*　　　　　　　　　　　　　　　　　　　　　　　　fěnhóngfù lǐngquè

曾用名： 北地雀 *Leucosticte arctoa*、北岭雀 *Leucosticte arctoa*、白翅岭雀 *Leucosticte arctoa*

英文名： Asian Rosy Finch

◆ 郑作新（1958：399）记载北地雀 *Leucosticte arctoa* 一亚种：

❶ 东北亚种 *brunneonucha*

◆ 郑作新（1964：183，294；1966：192；1976：904-905；1987：968；1994：168-169；2000：169；2002：292）、郑光美（2005：347；2011：361；2017：389；2023：411）记载粉红腹岭雀 *Leucosticte arctoa*[①]二亚种：

❶ 指名亚种 *arctoa*

❷ 东北亚种 *brunneonucha*

[①] 编者注：郑作新（1964，1966，1976）记载其中文名为北岭雀；郑作新（1987）记载其中文名为白翅岭雀。

[1456] **巨嘴沙雀** *Rhodospiza obsoleta*　　　　　　　　　　　　　　　　　　　jùzuǐ shāquè

曾用名： 巨嘴沙雀 *Rhodopechys obsoleta*

英文名： Desert Finch

◆ 郑作新（1966：192；2002：293）记载巨嘴沙雀 *Rhodopechys obsoleta*，但未述及亚种分化问题。

◆ 郑作新（1958：399；1964：294；1976：905；1987：969；1994：169；2000：169）、郑光美（2005：360）记载巨嘴沙雀 *Rhodopechys obsoleta* 为单型种。

◆ 郑光美（2011：375；2017：387；2023：411）记载巨嘴沙雀 *Rhodospiza obsoleta* 为单型种。

[1457] **欧金翅雀** *Chloris chloris*　　　　　　　　　　　　　　　　　　　ōu jīnchìquè

曾用名： 绿金翅 *Carduelis chloris*、绿欧金翅 *Carduelis chloris*、欧金翅雀 *Carduelis chloris*

英文名： European Greenfinch

◆ 郑作新（2000：167）记载绿金翅 *Carduelis chloris*[①]一亚种：

　❶ 西域亚种 *turkestanicus*

　① 参见侯兰新等（1996b）。

◆ 郑作新（2002：290）记载绿欧金翅 *Carduelis chloris*，但未述及亚种分化问题。

◆ 郑光美（2005：354；2011：368）记载欧金翅雀 *Carduelis chloris*[②]一亚种：

　❶ 西域亚种 *turkestanicus*

　② 郑光美（2005）：参见马鸣等（2000b）。该种在中国的亚种和居留型，有待进一步研究。

◆ 郑光美（2017：396；2023：411）记载欧金翅雀 *Chloris chloris*[③]一亚种：

　❶ 西域亚种 *turkestanica*

　③ 郑光美（2017）：由 *Carduelis* 属归入 *Chloris* 属（Sangster et al.，2011；Zuccon et al.，2012）。

[1458] **金翅雀** *Chloris sinica*　　　　　　　　　　　　　　　　　　　jīnchìquè

曾用名： 金翅［雀］*Carduelis sinica*、金翅雀 *Carduelis sinica*；
　　　　东方金翅雀 *Carduelis sinica*（杭馥兰等，1997：311）

英文名： Oriental Greenfinch

◆ 郑作新（1958：390-391；1964：183，292-293；1966：191；1976：893-894；1987：956-957；1994：167；2000：167；2002：291）记载金翅［雀］*Carduelis sinica* 四亚种：

　❶ 东北北部亚种 *chaborovi*

　❷ 东北南部亚种 *ussuriensis*

　❸ 指名亚种 *sinica*

　❹ 台湾亚种 *kawarahiba*

◆ 郑光美（2005：355；2011：369-370）记载金翅雀 *Carduelis sinica* 三亚种：

　❶ 东北南部亚种 *ussuriensis*

　❷ 台湾亚种 *kawarahiba*

　❸ 指名亚种 *sinica*

◆ 郑光美（2017：396；2023：411）记载金翅雀 *Chloris sinica*[①]三亚种：

　❶ 东北南部亚种 *ussuriensis*

❷ 台湾亚种 *kawarahiba*

❸ 指名亚种 *sinica*

① 郑光美（2017）：由 *Carduelis* 属归入 *Chloris* 属（Sangster et al.，2011；Zuccon et al.，2012）。

〔1459〕**高山金翅雀** *Chloris spinoides*　　　　　　　　　　　　　　　　　　gāoshān jīnchìquè

曾用名： 高山金翅［雀］*Carduelis spinoides*、高山金翅 *Carduelis spinoides*、高山金翅雀 *Carduelis spinoides*

英文名： Yellow-breasted Greenfinch

◆ 郑作新（1958：391；1964：293；1976：894；1987：958；1994：167；2000：167）记载高山金翅［雀］*Carduelis spinoides* 一亚种：

❶ 指名亚种 *spinoides*

◆ 郑作新（1966：191；2002：290）记载高山金翅［雀］*Carduelis spinoides*①，但未述及亚种分化问题。

① 编者注：郑作新（1966）记载其中文名为高山金翅。

◆ 郑光美（2005：353；2011：368）记载高山金翅雀 *Carduelis spinoides* 一亚种：

❶ 指名亚种 *spinoides*

◆ 郑光美（2017：397；2023：412）记载高山金翅雀 *Chloris spinoides*② 一亚种：

❶ 指名亚种 *spinoides*

② 郑光美（2017）：由 *Carduelis* 属归入 *Chloris* 属（Sangster et al.，2011；Zuccon et al.，2012）。

〔1460〕**黑头金翅雀** *Chloris ambigua*　　　　　　　　　　　　　　　　　　hēitóu jīnchìquè

曾用名： 黑头金翅［雀］*Carduelis ambigua*、黑头金翅雀 *Carduelis ambigua*

英文名： Black-headed Greenfinch

◆ 郑作新（1958：391-392；1964：183，293；1966：191；1976：894；1987：958-959；1994：167；2000：167；2002：291）记载黑头金翅［雀］*Carduelis ambigua*① 二亚种：

❶ 西藏亚种 *taylori*

❷ 指名亚种 *ambigua*

① 郑作新（1976，1987）：Ripley（1961）把 *Carduelis ambigua* 归并于 *Carduelis spinoides* 中。

◆ 郑光美（2005：354；2011：368）记载黑头金翅雀 *Carduelis ambigua* 二亚种：

❶ 西藏亚种 *taylori*

❷ 指名亚种 *ambigua*

◆ 郑光美（2017：397；2023：412）记载黑头金翅雀 *Chloris ambigua*② 二亚种：

❶ 西藏亚种 *taylori*

❷ 指名亚种 *ambigua*

② 郑光美（2017）：由 *Carduelis* 属归入 *Chloris* 属（Sangster et al.，2011；Zuccon et al.，2012）。

〔1461〕**黄嘴朱顶雀** *Linaria flavirostris*　　　　　　　　　　　　　　　　　huángzuǐ zhūdǐngquè

曾用名： 黄嘴朱顶雀 *Carduelis flavirostris*；黄嘴朱顶雀 *Acanthis flavirostris*（杭馥兰等，1997：313）

英文名： Twite

◆郑作新（1958：394-395；1964：183，293；1966：191；1976：898-900；1987：963；1994：168；2000：168；2002：291）、郑光美（2005：356；2011：370）记载黄嘴朱顶雀 *Carduelis flavirostris*[①]四亚种：

① 北疆亚种 *korejevi*
② 南疆亚种 *montanella*
③ 藏南亚种 *rufostrigata*
④ 青海亚种 *miniakensis*

① 编者注：据赵正阶（2001b：824），也有人将本种归入 *Acanthis* 属。

◆郑光美（2017：397-398；2023：412-413）记载黄嘴朱顶雀 *Linaria flavirostris*[①]四亚种：

① 北疆亚种 *korejevi*
② 南疆亚种 *montanella*
③ 藏南亚种 *rufostrigata*
④ 青海亚种 *miniakensis*

① 郑光美（2017）：由 *Carduelis* 属归入 *Linaria* 属（Arnaiz-Villena et al., 1998；Zuccon et al., 2012）。

[1462] **赤胸朱顶雀** *Linaria cannabina*　　　　　　　　　　　　　　　　chìxiōng zhūdǐngquè

曾用名：赤胸朱顶雀 *Carduelis cannabina*；赤胸朱顶雀 *Acanthis cannabina*（杭馥兰等，1997：314）

英文名：Common Linnet

◆郑作新（1966：190；2002：290）记载赤胸朱顶雀 *Carduelis cannabina*，但未述及亚种分化问题。

◆郑作新（1958：396；1964：293；1976：900；1987：964；1994：168；2000：168）、郑光美（2005：356；2011：370）记载赤胸朱顶雀 *Carduelis cannabina* 一亚种：

① 新疆亚种 *bella*

◆郑光美（2017：398；2023：413）记载赤胸朱顶雀 *Linaria cannabina*[①]一亚种：

① 新疆亚种 *bella*

① 郑光美（2017）：由 *Carduelis* 属归入 *Linaria* 属（Arnaiz-Villena et al., 1998；Zuccon et al., 2012）。

[1463] **白腰朱顶雀** *Acanthis flammea*　　　　　　　　　　　　　　　　báiyāo zhūdǐngquè

曾用名：白腰朱顶雀 *Carduelis flammea*

英文名：Common Redpoll

◆郑作新（1966：190；2002：290）记载白腰朱顶雀 *Carduelis flammea*，但未述及亚种分化问题。

◆郑作新（1958：393；1964：293；1976：897；1987：961-962；1994：167-168；2000：168）、郑光美（2005：354；2011：368）记载白腰朱顶雀 *Carduelis flammea* 一亚种：

① 指名亚种 *flammea*

◆郑光美（2017：398；2023：413）记载白腰朱顶雀 *Acanthis flammea*[①]一亚种：

① 指名亚种 *flammea*

① 郑光美（2017）：由 *Carduelis* 属归入 *Acanthis* 属（Ottvall et al., 2002；Marthinsen et al., 2008；Zuccon et al., 2012）。

[1464] **极北朱顶雀** *Acanthis hornemanni* jíběi zhūdǐngquè

曾用名： 极北朱顶雀 *Carduelis hornemanni*

英文名： Arctic Redpoll

◆ 郑作新（1966：190；2002：290）记载极北朱顶雀 *Carduelis hornemanni*，但未述及亚种分化问题。

◆ 郑作新（1958：394；1964：293；1976：898；1987：962；1994：168；2000：168）、郑光美（2005：354；2011：369）记载极北朱顶雀 *Carduelis hornemanni* 一亚种：

❶ 北方亚种 *exilipes*

◆ 郑光美（2017：398；2023：413）记载极北朱顶雀 *Acanthis hornemanni*[①]一亚种：

❶ 北方亚种 *exilipes*

[①] 郑光美（2017）：由 *Carduelis* 属归入 *Acanthis* 属（Ottvall et al., 2002；Marthinsen et al., 2008；Zuccon et al., 2012）。

[1465] **红交嘴雀** *Loxia curvirostra* hóng jiāozuǐquè

英文名： Red Crossbill

◆ 郑作新（1958：415-416；1964：189，296；1966：197）记载红交嘴雀 *Loxia curvirostra* 三亚种：

❶ 新疆亚种 *tianschanica*

❷ 东北亚种 *japonica*

❸ 青藏亚种 *himalayensis*[①]

[①] 编者注：郑作新（1964：189；1966）记载该亚种为 *himalayana*。

◆ 郑作新（1976：925-926；1987：991-992；1994：171-172；2000：172；2002：300）、郑光美（2005：353；2011：367；2017：398-399；2023：413-414）记载红交嘴雀 *Loxia curvirostra* 四亚种：

❶ 指名亚种 *curvirostra*

❷ 新疆亚种 *tianschanica*

❸ 东北亚种 *japonica*

❹ 青藏亚种 *himalayensis*

[1466] **白翅交嘴雀** *Loxia leucoptera* báichì jiāozuǐquè

英文名： Two-barred Crossbill

◆ 郑作新（1966：197；2002：299）记载白翅交嘴雀 *Loxia leucoptera*，但未述及亚种分化问题。

◆ 郑作新（1958：416-417；1964：296；1976：926-927；1987：993；1994：172；2000：172）、郑光美（2005：353；2011：368；2017：399；2023：414）记载白翅交嘴雀 *Loxia leucoptera* 一亚种：

❶ 东北亚种 *bifasciata*

[1467] **红额金翅雀** *Carduelis carduelis* hóng'é jīnchìquè

曾用名： 红额金翅［雀］*Carduelis caniceps*、红额金翅 *Carduelis caniceps*、

红额金翅［雀］*Carduelis carduelis*；

西红额金翅雀 *Carduelis carduelis*（约翰·马敬能，2022b：429）

英文名： European Goldfinch

- 郑作新（1958：392；1964：293）记载红额金翅［雀］*Carduelis caniceps*[①]一亚种：
  ❶ 新疆亚种 *paropanisi*
  ① 编者注：郑作新（1964：182）记载其中文名为红额金翅。
- 郑作新（1966：190）记载红额金翅 *Carduelis caniceps*，但未述及亚种分化问题。
- 郑作新（1976：895）记载红额金翅［雀］*Carduelis carduelis* 一亚种：
  ❶ 新疆亚种 *paropanisi*
- 郑作新（1987：959-960；1994：167；2000：168）记载红额金翅［雀］*Carduelis carduelis* 二亚种：
  ❶ 新疆亚种 *paropanisi*
  ❷ 西藏亚种 *caniceps*
- 郑作新（2002：290）记载红额金翅［雀］*Carduelis carduelis*，亦未述及亚种分化问题。
- 郑光美（2005：355；2011：369；2017：399；2023：414）记载红额金翅雀 *Carduelis carduelis* 二亚种：
  ❶ 新疆亚种 *paropanisi*
  ❷ 西藏亚种 *caniceps*

〔1468〕**金额丝雀** *Serinus pusillus*　　　　　　　　　　　　　　　　　　　　　　　jīn'é sīquè
英文名： Red-fronted Serin
- 郑作新（1966：189；2002：289）记载丝雀属 *Serinus* 为单型属。
- 郑作新（1958：389；1964：292；1976：892；1987：955；1994：167；2000：167）、郑光美（2005：356；2011：371；2017：399；2023：414）记载金额丝雀 *Serinus pusillus* 为单型种。

〔1469〕**藏黄雀** *Spinus thibetanus*　　　　　　　　　　　　　　　　　　　　　　　zànghuángquè
曾用名： 藏黄雀 *Carduelis thibetana*；藏黄雀 *Spinus thibetana*（约翰·马敬能，2022b：430）
英文名： Tibetan Serin
- 郑作新（1966：191；2002：290，291）记载藏黄雀 *Carduelis thibetana*，但未述及亚种分化问题。
- 郑作新（1958：393；1964：293；1976：897；1987：961；1994：167；2000：168）、郑光美（2005：355；2011：369）记载藏黄雀 *Carduelis thibetana* 为单型种。
- 郑光美（2017：400；2023：414）记载藏黄雀 *Spinus thibetanus*[①]为单型种。
  ① 郑光美（2017）：由 *Carduelis* 属归入 *Spinus* 属（Zuccon et al., 2012）。

〔1470〕**黄雀** *Spinus spinus*　　　　　　　　　　　　　　　　　　　　　　　　　　huángquè
曾用名： 黄雀 *Carduelis spinus*
英文名： Eurasian Siskin
- 郑作新（1966：191；2002：290）记载黄雀 *Carduelis spinus*，但未述及亚种分化问题。
- 郑作新（1958：392；1964：293；1976：895；1987：960；1994：167；2000：168）、郑光美（2005：355；2011：369）记载黄雀 *Carduelis spinus* 为单型种。
- 郑光美（2017：400；2023：415）记载黄雀 *Spinus spinus*[①]为单型种。
  ① 郑光美（2017）：由 *Carduelis* 属归入 *Spinus* 属（Zuccon et al., 2012）。

113. 铁爪鹀科 Calcariidae（Longspur，Snow Bunting） 2 属 2 种

〔1471〕铁爪鹀 *Calcarius lapponicus*　　　　　　　　　　　　　　　　　　　　tiězhǎowú

英文名：Lapland Longspur

◆郑作新（1966：199；2002：303）记载铁爪鹀属 *Calcarius* 为单型属。

◆郑作新（1958：448；1964：299；1976：967；1987：1034；1994：177；2000：177）、郑光美（2005：369；2011：384；2017：400；2023：415）记载铁爪鹀 *Calcarius lapponicus* 一亚种：

❶ 东北亚种 *coloratus*①②

① 郑作新（1958，1976）：或为 *Calcarius lapponicus lapponicus*。

② 编者注：段文科和张正旺（2017b：1298）称之为普通亚种。

〔1472〕雪鹀 *Plectrophenax nivalis*　　　　　　　　　　　　　　　　　　　　xuěwú

英文名：Snow Bunting

◆郑作新（1958：449；1964：299）记载雪鹀 *Plectrophenax nivalis*① 一亚种：

❶ *pallidior* 亚种

① 郑作新（1958，1964）：或为 *Plectrophenax nivalis vlacowae*（Vaurie，1956）。

◆郑作新（1966：199；2002：304）记载雪鹀属 *Plectrophenax* 为单型属。

◆郑作新（1976：967；1987：1035；1994：177；2000：177）、郑光美（2005：370；2011：384-385；2017：400；2023：415）记载雪鹀 *Plectrophenax nivalis* 一亚种：

❶ 北方亚种 *vlasowae*

114. 鹀科 Emberizidae（Old World Buntings） 1 属 31 种

〔1473〕凤头鹀 *Emberiza lathami*　　　　　　　　　　　　　　　　　　　　fèngtóuwú

曾用名：凤头鹀 *Melophus lathami*

英文名：Crested Bunting

◆郑作新（1958：447-448；1964：299；1976：965；1987：1033；1994：177；2000：177）记载凤头鹀 *Melophus lathami* 一亚种：

❶ 指名亚种 *lathami*

◆郑作新（1966：199；2002：303）记载凤头鹀属 *Melophus* 为单型属。

◆郑光美（2005：361；2011：376；2017：401）记载凤头鹀 *Melophus lathami* 为单型种。

◆郑光美（2023：415-416）记载凤头鹀 *Emberiza lathami* 为单型种。

〔1474〕黑头鹀 *Emberiza melanocephala*　　　　　　　　　　　　　　　　　　hēitóuwú

英文名：Black-headed Bunting

◆郑作新（1966：201；2002：306）记载黑头鹀 *Emberiza melanocephala*，但未述及亚种分化问题。

◆郑作新（1958：431；1964：297；1976：944；1987：1010；1994：174；2000：174）、郑光美（2005：367；2011：382；2017：407；2023：416）记载黑头鹀 *Emberiza melanocephala* 为单型种。

XXVI. 雀形目 PASSERIFORMES

〔1475〕**褐头鹀** *Emberiza bruniceps*　　　　　　　　　　　　　　　　　　　　　hètóuwú

英文名：Red-headed Bunting

◆ 郑作新（1966：201；2002：306）记载褐头鹀 *Emberiza bruniceps*，但未述及亚种分化问题。

◆ 郑作新（1958：431；1964：297；1976：944；1987：1010；1994：174；2000：174）、郑光美（2005：367；2011：382；2017：407；2023：416）记载褐头鹀 *Emberiza bruniceps* 为单型种。

〔1476〕**黍鹀** *Emberiza calandra*　　　　　　　　　　　　　　　　　　　　　　shǔwú

曾用名：黍鹀 *Miliaria calandra*（约翰·马敬能等，2000：503）

英文名：Corn Bunting

◆ 郑作新（1958：429；1964：297）记载黍鹀 *Emberiza calandra* 一亚种：

❶ 指名亚种 *calandra*

◆ 郑作新（1966：199；2002：304）记载黍鹀 *Emberiza calandra*，但未述及亚种分化问题。

◆ 郑作新（1976：942；1987：1008；1994：174；2000：174）、郑光美（2005：369；2011：384；2017：401）记载黍鹀 *Emberiza calandra*①为单型种。

　　① 编者注：据赵正阶（2001b：888），也有人将本种单列为一属，即 *Miliaria*，种名为 *Miliaria calandra*。

◆ 郑光美（2023：416）记载黍鹀 *Emberiza calandra* 一亚种：

❶ 中亚亚种 *buturlini*①

　　① 编者注：亚种中文名引自赵正阶（2001b：888）。

〔1477〕**栗耳鹀** *Emberiza fucata*　　　　　　　　　　　　　　　　　　　　　　lì'ěrwú

曾用名：赤胸鹀 *Emberiza fucata*

英文名：Chestnut-eared Bunting

◆ 郑作新（1958：440-441；1964：193-194，299；1966：201；1976：954-956；1987：1022）记载赤胸鹀 *Emberiza fucata* 三亚种：

❶ 指名亚种 *fucata*

❷ 西南亚种 *arcuata*

❸ 挂墩亚种 *kuatunensis*

◆ 郑作新（1994：176；2000：176；2002：307）、郑光美（2005：365；2011：379；2017：404-405；2023：416-417）记载栗耳鹀 *Emberiza fucata* 三亚种：

❶ 指名亚种 *fucata*

❷ 西南亚种 *arcuata*

❸ 挂墩亚种 *kuatunensis*

〔1478〕**藏鹀** *Emberiza koslowi*　　　　　　　　　　　　　　　　　　　　　　zàngwú

英文名：Tibetan Bunting

◆ 郑作新（1966：200；2002：304）记载藏鹀 *Emberiza koslowi*，但未述及亚种分化问题。

◆ 郑作新（1958：443；1964：299；1976：960；1987：1027；1994：176；2000：176）、郑光美（2005：362；2011：377；2017：407；2023：417）记载藏鹀 *Emberiza koslowi* 为单型种。

〔1479〕**栗斑腹鹀** *Emberiza jankowskii*　　　　　　　　　　　　　　　　　　　　　　lìbānfù wú

英文名：Jankowski's Bunting

◆ 郑作新（1966：201；2002：306）记载栗斑腹鹀 *Emberiza jankowskii*，但未述及亚种分化问题。

◆ 郑作新（1958：439；1964：299；1976：954；1987：1021；1994：175；2000：176）、郑光美（2005：364；2011：378；2017：404；2023：417）记载栗斑腹鹀 *Emberiza jankowskii* 为单型种。

〔1480〕**三道眉草鹀** *Emberiza cioides*　　　　　　　　　　　　　　　　　　　　　　sāndàoméi cǎowú

英文名：Meadow Bunting

◆ 郑作新（1958：438-439；1964：195，298；1966：203；1976：953；1987：1019-1021；1994：175；2000：176；2002：309）记载三道眉草鹀 *Emberiza cioides* 三亚种：

　① 指名亚种 *cioides*
　② 东北亚种 *weigoldi*
　③ 普通亚种 *castaneiceps*

◆ 郑光美（2005：363-364；2011：378；2017：403；2023：417）记载三道眉草鹀 *Emberiza cioides* 四亚种：

　① 天山亚种 *tarbagataica*
　② 指名亚种 *cioides*
　③ 东北亚种 *weigoldi*
　④ 普通亚种 *castaneiceps*

〔1481〕**淡灰眉岩鹀** *Emberiza cia*　　　　　　　　　　　　　　　　　　　　　　dàn huīméi yánwú

曾用名：灰眉岩鹀 *Emberiza cia*

英文名：Rock Bunting

说　明：因分类修订，原灰眉岩鹀 *Emberiza cia* 的中文名修改为淡灰眉岩鹀。

◆ 郑作新（1958：436-438；1964：195，298）记载灰眉岩鹀 *Emberiza cia* 六亚种：

　① 北疆亚种 *par*
　② 新疆亚种 *decolorata*
　③ 甘青亚种 *godlewskii*
　④ 华北亚种 *omissa*
　⑤ 青藏亚种 *khamensis*
　⑥ 西南亚种 *yunnanensis*

◆ 郑作新（1966：203；1976：951-952）记载灰眉岩鹀 *Emberiza cia* 七亚种：

　① 北疆亚种 *par*
　② 新疆亚种 *decolorata*
　③ 甘青亚种 *godlewskii*
　④ 华北亚种 *omissa*
　⑤ 四川亚种 *styani*
　⑥ 青藏亚种 *khamensis*

❼ 西南亚种 *yunnanensis*

◆ 郑作新（1987：1017-1019；1994：175；2000：175-176；2002：309-310）记载灰眉岩鹀 *Emberiza cia* 八亚种：

❶ 北疆亚种 *par*
❷ 新疆亚种 *decolorata*
❸ 甘青亚种 *godlewskii*
❹ 华北亚种 *omissa*
❺ 四川亚种 *styani*
❻ 青藏亚种 *khamensis*
❼ 西南亚种 *yunnanensis*
❽ 藏西亚种 *stracheyi*

◆ 郑光美（2005：362-363；2011：377-378；2017：402-403）记载以下两种：

（1）淡灰眉岩鹀 *Emberiza cia*[①]

❶ 北疆亚种 *par*
❷ 藏西亚种 *stracheyi*

[①] 编者注：约翰·马敬能等（2000：494）称之为灰眉岩鹀；约翰·马敬能（2022b：433）称之为灰眉岩鹀、淡灰眉岩鹀。

（2）灰眉岩鹀 *Emberiza godlewskii*

❶ 指名亚种 *godlewskii*
❷ 新疆亚种 *decolorata*
❸ 青藏亚种 *khamensis*
❹ 西南亚种 *yunnanensis*
❺ 华北亚种 *omissa*

◆ 郑光美（2023：418-419）记载以下三种：

（1）淡灰眉岩鹀 *Emberiza cia*

❶ 北疆亚种 *par*
❷ 藏西亚种 *stracheyi*

（2）灰眉岩鹀 *Emberiza godlewskii*

❶ 指名亚种 *godlewskii*
❷ 新疆亚种 *decolorata*

（3）西南灰眉岩鹀 *Emberiza yunnanensis*[②]

❶ 青藏亚种 *khamensis*
❷ 指名亚种 *yunnanensis*
❸ 华北亚种 *omissa*

[②] 由 *Emberiza godlewskii* 的亚种提升为种（Li et al., 2023）。

〔1482〕**灰眉岩鹀** *Emberiza godlewskii*　　　　　　　　　　　　　　　huīméi yánwú

曾用名： 戈氏岩鹀 *Emberiza godlewskii*（约翰·马敬能等，2000：494；段文科等，2017b：1280；刘

阳等，2021：626；约翰·马敬能，2022b：433）

英文名：Godlewski's Bunting

曾被视为 *Emberiza cia* 的亚种，现列为独立种，中文名沿用灰眉岩鹀。请参考〔1481〕淡灰眉岩鹀 *Emberiza cia*。

〔1483〕**西南灰眉岩鹀** *Emberiza yunnanensis*   xīnán huīméi yánwú

英文名：Southern Rock Bunting

由 *Emberiza godlewskii* 的亚种提升为种。请参考〔1481〕淡灰眉岩鹀 *Emberiza cia*。

〔1484〕**灰颈鹀** *Emberiza buchanani*   huījǐngwú

英文名：Grey-necked Bunting

◆郑作新（1958：436；1964：298）记载灰颈鹀 *Emberiza buchanani* 一亚种：

❶ *obscura* 亚种

◆郑作新（1966：201；2002：306）记载灰颈鹀 *Emberiza buchanani*，但未述及亚种分化问题。

◆郑作新（1976：950-951；1987：1016-1017；1994：175；2000：175）、郑光美（2005：364；2011：378-379；2017：404；2023：419）记载灰颈鹀 *Emberiza buchanani* 一亚种：

❶ 新疆亚种 *neobscura*

〔1485〕**圃鹀** *Emberiza hortulana*   pǔwú

英文名：Ortolan Bunting

◆郑作新（1966：201；2002：306）记载圃鹀 *Emberiza hortulana*，但未述及亚种分化问题。

◆郑作新（1958：436；1964：298；1976：950；1987：1016；1994：175；2000：175）、郑光美（2005：364；2011：379；2017：404；2023：419）记载圃鹀 *Emberiza hortulana* 为单型种。

〔1486〕**白顶鹀** *Emberiza stewarti*   báidǐngwú

英文名：White-capped Bunting

◆郑光美（2017：403-404；2023：419）记载白顶鹀 *Emberiza stewarti*[①]为单型种。

[①]郑光美（2017）：中国鸟类新记录（田少宣等，2013）。

〔1487〕**黄鹀** *Emberiza citrinella*   huángwú

曾用名：黄鹀 *Emberiza citronella*

英文名：Yellowhammer

◆郑作新（1966：200；2002：305）记载黄鹀 *Emberiza citrinella*，但未述及亚种分化问题。

◆郑作新（1958：434；1964：298；1976：948；1987：1014；1994：174；2000：175）、郑光美（2005：362；2011：376；2017：401；2023：419）记载黄鹀 *Emberiza citrinella*[①]一亚种：

❶ 北方亚种 *erythrogenys*

[①]编者注：郑光美（2005）记载其种本名为 *citronella*。

〔1488〕**白头鹀** *Emberiza leucocephalos*   báitóuwú

曾用名： 白头鹀 *Emberiza leucocephala*

英文名： Pine Bunting

◆ 郑作新（1958：430-431；1964：194-195，297；1966：202-203；1976：943-944；1987：1008-1009；1994：174；2000：174；2002：309）记载白头鹀 *Emberiza leucocephala* 二亚种：

① 指名亚种 *leucocephala*

② 青海亚种 *fronto*

◆ 郑光美（2005：362；2011：376-377；2017：401-402；2023：419-420）记载白头鹀 *Emberiza leucocephalos* 二亚种：

① 指名亚种 *leucocephalos*

② 青海亚种 *fronto*

〔1489〕**黄喉鹀** *Emberiza elegans*   huánghóuwú

英文名： Yellow-throated Bunting

◆ 郑作新（1958：433-434；1964：194，298；1966：202；1976：947-948；1987：1013；1994：174；2000：175；2002：308）、郑光美（2005：366；2011：380-381；2017：406）记载黄喉鹀 *Emberiza elegans* 三亚种：

① 东北亚种 *ticehursti*

② 指名亚种 *elegans*

③ 西南亚种 *elegantula*

◆ 郑光美（2023：420）记载黄喉鹀 *Emberiza elegans* 二亚种：

① 指名亚种 *elegans*

② 西南亚种 *elegantula*

〔1490〕**蓝鹀** *Emberiza siemsseni*   lánwú

曾用名： 蓝鹀 *Latoucheornis siemsseni*

英文名： Slaty Bunting

◆ 郑作新（1966：200）记载蓝鹀 *Emberiza siemsseni*，但未述及亚种分化问题。

◆ 郑作新（2002：306）记载蓝鹀 *Latoucheornis siemsseni*，亦未述及亚种分化问题。

◆ 郑作新（1994：177；2000：177）、郑光美（2005：361；2011：376）记载蓝鹀 *Latoucheornis siemsseni* 为单型种。

◆ 郑作新（1958：447；1964：299；1976：965；1987：1032）、郑光美（2017：401；2023：420）记载蓝鹀 *Emberiza siemsseni*[①] 为单型种。

① 郑光美（2017）：由 *Latoucheornis* 属归入 *Emberiza* 属（Alström et al.，2008a）。

〔1491〕**红颈苇鹀** *Emberiza yessoensis*   hóngjǐng wěiwú

曾用名： 红颈苇鹀 *Emberiza yessoënsis*

英文名： Japanese Reed Bunting

◆ 郑作新（1958：444；1964：299）记载红颈苇鹀 *Emberiza yessoënsis* 一亚种：

❶ 东北亚种 continentalis

◆郑作新（1966：200；201）记载红颈苇鹀 Emberiza yessoënsis，但未述及亚种分化问题。

◆郑作新（2002：305；306）记载红颈苇鹀 Emberiza yessoensis，亦未述及亚种分化问题。

◆郑作新（1976：960-961；1987：1027-1029；1994：176；2000：177）、郑光美（2005：364；2011：379；2017：408-409；2023：421）记载红颈苇鹀 Emberiza yessoensis 一亚种：

❶ 东北亚种 continentalis

[1492] 芦鹀 Emberiza schoeniclus　　　　　　　　　　　　　　　　　　　　　　　lúwú

英文名：Common Reed Bunting

◆郑作新（1958：445-447；1964：194，299；1966：202）记载芦鹀 Emberiza schoeniclus[①] 四亚种：

❶ 疆西亚种 pallidior

❷ 罗布泊亚种 centralasiae[②]

❸ 青海亚种 zaidamensis

❹ 东北亚种 minor[③]

① 编者注：郑作新（1964：194）记载三亚种，无东北亚种 minor。

② 编者注：亚种中文名引自百度百科。郑作新（1976，1987）将其列为新疆亚种 pyrrhuloides 的同物异名。

③ 郑作新（1964：299）：或列为 Emberiza schoeniclus pyrrhulina。

◆郑作新（1976：962-963；1987：1030-1032；1994：176-177；2000：177；2002：307）、郑光美（2005：368-369；2011：383-384；2017：409-410）记载芦鹀 Emberiza schoeniclus 七亚种：

❶ 极北亚种 passerina

❷ 北方亚种 parvirostris

❸ 疆西亚种 pallidior

❹ 新疆亚种 pyrrhuloides

❺ 青海亚种 zaidamensis

❻ 西方亚种 incognita

❼ 东北亚种 minor[④]

④ 郑作新（1976）：原列为 Emberiza schoeniclus pyrrhulina，但我国东北的繁殖种群似应为 Emberiza schoeniclus minor，而日本的繁殖种群则为 Emberiza schoeniclus pyrrhulina。有些人却把我国东北和日本的繁殖种群并为一个亚种，究竟如何，尚有待于进一步研究。

◆郑光美（2023：421-422）记载芦鹀 Emberiza schoeniclus 九亚种：

❶ 极北亚种 passerina

❷ 北方亚种 parvirostris

❸ 疆西亚种 pallidior

❹ 新疆亚种 pyrrhuloides

❺ 青海亚种 zaidamensis

❻ 西方亚种 incognita

❼ 日本亚种 pyrrhulina[⑤]

❽ 哈萨克斯坦亚种 *harterti*[6]

❾ 罗布泊亚种 *centralasiae*

⑤ 编者注：亚种中文名引自赵正阶（2001b：929）。

⑥ 编者注：亚种中文名引自百度百科。

〔1493〕苇鹀 *Emberiza pallasi* wěiwú

英文名：Pallas's Reed Bunting

◆ 郑作新（1958：445；1964：194，299；1966：202；1976：961-962；1987：1029-1030；1994：176；2000：177；2002：307-308）、郑光美（2005：368；2011：383；2017：408；2023：422）均记载苇鹀 *Emberiza pallasi* 二亚种：

❶ 指名亚种 *pallasi*

❷ 东北亚种 *polaris*[①]

① 郑作新（1976，1987）：Sharpe（1888）、Hartert（1904）等把这亚种称为 *Emberiza pallasi minor*，但据 Buturlin 等（1956），*minor* 实应为 *Emberiza schoeniclus* 的一亚种。

〔1494〕黄胸鹀 *Emberiza aureola* huángxiōngwú

英文名：Yellow-breasted Bunting

◆ 郑作新（1958：432；1964：194，298；1966：202；1976：945-946；1987：1011-1012；1994：174；2000：174-175；2002：308）、郑光美（2005：366-367；2011：381；2017：406；2023：422-423）均记载黄胸鹀 *Emberiza aureola* 二亚种：

❶ 指名亚种 *aureola*

❷ 东北亚种 *ornata*[①]

① 编者注：郑光美（2005）记载该亚种为 *ornate*。

〔1495〕田鹀 *Emberiza rustica* tiánwú

英文名：Rustic Bunting

◆ 郑作新（1966：200）记载田鹀 *Emberiza rustica*，但未述及亚种分化问题。

◆ 郑作新（1976：956；1987：1023-1024；1994：176；2000：176；2002：310）记载田鹀 *Emberiza rustica* 二亚种：

❶ 指名亚种 *rustica*

❷ 堪察加亚种 *latifascia*

◆ 郑作新（1958：441；1964：299）、郑光美（2005：366）记载田鹀 *Emberiza rustica* 为单型种。

◆ 郑光美（2011：380；2017：405；2023：423）记载田鹀 *Emberiza rustica* 一亚种：

❶ 指名亚种 *rustica*

〔1496〕小鹀 *Emberiza pusilla* xiǎowú

英文名：Little Bunting

◆ 郑作新（1966：200；2002：304）记载小鹀 *Emberiza pusilla*，但未述及亚种分化问题。

◆郑作新（1958：441；1964：299；1976：957；1987：1024-1025；1994：176；2000：176）、郑光美（2005：365；2011：380；2017：405；2023：423）记载小鹀 Emberiza pusilla 为单型种。

〔1497〕灰头鹀 Emberiza spodocephala　　　　　　　　　　　　　　　　　　　　huītóuwú
英文名：Black-faced Bunting

◆郑作新（1958：434-435；1964：194，298；1966：202；1976：948-949；1987：1014-1016；1994：174-175；2000：175；2002：308）、郑光美（2005：367-368；2011：382；2017：407-408）记载灰头鹀 Emberiza spodocephala 三亚种：

❶ 指名亚种 spodocephala

❷ 日本亚种 personata

❸ 西北亚种 sordida[①]

[①] 郑作新（1958；1964：298；1976；1987）：有人认为 sordida 是 pusilla 的异物同名，因而采用 melanops。

◆郑光美（2023：423-424）记载以下两种：

（1）灰头鹀 Emberiza spodocephala

❶ 指名亚种 spodocephala

❷ 西北亚种 sordida

（2）日本灰头鹀 Emberiza personata[②]

[②] 由 Emberiza spodocephala 的亚种提升为种（Päckert et al.，2015）。

〔1498〕日本灰头鹀 Emberiza personata　　　　　　　　　　　　　　　　　　rìběn huītóuwú
英文名：Masked Bunting

由 Emberiza spodocephala 的亚种提升为种。请参考〔1497〕灰头鹀 Emberiza spodocephala。

〔1499〕硫黄鹀 Emberiza sulphurata　　　　　　　　　　　　　　　　　　　　liúhuángwú
曾用名：硫磺鹀 Emberiza sulphurata（约翰·马敬能等，2000：500；刘阳等，2021：632）
英文名：Yellow Bunting

◆郑作新（1966：201；2002：306）记载硫黄鹀 Emberiza sulphurata，但未述及亚种分化问题。

◆郑作新（1958：435；1964：298；1976：950；1987：1016；1994：175；2000：175）、郑光美（2005：367；2011：382；2017：407；2023：424）记载硫黄鹀 Emberiza sulphurata 为单型种。

〔1500〕栗鹀 Emberiza rutila　　　　　　　　　　　　　　　　　　　　　　　　　lìwú
英文名：Chestnut Bunting

◆郑作新（1966：201；2002：306）记载栗鹀 Emberiza rutila，但未述及亚种分化问题。

◆郑作新（1958：431-432；1964：297；1976：945；1987：1011；1994：174；2000：174）、郑光美（2005：367；2011：381；2017：407；2023：424）记载栗鹀 Emberiza rutila 为单型种。

〔1501〕**黄眉鹀** *Emberiza chrysophrys*　　　　　　　　　　　　　　　　　huángméiwú

英文名：Yellow-browed Bunting

◆郑作新（1966：200；2002：304）记载黄眉鹀 *Emberiza chrysophrys*，但未述及亚种分化问题。

◆郑作新（1958：442；1964：299；1976：957；1987：1025；1994：176；2000：176）、郑光美（2005：365；2011：380；2017：405；2023：424）记载黄眉鹀 *Emberiza chrysophrys* 为单型种。

〔1502〕**白眉鹀** *Emberiza tristrami*　　　　　　　　　　　　　　　　　báiméiwú

英文名：Tristram's Bunting

◆郑作新（1966：200；2002：305）记载白眉鹀 *Emberiza tristrami*，但未述及亚种分化问题。

◆郑作新（1958：443；1964：299；1976：959；1987：1026；1994：176；2000：176）、郑光美（2005：364-365；2011：379；2017：404；2023：425）记载白眉鹀 *Emberiza tristrami* 为单型种。

〔1503〕**灰鹀** *Emberiza variabilis*　　　　　　　　　　　　　　　　　　huīwú

英文名：Grey Bunting

◆郑作新（1966：201；2002：306）记载灰鹀 *Emberiza variabilis*，但未述及亚种分化问题。

◆郑作新（1958：443；1964：299；1976：959；1987：1026；1994：176；2000：176）、郑光美（2005：368；2011：383；2017：408；2023：425）记载灰鹀 *Emberiza variabilis* 为单型种。

115. 雀鹀科 Passerellidae（New World Sparrows）　2属2种

〔1504〕**白冠带鹀** *Zonotrichia leucophrys*　　　　　　　　　　　　　　báiguāndàiwú

英文名：White-crowned Sparrow

◆郑光美（2017：410；2023：425）记载白冠带鹀 *Zonotrichia leucophrys*[1]一亚种：

❶ 内蒙亚种 *gambelii*[2]

[1] 郑光美（2017）：中国新记录（王沁等，2012）。

[2] 编者注：亚种中文名引自段文科和张正旺（2017b：1300）。

〔1505〕**稀树草鹀** *Passerculus sandwichensis*　　　　　　　　　　　　xīshù cǎowú

英文名：Savannah Sparrow

◆郑光美（2023：425）记载稀树草鹀 *Passerculus sandwichensis*[1]为单型种。

[1] 中国鸟类新记录（陈振宁等，2021）。

参考文献

А И 伊万诺夫，1959. 云南南部鸟类调查报告Ⅰ [J]. 动物学报，11（2）：171-188.

А И 伊万诺夫，1961. 云南西双版纳及其附近地区的鸟类调查报告Ⅱ [J]. 动物学报，13（1-4）：70-96.

蔡其侃，1988. 北京鸟类志 [M]. 北京：北京出版社.

常家传，1989. 中国鸟类新纪录种——长尾贼鸥 [J]. 野生动物，10（4）：43.

陈服官，罗时有，郑光美，等，1998. 中国动物志·鸟纲（第九卷 雀形目：太平鸟科——岩鹨科）[M]. 北京：科学出版社.

陈服官，闵芝兰，王廷正，等，1980. 我国鸟类新纪录——松鸡 [J]. 动物分类学报，5（2）：218.

陈振宁，改洛，马存新，2021. 青海果洛发现稀树草鹀 [J]. 动物学杂志，56（5）：786，800.

丁进清，马鸣，2012. 中国鸟类鸻科新纪录种——白尾麦鸡 [J]. 动物学研究，33（5）：545-546.

丁宗苏，吴森雄，吴建龙，等，2023. 2023 年台湾鸟类名录 [EB/OL]．（4-19）[2024-4-5]https://www.bird.org.tw/sites/default/files/field/file/download/2023%E5%B9%B4%E8%87%BA%E7%81%A3%E9%B3%A5%E9%A1%9E%E5%90%8D%E9%8C%84.

董江天，韩联宪，赵江波，等，2020. 中国新记录鸟种——白眉黄臀鹎 [J]. 动物学杂志，55（2）：272-273.

董江天，杨晓君，2010. 中国鸟类种新记录——黑颈穗鹛 [J]. 动物学研究，31（3）：292，332.

段文科，张正旺，2017a. 中国鸟类图志（上卷·非雀形目）[M]. 北京：中国林业出版社.

段文科，张正旺，2017b. 中国鸟类图志（下卷·雀形目）[M]. 北京：中国林业出版社.

范强军，钟海波，2010. 山东长岛发现铜蓝鹟 [J]. 野生动物，31（4）：3.

傅桐生，宋瑜钧，高玮，等，1998. 中国动物志·鸟纲（第十四卷 雀形目：文鸟科 雀科）[M]. 北京：科学出版社.

高行宜，许可芬，姚军，等，1992. 中国鸟类一新纪录 [J]. 动物分类学报，17（1）：126-127.

高育仁，蒋果丁，1999. 广东发现紫水鸡 [J]. 动物学杂志，34（1）：38-39.

葛继稳，蔡庆华，胡鸿兴，等，2005. 湖北省珍稀濒危保护水禽物种多样性及种群数量 [J]. 长江流域资源与环境，14（1）：51-54.

巩会生，马亦生，曾治高，等，2007. 陕西秦岭及大巴山地区的鸟类资源调查 [J]. 四川动物，26（4）：746-759.

苟军，2010. 斑尾林鸽国内亚种新记录发现记 [J]. 中国鸟类观察，9（3）：32-33.

关贯勋，1986. 中国红头咬鹃 *Harpactes erythrocephalus* 的种下分类研究 [J]. 动物学研究，7（4）：391-392.

关贯勋，1989. 华南鸟类的新纪录及一新亚种 [J]. 生态科学（1）：68-70.

关贯勋，谭耀匡，2003. 中国动物志·鸟纲（第七卷 夜鹰目 雨燕目 咬鹃目 佛法僧目 鴷形目）[M]. 北京：科学出版社.

关贯勋，郑作新，1962. 中国鸟类一个属的新纪录——硬尾鸭属（*Oxyura*）[J]. 动物学报，14（3）：431.

郭宏，马鸣，2013. 中国莺科鸟类新纪录种——黑顶林莺（*Sylvia atricapilla*）[J]. 动物学研究，34（5）：507-508.

韩联宪，1993. 中国鸟类一新纪录——楔嘴鹩鹛 [J]. 动物分类学报，18（1）：128.

韩联宪，2000. 中国鸟类种的新记录——长嘴鹩鹛 *Rimator malacoptilus*[J]. 动物学研究，21（2）：154.

韩联宪，韩奔，邓章文，等，2011. 中国鸟类新纪录种——白颈鸫 [J]. 动物学研究，32（5）：575-576.

杭馥兰，常家传，1997. 中国鸟类名称手册 [M]. 北京：中国林业出版社.

何芬奇，林植，2010. 云南普洱记录到游隼 *ernesti* 亚种 [J]. 动物学杂志，45（3）：109.

何芬奇，杨晓君，林剑声，等，2007. 棕臀噪鹛——中国鸟类物种新记录 [J]. 动物学研究，28（4）：446-447.

何纪昌，王紫江，杨元昌，1981. 我国鸟类在云南省的新分布 [J]. 云南林学院学报（1）：47-50.

何纪昌，杨元昌，1980. 云南鸟类的两个国内新纪录 [J]. 动物分类学报，5（3）：314.

何仁德，1991. 新记录——长嘴半蹼鹬 [J]. 中华飞羽，4（1）：18-19.

何鑫，程翊欣，马晓辉，等，2021. 中国鸟类分布新记录种——丝绒海番鸭 [J]. 动物学杂志，56（1）：119-122.

侯兰新, 1997. 中国百灵家庭新成员——草原百灵 [J]. 大自然（6）: 34.

侯兰新, 等, 1996a. 中国百灵家庭新成员——草原百灵 [J]. 西北大学学报（自然科学版）（增刊）, 26.

侯兰新, 等, 1996b. 中国鸟类新纪录 [J]. 西北大学学报（自然科学版）（增刊）, 26: 876-878.

侯兰新, 贾泽信, 1998. 中国鸟类新纪录——棕薮鸲 [J]. 动物学杂志, 33（4）: 43-44.

黄人鑫, 米尔曼, 邵红光, 1992. 中国鸟类新纪录——阿尔泰雪鸡 [J]. 动物分类学报, 17（4）: 501-502.

蒋爱伍, 盘宏权, 陆舟, 等, 2013. 中国鸟类亚种新记录——黑冠黄鹎 [J]. 动物学研究, 34（1）: 53-54.

匡邦郁, 鲜汝伦, 王紫江, 1981. 中国鹤类新纪录 [J]. 动物分类学报, 6（1）: 97.

匡邦郁, 杨德华, 1980. 中国鸟类新纪录 [J]. 动物分类学报, 5（2）: 219-220.

李德浩, 王祖祥, 1979. 西藏鸟类的国内亚种新纪录 [J]. 动物分类学报, 4（2）: 190-191.

李德浩, 王祖祥, 江智华, 1978. 西藏东南部地区的鸟类 [J]. 动物学报, 24（3）: 231-250.

李桂垣, 1995. 四川旋木雀一新亚种——天全亚种（雀形目旋木雀科）[J]. 动物分类学报, 20（3）: 373-377.

李桂垣, 杨岚, 余志伟, 1992. 斑翅鹩鹛一新亚种——南川亚种 [J]. 动物学研究, 13（1）: 31-35.

李桂垣, 郑宝赉, 刘光佐, 1982. 中国动物志·鸟纲（第十三卷 雀形目: 山雀科—绣眼鸟科）[M]. 北京: 科学出版社.

李海涛, 陈亮, 何志刚, 等, 2008. 中国鸟类新记录种——红胸姬鹟（Ficedula parva）[J]. 动物学报, 29（3）: 325-327.

李剑, 张浩辉, 钱程, 等, 2022. 中国鸟类新记录——白腹针尾绿鸠 [J]. 动物学杂志, 57（2）: 299, 315.

李伟, 张雁云, 2004. 基于线粒体细胞色素 b 基因序列探讨红喉姬鹟两亚种的分类地位 [J]. 动物学研究, 25（2）: 127-131.

李一凡, 尹显伦, 2022. 时隔百年再见黑腹蛇鹈 [J]. 人与生物圈（3）: 40-41.

李悦民, 孙江, 邓仲浩, 等, 1994. 江苏省前三岛鸟类调查报告 [J]. 南京师大学报（自然科学版）, 17（2）: 79-88.

林剑声, 刘伟民, 何芬奇, 2005. 云南思茅莱阳河保护区发现蓝腰短尾鹦鹉 Psittinus cyanurus[J]. 动物学研究, 26（3）: 321.

林植, 何芬奇, 2015. 中国鸟种新纪录——红眉金翅雀 Callacanthis burtoni[J]. 动物学杂志, 50（3）: 414.

刘伯锋, 2005. 中国鸟类一新纪录种——黑背信天翁（鹱形目信天翁科）[J]. 动物分类学报, 30（4）: 859-860.

刘迺发, 1984. 大石鸡分类地位的研究 [J]. 动物分类学报, 9（2）: 212-218.

刘迺发, 黄族豪, 文陇英, 2004. 大石鸡亚种分化及一新亚种描述（鸡形目雉科）[J]. 动物分类学报, 29（3）: 600-605.

刘小如, 丁宗苏, 方伟宏, 等, 2010. 台湾鸟类志（上、中、下）[M]. 台北: 台湾农业委员会林务局.

刘小如, 丁宗苏, 方伟宏, 等, 2012a. 台湾鸟类志（第二版）（上册）[M]. 台北: 台湾农业委员会林务局.

刘小如, 丁宗苏, 方伟宏, 等, 2012b. 台湾鸟类志（第二版）（中册）[M]. 台北: 台湾农业委员会林务局.

刘小如, 丁宗苏, 方伟宏, 等, 2012c. 台湾鸟类志（第二版）（下册）[M]. 台北: 台湾农业委员会林务局.

刘阳, 陈水华, 2021. 中国鸟类观察手册 [M]. 长沙: 湖南科学技术出版社.

刘阳, 危骞, 董路, 等, 2013. 近年来中国鸟类野外新纪录的解析 [J]. 动物学杂志, 48（5）: 750-758.

刘作模, 1963. 中国鸟类一个科的新纪录——贼鸥科 [J]. 动物学报, 15（2）: 340.

龙大学, 王卫东, 李飏, 等, 2010. 陕西省鸟类新纪录——褐灰雀 [J]. 野生动物, 31（6）: 351.

罗平钊, 王吉衣, 韩联宪, 等, 2007. 中国鸟类一新纪录——大长嘴地鸫 [J]. 四川动物, 26（3）: 489.

马鸣, 2001. 新疆鸟类名录 [M]. 北京: 科学出版社.

马鸣, 2011. 新疆鸟类分布名录 [M]. 北京: 科学出版社.

马鸣, 林纪春, 张赋华, 2000a. 中国鸟类一新纪录（鸟纲红鹳目红鹳科）[J]. 动物分类学报, 25（2）: 238-239.

马鸣, 林纪春, 张赋华, 等, 1998. 中国鸟类家族的新成员: 大红鹳 [J]. 大自然（1）: 17.

马鸣, 刘坪, Richard Lewthwaite, 等, 2000b. 中国鸟类新纪录——欧金翅 [J]. 干旱区研究, 17（2）: 58-59.

马鸣，梅宇，胡宝文，2008. 中国鸟类新记录——斑［姬］鹟 [J]. 动物学研究，29（6）：584，602.

马鸣，周永恒，马力，1991. 新疆雪鸡的分布及生态观察 [J]. 野生动物，12（4）：15-16.

米小其，郭克疾，朱雪林，等，2016. 中国鸟类新纪录——东歌林莺 [J]. 四川动物，35（1）：104.

莫训强，阙品甲，王建华，2017. 中国鸟类新纪录——加拿大雁 [J]. 动物学杂志，52（6）：1088-1089.

牛俊英，2008. 河南同时发现红胸黑雁、白颊黑雁 [J]. 中国鸟类观察，7（1）：23-24.

潘清华，李树深，彭燕章，等，1964. 国内鸟类的首次纪录，包括一个科和两个属的新纪录 [J]. 动物学报，16（3）：487-493.

彭燕章，刘大森，刘光佐，等，1973. 云南鸟类的国内新纪录 [J]. 动物学报，19（3）：307-308.

彭燕章，杨岚，魏天昊，等，1974. 云南鸟类的国内新纪录 [J]. 动物学报，20（1）：105-106.

彭燕章，郑宝赉，杨岚，等，1979. 云南鸟类的国内新纪录 [J]. 动物分类学报，4（1）：95-96.

彭银星，林宣龙，丁进清，等，2014. 中国鸟类新纪录——印度池鹭 [C]. 新疆动物学会 2014 年年会暨学术研讨会会议论文，9-10.

阙品甲，朱磊，张俊，等，2020. 四川省鸟类名录的修订与更新 [J]. 四川动物，39（3）：332-360.

苏造文，1964. 中国鸟类的一个新纪录——苍头燕雀（*Fringilla coelebs coelebs* L.）[J]. 动物学杂志（4）：182.

孙承骞，冯宁，2009. 陕西省鸟类新纪录——家麻雀 [J]. 野生动物，30（4）：227.

孙悦华，毕中霖，Wolfgang Scherzinger，2003. 杂斑腹小鸮实为鬼鸮 [J]. 动物学报. 49（3）：389-392.

唐兆和，陈友铃，唐瑞干，1993. 福州市及毗邻地区鸟类区系分析 [J]. 福建师范大学学报（自然科学版），9（3）：91-104.

田少宣，丁进清，马鸣，等，2013. 白顶鹀（*Emberiza stewarti*）——中国鸟类新纪录 [J]. 动物学杂志，48（5）：774-775.

王加连，吕士成，2008. 江苏省盐城滩涂野生动物资源调查研究 [J]. 四川动物，27（4）：621-625.

王嘉雄，吴森雄，黄光瀛，等，1991. 台湾野鸟图鉴 [M]. 台北：台湾野鸟资讯社.

王岐山，马鸣，高育仁，2006. 中国动物志·鸟纲（第五卷 鹤形目 鸻形目 鸥形目）[M]. 北京：科学出版社.

王沁，钟嘉，2012. 中国鸟类新记录种——白冠带鹀 [J]. 中国鸟类观察，11（6）：38.

王亦天，2006. 中国鸟类新记录——钳嘴鹳 [J]. 中国鸟类观察，5（6）：18.

王英永，崔融丰，2007. 黄眉姬鹟琉球亚种在中国大陆的新纪录（雀形目，鹟科）[J]. 动物分类学报，32（2）：492-494.

韦铭，李强，2015. 鸟种目击记录报告——褐背针尾雨燕 [J]. 中国鸟类观察，14（3）：51.

吴飞，廖晓东，刘鲁明，等，2010. 中国太阳鸟科鸟类新纪录——褐喉直嘴太阳鸟 [J]. 动物学研究，31（1）：108-109.

冼耀华，彭燕章，王子玉，等，1973. 西藏及云南鸟类的国内新纪录 [J]. 动物学报，19（4）：420.

冼耀华，张焕英，1983. 中国鸟类一个种的新纪录——爪哇金丝燕 *Collocalia fuciphaga* [J]. 动物分类学报，8（2）：125.

向余劲攻，马志军，杨岚，等，2009. 黑腹滨鹬亚种分类研究进展 [J]. 动物分类学报，34（3）：546-553.

薛琳，肖恒君，徐克阳，等，2023. 山东青岛发现中国鸟类分布新记录种——环颈潜鸭 [J]. 动物学杂志，58（2）：318.

严志文，王翠，钱程，等，2023. 中国鸟类新纪录种——黑腰滨鹬 [J]. 动物学杂志，58（5）：811.

颜重威，1987. 台湾的野生鸟类（Ⅰ. 留鸟；Ⅱ. 候鸟）[M]. 台北：渡假出版社.

颜重威，赵正阶，郑光美，等，1996. 中国野鸟图鉴 [M]. 台北：台湾翠鸟文化事业有限公司.

杨岚，文贤继，韩联宪，等，1994. 云南鸟类志（上卷 非雀形目）[M]. 昆明：云南科技出版社.

杨岚，李桂垣，1989. 横斑腹小鸮一新亚种——杂斑腹小鸮 [J]. 动物学研究，10（4）：303-308.

杨岚，徐廷恭，1987. 藏雪鸡一新亚种——云南亚种 [J]. 动物分类学报，12（1）：104-109.

杨岚，杨晓君，等，2004. 云南鸟类志（下卷 雀形目）[M]. 昆明：云南科技出版社.

杨庭松，蔡新斌，苟军，等，2015. 新疆再次记录到鹃头蜂鹰 [J]. 四川动物，34（3）：410.

尹琏，费嘉伦，林超英，1994. 香港及华南鸟类（第六版—中文版）[M]. 香港政府新闻处.

尹琏，费嘉伦，林超英，2017. 中国香港及华南鸟类野外手册 [M]. 长沙：湖南教育出版社.

虞以新，郑作新，1962. 中国鸟类的两个新纪录——栗颈噪鹛（*Garrulax ruficollis*）与纯色岩燕（*Ptyonoprogne concolor*）[J]. 动物学报，14（2）：287.

约翰·马敬能，2022a. 中国鸟类野外手册（上册）[M]. 北京：商务印书馆.

约翰·马敬能，2022b. 中国鸟类野外手册（下册）[M]. 北京：商务印书馆.

约翰·马敬能，卡伦·菲利普斯，何芬奇，2000. 中国鸟类野外手册 [M]. 长沙：湖南教育出版社.

詹前卫，2010. 稀有鸟种爪哇池鹭 [J]. 飞羽，23：48.

张进隆，1990. 新记录种——白脸鹭 [J]. 中华飞羽，3（12）：29-30.

张俊范，郑作新，1963. 中国鸟类鹬科［鹬亚科］中一个属的新纪录——长脚鹬属（鹬科：鹬亚科）[J]. 动物学报，15（2）：339.

张利祥，曾祥乐，杜银磊，等，2019. 云南盈江发现白翅栖鸭 [J]. 动物学杂志，54（6）：902.

张万福，1983. 台湾的水鸟 [R]. 东海大学环境科技研究中心.

张锡贤，2009. 山东省莱州市发现黄颈拟蜡嘴雀 [J]. 动物学杂志，44（5）：146.

张荫荪，梁荃柱，陈容伯，1989. 石鸡的一新亚种——鄂尔多斯石鸡 [J]. 动物分类学报，14（4）：496-499.

赵超，范朋飞，肖文，2015. 西藏墨脱发现黑胸楔嘴鹩鹛（*Sphenocichla humei*）[J]. 动物学杂志，50（1）：141-144.

赵江波，范欢，赵夜白，等，2021. 云南勐腊发现斑姬地鸠 [J]. 动物学杂志，56（6）：870，881.

赵金生，宋相金，2000. 江西省鄱阳湖自然保护区发现加拿大雁 [J]. 野生动物，21（2）：41.

赵正阶，2001a. 中国鸟类志（上卷·非雀形目）[M]. 长春：吉林科学技术出版社.

赵正阶，2001b. 中国鸟类志（下卷·雀形目）[M]. 长春：吉林科学技术出版社.

赵正阶，何敬杰，张兴录，等，1985. 长白山鸟类志 [M]. 长春：吉林科学技术出版社.

郑宝赉，杨岚，1980. 画眉的一新亚种——孟连亚种 [J]. 动物学研究，1（3）：391-395.

郑宝赉，杨岚，杨德华，等，1985. 中国动物志·鸟纲（第八卷 雀形目：阔嘴鸟科—和平鸟科）[M]. 北京：科学出版社.

郑光美，2002. 世界鸟类分类与分布名录 [M]. 北京：科学出版社.

郑光美，2005. 中国鸟类分类与分布名录（第一版）[M]. 北京：科学出版社.

郑光美，2011. 中国鸟类分类与分布名录（第二版）[M]. 北京：科学出版社.

郑光美，2017. 中国鸟类分类与分布名录（第三版）[M]. 北京：科学出版社.

郑光美，2021. 世界鸟类分类与分布名录（第二版）[M]. 北京：科学出版社.

郑光美，2023. 中国鸟类分类与分布名录（第四版）[M]. 北京：科学出版社.

郑政卿，2008. 稀有鸟种——黑鸣鹃鸠·三趾鸥 [J]. 鸟羽，283：17-18.

郑作新，1955. 中国鸟类分布目录（Ⅰ. 非雀形目）[M]. 北京：科学出版社.

郑作新，1958. 云南南部新近采得的中国鸟类新纪录 [J]. 科学通报，4：111-112.

郑作新，1958. 中国鸟类分布目录（Ⅱ. 雀形目）[M]. 北京：科学出版社.

郑作新，1960. 红胸黑雁 *Branta ruficollis*（Pallas）在中国的发现 [J]. 动物学杂志，4（6）：256.

郑作新，1964. 中国鸟类系统检索 [M]. 北京：科学出版社.

郑作新，1966. 中国鸟类系统检索（增订本）[M]. 北京：科学出版社.

郑作新，1976. 中国鸟类分布名录（第二版）[M]. 北京：科学出版社.

郑作新，1987. 中国鸟类区系纲要（英文版）[M]. 北京：科学出版社.

郑作新，1994. 中国鸟类种和亚种分类名录大全 [M]. 北京：科学出版社.

郑作新，2000. 中国鸟类种和亚种分类名录大全（修订版）[M]. 北京：科学出版社.

郑作新，2002. 中国鸟类系统检索（第三版）[M]. 北京：科学出版社.

郑作新，等，1986. 世界鸟类名称（拉丁文、汉文、英文对照）[M]. 北京：科学出版社.

郑作新，等，2002. 世界鸟类名称（拉丁文、汉文、英文对照）（第二版）[M]. 北京：科学出版社.

郑作新，江智华，王子玉，等，1980. 西藏鸟类的国内新纪录[J]. 动物学报，26（3）：286-287.

郑作新，龙泽虞，卢汰春，1995. 中国动物志·鸟纲（第十卷 雀形目：鹟科：鸫亚科）[M]. 北京：科学出版社.

郑作新，龙泽虞，郑宝赉，1987. 中国动物志·鸟纲（第十一卷 雀形目：鹟科：画眉亚科）[M]. 北京：科学出版社.

郑作新，卢汰春，杨岚，等，2010. 中国动物志·鸟纲（第十二卷 雀形目：鹟科：莺亚科、鹟亚科）[M]. 北京：科学出版社.

郑作新，潘清华，唐瑞昌，1957. 中国鸟类的新纪录[J]. 动物学报，9（1）：34-45.

郑作新，谭耀匡，卢汰春，等，1978. 中国动物志·鸟纲（第四卷 鸡形目）[M]. 北京：科学出版社.

郑作新，冼耀华，关贯勋，1991. 中国动物志·鸟纲（第六卷 鹦形目 鹃形目 鸮形目）[M]. 北京：科学出版社.

郑作新，冼耀华，彭燕章，等，1973. 云南西部鸟类的国内新纪录[J]. 动物学报，19（2）：199-200.

郑作新，张荫荪，冼耀华，等，1979. 中国动物志·鸟纲（第二卷 雁形目）[M]. 北京：科学出版社.

郑作新，郑宝赉，1962. 云南西双版纳及其附近地区的鸟类调查报告Ⅲ[J]. 动物学报，14（1）：74-94.

郑作新，郑宝赉，唐瑞昌，等，1958a. 中国鸟类的新纪录Ⅱ[J]. 云南西双版纳地区（非雀形目鸟类）. 动物学报，10（1）：83-92.

郑作新，郑宝赉，唐瑞昌，等，1958b. 中国鸟类的新纪录Ⅲ[J]. 云南西双版纳地区（雀形目鸟类）. 动物学报，10（1）：93-102.

郑作新，郑光美，张孚允，等，1997. 中国动物志·鸟纲（第一卷 潜鸟目 鹲鹱目 鹱形目 鹈形目 鹳形目）[M]. 北京：科学出版社.

中国动物学会鸟类学分会，2007. 中国观鸟年报2006[R]. 北京：中国动物学会鸟类学分会.

中国科学院青藏高原综合科学考察队，1983. 西藏鸟类志[M]. 北京：科学出版社.

中国科学院西北高原生物研究所，1989. 青海经济动物志[M]. 西宁：青海人民出版社.

中华野鸟会，2017. 2017年台湾鸟类名录[R]. 台北：中华野鸟会.

钟福生，颜亨梅，李丽平，等，2007. 东洞庭湖湿地鸟类群落结构及其多样性[J]. 生态学杂志，26：1959-1968.

周海忠，周文芳，1980. 新疆鸟类新纪录[J]. 博物（1）：42.

朱磊，帅军，李涛，等，2017. 四川成都发现布氏苇莺和中国鸟类新纪录栗尾姬鹟[J]. 动物学杂志，52（4）：652-656.

朱磊，杨小农，杜军，等，2019. 白头鹞在中国的分类和分布讨论[J]. 动物学杂志，54（1）：123-133.

Ali S, Ripley S D, 1972. Handbook of the birds of India and Pakistan[M]. London: Oxford University Press.

Alström P, 2004. Various species accounts[M]// Hoyo J del, Elliott A, Christie D. Family Alaudidae (larks), Handbook of the birds of the world, 9. Cotingas to pipits and wagtails. Barcelona: Lynx Edicions: 542-601.

Alström P, Barnes K N, Olsson U, et al, 2013. Multilocus phylogeny of the avian family Alaudidae (larks) reveals complex morphological evolution, non-monophyletic genera and hidden species diversity[J]. Molecular Phylogenetics and Evolution, 69: 1043-1056.

Alström P, Davidson P, Duckworth J W, et al, 2009. Description of a new species of *Phylloscopus* warbler from Vietnam and Laos[J]. Ibis, 152: 145-168.

Alström P, Ericson P G, Olsson U, et al, 2006. Phylogeny and classification of the avian superfamily Sylvioidea[J]. Molecular Phylogenetics and Evolution, 38: 381-397.

Alström P, Fregin S, Norman J A, et al, 2011a. Multilocus analysis of a taxonomically densely sampled dataset reveal extensive non-monophyly in the avian family Locustellidae[J]. Molecular Phylogenetics and Evolution, 58: 513-526.

Alström P, Höhna S, Gelang M, et al, 2011b. Non-monophyly and intricate morphological evolution within the avian family Cettiidae revealed by multilocus analysis of a taxonomically densely sampled dataset[J]. BMC Evolutionary Biology, 11: 352.

Alström P, Hooper D M, Liu Y, et al, 2014. Discovery of a relict lineage and monotypic family of passerine birds[J]. Biology Letters, 10: 20131067.

Alström P, Mid K, Zetterström B, 2003. Pipits and Wagtails of Europe, Asia and North America. Identification and Systematics[M]. London: Christopher Helm.

Alström P, Olsson U, 1999. The Golden-spectacled warbler: a complex of sibling species, including a previously undescribed species[J]. Ibis, 141: 545-568.

Alström P, Olsson U, Colston P, 1992. A new species of *Phylloscopus* warbler from central China[J]. Ibis, 134: 329-334.

Alström P, Olsson U, Lei F M, et al, 2008a. Phylogeny and classification of the Old World Emberizini (Aves, Passeriformes)[J]. Molecular Phylogenetics and Evolution, 47: 960-973.

Alström P, Olsson U, Rasmussen, et al, 2007. Morphological, vocal and genetic divergence in the *Cettia acanthizoides* complex (Aves: Cettiidae) [J]. Zoological Journal of the Linnean Society, 149: 437-452.

Alström P, Olsson U. 2000. Golden-spectacled Warbler systematics[J]. Ibis, 142: 495-500.

Alström P, Pamela C R, George S, et al, 2020. Multiple species within the Striated Prinia *Prinia crinigera*—Brown Prinia *P. polychroa* complex revealed through an integrative taxonomic approach[J]. Ibis, 162 (3): 936-967.

Alström P, Pamela C R, Xia C, et al, 2018. Taxonomy of the white-browed shortwing (*Brachypteryx montana*) complex on mainland Asia and Taiwan: an integrative approach supports recognition of three instead of one species[J]. Avian Research, 9 (1): 1-13.

Alström P, Rasmussen P C, Olsson U, et al, 2008b. Species delimitation based on multiple criteria: the Spotted Bush Warbler *Bradypterus thoracicus* complex (Aves: Megaluridae) [J]. Biological Journal Of The Linnean Society, 154: 291-307.

Alström P, Rasmussen P C, Zhao C, et al, 2016. Integrative taxonomy of the Plain-backed Thrush (*Zoothera mollissima*) complex (Aves, Turdidae) reveals cryptic species, including a new species[J]. Avian Research, 7: 1.

Alström P, Saitoh T, Williams D, et al, 2011c. The Arctic Warbler *Phylloscopus borealis*—three anciently separated cryptic species revealed. Ibis, 153: 395-410.

Alström P, van Linschooten J, Donald P F, et al. 2021., Multiple species delimitation approaches applied to the avian lark genus *Alaudala*[J]. Molecular Phylogenetics and Evolution, 154 (5): 106994.

Alström P, Xia C W, Rasmussen P C, et al, 2015. Integrative taxonomy of the Russet Bush Warbler *Locustella mandelli* complex reveals a new species from central China[J]. Avian Research, 6: 9.

Arnaiz-Villena A, Alvarez-Tejado M, Ruíz-del Valle V, et al, 1998. Phylogeny and rapid Northern and Southern Hemisphere speciation of goldfinches during Miocene and Pleistocene Epochs[J]. Cellular and Molecular Life Sciences, 54: 1031-1041.

Auezov E M. 1971. Taxonomic evaluation and systematic status of *Larus relictus*[J]. Zoologichesky Zhurnal, 50: 235-242 (Russian with English summary).

Austin J J, Bretagnolle V, Pasquet É, et al, 2004. A global molecular phylogeny of the small puffinus shearwaters and implications for systematics of the little-audubon's shearwater complex[J]. The Auk, 121: 847-864.

Baker E C Stuart, 1922-1930. The fauna of British India, including Ceylon and Burma. Vols. 1-8[M]. London: Taylor and Francis.

Banks R C, Cicero C, Dunn J L, et al, 2004. Forty-fifth supplement to the American Ornithologists' Union Check-list of North American Birds[J]. Auk, 121: 985-995.

Battley P, Warnock N, Lee Tibbitts T, et al, 2012. Contrasting extreme long-distance migration patterns in bar-tailed godwits Limosalapponica[J]. Journal of Avian Biology, 43: 21-32.

Baveja P, Garg K M, Chattopadhyay B, et al, 2021. Using historical genome—wide DNA to unravel the confused taxonomy in a songbird lineage that is extinct in the wild[J]. Evolutionary Applications, 14 (1): 698-709.

Benz B W, Robbins M B, Peterson A T, 2006. Evolutionary history of woodpeckers and allies (Aves: Picidae): placing key taxa on the phylogenetic tree[J]. Molecular Phylogenetics and Evolution, 40: 389-399.

Bruno A W, 2011. First documented nesting of the red-whiskered bulbul *Pycnonotus jocosus* in Taiwan[J]. TW J of Biodivers, 13: 121-133.

Cai T, Shao S, Kennedy J D, 2019. The role of evolutionary time, diversification rates and dispersal in determining the global diversity of a large radiation of passerine birds[J]. Journal of Biogeography, 47 (10): 1612-1625.

Caldwell H R, Caldwell J C, 1931. South China birds[M]. Shanghai: Hester May Vanderburgh.

Carey G J, Chalmers M L, Diskin D A, et al, 2001. The Avifauna of Hong Kong[R]. Hong Kong Bird Watching Society, Hong Kong.

Chang K L, Chen L, Lei J Y, 2010. Two new bird records for China[J]. Chinese Birds, 1 (3): 211-214.

Chang Q, Zhang B W, Jin H, et al, 2003. Phylogenetic relationships among 13 species of herons inferred from mitochondrial 12S rRNA gene sequences[J]. Acta Zoologica Sinica, 49: 205-210.

Chesser R T, Billerman S M, Burns K J, et al, 2021. Sixty-second Supplement to the American Ornithological Society's Check-list of North American Birds[J]. The Auk, 138 (3): 1-8.

Chong L T (常麟定), 1937. Notes on birds from Yunnan. Part 1[J]. Sinensia, 8: 363-398.

Christidis L, Boles W E, 2008. Systematics and Taxonomy of Australian Birds[M]. Victoria: Collingwood.

Cibois A, Gelang M, Alström P, et al, 2018. Comprehensive phylogeny of the laughingthrushes and allies (Aves, Leiothrichidae) and a proposal for a revised taxonomy[J]. Zoologica Scripta, 47 (Suppl. 1): 428-440.

Clements J F, Schulenberg T S, Iliff M J, et al, 2009. The Clements checklist of birds of the world: Version 6. 4[R/OL]. [2024-5-1].http: //www. birds. cornell. edu/clementschecklist/Clements%206. 4. xls/view.

Clements James F, 2000. Birds of the world: A checklist[M]. Sussex: Pica Press.

Collar N J, 2005. Family Turdidae (thrushes) [M]// del Hoyo J, Elliott A, Christie D. Handbook of the birds of the world, 10. Barcelona: Lynx Edicions: 514-807.

Collar N J, 2006. A partial revision of the Asian babblers (Timaliidae) [J]. Forktail, 22: 85-112.

Collar N J, Crosby M J, Stattersfield A J, 1994. Birds to watch 2: the world list of threatened birds[R]. BirdLife International (Conservation Series 4), Cambridge, UK.

Collar N J, Robson C R, 2007. Family Timaliidae (babblers) [M]// del Hoyo J, Elliott A, Christie D. Handbook of the birds of the world, 12. Picathartes to tits and chickadees. Barcelona: Lynx Edicions: 70-291.

David N, Bruce M, 2016. The valid name of the slaty-backed flycatcher (previously, *sordida* Godwin-Austen, 1874, and *hodgsonii* J. P. Verreaux, 1871), and the gender of Caffrornis: comments on Zuccon (2011) [J]. Bulletin of the British Ornithologists' Club, 136 (4): 299-301.

de Schauensee R M, 1984. The birds of China[M]. Washington: Smithsonian Institution Press.

Deignan H G, 1949. Reces of *Pycnonotus cafer* (Linnaeus) and *P. aurigaster* (Vieillot) in the Indo-Chinese subregion. Journ[J]. Wash. Acad. Sci., 39 (8): 273-279.

Deignan H G, 1964. Subfamily Orthonychinae, Longrunners[M]// Mayr E, Paynter R A Jnr. Check-list of birds of the world (Volume 10). Cambridge, Mass: Museum of Comparative Zoology: 230.

del Hoyo J, Collar N J, 2016. Illustrated checklist of the birds of the world. Vol. 2[M]. Barcelona: Lynx Edicions.

del Hoyo J, Collar N J, Kirwan G M, 2020. Gray-throated Martin (*Riparia chinensis*) [M]. Ithaca, NY, USA: Cornell Lab of Ornithology.

del Hoyo J, Elliott A, Christie D A, 2009. Handbook of the Birds of the World. Vol. 14. Bush-shrikes to Old World Sparrows[M]. Barcelona: Lynx Edicions.

del Hoyo J, Elliott A, Christie D A, 2010. Handbook of the Birds of the World. Vol. 15. Weavers to New World Warblers[M]. Barcelona: Lynx Edicions.

del Hoyo J, Elliott A, Sargatal J, 1996. Handbook of the Birds of the World. Vol. 3[M]. Barcelona: Lynx Edicions.

del Hoyo J, Elliott A, Sargatal J, 2002. Handbook of the Birds of the World. Vol. 7. Jacamars to Woodpeckers[M]. Barcelona: Lynx Edicions.

Delacour J, 1929. Révision du genre *Cissa*[J]. Ois, 10: 1-12.

Delacour J, 1941. On the species of *Otus scops*[J]. Zoologica, 26 (2): 133-142.

Delacour J, 1947. Birds of Malaysia. xvi, 1-382[M]. New York: MacMillan Co.

Delacour J, Vaurie C, 1950. Les mesanges charbonnieres[J]. Ois. et Rev. Franc. Orn., 20 (2): 91-121.

Dement'ev G P, Gladkov N A, Isakov Y A, et al, 1967. Birds of the Soviet Union. vol. 4: 1-275[M]. Jerusalem: Israel Program for Scientific Translations.

Dement've G P, Gladkov N A, 1951. Birds of the Soviet Union[M]. Jerusalem: Israel Program for Scientific Translations.

Dickinson E C, Christidis L, 2014. The Howard & Moore Complete Checklist of the Birds of the World (Vol. 2). 4th Edition[M]. Eastbourne: Aves Press.

Dickinson E C, Remsen J V, 2013. The Howard and Moore Complete Checklist of the birds of the World (Vol. 1). 4th Edition[M]. Eastbourne: Aves Press.

Dickinson E, 2003. The Howard and Moore Complete Checklist of the Birds of the World (3rd edition) [M]. London: Christopher Helm.

Dong F, Li S H, Chiu C C, et al, 2020. Strict allopatric speciation of sky island *Pyrrhula erythaca* species complex[J]. Molecular Phylogenetics and Evolution, 153: 106941.

Dong F, Li S H, Yang X J, 2010a. Molecular systematics and diversification of the Asian scimitar babblers (Timaliidae, Aves) based on mitochondrial and nuclear DNA sequences[J]. Molecular Phylogenetics and Evolution, 57: 1268-1275.

Dong F, Li S H, Zou F S, et al, 2014. Molecular systematics and plumage coloration evolution of an enigmatic babbler (*Pomatorhinus ruficollis*) in East Asia[J]. Molecular Phylogenetics and Evolution, 70: 76-83.

Dong F, Wu F, Liu L M, et al, 2010b. Molecular phylogeny of the barwings (Aves: Timaliidae: *Actinodura*), a paraphyletic group, and its taxonomic implications[J]. Zoological Studies, 49: 703-709.

Dong L, Zhang J, Sun Y et al, 2010c. Phylogeographic patterns and conservation units of a vulnerable species, Cabot's tragopan (*Tragopan caboti*), endemic to southeast China[J]. Conserv Genet, 11: 2231-2242.

Drovetskd S V, Zink R M, Fadeev I V, et al, 2004. Mitochondrial phylogeny of Locustella and related genera[J]. Journal of Avian Biology, 35: 105-110.

Drovetski S V, 2002. Moklecular phylogeny of grouse: Individual and combined performance of W-linked, autosomal, and mitochondrial loci[J]. Systematic Biology, 51: 930-945.

Eck S, Martens J, 2006. Systematic notes on Asian Birds. 49. A preliminary review of the Aegithalidae, Remizidae and Paridae[J]. Zoologische Mededelingen, 80: 1-63.

Ernst S, 1996. Zweiter Beitrag Zur Vogelwelt des östlichen Altai Mitt[J]. Zool. Mus. Berlin 72 Suppl. Ann. Orn. zo: 123-180.

Fabre P, Irestedt M, Fjeldså J, et al, 2012. Dynamic colonization exchanges between continents and islands drive diversification in paradise-flycatchers (*Terpsiphone*, Monarchidae) [J]. Journal of Biogeography, 39 (10), 1900-1918.

Feinstein J, Yang X J, Li S H, 2008. Molecular systematics and historical biogeography of the lackbrowed Barbet species complex (*Megalaima oorti*) [J]. Ibis, 150: 40-49.

Flint V F, et al, 1984. A field guide to birds of the USSR, including eastern Eruope and central Asia. xxxi, 1-354[M]. U. S. A. New Jersey: Princeton University. Press, Princeton (Translat-ed from Rusian).

Friesen V L, Piatt J F, Baker A J, et al, 1996. Evidence from cytochrome b sequences and allozymes for a 'new' species of alcid: the Long-billed Murrelet (*Brachyramphus perdix*) [J]. Condor, 98: 681-690.

Fuchs J, Alström P, Yosef R, et al, 2019. Miocene diversification of an open-habitat predatorial passerine radiation, the shrikes (Aves: Passeriformes: Laniidae) [J]. Zoologica Scripta, 48: 571-588.

Fuchs J, Pasquet E, Couloux A, et al, 2009. A new Indo-Malayan member of the Stenostiridae (Aves: Passeriformes) revealed by multilocus sequence data: biogeographical implications for a morphologically diverse clade of flycatchers[J]. Molecular Phylogenetic Evolution, 53: 384-393.

Fuchs J, Pons J M, Ericson P G P, et al, 2008. Molecular support for a rapid cladogenesis of the woodpecker clade Malarcapini, with further insights into the genus *Picus* (Piciformes: Picinae) [J]. Molecular Phylogenetics and Evolution, 48: 34-46.

Gelang M, Cibois A, 2009. Phylogeny of babblers (Aves, Passeriformes): major lineages, family limits and classification[J]. Zoologica Scripta, 38: 225-236.

Gibson R, Allan B, 2012. Multiple gene sequences resolve phylogenetic relationships in the shorebird suborder Scolopaci (Aves: Charadriiformes) [J]. Molecular Phylogenetics and Evolution, 64: 66-72.

Gonzalez J, Düttmann H, Wink M. 2009. Phylogenetic relationships based on two mitochondrial genes and hybridization patterns in Anatidae[J]. Journal of Zoology, 279: 310-318.

Goodwin D, 1976. Crows of the world[M]. NewYork: Cornell University Press.

Goodwin D, Vaurie C, 1956. Are *Luscinia pectardens* (David and Oustalet) and *Luscinia obscura* (Berezowsky and Bianchi) colour phases of a single species?[J]. Bulletin of the British Ornithologists' Club, 76 (8): 114-143.

Gregory S, Dickinson E, 2012. *Clanga* has priority over *Aquiloides* (or how to drop a clanger) [J]. Bulletin of the British Ornithologists' Club, 132: 135-136.

Grimmett R, Taylor H, 1992. Recent observations from Xinjiang Autonomous Region, China, 16 June to 5 July 1988[J]. Forktail, 7: 139-146.

Groth J G, 2000. Molecular evidence for the systematic position of *Urocynchramus pylzowi*[J]. Auk, 117: 787-791.

Guo H, Ma M, 2012. The Egyptian Vulture (*Neophron percnopterus*): record of a new bird in China[J]. Chinese Birds, 3: 238-239.

Gwee C Y, Eaton J A, Garg K M, et al, 2019. Cryptic diversity in *Cyornis* (Aves: Muscicapidae) jungle-flycatchers flagged by simple bioacoustic approaches[J]. Zoological Journal of the Linnean Society, 186: 725-741.

Gwee C Y, Lee Q L, Mahood P, et al, 2021. The interplay of colour and bioacoustic traits in the differentiation of a Southeast Asian songbird complex[J]. Molecular Ecology, 30 (1): 297-309.

Hachisuka M, 1939. Contributions on the birds of Hainan[J]. Orn. Soc. Japan, Suppl. Publ. 15: xxi, 1-123.

Hachisuka M, Udagawa T, 1950. Contributions to the ornithology of Formosa. Pt. I [J]. Quart. Jour. Taiwan Mus., 3: 187-280.

Hachisuka M, Udagawa T, 1951. Contributions to the ornithology of Formosa. Pt. II [J]. Quart. Journ. Taiwan Mus., 4 (1-2): 1-180.

Han K L, Robbins M B, Braun M J, 2010. A multi-gene estimate of phylogeny in the nightjars and nighthawks (Caprimulgidae) [J]. Molecular Phylogenetics and Evolution, 55: 443-453.

Han Liang-Xin, 1992. Wedge-billed Wren-Babbler *Sphenocichla humei*: a new species for China[J]. Forktail, 7: 155-156.

Haring E, Gamauf A, Kryukov A, 2007a. Phylogeographic patterns in widespread corvid birds[J]. Molecular Phylogenetics and Evolution, 45: 840-862.

Haring E, Kvaløy K, Gjershaug J, et al, 2007b. Convergent evolution and paraphyly of the hawk-eagles of the genus *Spizaetus* (Aves, Accipitridae)—phylogenetic analyses based on mitochondrial markers[J]. Journal of Zoological Systematics and Evolutionary Research, 45: 353-365.

Harrap S, 2008. Family Aegithalidae (Long-tailed Tits) [M]// Hoyo J, Elliott A, Christie D A. Handbook of the Birds of the World. Barcelona: Lynx Edicions.

Harvey W G, 1986. Two additions to the avifauna of China[J]. Bulletin of the British Ornithologists' Club, 106: 15.

Holt P, 2006. First record of Wire-tailed Swallow *Hirundo smithii* for China, with notes on Alexandrine Parakeetm *Psittacula eupatria* and Rose-ringed Parakeet *P. krameri*[J]. Forktail, 22: 137-138.

Hopkin P J, 1989. Seabird passage in the strait of Taiwan, May 1989[R]. Hong Kong Bird Rep.: 131-135.

Howard R, Moore A, 1984. A complete checklist of the birds of the world[M]. London: Oxford University Press.

Howard R, Moore A, 1991. A complete checklist of the birds of the world. 2nd Edition[M]. London: Academic Press.

Inskipp T, Lindsey N, Duckworth W, 1996. An Annotated Checklist of the Birds of the Oriental Region[M]. Bedfordshire: Oriental Bird Club.

Irwin D E, Alström P, Olsson U, et al, 2001. Cryptic species in the genus *Phylloscopus* (Old World leaf warblers) [J]. Ibis, 143: 233-247.

James H F, Ericson P G, Slikas B, et al, 2003. *Pseudopodoces humilis*, a misclassified terrestrial tit (Aves: Paridae) of the Tibetan Plateau: evolutionary consequences of shifting adaptive zones[J]. Ibis, 145: 185-202.

Johansson U S, Ekman J, Bowie R C K, et al, 2013. A complete multilocus species phylogeny of the tits and chickadees (Aves: Paridae) [J]. Molecular Phylogenetics and Evolution, 69: 852-860.

Johansson U S, Irestedt M, Qu Y, et al, 2018. Phylogenetic relationships of rollers (Coraciidae) based on complete mitochondrial genomes and fifteen nuclear genes[J]. Molecular Phylogenetics and Evolution, 126: 17-22.

Jønsson K A, Bowie R C K, Nylander J A A, et al, 2010. Biogeographical history of cuckoo-shrikes (Aves: Passeriformes): transoceanic colonization of Africa from Australo-Papua[J]. Journal of Biogeography, 37: 1767-1781.

Kennerley P R, 1986. Little Stint *Calidris minuta* at Taim Bei Tsui. A new species from Hong Kong[R]. Hong Kong Bird Rep.: 69-71.

Kennerley P R, 1992. White-browed Crake at Mai Po: the first record for Hong Kong and China[R]. Hong Kong Bird Report: 108-109.

Kimball R T, Mary C M S, Braun E L, 2011. A macroevolutionary perspective on multiple sexual traits in the Phasianidae (Galliformes) [J]. International Journal of Evolutionary Biology, 2011: 1-16.

King B F, 2002a. The *Hierococcyx fugax*, Hodgson's Hawk Cuckoo, complex[J]. Bulletin of the British Ornithologists' Club, 122: 74-80.

King B F, 2002b. Species limits in the Brown Boobook *Ninox scutulata* complex[J]. Bulletin of the British Ornithologists' Club, 122: 250-257.

King B F, Dickinson E C, 1987. A field guide to the Birds of South-East Asia[M]. London: Collins Grafton Street.

Kirchman J J, 2012. Speciation of flightless rails on islands: a DNA-based phylogeny of the typical rails of the pacific[J]. The Auk, 129: 56-69.

Knox A G, Collinson M, Helbig A, et al, 2002. Taxonomic considerations for British Birds[J]. Ibis, 144: 707-710.

König C, Weick F, Becking J H, 1999. Owls. A Guide to the Owls of the World[M]. Sussex: Pica Press.

Krajewski C, Sipiorski J, Anderson T, et al, 2010. Complete mitochondrial genome sequences and the phylogeny of Cranes (Gruiformes: Gruidae) [J]. The Auk, 127: 440-452.

Kvist L, Martens J, Higuchi H, et al, 2003. Evolution and genetic structure of the great tit (*Parus major*) complex[J]. Proceedings of the Royal Society B: Biological Sciences, 270: 1447-1454.

La Touche J D D, 1921. Descriptions of new species and subspecies from S. E. Yunnan[J]. Bulletin of the British Ornithologists' Club., 42: 13-18.

La Touche J D D, 1931-1934. A handbook of the birds of eastern China. Vol. 2[M]. London: Taylor and Francis.

Lamont A, 1989. Notes on the seabirds observed during a voyage from Philippines to Hong Kong. April 1990[R]. Hong Kong Bird Rep.: 136-137.

Leader P J, 2006. Sympatric breeding of two Spot-billed Duck *Anas poecilorhyncha* taxa in southern China[J]. Bulletin of the British Ornithologists' Club, 126: 248-252.

Leader P J, Carey G J, Olsson U, et al, 2010. The taxonomic status of Rufous-rumped Grassbird *Graminicola bengalensis*, with comments on its distribution and status[J]. Forktail, 26: 121-126.

Lee K S, Chan B P, Li S N, 2005. Birds of Yinggeling, Hainan Island, China—with notes on new and important records[J]. Birding Asia, 4: 68-79.

Lerner H R L, Klaver M C, Mindell D P, 2008. Molecular phylogenetics of the buteonine birds of prey (Accipitridae) [J]. Auk, 125: 304-315.

Li J D, Song G, Chen G. et al, 2023. A new bunting species in South China revealed by an integrative taxonomic investigation of the *Emberiza godlewskii* complex (Aves, Emberidae) [J]. Molecular Phylogenetics and Evolution, 180: 107697.

Li J J, Cao H F, Jin K, et al, 2012. A new record of Picidae in China: the Brown-fronted Woodpecker (*Dendrocopos auriceps*) [J]. Chinese Birds, 3: 240-242.

Li S H, Li J W, Han L X, et al, 2006. Species delimitation in the Hwamei *Garrulax canorus*[J]. Ibis, 148: 698-706.

Lim B T M, Sadanandan K R, Dingle C, et al, 2018. Molecular evidence suggests radical revision of species limits in the great speciator white-eye genus *Zosterops*[J]. Journal of Ornithology, 160 (3): 1-16.

Liu S, Wei C, Leader P J, et al, 2020. Taxonomic revision of the long-tailed rosefinch *Carpodacus sibiricus* complex[J]. Journal of Ornithology, 161 (4): 1061-1070.

Liu Y, Chen G L, Huang Q, et al, 2016. Species delimitation of the white-tailed rubythroat *Calliope pectoralis* complex (Aves, Turdidae) using an integrative taxonomic approach[J]. Journal of Avian Biology, 47: 899-910.

Livezey B C, 1998. A phylogenetic analysis of the Gruiformes (Aves) based on morphological characters, with an emphasis on the rails (Rallidae) [J]. Philosophical Transactions of the Royal Society, 353B: 2077-2151.

Lovette I J, McCleery B V, Talaba A L, et al, 2008. A complete species-level molecular phylogeny for the "Eurasian" starlings (Sturnidae: *Sturnus*, *Acridotheres*, and allies): Recent diversification in a highly social and dispersive avian group[J]. Molecular phylogenetics and evolution, 47: 251-260.

Ludlow F, 1951. The Birds of Kongbo and Pome, south-east Tibet[J]. Ibis, 93 (4): 547-578.

Martens J, 2000. *Phylloscopus yunnanensis* La Touche, 1922, Alstromlaubsänger[M]// Wunderlich K, Martens J, Loskot V M, 2000. Berlin: Atlas der Verbreitung Palaearktischer Vögel: Vol. 19, 1-3.

Martens J, Eck S, 1995. Towards an ornithology of the Himalayas: systematics, ecology and vocalizations of Nepal Birds[J]. Bonner Zoologische Monographien, 38: 1-445.

Martens J, Eck S, Packert M, et al, 1999. The Golden-spectacled Warbler *Seicercus burkii*—a species swarm (Aves: Passeriformes: Sylviidae), part 1[J]. Zoologische Abhandlungen Staatliches Museum für Tierkunde Dresden, 50: 281-

327.

Martens J, Eck S, Sun Y H, 2002. *Certhia tiangquanensis* Li, a treecreeper with relict distribution in Sichuan, China. [J]. Journal of Ornithology, 143: 440-456.

Martens J, Sun Y H, Päckert M, 2008. Intraspecific differentiation of Sino-Himalayan bush-dwelling *Phylloscopus* leaf warblers, with description of two new taxa (*P. fuscatus*, *P. fuligiventer*, *P. affinis*, *P. armandii*, *P. subaffinis*) [J]. Vertebrate Zoology, 58: 233-265.

Martens J, Tietze D T, Eck S, et al, 2004. Radiation and species limits in the Asian Pallas's warbler complex (*Phylloscopus proregulus* s. l.) [J]. Journal of Ornithology, 145 (3): 206-222.

Marthinsen G, Wennerberg L, Lifjeld J T, 2008. Low support for separate species within the redpoll complex (*Carduelis flammea* -*hornemanni* -*cabaret*) from analyses of mtDNA and microsatellite markers[J]. Molecular Phylogenetics and Evolution, 47: 1005-1017.

Mayr E, Cottrell G W, 1979. Check-list of birds of the world. vol. 1 (second edition): 1-547[M]. Cambridge, Mass: Museum of Comparative Zoology.

Mayr E, 1941. Die geographische Variation der Farbungstypen von *Microscelis leucocephalus*[J]. Journ. f. Orn., 89: 377-392.

Mayr E, 1949. Geographical variation in *Accipiter trivirgatus*[J]. American Museum Novitates, 1415: 1-12.

Mayr E, Cottrell G W, 1976. Check-list of birds of the world. Vol. 1: xvii. Second edition revision of the work of James L Peters[M]. Cambridge, Mass: Museum of Comparative Zoology.

McKay B D, Mays Jnr H L, Tao C-T, et al, 2014. Incorporating color into integrative taxonomy: analysis of the Varied Tit (*Sittiparus varius*) complex in East Asia[J]. Systematic Biology, 63: 505-517.

Mees G F, 1970. Notes on some birds from the island of Taiwan[J]. Zoologische Mededelingen, 44 (20): 285-304.

Melville D S, 1986. Three species new to Hong Kong[R]. Hong Kong Bird Rep.: 58-68.

Mishra C, Datta A, 2007. Research news: a new bird species from Eastern Himalayan Arunachal Pradesh-India's biological frontier[J]. Current Science, 92 (9): 1205-1206.

Mlíkovský J, 2011. Correct name for the Asian Russet Sparrow[J]. Chinese Birds, 2: 109-110.

Moltesen M, Irestedt M, Fjeldså J, et al, 2012. Molecular phylogeny of Chloropseidae and Irenidae-cryptic species and biogeography[J]. Molecular Phylogenetics and Evolution, 65: 903-914.

Monroe B L Jr, Sibley C G, 1993. A world checklist of birds[M]. New Haven and London: Yale University Press.

Moore C, Holt P, 2015. Streak-throated Swallow *Hirundo fluvicola*: first record for China[J]. Birding Asia, 23: 129-136.

Morioka, 1957. The Hainan tree-partridge *Arborophila ardens*[J]. Ibis, 99: 344-346.

Moyle R G, 2004. Phylogenetics of barbets (Aves: Piciformes) based on nuclear and mitochondrial DNA sequence data[J]. Molecular Phylogenetics and Evolution, 30: 187-200.

Moyle R G, Andersen M J, Oliveros C H, et al, 2012. Phylogeny and biogeography of the core babblers (Aves: Timaliidae)[J]. Systematic Biology, 61: 631-651.

Moyle R G, Hosner P A, Jones A W, et al, 2015. Phylogeny and biogeography of *Ficedula* flycatchers (Aves: Muscicapidae): novel results from fresh source material[J]. Molecular Phylogenetics and Evolution, 82: 87-94.

Nyári A, Benz B W, Jønsson K A, et al, 2009. Phylogenetic relationships of fantails (Aves: Rhipiduridae) [J]. Zoologica Scripta, 38: 553-561.

Nylander J A A, Olsson U, Alström P, et al, 2008. Accounting for phylogenetic uncertainty in biogeography: a Bayesian approach to dispersal-vicariance analysis of the thrushes (Aves: *Turdus*) [J]. Systematic Biology, 57: 257-268.

Oliveros C, Moyle R G, 2010. Origin and diversification of Philippine bulbuls[J]. Molecular Phylogenetics and Evolution,

54: 822-832.

Olsen K M, Larsson H, 2003. Gulls of North America, Europe and Asia[M]. Princeton and Oxford: Princeton University Press.

Olsson U, Alström P, Ericson P G, et al, 2005. Non-monophyletic taxa and cryptic species—evidence from a molecular phylogeny of leaf-warblers (*Phylloscopus*, Aves)[J]. Molecular Phylogenetics and Evolution, 36: 261-276.

Olsson U, Alström P, Svensson L, et al, 2010. The *Lanius excubitor* (Aves, Passeriformes) conundrum—Taxonomic dilemma when molecular and non-molecular data tell different stories[J]. Molecular Phylogenetics and Evolution, 55: 347-357.

Oriental Bird Club (OBC), 1999. News and reports on oriental birds from the field[J]. Oriental Bird Club Bulletin, 29: 51-56.

Ottvall R, Bensch S, Walinder G, et al, 2002. No evidence of genetic differentiation between lesser redpolls *Carduelis flammea cabaret* and common redpolls *Carduelis flammea*[J]. Avian Science, 2: 237-244.

Outlaw D C, Voelker G, 2006. Systematics of *Ficedula* flycatchers (Muscicapidae): A molecular reassessment of a taxonomic enigma[J]. Molecular Phylogenetics and Evolution, 41: 118-126.

Päckert M, Blume C, Sun Y H, et al, 2009. Acoustic differentiation reflects mitochondrial lineages in Blyth's leaf warbler and white-tailed leaf warbler complexes (Aves: *Phylloscopus reguloides*, *Phylloscopus davisoni*)[J]. Biological Journal of the Linnean Society, 96: 584-600.

Päckert M, Martens J, 2008. Taxonomic pitfalls in tits—comments on the Paridae chapter of the Handbook of the Birds of the World[J]. Ibis, 150: 829-831.

Päckert M, Martens J, Eck S, et al. 2005. The great tit (*Parus major*): A misclassified ring species[J]. Biological Journal of the Linnean Society, 86(2): 153-174.

Päckert M, Martens J, Sun Y, 2010. Phylogeny of long-tailed tits and allies inferred from mitochondrial and nuclear markers (Aves: Passeriformes, Aegithalidae)[J]. Molecular Phylogenetics And Evolution, 55: 952-967.

Päckert M, Sun Y H, Strutzenberger P, et al, 2015. Phylogenetic relationships of endemic bunting species (Aves, Passeriformes, Emberizidae, *Emberiza koslowi*) from the eastern Qinghai-Tibet Plateau[J]. Vertebrate Zoology, 65(1): 135-150.

Parkes K C, 1958. Taxonomy and nomenclature of three species of *Lonchura* (Aves: Estrildinae)[J]. Proc. U. S. Nat. Mus., 108(3402): 279-293.

Pasquet E, Bourdon E, Kalyakin M V, et al, 2006. The fulvettas (*Alcippe*, Timaliidae, Aves): a polyphyletic group[J]. Zoologica Scripta, 35: 559-566.

Pavlova A, Zink R M, Drovetski S V, et al, 2003. Phylogeographic patterns in *Motacilla flava* and *Motacilla citreola*: species limits and population history[J]. Auk, 120: 744-758.

Pavlova A, Zink R M, Rohwer S, et al, 2005. Mitochondrial DNA and plumage evolution in the white wagtail *Motacilla alba*[J]. Journal of Avian Biology, 36: 322-336.

Payne R B, 2010. Family Estrildidae (waxbills)[M]// del Hoyo J, Elliott A, Christie D. Handbook of the birds of the world, 15. Weavers to New World warblers. Barcelona: Lynx Edicions: 234-377.

Paynter R A, Mayr E (佩因特和迈尔), 1967. Checklist of birds of the world[M]. Museum of Comparative Zoology, Harvard University. Cambridge, Mass.

Penhallurick J, Robson C R, 2009. The generic taxonomy of parrotbills (Aves, Timaliidae)[J]. Forktail, 25: 137-141.

Penhallurick J, Wink M, 2004. Analysis of the taxonomy and nomenclature of the Procellariiformes based on complete nucleotide sequences of the mitochondrial cytochrome b gene[J]. Emu-Austral Ornithology, 104: 125-147.

Pereira S L, Baker A J, 2008. DNA evidence for a Paleocene origin of the Alcidae (Aves: Charadriiformes) in the Pacific and multiple dispersals across northern oceans[J]. Molecular Phylogenetics and Evolution, 46: 430-445.

Rasmussen P C, Anderton J C, 2005. Birds of South Asia: the Ripley Guide[M]. Washington D. C. and Barcelona: Smithsonian Institution and Lynx Edicions.

Rheindt F E, 2006. Splits galore: the revolution in Asian leaf warbler systematics[J]. Birding Asia, 5: 25-39.

Rheindt F E, Eaton J A, 2009. Species limits in *Pteruthius* (Aves: Corvidae) shrike-babblers: a comparison between the Biological and Phylogenetic Species Concepts[J]. Zootaxa, 2301: 29-54.

Ripley S D, 1961. A synopsis of the birds of India and Pakistan[M]. Bombay Natural History Society Publication.

Ripley S D, 1964. Turdinae (in Mayr and Paynter, 1964) Check-list of birds of the world, 10: 1-502[M]. Cambridge, Mass: Museum of Comparative Zoology.

Ripley S D, 1977. Rails of the world. A monograph of the family Rallidae[M]. Toronto: M. F. Feheley Publichers Ltd..

Ripley S D, King Ben, 1966. Discovery of the female of the black-throated robin, *Erithacus obscurus* (Berezowsky and Bianchi)[J]. Proceedings of the Biological Society of Washington, 79: 151-152.

Robson C, 2000. A field guide to the birds of Southeast Asia[M]. London: New Holland.

Roselaar C S, 1992. A new species of mountain finch *Leucosticte* from western Tibet[J]. Bulletin of the British Ornithologists' Club, 112, 225-231.

Saitoh T, Alström P, Nishiumi I, et al, 2010. Old divergences in a boreal bird supports long-term survival through the Ice Ages[J]. BMC Evolutionary Biology, 10: 1-13.

Sanft K, 1960. Bucerotidae. Das Tierreich, Lieferung[J]. Walter de Gruyter & Co. Schäfer E, 76: 1-174.

Sangster G, Alström P, Forsmark E, et al, 2010. Multi-locus phylogenetic analysis of Old World chats and flycatchers reveals extensive paraphyly at family, subfamily and genus level (Aves: Muscicapidae)[J]. Molecular Phylogenetics and Evolution, 57: 380-392.

Sangster G, Collinson J M, Crochet P, et al, 2011. Taxonomic recommendations for British birds: seventh report[J]. Ibis, 153: 883-892.

Sangster G, Collinson J M, Knox A G, et al, 2007. Taxonomic recommendations for British birds: Fourth report[J]. Ibis, 149: 853-857.

Sangster G, Knox A G, Helbig J A, et al, 2002. Taxonomic Recommendations for European Birds[J]. Ibis, 144: 153-159.

Sangster G, Oreel G J, 1996. Progress in taxonomy of Taiga and Tundra Bean Geese[J]. Dutch Birding, 18: 310-316.

Sangster G, Roselaar C S, Irestedt M, et al. 2016. Sillem's Mountain Finch *Leucosticte sillemi* is a valid species of rosefinch (*Carpodacus*, Fringillidae)[J]. Ibis, 158: 184-189.

Schweizer M, Etzbauer C, Shirihai H, et al, 2020. A molecular analysis of the mysterious Vaurie's Nightjar *Caprimulgus centralasicus* yields fresh insight into its taxonomic status[J]. Journal of Ornithology, 161 (3).

Slikas B, Olson S L, Fleischer R C, 2002. Rapid, independent evolution of flightlessness in four species of Pacific Island rails (Rallidae): an analysis based on mitochondrial sequence data[J]. Journal of Avian Biology, 33: 5-14.

Song G, Qu Y, Yin Z, et al. 2009., Phylogeography of the *Alcippe morrisonia* (Aves: Timaliidae): long population history beyond late Pleistocene glaciations[J]. BMC Evolutionary Biology, 9 (1): 143.

Sreekar R, Dayananda S K, Zhao J, et al, 2014. First record of Pin-tailed Parrotfinch *Erythrura prasina* from China[J]. Birding Asia, 22: 116-117.

Stanford J K, Mayr E, 1941. The Vernay-Cutting expedition to northern Burma[J]. Ibis (14) 5: 56-105, 213-245, 353-378, 479-518.

Stepanyan L S, 1990. Conspectus of the Ornithological Fauna of the USSR[M]. Moscow: Moscow Nauka.

Stresemann E, 1929. Einie Vogelsammlung aus Kwangsi[J]. Jowrn. f. Orn., 77: 323-337.

Tang S K(唐善康), Hung S S(洪绍生), 1938. Some observations on the winter birds of Pei Hai Park, Peking[J]. China Journ. 29: 205-208.

Tavares E S, de Kroon G H J, Baker A J, 2010. Phylogenetic and coalescent analysis of three loci suggest that the Water Rail is divisible into two species, *Rallus aquaticus* and *R. indicus*[J]. BMC Evolutionary Biology, 10: 226.

The Hong Kong Bird Watching Society, 2022. List of Hong Kong Birds[R/OL].[2024-5-7] https://www.hkbws.org.hk/BBS/viewthread.php?tid=30612&extra=page%3D1(2023-4-22).

Tietze D T, Martens J, Sun Y H, 2006. Molecular phylogeny of treecreepers(*Certhia*)detects hidden diversity[J]. Ibis, 148: 477-488.

Tietze D T, Päckert M, Martens J, et al, 2013. Complete phylogeny and historicalbiogeography of true rosefinches(Aves: *Carpodacus*)[J]. Zoological Journal of the Linnean Society, 169: 215-234.

Töpfer T, Haring E, Birkhead T R, et al, 2011. A molecular phylogeny of bullfinches *Pyrrhula* Brisson, 1760(Aves: Fringillidae)[J]. Molecular Phylogenetics and Evolution, 58: 271-282.

Vaughan R E, Jones K H, 1913. The birds of Hong Kong, Macao, and the West River or Si-Kiang in South-east China, with special reference to their nidification and seasonal movements[J]. Ibis(10)1: 17-76, 163-201, 351-384.

Vaurie C, 1951. A study of Asiatic larks[J]. Bulletin of the American Museum of Natural History, 97(5): 431-526.

Vaurie C, 1953-1962. Systematic notes on Palearctic birds. Nos. 1-50[M]. New York: American Museum Novitates.

Vaurie C, 1965. The birds of the Palearctic fauna. Non-Passeriformes[M]. London: H. F. and G. Witherby Limited: 1-763.

Vaurie C, 1972. Tibet and its birds[M]. London: H. F. and G. Witherby Limited: 1-407.

Viney C, Phillipps K, 1988. Birds of Hong Kong[R].

Viseshakul N, Charoennitikul W, Kitamura S, et al. 2011., A phylogeny of frugivorous hornbills linked to the evolution of Indian plants within Asian rainforests[J]. Journal of Evolutionary Biology, 24: 1533-1545.

Voelker G, Klicka J, 2008a. Systematics of *Zoothera* thrushes, and a synthesis of true thrush molecular systematic relationships[J]. Molecular Phylogenetics and Evolution, 49: 377-381.

Voelker G, Outlaw R K, 2008b. Establishing a perimeter position: speciation around the Indian Ocean basin[J]. Journal of Evolutionary Biology, 21: 1779-1788.

Walters M, 1980. The Complete birds of the World[M]. Newton Abbot: David and Charles.

Wang N, Liang B, Wang J, et al, 2016. Incipient speciation with gene flow on a continental island: Species delimitation of the Hainan Hwamei(*Leucodioptron canorum owstoni*, Passeriformes, Aves)[J]. Molecular Phylogenetics and Evolution, 102: 62-73.

Wang X, Que P, Heckel G, et al, 2019. Genetic, phenotypic and ecological differentiation suggests incipient speciation in two *Charadrius* plovers along the Chinese coast[J]. BMC Evolutionary Biology, 19(1): 135.

Watson G E, 1962. Sympatry in Palaearctic *Alectoris* partridge[J]. Evolution, 16(1): 11-19.

Watson G E, 1962. Three sibling species of *Alectoris* partridge[J]. Ibis, 104(3): 353-367.

Wei C, Sangster G, Olsson U, et al, 2022a. Cryptic species in a colorful genus: Integrative taxonomy of the bush robins(Aves, Muscicapidae, *Tarsiger*)suggests two overlooked species[J]. Molecular Phylogenetics and Evolution, 175: 107580.

Wei C, Schweizer M, Tomkovitch P S, et al, 2022b. Genome-wide data reveal paraphyly in the sand plover complex(*Charadrius mongolus/leschenaulti*)[J]. Ornithology, 139: 1-10.

Wells D R, Inskipp T P, 2012. A proposed new genus of booted eagles(tribe Aquilini)[J]. Bulletin of the British Ornithologists' Club, 132: 70-72.

Wu H, Lin R, Hung H, et al, 2011. Molecular and morphological evidences reveal a cryptic species in the Vinaceous Rosefinch *Carpodacus vinaceus*(Fringillidae; Aves)[J]. Zoologica Scripta, 40: 468-478.

Wu J, Wilcove D S, Robinson S K, et al, 2015. White-rumped sandpiper *Calidris fuscicollis* in Sichuan, China[J]. Birding Asia, 23: 93.

Wynne O E, 1953-1955. Key-list of the Palaearctic and Oriental passerine birds[M]. North Western Nat. (n. s.), 1953, 1: 580-597; 1954, 2: 123-137, 297-319, 436-459, 619-647; 1955, 3: 104-128.

Xu K P, Ni X, Ma M, et al, 2017. A new bird record in China: Moustached Warbler (*Acrocephalus melanopogon*) and its song characteristics[J]. Journal of Arid Land, 9(2): 313-317.

Yen K Y (任国荣), 1935. Revision du genre *Alcippe* Blyth, 1844[J]. Sci. Journ., Sun Yatsen University, Canton 6: 669-712.

Yu Y T, 2008. Tickell's Thrush *Turdus unicolor* at Zhangmu, Tibet Autonomous Region: a new record to China[J]. Forktail, 24: 133-134.

Zhang Y Y, Wang N, Zhang J, et al, 2006. Acoustic distinct of Narcissus Flycatcher complex[J]. Acta Zoologica Sinica, 52(4): 648-654.

Zhang Z, Wang X, Huang Y, et al, 2016. Unexpected divergence and lack of divergence revealed in continental Asian *Cyornis* flycatchers (Aves: Muscicapidae)[J]. Molecular Phylogenetics and Evolution, 94: 232-241.

Zhou F, Jiang A W, 2008, A new species of Babbler (Timaliidae: *Stachyris*) from the Sino-Vietnameseborder region of China[J]. Auk, 125(2): 420-424.

Zhu B R, Verkuil Y I, Conklin J R, et al, 2021. Discovery of a morphologically and genetically distinct population of Black-tailed Godwits in the East Asian-Australasian Flyway[J]. Ibis, 163: 448-462.

Zou F, Lim H C, Marks B D, et al, 2007. Molecular phylogenetic analysis of the Grey-cheeked Fulvetta (*Alcippe morrisonia*) of China and Indochina: A case of remarkable genetic divergence in a "species"[J]. Molecular Phylogenetics and Evolution, 44: 165-174.

Zuccon D, 2011. Taxonomic notes on some Muscicapidae[J]. Bulletin of Britain Ornithology Club, 131: 196-199.

Zuccon D, Ericson P G P, 2010. A multi-gene phylogeny disentangles the chat-flycatcher complex (Aves: Muscicapidae)[J]. Zoologica Scripta, 39: 213-224.

Zuccon D, Pasquet E, Ericson P G, 2008. Phylogenetic relationships among Palearctic-Oriental starlings and mynas (genera *Sturnus* and *Acridotheres*: Sturnidae)[J]. Zoologica Scripta, 37: 469-481.

Zuccon D, Prys-Jones R P, Rasmussen P C, et al, 2012. The phylogenetic relationships and generic limits of finches (Fringillidae)[J]. Molecular Phylogenetics and Evolution, 62: 581-596.

Дементьев Г П, Н А Гладков, Е С Птушенко, et al., 1951. Птицы Совстсктк Союза. Том 1-4[M]. Москва: Советская наук.

Плеске О Д, 1894. Научные результаты путешествый Н. М. Пржевальскаго цо центральной Азии[M]. Отд. Зоол., т. 2. Птицы.

附录 《台湾鸟类志》和《中国鸟类分类与分布名录》鸟类名称对照表

刘小如等（2012）《台湾鸟类志》	郑光美（2023）《中国鸟类分类与分布名录》
001. 鹌鹑 *Coturnix japonica*	0062. 鹌鹑 *Coturnix japonica*
002. 蓝胸鹑 *Coturnix chinensis*	0060. 蓝胸鹑 *Synoicus chinensis*
003. 台湾山鹧鸪 *Arborophila crudigularis*	0007. 台湾山鹧鸪 *Arborophila crudigularis*
004. 竹鸡 *Bambusicola thoracica*	0053. 灰胸竹鸡 *Bambusicola thoracicus*
005. 蓝腹鹇 *Lophura swinhoii*	0045. 蓝腹鹇 *Lophura swinhoii*
006. 黑长尾雉 *Syrmaticus mikado*	0035. 黑长尾雉 *Syrmaticus mikado*
007. 环颈雉 *Phasianus colchicus*	0040. 环颈雉 *Phasianus colchicus*
008. 栗树鸭 *Dendrocygna javanica*	0066. 栗树鸭 *Dendrocygna javanica*
009. 鸿雁 *Anser cygnoides*	0079. 鸿雁 *Anser cygnoides*
010. 豆雁 *Anser fabalis*	0080. 豆雁 *Anser fabalis*
011. 灰雁 *Anser anser*	0078. 灰雁 *Anser anser*
012. 白额雁 *Anser albifrons*	0082. 白额雁 *Anser albifrons*
013. 小白额雁 *Anser erythropus*	0083. 小白额雁 *Anser erythropus*
014. 疣鼻天鹅 *Cygnus olor*	0068. 疣鼻天鹅 *Cygnus olor*
015. 小天鹅 *Cygnus columbianus*	0070. 小天鹅 *Cygnus columbianus*
016. 大天鹅 *Cygnus cygnus*	0069. 大天鹅 *Cygnus cygnus*
017. 翘鼻麻鸭 *Tadorna tadorna*	0095. 翘鼻麻鸭 *Tadorna tadorna*
018. 黄麻鸭 *Tadorna ferruginea*	0096. 赤麻鸭 *Tadorna ferruginea*
019. 鸳鸯 *Aix galericulata*	0099. 鸳鸯 *Aix galericulata*
020. 棉鸭 *Nettapus coromandelianus*	0098. 棉凫 *Nettapus coromandelianus*
021. 赤膀鸭 *Anas strepera*	0114. 赤膀鸭 *Mareca strepera*
022. 罗纹鸭 *Anas falcata*	0113. 罗纹鸭 *Mareca falcata*
023. 赤颈鸭 *Anas penelope*	0115. 赤颈鸭 *Mareca penelope*
024. 葡萄胸鸭 *Anas americana*	0016. 绿眉鸭 *Mareca americana*
025. 绿头鸭 *Anas platyrhynchos*	0120. 绿头鸭 *Anas platyrhynchos*
026. 棕颈鸭 *Anas luzonica*	0117. 棕颈鸭 *Anas luzonica*
027. 斑嘴鸭 *Anas poecilorhyncha*	0119. 南亚斑嘴鸭 *Anas poecilorhyncha*
028. 琵嘴鸭 *Anas clypeata*	0111. 琵嘴鸭 *Spatula clypeata*
029. 尖尾鸭 *Anas acuta*	0121. 针尾鸭 *Anas acuta*
030. 白眉鸭 *Anas querquedula*	0110. 白眉鸭 *Spatula querquedula*
031. 花脸鸭 *Anas formosa*	0112. 花脸鸭 *Sibirionetta formosa*
032. 小水鸭 *Anas crecca*	0122. 绿翅鸭 *Anas crecca*
033. 赤嘴潜鸭 *Netta rufina*	0101. 赤嘴潜鸭 *Netta rufina*
034. 帆背潜鸭 *Aythya valisineria*	0103. 帆背潜鸭 *Aythya valisineria*
035. 红头潜鸭 *Aythya ferina*	0102. 红头潜鸭 *Aythya ferina*
036. 青头潜鸭 *Aythya baeri*	0104. 青头潜鸭 *Aythya baeri*
037. 白眼潜鸭 *Aythya nyroca*	0105. 白眼潜鸭 *Aythya nyroca*
038. 凤头潜鸭 *Aythya fuligula*	0107. 凤头潜鸭 *Aythya fuligula*
039. 斑背潜鸭 *Aythya marila*	0108. 斑背潜鸭 *Aythya marila*
040. 鹊鸭 *Bucephala clangula*	0089. 鹊鸭 *Bucephala clangula*
041. 小秋沙 *Mergellus albellus*	0090. 斑头秋沙鸭 *Mergellus albellus*
042. 川秋沙 *Mergus merganser*	0091. 普通秋沙鸭 *Mergus merganser*

附录

《台湾鸟类志》和《中国鸟类分类与分布名录》鸟类名称对照表

续表

刘小如等（2012）《台湾鸟类志》	郑光美（2023）《中国鸟类分类与分布名录》
043. 红胸秋沙 *Mergus serrator*	0093. 红胸秋沙鸭 *Mergus serrator*
044. 唐秋沙 *Mergus squamatus*	0092. 中华秋沙鸭 *Mergus squamatus*
045. 黑背信天翁 *Phoebastria immutabilis*	0251. 黑背信天翁 *Phoebastria immutabilis*
046. 黑脚信天翁 *Phoebastria nigripes*	0252. 黑脚信天翁 *Phoebastria nigripes*
047. 短尾信天翁 *Phoebastria albatrus*	0253. 短尾信天翁 *Phoebastria albatrus*
048. 白额圆尾鹱 *Pterodroma hypoleuca*	0256. 白额圆尾鹱 *Pterodroma hypoleuca*
049. 褐拟燕鹱 *Pseudobulweria rostrata*	0258. 钩嘴圆尾鹱 *Pseudobulweria rostrata*
050. 白额丽鹱 *Calonectris leucomelas*	0259. 白额鹱 *Calonectris leucomelas*
051. 楔尾鹱 *Puffinus pacificus*	0260. 楔尾鹱 *Ardenna pacifica*
052. 灰鹱 *Puffinus griseus*	0261. 灰鹱 *Ardenna grisea*
053. 短尾鹱 *Puffinus tenuirostris*	0262. 短尾鹱 *Ardenna tenuirostris*
054. 淡足鹱 *Puffinus carneipes*	0263. 淡足鹱 *Ardenna carneipes*
055. 褐燕鹱 *Bulweria bulwerii*	0264. 褐燕鹱 *Bulweria bulwerii*
056. 黑叉尾海燕 *Oceanodroma monorhis*	0249. 黑叉尾海燕 *Hydrobates monorhis*
057. 褐翅叉尾海燕 *Oceanodroma tristrami*	0250. 褐翅叉尾海燕 *Hydrobates tristrami*
058. 小䴘 *Tachybaptus ruficollis*	0123. 小䴘 *Tachybaptus ruficollis*
059. 冠䴘 *Podiceps cristatus*	0125. 凤头䴘 *Podiceps cristatus*
060. 角䴘 *Podiceps auritus*	0126. 角䴘 *Podiceps auritus*
061. 黑颈䴘 *Podiceps nigricollis*	0127. 黑颈䴘 *Podiceps nigricollis*
062. 黑鹳 *Ciconia nigra*	0269. 黑鹳 *Ciconia nigra*
063. 东方白鹳 *Ciconia boyciana*	0272. 东方白鹳 *Ciconia boyciana*
064. 埃及圣鹮 *Threskiornis aethiopica*	0275. 黑头白鹮 *Threskiornis melanocephalus*
065. 黑头白鹮 *Threskiornis melanocephalus*	0275. 黑头白鹮 *Threskiornis melanocephalus*
066. 朱鹮 *Nipponia nippon*	0277. 朱鹮 *Nipponia nippon*
067. 彩鹮 *Plegadis falcinellus*	0278. 彩鹮 *Plegadis falcinellus*
068. 白琵鹭 *Platalea leucorodia*	0273. 白琵鹭 *Platalea leucorodia*
069. 黑面琵鹭 *Platalea minor*	0274. 黑脸琵鹭 *Platalea minor*
070. 大麻鹭 *Botaurus stellaris*	0279. 大麻鸦 *Botaurus stellaris*
071. 黄苇鹭 *Ixobrychus sinensis*	0281. 黄斑苇鸦 *Ixobrychus sinensis*
072. 紫背苇鹭 *Ixobrychus eurhythmus*	0282. 紫背苇鸦 *Ixobrychus eurhythmus*
073. 栗苇鹭 *Ixobrychus cinnamomeus*	0283. 栗苇鸦 *Ixobrychus cinnamomeus*
074. 黄颈黑鹭 *Dupetor flavicollis*	0284. 黑苇鸦 *Ixobrychus flavicollis*
075. 麻鹭 *Gorsachius goisagi*	0286. 栗头鸦 *Gorsachius goisagi*
076. 黑冠麻鹭 *Gorsachius melanolopahus*	0287. 黑冠鸦 *Gorsachius melanolophus*
077. 夜鹭 *Nycticorax nycticorax*	0288. 夜鹭 *Nycticorax nycticorax*
078. 棕夜鹭 *Nycticorax caledonicus*	0289. 棕夜鹭 *Nycticorax caledonicus*
079. 绿簑鹭 *Butorides striatus*	0290. 绿鹭 *Butorides striata*
080. 池鹭 *Ardeola bacchus*	0292. 池鹭 *Ardeola bacchus*
081. 牛背鹭 *Bubulcus ibis*	0294. 牛背鹭 *Bubulcus coromandus*
082. 苍鹭 *Ardea cinerea*	0295. 苍鹭 *Ardea cinerea*
083. 草鹭 *Ardea purpurea*	0297. 草鹭 *Ardea purpurea*
084. 大白鹭 *Ardea alba*	0298. 大白鹭 *Ardea alba*
085. 中白鹭 *Egretta intermedia*	0299. 中白鹭 *Ardea intermedia*

刘小如等（2012）《台湾鸟类志》	郑光美（2023）《中国鸟类分类与分布名录》
086. 白颈黑鹭 *Egretta picata*	0300. 斑鹭 *Egretta picata*
087. 白脸鹭 *Egretta novaehollandiae*	0301. 白脸鹭 *Egretta novaehollandiae*
088. 小白鹭 *Egretta garzetta*	0302. 白鹭 *Egretta garzetta*
089. 岩鹭 *Egretta sacra*	0303. 岩鹭 *Egretta sacra*
090. 唐白鹭 *Egretta eulophotes*	0304. 黄嘴白鹭 *Egretta eulophotes*
091. 红尾热带鸟 *Phaethon rubricauda*	0130. 红尾鹲 *Phaethon rubricauda*
092. 白尾热带鸟 *Phaethon lepturus*	0131. 白尾鹲 *Phaethon lepturus*
093. 黑腹军舰鸟 *Fregata minor*	0309. 黑腹军舰鸟 *Fregata minor*
094. 白斑军舰鸟 *Fregata ariel*	0308. 白斑军舰鸟 *Fregata ariel*
095. 卷羽鹈鹕 *Pelecanus crispus*	0305. 卷羽鹈鹕 *Pelecanus crispus*
096. 蓝脸鲣鸟 *Sula dactylatra*	0313. 蓝脸鲣鸟 *Sula dactylatra*
097. 红脚鲣鸟 *Sula sula*	0311. 红脚鲣鸟 *Sula sula*
098. 白腹鲣鸟 *Sula leucogaster*	0312. 褐鲣鸟 *Sula leucogaster*
099. 鸬鹚 *Phalacrocorax carbo*	0319. 普通鸬鹚 *Phalacrocorax carbo*
100. 丹氏鸬鹚 *Phalacrocorax capillatus*	0320. 绿背鸬鹚 *Phalacrocorax capillatus*
101. 海鸬鹚 *Phalacrocorax pelagicus*	0317. 海鸬鹚 *Phalacrocorax pelagicus*
102. 红隼 *Falco tinnunculus*	0628. 红隼 *Falco tinnunculus*
103. 红脚隼 *Falco amurensis*	0630. 红脚隼 *Falco amurensis*
104. 灰背隼 *Falco columbarius*	0631. 灰背隼 *Falco columbarius*
105. 燕隼 *Falco subbuteo*	0632. 燕隼 *Falco subbuteo*
106. 游隼 *Falco peregrinus*	0636. 游隼 *Falco peregrinus*
107. 鱼鹰 *Pandion haliaetus*	0495. 鹗 *Pandion haliaetus*
108. 黑冠鹃隼 *Aviceda leuphotes*	0502. 黑冠鹃隼 *Aviceda leuphotes*
109. 东方蜂鹰 *Pernis ptilorhynchus*	0500. 凤头蜂鹰 *Pernis ptilorhynchus*
110. 黑翅鸢 *Elanus caeruleus*	0496. 黑翅鸢 *Elanus caeruleus*
111. 黑鸢 *Milvus migrans*	0534. 黑鸢 *Milvus migrans*
112. 栗鸢 *Haliastur indus*	0535. 栗鸢 *Haliastur indus*
113. 白腹海雕 *Haliaeetus leucogaster*	0536. 白腹海雕 *Haliaeetus leucogaster*
114. 白尾海雕 *Haliaeetus albicilla*	0538. 白尾海雕 *Haliaeetus albicilla*
115. 秃鹫 *Aegypius monachus*	0508. 秃鹫 *Aegypius monachus*
116. 蛇雕 *Spilornis cheela*	0509. 蛇雕 *Spilornis cheela*
117. 东方泽鹞 *Circus spilonotus*	0529. 白腹鹞 *Circus spilonotus*
118. 灰鹞 *Circus cyaneus*	0530. 白尾鹞 *Circus cyaneus*
119. 鹊鹞 *Circus melanoleucos*	0532. 鹊鹞 *Circus melanoleucos*
120. 凤头苍鹰 *Accipiter trivirgatus*	0521. 凤头鹰 *Accipiter trivirgatus*
121. 赤腹鹰 *Accipiter soloensis*	0523. 赤腹鹰 *Accipiter soloensis*
122. 日本松雀鹰 *Accipiter gularis*	0524. 日本松雀鹰 *Accipiter gularis*
123. 松雀鹰 *Accipiter virgatus*	0525. 松雀鹰 *Accipiter virgatus*
124. 北雀鹰 *Accipiter nisus*	0526. 雀鹰 *Accipiter nisus*
125. 苍鹰 *Accipiter gentilis*	0527. 苍鹰 *Accipiter gentilis*
126. 灰面鵟鹰 *Butastur indicus*	0543. 灰脸鵟鹰 *Butastur indicus*
127. 鵟 *Buteo buteo*	0549. 欧亚鵟 *Buteo buteo*
128. 大鵟 *Buteo hemilasius*	0545. 大鵟 *Buteo hemilasius*

附录

《台湾鸟类志》和《中国鸟类分类与分布名录》鸟类名称对照表

续表

刘小如等（2012）《台湾鸟类志》	郑光美（2023）《中国鸟类分类与分布名录》
129. 毛足鵟 *Buteo lagopus*	0544. 毛脚鵟 *Buteo lagopus*
130. 林雕 *Ictinaetus malayensis*	0514. 林雕 *Ictinaetus malaiensis*
131. 花雕 *Aquila clanga*	0515. 乌雕 *Clanga clanga*
132. 白肩雕 *Aquila heliaca*	0518. 白肩雕 *Aquila heliaca*
133. 熊鹰 *Spizaetus nipalensis*	0512. 鹰雕 *Nisaetus nipalensis*
134. 红脚斑秧鸡 *Rallina fasciata*	0211. 红脚斑秧鸡 *Rallina fasciata*
135. 灰脚斑秧鸡 *Rallina eurizonoides*	0212. 白喉斑秧鸡 *Rallina eurizonoides*
136. 灰胸纹秧鸡 *Gallirallus striatus*	0216. 灰胸秧鸡 *Lewinia striata*
137. 秧鸡 *Rallus aquaticus*	0214. 西秧鸡 *Rallus aquaticus*
138. 白胸苦恶鸟 *Amaurornis phoenicurus*	0225. 白胸苦恶鸟 *Amaurornis phoenicurus*
139. 小田鸡 *Porzana pusilla*	0223. 小田鸡 *Zapornia pusilla*
140. 斑胸田鸡 *Porzana porzana*	0218. 斑胸田鸡 *Porzana porzana*
141. 红胸田鸡 *Porzana fusca*	0219. 红胸田鸡 *Zapornia fusca*
142. 斑胁田鸡 *Porzana paykullii*	0220. 斑胁田鸡 *Zapornia paykullii*
143. 白眉田鸡 *Porzana cinerea*	0226. 白眉苦恶鸟 *Amaurornis cinerea*
144. 董鸡 *Gallicrex cinerea*	0227. 董鸡 *Gallicrex cinerea*
145. 红冠水鸡 *Gallinula chloropus*	0229. 黑水鸡 *Gallinula chloropus*
146. 白骨顶 *Fulica atra*	0230. 白骨顶 *Fulica atra*
147. 蓑羽鹤 *Anthropoides virgo*	0235. 蓑羽鹤 *Grus virgo*
148. 白枕鹤 *Grus vipio*	0233. 白枕鹤 *Antigone vipio*
149. 灰鹤 *Grus grus*	0237. 灰鹤 *Grus grus*
150. 白头鹤 *Grus monacha*	0238. 白头鹤 *Grus monacha*
151. 丹顶鹤 *Grus japonensis*	0236. 丹顶鹤 *Grus japonensis*
152. 林三趾鹑 *Turnix sylvatica*	0321. 林三趾鹑 *Turnix sylvaticus*
153. 黄脚三趾鹑 *Turnix tanki*	0322. 黄脚三趾鹑 *Turnix tanki*
154. 棕三趾鹑 *Turnix suscitator*	0323. 棕三趾鹑 *Turnix suscitator*
155. 蛎鹬 *Haematopus ostralegus*	0327. 蛎鹬 *Haematopus ostralegus*
156. 长脚鹬 *Himantopus himantopus*	0330. 黑翅长脚鹬 *Himantopus himantopus*
157. 反嘴长脚鹬 *Recurvirostra avosetta*	0329. 反嘴鹬 *Recurvirostra avosetta*
158. 彩鹬 *Rostratula benghalensis*	0351. 彩鹬 *Rostratula benghalensis*
159. 水雉 *Hydrophasianus chirurgus*	0352. 水雉 *Hydrophasianus chirurgus*
160. 燕鸻 *Glareola maldivarum*	0406. 普通燕鸻 *Glareola maldivarum*
161. 凤头麦鸡 *Vanellus vanellus*	0331. 凤头麦鸡 *Vanellus vanellus*
162. 灰头麦鸡 *Vanellus cinereus*	0333. 灰头麦鸡 *Vanellus cinereus*
163. 金斑鸻 *Pluvialis fulva*	0339. 金鸻 *Pluvialis fulva*
164. 灰鸻 *Pluvialis squatarola*	0340. 灰鸻 *Pluvialis squatarola*
165. 北环颈鸻 *Charadrius hiaticula*	0341. 剑鸻 *Charadrius hiaticula*
166. 长嘴鸻 *Charadrius placidus*	0342. 长嘴剑鸻 *Charadrius placidus*
167. 小环颈鸻 *Charadrius dubius*	0343. 金眶鸻 *Charadrius dubius*
168. 东方环颈鸻 *Charadrius alexandrinus*	0344. 环颈鸻 *Charadrius alexandrinus*
169. 蒙古鸻 *Charadrius mongolus*	0346. 蒙古沙鸻 *Charadrius mongolus*
170. 铁嘴鸻 *Charadrius leschenaultii*	0348. 铁嘴沙鸻 *Charadrius leschenaultii*
171. 东方红胸鸻 *Charadrius veredus*	0350. 东方鸻 *Charadrius veredus*

续表

刘小如等（2012）《台湾鸟类志》	郑光美（2023）《中国鸟类分类与分布名录》
172. 山鹬 *Scolopax rusticola*	0383. 丘鹬 *Scolopax rusticola*
173. 小田鹬 *Lymnocryptes minimus*	0390. 姬鹬 *Lymnocryptes minimus*
174. 大田鹬 *Gallinago hardwickii*	0385. 拉氏沙锥 *Gallinago hardwickii*
175. 针尾田鹬 *Gallinago stenura*	0387. 针尾沙锥 *Gallinago stenura*
176. 中田鹬 *Gallinago megala*	0388. 大沙锥 *Gallinago megala*
177. 田鹬 *Gallinago gallinago*	0389. 扇尾沙锥 *Gallinago gallinago*
178. 长嘴半蹼鹬 *Limnodromus scolopaceus*	0382. 长嘴半蹼鹬 *Limnodromus scolopaceus*
179. 半蹼鹬 *Limnodromus semipalmatus*	0381. 半蹼鹬 *Limnodromus semipalmatus*
180. 黑尾鹬 *Limosa limosa*	0359. 黑尾塍鹬 *Limosa limosa*
181. 斑尾鹬 *Limosa lapponica*	0358. 斑尾塍鹬 *Limosa lapponica*
182. 小杓鹬 *Numenius minutus*	0355. 小杓鹬 *Numenius minutus*
183. 中杓鹬 *Numenius phaeopus*	0354. 中杓鹬 *Numenius phaeopus*
184. 白腰杓鹬 *Numenius arquata*	0356. 白腰杓鹬 *Numenius arquata*
185. 红腰杓鹬 *Numenius madagascariensis*	0357. 大杓鹬 *Numenius madagascariensis*
186. 鹤鹬 *Tringa erythropus*	0399. 鹤鹬 *Tringa erythropus*
187. 赤足鹬 *Tringa totanus*	0401. 红脚鹬 *Tringa totanus*
188. 泽鹬 *Tringa stagnatilis*	0403. 泽鹬 *Tringa stagnatilis*
189. 青足鹬 *Tringa nebularia*	0400. 青脚鹬 *Tringa nebularia*
190. 诺氏鹬 *Tringa guttifer*	0404. 小青脚鹬 *Tringa guttifer*
191. 小黄脚鹬 *Tringa flavipes*	0398. 小黄脚鹬 *Tringa flavipes*
192. 白腰草鹬 *Tringa ochropus*	0395. 白腰草鹬 *Tringa ochropus*
193. 鹰斑鹬 *Tringa glareola*	0402. 林鹬 *Tringa glareola*
194. 翘嘴鹬 *Xenus cinereus*	0393. 翘嘴鹬 *Xenus cinereus*
195. 矶鹬 *Actitis hypoleucos*	0394. 矶鹬 *Actitis hypoleucos*
196. 黄足鹬 *Heteroscelus brevipes*	0396. 灰尾漂鹬 *Tringa brevipes*
197. 美洲黄足鹬 *Heteroscelus incanus*	0397. 漂鹬 *Tringa incana*
198. 翻石鹬 *Arenaria interpres*	0360. 翻石鹬 *Arenaria interpres*
199. 大滨鹬 *Calidris tenuirostris*	0361. 大滨鹬 *Calidris tenuirostris*
200. 红腹滨鹬 *Calidris canutus*	0362. 红腹滨鹬 *Calidris canutus*
201. 三趾滨鹬 *Calidris alba*	0372. 三趾滨鹬 *Calidris alba*
202. 西滨鹬 *Calidris mauri*	0380. 西滨鹬 *Calidris mauri*
203. 红颈滨鹬 *Calidris ruficollis*	0371. 红颈滨鹬 *Calidris ruficollis*
204. 小滨鹬 *Calidris minuta*	0376. 小滨鹬 *Calidris minuta*
205. 丹氏滨鹬 *Calidris temminckii*	0368. 青脚滨鹬 *Calidris temminckii*
206. 长趾滨鹬 *Calidris subminuta*	0369. 长趾滨鹬 *Calidris subminuta*
207. 美洲尖尾滨鹬 *Calidris melanotos*	0379. 斑胸滨鹬 *Calidris melanotos*
208. 尖尾滨鹬 *Calidris acuminata*	0365. 尖尾滨鹬 *Calidris acuminata*
209. 弯嘴滨鹬 *Calidris ferruginea*	0367. 弯嘴滨鹬 *Calidris ferruginea*
210. 黑腹滨鹬 *Calidris alpina*	0373. 黑腹滨鹬 *Calidris alpina*
211. 高跷滨鹬 *Calidris himantopus*	0366. 高跷滨鹬 *Calidris himantopus*
212. 琵嘴鹬 *Eurynorhynchus pygmeus*	0370. 勺嘴鹬 *Calidris pygmaea*
213. 阔嘴鹬 *Limicola falcinellus*	0364. 阔嘴鹬 *Calidris falcinellus*
214. 黄胸鹬 *Tryngites subruficollis*	0378. 黄胸滨鹬 *Calidris subruficollis*

附录

《台湾鸟类志》和《中国鸟类分类与分布名录》鸟类名称对照表

续表

刘小如等（2012）《台湾鸟类志》	郑光美（2023）《中国鸟类分类与分布名录》
215. 流苏鹬 *Philomachus pugnax*	0363. 流苏鹬 *Calidris pugnax*
216. 红领瓣足鹬 *Phalaropus lobatus*	0391. 红颈瓣蹼鹬 *Phalaropus lobatus*
217. 灰瓣足鹬 *Phalaropus fulicarius*	0392. 灰瓣蹼鹬 *Phalaropus fulicarius*
218. 黑尾鸥 *Larus crassirostris*	0426. 黑尾鸥 *Larus crassirostris*
219. 海鸥 *Larus canus*	0427. 普通海鸥 *Larus canus*
220. 北极鸥 *Larus hyperboreus*	0431. 北极鸥 *Larus hyperboreus*
221. 银鸥 *Larus argentatus*	0432. 西伯利亚银鸥 *Larus vegae*
222. 黄脚银鸥 *Larus cachinnans*	0434. 黄腿银鸥 *Larus cachinnans*
223. 灰背鸥 *Larus schistisagus*	0433. 灰背鸥 *Larus schistisagus*
224. 小黑背鸥 *Larus fuscus*	0435. 小黑背银鸥 *Larus fuscus*
225. 渔鸥 *Larus ichthyaetus*	0425. 渔鸥 *Ichthyaetus ichthyaetus*
226. 红嘴鸥 *Larus ridibundus*	0418. 红嘴鸥 *Chroicocephalus ridibundus*
227. 黑嘴鸥 *Larus saundersi*	0419. 黑嘴鸥 *Saundersilarus saundersi*
228. 弗氏鸥 *Larus pipixcan*	0423. 弗氏鸥 *Leucophaeus pipixcan*
229. 小鸥 *Larus minutus*	0420. 小鸥 *Hydrocoloeus minutus*
230. 三趾鸥 *Rissa tridactyla*	0413. 三趾鸥 *Rissa tridactyla*
231. 鸥嘴噪鸥 *Sterna nilotica*	0436. 鸥嘴噪鸥 *Gelochelidon nilotica*
232. 里海燕鸥 *Sterna caspia*	0437. 红嘴巨燕鸥 *Hydroprogne caspia*
233. 白嘴端燕鸥 *Sterna sandvicensis*	0441. 白嘴端凤头燕鸥 *Thalasseus sandvicensis*
234. 黑嘴端凤头燕鸥 *Sterna bernsteini*	0440. 中华凤头燕鸥 *Thalasseus bernsteini*
235. 凤头燕鸥 *Sterna bergii*	0438. 大凤头燕鸥 *Thalasseus bergii*
236. 粉红燕鸥 *Sterna dougallii*	0447. 粉红燕鸥 *Sterna dougallii*
237. 黑枕燕鸥 *Sterna sumatrana*	0448. 黑枕燕鸥 *Sterna sumatrana*
238. 燕鸥 *Sterna hirundo*	0449. 普通燕鸥 *Sterna hirundo*
239. 小燕鸥 *Sterna albifrons*	0442. 白额燕鸥 *Sternula albifrons*
240. 白腰燕鸥 *Sterna aleutica*	0443. 白腰燕鸥 *Onychoprion aleuticus*
241. 白眉燕鸥 *Sterna anaethetus*	0444. 褐翅燕鸥 *Onychoprion anaethetus*
242. 乌领燕鸥 *Sterna fuscata*	0445. 乌燕鸥 *Onychoprion fuscatus*
243. 黑腹浮鸥 *Chlidonias hybrida*	0451. 灰翅浮鸥 *Chlidonias hybrida*
244. 白翅黑浮鸥 *Chlidonias leucopterus*	0452. 白翅浮鸥 *Chlidonias leucopterus*
245. 黑浮鸥 *Chlidonias niger*	0453. 黑浮鸥 *Chlidonias niger*
246. 白顶玄燕鸥 *Anous stolidus*	0409. 白顶玄燕鸥 *Anous stolidus*
247. 灰贼鸥 *Stercorarius maccormicki*	0457. 南极贼鸥 *Stercorarius maccormicki*
248. 中贼鸥 *Stercorarius pomarinus*	0456. 中贼鸥 *Stercorarius pomarinus*
249. 短尾贼鸥 *Stercorarius parasiticus*	0455. 短尾贼鸥 *Stercorarius parasiticus*
250. 长尾贼鸥 *Stercorarius longicaudus*	0454. 长尾贼鸥 *Stercorarius longicaudus*
251. 崖海鸦 *Uria aalge*	0462. 崖海鸦 *Uria aalge*
252. 扁嘴海雀 *Synthliboramphus antiquus*	0460. 扁嘴海雀 *Synthliboramphus antiquus*
253. 冠海雀 *Synthliboramphus wumizusume*	0461. 冠海雀 *Synthliboramphus wumizusume*
254. 灰林鸽 *Columba pulchricollis*	0140. 灰林鸽 *Columba pulchricollis*
255. 黑林鸽 *Columba janthina*	0142. 黑林鸽 *Columba janthina*
256. 金背鸠 *Streptopelia orientalis*	0145. 山斑鸠 *Streptopelia orientalis*
257. 珠颈斑鸠 *Streptopelia chinensis*	0148. 珠颈斑鸠 *Spilopelia chinensis*

553

刘小如等（2012）《台湾鸟类志》	郑光美（2023）《中国鸟类分类与分布名录》
258. 红鸠 Streptopelia tranquebarica	0147. 火斑鸠 Streptopelia tranquebarica
259. 菲律宾鹃鸠 Macropygia tenuirostris	0151. 菲律宾鹃鸠 Macropygia tenuirostris
260. 翠翼鸠 Chalcophaps indica	0153. 绿翅金鸠 Chalcophaps indica
261. 橙胸绿鸠 Treron bicinctus	0154. 橙胸绿鸠 Treron bicinctus
262. 绿鸠 Treron sieboldii	0161. 红翅绿鸠 Treron sieboldii
263. 红头绿鸠 Treron formosae	0162. 红顶绿鸠 Treron formosae
264. 黑颏果鸠 Ptilinopus leclancheri	0165. 黑颏果鸠 Ptilinopus leclancheri
265. 栗翅凤鹃 Clamator coromandus	0195. 红翅凤头鹃 Clamator coromandus
266. 鹰鹃 Cuculus sparverioides	0202. 大鹰鹃 Hierococcyx sparverioides
267. 北方鹰鹃 Cuculus hyperythrus	0205. 北棕腹鹰鹃 Hierococcyx hyperythrus
268. 四声杜鹃 Cuculus micropterus	0206. 四声杜鹃 Cuculus micropterus
269. 大杜鹃 Cuculus canorus	0207. 大杜鹃 Cuculus canorus
270. 中杜鹃 Cuculus saturatus	0208. 中杜鹃 Cuculus saturatus
271. 小杜鹃 Cuculus poliocephalus	0210. 小杜鹃 Cuculus poliocephalus
272. 八声杜鹃 Cacomantis merulinus	0200. 八声杜鹃 Cacomantis merulinus
273. 噪鹃 Eudynamys scolopacea	0196. 噪鹃 Eudynamys scolopaceus
274. 小鸦鹃 Centropus bengalensis	0192. 小鸦鹃 Centropus bengalensis
275. 草鸮 Tyto capensis	0464. 草鸮 Tyto longimembris
276. 黄嘴角鸮 Otus spilocephalus	0477. 黄嘴角鸮 Otus spilocephalus
277. 领角鸮 Otus bakkamoena	0476. 领角鸮 Otus lettia
278. 东方角鸮 Otus sunia	0480. 红角鸮 Otus sunia
279. 优雅角鸮 Otus elegans	0481. 优雅角鸮 Otus elegans
280. 黄鱼鸮 Ketupa flavipes	0494. 黄腿渔鸮 Ketupa flavipes
281. 褐林鸮 Strix leptogrammica	0484. 褐林鸮 Strix leptogrammica
282. 灰林鸮 Strix aluco	0485. 灰林鸮 Strix nivicolum
283. 领鸺鹠 Glaucidium brodiei	0470. 领鸺鹠 Glaucidium brodiei
284. 纵纹腹小鸮 Athene noctua	0473. 纵纹腹小鸮 Athene noctua
285. 褐鹰鸮 Ninox scutulata	0467. 鹰鸮 Ninox scutulata
286. 长耳鸮 Asio otus	0482. 长耳鸮 Asio otus
287. 短耳鸮 Asio flammeus	0483. 短耳鸮 Asio flammeus
288. 普通夜鹰 Caprimulgus indicus	0171. 普通夜鹰 Caprimulgus jotaka
289. 南亚夜鹰 Caprimulgus affinis	0175. 林夜鹰 Caprimulgus affinis
290. 白喉针尾雨燕 Hirundapus caudacutus	0177. 白喉针尾雨燕 Hirundapus caudacutus
291. 灰喉针尾雨燕 Hirundapus cochinchinensis	0178. 灰喉针尾雨燕 Hirundapus cochinchinensis
292. 叉尾雨燕 Apus pacificus	0186. 白腰雨燕 Apus pacificus
293. 家雨燕 Apus nipalensis	0189. 小白腰雨燕 Apus nipalensis
294. 三宝鸟 Eurystomus orientalis	0570. 三宝鸟 Eurystomus orientalis
295. 赤翡翠 Halcyon coromanda	0578. 赤翡翠 Halcyon coromanda
296. 白胸翡翠 Halcyon smyrnensis	0579. 白胸翡翠 Halcyon smyrnensis
297. 黑头翡翠 Halcyon pileata	0580. 蓝翡翠 Halcyon pileata
298. 白领翡翠 Todiramphus chloris	0581. 白领翡翠 Todiramphus chloris
299. 三趾翠鸟 Ceyx erithaca	0571. 三趾翠鸟 Ceyx erithaca
300. 翠鸟 Alcedo atthis	0573. 普通翠鸟 Alcedo atthis

附录

《台湾鸟类志》和《中国鸟类分类与分布名录》鸟类名称对照表

续表

刘小如等（2012）《台湾鸟类志》	郑光美（2023）《中国鸟类分类与分布名录》
301. 彩虹蜂虎 *Merops ornatus*	0564. 彩虹蜂虎 *Merops ornatus*
302. 戴胜 *Upupa epops*	0558. 戴胜 *Upupa epops*
303. 五色鸟 *Megalaima nuchalis*	0587. 台湾拟啄木鸟 *Psilopogon nuchalis*
304. 蚁䴕 *Jynx torquilla*	0592. 蚁䴕 *Jynx torquilla*
305. 小啄木 *Dendrocopos canicapillus*	0613. 星头啄木鸟 *Picoides canicapillus*
306. 大赤啄木 *Dendrocopos leucotos*	0624. 白背啄木鸟 *Dendrocopos leucotos*
307. 绿啄木 *Picus canus*	0608. 灰头绿啄木鸟 *Picus canus*
308. 仙八色鸫 *Pitta nympha*	0653. 仙八色鸫 *Pitta nympha*
309. 蓝翅八色鸫 *Pitta moluccensis*	0652. 蓝翅八色鸫 *Pitta moluccensis*
310. 花翅山椒 *Coracina macei*	0677. 大鹃䴗 *Coracina macei*
311. 黑翅山椒 *Coracina melaschistos*	0679. 暗灰鹃䴗 *Lalage melaschistos*
312. 灰山椒 *Pericrocotus divaricatus*	0673. 灰山椒鸟 *Pericrocotus divaricatus*
313. 灰喉山椒 *Pericrocotus solaris*	0669. 灰喉山椒鸟 *Pericrocotus solaris*
314. 长尾山椒 *Pericrocotus ethologus*	0671. 长尾山椒鸟 *Pericrocotus ethologus*
315. 虎纹伯劳 *Lanius tigrinus*	0700. 虎纹伯劳 *Lanius tigrinus*
316. 红头伯劳 *Lanius bucephalus*	0701. 牛头伯劳 *Lanius bucephalus*
317. 红尾伯劳 *Lanius cristatus*	0702. 红尾伯劳 *Lanius cristatus*
318. 棕背伯劳 *Lanius schach*	0708. 棕背伯劳 *Lanius schach*
319. 楔尾伯劳 *Lanius sphenocercus*	0713. 楔尾伯劳 *Lanius sphenocercus*
320. 黄鹂 *Oriolus chinensis*	0659. 黑枕黄鹂 *Oriolus chinensis*
321. 朱鹂 *Oriolus traillii*	0661. 朱鹂 *Oriolus traillii*
322. 大卷尾 *Dicrurus macrocercus*	0688. 黑卷尾 *Dicrurus macrocercus*
323. 灰卷尾 *Dicrurus leucophaeus*	0689. 灰卷尾 *Dicrurus leucophaeus*
324. 小卷尾 *Dicrurus aeneus*	0691. 古铜色卷尾 *Dicrurus aeneus*
325. 发冠卷尾 *Dicrurus hottentottus*	0693. 发冠卷尾 *Dicrurus hottentottus*
326. 黄连雀 *Bombycilla garrulus*	1327. 太平鸟 *Bombycilla garrulus*
327. 朱连雀 *Bombycilla japonica*	1328. 小太平鸟 *Bombycilla japonica*
328. 大山雀 *Parus major*	0766. 欧亚大山雀 *Parus major*
329. 绿背山雀 *Parus monticolus*	0768. 绿背山雀 *Parus monticolus*
330. 黄山雀 *Parus holstl*	0769. 台湾黄山雀 *Machlolophus holsti*
331. 煤山雀 *Parus ater*	0753. 煤山雀 *Periparus ater*
332. 赤腹山雀 *Parus varius*	0756. 杂色山雀 *Sittiparus varius*
333. 攀雀 *Remiz pendulinus*	0774. 中华攀雀 *Remiz consobrinus*
334. 棕沙燕 *Riparia paludicola*	0842. 灰喉沙燕 *Riparia chinensis*
335. 灰沙燕 *Riparia riparia*	0843. 崖沙燕 *Riparia riparia*
336. 家燕 *Hirundo rustica*	0845. 家燕 *Hirundo rustica*
337. 洋燕 *Hirundo tahitica*	0846. 洋燕 *Hirundo tahitica*
338. 东方毛脚燕 *Delichon dasypus*	0851. 烟腹毛脚燕 *Delichon dasypus*
339. 金腰燕 *Cecropis daurica*	0853. 金腰燕 *Cecropis daurica*
340. 赤腰燕 *Cecropis striolata*	0854. 斑腰燕 *Cecropis striolata*
341. 红头长尾山雀 *Aegithalos concinnus*	0951. 红头长尾山雀 *Aegithalos concinnus*
342. 黑枕王鹟 *Hypothymis azurea*	0695. 黑枕王鹟 *Hypothymis azurea*
343. 亚洲寿带 *Terpsiphone paradisi*	0696. 印度寿带 *Terpsiphone paradisi*

555

刘小如等（2012）《台湾鸟类志》	郑光美（2023）《中国鸟类分类与分布名录》
344. 紫寿带 *Terpsiphone atrocaudata*	0699. 紫寿带 *Terpsiphone atrocaudata*
345. 松鸦 *Garrulus glandarius*	0717. 松鸦 *Garrulus glandarius*
346. 台湾蓝鹊 *Urocissa caerulea*	0719. 台湾蓝鹊 *Urocissa caerulea*
347. 灰树鹊 *Dendrocitta formosae*	0726. 灰树鹊 *Dendrocitta formosae*
348. 喜鹊 *Pica pica*	0729. 欧亚喜鹊 *Pica pica*
349. 星鸦 *Nucifraga caryocatactes*	0734. 星鸦 *Nucifraga caryocatactes*
350. 东方寒鸦 *Corvus dauuricus*	0738. 达乌里寒鸦 *Corvus dauuricus*
351. 家乌鸦 *Corvus splendens*	0739. 家鸦 *Corvus splendens*
352. 秃鼻乌鸦 *Corvus frugilegus*	0740. 秃鼻乌鸦 *Corvus frugilegus*
353. 小嘴乌鸦 *Corvus corone*	0741. 小嘴乌鸦 *Corvus corone*
354. 玉颈鸦 *Corvus pectoralis*	0743. 白颈鸦 *Corvus pectoralis*
355. 巨嘴鸦 *Corvus macrorhychus*	0744. 大嘴乌鸦 *Corvus macrorhynchos*
356. 大短趾百灵 *Calandrella brachydactyla*	0783. 大短趾百灵 *Calandrella brachydactyla*
357. 亚洲短趾百灵 *Calandrella cheleensis*	0790. 短趾百灵 *Alaudala cheleensis*
358. 欧亚云雀 *Alauda arvensis*	0778. 云雀 *Alauda arvensis*
359. 小云雀 *Alauda gulgula*	0777. 小云雀 *Alauda gulgula*
360. 棕扇尾莺 *Cisticola juncidis*	0792. 棕扇尾莺 *Cisticola juncidis*
361. 黄头扇尾莺 *Cisticola exilis*	0793. 金头扇尾莺 *Cisticola exilis*
362. 斑纹鹪莺 *Prinia crinigera*	0795. 山鹪莺 *Prinia striata*
363. 灰头鹪莺 *Prinia flaviventris*	0800. 黄腹山鹪莺 *Prinia flaviventris*
364. 褐头鹪莺 *Prinia inornata*	0801. 纯色山鹪莺 *Prinia inornata*
365. 白环鹦嘴鹎 *Spizixos semitorques*	0857. 领雀嘴鹎 *Spizixos semitorques*
366. 白头翁 *Pycnonotus sinensis*	0863. 白头鹎 *Pycnonotus sinensis*
367. 乌头翁 *Pycnonotus taivanus*	0864. 台湾鹎 *Pycnonotus taivanus*
368. 棕耳鹎 *Microscelis amaurotis*	0878. 栗耳短脚鹎 *Hypsipetes amaurotis*
369. 红嘴黑鹎 *Hypsipetes leucocephalus*	0877. 黑短脚鹎 *Hypsipetes leucocephalus*
370. 短尾莺 *Urosphena squameiceps*	0947. 鳞头树莺 *Urosphena squameiceps*
371. 短翅树莺 *Cettia diphone*	0935. 短翅树莺 *Horornis diphone*
372. 强脚树莺 *Cettia fortipes*	0937. 强脚树莺 *Horornis fortipes*
373. 黄腹树莺 *Cettia acanthizoides*	0939. 黄腹树莺 *Horornis acanthizoides*
374. 台湾短翅莺 *Bradypterus alishanensis*	0838. 台湾短翅蝗莺 *Locustella alishanensis*
375. 茅斑蝗莺 *Locustella lanceolata*	0830. 矛斑蝗莺 *Locustella lanceolata*
376. 小蝗莺 *Locustella certhiola*	0827. 小蝗莺 *Helopsaltes certhiola*
377. 北蝗莺 *Locustella ochotensis*	0829. 北蝗莺 *Helopsaltes ochotensis*
378. 史氏蝗莺 *Locustella pleskei*	0828. 东亚蝗莺 *Helopsaltes pleskei*
379. 苍眉蝗莺 *Locustella fasciolata*	0825. 苍眉蝗莺 *Helopsaltes fasciolatus*
380. 东方大苇莺 *Acrocephalus orientalis*	0805. 东方大苇莺 *Acrocephalus orientalis*
381. 黑眉苇莺 *Acrocephalus bistrigiceps*	0807. 黑眉苇莺 *Acrocephalus bistrigiceps*
382. 细纹苇莺 *Acrocephalus sorghophilus*	0810. 细纹苇莺 *Acrocephalus sorghophilus*
383. 褐色柳莺 *Phylloscopus fuscatus*	0895. 褐柳莺 *Phylloscopus fuscatus*
384. 巨嘴柳莺 *Phylloscopus schwarzi*	0890. 巨嘴柳莺 *Phylloscopus schwarzi*
385. 黄腰柳莺 *Phylloscopus proregulus*	0888. 黄腰柳莺 *Phylloscopus proregulus*
386. 黄眉柳莺 *Phylloscopus inornatus*	0883. 黄眉柳莺 *Phylloscopus inornatus*

附录
《台湾鸟类志》和《中国鸟类分类与分布名录》鸟类名称对照表

续表

刘小如等（2012）《台湾鸟类志》	郑光美（2023）《中国鸟类分类与分布名录》
387. 极北柳莺 *Phylloscopus borealis*	0918. 极北柳莺 *Phylloscopus borealis*
388. 淡脚柳莺 *Phylloscopus tenellipes*	0915. 淡脚柳莺 *Phylloscopus tenellipes*
389. 库页岛柳莺 *Phylloscopus borealoides*	0914. 库页岛柳莺 *Phylloscopus borealoides*
390. 冠羽柳莺 *Phylloscopus coronatus*	0900. 冕柳莺 *Phylloscopus coronatus*
391. 冠纹柳莺 *Phylloscopus reguloides*	0924. 冠纹柳莺 *Phylloscopus claudiae* 0925. 华南冠纹柳莺 *Phylloscopus goodsoni*
392. 饭岛柳莺 *Phylloscopus ijimae*	0901. 日本冕柳莺 *Phylloscopus ijimae*
393. 棕面鹟莺 *Abroscopus albogularis*	0931. 棕脸鹟莺 *Abroscopus albogularis*
394. 大弯嘴鹛 *Pomatorhinus erythrogenys*	1013. 锈脸钩嘴鹛 *Erythrogenys erythrogenys*
395. 小弯嘴鹛 *Pomatorhinus ruficollis*	1018. 棕颈钩嘴鹛 *Pomatorhinus ruficollis*
396. 鳞胸鹪鹛 *Pnoepyga albiventer*	0820. 鳞胸鹪鹛 *Pnoepyga albiventer*
397. 红头穗鹛 *Stachyris ruficeps*	1033. 红头穗鹛 *Cyanoderma ruficeps*
398. 白喉噪鹛 *Garrulax albogularis*	1089. 白喉噪鹛 *Pterorhinus albogularis*
399. 棕噪鹛 *Garrulax poecilorhynchus*	1093. 台湾棕噪鹛 *Pterorhinus poecilorhynchus*
400. 台湾画眉 *Garrulax taewanus*	1064. 台湾画眉 *Garrulax taewanus*
401. 台湾噪鹛 *Garrulax morrisonianus*	1101. 台湾噪鹛 *Trochalopteron morrisonianum*
402. 黄痣薮鹛 *Liocichla steerii*	1113. 黄痣薮鹛 *Liocichla steerii*
403. 台湾斑翅鹛 *Actinodura morrisoniana*	1119. 台湾斑翅鹛 *Actinodura morrisoniana*
404. 纹喉雀鹛 *Alcippe cinereiceps*	0972. 灰头雀鹛 *Fulvetta cinereiceps*
405. 乌线雀鹛 *Alcippe brunnea*	1044. 褐顶雀鹛 *Schoeniparus brunneus*
406. 绣眼雀鹛 *Alcippe morrisonia*	1057. 台湾雀鹛 *Alcippe morrisonia*
407. 白耳奇鹛 *Heterophasia auricularis*	1128. 白耳奇鹛 *Heterophasia auricularis*
408. 冠羽凤鹛 *Yuhina brunneiceps*	1005. 褐头凤鹛 *Yuhina brunneiceps*
409. 绿凤鹛 *Erpornis zantholeuca*	0663. 白腹凤鹛 *Erpornis zantholeuca*
410. 棕头鸦雀 *Paradoxornis webbianus*	0982. 棕头鸦雀 *Sinosuthora webbiana*
411. 黄羽鸦雀 *Paradoxornis verreauxi*	0989. 金色鸦雀 *Suthora verreauxi*
412. 绿绣眼 *Zosterops japonicus*	1008. 日本绣眼鸟 *Zosterops japonicus*
413. 低地绣眼 *Zosterops meyeni*	1010. 低地绣眼鸟 *Zosterops meyeni*
414. 台湾戴菊 *Regulus goodfellowi*	1325. 台湾戴菊 *Regulus goodfellowi*
415. 戴菊 *Regulus regulus*	1326. 戴菊 *Regulus regulus*
416. 鹪鹩 *Troglodytes troglodytes*	1152. 鹪鹩 *Troglodytes troglodytes*
417. 茶腹䴓 *Sitta europaea*	1140. 普通䴓 *Sitta europaea*
418. 亚洲辉椋鸟 *Aplonis panayensis*	1155. 亚洲辉椋鸟 *Aplonis panayensis*
419. 八哥 *Acridotheres cristatellus*	1160. 八哥 *Acridotheres cristatellus*
420. 爪哇八哥 *Acridotheres javanicus*	1161. 爪哇八哥 *Acridotheres javanicus*
421. 家八哥 *Acridotheres tristis*	1163. 家八哥 *Acridotheres tristis*
422. 黑领椋鸟 *Sturnus nigricollis*	1167. 黑领椋鸟 *Gracupica nigricollis*
423. 北椋鸟 *Sturnus sturninus*	1170. 北椋鸟 *Agropsar sturninus*
424. 紫背椋鸟 *Sturnus philippensis*	1171. 紫背椋鸟 *Agropsar philippensis*
425. 灰背椋鸟 *Sturnus sinensis*	1172. 灰背椋鸟 *Sturnia sinensis*
426. 粉红椋鸟 *Sturnus roseus*	1175. 粉红椋鸟 *Pastor roseus*
427. 丝光椋鸟 *Sturnus sericeus*	1165. 丝光椋鸟 *Spodiopsar sericeus*
428. 灰椋鸟 *Sturnus cineraceus*	1166. 灰椋鸟 *Spodiopsar cineraceus*

刘小如等（2012）《台湾鸟类志》	郑光美（2023）《中国鸟类分类与分布名录》
429. 欧洲椋鸟 *Sturnus vulgaris*	1176. 紫翅椋鸟 *Sturnus vulgaris*
430. 台湾紫啸鸫 *Myophonus insularis*	1277. 台湾紫啸鸫 *Myophonus insularis*
431. 白眉地鸫 *Zoothera sibirica*	1178. 白眉地鸫 *Geokichla sibirica*
432. 白氏地鸫 *Zoothera aurea*	1183. 虎斑地鸫 *Zoothera aurea*
433. 虎斑地鸫 *Zoothera dauma*	1184. 小虎斑地鸫 *Zoothera dauma*
434. 灰背鸫 *Turdus hortulorum*	1188. 灰背鸫 *Turdus hortulorum*
435. 乌灰鸫 *Turdus cardis*	1191. 乌灰鸫 *Turdus cardis*
436. 黑鸫 *Turdus merula*	1194. 欧乌鸫 *Turdus merula*
437. 白头鸫 *Turdus poliocephaus*	1197. 白头鸫 *Turdus niveiceps*
438. 白眉鸫 *Turdus obscurus*	1201. 白眉鸫 *Turdus obscurus*
439. 白腹鸫 *Turdus pallidus*	1202. 白腹鸫 *Turdus pallidus*
440. 赤胸鸫 *Turdus chrysolaus*	1203. 赤胸鸫 *Turdus chrysolaus*
441. 赤颈鸫 *Turdus ruficollis*	1205. 赤颈鸫 *Turdus ruficollis*
442. 红尾鸫 *Turdus naumanni*	1206. 红尾斑鸫 *Turdus naumanni*
443. 斑点鸫 *Turdus eunomus*	1207. 斑鸫 *Turdus eunomus*
444. 小翼鸫 *Brachypteryx montana*	1247. 蓝短翅鸫 *Brachypteryx sinensis*
445. 日本歌鸲 *Luscinia akahige*	1254. 日本歌鸲 *Larvivora akahige*
446. 琉球歌鸲 *Luscinia komadori*	1253. 琉球歌鸲 *Larvivora komadori*
447. 蓝喉歌鸲 *Luscinia svecica*	1255. 蓝喉歌鸲 *Luscinia svecica*
448. 红喉歌鸲 *Luscinia calliope*	1260. 红喉歌鸲 *Calliope calliope*
449. 蓝歌鸲 *Luscinia cyane*	1250. 蓝歌鸲 *Larvivora cyane*
450. 白眉林鸲 *Luscinia indica*	1264. 白眉林鸲 *Tarsiger indicus*
451. 栗背林鸲 *Luscinia johnstoniae*	1267. 台湾林鸲 *Tarsiger johnstoniae*
452. 蓝尾鸲 *Luscinia cyanura*	1268. 红胁蓝尾鸲 *Tarsiger cyanurus*
453. 红尾歌鸲 *Luscinia sibilans*	1251. 红尾歌鸲 *Larvivora sibilans*
454. 赭红尾鸲 *Phoenicurus ochruros*	1300. 赭红尾鸲 *Phoenicurus ochruros*
455. 黄尾鸲 *Phoenicurus auroreus*	1304. 北红尾鸲 *Phoenicurus auroreus*
456. 铅色水鸲 *Rhyacornis fuliginosa*	1307. 红尾水鸲 *Phoenicurus fuliginosus*
457. 白尾鸲 *Myiomela leucura*	1263. 白尾蓝地鸲 *Myiomela leucura*
458. 小燕尾 *Enicurus scouleri*	1272. 小燕尾 *Enicurus scouleri*
459. 黑喉鸲 *Saxicola torquatus*	1316. 东亚石䳭 *Saxicola stejnegeri*
460. 灰丛鸲 *Saxicola ferreus*	1319. 灰林䳭 *Saxicola ferreus*
461. 沙䳭 *Oenanthe isabeline*	1321. 沙䳭 *Oenanthe isabellina*
462. 穗䳭 *Oenanthe oenanthe*	1320. 穗䳭 *Oenanthe oenanthe*
463. 漠䳭 *Oenanthe deserti*	1322. 漠䳭 *Oenanthe deserti*
464. 蓝矶鸫 *Monticola solitarius*	1310. 蓝矶鸫 *Monticola solitarius*
465. 白喉矶鸫 *Monticola gularis*	1313. 白喉矶鸫 *Monticola gularis*
466. 斑鹟 *Muscicapa griseisticta*	1219. 灰纹鹟 *Muscicapa griseisticta*
467. 乌鹟 *Muscicapa sibirica*	1220. 乌鹟 *Muscicapa sibirica*
468. 灰鹟 *Muscicapa dauurica*	1221. 北灰鹟 *Muscicapa dauurica*
469. 红尾鹟 *Muscicapa ferruginea*	1223. 棕尾褐鹟 *Muscicapa ferruginea*
470. 白眉姬鹟 *Ficedula zanthopygia*	1280. 白眉姬鹟 *Ficedula zanthopygia*
471. 黄眉姬鹟 *Ficedula narcissina*	1281. 黄眉姬鹟 *Ficedula narcissina*

附录

《台湾鸟类志》和《中国鸟类分类与分布名录》鸟类名称对照表

续表

刘小如等（2012）《台湾鸟类志》	郑光美（2023）《中国鸟类分类与分布名录》
472. 斑眉姬鹟 *Ficedula mugimaki*	1288. 鸲姬鹟 *Ficedula mugimaki*
473. 红喉姬鹟 *Ficedula parva*	1290. 红胸姬鹟 *Ficedula parva*
474. 黄胸姬鹟 *Ficedula hyperythra*	1292. 棕胸蓝姬鹟 *Ficedula hyperythra*
475. 白腹蓝鹟 *Cyanoptila cyanomelaena*	1239. 白腹蓝鹟 *Cyanoptila cyanomelana*
476. 铜蓝鹟 *Eumyias thalassinus*	1241. 铜蓝鹟 *Eumyias thalassinus*
477. 黄腹仙鹟 *Niltava vivida*	1236. 台湾蓝仙鹟 *Niltava vivida*
478. 方尾鹟 *Culicicapa ceylonensis*	0747. 方尾鹟 *Culicicapa ceylonensis*
479. 河乌 *Cinclus pallasii*	1153. 褐河乌 *Cinclus pallasii*
480. 绿啄花 *Dicaeum concolor*	1338. 纯色啄花鸟 *Dicaeum minullum*
481. 红胸啄花 *Dicaeum ignipectum*	1340. 红胸啄花鸟 *Dicaeum ignipectus*
482. 山麻雀 *Passer rutilans*	1377. 山麻雀 *Passer cinnamomeus*
483. 麻雀 *Passer montanus*	1378. 麻雀 *Passer montanus*
484. 橙颊梅花雀 *Estrilda melpoda*	1366. 橙颊梅花雀 *Estrilda melpoda*
485. 白喉文鸟 *Lonchura malabarica*	1368. 白喉文鸟 *Euodice malabarica*
486. 白腰文鸟 *Lonchura striata*	1369. 白腰文鸟 *Lonchura striata*
487. 斑文鸟 *Lonchura punctulata*	1370. 斑文鸟 *Lonchura punctulata*
488. 黑头文鸟 *Lonchura malacca*	1371. 栗腹文鸟 *Lonchura atricapilla*
489. 岩鹨 *Prunella collaris*	1355. 领岩鹨 *Prunella collaris*
490. 棕眉山岩鹨 *Prunella montanella*	1361. 棕眉山岩鹨 *Prunella montanella*
491. 山鹡鸰 *Dendronanthus indicus*	1387. 山鹡鸰 *Dendronanthus indicus*
492. 黄鹡鸰 *Motacilla flava*	1402. 黄鹡鸰 *Motacilla tschutschensis*
493. 黄头鹡鸰 *Motacilla citreola*	1404. 黄头鹡鸰 *Motacilla citreola*
494. 灰鹡鸰 *Motacilla cinerea*	1403. 灰鹡鸰 *Motacilla cinerea*
495. 白鹡鸰 *Motacilla alba*	1406. 白鹡鸰 *Motacilla alba*
496. 日本鹡鸰 *Motacilla grandis*	1405. 日本鹡鸰 *Motacilla grandis*
497. 大花鹨 *Anthus richardi*	1397. 田鹨 *Anthus richardi*
498. 布莱氏鹨 *Anthus godlewskii*	1399. 布氏鹨 *Anthus godlewskii*
499. 树鹨 *Anthus hodgsoni*	1390. 树鹨 *Anthus hodgsoni*
500. 白背鹨 *Anthus gustavi*	1388. 北鹨 *Anthus gustavi*
501. 赤喉鹨 *Anthus cervinus*	1391. 红喉鹨 *Anthus cervinus*
502. 黄腹鹨 *Anthus rubescens*	1393. 黄腹鹨 *Anthus rubescens*
503. 水鹨 *Anthus spinoletta*	1395. 水鹨 *Anthus spinoletta*
504. 花雀 *Fringilla montifringilla*	1408. 燕雀 *Fringilla montifringilla*
505. 金翅雀 *Carduelis sinica*	1458. 金翅雀 *Chloris sinica*
506. 黄雀 *Carduelis spinus*	1470. 黄雀 *Spinus spinus*
507. 白腰朱顶雀 *Carduelis flammea*	1463. 白腰朱顶雀 *Acanthis flammea*
508. 普通朱雀 *Carpodacus erythrinus*	1415. 普通朱雀 *Carpodacus erythrinus*
509. 台湾朱雀 *Carpodacus formosanus*	1427. 台湾酒红朱雀 *Carpodacus formosanus*
510. 褐灰雀 *Pyrrhula nipalensis*	1442. 褐灰雀 *Pyrrhula nipalensis*
511. 灰头灰雀 *Pyrrhula erythaca*	1444. 灰头灰雀 *Pyrrhula erythaca*
512. 锡嘴雀 *Coccothraustes coccothraustes*	1412. 锡嘴雀 *Coccothraustes coccothraustes*
513. 小黄嘴雀 *Eophona migratoria*	1413. 黑尾蜡嘴雀 *Eophona migratoria*
514. 黄嘴雀 *Eophona personata*	1414. 黑头蜡嘴雀 *Eophona personata*

续表

刘小如等（2012）《台湾鸟类志》	郑光美（2023）《中国鸟类分类与分布名录》
515. 冠鹀 Melophus lathami	1473. 凤头鹀 Emberiza lathami
516. 白头鹀 Emberiza leucocephalos	1488. 白头鹀 Emberiza leucocephalos
517. 草鹀 Emberiza cioides	1480. 三道眉草鹀 Emberiza cioides
518. 白眉鹀 Emberiza tristrami	1502. 白眉鹀 Emberiza tristrami
519. 栗耳鹀 Emberiza fucata	1477. 栗耳鹀 Emberiza fucata
520. 小鹀 Emberiza pusilla	1496. 小鹀 Emberiza pusilla
521. 黄眉鹀 Emberiza chrysophrys	1501. 黄眉鹀 Emberiza chrysophrys
522. 田鹀 Emberiza rustica	1495. 田鹀 Emberiza rustica
523. 黄喉鹀 Emberiza elegans	1489. 黄喉鹀 Emberiza elegans
524. 金鹀 Emberiza aureola	1494. 黄胸鹀 Emberiza aureola
525. 锈鹀 Emberiza rutila	1500. 栗鹀 Emberiza rutila
526. 黑头鹀 Emberiza melanocephala	1474. 黑头鹀 Emberiza melanocephala
527. 绣眼鹀 Emberiza sulphurata	1499. 硫黄鹀 Emberiza sulphurata
528. 黑脸鹀 Emberiza spodocephala	1497. 灰头鹀 Emberiza spodocephala
529. 灰鹀 Emberiza variabilis	1503. 灰鹀 Emberiza variabilis
530. 苇鹀 Emberiza pallasi	1493. 苇鹀 Emberiza pallasi
531. 芦鹀 Emberiza schoeniclus	1492. 芦鹀 Emberiza schoeniclus
532. 铁爪鹀 Calcarius lapponicus	1471. 铁爪鹀 Calcarius lapponicus
533. 雪鹀 Plectrophenax nivalis	1472. 雪鹀 Plectrophenax nivalis
不确定鸟种	**—**
534. 红喉潜鸟 Gavia stellata	0243. 红喉潜鸟 Gavia stellata
535. 黑喉潜鸟 Gavia arctica	0244. 黑喉潜鸟 Gavia arctica
536. 白腰叉尾海燕 Oceanodroma leucorhoa	0248. 白腰叉尾海燕 Hydrobates leucorhous
537. 烟黑叉尾海燕 Oceanodroma matsudairae	
538. 白鹈鹕 Pelecanus onocrotalus	0307. 白鹈鹕 Pelecanus onocrotalus
539. 斑嘴鹈鹕 Pelecanus philippensis	0306. 斑嘴鹈鹕 Pelecanus philippensis
540. 黄爪隼 Falco naumanni	0627. 黄爪隼 Falco naumanni
541. 紫水鸡 Porphyrio porphyrio	0228. 紫水鸡 Porphyrio poliocephalus
542. 美洲金斑鸻 Pluvialis dominica	0339. 金鸻 Pluvialis fulva
543. 岩鸽 Columba livia	0133. 原鸽 Columba livia
544. 白喉林莺 Sylvia curruca	0959. 白喉林莺 Curruca curruca
545. 丛林八哥 Acridotheres fuscus	1159. 林八哥 Acridotheres grandis
546. 灰头椋鸟 Sturnus malabaricus	1173. 灰头椋鸟 Sturnia malabarica

中文名索引

A

阿尔泰隼 216
阿尔泰雪鸡 22，23
阿穆尔隼 215
埃及夜鹰 61
鹌鹑 24
暗背雨燕 66
暗腹雪鸡 23
暗灰鹃鵙 234
暗绿［背］鸬鹚 109
暗绿背鸬鹚 109
暗绿柳莺 321
暗绿绣眼鸟 360
暗冕鹪莺 281
暗冕山鹪莺 281
暗色鸦雀 350
暗色朱雀 515
暗胸朱雀 515
澳南沙锥 127
澳洲红嘴鸥 134

B

八哥 422
八色鸫科 222
八声杜鹃 71
白斑翅拟蜡嘴雀 503
白斑翅雪雀 491
白斑黑石䳭 471
白斑军舰鸟 106
白斑尾［地］鸫 454
白斑尾柳莺 325
白背矶鸫 468
白背兀鹫 165
白背啄木鸟 212
白翅百灵 271
白翅短翅莺 447
白翅浮鸥 144
白翅黑海番鸭 33
白翅交嘴雀 520
白翅蓝鹊 250
白翅岭雀 516
白翅拟蜡嘴雀 503
白翅栖鸭 27
白翅云雀 271
白翅啄木鸟 210

白点翅拟蜡嘴雀 502
白点鹛 388
白点噪鹛 388
白顶黑燕鸥 133
白顶鹛 472
白顶攀雀 269
白顶鸦 526
白顶溪鸲 468
白顶玄鸥 133
白顶玄燕鸥 133
白顶燕鸥 133
白额䴉 92
白额山鹧鸪 1
白额雁 31
白额燕鸥 142
白额燕尾 457
白额圆尾鹱 91
白耳奇鹛 412
白腹暗蓝鹟 446
白腹鸫 434
白腹短翅鸲 451
白腹凤鹛 228
白腹海雕 176
白腹黑啄木鸟 205
白腹［姬］鹟 445
白腹姬鹟 445
白腹鹪鹛 289
白腹锦鸡 14
白腹军舰鸟 106
白腹蓝［姬］鹟 445
白腹蓝姬鹟 445
白腹蓝鹟 445
白腹鹭 102
［白腹］毛脚燕 299
白腹毛脚燕 299
白腹山雕 171
白腹隼雕 171
白腹鹞 174
白腹幽鹛 380
白腹圆尾鹱 91
白腹针尾绿鸠 55
白骨顶 83
白冠长尾雉 13
白冠带鹀 531
白冠攀雀 269
白冠燕尾 457
白冠噪鹛 385

白鹤 95
白鹳 83
白喉斑秧鸡 76
白喉短翅鸫 447
白喉凤鹛 356
白喉冠鹎 307
白喉红臀鹎 306
白喉红尾鸲 466
白喉矶鸫 469
白喉［姬］鹟 440
白喉姬鹟 440
白喉林鸽 49
白喉林鹟 443
白喉林莺 338
白喉山鹪莺 281
白喉扇尾鹟 236
白喉石䳭 470
白喉文鸟 487
白喉犀鸟 183
白喉［小盔］犀鸟 183
白喉小盔犀鸟 183
白喉莺 338
白喉噪鹛 394
［白喉］针尾雨燕 63
白喉针尾雨燕 63
白鹮 96
白鹮鹳 500
白颊鸭 305
白颊黑雁 29
白颊山鹧鸪 3
白颊噪鹛 391
白肩雕 170
［白肩］黑鹮 97
白肩黑鹮 97
白颈长尾雉 13
白颈鸫 431
白颈凤鹛 356
白颈鹳 94
白颈黑鹭 103
白颈鸦 257
白颈噪鹛 386
白眶斑翅鹛 407
白眶雀鹛 381，383
白眶鹟莺 318
白眶鸦雀 347
白脸鸽 116
白脸鹭 103

白脸山雀 266
白脸鸭 418
白鳞噪鹛 289
白领八哥 423
白领翡翠 191
白领凤鹛 356
白领鸽 116
白鹭 104
白马鸡 16，17
白眉地鸫 427
白眉鸫 434
白眉歌鸫 436
白眉黄臀鹎 305
白眉［姬］鹟 459
白眉姬鹟 459
白眉苦恶鸟 81
白眉蓝［姬］鹟 463
白眉蓝姬鹟 463
白眉蓝鹟 463
白眉林鸲 454
白眉雀鹛 342
白眉山雀 263
白眉山鹧鸪 1
白眉扇尾鹟 236
白眉田鸡 81
白眉鹟 459
白眉鸭 531
白眉鸭 37
白眉秧鸡 81
白眉朱雀 511
白眉棕啄木鸟 197
白鹭鹭 96
白鞘嘴鸥 111
白秋沙鸭 33
白鹈鹕 105
白头鸭 305
白头鸫 433
白头鹤 85
白头黑［短脚］鹎 310
白头鹦鹉 94
白头鹛鹃 377
白头鸦 527
白头鹞 173
白头硬尾鸭 27
［白腿］小隼 214
白腿小隼 214
白臀八哥 422

白尾斑地鸫 453
白尾地鸫 453，454
白尾地鸦 254
白尾海雕 176
白尾［蓝］地鸫 453
白尾蓝［地］鸫 454
白尾蓝地鸫 453，454
白尾蓝鹟 442
白尾蓝仙鹟 442
白尾麦鸡 114
白尾鹲 46
白尾热带鸟 46
白尾梢虹雉 7
白尾鸭 418
白尾鹞 174
白尾兀鹫 164
白鹇 18
白项凤鹛 356
白胸翡翠 191
白胸苦恶鸟 80
白胸蓝［姬］鹟 460
白胸鸦雀 354
白须黑胸歌鸲 452
白玄鸥 133
白眼鵟鹰 177
白眼潜鸭 37
白燕鸥 133
白腰滨鹬 125
白腰草鹬 129
白腰叉尾海燕 89
白腰鹊鸲 437
白腰杓鹬 120
白腰文鸟 487
白腰雪雀 492
白腰燕鸥 142
白腰雨燕 66
白腰朱顶雀 519
白枕鹤 84
白嘴端凤头燕鸥 141
白嘴潜鸟 88
百灵 275
百灵科 270
斑背大尾莺 291
斑背潜鸭 37
斑背燕尾 457
斑背噪鹛 388
斑翅凤头鹃 69
斑翅椋鸟 421
斑翅鹩鹛 368
斑翅拟蜡嘴雀 502

斑翅山鹑 12
斑翅朱雀 510
斑点鸽 48
斑点苇莺 285
斑鸫 435
斑腹夜鹭 99
斑海雀 146
斑喉希鹛 410
斑姬地鸠 47
斑姬鹟 461
斑姬啄木鸟 197
斑鹮 472
斑颈穗鹛 370
斑鸠 50
斑鹃鵙 234
斑肋田鸡 79
斑脸海番鸭 32
斑椋鸟 424
斑林鸽 48
斑鹭 103
斑头大翠鸟 189
斑头大鱼狗 189
斑头鸺鹠 109
［斑头］绿拟啄木鸟 192
斑头绿拟啄木鸟 192
斑头秋沙鸭 33
斑头鸺鹠 151
斑头雁 30
斑尾塍鹬 120
斑尾鹃鸠 52
斑尾林鸽 48
斑尾榛鸡 8
斑文鸟 487
斑鹟 438
斑犀鸟 182
斑胁鸡 79
斑胁姬鹛 404
斑胁田鸡 79
斑胸滨鹬 126
斑胸短翅蝗莺 294
斑胸短翅莺 294
斑胸钩嘴鹛 362
斑胸田鸡 78
斑胸鹟 438
斑胸鸦雀 355
斑胸噪鹛 383
斑秧鸡 76
斑腰燕 301
斑鱼狗 190
斑啄木鸟 211

斑嘴鹈鹕 104
斑嘴鸭 40
半蹼鹬 126
宝兴歌鸫 436
宝兴鹛雀 342
鸨科 86
鸨形目 86
暴风鹱 90
暴雪鹱 90
鸭科 302
北长尾山雀 335
北大潜鸟 88
北地雀 516
北短翅蝗莺 294
北短翅莺 294
北方中杜鹃 74
北非歌百灵 270
北褐头山雀 264
北红尾鸲 467
北蝗莺 292
北灰鹟 439
北极鸥 138
北京雨燕 67
北椋鸟 425
北林鸮 158
北岭雀 516
北领角鸮 153
北鹩 494
北美花田鸡 77
北俫鹛 150
北鹰鹃 73
北鹰鸮 149
北噪鸦 247
北朱雀 510
北棕腹杜鹃 73
北棕腹鹰鹃 73
比氏鹟莺 320
扁嘴海雀 146
波斑鸨 86
伯劳科 240
布坤薮鹛 405
布莱氏鹨 497
布氏短脚鹎 308
布氏鹨 497
布氏苇莺 287

C

彩鹬 94
彩虹蜂虎 186

彩鹮 97
彩鹮 118
彩鹮科 118
仓鸮 148
苍鹭 101
苍眉蝗莺 291
苍头燕雀 502
苍头竹啄木鸟 199
苍鹰 173
草地鹨 495
草鹭 102
草绿篱莺 288
草鸮 148
草鸮科 148
草莺 379
草鹬 129
草原百灵 275
草原雕 170
草原鹞 174
叉尾鸥 134
叉尾太阳鸟 482
叉尾乌鹟 72
茶色雕 170
茶胸斑啄木鸟 209
长耳鸮 156
长脚麦鸡 114
长脚秧鸡 78
长尾地鸫 428
［长尾］缝叶莺 283
长尾缝叶莺 283
长尾灰伯劳 247
长尾阔嘴鸟 225
长尾鹩鹛 368
长尾林鸮 158
长尾鹩 46
长尾奇鹛 412
长尾雀 508
长尾热带鸟 46
长尾山鹪 428
长尾山椒鸟 231
长尾山雀科 335
长尾鸭 32
长尾夜鹰 62
长尾鹦雀 488
长尾贼鸥 145
长尾雉 13
长趾滨鹬 123
长嘴百灵 276
长嘴斑海雀 146
长嘴半蹼鹬 126

中文名索引

长嘴捕蛛鸟 478
长嘴地鸫 430
长嘴钩嘴鹛 361
长嘴鸽 115
长嘴剑鸻 115
长嘴鹩鹛 379
长嘴山鹩 430
长嘴兀鹫 165
长嘴鹬 126
橙斑翅柳莺 312
橙背鸦雀 351
橙翅噪鹛 401
橙额鸦雀 351
橙腹叶鹎 475
橙颊梅花雀 486
橙头地鸫 427
橙胸［姬］鹟 461
橙胸姬鹟 461
橙胸绿鸠 54
橙胸山鹪 54
橙胸鹟 461
橙胸咬鹃 180
鸥鹬科 149
池鹭 101
赤膀鸭 38
赤翅沙雀 514
赤翡翠 190
赤腹山雀 262
赤腹鹰 172
赤红山椒鸟 232
赤襟鹪鹛 42
赤颈鸫 435
赤颈鹤 84
赤颈鹪鹛 42
赤颈鸭 39
赤脸薮鹛 405
赤麻鸭 35
赤尾噪鹛 401
赤胸鸫 434
赤胸灰雀 512
赤胸拟啄木 196
赤胸拟啄木鸟 196
赤胸鹩 523
赤胸朱顶雀 519
赤胸啄木鸟 207
赤须蜂虎 185
赤须夜蜂虎 185
赤朱雀 514
赤嘴潜鸭 36
赤嘴沙雀 514

赤嘴天鹅 27
丑鸭 34
川褐头山雀 265
纯褐鹱 93
纯蓝鹟 440
纯蓝仙鹟 440
纯色山鹪莺 282
纯色岩燕 299
纯色噪鹛 397
纯色啄花鸟 477
鹑 24
丛林八哥 422
丛林夜鹰 61
翠金鹃 70
翠鸟 189
翠鸟科 188

D

达乌里寒鸦 256
大白鹭 102
大斑鹳鸻 501
大斑啄木鸟 211
大鸨 86
大滨鹬 121
大草鹛 394
大草莺 379
大长嘴地鸫 430
大杜鹃 73
［大］短趾百灵 274
大短趾百灵 274
大绯胸鹦鹉 220
大凤头燕鸥 140
大红鹳 44
大黄冠绿啄木鸟 200
大黄冠啄木鸟 200
大灰啄木鸟 205
大火烈鸟 44
大鹱 501
大金背啄木鸟 198
大鹃鵙 233
大军舰鸟 106
大鵟 178
大鳞鹛鹛 289
大鳞胸鹪鹛 289
大绿雀鹎 236
大绿叶鹎 236
大麻鳽 97
大拟啄木 192
大拟啄木鸟 192

大盘尾 238
大沙锥 128
大山雀 266，268
大杓鹬 120
大石鸻 111
大石鸡 25，26
大树莺 333
大天鹅 27
大苇莺 284
大卫仙鹟 443
大兀鹫 166
大仙鹟 444
大鹰鹃 72
大噪鹛 388
大贼鸥 146
大朱雀 508
大紫胸鹦鹉 220
大棕腹蓝仙鹟 444
大嘴乌鸦 258
戴菊 473
戴菊科 472
戴胜 184
戴胜科 184
丹顶鹤 84
淡背地鸫 428
淡腹八哥 422
淡腹点翅朱雀 506
淡腹雪鸡 22
淡喉鹩鹛 368
淡黄腰柳莺 313
淡灰眉岩鹀 524
淡灰鹃 138
淡脚柳莺 322
淡脚树莺 334
淡颏仙鹟 441
淡绿鸲鹛 229
淡眉柳莺 312
淡眉雀鹛 383
淡色沙燕 297
淡色崖沙燕 297
淡尾鹪莺 320
淡紫鸭 419
淡足鹱 93
淡嘴鸭 419
岛鸫 433
稻田苇莺 286
低地绣眼鸟 360
地鸫 86
地山雀 265
蒂氏鸫 431

滇鳾 418
点斑林鸽 48
点斑苇鳽 285
点翅朱雀 506
点额圆尾鹱 91
点胸鸦雀 355
靛冠噪鹛 389
雕鸮 159
东北白喉莺 338
东方白鹳 95
［东方］斑鸭 472
东方斑鸭 472
东方草鹛 148
东方大苇莺 284
东方鸻 118
东方叽咋柳莺 317
东方叽喳柳莺 317
东方角鸮 156
东方金翅雀 517
东方绿鹊 251
东方寿带 240
东方田鹨 496
东方中杜鹃 74
东方棕柳莺 317
东歌林莺 340
东亚蝗莺 292
东亚石鵖 470
鸫科 427
董鸡 81
豆雁 30
杜鹃 73
杜鹃科 69
渡鸦 258
短翅鸲 451
短翅树莺 328
短耳鸮 157
短尾［东方］绿鹊 251
短尾鸦鹃 377
短尾鹱 93
短尾鸫鹛 377
短尾鹩鹛 367
短尾绿鹊 251
短尾鹲 45
短尾热带鸟 45
短尾信天翁 90
短尾鸦雀 353
短尾鹦鹉 219
短尾贼鸥 145
短趾百灵 274，276，277
短趾雕 167

563

短趾沙百灵 274
短嘴豆雁 31
短嘴金丝燕 64
短嘴山椒鸟 231
短嘴天鹅 28
短嘴鹩莺 318
钝翅［稻田］苇莺 285
钝翅稻田苇莺 285
钝翅苇莺 285

E

峨眉柳莺 321
峨眉鹩莺 321
鹗 163
鹗科 163
二斑百灵 275

F

发冠卷尾 238
帆背潜鸭 36
翻石鹬 121
反嘴鹬 112
反嘴鹬科 112
饭岛柳莺 318
方尾鹟 259
非洲白鹮 96
非洲波斑鸨 86
非洲草鸮 148
非洲棕雨燕 66
菲律宾斑扇尾鹟 236
菲律宾鹃鸠 52
绯胸鹦鹉 220
粉红腹岭雀 516
粉红椋鸟 426
粉红山椒鸟 233
粉红胸鹨 494
粉红燕鸥 143
粉眉朱雀 506
蜂虎科 185
蜂鹰 164
凤头百灵 272
凤头杜鹃 72
凤头蜂鹰 164
凤头鹃隼 165
凤头麦鸡 113
凤头鹀鹛 42
凤头潜鸭 37
凤头雀莺 337

凤头雀嘴鹎 302
凤头树燕 62
凤头鸦 522
凤头燕鸥 141
凤头鹦嘴鹎 302
凤头鹰 171
凤头鹰雕 167
凤头雨燕 62
凤头雨燕科 62
佛法僧 187
佛法僧科 187
佛法僧目 185
弗氏鸥 136
腹棕矮雕 168

G

嘎嘎鸡 25
甘肃［黄腰］柳莺 313
甘肃柳莺 313
橄榄绿短脚鹎 307
高跷鹬 122
高山地雀 516
高山短翅蝗莺 295
高山短翅莺 295
高山金翅 518
高山金翅［雀］518
高山金翅雀 518
高山岭雀 516
高山雀鹛 343
高山兀鹫 166
高山旋木雀 415
高山雪鸡 23
高山雨燕 66
高原山鹑 11
高原岩鹨 482
戈氏金丝燕 65
戈氏岩鹀 525
鸽形目 47
歌百灵 270
歌鸲 436
钩嘴鹛科 235
钩嘴林鹛 235
钩嘴圆尾鹱 92
孤沙锥 127
古铜色卷尾 238
骨顶鸡 83
挂墩鸦雀 353
冠斑犀鸟 182
冠扁嘴海雀 146

冠海雀 146
冠纹柳莺 324, 325
冠小嘴乌鸦 257
冠鱼狗 189
管鼻鹱 90
鹳科 94
鹳形目 94
鹳嘴翡翠 190
光背地鸫 428
光背山鸫 428
鬼鸮 153
桂红头岭雀 508
果鸽 49

H

哈曼马鸡 16, 17
海鸬鹚 108
海南叉尾太阳鸟 482
海南虎斑鳽 99
海南画眉 384
海南鳽 99
海南孔雀雉 19
海南蓝鹟 440
海南蓝仙鹟 440
海南柳莺 325
海南山鹧鸪 2
海南［夜］鳽 99
海南夜鳽 99
海鸥 137
海雀科 146
海燕科 89
寒鸦 256
禾雀 488
和平鸟 474
和平鸟科 474
河乌 421
河乌科 421
河燕鸥 143
贺兰山红尾鸲 465
贺兰山岩鹨 484
褐背伯劳 244
褐背地鸦 265
褐背金丝燕 64
褐背拟地鸦 265
褐背鹊鹛 235
褐背鹩鹛 235
褐背针尾雨燕 64
褐伯劳 241
褐翅叉尾海燕 89

褐翅雪雀 492
褐翅鸦鹃 69
褐翅鸦雀 350
褐翅燕鸥 142
褐翅缘鸦雀 350
褐顶雀鹛 376
褐额啄木鸟 209
褐耳鹰 171
褐冠鹃隼 164
褐冠山雀 262
褐河乌 421
褐红背岩鹨 483
褐喉沙燕 296
褐喉食蜜鸟 479
褐喉旋木雀 415
褐喉噪鹛 386
褐喉直嘴太阳鸟 479
褐灰雀 512
褐鲣鸟 107
褐鹃鸠 52
褐鹃隼 164
褐脸雀鹛 381
褐林鸮 157
褐柳莺 315
褐马鸡 17
褐雀鹛 376
褐山鹪莺 279, 280
褐头鹀 433
褐头凤鹛 359
褐头鹪莺 282
褐头岭雀 508
褐头雀鹛 344, 345
褐头山雀 264
褐头鸦 523
褐头朱雀 508
褐胁鹟莺 283
褐胁雀鹛 375
褐胸山鹧鸪 3
褐胸鹟 439
褐胸噪鹛 386
褐鸦雀 347
褐岩鹨 484
褐燕鹱 93
褐鱼鸮 161
褐渔鸮 161
鹤科 83
鹤形目 76
鹤鹬 130
黑白林鵙 471
黑百灵 275

中文名索引

黑斑黄山雀 269
黑斑蝗莺 294
黑背白鹡鸰 501
黑背黄眉鹟 459
黑背信天翁 90
黑背燕尾 456，457
黑叉尾海燕 89
黑长尾雉 13
黑翅长脚鹬 112
黑翅拟蜡嘴雀 502
黑翅雀鹎 235
黑翅燕鸻 132
黑翅鸢 163
黑顶林莺 338
黑顶麻雀 489
黑顶蟆口鸱 60
黑顶奇鹛 412
黑顶蛙口鸱 60
黑顶蛙口夜鹰 60
黑顶蛙嘴夜鹰 60
黑顶噪鹛 399
黑［短脚］鹎 310
黑短脚鹎 310
黑额伯劳 245
黑额凤鹛 359
黑额山噪鹛 386
黑额树鹊 252
黑耳拟啄木鸟 195
黑耳奇鹛 413
黑耳鸢 175
黑浮鸥 145
黑腹滨鹬 124
黑腹军舰鸟 106
黑腹沙鸡 59
黑腹蛇鸬 107
黑腹燕鸥 144
黑冠虎斑鸭 100
黑冠黄鹎 303
黑冠鹃 100
黑冠鹃隼 165
黑冠椋鸟 426
黑冠山雀 260
黑冠薮鹛 405
黑冠［夜］鸦 100
黑鹳 94
黑果鸽 49
黑海番鸭 33
黑颔鸽 115
黑喉鸫 434
黑喉缝叶莺 283

黑喉歌鸲 453
黑喉红臀鹎 305
黑喉红尾鸲 466
黑喉毛脚燕 300
黑喉潜鸟 87
黑喉山鹪莺 280，281
黑喉山雀 264
黑喉石䳭 470
黑喉雪雀 492
黑喉鸦雀 351，353
黑喉岩鹨 485
黑喉噪鹛 391
黑喉织布鸟 485
黑喉织雀 485
黑骥 93
黑鹮 97
黑鸦 98
黑脚信天翁 90
黑颈长尾雉 13
黑颈鸫 434
黑颈鹤 85
黑颈鸬鹚 108
黑颈䴙䴘 43
黑卷尾 237
黑颏凤鹛 359
黑颏果鸠 58
黑颏穗鹛 372
黑脸鹃䴗 234
黑脸琵鹭 96
黑脸鹟莺 327
黑脸噪鹛 391
黑林鸽 49
黑领鸽 115
黑领椋鸟 424
黑领噪鹛 392
黑眉［长尾］山雀 336
黑眉长尾山雀 336，337
黑眉柳莺 323
黑眉拟啄木鸟 194
黑眉苇莺 284
黑眉鸦雀 354
黑鹂鹃䴗 234
黑琴鸡 11
黑水鸡 82
黑头八色鸫 223
［黑头］白鹮 96
黑头白鹮 96
黑头鸭 303
黑头［长尾］山雀 336
黑头长尾山雀 336

黑头黄鹂 227
黑头角雉 5
黑头金翅 518
黑头金翅雀 518
黑头蜡嘴雀 503
黑头鸥 136
黑头攀雀 269
黑头奇鹛 412，413
黑头鸭 418
黑头穗鹛 370
黑头文鸟 488
黑头鸦 522
黑头噪鸦 247
黑［苇］鸦 98
黑苇鸦 98
黑尾塍鹬 121
黑尾地鸦 254
黑尾苦恶鸟 80
黑尾蜡嘴雀 503
黑尾鸥 137
黑尾田鸡 80
黑兀鹫 166
黑鹇 17
黑胸鸫 431
黑胸蜂虎 187
黑胸歌鸲 452
黑胸麻雀 489
黑胸山鹪莺 280
黑胸太阳鸟 480
黑胸鹇 17
黑胸楔嘴鹩鹛 369
黑胸楔嘴穗鹛 369
黑胸织布鸟 485
黑雁 28
黑腰滨鹬 125
［黑］鸢 175
黑鸢 175
黑枕黄鹂 226
［黑枕］绿啄木鸟 203
黑枕绿啄木鸟 203
黑枕王鹟 239
黑枕细嘴黄鹂 226
黑枕燕鸥 143
黑啄木鸟 205
黑嘴端凤头燕鸥 141
黑嘴鸥 135
黑嘴松鸡 10
鸽科 113
鸽形目 110
横斑腹小鸮 152

横斑林莺 338
横斑莺 338
红背伯劳 243
红背红尾鸲 465
红翅凤头鹃 70
红翅鵙鹛 228
红翅绿鸠 56
红翅沙雀 514
红翅薮鹛 405，406
红翅旋壁雀 420
红翅噪鹛 403
红点颏 452
红顶绿鸠 57
红顶鹛 373
红顶穗鹛 370
红顶噪鹛 403
红额金翅 520
红额金翅［雀］520
红额金翅雀 520
红额松雀 510
红额原雀 510
红耳鹎 304
红腹滨鹬 121
红腹鸫 434
红腹红尾鸲 467
红腹灰雀 513
红腹角雉 6
红腹锦鸡 13
红腹山雀 263
红腹旋木雀 415
红腹咬鹃 181
红骨顶 82
红鹳科 44
红鹳目 44
红褐鸫 440
红喉歌鸲 452
红喉黄鹎 304
红喉［姬］鹟 462
红喉姬鹟 462
红喉鹨 494
红喉潜鸟 87
红喉山鹧鸪 2
红喉鹟 462
红喉雉鹑 6
红交嘴雀 520
红角鸮 154，156
红脚斑秧鸡 76
［红脚］鹤鹬 130
红脚鹤鹬 130
红脚鲣鸟 107

红脚苦恶鸟 79
红脚隼 215
红脚田鸡 79
红脚鹬 131
红颈瓣蹼鹬 128
红颈滨鹬 124
红颈绿啄木鸟 203
红颈苇鹀 527
红颈啄木鸟 203
红脸鸬鹚 108
红领绿鹦鹉 221
红眉金翅雀 515
红眉松雀 510
红眉朱雀 505
［红］梅花雀 486
红梅花雀 486
红隼 214
红头［长尾］山雀 335
红头长尾山雀 335
红头灰雀 512
红头潜鸭 36
红头穗鹛 370
红头鸦雀 354
红头咬鹃 180
红头噪鹛 402
红腿斑秧鸡 76
红腿小隼 214
红尾斑鸫 435
红尾伯劳 241
红尾鸫 435
红尾鸫鹛 377
红尾歌鸲 449
红尾绿鹛 341
红尾鹲 45
红尾鸲 466
红尾热带鸟 45
红尾水鸲 467
红尾希鹛 404
红尾溪鸲 467
红尾噪鹛 401
红胁蓝尾鸲 455
红胁绣眼鸟 359
红胸斑秧鸡 79
红胸滨鹬 124
红胸黑雁 29
红胸鸻 118
红胸姬鹟 462
红胸角雉 6
红胸鸬鹚 53
红胸秋沙鸭 34

红胸山鹧鸪 1
红胸田鸡 78
红胸朱雀 509
红胸啄花鸟 478
红腰杓鹬 120
红腰朱雀 504
红玉颈绿啄木鸟 203
［红］原鸡 21
红原鸡 21
红嘴钩嘴鹛 366
红嘴巨鸥 140
红嘴巨燕鸥 140
红嘴蓝鹊 250
红嘴椋鸟 423
红嘴鹲 45
红嘴鸥 135
红嘴热带鸟 45
红嘴山鸦 255
红嘴穗鹛 372
红嘴相思鸟 410
红嘴鸦雀 346
鸿雁 30
厚嘴绿鸠 54
厚嘴山鸠 54
厚嘴苇莺 287
厚嘴啄花鸟 476
胡兀鹫 163
䴗鹬 436
虎斑地鸫 429
虎斑山鸫 429
虎头海雕 176
虎纹伯劳 240
鹱科 90
鹱形目 89
花背噪鹛 388
花彩雀莺 337
花腹绿啄木鸟 202
花腹啄木鸟 202
花冠皱盔犀鸟 183
花脸鸭 38
花蜜鸟科 478
花田鸡 76
花头鸺鹠 150
花头鹦鹉 220
花尾榛鸡 8
花秧鸡 76
华南斑胸钩嘴鹛 364
华南冠纹柳莺 325
华西白腰雨燕 67
华西柳莺 315

华西榛鸡 8
画眉 383
怀氏虎鸫 429
环颈鸻 116
环颈潜鸭 37
环颈山鹧鸪 1
环颈雉 14
环嘴鸥 138
鹮科 96
鹮嘴鹬 112
鹮嘴鹬科 112
荒漠伯劳 243
荒漠林莺 340
皇鸠 57
黄斑苇鳽 98
黄点颏 462
黄额鸦雀 351
黄额燕 302
黄耳拟啄木鸟 195
黄腹冠鹎 307
黄腹花蜜鸟 480
黄腹鹪莺 282
黄腹角雉 6
黄腹柳莺 315，318
黄腹鹨 495
黄腹山鹪莺 282
黄腹山雀 262
黄腹扇尾鹟 259
黄腹树莺 331
黄腹鹟莺 326
黄腹噪鹛 389
黄腹啄花鸟 476
黄腹啄木鸟 210
黄肛啄花鸟 476
黄冠绿啄木鸟 201
黄冠啄木鸟 201
黄褐短翅蝗莺 295
黄喉蜂虎 187
黄喉雀鹛 374
黄喉穗鹛 372
黄喉鹀 527
黄喉噪鹛 389
黄喉雉鹑 7
黄鹡鸰 497，499
黄颊麦鸡 113
黄颊山雀 269
黄脚绿鸠 55
黄脚三趾鹑 110
黄脚［银］鸥 139
黄脚银鸥 139

黄脚渔鸮 161
黄颈凤鹛 357
黄颈拟蜡嘴雀 502
黄颈啄木鸟 210
黄鹂科 226
黄绿鹎 306
黄眉［姬］鹟 459
黄眉姬鹟 459
黄眉林雀 260
黄眉柳莺 313
黄眉鹀 531
黄蹼洋海燕 89
黄雀 521
黄头鹡鸰 500
黄头扇尾莺 278
黄腿银鸥 139
黄腿渔鸮 161
黄臀鹎 304
黄臀灰胸鹎 308
黄臀啄花鸟 476
黄苇鳽 98
黄纹拟啄木 193
黄纹拟啄木鸟 193
黄鹀 526
黄胸滨鹬 125
黄胸柳莺 323
黄胸绿鹊 251
黄胸薮鹛 405
黄胸鹀 529
黄胸鹬 125
黄胸织布鸟 486
黄胸织雀 486
黄腰柳莺 314
黄腰太阳鸟 481
黄腰响蜜䴕 196
黄腰向蜜䴕 196
黄爪隼 214
黄痣薮鹛 405
黄嘴白鹭 104
黄嘴凤头燕鸥 141
黄嘴河燕鸥 143
黄嘴角鸮 154
黄嘴蓝鹊 249
黄嘴栗啄木鸟 198
黄嘴潜鸟 88
黄嘴山鸦 255
黄嘴鸦 419
黄嘴天鹅 27
黄嘴鸦雀 355
黄嘴燕鸥 143

中文名索引

黄嘴噪啄木鸟 198
黄嘴朱顶雀 518
蝗莺科 290
灰［白喉］林莺 341
灰白喉林莺 340，341
灰［白喉］莺 340
灰白喉莺 340
灰斑鸠 115
灰斑角雉 6
灰斑鸠 50
灰斑鹟 438
灰瓣蹼鹬 129
灰背伯劳 245
灰背鸫 431
灰背椋鸟 425
灰背鸥 139
灰背隼 215
灰背燕尾 456
灰伯劳 245
灰翅鸫 431
灰翅浮鸥 144
灰翅鸥 138
灰翅噪鹛 387
灰短脚鹎 309
灰腹地莺 332，333
灰腹灰雀 513
灰腹角雉 6
灰腹绣眼鸟 361
灰腹噪鹛 400
灰冠鹟莺 320
灰冠鸦雀 351
灰鹤 85
灰鸽 115
灰喉柳莺 312
灰喉沙燕 296
灰喉山椒鸟 230
灰喉鸦雀 350
灰喉针尾雨燕 63
灰鹮 92
灰鹡鸰 499
灰颊仙鸫 441
灰脚柳莺 322
灰颈鸦 526
灰颈噪鹛 386
灰卷尾 237
灰孔雀雉 19，20
灰眶雀鹛 381，382
灰蓝［姬］鹟 464
灰蓝姬鹟 464
灰蓝鹊 250

灰蓝山雀 265
灰蓝鹀 464
灰脸鵟鹰 177
灰脸雀鹛 381
灰脸鹟莺 319
灰椋鸟 424
灰林鸽 49
灰林鹏 471
灰林鸮 157
灰柳莺 315
灰眉岩鹀 524，525
灰奇鹛 413
灰沙燕 297
灰山鹑 11
灰山椒鸟 232
灰树鹊 252
灰头斑翅鹛 409
灰头鸫 433
灰头钩嘴鹛 364
灰头灰雀 512
灰头鸫莺 282
灰头椋鸟 426
灰头柳莺 326
灰头绿鸠 54
灰头绿啄木鸟 203
灰头麦鸡 113
灰头南鸠 57
灰头雀鹛 344，345，381
灰头山鸠 54
灰头薮鹛 405
灰头鹟莺 326
灰头鸦 530
灰头鸦雀 354
灰头鹦鹉 219
灰头啄木鸟 203
灰尾［漂］鹬 129
灰尾漂鹬 129
灰尾鹬 129
灰纹鹟 438
灰鹬 439
灰鸦 531
灰喜鹊 248
灰胁噪鹛 395
灰胸鹟莺 281
灰胸山鹪莺 281
灰胸薮鹛 405
灰胸秧鸡 77，78
灰胸竹鸡 20，21
灰岩鹪鹛 376
灰岩鹪鹛 376

灰岩柳莺 323
灰眼短脚鹎 307
灰眼雀鹛 381
灰雁 30
灰燕鸻 132
灰燕鵙 234
灰腰凤头雨燕 63
灰腰雨燕 63
灰莺 340
灰鹟 130
火斑鸠 51
火冠戴菊 472
火冠雀 259
火鹃鸠 53
火烈鸟 44
火尾缝叶莺 283
火尾绿鹛 341
火尾太阳鸟 480
火尾希鹛 404
霍氏旋木雀 415
霍氏鹰鹃 73
霍氏中杜鹃 74

J

叽咋柳莺 317
叽喳柳莺 317
矶鹬 129
鸡形目 1
姬田鸡 80
姬鹬 128
姬啄木鸟 197
极北柳莺 322
极北杓鹬 120
极北朱顶雀 520
鹡鸰科 493
加拿大黑雁 29
加拿大雁 29
家八哥 423
家麻雀 489
家鸦 256
家燕 298
尖尾滨鹬 122
尖尾燕鸥 144
鲣鸟科 107
鲣鸟目 106
剪嘴鸥 133
剑鸻 115
剑嘴鹛 367
鹣鹬 420

鹣鹬科 420
角百灵 272
角䴙䴘 43
角夜鹰 60
角嘴海雀 146
䴙䴘 436
金［斑］鸻 114
金斑鸻 114
金背三趾啄木鸟 199
金背啄木鸟 198，199
金翅［雀］517
金翅雀 517
金翅噪鹛 403
金雕 170
金额雀鹛 374
金额丝雀 521
金额叶鹎 475
金冠地莺 332，333
金冠树八哥 422
金鸻 114
金喉拟啄木 193
金喉拟啄木鸟 193
金黄鹂 226
金鸡 13
金鸠 53
金眶鸻 115
金眶鹟莺 319
金色林鸫 456
金色鸦雀 353
金头缝叶莺 328
金头黑雀 515
金头扇尾莺 278
金头穗鹛 372
金胸歌鸲 453
金胸雀鹛 341
金眼鹛雀 345
金腰燕 300
金翼白眉 400
金枕黑雀 515
鸠鸽科 47
酒红朱雀 507
巨鸻 419
巨嘴短翅蝗莺 293
巨嘴短翅莺 293
巨嘴柳莺 314
巨嘴沙雀 517
距翅麦鸡 113
鹃鸠 52
鹃隼 164
鹃头蜂鹰 164

中国鸟类名称演变概览
Overview of the Evolution of Bird Names in China

鹃形目 69
卷尾科 237
卷羽鹈鹕 104
军舰鸟 106
军舰鸟科 106

K

堪察加柳莺 322
柯氏草鹛 394
孔雀雉 19
苦恶鸟 80
库氏白腰雨燕 67
库页岛蝗莺 290
库页岛柳莺 322
宽尾树莺 333
宽嘴鹟莺 328
鹍 178
阔嘴鸟科 225
阔嘴鹟 439
阔嘴鹬 122

L

拉氏沙锥 127
兰屿角鸮 156
蓝八色鸫 223
蓝背八色鸫 222
蓝背和平鸟 474
蓝翅八色鸫 224，225
蓝翅希鹛 409
蓝翅叶鹎 476
蓝翅噪鹛 397
蓝大翅鸲 431
蓝点颏 450
蓝短翅鸫 447
蓝额［长脚］地鸲 458
蓝额长脚地鸲 458
蓝额长脚鸲 458
蓝额地鸲 458
蓝额红尾鸲 467
蓝耳翠鸟 189
蓝耳拟啄木鸟 195
蓝翡翠 191
蓝腹鹇 17
蓝歌鸲 448
蓝冠噪鹛 389
蓝喉蜂虎 186
蓝喉歌鸲 450
蓝喉拟啄木 195

蓝喉拟啄木鸟 195
蓝喉太阳鸟 481
蓝喉鹟 442
蓝喉仙鹟 442
蓝矶鸫 468
蓝颊蜂虎 186
蓝宽嘴鸫 437
蓝脸鲣鸟 107
蓝绿鹊 251
蓝马鸡 17
蓝眉林鸲 456
蓝头［白喉］矶鸫 469
蓝头红尾鸲 465
蓝头矶鸫 469，470
蓝鹀 527
蓝鹇 17
蓝胸鹑 24
蓝胸佛法僧 188
蓝胸鹟 442
蓝胸秧鸡 77，78
蓝须蜂虎 185
［蓝须］夜蜂虎 185
蓝须夜蜂虎 185
蓝腰短尾鹦鹉 219
蓝腰鹦鹉 219
蓝枕八色鸫 222
蓝枕花蜜鸟 478
雷鸟 9
理氏鹨 496
丽色奇鹛 413
丽色噪鹛 403
丽鸫 420
丽星鹩鹛 474
丽星鹩鹛科 474
丽星噪鹛 398
栗斑杜鹃 71
栗斑腹鹀 524
栗背伯劳 243
栗背短翅鸫 446
栗背短脚鹎 309
栗背林鸲 455
栗背奇鹛 411
栗背岩鹨 483
栗额斑翅鹛 406
栗额鹎鹛 230
栗耳［短脚］鹎 311
栗耳短脚鹎 311
栗耳凤鹛 357
栗耳鹀 523
栗腹歌鸲 448

栗腹矶鸫 469
栗腹鹟 417
栗腹文鸟 488
栗肛鹟 417
栗褐鹃鸠 52
栗喉斑秧鸡 76
栗喉蜂虎 186
栗喉鹎鹛 230
栗喉噪鹛 386
栗颊噪鹛 386
栗鹀 99
栗颈凤鹛 357
栗颈噪鹛 390
栗眶斑翅鹛 406
栗色黄鹂 227
［栗］树鸭 27
栗树鸭 27
栗头八色鸫 223
栗头斑翅鹛 408
栗头地莺 333
栗头蜂虎 186，187
栗头凤鹛 356，357，359
栗头缝叶莺 328
栗头虎斑鹛 99
栗头鸭 99
栗头雀鹛 374
栗头树莺 333
栗头鹟莺 323
栗头希鹛 357
栗头［夜］鸦 99
栗头织叶莺 328
栗臀鹟 417
栗臀噪鹛 389
栗苇鸦 98
栗尾姬鹟 460
栗鸦 530
栗鹀 148
栗胸斑山鹪 11
栗胸矶鸫 469
栗胸山鹧鸪 1
栗胸田鸡 79
栗［夜］鸦 99
栗鸢 175
栗啄木鸟 200
蛎鹬 112
蛎鹬科 112
镰翅鸡 10
椋鸟科 421
鹩哥 422
猎隼 216

林八哥 422
林地雀 516
林雕 169
林雕鸮 160
林鸽 48
林鹬鸽 493
林鹨 235
林岭雀 516
林柳莺 312
林鹛 494
林鹛科 361
林三趾鹑 110
林沙锥 127
林夜鹰 62
林鹰鸮 160
林鹟 131
鳞斑噪鹛 397
鳞腹绿啄木鸟 202，203
鳞腹啄木鸟 202，203
鳞喉绿啄木鸟 202
鳞喉啄木鸟 202
鳞头树莺 334
鳞胁秋沙鸭 34
鳞胸鹩鹛 289
鳞胸鹩鹛科 289
鳞状噪鹛 397
领角鸮 153
领鹎鹛 378
领雀嘴鹎 302
领鸺鹠 151
领岩鹨 483
领燕鸻 132
流苏鹬 122
琉璃蓝鹟 446
琉球歌鸲 449
琉球姬鹟 460
琉球角鸮 156
琉球山椒鸟 232
硫黄鹀 530
硫磺鹀 530
瘤鼻天鹅 27
瘤鸭 35
［柳］雷鸟 9
柳雷鸟 9
柳莺科 312
楼燕 67
芦苇莺 287
芦鹀 528
芦莺 287
鸬鹚 108

568

中文名索引

鸊鷉科 107
路德雀鹛 343
路氏雀鹛 343
鹭科 97
罗纹鸭 38
吕宋鸭 39
绿背姬鹟 460
绿背金鸠 53
绿背鸫鹛 109
绿背山雀 268
绿翅短脚鹎 308
绿翅金鸠 53
绿翅鸭 41
绿喉蜂虎 185
绿喉潜鸟 87
绿喉太阳鸟 481
绿皇鸠 57
绿脚山鹧鸪 19
绿脚树鹧鸪 19
绿金翅 517
绿鸠 56
绿孔雀 19
绿宽嘴鸫 437
绿鸫鹛 109
绿鹭 100
绿眉鸭 39
绿南鸠 57
绿拟啄木鸟 192
绿欧金翅 517
绿鹊 251
绿头鹟莺 318
绿头鸭 40
绿尾虹雉 8
绿胸八色鸫 223
绿鹦嘴鹎 302
绿啄木鸟 203
绿嘴地鹃 69

M

麻雀 490
马岛短脚鹎 311
马岛蜂虎 186
马鸡 16
马拉啸鸫 458
马来八色鸫 224
马来拟啄木鸟 194
麦氏贼鸥 145
毛脚鵟 177
毛脚燕 299

毛脚渔鸮 161
毛腿雕鸮 161
毛腿耳夜鹰 60
毛腿沙鸡 59
毛腿夜鹰 60
毛腿渔鸮 161
矛斑蝗莺 293
矛隼 217
矛纹草鹛 393
玫红眉朱雀 506
梅花雀 486
梅花雀科 486
煤山雀 261
美洲海鸥 137
美洲红鹳 44
美洲绿翅鸭 41
[蒙古] 百灵 275
蒙古百灵 275
蒙古短趾百灵 274
蒙古沙鸻 117
蒙古沙雀 514
鹟科 45
鹟形目 45
猛隼 216
猛鸮 150
棉凫 35
冕柳莺 317
冕雀 260
缅甸竹鸡 20
漠白喉林莺 339,340
漠 [地] 林莺 340
漠地林莺 340
漠鹏 472
漠林莺 340
漠雀 514
漠岩鹨 484
漠莺 340

N

南大苇莺 284
南海燕科 89
南灰伯劳 246
南极贼鸥 145
南亚斑嘴鸭 40
南亚草鹛 380
瑙蒙短尾鹛 379
尼泊尔鹪鹛 290
拟大朱雀 508
拟兀鹫 165

拟游隼 217,218
拟啄木鸟科 192
柠檬腰柳莺 313
牛背鹭 101
牛头伯劳 241
弄岗穗鹛 370

O

欧斑鸠 50
欧鸽 48
欧歌鸫 436
欧金翅雀 517
欧金鸻 114
欧柳莺 316
欧石鸻 111
欧乌鸫 432
欧亚大山雀 266
[欧亚] 红尾鸲 466
欧亚红尾鸲 466
欧亚鵟 178
欧亚鸲 446
欧亚石鸻 111
欧亚乌鸫 432
欧亚喜鹊 253
欧亚旋木雀 414
欧夜鹰 61
欧洲白鹳 95
欧洲红脚隼 215
鸥科 133
鸥嘴燕鸥 140
鸥嘴噪鸥 140

P

攀雀 270
攀雀科 269
盘尾树鹊 253
琵嘴鸭 38
鹎鹛科 42
鹎鹛目 42
漂鹬 130
平原鹨 497
葡萄胸鸭 39
蒲苇莺 285
圃鹀 526
[普通] 八哥 422
普通翠鸟 189
普通雕鸮 159
普通海鸥 137

[普通] 河乌 421
普通角鸮 155
普通鵟 178
普通楼燕 67
[普通] 鸬鹚 108
普通鸬鹚 108
普通潜鸟 88
普通秋沙鸭 34
普通鸭 416
普通旋木雀 414
普通燕鸻 132
普通燕鸥 143
普通秧鸡 77
普通夜鹰 60
普通鹰鹃 72
普通雨燕 67
普通朱雀 504
[普通] 竹鸡 20

Q

祁连山蓝尾鸲 456
钳嘴鹳 94
潜鸟科 87
潜鸟目 87
强脚树莺 330
翘鼻麻鸭 35
翘嘴鹬 129
鞘嘴鸥科 111
青海凤头雀莺 337
青脚滨鹬 123
青脚鹬 131
青头绿鸠 54
青头潜鸭 36
青头鹦鹉 220
青藏白腰雨燕 67
青藏沙鸻 117
青藏喜鹊 254
青藏楔尾伯劳 247
丘鹬 126
秋沙鸭 34
鸲蝗莺 294
鸲 [姬] 鹟 461
鸲姬鹟 461
鸲鹟 461
鸲岩鹨 484
雀鹎科 235
雀科 489
雀鹛科 381
雀鹎科 531

雀形目 222
雀鹰 172
鹊鹎 228
鹊鹨 103
鹊鸲 437
鹊色黄鹂 228
鹊色鹂 228
鹊色奇鹛 413
鹊鸭 33
鹊鸲 174

R

日本鹌鹑 24
[日本]歌鸲 450
日本歌鸲 450
日本灰头鹀 530
日本鹡鸰 500
日本角鸮 153
日本柳莺 322
日本冕柳莺 318
日本树莺 328
日本松雀鹰 172
日本绣眼鸟 360
日本鹰鸮 149
绒额䴓 419
绒海番鸭 32
绒鸭 32
肉垂麦鸡 113
肉足鲣 93

S

萨岛柳莺 322
赛氏篱莺 288
三宝鸟 188
三道眉草鹀 524
三色鹟 459
三趾滨鹬 124
三趾鹑科 110
三趾翠鸟 188
三趾鸥 134
三趾鸦雀 346
三趾鹬 124
三趾啄木鸟 205
沙白喉林莺 339, 340
沙白喉莺 338, 339
沙百灵 276
沙鸡科 59
沙鸡目 59

沙鸭 471
沙丘鹤 83
沙雀 514
沙色朱雀 507
山斑鸠 50
山鹑 11
山缝叶莺 328
山皇鸠 57
山鹡鸰 493
山椒鸟科 230
山鹪莺 279, 280
山蓝鹟 441
山蓝仙鹟 441
山鹨 496
山麻雀 490
山鹛 346
山拟啄木 194
山拟啄木鸟 194
山雀科 259
山树莺 330
山岩鹨 485
山莺 346
山噪鹛 393
山鹧鸪 1
扇尾沙锥 128
扇尾鹟科 236
扇尾莺科 278
勺鸡 8
勺嘴鹬 123
蛇雕 166
蛇鹈科 107
圣鹮 96
鸭科 416
十二红 474
十二黄 473
石鸻 111
石鸻科 111
石鸡 25, 26
石雀 491
史氏蝗莺 292
饰胸鹟 125
寿带 239, 240
寿带[鸟] 239
寿带鸟 239
黍鹀 523
曙红朱雀 505
树鹨 494
[树]麻雀 490
树麻雀 490
树鸭 27

树莺 328
树莺科 326
双斑百灵 275
双斑绿柳莺 321
双辫八色鹟 222
双角犀鸟 182
水葫芦 42
水鹨 495
水蒲苇莺 285
水雉 119
水雉科 119
丝光椋鸟 423
丝绒海番鸭 32
斯里兰卡绿鸠 54
四川淡背地鸫 428
四川短翅蝗莺 296
四川短翅莺 296
四川光背地鸫 428
四川褐头山雀 265
四川林鸮 158
四川柳莺 313, 314
四川山鹧鸪 1
四川旋木雀 416
四川雉鹑 7
四声杜鹃 73
松鸡 10
松雀 511
松雀鹰 172
松鸦 248
穗鹏 471
隼科 214
隼形目 214
蓑羽鹤 84

T

塔尾树鹊 253
台湾暗蓝鹟 249
台湾白喉噪鹛 395
台湾白眉林鸲 455
台湾斑翅鹛 408
台湾斑胸钩嘴鹛 362
台湾鸭 305
台湾戴菊 472
台湾岛鸫 433
台湾短翅蝗莺 295
台湾短翅莺 295
台湾画眉 384
台湾黄山雀 268
台湾灰头灰雀 513

台湾鹪鹛 290
台湾酒红朱雀 507
台湾蓝短翅鸫 448
台湾蓝鹊 249
台湾蓝仙鹟 444
台湾林鸲 455
台湾拟啄木鸟 194
台湾雀鹛 381
台湾山鹧鸪 2
台湾杂色山雀 262
台湾噪鹛 400
台湾竹鸡 21
台湾紫啸鸫 457
台湾棕颈钩嘴鹛 366
台湾棕噪鹛 396
太平鸟 473
太平鸟科 473
太平洋潜鸟 87
梯氏鸫 431
鹈鹕科 104
鹈形目 96
天鹅 27
田鹨 435
田鹀 496
田鸫 529
条纹凤鹛 357
条纹噪鹛 396
铁爪鹀 522
铁爪鹀科 522
铁嘴沙鸻 118
铜翅水雉 119
铜翅雉鸽 119
铜鸡 14
铜蓝鹟 446
秃鼻乌鸦 257
秃鹳 94
秃鹫 166

W

蛙口夜鹰科 60
弯嘴滨鹬 123
王鹟科 239
韦氏鹟莺 320
苇鹀 529
苇莺科 284
文须雀 278
文须雀科 278
纹背捕蛛鸟 479
纹背山鹪莺 279

中文名索引

纹腹啄木鸟 209
纹喉斑翅鹛 408
纹喉䴓 306
纹喉凤鹛 358
纹喉绿啄木鸟 202
纹头斑翅鹛 407
纹胸斑翅鹛 408
纹胸鹪鹛 378
纹胸鹛 378
纹胸巨鹛 373
纹胸鹛 373
纹胸织布鸟 485
纹胸织雀 485
纹胸啄木鸟 209
鹟科 437
乌雕 169
乌鸫 432
乌灰鸫 431
乌灰鹞 174
乌脚滨鹬 123
乌鹃 71
乌鹃鸠 52
乌林鸮 158
乌鹟 439
乌燕鸥 142
乌嘴柳莺 321
鸦科 522
兀鹫 166

X

西鹌鹑 24
西滨鹬 126
西伯利亚银鸥 138
西仓鸮 149
西方滨鹬 126
西方灰伯劳 245
[西方]松鸡 10
西方松鸡 10
西方秧鸡 77
西红额金翅雀 520
西红角鸮 154
西红脚隼 215
西黄鹡鸰 497
西灰伯劳 245
西灰林鸮 157
西康雉鹑 6
西南橙腹叶鹎 475
西南冠纹柳莺 324
西南灰眉岩鹀 526

西牛背鹭 101
西沙色朱雀 507
西秧鸡 77
西域麻雀 489
西域山鹛 346
西域山雀 268
西藏毛腿沙鸡 59
西紫水鸡 82
西棕胸佛法僧 188
稀树草鹀 531
犀鸟 182
犀鸟科 182
犀鸟目 182
锡嘴雀 503
喜鹊 253, 254
喜山白眉朱雀 511
喜山淡背地鸫 428
喜山点翅朱雀 506
喜山光背地鸫 428
喜山红眉朱雀 505
喜山红腰朱雀 504
喜山黄腹树莺 331
喜山金背三趾啄木鸟 199
喜山金背啄木鸟 199
喜山鵟 178
喜山蓝短翅鸫 447
喜山山鹪莺 279
喜山鸲 418
细纹苇莺 285
细纹噪鹛 398
细嘴滨鹬 121
细嘴短趾百灵 273
细嘴钩嘴鹛 367
细嘴黄鹂 226
细嘴鸥 134
细嘴沙百灵 273
细嘴松鸡 10
细嘴兀鹫 165
仙八色鸫 225
仙鹤 84
暹罗斑椋鸟 425
线尾燕 298
响蜜䴕科 196
鸮形目 148
小白额雁 31
小白喉莺 339
小白鹭 104
小白腰雨燕 67
小斑[姬]鹟 463
小斑姬鹟 463

小斑鹟 463
小斑啄木鸟 208
小䴙䴘 86
小滨鹬 125
小捕蛛鸟 478
小雕 169
小杜鹃 75
小短趾百灵 276, 277
小凤头燕鸥 141
小黑背银鸥 140
小黑领噪鹛 384
小虎斑地鸫 429
小黄脚鹬 130
小蝗莺 291
小灰山椒鸟 233
小鹪鹛 290
小金背啄木鸟 199
小鹃鸠 53
小军舰鸟 106
小鳞鹪鹛 290
小鳞[胸]鹪鹛 290
小鳞胸鹪鹛 290
小美洲黑雁 29
小鸥 135
小盘尾 238
小鹛鹩 42
小潜鸭 37
小青脚鹬 131
小绒鸭 32
小沙百灵 274, 276
小杓鹬 119
小隼 214
小太平鸟 474
小天鹅 28
小田鸡 80
小苇鸦 98
小䴓 529
小仙鹟 444
小鸮 152
小星头啄木鸟 207
小鸦鹃 69
小燕尾 456
小雨燕 67
小云雀 271
小嘴鸻 114
小嘴乌鸦 257
笑鸥 136
啸声天鹅 28
楔头鹪鹛 369
楔尾伯劳 247

楔尾䴕 92
楔尾绿鸠 55
楔尾鸥 135
楔嘴鹪鹛 369
楔嘴穗鹛 369
新疆歌鸲 452
新疆角鸮 154
信使圆尾鹱 91
信天翁科 90
星头啄木鸟 206
星鸦 254
休氏白喉林莺 340
休氏黄眉柳莺 312
休氏树莺 331
休氏旋木雀 416
鸺鹠 151
绣眼鸟科 356
锈额斑翅鹛 406
锈腹短翅鸫 447
锈红腹旋木雀 415
锈喉鹪鹛 367
锈颊犀鸟 183
锈脸钩嘴鹛 362
锈胸蓝[姬]鹟 460
锈胸蓝姬鹟 460
锈胸蓝鹟 460
锈眼画眉 381
须浮鸥 144
须苇莺 285
玄燕鸥 133
旋木雀 414
旋木雀科 414
靴篱莺 288
靴隼雕 169
雪鹑 3
雪鸽 47
雪鸮 158
雪鹀 522
雪鹛 158
雪雁 30
血雀 504
血雉 4
巽他短脚鹎 308

Y

鸦科 247
鸦雀科 341
鸦嘴卷尾 237
鸭科 27

中国鸟类名称演变概览
Overview of the Evolution of Bird Names in China

崖海鸦 147	银喉长尾山雀 335	鸢 175	针尾雨燕 63
崖沙燕 297	银脸[长尾]山雀 337	鸳鸯 35	榛鸡 8
哑声天鹅 27	银脸长尾山雀 337	原鸽 47	震旦鸦雀 356
亚历山大鹦鹉 220	银鸥 138	原鸡 21	织女[银]鸥 138
[亚洲]短趾百灵 276	银胸丝冠鸟 225	圆尾鹱 91	织雀科 485
亚洲短趾百灵 276	印度八色鸫 224	圆尾绿鸠 306	雉 14
亚洲辉椋鸟 421	印度斑嘴鸭 40	远东山雀 268	雉鹑 6
亚洲漠地林莺 340	印度池鹭 101	远东树莺 330	雉鸡 14
烟腹毛脚燕 300	印度纯色啄花鸟 477	远东苇莺 285	雉科 1
烟黑叉尾海燕 89	印度冠斑犀鸟 182	云南白斑尾柳莺 326	中白鹭 103
烟柳莺 315	印度鹃鸠 501	云南柳莺 313	中杜鹃 74
岩[白]鹭 104	印度金黄鹂 226	云南雀鹛 383	中华草鹛 379
岩滨鹬 125	印度领角鸮 154	云雀 272	中华长尾雀 509
岩鸽 47	印度鸦 418	云石斑鸭 36	中华短翅鸫 447
岩雷鸟 9	印度寿带 239		中华短翅蝗莺 294
岩鹨科 482	印度兀鹫 165	**Z**	中华短翅莺 294
岩鹭 104	印度啸鸫 458		中华短趾百灵 274
岩燕 298	印缅斑嘴鸭 40	杂斑腹小鸭 152	中华凤头燕鸥 141
眼纹黄山雀 268	印缅寿带 239	杂色山雀 262	中华柳莺 313
眼纹噪鹛 388	印南紫啸鸫 457	杂色噪鹛 398	中华攀雀 270
雁形目 27	印支白腰雨燕 67	藏伯劳 245	中华秋沙鸭 34
燕鸻 132	印支绿鹊 251	藏鸫 432	中华雀鹛 343
燕鸻科 132	莺鹛科 338	藏黄雀 521	中华仙鹟 442
燕䴗 93	莺雀科 228	藏马鸡 16, 17	[中华]鹧鸪 21
燕䴗科 234	鹦鹉科 219	藏雀 507	中华鹧鸪 21
燕科 296	鹦鹉目 219	藏乌鸫 432	中华朱雀 505
燕鸥 143	鹰雕 167	藏鹀 523	中南寿带 240
燕雀 502	鹰鹃 72	藏雪鸡 22	中杓鹬 119
燕雀科 502	鹰科 163	藏雪雀 492	中亚短趾百灵 276
燕隼 216	鹰头杜鹃 72	噪大苇莺 284	中亚鸽 48
秧鸡 77	鹰鸮 149	噪鹃 70	中亚叽喳柳莺 317
秧鸡科 76	鹰形目 163	噪鹛科 383	中亚柳莺 312
洋斑燕 298	优雅角鸮 156	噪鸥 140	中亚夜鹰 61
洋燕 298	幽鹛科 374	噪苇莺 284	中贼鸥 145
咬鹃科 180	疣鼻天鹅 27	泽鹬 131	皱盔犀鸟 183
咬鹃目 180	游隼 217	贼鸥科 145	朱背啄花鸟 477
叶鸭科 475	鱼鸥 137	增口噪鹛 388	朱鹮 97
曳尾鹱 92	鱼鹰 163	爪哇八哥 423	朱鹂 227
夜蜂虎 185	渔雕 176	爪哇池鹭 101	朱雀 504
夜鹭 100	渔鸥 137	[爪哇]禾雀 488	朱鸦 485
夜鹰 60	雨燕 67	爪哇红翅鹃鹛 229	朱鹮科 485
夜鹰科 60	雨燕科 63	爪哇金丝燕 65	侏蓝姬鹟 461
夜鹰目 60	玉带海雕 176	爪哇栗额鹃鹛 230	侏蓝仙鹟 461
伊氏噪鹛 401	玉山雀鹛 345	沼泽大尾莺 296	侏鸬鹚 107
遗鸥 136	玉山噪鹛 400	沼泽山雀 263	珠颈斑鸠 51
蚁䴕 196	玉头[姬]鹟 464	赭红尾鸲 466	竹鸡 20
异色树莺 331	玉头姬鹟 464	鹧鸪 21	竹啄木鸟 199
银耳相思鸟 411	玉头鹟 464	针尾绿鸠 55	啄花鸟科 476
银耳噪鹛 404	玉鹟科 259	针尾沙锥 127	啄木鸟科 196
银喉[长尾]山雀 335	鹬科 119	针尾鸭 40	啄木鸟目 192

572

中文名索引

紫膀鸭 38
紫背椋鸟 425
紫背苇鸦 98
紫翅椋鸟 426
紫花蜜鸟 480
紫颊太阳鸟 479
紫颊直嘴太阳鸟 479
紫金鹃 70
紫宽嘴鸫 436
紫林鸽 49
紫色花蜜鸟 480
紫色蜜鸟 480
紫寿带 240
紫寿带［鸟］240
紫水鸡 81
紫头鹦鹉 220
紫啸鸫 458
紫针尾雨燕 64
棕斑金背啄木鸟 199
棕斑鸠 52
棕背伯劳 244
棕背鸫 433
棕背黑头鸫 433
棕背田鸡 80
棕背雪雀 493

棕草鹛 394
棕翅鵟鹰 177
棕翅缘鸦雀 347
棕顶树莺 333
棕额［长尾］山雀 336
棕额长尾山雀 336
棕耳鸦雀 351
棕腹［长尾］山雀 336
棕腹大仙鹟 443
棕腹杜鹃 72
棕腹鵙鹛 228
棕腹蓝鹟 444
棕腹蓝仙鹟 444
棕腹林鸲 455
棕腹柳莺 316
棕腹树鹊 252
棕腹隼雕 168
棕腹仙鹟 443
棕腹鹰鹃 72
棕腹啄木鸟 209
棕肛凤鹛 358
棕褐短翅蝗莺 293
棕褐短翅莺 293
棕喉鹩鹛 367
棕喉雀鹛 375

棕颈钩嘴鹛 364
棕颈［无盔］犀鸟 183
棕颈犀鸟 183
棕颈雪雀 493
棕颈鸭 39
棕颈噪鹛 390
棕颏噪鹛 387
棕脸鹟莺 327
棕柳莺 317
棕眉柳莺 314
棕眉山岩鹨 485
棕眉竹鸡 20
棕三趾鹑 110
棕沙燕 296
棕扇尾莺 278
棕薮鸲 437
棕头歌鸲 449
棕头钩嘴鹛 366
棕头鸦鸠 53
棕头鸥 134
棕头雀鹛 343
棕头鸦雀 347
棕头幽鹛 381
棕头圆尾鹱 91
棕臀凤鹛 358

棕臀噪鹛 389
棕尾伯劳 243
棕尾褐鹟 440
棕尾虹雉 7
棕尾鵟 178
棕尾鹟 440
棕胁凤鹛 358
棕胸佛法僧 187
棕胸蓝［姬］鹟 462
棕胸蓝姬鹟 462
棕胸蓝鹟 462
棕胸山鹧鸪 3
棕胸雅鹛 380
棕胸岩鹨 484
棕胸幽鹛 380
棕胸竹鸡 20
棕夜鹭 100
棕雨燕 65
棕噪鹛 396
棕枕山雀 260
棕朱雀 505
棕啄木鸟 197
纵纹腹小鸮 152
纵纹角鸮 156
纵纹绿鹎 303

英文名索引

A

Aberrant Bush Warbler 332
Accentors 482
Albatrosses 90
Alcippe Fulvettas 381
Aleutian Tern 142
Alexandrine Parakeet 220
Alpine Accentor 483
Alpine Chough 256
Alpine Leaf Warbler 315
Alpine Swift 66
Alpine Thrush 428
Alström's Warbler 320
Altai Accentor 482
Altai Snowcock 22
American Wigeon 39
Ancient Murrelet 146
Anhingas 107
Annam Limestone Babbler 376
Arctic Loon 87
Arctic Redpoll 520
Arctic Warbler 322
Ashy Bulbul 309
Ashy Drongo 237
Ashy Minivet 232
Ashy Wood Pigeon 49
Ashy Woodswallow 234
Ashy-headed Green-pigeon 54
Ashy-throated Parrotbill 350
Ashy-throated Warbler 312
Asian Barred Owlet 151
Asian Brown Flycatcher 439
Asian Desert Warbler 340
Asian Dowitcher 126
Asian Emerald Cuckoo 70
Asian Fairy-bluebird 474
Asian Glossy Starling 421
Asian Green Bee Eater 185
Asian House Martin 300
Asian Openbill 94
Asian Palm Swift 65
Asian Rosy Finch 516
Asian Short-toed Lark 276
Asian Stubtail 334
Assam Laughingthrush 403
Auks 146

Austral Storm Petrels 89
Avocets 112
Azure Tit 265
Azure-winged Magpie 248

B

Baer's Pochard 36
Baikal Bush Warbler 294
Baikal Teal 38
Baillon's Crake 80
Baird's Sandpiper 125
Band-bellied Crake 79
Banded Bay Cuckoo 71
Bar-backed Partridge 3
Barbets 192
Bar-headed Goose 30
Barn Owls 148
Barn Swallow 298
Barnacle Goose 29
Barred Buttonquail 110
Barred Laughingthrush 388
Barred Warbler 338
Bar-tailed Cuckoo Dove 52
Bar-tailed Godwit 120
Bar-tailed Treecreeper 415
Bar-throated Minla 410
Bar-winged Flycatcher-shrike 235
Bar-winged Wren-Babbler 368
Bay Woodpecker 198
Baya Weaver 486
Bay-backed Shrike 244
Bean Goose 30
Bearded Reedling 278
Bearded Vulture 163
Beautiful Nuthatch 420
Beautiful Sibia 413
Bee-eaters 185
Beijing Hill-warbler 346
Besra 172
Bhutan Laughingthrush 398
Bianchi's Warbler 320
Bimaculated Lark 275
Bitterns 97
Black Baza 165
Black Bittern 98
Black Bulbul 310

Black Drongo 237
Black Eagle 169
Black Grouse 11
Black Kite 175
Black Lark 275
Black Noddy 133
Black Redstart 466
Black Scoter 33
Black Stork 94
Black Tern 145
Black Woodpecker 205
Black-backed Forktail 456
Black-bellied Sandgrouse 59
Black-bellied Tern 144
Black-bibbed Tit 264
Black-billed Capercaillie 10
Black-breasted Parrotbill 355
Black-breasted Thrush 431
Black-browed Bushtit 337
Black-browed Reed Warbler 284
Black-capped Bulbul 303
Black-capped Kingfisher 191
Black-chinned Babbler 372
Black-chinned Fruit Dove 58
Black-chinned Yuhina 359
Black-collared Starling 424
Black-crowned Night-heron 100
Black-eared Shrike-babbler 230
Black-faced Bunting 530
Black-faced Laughingthrush 399
Black-faced Spoonbill 96
Black-faced Warbler 327
Black-footed Albatross 90
Black-headed Bulbul 303
Black-headed Bunting 522
Black-headed Greenfinch 518
Black-headed Gull 135
Black-headed Ibis 96
Black-headed Penduline Tit 269
Black-headed Shrike-babbler 228
Black-hooded Oriole 227
Blackish-breasted Babbler 369
Black-legged Kittiwake 134
Black-naped Monarch 239
Black-naped Oriole 226
Black-naped Tern 143
Black-necked Crane 85

Black-necked Grebe 43
Black-necklaced Scimitar Babbler 362
Black-rumped Magpie 254
Black-shouldered Kite 163
Black-streaked Scimitar Babbler 362
Black-tailed Crake 80
Black-tailed Godwit 121
Black-tailed Gull 137
Blackthroat 453
Black-throated Accentor 485
Black-throated Bushtit 335
Black-throated Laughingthrush 391
Black-throated Parrotbill 351
Black-throated Prinia 280
Black-throated Sunbird 480
Black-throated Thrush 434
Black-winged Cuckooshrike 234
Black-winged Pratincole 132
Black-winged Snowfinch 492
Black-winged Stilt 112
Blakiston's Fish Owl 161
Blanford's Rosefinch 514
Blood Pheasant 4
Blossom-headed Parakeet 220
Blue Eared Pheasant 17
Blue Pitta 223
Blue Rock Thrush 468
Blue Whistling Thrush 458
Blue-and-white Flycatcher 445
Blue-bearded Bee Eater 185
Blue-breasted Quail 24
Blue-capped Redstart 465
Blue-capped Rock Thrush 469
Blue-cheeked Bee Eater 186
Blue-crowned Laughingthrush 390
Blue-eared Barbet 195
Blue-eared Kingfisher 189
Blue-fronted Redstart 467
Blue-fronted Robin 458
Blue-naped Pitta 222
Blue-rumped Parrot 219
Blue-rumped Pitta 222
Blue-tailed Bee Eater 186
Bluethroat 450
Blue-throated Barbet 195
Blue-throated Bee Eater 186
Blue-throated Blue Flycatcher 442
Blue-winged Laughingthrush 398
Blue-winged Leafbird 476
Blue-winged Minla 409

Blue-winged Pitta 224
Blunt-winged Warbler 285
Blyth's Kingfisher 189
Blyth's Leaf Warbler 324
Blyth's Pipit 497
Blyth's Reed Warbler 287
Blyth's Rosefinch 504
Blyth's Shrike-babbler 229
Blyth's Tragopan 6
Bohemian Waxwing 473
Bonelli's Eagle 171
Bonin Petrel 91
Boobies 107
Booted Eagle 169
Booted Warbler 288
Boreal Owl 153
Brahminy Kite 175
Brahminy Starling 426
Brambling 502
Brandt's Mountain Finch 516
Brant Goose 28
Bridled Tern 142
Broad-billed Sandpiper 122
Broad-billed Warbler 328
Broadbills 225
Bronzed Drongo 238
Bronze-winged Jacana 119
Brown Accentor 484
Brown Boobook 149
Brown Booby 107
Brown Bullfinch 512
Brown Bush Warbler 293
Brown Crake 79
Brown Dipper 421
Brown Eared Pheasant 17
Brown Fish Owl 161
Brown Hornbill 183
Brown Noddy 133
Brown Parrotbill 347
Brown Shrike 241
Brown Wood Owl 157
Brown-backed Spinetail 64
Brown-breasted Bulbul 304
Brown-breasted Flycatcher 439
Brown-cheeked Fulvetta 381
Brown-cheeked Laughingthrush 400
Brown-chested Jungle Flycatcher 443
Brown-eared Bulbul 311
Brown-flanked Bush Warbler 330
Brown-fronted Woodpecker 209

Brown-headed Gull 134
Brown-headed Thrush 434
Brown-throated Fulvetta 343
Brown-throated Sunbird 479
Brown-throated Woodpecker 210
Brown-winged Parrotbill 350
Buff-barred Warbler 312
Buff-bellied Pipit 495
Buff-breasted Babbler 380
Buff-breasted Sandpiper 125
Buff-chested Babbler 373
Buff-throated Partridge 7
Buff-throated Warbler 316
Buffy Laughingthrush 396
Bugun Liocichla 405
Bulbuls 302
Bull-headed Shrike 241
Bulwer's Petrel 93
Burmese Shrike 243
Bush warblers 326
Bush Warblers and Grasshopper Warblers 290
Bustards 86
Buttonquails 110

C

Cabot's Tragopan 6
Cackling Goose 29
Calandra Lark 275
Canada Goose 29
Canvasback 36
Carrion Crow 257
Caspian Gull 139
Caspian Plover 118
Caspian Tern 140
Cattle Egret 101
Cetti's Warbler 333
Changeable Hawk Eagle 167
Chestnut Bulbul 310
Chestnut Bunting 530
Chestnut Munia 488
Chestnut Thrush 433
Chestnut-bellied Nuthatch 417
Chestnut-bellied Rock Thrush 469
Chestnut-bellied Tit 262
Chestnut-breasted Hill Partridge 1
Chestnut-capped Babbler 373
Chestnut-cheeked Starling 425
Chestnut-crowned Bush Warbler 333

Chestnut-crowned Laughingthrush 402
Chestnut-crowned Warbler 323
Chestnut-eared Bunting 523
Chestnut-flanked White-eye 359
Chestnut-headed Bee Eater 187
Chestnut-headed Tesia 333
Chestnut-tailed Starling 426
Chestnut-throated Partridge 7
Chestnut-vented Nuthatch 417
Chestnut-winged Cuckoo 70
Chevron-breasted Babbler 369
Chinese Babax 393
Chinese Bamboo Partridge 20
Chinese Barbet 194
Chinese Beautiful Rosefinch 505
Chinese Blackbird 432
Chinese Blue Flycatcher 442
Chinese Bush Warbler 294
Chinese Crested Tern 141
Chinese Egret 104
Chinese Francolin 21
Chinese Fulvetta 343
Chinese Goshawk 172
Chinese Grassbird 379
Chinese Grey Shrike 247
Chinese Grosbeak 503
Chinese Grouse 8
Chinese Hwamei 383
Chinese Leaf Warbler 313
Chinese Long-tailed Rosefinch 509
Chinese Merganser 34
Chinese Monal 8
Chinese Nuthatch 418
Chinese Paradise Flycatcher 240
Chinese Penduline Tit 270
Chinese Pond Heron 101
Chinese Rubythroat 452
Chinese Shortwing 447
Chinese Spot-billed Duck 40
Chinese Thrush 436
Chinese White-browed Rosefinch 511
Christmas Frigatebird 106
Christmas Shearwater 93
Chukar Partridge 25
Cinereous Vulture 166
Cinnamon Bittern 98
Cisticolas 278
Citrine Wagtail 500
Clamorous Reed Warbler 284
Claudia's Leaf Warbler 325

Clicking Shrike-babbler 230
Coal Tit 261
Collared Babbler 378
Collared Bush Robin 455
Collared Crow 257
Collared Falconet 214
Collared Finchbill 302
Collared Grosbeak 502
Collared Kingfisher 191
Collared Myna 423
Collared Owlet 151
Collared Pratincole 132
Collared Scops Owl 153
Collared Treepie 252
Comb Duck 35
Common Blackbird 432
Common Buttonquail 110
Common Chaffinch 502
Common Chiffchaff 317
Common Coot 83
Common Crane 85
Common Cuckoo 73
Common Goldeneye 33
Common Grasshopper Warbler 294
Common Green Magpie 251
Common Greenshank 131
Common Gull-billed Tern 140
Common Hawk-cuckoo 72
Common Hill Myna 422
Common Hill Partridge 1
Common House Martin 299
Common Iora 235
Common Kestrel 214
Common Kingfisher 189
Common Linnet 519
Common Merganser 34
Common Moorhen 82
Common Murre 147
Common Myna 423
Common Nightingale 452
Common Pheasant 14
Common Pochard 36
Common Quail 24
Common Redpoll 519
Common Redshank 131
Common Redstart 466
Common Reed Bunting 528
Common Ringed Plover 115
Common Rock Thrush 468
Common Rosefinch 504

Common Sandpiper 129
Common Shelduck 35
Common Snipe 128
Common Starling 426
Common Swift 67
Common Tailorbird 283
Common Tern 143
Common White Tern 133
Common Whitethroat 341
Cook's Swift 67
Coots 76
Coral-billed Scimitar Babbler 366
Cormorants 107
Corn Bunting 523
Corncrake 78
Cotton Pygmy Goose 35
Crakes 76
Cranes 83
Crested Bunting 522
Crested Finchbill 302
Crested Goshawk 171
Crested Ibis 97
Crested Kingfisher 189
Crested Lark 272
Crested Myna 422
Crested Serpent Eagle 166
Crested Tit-warbler 337
Crested Treeswift 62
Crested Treeswifts 62
Crimson Sunbird 481
Crimson-breasted Barbet 196
Crimson-browed Finch 510
Crimson-winged Finch 514
Crow-billed Drongo 237
Crows 247
Cuckoo Shrikes 230
Cuckoos 69
Curlew Sandpiper 123

D

Dalmatian Pelican 104
Dark-backed Sibia 413
Dark-backed Swift 66
Dark-breasted Rosefinch 515
Dark-necked Tailorbird 283
Dark-rumped Rosefinch 505
Dark-sided Flycatcher 439
Dark-sided Thrush 430
Darters 107

Daurian Jackdaw 256
Daurian Partridge 12
Daurian Redstart 467
Daurian Starling 425
David's Fulvetta 382
Davison's Leaf Warbler 326
Demoiselle Crane 84
Derbyan Parakeet 220
Desert Finch 517
Desert Wheatear 472
Desert Whitethroat 339
Dippers 421
Divers 87
Doves 47
Drongos 237
Ducks 27
Dunlin 124
Dusky Crag Martin 299
Dusky Fulvetta 376
Dusky Thrush 435
Dusky Warbler 315

E

Eagles 163
Eared Pitta 222
Eastern Barn Owl 148
Eastern Buzzard 178
Eastern Crowned Warbler 317
Eastern Grass Owl 148
Eastern Marsh Harrier 174
Eastern Olivaceous Warbler 289
Eastern Orphean Warbler 340
Eastern Red-footed Falcon 215
Eastern Water Rail 77
Eastern Yellow Wagtail 499
Edible-nest Swiftlet 65
Egrets 97
Egyptian Nightjar 61
Egyptian Vulture 164
Elachura 474
Elliot's Laughingthrush 401
Elliot's Pheasant 13
Emei Leaf Warbler 321
Emei Shan Liocichla 405
Emerald Dove 53
Erpornis and Shrike Babblers 228
Eurasian Bittern 97
Eurasian Blackcap 338
Eurasian Bullfinch 513

Eurasian Buzzard 178
Eurasian Collared Dove 50
Eurasian Crag Martin 298
Eurasian Curlew 120
Eurasian Dotterel 114
Eurasian Golden Oriole 226
Eurasian Griffon 166
Eurasian Hoopoe 184
Eurasian Jay 248
Eurasian Magpie 253
Eurasian Nightjar 61
Eurasian Nuthatch 416
Eurasian Oystercatcher 112
Eurasian Pygmy Owl 150
Eurasian Reed Warbler 287
Eurasian Scops Owl 155
Eurasian Siskin 521
Eurasian Skylark 272
Eurasian Sparrow Hawk 172
Eurasian Spoonbill 96
Eurasian Teal 41
Eurasian Tree Sparrow 490
Eurasian Treecreeper 414
Eurasian Wigeon 39
Eurasian Woodcock 126
Eurasian Wren 420
European Bee Eater 187
European Golden Plover 114
European Goldfinch 520
European Greenfinch 517
European Honey-Buzzard 164
European Pied Flycatcher 461
European Robin 446
European Roller 188
Eversmann's Redstart 465
Eyebrowed Thrush 434
Eyebrowed Wren-Babbler 378

F

Fairy Bluebirds 474
Fairy Flycatchers 259
Fairy Pitta 225
Falcated Duck 38
Falcons 214
Fantails 236
Far Eastern Curlew 120
Ferruginous Duck 37
Ferruginous Flycatcher 440
Fieldfare 435

Finches and Allies 502
Fire-breasted Flowerpecker 478
Fire-capped Tit 259
Fire-tailed Myzornis 341
Fire-tailed Sunbird 480
Firethroat 453
Flamecrest 473
Flamingos 44
Flavescent Bulbul 307
Flowerpeckers 476
Forest Wagtail 493
Fork-tailed Sunbird 482
Fork-tailed Swift 66
Franklin's Gull 136
Frigatebirds 106
Frogmouths 60
Fujian Niltava 443
Fulvettas 374
Fulvous Parrotbill 351

G

Gadwall 38
Gannets 107
Gansu Leaf Warbler 314
Garganey 38
Geese 27
Giant Babax 394
Giant Grey Shrike 247
Giant Laughingthrush 388
Giant Nuthatch 419
Glaucous Gull 138
Glaucous-winged Gull 138
Glossy Ibis 97
Godlewski's Bunting 526
Goldcrest 473
Goldcrests 472
Golden Babbler 372
Golden Bush Robin 456
Golden Eagle 170
Golden Parrotbill 353
Golden Pheasant 13
Golden-backed Flameback 199
Golden-breasted Fulvetta 341
Golden-crested Myna 422
Golden-fronted Fulvetta 374
Golden-fronted Leafbird 475
Golden-headed Cisticola 278
Golden-throated Barbet 193
Gold-naped Finch 515

Gould's Shortwing 446
Grandala 431
Gray's Grasshopper Warbler 291
Grayish-crowned Leafbird 475
Graylag Goose 30
Great Barbet 192
Great Bustard 86
Great Cormorant 108
Great Crested Grebe 43
Great Eared Nightjar 60
Great Egret 102
Great Frigatebird 106
Great Grey Owl 158
Great Grey Shrike 245
Great Indian Hornbill 182
Great Iora 236
Great Knot 121
Great Myna 422
Great Parrotbill 346
Great Reed Warbler 284
Great Rosefinch 508
Great Slaty Woodpecker 205
Great Spotted Woodpecker 211
Great Thick-knee 111
Great Tit 266
Great White Pelican 105
Greater Coucal 69
Greater Crested Tern 141
Greater Flameback 198
Greater Flamingo 44
Greater Necklaced Laughingthrush 392
Greater Painted-snipe 118
Greater Racket-tailed Drongo 238
Greater Sand Plover 118
Greater Scaup 37
Greater Short-toed Lark 274
Greater Spotted Eagle 169
Greater Yellow-naped Woodpecker 200
Grebes 42
Green Cochoa 437
Green Imperial Pigeon 57
Green Peafowl 19
Green Sandpiper 129
Green Shrike-babbler 229
Green-backed Flycatcher 460
Green-backed Heron 100
Green-backed Tit 268
Green-billed Malkoha 69
Green-crowned Warbler 319
Green-eared Barbet 193

Greenish Warbler 321
Green-legged Partridge 19
Green-tailed Sunbird 481
Grey Bunting 531
Grey Bushchat 471
Grey Crested Tit 262
Grey Heron 101
Grey Laughingthrush 386
Grey Nightjar 61
Grey Partridge 11
Grey Peacock Pheasant 19
Grey Plover 115
Grey Sibia 413
Grey Treepie 252
Grey Wagtail 499
Grey-backed Shrike 245
Grey-backed Thrush 431
Grey-bellied Tesia 332
Grey-breasted Prinia 281
Grey-capped Woodpecker 206
Grey-cheeked Fulvetta 381
Grey-cheeked Warbler 319
Grey-chinned Minivet 230
Grey-crowned Warbler 320
Grey-eyed Bulbul 307
Grey-faced Buzzard 177
Grey-faced Woodpecker 203
Grey-headed Bullfinch 512
Grey-headed Canary-flycatcher 259
Grey-headed Lapwing 113
Grey-headed Parakeet 219
Grey-headed Parrotbill 354
Grey-headed Swamphen 82
Grey-hooded Fulvetta 344
Grey-hooded Parrotbill 350
Grey-hooded Warbler 326
Grey-necked Bunting 526
Grey-sided Bush Warbler 333
Grey-sided Laughingthrush 395
Grey-sided Scimitar Babbler 364
Grey-sided Thrush 433
Grey-streaked Flycatcher 438
Grey-tailed Tattler 130
Grey-throated Babbler 370
Grey-throated Martin 296
Grey-winged Blackbird 431
Ground Babblers 374
Ground Tit 265
Gulls 133
Gyr Falcon 217

H

Hainan Blue Flycatcher 440
Hainan Hill Partridge 2
Hainan Hwamei 384
Hainan Leaf Warbler 325
Hainan Peacock Pheasant 19
Hair-crested Drongo 238
Harlequin Duck 34
Hartert's Leaf Warbler 325
Hawfinch 503
Hawk Owl 150
Hawks 163
Hazel Grouse 8
Hen Harrier 174
Henderson's Ground Jay 254
Herald Petrel 91
Herons 97
Hill Blue Flycatcher 441
Hill Pigeon 47
Hill Prinia 281
Himalayan Beautiful Rosefinch 505
Himalayan Black-lored Tit 268
Himalayan Bulbul 305
Himalayan Bush-robin 456
Himalayan Buzzard 178
Himalayan Cuckoo 74
Himalayan Cutia 404
Himalayan Flameback 199
Himalayan Griffon 166
Himalayan Monal 7
Himalayan Owl 157
Himalayan Prinia 279
Himalayan Rubythroat 452
Himalayan Shortwing 447
Himalayan Snowcock 23
Himalayan Swiftlet 64
Himalayan Thrush 428
Himalayan White-browed Rosefinch 511
Hoary-throated Barwing 407
Hobby 216
Hodgson's Frogmouth 60
Hodgson's Redstart 466
Hodgson's Treecreeper 415
Honeyguides 196
Hooded Crane 85
Hooded Crow 257
Hoopoes 184
Horned Lark 272
Hornbills 182

Horsfield's Bush Lark 270
House Crow 256
House Sparrow 489
House Swift 67
Huet's Fulvetta 383
Hume's Bush Warbler 331
Hume's Leaf Warbler 312
Hume's Pheasant 13
Hume's Short-toed Lark 273
Hume's Treecreeper 416
Hume's Whitethroat 340

I

Ibisbill 112
Ibises 96
Ijima's Leaf-Warbler 318
Imperial Eagle 170
Imperial Pigeon 57
Indian Blue Robin 448
Indian Cuckoo 73
Indian Golden Oriole 226
Indian Paradise Flycatcher 239
Indian Pied Myna 424
Indian Pond Heron 101
Indian Silverbill 487
Indian Skimmer 133
Indian Spot-billed Duck 40
Indian White-eye 361
Indochinese Green Magpie 251
Indochinese Roller 187
Indochinese Yuhina 357
Intermediate Egret 103
Ioras 235
Isabelline Shrike 243
Isabelline Wheatear 471

J

Jacanas 119
Jack Snipe 128
Jacobin Cuckoo 69
Jaegers 145
Jankowski's Bunting 524
Japanese Bush Warbler 328
Japanese Cormorant 109
Japanese Grosbeak 503
Japanese Leaf Warbler 322
Japanese Murrelet 146
Japanese Night-heron 99

Japanese Paradise Flycatcher 240
Japanese Quail 24
Japanese Reed Bunting 527
Japanese Robin 450
Japanese Scops Owl 153
Japanese Sparrow Hawk 172
Japanese Spotted Woodpecker 207
Japanese Thrush 431
Japanese Tit 268
Japanese Wagtail 500
Japanese Waxwing 474
Japanese Wood Pigeon 49
Java Sparrow 488
Javan Myna 423
Javan Pond Heron 101
Jays 247
Jerdon's Baza 164
Jerdon's Bushchat 471

K

Kalij Pheasant 17
Kamchatka Leaf Warbler 322
Kentish Plover 116
Kingfishers 188
Kloss's Leaf Warbler 325
Koklass Pheasant 8

L

Laced Woodpecker 202
Lady Amherst's Pheasant 14
Lanceolated Warbler 293
Lapland Longspur 522
Lapwings 113
Large Cuckooshrike 233
Large Hawk-cuckoo 72
Large Niltava 444
Large Scimitar Babbler 361
Large Woodshrike 235
Large-billed Crow 258
Large-billed Leaf Warbler 321
Large-tailed Nightjar 62
Larks 270
Latham's Snipe 127
Laughing Dove 52
Laughing Gull 136
Laughingthrushes and Allies 383
Laysan Albatross 90
Leach's Storm-petrel 89

Leafbirds 475
Leaf-warblers 312
Lemon-rumped Warbler 313
Lesser Adjutant 94
Lesser Black-backed Gull 140
Lesser Coucal 69
Lesser Crested Tern 141
Lesser Cuckoo 75
Lesser Fish Eagle 176
Lesser Frigatebird 106
Lesser Golden-backed Flameback 199
Lesser Grey Shrike 245
Lesser Kestrel 214
Lesser Necklaced Laughingthrush 385
Lesser Racket-tailed Drongo 238
Lesser Red Cuckoo Dove 53
Lesser Sand Plover 117
Lesser Scaup 37
Lesser Shortwing 447
Lesser Spotted Woodpecker 208
Lesser Whistling Duck 27
Lesser White-fronted Goose 31
Lesser Whitethroat 338
Lesser Yellowlegs 130
Lesser Yellow-naped Woodpecker 201
Light-vented Bulbul 305
Limestone Leaf Warbler 323
Lineated Barbet 192
Little Bittern 98
Little Bunting 529
Little Bustard 86
Little Cormorant 108
Little Crake 80
Little Curlew 119
Little Egret 104
Little Forktail 456
Little Grebe 42
Little Gull 135
Little Owl 152
Little Pied Flycatcher 463
Little Ringed Plover 115
Little Spiderhunter 478
Little Stint 125
Little Tern 142
Long-billed Bush Warbler 293
Long-billed Dowitcher 126
Long-billed Murrelet 146
Long-billed Plover 115
Long-billed Thrush 430
Long-billed Wren-Babbler 379

Long-eared Owl 156
Long-legged Buzzard 178
Longspur 522
Long-tailed Broadbill 225
Long-tailed Duck 32
Long-tailed Jaeger 145
Long-tailed Minivet 231
Long-tailed Rosefinch 508
Long-tailed Shrike 244
Long-tailed Sibia 412
Long-tailed Thrush 429
Long-tailed Tit 335
Long-tailed Tits 335
Long-toed Stint 123
Loons 87
Lowland White-eye 360

M

Macqueen's Bustard 86
Malay Night-heron 100
Mallard 40
Manchurian Bush Warbler 330
Manchurian Reed Warbler 285
Mandarin Duck 35
Manipur Fulvetta 345
Marbled Teal 36
Maroon Oriole 227
Maroon-backed Accentor 483
Marsh Grassbird 291
Marsh Sandpiper 131
Marsh Tit 263
Martens's Warbler 321
Martins and Swallows 296
Masked Booby 107
Masked Bunting 530
Masked Laughingthrush 391
Meadow Bunting 524
Meadow Pipit 495
Merlin 215
Metallic Pigeon 49
Mew Gull 137
Middendorff's Grasshopper Warbler 292
Mikado Pheasant 13
Mistle Thrush 436
Monarch Flycatchers 239
Mongolian Accentor 484
Mongolian Finch 514
Mongolian Lark 275
Mongolian Short-toed Lark 274

Montagu's Harrier 174
Mountain Bamboo Partridge 20
Mountain Bulbul 308
Mountain Chiffchaff 317
Mountain Hawk Eagle 167
Mountain Scops Owl 154
Mountain Tailorbird 328
Moustached Laughingthrush 387
Moustached Warbler 285
Mrs. Gould's Sunbird 481
Mugimaki Flycatcher 461
Mute Swan 27

N

Naga Wren-Babbler 368
Narcissus Flycatcher 459
Naumann's Thrush 435
Naung Mung Scimitar Babbler 379
Nepal Cupwing 290
Nepal Fulvetta 383
Nepal House Martin 300
New World Sparrows 531
Nightjars 60
Nonggang Babbler 370
Northern Boobook 149
Northern Eagle Owl 159
Northern Fulmar 90
Northern Goshawk 173
Northern Hawk-cuckoo 73
Northern Lapwing 113
Northern Pintail 40
Northern Raven 258
Northern Shoveler 38
Northern Shrike 245
Northern Wheatear 471
Nuthatches 416

O

Old World Buntings 522
Old World Flycatchers 437
Old World Orioles 226
Old World Sparrows 489
Old World Warblers 338
Olive-backed Pipit 494
Olive-backed Sunbird 480
Orange-bellied Leafbird 475
Orange-breasted Green Pigeon 54
Orange-breasted Trogon 180

Orange-cheeked Waxbill 486
Orange-flanked Bush-robin 455
Orange-headed Thrush 427
Oriental Bay Owl 148
Oriental Cuckoo 74
Oriental Darter 107
Oriental Dollarbird 188
Oriental Dwarf Kingfisher 188
Oriental Greenfinch 517
Oriental Hobby 216
Oriental Honey-Buzzard 164
Oriental Magpie 254
Oriental Magpie-Robin 437
Oriental Paradise Flycatcher 240
Oriental Pied Hornbill 182
Oriental Plover 118
Oriental Pratincole 132
Oriental Reed Warbler 284
Oriental Scops Owl 156
Oriental Skylark 271
Oriental Stork 95
Oriental Turtle Dove 50
Ortolan Bunting 526
Osprey 163
Oystercatchers 112

P

Pacific Golden Plover 114
Pacific Loon 87
Pacific Reef-egret 104
Pacific Swallow 298
Paddyfield Pipit 497
Paddyfield Warbler 286
Painted Snipes 118
Painted Stork 94
Pale Blue Flycatcher 440
Pale Martin 297
Pale Rosefinch 507
Pale Thrush 434
Pale-backed Pigeon 48
Pale-billed Parrotbill 354
Pale-capped Pigeon 49
Pale-chinned Blue Flycatcher 441
Pale-footed Bush Warbler 334
Pale-footed Shearwater 93
Pale-headed Woodpecker 199
Pale-legged Leaf Warbler 322
Pale-throated Wren-Babbler 368
Pallas's Fish Eagle 176

Pallas's Grasshopper Warbler 291
Pallas's Gull 137
Pallas's Leaf Warbler 314
Pallas's Reed Bunting 529
Pallas's Rosefinch 510
Pallas's Sandgrouse 59
Pallid Harrier 174
Pallid Scops Owl 156
Parasitic Jaeger 145
Parrotbills and Allies 341
Parrots 219
Partridges 1
Peafowls Grouse 1
Pechora Pipit 494
Pectoral Sandpiper 126
Pelagic Cormorant 108
Pelicans 104
Penduline Tits 269
Pere David's Owl 158
Pere David's Tit 263
Peregrine Falcon 217
Petrels and Allies 90
Phalaropes 119
Pheasants 1
Pheasant-tailed Jacana 119
Philippine Cuckoo Dove 52
Philippine Duck 39
Philippine Pied Fantail 236
Pied Avocet 112
Pied Bushchat 471
Pied Falconet 214
Pied Harrier 174
Pied Heron 103
Pied Kingfisher 190
Pied Triller 234
Pied Wheatear 472
Pigeons 47
Pine Bunting 527
Pine Grosbeak 511
Pink-browed Rosefinch 506
Pink-rumped Rosefinch 505
Pink-tailed Rosefinch 485
Pin-striped Tit-Babbler 373
Pintail Snipe 127
Pin-tailed Green Pigeon 55
Pin-tailed Parrotfinch 488
Pipits 493
Pittas 222
Plain Flowerpecker 477
Plain Laughingthrush 393

Plain Mountain Finch 516
Plain Prinia 282
Plain-backed Snowfinch 493
Plaintive Cuckoo 71
Plovers 113
Plumbeous Water Redstart 468
Pomarine Jaeger 145
Pratincoles 132
Providence Petrel 91
Przevalski's Finch 485
Przevalski's Nuthatch 418
Przevalski's Partridge 26
Przevalski's Redstart 465
Ptarmigans 1
Puff-throated Babbler 381
Puff-throated Bulbul 307
Purple Cochoa 436
Purple Heron 102
Purple Spinetail 64
Purple Sunbird 480
Purple-naped Sunbird 478
Pygmy Cormorant 108
Pygmy Cupwing 290
Pygmy Flycatcher 461

Q

Qilian Bluetail 456

R

Radde's Warbler 314
Rails 76
Rainbow Bee Eater 186
Ratchet-tailed Treepie 253
Red Avadavat 486
Red Crossbill 520
Red Junglefowl 21
Red Knot 121
Red Phalarope 129
Red Turtle Dove 51
Red-backed Shrike 243
Red-bearded Bee Eater 185
Red-billed Blue Magpie 250
Red-billed Chough 255
Red-billed Leiothrix 410
Red-billed Scimitar Babbler 366
Red-billed Starling 424
Red-billed Tropicbird 45
Red-breasted Flycatcher 462

Red-breasted Goose 29
Red-breasted Merganser 34
Red-breasted Parakeet 220
Red-collared Woodpecker 203
Red-crested Pochard 36
Red-crowned Crane 84
Red-faced Cormorant 108
Red-faced Liocichla 405
Red-footed Booby 107
Red-fronted Rosefinch 509
Red-fronted Serin 521
Red-headed Bullfinch 512
Red-headed Bunting 523
Red-headed Trogon 180
Red-headed Vulture 166
Red-legged Crake 76
Red-mantled Rosefinch 504
Red-necked Grebe 42
Red-necked Phalarope 128
Red-necked Stint 124
Red-rumped Swallow 300
Redstarts 437
Red-tailed Laughingthrush 401
Red-tailed Minla 404
Red-tailed Shrike 243
Red-tailed Tropicbird 45
Red-throated Loon 87
Red-throated Pipit 494
Red-throated Thrush 435
Red-vented Bulbul 305
Red-wattled Lapwing 113
Red-whiskered Bulbul 304
Redwing 436
Red-winged Laughingthrush 403
Reed Parrotbill 356
Reed Warblers 284
Reeves's Pheasant 13
Relict Gull 136
Rhinoceros Auklet 146
Richard's Pipit 496
Rickett's Hill Partridge 1
Ring-billed Gull 138
Ring-necked Duck 37
River Lapwing 113
River Tern 143
Robin Accentor 484
Robins 437
Rock Bunting 524
Rock Dove 47
Rock Ptarmigan 9

Rock Sandpiper 125
Rock Sparrow 491
Rollers 187
Rook 257
Roseate Tern 143
Rose-ringed Parakeet 221
Ross's Gull 135
Rosy Minivet 233
Rosy Pipit 494
Rosy Starling 426
Rough-legged Buzzard 177
Ruby-cheeked Sunbird 479
Ruddy Kingfisher 190
Ruddy Shelduck 35
Ruddy Turnstone 121
Ruddy-breasted Crake 78
Rufescent Prinia 281
Ruff 122
Rufous Night-heron 100
Rufous Sibia 412
Rufous Treepie 252
Rufous Woodpecker 200
Rufous-backed Sibia 411
Rufous-bellied Hawk Eagle 168
Rufous-bellied Niltava 443
Rufous-bellied Woodpecker 209
Rufous-breasted Accentor 484
Rufous-breasted Bush Robin 455
Rufous-capped Babbler 370
Rufous-cheeked Laughingthrush 386
Rufous-chinned Laughingthrush 387
Rufous-crowned Laughingthrush 395
Rufous-faced Warbler 327
Rufous-fronted Bushtit 336
Rufous-gorgeted Flycatcher 461
Rufous-headed Parrotbill 354
Rufous-headed Robin 449
Rufous-naped Tit 260
Rufous-necked Hornbill 183
Rufous-necked Laughingthrush 390
Rufous-necked Snowfinch 493
Rufous-tailed Babbler 342
Rufous-tailed Robin 449
Rufous-tailed Scrub Robin 437
Rufous-throated Fulvetta 375
Rufous-throated Hill Partridge 2
Rufous-throated Wren-Babbler 367
Rufous-vented Laughingthrush 389
Rufous-vented Tit 260
Rufous-vented Yuhina 358

Rufous-winged Buzzard 177
Rufous-winged Fulvetta 374
Russet Bush Warbler 295
Russet Sparrow 490
Rustic Bunting 529
Rusty Laughingthrush 396
Rusty-bellied Shortwing 447
Rusty-capped Fulvetta 375
Rusty-cheeked Scimitar Babbler 362
Rusty-flanked Treecreeper 415
Rusty-fronted Barwing 406
Rusty-naped Pitta 223
Rusty-tailed Flycatcher 460
Rusty-throated Parrotbill 351
Rusty-throated Wren-Babbler 367
Ryukyu Flycatcher 460
Ryukyu Minivet 232
Ryukyu Robin 449
Ryukyu Scops Owl 156

S

Sabine's Gull 134
Saker Falcon 216
Sakhalin Grasshopper Warbler 290
Sakhalin Leaf Warbler 322
Salim Ali's Swift 67
Sand Martin 297
Sanderling 124
Sandgrouse 59
Sandhill Crane 83
Sandpipers 119
Sandwich Tern 141
Sapphire Flycatcher 464
Sarus Crane 84
Satyr Tragopan 6
Saunders's Gull 135
Savanna Nightjar 62
Savannah Sparrow 531
Savi's Warbler 294
Saxaul Sparrow 489
Scaly Laughingthrush 397
Scaly Thrush 429
Scaly-bellied Green Woodpecker 203
Scaly-breasted Cupwing 289
Scaly-breasted Munia 487
Scarlet Finch 504
Scarlet Minivet 232
Scarlet-backed Flowerpecker 477
Scarlet-breasted Woodpecker 207

Scarlet-faced Liocichla 406
Schrenck's Bittern 98
Scimitar Babblers and Allies 361
Sclater's Monal 7
Sedge Warbler 285
Sharpe's Rosefinch 506
Sharp-tailed Sandpiper 122
Sheathbills 111
Shikra 171
Short-billed Gull 137
Short-billed Minivet 231
Short-eared Owl 157
Short-tailed Albatross 90
Short-tailed Parrotbill 353
Short-tailed Shearwater 93
Short-toed Snake Eagle 167
Shrikes 240
Siamese Pied Myna 425
Siberian Accentor 485
Siberian Blue Robin 448
Siberian Crane 83
Siberian Jay 247
Siberian Rubythroat 452
Siberian Scoter 32
Siberian Spruce Grouse 10
Siberian Stonechat 470
Siberian Thrush 427
Sichuan Bush Warbler 296
Sichuan Hill Partridge 1
Sichuan Jay 247
Sichuan Leaf Warbler 313
Sichuan Thrush 428
Sichuan Tit 265
Sichuan Treecreeper 416
Sikkim Treecreeper 415
Sillem's Rosefinch 508
Silver Gull 134
Silver Oriole 228
Silver Pheasant 18
Silver-backed Spinetail 63
Silver-breasted Broadbill 225
Silver-eared Laughingthrush 404
Silver-eared Mesia 411
Silver-throated Bushtit 335
Skimmers 133
Skuas 145
Slaty Bunting 527
Slaty-backed Flycatcher 460
Slaty-backed Forktail 456
Slaty-backed Gull 139

Slaty-bellied Tesia 332
Slaty-blue Flycatcher 464
Slaty-breasted Rail 78
Slaty-headed Parakeet 220
Slaty-legged Crake 76
Slavonian Grebe 43
Slender-billed Gull 134
Slender-billed Oriole 226
Slender-billed Scimitar Babbler 367
Slender-billed Vulture 165
Small Niltava 445
Small Pratincole 132
Small Snowfinch 492
Smew 33
Smoky Warbler 315
Snipes 119
Snow Bunting 522
Snow Goose 30
Snow Partridge 3
Snow Pigeon 47
Snowy Owl 158
Snowy Sheathbill 111
Snowy-browed Flycatcher 462
Snowy-cheeked Laughingthrush 386
Sociable Lapwing 114
Solitary Snipe 127
Song Thrush 436
Sooty Bushtit 337
Sooty Shearwater 92
Sooty Tern 142
Sooty-headed Bulbul 306
South Polar Skua 145
Southern Rock Bunting 526
Spanish Sparrow 489
Speckled Piculet 197
Speckled Reed Warbler 285
Speckled Wood Pigeon 49
Spectacled Barwing 407
Spectacled Finch 515
Spectacled Fulvetta 343
Spectacled Parrotbill 347
Spiderhunters 478
Spoon-billed Sandpiper 123
Spoonbills 96
Spot-bellied Eagle Owl 160
Spot-billed Pelican 104
Spot-breasted Laughingthrush 383
Spot-breasted Parrotbill 355
Spot-necked Babbler 370
Spotted Bush Warbler 295

Spotted Crake 78
Spotted Dove 51
Spotted Elachura 474
Spotted Flycatcher 438
Spotted Forktail 457
Spotted Greenshank 131
Spotted Laughingthrush 388
Spotted Nutcracker 254
Spotted Owlet 152
Spotted Redshank 130
Spot-throated Babbler 380
Spot-winged Grosbeak 502
Spot-winged Rosefinch 506
Spot-winged Starling 421
Square-tailed Drongo-cuckoo 71
Starlings 421
Steere's Liocichla 405
Stejneger's Stonechat 470
Steller's Eider 32
Steller's Sea Eagle 176
Steppe Eagle 170
Stilt Sandpiper 122
Stilts 112
Stock Dove 48
Stone Curlew 111
Stork-billed Kingfisher 190
Storks 94
Storm Petrels 89
Streak-bellied Woodpecker 209
Streak-breasted Scimitar Babbler 364
Streaked Barwing 409
Streaked Laughingthrush 398
Streaked Rosefinch 508
Streaked Shearwater 92
Streaked Spiderhunter 479
Streaked Weaver 485
Streaked Wren-Babbler 377
Streak-throated Barwing 409
Streak-throated Swallow 302
Streak-throated Woodpecker 202
Striated Bulbul 303
Striated Grassbird 296
Striated Laughingthrush 396
Striated Prinia 280
Striated Swallow 301
Striated Yuhina 357
Stripe-breasted Woodpecker 209
Stripe-throated Bulbul 306
Stripe-throated Yuhina 358
Styan's Bulbul 305

Styan's Grasshopper Warbler 292
Sulphur-bellied Warbler 315
Sulphur-breasted Warbler 323
Sultan Tit 260
Sunbirds 478
Swan Goose 30
Swans 27
Swifts 63
Swinhoe's Minivet 233
Swinhoe's Pheasant 17
Swinhoe's Rail 76
Swinhoe's Snipe 128
Swinhoe's Storm-petrel 89
Swinhoe's White-eye 360
Sykes's Warbler 288

T

Tahiti Petrel 92
Taiga Flycatcher 462
Taiwan Bamboo Partridge 21
Taiwan Barbet 194
Taiwan Barwing 408
Taiwan Blue Magpie 249
Taiwan Bullfinch 513
Taiwan Bush Robin 455
Taiwan Bush Warbler 295
Taiwan Cupwing 290
Taiwan Fulvetta 345
Taiwan Hill Partridge 2
Taiwan Hwamei 384
Taiwan Rosefinch 507
Taiwan Scimitar Babbler 366
Taiwan Thrush 433
Taiwan Vivid Niltava 444
Taiwan Whistling Thrush 457
Taiwan Yuhina 359
Tarim Hill-warbler 346
Tawny Fish Owl 161
Tawny Pipit 497
Temminck's Stint 123
Temminck's Tragopan 6
Terek Sandpiper 129
Terns 133
Thick-billed Flowerpecker 476
Thick-billed Green Pigeon 54
Thick-billed Warbler 287
Thick-Knees 111
Three-banded Rosefinch 510
Three-toed Parrotbill 346

Three-toed Woodpecker 205
Thrushes 427
Tibetan Babax 394
Tibetan Blackbird 432
Tibetan Bunting 523
Tibetan Eared Pheasant 16
Tibetan Lark 276
Tibetan Partridge 11
Tibetan Rosefinch 507
Tibetan Sand Plover 117
Tibetan Sandgrouse 59
Tibetan Serin 521
Tibetan Snowcock 22
Tibetan Snowfinch 492
Tickell's Leaf Warbler 315
Tickell's Thrush 431
Tiger Shrike 240
Tits 259
Tree Pipit 494
Treecreepers 414
Tristram's Bunting 531
Tristram's Storm-petrel 90
Trogons 180
Tropicbirds 45
Tufted Duck 37
Tundra Bean Goose 31
Tundra Swan 28
Turkestan Short-toed Lark 276
Turtle Dove 50
Twite 518
Two-barred Crossbill 520
Two-barred Warbler 321
Typical Owls 149

U

Ultramarine Flycatcher 463
Upland Buzzard 178
Upland Pipit 496
Ural Owl 158

V

Variable Wheatear 472
Varied Tit 262
Variegated Laughingthrush 399
Vega Gull 138
Velvet Scoter 32
Velvet-fronted Nuthatch 419
Verditer Flycatcher 446

Vernal Hanging Parrot 219
Vinaceous Rosefinch 507
Vinous-breasted Starling 423
Vinous-throated Parrotbill 347
Violet Cuckoo 70
Vivid Niltava 444

W

Wagtails 493
Wallcreeper 420
Wandering Tattler 130
Warbling White-eye 360
Ward's Trogon 181
Water Pipit 495
Watercock 81
Waxbills and Allies 486
Waxwings 473
Weavers 485
Wedge-tailed Green Pigeon 55
Wedge-tailed Shearwater 92
Western Capercaillie 10
Western Hooded Pitta 223
Western Jackdaw 256
Western Koel 70
Western Marsh Harrier 173
Western Red-footed Falcon 215
Western Sandpiper 126
Western Tragopan 5
Western Water Rail 77
Western Yellow Wagtail 497
Whimbrel 119
Whiskered Tern 144
Whiskered Yuhina 357
Whistler's Warbler 320
Whistling Green Pigeon 57
Whistling Hawk-cuckoo 73
White Eared Pheasant 16
White Stork 95
White Wagtail 500
White's Thrush 429
White-backed Thrush 433
White-backed Woodpecker 212
White-bellied Black Woodpecker 205
White-bellied Erpornis 228
White-bellied Green Pigeon 56
White-bellied Heron 102
White-bellied Redstart 451
White-bellied Sea Eagle 176
White-breasted Parrotbill 354

White-breasted Waterhen 80
White-browed Bush Robin 454
White-browed Crake 81
White-browed Fantail 236
White-browed Fulvetta 342
White-browed Laughingthrush 391
White-browed Piculet 197
White-browed Scimitar Babbler 364
White-browed Shortwing 448
White-browed Tit 263
White-browed Tit-warbler 337
White-capped Bunting 526
White-capped Water-redstart 468
White-cheeked Hill Partridge 3
White-cheeked Starling 424
White-collared Blackbird 431
White-collared Yuhina 356
White-crested Laughingthrush 385
White-crowned Forktail 457
White-crowned Penduline Tit 270
White-crowned Sparrow 531
White-eared Night-heron 99
White-eared Sibia 412
White-eyed Buzzard 177
White-eyes and Yuhinas 356
White-faced Egret 103
White-faced Plover 116
White-fronted Goose 31
White-gorgeted Flycatcher 440
White-headed Duck 27
White-hooded Babbler 377
White-naped Crane 84
White-naped Yuhina 357
White-necked Laughingthrush 386
White-rumped Munia 487
White-rumped Sandpiper 125
White-rumped Shama 437
White-rumped Snowfinch 492
White-rumped Vulture 165
White-shouldered Ibis 97
White-shouldered Starling 425
White-speckled Laughingthrush 388
White-spectacled Warbler 318
White-tailed Flycatcher 443
White-tailed Lapwing 114
White-tailed Nuthatch 418
White-tailed Robin 454
White-tailed Sea Eagle 176
White-tailed Tropicbird 46
White-throated Bulbul 307

White-throated Bushchat 470
White-throated Dipper 421
White-throated Fantail 236
White-throated Kingfisher 191
White-throated Laughingthrush 394
White-throated Redstart 466
White-throated Rock Thrush 469
White-throated Spinetail 63
White-whiskered laughingthrush 400
White-winged Duck 27
White-winged Grosbeak 503
White-winged Lark 271
White-winged Magpie 250
White-winged Redstart 467
White-winged Snowfinch 491
White-winged Tern 144
White-winged Woodpecker 210
Whooper Swan 27
Willow Grouse 9
Willow Tit 264
Willow Warbler 316
Wilson's Storm-petrel 89
Wire-tailed Swallow 298
Wood Pigeon 48
Wood Sandpiper 131
Wood Snipe 127
Wood Swallows 234

Wood Warbler 312
Woodpeckers 196
Woodshrike 235
Woolly-necked Stork 94
Wreathed Hornbill 183
Wren Babblers 289
Wrens 420
Wryneck 196

X

Xinjiang Ground-jay 254

Y

Yellow Bittern 98
Yellow Bunting 530
Yellow Tit 268
Yellow-bellied Bush Warbler 331
Yellow-bellied Fantail 259
Yellow-bellied Flowerpecker 476
Yellow-bellied Prinia 282
Yellow-bellied Tit 262
Yellow-bellied Warbler 326
Yellow-billed Blue Magpie 249
Yellow-billed Loon 88
Yellow-billed Nuthatch 419

Yellow-breasted Bunting 529
Yellow-breasted Greenfinch 518
Yellow-browed Bunting 531
Yellow-browed Tit 260
Yellow-browed Warbler 313
Yellow-cheeked Tit 269
Yellow-eyed Babbler 345
Yellow-footed Green Pigeon 55
Yellowhammer 526
Yellow-legged Buttonquail 110
Yellow-rumped Flycatcher 459
Yellow-rumped Honeyguide 196
Yellow-streaked Warbler 314
Yellow-throated Bunting 527
Yellow-throated Fulvetta 374
Yellow-vented Bulbul 305
Yellow-vented Flowerpecker 476
Yellow-vented Green Pigeon 55
Yellow-vented Warbler 323
Yunnan Fulvetta 383
Yunnan Nuthatch 418

Z

Zappey's Flycatcher 446
Zebra Dove 47
Zitting Cisticola 278

学名索引

A

aalge, Uria 147
abbotti, Hirundo tahitica 298
abbotti, Luscinia svecica 451
abbreviatus, Erythrogenys
　　swinhoei 363
abbreviatus, Pomatorhinus
　　erythrocnemis 363
abbreviatus, Pomatorhinus
　　erythrogenys 363
Abroscopus 326, 327, 328
abundus, Eurystomus orientalis 188
Acanthis 518, 519, 520
acanthizoides, Cettia 331
acanthizoides, Cettia
　　acanthizoides 331
acanthizoides, Cettia robustipes 331
acanthizoides, Horornis 331
acanthizoides, Horornis
　　acanthizoides 331
Accipiter 171, 172, 173
Accipitridae 163
ACCIPITRIFORMES 163
Aceros 183, 184
Acridotheres 422, 423
Acrocephalidae 284
Acrocephalus 284, 285, 286, 287
Actinodura 406, 407, 408, 409, 410
Actitis 129
actophila, Butorides striata 101
actophilus, Butorides striatus 100
acuminata, Calidris 122
acuminatus, Calidris 122
acuta, Anas 40
acuta, Anas acuta 40
acuticauda, Apus 66
acuticauda, Sterna 144
acutirostris, Calandrella 273, 274
acutirostris, Calandrella
　　acutirostris 273, 274
adamsi, Montifringilla 492
adamsi, Montifringilla adamsi 492
adamsii, Gavia 88
adamsii, Gavia immer 88
adjuncta, Stachyris ambigua 373
adjunctum, Cyanoderma

ambiguum 373
aedon, Acrocephalus 287
aedon, Acrocephalus aedon 287
aedon, Arundinax 287, 288
aedon, Arundinax aedon 288
aedon, Phragamaticola 287
aedon, Phragamaticola aedon 287
aëdon, Phragamaticola 287
aëdon, Phragamaticola aëdon 287
Aegithalidae 335
Aegithalos 335, 336, 337
Aegithina 235, 236
Aegithinidae 235
Aegolius 153
Aegypius 166
aegyptius, Caprimulgus 61, 62
aegyptius, Caprimulgus aegyptius 62
aemodium, Conostoma 346
aemodius, Parus ater 261
aemodius, Periparus ater 261
aenea, Ducula 57
aeneus, Dicrurus 238
aeneus, Dicrurus aeneus 238
aenobarbus, Pteruthius 230
aeralatus, Pteruthius 228, 229
Aerodramus 64, 65
aeruginosus, Circus 173, 174
aeruginosus, Circus
　　aeruginosus 173, 174
aestigma, Ficedula
　　superciliaris 463, 464
aethereus, Phaethon 45
aethereus, Phaëthon 45
aethiopica, Threskiornis 96
aethiopicus, Threskiornis 96
Aethopyga 480, 481, 482
affine, Trochalopteron 399, 400
affine, Trochalopteron affine 400
affinis, Accipiter virgatus 172
affinis, Apus 67
affinis, Aythya 37
affinis, Caprimulgus 62
affinis, Chaimarrornis fuliginosus 468
affinis, Coracias 187, 188
affinis, Coracias
　　benghalensis 187, 188
affinis, Garrulax 399

affinis, Garrulax affinis 399
affinis, Gelochelidon nilotica 140
affinis, Ithaginis cruentus 4, 5
affinis, Mycerobas 502
affinis, Parus montanus 264
affinis, Parus songarus 264
affinis, Pericrocotus brevirostris 231
affinis, Phoenicurus fuliginosus 468
affinis, Phylloscopus 315
affinis, Phylloscopus affinis 315
affinis, Poecile montanus 264
affinis, Rhyacornis fuliginosa 468
affinis, Rhyacornis fuliginosus 468
affinis, Seicercus 318
affinis, Seicercus affinis 318
affinis, Terpsiphone 239, 240
agile, Dicaeum 476, 477
Agraphospiza 514, 515
agricola, Acrocephalus 286, 287
agricola, Acrocephalus
　　agricola 286, 287
agricola, Streptopelia orientalis 50
Agropsar 425
ailaoshanense, Trochalopteron
　　chrysopterum 403
ailaoshanense, Trochalopteron
　　erythrocephalum 403
ailaoshanensis, Garrulax
　　erythrocephalus 402
Aix 35
akahige, Erithacus 450
akahige, Erithacus akahige 450
akahige, Larvivora 450
akahige, Larvivora akahige 450
akahige, Luscinia 450
akahige, Luscinia akahige 450
akool, Amaurornis 79
akool, Zapornia 79
alaschanicus, Phasianus
　　colchicus 14, 15
alaschanicus, Phoenicurus 465
Alauda 271, 272
Alaudala 276, 277
Alaudidae 270
alba, Ardea 102, 103
alba, Ardea alba 102
alba, Calidris 124

alba, *Crocethia* 124
alba, *Egretta* 102
alba, *Egretta alba* 102
alba, *Gygis* 133
alba, *Motacilla* 500, 501
alba, *Motacilla alba* 501
alba, *Tyto* 148, 149
albatrus, *Diomedea* 90
albatrus, *Phoebastria* 90
albellus, *Mergellus* 33
albellus, *Mergus* 33
albicilla, *Ficedula* 462
albicilla, *Ficedula parva* 462
albicilla, *Haliaeetus* 176
albicilla, *Haliaeetus albicilla* 176
albicollis, *Rhipidura* 236
albicollis, *Rhipidura albicollis* 236
albicollis, *Rynchops* 133, 134
albidus, *Accipiter gentilis* 173
albifacies, *Paradoxornis*
　　fulvifrons 351
albifacies, *Suthora fulvifrons* 351
albifrons, *Anser* 31
albifrons, *Anser albifrons* 31
albifrons, *Sterna* 142
albifrons, *Sterna albifrons* 142
albifrons, *Sternula* 142
albifrons, *Sternula albifrons* 142
albigula, *Eremophila alpestris* 273
albipectus, *Pomatorhinus*
　　ruficollis 364, 365
albirictus, *Dicrurus macrocercus* 237
albirostris, *Anthracoceros* 182
albirostris, *Anthracoceros*
　　albirostris 182
albirostris, *Anthracoceros*
　　coronatus 182
albiventer, *Gallirallus striatus* 78
albiventer, *Lewinia striata* 78
albiventer, *Pnoepyga* 289
albiventer, *Pnoepyga albiventer* 289
albiventer, *Pnoëpyga* 289
albiventer, *Pnoëpyga albiventer* 289
albiventre, *Pellorneum* 380, 381
albiventris, *Cettia cetti* 333
albocinctus, *Acridotheres* 423
albocinctus, *Turdus* 431
albocoeruleus, *Tarsiger* 456
albogularis, *Abroscopus* 327
albogularis, *Abroscopus*

albogularis 327
albogularis, *Garrulax* 394, 395
albogularis, *Garrulax*
　　albogularis 394, 395
albogularis, *Pterorhinus* 394, 395
albogularis, *Seicercus* 327
albogularis, *Seicercus albogularis* 327
alboides, *Motacilla alba* 500, 501
alboides, *Motacilla lugens* 501
albosuperciliaris, *Rhopophilus* 346
albosuperciliaris, *Rhopophilus*
　　pekinensis 346
albus, *Casmerodius* 102
albus, *Chionis* 111
Alcedinidae 188
Alcedo 189
Alcidae 146
Alcippe 341, 342, 343, 344, 345,
　　374, 375, 376, 381, 382, 383
Alcippeidae 381
Alcurus 303
alearis, *Alcippe poioicephala* 381
Alectoris 25, 26
aleutica, *Sterna* 142
aleuticus, *Onychoprion* 142
aleuticus, *Sterna* 142
alexandri, *Psittacula* 220
alexandrinus, *Charadrius* 116
alexandrinus, *Charadrius*
　　alexandrinus 116
alishanensis, *Bradypterus* 295
alishanensis, *Locustella* 295
Alophoixus 307
alpestris, *Eremophila* 272, 273
alphonsiana, *Paradoxornis*
　　webbiana 348
alphonsiana, *Sinosuthora* 350
alphonsiana, *Sinosuthora*
　　alphonsiana 350
alphonsianus, *Paradoxornis* 349, 350
alphonsianus, *Paradoxornis*
　　alphonsianus 349
alphonsianus, *Paradoxornis*
　　webbianus 348, 349
alpicola, *Montifringilla nivalis* 491
alpina, *Calidris* 124
alpinus, *Calidris* 124
altaica, *Leucosticte nemoricola* 516
altaicus, *Falco* 216
altaicus, *Falco gyrfalco* 217

altaicus, *Tetraogallus* 22, 23
altaicus, *Tetraogallus altaicus* 22
althaea, *Curruca* 340
althaea, *Sylvia* 340
alticola, *Cissa erythroryncha* 250
alticola, *Kitta erythroryncha* 250
alticola, *Urocissa erythroryncha* 250
aluco, *Strix* 157
Amandava 486, 487
amandava, *Amandava* 486, 487
amandava, *Estrilda* 486, 487
amauroptera, *Rallina eurizonoides* 76
Amaurornis 79, 80, 81
amaurotis, *Hypsipetes* 311, 312
amaurotis, *Hypsipetes*
　　amaurotis 311, 312
amaurotis, *Ixos* 311
amaurotis, *Ixos amaurotis* 311
amaurotis, *Microscelis* 311
amaurotis, *Microscelis amaurotis* 311
ambiens, *Hypsipetes*
　　leucocephalus 311
ambiens, *Hypsipetes*
　　madagascariensis 310
ambiens, *Microscelis*
　　leucocephalus 310
ambigua, *Carduelis* 518
ambigua, *Carduelis ambigua* 518
ambigua, *Chloris* 518
ambigua, *Chloris ambigua* 518
ambigua, *Cyanoderma* 372
ambigua, *Stachyris* 372, 373
ambiguum, *Cyanoderma* 372, 373
ambiguus, *Caprimulgus macrurus* 62
amboinensis, *Macropygia* 52, 53
americana, *Anas* 39
americana, *Mareca* 39
americana, *Melanitta* 33
americana, *Melanitta nigra* 33
amherstiae, *Chrysolophus* 14
amictus, *Nyctyornis* 185
ammodendri, *Passer* 489
ammodendri, *Passer ammodendri* 489
amnicola, *Helopsaltes* 290, 291
amnicola, *Locustella* 290, 291
amoena, *Alcippe chrysotis* 342
amoenus, *Lioparus chrysotis* 342
amoyensis, *Caprimulgus affinis* 62
Ampeliceps 422
ampelina, *Parayuhina diademata* 356

ampelina, *Patayuhina diademata* 356
ampelina, *Yuhina diademata* 356
amurensis, *Bonasa bonasia* 8
amurensis, *Butorides striata* 101
amurensis, *Butorides striatus* 100
amurensis, *Dendrocopos minor* 208
amurensis, *Dryobates minor* 208
amurensis, *Falco* 215
amurensis, *Falco vespertinus* 215
amurensis, *Picoides minor* 208
amurensis, *Sitta europaea* 416, 417
amurensis, *Tetrastes bonasia* 8
amyae, *Acrocephalus stentoreus* 284
amyae, *Napothera epilepidota* 379
anaethetus, *Onychoprion* 142
anaethetus, *Onychoprion anaethetus* 142
anaethetus, *Sterna* 142
anaethetus, *Sterna anaethetus* 142
Anas 37, 38, 39, 40, 41
Anastomus 94
Anatidae 27
andersoni, *Pycnonotus xanthorrhous* 305
andrewsi, *Fregata* 106
angarensis, *Motacilla flava* 497, 498, 499
anguste, *Dinopium shorii* 199
angustirostris, *Marmaronetta* 36
Anhinga 107
Anhingidae 107
annae, *Ithaginis cruentus* 4
annamensis, *Blythipicus pyrrhotis* 198
annamensis, *Ficedula hyperythra* 463
annamensis, *Gypsophila* 376, 377
annamensis, *Napothera crispifrons* 376
annamensis, *Turdinus crispifrons* 376
annectans, *Dicrurus* 237
annectans, *Heterophasia* 411
annectans, *Heterophasia annectans* 411
annectens, *Dicrurus* 237
annectens, *Heterophasia* 411, 412
annectens, *Heterophasia annectens* 412
annectens, *Hippolais caligata* 288
annectens, *Hippolais rama* 288
annectens, *Leioptila* 411, 412
annectens, *Leioptila annectens* 412

Anorrhinus 183
Anous 133
Anoüs 133
Anser 30, 31, 32
anser, *Anser* 30
ANSERIFORMES 27
Anthipes 440
Anthocincla 222
anthoides, *Pericrocotus brevirostris* 231
Anthracoceros 182
Anthreptes 479
Anthropoides 84
Anthus 494, 495, 496, 497
Antigone 83, 84
antigone, *Antigone* 84
antigone, *Grus* 84
antigone, *Grus antigone* 84
antiquus, *Synthliboramphus* 146
antiquus, *Synthliboramphus antiquus* 146
apiaster, *Merops* 187
apiaster, *Merops apiaster* 187
apicauda, *Treron* 55
apicauda, *Treron apicauda* 55
apivorus, *Pernis* 164
Aplonis 421
Apodidae 63
apricaria, *Pluvialis* 114
Apus 66, 67, 68
apus, *Apus* 67, 68
aquaticus, *Rallus* 77
Aquila 168, 169, 170, 171
aquilonifer, *Tetraogallus tibetanus* 22
aquilonis, *Hypsipetes propinquus* 308
aquilonis, *Iole propinqua* 308
Arachnothera 478, 479
Arborophila 1, 2, 3, 19
archon, *Picus flavinucha* 201
arctica, *Gavia* 87
arctica, *Gavia arctica* 87
arctoa, *Leucosticte* 516
arctoa, *Leucosticte arctoa* 516
arctus, *Alcurus striatus* 303
arctus, *Pycnonotus striatus* 303
arcuata, *Emberiza fucata* 523
Ardea 101, 102, 103
Ardeidae 97
Ardenna 92, 93
ardens, *Arborophila* 2

ardens, *Oriolus traillii* 227
Ardeola 101
Arenaria 121
arenarius, *Lanius isabellinus* 243
arenarius, *Pterocles orientalis* 59
arenicola, *Streptopelia turtur* 50
arenicolor, *Caprimulgus aegyptius* 62
argalea, *Eremophila alpestris* 272, 273
argentatus, *Larus* 138
argentauris, *Leiothrix* 411
argentauris, *Leiothrix argentauris* 411
arguta, *Alcippe brunnea* 376
argutus, *Alcippe brunnea* 376
argutus, *Schoeniparus brunneus* 376
argyrophrys, *Carpodacus pulcherrimus* 505
ariel, *Fregata* 106
ariel, *Fregata ariel* 106
armandii, *Phylloscopus* 314
armandii, *Phylloscopus armandii* 314
armstrongi, *Halcyon chloris* 191
armstrongi, *Todiramphus chloris* 191
armstrongi, *Todirhamphus chloris* 191
arquata, *Numenius* 120
Artamidae 234
Artamus 234, 235
artatus, *Parus major* 266
artemisiae, *Garrulax ocellatus* 388
artemisiae, *Ianthocincla ocellata* 388
arundinaceus, *Acrocephalus* 284
Arundinax 287, 288
arvensis, *Alauda* 272
Asarcornis 27
asiatica, *Ciconia ciconia* 95
asiatica, *Cinnyris asiaticus* 480
asiatica, *Megalaima* 195
asiatica, *Megalaima asiatica* 195
asiatica, *Nectarinia* 480
asiatica, *Nectarinia asiatica* 480
asiatica, *Psilopogon* 195
asiatica, *Psilopogon asiatica* 195
asiatica, *Sitta europaea* 416, 417
asiaticus, *Charadrius* 118
asiaticus, *Charadrius asiaticus* 118
asiaticus, *Cinnyris* 480
asiaticus, *Cinnyris asiaticus* 480
asiaticus, *Psilopogon* 195
asiaticus, *Psilopogon asiaticus* 195
Asio 156, 157

assamensis，*Aethopyga saturata* 481
assamensis，*Garrulax rufogularis* 387
assamensis，*Ianthocincla rufogularis* 387
assamensis，*Phylloscopus reguloides* 324
assimilis，*Macropygia ruficeps* 53
ater，*Parus* 261
ater，*Parus ater* 261
ater，*Periparus* 261
ater，*Periparus ater* 261
Athene 152，153
athertoni，*Nyctyornis* 185
athertoni，*Nyctyornis athertoni* 185
atra，*Fulica* 83
atra，*Fulica atra* 83
atratus，*Dendrocopos* 209，210
atratus，*Dendrocopos atratus* 210
atratus，*Picoides* 209，210
atratus，*Picoides atratus* 210
atrestus，*Serilophus lunatus* 225
atricapilla，*Lonchura* 488
atricapilla，*Lonchura atricapilla* 488
atricapilla，*Lonchura malacca* 488
atricapilla，*Sylvia* 338
atricapilla，*Sylvia atricapilla* 338
atriceps，*Brachypodius* 303
atriceps，*Brachypodius atriceps* 303
atriceps，*Pycnonotus* 303
atriceps，*Pycnonotus atriceps* 303
atricilla，*Leucophaeus* 136
atrifrons，*Charadrius* 117
atrifrons，*Charadrius atrifrons* 117
atrifrons，*Charadrius mongolus* 117
atrocaudata，*Terpsiphone* 240
atrocaudata，*Terpsiphone atrocaudata* 240
atrogularis，*Arborophila* 3
atrogularis，*Oenanthe deserti* 472
atrogularis，*Orthotomus* 283
atrogularis，*Prinia* 280，281
atrogularis，*Prinia atrogularis* 281
atrogularis，*Prunella* 485
atrogularis，*Turdus* 434，435
atrogularis，*Turdus ruficollis* 435
atronuchalis，*Lobivanellus indicus* 113
atronuchalis，*Vanellus indicus* 113
atrosuperciliaris，*Chleuasicus* 354

atrosuperciliaris，*Chleuasicus atrosuperciliaris* 354
atrosuperciliaris，*Paradoxornis* 354
atrosuperciliaris，*Paradoxornis atrosuperciliaris* 354
atthis，*Alcedo* 189
atthis，*Alcedo atthis* 189
audreyana，*Leucosticte brandti* 516
aurantia，*Sterna* 143
aurata，*Arachnothera magna* 479
aurata，*Stachyris chrysaea* 372
auratum，*Cyanoderma chrysaeum* 372
aurea，*Zoothera* 429，430
aurea，*Zoothera aurea* 430
aurea，*Zoothera dauma* 429，430
aureola，*Emberiza* 529
aureola，*Emberiza aureola* 529
aureola，*Rhipidura* 236
aureus，*Gypaetus barbatus* 164
auriceps，*Dendrocopos* 209
auriceps，*Dendrocoptes* 209
auriceps，*Leiopicus* 209
auricularis，*Heterophasia* 412
aurifrons，*Chloropsis* 475
aurigaster，*Pycnonotus* 306
aurimacula，*Geokichla citrina* 427
aurimacula，*Zoothera citrina* 427
auritum，*Crossoptilon* 17
auritus，*Colymbus* 43
auritus，*Podiceps* 43
auritus，*Podiceps auritus* 43
auroreus，*Phoenicurus* 467
auroreus，*Phoenicurus auroreus* 467
auspicabilis，*Bubo bubo* 159
austeni，*Anorrhinus* 183
austeni，*Anorrhinus tickelli* 183
austeni，*Pomatorhinus ochraceiceps* 366
austerum，*Glaucidium cuculoides* 151
australis，*Megalaima* 195
australis，*Psilopogon* 195
australorientis，*Ficedula westermanni* 463
avensis，*Coracina melaschistos* 234
avensis，*Lalage melaschistos* 234
avensis，*Psittacula eupatria* 221
Aviceda 164，165
avosetta，*Recurvirostra* 112
Aythya 36，37

azurea，*Hypothymis* 239

B

Babax 393，394
babylonicus，*Falco pelegrinoides* 218
babylonicus，*Falco peregrinus* 217，218
bacatus，*Enicurus maculatus* 457
bacchus，*Ardeola* 101
bactriana，*Pica pica* 253
bactrianus，*Passer domesticus* 489
badeigularis，*Spelaeornis* 367
badeigularis，*Spelaeornis caudatus* 367
badia，*Ducula* 57，58
badius，*Accipiter* 171
badius，*Phodilus* 148
baeri，*Aythya* 36，37
baicalensis，*Motacilla alba* 500，501
baicalensis，*Parus montanus* 264
baicalensis，*Poecile montanus* 264
baikalensis，*Lyrurus tetrix* 11
bailloni，*Luscinia pectoralis* 452
bairdii，*Calidris* 125
bakeri，*Cuculus canorus* 74
bakeri，*Liocichla phoenicea* 405，406
bakeri，*Paradoxornis ruficeps* 354
bakeri，*Parayuhina* 356，357
bakeri，*Porzana fusca* 79
bakeri，*Psittiparus* 354
bakeri，*Psittiparus ruficeps* 354
bakeri，*Yuhina* 356，357
bakeri，*Zapornia fusca* 79
bakkamoena，*Otus* 153，154
balasiensis，*Cypsiurus* 65，66
ballioni，*Calliope pectoralis* 452
ballioni，*Luscinia pectoralis* 452
bambergi，*Garrulus glandarius* 248
Bambusicola 20，21
bangsi，*Halcyon coromanda* 190
bangsi，*Prinia crinigera* 280
bangsi，*Prinia polychroa* 279，280
bangsi，*Sitta villosa* 418
bangsi，*Stachyris davidi* 371
bangsi，*Stachyris ruficeps* 371
bangsi，*Sterna dougallii* 143
banyumas，*Cyornis* 441，442

banyumas，Niltava 441，442
barabensis，Larus cachinnans 139
barabensis，Larus fuscus 140
barbata，Montifringilla blanfordi 493
barbata，Pyrgilauda blanfordi 493
barbatus，Gypaetus 163，164
barbatus，Gypaëtus 163
barrovianus，Larus hyperboreus 138
barussarum，Surniculus lugubris 72
batangensis，Passer rutilans 490
batanis，Zosterops japonica 360
batanis，Zosterops japonicus 360
batanis，Zosterops meyeni 361
batasiensis，Cypsiurus 65
batemani，Arborophila torqueola 1
Batrachostomus 60
baueri，Limosa lapponica 120
bayleyi，Heterophasia
　　capistrata 412，413
beaulieu，Paradoxornis
　　nipalensis 352
beaulieui，Lophura
　　nycthemera 18，19
beaulieui，Suthora nipalensis 353
beavani，Parus
　　rubidiventris 260，261
beavani，Periparus rubidiventris 261
beema，Motacilla
　　flava 497，498，499
beicki，Alaudala cheleensis 277
beicki，Calandrella cheleensis 277
beicki，Calandrella rufescens 277
beicki，Carpodacus stoliczkae 507
beicki，Carpodacus synoicus 507
beicki，Dendrocopos major 211，212
beicki，Ithaginis cruentus 4，5
beicki，Picoides major 212
beickianus，Aegolius funereus 153
bella，Carduelis cannabina 519
bella，Linaria cannabina 519
bengalensis，Alcedo atthis 189
bengalensis，Centropus 69
bengalensis，Centropus
　　bengalensis 69
bengalensis，Centropus toulou 69
bengalensis，Graminicola 379，380
bengalensis，Gyps 165
bengalensis，Ploceus 485
bengalensis，Pseudogyps 165
bengalensis，Sterna 141

bengalensis，Thalasseus 141
bengalensis，Thalasseus
　　bengalensis 141
benghalense，Dinopium 199
benghalense，Dinopium
　　benghalense 199
benghalensis，Coracias 187，188
benghalensis，Ploceus 485，486
benghalensis，Rostratula 118
benghalensis，Rostratula
　　benghalensis 118
berezowskii，Anthus hodgsoni 494
berezowskii，Cyanistes cyanus 265
berezowskii，Ithaginis cruentus 4，5
berezowskii，Parus cyanus 265
berezowskii，Parus flavipectus 265
berezowskii，Prunella collaris 483
bergii，Sterna 140
bergii，Thalasseus 140，141
berliozi，Alcippe cinereiceps 344
bernicla，Branta 28
bernsteini，Sterna 141
bernsteini，Thalasseus 141
berthemyi，Garrulax 396
berthemyi，Garrulax
　　poecilorhynchus 396
berthemyi，Pterorhinus 396
bethelae，Garrulax affinis 399
bethelae，Trochalopteron affine 400
bewickii，Cygnus 28
bewickii，Cygnus columbianus 28
bhamoense，Cyanoderma
　　ruficeps 372
bhamoensis，Stachyris ruficeps 371
bianchii，Certhia familiaris 414
biarmicus，Panurus 278
bicalcaratum，Polyplectron 19，20
bicalcaratum，Polyplectron
　　bicalcaratum 20
bicincta，Treron 54
bicinctus，Treron 54
bicolor，Amaurornis 80
bicolor，Porzana 80
bicolor，Zapornia 80
bicornis，Buceros 182
biddulphi，Podoces 254
biedermanni，Picus canus 204
bieti，Alcippe vinipectus 342
bieti，Fulvetta vinipectus 343
bieti，Garrulax 388，389

bieti，Garrulax lunulatus 389
bieti，Ianthocincla 388，389
bifasciata，Loxia leucoptera 520
bimaculata，Melanocorypha 275
bimaculata，Melanocorypha
　　bimaculata 275
bimaculatus，Caprimulgus
　　macrurus 62
birmanus，Merops orientalis 185
bistrigiceps，Acrocephalus 284，285
blakistoni，Anthus
　　spinoletta 495，496
blakistoni，Bubo 161
blakistoni，Ketupa 161
blakistoni，Turnix
　　suscitator 110，111
blanchardii，Alcippe rufogularis 375
blandfordi，Pyrgilauda 493
blanfordi，Montifringilla 493
blanfordi，Montifringilla
　　blanfordi 493
blanfordi，Pyrgilauda 493
blanfordi，Pyrgilauda blanfordi 493
blanfordii，Turnix tanki 110
blythi，Curruca curruca 339
blythi，Sylvia curruca 338，339
blythi，Tragopan 6
blythii，Garrulax affinis 399
blythii，Tragopan 6
blythii，Tragopan blythii 6
blythii，Trochalopteron affine 400
Blythipicus 198
bochaiensis，Larvivora cyane 449
bochaiensis，Luscinia cyane 449
bohaii，Limosa limosa 121
bokhariensis，Parus 268，266，267
Bombycilla 473，474
Bombycillidae 473
bonapartei，Turdus viscivorus 436
Bonasa 8，9
bonasia，Bonasa 8
bonasia，Tetrastes 8
bonvaloti，Aegithalos 337
bonvaloti，Aegithalos bonvaloti 337
bonvaloti，Aegithalos iouschistos 336
bonvaloti，Babax lanceolatus 393
bonvaloti，Pterorhinus
　　lanceolatus 393
bonvalotii，Garrulax elliotii 401
bonvalotii，Trochalopteron elliotii 401

borealis, *Cettia diphone* 328, 329
borealis, *Horornis canturians* 330
borealis, *Lanius* 245, 246
borealis, *Numenius* 119
borealis, *Phylloscopus* 322, 323
borealis, *Phylloscopus borealis* 322, 323
borealis, *Psittacula krameri* 221
borealoides, *Phylloscopus* 322
Botaurus 97
botelensis, *Otus elegans* 155, 156
botelensis, *Otus scops* 155
botelensis, *Otus sunia* 155
bottanensis, *Pica* 253, 254
bottanensis, *Pica pica* 253
boulboul, *Turdus* 431, 432
boulboul, *Turdus boulboul* 432
bourdellei, *Hemixos flavala* 309
bourdellei, *Hemixos flavalus* 309
bourdellei, *Hypsipetes flavala* 309
boyciana, *Ciconia* 95
boyciana, *Ciconia ciconia* 95
brachydactyla, *Calandrella* 274, 275
Brachypodius 303
Brachypteryx 446, 447, 448
brachypus, *Coracia pyrrhocorax* 255
brachypus, *Pyrrhocorax pyrrhocorax* 255
Brachyramphus 146
brachyrhynchus, *Larus* 137
brachyura, *Pitta* 224
brachyurus, *Celeus* 200
brachyurus, *Micropternus* 200
Bradypterus 293, 294, 295, 296
brahmaputra, *Grammatoptila striata* 397
brama, *Athene* 152
brandti, *Eremophila alpestris* 272, 273
brandti, *Leucosticte* 516
brandti, *Leucosticte brandti* 516
brandtii, *Garrulus glandarius* 248
Branta 28, 29
braunianus, *Dicrurus aeneus* 238
brevicaudata, *Gypsophila* 377
brevicaudata, *Gypsophila brevicaudata* 377
brevicaudata, *Napothera* 377
brevicaudata, *Nyctyornis athertoni* 185

brevicaudatus, *Napothera* 377
brevicaudatus, *Turdinus* 377
brevicaudatus, *Turdinus brevicaudatus* 377
brevipennis, *Acridotheres cristatellus* 422, 423
brevipennis, *Acrocephalus agricola* 286
brevipes, *Heteroscelus* 129, 130
brevipes, *Porzana cinerea* 81
brevipes, *Tringa* 129, 130
brevipes, *Tringa incana* 130
brevipes, *Tringa incanus* 130
brevirostris, *Aerodramus* 64, 65
brevirostris, *Aerodramus brevirostris* 65
brevirostris, *Collocalia* 64
brevirostris, *Collocalia brevirostris* 64
brevirostris, *Dendrocopos major* 211, 212
brevirostris, *Dicrurus hottentottus* 238
brevirostris, *Lagopus lagopus* 9
brevirostris, *Parus palustris* 263
brevirostris, *Pericrocotus* 231
brevirostris, *Pericrocotus brevirostris* 231
brevirostris, *Petronia petronia* 491
brevirostris, *Picoides major* 212
brevirostris, *Poecile palustris* 263, 264
brevivexilla, *Cissa erythroryncha* 250
brevivexilla, *Kitta erythroryncha* 250
brevivexilla, *Urocissa erythroryncha* 250
brodiei, *Glaucidium* 151
brodiei, *Glaucidium brodiei* 151
brucei, *Otus* 156
brugeli, *Glaucidium cuculoides* 151
bruniceps, *Emberiza* 523
brunnea, *Alcippe* 376
brunnea, *Alcippe brunnea* 376
brunnea, *Larvivora* 448
brunnea, *Larvivora brunnea* 448
brunnea, *Luscinia* 448
brunnea, *Luscinia brunnea* 448
brunnea, *Paradoxornis webbiana* 348
brunnea, *Sinosuthora* 350
brunnea, *Sinosuthora brunnea* 350
brunneata, *Rhinomyias* 443
brunneata, *Rhinomyias brunneata* 443

brunneatus, *Cyornis* 443
brunneatus, *Rhinomyias* 443
brunneatus, *Rhinomyias brunneatus* 443
brunneiceps, *Yuhina* 359
brunneonucha, *Leucosticte arctoa* 516
brunneopectus, *Arborophila* 3
brunneopectus, *Arborophila brunneopectus* 3
brunneopectus, *Arborophila javanica* 3
brunnescens, *Acrocephalus stentoreus* 284
brunnescens, *Cettia acanthizoides* 331
brunnescens, *Cettia robustipes* 331
brunnescens, *Horornis* 331
brunneus, *Paradoxornis* 349, 350
brunneus, *Paradoxornis brunneus* 349
brunneus, *Paradoxornis webbianus* 348
brunneus, *Schoeniparus* 376
brunneus, *Schoeniparus brunneus* 376
brunnicephalus, *Chroicocephalus* 134, 135
brunnicephalus, *Larus* 134, 135
brunnifrons, *Cettia* 333
brunnifrons, *Cettia brunnifrons* 333
Bubo 158, 159, 160, 161
bubo, *Bubo* 159, 160
Bubulcus 101
Bucanetes 514
Bucephala 33
bucephalus, *Lanius* 241
bucephalus, *Lanius bucephalus* 241
Buccros 182
Bucerotidae 182
BUCEROTIFORMES 182
buchanani, *Emberiza* 526
Bugeranus 83
bugunorum, *Liocichla* 405
bulomacha, *Paradoxornis webbiana* 348
bulomacha, *Sinosuthora webbiana* 350
bulomachus, *Paradoxornis webbianus* 348, 349
bulomachus, *Sinosuthora webbiana* 350
Bulweria 93
bulwerii, *Bulweria* 93

Burhinidae 111
Burhinus 111
burkii，*Phylloscopus* 319，320，321
burkii，*Seicercus* 319
burkii，*Seicercus burkii* 319
burmanica，*Ninox*
　　　scutulata 149，150
burmanica，*Pelargopsis capensis* 190
burmanica，*Rhipidura aureola* 236
burmanica，*Saxicola caprata* 471
burmanicus，*Buteo* 178
burmanicus，*Buteo buteo* 178，179
burmanicus，*Microhierax*
　　　caerulescens 214
burmanicus，*Ploceus philippinus* 486
burmanicus，*Spilornis cheela* 167
burmanicus，*Syrmaticus humiae* 13
burmannicus，*Acridotheres* 423
burmannicus，*Acridotheres*
　　　burmannicus 423
burmannicus，*Sturnus* 423
burmannicus，*Sturnus*
　　　burmannicus 423
burmannicus，*Syrmaticus humiae* 13
burtoni，*Callacanthis* 515
Butastur 177
Buteo 177，178，179
buteo，*Buteo* 178，179
buteoides，*Accipiter gentilis* 173
Butorides 100，101
buturlini，*Emberiza calandra* 523

C

cabanisi，*Dendrocopos*
　　　major 211，212
cabanisi，*Picoides major* 212
caboti，*Tragopan* 6
caboti，*Tragopan caboti* 6
cacabata，*Muscicapa sibirica* 439
cachariensis，*Cyornis poliogenys* 441
cachariensis，*Niltava poliogenys* 441
cachinnans，*Larus* 139
cachinnans，*Larus argentatus* 138
cachinnans，*Larus cachinnans* 139
Cacomantis 71
caerulatus，*Garrulax* 395
caerulatus，*Garrulax caerulatus* 395
caerulatus，*Pterorhinus* 395，396
caerulatus，*Pterorhinus*

　　　caerulatus 396
caerulea，*Cissa* 249
caerulea，*Kitta* 249
caerulea，*Urocissa* 249
caeruleocephala，*Phoenicurus* 466
caeruleocephalus，*Phoenicurus* 465
caerulescens，*Anser* 30
caerulescens，*Anser caerulescens* 30
caerulescens，*Microhierax* 214
caeruleus，*Elanus* 163
caeruleus，*Myiophoneus* 458
caeruleus，*Myiophoneus*
　　　caeruleus 458
caeruleus，*Myophonus* 458
caeruleus，*Myophonus caeruleus* 458
cafer，*Pycnonotus* 305，306
Calamornis 356
calandra，*Emberiza* 523
calandra，*Emberiza calandra* 523
calandra，*Melanocorypha* 275
calandra，*Miliaria* 523
Calandrella 273，274，275，276，277
calcarata，*Motacilla citreola* 500
Calcariidae 522
Calcarius 522
calciatilis，*Phylloscopus* 323
caledonicus，*Nycticorax* 100
Calidris 121，122，123，124，125，126
calidus，*Falco peregrinus* 217，218
caligata，*Hippolais* 288
caligata，*Hippolais caligata* 288
caligata，*Iduna* 288
caligata，*Strix leptogrammica* 157
calipyga，*Leiothrix lutea* 410
Callacanthis 515
Callene 458
Calliope 452，453
calliope，*Calliope* 452，453
calliope，*Luscinia* 452，453
calliope，*Luscinia calliope* 453
callipygia，*Lerwa lerwa* 3
calochrysea，*Culicicapa*
　　　ceylonensis 259
Calonectris 92
calonyx，*Eurystomus orientalis* 188
calvus，*Sarcogyps* 166
Campephagidae 230
campestris，*Anthus* 497
cana，*Heterophasia picaoides* 412
canadensis，*Antigone* 83

canadensis，*Antigone canadensis* 83
canadensis，*Aquila chrysaetos* 170
canadensis，*Branta* 29
canadensis，*Grus* 83
canadensis，*Grus canadensis* 83
candida，*Gygis alba* 133
canicapillus，*Dendrocopos* 206
canicapillus，*Picoides* 206
canicapillus，*Yungipicus* 206
caniceps，*Carduelis* 520，521
caniceps，*Carduelis carduelis* 521
caniceps，*Lanius schach* 244
canifrons，*Spizixos* 302
canipennis，*Hemixos*
　　　castanonotus 309
canipennis，*Hypsipetes flavala* 309
canipennis，*Microscelis flavalus* 309
cannabina，*Acanthis* 519
cannabina，*Carduelis* 519
cannabina，*Linaria* 519
canorus，*Cuculus* 73，74
canorus，*Cuculus canorus* 74
canorus，*Garrulax* 383，384
canorus，*Garrulax canorus* 383，384
cantans，*Cettia diphone* 329
cantans，*Horornis diphone* 329，330
cantator，*Phylloscopus* 323，324
cantator，*Phylloscopus cantator* 324
cantillans，*Mirafra* 270
cantonensis，*Pericrocotus* 233
cantonensis，*Pericrocotus roseus* 233
canturians，*Cettia* 330，329
canturians，*Cettia diphone* 328，329
canturians，*Horornis* 330
canturians，*Horornis canturians* 330
canus，*Larus* 137
canus，*Picus* 204，205
canus，*Picus canus* 204
canutus，*Calidris* 121
Capella 127，128
capensis，*Colymbus ruficollis* 42
capensis，*Halcyon* 190
capensis，*Pelargopsis* 190
capensis，*Podiceps ruficollis* 42
capensis，*Tachybaptus ruficollis* 42
capensis，*Tyto* 148
capillatus，*Phalacrocorax* 109
capistrata，*Heterophasia* 412，413
capistrata，*Oenanthe picata* 472
capitalis，*Hemipus picatus* 235

caprata, *Saxicola* 471
Caprimulgidae 60
CAPRIMULGIFORMES 60
Caprimulgus 60, 61, 62
caraganae, *Perdix hodgsoniae* 11
carbo, *Phalacrocorax* 108, 109
cardis, *Turdus* 431
Carduelis 517, 518, 519, 520, 521
carduelis, *Carduelis* 520, 521
carneipes, *Ardenna* 93
carneipes, *Puffinus* 93
carnipes, *Mycerobas* 503
carnipes, *Mycerobas carnipes* 503
carolinae, *Brachypteryx leucophris* 447
carolinae, *Brachypteryx leucophrys* 447
carolinensis, *Anas* 41
carolinensis, *Anas crecca* 41
Carpodacus 504, 505, 506, 507, 508, 509, 510, 511, 514, 515
caryocatactes, *Nucifraga* 254, 255
cashmeriensis, *Cinclus cinclus* 421
cashmeriensis, *Delichon dasypus* 299, 300
cashmeriensis, *Delichon urbica* 299
casiotis, *Columba palumbus* 48
Casmerodius 102
caspia, *Hydroprogne* 140
caspia, *Hydroprogne caspia* 140
caspia, *Sterna* 140
caspicus, *Colymbus* 43
caspicus, *Colymbus caspicus* 43
caspicus, *Podiceps* 43
caspicus, *Podiceps caspicus* 43
cassini, *Pyrrhula pyrrhula* 513
castanea, *Sitta* 417
castaneceps, *Alcippe* 374
castaneceps, *Alcippe castaneceps* 374
castaneceps, *Schoeniparus* 374, 375
castaneceps, *Schoeniparus castaneceps* 375
castaneiceps, *Alcippe* 374
castaneiceps, *Alcippe castaneiceps* 374
castaneiceps, *Emberiza cioides* 524
castaneiceps, *Hydrornis oatesi* 223
castaneiceps, *Pitta oatesi* 223
castaneocoronata, *Cettia* 333, 334
castaneocoronata, *Cettia castaneocoronata* 334
castaneo-coronata, *Tesia* 333, 334
castaneocoronata, *Tesia*
castaneocoronata 334
castaneo-coronata, *Tesia castaneo-coronata* 334
castaneoventris, *Parus varius* 262
castaneoventris, *Sittiparus* 262
castanicauda, *Minla strigula* 410
castaniceps, *Minla* 357
castaniceps, *Phylloscopus* 323
castaniceps, *Phylloscopus castaniceps* 323
castaniceps, *Seicercus* 323
castaniceps, *Seicercus castaniceps* 323
castaniceps, *Staphida* 357
castaniceps, *Yuhina* 357
castanonotus, *Hemixos* 309
castanonotus, *Hemixos castanonotus* 309
castanonotus, *Hypsipetes* 309
castanonotus, *Hypsipetes flavala* 309
castanonotus, *Microscelis flavalus* 309
castanotis, *Garrulax* 386
castanotis, *Garrulax maesi* 386
cathapharius, *Dendrocopos* 207
Catharacta 145, 146
catharia, *Prinia criniger* 279
catharia, *Prinia crinigera* 280
catharia, *Prinia polychroa* 279
catharia, *Prinia striata* 280
cathoecus, *Dicrurus macrocercus* 237
cathpharius, *Dendrocopos* 207, 208
cathpharius, *Dendrocopos cathpharius* 208
cathpharius, *Dryobates* 207, 208
cathpharius, *Dryobates cathpharius* 208
cathpharius, *Picoides* 207, 208
cathpharius, *Picoides cathpharius* 207
caudacutus, *Hirundapus* 63
caudacutus, *Hirundapus caudacutus* 63
caudacutus, *Hirund-apus* 63
caudacutus, *Hirund-apus caudacutus* 63
caudatus, *Aegithalos* 335
caudatus, *Aegithalos caudatus* 335
caudatus, *Spelaeornis* 367
caudatus, *Spelaeornis caudatus* 367
Cecropis 300, 301
celebensis, *Hirundapus* 64
Celeus 200
celsa, *Rhipidura albicollis* 236
cenchroides, *Accipiter badius* 171
centralasiae, *Anthus novaeseelandiae* 496
centralasiae, *Anthus richardi* 496
centralasiae, *Bombycilla garrulus* 473, 474
centralasiae, *Emberiza schoeniclus* 528, 529
centralasiae, *Helopsaltes certhiola* 292
centralasiae, *Locustella certhiola* 292
centralis, *Calidris alpina* 124
centralis, *Calidris alpinus* 124
centralis, *Pyrrhocorax pyrrhocorax* 255
centralis, *Tetraogallus tibetanus* 22
Centropus 69
Cephalopyrus 259
Cerchneis 214
Cercotrichas 437
Cerorhinca 146
Certhia 414, 415, 416
Certhiidae 414
certhiola, *Helopsaltes* 291, 292
certhiola, *Helopsaltes certhiola* 292
certhiola, *Locustella* 291, 292
certhiola, *Locustella certhiola* 292, 291
cerviniceps, *Eurostopodus macrotis* 60
cerviniceps, *Lyncornis macrotis* 60
cervinus, *Anthus* 494
Ceryle 189, 190
cetti, *Cettia* 333
Cettia 328, 329, 330, 331, 332, 333, 334
ceylonensis, *Culicicapa* 259
Ceyx 188, 189
chaborovi, *Carduelis sinica* 517
Chaimarrornis 467, 468
Chalcites 70, 71
Chalcoparia 479
Chalcophaps 53

Charadriidae 113
CHARADRIIFORMES 110
Charadrius 114, 115, 116, 117, 118
charlottae, *Microscelis* 307, 308
charltonii, *Arborophila* 19
chayulensis, *Paradoxornis fulvifrons* 351
chayulensis, *Suthora fulvifrons* 351
cheela, *Spilornis* 166, 167
cheleensis, *Alaudala* 276, 277
cheleensis, *Alaudala cheleensis* 277
cheleensis, *Calandrella* 276, 277
cheleensis, *Calandrella cheleensis* 277
cheleensis, *Calandrella rufescens* 277
cheleënsis, *Calandrella rufescens* 277
Chelidorhynx 259
chengi, *Locustella* 296
cherrug, *Falco* 216, 217
cherrug, *Falco cherrug* 217
chienfengensis, *Sitta frontalis* 419
chienfengensis, *Sitta solangiae* 419
chinensis, *Amaurornis phoenicurus* 81
chinensis, *Cissa* 251
chinensis, *Cissa chinensis* 251
chinensis, *Coturnix* 24
chinensis, *Coturnix chinensis* 24
chinensis, *Eudynamys scolopacea* 70
chinensis, *Eudynamys scolopaceus* 70
chinensis, *Excalfactoria* 24
chinensis, *Garrulax* 391
chinensis, *Garrulax chinensis* 391
chinensis, *Jynx torquilla* 196
chinensis, *Kitta* 251
chinensis, *Kitta chinensis* 251
chinensis, *Microhierax melanoleucos* 214
chinensis, *Oriolus* 226, 227
chinensis, *Picumnus innominatus* 197, 198
chinensis, *Pterorhinus* 391
chinensis, *Pterorhinus chinensis* 391
chinensis, *Riparia* 296, 297
chinensis, *Riparia chinensis* 297
chinensis, *Riparia paludicola* 296, 297
chinensis, *Spilopelia* 51, 52
chinensis, *Spilopelia chinensis* 52
chinensis, *Streptopelia* 51, 52
chinensis, *Streptopelia*

chinensis 51, 52
chinensis, *Synoicus* 24
chinensis, *Synoicus chinensis* 24
chinensis, *Tyto capensis* 148
chinensis, *Tyto longimembris* 148
chinganicus, *Garrulax davidi* 393
chinganicus, *Pterorhinus davidi* 393
Chionidae 111
Chionis 111
chirurgus, *Hydrophasianua* 119
chirurgus, *Hydrophasianus* 119
Chlamydotis 86
Chleuasicus 354
Chlidonias 144, 145
Chloris 517, 518
chloris, *Carduelis* 517
chloris, *Chloris* 517
chloris, *Halcyon* 191
chloris, *Todiramphus* 191
chloris, *Todirhamphus* 191
chlorolophoides, *Picus chlorolophus* 201, 202
chlorolophus, *Picus* 201, 202
chlorolophus, *Picus chlorolophus* 201, 202
chloronotus, *Phylloscopus* 313, 314
chloronotus, *Phylloscopus chloronotus* 314
chloronotus, *Phylloscopus proregulus* 314
Chloropseidae 475
Chloropsis 475, 476
chloropus, *Arborophila* 19
chloropus, *Arborophila chloropus* 19
chloropus, *Gallinula* 82, 83
chloropus, *Gallinula chloropus* 83
chloropus, *Tropicoperdix* 19
chloropus, *Tropicoperdix chloropus* 19
chocolatinus, *Spelaeornis* 368, 369
Cholornis 346, 347
chrishna, *Dicrurus hottentottus* 238
christiani-ludovici, *Falco columbarius* 215
christinae, *Aethopyga* 482
christinae, *Aethopyga christinae* 482
Chroicocephalus 134, 135
chrysaea, *Stachyris* 372
chrysaea, *Stachyris chrysaea* 372
chrysaetos, *Aquila* 170, 171

chrysaëtos, *Aquila* 170
chrysaeum, *Cyanoderma* 372
chrysaeum, *Cyanoderma chrysaeum* 372
chrysaeus, *Tarsiger* 456
chrysaeus, *Tarsiger chrysaeus* 456
chrysochlore, *Dicaeum chrysorrheum* 476
Chrysococcyx 70, 71
Chrysocolaptes 198, 199
chrysolaus, *Turdus* 434
chrysolaus, *Turdus chrysolaus* 434
chrysolaus, *Turdus pallidus* 434
Chrysolophus 13, 14
Chrysominla 410
Chrysomma 342, 345, 346
Chrysophlegma 200, 201
chrysophrys, *Emberiza* 531
chrysopterum, *Trochalopteron* 403
chrysorrheum, *Dicaeum* 476
chrysorrheum, *Dicaeum chrysorrheum* 476
chrysorrhoides, *Pycnonotus aurigaster* 306
chrysotis, *Alcippe* 341, 342
chrysotis, *Lioparus* 341, 342
chuancheica, *Sylvia curruca* 339
chukar, *Alectoris* 25, 26
chumbiensis, *Alcippe vinipectus* 342
chumbiensis, *Fulvetta vinipectus* 342
cia, *Emberiza* 524, 525
Ciconia 94, 95
ciconia, *Ciconia* 95
Ciconiidae 94
CICONIIFORMES 94
Cinclidae 421
Cinclidium 453, 454, 458, 459
cinclorhyncha, *Monticola* 469
cinclorhynchus, *Monticola* 469
Cinclus 421
cinclus, *Cinclus* 421
cineracea, *Ianthocincla* 387
cineracea, *Pyrrhula griseiventris* 513
cineracea, *Pyrrhula pyrrhula* 513
cineraceus, *Garrulax* 387
cineraceus, *Spodiopsar* 424
cineraceus, *Sturnus* 424
cinerascens, *Alauda arvensis* 272
cinerea, *Alcippe* 374
cinerea, *Amaurornis* 81

学名索引

cinerea, Ardea 101, 102
cinerea, Ardea cinerea 102
cinerea, Calandrella 274
cinerea, Gallicrex 81
cinerea, Gallicrex cinerea 81
cinerea, Motacilla 499, 500
cinerea, Motacilla cinerea 500
cinerea, Porzana 81
cinerea, Schoeniparus 374
cinerea, Terekia 129
cinerea, Xenus 129
cinereicapillus, Spizixos semitorques 302
cinereiceps, Alcippe 344
cinereiceps, Alcippe cinereiceps 344
cinereiceps, Fulvetta 344, 345
cinereiceps, Fulvetta cinereiceps 345
cinereiceps, Garrulax cineraceus 387
cinereiceps, Ianthocincla cineracea 387
cinereus, Acridotheres 422
cinereus, Microsarcops 113
cinereus, Parus 267, 268
cinereus, Poliolimnas 81
cinereus, Schoeniparus 374
cinereus, Vanellus 113
cinereus, Xenus 129
cinnamomeoventris, Sitta castanea 417
cinnamomeum, Pellorneum albiventre 381
cinnamomeus, Ixobrychus 98
cinnamomeus, Passer 490
cinnamomeus, Passer cinnamomeus 490
cinnamomeus, Passer rutilans 490
cinnamoventris, Sitta 417, 418
cinnamoventris, Sitta castanea 417
cinnamoventris, Sitta cinnamoventris 418
Cinnyris 480
cioides, Emberiza 524
cioides, Emberiza cioides 524
Circaetus 167
Circaëtus 167
Circus 173, 174
cirrhatus, Nisaetus 167
cirrhatus, Spizaetus 167
Cissa 249, 250, 251, 252
Cisticola 278

Cisticolidae 278
citreola, Motacilla 500
citreola, Motacilla citreola 500
citrina, Geokichla 427
citrina, Zoothera 427
citrinella, Emberiza 526
citrinocristatus, Picus chlorolophus 201, 202
citronella, Emberiza 526
Clamator 69, 70
clamator, Megalaima virens 192
Clanga 169
clanga, Aquila 169
clanga, Clanga 169
Clangula 32
clangula, Bucephala 33
clangula, Bucephala clangula 33
clarkei, Ithaginis cruentus 4, 5
claudiae, Phylloscopus 324, 325
claudiae, Phylloscopus reguloides 324
clypeata, Anas 38
clypeata, Spatula 38
coatsi, Falco cherrug 216
coatsi, Regulus regulus 473
coccineipes, Amaurornis akool 79
coccineipes, Zapornia akool 79
Coccothraustes 503
coccothraustes, Coccothraustes 503
coccothraustes, Coccothraustes coccothraustes 503
cochinchinensis, Chloropsis 476
cochinchinensis, Chloropsis cochinchinensis 476
cochinchinensis, Hirundapus 63, 64
cochinchinensis, Hlrund-upus 63
Cochoa 436, 437
coelebs, Fringilla 502
coelebs, Fringilla coelebs 502
coelestis, Porphyrio porphyrio 82
coelicolor, Grandala 431
coelivox, Alauda gulgula 271
coeruleocephala, Phoenicuropsis 465
coeruleocephala, Phoenicurus 465, 466
coeruleocephalus, Phoenicurus 465
cognitus, Seicercus 318
colchicus, Phasianus 14, 15, 16
collaris, Aythya 37
collaris, Prunella 483
collaris, Todiramphus chloris 191

collini, Ficedula westermanni 463
Collocalia 64, 65
collurio, Lanius 241, 242, 243
collurio, Lanius collurio 242
collurioides, Lanius 243, 244
collurioides, Lanius collurioides 244
collybita, Phylloscopus 317
collybitus, Phylloscopus 317
Coloeus 256
colonorum, Corvus macrorhynchos 258
colonorum, Corvus macrorhynchus 258
coloratus, Calcarius lapponicus 522
coltarti, Alcedo meninting 189
coltarti, Stachyris nigriceps 370
Columba 47, 48, 49
columbarius, Falco 215, 216
columbianus, Cygnus 28
Columbidae 47
COLUMBIFORMES 47
Colymbus 42, 43
comatus, Mergus merganser 34
comis, Garrulax sannio 391
comis, Pterorhinus sannio 391
commixtus, Parus cinereus 267
commixtus, Parus major 266, 267
commixtus, Parus minor 268
commoda, Alcippe nipalensis 383
communis, Curruca 340, 341
communis, Sylvia 341, 340
concinens, Acrocephalus 285, 286
concinens, Acrocephalus agricola 286
concinens, Acrocephalus concinens 286
concinnus, Aegithalos 335, 336
concinnus, Aegithalos concinnus 336
concolor, Cettia acanthizoides 331
concolor, Cettia robustipes 331
concolor, Dicaeum 477
concolor, Garrulax davidi 393
concolor, Hirundo 299
concolor, Horornis acanthizoides 331
concolor, Hypsipetes leucocephalus 311
concolor, Hypsipetes madagascariensis 310
concolor, Microscelis leucocephalus 310
concolor, Pterorhinus davidi 393

595

concolor, *Ptyonoprogne* 299
concreta, *Niltava* 442, 443
concretus, *Cyornis* 442, 443
confusa, *Calliope pectoralis* 452
confusa, *Luscinia pectoralis* 452
confusa, *Prinia hodgsonii* 281, 282
confusus, *Lanius cristatus* 241, 242, 243
conjuncta, *Minla castaniceps* 357
connectans, *Trochalopteron melanostigma* 403
connectens, *Butorides striatus* 100
connectens, *Garrulax erythrocephalus* 402
connectens, *Trochalopteron erythrocephalum* 403
Conostoma 346
consobrinus, *Remiz* 270
consobrinus, *Remiz consobrinus* 270
consobrinus, *Remiz pendulinus* 270
conspicillata, *Paradoxornis* 347
conspicillata, *Paradoxornis conspicillata* 347
conspicillata, *Sinosuthora* 347
conspicillata, *Sinosuthora conspicillata* 347
conspicillatus, *Paradoxornis* 347
conspicillatus, *Paradoxornis conspicillatus* 347
continentalis, *Ardeola speciosa* 101
continentalis, *Emberiza yessoensis* 528
continentalis, *Emberiza yessoënsis* 528
contra, *Gracupica* 424, 425
contra, *Sturnus* 424
cooki, *Apus* 67
cooki, *Apus acuticauda* 66
cooki, *Apus pacificus* 66
Copsychus 437, 438
Coracia 255, 256
Coracias 187, 188
Coraciidae 187
CORACIIFORMES 185
Coracina 233, 234
corallina, *Sitta frontalis* 419
corax, *Corvus* 258, 259
coreensis, *Strix uralensis* 158
cornix, *Corvus* 257
coromanda, *Halcyon* 190

coromanda, *Halcyon coromanda* 190
coromandelianus, *Nettapus* 35
coromandelianus, *Nettapus coromandelianus* 35
coromandus, *Bubulcus* 101
coromandus, *Bubulcus ibis* 101
coromandus, *Clamator* 70
coronata, *Hemiprocne* 62, 63
coronata, *Hemiprocne longipennis* 62, 63
coronatus, *Ampeliceps* 422
coronatus, *Anthracoceros* 182
coronatus, *Orthotomus cucullatus* 328
coronatus, *Phyllergates cucullatus* 328
coronatus, *Phylloscopus* 317, 318
coronatus, *Phylloscopus coronatus* 318
coronatus, *Remiz* 269, 270
coronatus, *Remiz coronatus* 270
coronatus, *Remiz pendulinus* 270
corone, *Corvus* 257
Corvidae 247
Corvus 256, 257, 258, 259
Coturnicops 76, 77
Coturnix 24
coturnix, *Coturnix* 24
coturnix, *Coturnix coturnix* 24
courtoisi, *Cisticola exilis* 278
courtoisi, *Garrulax* 389, 390
courtoisi, *Garrulax courtoisi* 390
courtoisi, *Garrulax galbanus* 390
courtoisi, *Geokichla citrina* 427
courtoisi, *Pterorhinus* 389, 390
courtoisi, *Pterorhinus courtoisi* 390
courtoisi, *Zoothera citrina* 427
coutellii, *Anthus spinoletta* 495
cowensae, *Erythrogenys gravivox* 363, 364
cowensae, *Pomatorhinus erythrocnemis* 363
cowensae, *Pomatorhinus erythrogenys* 363
craddocki, *Paradoxornis nipalensis* 352
craddocki, *Paradoxornis verreauxi* 352, 353
craddocki, *Suthora verreauxi* 353
craggi, *Tringa totanus* 131
cranbrooki, *Garrulax*

striatus 396, 397
cranbrooki, *Grammatoptila striata* 397
crassirostris, *Curruca* 340
crassirostris, *Larus* 137
crassirostris, *Sylvia* 340
crecca, *Anas* 41
crecca, *Anas crecca* 41
Crex 78
crex, *Crex* 78
Criniger 307
criniger, *Prinia* 279, 280
crinigera, *Prinia* 279, 280
crinigera, *Prinia crinigera* 280
crispifrons, *Gypsophila* 376
crispifrons, *Napothera* 376
crispifrons, *Turdinus* 376
crispus, *Pelecanus* 104, 105
crispus, *Pelecanus philippensis* 105
crispus, *Pelecanus roseus* 105, 104
cristata, *Galerida* 272
cristatellus, *Acridotheres* 422, 423
cristatellus, *Acridotheres cristatellus* 422, 423
cristatus, *Colymbus* 42, 43
cristatus, *Colymbus cristatus* 43
cristatus, *Lanius* 241, 242, 243
cristatus, *Lanius cristatus* 241, 242, 243
cristatus, *Podiceps* 42, 43
cristatus, *Podiceps cristatus* 43
cristatus, *Thalasseus bergii* 141
Crocethia 124
crocotius, *Paradoxornis nipalensis* 352
Crossoptilon 16, 17
crossoptilon, *Crossoptilon* 16, 17
crossoptilon, *Crossoptilon crossoptilon* 16, 17
crudigularis, *Arborophila* 2, 3
cruentatum, *Dicaeum* 477
cruentatum, *Dicaeum cruentatum* 477
cruentus, *Ithaginis* 4, 5
cruentus, *Ithaginis cruentus* 4, 5
cruralis, *Brachypteryx* 447, 448
cruralis, *Brachypteryx montana* 448
Crypsirina 252, 253
Cuculidae 69
CUCULIFORMES 69
cucullata, *Pitta sordida* 223, 224

cucullatus, *Orthotomus* 328
cucullatus, *Phyllergates* 328
cuculoides, *Glaucidium* 151
Cuculus 71, 72, 73, 74, 75
Culicicapa 259
cumatilis, *Cyanoptila* 446
cumatilis, *Cyanoptila cyanomelana* 445
cumatilis, *Ficedula cyanomelana* 445
cuneatus, *Puffinus pacificus* 92
curonicus, *Charadrius dubius* 116
Curruca 338, 339, 340, 341
curruca, *Curruca* 338, 339
curruca, *Sylvia* 338, 339
curtoisi, *Cisticola exilis* 278
curvirostra, *Loxia* 520
curvirostra, *Loxia curvirostra* 520
curvirostra, *Treron* 54, 55
Cutia 404
cuttingi, *Delichon nipalense* 300
cuttingi, *Delichon nipalensis* 300
cyana, *Cyanopica* 248
cyana, *Cyanopica cyana* 249
cyane, *Larvivora* 448, 449
cyane, *Larvivora cyane* 449
cyane, *Luscinia* 448, 449
cyane, *Luscinia cyane* 448, 449
cyanea, *Cyornis concretus* 443
cyanea, *Hydrornis* 223
cyanea, *Hydrornis cyaneus* 223
cyanea, *Niltava concreta* 443
cyanea, *Pitta* 223
cyanea, *Pitta cyanea* 223
cyaneus, *Circus* 174
cyaneus, *Circus cyaneus* 174
cyaneus, *Cyornis concretus* 443
cyaneus, *Hydrornis* 223
cyanicollis, *Eurystomus orientalis* 188
Cyanistes 265
cyaniventer, *Tesia* 332
cyanocephala, *Psittacula* 220
Cyanoderma 370, 372, 373
cyanomelana, *Cyanoptila* 445, 446
cyanomelana, *Cyanoptila cyanomelana* 446
cyanomelana, *Ficedula* 445
cyanomelana, *Ficedula cyanomelana* 445
cyanophrys, *Paradoxornis fulvifrons* 351

cyanophrys, *Suthora fulvifrons* 351
Cyanopica 248, 249
Cyanoptila 445, 446
cyanotis, *Megalaima australis* 195
cyanotis, *Psilopogon australis* 195
cyanotis, *Psilopogon duvaucelii* 195
cyanouroptera, *Actinodura* 409
cyanouroptera, *Minla* 409
cyanouroptera, *Siva* 409
cyanuroptera, *Minla* 409
cyanurus, *Psittinus* 219
cyanurus, *Psittinus cyanurus* 219
cyanurus, *Tarsiger* 455
cyanurus, *Tarsiger cyanurus* 455
cyanus, *Cyanistes* 265
cyanus, *Cyanopica* 248, 249
cyanus, *Cyanopica cyanus* 249
cyanus, *Parus* 265
cygnoid, *Anser* 30
cygnoides, *Anser* 30
Cygnus 27, 28
cygnus, *Cygnus* 27, 28
cygnus, *Cygnus cygnus* 28
Cyornis 440, 441, 442, 443
Cypsiurus 65, 66

D

dabryii, *Aethopyga gouldiae* 481
dactylatra, *Sula* 107
daflaensis, *Actinodura nipalensis* 407
daflaensis, *Actinodura waldeni* 407, 408
daflaensis, *Sibia waldeni* 408
dahurica, *Prunella fulvescens* 484
dalhousiae, *Psarisomus* 225
dalhousiae, *Psarisomus dalhousiae* 225
danisi, *Alcippe ruficapilla* 343
danisi, *Fulvetta ruficapilla* 343
daphanea, *Aquila chrysaetos* 170, 171
daphanea, *Aquila chrysaëtos* 170
darjellensis, *Dendrocopos* 210
darjellensis, *Dendrocopos darjellensis* 210
darjellensis, *Picoides* 210
darjellensis, *Picoides darjellensis* 210
darwini, *Pucrasia macrolopha* 8
dasypus, *Delichon* 300, 299

dasypus, *Delichon dasypus* 299, 300
dasypus, *Delichon urbica* 299
dauma, *Zoothera* 429, 430
dauma, *Zoothera dauma* 430
daurica, *Cecropis* 300, 301
daurica, *Cecropis daurica* 301
daurica, *Certhia familiaris* 414
daurica, *Corvus* 256
daurica, *Hirundo* 300, 301
daurica, *Hirundo daurica* 300, 301
daurica, *Perdix* 12
daurica, *Perdix daurica* 12
dauricus, *Troglodytes troglodytes* 420
dauurica, *Corvus* 256
dauurica, *Muscicapa* 439
dauurica, *Muscicapa dauurica* 439
dauurica, *Perdix* 12, 13
dauurica, *Perdix dauurica* 12
dauuricae, *Perdix* 12
dauuricae, *Perdix dauuricae* 12
dauuricus, *Coloeus* 256
dauuricus, *Corvus* 256
dauuricus, *Corvus monedula* 256
davidi, *Alcippe* 382
davidi, *Alcippe davidi* 382
davidi, *Alcippe morrisonia* 382
davidi, *Bradypterus thoracicus* 295
davidi, *Cyanoderma ruficeps* 372
davidi, *Garrulax* 393
davidi, *Garrulax davidi* 393
davidi, *Locustella* 294, 295
davidi, *Locustella davidi* 295
davidi, *Niltava* 443
davidi, *Parus* 263
davidi, *Poecile* 263
davidi, *Pterorhinus* 393
davidi, *Pterorhinus davidi* 393
davidi, *Stachyris* 370, 371
davidi, *Stachyris davidi* 371
davidi, *Stachyris ruficeps* 371
davidi, *Strix* 158
davidi, *Strix uralensis* 158
davidi, *Turnix sylvatica* 110
davidi, *Turnix sylvaticus* 110
davidiana, *Cettia fortipes* 330
davidiana, *Montifringilla* 492
davidiana, *Montifringilla davidiana* 492
davidiana, *Neosuthora* 353
davidiana, *Neosuthora davidiana* 353

davidiana, *Paradoxornis* 353
davidiana, *Paradoxornis davidiana* 353
davidiana, *Pyrgilauda* 492, 493
davidiana, *Pyrgilauda davidiana* 493
davidianus, *Carpodacus* 505
davidianus, *Carpodacus pulcherrimus* 505
davidianus, *Horornis fortipes* 330
davidianus, *Paradoxornis* 353
davidianus, *Paradoxornis davidianus* 353
davisoni, *Geokichla sibirica* 427
davisoni, *Megalaima asiatica* 195
davisoni, *Phylloscopus* 325, 326
davisoni, *Phylloscopus davisoni* 325
davisoni, *Pseudibis* 97
davisoni, *Pseudibis papillosa* 97
davisoni, *Psilopogon asiatica* 195
davisoni, *Psilopogon asiaticus* 195
davisoni, *Zoothera sibirica* 427
davurica, *Muscicapa* 439
davurica, *Muscicapa davurica* 439
dealbatus, *Charadrius* 116
dealbatus, *Charadrius alexandrinus* 116
decaocto, *Streptopelia* 50, 51
decaocto, *Streptopelia decaocto* 50, 51
decarlei, *Erythrogenys gravivox* 363, 364
decarlei, *Pomatorhinus erythrocnemis* 363
decarlei, *Pomatorhinus erythrogenys* 363
decollatus, *Phasianus colchicus* 14, 15
decolorata, *Emberiza cia* 524, 525
decolorata, *Emberiza godlewskii* 525
dedekeni, *Pomatorhinus erythrocnemis* 363
dedekeni, *Pomatorhinus erythrogenys* 363
dedekensi, *Erythrogenys gravivox* 363, 364
dedekensi, *Pomatorhinus erythrogenys* 363
deglandi, *Melanitta* 32
deignani, *Lonchura atricapilla* 488
deignani, *Lonchura malacca* 488

dejeani, *Parus palustris* 263
dejeani, *Poecile hypermelaenus* 264
dejeani, *Poecile palustris* 263
delacouri, *Napothera epilepidota* 379
delacouri, *Napothera epilepidotus* 378
delacouri, *Prinia flaviventris* 282
delawarensis, *Larus* 138
Delichon 299, 300
dementjevi, *Accipiter nisus* 173
Dendragapus 10
Dendrocitta 252, 253
Dendrocopos 206, 207, 208, 209, 210, 211, 212, 213
Dendrocoptes 209
Dendrocygna 27
Dendronanthus 493
denotata, *Niltava sundara* 444
derbiana, *Psittacula* 220
deserti, *Oenanthe* 472
deserticolor, *Carpodacus dubius* 511
deserticolor, *Carpodacus thura* 511
desgodinsi, *Heterophasia* 413
desgodinsi, *Heterophasia desgodinsi* 413
desgodinsi, *Heterophasia melanoleuca* 413
desmursi, *Dendrocopos darjellensis* 210
desmursi, *Picoides darjellensis* 210
diademata, *Parayuhina* 356
diademata, *Parayuhina diademata* 356
diademata, *Patayuhina* 356
diademata, *Patayuhina diademata* 356
diademata, *Yuhina* 356
diademata, *Yuhina diademata* 356
dialilaemus, *Cyornis rubeculoides* 442
diaoluoensis, *Cyornis unicolor* 441
diaoluoensis, *Niltava unicolor* 441
diardi, *Garrulax leucolophus* 385
Dicaeidae 476
Dicaeum 476, 477, 478
dichroides, *Lophophanes dichrous* 262
dichroides, *Parus dichrous* 262
dichrous, *Lophophanes* 262
dichrous, *Lophophanes dichrous* 262
dichrous, *Parus* 262
dichrous, *Parus dichrous* 262

Dicruridae 237
dicruroides, *Surniculus* 71
dicruroides, *Surniculus dicruroides* 71
dicruroides, *Surniculus lugubris* 72
Dicrurus 237, 238
diffusus, *Oriolus chinensis* 226, 227
digitatus, *Coracia graculus* 256
digitatus, *Pyrrhocorax graculus* 256
diluta, *Eremophila alpestris* 272
diluta, *Riparia* 297
diluta, *Riparia diluta* 297
diluta, *Riparia riparia* 297
dilutus, *Passer montanus* 490, 491
Dinopium 199
Diomedea 90
Diomedeidae 90
diphone, *Cettia* 328, 329
diphone, *Horornis* 328, 329, 330
discolor, *Certhia* 415
discolor, *Certhia discolor* 415
dispar, *Pycnonotus* 303
dissimilis, *Turdus* 431
distinctus, *Seicercus burkii* 319
disturbans, *Phylloscopus davisoni* 325
disturbans, *Phylloscopus ogilviegranti* 325
divaricatus, *Pericrocotus* 232
divaricatus, *Pericrocotus divaricatus* 232
diversa, *Ficedula leucomelanura* 464
diversa, *Ficedula tricolor* 464
dixoni, *Zoothera* 428, 429
doerriesi, *Bubo blakistoni* 161
doerriesi, *Dendrocopos canicapillus* 206
doerriesi, *Ketupa blakistoni* 161
doerriesi, *Ketupa zeylonensis* 161
doerriesi, *Picoides canicapillus* 206
dolani, *Crossoptilon crossoptilon* 16, 17
domesticus, *Passer* 489
domesticus, *Passer domesticus* 489
dominica, *Pluvialis* 114, 115
dominicus, *Charadrius* 114
domvilii, *Treron bicincta* 54
domvilii, *Treron bicinctus* 54
dorjei, *Cinclus pallasii* 421
dorotheae, *Phaethon lepturus* 46
dorotheae, *Phaëthon lepturus* 46
dougallii, *Sterna* 143

douglasi, *Hydrornis soror* 223
douglasi, *Pitta soror* 223
drasticus, *Abroscopus superciliaris* 327
dresseri, *Prunella fulvescens* 484
drouynii, *Crossoptilon crossoptilon* 16, 17
Dryobates 207, 208
Dryocopus 205
dubia, *Alcippe* 375
dubius, *Carpodacus* 511
dubius, *Carpodacus dubius* 511
dubius, *Carpodacus thura* 511
dubius, *Charadrius* 115, 116
dubius, *Charadrius dubius* 116
dubius, *Schoeniparus* 375
Ducula 57, 58
dukhunensis, *Calandrella* 274, 275
dukhunensis, *Calandrella brachydactyla* 274
dukhunensis, *Calandrella cinerea* 274
dukhunensis, *Motacilla alba* 500, 501
dulcivox, *Alauda arvensis* 272
dulcivox, *Cettia flavolivacea* 332
dulcivox, *Cettia flavolivaceus* 332
dulcivox, *Horornis flavolivaceus* 332
dumetorum, *Acrocephalus* 287
Dupetor 98, 99
duvauceli, *Psilopogon* 195
duvaucelii, *Hoplopterus* 113
duvaucelii, *Psilopogon* 195
duvaucelii, *Vanellus* 113
dybowskii, *Otis tarda* 86
dzungarica, *Alectoris chukar* 25, 26
dzungarica, *Alectoris graeca* 25

E

edwardsii, *Carpodacus* 505, 506
edwardsii, *Carpodacus edwardsii* 506
edzinensis, *Phasianus colchicus* 15
egertoni, *Actinodura* 406, 407
egertoni, *Actinodura egertoni* 406, 407
Egretta 102, 103, 104
eidos, *Pomatorhinus ruficollis* 364, 365
eisenhoferi, *Picus vittatus* 202
Elachura 474

Elachuridae 474
elaeica, *Hippolais pallida* 289
elaeica, *Iduna pallida* 289
Elanus 163
elegans, *Emberiza* 527
elegans, *Emberiza elegans* 527
elegans, *Leptopoecile* 337, 338
elegans, *Leptopoecile elegans* 338
elegans, *Lophobasileus* 337
elegans, *Otus* 155, 156
elegans, *Pericrocotus flammeus* 232
elegans, *Phasianus colchicus* 14, 15
elegantula, *Emberiza elegans* 527
elisabethae, *Serilophus lunatus* 225, 226
elisabethae, *Sinosuthora webbiana* 350
elisae, *Ficedula* 460, 459
elisae, *Ficedula narcissina* 459
ellioti, *Syrmaticus* 13
elliotii, *Garrulax* 401
elliotii, *Garrulax elliotii* 401
elliotii, *Trochalopteron* 401
elliotii, *Trochalopteron elliotii* 401
elwesi, *Eremophila alpestris* 273
emancipata, *Melanocorypha mongolica* 276
Emberiza 522, 523, 524, 525, 526, 527, 528, 529, 530, 531
Emberizidae 522
emeiansis, *Phylloscopus* 321
emeiensis, *Phylloscopus* 321
Enicurus 456, 457
enucleator, *Pinicola* 511
Eophona 503, 504
eos, *Carpodacus* 505
eos, *Carpodacus waltoni* 505
eous, *Garrulax albogularis* 395
eous, *Pterorhinus albogularis* 395
eous, *Pycnonotus finlaysoni* 306
epauletta, *Pyrrhoplectes* 515
epilepidota, *Napothera* 378, 379
epilepidotus, *Napothera* 378
episcopus, *Ciconia* 94
episcopus, *Ciconia episcopus* 94
epops, *Upupa* 184
epops, *Upupa epops* 184
Eremophila 272, 273
Ericthacus 449
erimelas, *Copsychus saularis* 437

erithaca, *Ceyx* 188, 189
erithaca, *Ceyx erithaca* 189
Erithacus 446, 449, 450, 453
erithacus, *Ceyx* 188
erithacus, *Ceyx erithacus* 188
erithacus, *Ficedula* 460
erlangshanica, *Paradoxornis zappeyi* 351
erlangshanica, *Sinosuthora zappeyi* 351
erlangshanicus, *Paradoxornis zappeyi* 351
ermanni, *Spilopelia senegalensis* 52
ermanni, *Streptopelia senegalensis* 52
ernesti, *Falco peregrinus* 218
Erpornis 228
erythaca, *Pyrrhula* 512, 513
erythaca, *Pyrrhula erythaca* 512, 513
erythrinus, *Carpodacus* 504
erythrocampe, *Otus bakkamoena* 153, 154
erythrocampe, *Otus lettia* 154
erythrocephala, *Pyrrhula* 512
erythrocephalum, *Trochalopteron* 402, 403
erythrocephalum, *Trochalopteron erythrocephalum* 403
erythrocephalus, *Garrulax* 402
erythrocephalus, *Harpactes* 180, 181
erythrocephalus, *Harpactes erythrocephalus* 180, 181
erythrocnemis, *Erythrogenys* 362, 363, 364
erythrocnemis, *Pomatorhinus* 362, 363
erythrocnemis, *Pomatorhinus erythrocnemis* 363
erythrocnemis, *Pomatorhinus erythrogenys* 363
erythrogaster, *Phoenicurus* 467
erythrogastrus, *Phoenicurus* 467
Erythrogenys 361, 362, 363, 364
erythrogenys, *Emberiza citrinella* 526
erythrogenys, *Emberiza citronella* 526
erythrogenys, *Erythrogenys* 362
erythrogenys, *Pomatorhinus* 362, 363
erythronota, *Phoenicurus* 465
erythronotum, *Dicaeum cruentatum* 477

erythronotus, Lanius schach 244
erythronotus, Phoenicuropsis 465
erythronotus, Phoenicurus 465
erythropleura, Zosterops 359
erythropleurus, Zosterops 359
erythropterus, Pteruthius 228, 229
erythropus, Anser 31, 32
erythropus, Tringa 130, 131
erythropygia, Prunella collaris 483
erythrorhyncha, Urocissa 250
erythroryncha, Cissa 250
erythroryncha, Cissa erythroryncha 250
erythroryncha, Kitta 250
erythroryncha, Kitta erythroryncha 250
erythroryncha, Urocissa 250
erythroryncha, Urocissa erythroryncha 250
erythrothorax, Porzana fusca 78, 79
erythrothorax, Zapornia fusca 79
Erythrura 488, 489
Esacus 111
Estrilda 486, 487
Estrildidae 486
ethologus, Pericrocotus 231, 232
ethologus, Pericrocotus ethologus 231, 232
Eudromias 114
Eudynamys 70
eugenei, Myiophoneus caeruleus 458
eugenei, Myophonus caeruleus 458
eulophotes, Egretta 104
Eumyias 446
eunomus, Turdus 435
eunomus, Turdus naumanni 435
Euodice 487
eupatria, Psittacula 220, 221
eurhinus, Tringa totanus 131
eurhythmus, Ixobrychus 98
eurizonoides, Rallina 76
euroa, Arborophila rufogularis 2
europaea, Sitta 416, 417
europaeus, Caprimulgus 61
europaeus, Caprimulgus europaeus 61
Eurostopodus 60
Eurylaimidae 225
Eurynorhynchus 123
Eurystomus 188

eversmanni, Columba 48
examinandus, Phylloscopus 322
exasperatus, Oceanites oceanicus 89
Excalfactoria 24
excubitor, Lanius 245, 246
exilipes, Acanthis hornemanni 520
exilipes, Carduelis hornemanni 520
exilis, Cisticola 278
experrectus, Garrulax davidi 393
experrectus, Pterorhinus davidi 393
exquisita, Coturnicops noveboracensis 76
exquisita, Porzana 76, 77
exquisitus, Coturnicops 76, 77
exquistus, Coturnicops 76, 77
extensicauda, Prinia inornata 282, 283
extensicauda, Prinia subflava 283
exul, Alcippe castaneceps 374
exul, Alcippe castaneiceps 374
exul, Schoeniparus castaneceps 375

F

fabalis, Anser 30, 31
fabalis, Anser fabalis 30
faber, Megalaima oorti 194
faber, Psilopogon 194
faber, Psilopogon faber 194
faiostricta, Megalaima 193
faiostrictus, Psilopogon 193
falcata, Anas 38
falcata, Mareca 38
falcinellus, Calidris 122
falcinellus, Calidris falcinellus 122
falcinellus, Limicola 122
falcinellus, Limicola falcinellus 122
falcinellus, Plegadis 97
falcinellus, Plegadis falcinellus 97
Falcipennis 10
falcipennis, Dendragapus 10
falcipennis, Falcipennis 10
Falco 214, 215, 216, 217, 218
Falconidae 214
FALCONIFORMES 214
falki, Alectoris chukar 25, 26
falki, Alectoris graeca 25
fallax, Cuculus canorus 74
familiaris, Cercotrichas galactotes 437

familiaris, Certhia 414
fasciata, Aquila 171
fasciata, Aquila fasciata 171
fasciata, Hieraaetus 171
fasciata, Hieraaetus fasciata 171
fasciata, Psittacula alexandri 220
fasciata, Rallina 76
fasciatus, Hieraaetus 171
fasciatus, Hieraaetus fasciatus 171
fasciolata, Locustella 291
fasciolata, Locustella fasciolata 291
fasciolatus, Helopsaltes 291
feae, Turdus 433
feai, Turdus 433
femininus, Carpodacus dubius 511
femininus, Carpodacus thura 511
fennelli, Prunella collaris 483
ferina, Aythya 36
feriugeiceps, Merops orientalis 186
ferox, Circaetus 167
ferox, Circaëtus 167
ferrea, Saxicola 471
ferrea, Saxicola ferrea 471
ferreus, Saxicola 471
ferreus, Saxicola ferreus 471
ferrugeiceps, Merops orientalis 186
ferruginea, Calidris 123
ferruginea, Muscicapa 440
ferruginea, Tadorna 35
ferrugineus, Calidris 123
ferruginosus, Pomatorhinus 366, 367
ferruginosus, Pomatorhinus ferruginosus 367
fessa, Alcippe cinereiceps 344
fessa, Fulvetta cinereiceps 345
Ficedula 440, 445, 459, 460, 461, 462, 463, 464, 465
filamentosus, Phalacrocorax 109
filifera, Hirundo smithii 298
finlaysoni, Pycnonotus 306
finlaysoni, Pycnonotus finlaysoni 306
finschii, Psittacula 219, 220
finschii, Psittacula himalayana 219
flammea, Acanthis 519
flammea, Acanthis flammea 519
flammea, Carduelis 519
flammea, Carduelis flammea 519
flammeus, Asio 157
flammeus, Asio flammeus 157
flammeus, Pericrocotus 232

flammiceps, Cephalopyrus 259
flammiceps, Cephalopyrus flammiceps 259
flava, Eremophila alpestris 272, 273
flava, Motacilla 497, 498, 499
flavala, Hemixos 309
flavala, Hemixos flavala 309
flavala, Hemixos flavalus 309
flavala, Hypsipetes 309
flavala, Hypsipetes flavala 309
flavalus, Hemixos 309
flavalus, Microscelis 309
flavalus, Microscelis flavalus 309
flaveolus, Alophoixus 307
flaveolus, Alophoixus flaveolus 307
flaveolus, Criniger 307
flaveolus, Criniger flaveolus 307
flavescens, Melanocorypha maxima 276
flavescens, Pycnonotus 306, 307
flavescens, Pycnonotus flavescens 307
flavicollis, Dupetor 98, 99
flavicollis, Dupetor flavicollis 99
flavicollis, Ixobrychus 98, 99
flavicollis, Ixobrychus flavicollis 99
flavicollis, Yuhina 357, 358
flavicollis, Yuhina flavicollis 358
flavidiventris, Amandava amandava 487
flavidiventris, Estrilda amandava 486
flavimentalis, Abroscopus schisticeps 327
flavimentalis, Seicercus schisticeps 327
flavinucha, Chrysophlegma 200, 201
flavinucha, Chrysophlegma flavinucha 201
flavinucha, Picus 200, 201
flavinucha, Picus flavinucha 201
flavipectus, Parus 265
flavipes, Ketupa 161, 162
flavipes, Tringa 130
flavirostris, Acanthis 518
flavirostris, Carduelis 518, 519
flavirostris, Cissa 249
flavirostris, Cissa flavirostris 249
flavirostris, Kitta 249
flavirostris, Kitta flavirostris 249
flavirostris, Linaria 518, 519
flavirostris, Paradoxornis 355

flavirostris, Prinia inornata 283
flavirostris, Prinia subflava 283
flavirostris, Urocissa 249
flavirostris, Urocissa flavirostris 249
flaviscapis, Pteruthius 228, 229
flaviventris, Prinia 282
flaviventris, Pycnonotus 303
flaviventris, Pycnonotus dispar 303
flaviventris, Pycnonotus melanicterus 304
flaviventris, Rubigula 303, 304
flaviventris, Rubigula flaviventris 304
flavocristata, Melanochlora sultanea 260
flavo-cristata, Melanochlora sultanea 260
flavogularis, Phylloscopus xanthoschistos 326
flavogularis, Seicercus xanthoschistos 326
flavolivacea, Cettia 331, 332
flavolivacea, Cettia flavolivacea 332
flavolivacea, Horornis 331
flavolivaceus, Cettia 331, 332
flavolivaceus, Cettia flavolivacea 332
flavolivaceus, Cettia flavolivaceus 332
flavolivaceus, Horornis 331, 332
flavolivaceus, Horornis flavolivaceus 332
florensis, Ninox japonica 150
florensis, Ninox scutulata 150
floweri, Gracupica 425
floweri, Gracupica contra 424
floweri, Sturnus contra 424
fluvicola, Petrochelidon 302
fohkienensis, Riparia diluta 297
fohkienensis, Riparia riparia 297
fohkiensis, Dendrocopos leucotos 212, 213
fohkiensis, Pericrocotus flammeus 232
fohkiensis, Pericrocotus speciosus 232
fohkiensis, Picoides leucotos 213
fokienensis, Riparia diluta 297
fokienensis, Riparia riparia 297
fokiensis, Celeus brachyurus 200
fokiensis, Halcyon smyrnensis 191
fokiensis, Lophura nycthemera 18, 19
fokiensis, Micropternus brachyurus 200

fokiensis, Paradoxornis gularis 355
fokiensis, Phylloscopus goodsoni 324
fokiensis, Phylloscopus reguloides 324
fokiensis, Psittiparus gularis 355
fokiensis, Spizaetus nipalensis 168
fokiensis, Spizaëtus nipalensis 168
fooksi, Garrulax subunicolor 397
fooksi, Trochalopteron subunicolor 397
fopingensis, Treron sieboldii 56
formosa, Anas 38
formosa, Elachura 474
formosa, Prinia inornata 282
formosa, Prinia subflava 283
formosa, Sibirionetta 38
formosa, Sitta 420
formosa, Streptopelia chinensis 51
formosae, Accipiter trivirgatus 171
formosae, Crypsirina 252
formosae, Crypsirina formosae 252
formosae, Dendrocitta 252
formosae, Dendrocitta formosae 252
formosae, Hirundo striolata 301
formosae, Lanius schach 244
formosae, Pycnonotus sinensis 305
formosae, Sphenurus 57
formosae, Sphenurus formosae 57
formosae, Treron 57
formosae, Treron formosae 57
formosana, Alcippe cinereiceps 344, 345
formosana, Fulvetta 345
formosana, Fulvetta cinereiceps 345
formosana, Lonchura atricapilla 488
formosana, Lonchura malacca 488
formosana, Pnoepyga 289, 290
formosana, Pnoepyga albiventer 289
formosana, Pnoëpyga albiventer 289
formosana, Pnoepyga pusilla 290
formosana, Pnoëpyga pusilla 290
formosana, Rallina eurizonoides 76
formosana, Sitta europaea 417
formosanus, Acridotheres cristatellus 422, 423
formosanus, Carpodacus 507
formosanus, Carpodacus vinaceus 507
formosanus, Hirundapus caudacutus 63

formosanus, Hirund-apus caudacutus 63
formosanus, Milvus korschun 175
formosanus, Milvus migrans 175
formosanus, Phasianus colchicus 15, 16
formosanus, Tarsiger 455
formosanus, Tarsiger indicus 454
formosum, Dicaeum ignipectus 478
formosum, Trochalopteron 403, 404
formosum, Trochalopteron formosum 403, 404
formosus, Aquila kienerii 169
formosus, Garrulax 403
formosus, Garrulax formosus 403
formosus, Hieraaetus kienerii 169
formosus, Lophotriorchis kienerii 169
formosus, Spelaeornis 474
forresti, Alcippe chrysotis 341, 342
forresti, Dryocopus javensis 205
forresti, Garrulax erythrocephalus 402
forresti, Lioparus chrysotis 342
forresti, Phylloscopus 313, 314
forresti, Pomatorhinus superciliaris 367
forresti, Xiphirhynchus superciliaris 367
forsythi, Pyrrhocorax graculus 256
fortipes, Cettia 330
fortipes, Cettia fortipes 330
fortipes, Horornis 330
fortipes, Horornis fortipes 330
Francolinus 21
franklinii, Megalaima 193
franklinii, Megalaima franklinii 193
franklinii, Psilopogon 193
franklinii, Psilopogon franklinii 193
fratercula, Alcippe 382, 383
fratercula, Alcippe fratercula 382
fratercula, Alcippe morrisonia 382
fraterculus, Alcippe morrisonia 382
fraterculus, Pericrocotus flammeus 232
fraterculus, Pericrocotus speciosus 232
Fregata 106
Fregatidae 106
friedmanni, Pandion haliaetus 163
Fringilla 502
Fringillidae 502

frontale, Cinclidium 458, 459
frontalis, Anser albifrons 31
frontalis, Callene 458
frontalis, Crypsirina 252
frontalis, Crypsirina frontalis 252
frontalis, Dendrocitta 252, 253
frontalis, Dendrocitta frontalis 253
frontalis, Phoenicuropsis 467
frontalis, Phoenicurus 467
frontalis, Sitta 419
frontalis, Sitta frontalis 419
fronto, Emberiza leucocephala 527
fronto, Emberiza leucocephalos 527
frugilegus, Corvus 257
frugilegus, Corvus frugilegus 257
fucata, Alcippe cinereiceps 344
fucata, Emberiza 523
fucata, Emberiza fucata 523
fucata, Fulvetta cinereiceps 345
fuciphaga, Collocalia 65
fuciphagus, Aerodramus 65
fugax, Cuculus 72, 73
fujiyamae, Accipiter gentilis 173
Fulica 83
fulicaria, Phalaropus 129
fulicarius, Phalaropus 129
fuliginosa, Rhyacornis 467
fuliginosa, Rhyacornis fuliginosa 468
fuliginosus, Aegithalos 337
fuliginosus, Chaimarrornis 467, 468
fuliginosus, Chaimarrornis fuliginosus 468
fuliginosus, Phoenicurus 467, 468
fuliginosus, Phoenicurus fuliginosus 468
fuliginosus, Rhyacornis 467, 468
fuliginosus, Rhyacornis fuliginosus 468
fuligiventer, Phylloscopus 315, 316
fuligiventer, Phylloscopus fuligiventer 316
fuligiventer, Phylloscopus fuscatus 315
fuligula, Aythya 37
Fulmarus 90, 91
fulva, Pluvialis 114, 115
fulva, Pluvialis dominica 115
fulvescens, Prunella 484
fulvescens, Prunella fulvescens 484
Fulvetta 342, 343, 344, 345

fulvicauda, Paradoxornis webbiana 348
fulvicauda, Paradoxornis webbianus 348, 349
fulvicauda, Sinosuthora webbiana 349
fulvifacies, Abroscopus albogularis 327
fulvifacies, Seicercus albogularis 327
fulvifrons, Paradoxornis 351
fulvifrons, Suthora 351
fulvum, Pellorneum tickelli 380
fulvum, Trichastoma tickelli 380
fulvus, Charadrius dominicus 114
fulvus, Gyps 166
fulvus, Indicator xanthonotus 196
funebris, Picoides tridactylus 205
funereus, Aegolius 153
funereus, Lanius borealis 246
funereus, Lanius excubitor 246
fusca, Locustella luscinioides 294
fusca, Melanitta 32, 33
fusca, Melanitta fusca 32
fusca, Porzana 78, 79
fusca, Porzana fusca 78, 79
fusca, Zapornia 78, 79
fuscata, Onychoprion 142
fuscata, Sterna 142, 143
fuscatus, Onychoprion 142, 143
fuscatus, Phylloscopus 315, 316
fuscatus, Phylloscopus fuscatus 315, 316
fuscicollis, Calidris 125
fuscipectus, Accipiter virgatus 172
fuscus, Acridotheres 422
fuscus, Acrocephalus scirpaceus 287
fuscus, Artamus 234, 235
fuscus, Larus 140
fytchii, Bambusicola 20
fytchii, Bambusicola fytchii 20

G

galactotes, Cercotrichas 437
galbana, Leiothrix argentauris 411
galbanus, Garrulax 389, 390
galericulata, Aix 35
Galerida 272
Gallicrex 81
gallicus, Circaetus 167
GALLIFORMES 1

Gallinago 127, 128
gallinago, *Capella* 128
gallinago, *Capella gallinago* 128
gallinago, *Gallinago* 128
gallinago, *Gallinago gallinago* 128
Gallinula 82, 83
Gallirallus 77, 78
Gallus 21
gallus, *Gallus* 21
gambelii, *Zonotrichia leucophrys* 531
Gampsorhynchus 377, 378
ganluoensis, *Paradoxornis alphonsianus* 349
ganluoensis, *Paradoxornis webbianus* 349
ganluoensis, *Sinosuthora alphonsiana* 350
Garrulax 383, 384, 385, 386, 387, 388, 389, 390, 391, 392, 393, 394, 395, 396, 397, 398, 399, 400, 401, 402, 403
Garrulus 248
garrulus, *Bombycilla* 473, 474
garrulus, *Bombycilla garrulus* 473, 474
garrulus, *Coracias* 188
garzetta, *Egretta* 104
garzetta, *Egretta garzetta* 104
Gavia 87, 88
Gaviidae 87
GAVIIFORMES 87
Gecinulus 199, 200
Gelochelidon 140
genei, *Chroicocephalus* 134
genei, *Larus* 134
genestieri, *Alcippe dubia* 375
genestieri, *Schoeniparus dubius* 375
gentilis, *Accipiter* 173
geoffroyi, *Ithaginis cruentus* 4, 5
Geokichla 427
Geopelia 47
gephyra, *Cecropis daurica* 301
gephyra, *Hirundo daurica* 301
germani, *Aerodramus* 65
germani, *Aerodramus fuciphagus* 65
germani, *Aerodramus germani* 65
germani, *Collocalia* 65
germani, *Collocalia fuciphaga* 65
germani, *Collocalia germani* 65

giganteus, *Hirundapus* 64
giganteus, *Lanius* 247
giganteus, *Lanius sphenocercus* 247
gingica, *Arborophila* 1, 2
gingica, *Arborophila gingica* 2
githaginea, *Rhodopechys* 514
githagineus, *Rhodopechys* 514
glabripes, *Otus bakkamoena* 153, 154
glabripes, *Otus lettia* 154
glacialis, *Fulmarus* 90, 91
glandarius, *Garrulus* 248
Glareola 132
glareola, *Tringa* 131
Glareolidae 132
glaucescens, *Larus* 138
glaucicomans, *Cyornis* 442
glaucicomans, *Cyornis rubeculoides* 442
glaucicomans, *Niltava rubeculoides* 442
Glaucidium 150, 151
glaucogularis, *Aegithalos* 335
glaucogularis, *Aegithalos caudatus* 335
glaucogularis, *Aegithalos glaucogularis* 335
godlewskii, *Anthus* 497
godlewskii, *Anthus campestris* 497
godlewskii, *Emberiza* 525
godlewskii, *Emberiza cia* 524, 525
godlewskii, *Emberiza godlewskii* 525
godwini, *Pomatorhinus ruficollis* 364, 365
goiavier, *Pycnonotus* 305
goisagi, *Gorsachius* 99
golzii, *Luscinia megarhynchos* 452
gongshanensis, *Paradoxornis guttaticollis* 355
goodfellowi, *Brachypteryx* 448
goodfellowi, *Brachypteryx montana* 448
goodfellowi, *Regulus* 472, 473
goodsoni, *Cyanoderma ruficeps* 372
goodsoni, *Phylloscopus* 324, 325
goodsoni, *Phylloscopus cantator* 324
goodsoni, *Phylloscopus goodsoni* 324
goodsoni, *Phylloscopus reguloides* 324
goodsoni, *Phylloscopus ricketti* 324
goodsoni, *Stachyris davidi* 371

goodsoni, *Stachyris ruficeps* 371
Gorsachius 99, 100
gouldiae, *Aethopyga* 481
gouldiae, *Aethopyga gouldiae* 481
gouldii, *Turdus rubrocanus* 433
govinda, *Milvus korschun* 175
govinda, *Milvus migrans* 175
gracilis, *Heterophasia* 413
Gracula 422
graculus, *Coracia* 255, 256
graculus, *Pyrrhocorax* 255, 256
Gracupica 424, 425
gradaria, *Columba leuconota* 48
graeca, *Alectoris* 25
grahami, *Garrulax maesi* 386
Graminicola 379, 380
Grammatoptila 396, 397
Grandala 431
grandis, *Acridotheres* 422
grandis, *Acridotheres fuscus* 422
grandis, *Carpodacus* 504
grandis, *Carpodacus grandis* 504
grandis, *Dicrurus paradiseus* 238
grandis, *Motacilla* 500, 501
grandis, *Motacilla alba* 500
grandis, *Niltava* 444
grandis, *Niltava grandis* 444
grandis, *Phoenicurus erythrogaster* 467
grandis, *Phoenicurus erythrogastrus* 467
grantia, *Gecinulus* 199, 200
grantia, *Gecinulus grantia* 200
gravivox, *Erythrogenys* 362, 363, 364
gravivox, *Erythrogenys gravivox* 363, 364
gravivox, *Pomatorhinus* 362
gravivox, *Pomatorhinus erythrocnemis* 363
gravivox, *Pomatorhinus erythrogenys* 363
grayii, *Ardeola* 101
grebnitskii, *Carpodacus erythrinus* 504
grebnitzkii, *Falco gyrfalco* 217
greenwayi, *Trochalopteron formosum* 404
gregarius, *Vanellus* 113, 114
grisea, *Ardenna* 92
griseatum, *Trochalopteron*

subunicolor 397
griseatus, *Garrulax subunicolor* 397
grisegena, *Colymbus* 42
grisegena, *Podiceps* 42
griseicapilla, *Ducula badia* 57, 58
griseiceps, *Zoothera* 428
griseiceps, *Zoothera mollissima* 428
griseicticta, *Muscicapa* 438
griseigularis, *Pericrocotus solaris* 230, 231
griseiloris, *Erpornis zantholeuca* 228
griseiloris, *Yuhina zantholeuca* 228
griseinucha, *Actinodura souliei* 409
griseinucha, *Sibia souliei* 409
griseisticta, *Muscicapa* 438
griseiventris, *Niltava grandis* 444
griseiventris, *Pyrrhula* 513
griseiventris, *Pyrrhula griseiventris* 513
griseiventris, *Pyrrhula pyrrhula* 513
griseogularis, *Pericrocotus solaris* 231
griseolus, *Phylloscopus* 315
griseus, *Anthus campestris* 497
griseus, *Puffinus* 92
grombczewskii, *Tetraogallus himalayensis* 23
grombszewskii, *Tetraogallus himalayensis* 23
groumgrzimaili, *Montifringilla nivalis* 492
Gruidae 83
GRUIFORMES 76
Grus 83, 84, 85
grus, *Grus* 85
guangxiensis, *Arborophila gingica* 2
guangxiensis, *Tragopan caboti* 6
gucenensis, *Garrulax henrici* 400
guerini, *Picus canus* 203, 204, 205
gularis, *Accipiter* 172
gularis, *Accipiter gularis* 172
gularis, *Accipiter virgatus* 172
gularis, *Garrulax* 389
gularis, *Macronous* 373
gularis, *Macronus* 373
gularis, *Mixornis* 373
gularis, *Monticola* 469
gularis, *Monticola cinclorhynchus* 469
gularis, *Paradoxornis* 354, 355
gularis, *Psittiparus* 354, 355

gularis, *Pterorhinus* 389
gularis, *Rallus striatus* 78
gularis, *Tephrodornis* 235
gularis, *Yuhina* 358
gularis, *Yuhina gularis* 358
gulgula, *Alauda* 271
gustavi, *Anthus* 494
gustavi, *Anthus gustavi* 494
guttacristatus, *Chrysocolaptes* 198, 199
guttacristatus, *Chrysocolaptes guttacristatus* 199
guttacristatus, *Chrysocolaptes lucidus* 198, 199
guttaticollis, *Alcippe cinereiceps* 344, 345
guttaticollis, *Fulvetta cinereiceps* 345
guttaticollis, *Napothera epilepidota* 379
guttaticollis, *Paradoxornis* 355
guttaticollis, *Paradoxornis flavirostris* 355
guttaticollis, *Paradoxornis guttaticollis* 355
guttatus, *Enicurus maculatus* 457
guttifer, *Tringa* 131, 132
guttulata, *Ceryle lugubris* 189
guttulata, *Megaceryle lugubris* 190
gutturalis, *Hirundo rustica* 298
Gygis 133
gyldenstolpei, *Picus canus* 204
Gypaetus 163, 164
Gypaëtus 163
Gyps 165, 166
Gypsophila 376, 377
gyrfalco, *Falco* 217

H

haemacephala, *Megalaima* 196
haemacephala, *Psilopogon* 196
haemacephalus, *Psilopogon* 196
Haematopodidae 112
Haematopus 112
haematopygia, *Leucosticte brandti* 516
Haematospiza 504
hafizi, *Luscinia megarhynchos* 452
hainana, *Erythrogenys hypoleucos* 362

hainana, *Napothera epilepidota* 379
hainana, *Niltava* 440
hainana, *Spilopelia chinensis* 52
hainana, *Streptopelia chinensis* 51, 52
hainana, *Treron curvirostra* 54
hainana, *Zosterops japonica* 360
hainana, *Zosterops japonicus* 360
hainanensis, *Pycnonotus jocosus* 304
hainanum, *Dicaeum cruentatum* 477
hainanus, *Blythipicus pyrrhotis* 198
hainanus, *Caprimulgus macrurus* 62
hainanus, *Corvus macrorhynchus* 258
hainanus, *Cyornis* 440
hainanus, *Cyornis hainanus* 440
hainanus, *Dendrocopos major* 211, 212
hainanus, *Harpactes erythrocephalus* 180, 181
hainanus, *Lanius schach* 244
hainanus, *Napothera epilepidota* 379
hainanus, *Napothera epilepidotus* 378
hainanus, *Paradoxornis gularis* 355
hainanus, *Parus cinereus* 267
hainanus, *Parus major* 266, 267
hainanus, *Parus minor* 268
hainanus, *Phaenicophaeus tristis* 69
hainanus, *Phylloscopus* 325, 326
hainanus, *Picoides major* 212
hainanus, *Picus canus* 204
hainanus, *Pomatorhinus hypoleucos* 361, 362
hainanus, *Psittiparus gularis* 355
hainanus, *Pycnonotus sinensis* 305
hainanus, *Tephrodornis gularis* 235
hainanus, *Tephrodornis virgatus* 235
hainanus, *Treron curvirostra* 54
hainanus, *Zosterops japonicus* 360
hainanus, *Zosterops simplex* 360
Halcyon 190, 191
Haliaeetus 176, 177
haliaetus, *Pandion* 163
haliaetus, *Pandion haliaetus* 163
Haliastur 175, 176
halsueti, *Spelaeornis troglodytoides* 368
hambroecki, *Otus spilocephalus* 154
hannanus, *Picus canus* 204
hardwickei, *Chloropsis* 475
hardwickei, *Chloropsis*

hardwickei 475
hardwickii, *Capella* 127
hardwickii, *Chloropsis* 475
hardwickii, *Chloropsis hardwickii* 475
hardwickii, *Gallinago* 127
haringtoni, *Anas poecilorhyncha* 40
haringtoni, *Anthus trivialis* 494
haringtoni, *Erythrogenys erythrogenys* 362
haringtoni, *Saxicola ferrea* 471
haringtoni, *Saxicola ferreus* 471
haringtoniae, *Alcippe poioicephala* 381
harmani, *Crossoptilon* 16, 17
harmani, *Crossoptilon crossoptilon* 16
Harpactes 180, 181
harterti, *Dicrurus macrocercus* 237
harterti, *Emberiza schoeniclus* 529
harterti, *Eudynamys scolopacea* 70
harterti, *Eudynamys scolopaceus* 70
harterti, *Ixos amaurotis* 311
harterti, *Microscelis amaurotis* 311
harterti, *Mulleripicus pulverulentus* 205
hazarae, *Caprimulgus indicus* 61
hazarae, *Caprimulgus jotaka* 61
heinei, *Alaudala* 276
heinei, *Larus canus* 137
helenae, *Harpactes erythrocephalus* 180, 181
heliaca, *Aquila* 170
heliaca, *Aquila heliaca* 170
hellmayri, *Parus palustris* 263
hellmayri, *Poecile palustris* 263, 264
Helopsaltes 290, 291, 292, 293
hemachalana, *Bubo bubo* 159, 160
hemachalanus, *Bubo bubo* 160
hemachalanus, *Gypaetus barbatus* 163
hemachalanus, *Gypaëtus barbatus* 163
hemilasius, *Buteo* 178
Hemiprocne 62, 63
Hemiprocnidae 62
Hemipus 235
hemispila, *Nucifraga caryocatactes* 254, 255
Hemitesia 334
Hemixos 309

hendeei, *Hydrornis nipalensis* 222
hendeei, *Pitta nipalensis* 222
hendersoni, *Falco cherrug* 216
hendersoni, *Podoces* 254
henrici, *Alophoixus pallidus* 307
henrici, *Carpodacus lepidus* 509
henrici, *Carpodacus sibiricus* 509
henrici, *Criniger pallidus* 307
henrici, *Garrulax* 400
henrici, *Garrulax henrici* 400
henrici, *Montifringilla* 492, 491
henrici, *Montifringilla nivalis* 491
henrici, *Tetraogallus tibetanus* 22
henrici, *Trochalopteron* 400
henrici, *Trochalopteron henrici* 400
henrici, *Uragus sibiricus* 509
hensoni, *Hypsipetes amaurotis* 311
hensoni, *Microscelis amaurotis* 311
hepaticus, *Passer montanus* 491
heptneri, *Circaetus ferox* 167
heptneri, *Circaëtus ferox* 167
heptneri, *Circaetus gallicus* 167
heraldica, *Pterodroma* 91
hercules, *Alcedo* 189
hessei, *Picus canus* 204, 205
Heterophasia 411, 412, 413
Heteroscelus 129, 130
Heteroxenicus 446, 447
heudei, *Calamornis* 356
heudei, *Paradoxornis* 356
heudei, *Paradoxornis heudei* 356
heuglini, *Larus fuscus* 140
hiaticula, *Charadrius* 115
Hieraaetus 168, 169, 170, 171
Hierococcyx 72, 73
himalayana, *Certhia* 415
himalayana, *Dendrocitta formosae* 252
himalayana, *Jynx torquilla* 197
himalayana, *Prunella* 482
himalayana, *Psittacula* 219, 220
himalayanus, *Coracia pyrrhocorax* 255
himalayanus, *Pyrrhocorax pyrrhocorax* 255
himalayensis, *Crypsirina formosae* 252
himalayensis, *Gyps* 166
himalayensis, *Gyps fulvus* 166
himalayensis, *Loxia curvirostra* 520

himalayensis, *Sitta* 418
himalayensis, *Sitta himalayensis* 418
himalayensis, *Tetraogallus* 23
himalayensis, *Tetraogallus himalayensis* 23
Himantopus 112
himantopus, *Calidris* 122
himantopus, *Himantopus* 112
himantopus, *Himantopus himantopus* 112
himantopus, *Micropalama* 122
Hippolais 288, 289
Hirundapus 63, 64
Hirund-apus 63
Hirundinidae 296
Hirundo 298, 299, 300, 301
hirundo, *Sterna* 143, 144
hirundo, *Sterna hirundo* 143, 144
hispanica, *Oenanthe* 472
hispaniolensis, *Passer* 489
Histrionicus 34, 35
histrionicus, *Histrionicus* 34, 35
hodgsoni, *Abroscopus* 328
hodgsoni, *Anthus* 494
hodgsoni, *Anthus hodgsoni* 494
hodgsoni, *Batrachostomus* 60
hodgsoni, *Batrachostomus hodgsoni* 60
hodgsoni, *Certhia* 414, 415
hodgsoni, *Ficedula* 461
hodgsoni, *Ficedula hodgsoni* 461
hodgsoni, *Megalaima lineata* 193
hodgsoni, *Megalaima lineate* 193
hodgsoni, *Megalaima zeylanica* 193
hodgsoni, *Muscicapella* 461
hodgsoni, *Muscicapella hodgsoni* 461
hodgsoni, *Niltava* 461
hodgsoni, *Niltava hodgsoni* 461
hodgsoni, *Phoenicurus* 466
hodgsoni, *Psilopogon lineatus* 193
hodgsoni, *Tickellia* 328
hodgsoni, *Tickellia hodgsoni* 328
hodgsoniae, *Perdix* 11
hodgsoniae, *Perdix hodgsoniae* 11
hodgsonii, *Columba* 48, 49
hodgsonii, *Ficedula* 460
hodgsonii, *Harpactes erythrocephalus* 180
hodgsonii, *Prinia* 281, 282
hodgsonii, *Prinia hodgsonii* 281

Hodgsonius 451
holboellii, *Colymbus grisegena* 42
holboellii, *Podiceps grisegena* 42
holdereri, *Melanocorypha maxima* 276
holoptilus, *Ithaginis cruentus* 4
holroydi, *Celeus brachyurus* 200
holroydi, *Micropternus brachyurus* 200
holsti, *Machlolophus* 268
holsti, *Parus* 268
holtii, *Hypsipetes mcclellandii* 308
holtii, *Ixos mcclellandii* 308
holtii, *Microscelis virescens* 308
homeyeri, *Lanius excubitor* 245, 246
homrai, *Buceros bicornis* 182
Hoplopterus 113
hopwoodi, *Dicrurus leucophaeus* 237
hornemanni, *Acanthis* 520
hornemanni, *Carduelis* 520
Horornis 328, 329, 330, 331, 332
horsfieldi, *Cuculus* 74
horsfieldi, *Cuculus saturatus* 74
horsfieldi, *Zoothera dauma* 429, 430
horsfieldii, *Myophonus* 457, 458
hortulana, *Emberiza* 526
hortulorum, *Turdus* 431
hottentottus, *Dicrurus* 238
hottentottus, *Dicrurus hottentottus* 238
hoya, *Spilornis cheela* 166, 167
hueti, *Alcippe* 382, 383
hueti, *Alcippe hueti* 382
hueti, *Alcippe morrisonia* 382
humei, *Phylloscopus* 312, 313
humei, *Phylloscopus humei* 313
humei, *Phylloscopus inornatus* 313
humei, *Sphenocichla* 369
humei, *Sphenocicla* 369
humei, *Stachyris* 369
humiae, *Syrmaticus* 13
humii, *Carpodacus puniceus* 509
humilis, *Haliaeetus* 176, 177
humilis, *Ichthyophaga* 176, 177
humilis, *Oenopopelia tranquebarica* 51
humilis, *Podoces* 265
humilis, *Pseudopodoces* 265
humilis, *Streptopelia tranquebarica* 51
hunanensis, *Pomatorhinus ruficollis* 365, 366
hutchinsii, *Branta* 29
huttoni, *Prunella atrogularis* 485
hybrida, *Chlidonias* 144
hybrida, *Chlidonias hybrida* 144
hybridus, *Chlidonias* 144
hybridus, *Chlidonias hybridus* 144
Hydrobates 89, 90
Hydrobatidae 89
Hydrocoloeus 135
Hydrophasianua 119
Hydrophasianus 119
Hydroprogne 140
Hydrornis 222, 223
hyemalis, *Clangula* 32
hylebata, *Phylloscopus borealis* 322
hyperboreus, *Larus* 138
hypermelaena, *Parus palustris* 263
hypermelaenus, *Poecile* 264
hypermelaenus, *Poecile hypermelaenus* 264
hypermelaenus, *Poecile palustris* 263
hypermelas, *Parus palustris* 263
hyperythra, *Brachypteryx* 447
hyperythra, *Ficedula* 462, 463
hyperythra, *Ficedula hyperythra* 462, 463
hyperythrus, *Cuculus* 73
hyperythrus, *Cuculus fugax* 73
hyperythrus, *Dendrocopos* 209
hyperythrus, *Dendrocopos hyperythrus* 209
hyperythrus, *Hierococcyx* 73
hyperythrus, *Picoides* 209
hyperythrus, *Picoides hyperythrus* 209
hyperythrus, *Tarsiger* 455
Hypogramma 478
Hypogrammica 478
hypogrammica, *Hypogrammica* 478
hypogrammica, *Nectarinia* 478
hypogrammicum, *Hypogramma* 478
hypogrammicum, *Kurochkinegramma* 478
hypoleuca, *Cissa* 251, 252
hypoleuca, *Ficedula* 461
hypoleuca, *Pterodroma* 91
hypoleuca, *Pterodroma hypoleuca* 91
hypoleuca, *Pterodroma leucoptera* 91
hypoleucos, *Actitis* 129
hypoleucos, *Erythrogenys* 361, 362
hypoleucos, *Erythrogenys hypoleucos* 362
hypoleucos, *Pomatorhinus* 361, 362
hypoleucos, *Tringa* 129
hypoleucus, *Pomatorhinus* 362
Hypothymis 239
hypoxantha, *Rhipidura* 259
hypoxanthus, *Chelidorhynx* 259
Hypsipetes 307, 308, 309, 310, 311, 312

I

Ianthocincla 386, 387, 388, 389
Ibidorhyncha 112
Ibidorhynchidae 112
Ibis 94
ibis, *Bubulcus* 101
ichangensis, *Hodgsonius phaenicuroides* 451
ichangensis, *Hodgsonius phoenicuroides* 451
ichangensis, *Luscinia phaenicuroides* 451
ichangensis, *Luscinia phoenicuroides* 451
Ichthyaetus 136, 137
ichthyaetus, *Ichthyaetus* 137
ichthyaetus, *Larus* 137
Ichthyophaga 176, 177
icterops, *Curruca communis* 341
icterops, *Sylvia communis* 341
Icthyophaga 176
Ictinaetus 169
Ictinaëtus 169
idius, *Troglodytes troglodytes* 420
idoneus, *Bradypterus seebohmi* 295
Iduna 288, 289
ignicauda, *Aethopyga* 480
ignicauda, *Aethopyga ignicauda* 480
ignipectus, *Dicaeum* 478
ignipectus, *Dicaeum ignipectus* 478
ignotincta, *Minla* 404
ignotincta, *Minla ignotincta* 404
ijimae, *Phylloscopus* 318
ijimae, *Riparia riparia* 297
iliacus, *Turdus* 436
iliacus, *Turdus iliacus* 436
iliensis, *Parus bokhariensis* 267
imbricata, *Trochalopteron* 398

imbricatum, *Trochalopteron* 398
imbricatum, *Trochalopteron lineatum* 398
imbricatus, *Garrulax lineatus* 398
immaculata, *Pnoepyga* 290
immaculata, *Prunella* 483
immaculatus, *Enicurus* 456
immer, *Gavia* 88
immutabilis, *Diomedea* 90
immutabilis, *Phoebastria* 90
impasta, *Athene noctua* 152
impejanus, *Lophophorus* 7
imperator, *Pavo muticus* 19
imperialis, *Ardea* 102
imprudens, *Garrulax erythrocephalus* 402
incana, *Tringa* 130
incana, *Tringa incana* 130
incanus, *Heteroscelus* 130
incanus, *Tringa* 130
incanus, *Tringa incanus* 130
incei, *Terpsiphone* 239, 240
incei, *Terpsiphone paradisi* 239
incerta, *Leucosticte brandti* 516
incognita, *Emberiza schoeniclus* 528
indica, *Chalcophaps* 53
indica, *Chalcophaps indica* 53
indica, *Gallinula chloropus* 83
indica, *Kittacincla malabarica* 438
indica, *Megalaima haemacephala* 196
Indicator 196
Indicatoridae 196
indicus, *Accipiter trivirgatus* 171
indicus, *Anser* 30
indicus, *Butastur* 177
indicus, *Caprimulgus* 60, 61
indicus, *Copsychus malabaricus* 438
indicus, *Dendronanthus* 493
indicus, *Enicurus leschenaulti* 457
indicus, *Gyps* 165
indicus, *Hirundapus giganteus* 64
indicus, *Lobivanellus* 113
indicus, *Metopidius* 119
indicus, *Phaethon aethereus* 45
indicus, *Phaëthon aethereus* 45
indicus, *Psilopogon haemacephalus* 196
indicus, *Rallus* 77
indicus, *Rallus aquaticus* 77
indicus, *Tarsiger* 454, 455

indicus, *Tarsiger indicus* 454, 455
indicus, *Vanellus* 113
indicus, *Vanellus indicus* 113
indiraji, *Spelaeornis troglodytoides* 368
indochinensis, *Gecinulus grantia* 199, 200
indochinensis, *Ptilolaemus tickelli* 183
indochinensis, *Terpsiphone affinis* 239, 240
indochinensis, *Terpsiphone paradisi* 239
indus, *Haliastur* 175, 176
indus, *Haliastur indus* 175
inexpectatus, *Bubo bubo* 159
inexpectatus, *Orthotomus sutorius* 283
infaustus, *Perisoreus* 247
infumatus, *Cypsiurus balasiensis* 66
infumatus, *Cypsiurus parvus* 65
ingrami, *Spizixos canifrons* 302
ingrnmi, *Spizixos canifrons* 302
innae, *Bradypterus major* 293
innae, *Locustella major* 293
innexa, *Ficedula hyperythra* 462, 463
innexus, *Dicrurus leucophaeus* 237
innixus, *Dendrocopos catapharius* 206
innixus, *Dendrocopos cathpharius* 207, 208
innixus, *Dryobates cathpharius* 208
innixus, *Picoides cathpharius* 208
innominata, *Aerodramus brevirostris* 65
innominata, *Collocalia brevirostris* 64
innominatus, *Aerodramus brevirostris* 65
innominatus, *Picumnus* 197, 198
innominatus, *Picumnus innominatus* 198
innotata, *Aegithina lafresnayei* 236
innotata, *Geokichla citrina* 427
innotota, *Geokichla citrina* 427
innotota, *Zoothera citrina* 427
inopinata, *Alauda gulgula* 271
inornata, *Prinia* 282, 283
inornata, *Uria aalge* 147
inornatus, *Phylloscopus* 313

inornatus, *Phylloscopus inornatus* 313
insignis, *Ardea* 102
insignis, *Ceryle rudis* 190
insignis, *Ducula badia* 58
insignis, *Falco columbarius* 215
insignis, *Saxicola* 470
insolens, *Corvus splendens* 257
insperatus, *Parus monticolus* 268
insulae, *Crypsirina formosae* 252
insulae, *Dendrocitta formosae* 252
insularis, *Dendrocopos leucotos* 212, 213
insularis, *Myiophoneus* 457, 458
insularis, *Myophonus* 457, 458
insularis, *Parus ater* 261
insularis, *Periparus ater* 261
insularis, *Picoides leucotos* 213
intensior, *Passer cinnamomeus* 490
intensior, *Passer rutilans* 490
intensior, *Phylloscopus* 325, 326
interdicta, *Nucifraga caryocatactes* 255
interdictus, *Nucifraga caryocatactes* 254
intermedia, *Alauda arvensis* 272
intermedia, *Alcippe dubia* 375
intermedia, *Arborophila rufogularis* 2
intermedia, *Ardea* 103
intermedia, *Ardea intermedia* 103
intermedia, *Coracina melaschistos* 234
intermedia, *Cyanoptila cyanomelana* 446
intermedia, *Egretta* 103
intermedia, *Egretta intermedia* 103
intermedia, *Gracula religiosa* 422
intermedia, *Lalage melaschistos* 234
intermedia, *Leucosticte brandti* 516
intermedia, *Mesophoyx* 103
intermedia, *Nectarinia asiatica* 480
intermedia, *Petronia petronia* 491
intermedia, *Seicercus affinis* 318
intermedia, *Turdus merula* 432
intermedia, *Yuhina nigrimenta* 359
intermedia, *Yuhina nigrimentum* 359
intermedium, *Dinopium javanense* 199
intermedius, *Centropus sinensis* 69
intermedius, *Corvus*

macrorhynchos 258
intermedius, Corvus
　　macrorhynchus 258
intermedius, Haliastur indus 176
intermedius, Harpactes
　　erythrocephalus 180, 181
intermedius, Phylloscopus 318
intermedius, Phylloscopus
　　intermedius 318
intermedius, Pomatorhinus
　　ruficollis 365
intermedius, Pteruthius 230
intermedius, Pteruthius
　　aenobarbus 230
intermedius, Pteruthius
　　intermedius 230
intermedius, Schoeniparus dubius 375
intermedius, Seicercus 318
intermedius, Seicercus affinis 318
intermedius, Turdus merula 432
internigrans, Perisoreus 247, 248
interposita, Cyanopica cyana 249
interposita, Cyanopica cyanus 249
interposita, Kittacincla
　　malabarica 438
interpositus, Copsychus
　　malabaricus 438
interpres, Arenaria 121
interpres, Arenaria interpres 121
interstinctus, Falco tinnunculus 215
interstinctus, Garrulus glandarius 248
intricata, Cettia flavolivacea 332
intricatus, Cettia flavolivacea 332
intricatus, Cettia flavolivaceus 332
intricatus, Horornis flavolivaceus 332
Iole 307, 308
iouschistos, Aegithalos 336
iouschistos, Aegithalos
　　iouschistos 336
iredalei, Aegithalos
　　concinnus 335, 336
Irena 474, 475
Irenidae 474
isabellina, Montifringilla
　　ruficollis 493
isabellina, Oenanthe 471
isabellina, Pyrgilauda ruficollis 493
isabellinus, Lanius 242, 243
isabellinus, Lanius collurio 241, 242
isabellinus, Lanius cristatus 241

isabellinus, Lanius
　　isabellinus 242, 243
isabellinus, Megalurus palustris 296
Ithaginis 4, 5
Ixobrychus 98, 99
Ixos 308, 311

J

jabouillei, Gallus gallus 21
Jabouilleia 379
Jacanidae 119
jacobinus, Clamator 69, 70
jacobinus, Clamator jacobinus 70
jambu, Pycnonotus goiavier 305
jankowskii, Cygnus bewickii 28
jankowskii, Cygnus columbianus 28
jankowskii, Emberiza 524
janthina, Columba 49
janthina, Columba janthina 49
japonensis, Falco
　　peregrinus 217, 218
japonensis, Grus 84
japonensis, Regulus regulus 473
japonica, Alauda arvensis 272
japonica, Bombycilla 474
japonica, Capella solitaria 127
japonica, Cecropis daurica 301
japonica, Coturnix 24
japonica, Coturnix coturnix 24
japonica, Gallinago solitaria 127
japonica, Hirundo daurica 300, 301
japonica, Loxia curvirostra 520
japonica, Ninox 149, 150
japonica, Ninox japonica 150
japonica, Zosterops 360
japonicus, Anthus rubescens 495
japonicus, Anthus spinoletta 495
japonicus, Buteo 178, 179
japonicus, Buteo buteo 179
japonicus, Buteo japonicus 179
japonicus, Coccothraustes
　　coccothraustes 503
japonicus, Dendrocopos
　　major 211, 212
japonicus, Otus scops 155
japonicus, Otus sunia 155, 156
japonicus, Picoides major 212
japonicus, Zosterops 360
japonicus, Zosterops japonicus 360

javanense, Dinopium 199
javanica, Arborophila 3
javanica, Butorides striata 101
javanica, Dendrocygna 27
javanica, Hirundo tahitica 298
javanica, Mirafra 270, 271
javanica, Tyto 148, 149
javanica, Tyto alba 148, 149
javanica, Tyto javanica 149
javanicus, Acridotheres 423
javanicus, Butorides
　　striatus 100, 101
javanicus, Leptoptilos 94
javanicus, Tyto alba 149
javensis, Dryocopus 205
jerdoni, Aviceda 164, 165
jerdoni, Aviceda jerdoni 164, 165
jerdoni, Charadrius dubius 116
jerdoni, Curruca crassirostris 340
jerdoni, Minla ignotincta 404
jerdoni, Saxicola 471
jerdoni, Sylvia crassirostris 340
jessoensis, Picus canus 203, 204
jini, Cissa hypoleuca 251
jini, Cissa thalassina 251
jini, Kitta thalassina 251
joannae, Zosterops palpebrosa 361
joannae, Zosterops palpebrosus 361
jocosus, Pycnonotus 304
jocosus, Pycnonotus jocosus 304
johanseni, Anser fabalis 30, 31
johni, Dicrurus paradiseus 238
johnsoni, Pycnonotus
　　melanicterus 304
johnsoni, Rubigula flaviventris 304
johnstoniae, Tarsiger 455
jomo, Babax waddelli 394
jomo, Pterorhinus waddelli 394
jonesi, Lophura nycthemera 18, 19
joretiana, Pucrasia macrolopha 8
jotaka, Caprimulgus 60, 61
jotaka, Caprimulgus indicus 61
jotaka, Caprimulgus jotaka 61
jouyi, Ardea cinerea 102
jouyi, Gallirallus striatus 78
jouyi, Lewinia striata 78
jugularis, Cinnyris 480
jugularis, Nectarinia 480
juncidis, Cisticola 278
Jynx 196, 197

K

kaleensis, *Dendrocopos*
　　canicapillus 206
kaleënsis, *Dendrocopos*
　　canicapillus 206
kaleensis, *Picoides canicapillus* 206
kamtschathensis, *Pinicola*
　　enucleator 511
kamtschatica, *Aquila chrysaetos* 171
kamtschatica, *Aquila chrysaëtos* 170
kamtschaticus, *Corvus corax* 259
kamtschatkensis, *Buteo*
　　lagopus 177, 178
kamtschatkensis, *Dendrocopos*
　　minor 208
kamtschatkensis, *Dryobates*
　　minor 208
kamtschatkensis, *Picoides minor* 208
kamtschatkensis, *Pinicola*
　　enucleator 511
kamtschatschensis, *Larus canus* 137
kanoi, *Apus pacificus* 66
kansuensis, *Cyanopica cyana* 249
kansuensis, *Cyanopica cyanus* 249
kansuensis, *Garrulus glandarius* 248
kansuensis, *Passer*
　　montanus 490, 491
kansuensis, *Phylloscopus* 313, 314
kapustini, *Parus major* 266, 267
karpowi, *Phasianus colchicus* 14, 15
katsumatae, *Cissa*
　　hypoleuca 251, 252
katsumatae, *Cissa thalassina* 251
katsumatae, *Kitta thalassina* 251
katsumatae, *Polyplectron* 19, 20
katsumatae, *Polyplectron*
　　bicalcaratum 19, 20
kaurensis, *Pterorhinus caerulatus* 396
kawarahiba, *Carduelis sinica* 517
kawarahiba, *Chloris sinica* 518
kessleri, *Turdus* 433
Ketupa 161, 162
khamensis, *Accipiter gentilis* 173
khamensis, *Certhia familiaris* 414
khamensis, *Certhia hodgsoni* 414
khamensis, *Dryocopus martius* 205
khamensis, *Emberiza cia* 524, 525
khamensis, *Emberiza godlewskii* 525
khamensis, *Emberiza yunnanensis* 525

khamensis, *Eremophila alpestris* 273
khamensis, *Prunella fulvescens* 484
kiangsuensis, *Phasianus*
　　colchicus 14, 15
kiautschensis, *Bubo bubo* 159, 160
kiborti, *Alauda arvensis* 272
kienerii, *Aquila* 168, 169
kienerii, *Aquila kienerii* 168
kienerii, *Hieraaetus* 168, 169
kienerii, *Lophotriorchis* 168, 169
kilianensis, *Carpodacus puniceus* 509
kinneari, *Chloropsis*
　　cochinchinensis 476
kinneari, *Crypsirina vagabunda* 252
kinneari, *Dendrocitta vagabunda* 252
kinneari, *Sasia ochracea* 197
kinneari, *Spelaeornis* 368, 369
kinneari, *Spelaeornis*
　　chocolatinus 369
Kitta 249, 250, 251
Kittacincla 437, 438
kizuki, *Dendrocopos* 207
kizuki, *Dendrocopos kizuki* 207
kizuki, *Picoides* 207
kizuki, *Picoides kizuki* 207
kizuki, *Yungipicus* 207
kobdensis, *Carpodacus rubicilla* 508
kobdensis, *Luscinia*
　　svecica 450, 451
koelzi, *Aethopyga nipalensis* 481
kogo, *Picus canus* 203, 204
komadori, *Ericthacus* 449
komadori, *Erithacus* 449
komadori, *Erithacus komadori* 449
komadori, *Larvivora* 449, 450
komadori, *Larvivora komadori* 450
komadori, *Luscinia* 449
koratensis, *Anthreptes singalensis* 479
koratensis, *Chalcoparia*
　　singalensis 479
korejevi, *Carduelis flavirostris* 519
korejevi, *Linaria flavirostris* 519
korejewi, *Rallus aquaticus* 77
korschun, *Milvus* 175
koslowi, *Babax* 394
koslowi, *Babax koslowi* 394
koslowi, *Emberiza* 523
koslowi, *Perdix hodgsoniae* 11
koslowi, *Prunella* 484
koslowi, *Pterorhinus* 394

koslowi, *Pterorhinus koslowi* 394
koslowi, *Tetraogallus himalayensis* 23
Kozlowia 507, 508
krameri, *Psittacula* 221
kuatunensis, *Emberiza fucata* 523
kuatunensis, *Parus ater* 261
kuatunensis, *Periparus ater* 261
kukunoorensis, *Alaudala*
　　cheleensis 277
kukunoorensis, *Calandrella*
　　cheleensis 277
kukunoorensis, *Calandrella*
　　rufescens 277
kundoo, *Oriolus* 226
kundoo, *Oriolus oriolus* 226
kuntzi, *Apus nipalensis* 67
Kurochkinegramma 478
kuseri, *Ithaginis cruentus* 4, 5
kwangtungensis, *Leiothrix lutea* 410
kwantungensis, *Ducula aenea* 57
kwenlunensis, *Montifringilla*
　　nivalis 491, 492

L

labecula, *Aethopyga siparaja* 482
lactea, *Glareola* 132
laetus, *Garrulax albogularis* 395
laetus, *Pericrocotus*
　　ethologus 231, 232
lafresnayei, *Aegithina* 236
lagopoda, *Delichon urbica* 299
lagopodum, *Delichon urbicum* 300
Lagopus 9, 10
lagopus, *Buteo* 177, 178
lagopus, *Buteo lagopus* 177, 178
lagopus, *Lagopus* 9
Lalage 234
lanceolata, *Locustella* 293
lanceolata, *Locustella lanceolata* 293
lanceolatus, *Babax* 393
lanceolatus, *Babax lanceolatus* 393
lanceolatus, *Garrulax* 393
lanceolatus, *Pterorhinus* 393, 394
lanceolatus, *Pterorhinus*
　　lanceolatus 394
Laniidae 240
Lanius 240, 241, 242, 243, 244,
　　245, 246, 247
lanzhouensis, *Alectoris magna* 26

laotiana, *Ficedula sapphira* 465
laotiana, *Napothera epilepidota* 378, 379
laotiana, *Napothera epilepidotus* 378
laotianus, *Paradoxornis gularis* 355
laotianus, *Picus chlorolophus* 201, 202
laotianus, *Pomatorhinus hypoleucos* 361
laotianus, *Psittiparus gularis* 355
laotianus, *Treron apicauda* 55
laotinus, *Treron apicauda* 55
lapponica, *Limosa* 120
lapponica, *Strix nebulosa* 158
lapponicus, *Calcarius* 522
Laridae 133
Larus 134, 135, 136, 137, 138, 139, 140
Larvivora 448, 449, 450
larvivora, *Coracina macei* 234
larvivora, *Coracina novaehollandiae* 233
larvivora, *Coracina novae-hollandiae* 233
lathami, *Emberiza* 522
lathami, *Lophura leucomelana* 17, 18
lathami, *Lophura leucomelanos* 18
lathami, *Melophus* 522
lathami, *Melophus lathami* 522
latifascia, *Emberiza rustica* 529
latifrons, *Garrulax caerulatus* 395
latifrons, *Pterorhinus caerulatus* 396
latirostris, *Muscicapa* 439
latouchei, *Babax lanceolatus* 393
latouchei, *Otus spilocephalus* 154
latouchei, *Phylloscopus valentini* 320
latouchei, *Pterorhinus lanceolatus* 394
latouchei, *Pycnonotus aurigaster* 306
latouchei, *Seicercus valentini* 319
latouchei, *Tephrodornis gularis* 235
latouchei, *Tephrodornis virgatus* 235
Latoucheornis 527
latouchi, *Otus spilocephalus* 154
latouchii, *Aethopyga* 482
latouchii, *Aethopyga christinae* 482
laurentei, *Cettia pallidipes* 334
laurentei, *Cyornis poliogenys* 441
laurentei, *Hemitesia pallidipes* 334

laurentei, *Niltava poliogenys* 441
laurentei, *Phylloscopus castaniceps* 323
laurentei, *Pomatorhinus ruficollis* 366
laurentei, *Seicercus castaniceps* 323
lazulina, *Chloropsis* 475
lazulina, *Chloropsis hardwickei* 475
lazulina, *Chloropsis hardwickii* 475
lazulina, *Chloropsis lazulina* 475
leautungensis, *Galerida cristata* 272
leclancheri, *Ptilinopus* 58
Leiopicus 209
Leioptila 411, 412
Leiothrichidae 383
Leiothrix 410, 411
lepidus, *Carpodacus* 509
lepidus, *Carpodacus lepidus* 509
lepidus, *Carpodacus sibiricus* 509
lepidus, *Uragus sibiricus* 509
leptogrammica, *Strix* 157
Leptopoecile 337, 338
Leptoptilos 94
leptorhynchus, *Dendrocopos leucopterus* 210
leptorhynchus, *Picoides leucopterus* 210
leptorhynchus, *Rhopophilus pekinensis* 346
lepturus, *Phaethon* 46
lepturus, *Phaëthon* 46
Lerwa 3
lerwa, *Lerwa* 3
lerwa, *Lerwa lerwa* 3
leschenault, *Ketupa zeylonensis* 161
leschenaulti, *Enicurus* 457
leschenaulti, *Ketupa zeylonensis* 161
leschenaulti, *Merops* 187
leschenaulti, *Merops leschenaulti* 187
leschenaultia, *Merops* 187
leschenaultia, *Merops leschenaultia* 187
leschenaultii, *Charadrius* 118
leschenaultii, *Charadrius leschenaultii* 118
lettia, *Otus* 153, 154
lettia, *Otus bakkamoena* 154
lettia, *Otus lettia* 154
leucocephala, *Emberiza* 527
leucocephala, *Emberiza leucocephala* 527

leucocephala, *Motacilla flava* 497, 498, 499
leucocephala, *Mycteria* 94
leucocephala, *Oxyura* 27
leucocephalos, *Emberiza* 527
leucocephalos, *Emberiza leucocephalos* 527
leucocephalus, *Chaimarrornis* 468
leucocephalus, *Hypsipetes* 310, 311
leucocephalus, *Hypsipetes leucocephalus* 311
leucocephalus, *Hypsipetes madagascariensis* 310
leucocephalus, *Ibis* 94
leucocephalus, *Microscelis* 310
leucocephalus, *Microscelis leucocephalus* 310
leucocephalus, *Mycteria* 94
leucocephalus, *Phoenicurus* 468
leucogaster, *Anthracoceros malabaricus* 182
leucogaster, *Cinclus cinclus* 421
leucogaster, *Haliaeetus* 176
leucogaster, *Sula* 107
leucogaster, *Terpsiphone paradisi* 239, 240
leucogenis, *Dicrurus leucophaeus* 237
leucogenis, *Pycnonotus* 305
leucogenys, *Falco peregrinus* 217
leucogenys, *Pycnonotus* 305
leucogenys, *Pycnonotus leucogenys* 305
Leucogeranus 83
leucogeranus, *Bugeranus* 83
leucogeranus, *Grus* 83
leucogeranus, *Leucogeranus* 83
leucolophus, *Garrulax* 385
leucolophus, *Garrulax leucolophus* 385
leucomelana, *Lophura* 17, 18
leucomelana, *Lophura leucomelana* 18
leucomelanos, *Lophura* 17, 18
leucomelanos, *Lophura leucomelanos* 18
leucomelanura, *Ceryle rudis* 190
leucomelanura, *Ficedula* 464
leucomelanura, *Ficedula leucomelanura* 464
leucomelanura, *Ficedula tricolor* 464

leucomelanurus, Ceryle rudis 190
leucomelas, Calonectris 92
leucomelas, Puffinus 92
leuconota, Columba 47, 48
leuconota, Columba leuconota 48
leucopareia, Branta hutchinsii 29
Leucophaeus 136
leucophaeus, Dicrurus 237
leucophris, Brachypteryx 447
leucophrys, Brachypteryx 447
leucophrys, Zonotrichia 531
leucops, Anthipes monileger 440
leucops, Ficedula monileger 440
leucopsis, Branta 29
leucopsis, Motacilla alba 500, 501
leucopsis, Motacilla lugens 501
leucopsis, Sitta 418
leucoptera, Alauda 271
leucoptera, Alauda leucoptera 271
leucoptera, Chlidonias 144
leucoptera, Loxia 520
leucoptera, Melanocorypha 271
leucoptera, Pica pica 253
leucoptera, Pterodroma 91
leucopterus, Chlidonias 144
leucopterus, Dendrocopos 210
leucopterus, Dendrocopos leucopterus 210
leucopterus, Lanius excubitor 246
leucopterus, Phoenicurus auroreus 467
leucopterus, Picoides 210
leucopterus, Picoides leucopterus 210
leucorhoa, Hydrobates 89
leucorhoa, Oceanodroma 89
leucorhoa, Oceanodroma leucorhoa 89
leucorhous, Hydrobates 89
leucorhous, Hydrobates leucorhous 89
leucorodia, Platalea 96
leucorodia, Platalea leucorodia 96
leucoryphus, Haliaeetus 176
Leucosticte 508, 516
leucothorax, Hypsipetes leucocephalus 311
leucothorax, Hypsipetes madagascariensis 310
leucothorax, Microscelis leucocephalus 310
leucotis, Garrulus glandarius 248

leucotos, Dendrocopos 212, 213
leucotos, Dendrocopos leucotos 212, 213
leucotos, Picoides 212, 213
leucotos, Picoides leucotos 213
leucura, Myiomela 454, 453
leucura, Myiomela leucura 454
leucurum, Cinclidium 454, 453
leucurum, Cinclidium leucurum 454
leucurum, Myiomela 454
leucurum, Myiomela leucurum 454
leucurus, Vanellus 114
leuphotes, Aviceda 165
leuphotes, Aviceda leuphotes 165
levaillantii, Corvus macrorhynchos 258
Lewinia 77, 78
lhamarum, Alauda gulgula 271
lhuysii, Lophophorus 8
liangshanensis, Garrulax lunulatus 389
liangshanensis, Ianthocincla lunulata 389
lichiangense, Crossoptilon crossoptilon 16, 17
ligea, Sitta magna 419
lignator, Centropus bengalensis 69
lilfordi, Grus grus 85
limborgi, Chalcites xanthorhynchus 71
Limicola 122
limnaeetus, Nisaetus cirrhatus 167
limnaeetus, Spizaetus cirrhatus 167
limnaetus, Neophron percnopterus 164
limnaetus, Spizaetus cirrhatus 167
Limnodromus 126
Limosa 120, 121
limosa, Limosa 121
limosa, Limosa limosa 121
Linaria 518, 519
lineata, Megalaima 192, 193
lineate, Megalaima 192, 193
lineatum, Trochalopteron 398
lineatum, Trochalopteron lineatum 398
lineatus, Garrulax 398
lineatus, Garrulax lineatus 398
lineatus, Milvus 175
lineatus, Milvus korschun 175
lineatus, Milvus migrans 175

lineatus, Psilopogon 192, 193
lingshuiensis, Pteruthius aeralatus 229
lingshuiensis, Pteruthius flaviscapis 229
Liocichla 405, 406
Lioparus 341, 342
lisettae, Hypogramma hypogrammicum 478
lisettae, Hypogrammica hypogrammica 478
lisettae, Kurochkinegramma hypogrammicum 478
lisettae, Nectarinia hypogrammica 478
liventer, Butastur 177
livia, Columba 47
lobatus, Phalaropus 128
Lobivanellus 113
lochmius, Garrulax chinensis 391
lochmius, Pterorhinus chinensis 391
Locustella 290, 291, 292, 293, 294, 295, 296
Locustellidae 290
Lonchura 487, 488
longialis, Ptilinopus leclancheri 58
longicauda, Orthotomus sutorius 283
longicaudus, Orthotomus sutorius 283
longicaudus, Stercorarius 145
longimembris, Tyto 148
longipennis, Calandrella brachydactyla 274, 275
longipennis, Calandrella cinerea 274
longipennis, Hemiprocne 62, 63
longipennis, Picus chlorolophus 201, 202
longipennis, Sterna hirundo 144
longipes, Haematopus ostralegus 112
longirosta, Arachnothera 478, 479
longirosta, Arachnothera longirosta 479
longirostris, Arachnothera 478
longirostris, Arachnothera longirosta 478
longirostris, Arachnothera longirostris 478
longirostris, Carpodacus puniceus 509, 510
longirostris, Monticola solitarius 469
longirostris, Upupa epops 184

lonnbergi, *Alauda arvensis* 272
lönnbergi, *Alauda arvensis* 272
Lophobasileus 337
Lophophanes 262
Lophophorus 7, 8
Lophotriorchis 168, 169
Lophura 17, 18, 19
Loriculus 219
Loxia 520
luciae, *Gampsorhynchus rufulus* 377, 378
luciae, *Gampsorhynchus torquatus* 378
lucidus, *Chrysocolaptes* 198, 199
lucifer, *Carpodacus rubicilloides* 508
lucionensis, *Lanius cristatus* 241, 242, 243
ludlowi, *Alcippe* 343
ludlowi, *Alcippe cinereiceps* 344
ludlowi, *Athene noctua* 152
ludlowi, *Dendrocopos cathapharius* 206
ludlowi, *Dendrocopos cathpharius* 207, 208
ludlowi, *Dryobates cathpharius* 208
ludlowi, *Fulvetta* 343, 345
ludlowi, *Picoides cathpharius* 208
lugens, *Motacilla* 501
lugens, *Motacilla alba* 500, 501
lugens, *Motacilla lugens* 501
lugubris, *Ceryle* 189
lugubris, *Ceryle lugubris* 189
lugubris, *Megaceryle* 189, 190
lugubris, *Megaceryle lugubris* 190
lugubris, *Ninox scutulata* 150
lugubris, *Surniculus* 71, 72
lunatus, *Serilophus* 225, 226
lungchowensis, *Sphenurus sphenurus* 55
lunulata, *Ianthocincla* 388, 389
lunulata, *Ianthocincla lunulata* 389
lunulatus, *Garrulax* 388, 389
lunulatus, *Garrulax lunulatus* 389
Luscinia 448, 449, 450, 451, 452, 453
luscinioides, *Locustella* 294
lutea, *Leiothrix* 410
lutea, *Leiothrix lutea* 410
luteoventris, *Bradypterus* 293
luteoventris, *Bradypterus*

luteoventris 293
luteoventris, *Locustella* 293
lutescens, *Macronous gularis* 373
lutescens, *Macronus gularis* 373
lutescens, *Mixornis gularis* 373
luzonica, *Anas* 39
lylei, *Picus flavinucha* 200, 201
lymani, *Falco columbarius* 215, 216
Lymnocryptes 128
Lyncornis 60
Lyrurus 11

M

ma, *Strix aluco* 157
ma, *Strix nivicolum* 157
maccormicki, *Catharacta* 145, 146
maccormicki, *Stercorarius* 145, 146
macei, *Coracina* 233, 234
macei, *Dendrocopos* 209
macei, *Dendrocopos macei* 209
macei, *Picoides* 209
macei, *Picoides macei* 209
macella, *Nucifraga caryocatactes* 254, 255
macgregoriae, *Niltava* 444
macgrigoriae, *Niltava* 444, 445
macgrigoriae, *Niltava macgrigoriae* 445
Machlolophus 268, 269
macqueeni, *Chlamydotis* 86
macqueenii, *Chlamydotis* 86
macqueenii, *Chlamydotis undulata* 86
macqueenii, *Otis undulata* 86
macrocercus, *Dicrurus* 237
macrolopha, *Pucrasia* 8
Macronous 373
Macronus 373
macronyx, *Motacilla flava* 497, 498
macronyx, *Motacilla tschutschensis* 499
macronyx, *Remiz* 269
macronyx, *Remiz macronyx* 269
macroptera, *Ninox scutulata* 149
Macropygia 52, 53
macrorhynchos, *Corvus* 258
macrorhynchos, *Nucifraga caryocatactes* 255
macrorhynchus, *Corvus* 258
macrorhynchus, *Nucifraga*

caryocatactes 254
macrotis, *Eurostopodus* 60
macrotis, *Lyncornis* 60
macrourus, *Circus* 174
macrourus, *Copsychus malabaricus* 438
macrurus, *Caprimulgus* 62
maculatus, *Chalcites* 70
maculatus, *Chrysococcyx* 70
maculatus, *Enicurus* 457
maculatus, *Enicurus maculatus* 457
maculipectus, *Garrulax ocellatus* 388
maculipectus, *Ianthocincla ocellata* 388
maculipennis, *Phylloscopus* 312
maculipennis, *Phylloscopus maculipennis* 312
madagascariensis, *Hypsipetes* 310
madagascariensis, *Numenius* 120
maderaspatensis, *Motacilla* 501
maderaspatensis, *Motacilla alba* 500
maesi, *Garrulax* 386
maesi, *Garrulax maesi* 386
magna, *Alectoris* 26
magna, *Alectoris graeca* 25
magna, *Alectoris magna* 26
magna, *Arachnothera* 479
magna, *Arachnothera magna* 479
magna, *Galerida cristata* 272
magna, *Sitta* 419
magnifica, *Gorsachius* 99
magnifica, *Megalaima virens* 192
magnifica, *Nycticorax* 99
magnificus, *Gorsachius* 99
magnirostris, *Eophona personata* 503
magnirostris, *Esacus* 111
magnirostris, *Phylloscopus* 321, 322
major, *Bradypterus* 293
major, *Bradypterus major* 293
major, *Cettia* 333
major, *Cettia major* 333
major, *Dendrocopos* 211, 212
major, *Dendrocopos major* 211
major, *Dupetor flavicollis* 99
major, *Halcyon coromanda* 190
major, *Ixobrychus flavicollis* 99
major, *Leptopoecile sophiae* 337
major, *Lerwa lerwa* 3
major, *Locustella* 293, 294
major, *Locustella major* 294

major, *Parus* 266, 267
major, *Parus major* 266
major, *Picoides* 211, 212
malabarica, *Euodice* 487
malabarica, *Kittacincla* 437, 438
malabarica, *Lonchura* 487
malabarica, *Sturnia* 426
malabarica, *Sturnia malabarica* 426
malabaricus, *Anthracoceros* 182
malabaricus, *Anthracoceros malabaricus* 182
malabaricus, *Copsychus* 437, 438
malabaricus, *Sturnus* 426
malabaricus, *Sturnus malabaricus* 426
malacca, *Lonchura* 488
malaccensis, *Passer montanus* 490, 491
malacensis, *Anthreptes* 479
malacensis, *Anthreptes malacensis* 479
malacoptila, *Napothera* 379
malacoptilus, *Rimator* 379
malacoptilus, *Rimator malacoptilus* 379
malaiensis, *Ictinaetus* 169
malaiensis, *Ictinaetus malaiensis* 169
malayanus, *Otus scops* 155
malayanus, *Otus sunia* 155, 156
malayensis, *Ictinaetus* 169
malayensis, *Ictinaëtus* 169
malayensis, *Ictinaetus malayensis* 169
malayorum, *Picumnus innominatus* 197, 198
maldivarum, *Glareola* 132
mandarinus, *Dendrocopos major* 211, 212
mandarinus, *Pericrocotus solaris* 230
mandarinus, *Picoides major* 212
mandarinus, *Turdus* 432
mandarinus, *Turdus mandarinus* 432
mandarinus, *Turdus merula* 432
mandella, *Arborophila* 1
mandelli, *Bradypterus* 295, 296
mandelli, *Bradypterus mandelli* 296
mandelli, *Locustella* 295, 296
mandelli, *Locustella mandelli* 296
mandellii, *Arborophila* 1
mandellii, *Phylloscopus humei* 313
mandellii, *Phylloscopus inornatus* 313

mandschurica, *Hirundo rustica* 298
mandschuricus, *Corvus macrorhynchos* 258
mandschuricus, *Corvus macrorhynchus* 258
manilensis, *Ardea purpurea* 102
manillensis, *Nycticorax caledonicus* 100
manipurensis, *Alcippe cinereiceps* 344
manipurensis, *Certhia* 416
manipurensis, *Fulvetta* 345
manipurensis, *Fulvetta cinereiceps* 345
manipurensis, *Fulvetta manipurensis* 345
mantchuricum, *Crossoptilon* 17
mantschurica, *Paradoxornis webbiana* 348
mantschurica, *Sinosuthora webbiana* 349
mantschuricus, *Paradoxornis webbianus* 347, 348, 349
manyar, *Ploceus* 485, 486
Mareca 38, 39
margelanica, *Curruca minula* 339
margelanica, *Sylvia minula* 339
marginata, *Zoothera* 430
marginata, *Zoothera marginata* 430
mariae, *Minla ignotincta* 404
marila, *Aythya* 37
marionae, *Ithaginis cruentus* 4, 5
maritimus, *Perisoreus infaustus* 247
Marmaronetta 36
marmoratus, *Brachyramphus* 146
marshalli, *Dendrocopos hyperythrus* 209
marshalli, *Picoides hyperythrus* 209
marshallorum, *Megalaima virens* 192
marshallorum, *Psilopogon virens* 192
martius, *Dryocopus* 205
martius, *Dryocopus martius* 205
maura, *Saxicola torquata* 470
mauri, *Calidris* 126
maurus, *Saxicola* 470
maurus, *Saxicola maurus* 470
maxima, *Ianthocincla* 388
maxima, *Melanocorypha* 276
maxima, *Melanocorypha maxima* 276
maximus, *Garrulax* 388
maximus, *Turdus* 432

maximus, *Turdus merula* 432
mayri, *Cecropis striolata* 301
mcclellandii, *Hypsipetes* 308
mcclellandii, *Hypsipetes mcclellandii* 308
mcclellandii, *Ixos* 308
mcclellandii, *Ixos mcclellandii* 308
meena, *Streptopelia orientalis* 50
Megaceryle 189, 190
megala, *Capella* 128
megala, *Gallinago* 128
Megalaima 192, 193, 194, 195, 196
Megalaimidae 192
Megalurus 291, 296
megarhynchos, *Luscinia* 452
meissneri, *Leptopoecile elegans* 337
melanchima, *Cutia nipalensis* 404
melanicterus, *Pycnonotus* 303, 304
Melanitta 32, 33
melanocephala, *Emberiza* 522
melanocephala, *Threskiornis aethiopica* 96
melanocephalos, *Brachypodius* 303
melanocephalus, *Larus* 136
melanocephalus, *Threskiornis* 96
melanocephalus, *Threskiornis aethiopicus* 96
melanocephalus, *Tragopan* 5
Melanochlora 260
Melanocorypha 271, 275, 276
melanogaster, *Anhinga* 107
melanogaster, *Sterna* 144
melanogrisea, *Motacilla flava* 498, 499
melanoleuca, *Heterophasia* 413
melanoleucos, *Circus* 174
melanoleucos, *Microhierax* 214
melanolophus, *Gorsachius* 100
melanolophus, *Gorsachius melanolophus* 100
melanope, *Motacilla cinerea* 499, 500
melanopogon, *Acrocephalus* 285
melanorhyncha, *Bradypterus seebohmi* 295
melanorhyncha, *Locustella mandelli* 296
melanorhynchos, *Phaethon rubricauda* 45
melanorhynchus, *Bradypterus*

mandelli 296
melanorhynchus, *Bradypterus seebohmi* 295
melanostigma, *Garrulax erythrocephalus* 402
melanostigma, *Trochalopteron* 403, 404
melanostigma, *Trochalopteron erythrocephalum* 403
melanota, *Lophura leucomelanos* 18
melanotis, *Garrulax pectoralis* 392
melanotis, *Pteruthius* 230
melanotis, *Pteruthius melanotis* 230
melanotos, *Calidris* 126
melanotos, *Sarkidiornis* 35
melanotos, *Sarkidiornis melanotos* 35
melanoxanthum, *Dicaeum* 476
melanozanthos, *Mycerobas* 502
melanozanthum, *Dicaeum* 476
melanuroides, *Limosa limosa* 121
melaschistos, *Accipiter nisus* 173
melaschistos, *Coracina* 234
melaschistos, *Coracina melaschistos* 234
melaschistos, *Lalage* 234
melaschistos, *Lalage melaschistos* 234
melba, *Tachymarptis* 66
melli, *Garrulax monileger* 385
melli, *Garrulax moniliger* 385
melli, *Garrulax moniligerus* 385
melli, *Geokichla citrina* 427
melli, *Pitta brachyura* 224
melli, *Pitta nympha* 224
melli, *Zoothera citrina* 427
melliana, *Chloropsis hardwickei* 475
melliana, *Chloropsis hardwickii* 475
melliana, *Chloropsis lazulina* 475
mellianus, *Oriolus* 228
Melophus 522
melpoda, *Estrilda* 486
meninting, *Alcedo* 189
menzbieri, *Anthus gustavi* 494
menzbieri, *Buteo lagopus* 177
menzbieri, *Limosa lapponica* 120
menzbieri, *Sturnus vulgaris* 426
merganser, *Mergus* 34
merganser, *Mergus merganser* 34
Mergellus 33
Mergus 33, 34
meridionalis, *Lanius* 246

Meropidae 185
Merops 185, 186, 187
merula, *Turdus* 432
merulinus, *Cacomantis* 71
merulinus, *Cuculus* 71
merulinus, *Garrulax* 383
merulinus, *Garrulax merulinus* 383
merzbacheri, *Curruca nisoria* 338
merzbacheri, *Sylvia nisoria* 338
Mesophoyx 103
Metopidius 119
meyeni, *Zosterops* 360, 361
meyeri, *Pucrasia macrolopha* 8
michaelis, *Ithaginis cruentus* 4, 5
michaëlis, *Ithaginis cruentus* 4
Microcarbo 107, 108
Microhierax 214
Micropalama 122, 123
Micropternus 200
micropterus, *Cuculus* 73
micropterus, *Cuculus micropterus* 73
Microsarcops 113
Microscelis 307, 308, 309, 310, 311
middendorffii, *Anser fabalis* 31
migrans, *Milvus* 175
migratoria, *Eophona* 503
migratoria, *Eophona migratoria* 503
mikado, *Syrmaticus* 13
mikado, *Turnix sylvatica* 110
Miliaria 523
milnei, *Garrulax* 401, 402
milnei, *Garrulax milnei* 401, 402
milnei, *Trochalopteron* 401, 402
milnei, *Trochalopteron milnei* 402
milni, *Garrulax* 401
milni, *Garrulax milni* 401
milvipes, *Falco cherrug* 216, 217
milvoides, *Aquila pennata* 169, 170
milvoides, *Hieraaetus pennatus* 170
Milvus 175
mimicus, *Acrocephalus melanopogon* 285
miniakensis, *Carduelis flavirostris* 519
miniakensis, *Linaria flavirostris* 519
minima, *Branta hutchinsii* 29
minima, *Lymnocryptes* 128
minimus, *Lymnocryptes* 128
Minla 357, 404, 409, 410
minor, *Copsychus malabaricus* 437, 438

minor, *Dendrocopos* 208
minor, *Dryobates* 208
minor, *Emberiza schoeniclus* 528
minor, *Fregata* 106
minor, *Fregata minor* 106
minor, *Kittacincla malabarica* 438
minor, *Lanius* 245
minor, *Locustella certhiola* 292
minor, *Macropygia unchall* 52
minor, *Parus* 268, 267
minor, *Parus cinereus* 267
minor, *Parus major* 267
minor, *Parus minor* 267
minor, *Picoides* 208
minor, *Platalea* 96
minula, *Curruca* 339, 340
minula, *Curruca minula* 339
minula, *Sylvia* 339, 340
minula, *Sylvia curruca* 339
minula, *Sylvia minula* 339
minullum, *Dicaeum* 477
minullum, *Dicaeum concolor* 477
minullum, *Dicaeum minullum* 477
minuta, *Calidris* 125
minuta, *Ficedula leucomelanura* 464
minuta, *Ficedula tricolor* 464
minutus, *Anous* 133
minutus, *Hydrocoloeus* 135
minutus, *Ixobrychus* 98
minutus, *Ixobrychus minutus* 98
minutus, *Larus* 135
minutus, *Numenius* 119
minutus, *Numenius borealis* 119
Mirafra 270, 271
Mixornis 373
mixta, *Heterophasia annectens* 412
mixta, *Leioptila annectens* 412
modesta, *Ardea alba* 103
modesta, *Egretta alba* 102
modestum, *Dicaeum agile* 477
modestus, *Egretta alba* 102
modestus, *Sylviparus* 260
modestus, *Sylviparus modestus* 260
molesworthi, *Tragopan blythii* 6
mollis, *Lanius borealis* 246
mollis, *Lanius excubitor* 245, 246
mollissima, *Zoothera* 428
mollissima, *Zoothera mollissima* 428
moluccensis, *Chloropsis* 476
moluccensis, *Pitta* 224, 225

moluccensis, Pitta brachyura 224
monacha, Grus 85
monachus, Aegypius 166
monachus, Garrulax chinensis 391
monachus, Grus 85
monachus, Pterorhinus chinensis 391
Monarchidae 239
monedula, Coloeus 256
monedula, Corvus 256
monedula, Corvus monedula 256
mongolica, Melanocorypha 275, 276
mongolica, Melanocorypha mongolica 276
mongolica, Rhodopechys 514
mongolica, Rhodopechys githaginea 514
mongolicus, Bucanetes 514
mongolicus, Dendrocopos minor 208
mongolicus, Larus argentatus 138
mongolicus, Larus cachinnans 139
mongolicus, Larus smithsonianus 139
mongolicus, Larus vegae 139
mongolicus, Lyrurus tetrix 11
mongolicus, Paradoxornis heudei 356
mongolicus, Phasianus colchicus 14, 15
mongolicus, Rhodopechys 514
mongolicus, Rhodopechys githagineus 514
mongolus, Charadrius 117
mongolus, Charadrius mongolus 117
monileger, Anthipes 440
monileger, Ficedula 440
monileger, Garrulax 384, 385
monileger, Garrulax monileger 385
moniliger, Garrulax 384, 385
moniligerus, Garrulax 384
moniligerus, Garrulax moniligerus 385
monocerata, Cerorhinca 146
monorhis, Hydrobates 89
monorhis, Oceanodroma 89
monorhis, Oceanodroma monorhis 89
montana, Brachypteryx 447, 448
montanella, Carduelis flavirostris 519
montanella, Linaria flavirostris 519
montanella, Prunella 485
montanella, Prunella montanella 485
montanus, Parus 264

montanus, Passer 490, 491
montanus, Passer montanus 490, 491
montanus, Poecile 264
Monticola 468, 469
monticola, Pycnonotus jocosus 304
monticola, Zoothera 430
monticola, Zoothera monticola 430
monticolus, Parus 268
monticolus, Parus monticolus 268
monticolus, Pycnonotus jocosus 304
Montifringilla 491, 492, 493
montifringilla, Fringilla 502
montium, Cinclidium leucurum 454
montium, Myiomela leucura 454
montium, Myiomela leucurum 454
montium, Sitta europaea 416
montium, Sitta nagaensis 417
montpellieri, Pericrocotus solaris 230, 231
morinellus, Charadrius 114
morinellus, Eudromias 114
morrisonia, Alcippe 381, 382
morrisonia, Alcippe morrisonia 382
morrisonian, Actinodura 408
morrisoniana, Actinodura 408
morrisoniana, Paradoxornis verreauxi 352
morrisoniana, Sibia 408
morrisoniana, Suthora verreauxi 353
morrisonianum, Trochalopteron 400
morrisonianus, Garrulax 400
morrisonianus, Paradoxornis nipalensis 352
morrisonianus, Paradoxornis verreauxi 352, 353
morrissoniana, Paradoxornis verreauxi 352
Motacilla 497, 498, 499, 500, 501
Motacillidae 493
motleyi, Ceyx erithaca 189
Moupinia 342
mugimaki, Ficedula 461
muliense, Trochalopteron affine 400
muliensis, Garrulax affinis 399
muliensis, Trochalopteron affine 400
Mulleripicus 205
multipunctata, Nucifraga caryocatactes 254, 255
mupinensis, Turdus 436
muraria, Tichodroma 420

murielae, Sphenurus sieboldii 56
murielae, Treron sieboldii 56
murinus, Phoenicurus ochruros 466
Muscicapa 438, 439, 440, 446
Muscicapella 461
Muscicapidae 437
musicus, Pomatorhinus 366
musicus, Pomatorhinus ruficollis 364, 365
muta, Lagopus 9, 10
mutica, Pnoepyga albiventer 289
muticus, Pavo 19
muttui, Muscicapa 439
muttui, Muscicapa muttui 439
mutus, Lagopus 9
mutuus, Pandion haliaetus 163
Mycerobas 502, 503
Mycteria 94
Myiomela 453, 454
Myiophoneus 457, 458
Myophonus 457, 458
Myzornis 341

N

nadezdae, Lagopus muta 10
nadezdae, Lagopus mutus 9
naevia, Locustella 294
nagaensis, Sitta 417
nagaensis, Sitta nagaensis 417
nagamichii, Dendrocopos canicapillus 206
nagamichii, Hypsipetes amaurotis 311, 312
nagamichii, Picoides canicapillus 206
namiyei, Hirundo tahitica 298
namtiense, Garrulax canorus 384
nana, Curruca 340
nana, Curruca nana 340
nana, Icthyophaga 176
nana, Sylvia 340
nana, Sylvia nana 340
nanchuanensis, Spelaeornis troglodytoides 368
nanschanica, Prunella fulvescens 484
nanshanica, Prunella fulvescens 484
Napothera 376, 377, 378, 379
narcissina, Ficedula 459
narcissina, Ficedula narcissina 459
nativitatis, Puffinus 93

naumanni, Cerchneis 214
naumanni, Falco 214
naumanni, Turdus 435
naumanni, Turdus naumanni 435
naungmungensis, Jabouilleia 379
naungmungensis, Napothera 379
nearctica, Aythya marila 37
nebularia, Tringa 131
nebulosa, Strix 158
Nectarinia 478, 480
Nectariniidae 478
neglecta, Columba livia 47
neglecta, Sitta castanea 417
neglecta, Sitta cinnamoventris 418
nemoralis, Phylloscopus whistleri 320
nemoralis, Seicercus whistleri 319
nemoricola, Capella 127
nemoricola, Gallinago 127
nemoricola, Leucosticte 516
nemoricola, Leucosticte
 nemoricola 516
nemoricola, Sturnia malabarica 426
nemoricolus, Sturnia malabarica 426
nemoricolus, Sturnus malabaricus 426
neobscura, Emberiza buchanani 526
Neophron 164
Neosuthora 353
nepalensis, Tichodroma muraria 420
netrix, Bradypterus major 293
Netta 36
Nettapus 35
neumanni, Muscicapa striata 438
newarensis, Strix leptogrammica 157
nigellicauda, Oriolus traillii 227
niger, Chlidonias 145
niger, Chlidonias niger 145
niger, Microcarbo 108
niger, Phalacrocorax 108
nigerrimus, Hypsipetes
 leucocephalus 311
nigerrimus, Hypsipetes
 madagascariensis 310
nigerrimus, Microscelis
 leucocephalus 310
nigra, Chlidonias 145
nigra, Chlidonias nigra 145
nigra, Ciconia 94
nigra, Crypsirina temnura 253
nigra, Lalage 234
nigra, Lalage nigra 234

nigra, Melanitta 33
nigricans, Branta bernicla 28
nigricans, Columba livia 47
nigricans, Passer ammodendri 489
nigriceps, Heterophasia
 capistrata 413
nigriceps, Stachyris 370
nigriceps, Stachyris nigriceps 370
nigricollis, Gracupica 424
nigricollis, Grus 85
nigricollis, Podiceps 43
nigricollis, Podiceps nigricollis 43
nigricollis, Sturnus 424
nigrifrons, Eremophila alpestris 273
nigrimenta, Yuhina 359
nigrimentale, Delichon dasypus 300
nigrimentalis, Delichon dasypus 300
nigrimentalis, Delichon urbica 299
nigrimentum, Garrulax
 erythrocephalus 402
nigrimentum, Trochalopteron
 erythrocephalum 403
nigrimentum, Yuhina 359
nigripes, Diomedea 90
nigripes, Phoebastria 90
nigritorquis, Rhipidura 236
nigrolineata, Rallina eurizonoides 76
nigrostellatus, Pomatorhinus
 ruficollis 364, 365, 366
nihonensis, Charadrius
 alexandrinus 116
nikolskii, Strix uralensis 158
nilotica, Gelochelidon 140
nilotica, Gelochelidon nilotica 140
Niltava 440, 441, 442, 443, 444,
 445, 461
Ninox 149, 150
nipalense, Delichon 300
nipalense, Delichon nipalense 300
nipalensis, Aceros 183
nipalensis, Actinodura 407
nipalensis, Actinodura nipalensis 407
nipalensis, Aethopyga 481
nipalensis, Aethopyga nipalensis 481
nipalensis, Alcippe 383
nipalensis, Alcippe nipalensis 383
nipalensis, Apus 67
nipalensis, Apus nipalensis 67
nipalensis, Aquila 170
nipalensis, Aquila nipalensis 170

nipalensis, Aquila rapax 170
nipalensis, Brachypteryx
 leucophris 447
nipalensis, Brachypteryx
 leucophrys 447
nipalensis, Bubo 160
nipalensis, Bubo nipalensis 160
nipalensis, Carpodacus 515
nipalensis, Carpodacus
 nipalensis 515
nipalensis, Cecropis daurica 301
nipalensis, Certhia 415
nipalensis, Cutia 404
nipalensis, Cutia nipalensis 404
nipalensis, Delichon 300
nipalensis, Delichon nipalensis 300
nipalensis, Hirundo daurica 300, 301
nipalensis, Hydrornis 222
nipalensis, Hydrornis nipalensis 222
nipalensis, Nisaetus 167, 168
nipalensis, Nisaetus nipalensis 168
nipalensis, Paradoxornis 351, 352
nipalensis, Pitta 222
nipalensis, Pitta nipalensis 222
nipalensis, Procarduelis 515
nipalensis, Procarduelis
 nipalensis 515
nipalensis, Prunella collaris 483
nipalensis, Pyrrhula 512
nipalensis, Pyrrhula nipalensis 512
nipalensis, Sibia 407, 408
nipalensis, Spizaetus 167, 168
nipalensis, Spizaetus nipalensis 168
nipalensis, Spizaëtus 167, 168
nipalensis, Spizaëtus nipalensis 168
nipalensis, Suthora 351, 353
nipalensis, Treron curvirostra 54, 55
nipalensis, Troglodytes
 troglodytes 420
nippon, Nipponia 97
Nipponia 97
Nisaetus 167, 168
nisicolor, Cuculus 72, 73
nisicolor, Cuculus fugax 73
nisicolor, Hierococcyx 72, 73
nisoides, Accipiter virgatus 172
nisoria, Curruca 338
nisoria, Sylvia 338
nisosimilis, Accipiter nisus 173
nisus, Accipiter 172, 173

nitidus, *Orthotomus atrogularis* 283
nivalis, *Montifringilla* 491, 492
nivalis, *Plectrophenax* 522
niveiceps, *Turdus* 433
niveiceps, *Turdus poliocephalus* 433
nivicola, *Strix aluco* 157
nivicola, *Strix nivicolum* 157
nivicolum, *Strix* 157
noctua, *Athene* 152, 153
nonggangensis, *Stachyris* 370
nordmanni, *Glareola* 132
novaehollandiae, *Chroicocephalus* 134
novaehollandiae, *Coracina* 233, 234
novae-hollandiae, *Coracina* 233
novaehollandiae, *Egretta* 103
novaehollandie, *Egretta* 103
novaeseelandiae, *Anthus* 496
novaezealandiae, *Limosa lapponica* 120
novae-zelandiae, *Limosa lapponica* 120
noveboracensis, *Coturnicops* 76
nubifuga, *Tachymarptis melba* 66
nubifugus, *Tachymarptis melba* 66
nubilosa, *Onychoprion fuscatus* 143
nubilosa, *Sterna fuscata* 143
nuchalis, *Megalaima* 194
nuchalis, *Megalaima oorti* 194, 195
nuchalis, *Psilopogon* 194
Nucifraga 254, 255
nudipes, *Hirundapus caudacutus* 63
nudipes, *Hirund-apus caudacutus* 63
Numenius 119, 120
Nyctea 158, 159
nycthemera, *Lophura* 18, 19
nycthemera, *Lophura nycthemera* 18
Nycticorax 99, 100
nycticorax, *Nycticorax* 100
nycticorax, *Nycticorax nycticorax* 100
Nyctyornis 185
nympha, *Pitta* 224, 225
nympha, *Pitta brachyura* 224
nympha, *Pitta nympha* 224, 225
nyroca, *Aythya* 37

O

oatesi, *Hydrornis* 223
oatesi, *Hydrornis oatesi* 223
oatesi, *Niltava* 444

oatesi, *Niltava vivida* 444
oatesi, *Pitta* 223
oatesi, *Pitta oatesi* 223
oberholeri, *Hypothymis azurea* 239
oberholseri, *Hypothymis azurea* 239
oblectans, *Garrulax sannio* 391
oblectans, *Pterorhinus sannio* 391
oblitus, *Sphenurus sphenurus* 55
obscura, *Calliope* 453
obscura, *Emberiza buchanani* 526
obscura, *Leptopoecile sophiae* 337
obscura, *Luscinia* 453
obscuratus, *Aegithalos bonvaloti* 337
obscuratus, *Aegithalos iouschistos* 336
obscuratus, *Phylloscopus trochiloides* 321
obscurior, *Yuhina occipitalis* 358, 359
obscurus, *Dendrocopos canicapillus* 206
obscurus, *Erithacus* 453
obscurus, *Garrulax merulinus* 383
obscurus, *Picoides canicapillus* 206
obscurus, *Pteruthius xanthochloris* 229
obscurus, *Pteruthius xanthochlorus* 229
obscurus, *Tetraophasis* 6, 7
obscurus, *Tetraophasis obscurus* 7
obscurus, *Turdus* 434
obscurus, *Turdus pallidus* 434
obsoleta, *Rhodopechys* 517
obsoleta, *Rhodospiza* 517
obsoletus, *Falco rusticolus* 217
occidentalis, *Lophura nycthemera* 18, 19
occipitalis, *Yuhina* 358, 359
occipitalis, *Yuhina occipitalis* 358, 359
occisinensis, *Phylloscopus* 315
oceanicus, *Oceanites* 89
Oceanites 89
Oceanitidae 89
Oceanodroma 89, 90
ocellata, *Ianthocincla* 388
ocellata, *Ianthocincla ocellata* 388
ocellatus, *Garrulax* 388
ocellatus, *Garrulax ocellatus* 388
ochotensis, *Helopsaltes* 292, 293

ochotensis, *Locustella* 292
ochotensis, *Locustella ochotensis* 292
ochracea, *Sasia* 197
ochracea, *Sasia ochracea* 197
ochracea, *Trichastoma tickelli* 380
ochraceiceps, *Pomatorhinus* 366
ochraceiceps, *Pomatorhinus ochraceiceps* 366
ochropus, *Tringa* 129
ochruros, *Phoenicurus* 466
ocularis, *Motacilla alba* 500, 501
odica, *Erythrogenys gravivox* 363, 364
odicus, *Pomatorhinus erythrocnemis* 363
odicus, *Pomatorhinus erythrogenys* 363
oedicnemus, *Burhinus* 111
oedicnemus, *Burhinus oedicnemus* 111
oemodium, *Conostoma* 346
Oenanthe 471, 472
oenanthe, *Oenanthe* 471
oenanthe, *Oenanthe oenanthe* 471
oenas, *Columba* 48
Oenopopelia 51
ogilviegranti, *Phylloscopus* 325
ogilviegranti, *Phylloscopus davisoni* 325
ogilvie-granti, *Phylloscopus davisoni* 325
ogilviegranti, *Phylloscopus ogilviegranti* 325
okadai, *Lagopus lagopus* 9
oleaginia, *Bambusicola fytchii* 20
olivacea, *Alcippe brunnea* 376
olivaceum, *Dicaeum concolor* 477
olivaceum, *Dicaeum minullum* 477
olivaceus, *Cephalopyrus flammiceps* 259
olivaceus, *Schoeniparus brunneus* 376
olivea, *Tesia* 332, 333
olor, *Cygnus* 27
omeiensis, *Liocichla* 405
omeiensis, *Lophura nycthemera* 18
omeiensis, *Phylloscopus* 320, 321
omeiensis, *Seicercus* 321, 320
omeiensis, *Seicercus burkii* 319
omeiensis, *Yuhina gularis* 358
omissa, *Emberiza cia* 524, 525
omissa, *Emberiza godlewskii* 525

omissa, *Emberiza yunnanensis* 525
omissus, *Dendrocopos canicapillus* 206
omissus, *Picoides canicapillus* 206
onocrotalus, *Pelecanus* 105
Onychoprion 142, 143
Onychostruthus 492
oorti, *Megalaima* 194, 195
opicus, *Perisoreus infaustus* 247
opistholeuca, *Oenanthe picata* 472
optatus, *Cuculus* 74
ordoscensis, *Alectoris chukar* 25
oreophila, *Oenanthe deserti* 472
oreskios, *Harpactes* 180
oreum, *Pellorneum ruficeps* 381
orientale, *Cinclidium frontale* 459
orientale, *Glaucidium passerinum* 150, 151
orientalis, *Acrocephalus* 284
orientalis, *Acrocephalus arundinaceus* 284
orientalis, *Athene noctua* 152, 153
orientalis, *Branta bernicla* 28
orientalis, *Calandrella brachydactyla* 274, 275
orientalis, *Callene frontalis* 458
orientalis, *Certhia familiaris* 414
orientalis, *Corvus corone* 257
orientalis, *Eurystomus* 188
orientalis, *Ketupa zeylonensis* 161
orientalis, *Lophophorus sclateri* 7
orientalis, *Mergus merganser* 34
orientalis, *Merops* 185, 186
orientalis, *Nisaetus nipalensis* 168
orientalis, *Numenius arquata* 120
orientalis, *Otis tetrax* 86
orientalis, *Pernis ptilorhynchus* 164
orientalis, *Pomatorhinus ferruginosus* 366, 367
orientalis, *Pterocles* 59
orientalis, *Spizaetus nipalensis* 168
orientalis, *Spizaëtus nipalensis* 168
orientalis, *Streptopelia* 50
orientalis, *Streptopelia orientalis* 50
orientalis, *Tetraogallus altaicus* 23
orientalis, *Upupa epops* 184
orii, *Streptopelia orientalis* 50
Oriolidae 226
Oriolus 226, 227, 228
oriolus, *Oriolus* 226

oriolus, *Oriolus oriolus* 226
ornata, *Emberiza aureola* 529
ornate, *Emberiza aureola* 529
ornatus, *Merops* 186
oroskios, *Harpactes* 180
Orthotomus 283, 328
oryzivora, *Lonchura* 488
oryzivora, *Padda* 488
oscitans, *Anastomus* 94
osculans, *Haematopus ostralegus* 112
ostralegus, *Haematopus* 112
Otididae 86
OTIDIFORMES 86
Otis 86
Otus 153, 154, 155, 156
otus, *Asio* 156
otus, *Asio otus* 156
oustaleti, *Garrulax affinis* 399
oustaleti, *Trochalopteron affine* 400
owstoni, *Aethopyga siparaja* 481, 482
owstoni, *Ficedula* 460
owstoni, *Ficedula narcissina* 459
owstoni, *Garrulax* 384
owstoni, *Garrulax canorus* 384
owstoni, *Nucifraga caryocatactes* 255
owstoni, *Pyrrhula* 513
owstoni, *Pyrrhula erythaca* 512
Oxyura 27

P

pacata, *Pinicola enucleator* 511
pacifica, *Ardenna* 92
pacifica, *Gavia* 87
pacifica, *Gavia arctica* 87
pacificus, *Apus* 66
pacificus, *Apus pacificus* 66
pacificus, *Ardenna* 92
pacificus, *Falco columbarius* 215, 216
pacificus, *Histrionicus histrionicus* 35
pacificus, *Puffinus* 92
Padda 488
pagodarum, *Sturnia* 426
pagodarum, *Sturnus* 426
pagodarum, *Temenuchus* 426
pallasi, *Emberiza* 529
pallasi, *Emberiza pallasi* 529
pallasi, *Phasianus colchicus* 14, 15

pallasii, *Cinclus* 421
pallasii, *Cinclus pallasii* 421
pallens, *Aegolius funereus* 153
pallescens, *Alectoris chukar* 25, 26
pallescens, *Alectoris graeca* 25
pallescens, *Cyanopica cyana* 249
pallescens, *Cyanopica cyanus* 249
pallescens, *Stercorarius longicaudus* 145
palleuca, *Egretta intermedia* 103
pallida, *Alectoris chukar* 25, 26
pallida, *Alectoris graeca* 25
pallida, *Hippolais* 288, 289
pallida, *Iduna* 288, 289
pallida, *Paradoxornis verreauxi* 352
pallida, *Suthora verreauxi* 353
pallida, *Yuhina nigrimenta* 359
pallida, *Yuhina nigrimentum* 359
pallidifrons, *Lanius collurio* 241, 242, 243
pallidifrons, *Lanius cristatus* 241, 242, 243, 244
pallidior, *Emberiza schoeniclus* 528
pallidior, *Leucosticte brandti* 516
pallidior, *Plectrophenax nivalis* 522
pallidipes, *Cettia* 334
pallidipes, *Cettia pallidipes* 334
pallidipes, *Hemitesia* 334
pallidipes, *Hemitesia pallidipes* 334
pallidipes, *Urosphena* 334
pallidirostris, *Lanius excubitor* 245, 246
pallidirostris, *Lanius meridionalis* 246
pallidogularis, *Luscinia svecica* 450
pallidus, *Alophoixus* 307
pallidus, *Alophoixus pallidus* 307
pallidus, *Criniger* 307
pallidus, *Criniger pallidus* 307
pallidus, *Falco columbarius* 216
pallidus, *Paradoxornis nipalensis* 352
pallidus, *Paradoxornis verreauxi* 352, 353
pallidus, *Pteruthius xanthochloris* 229
pallidus, *Pteruthius xanthochlorus* 230, 229
pallidus, *Turdus* 434
pallidus, *Turdus pallidus* 434
palmerstoni, *Fregata minor* 106
palpebrosa, *Zosterops* 361
palpebrosa, *Zosterops palpebrosa* 361

palpebrosus, Zosterops 361
palpebrosus, Zosterops
　　palpebrosus 361
paludicola, Riparia 296, 297
palumbus, Columba 48
palumbus, Columba palumbus 48
palustris, Megalurus 296
palustris, Parus 263
palustris, Poecile 263, 264
pamirensis, Charadrius atrifrons 117
pamirensis, Charadrius mongolus 117
pamirensis, Leucosticte brandti 516
panayensis, Aplonis 421
Pandion 163
Pandionidae 163
pandoo, Monticola solitaria 468
pandoo, Monticola solitarius 469
Panuridae 278
Panurus 278
papillosa, Pseudibis 97
par, Emberiza cia 524, 525
paradiseus, Dicrurus 238
paradisi, Terpsiphone 239, 240
paradox, Paradoxornis 346
paradoxa, Paradoxornis 346
Paradoxornis 346, 347, 348, 349,
　　350, 351, 352, 353, 354,
　　355, 356
Paradoxornithidae 341
paradoxus, Cholornis 346, 347
paradoxus, Cholornis paradoxus 347
paradoxus, Paradoxornis 346
paradoxus, Paradoxornis
　　paradoxus 346
paradoxus, Syrrhaptes 59
parasiticus, Stercorarius 145
Parayuhina 356, 357
Pardaliparus 261, 262
pardalotum, Glaucidium brodiei 151
Paridae 259
parkini, Passer domesticus 489
paropanisi, Carduelis caniceps 521
paropanisi, Carduelis carduelis 521
parumstriata, Prinia criniger 279
parumstriata, Prinia crinigera 280
parumstriata, Prinia polychroa 279
parumstriata, Prinia striata 280
Parus 260, 261, 262, 263, 264,
　　265, 266, 267, 268, 269
parva, Ficedula 462

parva, Porzana 80
parva, Zapornia 80
parva, Zoothera marginata 430
parvipes, Branta canadensis 29
parvirostris, Emberiza
　　schoeniclus 528
parvirostris, Prinia criniger 279
parvirostris, Prinia crinigera 280
parvirostris, Prinia striata 280
parvirostris, Tetrao 10, 11
parvirostris, Tetrao parvirostris 10, 11
parvus, Cypsiurus 65
Passer 489, 490, 491
Passerculus 531
Passerellidae 531
Passeridae 489
PASSERIFORMES 222
passerina, Emberiza schoeniclus 528
passerinum, Glaucidium 150, 151
passerinum, Glaucidium
　　passerinum 151
pastinator, Corvus frugilegus 257
Pastor 426
Patayuhina 356
patkaicus, Garrulax leucolophus 385
paulus, Alcurus striatus 303
paulus, Pycnonotus striatus 303
Pavo 19
paykulli, Rallina 79
paykullii, Porzana 79
paykullii, Rallina 79
paykullii, Zapornia 79
pectardens, Calliope 453
pectardens, Luscinia 453
pectoralis, Calliope 452
pectoralis, Corvus 257, 258
pectoralis, Garrulax 392
pectoralis, Garrulax pectoralis 392
pectoralis, Luscinia 452
pectoralis, Pterorhinus 392, 393
peguensis, Ploceus manyar 485, 486
pekinensis, Alauda arvensis 272
pekinensis, Apus apus 68
pekinensis, Parus ater 261
pekinensis, Periparus ater 261
pekinensis, Rhopophilus 346
pekinensis, Rhopophilus
　　pekinensis 346
pekingensis, Garrulus glandarius 248
pelagicus, Haliaeetus 176

pelagicus, Haliaeetus pelagicus 176
pelagicus, Phalacrocorax 108
pelagicus, Phalacrocorax
　　pelagicus 108
pelagicus, Urile 108
Pelargopsis 190
Pelecanidae 104
PELECANIFORMES 96
Pelecanus 104, 105
pelegrinoides, Falco 218
Pellorneidae 374
Pellorneum 380, 381
pendulinus, Remiz 270
penelope, Anas 39
penelope, Mareca 39
pennata, Aquila 169, 170
pennata, Aquila pennata 169
pennata, Hieraaetus 169
pennatus, Hieraaetus 169, 170
Penthoceryx 71
percnopterus, Neophron 164
percnopterus, Neophron
　　percnopterus 164
Perdix 11, 12, 13
perdix, Brachyramphus 146
perdix, Brachyramphus
　　marmoratus 146
perdix, Perdix 11, 12
peregrinator, Falco
　　peregrinus 217, 218
peregrinus, Falco 217, 218
peregrinus, Falco peregrinus 218
Pericrocotus 230, 231, 232, 233
periophthalmica, Terpsiphone
　　atrocaudata 240
Periparus 260, 261
Perisoreus 247, 248
permutatus, Dendrocopos kizuki 207
permutatus, Picoides kizuki 207
perniger, Hypsipetes
　　leucocephalus 311
perniger, Hypsipetes
　　madagascariensis 310
perniger, Microscelis
　　leucocephalus 310
Pernis 164
pernyii, Dendrocopos
　　cathapharius 206
pernyii, Dendrocopos
　　cathpharius 207, 208

pernyii, *Dryobates cathpharius* 208
pernyii, *Picoides cathpharius* 208
perpallidus, *Falco tinnunculus* 215
perplexus, *Phylloscopus armandii* 314
perpulchra, *Halcyon smyrnensis* 191
persicus, *Merops* 186
persicus, *Merops persicus* 186
persimile, *Glaucidium cuculoides* 151
personata, *Emberiza* 530
personata, *Emberiza spodocephala* 530
personata, *Eophona* 503, 504
personata, *Eophona personata* 504
personata, *Motacilla alba* 500, 501
personata, *Sula dactylatra* 107
perspicillatus, *Garrulax* 391, 392
perspicillatus, *Garrulax perspicillatus* 392
perspicillatus, *Pterorhinus* 391, 392
perstriata, *Alcippe vinipectus* 342
perstriata, *Fulvetta vinipectus* 342
petersi, *Aethopyga saturata* 481
Petrochelidon 302
Petronia 491
petronia, *Petronia* 491
phaea, *Macropygia amboinensis* 53
phaea, *Macropygia phasianella* 53
phaea, *Macropygia tenuirostris* 53
Phaenicophaeus 69
phaenicuroides, *Hodgsonius* 451
phaenicuroides, *Luscinia* 451, 452
phaenicuroides, *Luscinia phaenicuroides* 452
phaeopus, *Numenius* 119
phaeopus, *Numenius phaeopus* 119
phaeopyga, *Porzana fusca* 79
phaeopyga, *Zapornia fusca* 79
Phaethon 45, 46
Phaëthon 45, 46
Phaethontidae 45
PHAETHONTIFORMES 45
phaiceps, *Micropternus brachyurus* 200
phaiocepe, *Micropternus brachyurus* 200
phaioceps, *Celeus brachyurus* 200
phaioceps, *Micropternus brachyurus* 200
Phalacrocoracidae 107
Phalacrocorax 108, 109

Phalaropus 128, 129
phasianella, *Macropygia* 52, 53
Phasianidae 1
Phasianus 14, 15, 16
phayrei, *Anthocincla* 222
phayrei, *Anthocincla phayrei* 222
phayrei, *Francolinus pintadeanus* 21
phayrei, *Hydrornis* 222
phayrei, *Pitta* 222
phayrei, *Pitta phayrei* 222
phayrei, *Treron* 54
phayrei, *Treron phayrei* 54
phayrei, *Treron pompadora* 54
phayrei, *Treron pompradora* 54
philipi, *Aegithina tiphia* 236
philippensis, *Agropsar* 425
philippensis, *Colymbus ruficollis* 42
philippensis, *Monticola solitaria* 468
philippensis, *Monticola solitarius* 469
philippensis, *Pelecanus* 104, 105
philippensis, *Pelecanus philippensis* 105
philippensis, *Podiceps ruficollis* 42
philippensis, *Sturnia* 425
philippensis, *Sturnus* 425
philippensis, *Tachybaptus ruficollis* 42
philippinus, *Merops* 186
philippinus, *Merops philippinus* 186
philippinus, *Merops supersiliosus* 186
philippinus, *Ploceus* 486
Philomachus 122
philomelas, *Turdus* 436
philomelos, *Turdus* 436
philomelos, *Turdus philomelos* 436
Phodilus 148
Phoebastria 90
phoenicea, *Liocichla* 405, 406
phoenicea, *Liocichla phoenicea* 405, 406
phoenicoptera, *Treron* 55
Phoenicopteridae 44
PHOENICOPTERIFORMES 44
Phoenicopterus 44
phoenicopterus, *Treron* 55
phoenicuroides, *Hodgsonius* 451
phoenicuroides, *Hodgsonius phoenicuroides* 451
phoenicuroides, *Lanius* 243
phoenicuroides, *Lanius collurio* 241, 242
phoenicuroides, *Lanius cristatus* 241
phoenicuroides, *Lanius isabellinus* 242
phoenicuroides, *Luscinia* 451
phoenicuroides, *Luscinia phoenicuroides* 451
phoenicuroides, *Phoenicurus ochruros* 466
Phoenicuropsis 465, 466, 467
Phoenicurus 465, 466, 467, 468
phoenicurus, *Amaurornis* 80, 81
phoenicurus, *Amaurornis phoenicurus* 81
phoenicurus, *Phoenicurus* 466
phoenicurus, *Phoenicurus phoenicurus* 466
Phragamalicola 287
Phyllergates 328
Phylloscopidae 312
Phylloscopus 312, 313, 314, 315, 316, 317, 318, 319, 320, 321, 322, 323, 324, 325, 326
Pica 253, 254
pica, *Pica* 253
picaoides, *Heterophasia* 412
picata, *Egretta* 103
picata, *Oenanthe* 472
picata, *Oenanthe picata* 472
picatus, *Hemipus* 235
Picidae 196
PICIFORMES 192
Picoides 205, 206, 207, 208, 209, 210, 211, 212, 213
picticollis, *Garrulax pectoralis* 392
picticollis, *Pterorhinus pectoralis* 393
pictus, *Chrysolophus* 13, 14
Picumnus 197, 198
Picus 200, 201, 202, 203, 204, 205
piersmai, *Calidris canutus* 121
pilaris, *Turdus* 435
pileata, *Halcyon* 191
pileata, *Timalia* 373
pileatus, *Anous stolidus* 133
pileatus, *Anoüs stolidus* 133
pingi, *Garrulax pectoralis* 392
Pinicola 510, 511
pintadeanus, *Francolinus* 21

pintadeanus, *Francolinus pintadeanus* 21
pipixcan, *Larus* 136
pipixcan, *Leucophaeus* 136
piscivorus, *Ketupa blakistoni* 161
pithecops, *Tyto capensis* 148
pithecops, *Tyto longimembris* 148
Pitta 222, 223, 224, 225
Pittidae 222
placidus, *Charadrius* 115
placidus, *Charadrius hiaticula* 115
planicola, *Cyanoderma ambiguum* 373
planicola, *Stachyris ambigua* 373
Platalea 96
platyrhynchos, *Anas* 40
platyrhynchos, *Anas platyrhynchos* 40
Plectrophenax 522
Plegadis 97
pleschanka, *Oenanthe* 472
pleschanka, *Oenanthe hispanica* 472
pleschanka, *Oenanthe pleschanka* 472
pleskei, *Falco peregrinus* 217
pleskei, *Helopsaltes* 292, 293
pleskei, *Locustella* 292
pleskei, *Locustella ochotensis* 292
plexa, *Motacilla flava* 497, 498
plexa, *Motacilla tschutschensis* 499
Ploceidae 485
Ploceus 485, 486
plotus, *Sula leucogaster* 107
plumbea, *Haliaeetus humilis* 177
plumbea, *Ichthyophaga humilis* 177
plumbea, *Ichthyophaga nana* 176
plumbeiceps, *Yuhina castaniceps* 357
plumbeitarsus, *Phylloscopus* 321
plumbeitarsus, *Phylloscopus trochiloides* 321
plumbipes, *Turnix suscitator* 111
plumipes, *Athene noctua* 152, 153
plumipes, *Caprimulgus europaeus* 61
Pluvialis 114, 115
Pnoepyga 289, 290
Pnoëpyga 289, 290
Pnoepygidae 289
Podargidae 60
Podiceps 42, 43
Podicipedidae 42
PODICIPEDIFORMES 42
Podoces 254, 265

Poecile 263, 264, 265
poecilorhyncha, *Anas* 40
poecilorhynchus, *Garrulax* 396
poecilorhynchus, *Garrulax poecilorhynchus* 396
poecilorhynchus, *Pterorhinus* 396
poecilotis, *Chrysomma* 342
poecilotis, *Chrysomma poecilotis* 342
poecilotis, *Moupinia* 342
poggei, *Colymbus ruficollis* 42
poggei, *Podiceps ruficollis* 42
poggei, *Tachybaptus ruficollis* 42
poikila, *Athene brama* 152
poioicephala, *Alcippe* 381
polaris, *Emberiza pallasi* 529
poliocephalus, *Cuculus* 75
poliocephalus, *Cuculus poliocephalus* 75
poliocephalus, *Porphyrio* 81, 82
poliocephalus, *Porphyrio poliocephalus* 82
poliocephalus, *Porphyrio porphyrio* 82
poliocephalus, *Turdus* 433
poliogenys, *Cyornis* 441
poliogenys, *Niltava* 441
poliogenys, *Phylloscopus* 319
poliogenys, *Seicercus* 319
Poliolimnas 81
polionotus, *Serilophus lunatus* 225, 226
poliopsis, *Accipiter badius* 171
poliotis, *Paradoxornis* 351
poliotis, *Paradoxornis nipalensis* 352
poliotis, *Paradoxornis poliotis* 351
poliotis, *Suthora nipalensis* 353
polivanovi, *Paradoxornis heudei* 356
pollicaris, *Rissa tridactyla* 134
pollocaris, *Rissa tridactyla* 134
poltaratskyi, *Sturnus vulgaris* 427
polychroa, *Prinia* 279, 280
Polyplectron 19, 20
Polysticta 32
pomarinus, *Stercorarius* 145
Pomatorhinus 361, 362, 363, 364, 365, 366, 367
pompadora, *Treron* 54
pompradora, *Treron* 54
poonensis, *Muscicapa davurica* 439
Porphyrio 81, 82

porphyrio, *Porphyrio* 81, 82
porphyronotus, *Sturnus vulgaris* 427
Porzana 76, 77, 78, 79, 80, 81
porzana, *Porzana* 78
potanini, *Alectoris chukar* 25, 26
potanini, *Alectoris graeca* 25
pracognita, *Stachyris ruficeps* 372
praecognita, *Stachyris ruficeps* 371
praecognitum, *Cyanoderma ruficeps* 372
praecognitus, *Stachyris ruficeps* 371
praetermissa, *Megalaima faiostricta* 193
praetermissus, *Psilopogon faiostrictus* 193
prasina, *Erythrura* 488, 489
prasina, *Erythrura prasina* 489
pratensis, *Anthus* 495
pratensis, *Anthus pratensis* 495
pratincola, *Glareola* 132
pratincola, *Glareola pratincola* 132
pridii, *Chloropsis aurifrons* 475
Prinia 279, 280, 281, 282, 283
prjevalskii, *Garrulax elliotii* 401
Procarduelis 515
Procellariidae 90
PROCELLARIIFORMES 89
propinqua, *Iole* 307, 308
propinqua, *Iole propinqua* 308
propinquus, *Hypsipetes* 307, 308
propinquus, *Hypsipetes propinquus* 308
propinquus, *Microscelis charlottae* 308
Propyrrhula 510
proregulus, *Phylloscopus* 314
proregulus, *Phylloscopus proregulus* 314
prosthopellus, *Copsychus saularis* 437
Prunella 482, 483, 484, 485
Prunellidae 482
pryeri, *Helopsaltes* 291
pryeri, *Locustella* 291
pryeri, *Megalurus* 291
przevalskii, *Bradypterus thoracicus* 295
przevalskii, *Locustella thoracica* 295
przevalskii, *Luscinia svecica* 450, 451
przewalskii, *Cinclus cinclus* 421

przewalskii, *Eremophila alpestris* 273
przewalskii, *Paradoxornis* 351
przewalskii, *Perdix daurica* 12
przewalskii, *Perdix dauurica* 13
przewalskii, *Perdix dauuricae* 12
przewalskii, *Saxicola maurus* 470
przewalskii, *Saxicola torquata* 470
przewalskii, *Sinosuthora* 351
przewalskii, *Sitta* 418
przewalskii, *Sitta leucopsis* 418
przewalskii, *Sitta przewalskii* 418
przewalskii, *Tetraogallus tibetanus* 22
psammochroa, *Melanocorypha calandra* 275
Psarisomus 225
psaroides, *Hypsipetes leucocephalus* 311
psaroides, *Hypsipetes madagascariensis* 310
psaroides, *Microscelis leucocephalus* 310
Pseudibis 97
Pseudobulweria 92
Pseudogyps 165
Pseudopodoces 265
Psilopogon 192, 193, 194, 195, 196
Psittacidae 219
PSITTACIFORMES 219
Psittacula 219, 220, 221
Psittinus 219
Psittiparus 354, 355
Pterocles 59
Pteroclidae 59
PTEROCLIFORMES 59
Pterodroma 91, 92
Pterorhinus 389, 390, 391, 392, 393, 394, 395, 396
Pteruthius 228, 229, 230
Ptilinopus 58
ptilocnemis, *Calidris* 125
Ptilolaemus 183
ptilorhynchus, *Pernis* 164
ptilosus, *Parus ater* 261
ptilosus, *Periparus ater* 261
Ptyonoprogne 298, 299
pubescens, *Alectoris chukar* 26, 25
pubescens, *Alectoris graeca* 25
Pucrasia 8
puella, *Irena* 474, 475
puella, *Irena puella* 475

Puffinus 92, 93
pugnax, *Calidris* 122
pugnax, *Philomachus* 122
pulchella, *Heterophasia* 413
pulchella, *Heterophasia pulchella* 413
pulchellus, *Otus scops* 155, 156
pulcher, *Phylloscopus* 312
pulcher, *Phylloscopus pulcher* 312
pulcherrimus, *Carpodacus* 505
pulcherrimus, *Carpodacus pulcherrimus* 505
pulchra, *Athene brama* 152
pulchricollis, *Columba* 49
pulverulentus, *Mulleripicus* 205
punctulata, *Lonchura* 487
punicea, *Amandava amandava* 487
punicea, *Columba* 49
punicea, *Estrilda amandava* 487
puniceus, *Carpodacus* 509, 510
puniceus, *Carpodacus puniceus* 509
purpurea, *Ardea* 102
purpurea, *Ardea purpurea* 102
purpurea, *Cochoa* 436, 437
pusilla, *Emberiza* 529, 530
pusilla, *Pnoepyga* 290
pusilla, *Pnoëpyga* 290
pusilla, *Pnoepyga pusilla* 290
pusilla, *Pnoëpyga pusilla* 290
pusilla, *Porzana* 80
pusilla, *Porzana pusilla* 80
pusilla, *Zapornia* 80
pusilla, *Zapornia pusilla* 80
pusillum, *Pellorneum albiventre* 381
pusillus, *Serinus* 521
Pycnonotidae 302
Pycnonotus 303, 304, 305, 306, 307
pygargus, *Circus* 174
pygmaea, *Calidris* 123, 124
pygmaeus, *Microcarbo* 107, 108
pygmeum, *Eurynorhynchus* 123
pygmeus, *Calidris* 123
pygmeus, *Eurynorhynchus* 123
pygmeus, *Microcarbo* 107
pylzowi, *Urocynchramus* 485
Pyrgilauda 492, 493
Pyrrhocorax 255, 256
pyrrhocorax, *Coracia* 255
pyrrhocorax, *Pyrrhocorax* 255
Pyrrhoplectes 515
pyrrhops, *Cyanoderma* 372

pyrrhops, *Stachyris* 372
pyrrhotis, *Blythipicus* 198
pyrrhotis, *Blythipicus pyrrhotis* 198
pyrrhoura, *Myzornis* 341
Pyrrhula 512, 513
pyrrhula, *Pyrrhula* 513
pyrrhula, *Pyrrhula pyrrhula* 513
pyrrhulina, *Emberiza schoeniclus* 528
pyrrhuloides, *Emberiza schoeniclus* 528

Q

quarta, *Calidris ptilocnemis* 125
querquedula, *Anas* 37, 38
querquedula, *Spatula* 37, 38
querulivox, *Sasia ochracea* 197
querulus, *Cacomantis merulinus* 71
querulus, *Cuculus merulinus* 71

R

rabieri, *Picus* 203
Rallidae 76
Rallina 76, 79
Rallus 77, 78
rama, *Hippolais* 288
rama, *Hippolais caligata* 288
rama, *Hippolais rama* 288
rama, *Iduna* 288
ramsayi, *Actinodura* 407
rapax, *Aquila* 170
reconditus, *Pomatorhinus ruficollis* 364, 365
rectirostris, *Ardea cinerea* 102
Recurvirostra 112
Recurvirostridae 112
recurvirostris, *Esacus* 111
recurvirostris, *Esacus magnirostris* 111
reevesii, *Syrmaticus* 13
refectus, *Buteo* 178, 179
refectus, *Buteo buteo* 178, 179
Regulidae 472
reguloides, *Phylloscopus* 324
reguloides, *Phylloscopus reguloides* 324
Regulus 472, 473
regulus, *Regulus* 473
reichenowi, *Sasia ochracea* 197

relictus, *Ichthyaetus* 136, 137
relictus, *Larus* 136
relictus, *Larus melanocephalus* 136
religiosa, *Gracula* 422
remifer, *Dicrurus* 238
Remiz 269, 270
Remizidae 269
reptatus, *Spelaeornis* 368
reptatus, *Spelaeornis chocolatinus* 368, 369
resurrectus, *Pycnonotus aurigaster* 306
rex, *Machlolophus spilonotus* 269
rex, *Parus spilonotus* 269
rex, *Parus xanthogenys* 269
rexpineti, *Coracina macei* 234
rexpineti, *Coracina novaehollandiae* 234
rex-pineti, *Coracina novae-hollandiae* 233
Rhinomyias 443
Rhipidura 236, 259
Rhipiduridae 236
rhizophorae, *Cinnyris jugularis* 480
rhizophorae, *Nectarinia jugularis* 480
rhodochlamys, *Carpodacus* 504
rhodochlamys, *Carpodacus rhodochlamys* 504
rhodochrous, *Carpodacus* 506
Rhodonessa 36
Rhodopechys 514, 517
rhodopeplus, *Carpodacus* 506
rhodopeplus, *Carpodacus rhodopeplus* 506
Rhodospiza 517
Rhodostethia 135
Rhopophilus 346
Rhyacornis 467, 468
Rhyticeros 183, 184
richardi, *Anthus* 496
richardi, *Anthus novaeseelandiae* 496
richardi, *Anthus richardi* 496
ricinus, *Garrulax poecilorhynchus* 396
ricketti, *Chrysophlegma flavinucha* 201
ricketti, *Leiothrix argentauris* 411
ricketti, *Paradoxornis brunneus* 349
ricketti, *Paradoxornis webbiana* 348
ricketti, *Paradoxornis webbianus* 348
ricketti, *Phylloscopus* 323, 324

ricketti, *Phylloscopus cantator* 323
ricketti, *Phylloscopus ricketti* 324
ricketti, *Picus flavinucha* 200, 201
ricketti, *Pteruthius aeralatus* 229
ricketti, *Pteruthius erythropterus* 229
ricketti, *Pteruthius flaviscapis* 229
ricketti, *Pyrrhula nipalensis* 512
ricketti, *Sinosuthora brunnea* 350
ricketti, *Spilornis cheela* 166, 167
ridibundus, *Chroicocephalus* 135
ridibundus, *Larus* 135
Rimator 379
Riparia 296, 297
riparia, *Riparia* 297
ripleyi, *Cettia castaneocoronata* 334
ripleyi, *Tesia castaneocoronata* 334
ripleyi, *Tesia castaneo-coronata* 334
ripponi, *Abroscopus schisticeps* 327
ripponi, *Actinodura egertoni* 406, 407
ripponi, *Liocichla* 406
ripponi, *Liocichla phoenicea* 405, 406
ripponi, *Liocichla ripponi* 406
ripponi, *Seicercus schisticeps* 327
Rissa 134
riukiuensis, *Cettia diphone* 328, 329
riukiuensis, *Horornis diphone* 329, 330
roberti, *Sphenocichla* 369
roberti, *Sphenocichla humei* 369
roberti, *Stachyris* 369
robini, *Garrulax pectoralis* 392
robini, *Pterorhinus pectoralis* 392
roborowskii, *Carpodacus* 507, 508
roborowskii, *Kozlowia* 507, 508
robusta, *Motacilla cinerea* 500
robusta, *Perdix perdix* 12
robustipes, *Cettia* 331
robustipes, *Cettia fortipes* 330
robustipes, *Cettia robustipes* 331
robustipes, *Horornis fortipes* 330
robustus, *Phylloscopus fuscatus* 316
rocki, *Ithaginis cruentus* 4, 5
rocki, *Paradoxornis conspicillata* 347
rocki, *Paradoxornis conspicillatus* 347
rocki, *Sinosuthora conspicillata* 347
rocki, *Spelaeornis troglodytoides* 368
rodgersii, *Fulmarus glacialis* 91
rodochroa, *Carpodacus* 506
rodochrous, *Carpodacus* 506
rodopeplus, *Carpodacus* 506, 507

rodopeplus, *Carpodacus rodopeplus* 506
rogachevae, *Numenius phaeopus* 119
rogersi, *Aerodramus brevirostris* 65
rogersi, *Calidris canutus* 121
rogersi, *Collocalia brevirostris* 64
rongjiangensis, *Lophura nycthemera* 18
rosa, *Harpactes erythrocephalus* 180
rosa, *Psittacula cyanocephala* 220
rosea, *Rhodostethia* 135
roseata, *Psittacula* 220
roseata, *Psittacula roseata* 220
roseatus, *Anthus* 494, 495
roseatus, *Carpodacus erythrinus* 504
roseotinctus, *Phaethon rubricauda* 45
roseus, *Carpodacus* 510
roseus, *Carpodacus roseus* 510
roseus, *Pastor* 426
roseus, *Pelecanus* 104, 105
roseus, *Pelecanus roseus* 105, 104
roseus, *Pericrocotus* 233
roseus, *Pericrocotus roseus* 233
roseus, *Phoenicopterus* 44
roseus, *Phoenicopterus roseus* 44
roseus, *Phoenicopterus ruber* 44
roseus, *Sturnus* 426
rossicus, *Anser fabalis* 31
rossicus, *Anser serrirostris* 31
rostrata, *Pseudobulweria* 92
rostrata, *Pseudobulweria rostrata* 92
rostrata, *Pterodroma* 92
rostrata, *Pterodroma rostrata* 92
rostrata, *Turnix suscitator* 110
rostrate, *Pterodroma* 92
Rostratula 118
Rostratulidae 118
rostratus, *Turnix suscitator* 111
rothschildi, *Muscicapa sibirica* 439
rothschildi, *Nucifraga caryocatactes* 254, 255
rothschildi, *Phaethon rubricauda* 45
rothschildi, *Phaëthon rubricauda* 45
rothschildi, *Phasianus colchicus* 14, 15
rouxi, *Yuhina flavicollis* 358
rubecula, *Erithacus* 446
rubecula, *Erithacus rubecula* 446
rubeculoides, *Cyornis* 442
rubeculoides, *Cyornis*

rubeculoides 442
rubeculoides, *Niltava* 442
rubeculoides, *Prunella* 484
rubeculoides, *Prunella rubeculoides* 484
ruber, *Phoenicopterus* 44
rubescens, *Agraphospiza* 514, 515
rubescens, *Anthus* 495
rubescens, *Carpodacus* 514, 515
rubescens, *Helopsaltes certhiola* 292
rubescens, *Locustella certhiola* 292
rubicilla, *Carpodacus* 508
rubicilloides, *Carpodacus* 508
rubicilloides, *Carpodacus rubicilloides* 508
rubicola, *Sylvia communis* 341
rubicunda, *Carpodacus edwardsii* 506
rubida, *Calidris alba* 124
rubidiventris, *Parus* 260, 261
rubidiventris, *Parus rubidiventris* 260
rubidiventris, *Periparus* 260, 261
rubidiventris, *Periparus rubidiventris* 261
Rubigula 303, 304
rubricauda, *Phaethon* 45
rubricauda, *Phaëthon* 45
rubripes, *Sula sula* 107
rubrirostris, *Anser anser* 30
rubrocanus, *Turdus* 433
rubrocanus, *Turdus rubrocanus* 433
rubrogularis, *Leiothrix argentauris* 411
rubropygius, *Serilophus lunatus* 226
rudis, *Ceryle* 190
rufescens, *Acrocephalus aedon* 287
rufescens, *Arundinax aedon* 288
rufescens, *Calandrella* 276, 277
rufescens, *Glaucidium cuculoides* 151
rufescens, *Phragamalicola aedon* 287
rufescens, *Phragamalicola aëdon* 287
rufescens, *Prinia* 281
rufescens, *Prinia rufescens* 281
rufescentior, *Alcippe hueti* 382
rufescentior, *Alcippe morrisonia* 382
ruficapilla, *Alcippe* 343
ruficapilla, *Alcippe ruficapilla* 343
ruficapilla, *Fulvetta* 343
ruficapilla, *Fulvetta ruficapilla* 343
ruficauda, *Ficedula* 460
ruficeps, *Cyanoderma* 370, 372
ruficeps, *Cyanoderma ruficeps* 372
ruficeps, *Garrulax* 395
ruficeps, *Garrulax albogularis* 394, 395
ruficeps, *Larvivora* 449
ruficeps, *Luscinia* 449
ruficeps, *Macropygia* 53
ruficeps, *Paradoxornis* 354
ruficeps, *Paradoxornis ruficeps* 354
ruficeps, *Pellorneum* 381
ruficeps, *Psittiparus* 354
ruficeps, *Psittiparus ruficeps* 354
ruficeps, *Pterorhinus* 395
ruficeps, *Stachyris* 370, 371, 372
ruficeps, *Stachyris ruficeps* 371
ruficollis, *Branta* 29
ruficollis, *Calidris* 124
ruficollis, *Colymbus* 42
ruficollis, *Garrulax* 390
ruficollis, *Montifringilla* 493
ruficollis, *Montifringilla ruficollis* 493
ruficollis, *Pernis ptilorhynchus* 164
ruficollis, *Podiceps* 42
ruficollis, *Pomatorhinus* 364, 365, 366
ruficollis, *Pterorhinus* 390
ruficollis, *Pucrasia macrolopha* 8
ruficollis, *Pyrgilauda* 493
ruficollis, *Pyrgilauda ruficollis* 493
ruficollis, *Tachybaptus* 42
ruficollis, *Turdus* 435
ruficollis, *Turdus ruficollis* 435
rufilata, *Prunella collaris* 483
rufilatus, *Tarsiger* 455, 456
rufilatus, *Tarsiger cyanurus* 455
rufilatus, *Tarsiger rufilatus* 455
rufina, *Netta* 36
rufina, *Rhodonessa* 36
rufinus, *Buteo* 178
rufinus, *Buteo rufinus* 178
rufipectus, *Arborophila* 1
rufipectus, *Parus ater* 261
rufipectus, *Periparus ater* 261
rufipes, *Lophura nycthemera* 18, 19
rufiventer, *Pteruthius* 228
rufiventer, *Pteruthius rufiventer* 228
rufiventris, *Monticola* 469
rufiventris, *Phoenicurus ochruros* 466
rufogularis, *Alcippe* 375
rufogularis, *Arborophila* 2
rufogularis, *Arborophila rufogularis* 2
rufogularis, *Garrulax* 387
rufogularis, *Garrulax rufogularis* 387
rufogularis, *Ianthocincla* 387
rufogularis, *Ianthocincla rufogularis* 387
rufogularis, *Schoeniparus* 375
rufonuchalis, *Parus* 260
rufonuchalis, *Parus rubidiventris* 260
rufonuchalis, *Periparus* 260, 261
rufostrigata, *Carduelis flavirostris* 519
rufostrigata, *Linaria flavirostris* 519
rufula, *Prinia hodgsonii* 282
rufulus, *Anthus* 496
rufulus, *Anthus novaeseelandiae* 496
rufulus, *Anthus richardi* 496
rufulus, *Anthus rufulus* 496
rufulus, *Gampsorhynchus* 377, 378
rufulus, *Gampsorhynchus rufulus* 377, 378
rupestris, *Columba* 47
rupestris, *Columba rupestris* 47
rupestris, *Hirundo* 298
rupestris, *Ptyonoprogne* 298, 299
rupestris, *Ptyonoprogne rupestris* 299
russicus, *Panurus biarmicus* 278
rustica, *Emberiza* 529
rustica, *Emberiza rustica* 529
rustica, *Hirundo* 298
rustica, *Hirundo rustica* 298
rusticola, *Scolopax* 126, 127
rusticola, *Scolopax rusticola* 127
rusticolus, *Falco* 217
rutherfordi, *Spilornis cheela* 166, 167
rutila, *Emberiza* 530
rutilans, *Passer* 490
rutilans, *Passer cinnamomeus* 490
rutilans, *Passer rutilans* 490
Rynchops 133, 134

S

sabini, *Xema* 134
saceroides, *Falco cherrug* 216
sacra, *Egretta* 104
sacra, *Egretta sacra* 104
sakhalina, *Calidris alpina* 124
sakhalinensis, *Cettia diphone* 329
sakhalinensis, *Horornis diphone* 329
sakhalinus, *Calidris alpinus* 124

sala, *Alauda gulgula* 271
salangana, *Aerodramus* 65
salangensis, *Dicrurus leucophaeus* 237
saliens, *Phaenicophaeus tristis* 69
salimali, *Apus* 67
salimali, *Apus pacificus* 66
salimalii, *Apus* 67
salimalii, *Pomatorhinus schisticeps* 364
salimalii, *Zoothera* 428
sandvicensis, *Thalasseus* 141, 142
sandwichensis, *Passerculus* 531
sanguinea, *Rhodopechys* 514
sanguinea, *Rhodopechys sanguinea* 514
sanguineus, *Rhodopechys* 514
sanguineus, *Rhodopechys sanguineus* 514
sannio, *Garrulax* 391
sannio, *Garrulax sannio* 391
sannio, *Pterorhinus* 391
sannio, *Pterorhinus sannio* 391
sapiens, *Crypsirina formosae* 252
sapiens, *Dendrocitta formosae* 252
sapphira, *Ficedula* 464, 465
sapphira, *Ficedula sapphira* 464, 465
Sarcogyps 166
Sarkidiornis 35
Saroglossa 421
Sasia 197
satscheuensis, *Phasianus colchicus* 14, 15
saturata, *Aethopyga* 480, 481
saturata, *Aethopyga saturata* 481
saturata, *Coracina melaschistos* 234
saturata, *Lalage melaschistos* 234
saturata, *Upupa epops* 184
saturatior, *Actinodura nipalensis* 407
saturatior, *Actinodura waldeni* 408
saturatior, *Luscinia svecica* 451
saturatior, *Sibia waldeni* 408
saturatior, *Terpsiphone affinis* 240
saturatior, *Terpsiphone paradisi* 239
saturatum, *Trochalopteron affine* 400
saturatus, *Cuculus* 74
saturatus, *Cuculus saturatus* 74
saturatus, *Falco tinnunculus* 215
saturatus, *Garrulax affinis* 399
saturatus, *Passer montanus* 490, 491

saturatus, *Phodilus badius* 148
satyra, *Tragopan* 6
saularis, *Copsychus* 437
saularis, *Copsychus saularis* 437
saundersi, *Chroicocephalus* 135
saundersi, *Larus* 135
saundersi, *Saundersilarus* 135
Saundersilarus 135
saxatilis, *Monticola* 468
Saxicola 470, 471
scandiaca, *Nyctea* 158, 159
scandiacus, *Bubo* 158, 159
schach, *Lanius* 244
schach, *Lanius schach* 244
schaeferi, *Charadrius atrifrons* 117
schaeferi, *Charadrius mongolus* 117
schaefferi, *Alcippe davidi* 382
schaefferi, *Alcippe morrisonia* 382
schaferi, *Charadrius mongolus* 117
schäferi, *Charadrius mongolus* 117
schauenseei, *Garrulax monileger* 385
schauenseei, *Garrulax moniligerus* 385
schistaceus, *Enicurus* 456, 457
schisticeps, *Abroscopus* 327
schisticeps, *Phoenicuropsis* 466, 467
schisticeps, *Phoenicurus* 466, 467
schisticeps, *Pomatorhinus* 364
schisticeps, *Seicercus* 327
schistisagus, *Larus* 139
schlueteri, *Anthus trivialis* 494
schmackeri, *Garrulax monileger* 385
schmackeri, *Garrulax moniliger* 385
schmackeri, *Garrulax moniligerus* 385
schoeniclus, *Emberiza* 528, 529
Schoeniparus 374, 375, 376
schoenobaenus, *Acrocephalus* 285
schvedowi, *Accipiter gentilis* 173
schwarzi, *Phylloscopus* 314, 315
scintilliceps, *Dendrocopos canicapillus* 206
scintilliceps, *Picoides canicapillus* 206
scirpaceus, *Acrocephalus* 287
sclateri, *Lophophorus* 7
sclateri, *Lophophorus sclateri* 7
scolopacea, *Eudynamys* 70
scolopaceus, *Eudynamys* 70
scolopaceus, *Limnodromus* 126

Scolopacidae 119
scolopaeus, *Limnodromus* 126
Scolopax 126, 127
scops, *Otus* 154, 155, 156
Scotocercidae 326
scouleri, *Enicurus* 456
scutulata, *Asarcornis* 27
scutulata, *Ninox* 149, 150
scutulata, *Ninox scutulata* 149
secunda, *Bonasa sewerzowi* 9
secunda, *Tetrastes sewerzowi* 9
secundus, *Tetrastes sewerzowi* 9
seebohmi, *Alaudala cheleensis* 277
seebohmi, *Bradypterus* 295
seebohmi, *Calandrella cheleensis* 277
seebohmi, *Calandrella rufescens* 277
seheriae, *Aethopyga siparaja* 481, 482
Seicercus 318, 319, 320, 321, 323, 326, 327
seimundi, *Treron* 55
semenowi, *Coracias garrulus* 188
semenowi, *Otus brucei* 156
semipalmatus, *Limnodromus* 126
semitorquatus, *Garrulax pectoralis* 392
semitorquatus, *Pterorhinus pectoralis* 393
semitorques, *Otus* 153, 154
semitorques, *Otus bakkamoena* 153
semitorques, *Spizixos* 302
semitorques, *Spizixos semitorques* 302
senegalensis, *Spilopelia* 52
senegalensis, *Streptopelia* 52
seorsa, *Melanochlora sultanea* 260
seorsa, *Sitta europaea* 416, 417
serica, *Pica* 254
serica, *Pica pica* 253
serica, *Pica serica* 254
sericeus, *Spodiopsar* 423, 424
sericeus, *Sturnus* 423, 424
Serilophus 225, 226
Serinus 521
serrator, *Mergus* 34
serrator, *Mergus serrator* 34
serrirostris, *Anser* 31
serrirostris, *Anser fabalis* 30, 31
serrirostris, *Anser serrirostris* 31
setschuanus, *Picus canus* 203, 204
severtzovi, *Carpodacus rubicilla* 508
severus, *Falco* 216

severus, Falco severus 216
sewerzowi, Bonasa 8, 9
sewerzowi, Bonasa sewerzowi 9
sewerzowi, Tetraogallus
　　himalayensis 23
sewerzowi, Tetrastes 8, 9
sewerzowi, Tetrastes sewerzowi 8, 9
shanense, Pellorneum ruficeps 381
shanensis, Certhia discolor 415
shanensis, Certhia manipurensis 416
sharpei, Garrulax milnei 401, 402
sharpei, Garrulax milni 401
sharpei, Grus antigone 84
sharpei, Trochalopteron milnei 402
sharpii, Antigone antigone 84
sharpii, Corvus cornix 257
sharpii, Corvus corone 257
sharpii, Grus antigone 84
shawii, Phasianus colchicus 14, 15
shorii, Dinopium 199
siamensis, Coracina macei 234
siamensis, Coracina
　　novaehollandiae 233
siamensis, Coracina novae-
　　hollandiae 233
siamensis, Muscicapa dauurica 439
siamensis, Zosterops palpebrosa 361
Sibia 407, 408, 409
sibilans, Larvivora 449
sibilans, Luscinia 449
sibilans, Luscinia sibilans 449
sibilatrix, Phylloscopus 312
sibirica, Calidris falcinellus 122
sibirica, Geokichla 427
sibirica, Geokichla sibirica 427
sibirica, Limicola falcinellus 122
sibirica, Muscicapa 439
sibirica, Muscicapa sibirica 439
sibirica, Zoothera 427
sibirica, Zoothera sibirica 427
sibiricus, Aegolius funereus 153
sibiricus, Anser fabalis 30, 31
sibiricus, Bonasa bonasia 8
sibiricus, Carpodacus 508, 509
sibiricus, Carpodacus sibiricus 509
sibiricus, Lanius borealis 246
sibiricus, Lanius excubitor 245, 246
sibiricus, Tetrastes bonasia 8
sibiricus, Uragus 508, 509
sibiricus, Uragus sibiricus 509

Sibirionetta 38
sicarius, Lanius bucephalus 241
sichuanensis, Phylloscopus 313
sieboldii, Sphenurus 56
sieboldii, Sphenurus sieboldii 56
sieboldii, Treron 56
sieboldii, Treron sieboldii 56
siemsseni, Emberiza 527
siemsseni, Latoucheornis 527
sifanica, Perdix hodgsoniae 11
signata, Niltava macgregoriae 445
signata, Niltava macgrigoriae 445
sikangensis, Carpodacus
　　puniceus 509, 510
sikkimensis, Irena puella 474
sikkimensis, Regulus regulus 473
sillemi, Carpodacus 508
sillemi, Leucosticte 508
simaoensis, Garrulax courtoisi 390
simaoensis, Garrulax galbanus 390
simaoensis, Pterorhinus courtoisi 390
similes, Pomatorhinus ruficollis 365
similis, Hypsipetes mcclellandii 308
similis, Ixos mcclellandii 308
similis, Microscelis virescens 308
similis, Pomatorhinus
　　ruficollis 364, 365
simillima, Motacilla
　　flava 497, 498, 499
simplex, Zosterops 360
simplex, Zosterops japonica 360
simplex, Zosterops japonicus 360
simplex, Zosterops simplex 360
sindianus, Phylloscopus 317
sindianus, Phylloscopus collybita 317
sindianus, Phylloscopus
　　sindianus 317
sinense, Chrysomma 345, 346
sinense, Chrysomma sinense 346
sinensis, Anthus novaeseelandiae 496
sinensis, Anthus richardi 496
sinensis, Blythipicus pyrrhotis 198
sinensis, Brachypteryx 447, 448
sinensis, Brachypteryx montana 448
sinensis, Centropus 69
sinensis, Centropus sinensis 69
sinensis, Enicurus leschenaulti 457
sinensis, Garrulus glandarius 248
sinensis, Helopsaltes pryeri 291
sinensis, Hypsipetes

leucocephalus 311
sinensis, Hypsipetes
　　madagascariensis 310
sinensis, Ithaginis cruentus 4, 5
sinensis, Ixobrychus 98
sinensis, Ixobrychus sinensis 98
sinensis, Locustella pryeri 291
sinensis, Megalurus pryeri 291
sinensis, Microscelis
　　leucocephalus 310
sinensis, Phalacrocorax
　　carbo 108, 109
sinensis, Phylloscopus
　　castaniceps 323
sinensis, Pycnonotus 305
sinensis, Pycnonotus sinensis 305
sinensis, Seicercus castaniceps 323
sinensis, Sitta europaea 416, 417
sinensis, Stachyris striolata 370
sinensis, Sterna albifrons 142
sinensis, Sternula albifrons 142
sinensis, Sturnia 425
sinensis, Sturnus 425
singalensis, Anthreptes 479
singalensis, Chalcoparia 479
sini, Megalaima oorti 194
sini, Minla ignotincta 404
sini, Psilopogon faber 194
sinianum, Trochalopteron milnei 402
sinianus, Garrulax milnei 401, 402
sinianus, Garrulax milni 401
sinica, Carduelis 517
sinica, Carduelis sinica 517
sinica, Chloris 517, 518
sinica, Chloris sinica 518
sinica, Crypsirina formosae 252
sinica, Dendrocitta formosae 252
sinica, Graminicola bengalensis 380
sinicus, Dendrocopos leucotos 212
sinicus, Graminicola bengalensis 380
sinicus, Graminicola striatus 380
sinicus, Picoides leucotos 213
Sinosuthora 347, 349, 350, 351
sintaungensis, Ptyonoprogne
　　concolor 299
sipahi, Carpodacus 504
sipahi, Haematospiza 504
siparaja, Aethopyga 481, 482
Sitta 416, 417, 418, 419, 420
Sittidae 416

Sittiparus 262
Siva 409
skua, *Catharacta* 146
smithi, *Timalia pileata* 373
smithii, *Hirundo* 298
smithsonianus, *Larus* 138, 139
smithsonianus, *Larus argentatus* 138
smyrnensis, *Halcyon* 191
smyrnensis, *Halcyon smyrnensis* 191
sobrinus, *Picus canus* 203, 204, 205
socia, *Zoothera dauma* 429, 430
soemmerringii, *Corvus monedula* 256
sohokhotensis, *Phasianus colchicus* 14, 15
solandri, *Pterodroma* 91
solangiae, *Sitta* 419
solaris, *Pericrocotus* 230, 231
solaris, *Pericrocotus solaris* 231
solitaria, *Capella* 127
solitaria, *Capella solitaria* 127
solitaria, *Gallinago* 127
solitaria, *Gallinago solitaria* 127
solitaria, *Monticola* 468
solitarius, *Monticola* 468, 469
soloensis, *Accipiter* 172
soloënsis, *Accipiter* 172
Somateria 32
songarus, *Parus* 264
songarus, *Parus montanus* 264
sonitans, *Prinia flaviventris* 282
sonneratii, *Cacomantis* 71
sonneratii, *Cacomantis sonneratii* 71
sonneratii, *Cuculus* 71
sonneratii, *Cuculus sonneratii* 71
sonneratii, *Penthoceryx* 71
sonneratii, *Penthoceryx sonneratii* 71
sonorivox, *Bambusicola* 21
sonorivox, *Bambusicola thoracica* 20, 21
sonorivox, *Bambusicola thoracicus* 21
sonorivox, *Cuculus sonneratii* 71
sophiae, *Leptopoecile* 337
sophiae, *Leptopoecile sophiae* 337
sordida, *Arachnothera longirostra* 479
sordida, *Arachnothera longirostris* 478
sordida, *Emberiza spodocephala* 530
sordida, *Ficedula* 460
sordida, *Pitta* 223, 224

sordida, *Pitta sordida* 224
sordidior, *Alcippe ruficapilla* 343
sordidior, *Fulvetta ruficapilla* 343
sordidior, *Picus canus* 203, 204
sorghophilus, *Acrocephalus* 285
soror, *Hydrornis* 222, 223
soror, *Phylloscopus* 320
soror, *Pitta* 222, 223
soror, *Seicercus* 320
sororius, *Sphenurus sieboldii* 56
sororius, *Treron sieboldii* 56
souliei, *Actinodura* 409
souliei, *Actinodura souliei* 409
souliei, *Sibia* 409
souliei, *Sibia souliei* 409
souliei, *Spelaeornis troglodytoides* 368
sowerbyi, *Eophona migratoria* 503
sowerbyi, *Turdus mandarinus* 432
sowerbyi, *Turdus merula* 432
spadiceus, *Gallus gallus* 21
sparverioides, *Cuculus* 72
sparverioides, *Cuculus sparverioides* 72
sparverioides, *Hierococcyx* 72
sparverioides, *Hierococcyx sparverioides* 72
Spatula 37, 38
speciosa, *Ardeola* 101
speciosus, *Pericrocotus* 232
speciosus, *Pericrocotus speciosus* 232
speculigerus, *Lanius collurio* 241, 242
speculigerus, *Lanius cristatus* 241
speculigerus, *Lanius isabellinus* 242, 243
Spelaeornis 367, 368, 369, 474
sphenocercus, *Lanius* 247
sphenocercus, *Lanius sphenocercus* 247
Sphenocichla 369
Sphenocicla 369
sphenura, *Treron* 55, 56
sphenura, *Treron sphenura* 56
Sphenurus 55, 56, 57
sphenurus, *Sphenurus* 55
sphenurus, *Treron* 55, 56
sphenurus, *Treron sphenurus* 56
spilocephalus, *Otus* 154
spilonotus, *Circus* 174
spilonotus, *Circus aeruginosus* 173

spilonotus, *Circus spilonotus* 174
spilonotus, *Machlolophus* 269
spilonotus, *Machlolophus spilonotus* 269
spilonotus, *Parus* 269
spilonotus, *Parus spilonotus* 269
spilonotus, *Parus xanthogenys* 269
Spilopelia 51, 52
spiloptera, *Saroglossa* 421
spilopterus, *Saroglossa* 421
Spilornis 166, 167
spinoides, *Carduelis* 518
spinoides, *Carduelis spinoides* 518
spinoides, *Chloris* 518
spinoides, *Chloris spinoides* 518
spinoletta, *Anthus* 495, 496
Spinus 521
spinus, *Carduelis* 521
spinus, *Spinus* 521
Spizaetus 167, 168
Spizaëtus 167, 168
Spizixos 302
splendens, *Corvus* 256, 257
Spodiopsar 423, 424
spodocephala, *Emberiza* 530
spodocephala, *Emberiza spodocephala* 530
squamatum, *Trochalopteron* 397, 398
squamatus, *Garrulax* 397, 398
squamatus, *Mergus* 34
squamatus, *Picus* 203
squamatus, *Picus squamatus* 203
squameiceps, *Cettia* 334
squameiceps, *Urosphena* 334
Squatarola 115
squatarola, *Pluvialis* 115
squatarola, *Pluvialis squatarola* 115
squatarola, *Squatarola* 115
ssaposhnikowi, *Remiz macronyx* 269
sserebrowsky, *Lagopus lagopus* 9
Stachyris 369, 370, 371, 372, 373
stagnatilis, *Tringa* 131
stanfordi, *Cecropis striolata* 301
stanfordi, *Hirundo striolata* 301
stanfordi, *Pycnonotus cafer* 306
Staphida 357
steerii, *Liocichla* 405
stegmanni, *Acrocephalus aedon* 287
stegmanni, *Alaudala cheleensis* 277
stegmanni, *Calandrella*

cheleensis 277
stegmanni, Calandrella rufescens 277
stegmanni, Charadrius mongolus 117
stegmanni, Cyanopica cyana 249
stegmanni, Cyanopica cyanus 249
stejnegeri, Melanitta 32, 33
stejnegeri, Melanitta deglandi 32
stejnegeri, Melanitta fusca 33
stejnegeri, Saxicola 470
stejnegeri, Saxicola maurus 470
stejnegeri, Saxicola torquata 470
stellae, Harpactes oreskios 180
stellae, Harpactes oroskios 180
stellaris, Botaurus 97
stellaris, Botaurus stellaris 97
stellata, Brachypteryx 446, 447
stellata, Brachypteryx stellata 447
stellata, Gavia 87
stellata, Gavia stellata 87
stellatus, Heteroxenicus 446, 447
stellatus, Heteroxenicus stellatus 447
stelleri, Polysticta 32
stelleri, Somateria 32
Stenostiridae 259
stentoreus, Acrocephalus 284
stenura, Capella 127, 128
stenura, Gallinago 127, 128
Stercorariidae 145
Stercorarius 145, 146
Sterna 140, 141, 142, 143, 144
Sternula 142
stertens, Tyto alba 149
stertens, Tyto javanica 149
stevensi, Alcippe rufogularis 375
stevensi, Gypsophila brevicaudata 377
stevensi, Napothera brevicaudata 377
stevensi, Napothera brevicaudatus 377
stevensi, Schoeniparus rufogularis 375
stevensi, Turdinus brevicaudatus 377
stewarti, Emberiza 526
stictomus, Caprimulgus affinis 62
stictonotus, Otus scops 155
stictonotus, Otus sunia 155, 156
stoetzneri, Poecile montanus 264
stoliczkae, Carpodacus 507
stoliczkae, Carpodacus stoliczkae 507
stoliczkae, Carpodacus synoicus 507
stoliczkae, Leptopoecile sophiae 337

stoliczkae, Passer ammodendri 489
stoliczkae, Remiz coronatus 270
stoliczkae, Remiz pendulinus 270
stoliczkae, Streptopelia decaocto 50
stolidus, Anous 133
stolidus, Anoüs 133
stötzneri, Muscicapa muttui 439
stotzneri, Parus montanus 264
stötzneri, Parus montanus 264
stotzneri, Parus songarus 264
stracheyi, Emberiza cia 525
straminea, Locustella naevia 294
strauchi, Phasianus colchicus 14, 15
streichi, Falco subbuteo 216
strenuus, Garrulax cineraceus 387
strenuus, Ianthocincla cineracea 387
strepera, Anas 38, 39
strepera, Anas strepera 39
strepera, Mareca 38, 39
strepera, Mareca strepera 39
strepitans, Garrulax 386
strepitans, Garrulax strepitans 386
Streptopelia 50, 51, 52
stresemanni, Dendrocopos major 211, 212
stresemanni, Hypsipetes leucocephalus 311
stresemanni, Hypsipetes madagascariensis 310
stresemanni, Microscelis leucocephalus 310
stresemanni, Paradoxornis alphonsianus 349
stresemanni, Paradoxornis webbianus 348, 349
stresemanni, Picoides major 212
stresemanni, Sinosuthora alphonsiana 350
strialata, Stachyris 370
striata, Butorides 100, 101
striata, Geopelia 47
striata, Graminicola bengalensis 380
striata, Grammatoptila 396, 397
striata, Grammatoptila striata 397
striata, Lewinia 77, 78
striata, Lonchura 487
striata, Muscicapa 438
striata, Prinia 280
striata, Prinia criniger 279, 280
striata, Prinia crinigera 280

striata, Prinia polychroa 279
striata, Prinia striata 280
striatia, Lewinia 78
striaticollis, Alcippe 343
striaticollis, Fulvetta 343
striatus, Alcurus 303
striatus, Alcurus striatus 303
striatus, Butorides 100, 101
striatus, Gallirallus 77, 78
striatus, Garrulax 396, 397
striatus, Garrulax striatus 397
striatus, Graminicola 379, 380
striatus, Graminicola bengalensis 380
striatus, Graminicola striatus 380
striatus, Pycnonotus 303
striatus, Pycnonotus striatus 303
striatus, Rallus 77, 78
stridulus, Pomatorhinus ruficollis 364, 365, 366
Strigidae 149
STRIGIFORMES 148
strigula, Actinodura 410
strigula, Actinodura strigula 410
strigula, Chrysominla 410
strigula, Chrysominla strigula 410
strigula, Minla 410
strigula, Minla strigula 410
striolata, Cecropis 301
striolata, Cecropis striolata 301
striolata, Hirundo 301
striolata, Hirundo striolata 301
striolata, Stachyris 370
Strix 157, 158
strophiata, Ficedula 461, 462
strophiata, Ficedula strophiata 461, 462
strophiata, Prunella 484
strophiata, Prunella strophiata 484
struthersii, Ibidorhyncha 112
Sturnia 425, 426
Sturnidae 421
sturnina, Sturnia 425
sturninus, Agropsar 425
sturninus, Sturnus 425
Sturnus 423, 424, 425, 426, 427
styani, Aegithina tiphia 235
styani, Chrysophlegma flavinucha 201
styani, Emberiza cia 524, 525
styani, Garrulax cineraceus 387
styani, Hypothymis azurea 239

styani, *Paradoxornis brunneus* 349
styani, *Paradoxornis webbiana* 348
styani, *Paradoxornis webbianus* 348
styani, *Picus flavinucha* 200, 201
styani, *Pomatorhinus ruficollis* 364, 365, 366
styani, *Sinosuthora brunnea* 350
subaffinis, *Phylloscopus* 316
subaffinis, *Phylloscopus subaffinis* 316
subbuteo, *Falco* 216
subbuteo, *Falco subbuteo* 216
subflava, *Prinia* 282, 283
subfurcatus, *Apus affinis* 67
subfurcatus, *Apus nipalensis* 67
subhimachala, *Carpodacus* 510
subhimachala, *Pinicola* 510
subhimachala, *Propyrrhula* 510
subhimachalus, *Carpodacus* 510
subhimachalus, *Pinicola* 510
subminuta, *Calidris* 123
subminutus, *Calidris* 123
subpilaris, *Turdus pilaris* 435
subrufa, *Erithacus komadori* 449
subrufa, *Luscinia komadori* 449
subruficollis, *Calidris* 125, 126
subruficollis, *Tryngites* 125
subrufinus, *Dendrocopos hyperythrus* 209
subrufinus, *Picoides hyperythrus* 209
subsquamicollis, *Lonchura striata* 487
subtelephonus, *Cuculus canorus* 74
subtibetanus, *Parus cinereus* 267
subtibetanus, *Parus major* 266, 267
subtibetanus, *Parus minor* 267
subundulata, *Lonchura punctulata* 487
subunicolor, *Garrulax* 397
subunicolor, *Garrulax subunicolor* 397
subunicolor, *Trochalopteron* 397
subunicolor, *Trochalopteron subunicolor* 397
suehschanensis, *Phasianus colchicus* 15
süehschanensis, *Phasianus colchicus* 14
suffusa, *Paradoxornis webbiana* 348
suffusa, *Sinosuthora webbiana* 349

suffusus, *Paradoxornis webbianus* 348, 349
sukatschewi, *Garrulax* 386, 387
sukatschewi, *Ianthocincla* 386, 387
Sula 107
sula, *Sula* 107
Sulidae 107
SULIFORMES 106
sulphurata, *Emberiza* 530
sulphurea, *Macronous gularis* 373
sulphurea, *Macronus gularis* 373
sulphureus, *Macronous gularis* 373
sulphureus, *Macronus gularis* 373
sulphureus, *Mixornis gularis* 373
sultanea, *Melanochlora* 260
sultanea, *Melanochlora sultanea* 260
sumatrana, *Sterna* 143
sumatrana, *Sterna sumatrana* 143
sundara, *Niltava* 443, 444
sundara, *Niltava sundara* 444
sunia, *Otus* 155, 156
superciliaris, *Abroscopus* 326
superciliaris, *Abroscopus superciliaris* 327
superciliaris, *Alcippe brunnea* 376
superciliaris, *Ficedula* 463, 464
superciliaris, *Gracupica contra* 424, 425
superciliaris, *Pomatorhinus* 367
superciliaris, *Pomatorhinus superciliaris* 367
superciliaris, *Prinia* 281
superciliaris, *Prinia atrogularis* 280, 281
superciliaris, *Prinia superclltaris* 281
superciliaris, *Schoeniparus brunneus* 376
superciliaris, *Seicercus* 326
superciliaris, *Seicercus superciliaris* 326
superciliaris, *Sturnus contra* 424
superciliaris, *Xiphirhynchus* 367
superciliosus, *Lanius cristatus* 241, 242, 243
superciliosus, *Parus* 263
superciliosus, *Poecile* 263
supersiliosus, *Merops* 186
Surnia 150
Surniculus 71, 72
suschkini, *Perdix daurica* 13

suschkini, *Perdix dauurica* 13
suschkini, *Perdix dauuricae* 12
suscitator, *Turnix* 110, 111
Suthora 351, 353
sutorius, *Orthotomus* 283
svecica, *Luscinia* 450, 451
svecica, *Luscinia svecica* 450, 451
swinhoei, *Bubo bubo* 159
swinhoei, *Chlidonias hybrida* 144
swinhoei, *Cyanopica cyana* 249
swinhoei, *Cyanopica cyanus* 249
swinhoei, *Dendrocopos canicapillus* 206
swinhoei, *Erythrogenys* 363, 364
swinhoei, *Erythrogenys swinhoei* 363
swinhoei, *Lonchura striata* 487
swinhoei, *Picoides canicapillus* 206
swinhoei, *Pomatorhinus* 364
swinhoei, *Pomatorhinus erythrocnemis* 363
swinhoei, *Pomatorhinus erythrogenys* 363
swinhoei, *Stachyris strialata* 370
swinhoei, *Stachyris striolata* 370
swinhoii, *Alcippe chrysotis* 341, 342
swinhoii, *Lioparus chrysotis* 342
swinhoii, *Lophura* 17
syama, *Aviceda leuphotes* 165
sylvanus, *Anthus* 496
sylvatica, *Ducula aenea* 57
sylvatica, *Turnix* 110
sylvaticus, *Turnix* 110
Sylvia 338, 339, 340, 341
Sylviidae 338
Sylviparus 260
Synoicus 24
synoicus, *Carpodacus* 507
Synthliboramphus 146, 147
Syrmaticus 13
Syrrhaptes 59
szechenyii, *Tetraophasis* 7
széchenyii, *Tetraophasis* 7
szechenyii, *Tetraophasis obscurus* 7
szetschuanensis, *Dendrocopos canicapillus* 206
szetschuanensis, *Picoides canicapillus* 206
szetschuanus, *Carpodacus puniceus* 509, 510
szetschuanus, *Troglodytes*

troglodytes 420

T

Tachybaptus 42
Tachymarptis 66
tacsanowskia, *Locustella* 294
tacsanowskius, *Bradypterus* 294
taczanowskii, *Montifringilla* 492
taczanowskii, *Onychostruthus* 492
taczanowskii, *Pyrgilauda* 492
taczanowskii, *Tetrao urogallus* 10
Tadorna 35
tadorna, *Tadorna* 35
taeniura, *Certhia himalayana* 415
taewanus, *Garrulax* 384
taewanus, *Garrulax canorus* 384
tahitica, *Hirundo* 298
taipaiensis, *Cholornis paradoxus* 347
taipaiensis, *Paradoxornis paradoxus* 346
taivana, *Motacilla flava* 498
taivana, *Motacilla tschutschensis* 499
taivanus, *Garrulus glandarius* 248
taivanus, *Pycnonotus* 305
taivanus, *Troglodytes troglodytes* 420
taiwana, *Lewinia striata* 78
taiwanus, *Gallirallus striatus* 78
taiwanus, *Ptilinopus leclancheri* 58
taiwanus, *Rallus striatus* 78
takatsukasae, *Phasianus colchicus* 14, 15, 16
talifuensis, *Aegithalos concinnus* 336
talifuensis, *Troglodytes troglodytes* 420
tancolo, *Picus canus* 203, 204, 205
tangi, *Dendrocopos leucotos* 213
tangi, *Picoides leucotos* 213
tangorum, *Acrocephalus* 285, 286
tangorum, *Acrocephalus agricola* 286
tangutica, *Alaudala cheleensis* 277
tangutica, *Calandrella cheleensis* 277
tangutica, *Calandrella rufescens* 277
tanki, *Turnix* 110
tarbagataica, *Emberiza cioides* 524
tarda, *Otis* 86
tarda, *Otis tarda* 86
tarimensis, *Bubo bubo* 159, 160
tarimensis, *Phasianus colchicus* 14, 15

tarimentsis, *Bubo bubo* 160
Tarsiger 454, 455, 456
taweishan, *Garrulax merulinus* 383
taweishanicus, *Garrulax merulinus* 383
taylori, *Carduelis ambigua* 518
taylori, *Chloris ambigua* 518
tecta, *Heterophasia capistrata* 412
tectirostris, *Dicrurus remifer* 238
teesa, *Butastur* 177
tegimae, *Pericrocotus* 232
teleschowi, *Eremophila alpestris* 273
telmatophila, *Rallina eurizonoides* 76
Temenuchus 426
temia, *Crypsirina* 253
temminckii, *Calidris* 123
temminckii, *Myiophoneus caeruleus* 458
temminckii, *Myophonus caeruleus* 458
temminckii, *Tragopan* 6
temnura, *Crypsirina* 253
Temnurus 253
temnurus, *Temnurus* 253
tenebrosus, *Dendrocopos cathapharius* 206
tenebrosus, *Dendrocopos cathpharius* 207, 208
tenebrosus, *Dryobates cathpharius* 208
tenebrosus, *Picoides cathpharius* 208
tenellipes, *Phylloscopus* 322
tenuirostris, *Ardenna* 93
tenuirostris, *Calidris* 121
tenuirostris, *Cinclus pallasii* 421
tenuirostris, *Gyps* 165
tenuirostris, *Macropygia* 52, 53
tenuirostris, *Oriolus* 226, 227
tenuirostris, *Oriolus chinensis* 227
tenuirostris, *Oriolus tenuirostris* 227
tenuirostris, *Puffinus* 93
tephrocephalus, *Phylloscopus* 320
tephrocephalus, *Seicercus* 320, 319
tephrocephalus, *Seicercus burkii* 319
Tephrodornis 235
tephronotus, *Lanius* 245
tephronotus, *Lanius tephronotus* 245
Terekia 129
Terpsiphone 239, 240
terrignotae, *Tringa totanus* 131
Tesia 332, 333, 334

Tetrao 10, 11
Tetraogallus 22, 23
Tetraophasis 6, 7
Tetrastes 8, 9
Tetrax 86
tetrax, *Otis* 86
tetrax, *Tetrax* 86
tetrix, *Lyrurus* 11
tetrix, *Tetrao* 11
Thalasseus 140, 141, 142
thalassina, *Cissa* 251
thalassina, *Eumyias* 446
thalassina, *Eumyias thalassina* 446
thalassina, *Kitta* 251
thalassina, *Muscicapa* 446
thalassina, *Muscicapa thalassina* 446
thalassinus, *Eumyias* 446
thalassinus, *Eumyias thalassinus* 446
thibetana, *Carduelis* 521
thibetana, *Spinus* 521
thibetanus, *Spinus* 521
thoracica, *Bambusicola* 20, 21
thoracica, *Bambusicola thoracica* 20, 21
thoracica, *Locustella* 294, 295
thoracica, *Locustella thoracica* 295
thoracicus, *Bambusicola* 20, 21
thoracicus, *Bambusicola thoracicus* 21
thoracicus, *Bradypterus* 294, 295
thoracicus, *Bradypterus thoracicus* 295
Threskiornis 96
Threskiornithidae 96
thura, *Carpodacus* 511
thura, *Carpodacus thura* 511
tianquanensis, *Certhia* 416, 414, 415
tianschanica, *Certhia familiaris* 414
tianschanica, *Loxia curvirostra* 520
tianschanica, *Surnia ulula* 150
tianschanicus, *Cyanistes cyanus* 265
tianschanicus, *Parus cyanus* 265
tian-schanicus, *Parus cyanus* 265
tianschanicus, *Picoides tridactylus* 205
tianschanicus, *Troglodytes troglodytes* 420
tianshanica, *Montifringilla nivalis* 492
tianshanicus, *Dendrocopos major* 211

tianshanicus, *Picoides major* 212
tibetana, *Calandrella acutirostris* 273, 274
tibetana, *Prunella collaris* 483
tibetana, *Riparia diluta* 297
tibetana, *Riparia riparia* 297
tibetana, *Sterna hirundo* 143, 144
tibetanus, *Bubo bubo* 159, 160
tibetanus, *Corvus corax* 259
tibetanus, *Ithaginis cruentus* 4, 5
tibetanus, *Parus cinereus* 267
tibetanus, *Parus major* 266, 267
tibetanus, *Parus minor* 267
tibetanus, *Passer montanus* 490, 491
tibetanus, *Phylloscopus fuligiventer* 316
tibetanus, *Phylloscopus fuscatus* 315
tibetanus, *Syrrhaptes* 59
tibetanus, *Tetraogallus* 22
tibetanus, *Tetraogallus tibetanus* 22
tibetosinensis, *Corvus macrorhynchos* 258
tibetosinensis, *Corvus macrorhynchus* 258
ticehursti, *Aceros undulatus* 184
ticehursti, *Bradypterus luteoventris* 293
ticehursti, *Emberiza elegans* 527
ticehursti, *Strix leptogrammica* 157
Tichodroma 420
tickelli, *Anorrhinus* 183
tickelli, *Erythrogenys hypoleucos* 362
tickelli, *Pellorneum* 380
tickelli, *Pomatorhinus hypoleucos* 361, 362
tickelli, *Ptilolaemus* 183
tickelli, *Trichastoma* 380
tickelli, *Trichastoma tickelli* 380
Tickellia 328
tienchuanensis, *Ficedula sapphira* 465
tigrina, *Spilopelia chinensis* 52
tigrina, *Streptopelia chinensis* 51, 52
tigrinus, *Lanius* 240
Timalia 373
Timaliidae 361
tinnabulans, *Cisticola juncidis* 278
tinnunculus, *Falco* 214, 215
tinnunculus, *Falco tinnunculus* 215
tiphia, *Aegithina* 235, 236

Todiramphus 191
Todirhamphus 191
toklao, *Megalurus palustris* 296
tonkinensis, *Aethopyga siparaja* 481, 482
tonkinensis, *Alcippe cinereiceps* 345
tonkinensis, *Fulvetta cinereiceps* 345
tonkinensis, *Fulvetta manipurensis* 345
tonkinensis, *Garrulax monileger* 385
tonkinensis, *Hydrornis soror* 223
tonkinensis, *Pitta soror* 222
tonkinensis, *Sitta castanea* 417
tonkinensis, *Sitta cinnamoventris* 418
tonkinensis, *Stachyris strialata* 370
tonkinensis, *Stachyris striolata* 370
tonkinensis, *Tickellia hodgsoni* 328
topela, *Lonchura punctulata* 487
toratugumi, *Zoothera aurea* 430
toratugumi, *Zoothera dauma* 429, 430
torquata, *Saxicola* 470
torquatus, *Corvus* 257
torquatus, *Gampsorhynchus* 378
torquatus, *Gampsorhynchus rufulus* 378
torquatus, *Gampsorhynchus torquatus* 378
torquatus, *Phasianus colchicus* 14, 15, 16
torqueola, *Arborophila* 1
torqueola, *Arborophila torqueola* 1
torqueola, *Minla castaniceps* 357
torqueola, *Staphida* 357
torqueola, *Yuhina* 357
torqueola, *Yuhina castaniceps* 357
torquilla, *Jynx* 196, 197
torquilla, *Jynx torquilla* 196, 197
totanus, *Tringa* 131
totanus, *Tringa totanus* 131
totogo, *Ninox japonica* 150
totogo, *Ninox scutulata* 149, 150
toulou, *Centropus* 69
Tragopan 5, 6
traillii, *Oriolus* 227
traillii, *Oriolus traillii* 227
tranquebarica, *Oenopopelia* 51
tranquebarica, *Streptopelia* 51
transcaspicus, *Passer hispaniolensis* 489
Treron 54, 55, 56, 57

Trichastoma 380
tricolor, *Ficedula* 464
tricolor, *Ficedula tricolor* 464
tricolor, *Lanius schach* 244
tridactyla, *Rissa* 134
tridactylus, *Picoides* 205
tridactylus, *Picoides tridactylus* 205
trifasciatus, *Carpodacus* 510, 511
Tringa 129, 130, 131, 132
tristis, *Acridotheres* 423
tristis, *Acridotheres tristis* 423
tristis, *Phaenicophaeus* 69
tristis, *Phylloscopus collybita* 317
tristis, *Phylloscopus collybitus* 317
tristis, *Regulus regulus* 473
tristrami, *Emberiza* 531
tristrami, *Hydrobates* 89, 90
tristrami, *Oceanodroma* 89, 90
trivialis, *Anthus* 494
trivialis, *Anthus trivialis* 494
trivirgatus, *Accipiter* 171
Trochalopteron 397, 398, 399, 400, 401, 402, 403, 404
trochiloides, *Phylloscopus* 321
trochiloides, *Phylloscopus trochiloides* 321
trochilus, *Phylloscopus* 316
Troglodytes 420
troglodytes, *Troglodytes* 420
Troglodytidae 420
troglodytoides, *Spelaeornis* 368
troglodytoides, *Spelaeornis troglodytoides* 368
Trogonidae 180
TROGONIFORMES 180
Tropicoperdix 19
Tryngites 125, 126
tsaidamensis, *Lanius collurio* 242
tsaidamensis, *Lanius cristatus* 241
tsaidamensis, *Lanius isabellinus* 242, 243
tschebaiewi, *Calliope* 452
tschebaiewi, *Luscinia pectoralis* 452
tschegrava, *Hydroprogne* 140
tschegrava, *Hydroprogne tschegrava* 140
tschimenensis, *Tetraogallus tibetanus* 22
tschutschensis, *Motacilla* 499
tschutschensis, *Motacilla flava* 498

tschutschensis, *Motacilla tschutschensis* 499
tundrae, *Charadrius hiaticula* 115
turanicus, *Lanius minor* 245
turcomana, *Perdix daurica* 12
turcomana, *Perdix dauuricae* 12
turcomanus, *Bubo bubo* 160
Turdidae 427
Turdinus 376, 377
Turdus 431, 432, 433, 434, 435, 436
turkestanica, *Chloris chloris* 517
turkestanica, *Columba rupestris* 47
turkestanicus, *Carduelis chloris* 517
turkestanicus, *Parus bokhariensis* 266, 267
turkestanicus, *Parus major* 266, 267
Turnicidae 110
Turnix 110, 111
turtur, *Streptopelia* 50
tusalia, *Macropygia unchall* 52
tyrannula, *Yuhina zantholeuca* 228
tyrannulus, *Erpornis zantholeuca* 228
tytleri, *Cisticola exilis* 278
tytleri, *Hirundo rustica* 298
Tyto 148, 149
Tytonidae 148

U

uchidai, *Dicaeum concolor* 477
uchidai, *Dicaeum minullum* 477
uchidai, *Pyrrhula nipalensis* 512
ultra, *Athene brama* 152
ulula, *Surnia* 150
ulula, *Surnia ulula* 150
umbraticus, *Cettia brunnifrons* 333
umbratilis, *Otus bakkamoena* 153, 154
umbratilis, *Otus lettia* 154
unchall, *Macropygia* 52
undulata, *Chlamydotis* 86
undulata, *Otis* 86
undulatus, *Aceros* 183, 184
undulatus, *Rhyticeros* 183, 184
unicolor, *Cholornis* 347
unicolor, *Cyornis* 440, 441
unicolor, *Cyornis unicolor* 441
unicolor, *Niltava* 440, 441
unicolor, *Niltava unicolor* 441
unicolor, *Paradoxornis* 347

unicolor, *Paradoxornis unicolor* 347
unicolor, *Turdus* 431
unwini, *Caprimulgus europaeus* 61
Upupa 184
Upupidae 184
Uragus 508, 509
uralensis, *Strix* 158
urbica, *Delichon* 299
urbica, *Delichon urbica* 299
urbicum, *Delichon* 299, 300
urbicum, *Delichon urbicum* 300
Uria 147
Urile 108
urile, *Phalacrocorax* 108
urile, *Urile* 108
Urocissa 249, 250, 251
Urocynchramidae 485
Urocynchramus 485
urogalloides, *Tetrao* 10, 11
urogalloides, *Tetrao urogalloides* 10, 11
urogallus, *Tetrao* 10
Urosphena 334
usheri, *Pomatorhinus ruficollis* 364
ussuriensis, *Bubo bubo* 159, 160
ussuriensis, *Carduelis sinica* 517
ussuriensis, *Carpodacus sibiricus* 509
ussuriensis, *Chloris sinica* 517
ussuriensis, *Lyrurus tetrix* 11
ussuriensis, *Ninox scutulata* 149
ussuriensis, *Otus bakkamoena* 153, 154
ussuriensis, *Otus lettia* 154
ussuriensis, *Otus semitorques* 154
ussuriensis, *Tringa totanus* 131
ussuriensis, *Uragus sibiricus* 509

V

vacillans, *Streptopelia chinensis* 51
vagabunda, *Crypsirina* 252
vagabunda, *Dendrocitta* 252
valentini, *Phylloscopus* 320
valentini, *Phylloscopus valentini* 320
valentini, *Seicercus* 319, 320
valentini, *Seicercus burkii* 319
valentini, *Seicercus valentini* 319
validirostris, *Pteruthius aeralatus* 229
validirostris, *Pteruthius flaviscapis* 229

valisineria, *Aythya* 36
Vanellus 113, 114
vanellus, *Vanellus* 113
Vangidae 235
vantynei, *Pycnonotus melanicterus* 304
vantynei, *Rubigula flaviventris* 304
variabilis, *Emberiza* 531
variegates, *Garrulax* 398
variegates, *Garrulax variegates* 399
variegaticeps, *Alcippe* 374
variegaticeps, *Schoeniparus* 374
variegatum, *Trochalopteron* 398, 399
variegatum, *Trochalopteron variegatum* 399
variegatus, *Garrulax* 398, 399
variegatus, *Garrulax variegatus* 399
variegatus, *Numenius phaeopus* 119
varius, *Cuculus* 72
varius, *Cuculus varius* 72
varius, *Hierococcyx* 72
varius, *Hierococcyx varius* 72
varius, *Parus* 262
varius, *Parus varius* 262
varius, *Sittiparus* 262
varius, *Sittiparus varius* 262
varius, *Zoothera dauma* 429
vegae, *Larus* 138, 139
vegae, *Larus argentatus* 138
vegae, *Larus smithsonianus* 139
vegae, *Larus vegae* 139
vegetus, *Phylloscopus pulcher* 312
venningi, *Napothera brevicaudata* 377
venningi, *Napothera brevicaudatus* 377
ventorum, *Montifringilla blanfordi* 493
ventorum, *Pyrgilauda blanfordi* 493
venustulus, *Pardaliparus* 262
venustulus, *Parus* 262
veredus, *Charadrius* 118
veredus, *Charadrius asiaticus* 118
vernalis, *Loriculus* 219
vernalis, *Loriculus vernalis* 219
vernayi, *Alauda gulgula* 271
vernayi, *Leiothrix argentauris* 411
verreauxi, *Paradoxornis* 353, 352
verreauxi, *Paradoxornis nipalensis* 352
verreauxi, *Paradoxornis verreauxi* 352, 353

verreauxi, *Suthora* 353
verreauxi, *Suthora verreauxi* 353
verreauxii, *Carpodacus* 506, 507
verreauxii, *Carpodacus rhodopeplus* 506
verreauxii, *Carpodacus rodopeplus* 506
vespertinus, *Falco* 215
vibex, *Garrulax striatus* 397
vibex, *Grammatoptila striata* 397
villosa, *Sitta* 418
villosa, *Sitta villosa* 418
vinaceus, *Aegithalos caudatus* 335
vinaceus, *Aegithalos glaucogularis* 335
vinaceus, *Carpodacus* 507
vinaceus, *Carpodacus vinaceus* 507
vinipectus, *Alcippe* 342
vinipectus, *Alcippe vinipectus* 342
vinipectus, *Fulvetta* 342, 343
vinipectus, *Fulvetta vinipectus* 342
vipio, *Antigone* 84
vipio, *Grus* 84
virdanus, *Gecinulus grantia* 200
virens, *Megalaima* 192
virens, *Megalaima virens* 192
virens, *Psilopogon* 192
virens, *Psilopogon virens* 192
Vireonidae 228
virescens, *Microscelis* 308
virgatus, *Accipiter* 172
virgatus, *Tephrodornis* 235
virgo, *Anthropoides* 84
virgo, *Grus* 84
viridanus, *Gecinulus grantia* 199, 200
viridanus, *Phylloscopus trochiloides* 321
viridicauda, *Aethopyga siparaja* 481, 482
viridifrons, *Treron phoenicoptera* 55
viridifrons, *Treron phoenicopterus* 55
viridigularis, *Gavia arctica* 87
viridis, *Cettia diphone* 329
viridis, *Cochoa* 437
viridis, *Merops* 186, 187
viridis, *Merops viridis* 186, 187
viridis, *Porphyrio poliocephalus* 82
viridis, *Porphyrio porphyrio* 82
viscivorus, *Turdus* 436
vitiensis, *Columba* 49

vittatus, *Lanius* 244
vittatus, *Lanius vittatus* 244
vittatus, *Picus* 202
vivida, *Niltava* 444
vivida, *Niltava vivida* 444
vividum, *Pellorneum ruficeps* 381
vividus, *Pycnonotus flavescens* 307
vlangalii, *Phasianus colchicus* 14, 15
vlasowae, *Plectrophenax nivalis* 522
vociferus, *Elanus caeruleus* 163
volitans, *Cisticola exilis* 278
vulgaris, *Sturnus* 426, 427
vulpinus, *Buteo buteo* 178, 179

W

waddelli, *Babax* 394
waddelli, *Babax waddelli* 394
waddelli, *Pterorhinus* 394
waddelli, *Pterorhinus waddelli* 394
waldeni, *Actinodura* 408, 407
waldeni, *Sibia* 408
walteri, *Leucosticte brandti* 516
waltoni, *Carpodacus* 505
waltoni, *Carpodacus pulcherrimus* 505
waltoni, *Carpodacus waltoni* 505
wardi, *Harpactes* 181
wattersi, *Alauda gulgula* 271
webbiana, *Paradoxornis* 347, 348
webbiana, *Paradoxornis webbiana* 348
webbiana, *Sinosuthora* 347, 349, 350
webbiana, *Sinosuthora webbiana* 349
webbianus, *Paradoxornis* 347, 348, 349
webbianus, *Paradoxornis webbianus* 348, 349
weigoldi, *Alauda gulgula* 271
weigoldi, *Alcippe brunnea* 376
weigoldi, *Emberiza cioides* 524
weigoldi, *Phylloscopus fuligiventer* 316
weigoldi, *Phylloscopus fuscatus* 315, 316
weigoldi, *Schoeniparus brunneus* 376
weigoldicus, *Parus montanus* 264
weigoldicus, *Parus songarus* 264
weigoldicus, *Poecile* 265
wellsi, *Liocichla phoenicea* 405, 406
wellsi, *Liocichla ripponi* 406

wellsi, *Lophophanes dichrous* 262
wellsi, *Parus dichrous* 262
werae, *Motacilla citreola* 500
westermanni, *Ficedula* 463
whistleri, *Phylloscopus* 320
whistleri, *Seicercus* 319, 320
whiteheadi, *Cissa* 250
whiteheadi, *Cissa whiteheadi* 250
whiteheadi, *Kitta* 250
whiteheadi, *Kitta whiteheadi* 250
whiteheadi, *Lophura nycthemera* 18, 19
whiteheadi, *Spizaetus nipalensis* 168
whiteheadi, *Spizaëtus nipalensis* 168
whiteheadi, *Urocissa* 250, 251
whiteheadi, *Urocissa whiteheadi* 251
whiteheadi, *Zoothera mollissima* 428
whitei, *Cyornis* 441, 442
whitei, *Cyornis banyumas* 442
whitei, *Cyornis whitei* 442
whitei, *Niltava banyumas* 441, 442
whiteleyi, *Glaucidium cuculoides* 151
whitelyi, *Glaucidium cuculoides* 151
whymperi, *Prunella collaris* 483
wilderi, *Dendrocopos kizuki* 207
wilderi, *Picoides kizuki* 207
wilderi, *Pyrrhula erythaca* 512
williamsoni, *Mirafra cantillans* 270
williamsoni, *Mirafra javanica* 271
williamsoni, *Ploceus manyar* 486
wingatei, *Actinodura cyanouroptera* 409
wingatei, *Minla cyanouroptera* 409
wingatei, *Siva cyanouroptera* 409
wolfei, *Aviceda leuphotes* 165
woodi, *Garrulax erythrocephalus* 402
woodi, *Trochalopteron chrysopterum* 403
woodi, *Trochalopteron erythrocephalum* 403
wulashanicus, *Dendrocopos major* 211, 212
wulashanicus, *Picoides major* 212
wumizusume, *Synthliboramphus* 146, 147

X

xanthochloris, *Pteruthius* 229
xanthochloris, *Pteruthius*

xanthochloris 229
xanthochlorus, Pteruthius 229, 230
xanthochlorus, Pteruthius xanthochlorus 230, 229
xanthocycla, Streptopelia decaocto 51
xanthocyclus, Streptopelia decaocto 50, 51
xanthodryas, Phylloscopus 322, 323
xanthodryas, Phylloscopus borealis 322, 323
xanthogenys, Machlolophus 268
xanthogenys, Machlolophus xanthogenys 268
xanthogenys, Parus 268, 269
xanthogenys, Parus xanthogenys 268
xanthomelana, Cissa whiteheadi 250
xanthomelana, Kitta whiteheadi 250
xanthomelana, Urocissa whiteheadi 250
xanthonotus, Indicator 196
xanthopygaeus, Picus 202, 203
xanthorhynchus, Chalcites 70, 71
xanthorhynchus, Chalcites xanthorhynchus 70
xanthorhynchus, Chrysococcyx 70, 71
xanthorhynchus, Chrysococcyx xanthorhynchus 71
xanthornus, Oriolus 227
xanthornus, Oriolus xanthornus 227
xanthorrhous, Pycnonotus 304, 305
xanthorrhous, Pycnonotus xanthorrhous 305
xanthoschistos, Phylloscopus 326
xanthoschistos, Phylloscopus xanthoschistos 326
xanthoschistos, Seicercus 326
xanthoschistos, Seicercus xanthoschistos 326
xanthospila, Pucrasia macrolopha 8
Xema 134
Xenus 129
xerophila, Montifringilla adamsi 492
xerophilus, Phoenicurus ochruros 466
Xiphirhynchus 367

Y

yamadae, Strix aluco 157
yamadae, Strix nivicolum 157
yamakanensis, Harpactes erythrocephalus 180, 181
yaoschanensis, Turdus boulboul 432
yaoshanensis, Pteruthius aenobarbus 230
yaoshanensis, Pteruthius intermedius 230
yardandensis, Columba oenas 48
yarkandensis, Columba oenas 48
yelteniensis, Melanocorypha 275
yeltoniensis, Melanocorypha 275
yenisseensis, Bubo bubo 159, 160
yenisseensis, Strix uralensis 158
yessoensis, Emberiza 527, 528
yessoënsis, Emberiza 527, 528
Yuhina 228, 356, 357, 358, 359
Yungipicus 206, 207
yunnanensis, Aceros nipalensis 183
yunnanensis, Actinodura egertoni 406
yunnanensis, Actinodura ramsayi 407
yunnanensis, Actinodura strigula 410
yunnanensis, Alcippe fraterculus 382
yunnanensis, Alcippe morrisonia 382
yunnanensis, Anthus hodgsoni 494
yunnanensis, Certhia himalayana 415
yunnanensis, Chrysominla strigula 410
yunnanensis, Emberiza 525, 526
yunnanensis, Emberiza cia 524, 525
yunnanensis, Emberiza godlewskii 525
yunnanensis, Emberiza yunnanensis 525
yunnanensis, Leiothrix lutea 410
yunnanensis, Lonchura punctulata 487
yunnanensis, Minla strigula 410
yunnanensis, Paradoxornis alphonsianus 349
yunnanensis, Paradoxornis webbianus 349, 348
yunnanensis, Parus monticolus 268
yunnanensis, Phylloscopus 313
yunnanensis, Prinia criniger 279
yunnanensis, Prinia crinigera 280
yunnanensis, Prinia polychroa 279
yunnanensis, Pteruthius aeralatus 229
yunnanensis, Pteruthius erythropterus 229
yunnanensis, Pteruthius flaviscapis 229
yunnanensis, Regulus regulus 473
yunnanensis, Saxicola torquata 470
yunnanensis, Sinosuthora alphonsiana 350
yunnanensis, Sitta 418
yunnanensis, Sphenurus sphenurus 55
yunnanensis, Stachyris nigriceps 370
yunnanensis, Tarsiger indicus 454, 455
yunnanensis, Tetraogallus tibetanus 22
yunnanensis, Treron sphenura 56
yunnanensis, Treron sphenurus 56
yuquensis, Babax koslowi 394
yuquensis, Pterorhinus koslowi 394
yvettae, Pericrocotus ethologus 232

Z

zaidamensis, Emberiza schoeniclus 528
zaissanensis, Motacilla flava 498, 499
zantholeuca, Erpornis 228
zantholeuca, Erpornis zantholeuca 228
zantholeuca, Yuhina 228
zantholeuca, Yuhina zantholeuca 228
zanthopygia, Ficedula 459
Zapornia 78, 79, 80
zappeyi, Paradoxornis 350, 351
zappeyi, Paradoxornis zappeyi 350
zappeyi, Sinosuthora 350, 351
zappeyi, Sinosuthora zappeyi 351
zarudnyi, Acrocephalus arundinaceus 284
zarudnyi, Caprimulgus europaeus 61
zeylanica, Megalaima 192, 193
zeylonensis, Ketupa 161
zimmermanni, Picus canus 203, 204
zimmermanni, Thalasseus 141
zonorhyncha, Anas 40
zonorhyncha, Anas poecilorhyncha 40
Zonotrichia 531
Zoothera 427, 428, 429, 430
Zosteropidae 356
Zosterops 359, 360, 361
zosterops, Phylloscopus intermedius 318